silka

EIGENTLICH KANN MAN SILKA NUR MIT YTONG VERGLEICHEN.

SILKA ist neu. Und genauso neu ist das Servicekonzept, das SILKA rund um den Kalksandstein bietet: z. B. mit Ingenieuren und Architekten im Außendienst, mit aktuellen Fortbildungs-Veranstaltungen für Sie, mit kompetenter Beratung zu neuen Bau-Normen oder Energieeffizienz. Und mit innovativen Produkten. Keine andere Marke bietet Ihnen so viel Mehrwert – außer YTONG. Ausführliche Informationen unter: Tel. 08 00-5 23 56 65 (kostenlos) oder www.silka.de

SILKA – der Kalksandstein, der durch Leistung überzeugt.

xella
Neues Bauen

Drees / Paul

Kalkulation von Baupreisen

Hochbau, Tiefbau, Schlüsselfertiges Bauen.
Mit kompletten Berechnungsbeispielen.

9., aktualisierte und erweiterte Auflage.
Oktober 2006. ca. 370 Seiten. 17 x 24 cm. Gebunden.
ISBN 3-89932-154-5
Subskriptionspreis bis 30.11.2006: EUR 66,–
Preis ab 01.12.2006: EUR 76,–

Interessenten:
Architekten, Bauingenieure, Wirtschaftsingenieure, Bauunternehmen, Bauträger, Baubehörden, Bauämter, Bauherren, Baukaufleute, Investoren, Studierende des Bauingenieur- und Wirtschaftswesens.

Dieses bereits in der 9. Auflage erscheinende Standardwerk unterstützt den Kalkulator bei seinen Berechnungen und hilft bei der richtigen Einschätzung aller Kostenfaktoren, so dass größere Differenzen zwischen kalkulatorischen und tatsächlichen Kosten vermieden werden.

Neu in der 9. Auflage:
- Das korrekte Ausfüllen der Formblätter EFB Preis 1a und 1b mit Beispielen.
- Ein Beispiel aus dem Rohrleitungsbau

Aus dem Inhalt:
- Bauauftragsrechnung und Kalkulation
- Verfahren und Aufbau der Kalkulation
- Durchführung der Kalkulation, komplette Beispiele
- Risikobeurteilung in der Baupreisermittlung
- Veränderung der Einheitspreise bei unterschiedlicher Umlage
- Kalkulatorische Behandlung von Sonderpositionen
- Vergütungsansprüche aus Nachträgen
- Kalkulation im Fertigteilbau
- Kalkulation im Stahlbau
- Deckungsbeitragsrechnung
- EDV-Kalkulation und Kalkulationsanalyse
- Nachkalkulation
- Tarifverträge und Lohnzusatzkosten
- Vorgehensweise bei der Aufschlüsselung des Einheitspreises
- Beispiel für eine Analyse der Kalkulation

Autoren:
Prof. Dr.-Ing. Gerhard Drees leitete über 30 Jahre das Institut für Baubetriebslehre der Universität Stuttgart und ist Aufsichtsratsvorsitzender der DREES & SOMMER AG.
Dr.-Ing. Wolfgang Paul ist stellvertretender Direktor des Instituts für Baubetriebslehre an der Universität Stuttgart.

Bauwerk www.bauwerk-verlag.de

Abstandsmontage-Element
Hilti Iso-Konsole HIK

Einfache Handhabung.
Sauberes Ergebnis.
Hilti Iso-Konsole HIK für Abstandsmontagen.

Mit dem neuen, vorgefertigten Abstandsmontage-Element HIK von Hilti sind zeitaufwändige Sonderkonstruktionen mit Rohren, Kunststoff- oder Holzklötzen bei Grundplattenbefestigungen auf Wärmedämmverbundsystemen kein Thema mehr.

Anwendungen
- Grundplattenbefestigungen auf Wärmedämmverbundsystemen
- Universell einsetzbar im mittleren Lastbereich (z. B. Markisen, Vordächer)
- HIT-HY 50 für die Verankerung in Mauerwerk
- HIT-HY 150 für die Verankerung in Beton

Vorteile
- Einfache Handhabung
- Flexibles System – Anpassung an unterschiedliche Dämmstoffstärken und Kleber-/Putzschichten
- Minimierung von Wärmebrücken
- Last wird in den tragenden Untergrund eingeleitet
- Montage mit spürbarer Zeitersparnis

Highlights
- Vorgefertigtes Abstandsmontage-Element macht zeitaufwändige Sonderkonstruktionen überflüssig
- Keine Vorplanung
- Ablängbares flexibles System
- Aufeinander abgestimmte Systemkomponenten mit Gewindestange, Siebhülse und Injektionsmörtel, Dicht- und Verfüllkappe, Zylinder

Putz
Grundplatte
Wärmedämmverbundsystem
Hilti Injektionsmörtel HIT-HY 50/HIT-HY 150
Untergrund Beton, Vollsteinmauerwerk. In Lochsteinmauerwerk Verwendung der Siebhülse HIT-S 16.

Mauerwerksbau aktuell 2007 | Technische und Programm-Änderungen vorbehalten | Hilti = eingetragene Marke der Hilti Aktiengesellschaft, Schaan, LI

Hilti. Mehr Leistung. Mehr Zuverlässigkeit.

Kundenservice 0800-888 55 22

Hilti Deutschland GmbH | Hiltistraße 2 | 86916 Kaufering | T 0800-888 55 22 | F 0800-888 55 23 | www.hilti.de

DELTA®System

DELTA® schützt Werte. Spart Energie. Schafft Komfort.

Der Doppelpack, der alles packt!

DELTA®-GEO-DRAIN Quattro
Das erste vierlagige Schutz- und Dränsystem für Dickbeschichtungen. Mit integriertem Selbstklebrand.

DELTA®-TERRAXX
Schutz- und Dränsystem für druckbelastbare Untergründe. Mit integriertem Selbstkleberand.

Beide Produkte entsprechen der EN 13252, der DIN 18195 und der DIN 4095.

PREMIUM-QUALITÄT

DÖRKEN

Dörken GmbH & Co. KG · 58311 Herdecke · Tel.: 0 23 30/63-0
Fax: 0 23 30/63-355 · bvf@doerken.de · www.doerken.de
Ein Unternehmen der Dörken-Gruppe.

quick-mix

Faser-Leichtputz MFL
Für die neue Generation extrem leichter Wandbaustoffe

quick-mix Gruppe
GmbH & Co. KG
Mühleneschweg 6
49090 Osnabrück
Tel. 05 41/6 01 01
Fax 05 41/60 18 53
info@quick-mix.de
www.quick-mix.de

Die neuen kompakten Fachinformationen

Bauwerk
Verlag Berlin

www.bauwerk-verlag.de

2. Auflage

Entwurfs- und Konstruktionstafeln für Architekten

2005. 996 Seiten.
14,8 x 21 cm.
Gebunden.
Mit Daumenregister.
EUR 35,–

Herausgeber:
Prof. Dr.-Ing.
Klaus Holschemacher
HTWK Leipzig

Aus dem Inhalt:
Baustoffe • Baukonstruktion Neubau • Baukonstruktion Altbau • Bauschadensvermeidung • Befestigungstechnik • Bauphysik • Gebäudetechnik und EnEV • Brandschutz • Objektplanung • VOB (Entwerfen) • AVA • HOAI • Architektenrecht • Lastannahmen • Baustatik • Vorbemessung • Aussteifung • Seil- und Membrantragwerke • Beton • Beton- und Stahlbetonbau • Stahlbau • Holzbau • Mauerwerksbau • Geotechnik • Bauvermessung • Straßenwesen • Wasserwesen • Mathematik • Bauzeichnungen • Allgemeine Tafeln

Entwurfs- und Berechnungstafeln für Bauingenieure

2005. 1205 Seiten.
14,8 x 21 cm.
Gebunden.
Mit Daumenregister.
EUR 42,–

Aus dem Inhalt:
• Berechnungssoftware D.I.E.
• Kompl. Normentexte

Aus dem Inhalt:
Lastannahmen • Baustatik • Seil- und Membrantragwerke • Vorbemessung • Aussteifung • Beton • Beton-, Stahlbeton- und Spannbetonbau • Finite Elemente im Stahlbetonbau • Holzbau • Mauerwerksbau • Stahlbau • Glasbau • Verbundbau • Profiltafeln • Geotechnik • Bauphysik • Bautechnischer Brandschutz • Gebäudetechnik und EnEV • Baukonstruktion Neubau • Baukonstruktion Altbau • Bauschadensvermeidung • Befestigungstechnik • Baustoffe • Straßenwesen • Schienenverkehr • Wasserbau/Wasserwirtschaft • Mathematik • Bauvermessung • HOAI • Bauzeichnungen • Allgemeine Tafeln

Neue Normen:
• Windlasten, DIN 1055-4 (03.2005)
• Schneelasten, DIN 1055-5 (07.2005)
• Erdbeben, DIN 4149 (04.2005)
• 2. Berichtigung zu DIN 1045-1 (06.2005)

- Entwurf und Baukonstruktion — A
- Baustoffe — B
- Bauen im Bestand — C
- Bauphysik — D
- Baustatik und Konstruktion — E
- Baubetrieb und Baukosten — F
- Bauschäden-Vemeidung und -Sanierung — G
- Baurecht — H
- Normen, Richtlinien, Verordnungen — I
- Zulassungen — J
- Verzeichnisse — K

Inserenten-Verzeichnis

Firma	Seite
DÖRKEN GmbH	1
H-BAU TECHNIK GmbH	15 + 16
HILTI DEUTSCHLAND GmbH	Beihefter
MODERSOHN GmbH	11 + 12
PALLMANN GmbH	5
QUICK-MIX GRUPPE GmbH & CO. KG	1
THERMOPOR Ziegel-Kontor Ulm GmbH	Nachsatz 2 + 3
UNIPOR-ZIEGEL MARKETING GmbH	13
WIENERBERGER Ziegelindustrie GmbH	Vorsatz 2, 17, A.16
XELLA Baustoffe GmbH,	Vorsatz 3

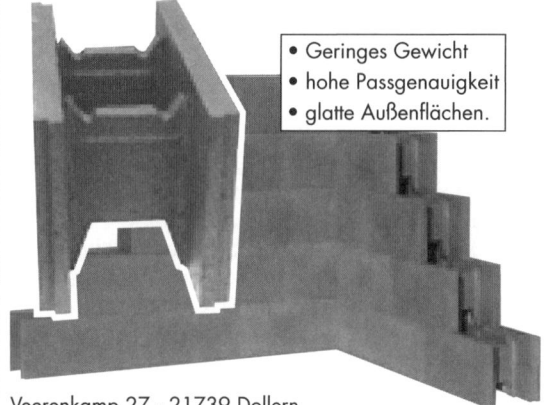

Schubert / Schneider / Schoch

Mauerwerksbau-Praxis

I. Quartal 2007. Etwa 350 Seiten.
17 x 24 cm. Kartoniert.
Mit Abbildungen.
ISBN 3-934369-38-3
EUR ca. 40,–

Der moderne Mauerwerksbau stellt Architekten und Bauingenieure vor immer neue Herausforderungen. „Mauerwerksbau-Praxis" packt u. a. auch viele „heiße Eisen" an und liefert Lösungen, die auf der langjährigen baupraktischen Mauerwerksbau-Erfahrung der Autoren basieren.

Bereits berücksichtigt:
Neue Norm DIN 1053-100 (08.2006)

Aus dem Inhalt:
- Gestaltung von Mauerwerksbauten
- Baustoffe
- Natursteinmauerwerk
- Bauphysikalische Grundlagen
- Mauerwerkskonstruktionen
- Putze auf Mauerwerk
- Vermeidung von schädlichen Rissen
- Berechnung und Konstruktion von Mauerwerk nach DIN 1053-1
- Berechnung von Mauerwerk nach DIN 1053-100
- Bewehrtes Mauerwerk
- Umweltverträglichkeit von Mauerwerk
- Ausführung von Mauerwerk
- Technische Baubestimmungen
- Statische Berechnung eines mehrgeschossigen Mauerwerksbaus (nach DIN 1053-100)

Herausgeber:
Dr.-Ing. Peter Schubert ist Autor zahlreicher Fachveröffentlichungen im Bereich Mauerwerksbau und Herausgeber der Zeitschrift „Mauerwerk".
Prof. Dipl.-Ing. Klaus-Jürgen Schneider lehrte Baustatik und Mauerwerksbau an der FH Bielefeld/Minden.
Dipl.-Ing. Torsten Schoch ist seit mehreren Jahren in führenden Positionen der Mauerwerksindustrie tätig. Er ist Mitglied in zahlreichen nationalen und europäischen Normausschüssen.

Interessenten:
Architekten und Bauingenieure, Bauunternehmen, Baubehörden, Bausachverständige, Studenten der Architektur und des Bauingenieurwesens.

Bauwerk www.bauwerk-verlag.de

Mauerwerksbau aktuell

Praxishandbuch 2007
für Architekten und Bauingenieure

Herausgegeben von
Prof. Dipl.-Ing. Klaus-Jürgen Schneider
Prof. Dipl.-Ing. Georg Sahner
Dr. Roland Rast

Mit Beiträgen von
Dipl.-Ing. D. Böttcher • Prof.-Dr.-Ing. N. Fouad •
Dr.-Ing. R. Hirsch • Prof. Dr.-Ing. K. Holschemacher •
Dr.-Ing. U. Huster • Prof. Dipl.-Ing. H. O. Meyer-Abich •
Prof. Dipl.-Ing. R. Pohlenz • Prof. Dipl.-Ing. K.-J. Schneider •
Dipl.-Ing. T. Schoch • Dipl.-Ing. A. Schwedler •
Dr.-Ing. P. Schubert • Prof. Dr.-Ing. W. Seim •
Dipl.-Ing. Architektin W. Vogler • Dr.-Ing. Architekt
N. Weickenmeier • Dipl.-Ing. Architektin A.-N. Zarbafi

10. Jahrgang 2007

Bibliografische Information Der Deutschen Bibliothek
Die Deutsche Bibliothek verzeichnet diese Publikation in der Deutschen Nationalbibliografie; detaillierte bibliografische Daten sind im Internet über http://dnb.ddb.de abrufbar.

Berlin: Bauwerk Verlag, 2007

Schneider / Sahner / Rast (Hrsg.)
Mauerwerksbau aktuell 2007

ISBN 978-3-89932-152-4

Herausgeber und Verlag haben sich mit großer Sorgfalt bemüht, für jede Abbildung den/die Inhaber der Rechte zu ermitteln und die Abdruckgenehmigungen eingeholt. Wegen der Vielzahl der Abbildungen und der Art der Druckvorlagen können wir jedoch Irrtümer im Einzelfall nicht völlig ausschließen. Sollte versehentlich ein Recht nicht eingeholt worden sein, bitten wir den Berechtigten, sich mit dem Verlag in Verbindung zu setzen.

© Bauwerk Verlag GmbH, Berlin 2007
www.bauwerk-verlag.de
info@bauwerk-verlag.de

Alle Rechte, auch das der Übersetzung, vorbehalten.

Ohne ausdrückliche Genehmigung des Verlags ist es auch nicht gestattet, dieses Buch oder Teile daraus auf fotomechanischem Wege (Fotokopie, Mikrokopie) zu vervielfältigen sowie die Einspeicherung und Verarbeitung in elektronischen Systemen vorzunehmen.

Zahlenangaben ohne Gewähr.

Druck und Bindung:
Druckhaus Köthen

Vorwort zum Praxishandbuch 2007

Das Praxishandbuch „Mauerwerksbau aktuell 2007" erscheint als 10. Jahrgang. Im vorliegenden Praxishandbuch wurde das bewährte Konzept der bisherigen Praxishandbücher beibehalten. Neben grundlegenden Standardbeiträgen wurde mit „Aktuellen Beiträgen" die Darstellung der komplexen Materie des Mauerwerksbaus praxisnah abgerundet.

Alle Grundlagenbeiträge wurden – soweit erforderlich – aktualisiert und ergänzt. Mancher aktuelle Beitrag wurde aus den vorgehenden Praxishandbüchern wegen seiner besonderen Bedeutung und Aktualität in den Grundlagenteil übernommen.

Die Vielzahl der neuen Beiträge zu unterschiedlichen Themenbereichen geben dem Leser, zusätzlich zu den übersichtlich dargestellten Standardbeiträgen für das „Tagesgeschäft", Anregungen und ergänzende Informationen zur Lösung von Planungs-, Konstruktions- und statischen Aufgaben.

Neben den Themen Baukonstruktion, Bauen im Bestand und Sanierung wurden im vorliegenden Praxishandbuch weitere fachliche Schwerpunkte gesetzt. Zum einen spielt die neue Mauerwerksnorm DIN 1053-100(Ausgabe 08/2006) eine wichtige Rolle, zum anderen wurde wieder ein Beitrag zum Thema Zulassungen im Mauerwerksbau aufgenommen. Alle z.Zt. vorhandenen Zulassungen für Mauersteine wurden in einer Kurzfassung dargestellt.

Von besonderer Aktualität für die Baupraxis ist die neue Normenreihe DIN 1055 – Lastannahmen. Im Februar bzw. im Juni 2005 sind die beiden Normen DIN 1055-4 (Windlasten) bzw. DIN 1055-5 (Schnee- und Eislasten) als Weißdruck neu herausgekommen. Nach einer demnächst zu erwartenden Aufnahme in die „Liste der Technischen Baubestimmungen" müssen diese neuen Normen unmittelbar in der Baupraxis angewendet werden.

Eine Kurzdarstellung des Inhalts dieser beiden Normen DIN 1055-4 und –5, unter Berücksichtigung der Berichtigung 1 vom März 2006, befindet sich im Kapitel Baustatik, Abschnitt „Aktuelle Beiträge".

Ein weiterer wichtiger Beitrag befasst sich mit der neuen Novelle zur Wärmeschutzverordnung (EnEV 2006/2007).

Um die Praxisrelevanz von „Mauerwerksbau aktuell" noch weiter zu verbessern, wurden im Anhang „Aktuelle Beiträge aus der Mauerwerksindustrie" neu aufgenommen.

Zehn Jahre lang war der Architekt Dr.-Ing. Weickenmeier Mitherausgeber des Praxishandbuchs Mauerwerksbau aktuell. Er betreute schwerpunktmäßig die Bereiche Entwurf, Baukonstruktion und Baubetrieb. Die Mitherausgeber und der Bauwerk Verlag danken Herrn Dr. Weickenmeier für die kompetente Mitarbeit und für die langjährige sehr gute Zusammenarbeit.

Ebenso gilt unser Dank Herrn Prof. Dr.-Ing. Jäger, der vier Jahre als Mitherausgeber seine besondere Kompetenz im Mauerwerksbau mit eingebracht hat.

Neu im Herausgeberteam sind die Herren Dr. Ronald Rast, Geschäftsführer der Deutschen Gesellschaft für Mauerwerksbau (DGfM e.V.) und Prof. Dipl.-Ing. Georg Sahner, Büro G.A.S. Sahner - Architekten BDA. Herr Professor Sahner lehrt Baukonstruktion und Entwerfen an der FH Augsburg.

Wir danken allen Autoren für die fachlich hochqualifizierten Beiträge. Weiterhin danken wir dem Bauwerk Verlag für die angenehme und konstruktive Zusammenarbeit.

Im Oktober 2006   Die Herausgeber

Aus dem Vorwort zum ersten Praxishandbuch

Fachliteratur für Architekten unterscheidet sich in der Regel wesentlich von Fachliteratur für Bauingenieure. Erstere sucht den Zugang zum Leser über den visuellen Reiz ästhetischer Photoaufnahmen, letztere eher über den Weg der Mathematik und Konstruktion.

Es ist dies noch immer die Folge jener konkurrierenden Ausbildung des „Baumeisters", seit im Paris des beginnenden 19. Jahrhunderts die traditionelle Ecole des Beaux Artes gegen die neugegründete Ecole Polytechnique anzutreten gezwungen war: schöngeistige Baukunst contra reine Ingenieurwissenschaft. Selten ist diese Kontroverse besser dokumentiert als in den Bahnhofsbauten jener Zeit, bei denen eine prächtige Natursteinarchitektur des Baukünstlers in gebildetem Stilzitat die nackte Eisen- und Glaskonstruktion des Ingenieurs versteckt.

Architektur ist keine der bildenden Künste (mehr), das Bauingenieurwesen keine abstrakte Wissenschaft. Von Dach und Mauern geschützte Lebensvorgänge finden ihren sichtbaren Ausdruck in Gestalt von Wand und Öffnung, Innenraum und Außenbezug, ein Ausdruck funktionaler Inhalte, regionaler Bezüge, letztlich konkreter Herstellungsmethode aus Material und Konstruktion. Es geht um Zusammenhänge, die um so wichtiger sind, je höher und komplexer die Anforderungen an das Bauen werden:

– energiesparendes Bauen zur Reduktion der CO_2-Emission,

– ökologisch orientiertes Bauen zur Schonung der Umwelt und der noch verbleibenden, zum Teil nicht erneuerbaren Ressourcen,

– kostengünstiges Bauen angesichts einer Wachstumsstagnation, die schon lange kein konjunkturelles, sondern ein strukturelles Problem darstellt,

– nicht zuletzt aber auch ein qualitätsvolles Bauen im Bewußtsein eines kulturellen Anspruches, der mehr impliziert als Wirtschaftlichkeit und Schadensfreiheit.

Die enge, konstruktive Zusammenarbeit von Architekt und Ingenieur wird immer wichtiger, Akzeptanz und gegenseitiges Inspirieren der Kreativität sind Voraussetzungen zur Bewältigung der anstehenden Aufgaben.

Vor diesem Hintergrund steht die Idee der Herausgeber: ein Jahrbuch zum Thema Mauerwerksbau für Architekten und Ingenieure. In der Planung, Konstruktion, Berechnung und Ausführung Tätige erhalten übersichtliche, verständliche und anregende Informationen für die tägliche Praxis.

Modersohn GmbH & Co. KG

Edelstahl? Modersohn!

Lean Duplex- ein neuer Edelstahl als Brücke zur Zukunft

Höhere Festigkeit als Wst. 1.4404 (A4) oder 1.4571 (A5)

Wilhelm Modersohn
GmbH & Co. KG
Eggeweg 2 a
32139 Spenge

Telefon (05225) 87 99 0
Telefax (05225) 87 99 45
email: info@modersohn.de
www.modersohn.de

Spenge - Die Entwicklung für Lean Duplex-Edelstahl fristete jahrelang im Entwicklungsarchiv eines schwedischen Stahlherstellers ein Schattendasein, da seinerzeit die Herstellung zu umständlich und damit auch zu teuer war. Neue Produktionsverfahren ermöglichen nun eine optimierte Herstellung und bahnen Lean Duplex den Weg in die Industriefertigungen. Der Stahlverarbeiter Modersohn hat als einer der ersten die Vorteile des neuen Edelstahls für seine Produkte entdeckt und stellt seine Produktion in Teilbereichen komplett auf den neuen Werkstoff 1.4362 um.

Die wesentlichen Produktvorteile des neuen Lean Duplex Stahls sind:

- in vielen Bereichen bessere Korrosionsbeständigkeit gegenüber 1.4404 (A4) / 1.4571 (A5)
- doppelt so hohe Festigkeit, da kein Festigkeitsverlust durch Schweißen auftritt
- bei gleicher Belastbarkeit sind schlankere Bauweisen und filigranere Konstruktionen möglich
- kleinere und weniger Wärmebrücken beim Fassadenbau
- eine Hilfe aus der Rohstoff-Kostenkrise - Angebotsstabilität durch relative Preissicherheit (geringere Börsenabhängigkeit durch erheblich niedrigeren Legierungszuschlag)

Bauaufsichtliche Zulassung erteilt! Z-30.3-19

Seit 2003 wurden eine Reihe von Tests und Prüfungen der Befestigungsprodukte an der Universität Karlsruhe unter der Leitung von Prof. Dr. Ing. Saal durchgeführt. Ab 2004 ist die Zulassung am Institut für Bautechnik in Berlin für die Produkte zur Fassadenbefestigung vorangetrieben worden. Parallel wurden beim Bundesamt für Materialforschung (BAM) unter der Leitung von Prof. Dr. Ing. Iseke und Dr. Burkert umfangreiche Prüfungen durchgeführt, die im März 2006 abgeschlossen wurden und Grundlage für die Zulassung waren. Danach wurde Modersohn vom Deutschen Institut für Bautechnik (DIBT) die allgemeine bauaufsichtliche Zulassung unter der Nummer Z-30.3-19 erteilt.

Weiterhin wurden auch die eingesetzten Schweißverfahren unter der Leitung von Prof. Dr. Ing. Wolf-Berend Busch - in seiner Eigenschaft als Schweißfachingenieur bei der Fa. Modersohn - umfangreichen Prüfungen unterzogen und durch die SLV-Duisburg abgenommen.

Durch diese Testate bietet der Hersteller seinen Kunden ein Maximum an Investitionssicherheit für die verwendeten Produkte an.

△ Das neue Logo für Duplex-Stahl

△ Zugelassene Einzelkonsolanker

Firma Modersohn		**Hintergrund**
• ist Spezialist für Schwerlastbefestigungen im Hochbau für Mauerwerks-, Beton- und Natursteinfassaden. Außerdem werden Befestigungen für Brücken, Tunnel, Solarmodule und denkmalgeschützte Gebäude (Altbausanierung) hergestellt, so z.B. die Edelstahlbefestigungen in der Frauenkirche (u.a. der „Kaiserstab") oder der kürzlich fertiggestellte Rathausmann (Dresden)	• hat seit Anfang 2003 die Einführung des Lean Duplex stark vorangetrieben und fand in der ISER (Informationsstelle Edelstahl Rostfrei, Düsseldorf) einen Partner für das Projekt. Um die Vorteile dieses Stahls zu nutzen wurden für die eigenen Produkte Zulassungen beantragt und erteilt. Die Produktion wird sukzessive auf die Verwendung von Lean Duplex Edelstahl umgestellt.	• ist ein inhabergeführtes Unternehmen, das Marktnischen besetzt und hat durch seine große Flexibilität weitere Standbeine im Bereich Industriezulieferung von Edelstahlbauteilen geschaffen - siehe Internetseite www.modersohn.de • Vorteile für den Kunden: Enge Zusammenarbeit mit dem Ingenieurbüro für Baustatik ASTATEC, optimale Unterstützung für Planer, und Architekten.

Goris

Stahlbetonbau-Praxis nach DIN 1045 neu

Band 1: Grundlagen, Bemessung, Beispiele

2. Auflage. 2004. 240 Seiten.
17 x 24 cm. Kartoniert. Mit Abbildungen.
EUR 25,–
ISBN 3-89932-075-1

Band 2: Schnittgrößen, Bewehrung, Konstruktion, Beispiele
(Beilage: Konstruktionshilfen und Nachweisgleichungen)

2. Auflage. 2006. 245 Seiten.
17 x 24 cm. Kartoniert. Mit Abbildungen.
EUR 25,–
ISBN 3-89932-139-1

Band 1 + 2 (Paket)
2004 / 2006.
EUR 41,–
ISBN 3-89932-141-3

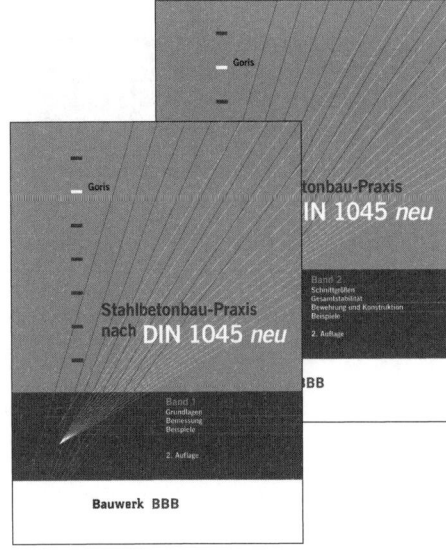

Aus dem Inhalt Band 1:
Tragwerke • Baustoffe, Einwirkungen, Sicherheitskonzept • Grenzzustände der Tragfähigkeit (Biegung, Querkraft, Torsion, Durchstanzen, Knicken) • Grenzzustände der Gebrauchstauglichkeit (Spannungs-, Rissbreiten-Verformungsbegrenzungen) • Dauerhaftigkeit • Zahlenbeispiele

Aus dem Inhalt Band 2:
Grundlagen der Bewehrungsführung • Bewehrung und Konstruktion der einzelnen Bauteile • Räumliche Steifigkeit • Qualitätssicherung und Bauausführung • Buchbeilage: Bemessungshilfen
Bereits berücksichtigt: DIN 1045 – Berichtigung 2 (Ausgabe 06.2005) sowie aktuelle Auslegungsfragen des NABau.
Neu in der 2. Auflage: Schnittgrößenermittlung mit EDV-Programmen • Besondere Konstruktionen (Weiße Wannen) • Bemessen mit Stabwerkmodellen • Konsolen, Rahmenecken, Teilflächenbelastung • Zahlenbeispiele

Autor:
Prof. Dr.-Ing. Alfons Goris lehrt Stahlbeton- und Spannbetonbau an der Universität-Gesamthochschule Siegen.

Interessenten:
Studierende des Bauingenieurwesens,
Tragwerksplaner, Prüfingenieure, Prüfbehörden,
Baufirmen, Technikerschulen Bau.

Stahlbeton-Praxis (in 2 Bänden) zeigt kompakt und übersichtlich die Bemessung und die konstruktive Durchbildung von Stahlbetontragwerken. Stahlbeton-Praxis wendet sich an Studierende und an die in der Praxis tätigen Tragwerksplaner, die ihre Kenntnisse vor allem im Hinblick auf die neue DIN 1045-1 aktualisieren möchten. Durch die Erläuterung theoretischer Grundlagen mit zahlreichen Beispielen eignet sich das Buch auch sehr gut für das Selbststudium.

Bauwerk www.bauwerk-verlag.de

JORDAHL®  PFEIFER®

ISOMUR® plus Mauerfußelement

- Steinfestigkeitsklasse 20
- Wärmeleitfähigkeit 0,245 W/mK[1)]
- kein Feuchtigkeitstransport
- vollständiges Sortiment
- optimaler Wirkungsgrad

Zul. Nr. Z-17.1-811

[1)]Bemessungswert, bauaufsichtlich überwacht

Die effiziente Wärmedämmung am Mauerfuß

www.h-bau.de J&P: Die Baupartner

| J&P Bautechnik Vertriebs GmbH Nobelstraße 51 Postfach 440549 D-12057 Berlin www.jp-bautechnik.de | Deutsche Kahneisen GmbH Nobelstraße 51 D-12057 Berlin Tel. +49(0)30/682 83-02 Fax +49(0)30/682 83-497 E-Mail info@jordahl.de Internet www.jordahl.de | **H-BAU Technik GmbH Am Güterbahnhof D-79771 Klettgau** **Tel. +49(0)7742/92 15-20 Fax +49(0)7742/92 15-90 info.klettgau@h-bau.de www.h-bau.de** | Pfeifer Seil- und Hebetechnik GmbH Dr.-Karl-Lenz-Straße 66 D-87770 Memmingen Tel. +49(0)8331/937-290 Fax +49(0)8331/937-342 E-Mail bautechnik@pfeifer.de Internet www.pfeifer.de |

Die Wärmebrücke am Mauerfuß effizient lösen

Wärmebrücken sind Schwachstellen am Bau, welche nicht nur aus wirtschaftlichen, sondern auch aus gesundheitlichen Gründen durch konstruktive Lösungen zu entschärfen sind. Mit zunehmender Wärmedämmstärke der Außenwand wird nämlich das Risiko von gesundheitsschädlicher Schimmelpilzbildung noch erhöht.

Besonders gravierend ist die Wärmebrücke im Mauerfußbereich über der Kellerdecke, da hier sowohl eine geometrische wie eine stoffliche Wärmebrücke vorliegt. An dieser Stelle schließt das Mauerfußelement Isomur plus effizient die Lücke in der unterbrochenen Wärmedämmung.

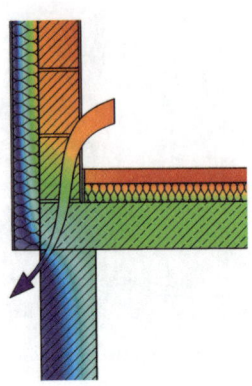 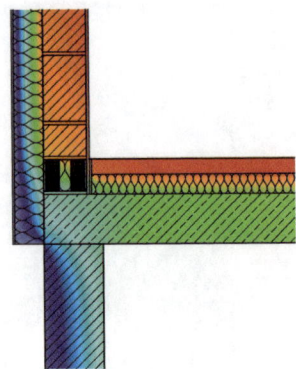

Bild 1: ungedämmter Gebäudesockel   Bild 2: gedämmter Gebäudesockel

Das erste wärmedämmende und tragende Mauerfußelement

Die Anforderungen an das Mauerfußelement verlangen neben der hohen Tragfähigkeit eine optimale Wärmedämmwirkung. Diese zwei Eigenschaften sind bekanntermaßen physikalisch betrachtet zwei entgegengesetzt wachsende Größen, da eine Steigerung der Tragfähigkeit eine Erhöhung der Masse der tragenden Struktur bedingt. Mit dem Wirkungsgrad als dem Verhältnis zwischen Tragfähigkeit und Dämmfähigkeit, kann die Effizienz eines Mauerfußelementes beschrieben werden. Der Wirkungsgrad von Isomur plus konnte gegenüber reinem Kalksandstein Mauerwerk auf das Vierfache gesteigert werden.

Die EnEV belohnt effiziente Massnahmen gegen Wärmebrücken

Anders als bisherige Vorschriften begünstigt die EnEV effiziente Lösungen gegen Wärmebrücken. Mit Hilfe des Wärmebrückenverlustkoeffizienten kann der tatsächliche Wärmeverlust der Wärmebrücke in einem genauen Nachweis geführt werden. Dieser macht sich rechnerisch und auch tatsächlich bezahlt. Vorraussetzung für die Verwendung des genauen Verfahrens ist, daß die eingesetzten Kennwerte (Wärmeleitfähigkeit etc.) bauaufsichtlich eingeführt sind. Bei Isomur plus wurde der "Bemessungswert der Wärmeleitfähigkeit" nach DIN 4108 in die Zulassung aufgenommen. Eine permanente Femdüberwachung garantiert eine gleich bleibende Qualität.

Der Schlüssel für eine praxisgerechte Lösung

Ein wesentliches Kriterium für die Praxistauglichkeit von Mauerfußelementen ist deren Verhalten unter der während der Errichtung des Rohbaues anfallenden Feuchtigkeit. Isomur plus weist eine derart geringe kapillare Wasseraufnahme auf, dass es als erste Steinlage wie eine Sperrschicht wirkt. Der Wasseraufnahmevermögen geprüft nach EN 772-11 ergibt einen Wasseraufnahmekoeffizienten c_{ws} von 0.10 $kg/(m^2h^{0.5})$. Somit kann Isomur plus als wasserundurchlässig deklariert werden.

Fazit

Mauerfußelemente gehören heute in Deutschland zum Stand der Technik. Mit dem Inkrafttreten der neuen Energieeinsparverordnung wird deren Anwendung nicht nur gefördert, sondern auch dringlicher, weil das Schadenrisiko bei größeren Dämmstärken der Außenwände steigt, wenn Wärmebrücken vernachlässigt werden.

Wienerberger

TERCA

Blendende Zeiten für Ihre Fassade

- Absolut wetterfest
- Solidität und Langlebigkeit
- Keine Instandhaltungskosten
- Wertbeständigkeit über mehrere Generationen
- Lebendige Architektur mit vielfältigen Gestaltungsmöglichkeiten
- Stilvolle Individualität und Ästhetik
- Häuser mit eigenständigem Charakter und unverwechselbarem Charme
- Attraktive Strukturen und zeitlos schöne Farben

KAMTEC

Die perfekte Kombination: Ziegel für Wand und Schornstein

- EnEV-optimal
- Brennwert-sicher
- Blower-Door-dicht
- Feuchteunempfindlich
- Raumluftabhängiger und -unabhängiger Betrieb
- Flexibilität und Sicherheit
- Geeignet für alle Heizsysteme/Brennstoffe

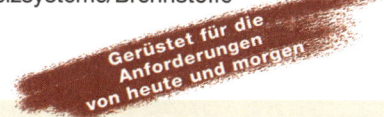
Gerüstet für die Anforderungen von heute und morgen

Wienerberger Ziegelindustrie GmbH, Oldenburger Allee 26, D-30659 Hannover, Telefon (05 11) 6 10 70-0, Fax (05 11) 61 44 03, info@wzi.de · www.wienerberger.de

A ENTWURF UND BAUKONSTRUKTION

Dipl.-Ing. Architektin Waltraud Vogler, Dipl.-Ing. Architektin, MBA Anne-Nassrin Zarbafi (Abschnitt 0)
Dr.-Ing. Norbert Weickenmeier (Abschnitte 1–4)
Dr.-Ing. Peter Schubert (Abschnitt 5)

0 Modernes Bauen mit Mauerwerk A.3

1 Grundlagen der Gestaltung A.17

1.1 Stein auf Stein A.17
1.2 Vom Entwerfen und Konstruieren mit Mauerwerk A.20
1.3 Tragsystem und Außenhaut A.30
1.4 Grundriß- und Raumstrukturen in Mauerwerk A.35

2 Bauteilbereiche A.38

2.1 Der Sockel A.38
2.2 Zwischendecken und Durchdringungen A.41
2.3 Die Öffnung in der Wand A.44
2.4 Dach und Wand; Traufe, Ortgang und Attika A.48

3 Geometrische Grundlagen A.52

3.1 Steinformate A.52
3.2 Maßordnung A.54
3.3 Verbände A.57

4 Baukonstruktion der Außen- und Innenwände
(abgedruckt in Mauerwerksbau aktuell 2005 Seite A.53 bis A.72)

5 Dehnungsfugen in Bauteilen und Bauwerken aus Mauerwerk – Funktion, Ausbildung und Anordnung A.63

5.1 Allgemeines, Funktion einer Dehnungsfuge A.63
5.2 Abdichten von Dehnungsfugen A.63
5.3 Anordnung von Dehnungsfugen A.64
    5.3.1 Zweischalige Außenwände A.64
    5.3.2 Nichttragende innere Trennwände, Ausfachungswände A.68
    5.3.3 Tragende Mauerwerkswände A.68
    5.3.4 Andere Bauteile A.68

Merl

Fallen im privaten Baurecht

Nach aktueller Rechtsprechung.
Mit Fallbeispielen und Praxishinweisen.

Mängelhaftung / Abnahme

2005. 309 Seiten.
17 x 24 cm. Gebunden.

EUR 49,–
ISBN 3-934369-06-5

Autor:
Dr. Heinrich Merl war Vorsitzender Richter am Oberlandesgericht München und ist Autor zahlreicher Veröffentlichungen zum Privaten Baurecht.

Interessenten:
Baujuristen, Architekten, Bauingenieure, Wirtschaftsingenieure, Bauunternehmen, Bauträger, Bauämter, Bauherren, Investoren.

In dieser Veröffentlichung wird dem Leser der nötige Überblick über neues und altes Mängelhaftungsrecht sowie über das Recht der Abnahme gegeben. Selbst für den versierten Baujuristen ist das Gebiet des vertraglichen Baurechts nicht leicht zu beherrschen, umso mehr als durch die jüngste Neufassung der VOB/B und die Änderungen des gesetzlichen Werkvertragsrechts viele neue Rechtsfragen auftauchen.

Verständlich formuliert, mit Fallbeispielen, Erläuterungen und Praxishinweisen ist dieses Buch eine wichtige Arbeitshilfe für rechtssicheres Handeln. Anhand von Gerichtsentscheidungen und Beispielen wird dem Leser eine Arbeitshilfe an die Hand gegeben. Praxisorientierte Erläuterungen weisen u.a. auf viele „Fallen" hin und erleichtern rechtssicheres Verhalten. Den einzelnen Erörterungen vorangestellt ist jeweils eine Einführung in den rechtlichen Zusammenhang, in dem die behandelten Fragen stehen.

Aus dem Inhalt:
- Grundlagen des Mängelhaftungsrechts
- Die mangelhafte Bauleistung
- Mängel der Architekten- und Ingenieurleistung
- Haftung des Auftragnehmers für fremde Mangelursachen
- Prüfungs- und Hinweispflicht des Auftragnehmers
- Mängelrechte des Auftraggebers nach BGB bei Vertragsschluss ab 01.01.2002
- Mängelansprüche des Auftraggebers vor Abnahme beim VOB-Vertrag
- Leistungsverweigerungsrecht des Auftraggebers
- Gemeinschaftliche Haftung mehrerer Baubeteiligter/ Mitverantwortung des Auftraggebers
- Mitverantwortung des Auftraggebers, Sowiesokosten, Vorteilsausgleich
- Verjährung der Mängelrechte des Auftraggebers

Bauwerk www.bauwerk-verlag.de

A ENTWURF UND BAUKONSTRUKTION
0 Modernes Bauen mit Mauerwerk

Studentenwohnen am Saalepark in Hof

Architekten:
Bez + Kock Architekten BDA, Stuttgart

Eingebettet in den durchgrünten Landschaftsraum entlang des Saaleufers erzeugt die Teppichstruktur aus zwei- und dreigeschossigen Häusern in versetzter Anordnung abwechslungsreiche Zwischenräume mit dörflichem Charakter. Ein öffentlicher Fußweg quert die autofreie Wohnanlage und führt zum Fußgängersteg über die Saale. Die Fahrzeuge der Bewohner sind in einer Tiefgarage unter dem nördlichen Teil des Geländes untergebracht.

Die 230 Zimmer sind mit Gemeinschaftsräumen in überschaubare Hausgemeinschaften zusammengeschlossen, die möblierte, komplett ausgestattete Einzimmerappartements und Wohngemeinschaften für die Studierenden bieten.
Die Höhenstaffelung der Blöcke schafft Raum für gemeinschaftliche Dachterrassen.

Natürliche und alterungsfähige Materialien mit hoher haptischer Qualität in solider handwerklicher Verarbeitung sorgen für Dauerhaftigkeit und Nutzerakzeptanz.

Die weitgehend geschlossenen Schotten aus Kalksandstein sind kerngedämmt und mit einer Vormauerung aus handgefertigten, dünnformatigen Ringofenziegeln verkleidet, die im wilden Verband mit einem Anteil von 50% Rückseiten gemauert sind.
Die Detaillierung der Schotten erzeugt das Erscheinungsbild von 24 cm dicken Sichtziegelwänden.

Die Attika wurde nicht als Blechabdeckung, sondern mit speziell hergestellten Sonderziegeln als Rollschicht mit Innengefälle ausgeführt. Diese ist in der Lagerfuge bewehrt und horizontal abgedichtet.

Die Ost- und Westfassaden der Zimmer werden jeweils durch ein seriell vorgefertigtes Holz-Glaselement aus unbehandelter sibirischer Lärche geschlossen.

Das Projekt wurde mit dem Architekturpreis 2005 und dem Sonderpreis 2005 des Ziegel Zentrum Süd e.V. ausgezeichnet und erhielt eine Auszeichnung des BDA im Rahmen der Auszeichnungen guter Bauten in Franken 2004.

Bauherr: Studentenwerk Oberfranken, Bayreuth
Fertigstellung: Juli 2004

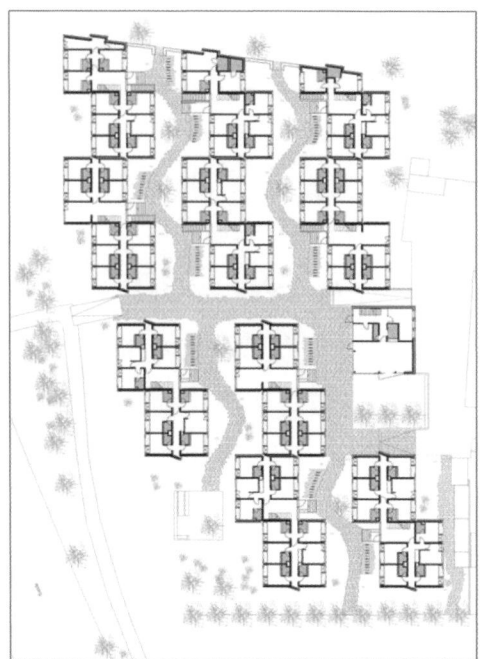

Abb. A 1.1 Lageplan

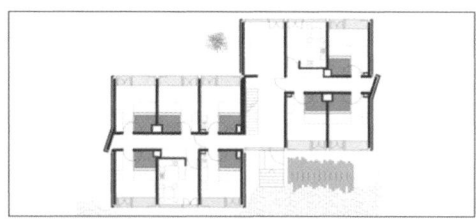

Abb. A 1.2 Grundriss EG

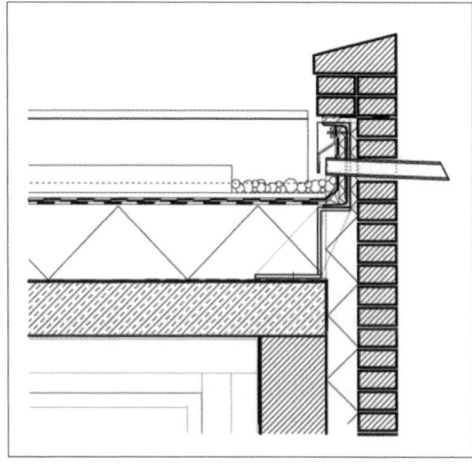

Abb. A 1.3 Fassadenschnitt

Modernes Bauen mit Mauerwerk   A

Abb. A 1.4 Zugang zur Wohnanlage   Fotos: Archigraphie, Steffen Vogt

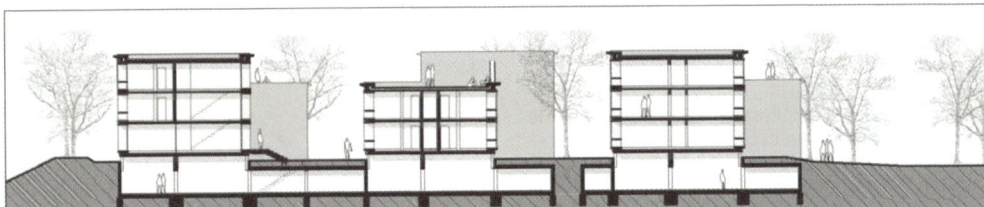
Abb. A 1.5 Schnitt

Abb. A 1.6 Holz-Glaselemente der Zimmer

Abb. A 1.7 Ringofenziegel und unbehandelte Lärche

Reihenhäuser I.C.H., Freising

Architekten:
mrb architekten
Mühl Rinkes Baur, München

Die 14 Reihenhäuser wurden im Süden Freisings auf einem großflächigen, naturnahen Gelände errichtet.

Mit einem klaren und einfachen Entwurfskonzept gelang es den Architekten, ein Höchstmaß an Flexibilität in der Grundrissplanung mit einer kostengünstigen und energiebewussten Bauweise zu verbinden.
Mit nur wenigen Detailvorgaben sowie einfacher Formen- und Materialsprache wurde den Käufern möglichst viel Gestaltungsspielraum überlassen. Sofern nicht durch bauphysikalische oder energetische Zwänge eingeschränkt, wurden sämtliche Baustoffe unter dem Gesichtspunkt „naturnah und unbehandelt" ausgewählt.

Die Außenwände wurden in Ziegelmauerwerk (d=24 cm, RD=1,2) mit 10 cm mineralischem Wärmedämmverbundsystem erstellt.
Bei den Haustrennwänden handelt es sich um Ziegelmauerwerk, zweischalig mit unterschiedlichen Rohdichten (d=17,5 cm, RD 1,4 und 2,0) mit Mineralfaserdämmung im Wandzwischenraum.

Durch die zwei aussteifenden Wandscheiben aus Doppelfiligranwänden in Stahlbeton im Treppenbereich, wurden die für Mauerwerksbau relativ großen Wandöffnung möglich.

Die flachgeneigte Pultdachkonstruktion mit ca. 5° Neigung erhielt eine in die Ringanker eingehängte Sparrendachkonstruktion mit Zwischensparrendämmung. Die filigranen Dachüberstände bestehen umlaufend aus Lärchenholzdreischichtplatten.

Aufgrund des hohen Grundwasserstandes und zur Nutzung regenerativer Energien wurde als Heizsystem eine Wärmepumpe gewählt. Südwestlich orientierte Gärten und Dachterrassen ermöglichen die Ausweitung der Wohnflächen ins Freie.

Die Architekten erhielten 2005 für das Projekt den zweiten Platz beim bundesweiten 6. Unipor-Architekturpreis.

Bauherr: I.C.H. Immobilien GmbH & Co. KG
Fertigstellung: August 2006

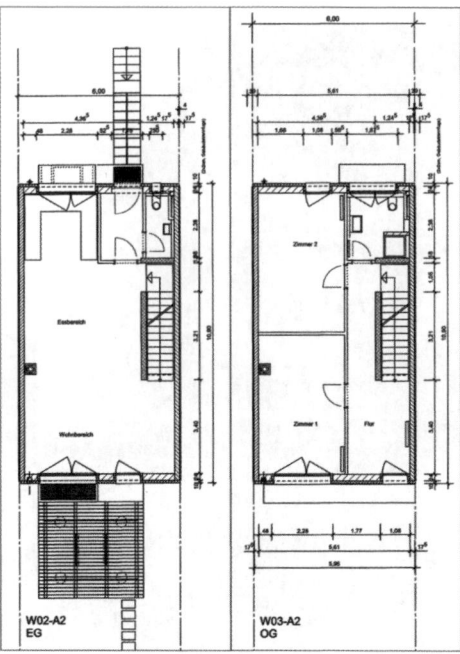
Abb. A 2.1 Grundrisse EG und OG

Abb. A 2.2 Lageplan

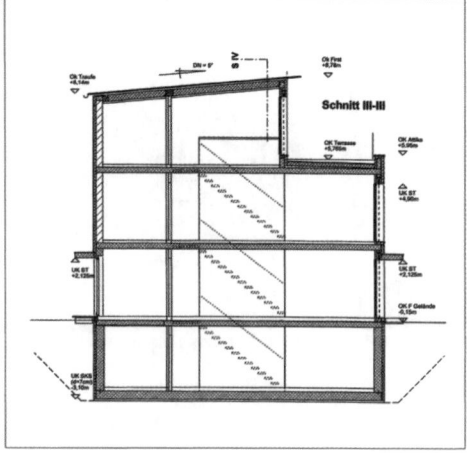
Abb. A 2.3 Schnitt

Modernes Bauen mit Mauerwerk   A

Abb. A 2.4   Ansicht Gartenseite   Foto: Thomas Drexel

Abb. A 2.5   Nordfassade

Abb. A 2.6   Innenraum EG

Abb. A 2.7   Baustelle

Abb. A 2.8   Südfassade

Grundschule Dachau Augustenfeld

Architekten:
Arge Deffner & Voitländer / Schwarz, Dachau

Die Grundschule befindet sich im künftigen Stadtteil Augustenfeld, zur Zeit als Solitär in unbebautem Umfeld. In unmittelbarer Nachbarschaft entstehen die private Montessorischule, sowie eine Turnhalle und Freisportanlagen.

Das subtraktive Vorgehen beim Enwurf resultiert aus der städtebaulichen Situation: Die Architekten entwickelten ein Gebäude, das sich nach außen kubisch und klar gibt, während es nach innen seine Vielfalt entwickelt. Die aus der Gebäudemasse herausgeschnittenen Höfe bilden mit ihren freieren Linien und leuchtenden Farben einen bewussten Kontrast zur Strenge außen.

Das Farbkonzept wurde gemeinsam mit dem Künstler Paul Havermann entwickelt, der den Kunst Wettbewerb für die Schule gewann. Der städtebaulichen Grundidee folgend ist die Schule außen zurückhaltend schlammgrau gestrichen, während die kräftigen Rot- und Orangetöne an den geknickten Wänden im Inneren aus den Höfen herausleuchten.

Der zweigeschossige, nahezu quadratische Baukörper ist durch drei Innenhöfe gegliedert. Im Zentrum verbindet die Pausenhalle alle drei Höfe miteinander. Während die orthogonale Außenform in ihren architektonischen Mitteln auf das Minimale reduziert ist, bricht die bunte und polygonale Welt der Innenhöfe mit der zentralen Halle an drei Seiten kontrastierend nach außen durch.

Die monolithische Massivbauweise war ausdrückliche Forderung des Bauherrn. Diese Vorgabe wurde in Form einer sehr plastischen Fassade aus 49 cm dicken Ziegelaußenwänden mit tiefen Laibungen und mineralischem Putz umgesetzt. Auch die tragenden und nichttragenden Innenwände mit 24 cm bzw. 11,5 cm Dicke wurden in Ziegelbauweise gemauert.

Industrie-Verbundestrich und Fußbodenheizung sorgen für ein ruhiges Erscheinungsbild der Böden. Der außenliegende, textile Sonnenschutz ist farblich auf die jeweilige Außenwand abgestimmt, die Innenhöfe wurden mit Plattenbelägen und Farbasphalt gestaltet.

Bauherr: Stadt Dachau
Fertigstellung: Herbst 2006

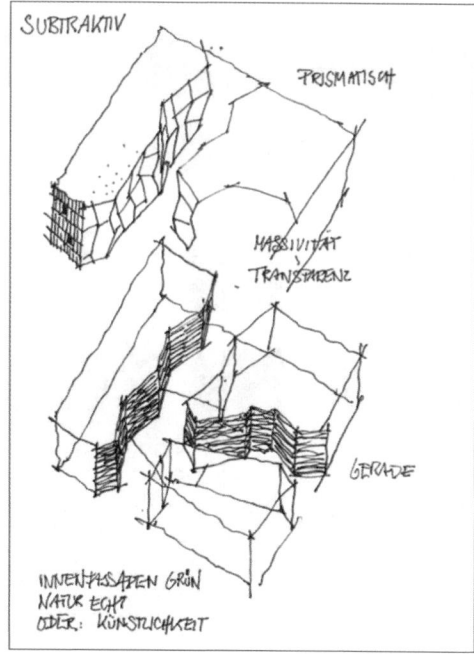

Abb. A 3.1   Konzeptskizze

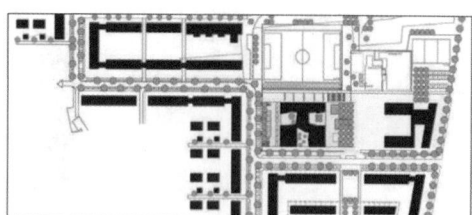

Abb. A 3.2   Lageplan

Abb. A 3.3   Grundriss EG

Modernes Bauen mit Mauerwerk **A**

Abb. A 3.4 Ansicht Innenhof

Abb. A 3.5 Baustelle Straßenansicht

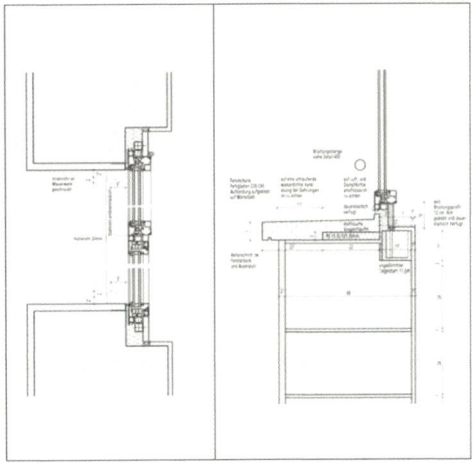

Abb. A 3.6 Details Fensteranschluss

Abb. A 3.7 Innenraum

Haus Loidl, Fischen am Ammersee

Architekten:
T. Unterlandstättner   M. Schmöller   I Architekten, München

Das Einfamilienhaus befindet sich in Fischen-Pähl am südlichen Rand des Ammersees in dörflich geprägter Umgebung.

Die Architekten nahmen bei Ihrem Entwurf die Vorgaben des Bebauungsplanes auf und interpretierten mit dem Neubau, seiner Lochfassade, seinen Proportionen und der Dachform, den klaren monolithischen Charakter der Gebäude der umgebenden alten Dorfstrukturen.

Die Grundorganisation des Hauses ist die Basis für niedrigen Heizenergiebedarf. Der großzügige Wohn- und Essbereich mit offener Küche im EG und die Individualbereiche im OG sind alle nach Süden orientiert und großflächig verglast. Sie ermöglichen passive Solarenergiegewinne, wobei die Obergeschossfenster durch den Dachüberstand vor zu großer Sonneneinstrahlung geschützt sind. Die nach Norden orientierte Nebenraumzone, in der auch die einläufige Holztreppe nach oben führt, verhindert als Pufferzone die Auskühlung des Hauses auf der der Sonne abgewendeten Seite.

Dieses klare, logische Konzept wird ergänzt durch ein in der Detaillierung reduziertes Erscheinungsbild, das sich sowohl in das Wohngebiet einfügt als auch die Sprache moderner Architektur beherrscht.

Die 36,5 cm dicken, monolithischen Außenwände des Hauses wurden aus hochwärmedämmenden Ziegeln errichtet. Die Brüstungen bei den großen Fensteröffnungen wurden als Stahlbetonüberzüge ausgeführt, die gedämmt und mit einer Ziegelvorsatzschale versehen wurden. Diese vollkeramische Oberfläche verhindert Putzrisse, die in der Regel vor allem bei Materialübergängen auftreten.

Die ganz außen- oder innenbündig eingebauten Holzfenster beschränken sich auf zwei Formate. Der Dachüberstand ist als auskragende, dünne Mehrschichtplatte ausgeführt, die Dachrinnen sind von unten nicht sichtbar auf der Dachfläche montiert. Das Dach wurde mit naturroten Dachziegeln eingedeckt. Alle verwendeten Materialien behalten auch in den Innenräumen ihre natürliche Struktur und Farbigkeit.

Bauherr: Denise Andres-Loidl, Christian Loidl
Fertigstellung: Dezember 2003

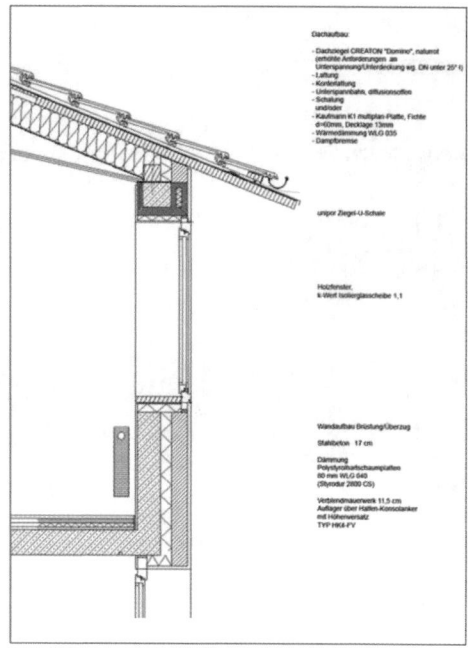

Abb. A 4.1   Fassadenschnitt

Abb. A 4.2   Grundriss OG

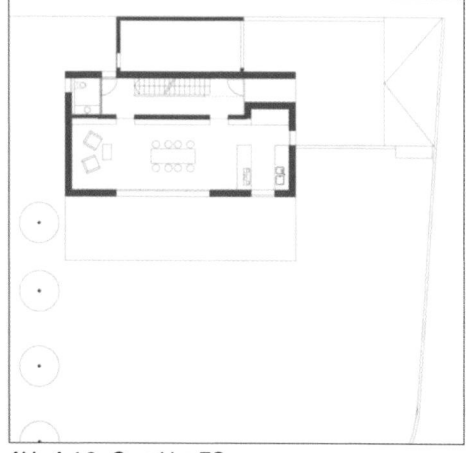

Abb. A 4.3   Grundriss EG

Abb. A 4.4 Ansicht Gartenseite

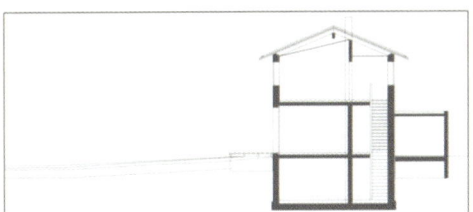
Abb. A 4.5 Schnitt

Abb. A 4.6 Holztreppe Innenraum

Abb. A 4.7 Innenraum

Abb. A 4.8 Fensterlaibung

Entwurf und Baukonstruktion

Rathaus Feldkirchen bei München

Architekten:
Miroslav Volf Architekt BDA, Köln

Der Rathausneubau mit Gemeindebücherei befindet sich im Zentrum von Feldkirchen. Zwischen denkmalgeschützten Gebäuden nimmt der Entwurf die gewachsenen Strukturen auf und definiert den Rathausplatz und den südlich davor liegenden Straßenraum einschließlich des Treppenabgangs der Unterführung neu.
Eine Tiefgarage mit 45 Stellplätzen bietet in der Ortsmitte Entlastung für den ruhenden Verkehr.

Transparenz, Offenheit, Funktionalität und Übersichtlichkeit waren Zielvorgaben der Gemeinde Feldkirchen, für die das neue Rathaus ein Symbol der örtlichen Gemeinschaft darstellt.
Die Raum- und Funktionsgruppen für öffentliche Ämter, Gemeinderatssitzungssaal und Bücherei werden in dem Neubau zusammengeführt und um ein großzügiges Foyer angeordnet.

Durch die südlich vorgelagerte Absenkung der Fußgängerunterführung wurde die heterogone Platz- und Straßenform mit einer Raumkante gefasst und gleichzeitig eine räumlich interessante Situation vor dem Untergeschoss der Bibliothek geschaffen. Durch die Einbindung vorhandener Wege- und Sichtbeziehungen und die Erschließung über ein zentrales Foyer präsentiert sich das Rathaus als bürgerfreundliches, offenes Haus, welches die Möglichkeit bietet, kommunale, gesellschaftliche und kulturelle Veranstaltungen durchzuführen.

Die komplexe Baukörpergruppe ist in Stahlbetonmassivbauweise konzipiert, die mit einer Vormauerung aus Sichtziegeln verkleidet ist.
Der traditionellen Verwendung von Ziegel bei öffentlichen Bauten im Münchner Raum folgend, wurde ein lebendiger Ziegel aus Kohlenbrand mit Schmauchspuren gewählt. Die Ziegel (Fußsortierung) sind im wilden Verband vermauert, die Fugen bündig, mit Holz abgezogen.
Der Vorplatz, der Tiefhof und die Außentreppen sind, teilweise in Fischgrätmuster, mit Pflasterklinker belegt.

Durch die Verwendung des Ziegels auch in den Bodenbelägen des Außenbereichs entsteht eine einheitliche Materialität, die die Ortsmitte als unverwechselbaren Fixpunkt prägt.

Bauherr: Gemeinde Feldkirchen
Fertigstellung: Mai 2005

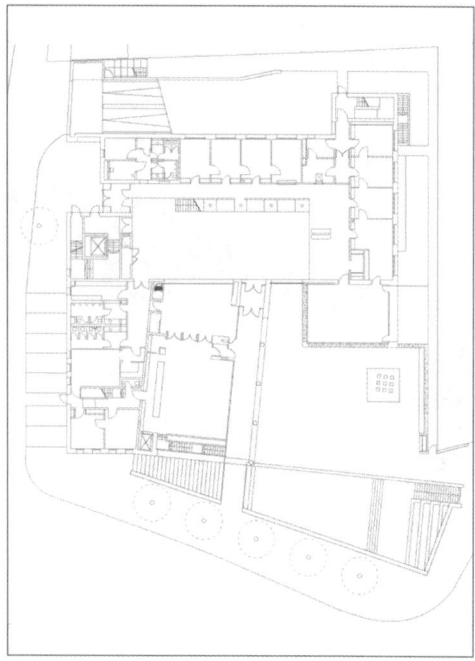
Abb. A 5.1 Grundriss EG

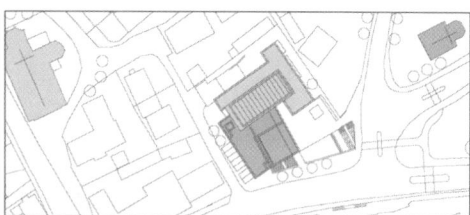
Abb. A 5.2 Lageplan

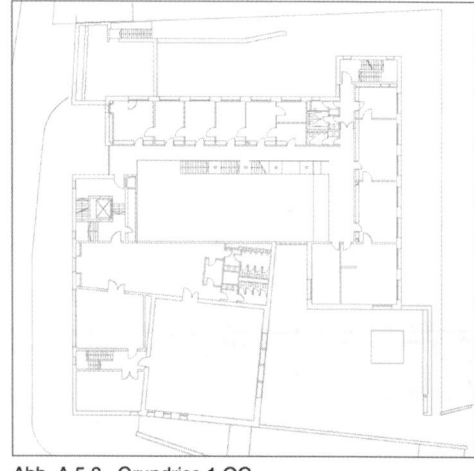
Abb. A 5.3 Grundriss 1.OG

Modernes Bauen mit Mauerwerk A

Abb. A 5.4　Foyer　　　　　　　　　　　　　　　　　Fotos: Stefan Müller-Naumann

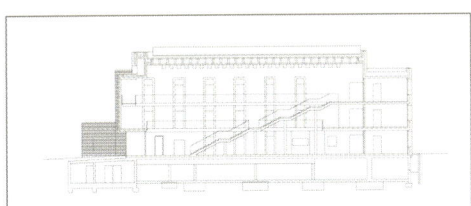

Abb. A 5.5　Schnitt

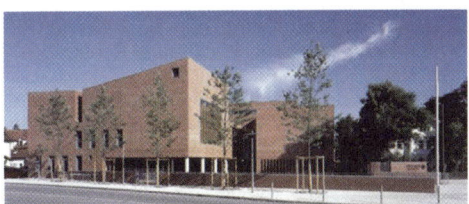

Abb. A 5.6　Gesamtansicht

Abb. A 5.7　Rathaus und Bücherei

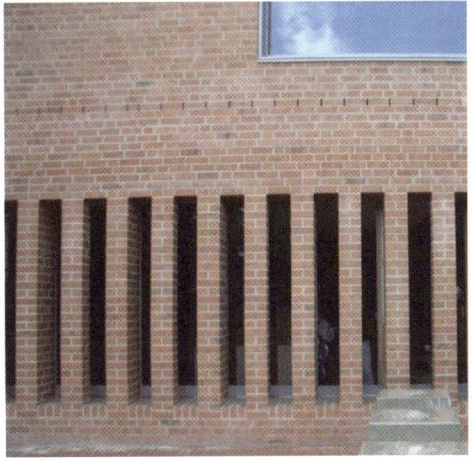

Abb. A 5.8　Detail　　　Foto: Ziegel Zentrum Süd e.V.

Entwurf und Baukonstruktion

Wohnungsbau in München Riem

Architekten:
dressler_ mayerhofer architekten, München

Der Neubau der beiden Wohngebäude mit jeweils 17 Wohnungen befindet sich in exponierter Lage am Landschaftspark Neuriem.
Die identischen, fünfgeschossigen Gebäude bilden zusammen mit einer Winkel- und einer lockeren Innenraumbebauung einen Block im neuen Stadtviertel München Riem.

Bei der Entwicklung des reinen Wohngebäudes lagen die Schwerpunkte auf einer familiengerechten und kostengünstigen Planung, die gleichzeitig ökologische Belange berücksichtigt.

Die Erschließung über zwei Treppenhäuser und einen Laubengang ermöglicht die Ausbildung unterschiedlicher Wohnungstypen wie Maisonettewohnungen über zwei oder drei Geschosse und großzügiger Dachgeschosswohnungen.
Während ein großer Teil der Wohnungen ost-westorientiert ist, profitieren bei den südorientierten Wohneinheiten die Individualräume mit großen Fensterflächen nach Süden und Westen von passiver Solareinstrahlung. Nach Norden bieten Nebenräume als Klimapuffer Schutz.

Bei der Konstruktion handelt es sich um einen Ziegelmassivbau mit Wärmedämmverbundsystem. Gute Schall- und Wärmedämmqualitäten waren dabei genauso von Bedeutung wie „bewohnerfreundliche Wände", die einfaches Bohren und Montieren erlauben.

Es wurden Holzfenster mit Wärmeschutzverglasung und ressourcenschonende Materialien eingesetzt. Die Regenwasserversickerung der Dachabwässer erfolgt in Rasenmulden und Rigolen.

Alle Wohnungen nehmen durch mindestens zwei Balkone oder Terrassen sowie großflächige Fensteröffnungen Bezug zum Außenraum und profitieren so von der besonderen Lage am Landschaftspark.

Das Projekt wurde mit einer Anerkennung im Rahmen des Architekturpreises 2005 des Ziegel Zentrum Süd e.V. ausgezeichnet.

Bauherr:
Gemeinschaftsprojekt der Münchner Grund Immobilien AG/München und IBS Stark GmbH/Gilching
Fertigstellung: November 2004

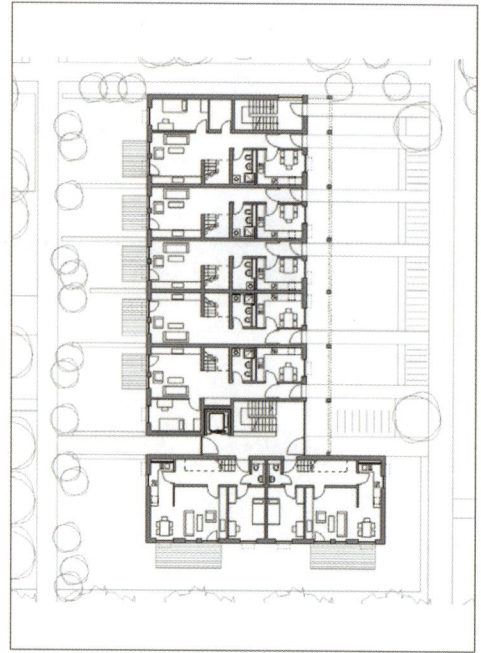

Abb. A 6.1   Grundriss EG

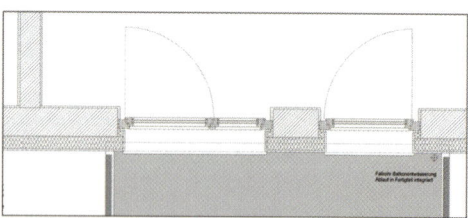

Abb. A 6.2   Regeldetail Fenster- und Balkonanschluss

Abb. A 6.3   Lageplan

Modernes Bauen mit Mauerwerk

Abb. A 6.4 Ansicht von Südwesten   Fotos: Sophie Seitz

Abb. A 6.5 Südansicht mit größzügigen Balkonen

Abb. A 6.6 Ansicht Laubengänge

Abb. A 6.7 Ansicht von Nordosten

Abb. A 6.8 Ansicht von Südosten

Wienerberger

POROTON

POROTON-Planziegel-T9
- Wärmeleitfähigkeit λ = 0,09 W/m·K
- Wandstärken in cm: 30,0 · 36,5
- Rohdichteklasse 0,65
- Druckfestigkeitsklasse 6

POROTON-Objektziegel-T12
- Wärmeleitfähigkeit λ = 0,12 W/m·K
- Wandstärken in cm: 30,0
- Rohdichteklasse 0,8
- Druckfestigkeitsklasse 6

POROTON-Planziegel-T12
- Wärmeleitfähigkeit λ = 0,12 W/m·K
- Wandstärken in cm: 24,0 · 30,0 · 36,5 · 42,5 · 49,0
- Rohdichteklasse 0,65
- Druckfestigkeitsklasse 6

POROTON-Planziegel-T14
- Wärmeleitfähigkeit λ = 0,14 W/m·K
- Wandstärken in cm: 24,0 · 30,0 · 36,5 · 42,5 · 49,0
- Rohdichteklasse 0,7
- Druckfestigkeitsklasse 6/8

POROTON-Planziegel-T
- Wärmeleitfähigkeit λ = 0,18 W/m·K
- Wandstärken in cm: 17,5 · 24,0 · 36,5
- Rohdichteklasse 0,8
- Druckfestigkeitsklasse 6/8

POROTON-Plan-Anschlagziegel, 2-teilig
- Wandstärke in cm: 36,5
- Für Fenster und Türlaibungen bei 1-schaligen Wandkonstruktionen

POROTON-Plan-Winkelziegel
- Wandstärken in cm: 30,0 · 36,5
- Für 135°-Ecken bzw. 45°-Eckausbildungen

POROTON-Planfüllziegel-T
- Wandstärken in cm: 17,5 · 24,0 · 30,0
- Für Wohnungstrennwände oder Treppenhauswände

POROTON-Keller-Planziegel-T
- Wärmeleitfähigkeit λ = 0,18*/0,42 W/m·K
- Wandstärken in cm: 11,5 · 17,5 · 24,0 · 30,0* · 36,5*
- Rohdichteklasse 0,8*/ 0,9
- Druckfestigkeitsklasse 8*/12

POROTON-Kleinformate und Hochlochziegel
- Formate: NF · 2 DF · 3 DF · 5 DF · 6 DF
- Rohdichteklasse 0,9 – 2,0
- Druckfestigkeitsklasse 12/20

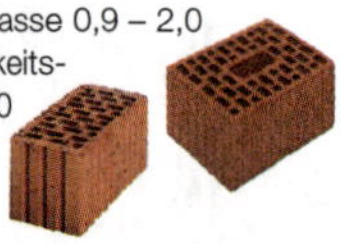

POROTON-U-Schalen
- Wandstärken in cm: 17,5 ·24,0 · 30,0 · 36,5 · 42,5 · 49,0
- Dämmung bauseits

POROTON-WL-Schalen
- Wandstärken in cm: 30,0 · 36,5
- Für Deckendicke 18,0 cm
- Dämmung integriert

POROTON-WU-Schalen
- Wandstärken in cm: 30,0 · 36,5
- Dämmung integriert
- Auch mit Fensteranschlag

Ziegel-Rollladenkästen
- Wandstärken in cm: 30,0 · 36,5
- Höhe h = 30,0 cm
- Längen in cm: 88,5 – 500,0

Auch als Sonderanfertigung mit 1-3 Ecken oder als Rund-/Segmentbogen

Ziegel- und Normstürze
- Breiten in cm: 9,0 –20,0 in Kombination für alle Wandstärken
- Längen:100 – 350 cm

Wärmedämmstürze
- Breiten in cm: 30,0 · 36,5
- Längen: 100 – 300 cm

Wienerberger Ziegelindustrie GmbH · Oldenburger Allee 26 · D-30659 Hannover · Telefon (0511) 6 10 70-0 · Fax (0511) 61 44 03, info@wzi.de · www.wienerberger.de

A Grundlagen der Gestaltung

1 Grundlagen der Gestaltung

1.1 Stein auf Stein

Mit dem Thema Mauerwerk verbinden sich von Anfang an die Wurzeln des Bauens in reinster Form und Anschaulichkeit.

Steine, in unmittelbarer Umgebung gesammelt, grob sortiert, mit sparsamer, im besten Sinne primitiver Technologie geschichtet, ergeben eine funktional, konstruktiv und ökonomisch zwangsläufig richtige Lösung (**Abb. A.1.1 bis A.1.5**).

Die Form ergibt sich aus dem vor Ort gefundenen Material und einer nur gering komplexen Funktion, die Konstruktion aus der Leistungsfähigkeit des Materials an sich und in der horizontalen Fügung bzw. vertikalen Schichtung. So entstehen Wände in einfacher Geometrie, Flächen und räumliche Gefüge – durchbrochen von Öffnungen für Fenster und Tür: hochstehende Rechtecke zur Minimierung der Beanspruchung im Sturzbereich.

Try and error, die Empirie handwerklicher Geschicklichkeit und wachsender, tradierter Erfahrung bestimmen die nach und nach verfeinerten Regeln, die Kenntnis der zu beachtenden Gesetzmäßigkeiten.

Der Verband der Steine wird zum Mauerwerk. Zunächst noch ohne Mörtel in der Fuge, dann mit immer perfekteren Bindemitteln. Zum Ausgleich der gravierenden Toleranzen im Auflagerbereich werden ihm eine Fülle von Funktionen übertragen: Hülle und gleichzeitig Tragwerk, Innen- und Außenwand, Sockel und Traufe, in manchen Regionen sogar Dach. Das Mauerwerk übernimmt den Schutz vor Einblicken, Feuchtigkeit und Wind, Kälte und Hitze, nicht zuletzt vor Feuer und Lärm gleichermaßen.

Stetige Verbesserungen des Systems wie insbesondere die immer präzisere Steinbearbeitung und dadurch gleichzeitig besser kontrollierbare Fugenausbildung erlauben statische – konstruktive – und bauphysikalische Optimierungen und damit die Umsetzung komplexerer Funktionen.

Die Möglichkeiten innerhalb des Systems der Schichtung von Stein auf Stein sind und bleiben jedoch prinzipiell gültig, wenn auch in einer materialspezifischen Begrenztheit, die nur von wenigen Hochkulturen überwunden werden konnte.

Abb. A.1.1 Archaische Mauerwerkskonstruktion im besten Sinne primitiver Technologie: Le Village Des Bories, Gordes, Südfrankreich

Abb. A.1.2 Bories, errichtet aus vor Ort gefundenen und ohne Mörtel geschichteten Steinen

Abb. A.1.3 Einfache Geometrien in minimaler Komplexität bestimmen die Architektur von Haus und Umfassung

Diese Wurzeln des Mauerwerkbaues, parallel zu denen des Skelettbaues in Holz, gehen primär einher mit dem vor Ort gefundenen Naturstein.

Eine zunächst nur regional entwickelte, jedoch prinzipielle Alternative zum Naturstein besteht im künstlich hergestellten Stein: zunächst aus Lehm, später aus gebranntem Ton, auf dessen Grundlage bis heute alle wesentlichen Produktinnovationen bestehen – neben den zeitgeschichtlich wesentlich jüngeren Entwicklungen auf der Grundlage von Bims, Kalksand und Beton.

Verbesserter Transport, beliebige Formatierung, damit verbindliche Normierung und geregelter Verband sind Entwicklungen, die die Unabhängigkeit des Materials vom Bauplatz, eine größere Leichtigkeit und verbesserte Handhabung neben weiteren wirtschaftlichen Vorteilen mit sich bringen.

In Verbindung mit wasserbeständigem Mörtel aus zunächst Puzzolan-Erde sind zunehmend schlankere Konstruktionen möglich mit dennoch verbesserter Qualifikation in Tragfähigkeit und Bauphysik.

Essentielle Verbesserungen dieses dem Naturstein in mehrfacher Hinsicht überlegenen Materials ergeben sich nach gelungenen Experimenten mit leichten Zuschlagstoffen wie Heu und Stroh im Ausgangsprodukt Lehm, mittels derer eine gezielte Vergrößerung der Porosität des Materials und damit eine Reduktion der Rohdichte gelingt.

Ohne Aufgabe konstruktiver Qualitäten ergeben sich dadurch wesentliche Verbesserungen der Materialqualität, die insbesondere in einem erhöhten Wärmedurchlaßwiderstand ihren Niederschlag finden.

Wissenschaftliche Forschungen der Universitäten, spezialisierter Fachinstitute und nicht zuletzt der Bauindustrie selbst bis heute in Theorie und – nach wie vor – Empirie ermöglichen eine zunehmende Qualitätssteigerung des tradierten Materials und die Entwicklung neuer Baustoffe und deren Kombinationen – Ziegelsteine, Kalksandsteine, Beton- und Leichtbetonsteine, Porenbeton-, Bimssteine und andere (**Abb. A.1.6 bis A.1.9**).

Mit optimierten Herstellungsverfahren, ständig verbesserten Zuschlagstoffen und qualifizierterer Lochung des Steinquerschnittes und Ausformung insgesamt, mit der Reduzierung des Fugenanteiles in der vertikalen Stoßfuge, zunehmend auch in der horizontalen Lagerfuge – dabei mit neuen Mörtelqualitäten wie z. B. sogenannter Leichtmörtel, deren Eigenschaften trotz hoher Belastbarkeit wieder der des Mauerwerks angeglichen sind, entstehen Baumaterialien als Voraussetzung für ein baukonstruktiv und bauphysikalisch optimiertes Gefüge im Mauerwerksbau.

Allen diesen Verfeinerungen und Optimierungen zum Trotz basiert das Prinzip des Mauerwerkbaus

Abb. A.1.4 Kragkuppel-Konstruktionen ermöglichen eine ausschließlich monolithische Bauweise

Abb. A.1.5

Grundlagen der Gestaltung

Abb. A.1.6   Bruchsteinmauerwerk

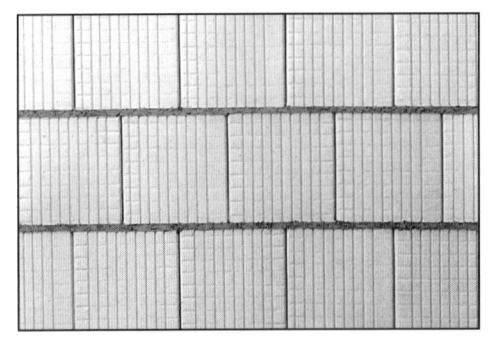

Abb. A.1.7   Hochlochziegel mit mörtelfreier Stoßfuge

Abb. A.1.8   Kalksandsteinmauerwerk

Abb. A.1.9   Betonsteinmauerwerk

immer noch auf den gleichen Prinzipien wie jene archaischen, fast sprichwörtlich steinzeitlichen Vorgänger.

Mag dies sicher nicht zuletzt darin begründet liegen, daß die Herstellungsmethode handwerklich begründet und sich immer noch – aller zunehmenden Vorfertigung zum Trotz – industriellen Fertigungsmethoden entzieht, so gilt es doch auch gleichzeitig zu konstatieren, daß in der Homogenität der Wand und in der Bewältigung unterschiedlichster Anforderungen durch einen Baustoff ein zeitloses und unverrückbar gültiges Architekturprinzip erkannt werden kann.

Material, Konstruktion und Form können eine Einheit bilden und damit Grundlage einer zeitlosen, essentiellen Architektur sein.

Material- und Werkgerechtigkeit sind dann Prämissen und nahezu ethisch verpflichtende Gesetzmäßigkeiten. Sie werden zwangsläufige Grundlagen einer qualitätvollen Architektur, einer Architektur im idellen Sinne des Wahren und Schönen, einer Architektur der Ehrlichkeit und nicht der Lüge, einer Architektur des Seins und nicht des Scheins. Und dennoch liegen die Dinge nicht so einfach, wie es auf den ersten Blick scheinen mag.

Zunehmend komplexere Anforderungen in Funktion, Baukonstruktion und Bauphysik führen zu Erscheinungsbildern und damit zu einer Architektur, die von der theoretisch beschriebenen Qualität weit entfernt ist.

Dies dokumentieren Einfamilienhäuser am Rande der Städte ebenso wie große Bauten für Wohnen, Verwaltung, Gewerbe der öffentlichen Aufgaben in den Zentren.

Dies dokumentieren ebenso die ständigen Innovationen der Baustoffindustrie, die mit Zusatzkonstruktionen, Halbzeugen, Komponenten und Verbundsystemen vermeintliche oder auch bestehende Defizite im Bereich der Lastabtragung, der Dämmung und der Dichtung kompensieren helfen, damit aber oft genug die Logik und Klarheit des Bauens mit Mauerwerk verunklaren.

Dies wird gleichzeitig erkennbar in einer umfassenden Normierung alle Materialien und Bauteilbereiche, die Widersprüche nicht ausschließt und abstrakt zu mehrfach überhöhten Sicherheiten um der Sicherheiten selbst willen, seltener aber aus der Vernunft der Fügung heraus führt.

Damit ist immer wieder die Frage gestellt nach dem Sinnzusammenhang von Material, Konstruktion und Form, von Material- und Werkgerechtigkeit; diese Fragestellung gilt auch dann, wenn der Terminus der Materialgerechtigkeit durch Systemgerechtigkeit ersetzt – wenn nicht überhaupt negiert – wird in eindeutiger Kapitulation von den Anforderungen einer „Wirklichkeit", die die Suche nach den Grundlagen der Form als missionarische Fehlleistung deklariert.

1.2 Vom Entwerfen und Konstruieren mit Mauerwerk

Der Vorgang des Entwerfens nahezu ebenso wie der des Konstruierens zählt zu jenen Grenzbereichen zwischen Kreativität und Wissen, zwischen Phantasie, Intuition, Begabung und wissenschaftlicher Logik, die sich weit weniger leicht erschließen wie die Fachbereiche der Materialkunde, der Baukonstruktion oder der Bauphysik.

Der Versuch einer Annäherung an das Entwerfen, zuletzt dann auch unter besonderer Berücksichtigung des Entwerfens mit Mauerwerk – was den Grad der Schwierigkeit noch erhöht – nimmt seinen Ausgang in historisch überlieferter Fachliteratur seit dem frühen 19. Jahrhundert, die sich in Verbindung mit der Neugründung wichtiger Bildungseinrichtungen für Architekten und Ingenieure mit diesem grundlegenden Thema und seiner pädagogischen Vermittlung systematisch befaßte.

Dabei wird der immer noch gültige Spannungsbogen erkennbar zwischen Wissenschaft und Kunst und die zwingend notwendige Ausgangsbasis im Wissen um die Grundlagen nicht zuletzt von Material und Konstruktion.

Letztlich erweist sich, daß Entwerfen und Konstruieren einen Denkprozeß darstellen, der in der Verknüpfung unterschiedlicher, komplexer Aspekte unter einer differenzierenden Systematik besteht.

Die Illustration der Produkte des Entwerfens soll dabei nicht an Bauten oder Projekten der zitierten Autoren erfolgen, sondern exemplarisch an realisierten Beispielen der Moderne, die als Inkunabeln die Komplexität des Bauens mit Mauerwerk möglichst prägnant vor Augen führen (**Abb. A.1.10 bis A.1.33**).

In einem romanhaften Lehrbuch, der „Histoire d'une Maison" legt Viollet-le-Duc 1870/80 seine Gedanken auch zum Prozeß des Entwerfens dar. Die Tragweite dieser Gedanken wird deutlich im Zusammenhang der erklärten Gegnerschaft gegenüber dem Eklektizismus seiner Zeit; so fordert er statt der Nachahmung vergangenen Formrepertoires eine Orientierung des Entwerfenden an Funktion, Konstruktion und Material zur Schaffung einer neuen Architektur. In dieser Phase des Umbruchs erkennt er die Bedeutung, die dem Vorgang des „richtigen Entwerfens" zukommt. So schreibt er in seinem Dialog:

Abb. A.1.10 Hendrik P. Berlage, Börse Amsterdam, Holland 1897–1903; Außenansicht

„Schüler: Für jede Sache aber, die man als Architekt betreiben will, muß es doch ein Mittel, ein Verfahren ... ein Rezept geben?

Lehrer: Hauptsache ist, daß man sich gewöhne, ein Gedachtes klar zu erfassen; unglücklicherweise lernt man aber eher eine Phrase als einen vernünftigen Gedanken bilden ... In der Baukunst sinnt man auf Formen, die das Auge reizen, ehe man weiß, ob sie der genaue Ausdruck dessen sind, was das Urteil der Vernunft, die strenge Betrachtung einer konstruktiven Notwendigkeit oder eines Lebensverhältnisses erheischt ... Soll ich nun auf diese Frage zurückkommen, ob die Baukunst Rezepte, Techniken kennt, so muß ich dir erwidern: Ja, man hat wohl dies und jenes praktische Verfahren, das

Grundlagen der Gestaltung   A

Abb. A.1.11 H. P. Berlage, Börse; Innenansicht der Haupthalle

Abb. A.1.12 Frank Lloyd Wright, Susan Lawrence Dana House, Springfield, Illinois, 1899–1900

Abb. A.1.14 F. L. Wright, Susan Lawrence Dana House, Springfield, Illinois, 1899–1900

Abb. A.1.13 H. P. Berlage, Börse; Detail

Abb. A.1.15 F. L. Wright, Darwin D. Martin House, Buffalo, New York, 1904–1905

im Konstruktionswesen seine Anwendung findet; da aber die Baustoffe und Mittel der Ausführung immer und immer andere sind, so muß auch das Verfahren den Abweichungen folgen. Ein Prinzip aber gibt es in der Baukunst, das man in allen vorkommenden Fällen befolgen kann und befolgen soll ... Jenes Prinzip befolgen heißt nun nichts anderes, als die Fähigkeit vernünftigen Denkens üben und sie auf jeden besonderen Fall anwenden ...

Die Erforschung aller Verhältnisse, aller sachlichen Grundlagen, der Ortsgebräuche, der klimatischen und hygienischen Bedingungen muß also der Bildung des Urteils, die Bildung des Urteils aber der Planung vorausgehen."

Viollet-le-Duc steht am Ende einer Epoche: Gesellschaftliche Veränderungen bei zunehmender Komplexität der Zivilisation, vorbildlose neue Bauaufgaben, neue Materialien, neue, von Indus-

A.21

Entwurf und Baukonstruktion

trialisierung geprägte Baumethoden führen die Architektur zunächst in die Krise, erzeugen Orientierungslosigkeit und Konventionsverlust.

Lange zurück liegen jene „absoluten Wahrheiten", die noch Alberti 1450 unter dem platonischen Ideal des Kalokagathon und jenes Beziehungsdreiecks von firmitas, utilitas, venustas (Festigkeit, Zweckmäßigkeit, Schönheit) definieren konnte.

Die Vernunft, Empfindung und Verstand zugänglichen, „absoluter Wahrheit" unterliegenden Gesetzmäßigkeiten sind bei ihm im Entwurfsvorgang eingebunden in nicht lehrbare, künstlerische Empfindungen und Erfahrungen des Architekten; es bedürfe daher bei Planung und Ausführung von Bauaufgaben der gemeinsamen Anspannung aller geistigen und künstlerischen Kräfte: „Aus dem Geist die Erfindung, aus der Erfahrung die Fähigkeit der Gestaltung, aus der Kritik die Auswahl, aus dem leitenden Gedanken die Komposition ... mittels Linien und Winkeln im Geiste konzipiert, aufgetragen von einem an Herz und Geist gebildeten Menschen."

Dies alles eingebunden in ein gesellschaftliches Einverständnis, eine Konvention, die den Entwurfsprozeß des Architekten ebenso lesbar macht wie das Gebaute selbst im städtischen Kontext.

Die Klage über den Verlust der Konvention ist seit dem Ende des 19. Jahrhunderts unüberhörbar, befriedigende Antworten gibt es bis heute wenige – wenn man denn diesen Aspekt nicht einfach als Positivum definieren und akzeptieren will.

Jean-Nicolas-Louis Durand sucht in diesem Dilemma in seinen Vorlesungen an der Pariser Ecole Polytechnique, publiziert 1802–1805 unter dem Titel „Precis des Lecons d'Architecture" eine Absicherung der Kunst durch die Wissenschaft und umgekehrt:

„Die Architektur ist gleichzeitig eine Wissenschaft und eine Kunst; als Wissenschaft verlangt sie Wissen (des connaissances); als Kunst erheischt sie Können (des talents). Das Können ist nichts anderes als die richtige und mühelose Anwendung des Wissens, und diese Richtigkeit und Mühelosigkeit erwirbt man nur durch fortgesetzte Übung und vielfältige Anwendung." Im Ergebnis müsse der Entwurf „aus einem Guß" sein.

„Das gelingt nur, wenn man sich von langer Hand mit allen Teilen vertraut gemacht hat, die zur Komposition gehören; denn sonst wird die Aufmerksamkeit von den Einzelheiten abgelenkt, man verliert das Ganze aus dem Auge, und die abgekühlte Einbildungskraft vermag nur noch Schwaches oder Schlechtes zu erzeugen, ja sie wird oft jeglicher Produktivität unfähig."

Abb. A.1.16 L. Mies van der Rohe, Haus Wolf, Guben 1926

Abb. A.1.17 L. Mies van der Rohe, Haus Josef Esters, Krefeld 1930

Abb. A.1.18 L. Mies van der Rohe, Haus Hermann Lange, Krefeld 1927

Die dazu nötige Grundlage ist das Wissen um die Bauelemente in ihrer Ausprägung durch Material, Form und Proportion, die Komposition als Verbindung der Bauelemente untereinander mit der Zielsetzung von Zweckmäßigkeit und Sparsamkeit sowie die Baugattungen und Bautypen in hierar-

Grundlagen der Gestaltung   A

Abb. A.1.19 Le Corbusier, Ferienhaus Sextant, Les Mathes, La Rochelle

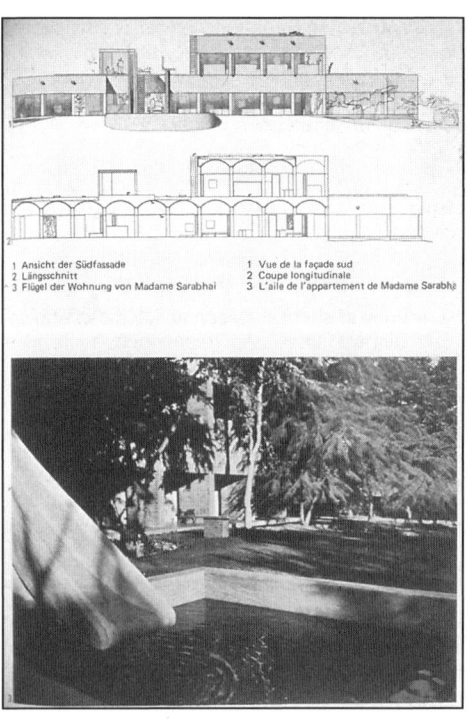

Abb. A.1.20 Le Corbusier, Jaoul-Häuser, Neuilly-sur-Seine 1952; Außenansicht

chischer Ordung; ein Wissen, das in der Frage nach den Wurzeln einer neuen Architektur, gleich ob gestellt am Ende des 19. Jahrhunderts in der Eklektizismusdiskussion, der Auseinandersetzung der Tradition, Moderne, Avantgarde in den zwanziger Jahren oder der Nachkriegszeit, dem Entwerfen und dem richtigen Materialumgang die zentrale Rolle zumißt.

Mit der systematischen, theoretisch und praktisch fundierten Analyse der Entwurfsvorgänge, ihrer Grundlagen, Mittel und Zielausrichtung unternimmt auch der Architekt Martin Elsässer 1950 den Versuch, „der heranwachsenden Generation ... die Mittel an die Hand (zu) geben, ihre künstlerischen Aufgaben in einer Weise zu lösen, die langsam, aber sicher zu einer unserer Zeit entsprechenden selbstverständlichen Ausdrucksform und damit zu einer wirklichen Kultur führt."

Der Anspruch ist berechtigt und dringend notwendig, er ist aber auch hoch platziert und wird entsprechend selten erreicht.

Es bleibt dabei von zentraler Bedeutung und dies gerade im Zeichen des oben beschriebenen Konventionsverlustes, daß der Vorgang des Entwer-

Abb. A.1.21 Le Corbusier, Jaoul-Häuser, Neuilly-sur-Seine 1952; Innenansicht

A.23

fens als Initial des Gebauten nicht subjektivistisch, individualistisch sein darf ohne Bezug zum Kontext, daß er vielmehr als Verschmelzungsprozeß angesehen werden muß, nahezu wie bei Durand beschriebene folgende Aspekte:

- zunächst der Nutzen, der Zweck, die Funktion eines Gebäudes im weitesten Sinne, das dem Bedarf gerecht werden soll; hierin eingebunden ist die Qualität der Räume und Raumbereiche hinsichtlich Größe, Lage, Beziehung, Belichtung, bauphysikalischer Bedingungen.

  Der Entwurf sucht in diesen funktionalen Aspekten Gemeinsames und Trennendes, sucht eine Struktur und Ordnung, die in klarer Hierarchie jedem Raum und seiner Erschließung einen Platz zuweist.

  Es können dabei Typologien entstehen oder aber auch Rückgriffe auf typologische Ausformungen und deren Abwandlung vorgenommen werden: das Wohnhaus, das Bürogebäude, die Bibliothek.

- der Ort, bestimmt durch die Region, Topographie, Klima, Historie, unmittelbare Nachbarschaft, insgesamt durch den Genius loci.

  Die oben beschriebenen Funktionen siedeln sich hier konkret an, erfahren Zuordnung zur Sonne, zur Aussicht, werden eingebettet in die Modulation der Landschaft oder den urbanen städtebaulichen Kontext mit Schallemissionen und Erschließungszwängen.

  Der Ort kann dabei Inspiration sein oder zu behebender Mangel.

- Material und Konstruktion, d. h. die Technik des Bauens, die Systematik der Fügung von Tragwerk und Hülle unter Berücksichtigung von Elementen, Bauteilen, Baumethoden, logistischen Voraussetzungen bis hin zur gegebenenfalls ökologischen Prägung der Materialien und ihrer Fügung.

Diese Aspekte sind von zentraler Bedeutung, soll der Entwurf materialiter und insbesondere dauerhaft realisiert werden.

Alle diese Aspekte werden im Entwurf entwickelt, teils parallel, teils nacheinander mit gleicher oder unterschiedlicher Wichtung. Überlagert von Bildern und Assoziationen, entstehen Varianten, in denen einmal mehr die Funktion, der Ort oder die Eigengesetze des Bauens Vorrang haben, das Ergebnis unterschiedlich determinieren.

„Entwerfen ist kein additiver, sondern ein integrativer Prozeß. Zwar können und müssen die einzelnen Entwurfsfaktoren je für sich eine Zeitlang studiert und verfolgt werden, entscheidend ist jedoch die Erkenntnis, daß es nicht möglich ist, schrittweise zu einer Kombination teilhaft gewonnener Erkenntnis-

Abb. A.1.22 Alvar Aalto, Rathaus Säynätsalo, Finnland, 1949–1952

Abb. A.1.23 A. Aalto, Rathaus Säynätsalo

se zu gelangen. Das gespeicherte Allgemeinwissen und die Resultate der Auseinandersetzung mit den spezifischen Faktoren müssen zusammengefügt werden. Die Suche nach Kombinationsmöglichkeiten kann nicht beliebig breit angelegt sein, sie muß letztlich von einer Idee, von einem Schwerpunkt, von einem wichtigen Motiv bestimmt werden ...

Ein Entwurf entsteht nicht durch das Fügen von Schicht auf Schicht, keiner der Einzelbereiche (Schichten) kann unabhängig vom anderen für sich optimal gestaltet und aneinandergefügt werden. Vielmehr ist der Vorgang ein Verschmelzen, bei dem sich die einzelne Schicht durch die Beziehung zu anderen Schichten verändern kann", so der Architekt Walter Belz 1992 in „Zusammenhänge. Bemerkungen zur Baukonstruktion und dergleichen".

Die Qualität des Verschmelzungsvorganges bestimmt die Qualität des Entwurfes und damit des Ergebnisses: der gebauten Architektur. In der Tat mischen sich hier konkret Wissen und Können, Technik und Kunst, subjektive Eingebung und objektivierbare Rationalität.

Grundlagen der Gestaltung A

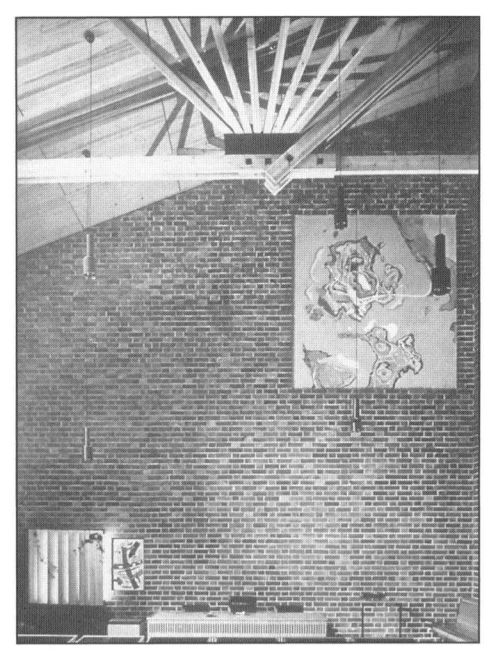

Abb. A.1.24 A. Aalto, Rathaus Säynätsalo; Ratssaal

Abb. A.1.25 Louis Kahn, Institut of Management, Ahmedabad, India 1962–1974

Wenn hierbei dem Material und dessen Fügungsprinzipien eine besondere Rolle zukommt, so ist dies nur legitim und seit den Auswirkungen der Aufklärung, verstärkt ab Mitte des 19. Jahrhunderts, auch architekturtheoretisch nachvollziehbar.

„Die Belebung des Materials als Prinzip der Schönheit" tituliert z. B. Henry van der Velde 1910 einen Essay zum Thema und stellt fest: „Die wesentliche, unentbehrlichste Bedingung der Schönheit eines Kunstwerkes besteht in dem Leben, welches der Stoff, aus dem es geschaffen ist, begründet. So muß sich der Künstler nicht nur den Bedingungen des Materials anpassen, sondern er denkt geradezu in dem Stoffe, seine Phantasie bewegt sich, während er erfindet, gewissermaßen nur innerhalb des Stoffes. Und wenn Dich der Wunsch beseelt, diese Formen und Konstruktionen zu verschönern, so gib Dich dem Verlangen nach Raffinement ... nur insoweit hin, als Du das Recht und das wesentliche Aussehen dieser Form und Konstruktion achten und beibehalten kannst!"

Abb. A.1.26 L. Kahn, Institut of Management, Ahmedabad, India 1962–1974

Dem Material wird damit eine essentielle und konstituierende Rolle zugeordnet, es entsteht die Prägung des Begriffs „Materialgerechtigkeit", eine Maxime, die mit der älteren Forderung nach „Werkgerechtigkeit", „Wahrheit" in der Konstruktion, zusammentrifft.

Zu den theoretischen Wegbereitern und engagierten Verfechtern einer unmittelbaren Verknüpfung dieser Termini zählen unter anderen John Ruskin in England und Viollet-le-Duc in Frankreich; Autoren, die sich in ihren Schriften wiederum auf Gedankengut der Aufklärung beziehen:

Entwurf und Baukonstruktion

Abb. A.1.27 L. Kahn, National Hospital, Dacca, Bangladesch 1962–1971

Abb. A.1.28 Emil Steffann, Scheune in Lothringen, 1948

Abb. A.1.29 E. Steffann, Kloster der Franziskaner, Köln 1951/1966

Abb. A.1.30 E. Steffann, Karmeliterinnenkloster, Essen-Stoppenberg 1961–1963

„In der Architektur gibt es zwei notwendige Arten wahrhaftig zu sein, sie muß wahrhaftig gegenüber dem Bauprogramm und wahrhaftig gegenüber den Konstruktionsmethoden sein. Dem Bauprogramm gegenüber wahrhaftig sein heißt, die von den Bedürfnissen auferlegten Bedingungen genau

Abb. A.1.31 Hermann Herzberger, Verwaltungsgebäude Central Beheer, Appeldorn, Holland 1974; Ansicht von außen

und klar erfüllen; den Konstruktionsmethoden gegenüber wahrhaftig sein heißt, die Materialien entsprechend ihren Eigenschaften und Besonderheiten verwenden", schreibt 1863 Viollet-le-Duc.

Noch schärfer – insbesondere unter Einbeziehung moralisch-ethischer Kategorien – formuliert dies John Ruskin in „Die sieben Leuchter der Baukunst" (1900): „In der Baukunst ist nun eine noch verächtlichere Verletzung der Wahrheit möglich. Eine unwürdige Vorspiegelung falscher Tatsachen in bezug auf Material, Masse und Wert der Arbeit. Einen ebenso strengen Tadel wie ein schweres moralisches Vergehen verdient dieser Betrug, der eines großen Architekten und der eines großen Volkes unwürdig ist."

Diese Maximen tragen die Kennzeichen eines neuen normativen Systems, das den Anspruch erhebt, „wahr" und insbesondere damit auch „zeitlos" zu sein; und dies, obwohl gerade im 19. und frühen 20. Jahrhundert jeder normative, ästhetische Anspruch, jede bindende Konvention relativiert worden waren; diese Maximen der Wahrheit in Material und Konstruktion sind dabei symptomatischer Bestandteil eines die gesamte Gesellschaftsordnung betreffenden Reformwillens. Sie sind gleichzeitig symptomatisch für einen Wirkungsmechanismus der ästhetischen Kritik, in der sich die Kategorie der Wahrheit immer dann neu etabliert, wenn Vorangegangenes, Tradiertes, eine Konvention überwunden werden muß, die dann als „Lüge" entlarvt und ad acta gelegt wird.

Das Gegenteil hatte zuvor seine Berechtigung: „Aber den Stoff besiegte die Kunst: opere superante materiam," so der römische Dichter vor nahezu 2000 Jahren in seinem Werk „Metamorphosen".

„Darin also besteht das eigentliche Kunstgeheimnis des Meisters, daß sich der Stoff durch die Form vertilgt", so auch Friedrich Schiller 1795 in seinen Vorstellungen „Über die ästhetische Erziehung des Menschen".

Die hinter diesen Zitaten stehende Vorstellung vom geringeren Rang des Materials gegenüber der künstlerischen Bearbeitung hat lange Tradition und läßt sich überall dort nachweisen, wo Gedanken von Platon und Aristoteles weiterleben oder in neuem Gewande wiederbelebt werden. Das zugrunde liegende ästhetische System verbindet die Antike mit dem Mittelalter und der Neuzeit zumindest bis zum ausgehenden 18. Jahrhundert und wird – nochmals – von der Vorstellung bestimmt, daß die Idee aller Dinge in ihrem vollkommenen Zustand stofflos ist. Zu ihrer individuellen Verwirklichung und Veranschaulichung bedarf sie zwar der Materie, doch wird sie mehr oder weniger auch hierdurch verunklärt. In diesem ästhetischen – vereinfachend als idealistisch bezeichneten – System kommt der Konzeption, der Idee, überragende Bedeutung zu.

Diesen Gedanken von der untergeordneten Rolle des Materials zeigt auch Gottfried Semper in seinem Hauptwerk „Über den Stil in den technischen und tektonischen Künsten" von 1860/63 sehr deutlich auf; es ist für ihn bezeichnend, daß er die konstituierende Rolle des Materials, ausgehend vom Textilen bei der Stilbildung, zwar feststellt, die eigentliche Bau-Kunst jedoch erst bei der Übertragung der Formen auf ein anderes Material wirksam sieht. So ist er der Ansicht, daß „die Vernichtung der Realität des Stofflichen notwendig" ist, „wo die Form als bedeutungsvolles Symbol, als selbständige Schöpfung des Menschen hervortreten soll", und daß es durchaus nicht notwendig ist, „daß der Stoff als solcher zu der Kunsterscheinung als Faktor hinzutrete".

Erweist sich dieser historisch ältere Ansatz als der modernere, gültigere?

So heißt es beispielsweise 100 Jahre später in Hans Holleins Pamphlet von 1960: „Heute, zum

Abb. A.1.32 H. Herzberger, Central Beheer, Innenraum mit Sichtmauerwerk

Abb. A.1.33 H. Herzberger, Central Beheer, Detailansicht

ersten Male in der Geschichte der Menschheit, zu einem Zeitpunkt, an dem uns eine ungeheuer fortgeschrittene Wissenschaft und perfektionierte Technologie alle Mittel bietet, bauen wir, was und wie wir wollen, machen wir eine Architektur, die nicht durch die Technik bestimmt ist, sondern sich der Technik bedient, reine, absolute Architektur."

Konkret zurück zum Thema des Entwerfens und Konstruierens:

Unermeßlich sind die Probleme für den, der heute im Zeitalter des „anything goes", der hochentwickelten Baukonstruktion und der ebenso hochgeschraubten Anforderungen und Komfortansprüche wider Holleins „reine Architektur" den Terminus der inneren Wahrheit setzt, jenes Kahnsche Postulat des „architektonischen Raumes, der klar zum Ausdruck bringt, wie er gemacht ist"; der im Vorgang des Entwerfens auf den Verschmelzungsvorgang nahezu verzichtet und rein auf die formale Gestalt fokussiert, ein Creator es nihilo.

So postuliert der Architekt Louis Kahn 1964: „Entwurfskonzepte, die zur Verschleierung der Konstruktion führen, haben in dieser Ordnung keinen Platz. Ich glaube, daß der Künstler in der Architektur wie in allen Künsten intensiv die Spuren bewahrt, die verdeutlichen, wie eine Sache gemacht wurde."

Der klar erkennbare Wandel in der Bewertung von Material und Konstruktion im 19. Jahrhundert vom idealistischen zum materialistischen Ansatz ist heute gewichen dem Sowohl-als-auch im Werk verschiedener Architekten, zum Teil sogar im Œuvre des Einzelnen, differenziert je nach Bauaufgabe.

Wie in dieser Situation Regeln aufstellen zum Entwerfen und Bauen mit Mauerwerk? Sprache in Wahrheit und Lüge differenzieren?

Und dies nicht zuletzt vor dem Hintergrund einer sozialen, gesellschaftlichen und insbesondere finanziellen Aufwertung der Arbeit gegenüber dem Material, die das ursprüngliche, prinzipiell eindeutige Kleinstein-Mauerwerk durch Großformate und komplette Wandbauteile verdrängt?

Die den zeitaufwendig und handwerklich anspruchsvoll gemauerten Steinsturz durch Beton oder Stahl ersetzt, die statt konstruktiv intelligenter und logischer Unterzugs-Filigrandeckensysteme in Beton die noch so dicke und materialaufwendige Flachdecke setzt – ohne Einblick in die innere Tragstruktur?

Das Handwerkliche im Mauerwerk wird ersetzt durch wirtschaftliche, kostengünstige, z. T. industrielle Vorfabrikation, die zunehmend anderen als den prinzipiellen Mauerwerksgesetzen entspricht. Und die Erscheinungsform einer scheinbar massiven Wand basiert oft genug auf dem völlig gegensätzlichen Konstruktionsprinzip von Tragskelett und nichttragender Ausfachung.

Und noch darüber hinaus: So sind mit den gestiegenen und ständig steigenden Wärmeschutzanforderungen und dem damit einhergehenden bauphysikalischen Komplex unmittelbar sichtbare Tragkonstruktionen zumindest in Beton und Stahl im Regelfall ausgeschlossen. Konnte Louis Kahn das primäre Skelett noch innen und außen gestaltprägend, sichtbar einsetzen, bedarf es heute der wärmedämmenden Bekleidung und Verkleidung, die die innere Struktur bestenfalls noch erahnen läßt.

Und Mauerwerk verschwindet mit allen Zusatzsubstruktionen und -materialien unter einer Haut aus Putz, der teilweise noch mit Drahtgewebe gehalten werden muß.

Martin Elsässers Suche nach „einer unserer Zeit entsprechenden, selbstverständlichen Ausdrucksform und damit . . . einer wirklichen Kultur" ist noch immer aktuell. Sie kann ihr Ziel nicht im „anything goes" finden; so bleibt es bei der andauernden Suche nach den „inneren Wahrheiten" und deren – wenn nicht mehr unmittelbaren, so doch mittelbaren – Ausdruck, gegründet auf ein komplexes Bild von Material und Konstruktion, dessen Ausgangspunkt aber immer noch jene zwei Backsteine sind, die Mies van der Rohe als Sinnbild des Bauens und Denkens an den Anfang seiner Vorlesung stellte in der Verdeutlichung der Komplexität architektonischen Entwerfens.

Entwurf und Baukonstruktion

1.3 Tragsystem und Außenhaut

Wenn heute in der Baukonstruktion zwei grundsätzliche Bauweisen unterschieden werden, der Wand- oder Massivbau im Zusammenhang mit dem Material Mauerwerk und der Skelettbau mit den Materialien Holz, Stahl und Beton, so ist oft genug die Rede von einer alten, tradierten gegenüber einer modernen Bauweise oder gar von einer dumpf archaischen gegenüber einer intelligent-rationalen, nicht zuletzt von low tech und high tech.

Ungeachtet der baugeschichtlichen Entwicklung, ergibt sich diese Differenzierung aus der modernen Baukonstruktionslehre des 19. Jahrhunderts, die das Material Mauerwerk als bekannt und gewöhnlich voraussetzte und zurückdrängte zugunsten der neuen Materialien Eisen und Beton – dies alles im Zeichen einer konsequent geforderten und Schritt für Schritt realisierten Industrialisierung und Vorfertigung im Bauwesen, in der projektierten Ablösung handwerklicher Herstellungsverfahren. Le Corbusiers „plan libre" ist extremes Beispiel dieses als Befreiung empfundenen Aktes, bei dem die historisierende Mauerwerksarchitektur überwunden wurde durch das auf wenige Stützen und Deckenplatten reduzierte Skelett in Beton und Stahl mit freiem Grundriß und leichter, vorgehängter Fassade in Glas und Aluminium (**Abb. A.1.34**).

Bei genauer Betrachtung zeigt sich jedoch, daß beide Prinzipien analoge Wurzeln in prähistorischer Zeit haben – der Wandbau in Stein, der Skelettbau in Holz – daß sie entsprechend parallel nebeneinander existierten und daß es allein von daher keine im positivistischen Sinne klare Entwicklungskette oder zumindest zwingende Präferenz für das eine oder andere System gibt; die Frage nach dem modernen im Unterschied zum antiquierteren System kann somit in dieser Form nicht gestellt, sie muß vielmehr auf Prinzipialität und Qualität fokussiert werden.

Da beide Prinzipien häufig genug unkontrolliert angewendet werden oder auch sich unsystematisch vermischen auf Kosten der jeweiligen Einzelvorgänge, erscheint eine klare Definition und Abgrenzung notwendig mit dem Ziel einer bewußteren und qualitätvolleren, damit letztlich technisch und ökologisch richtigeren, vernünftigeren Architektur.

Die Elemente eines Massivsystems im Wandbau sind nahezu so genannte isotopische Massen, die sich entweder durch die Addition untergeordneter Elemente wie z. B. Natursteinquader in unregelmäßiger Bruchform oder künstlich hergestellter, für einen Verband normierter Ziegelsteine aufbauen lassen oder aber als monolithische Masse in Beton gegossen sind.

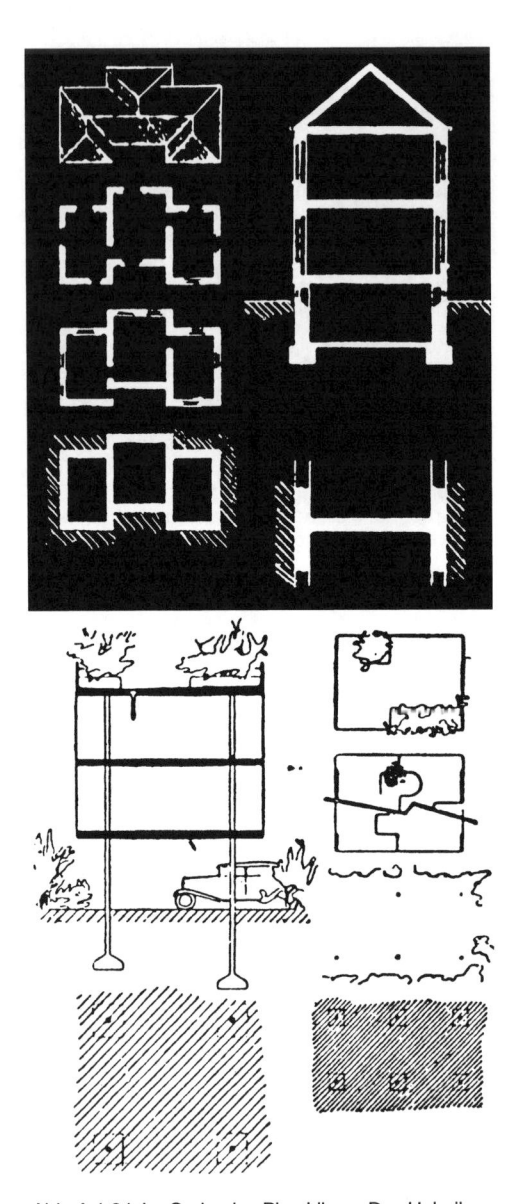

Abb. A.1.34 Le Corbusier, Plan Libre: „Das Unheil unserer Zeit oder die totale Freiheit des Raumes?" (1940)

Grundlagen der Gestaltung

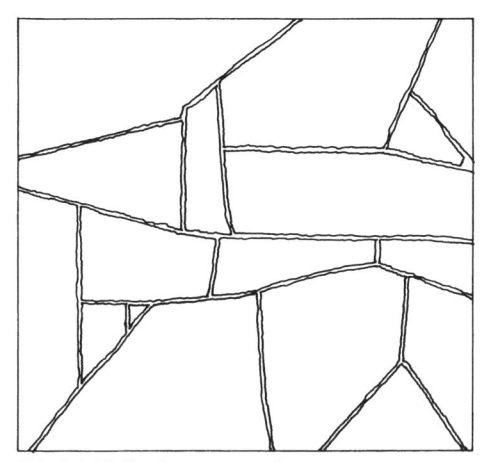

Abb. A.1.35 Trockenmauerwerk

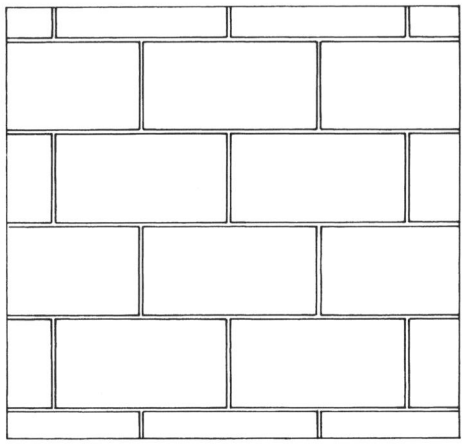

Abb. A.1.36 Verband mit Stoß- und Lagerfuge

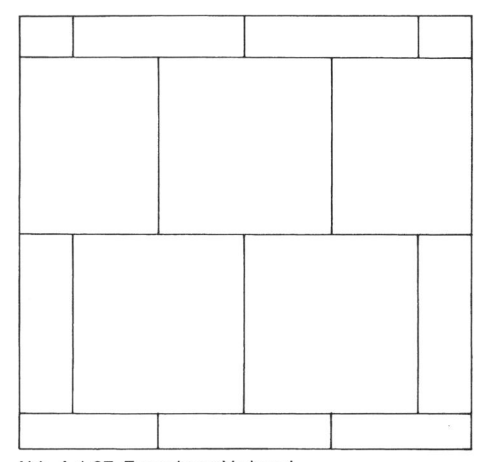

Abb. A.1.37 Fugenloser Verband

Der Begriff des Massivbaues ist in diesem Sinne architektonisch weiter gefaßt als im Bauingenieurwesen, das Massivbau lediglich und ausschließlich im Bezug zum Material Beton bzw. Stahlbeton faßt.

Die konstruktiven, statischen Gesetzmäßigkeiten der Massivsysteme ergeben sich aus den Einzelelementen und deren Fügung. Der Stein an sich ist im Prinzip schwer und spröde; er ist auf Druck belastbar, weniger auf Zug, nahezu nicht auf Biegung bzw. Biegezug. Diese Eigenschaften haben prinzipiellen Einfluß auf die Art der Lagerung des Steines in der Wand, auf seine Verwendungsfähigkeit insgesamt. So setzt die hohe Druckfestigkeit voraus, daß Stein auf Stein vollflächig und damit kraftschlüssig lagert; ist dies nicht der Fall und ein Stein liegt hohl, wird er durch die Auflast der darüberliegenden Steine auf Biegung beansprucht. Dies kann den Bruch des Steines auslösen und damit die Reduktion der Tragfähigkeit insgesamt. Die vollflächige Lagerung kann auf zwei Arten sichergestellt werden.

Die erste ergibt sich aus der sorgfältigen Auswahl unregelmäßiger Natursteine, die so paßgenau wie möglich in unterschiedlichen Größen geschichtet werden. Durch eine handwerklich planparallele Bearbeitung der Steine im Bereich der Lagerfugen kann die Paßgenauigkeit erhöht und damit die Biegebeanspruchung in den verbleibenden Hohlräumen auf ein Minimum reduziert werden (**Abb. A.1.35**).

Die zweite Möglichkeit besteht im Ausgleich der Steinunregelmäßigkeiten durch Mörtel, der sich im Zustand vor der Verfestigung den jeweiligen Oberflächen homogen anpaßt: je unregelmäßiger die Steine sind, um so dicker muß der Mörtel sein, je planer in der Oberfläche, um so dünner. Der Mörtelanteil einer Mauerwerkswand kann sich somit von 30 % auf bis zu 1 % bewegen (**Abb. A.1.36**).

Die seit der Einführung des oktametrischen Maßsystems 1955 durch DIN 4172 vorgesehene Mörtelbetthöhe von 1,2 cm konnte gerade in den letzten Jahren durch Entwicklung von sogenannten Plansteinen auf 1 bis 3 mm reduziert werden (**Abb. A.1.37**).

Diese Eigenschaften steigern bzw. mindern sich im Verband, d. h. in der isotopischen Fügung von Stein und Mörtel; dabei ist zu beachten, daß Mörtel im Regelfall noch immer eine geringere Zugfestigkeit hat als der Stein; dies erfordert eine optimale Verzahnung, die als Verband bezeichnet wird und genauen Regeln nach DIN 1053-1 unterliegt (s. Abschnitt 3.3).

Der Verband von Stein und Mörtel ergibt additiv die geschichtete Struktur, als Pfeiler, als zweidimensionale Wand, als räumliches Gefüge in drei Dimensionen.

Massivsysteme in Mauerwerk sind in ihren Dimensionen ohne zusätzliche Hilfskonstruktionen begrenzt; die Fügungsprinzipien lassen sich in verschiedene Grundrißsysteme gliedern, die hilfsweise bezeichnet werden können und von denen im folgenden noch die Rede sein wird: Schachtel, Schotte, Scheibe (**Abb. A.1.38** bis **Abb. A.1.40**).

Verbunden mit dem Aspekt des Tragens ist beim Mauerwerk der der Außenhaut: Beide technisch-konstruktiven und bauphysikalischen Gesichtspunkte fallen in eins und definieren damit das Charakteristikum des Mauerwerksbaues schlechthin: Tragsystem und Außenhaut, homogen in der Dimension, ein Schichtaufbau nach jahrhundertealten tradierten Regeln, im Zuge fortschreitender Erfahrung und Verwissenschaftlichung zunehmend intellektuell erfaßt, geprüft, in Normenwerken geregelt, eine Einheit, die zunehmenden Anforderungen und Komfortansprüchen genügen muß. Die Anforderungen sind dabei widersprüchlich, da bessere Wärmedämmeigenschaften leichtere Steine erfordern, deren Tragfähigkeit nahezu umgekehrt proportional hierzu abnimmt.

Auch neueste Erkenntnisse und Produktverfeinerungen bei ständig sich verschärfenden Bedingungen haben die monolithische Außenwand – 30 bis 36,5 cm stark – nicht in Frage gestellt. Selbst ohne, in jedem Fall aber mit Verputz erfüllt sie ökonomisch die an sie gestellten Anforderungen. So sind es häufig genug Alternativen – nicht im eigentlichen Sinne Verbesserungen –, die abweichend vom monolithischen Aufbau zu einer Auflösung der Außenwand in mehrere Schichten geführt haben, von denen jede eine eigene Qualität und Aufgabe zugewiesen bekommt: die des Tragens, die des Dämmens, die des Feuchtigkeitsaustausches bzw. -schutzes.

Diese Mehrschichtigkeit – gültige Lösung insbesondere für das normierte Bauen mit Sichtmauerwerk – durchbricht die als archetypisch beschriebene Eigenschaft des Mauerwerks, die Einheit von Tragsystem und Außenhaut, und leitet in der Praxis unmerklich in die Kondition des Skelettbaues über, der eben diese Differenzierung zum Prinzip erhebt und zur Verdeutlichung kurz skizziert werden soll.

So zeichnet sich das Prinzip des Skelettbaues grundsätzlich dadurch aus, daß die Außenhaut völlig unabhängig vom Tragsystem fungiert; beide folgen einer Eigengesetzlichkeit, die – anders als beim Mauerwerksbau – je für sich optimiert werden kann: so erfolgt die Abtragung der Lasten nicht flächen- oder linienförmig, sondern punktuell und konzentriert in Stützen, die hinter der Fassade organisiert sind (**Abb. A.1.41** und **Abb. A.1.42**).

Aufgrund der Lastenkonzentration in den Stützen scheidet das Material Mauerwerk im Regelfall aus,

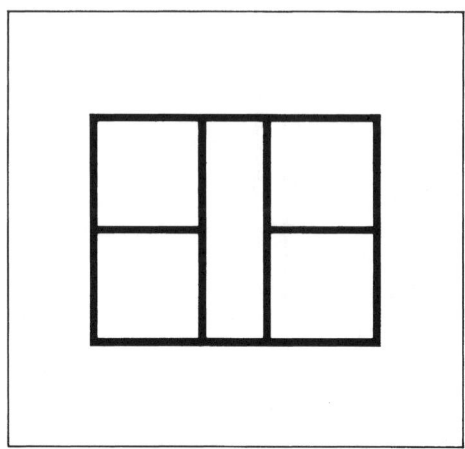

Abb. A.1.38 Geschlossenes Mauerwerksgefüge

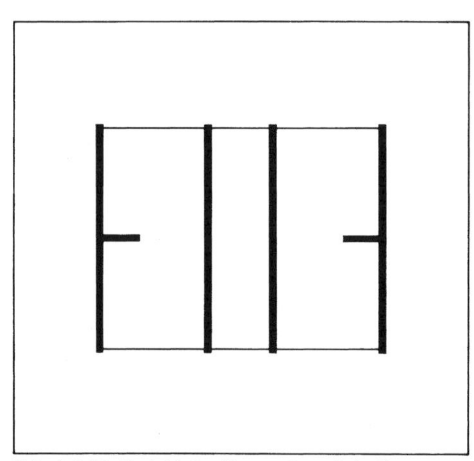

Abb. A.1.39 Gerichtetes Tragsystem, Schotten

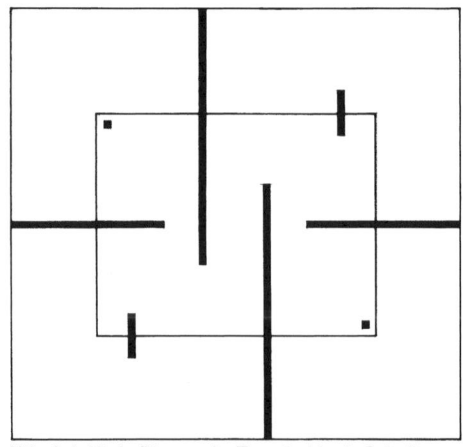

Abb. A.1.40 Auflösung der Tragstruktur in Scheiben

Grundlagen der Gestaltung

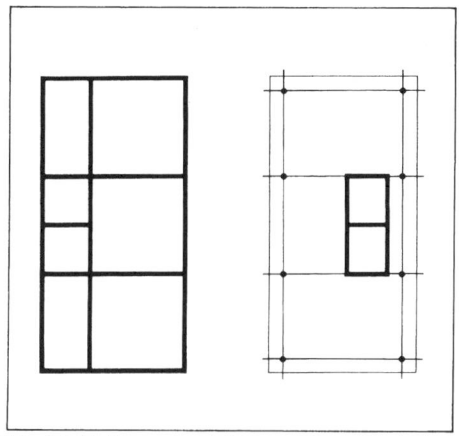

Abb. A.1.41 Tragsystem in Mauerwerk und Skelettbau, Grundrisse

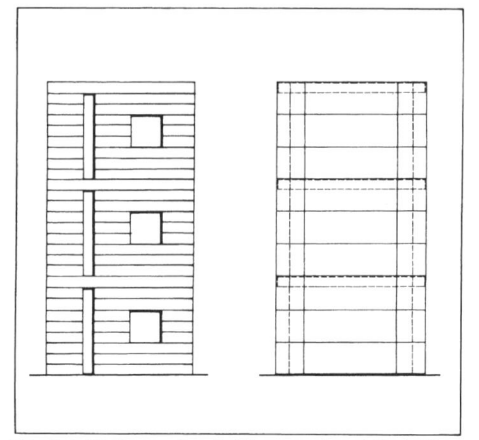

Abb. A.1.42 Tragsystem in Mauerwerk und Skelettbau, Ansichten

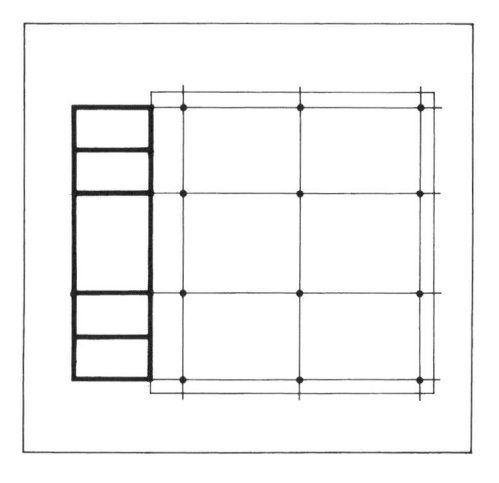

statt dessen kommen schwere, monolithisch im ureigenen Sinne geprägte Baustoffe in Frage: Stahlbeton und Stahl.

Diesen Traggliedern kommt denn auch eine Beanspruchbarkeit zu, die nicht nur die Übernahme von Normalkräften, sondern bei entsprechender Ausbildung der Knoten auch die Übernahme von Biegebeanspruchungen und Momenten impliziert.

Die Begrenzungsflächen sind unabhängig von den tragenden Gliedern ausgebildet, sie hängen im Regelfall vor den Deckenplatten und bilden im übertragenen Sinne „die Haut vor den Knochen", skin and skeletton. Sie sind optimiert auf ihre Funktion als Hülle: Schutz gegen Wasser und Feuchtigkeit, sommerlicher und winterlicher Wärmeschutz, Schall- und Brandschutz. Diese bauphysikalischen Anforderungen werden erfüllt in einer oder mehreren integrierten Schichten mit **einem** Material – wie insbesondere Glas – oder auch wiederum mehreren, spezifischen Materialien.

Dem Skelettbau ist abweichend vom Mauerwerksbau immanent das Prinzip einer größeren, spezialisierten Materialvielfalt.

Die primären Glieder eines Skelettsystems bilden einen dreidimensionalen Raster, der einer klaren Konstruktionsordnung entspricht. Diese ermöglicht erstens die Standardisierung der Teile im Hinblick auf eine wirtschaftlich optimierte Lösung, dies impliziert zweitens in der übersichtlichen Konstruktion eine klare formale, ästhetische Ordnung und damit Gestaltqualität.

Die sekundären Teile, die Fassadenelemente, sind formal und funktional vom Tragsystem deutlich unterschieden, sie binden jedoch in das geometrische Raster mit Vielfachen der konstruktiven Teilung ein. Das Grundmodul steht dabei nicht in Abhängigkeit von einem der verwendeten Materialien, es ist im Regelfall rein aus der funktionalen Ordnung des Ausbaues entwickelt.

In Auseinandersetzung mit den Grundlagen der Gestaltung erscheint es sinnvoll und unabdingbar, sich diese grundsätzlichen Aspekte zu vergegenwärtigen. Dies gilt auch dann, wenn dieser Gedanke zunächst praxisfern erscheint angesichts irregulärer Mischkonstruktionen in der täglichen Realität: der Mauerwerksbau mit in der Wand eingezogenen Stahlbetongliedern, ein System, bei dem das Mauerwerk zumindest anteilig Tragwerksfunktion verliert oder auch der Skelettbau mit massiver tragender Außenhaut, der das Tragskelett nach außen nur simuliert. Derartige Konstruktionen führen häufig zu Verunklärungen der Erscheinungsbilder; sie sind das Ergebnis verlorener tradierter Regeln, sind das Ergebnis

Abb. A.1.43 Mischkonstruktion, Prinzipdarstellung

Entwurf und Baukonstruktion

des anything goes in Unterstützung durch Ingenieurwissenschaft und Produktindustrie, sie sind vor allem das Ergebnis einer Überfülle an Informationen, Anforderungen und Teiloptimierungen, die die notwendige Ganzheitlichkeit einer Lösung nicht erreichen, wenn nicht gar als Ziel ignorieren (Abb. A.1.44).

Es ist unverkennbar, daß sowohl im Wand- als auch im Skelettbau die Rolle der Bauphysik die der Statik zunehmend dominiert. Umso wichtiger ist die bewußte Auseinandersetzung mit den Grundlagen der Gestaltung mit dem Ziel einer Übereinstimmung von Form und Inhalt, technisch-bauphysikalischer Kategorie und Ästhetik.

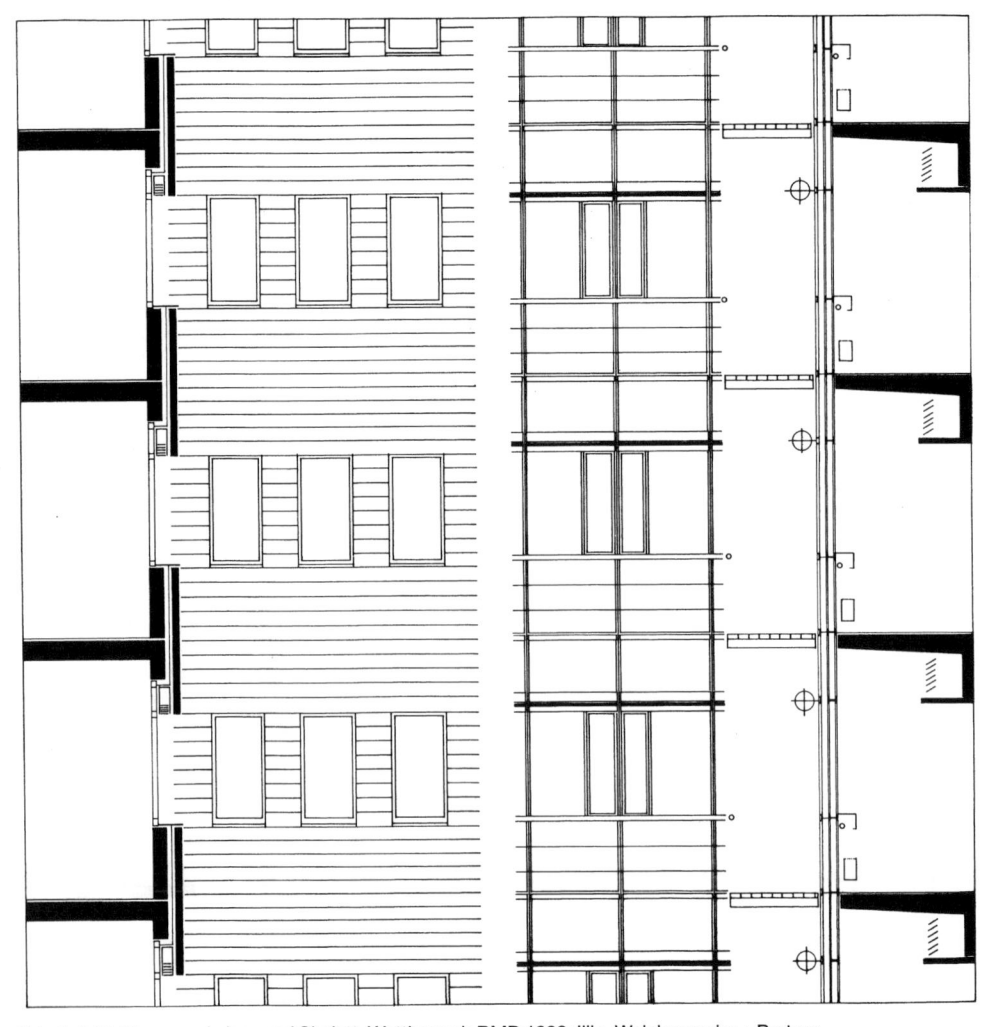

Abb. A.1.44 Mauerwerksbau und Skelett, Wettbewerb RMD 1993; Illig. Weickenmeier + Partner

Grundlagen der Gestaltung

1.4 Grundriß- und Raumstrukturen in Mauerwerk

Das archaische, ursprüngliche Prinzip des Mauerwerksbaues ist die rund oder vielmehr vierseitig geschlossene Form, die Kasten- oder auch sogenannte Schachtelbauweise, ein System unmittelbar und mittelbar ineinandergefügter Wandscheiben, in der Größenordnung begrenzte Räume umschließend mit gezielt geschnittenen, stehenden Öffnungen untereinander und zum Außenraum hin; ein System, das im Umriss traditionell sparsame Erscheinungsbilder evoziert, einfache, klare kubische Baukörper. Die Größenordnungen in der Schachtelbauweise sind im Rahmen der Leistungsfähigkeit des Mauerwerkes traditionell begrenzt, eine Einschränkung, die sich früher allein schon in Abhängigkeit vom Deckentragwerk in Holz zur Überspannung dieser Räume ergab (**Abb. A.1.45**).

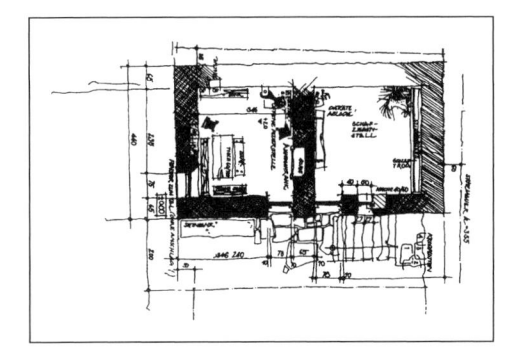

Abb. A.1.45 Casa Cambetta, Corippo Verzascatal, Schweiz, Erdgeschoß

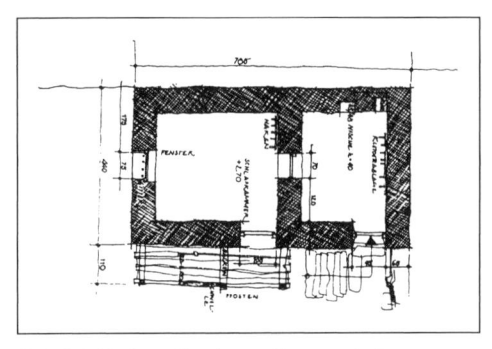

Abb. A.1.46 Casa Cambetta, Obergeschoß

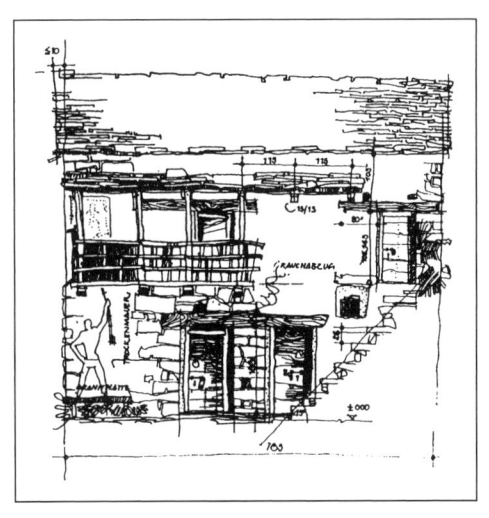

Abb. A.1.47 Casa Cambetta, Ansicht Hangseite

In diesem Fügungsprinzip ist die Lastverteilung aus Eigengewicht und Verkehrslasten optimal gewährleistet, punktförmige Lastkonzentrationen – die das Mauerwerk überfordern – sind nahezu ausgeschlossen; die Einleitung aller Lasten und Kräfte vom Dach über Außen- und Innenwände bis in die Fundamente ist linienförmig gewährleistet; die Wände sind mehrseitig gehalten und steigern damit auch im Rahmen ihrer begrenzten Höhenentwicklung ihre Stabilität insgesamt. Für die idealtypische Struktur gelten insbesondere die Ausführungen der vorherigen Kapitel: der Verband der Steine im einzelnen wird übertragen auf das Gefüge der Wände und ihre Verzahnung untereinander; die Außenwand ist gleichzeitig Tragwerk, die Materialhomogenität gewährleistet konstruktive wie ästhetische Qualitäten per se.

Funktionale Voraussetzung hierfür sind weitgehend festgelegte Raum- und Nutzungsstrukturen begrenzter Dimension, wie sie insbesondere im Wohnungsbau – aber nicht nur hier – gegeben sind.

Es wäre unrichtig zu behaupten, daß die Schachtelbauweise als archaische Entwicklung des Mauerwerksbaues von den heutigen technischen Möglichkeiten her überholt sei, daß sie nur eine Vorstufe darstelle zu neuen Fügungsprinzipien (**Abb. A.1.46** und **Abb. A.1.47**).

In der Wirklichkeit ist das zweite System, die Schottenbauweise, zwar eine neuere, aber auch nicht ausgesprochen evolutionäre Entwicklung, und dies eine mit deutlichen Nachteilen.

Charakterisiert ist die Schottenbauweise durch die regelmäßige Anordnung lastabtragender Wände parallel zueinander, primär bedingt durch den funktionalen Aspekt einer „gerechten" Ausrichtung nach der Himmelsrichtung und topographischen Orientierung oder aus der Notwendigkeit der strukturellen Fügung gleicher Raumeinheiten.

Im Ergebnis entsteht ein ästhetisches Prinzip der Reihung, der Regelmäßigkeit, der Ordnung, insbesondere aber auch der Offenheit in den Bereichen zwischen den Schotten (**Abb. A.1.50** und **Abb. A.1.51**).

Liegt beim Schachtelsystem die Deckenplatte aus Beton vierseitig auf, alle raumbegrenzenden Wände gleichmäßig belastend, ergibt sich bei der Schottenbauweise eine lediglich zweiseitige Auflagerung bei einachsiger Spannrichtung; die Decke als Mehrfeldplatte kann wirtschaftlich optimal dimensioniert werden, sie bleibt in der Fassade als feine filigrane Linie erkennbar, sie bedarf hier im Regelfall nicht des Sturzes.

Das Thema Tragstruktur und Außenwand gilt dabei nicht im vollen Umfang wie beim Schachtelprinzip. Im Regelfall gilt diese Konkordanz nur bei den Giebelscheiben, nicht aber in deren Zwischenraum, der nichttragend in Holz oder Glas ausgefüllt wird nach vorwiegend bauphysikalischen und ästhetischen Prämissen.

Werden damit die Lasten auch gleichmäßig in den Tragwänden verteilt, so ist doch die Frage der Aussteifung a priori nicht im System gelöst. Es bedarf vielmehr zusätzlicher Maßnahmen, sei es durch die Anordnung von Kernen, die über die Deckenscheibe hin die Stabilisierung vornehmen, oder aber von einzelnen, quergestellten Zwischenwänden, die diese Funktion erfüllen.

Auf dieser Basis ist die Schottenbauweise ein System, das zwangsläufig nicht in gleicher Reinheit auftritt wie das der Schachtel.

Die maximale Aufweitung und Auflösung des schachtelartigen Raumgefüges erfolgt in dem System der Scheiben.

Im Vergleich zur Schottenbauweise handelt es sich jetzt nicht mehr um parallel gestellte Wände, sondern vielmehr um ein System aus unter funktionalen, raumorganisatorischen und ästhetischen Gesichtspunkten gestellten Wandscheiben, die sich nur teilweise oder auch gar nicht berühren.

Auf diese Weise ist systemimmanent das Problem der Aussteifung bei ausgezogener Grundrißgeometrie gelöst: über die in sich steife Deckenscheibe als Grundvoraussetzung sind alle Wände zweiseitig gehalten und miteinander verbunden.

Die Außenwand ist hierbei nur partiell Tragwerk; das Ziel der Struktur ist die Auflösung der Schachtel.

Die primäre Problematik liegt bei unausgewogenen Wandstellungen in kaum zu vermeidenden

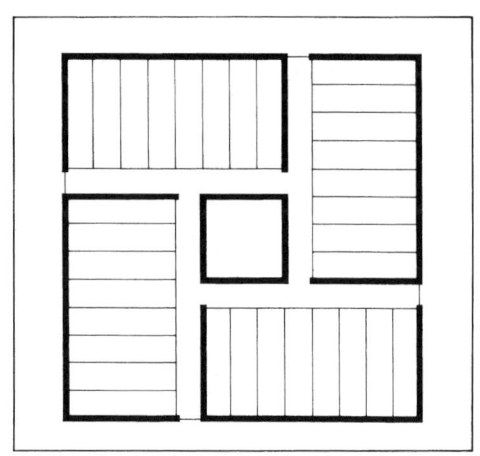

Abb. A.1.48 Grundrißprinzip Schachtel 1

Abb. A.1.49 Grundrißprinzip Schachtel 2

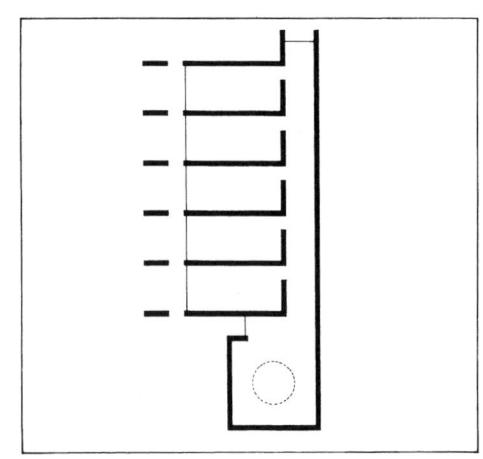

Abb. A.1.50 Grundrißprinzip Schotten 1

Grundlagen der Gestaltung

A

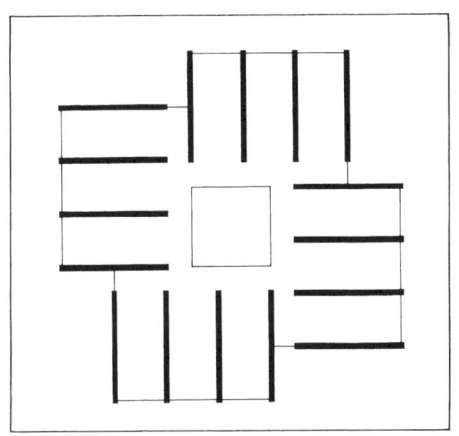

Abb. A.1.51 Grundrißprinzip Schotten 2

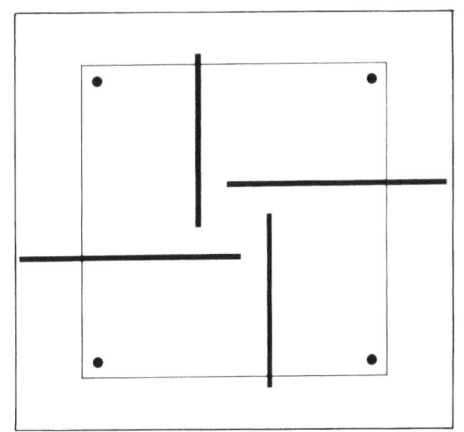

Abb. A.1.52 Grundrißprinzip Scheiben

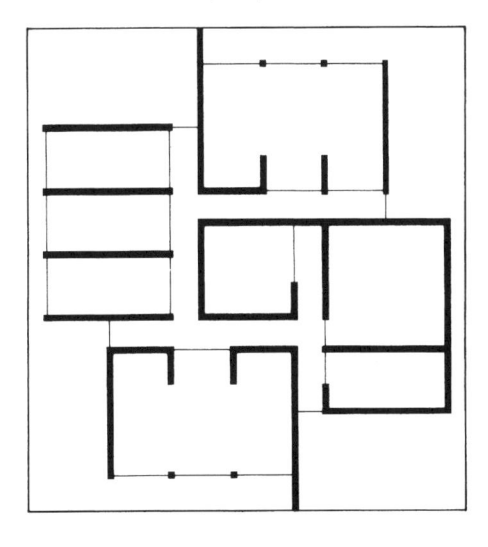

Abb. A.1.53 Mischsystem

Lastkonzentrationen in einzelnen Wandflächen, dies zumeist an deren Enden infolge unregelmäßiger Deckendurchbiegung. Die beim Schachtelprinzip dargestellte gleichmäßige Lastverteilung ist nicht gegeben, zumindest häufig unterbrochen.

Gelöst wird diese Thematik im Regelfall durch den zusätzlichen Einsatz von Stützkonstruktionen in Stahl oder Stahlbeton, vertikal oder auch horizontal im Bereich des Deckenauflagers – Hilfskonstruktionen, die das reine Prinzip zunächst zerstören, letztlich jedoch nahezu unvermeidlich sind.

Prinzipiell lösen läßt sich das Problem der Kantenpressung, der Aussteifung, der unregelmäßigen Anschlußpunkte erst wieder im Übergang in ein reines Skelettsystem mit regelmäßiger Stützenanordnung und mit Wandscheiben lediglich als nichttragende, raumabgrenzende Elemente analog zu denen in Glas (**Abb. A.1.52**).

Eine Betrachtung dieser geometrischen Fügungsprinzipien in Mauerwerk sucht zwangsläufig das prinzipielle Gestaltungsmerkmal, die reine Form: im Material, in der geometrischen Anordnung, in der Behandlung der Öffnungen, im gesamten Detail.

Eine derartige Betrachtung muß deshalb zwangsläufig das Mischsystem zurückstellen, dies zumal, da es häufig als unbewußtes, ja hilfloses Ergebnis eines unkontrollierten Entwurfes, einer unüberlegten Werkplanung, einer vorschnellen statischen Dimensionierung auftritt – wenn auch nicht auftreten muß. Das Bauen wird in diesem Zuge zusätzlich zu den ständig steigenden Komfortanforderungen immer aufwendiger, unökonomischer, teurer – nicht zuletzt aber auch technisch-konstruktiv gefährdeter (**Abb. A.1.53**).

Ein Plädoyer für eine mauerwerksgerechte Architektur muß so gesehen an das Prinzipielle appellieren, muß die grundsätzliche Leistungsfähigkeit des Materials und seine grundsätzliche Fügungsform klar herausstellen; wenn Material und Konstruktion wesentliche Grundlagen von Architektur sind, die sich aus den Eigengesetzlichkeiten ergeben, Beachtung finden, dann ist es logisch und sinnvoll, in Grenzbereichen das System zu wechseln. Dieser Wechsel allerdings ist dann klar und ablesbar zu vollziehen.

Entwurf und Baukonstruktion

2 Bauteilbereiche

Was als mauerwerksgerechte Architektur für die Grundrißstrukturen definiert wurde, hat prinzipiell auch Gültigkeit für die Auseinandersetzung mit einzelnen Bauteilbereichen, in denen verschiedene Elemente *und* Funktionsbereiche geometrisch und konstruktiv zusammentreffen:
- die Außenwand des Erdgeschosses mit dem Fundament bzw. der Kellerwand im Sockelbereich,
- die Außenwand mit Öffnungen und Zwischendecken,
- die Außenwand mit dem geneigten oder flachen Dach im Bereich Traufe und Ortgang bzw. Attika beim Flachdach.

Trotz Einbindung in den geforderten ganzheitlichen Entwurf und seine spezifische Individualität sind hier grundsätzliche Fügungsformen entwickelt und tradiert, die den Anforderungen an Material und Konstruktion im werkgerechten Bauen entsprechen.

Diese Formprinzipien in den gestalterischen und geometrischen Grundzügen zu skizzieren, ist Ziel der folgenden Abschnitte. Es geht dabei ausdrücklich nicht um den Anspruch einer umfassenden Darstellung, sondern um die Schärfung des Bewußtseins für das einfache, logische, mauerwerksgerechte Detail.

2.1 Der Sockel

Wenige Bauteilbereiche eines Mauerwerksbaues sind in gleicher Weise beansprucht wie der Sockel:
- hier ist der Bereich der größten Druckbeanspruchung des Mauerwerks im Übergang zu Untergeschoß und Fundament,
- hier ist der Übergang der Außenwandbeanspruchung von Luft zu Erdreich, damit nicht nur von Temperaturdifferenzen zwischen Hitze und Frost, sondern auch verschiedenen Feuchtesituationen: Schlagregen, Spritzwasser, drückende und nichtdrückende Erdfeuchte,
- hier ist die Grenzlinie zwischen temperierten, bewohnten bzw. genutzten Räumen im Erdgeschoß und überwiegend nicht temperierten, künstlich belichteten im Untergeschoß,
- hier ist nicht zuletzt die Verbindung gefordert vom Innenraum zum Außengelände mit möglichen Höhendifferenzen und Niveausprüngen.

Den bauphysikalisch komplexesten Bereich, die Abdichtung, gegen Feuchtigkeit, regelt im Detail DIN 18195. Der Sockelbereich ist danach in einer Höhe von ca. 30 cm über Geländeoberkante in Verlängerung des Feuchtigkeitsschutzes der Außenwand im Erdreich zu schützen. Er schließt ab in der Horizontalen durch eine Sperrschicht, deren Tiefe der Dicke der Wand entsprechen muß und die das Aufsteigen von Feuchtigkeit verhindert. Dies ist um so wichtiger, als gerade die für die Wärmedämmung der Außenwand erforderlichen Steine häufig eine Porosität besitzen, deren Kapillarkräfte diesem Aufsteigen von Feuchtigkeit Vorschub leisten.

Die Baustoffindustrie bietet hier eine Fülle an Materialien und Verlegeanweisungen an auf Bitumen- und Kunststoffbasis, die den einschlägigen Normen, Richtlinien und Regeln der Technik entsprechen.

Mit den Innovationen und Regelverschärfungen gehen in der Praxis häufige Bauschadensfälle und Regreßansprüche aus Gewährleistungsmängeln einher.

Dies hat zur Folge, daß der Sockelbereich immer wieder aus dem Gestaltungsbereich enthoben wird zugunsten einer vermeintlich geringeren Schadensträchtigkeit. So entstehen jene Blechbänder in Kupfer und Zink, Kunststoff-Reibeputz-Flächen und Friese in dünnen Klinker- oder Keramikriemchen.

Die Forderung schadenfreien Bauens mit Gestaltqualität erfüllt am einfachsten die tradierte Form der Anhebung des Erdgeschoß-Niveaus um mindestens 60 cm über Gelände; das Untergeschoß bleibt dabei als solches erkennbar, es bildet formal den Sockel in vom Mauerwerk der oberen Geschosse abgesetzter Dicke und Struktur. Dieser sichtbare Bereich des Untergeschosses ermöglicht eine einfache und wirkungsvolle Belichtung des Innenraumes ebenso wie die freie Diffusion evtl. in das Mauerwerk eingedrungener Boden- und Oberflächenfeuchtigkeit (**Abb. A.2.1**).

Es ist dies die formal wie technisch tradierte Fügung vor dem Einsatz horizontaler und vertikaler Dichtungssysteme. Sie ging einher mit einer sinnfälligen Zuordnung von untergeordneten Nutzungen im Kellergeschoß und primären wie Wohnen und Arbeiten im Erd- bzw. Obergeschoß. Sie implizierte weiterhin die Zugänglichkeit im Eingangsbereich ausschließlich über Treppen.

Im Zusammenhang mit Überlegungen zum kostengünstigen Bauen werden diese Aspekte heute wieder aktuell.

Bauteilbereiche

Bis dato gilt jedoch überwiegend der verständliche Wunsch nach niveaugleichem Übergang von innen und außen im Eingangs- wie im Terrassenbereich; ein Wunsch, der nicht zuletzt ausgelöst wurde parallel zur Entwicklung der Auflösung des Schachtelgrundrisses. Frank Lloyd Wright und Ludwig Mies van der Rohe als Protagonisten des „Scheibenhauses" gewährleisteten so bis in die Details die Verzahnung von Innenraum und umgebender Natur.

Dieser völlige Verzicht auf den Sockel als Gegenposition der Moderne zum historischen Prinzip verschärft diesen Fügungspunkt zusätzlich zu den ohnehin gestiegenen bauphysikalischen Anforderungen des Wärme- und Feuchtigkeitsschutzes.

Beim Wandanschluß kann dabei der feuchtigkeitsunempfindliche Sockelputz naß in naß mit dem Leichtputz des aufgehenden Geschosses (+/− 0.00) verbunden werden, ohne daß Strukturunterschiede erkennbar sind. Die Wandabdichtung, die auch in diesem Fall nach DIN 18 195 bis ca. 30 cm über Außenkante Gelände zu führen ist, muß an der Nahtstelle beider Putze mit einem Putzträger aus z. B. Streckmetall überdeckt werden, um Risse zu vermeiden.

Im Bereich von Tür- und Fensteröffnungen muß das Außengelände gemäß **Abb. A.2.3** abgesenkt werden; die niveaugleiche Anbindung von innen und außen sichert dann ein wasserdurchlässiger Gitterrost. Der Fußpunkt bedarf der sorgfältigen Ausbildung mit geeigneten Materialien, Gefälle nach außen und möglichst einem Schutz gegen Schlagregen und Schnee durch ausreichend großen Dachüberstand.

Diese prinzipielle Anordnung entspricht dem Stand und den Regeln der Technik, nicht jedoch vollständig der DIN.

Die völlige DIN-Gerechtigkeit erfordert eine Anhebung des Erdgeschoß-Niveaus gegenüber Oberkante Gelände als wasserführender Schicht von mindestens 15 cm, besser jedoch 30 cm gemäß **Abb. A.2.4** und **Abb. A.2.5**.

Beide Varianten gehen zumindest vom optischen Verzicht auf einen Sockel aus. Der homogen geführte Putz muß dabei durch entsprechende Materialien, Putzträger und kapillarbrechende Rollkiesschichten, gegebenenfalls auch durch schlagregenmindernde Bepflanzung geschützt werden.

Alternativ hierzu ist denkbar, diesen besonders beanspruchten Bereich formal entsprechend zu behandeln. Dies kann in Abstimmung mit dem Gestaltungskonzept z. B. in Klinkermauerwerk oder in Betonelementen erfolgen gemäß **Abb. A.2.6** und **A.2.7**.

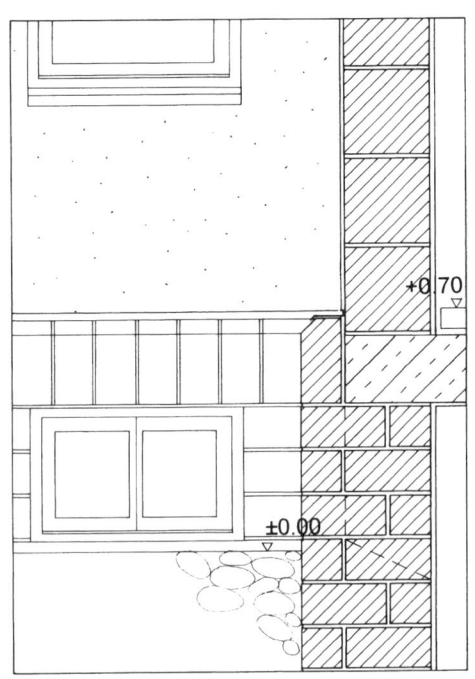

Abb. A.2.1 Erhöhter Sockel als historisches Prinzip; Schnitt – Ansicht

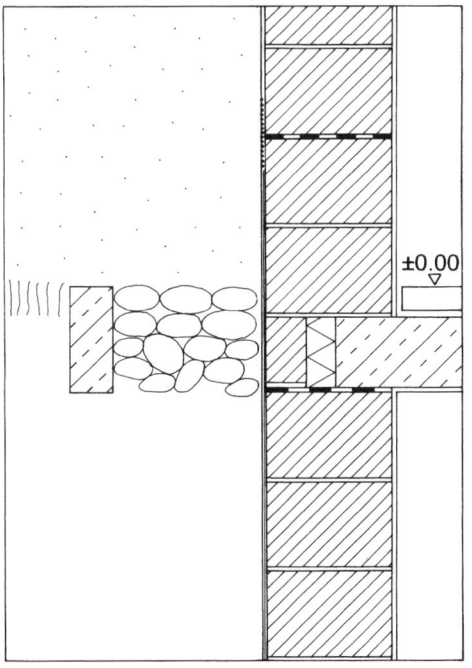

Abb. A.2.2 Sockelausbildung ohne Niveausprung innen/außen

A.39

Entwurf und Baukonstruktion

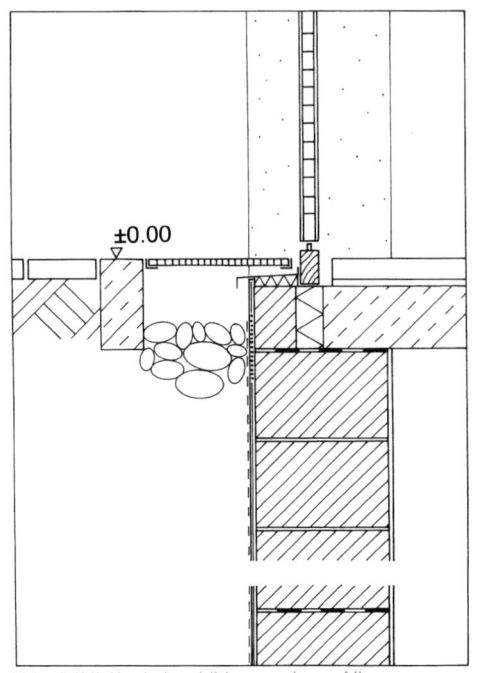

Abb. A.2.3 Sockelausbildung ohne Niveausprung, Türöffnung; Schnitt – Ansicht

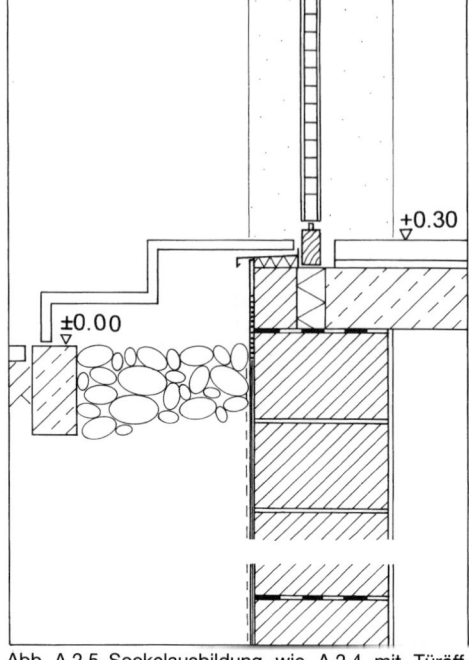

Abb. A.2.5 Sockelausbildung wie A.2.4 mit Türöffnung; Schnitt – Ansicht

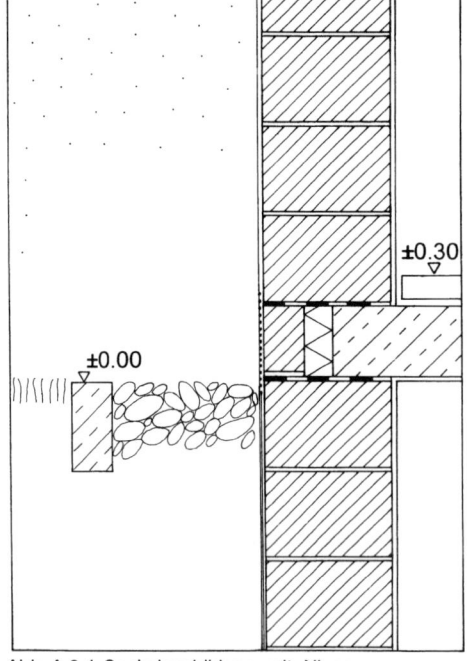

Abb. A.2.4 Sockelausbildung mit Niveausprung von 30 cm, Wandanschluß; Schnitt – Ansicht

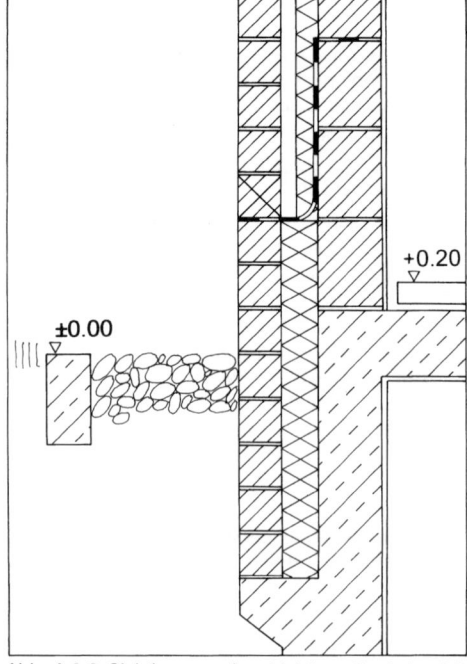

Abb. A.2.6 Sichtbare mehrschichtige Sockelausbildung in Klinkermauerwerk

Bauteilbereiche

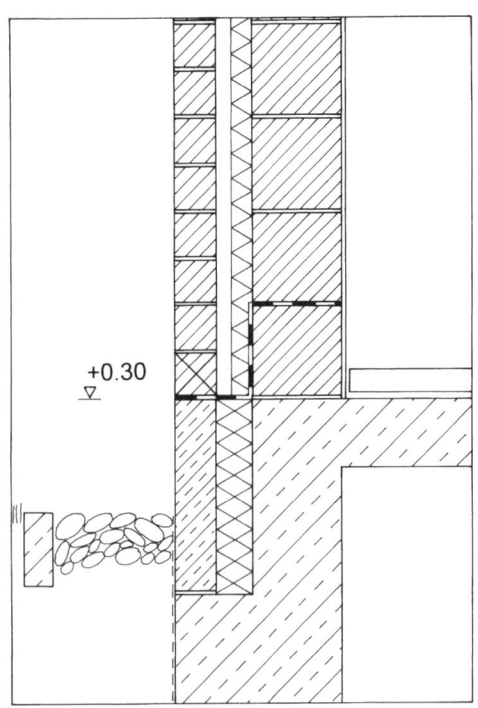

Abb. A.2.7 Betonfertigteilsockel; Schnitt

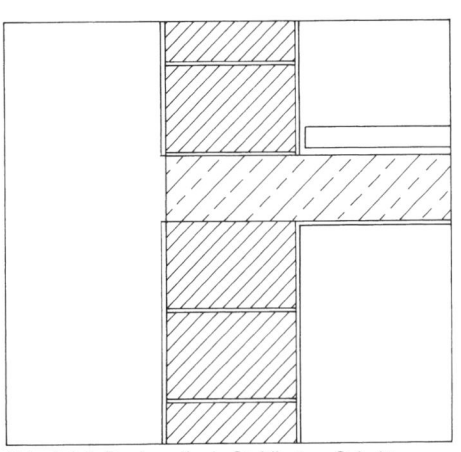

Abb. A.2.8 Deckenstirn in Stahlbeton; Schnitt

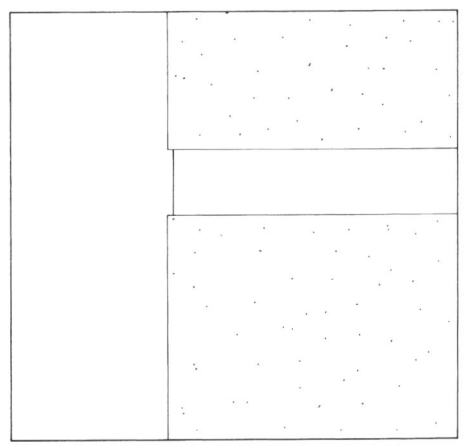

Abb. A.2.9 Deckenstirn in Stahlbeton; Ansicht

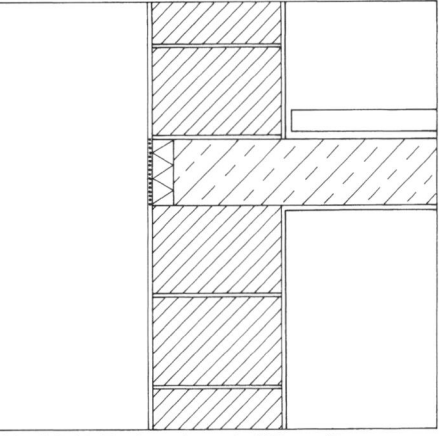

Abb. A.2.10 Deckenstirn mit Wärmedämmung und Putzträger

2.2 Zwischendecken und Durchdringungen

Der eingangs bei Louis Kahn beschriebene Ansatz: „Zeigen, wie es gemacht ist", impliziert die formale Erscheinung der Wand mit Mauerwerk als Fläche in eindeutigem Unterschied zum horizontalen Band der Deckenstirn in Stahlbeton (**Abb. A.2.8** und **A.2.9**).

Nach bauphysikalischen, energietechnischen und konstruktiven Anforderungen scheidet dieses Detail heute eindeutig aus; die Deckenstirn bedarf der vorgelegten Wärmedämmung zur Erzielung eines Wärmedurchlaßwiderstandes analog dem der Wand sowie zur Vermeidung von temperaturbedingten Längenänderungen des Betons.

Dieses Detail – immer noch Standard auf vielen Baustellen – führt zum Verlust des homogenen Putzgrundes und fördert das Risiko von Rißbildung an den Nahtstellen (**Abb. A.2.10**).

Auch wenn dieses Risiko mit Putzträgern z. B. aus Streckmetall oder Kunststoffgeweben gemindert werden kann, ist konstruktiv richtiger eine Vormauerung analog zum Sockeldetail (**Abb. A.2.2**) mit z. B. 11,5 cm Stärke, einer Wärmedämmung von 4 bis 8 cm und immer noch einem statisch im Regelfall ausreichenden Deckenauflager von ca. 15 bis 17,5 cm (**Abb. A.2.11**).

Entwurf und Baukonstruktion

Dabei muß in der geometrischen Fügung von Decke und Wand beachtet werden, daß die Stärke der Betonplatte zunächst nur nach statischen, gegebenenfalls auch nach schalltechnischen Belangen konstruiert ist, mithin im Regelfall nicht dem oktametrisch notwendigen Höhenmaß von 17,5 cm oder 25 cm entspricht. Der Ausgleich kann durch einen Über- oder Unterzug erfolgen (**Abb. A.2.12**), zunehmend jedoch auch durch Sondersteine der Baustoffindustrie, sogenannte Deckenabmauerungssteine mit integrierter Wärmedämmung (**Abb. A.2.13**). Eine Einbindung der Decke in die Außenwand mit den oben beschriebenen Problemen kann völlig entfallen bei Deckenkonstruktionen in Holz, die zunehmend im Zusammenhang mit kostengünstigem und ökologischem Bauen diskutiert werden.

Bei diesen Konstruktionen läuft die Außenwand konstant durch; die Lasteinleitung erfolgt durch einen Streichbalken vor der Wand, der mit ihr kraftschlüssig verbunden sein muß (**Abb. A.2.14**).

Allen funktionstüchtigen Detailprinzipien gemeinsam ist das Prinzip der thermischen Trennung und Mehrschichtigkeit. Dies gilt a priori bei Sichtmauerwerkskonstruktionen, die analog die gesamte Außenwand auflösen. Hier ist es eine Frage der Gestaltung, ob der Deckenbereich eine besondere Betonung erhalten soll oder nicht; diese kann dann als Rollschicht mit stehenden, konstruktiv rückverankerten Steinformaten oder auch durch Sichtbetonelemente erfolgen (**Abb. A.2.15**).

Auskragungen der Zwischendecken für Vordächer und Balkone analog zu Abb. A.2.8 sind ebenso wenig möglich, wie eine Wärmedämmung analog zu Abb. A.2.10 sinnvoll ist.

Die kraftschlüssige Verbindung des Außenbauteils mit der Zwischendecke erfordert wiederum eine thermische Trennung, die mit mittlerweile gängigen Sonderkonstruktionen der Baustoffindustrie gewährleistet werden kann (**Abb. A.2.16**).

Gestalterisch wirksamer in der Darstellung des Kraftflusses sind jedoch Konstruktionen, die die notwendige Kältebrücke auf ein Minimum reduzieren, sei es zum einen durch Einsatz von filigranen Stahlkonstruktionen oder zum anderen durch Reduktion der Kräfteverhältnisse und Krafteinleitung in die Zwischendecke von Biegezug- auf reine Normalkräfte.

Die einfachste und wirkungsvollste Lösung aller bauphysikalischen und konstruktiven Probleme kann dabei die völlige Trennung des Außenbauteils vom Baukörper sein: durch Abhängung vom Dachüberstand (**Abb. A.2.18**) oder aber eigene Aufstellung und Fundierung wie ein Gerüst, wobei der Baukörper lediglich zur horizontalen Aussteifung herangezogen wird (**Abb. A.2.19**).

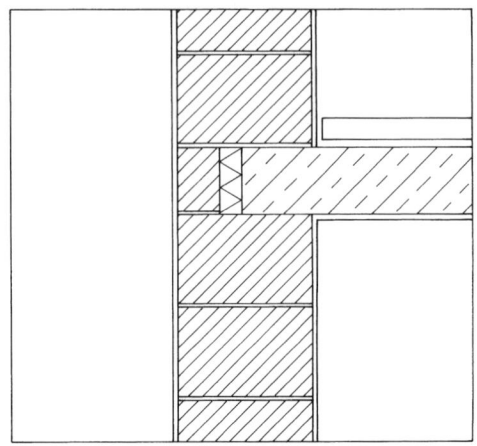

Abb. A.2.11 Deckenstirn mit Vormauerung und WD

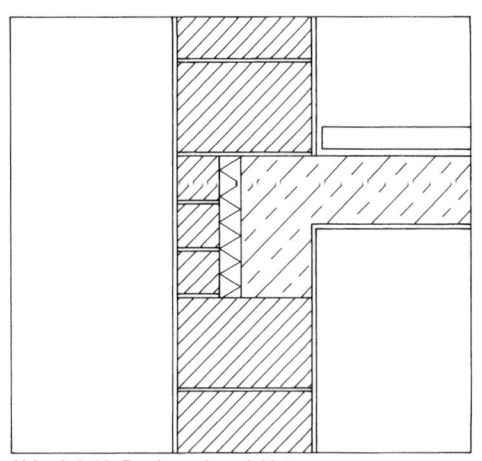

Abb. A.2.12 Deckenstirn mit Unterzug

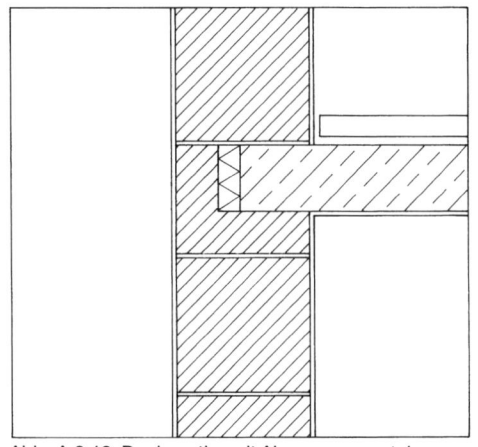

Abb. A.2.13 Deckenstirn mit Abmauerungsstein

Bauteilbereiche

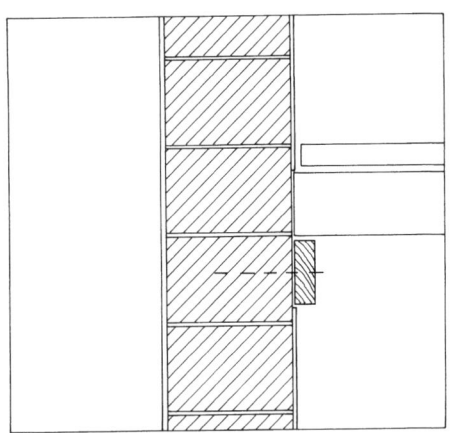

Abb. A.2.14 Einbindung Holzbalkendecke

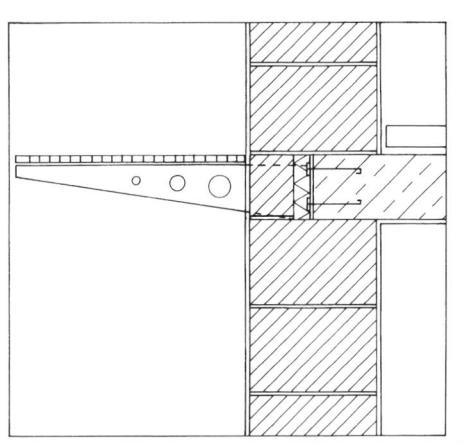

Abb. A.2.17 Minimierung der Kältebrücke durch Stahlkonsole

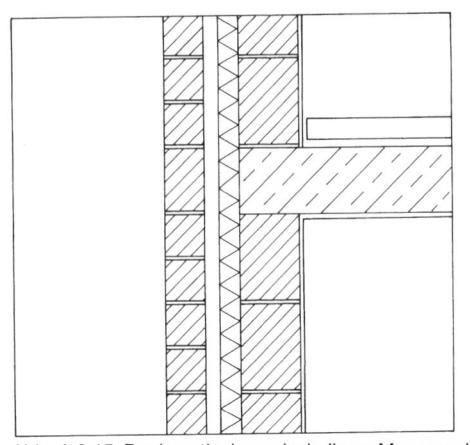

Abb. A.2.15 Deckenstirn in zweischaligem Mauerwerk

Abb. A.2.16 Thermisch getrennte Stahlbetonkonstruktion

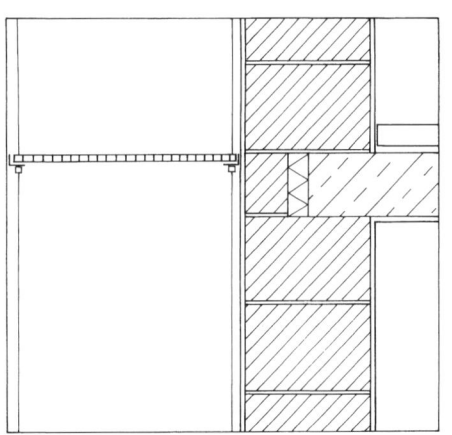

Abb. A.2.18 Thermische Trennung des Außenbauteiles durch Abhängen von der Dachkonstruktion

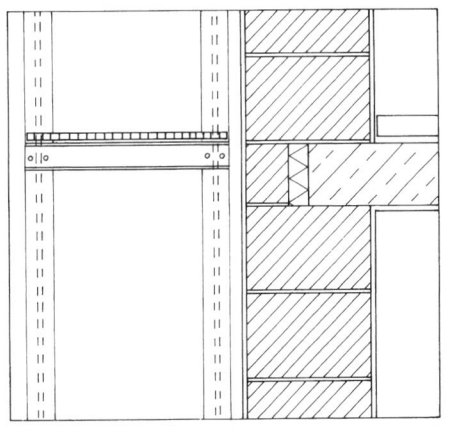

Abb. A.2.19 Thermische Trennung durch eigenes Fundament

Entwurf und Baukonstruktion

2.3 Die Öffnung in der Wand

Die Einbindung der Zwischendecke in die gemauerte Wand ist mit deren Schwächung und zusätzlichen Belastung, aber auch mit aussteifender Stabilisierung gekoppelt.

Das Thema der Öffnung, damit des Regelbruchs und der mehr oder weniger großen Aussparung im Verband, impliziert im Gegensatz dazu ausnahmslos die Schwächung und bedarf deshalb einer besonderen konstruktiven Planung.

Der Rückgriff auf das archaische Fügungsprinzip der aus Bruchsteinen geschichteten Wand macht deutlich, daß angesichts der reinen Druckbeanspruchbarkeit des Materials eine Öffnung nur dann überspannt werden kann, wenn entweder eine druckbeanspruchbare Form wie der Bogen, primitiver auch das Kraggewölbe, oder aber auf Biegezug beanspruchbare Zusatzmaterialien wie z. B. Holz, später dann Eisen/Stahl und Beton verwendet werden.

Entsprechend sind die ersten Öffnungen klein, die Leistungsfähigkeit des Sturzes und die Größe der Auflast bestimmen die Breite. Die Höhe bleibt demgegenüber weniger problematisch und ist immer größer – das Fenster erhält die Form des stehenden Rechteckes; erhöhter Lichtbedarf führt zur Reihung des Formates, die Dimension der Öffnung bleibt begrenzt (**Abbn. A.2.20** und **A.2.21**).

Dieses tradierte Erscheinungsbild geht einher mit einer ausgewogenen Relation von Wandfläche zu Öffnung; erstere überwiegt und ermöglicht damit konstruktiv die Lastverteilung innerhalb des Sturzbereiches wie der seitlichen Auflage (**Abb. A.2.22**).

Konkret bedeutet dies, daß die regelmäßigen Kraft- oder Spannungslinien innerhalb der Wand eine Störung erfahren, wenn eine Öffnung eingeschnitten wird. Sie „umfließen" diese, teilen sich oberhalb unter einem Winkel von ca. 60° und finden unterhalb der Öffnung im gleichen Winkel in den Regelzustand zurück. Die hierbei entstehenden Dreiecke bleiben aufgrund der Gewölbewirkung annähernd frei von Spannungen; im Umlenkungsbereich der Kraftlinien treten jedoch zusätzliche, schräggerichtete Kräfte auf, die im Mauerwerk aufgefangen werden müssen – dies zusätzlich zu den Lastkonzentrationen im Laibungsbereich der Öffnung.

Was heute naturwissenschaftlich als so genannte Spannungstrajektorien nachvollziehbar ist, entspricht den empirischen Erfahrungen und Erkenntnissen der Anfänge des Bauens: Form und Konstruktion entsprechen sich.

Dieser Zusammenhang, beim scheitrechten Sturz mit NF-Formaten noch evident (**Abb. A.2.23**), ging

Abb. A.2.20 Archetypischer Fenstersturz aus Holz in Bruchstein-Mauerwerk

Abb. A.2.21 Natursteinsturz und -gewände in Bruchstein-Mauerwerk

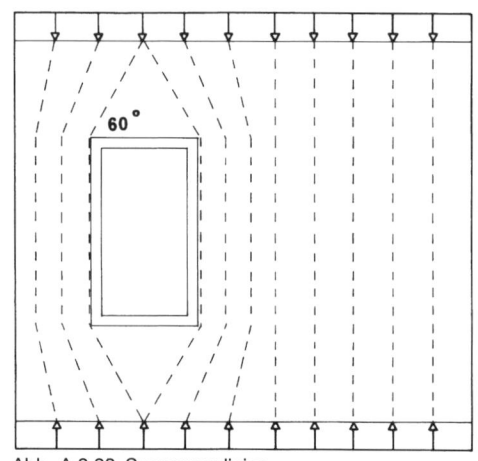

Abb. A.2.22 Spannungslinien

Bauteilbereiche

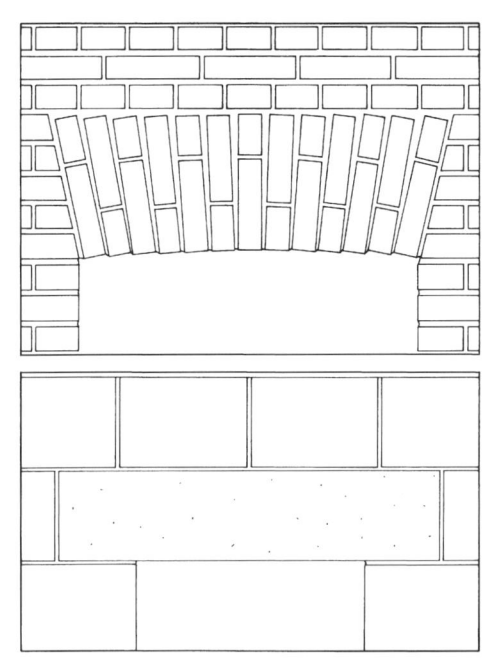

Abb. A.2.23 Scheitrechter Sturz; Stahlbetonsturz

Abb. A.2.24 Lochfenster im Schachtelsystem

verloren angesichts der heute verwendeten großformatigen Steinqualitäten und insbesondere der Ersatzmöglichkeit eines biegesteifen Betonsturzes.

Seine praktisch nahezu unbegrenzte Spannweite, verbunden mit dem Entfallen von horizontalen Schubkräften im Auflager, öffnet der formalen Gestaltung scheinbar jegliche Freiheit. Lediglich die Kantenpressung im Auflagerbereich bei hochwärmedämmenden und entsprechend leichten Mauersteinen sowie das Maß der Durchbiegung begrenzen die Dimension. Die ästhetische Folge, insbesondere im Einfamilienhaus-Wohnungsbau, sind Erscheinungsbilder von Wand und Öffnung, die ihre qualitative Relation völlig verloren haben, bei denen insbesondere aller notwendiger Materialwechsel und entsprechende Hilfskonstruktionen hinter der kaschierenden Schicht des Innen- und Außenputzes verschwinden.

Eine material- und werkgerechte Lösung, die auch gleichzeitig einen homogenen Putzgrund gewährleistet, bilden sogenannte Ziegelflachstürze. Sie bestehen aus U-förmigen Ziegelschalen mit eingelegter schlaffer oder auch vorgespannter Bewehrung in Stahl. Bei Höhen von lediglich 7,1 cm oder 11,3 cm bilden diese Flachstürze die Zugzone des Sturzes; sie bedürfen zur Herstellung der Gesamttragwirkung des Sturzes der Übermauerung in der darüberliegenden Druckzone. Ihre Spannweiten sind nach Einzelzulassung im Regelfall auf 3,00 m bei Einfeldträgern begrenzt; ab Spannweiten von 1,25 m sind bei der Erstellung der Öffnung Montagestützen zu verwenden.

Sturz, Laibung und Sohlbank sind die Einzelbereiche, deren architektonische Gestaltung die Öffnung im Mauerwerk prägen – nicht zuletzt aber auch die Ebene des Fensters und des Sonnenschutzes: unsichtbar als Rolladenkasten oder sichtbar als Klapp-/Schiebeladen. Von der Gesamtgestaltung und Grundrißstruktur eines Hauses, damit auch vom Tragsystem im Mauerwerk hängen Größen, Disposition und Proportion ab. So werden Fenster im sogenannten Schachtelsystem tendenziell immer eingeschnittene Öffnungen mit begrenzter Dimension sein (**Abb. A.2.24**), beim Schotten- und Scheibensystem dagegen eher raumhohe Elemente mit maximalem Verglasungsanteil (**Abb. A.2.25**).

Die Lage des Fensters in der Wand spielt dabei auch bauphysikalisch eine besondere Rolle.

Je tiefer es im Mauerwerk eingeschnitten ist – im Extremfall bündig mit der Innenkante –, umso plastischer ist die Wirkung der eingeschnittenen Öffnung nach außen. Bauphysikalisch reduzieren sich die Anforderungen an das Fenster und die Fuge in der Laibung – dies hinsichtlich einer Beanspruchung durch Sonnen-(UV-)Einstrahlung,

A.45

Schlagregen und Wind. Insofern ist diese Anordnung günstig; problematisch ist dagegen bei hoch wärmedämmenden Steinen die mögliche Bildung von Tauwasser im Innenbereich, die nur mit einer ausreichenden Dämmung der Laibung vermieden werden kann.

Die Unterschreitung des Taupunktes als Problem besteht auch bei der gegenteiligen Platzierung des Fensters: Außenkante bündig. Zusätzlich sind hier Fenster und Fuge extrem durch Witterungseinflüsse, und dies insbesondere im oberen, horizontalen Anschluß beansprucht. Gestalterischer Vorteil dieser Position ist die Glätte der Fassade, der Charakter einer Haut vor der inneren Struktur als architektonisches Merkmal der Moderne. Ein weiteres Positivum ist, daß die innere Laibung in direkter Nähe zur Verglasung als Speichermasse für solare Energien herangezogen werden kann.

Den Regelfall stellt eine mittige Lage des Fensters dar, im Rahmen langer Tradition mit einem Anschlag von 11,5 cm Tiefe und ca. 6 cm Breite. Probleme im Fugenbereich aus Wärme- und Feuchtebeanspruchung sind minimiert, Maßtoleranzen können ausgeglichen werden, und auch die Ansichtsbreiten der Fensterrahmen lassen sich auf ein gewünschtes Maß justieren.

Im Bereich der Brüstung ist – außer bei Sichtmauerwerk – ein Materialwechsel erforderlich, um genügend Dichtigkeit und Schutz vor Schlagregeneinwirkung zu haben. Den Regelfall stellen Standard-Fensterbänke aus Aluminium dar, die mit 0,1 % Gefälle und 3 cm Überstand in den Putz der Laibung eingebunden werden. Sie ersetzen in jedem Fall den Anschlag in diesem Bereich.

Bei Sichtmauerwerk kommen alternativ zu Stein und Aluminium auch Beton- oder Natursteinfensterbänke zur Anwendung.

Analog zur Ausbildung des Sockels ist dabei immer der Regelaufbau der Wand zu berücksichtigen, ihre Ein- oder Mehrschaligkeit, Sichtmauerwerk oder verputzte Außenhaut. Der prinzipiellen Verdeutlichung dienen dabei die im folgenden angeführten Skizzen (**Abbn. A.2.26** bis **A.2.31**).

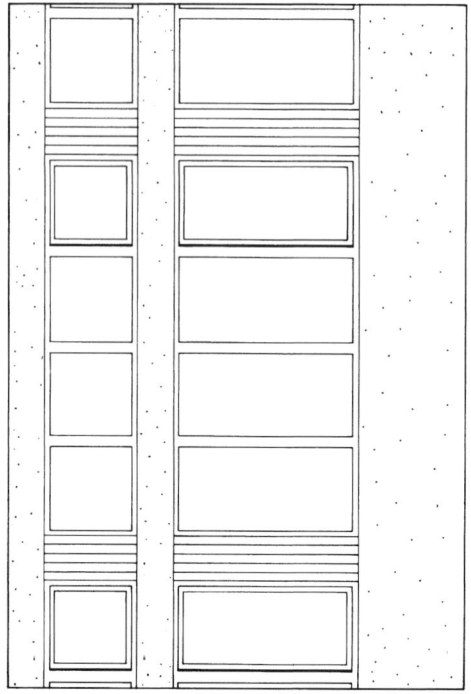

Abb. A.2.25 Fenster im Scheibensystem

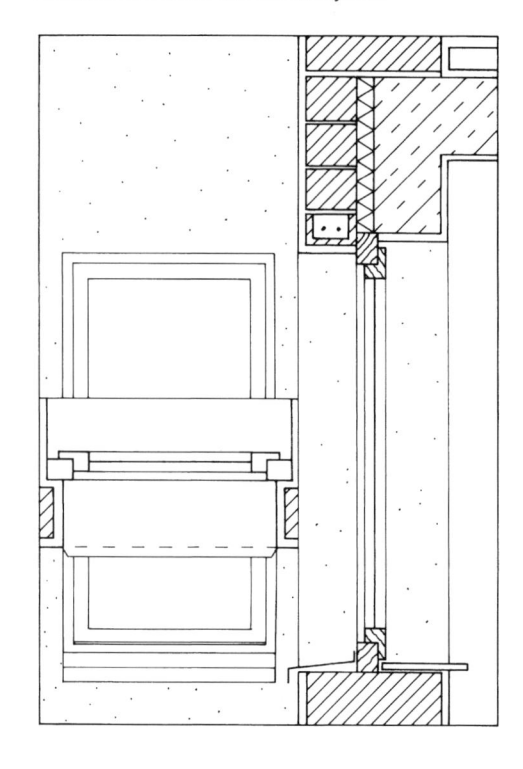

Abb. A.2.26 Fenster mit Anschlag ▶

Bauteilbereiche

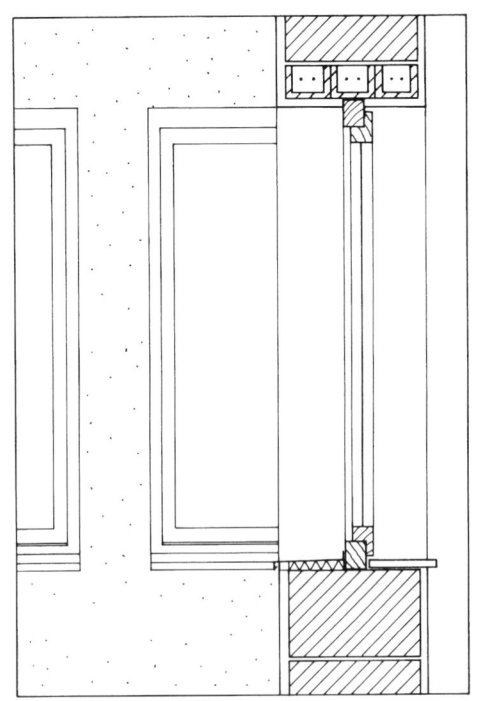

Abb. A.2.27 Fenster ohne Anschlag

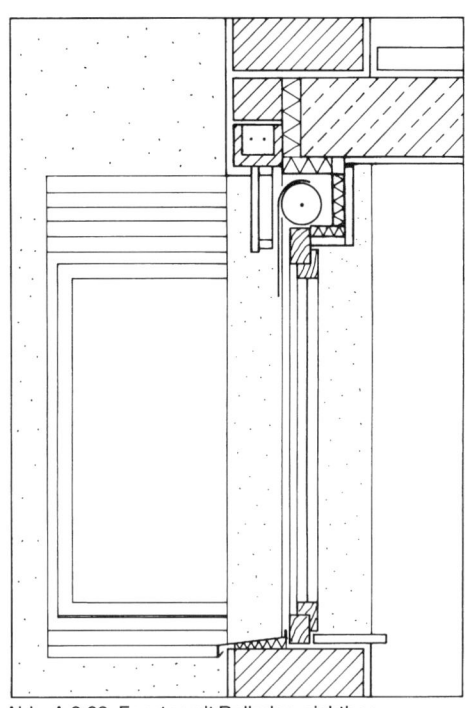

Abb. A.2.29 Fenster mit Rolladen, sichtbar

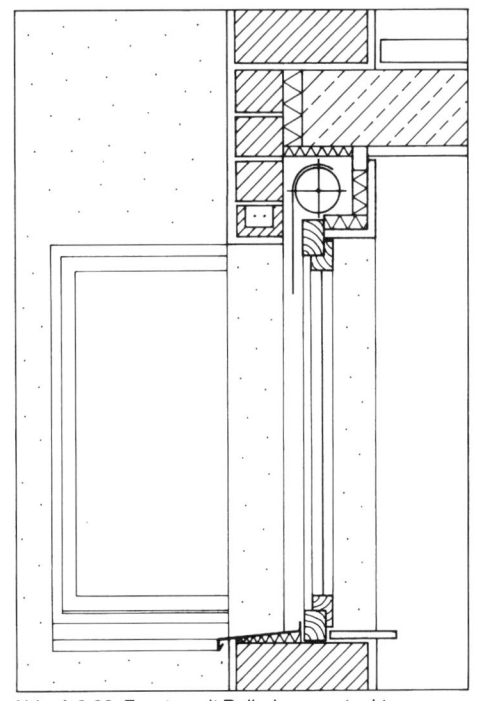

Abb. A.2.28 Fenster mit Rolladen, versteckt

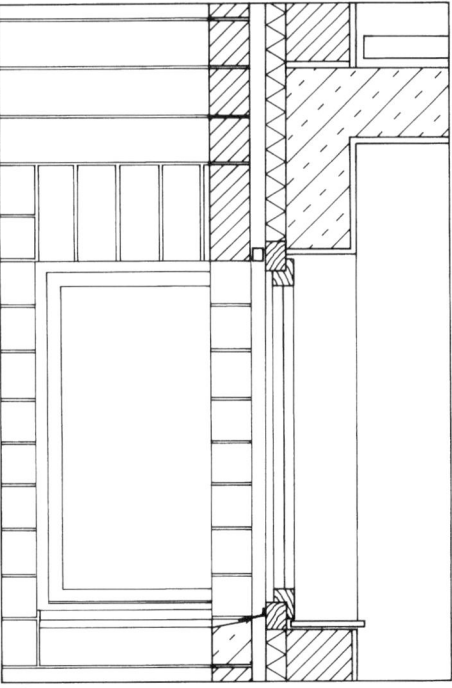

Abb. A.2.30 Scheitrechter Sturz in Sichtmauerwerk

Entwurf und Baukonstruktion

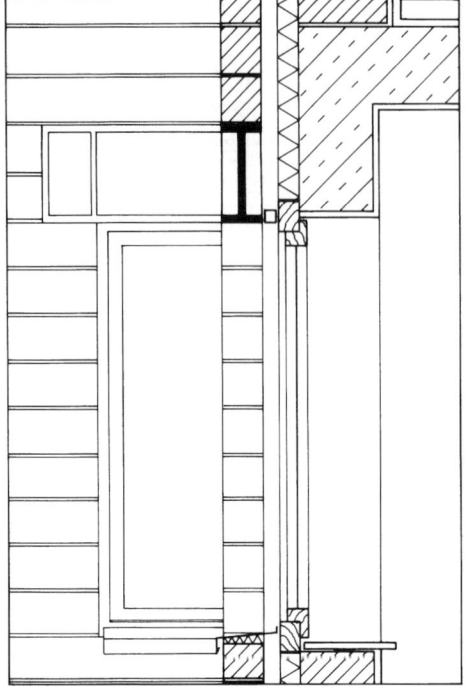

Abb. A.2.31 Stahlsturz in Sichtmauerwerk

2.4 Dach und Wand; Traufe, Ortgang und Attika

Der oberste Abschluß einer Mauerwerkswand bei Gebäuden bildet gleichzeitig den Gelenkpunkt in die Horizontale des Flachdaches oder die Schräge des geneigten Daches. Nur in Ausnahmefällen kann hier das Steinmaterial festgesetzt werden.

Im Regelfall treffen mehrere Materialien, Geometrien und Anforderungen in einem Punkt zusammen:

- die lotrechte Mauerwerkswand, tragend, wärmedämmend, verputzt oder mehrschalig,
- die horizontale Dachdecke aus Beton oder Holz, die beim Flachdach bereits den oberen, tragenden Abschluß bildet oder aber – beim geneigten Dach – nur den Raumabschluß des letzten Vollgeschosses,
- die Schräge der Dachkonstruktion, zumeist aus Holz mit aufgelagerter oder zwischenliegender Wärmedämmung, Folien gegen Dampfdiffusion und Durchfeuchtung sowie oberseitig die wasserführende Schicht der Dacheindeckung,
- das System der Wasserableitung und Sammlung, außenliegend mit Regenrinne oder aber beim Flachdach die Wanne mit innenliegender Entwässerung.

Dabei muß angesichts der heute selbstverständlichen Ausnutzung des Dachraumes gewährleistet sein, daß Dach und Wand nicht nur in ihrem Regelaufbau, sondern auch im Fügungspunkt feuchtigkeitsbeständig, diffusionsoffen, wärmegedämmt und nicht zuletzt konstruktiv kraftschlüssig miteinander verbunden sind.

Diesen generellen Anforderungen stehen gestalterische Vorstellungen gegenüber:

- der minimierte, knappe Dachrand,
- der schichtige Aufbau, der die einzelnen Bauteile im Fügungspunkt zeigt,
- der auskragende Dachrand, bei dem das Dach gleichzeitig Schutzfunktion für die Außenwand übernimmt.

Alle diese Gestaltungsprinzipien gelten gleichermaßen für flache und geneigte Dächer wie für monolithische, verputzte oder mehrschalige Außenwandkonstruktionen.

Analog zum Prinzip des Sockels und der Öffnungen im Mauerwerk können und sollen hier nur einige wesentliche Beispiele aufgezeigt werden.

Ausgangspunkt ist das monolithische, verputzte Mauerwerk im Anschluß an ein geneigtes, hart gedecktes Dach. Unter der gestalterischen Prämisse eines möglichst knappen Dachrandes – die einhergeht mit dem weitegehenden Verzicht auf Ausbildung eines sichtbaren Sockels – muß das Mauerwerk als Putzgrund bis in die Ebene der Konterlattung geführt werden. Analog zu Sockel und Deckeneinbindung bedarf das Mauerwerk der Auflösung in mehrere Schichten: Vormauerung, Wärmedämmung, Betondecke und Dachkonstruktion in Holz, Wärmedämmung und wasserführende Schicht auf entsprechender Unterkonstruktion (**Abb. A.2.32** und **Abb. A.2.33**).

Dieses Detail eines Sparrendaches, bei dem die Einleitung der Horizontalkräfte der Sparren in das „Zugband" der Geschoßdecke über eine kraftschlüssige Verbindung in Stahl erfolgt, ermöglicht die Führung des Außenputzes auf Mauerwerk bis in den Bereich der Lattung. Ein Luftspalt bleibt frei zur Hinterfüllung des Kaltdaches, kaschiert durch die horizontale Regenrinne.

Am Ortgang erfolgt die Führung des Außenputzes bis Unterkante Dachdeckung. Die hölzerne Unterkonstruktion aus Lattung und Konterlattung muß hier mit einem stabilen Putzträger abgedeckt werden; alternativ besteht die Möglichkeit, den Ortgang-Dachstein im Mörtelbett zu verlegen. Wichtig ist zur schadenfreien Ausbildung dieses Details, daß die Unterspannbahn bis zur Innenkante des Außenputzes geführt wird. Ein Anheben der letzten Dachsteinreihe, womit ein leichtes Gefälle zur Dachfläche entsteht, entlastet die Beanspruchung dieses Detailpunktes.

Bauteilbereiche

Konstruktiv wesentlich unkomplizierter ist dieses Detail bei Ausbildung eines Dachüberstandes, der den Fügungspunkt Dach/Wand in allen Beanspruchungen aus Feuchte und Wind entlastet. Regionales Bauen in entsprechend belasteten Gebieten ist ohne Dachüberstand – bei verputzter oder holzverschalter Wand – nahezu nicht denkbar. Die in **Abb. A.2.32** gezeichnete Lösung ist dazu bei gleicher Putzknappheit um die hervorragenden Sparren und deren Eindeckung zu ergänzen. Regelfall bei diesem Prinzip ist jedoch die Erscheinung des Daches in seiner gesamten Dimension und Schichtigkeit – Wand und Dach lösen sich völlig voneinander unter Ausbildung eines echten optischen Gelenkpunktes.

Die dazu notwendige Durchdringung von innen liegender Konstruktion ist nur im Material Holz möglich – aufgrund dessen geringer Wärmeleitfähigkeit. Der Dachüberstand im Bereich des Ortganges fordert bei diesem Detail zwingend eine Pfettendachkonstruktion.

Die Giebelwand im Dachbereich kann dabei in Abhängigkeit vom Gesamtentwurf sowohl massiv in Mauerwerk als auch als mehrschichtige Konstruktion in Holz ausgeführt werden.

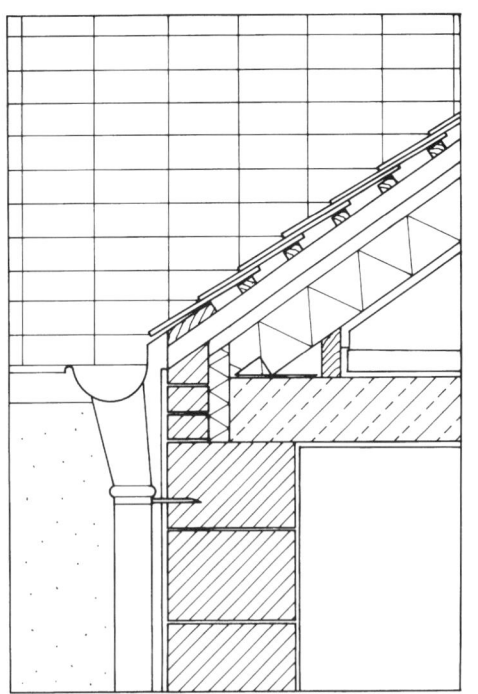

Abb. A.2.32 Außenwand und Sparrendach; Traufe

Abb. A.2.33 Sparrendach; Ortgang

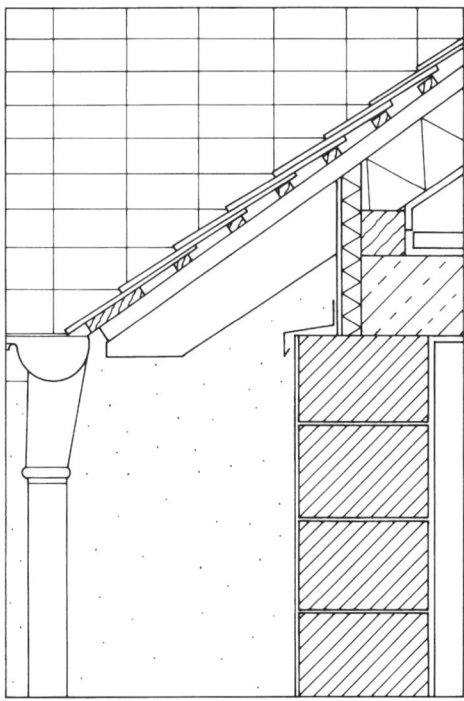

Abb. A.2.34 Dachüberstand, Traufe, Pfettendach

Entwurf und Baukonstruktion

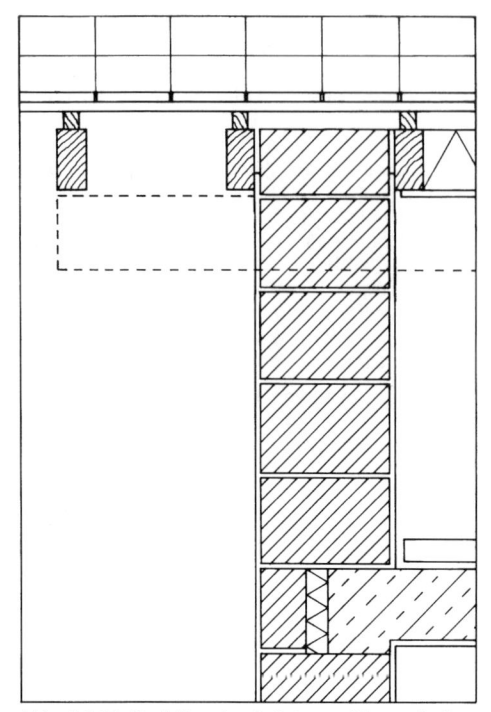

Abb. A.2.35 Dachüberstand, Ortgang, Pfettendach

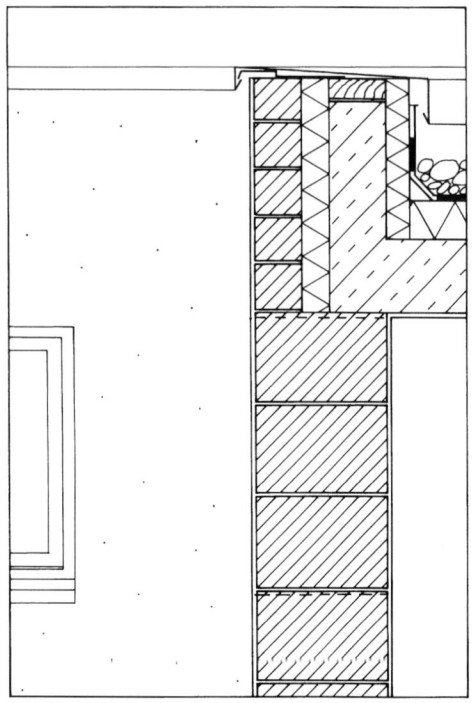

Abb. A.2.36 Anschluß Flachdach – Attika an Außenwand; Putz/Sichtbetonfertigteil

Analoges gilt für die Ausbildung des Anschlusses Dach/Wand bei Flachdachkonstruktionen.

Ausgehend vom gestalterischen Ideal eines knappen, weißen Kubus in verputztem Mauerwerk – Leitbild der klassischen Moderne –, wird die monolithische Wand im Knotenpunkt in eine thermisch getrennte Konstruktion aufgelöst mit Vormauerung, Wärmedämmung und Dachdecke in Beton. Da eine Ableitung des Regenwassers nach außen – vom Gebäude weg wie beim geneigten Dach – nicht möglich ist, muß das Flachdach quasi als Wanne ausgebildet werden, die das Wasser zunächst sammelt, ehe es über Entwässerungspunkte im Innenbereich abgeleitet wird. Die dazu nach der Dachdecker-Richtlinie nötige Aufstauhöhe erfordert das Hochziehen der Dichtungsbahnen im Attikabereich. Damit dies dicht und kraftschlüssig erfolgen kann, empfiehlt sich eine Aufkantung des Deckenrandes in entsprechender Höhe – dies insbesondere unter Berücksichtigung der notwendigen Dämmung nach Wärmeschutznachweis für diesen Bauteil.

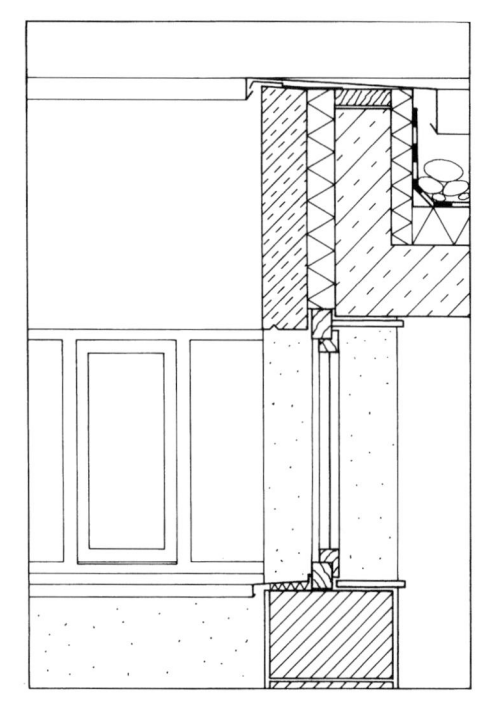

Abb. A.2.37 Attika mit Sichtbetonfertigteil ▶

Bauteilbereiche

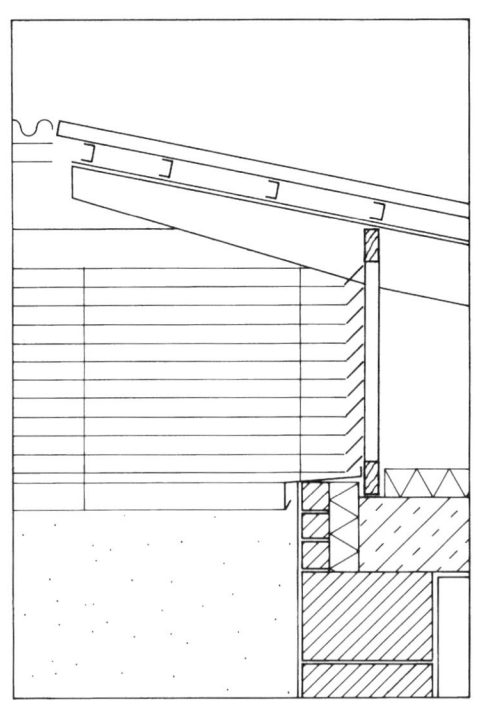

Abb. A.2.38 Kaltdach mit Dachüberstand; Schnitt, Ansicht

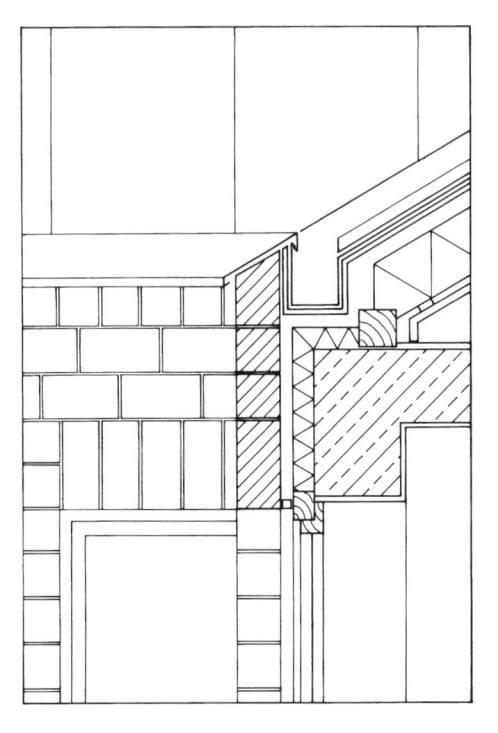

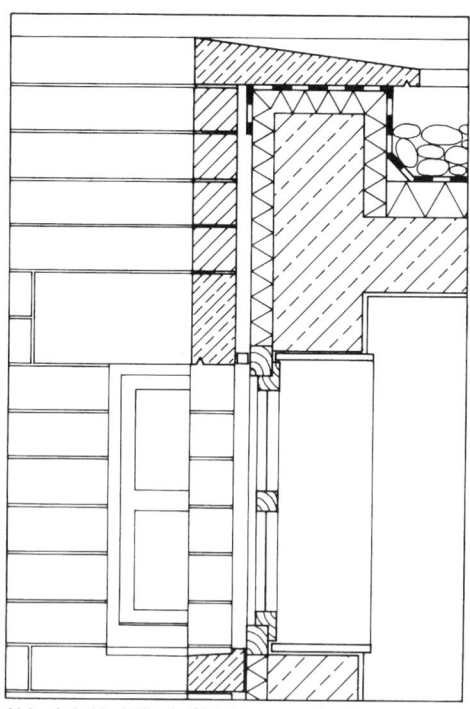

Abb. A.2.40 Attika in Sichtmauerwerk mit Betonfertigteilen

Diese Aufkantung des Dachrandes – ausgebildet als Überzug – ermöglicht die Platzierung von Fenstern ohne zusätzlichen Sturz. Dabei sind größere Spannweiten möglich als innerhalb des Regelmauerwerkes. Gestalterisch ist in diesem Zusammenhang zu prüfen, ob die Höhe des Stahlbeton-Dachrandes bei Verputz optisch in einem angemessenen Verhältnis zur Öffnungsbreite des Fensters steht. Gegebenenfalls ist hier ein Materialwechsel im Sturz sinnvoll, der entweder in Beton als vorgehängtes Fertigteil erfolgen kann oder aber in einem Leichtmaterial wie Holz, Faserzement oder Aluminium (**Abb. A.2.37**).

Ein Dachüberstand wie beim Pfettendach durch Auskragung der Primärkonstruktion ist beim Flachdach in Stahlbeton konstruktiv nur dann möglich, wenn entweder die Kragplatte auf Ober- und Unterseite gedämmt wird, was funktional und gestalterisch problematisch ist, oder wenn im Auflagerbereich der Wand eine thermische Trennung erfolgt, die durch die Wärmedämmung hindurch die konstante Führung der Zug- und Druckkräfte erlaubt.

◄ Abb. A.2.39 Traufe in Sichtmauerwerk mit eingelegter Rinne

Ästhetisch wirkungsvoller als Einheit von Form und Funktion, Material und Konstruktion ist bei einem Dachüberstand die Ausbildung des Daches nicht als Warm-, sondern als hinterlüftetes Kaltdach (**Abb. A.2.38**).

Hier sind die einzelnen Materialien mit jeweils zugewiesenen Funktionen und Konstruktionsprinzipien eindeutig ablesbar: leichte, wasserabweisende Dachhaut auf Unterkonstruktion in Holz oder Stahl, „Lamellenfuge" zur Hinterlüftung des Dachraumes, Decke über letztem Vollgeschoß mit Wärmedämmung und Außenwand in Mauerwerk, Putz und oberem Traufblech.

Die Auflösung des monolithischen Mauerwerks in mehrschichtige Konstruktionen als Reaktion auf bauphysikalische Anforderungen findet ihre konsequenteste Ausprägung beim mehrschaligen Bauen mit Sichtmauerwerk.

Wurden bei den bisher gezeigten Konstruktionen Kerndämmungen ohne Hinterlüftung eingesetzt, ermöglicht hier die größere Dicke der Wand eine konsequente Luftzirkulation vom Sockel bis zur Traufe.

Exemplarisch für viele Detailvarianten seien hier nur die Traufe eines metallgedeckten Satteldaches mit eingelegter Rinne und die Dachfläche überragender Giebelwand (**Abb. A.2.39**) sowie die Attika eines flachdachgedeckten Gebäudes mit mehrschaliger Betonsteinaußenwand gezeigt (**Abb. A.2.40**).

3 Geometrische Grundlagen

3.1 Steinformate

Eine Klassifizierung von Mauersteinen erfolgt nicht nur über ihre Materialkonsistenz, Form mit Lochungsart, Rohdichte, Druckfestigkeit und Frostwiderstandfähigkeit, sie erfolgt auch in geometrischer Hinsicht über ihre Größendimension, ihre Formatierung.

Ausgangspunkt dabei ist ein Grundmodul, das aus dem sogenannten Dünnformat mit dem Formatkurzzeichen DF abgeleitet ist.

Dieses Grundmodul garantiert nicht nur die logische und anschauliche Definition aller Steingrößen, es sichert auch deren Kombination beim Vermauern auf der Baustelle.

Die Nennmaße, Kleinst- und Größtmaße der Ziegel sind in DIN 105-100 (**Tafel A.3.1**) angegeben. Innerhalb der Lieferungen für ein Bauwerk dürfen sich jedoch die Maße der größten und kleinsten Steine höchstens um die hier in Spalte 5 angegebene Maßspanne t von 4 bis 12 mm unterscheiden.

Bei Ziegeln, die ohne sichtbar vermörtelte Stoßfuge versetzt werden, d. h. bei einer Vermörtelung nur der Mörteltasche oder auch bei Zahnziegeln, deren Stoßfuge mörtelfrei bleibt, soll das Nennmaß der Länge mindestens 5 mm größer sein als der Wert nach DIN 105-100. Damit soll sichergestellt sein, daß das oktametrische Maßsystem mit Vielfachen von 12,5 cm eingehalten werden kann.

Die in Tafel A.3.2 festgelegten Grenzmaße gelten sinngemäß, jedoch darf das Größtmaß der Länge das Nennmaß der Länge nach Tafel A.3.2 nicht mehr als 9 mm überschreiten.

Tafel A.3.1 Maße und Toleranzen

Spalte	1	2	3	4	5
Zeile	Maße[1]	Nennmaß	Kleinstmaß	Größtmaß	Maßspanne t
1		115	110	120	6
2		145	139	148	7
3	Länge	175	168	178	8
4	l	240	230	245	10
5	bzw.	300	290	308	12
6	Breite	365	355	373	12
7	b	490	480	498	12
8		52	50	54	3
9	Höhe[2]	71	68	74	4
10	h	113	108	118	4
11		238	233	243	6

[1] Bei Vormauerziegeln und Klinkern, die für nichttragende Verblendschalen verwendet werden sollen und die nicht im Verband mit anderem Mauerwerk gemauert werden, dürfen hiervon abweichende Werkmaße, die jedoch in folgenden Grenzen liegen müssen, gewählt werden:
Länge $190 < l < 290$
Breite $90 < b < 115$
Höhe $40 < h < 113$
Die Grenzabmaße von den Werkmaßen sind entsprechend den in Spalte 3 und Spalte 4 angegebenen Maßen (bei geradliniger Einschaltung der Zwischenwerte) einzuhalten.

[2] Werden Ziegel mit einer Höhe von 155 bzw. 175 mm hergestellt, so gelten die in Spalte 3 und Spalte 4 angegebenen Maße (bei geradliniger Einschaltung der Zwischenwerte) entsprechend.

Geometrische Grundlagen A

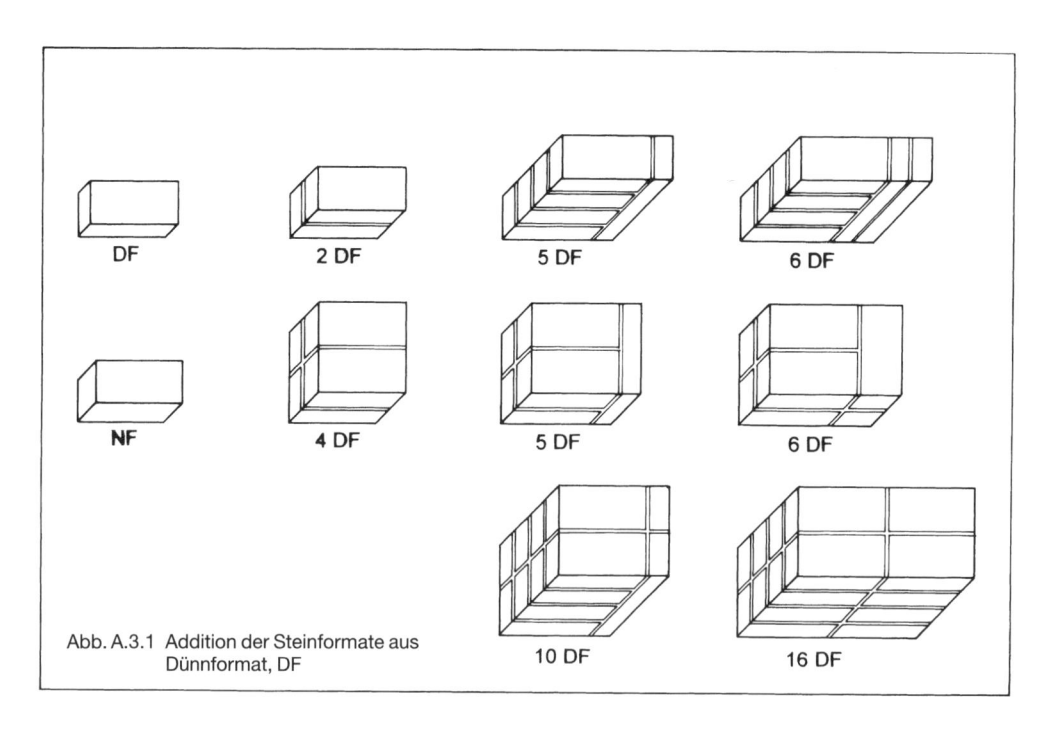

Abb. A.3.1 Addition der Steinformate aus Dünnformat, DF

Die Addition der Steinformate auf Basis des Grundmoduls ist unabhängig von den einzelnen Steinherstellern ebenfalls in DIN 105-100 geregelt (**Tafel A.3.2**). Zur Veranschaulichung dieser logischen, modularen Ordnung siehe auch **Abb. A.3.1**.

Da nur in den seltensten Fällen – z. B. bei Porenbeton-Steinen bestimmter Hersteller – alle Außenflächen der Steine und auch der innere Aufbau homogen sind, ist zur genaueren Unterscheidung außer dem Formatkurzzeichen auch die Wanddicke zu benennen. So ist sichergestellt, daß die Stege der Lochung und insbesondere die Stoßfugenausbildung system- und produktgerecht in der Ausführung auf der Baustelle verwendet werden.

Tafel A.3.2 Formatkurzzeichen

Format-Kurzzeichen	Maße bzw.		
	l	b	h
1 DF (Dünnformat)	240	115	52
NF (Normalformat)	240	115	71
2 DF	240	115	113
3 DF	240	175	113
4 DF	240	240	113
5 DF	240	300	113
6 DF	240	365	113
10 DF	240	300	238
12 DF	240	365	238
15 DF	365	300	238
18 DF	365	365	238
16 DF	490	240	238
20 DF	490	300	238

3.2 Maßordnung

Zur Rationalisierung der Planung und der Bauausführung sollte jedem Gebäude aus Mauerwerk eine Maßordnung zugrunde gelegt werden – ausgehend vom tradierten Steinformat 2 DF mit $l/b/h$ von 240/115/113 mm. Analog zum Aufbau der Steinmaße durch Addition von Dünnformaten DF (s. Abb. A.3.1) ist unter dieser Maßordnung ein System von Grundmaßen zu verstehen, aus deren Kombination Bauteilmaße abgeleitet werden können. Durch die Anwendung einer Maßordnung werden die Abmessungen von Bauteilen wie Wände, Türen, Fenster usw. so aufeinander abgestimmt, daß eine Systematik der Fügung ohne Teilbrüche der Mauersteine möglich ist. Früher waren verschiedene, regional geprägte Formate und davon abgeleitete Maßordnungen zu unterscheiden, z. B. das sogenannte Reichsformat RF (25/12/6,5 cm).

In der Bundesrepublik Deutschland gilt seit 1955 die DIN 4172 „Maßordnung im Hochbau". Dieser Maßordnung liegt ein Grundmaß mit vielfachen und ganzzahligen Bruchteilen von 11,5 cm Stein + 1 cm Mörtel = 12,5 cm bzw. 24 cm + 1 cm = 25 cm zugrunde, das zur geometrischen Bestimmung von Baurichtmaßen dient. Da acht Steine à 12,5 cm die abstrakte Maßeinheit von einem Meter ergeben, spricht man auch von der oktametrischen Maßordnung.

Baurichtmaße als zunächst theoretische Maße sind geradzahlige Vielfache des Moduls. Sie sind nötig, um alle Bauteile planmäßig miteinander zu verbinden. Aus den Baurichtmaßen und dem Fugenmaß ergeben sich für den Rohbau die Bauteilnennmaße; das sind diejenigen Maße, die ein Bauteil haben soll. Sie werden in der Regel in die Bauzeichnungen eingetragen; sie entsprechen bei Steinverbänden ohne Stoßfugen den Baurichtmaßen. Bei Verbänden mit Fugenausbildung von 1 cm ergeben sich die Nennmaße bei Abzug der Fuge als Außenmaß, bei Addition der Fuge als Öffnungsmaß, bei Nichtberücksichtigung als sogenanntes Vorsprungsmaß (Abb. A.3.2/Tafel A.3.3).

Rohbaumaß	Baurichtmaß R	Nennmaß
Außenmaß A	$A \times 12{,}5$	$\times 12{,}5 - 1$
Öffnungsmaß $Ö$	$Ö \times 12{,}5$	$\times 12{,}5 + 1$
Vorsprungsmaß V	$V \times 12{,}5$	$\times 12{,}5$

Tafel A.3.3 Horizontale Koordination im oktametrischen Maßsystem

Kopf- zahl	Längenmaße in m			
	R	A	$Ö$	V
1	0,125	0,115	0,135	0,125
2	0,250	0,240	0,260	0,250
3	0,375	0,365	0,385	0,375
4	0,500	0,490	0,510	0,500
5	0,625	0,615	0,635	0,625
6	0,750	0,740	0,760	0,750
7	0,875	0,865	0,885	0,875
8	1,000	0,990	1,010	1,000
9	1,125	1,115	1,135	1,125
10	1,250	1,240	1,260	1,250
11	1,375	1,365	1,385	1,375
12	1,500	1,490	1,510	1,500
13	1,625	1,615	1,635	1,625
14	1,750	1,740	1,760	1,750
15	1,875	1,865	1,885	1,875

Zur Abstimmung der vertikalen Koordination sind die Höhenmaße der Steine ebenfalls nach DIN 4172 abgestimmt (Tafel A.3.4/Abb. A.3.3).

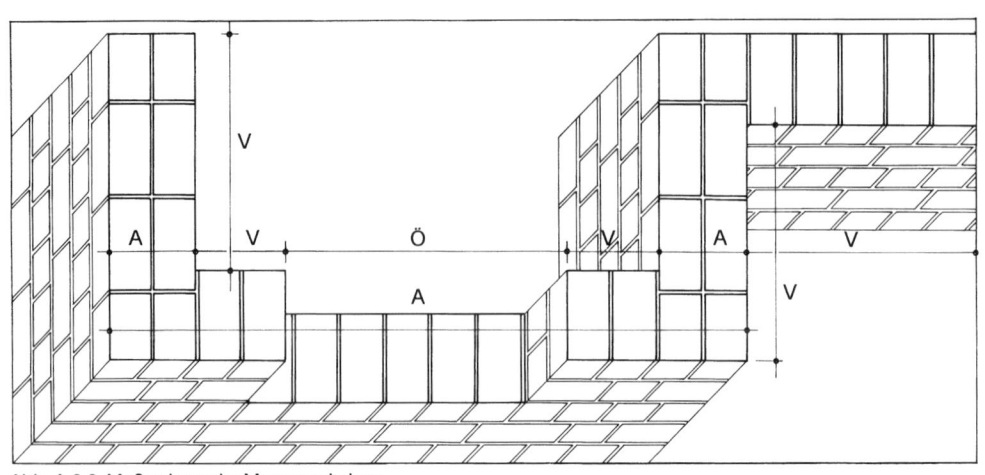

Abb. A.3.2 Maßordnung im Mauerwerksbau

Tafel A.3.4 Vertikale Koordination im oktametrischen Maßsystem

Schichten	Steinhöhe in m			
	71	113	175	238
1	0,0833	0,125	0,1875	0,250
2	0,1667	0,250	0,3750	0,500
3	0,2500	0,375	0,5625	0,750
4	0,3333	0,500	0,7500	1,000
5	0,4167	0,625	0,9375	1,250
6	0,5000	0,750	1,1250	1,500
7	0,5833	0,875	1,3125	1,750
8	0,6667	1,000	1,5000	2,000
9	0,7500	1,125	1,6875	2,250
10	0,8333	1,250	1,8750	2,500
11	0,9175	1,375	2,0625	2,750
12	1,0000	1,500	2,2500	3,000
13	1,0833	1,625	2,4375	3,250
14	1,1667	1,750	2,6250	3,500
15	1,2500	1,875	2,8125	3,750

Im traditonellen Mauerwerksverband ist die Stoßfuge mit 10 mm Dicke dimensioniert, die Lagerfuge mit 12 mm; entsprechend ergibt sich das geometrische Grundmodul aus 11,5 + 1 cm in der Länge und 11,3 + 1,2 cm in der Höhe. Da die oktametrische Maßordnung trotz neuerer Entwicklungen der Baustoffindustrie unberührt blieb, ergeben sich aus neuen, deutlich reduzierten Fugenstärken neue Stein-Abmessungen, nicht aber neue Rohbau- und Nennmaße: so führt der Entfall der Stoßfugenvermörtelung bei Plan- bzw. Nut- und Federsteinen zu einer Verlängerung des Mauersteines von 24 cm auf 24,7 cm, die Anwendung von Dünnbettmörtel im Lagerfugenbereich zu einer Erhöhung der Mauersteine von 23,8 cm auf bis zu 24,8 cm.

Aus Gründen der Rationalisierung sind auf diese Maßordnung auch die Vorzugsgrößen von Bauelementen wie z. B. der Türen in DIN 18 100 bezogen. Von der entsprechenden Normung der Fenster ist man abgegangen, weil zum einen von seiten der Architekten genormte Fenster als Einschränkung gestalterischer Freiheit empfunden wurden und zum anderen ohnehin moderne Produktionsmethoden ohne Mehrkosten und ohne Lagerhaltung die Herstellung individueller Fenstergrößen ermöglichen.

Neben der Maßordnung DIN 4172 gibt es seit mehreren Jahren ein neues System zur Bauteilkoordination, die DIN 18 000 (5.84) – „Modulordnung im Bauwesen". Dieser Modulordnung liegt ein Grundmodul von $M = 100$ mm zugrunde als genormte Größe zur Bildung von abgestimmten Koordinationsmaßen. Diese wiederum sind Abstandsmaße der Koordinationsebenen als Vielfache eines Moduls (Abb. A.3.4): 3M = 300 mm, 6M = 600 mm; bei diesen sogenannten Multimodulen bestehen Vorzugszahlen, aus denen die Koordinationsmaße vorzugsweise gebildet werden sollen:

– 1- bis 30-mal M
– 1- bis 20-mal 3M, 1- bis 20-mal 6M
– Vielfache von 12M.

Diese Vorzugsgrößen sollen international verwendbar sein, z. B. in der Angleichung zwischen Fuß/Inch-System und metrischen Maßreihen über 1 Fuß = ca. 3M.

Das Koordinationssystem insgesamt besteht aus den rechtwinklig zueinander angeordneten Koordinationsebenen. Bauteile und Räume werden mittels festgelegter Bezugsarten – Grenzbezug, Achsbezug, Randlage, Mittellage – dem Koordinationssystem zugeordnet.

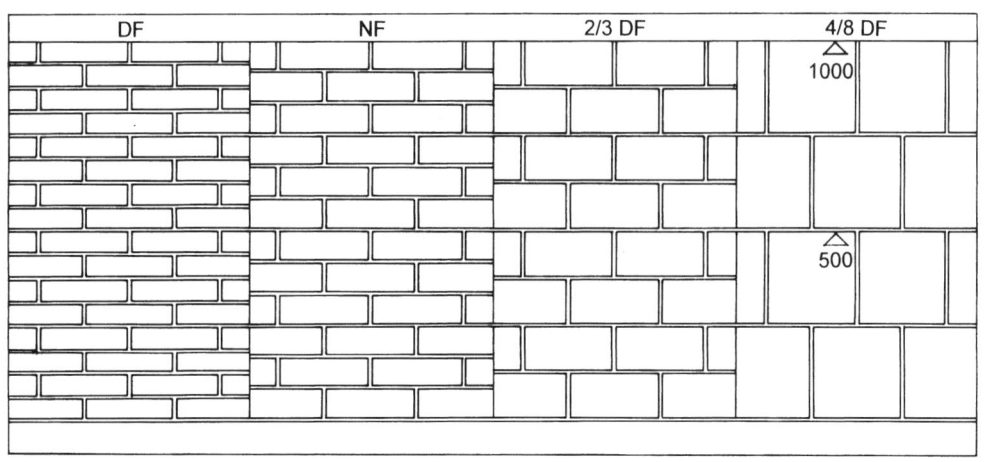

Abb. A.3.3 Vertikale Koordination für DF/NF/2–3 DF/4–8 DF

Seitenriß (Kreuzriß)

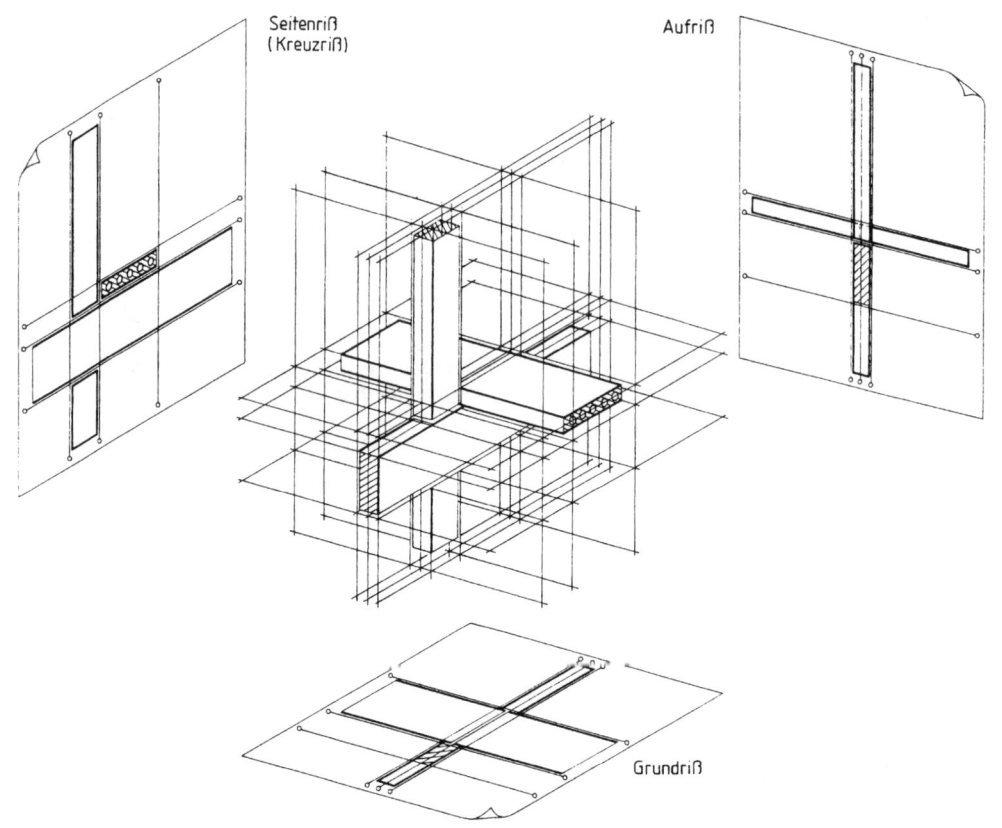

Aufriß

Grundriß

Abb. A.3.4 Modulordnung

Die Modulordnung wurde mit der Zielsetzung entwickelt, vorgefertigte Bauteile des Rohbaus und des Innenausbaues miteinander kombinieren zu können.

Die Anwendung dieser Modulordnung ist auch bei Mauerwerksbauten möglich; dies um so mehr, als durch die Einführung von 17,5 cm oder 30 cm dickem Mauerwerk mit analogen Steinlängen das oktametrische Maß bereits verlassen ist.

Da aber materialbezogen gegenüber der oktametrischen Maßordnung letztlich keine wirkliche Verbesserung zu erzielen ist, hat sich die Modulordnung bisher nicht durchgesetzt.

Das Einhalten einer Maßordnung rationalisiert die Planung und die Bauausführung.

Dabei ist jedoch immer von herstellungsbedingten Abweichungen von den Sollmaßen auszugehen; dies insbesondere im Mauerwerksbau, der im Gegensatz zur industriellen Vorfabrikation beispielsweise von Fassadenelementen in Glas und Aluminium auf der Baustelle von Hand errichtet wird, der Witterung ebenso ausgesetzt wie dem unterschiedlich qualifizierten Ausbildungsstand des Maurers.

DIN 18 201 (12.84) definiert diese Maßtoleranzen begrifflich und grundsätzlich, DIN 18 202 (5.86) definiert sie konkret maßlich mit dem Ziel, trotz unvermeidlicher Ungenauigkeiten beim Einmessen und bei der Verarbeitung auf der Baustelle, das funktionsgerechte Zusammenfügen von Bauteilen des Roh- und Ausbaues ohne Anpaß- und Nacharbeiten zu ermöglichen. Die Toleranzen gelten ausdrücklich nicht für zeit- und lastabhängige Verformungen bei Bauwerken des Hochbaus. Sie stellen Werte und Abweichungen dar, die im Rahmen üblicher Sorgfalt und Genauigkeit zu erreichen sind. Höhere Anforderungen an die Genauigkeit müssen gesondert in den Leistungsverzeichnissen und Vertragsunterlagen vereinbart werden, sie bedürfen einer besonderen Sorgfalt und Prüfung. Die Grenzabmaße als Differenz zwischen Größtmaß und Nennmaß oder Kleinstmaß sind in DIN 18 202 Tabelle 1 definiert (Tafel A.3.5) und in der Regel mit erheblichen Mehrkosten verbunden.

Tafel A.3.5 Grenzabmaße für Bauteile nach DIN 18 202 Tabelle 1

Spalte	1	2	3	4	5	6
		Grenzabmaße in mm bei Nennmaßen in m				
Zeile	Bezug	bis 3	über 3 bis 6	über 6 bis 15	über 15 bis 30	über 30
1	Maße im Grundmaß, z. B. Längen, Breiten, Achs- und Rastermaße (siehe Abschnitt 5.1.1)	+/−12	+/−16	+/−20	+/−24	+/−30
2	Maße im Aufriss, z. B. Geschoßhöhen, Podesthöhen, Abstände von Aufstandsflächen und Konsolen (siehe Abschnitt 5.1.2)	+/−16	+/−16	+/−20	+/−30	+/−30
3	Lichte Maße im Grundriss, z. B. Maße zwischen Stützen, Pfeilern usw. (siehe Abschnitt 5.1.3)	+/−16	+/−20	+/−24	+/−30	−
4	Lichte Maße im Aufriss, z. B. unter Decken und Unterzügen (siehe Abschnitt 5.1.4)	+/−20	+/−20	+/−30	−	−
5	Öffnungen, z. B. für Fenster, Türen, Einbauelemente (siehe Abschnitt 5.1.5)	+/−12	+/−16	−	−	−
6	Öffnungen wie vor, jedoch mit oberflächenfertigen Lichtungen	+/−10	+/−12	−	−	−

Die angegebenen Abschnitte beziehen sich auf die DIN 18 200.

Nahezu unabhängig von den detaillierten Festlegungen der Normen gelten in der Praxis des Mauerwerksbaues auf der Baustelle pauschalierend Maßabweichungen von [EL-2]± 2 cm als noch im Rahmen der Toleranz. Mit der Reduzierung der Schwankungsbreiten im Steinmaterial durch Einführung neuer Planstein-Fertigungsmethoden werden diese Toleranzen kaum eingeschränkt, sie sind jedoch einfacher und wirtschaftlicher einzuhalten.

3.3 Verbände

Eine Stein für Stein mit Mörtel geschichtete Mauerwerkswand wird auf der Baustelle errichtet nach den Vorgaben des Architekten im Werk- und Detailplan; diese sollte auf der „oktametrischen" Maßordnung, d. h. auf einem Grundmodul von 12,5 cm und Vielfachen hiervon bestehen. Hieraus ergibt sich geometrisch präzise die Definition der Wände und Öffnungen in Höhe, Breite und Länge.

Die in der Praxis häufig verwendeten Steinformate von 17,5 cm und 30 cm entsprechen nicht dieser Maßordnung und bedürfen deshalb bei ihrer Kombination mit dem Oktametermaß besonderer Sorgfalt.

Da im Regelfall das Mauerwerk des Rohbaues durch Innen- oder Außenputz verkleidet wird, entzieht sich das Fugenbild der Steine im einzelnen dem Auge und damit dem Interesse des Architekten und Fachingenieurs. Die konkrete Ausführung bleibt dem Bauunternehmer überlassen und damit auch die Fragen nach Steingröße und Stückgewicht als Einflußfaktoren von Leistung und Effizienz des Maurers. Die so in der Praxis zu beobachtenden ungeordneten und „wilden" Verbände entsprechen notwendigerweise dem Überbindemaß als Voraussetzung der angenommenen Tragfähigkeit, oft jedoch keineswegs den sinnvollen Forderungen der Wirtschaftlichkeit; sie entsprechen dann auch nicht denen der Ökologie angesichts des zwangsläufig anfallenden Bruchmaterials, das als Abfall auf Deponien entsorgt werden muß.

Die dringend notwendige Qualitätssteigerung und -sicherung auf der Baustelle setzt deshalb das verstärkte Engagement des Architekten und Fachingenieurs mit entsprechender Sachkenntnis voraus.

Wände sind im Verband nach den Grundregeln der DIN 1053 zu mauern.

So sollen Steine einer Schicht die gleiche Höhe haben, Lagerfugen sollen horizontal ohne Unterbrechung durchgehen. Nur ausnahmsweise ist an den Wandenden und unter Stürzen eine zusätzliche Lagerfuge je Schicht als Höhenausgleich auf einer Länge von mindestens 115 mm möglich. Steine und Mörtel müssen dabei mindestens die Festigkeit des übrigen Mauerwerkes aufweisen.

In Schichten mit Längsfuge darf die Steinhöhe nicht größer als die Steinbreite sein. Ausnahmsweise dürfen bei Steinhöhen von 175 mm und 240 mm die Aufstandsbreiten mindestens 115 mm betragen.

Die Steg- und Lagerfugen übereinanderliegender Schichten müssen versetzt sein. Dieser Versatz wird als Überbindemaß $ü$ bezeichnet, er muß das 0,4fache der Steinhöhe, zumindest jedoch 4,5 cm aufweisen: $ü = 0,4 h = 4,5$ cm (h ist das Nennmaß der Steinhöhe).

Das Überbindemaß wurde in der DIN-Norm festgesetzt, da es insbesondere Einfluß auf die Zugfestigkeit des Mauerwerkes parallel zur Lagerfuge hat, damit auf die Haftscherfestigkeit zwischen Stein und Mörtel und die Tragfähigkeit der Wand insgesamt.

Die Mindestüberbindung sollte die Ausnahme sein, die Überbindung nach der Bauordnung die Regel: bei 23,8 cm Steinhöhe beträgt diese 9,5 cm. (Tafel A.3.6/Abb. A.3.5)

Bei großformatigen Steinen ergeben sich aus serienmäßigen Ergänzungssteinen für jede zweite Schicht in der Praxis auch Überbindungen von halber Steinlänge.

Diese theoretisch-wissenschaftlichen Erkenntnisse zum Mauerwerksverband basieren auf den empirischen Erfahrungen einer jahrhundertealten Tradition, die nahezu seit ihren Anfängen zwischen Läufer- und Binderschichten differenziert.

Läufer sind Steine, die mit der Längsseite in der Mauerflucht liegen. Binder liegen mit der Schmalseite in der Mauerflucht, sie binden im Wortsinne ein.

Die wichtigsten Verbände für kleinformatige Steine sind:

Läuferverband
Alle Schichten bestehen aus Läufern, die von Schicht zu Schicht um $1/2$ Steinlänge (mittiger Verband) oder $1/3$ oder $1/4$ Steinlänge (schleppender Verband) gegeneinander versetzt sind.
Mauerwerk im Läuferverband hat die besten Festigkeitseigenschaften und ist der Regelfall bei zweischaligem Sichtmauerwerk (**Abb. A.3.6**).

Binderverband
Alle Schichten bestehen aus Bindern, die um $1/2$ Steinbreite versetzt sind.
Binderverbände haben wegen der geringeren Überdeckung eine reduzierte Zugfestigkeit und damit auch Tragfähigkeit gegenüber Läuferverbänden. Bei der Bemessung von Mauerwerk wird dies allerdings im Regelfall nicht berücksichtigt (**Abb. A.3.7**).

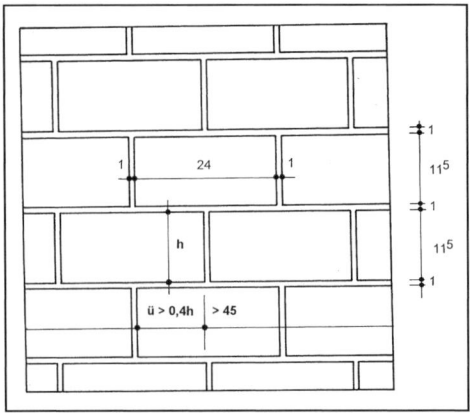

Abb. A.3.5 Überbindemaß bei Stoßfugen und Längsfugen

Tafel A.3.6 Überbindemaß nach DIN 1053-1

Steinhöhe cm	Schichthöhe cm	Schichtzahl pro cm	Rechnung nach DIN + Vergleich mit Mindestforderung	min. cm	Baumaß cm
5,2	6,25	16	$0,4 \times 5,2 = 2,08 >$	4,50	5,2
7,1	8,33	12	$0,4 \times 7,1 = 2,84 >$	4,50	5,2
11,3	12,50	8	$0,4 \times 11,3 = 4,52 =$	4,52	5,2
23,8	25,00	4	$0,4 \times 23,8 = 9,52 =$	9,52	11,5

Geometrische Grundlagen

Blockverband
Binder- und Läuferschichten wechseln regelmäßig. Die Stoßfugen aller Läuferschichten liegen senkrecht übereinander (**Abb. A.3.8**).

Kreuzverband
Binder- und Läuferschichten wechseln sich regelmäßig ab. Die Stoßfugen jeder zweiten Läuferschicht sind aber durch Verwendung eines halben Läufers an den Mauerenden um $^1/_2$ Steinlänge versetzt (**Abb. A.3.9**).
Darüber hinaus gibt es für Sichtmauerwerk besondere Zierverbände, wie z. B. den gotischen Verband mit dem regelmäßigen Wechsel von Läufer und Binder, den märkischen Verband mit zwei Läufern und einem Binder oder aber auch Kombinationen dieser Rhythmen mit reinen Binderlagen wie beim holländischen Verband.

Diese Zierverbände haben an Bedeutung verloren, da Sichtmauerwerkskonstruktionen kaum noch einschalig sind und im Vormauerbereich eine Wandstärke von 11,5 cm im Regelfall nicht überschritten wird.

Mit der Renaissance der Torfbrandklinker in ungeregelten Formaten gewinnen dagegen die sog. wilden Verbände wieder an Bedeutung (**Abb. A.3.10**)

Großformatige Steine, deren Dicke meist der Wand entspricht, werden in den einfachen Verbänden vermauert: bei den Innenwänden mit 11,5, 17,5 und 24 cm Dicke im Läuferverband, bei den Außenwänden mit 30, 36,5 und 49 cm Dicke im Binderverband.

Es ist vorteilhaft, der Baustelle Schichtenpläne für das Mauerwerk zur Verfügung zu stellen. Sie erlauben die Erstellung von Materialauszügen, insbesondere der Ergänzungsziegel für das Großblockmauerwerk, und die Materialdisposition für jeden Maurer-Arbeitsplatz; die Ausbildung von Brüstungen, Fensternischen, Stürzen, Deckenauflagern etc. sollte in gesonderten Detailplänen erfaßt werden (**Abb. A.3.11**).

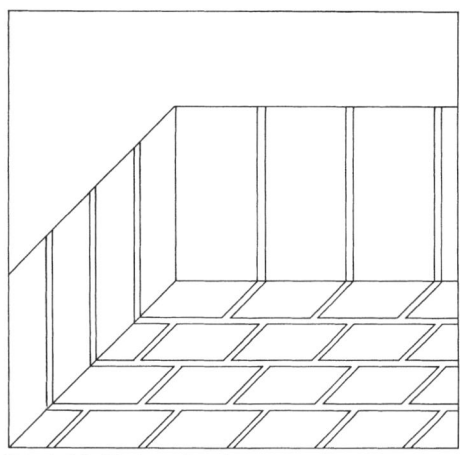

Abb. A.3.7 Binderverband

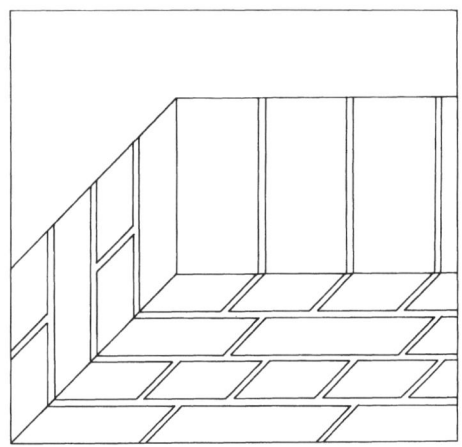

Abb. A.3.8 Blockverband

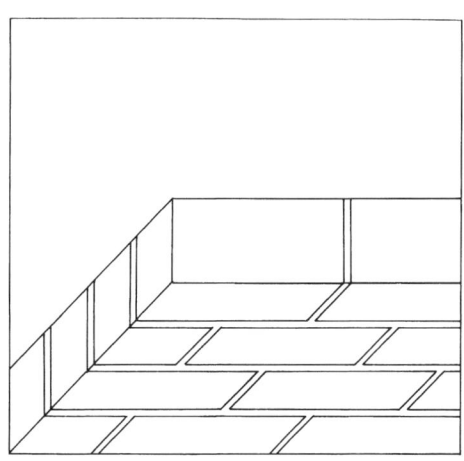

Abb. A.3.6 Läuferverband

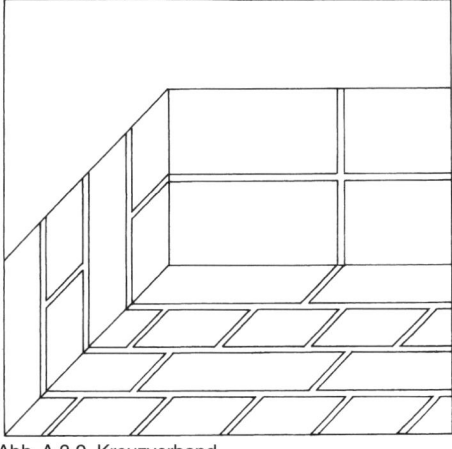

Abb. A.3.9 Kreuzverband

Entwurf und Baukonstruktion

Gotischer Verband

Flämischer Verband

Holländischer Verband

Holländischer Verband

Märkischer Verband
Abb. A.3.10 Mauerwerksverbände

Wilder Verband

Geometrische Grundlagen **A**

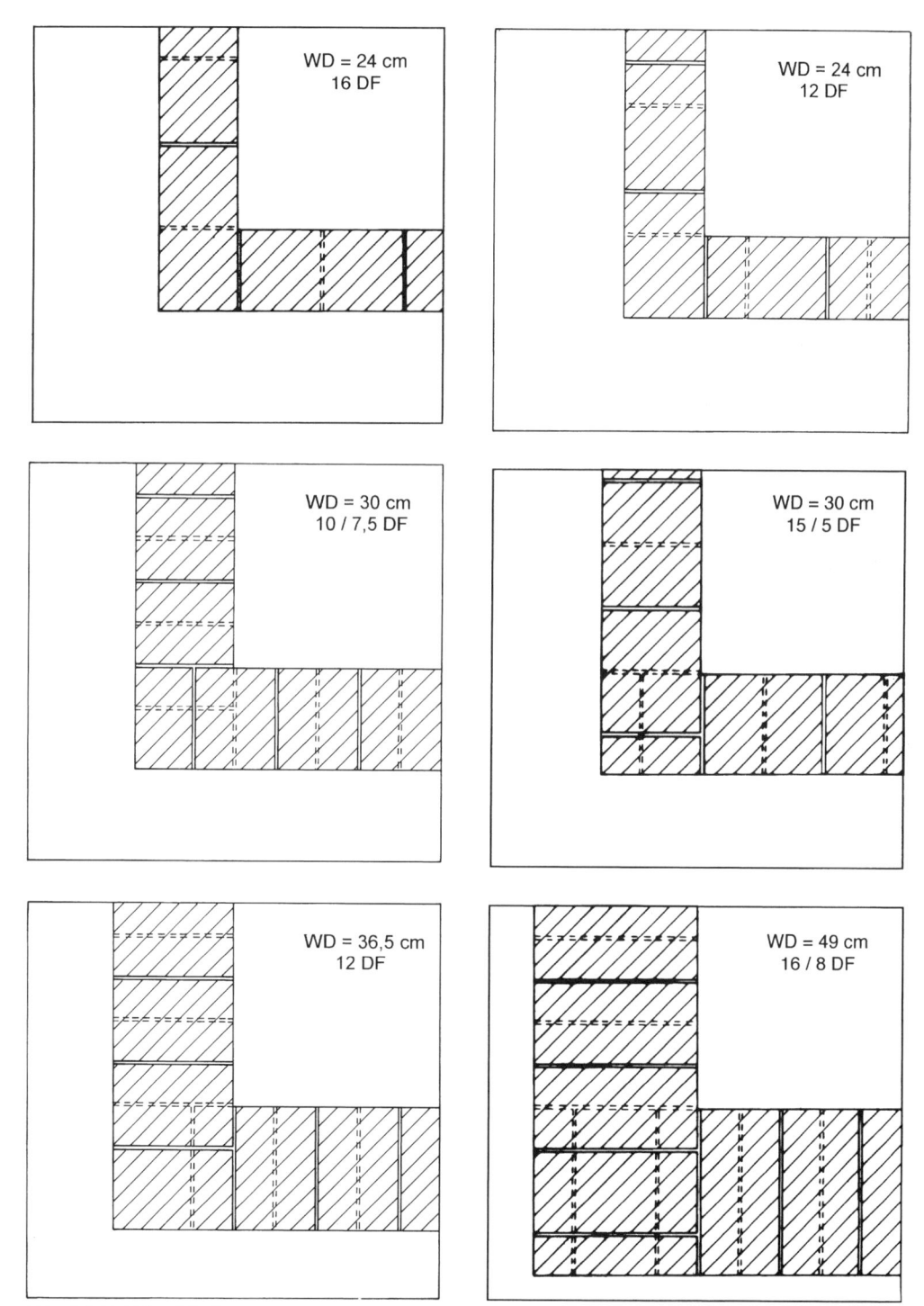

WD = 24 cm
16 DF

WD = 24 cm
12 DF

WD = 30 cm
10 / 7,5 DF

WD = 30 cm
15 / 5 DF

WD = 36,5 cm
12 DF

WD = 49 cm
16 / 8 DF

Abb. A.3.11 Eckverbände

Althaus

Fibel zum konstruktiven Entwerfen
Über den spielerischen Umgang mit Physik und Materie.

2., erweiterte Auflage

2005. 227 Seiten.
19 x 18 cm. Kartoniert.
Mit 350 Abbildungen.

EUR 25,–
ISBN 3-89932-057-3

Fibeln lehren das ABC. Sie setzen keine Kenntnisse voraus.

Diese Fibel widmet sich dem Grundwissen zum konstruktiven Entwerfen: den Naturgesetzen (Physik und Baustatik) und der Materie (Baustoffe).

Leicht lesbar und mit Randskizzen illustriert wird geschildert, was am Bauwerk vorgeht – ohne verwirrende Formeln und Tabellen.

Die Fibel nutzt auch im Büro, wenn den Mitarbeitern graue Routine die Wurzel verdeckt hat. Sie bietet selbst Vollblut-Baumeistern manches „Heureka" – und das im unterhaltsamen Plauderton.

Autor:
Prof. Dr.-Ing. Dirk Althaus ist Architekt und lehrt Baukonstruktion und Entwerfen an der FH Lippe. Er ist Mitautor des Grundlagenwerkes "Ökologisches Bauen" und Autor des Buches "Müll ist Mangel an Phantasie".

Bauwerk   www.bauwerk-verlag.de

4 Baukonstruktionen der Außen- und Innenwände
(abgedruckt in Mauerwerksbau aktuell 2005 Seite A.53 bis A.72)

5 Dehnungsfugen in Bauteilen und Bauwerken aus Mauerwerk – Funktion, Ausbildung und Anordnung

5.1 Allgemeines, Funktion einer Dehnungsfuge

Eine Dehnungsfuge hat die Aufgabe, Verkürzungen bzw. Verlängerungen eines Bauteils oder auch zwischen zwei Bauteilen spannungsfrei aufzunehmen. Die Fugendicke wird nach den zu erwartenden Längenänderungen der Bauteile bzw. des Bauteils bemessen. Zu beachten ist, daß bei üblichen Dehnungsfugen nur etwa 25 % der Fugenbreite als dauerhaft verformungswirksam angesehen werden können; dies ist bei der Bemessung der Fugenbreite zu berücksichtigen. Unabhängig davon sollte die Mindestbreite einer Dehnungsfuge 10 mm betragen.

Um die Funktionsfähigkeit einer Dehnungsfuge zu gewährleisten und Risse im Bereich der Dehnungsfuge zu vermeiden, muß die Dehnungsfuge über die gesamte Dicke des entsprechenden Bauteils geführt werden. So darf z. B. die Dehnungsfuge in einer Mauerwerkswand nicht überputzt werden, sondern die Dehnungsfuge muß auch im Putzbereich durch ein entsprechendes Putzprofil fortgeführt werden.

Das gilt vor allem für Gebäudetrennfugen, die Bauteile voneinander trennen und deren zwängungsfreie Verformung sicherstellen sollen. Die Gebäudetrennfugen sind uneingeschränkt durch das Bauteil bzw. den Baukörper einschließlich etwaiger Wandbekleidungen bis zur Oberkante des Fundamentes zu führen.

Die Dehnungsfuge ist so auszubilden, daß sie dauerhaft dicht gegen Wasser (Niederschlag, Schlagregen) ist. Vorteilhaft ist bei bestimmten Dehnungsfugen, wenn eine ausreichende Wasserdampfdurchlässigkeit gewährleistet werden kann. Die Dehnungsfugen sind sorgfältig auszuführen, so daß sie dauerhaft funktionsfähig bleiben (z. B. ggf. Vorbehandeln der Fugenflanken).

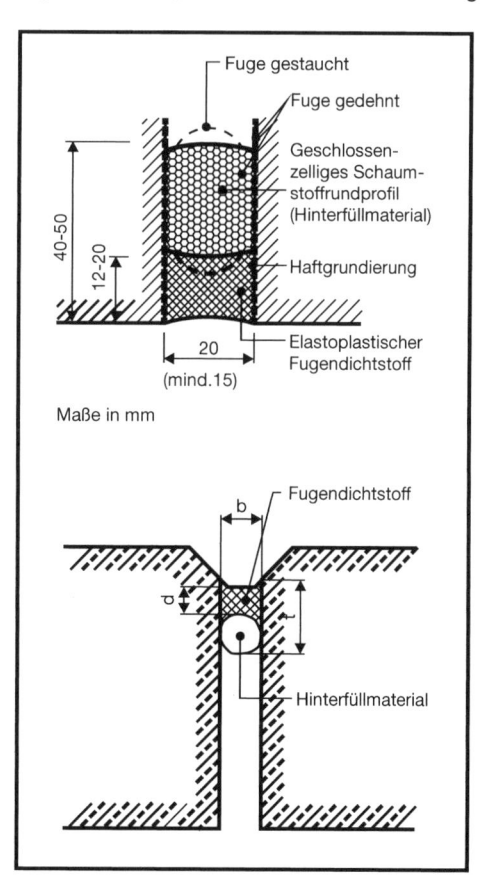

Abb. A.5.1 Ausbildung einer Dehnungsfuge

5.2 Abdichten von Dehnungsfugen

Für die Abdichtung kommen in Frage:
- Fugendichtstoffe
- Dichtungsbänder
- Abdeckprofile.

Das Abdichten von Außenwandfugen im Hochbau mit **Fugendichtstoffen** ist in [DIN 18 540-95] behandelt. Die DIN enthält Anforderungen an die Fugendichtstoffe, die konstruktive Ausbildung und das Abdichten der Außenwandfugen. **Abb. A.5.1** zeigt die Ausbildung einer Dehnungsfuge nach der DIN. Dabei ist grundsätzlich folgendes zu beachten:

- Die Fugenflanken müssen bis zu einer Tiefe der zweifachen Fugenbreite, mind. aber 30 mm parallel verlaufen, damit das Hinterfüllmaterial ausreichenden Halt findet.
- Die Fugenflanken müssen vollfugig, sauber und frei von Stoffen sein, die das Haften und Erhärten der Fugendichtungsmasse beeinträchtigen.
- Die Mörtelfugen müssen im Bereich der Fugenflanken bündig abgestrichen sein.

In der DIN 18 540 sind Fugenbreiten b_F in Abhängigkeit vom Fugenabstand L_F angegeben. Für einen Fugenabstand zwischen 5 und 6,5 m beträgt das Nennmaß für die Fugenbreite 30 mm, für einen Fugenabstand über 6,5 m bis 8 m beträgt es 35 mm. Wird von diesen Werten abgewichen, ist ein genauerer Nachweis zu führen. Dabei ist die Fugenbreite b_F so zu bemessen, daß die Gesamtverformung des Fugendichtstoffes aus Verkürzung und Verlängerung des Bauteils, bezogen auf eine Bauteiltemperatur von +10 °C, höchstens $0,25 \cdot b_F$ beträgt.

Im allgemeinen beträgt die Fugenbreite bei Mauerwerksbauteilen etwa 20 mm.

Bei Verblendschalen können folgende Anhaltswerte für die Breite der Dehnungsfuge DF angegeben werden:

- horizontale DF: $b_{DF} \geq 2 \times$ Wandhöhe/1000
- vertikale DF: $b_{DF} \geq 1,5 \times$ Wandlänge/1000

Die DIN enthält weiterhin Angaben zum Hinterfüllmaterial – u. a. muß es eine Dreiflankenhaftung des Fugendichtstoffes verhindern –, zur Vorbereitung der Fugen und zum Einbringen des Fugendichtstoffes sowie zu Anstrichen: „Fugendichtstoffe sollen grundsätzlich nicht überstrichen werden."

Dehnungsfugen können auch dauerhaft wirksam mit **Fugendichtungsbändern** geschlossen werden. Die Bandprofile werden zusammengedrückt und in die Fuge eingelegt. Sie sind auch werkseitig vorkomprimiert (z. B. auf Rollen) erhältlich.

Nach Lösen der Komprimierung, d. h. nach Abnahme des Fugendichtbandes von der Rolle, entwickelt das Band eine Rückstellkraft, die es fest gegen die Fugenflanken drückt. Vor dem Einbringen des Bandes muß die Fuge nur grob gereinigt werden. Das Band kann von der Rolle in die Fuge verlegt werden.

Kleinere, bauübliche Unebenheiten in der Fuge werden durch den ständigen Anpreßdruck ausgeglichen.

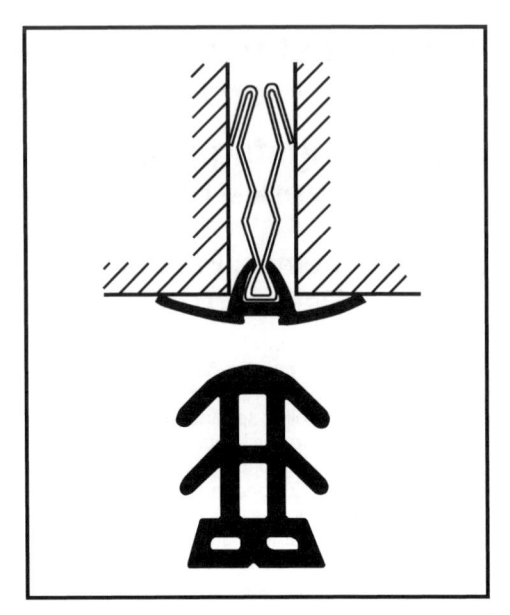

Abb. A.5.2 Abdeckprofile

Abdeckprofile werden in die Dehnungsfuge eingeklemmt oder eingeklebt (s. **Abb. A.5.2**).

5.3 Anordnung von Dehnungsfugen

5.3.1 Zweischalige Außenwände

In der Verblendschale (Außenschale) von zweischaligen Außenwänden nach [DIN 1053-1] sind Dehnungsfugen anzuordnen. Im Abschnitt 8.4.3.1 h der DIN heißt es dazu:

„In der Außenschale sollen vertikale Dehnungsfugen angeordnet werden. Ihre Abstände richten sich nach der klimatischen Beanspruchung (Temperatur, Feuchte usw.), der Art der Baustoffe und der Farbe der äußeren Wandfläche. Darüber hinaus muß die freie Beweglichkeit der Außenschale auch in vertikaler Richtung sichergestellt sein.

Die unterschiedlichen Verformungen der Außen- und Innenschale sind insbesondere bei Gebäuden mit über mehrere Geschosse durchgehender Außenschale auch bei der Ausführung der Türen und Fenster zu beachten. Die Mauerwerksschalen sind an ihren Berührungspunkten (z. B. Fenster und Türanschlägen) durch eine wasserundurchlässige Sperrschicht zu trennen.

Dehnungsfugen

Die Dehnungsfugen sind mit einem geeigneten Material dauerhaft und dicht zu schließen."

Bei der Anordnung von vertikalen Dehnungsfugen sind sowohl die Witterungsbeanspruchung (Temperatur, Niederschlag (Schlagregen)) als auch die möglichen Formänderungen des für die Verblendschale verwendeten Mauerwerks zu berücksichtigen. Da die Witterungsbeanspruchung der Westwand am größten, die der Nordwand am geringsten ist, empfiehlt sich die grundsätzliche Anordnung der Dehnungsfugen nach **Abb. A.5.3**. Dadurch, daß sich die Westwand senkrecht zur Dehnungsfugenbreite verformen kann, ist ihre Verformungsmöglichkeit wesentlich größer als bei Verformung in Richtung Fugenbreite.

In der nachfolgenden **Tafel A.5.1** sind Anhaltswerte für Dehnungsfugenabstände in Abhängigkeit von der Mauerwerksart angegeben. Sie sind durch Erfahrungen, aber auch durch theoretische Untersuchungen und Laboruntersuchungen abgesichert und beziehen sich auf die Formänderungswerte in der Tabelle 2 der DIN 1053-1, hier nachfolgende **Tafel A.5.2**. Dabei entsprechen die unteren bzw. oberen Werte für die Dehnungsfugenabstände in etwa den unteren und oberen Grenzwerten für die Verformungskennwerte in der **Tafel A.5.2**. Als Formänderungen kommen für Verblendschalen zweischaliger Außenwände praktisch nur Temperaturänderungen sowie Schwinden bzw. Quellen und ggf. irreversibles Quellen[1] in Frage. In der Spalte 3 der **Tafel A.5.1** sind zusätzlich noch die in ENV 1996-2 empfohlenen max. horizontalen Abstände zwischen senkrechten Dehnungsfugen in nichttragenden Außenwänden mit aufgeführt.

Da Mauerziegel praktisch kaum schwinden, besteht bei diesem Mauerwerk i. allg. keine Rißgefahr. Ist bei solchem Mauerwerk allerdings mit größerem irreversiblen Quellen (über etwa 0,2 mm/m) zu rechnen, so empfiehlt sich bei längeren Wänden – Wandlänge etwa über 10 m – die Anordnung von Dehnungsfugen im Bereich der Gebäudeecken, um Verformungen im Eckbereich infolge irreversiblen Quellens und Temperaturerhöhung schadensfrei aufnehmen zu können.

Zu beachten ist, daß Dehnungsfugen freie Wandränder darstellen, an denen (beidseitig) nach DIN 1053-1 drei zusätzliche Anker je lfd. Meter Randlänge anzuordnen sind.

Ist aus architektonischen Gründen die Anordnung von Dehnungsfugen in den Gebäudeecken unerwünscht, so können diese auch im halben Dehnungsfugenabstand beidseitig von der Gebäudeecke vorgesehen werden (s. **Abb. A.5.4**).

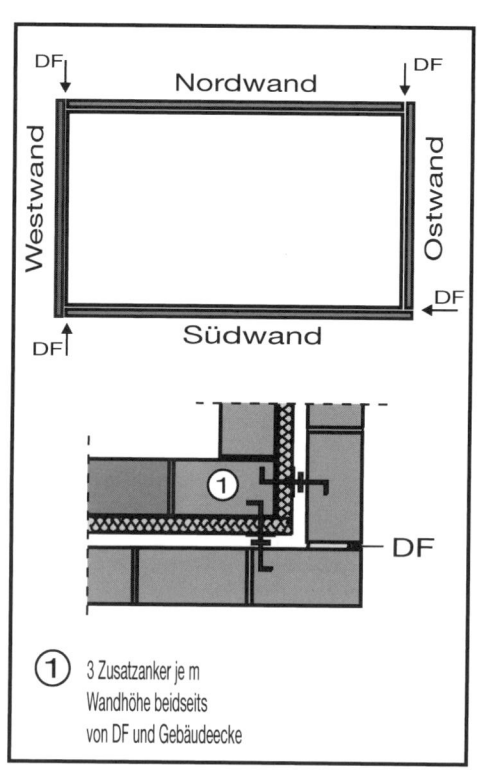

Abb. A.5.3 Sinnvolle Anordnung von Dehnungsfugen DF an Gebäudeecken

① 3 Zusatzanker je m Wandhöhe beidseits von DF und Gebäudeecke

Tafel A.5.1 Anhaltswerte für Dehnungsfugenabstände a_{DF} (in m) in unbewehrten Verblendschalen

Mauerwerk aus	Deutsche Empfehlungen (z. B. [Schubert-96])	ENV 1996-2
1	2	3
Mauerziegeln	10 bis 20 [1]	12
Kalksandsteinen		8
Porenbetonsteinen	6 bis 8	6
Betonsteinen		6
Leichtbetonsteinen	4 bis 6	6

[1] Kleinere a_{DF}-Werte bei Mauerziegeln mit ungünstigem irreversiblen Quellen – etwa über 0,2 mm/m nach Einbau.

---

[1] s. dazu auch S. G 4

Entwurf und Baukonstruktion

Tafel A.5.2 Verformungskennwerte für Kriechen, Schwinden, Temperaturänderung sowie Elastizitätsmoduln (DIN 1053-1 : 1996-11, Tabelle 2)

Mauersteinart	Endwert der Feuchtedehnung ε_{f_∞} [1] (Schwinden, irreversibles Quellen)		Endkriechzahl φ_∞ [2]	
	Rechenwert	Wertebereich	Rechenwert	Wertebereich
	mm/m			
1	2	3	4	5
Mauerziegel	0	+0,3 bis –0,2	1,0	0,5 bis 1,5
Kalksandsteine [4]	–0,2	–0,1 bis –0,3	1,5	1,0 bis 2,0
Leichtbetonsteine	–0,4	–0,2 bis –0,5	2,0	1,5 bis 2,5
Betonsteine	–0,2	–0,1 bis –0,3	1,0	–
Porenbetonsteine	–0,2	+0,1 bis –0,3	1,5	1,0 bis 2,5

Mauersteinart	Wärmedehnungskoeffizient α_T		Elastizitätsmodul E [3]	
	Rechenwert	Wertebereich	Rechenwert	Wertebereich
	10^{-6}/K		MN/m²	
1	2	3	4	5
Mauerziegel	6	5 bis 7	$3500 \cdot \sigma_0$	3000 bis $4000 \cdot \sigma_0$
Kalksandsteine [4]	8	7 bis 9	$3000 \cdot \sigma_0$	2500 bis $4000 \cdot \sigma_0$
Leichtbetonsteine	10; 8 [3]	8 bis 12	$5000 \cdot \sigma_0$	4000 bis $5500 \cdot \sigma_0$
Betonsteine	10	8 bis 12	$7500 \cdot \sigma_0$	6500 bis $8500 \cdot \sigma_0$
Porenbetonsteine	8	7 bis 9	$2500 \cdot \sigma_0$	2000 bis $3000 \cdot \sigma_0$

[1] Verkürzung (Schwinden): Vorzeichen minus; Verlängerung (irreversibles Quellen): Vorzeichen plus.
[2] $\varphi_\infty = \varepsilon_{k_\infty} / \varepsilon_{el}$; ε_{k_∞} Endkriechdehnung, $\varepsilon_{el} = \sigma/E$.
[3] E Sekantenmodul aus Gesamtdehnung bei etwa 1/3 der Mauerwerksdruckfestigkeit; σ_0 Grundwert der zulässigen Druckspannung nach DIN 1053-1.
[4] Gilt auch für Hüttensteine.
[5] Für Leichtbeton mit überwiegend Blähton als Zuschlag.

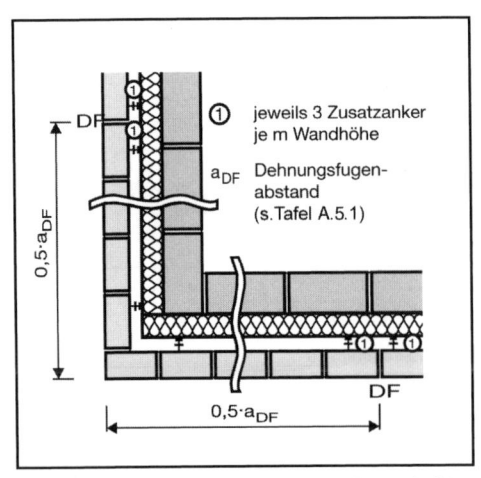

Abb. A.5.4 Anordnung von Dehnungsfugen beiderseits der Außenwandecke

Zu beachten ist auch der Brüstungsbereich von Verblendschalen, in dem häufig von den Öffnungsecken ausgehende Risse auftreten. Solche Risse lassen sich durch einseitige oder zweiseitige Anordnung von Dehnungsfugen zwischen Brüstung und Nachbarbereich, aber auch durch eine konstruktive Bewehrung im oberen Brüstungsbereich vermeiden (**Abb. A.5.5**). Bei der Anordnung von Dehnungsfugen ist die ausreichende Standsicherheit der Brüstung durch konstruktive Maßnahmen zu gewährleisten.

Horizontale Dehnungsfugen sind in Verblendschalen stets unter den Abfangungen anzuordnen. Dabei ist sicherzustellen, daß zwischen Abfangung und der darunterliegenden Verblendschale ein genügend großer Zwischenraum für die Ausbildung einer funktionsfähigen Dehnungsfuge verbleibt, damit die vertikale Formänderung der Verblendschale spannungsfrei aufgenommen werden kann (s. dazu **Abb. A.5.6**).

Dehnungsfugen

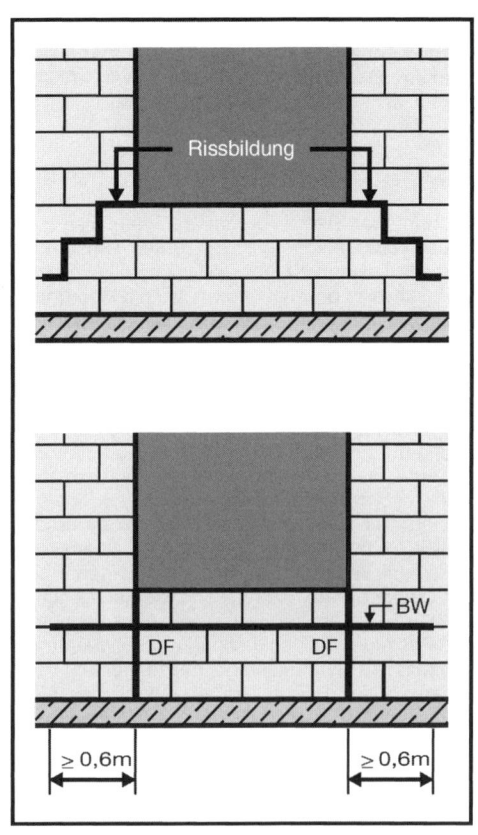

Abb. A.5.5 Brüstungsbereich von Verblendschalen – Konstruktive Bewehrung (BW) oder Dehnungsfuge(n) DF

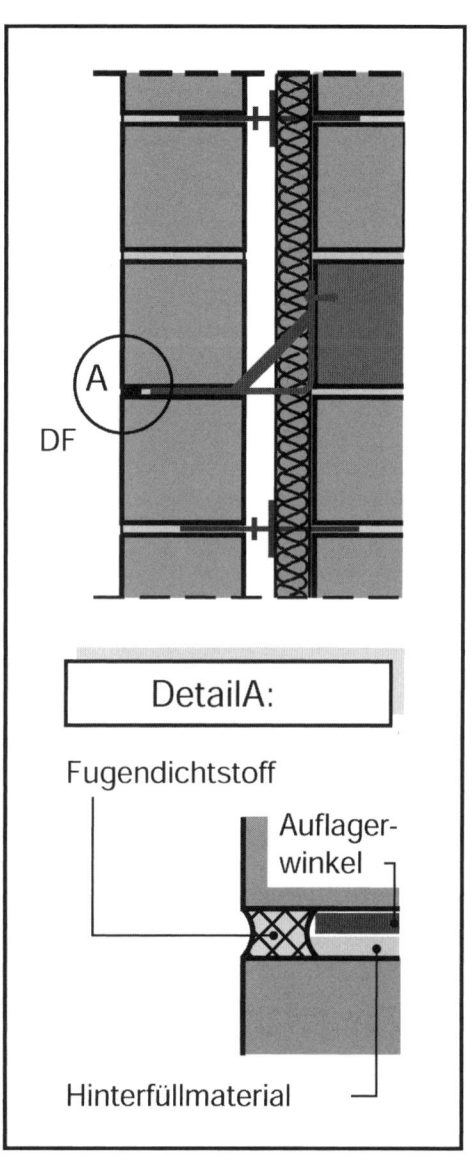

Abb. A.5.6 Ausbildung von horizontalen Dehnungsfugen DF

5.3.2 Nichttragende innere Trennwände, Ausfachungswände

Formänderungen in diesen Trennwänden und Ausfachungswänden entstehen im wesentlichen durch Schwinden und irreversibles Quellen des Mauerwerks. Sie sind bei längeren Wänden (ab etwa 6 m Wandlänge) und größeren Wandhöhen (etwa ab 3 m) zu berücksichtigen. Bei horizontalen Formänderungen kann dies entweder durch eine Dehnungsfuge in halber Wandlänge, im Bereich von Türöffnungen (Ausbildung einer geschoßhohen Öffnung) oder durch Dehnungsmöglichkeiten an den seitlichen Wandrändern – horizontale Verformbarkeit bei gleichzeitiger Halterung der Wandränder (s. **Abb. A.5.7**) – geschehen.

In [DIN 4103–1-84] ist die maximale Wandlänge auch aus Rißsicherheitsgründen auf 12 m begrenzt.

Die freie Verformbarkeit des Wandbauteils in vertikaler Richtung ist bei den Trennwänden und häufig auch bei Ausfachungswänden schon deshalb erforderlich, damit eine nachteilige Einwirkung des über der Trenn- oder Ausfachungswand angeordneten Bauteils (Geschoßdecke, Betonbalken) auf das Mauerwerksbauteil vermieden wird (z. B. unplanmäßige Belastung des Mauerwerksbauteils infolge von Durchbiegen der oberen Geschoßdecke (s. dazu **Abb. A.5.8**).

5.3.3 Tragende Mauerwerkswände

Auch bei langen tragenden Mauerwerkswänden sind Formänderungen in Richtung Wandlänge durch Schwinden bzw. Quellen, irreversibles Quellen und Temperatur grundsätzlich zu berücksichtigen. Die durch diese Formänderungen möglichen Zugspannungen werden jedoch durch die Druckspannungen senkrecht zur Lagerfuge des Mauerwerks mehr oder weniger „überdrückt", so daß sich günstigere Verhältnisse als in unbelasteten Mauerwerkswänden ergeben. Für die Dehnungsfugenabstände liegen Anhaltswerte aus älteren Quellen vor, die offensichtlich Erfahrungswerte sind. Theoretisch und versuchsmäßig begründete Dehnungsfugenabstände in Abhängigkeit von den wesentlichen Einflußgrößen sind bislang nicht verfügbar. Erste entsprechende Untersuchungen wurden im Institut für Bauforschung der RWTH Aachen (ibac) durchgeführt. Die nachfolgende **Tafel A.5.3** enthält die bisher bekannten, zuvor erwähnten „Erfahrungswerte".

Empfohlen wird allerdings eine Beurteilung im Einzelfall unter Bezug auf den aktuellen Kenntnisstand, s. auch [Brameshuber/Schubert – 06]. Keinesfalls gelten die Werte der Tabelle für massive Decken (Dachdecken) auf Mauerwerkwänden. Hierfür ist nach DIN 18 530 zu verfahren.

5.3.4 Andere Bauteile

Auch in einer Reihe von anderen Bauteilen bzw. Bauteilkombinationen ist es unter Umständen sinnvoll, Dehnungsfugen anzuordnen. Allerdings muß fallweise geprüft werden, ob die Anordnung einer Dehnungsfuge aus ästhetischen und wirtschaftlichen Gesichtspunkten vertretbar ist oder ob nicht durch andere Maßnahmen eine geeignetere Lösung gefunden werden kann.

Ein Fallbeispiel dafür ist die Vermeidung der relativ häufig auftretenden Rißbildung im Außenbereich der Auflagerung von Flachdachdecken bzw. obersten Geschoßdecken. Durch die dort geringe Auflast auf die Decke kann die Deckenverdrehung infolge Schwinden und Kriechen zu einem etwa horizontal verlaufenden Riß im Auflagerbereich der Decke auf der Außenwandoberfläche führen (**Abb. A.5.9**). Um diesen unkontrolliert verlaufenden Riß zu vermeiden, kann die Ausbildung einer horizontalen Dehnungsfuge im Putzbereich nach Fixierung des Rißortes durch Anordnung einer Trennschicht zwischen Decke und Mauerwerk im äußeren Bereich des Mauerwerks eine durchaus sinnvolle Lösung sein. Andererseits läßt sich der so fixierte horizontal verlaufende Riß auch durch eine entsprechend gestaltete Blende kaschieren.

Aber auch durch zu große Verformungen bzw. Verformungsunterschiede zwischen Dachdecke (oberster Geschossdecke) und den Mauerwerkswänden in Wandlängsrichtung können Rissschäden verursacht werden, s. DIN 18 530. Ggf. sind deshalb entsprechende Dehnungsfugen in Decke und Wand anzuordnen.

Dehnungsfugen bzw. Dehnungsmöglichkeiten sind selbstverständlich auch dort vorzusehen, wo Bauteile mit sehr unterschiedlichen Verformungen in Verbindung stehen. Beispiele dafür sind: Holz- bzw. Stahlstützen, aber auch Betonstützen zwischen Mauerwerksbauteilen. Auch in solchen Fällen ist sicherzustellen, daß es durch die Verformungsunterschiede nicht zu unkontrollierten und schädlichen Rissen kommt. Konstruktionsbeispiele dafür enthält **Abb. A.5.10**, entnommen aus der Neufassung des Merkblattes der DGfM: Merkblatt – Nichttragende innere Trennwände. Deutsche Gesellschaft für Mauerwerksbau, Berlin 2001.

Abbildungen und Tafel zu den Abschnitten 5.3.2 bis 5.3.4 siehe folgende Seiten.

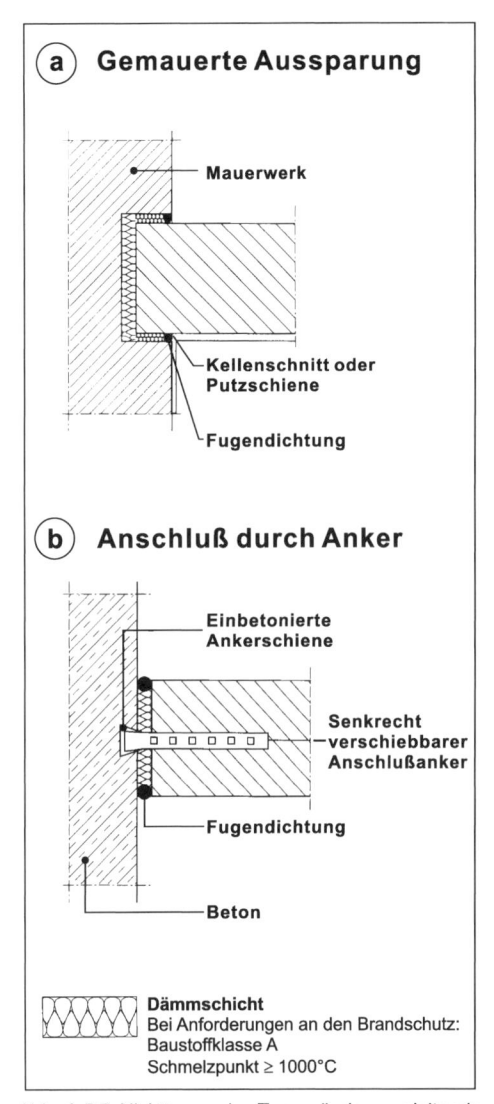

Abb. A.5.7 Nichttragende Trennwände – gleitende Wandanschlüsse (nach [Merkblatt „Nichttragende innere Trennwände" – 01])

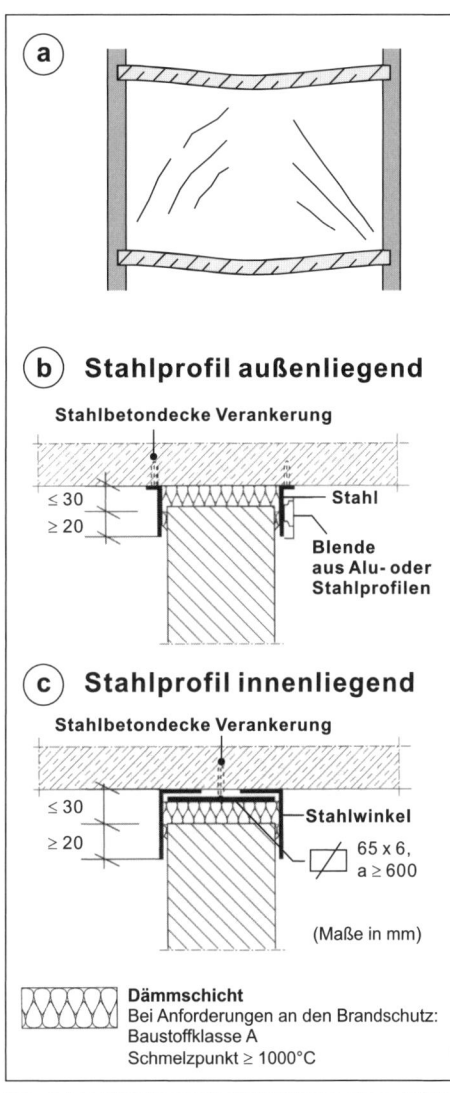

Abb. A.5.8 Nichttragende Trennwände; Risse infolge von Belastung der Trennwand durch die obere Geschoßdecke ⓐ – Vermeiden solcher Risse durch verformungsfähige Zwischenschicht ⓑ (nach [Merkblatt „Nichttragende innere Trennwände" – 01])

Entwurf und Baukonstruktion

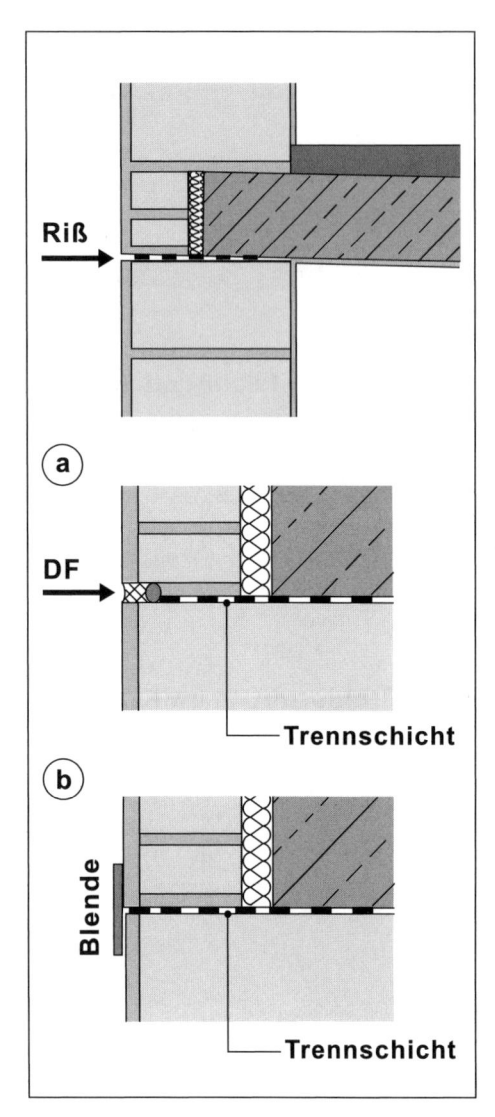

Abb. A.5.9 Horizontale Risse infolge von Durchbiegung/Abheben von obersten Geschoßdecken – Vermeiden solcher Risse durch Ausbildung einer Dehnungsfuge DF ⓐ bzw. Kaschieren durch eine Blende ⓑ

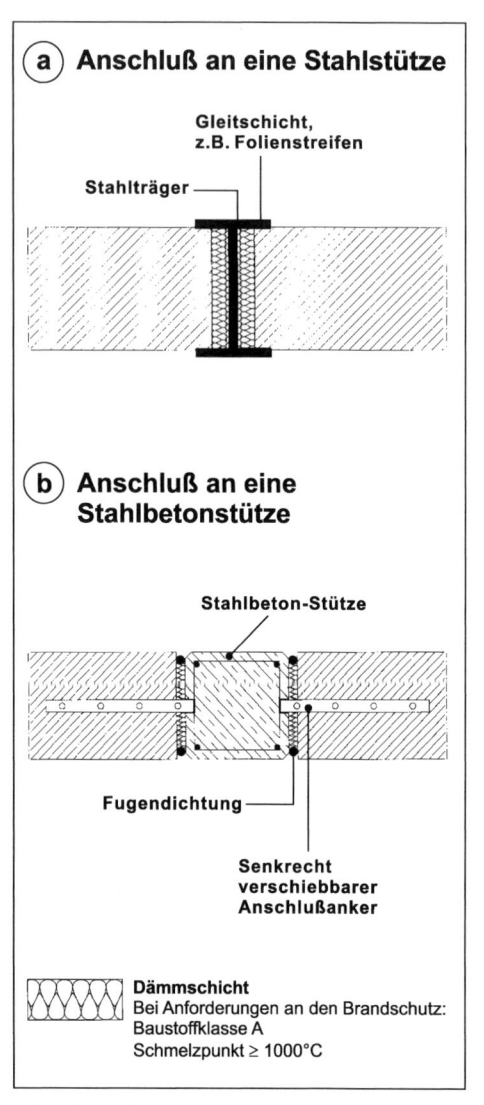

Abb. A.5.10 Nichttragende Trennwände – gleitender Anschluß an Zwischenstützen (Aussteifungsstützen) (nach [Merkblatt „Nichttragende innere Trennwände" – 01])

Tafel A.5.3 Erfahrungswerte für Dehnungsfugenabstände a_{DF} (in m) in tragenden unbewehrten Außen- und Innenwänden[1)]

Anwendungsfall	[nach verschiedenen Verfassern]	nach [Simons]	nach [Cziesielski]
1	2	3	4
Außenmauerwerk ohne zusätzliche Dämmung	25 bis 30		
Außenmauerwerk mit $\geq$ 60 mm zusätzlicher Außendämmung	50 bis 55	–	–
Außenmauerwerk mit 60 mm zusätzlicher Innendämmung	15 bis 20		
Allgemein unter besonderer Berücksichtigung der Bauzustände	–	≈ 30 (20 bis 40)	≈ 30

1) Einzelfall-Beurteilung wird empfohlen. DIN 18 530 ist zu beachten!

Pottgiesser, Uta

Fassadenschichtungen – Glas
Mehrschalige Glaskonstruktionen
Typologie – Energie – Konstruktionen – Projektbeispiele

2004. 208 Seiten.
22,5 x 29,5 cm. Gebunden.
Etwa 500, teils farbige Abb.

EUR 64,–
ISBN 3-89932-036-0

Diese Neuerscheinung stellt die Entwicklung mehrschaliger Glaskonstruktionen und eine Typologie transparenter Fassadensysteme vor. Die zugrunde liegenden gebäudetechnischen Konzepte sowie die verschiedenen Konstruktionselemente werden systematisch dargestellt und in Form von Bewertungskriterien zusammengefasst und gegenübergestellt. Berücksichtigt ist dabei auch die neue Energieeinsparverordnung (EnEV).

Aktuelle, nationale und internationale Projektbeispiele erläutern mit vielen Fotos, exemplarischen Konstruktionsdetails und Plänen die Funktionsweise und Besonderheiten in Bezug auf das energetische Gebäude- und Fassadenkonzept, den Sonnenschutz, die Fassadenkonstruktion und die Gestaltung. Das Buch ist auch eine Entscheidungshilfe für Bauherren und Planer bei der Vorauswahl geeigneter Fassadensysteme.

Aus dem Inhalt:
- Mehrschalige Glasfassaden im Neubau und im Gebäudebestand
- Schichtenfolgen, steuerbare und feststehende Systeme
- Bauphysikalische und raumklimatische Anforderungen
- Konstruktive und gebäudetechnische Einflüsse
- Bedeutung der neuen Energieeinsparverordnung (EnEV)
- Brandschutz und neue Musterbauordnung (MBO)
- Typologische Präsentation
- Zeichnerische Darstellung von Bauweisen und Konstruktionsprinzipien
- Innovative Glasbefestigung und Materialverwendung
- Qualitative Auswahlkriterien als Entscheidungshilfe bei der Vorplanung
- Systematische Darstellung aktueller Projektbeispiele

Autorin:
Dr.-Ing. Uta Pottgiesser ist Architektin und wissenschaftliche Mitarbeiterin am Institut für Baukonstruktion an der TU Dresden.

Bauwerk www.bauwerk-verlag.de

B BAUSTOFFE

Dr.-Ing. Peter Schubert (Abschnitte 1–5)
Dr.-Ing. Norbert Weickenmeier (Abschnitt 6)

1 Mauersteine B.3

2 Mauermörtel B.13

3 Putz B.17

4 Mauerwerk B.22

    4.1 Der Baustoff Mauerwerk B.22
    4.2 Druckfestigkeit B.22
    4.3 Zug-, Biegefestigkeit B.28
    4.4 Schubfestigkeit B.29
    4.5 Sicherheitskonzeption B.29

5 Bewehrtes Mauerwerk B.30

    5.1 Allgemeines B.30
    5.2 Konstruktive Bewehrung zur Rissbreitenbeschränkung B.35

6 Aktueller Beitrag B.37

    Geschichte und Entwicklung des Kalksteinmauerwerks B.37

Hess / Weller (Hrsg.)

Glasbau-Praxis in Beispielen
Berechnung und Konstruktion

2005. 152 Seiten.
17 x 24 cm. Gebunden.
Mit vielen Abbildungen.

EUR 35,–
ISBN 3-934369-47-2

In diesem Buch wird das komplexe Thema durch vollständige Beispiele zur Bemessung praxisgerecht und verständlich dargestellt und mit Hilfe von Konstruktionszeichnungen erläutert.
Die Autoren verfügen über langjährige Erfahrungen auf dem Gebiet des Konstruktiven Glasbaus, sowohl in der Baupraxis als auch in Lehre und Forschung.

Aus dem Inhalt:
- Einführung, prüffähige Berechnung und Konstruktionszeichnungen zu:
  - Vertikalverglasung aus Einscheiben-Sicherheitsglas (DIN 18516)
  - Überkopfverglasung (TRLV)
  - Vertikale Isolierverglasung (TRLV)
  - Gegen Absturz sichernde Verglasungen der Kategorien A, B und C (TRAV)
  - Begehbare Überkopfverglasung aus Isolierglas (Zustimmung im Einzelfall)
- Glossar zur Erläuterung der verwendeten Fachbezeichnungen

Autoren:
Dr.-Ing. Rudolf Hess ist Mitinhaber der GLASCONSULT, Ingenieurbüro für Glaskonstruktion Zürich. Er war bis 1999 Dozent und Leiter der Fachgruppe Glaskonstruktionen an der ETH Zürich.
Prof. Dr.-Ing. Bernhard Weller ist Professor für Baukonstruktionslehre und Leiter des Institutes für Baukonstruktion an der Fakultät Bauingenieurwesen der TU Dresden.
Dipl.-Ing. Thomas Schadow ist wissenschaftlicher Mitarbeiter am Institut für Baukonstruktion der TU Dresden.

Interessenten:
Architekten und Bauingenieure, Bauunternehmen, Glasbaufirmen, Studierende der Architektur und des Bauingenieurwesens.

Bauwerk www.bauwerk-verlag.de

B BAUSTOFFE

1 Mauersteine

Für Mauerwerk aus künstlich hergestellten Mauersteinen werden hauptsächlich folgende vier Mauersteinarten verwendet:

– Mauerziegel
– Kalksandsteine
– Porenbetonsteine sowie
– Leichtbeton- und Betonsteine.

Angaben zur Herstellung der Mauersteine, deren wesentlichen Eigenschaften und ihre Bedeutung für die Mauerwerkseigenschaften finden sich in [Schneider/Schubert – 99].

Grundsätzlich zu unterscheiden sind genormte Mauersteine und Mauersteine, die aufgrund einer allgemeinen bauaufsichtlichen Zulassung verwendet werden dürfen. Je nach dem Anwendungsbereich für das Mauerwerk sind die Mauersteine hinsichtlich unterschiedlicher Eigenschaften – z. B. Druckfestigkeit, Wärmedämmung, Schalldämmung, Witterungswiderstand, Ästhetik – optimiert. Mauersteine mit hoher Druckfestigkeit weisen eine vergleichsweise hohe Steinrohdichte auf. Dagegen ist die Steinrohdichte von besonders wärmedämmenden Steinen niedrig. Für hohen Schallschutz sind im allgemeinen Mauersteine mit hoher Rohdichte günstig. Mauersteine, die für Sichtmauerwerk verwendet werden und damit direkt der Witterung ausgesetzt sind, müssen vor allem einen ausreichend hohen Frostwiderstand aufweisen.

Die Vielfalt an Mauersteinen mit sehr unterschiedlichen Eigenschaften ermöglicht die Auswahl des für den jeweiligen Anwendungsbereich geeignetsten Mauersteines.

Harmonisierte europäische Produktnormen für Mauersteine (Normenreihe DIN EN 771) liegen mit Ausgabe Mai 2005 für die Teile 1 bis 5 vor, Teil 6 (Natursteine) in der Ausgabe Dezember 2005. Da Mauersteine nach diesen europäischen harmonisierten Produktnormen nicht ohne weiteres in Deutschland für Mauerwerk nach den Grund- und Fachgrundnormen DIN 1053, DIN 4102, DIN 4108, DIN 4109 ... angewendet werden können, wurden entsprechende Anwendungsnormen (Normenreihe DIN V 20 000) erarbeitet.

Da in den europäischen Normen nicht alle bisherigen deutschen Eigenschaften und Anforderungen geregelt sind, wurden zusätzlich ergänzende Normen, sog. „Restnormen" erarbeitet. Ab 01.04.2006 sind nur noch die harmonisierten europäischen Normen mit Anwendungs- oder „Restnorm" anzuwenden, siehe dazu auch die Übersicht in Tafel B.1.1. Im Folgenden wird nur auf Restnormen Bezug genommen, da nur so die uneingeschränkte bisherige Anwendbarkeit der Mauersteine möglich ist.

In den **Tafeln B.1.2** bis **B.1.9** sind folgende wesentliche Angaben zu den Mauersteinen zusammengestellt:

– Kurzbezeichnungen der Mauersteine **(Tafel B.1.2)**,
– Format-Kurzzeichen **(Tafel B.1.3)**,
– Rohdichte- und Festigkeitsklassen **(Tafeln B.1.4 und B.1.5)**,
– Bereiche der Maße, der Formate, der Rohdichte- und Festigkeitsklassen nach den Normen **(Tafel B.1.6)**,
– häufig verwendete Rohdichte- und Festigkeitsklassen der verschiedenen Mauersteine **(Tafeln B.1.7 und B.1.8)** und
– Verhältniswerte Zugfestigkeit/Druckfestigkeit für die verschiedenen Mauersteinarten **(Tafel B.1.9)**.

Tafel B.1.1 Normen für Mauersteine

DIN	Ausgabe	Bisherige deutsche Norm Produkt	Ab 01.04.2006 anzuwenden Möglichkeit I Deutsche Restnorm	Möglichkeit II DIN EN 771	Anwendungsnorm DIN V 20000
1	2	3	4	5	6
V 105-1	2002-06	Mauerziegel; Voll-, Hochlochziegel, Rohdichteklassen ≥ 1,2	DIN V 105-100 Mauerziegel – Teil 100: Mauerziegel mit besonderen Eigenschaften	Teil 1: Mauerziegel	Teil 401: Regeln für die Verwendung von Mauerziegeln nach DIN EN 771-1
V 105-2	2002-06	Mauerziegel; Wärmedämm-, Hochlochziegel, Rohdichteklassen ≤ 1,0			
105-3	1984-05	Mauerziegel; hochfeste Ziegel, hochfeste Klinker			
105-4	1984-05	Mauerziegel; Keramikklinker	–		–
105-5[1)]	1984-05	Mauerziegel; Leichtlanglochziegel, Leichtlangloch-Ziegelplatten	–		
V 105-6[1)]	2002-06	Mauerziegel; Planziegel			
V 106-1	2003-02	Kalksandsteine; Voll-, Loch-, Hohlblock-, Plansteine, Planelemente, Fasensteine, Bauplatten, Formsteine	DIN V 106 Kalksandsteine mit besonderen Eigenschaften	Teil 2: Kalksandsteine	Teil 402: Regeln für die Verwendung von Kalksandsteinen nach DIN EN 771-2
V 106-2	2003-02	Kalksandsteine; Vormauersteine, Verblender			
398	1976-06	Hüttensteine; Voll-, Loch-, Hohlblocksteine	entfällt, da europäisch nicht geregelt		
V 4165	2003-06	Porenbetonsteine; Plansteine und Planelemente	DIN V 4165-100 Porenbetonsteine – Teil 100: Plansteine und Planelemente mit besonderen Eigenschaften	Teil 4: Porenbetonsteine	Teil 404: Regeln für die Verwendung von Porenbetonsteinen nach DIN EN 771-4
V 18 151	2003-10	Betonsteine; Hohlblöcke aus Leichtbeton	DIN V 18 151-100 Hohlblöcke aus Leichtbeton – Teil 100: Hohlblöcke mit besonderen Eigenschaften	Teil 3: Mauersteine aus Beton (mit dichten und porigen Zuschlägen)	Teil 403: Regeln für die Verwendung von Mauersteinen aus Beton nach DIN EN 771-3
V 18 152	2003-10	Betonsteine; Vollsteine, Vollblöcke aus Leichtbeton	DIN V 18 152-100 Vollsteine und Vollblöcke aus Leichtbeton – Teil 100: Vollsteine und Vollblöcke mit besonderen Eigenschaften		
V 18 153	2003-10	Betonsteine; Mauersteine aus Beton (Normalbeton)	DIN V 18 153-100 Mauersteine aus Beton (Normalbeton) – Teil 100: Mauersteine mit besonderen Eigenschaften		

[1)] Nicht ohne allgemeine bauaufsichtliche (Verwendungs-)Zulassung für DIN 1053 anwendbar

Tafel B.1.2 Kurzbezeichnungen

Kurzzeichen	Bedeutung	Gruppe[1]
	Mauerziegel (DIN V 105-100, DIN 105)	
Mz	Vollziegel	HD
HLz	Hochlochziegel, Leichthochlochziegel	HD, LD
VMz	Vormauer-Vollziegel	HD
VHLz	Vormauer-Hochlochziegel, -Leichthochlochziegel	HD
KMz	Vollklinker	HD
KHLz	Hochlochklinker	HD
HLzT	Mauertafelziegel, -leichtziegel	LD, HD
WDz	Wärmedämmziegel	LD
KK	Keramikvollklinker	HD
KHK	Keramikhochlochklinker	HD
PMz	Planvollziegel	HD
PHLz	Planhochlochziegel	LD, HD
PVMz	Vormauer-Planziegel	HD
PHLzT	Mauertafel-Planziegel	LD, HD
PkMz	Planklinker	HD

[1] LD: Niedrige Rohdichte, $\varrho_N \leq 1{,}0$; HD: Hohe Rohdichte, $\varrho_N \geq 1{,}2$.

Kurzzeichen	Bedeutung
Kalksandsteine (DIN V 106)	
KS	Voll- und Blocksteine
KS L	Loch- und Hohlblocksteine
KS P	Plansteine
KS XL	Planelemente
KS F	Fasensteine
KS Vm	KS-Vormauersteine
KS Vb	KS-Verblender
KS Vm L	KS-Vormauersteine als Loch- und Hohlblocksteine
KS Vb L	KS-Verblender als Loch- und Hohlblocksteine
KS VmP	KS-Vormauer-Plansteine
KS Vb P	KS-Verblender-Plansteine
KS Vm XL	KS-Vormauer-Planelemente
KS Vb XL	KS-Verblender-Planelemente
Porenbetonsteine (DIN V 4165-100)	
PP	Porenbeton-Plansteine
PPE	Porenbeton-Planelemente

Baustoffe

Kurzzeichen	Bedeutung
Leichtbetonsteine (DIN V 18 151-100, DIN V 18 152-100)	
Hbl	Hohlblock (Vorsatz Kammerzahl, z. B. 3 K Hbl)
Hbl-P	Plan-Hohlblock
V	Vollstein
V-P	Plan-Vollstein
Vbl	Vollblock ohne Schlitze
Vbl-P	Plan-Vollblock ohne Schlitze
Vbl S	Vbl mit Schlitzen
Vbl S-P	Plan-Vollblock mit Schlitzen
Vbl SW	Vbl S mit besonderen Wärmedämmeigenschaften
Vbl SW-P	Vbl S-P mit besonderen Wärmedämmeigenschaften
Betonsteine (DIN V 18 153-100)	
Vn	Vollstein
Vn-P	Plan-Vollstein
Vbn	Vollblock
Vbn-P	Plan-Vollblock
Hbn	Hohlblock
Hbn-P	Plan-Hohlblock
Vm	Vormauerstein
Vmb	Vormauerblock
Hüttensteine (DIN 398)	
HSV	Hütten-Vollsteine
HSL	Hütten-Lochsteine
HHbl	Hütten-Hohlblocksteine
VHSV	Vormauer-HSV

Vormauersteine und Verblender werden für Sichtmauerwerk verwendet und besitzen deshalb einen ausreichend hohen Frostwiderstand.

Tafel B.1.3 Format-Kurzzeichen (Beispiele)

Format-Kurzzeichen	Maße (mm)		
	$l^{1)}$	$b^{1)}$	$h^{2)}$
DF	240	115	52
NF	240	115	71
2DF	240	115	113
3DF	240	175	113
4DF	240	240	113
5DF	240	300	113
	300	240	113
6DF	240	365	113
	240	175	238
	365	240	113
8DF	240	240	238
	490	115	238
	490	240	113
9DF	365	175	238
10DF	240	300	238
	300	240	238
	490	300	238
12DF	240	365	238
	365	240	238
	490	175	238
15DF	365	300	238
16DF	240	490	238
	490	240	238
18DF	365	365	238
20DF	490	300	238
24DF	365	490	238
	490	365	238

DF: Dünnformat
NF: Normalformat

[1] Bei Mauersteinen mit Nut- und Federausbildung können die Maße 5 bis 7 mm größer sein.
[2] Bei Plansteinen sind die Maße um 10 bzw. 11 mm größer.

Anmerkung:
Die Ziffern des Format-Kurzzeichens geben an, aus wie vielen DF-Steinen – einschließlich zugehöriger Stoß- und Lagerfugen – der betreffende (größere) Mauerstein im Mauerwerk hergestellt werden müsste. Beispiel: Ein 10DF-Stein hat das gleiche Volumen bzw. die gleichen Außenmaße wie 10 vermauerte einzelne DF-Steine.

Tafel B.1.4 Rohdichteklassen (ρ_N)[1]

Klasse	Wertebereich[2] der Mittelwerte
	kg/dm³
0,35	0,30 ... 0,35
0,40	0,36 ... 0,40
0,45	0,41 ... 0,45
0,50	0,46 ... 0,50
0,55	0,51 ... 0,55
0,60	0,56 ... 0,60
0,65	0,61 ... 0,65
0,70	0,66 ... 0,70
0,80	0,71 ... 0,80
0,90	0,81 ... 0,90
1,00	0,91 ... 1,00
1,20	1,01 ... 1,20
1,40	1,21 ... 1,40
1,60	1,41 ... 1,60
1,80	1,61 ... 1,80
2,00	1,81 ... 2,00
2,20	2,01 ... 2,20
2,20	2,01 ... 2,50[3]
2,40	2,21 ... 2,40

Rohdichte: Trockenrohdichte
[1] Klassen-Abstufungen von 0,05 derzeit noch nicht bei allen Mauersteinen
[2] Einzelwerte dürfen die Klassengrenzen um bestimmte Grenzwerte unter- bzw. überschreiten. Diese Grenzwerte sind je nach Rohdichteklasse und DIN unterschiedlich. Sie betragen 0,03, 0,05 bzw. 0,10 kg/dm³.
[3] DIN V 105-100; hochfeste Ziegel und hochfeste Klinker, Keramikklinker

Tafel B.1.5 Druckfestigkeitsklassen (β_N)

Klasse	Mindestdruckfestigkeit	
	Mittelwert	Einzelwert[1]
	N/mm²	
2	2,5	2,0
4	5,0	4,0
6	7,5	6,0
8	10,0	8,0
10	12,5	10,0
12	15,0	12,0
16	20,0	16,0
20	25,0	20,0
28	35,0	28,0
36	45,0	36,0
48	60,0	48,0
60	75,0	60,0

Druckfestigkeit: Prüfkörperfestigkeit × Formfaktor
[1] Entspricht dem 5%-Quantil der Grundgesamtheit mit 90% Aussagewahrscheinlichkeit

Baustoffe

Tafel B.1.6 Steinarten, Steinsorten, Nennmaße, Formate, Rohdichteklassen (ρ_N), Festigkeitsklassen (β_N) nach den zugehörigen Normen

DIN	Steinsorte	Nennmaße (mm)			Format	ρ_N kg/dm³	β_N N/mm²
		l	b	h			
Mauerziegel							
DIN V 105-100	LD-Ziegel[1] HLz, WDz, Vormauerziegel	175...497 190...490	90...490 90...120	52...238 40...240	–	0,55...1,00	2...60
	HD-Ziegel[1] Vormauerziegel, Klinker	90...490 190...490		52...238 40...240	–	1,2...2,4 1,2...2,4	
	Klinker; $\beta_N \geq 28$; hochfeste Ziegel und hochfeste Klinker: $\beta_N \geq 36$; Keramikklinker: $\beta_N \geq 60$; $\varrho_N \geq 2,0$						
V 105-6	PMz, PHLz, PVMz, PHLzT, PKMz	175...497	90...490	61...249	DF...20DF	0,7...2,0	20...28
Kalksandsteine							
DIN V 106	Steine	240...490 248[2]...623[2]	115...365	52...238 123[2], 248[2]	–	0,6...2,2	4...60
	Vm-Steine Verblender	190...290	90...115	52...113	–	0,9...2,2	
	Planelemente	498...998	115...365	498...623	–	0,6...2,2	
Porenbetonsteine							
V 4165-100	PP	249...624	115...500	124...249	–	0,35...1,00	2...8
	PPE	499...1499	115...500	374...624	–		
Leichtbetonsteine							
V 18151-100	Hbl, Hbl-P	240...498	150...490	238, 248[2]	8DF...24DF	0,45...1,60	2...12
V 18152-100	V, V-P	240...498	95...365	52...240 60[2]...248[2]	DF...10DF	0,45...2,00	2...20
	Vbl, Vbl-P	240...498	150...490	238, 248[2]	5DF...24DF		
Betonsteine							
V 18153-100	Hbn, Hbn-P	240...498	115...490	238, 248[2]	8DF...24DF	0,80...2,00	2...12
	Vbn, Vbn-P	240...498	150...490	238, 248[2]	8DF...24DF	1,40...2,40	4...28
	Vn, Vn-P	240...498	95...365	52...240 60[2]...248[2]	DF...10DF		
	Vm	190...490	90...240	52...238	DF...16DF	1,60...2,40	6...48
	Vmb	190...490	90...240	175, 190, 238			
Hüttensteine							
398	HSV, VHSV	240	115, 175, 300	52, 71, 113	DF...5DF	1,6; 1,8; 2,0	12, 20, 28
	HSL	240	115, 175, 300	113	2DF...5DF	1,2; 1,4; 1,6	6, 12
	HHbl	240, 365	175, 240, 300	175, 238	6DF...12DF (240/300/175)	1,0...1,6	6, 12

l: Länge, *b*: Breite, *h*: Höhe; (): Regional   [1] s. Tafel B.1.2   [2] Plansteine

Mauersteine

Tafel B.1.7 Festigkeitsklassen nach den Mauersteinnormen (schraffiert) und häufig verwendete Klassen (•)

Mauerstein[1]	DIN	Festigkeitsklasse											
s. Tafel B.1.2		2	4	6	8	10	12	16	20	28	36	48	60
Mz	V 105-100 (V 105-6)				•		•	•	•	•			
HLz					•	•	•	•	•				
VMz				•	•	•	•	•	•				
VHLz				•	•	•	•	•	•				
KMz										•			
KHLz										•			
HLz	V 105-100 (V 105-6)		•	•	•	•	•						
VHLz			•	•	•	•	•						
HLzT			•	•	•	•	•						
Mz	V 105-100										•		
HLz											•		
KMz											•		
KHLz											•		
HLzT											•		
KK													•
KHK													•
KS	V 106						•		•				
KS L							•						
KS Vm							•						
KS Vb									•				
KS VmL													
KS VbL													

[1] einschließlich Plansteine, Planelemente

Tafel B.1.7 (Forts.) Festigkeitsklassen nach den Mauersteinnormen (schraffiert) und häufig verwendete Klassen (•)

Mauerstein[1] s. Tafel B.1.2	DIN	Festigkeitsklasse											
		2	4	6	8	10	12	16	20	28	36	48	60
PP	V 4165-100	•	•	•	▓	▓	▓						
Hbl	V 18151	•	•	•	▓	▓	▓						
V	V 18152	•	•	•	▓	▓	•	▓					
Vbl					▓	▓	•	▓					
VblS					▓	▓		▓					
VblS-W		•	•		▓								
Vn	V 18153				▓	▓	•	▓	▓	•	▓		
Vbn					▓	▓	•	▓	▓	•	▓		
Hbn		•	•	•	▓	▓	•	▓					
Tbn					▓	▓		▓					
Vm					▓	▓	•	▓	▓	•	▓		
Vmb					▓	▓	•	▓	▓	•	▓		
HSV	398			▓	▓	▓	▓	▓	▓	▓	▓	▓	
HSL				▓	▓	▓	▓	▓	▓	▓	▓	▓	
HHbl				▓	▓	▓	▓	▓	▓	▓			
VHSV				▓	▓	▓	▓	▓	▓	▓	▓	▓	▓

[1] einschließlich Plansteine, Planelemente

Tafel B.1.8 siehe Seiten B.11 und B.12.

Tafel B.1.9 Zugfestigkeit in Steinlängsrichtung $\beta_{Zl,st}$, bezogen auf die Normdruckfestigkeit $\beta_{D,st}$ (mit Formfaktor) Mittelwerte

Mauersteinart	$\dfrac{\beta_{Zl,st}}{\beta_{D,st}}$
Vollziegel	0,05
Hochlochziegel	0,03
Leichthochlochziegel	0,015
Kalksandvollsteine	0,06[1]; 0,05
Kalksandlochsteine	0,04
Porenbetonsteine	0,18[2]; 0,09[3]
Leichtbetonvollsteine, -vollblöcke	0,12[2]; 0,07[3]
Leichtbetonhohlblöcke	0,08

[1] ohne Grifflöcher, Grifföffnungen
[2] Steinfestigkeitsklasse 2
[3] Steinfestigkeitsklassen größer 2

Tafel B.1.8 Rohdichteklassen nach den Mauersteinnormen (schraffiert) und häufig verwendete Klassen (•)

Mauerstein[1]	DIN	Rohdichteklassen																		
		0,35	0,4	0,45	0,5	0,55	0,6	0,65	0,7	0,75	0,8	0,9	1,0	1,2	1,4	1,6	1,8	2,0	2,2	2,4
Mz	s. Tafel B.1.2																			
HLz	V 105-100 (V 105-6)															•	•	•	•	
VMz														•	•	•	•	•	•	
VHLz														•	•	•	•	•		
KMz																•				
KHLz																•				
HLz	V 105-100 (V 105-6)								•		•	•								
VHLz									•		•	•								
HLzT									•		•	•								
Mz	V 105-100															•	•	•	•	
HLz															•	•	•	•	•	
KMz																•	•	•	•	
KHLz															•	•	•			
HLzT																				
KK																	•	•	•	
KHK																	•	•	•	
KS	V 106													•		•				
KS L																•				
KS Vm																		•	•	
KS Vb																		•	•	
KS VmL																				
KS VbL																				

[1] einschließlich Plansteine, Planelemente

Baustoffe

Tafel B.1.8 (Fortsetzung) Rohdichteklassen nach den Mauersteinnormen (schraffiert) und häufig verwendete Klassen (•)

Mauerstein[1] s. Tafel B.1.2	DIN	Rohdichteklassen																		
		0,35	0,4	0,45	0,5	0,55	0,6	0,65	0,7	0,75	0,8	0,9	1,0	1,2	1,4	1,6	1,8	2,0	2,2	2,4
PP	V 4165-100	•	•																	
Hbl	V 18151-100				•	•	•	•	•		•	•	•	•						
V					•	•	•	•	•		•	•	•	•		•	•	•		
Vbl	V 18152-100						•									•	•	•		
VblS																•	•	•		
VblS-W					•	•	•	•	•											
Vn																				
Vbn											•	•	•	•	•	•	•	•		
Hbn	V 18153-100																			
Tbn																				
Vm																•	•	•		
Vmb																•	•	•		
HSV	398																			
HSL																				
HHbl																				
VHSV																				

[1] einschließlich Plansteine, Planelemente

2 Mauermörtel

Die heute verwendeten und in DIN V 18 580 zusammen mit DIN EN 998-2 genormten Mauermörtelarten sind: Normalmörtel, Leichtmörtel und Dünnbettmörtel. Sie sind z. T. noch jeweils in verschiedene Mörtelgruppen eingeteilt. Leichtmörtel werden vorzugsweise für Leichtmauerwerk, das besonderen Wärmeschutzanforderungen genügt, verwendet. Für derartiges Mauerwerk sind auch Dünnbettmörtel geeignet, wenn die Mauersteine Plansteinqualität aufweisen.

Grundsätzliche Angaben und Merkmale zu den drei Mauermörtelarten enthält die **Tafel B.2.1**.

Die Mauermörtel können als Werkmörtel und auch nach wie vor als Baustellenmörtel (Normalmörtel) hergestellt werden. Entspricht die Mörtelzusammensetzung bestimmten Mischungsverhältnissen nach DIN V 18 580, so handelt es sich um Rezeptmörtel. Bei diesen Mörteln sind – da jahrzehntelange Erfahrungen vorliegen – nur vergleichsweise wenige Eigenschaften nachzuweisen. Solche Rezeptmörtel werden nur noch bei Baustellenmörteln angewendet. Bei den Werkmörteln wird die Zusammensetzung des Mörtels in Hinblick auf eine Eigenschaftsoptimierung und eine wirtschaftliche Herstellung gewählt. Der Anteil von Mörteln, die auf der Baustelle hergestellt werden, ist gering und liegt etwa bei 10 %. Angaben zu den Rezeptmörteln finden sich in den **Tafeln B.2.2 und B.2.3**.

Bei Mehrkammer-Silomörtel sind die Mörtelausgangsstoffe in getrennten Kammern eines Silos enthalten. Sie werden unter Wasserzugabe automatisch dosiert und gemischt, so dass am Mischerauslauf auf der Baustelle verarbeitungsfähiger Mörtel entnommen werden kann. Das Mischungsverhältnis der Feststoffe kann baustellenseitig nicht verändert werden.

Um bestimmte Eigenschaften des Mauerwerks zu gewährleisten, müssen die Mauermörtel eine Reihe von Anforderungen erfüllen. Diese sind in der **Tafel B.2.4** aufgeführt. Die ausreichende Druckfestigkeit von Mörtelprüfkörpern und Mörtel aus der Lagerfuge (Normal- und Leichtmörtel) mit Kontakt zum Mauerstein ist eine wichtige Anforderung in Bezug auf die Druckfestigkeit des Mauerwerks. Für diese müssen auch bestimmte Anforderungen an den Querdehnungsmodul bzw. Längsdehnungsmodul der Leichtmörtel erfüllt werden. Die Haftscherfestigkeit zwischen Mauermörtel und Mauerstein beeinflusst die Zug-, Biege- und Schubfestigkeit von Mauerwerk.

Die **Tafeln B.2.5** und **B.2.6** enthalten schließlich Angaben über unzulässige Anwendungen von Mauermörtel sowie Anwendungsempfehlungen. Aus der **Tafel B.2.5** geht die sehr geringe Bedeutung des Normalmörtels der Gruppe I hervor. Ein derartiger Mörtel ist allenfalls noch für Instandsetzungsarbeiten bei Natursteinbauwerken von Bedeutung. Die derzeit hauptsächlich verwendeten Mauermörtel sind Normalmörtel der Mörtelgruppe IIa, Leichtmörtel der Gruppe LM36 und Dünnbettmörtel.

Analog zu den Mauersteinen wurde eine harmonisierte europäische Produktnorm für Mauermörtel – EN 998-2 – erarbeitet, für die das gleiche Verfahren, wie in Abschnitt 1 „Mauersteine" beschrieben, gilt. *Die DIN EN 998-2 ist mit Datum September 2003 erschienen. Sie ist mit der Anwendungsnorm DIN V 20 000-412:2004-03 oder mit der „Restnorm" DIN V 18580:2004-03 ab 01.02.2005 (Ende der Koexistenzzeit) anzuwenden.*

Tafel B.2.1 Mörtelarten, Mörtelgruppen, besondere Kennzeichen, Lieferformen (nach DIN 1053-1 bzw. DIN V 18 580)

Mörtelart	Mörtelgruppen	Grenzwert Trockenrohdichte kg/m³	Besondere Kennzeichen	Lieferformen[1]
Normalmörtel (NM)	I, II, IIa, III, IIIa	≥ 1500	i.d.R. Gesteinskörnungen nach DIN EN 13 139	BSM, WTM, WFM, WVM, MKSM
Leichtmörtel (LM)	LM 21 LM 36	≤ 700[2] ≤ 1000[2]	Gesteinskörnungen nach DIN EN 13 139 und DIN EN 13 055-1/DIN V 20 000-104	WTM, WFM, MKSM
Dünnbettmörtel (DM)	III	≥ 1500	i.d.R. Gesteinskörnungen nach DIN EN 13 139, Größtkorn: 1,0 mm	WTM

[1] BSM Baustellenmörtel (auf der Baustelle hergestellt); bestimmte Gesteinskörnungen
WTM, WFM, WVM Werk-Trockenmörtel, Werk-Frischmörtel, Werk-Vormörtel
MKSM Mehrkammer-Silomörtel (sind WFM zugeordnet)
[2] Andernfalls Nachweis von Wärmeleitfähigkeits-Grenzwerten

Tafel B.2.2 Baustellenmörten – Normalmörtel, Rezeptmörtel; Mischungsverhältnisse in Raumteilen (aus DIN V 18 580, Anhang A)

Mörtelgruppe	Luftkalk		Hydraulischer Kalk (HL2)	Hochhydraulischer Kalk (HL5), Putz- und Mauerbinder (MC5)	Zement	Sand[1] aus natürlichem Gestein
	Kalkteig	Kalkhydrat				
I	1	–	–	–	–	4
	–	1	–	–	–	3
	–	–	1	–	–	3
	–	–	–	1	–	4,5
II	1,5	–	–	–	1	8
	–	2	–	–	1	8
	–	–	2	–	1	8
	–	–	–	1	–	3
IIa	–	1	–	–	1	6
	–	–	–	2	1	8
III	–	–	–	–	1	4

[1] Die Werte des Sandanteils beziehen sich auf den lagerfeuchten Zustand.

Tafel B.2.3 Rezeptmörtel (Normalmörtel); Erhärtung, Druckfestigkeit

Bindemittel	Erhärtung		Druckfestigkeit im Alter von 28 d	Mörtelgruppe
	Art	Verlauf		
Luftkalk	karbonatisch	sehr langsam bis langsam	sehr klein ca. 1 ... 2 N/mm^2	I
Wasserkalk	hydraulisch karbonatisch			
hydraulischer Kalk				
Luftkalk/Wasserkalk und Zement	im wesentlichen hydraulisch	mittel bis schnell	mittel ca. 2 ... 10 N/mm^2	II IIa
Hochhydraul. Kalk/ PM-Binder mit oder ohne Zement				
Zement	hydraulisch	schnell bis sehr schnell	mittel bis sehr hoch 10 ... 30 N/mm^2	III IIIa

Mauermörtel

Tafel B.2.4 Anforderungen an Mauermörtel (außer Rezeptmörtel[1]) nach DIN V 18 580 bzw. DIN EN 998-2
Prüfalter für Festmörteleigenschaften: 28 d; Festigkeiten: Mindestwerte NM, MGI (M1): Keine Anforderungen

Prüfgröße Prüfnorm	Kurzzeichen Einheit	Normalmauermörtel (NM)				Leichtmauermörtel (LM)		Dünnbettmörtel (DM)
		Mörtelgruppe nach DIN 1053-1						
		II	IIa	III	IIIa	LM 21	LM 36	III
		Mörtelklasse nach DIN EN 998-2						
		M 2,5	M 5	M 10	M 20	M 5	M 5	M 10
1	2	3	4	5	6	7	8	9
Druckfestigkeit DIN EN 1015-11	β_D N/mm²	2,5	5	10	20	5	5	10
Fugendruckfestigkeit DIN 18 555-9	$\beta_{D,F}$ N/mm²							
Verfahren I	$\beta_{D,FI}$	1,25	2,5	5,0	10,0	2,5		–
Verfahren II	$\beta_{D,FII}$	2,5	5,0	10,0	20,0	5,0		–
Verfahren III	$\beta_{D,FIII}$	1,75	3,5	7,0	14,0	3,5		–
Druckfestigkeit bei Feuchtlagerung nach DIN 18 555-3 DIN EN 015-11	$\beta_{D,f}$ N/mm²	–	–	–	–	–	–	≥70 % vom Istwert β_D
Verbundfestigkeit Charakteristische Anfangsscherfestigkeit (Haftscherfestigkeit)[2] DIN EN 1052-3	f_{vk0} N/mm²	0,04	0,08	0,10	0,12	0,08		0,20
Haftscherfestigkeit (Mittelwert) DIN 18 555-5	β_{HS} N/mm²	0,10	0,20	0,25	0,30	0,20		0,50
Trockenrohdichte[3] DIN EN 1015-10	ρ_d kg/m³	≤ 1500				≤ 700	≤ 1000	–
		–				max. Abweichung +10 % vom Istwert		
Querdehnungsmodul DIN 18 555-4	E_q N/mm²	–				≥ 7500	≥ 15 000	–
Längsdehnungsmodul DIN 18 555-4	E_l N/mm²	–				≥ 2000	≥ 3000	–
Wärmeleitfähigkeit DIN 1745	$\lambda_{10,tr}$ W/(m·K)	–				≤ 0,18 [4]	≤ 0,27 [4]	–
Verarbeitbarkeitszeit DIN EN 1015-9	t_v h	–				–	–	≥ 4
Korrigierbarkeitszeit DIN EN 1015-9	t_k min	–				–	–	≥ 7

[1] Für diese gelten die Anforderungen als erfüllt.
[2] Prüfung darf ohne Vorbelastung an 5 Prüfkörpern erfolgen $f_{vk0} = 0,8 \cdot f_{vo}$
[3] Der ρ_d-Wert bei Erstprüfung ist mit ± 10 % Grenzabweichung einzuhalten
[4] Bei Nachweis $\lambda_{10,tr}$ nach DIN EN 1745 wenn ρ_d > 700 bzw. > 1000 kg/m³.

Baustoffe

Tafel B.2.5 Unzulässige Anwendungen (N) von Mauermörtel nach DIN 1053-1

Anwendungsbereich	Normalmörtel			Leichtmörtel	Dünnbettmörtel
	Mörtelgruppe				
	I	II/IIa	III/IIIa		
Gewölbe	N[3]	–	–	N	N
Kellermauerwerk	N[3]	–	–	–	–
> 2 Vollgeschosse	N	–	–	–	–
Wanddicke < 240 mm[1]	N	–	–	–	–
Nichttragende Außenschale von zweischaligen Außenwänden • Verblendschale • geputzte Vormauerschale	N N	– –	N[2] N[2]	N –	– –
Sichtmauerwerk, außen, mit Fugenglattstrich	N	–	–	N	–
ungünstige Witterungsbedingungen (Nässe, niedrige Temperaturen)	N	–	–	–	–
Mauersteine mit einer Maßabweichung in der Höhe von mehr als 1,0 mm	–	–	–	–	N
Mauerwerk nach Eignungsprüfung (EM)	N	–	–	–	–

[1] Bei zweischaligen Wänden mit oder ohne durchgehende Luftschicht gilt als Wanddicke die Dicke der Innenschale.
[2] Außer nachträglichem Verfugen und für bewehrte Mauerwerkbereiche.
[3] Anwendung erlaubt für die Instandsetzung von Natursteinmauerwerk aus MG I.

Tafel B.2.6 Anwendungsempfehlungen

Bauteil			Normalmörtel	Leichtmörtel	Dünnbettmörtel
Außenwände	einschalig	ohne Wetterschutz (Sichtmauerwerk)	+ (vorzugsweise MG II, IIa)	–	0
		mit Wetterschutz (z. B. Putz)	– bis +	0 bis +	0 bis +
	zweischalig	Außenschale (Verblendschale)	+ (nur MG II, IIa)	–	0
		Innenschale	+	– bis +[1]	0 bis +
Innenwände	schalldämmend		+	0	+
	wärmedämmend		0 bis – (vorzugsweise MG II, IIa)	+	+
	hochfest		+ (MG III, IIIa)	–	+

+ empfehlenswert, 0 möglich, – nicht empfehlenswert
[1] Bei wärmedämmendem Mauerwerk.

3 Putz

Mauerwerksbauteile werden nach wie vor meistens mit einem Innenputz versehen. Außenputz wird meist auf einschaligen Mauerwerksaußenwänden mit hoher Wärmedämmung (Leichtmauerwerk) aufgebracht. Je nach Anwendungsbereich und Funktion können jedoch auch andere Mauerwerksbauteile mit Außenputz versehen werden.

Die Lagen eines Putzes (Unter-, Oberputz), die in ihrer Gesamtheit und in Wechselwirkung mit dem Putzgrund die Anforderungen an den Putz erfüllen, werden als Putzsystem bezeichnet. Mineralische Putze bzw. Putze aus mineralischen Bindemitteln sind in

– DIN EN 998-1: 2003-09. Festlegungen für Mörtel im Mauerwerksbau. Teil 1: Putzmörtel und

– DIN V 18550: 2005-04. Putz und Putzsysteme – Ausführung

genormt.

Die DIN V 18550 ersetzt zusammen mit der europäischen Norm DIN EN 998-1 die bisherige deutsche Putznorm DIN 18550, Teile 1 bis 4.

DIN EN 998-1 gilt für im Werk hergestellte Putzmörtel aus anorganischen Bindemitteln für Außen- und Innenputz. Die Norm enthält Definitionen und Anforderungen. Die DIN V 18550 enthält die Ausführungsregeln für das Verputzen mit Putzen nach DIN EN 998-1 und DIN 1168 (Baugipse).

Aufgaben von Putzen bzw. Putzsystemen sind:

– Schaffung von ebenen Oberflächen als Sichtflächen oder Untergrund für Anstriche, Tapeten, Beschichtungen

– Beständigkeit gegen in Innenräumen langzeitig einwirkende Feuchtigkeit (Innenwand- und Deckenputze in Feuchträumen)

– ausreichende mechanische Beanspruchbarkeit bzw. Abriebfestigkeit (z. B. Sockelputz, Treppenhauswände, Außenwandputz als Träger von Beschichtungen – z. B. Kellerwandputze – oder mit erhöhter mechanischer Beanspruchung)

– Witterungsschutz, vor allem Feuchteschutz (Regenschutz)

– ästhetisch ansprechende Oberflächenausbildung (z. B.) Strukturierung, Farbgebung.

Die Putzarten können nach der **Tafel B.3.1** eingeteilt werden. Dabei werden der Normalputz sowohl als Innenwand- als auch als Außenwandputz, die Wärmedämmputze und Leichtputze praktisch nur als Außenputze eingesetzt.

Ähnlich wie die Mauermörtel werden die Putze in Mörtelgruppen unterteilt. Die bisherige Einteilung enthält die Tafel B.3.2. Druckfestigkeitsanforderungen sind damit nicht verbunden. Klassifizierte Eigenschaften von Fest-Putzmörteln nach DIN EN 998-1 sind in Tafel B.3.3 aufgeführt.

Die **Tafeln B.3.4** und **B.3.5** enthalten Angaben zu bewährten Putzsystemen für Innenwandputze und Außenputze (Normalputze) aus DIN V 18550.

Für Leichtmauerwerk, das in der Regel besondere wärmeschutztechnische Anforderungen erfüllen soll, eignen sich besonders Leichtputze und Wärmedämmputze bzw. Wärmedämmputzsysteme.

Da das Leichtmauerwerk wärmeschutztechnisch in Hinblick auf Mauersteinrohdichte (möglichst niedrig) und Lochbild bei Lochsteinen (möglichst hoher Lochanteil, geringe Stegdicken) optimiert ist, unterscheiden sich auch die Putzgrundeigenschaften sehr wesentlich von denen des Normalmauerwerks. Der Putzgrund ist – vor allem bei Mauersteinen mit hohem Lochanteil und geringen Stegdicken – nur wenig auf Zug- bzw. Scherspannungen beanspruchbar. Um breitere, schädliche Risse im Außenputz bis in den Putzgrund zu vermeiden, muss deshalb der Putz eine möglichst geringe Zugfestigkeit, einen geringen Elastizitätsmodul, hohe Relaxation (Spannungsabbau) und geringe Formänderungen aufweisen. Diese Anforderungen werden von den Leichtputzen in hohem Maße erfüllt, siehe dazu auch das überarbeitete Merkblatt Außenputz auf Ziegelmauerwerk [Merkblatt „Putz" – 02].

Soll durch den Putz zusätzlich die Wärmedämmung des Mauerwerksbauteils wesentlich verbessert werden, so empfiehlt sich dafür u. a. ein Wärmedämmputzsystem. Dieses erfüllt zudem die Anforderung eines ausreichend „weichen" Putzes.

Um bestimmte Putzeigenschaften zu gewährleisten, bedarf es entsprechender Nachweise. Um den Nachweisumfang zu reduzieren, kann mit den in der **Tafel B.3.6** angegebenen Eigenschaftszusammenhängen von der geprüften Eigenschaft auf andere Eigenschaften geschlossen werden.

Weitere Angaben zu Putzen auf Mauerwerk finden sich in [Schneider/Schubert – 99] sowie [Schubert – 93 und -06].

Tafel B.3.1 Putzarten

Putzart	Mörtelgruppen	Grenzwert Trockenrohdichte kg/m³	Besondere Kennzeichen
Normalputz (NP)	P I bis P IV CS I bis CS IV	≈ 1400 bis 1900	Mineralische Bindemittel Zuschlag i. allg. 0,25 bis 4mm
	P Org 1 P Org 2		Organische Bindemittel (Kunstharzputze), wasserabweisend
Wärmedämmputz (Systeme) (WDP)	CS I	≥ 200	Wärmedämmender und wasserhemmender Unterputz aus mineralischen Bindemitteln; Bemessungswert (Rechenwert) $\lambda \leq 0{,}2$ W/(m · K)[1]; Druckfestigkeit ≥0,40 N/mm²
		≤ 600	Wasserabweisender, mineralischer Oberputz, Druckfestigkeit 0,80 bis 3,0 N/mm²
Leichtputz (LP)	P I, P II CS I bis CS III	≤ 1300	Nur Werkmörtel; mineralische Bindemittel, mineralische und/oder organische Zuschläge, Druckfestigkeit mind. 2,5 N/mm², soll 5,0 N/mm² nicht überschreiten, Putzsystem muss wasserabweisend sein

[1] gilt für $\rho_d \leq 600$ kg/m³ als erfüllt. Kleinere λ-Werte nach CE-Deklaration bzw. besonderem Nachweis

Tafel B.3.2 Putzmörtelgruppen

Putz mit mineralischen Bindemitteln (mineralische Putze) – DIN V 18550	
Putzmörtelgruppe	Bindemittelart bzw. Mörtelart
P I	Luftkalkmörtel, Wasserkalkmörtel, Mörtel mit hydraulischem Kalk
P II	Kalkzementmörtel, Mörtel mit hochhydraulischem Kalk oder mit Putz- und Mauerbinder
P III	Zementmörtel mit oder ohne Zusatz von Kalkhydrat
P IV	Gipsmörtel und gipshaltige Mörtel

Putz mit organischen Bindemitteln (Kunstharzputze) – DIN 18558		
Putzmörtelgruppe	Typ Beschichtungsstoff	Anwendung
P Org 1	Beschichtungen mit putzartigem Aussehen	Außen- und Innenputz
P Org 2		Innenputz

Tafel B.3.3 Klassifizierung der Eigenschaften von Fest-Putzmörtel – DIN EN 998-1

Eigenschaft	Kategorien	Eigenschaftswerte
Druckfestigkeit im Alter von 28 Tagen in N/mm²	CS I CS II CS III CS IV	0,4 bis 2,5 1,5 bis 5,0 3,5 bis 7,5 ≥ 6
Kapillare Wasseraufnahme in kg/(m² · min^{0,5})	W 0 W 1 W 2	Nicht festgelegt c ≤ 0,40 c ≤ 0,20
Wärmeleitfähigkeit in W/(m · K)	T 1 T 2	≤ 0,1 ≤ 0,2

Tafel B.3.4 Bewährte Putzsysteme für Innenputze – DIN V 18 550

Zeile	Anforderung bzw. Putzanwendung	Mörtelgruppe, Beschichtungsstoff-Typ, Druckfestigkeitskategorie			
		Unterputz		Oberputz	
		DIN V 18 550	DIN EN 998-1	DIN V 18 550[a]	DIN EN 998-1
1	2	3	4	5	6
1	übliche Beanspruchung	–	–	P I	CS I
2		P I	CS II	P I	CS I
3		–	–	P II	CS II
4 a		P II	CS II	P I	CS I
4 b		P II	CS II	P II	CS II
4 c		P II	CS II	P IV	b
4 d		P II	CS II	P Org 1	–
4 e		P II	CS II	P Org 2	–
5		–	–	P III	CS IV
6 a		P III	CS III	P I	CS I
6 b		P III	CS III	P II	CS II
6 c		P III	CS IV	P II	CS III
6 d		P III	CS IV	P III	CS IV
6 e		P III	CS III	P Org 1	–
6 f		P III	CS III	P Org 2	–
7		–	–	P IV	b
8 a		P IV	b	P I[d]	CS I
8 b		P IV	b	P II[d]	CS II
8 c		P IV	b	P IV	b
8 d		P IV	b	P Org 1	–
8 e		P IV	b	P Org 2	–
9 a		–	–	P Org 1[c]	–
9 b		–	–	P Org 2[c]	–
10	Feuchträume	–	–	P II	CS II
11		P II	CS II	P I[d]	CS I
12 a		P II	CS II	P II	CS II
12 b		P II	CS III	P Org 1	–
13 a		–	–	P III	CS III
13 b		–	–	P III	CS IV
14 a		P III	CS III	P II	CS II
14 b		P III	CS IV	P III	CS IV
14 c		P III	CS III	P Org 1	–
14 d		P III	CS IV	P Org 1	–
15		–	–	P Org 1[c]	–

a Oberputze dürfen mit abschließender Oberflächengestaltung oder ohne ausgeführt werden (z.B. bei zu beschichtenden Flächen).
b Druckfestigkeit $\geq 2{,}0\ \text{N/mm}^2$
c Nur bei Beton mit geschlossenem Gefüge als Putzgrund
d Dünnlagige Oberputze.

Baustoffe

Tafel B. 3.5 Bewährte Putzsysteme für Außenputze – DIN V 18550

Zeile	Anforderung bzw. Putzanwendung	Mörtelgruppe für Unterputz	Druckfestigkeitskategorie des Unterputzes nach DIN EN 998-1	Mörtelgruppe bzw. Beschichtungsstoff-Typ für Oberputz	Druckfestigkeitskategorie des Oberputzes nach DIN EN 998-1
1	2	3	4	5	6
1	ohne besondere Anforderung	–	–	P I	CS I
2		P I	CS I	P I	CS I
3 a		–	–	P II	CS II
3 b		–	–	P II	CS III
4 a		P II	CS II	P I	CS I
4 b		P II	CS III	P I	CS I
5 a		P II	CS II	P II	CS II
5 b		P II	CS III	P II	CS II
5 c		P II	CS III	P II	CS III
6		P II	CS III	P Org 1	–
7		–	–	P Org 1[a]	–
8		–	–	P III	CS IV
9	wasserhemmend	P I	CS I	P I	CS I
10		–	–	P I	CS I
11 a		–	–	P II	CS II
11 b		–	–	P II	CS III
12 a		P II	CS II	P I	CS I
12 b		P II	CS III	P I	CS I
13 a		P II	CS II	P II	CS II
13 b		P II	CS III	P II	CS II
13 c		P II	CS III	P II	CS III
14		P II	CS III	P Org 1	–
15		–	–	P Org 1[a]	–
16		–	–	P III	CS IV
17	wasserabweisend	P I	CS I	P I	CS I
18 a		P II	CS II	P I	CS I
18 b		P II	CS III	P I	CS I
19		–	–	P I	CS I
20 a		–	–	P II	CS II
20 b		–	–	P II	CS III
21 a		P II	CS II	P II	CS II
21 b		P II	CS III	P II	CS II
21 c		P II	CS III	P II	CS III
22		P II	CS III	P Org 1	–
23		–	–	P Org 1[a]	–
24		–	–	P III	CS IV
25	Kellerwandaußenputz	–	–	P III[b]	CS IV
26	Außensockelputz	–	–	P III[b]	CS IV
27		P III	CS IV	P III[b]	CS IV
30		P III	CS IV	P II[b]	CS III
31		P II	CS III	P II[b]	CS II[c]
32 d		P II	CS II[c]	P II[b]	CS II[b]

a Nur bei Beton mit geschlossenem Gefüge als Putzgrund.
b Ein Sockelputz sowie ein Kellerwandaußenputz sind im erdberührten Bereich immer abzudichten. Der Putz dient als Träger der vertikalen Abdichtung
c > 2,5 N/mm^2
d Gilt nur für Sanierputze.

Tafel B.3.6 Putzmörtel; Eigenschaftszusammenhänge – Bezugsalter: 28d

Eigenschaftskenngrößen	Regressionsgleichung	Korrelationskoeffizient
Zugfestigkeit β_Z Druckfestigkeit β_D	$\beta_Z = 0{,}15 \cdot \beta_D$	0,92
Zug-E-Modul $E_{Z,33}$ Druckfestigkeit β_D	$E_{Z,33} = 943 \cdot \beta_D$	0,88
Zug-E-Modul $E_{Z,33}$ Zugfestigkeit β_Z	$E_{Z,33} = 6048 \cdot \beta_Z$	0,86
dynamischer E-Modul E_{dyn} Zug-E-Modul $E_{Z,33}$	$E_{dyn} = 0{,}92 \cdot E_{Z,33}$	0,91

4 Mauerwerk

4.1 Der Baustoff Mauerwerk

Mauerwerk wird aus Mauermörtel (i. allg.) und Mauersteinen hergestellt. Der Mauermörtel verbindet die Mauersteine kraftschlüssig miteinander und gleicht deren Maßtoleranzen aus. Mauerwerk kann deshalb als Verbundbaustoff bezeichnet werden.

Mauerwerk ist in DIN 1053-1 und DIN 1053-2 sowie als bewehrtes Mauerwerk in DIN 1053-3 genormt. Die mit Ausgabedatum Februar 2004 erschienene Norm DIN 1053-4 behandelt Fertigteile aus Mauerwerk. Sie soll auf das semiprobabilistische Sicherheitskonzept umgestellt werden.

Mauerwerk aus großformatigen Elementen sollte in einem Teil 5 der DIN 1053 genormt werden. Dazu wurde bereits eine Normvorlage erarbeitet. Beabsichtigt ist nun, Teil 5 in DIN 1053-1 mit zu behandeln. DIN 1053-3 wird z. Zt. überarbeitet.

Die DIN 1053-100:2004-08; Mauerwerk – Teil 100: Berechnung auf der Grundlage des semiprobabilistischen Sicherheitskonzeptes wird voraussichtlich Ende 2006/Anfang 2007 bauaufsichtlich eingeführt (s. auch Kapitel E).

Die Eigenschaften des Verbundbaustoffes Mauerwerk werden sehr wesentlich von den Eigenschaften seiner Einzelbaustoffe Mauermörtel und (vor allem) Mauersteine bestimmt. Von wesentlichem Einfluss auf die Tragfähigkeit von Mauerwerk sind die Festigkeiten von Mauerstein und Mauermörtel sowie ihre Verbundfestigkeit.

Außerdem beeinflussen der Feuchtegehalt der Mauersteine beim Vermauern, die Art des Mauerwerkverbandes (Einstein-, Verbandsmauerwerk), die Überbindelänge der Mauersteine von Schicht zu Schicht und die Ausführungsqualität (z. B. das vollfugige Mauern) die Trageigenschaften von Mauerwerk.

Die **Tafel B.4.1** enthält einen Vorschlag für die Einteilung von Mauerwerk.

Tafel B.4.1 Einteilung von Mauerwerk (Vorschlag)

Mauerwerk		Mauersteine (s. Tafel B.1.6)		Mauermörtel (s. Tafel B.2.1)	
Gruppe	Festigkeits-klasse[1]	Rohdichte-klasse	Festigkeits-klasse	Art	Gruppe[3]
Leichtmauerwerk (LMW)	$\leq 4 (\leq 5)$	$\leq 1,0$	$\leq 6 (8, 10, 12)$[2]	LM DM (NM)	LM 21, LM 36 III II, IIa
Normalmauerwerk (NMW)	$\geq 2,5 (4) \leq 9 (11)$	$\geq 1,0 (\leq 1,4)$	$\geq 12 \leq 28$	NM DM	II, IIa, III (IIIa)[4] III
Hochfestes Mauerwerk (HMW)	$\geq 13 (11) \leq 25$	$\geq 1,6$	$\geq 36 \leq 60$	NM DM	(IIa)[4], III, IIIa III

[1] s. Tafel B.4.4.
[2] ( ) Leichthochlochziegel, sonst nicht sinnvoll.
[3] Mindestdruckfestigkeit im Alter von 28 d in N/mm^2: II: 2,5; IIa: 5; III: 10; IIIa: 20.
[4] ( ) nicht sinnvoll.

4.2 Druckfestigkeit

Wesentliche Einflüsse auf die Druckfestigkeit von Mauerwerk sind:

– die Druckfestigkeit der Mauersteine (genauer die Querzugfestigkeit) und die Druckfestigkeit des Mauermörtels (genauer das Querverformungsverhalten unter Druckbeanspruchung),
– der Feuchtezustand der Mauersteine beim Vermauern,
– die Dicke der Lagerfugen,
– die Art des Mauerwerkverbandes sowie
– die Ausführungsqualität.

Auch wegen des i. allg. sehr großen Steinanteils im Mauerwerk ist die Festigkeit der Mauersteine von ausschlaggebender Bedeutung für die Mauerwerksdruckfestigkeit. Mit zunehmender Mauersteindruckfestigkeit vergrößert sich auch die Mauerwerksdruckfestigkeit.

Der Einfluss des Mauermörtels ist unterschiedlich und wird im wesentlichen durch die Querverformbarkeit des Mörtels unter der Druckbeanspruchung sowie die Dicke der Lagerfugen bestimmt. Steifere Mörtel und dünnere Lagerfugen ergeben eine höhere Mauerwerksdruckfestigkeit. Eine deutlich geringere Mauerwerksdruckfestigkeit entsteht, wenn sehr verformungsfähige Leichtmörtel verwendet werden.

Tafel B.4.2 Rechenansätze zur Bestimmung der mittleren Mauerwerksdruckfestigkeit, Schlankheit $\lambda = 10$ (aus [Schubert – 05])
$\beta_{D,mw} = a \cdot \beta_{D,st}^{b} \cdot \beta_{D,mö}^{c}$ (Steindruckfestigkeit mit Formfaktor)

Mauerwerk			n	a	b	c	BEST %
Art	Mauersteine Sorte	Mörtel					
Leichtbetonsteine	V, Vbl, Hbl	DM	35	0,85	0,84	0	97
		LM	80	0,85	0,58	0,15	82
		NM	167	0,82	0,73	0,07	87
	V, Vbl	LM	21	0,70	0,66	0,16	76
	Hbl	LM	59	0,86	0,57	0,14	83
	V, Vbl	NM	61	0,85	0,72	0,09	94
	Hbl	NM	106	0,89	0,69	0,05	78
Porenbetonsteine	PB	V, Vbl	DM	20	0,63	1,00	0	97
		NM	140	0,98	0,68	0,02	67
				0,99	0,69	0	64
		LM	17	0,80	0,64	0,09	–[1]
				0,99	0,64	0	–[1]
Normalbetonsteine	PP	DM	162	0,62	1,00	0	93
	Hbn	NM	15	0,03	1,82	0,23	88
Kalksandsteine	KS (Vollsteine)	NM	276	0,70	0,74	0,21	81
	KS (Blocksteine)	NM	24	0,44	0,92	0,17	96
	KS L (Lochsteine)	NM	108	0,85	0,57	0,20	66
	KS L (Hohlblocksteine)	NM	70	0,99	0,64	0,05	72
	KS (Blocksteine, Planelemente)	DM	66	0,49	1,00	0	70
Mauerziegel	Mz	NM	55	0,73	0,73	0,16	(52)
	Hlz	NM	342	0,55	0,56	0,46	88
	Leichthochlochziegel	DM	9	0,75	0,72	0	78
		LM 21	17	0,67	0,50	0,05	(41)
		LM 21	17	0,18	1,00	0	(46)
		LM 36	13	0,47	0,82	0	70
		LM 36	13	0,28	1,00	0	67
		NM	28	0,26	0,82	0,42	77

[1] Zu wenige Versuchswerte
n   Anzahl der Versuchswerte
BEST   Bestimmtheitsmaß

Plansteine (Mauersteine mit sehr geringen Maßtoleranzen) und Dünnbettmörtel führen zu den vergleichsweise höchsten Druckfestigkeiten des Mauerwerks.

Aber auch innerhalb der verschiedenen Mauersteine ergeben sich größere Eigenschaftsunterschiede, die sehr unterschiedliche Mauerwerksdruckfestigkeit bewirken können. Da eigentlich die Querzugfestigkeit der Mauersteine die entscheidende Einflussgröße für die Mauerwerksdruckfestigkeit ist, wirken sich unterschiedliche Zugfestigkeiten bei gleicher Druckfestigkeit der Mauersteine sowie zusätzlich auch das Lochbild auf die Mauerwerksdruckfestigkeit aus. In der DIN 1053 bleiben derartige mauersteinbedingte Einflüsse bislang weitgehend unberücksichtigt – die zulässige Tragfähigkeit bezieht sich auf den ungünstigsten Fall.

Aus den derzeit weit mehr als 2000 Mauerwerksdruckversuchen lässt sich die Mauerwerksdruckfestigkeit empirisch aus der Mauerstein- und Mauermörteldruckfestigkeit errechnen. Derartige Gleichungen für die verschiedenen Mauersteinarten und -sorten sowie die verschiedenen Mörtelarten sind aus [Schubert – 05] in der **Tafel B.4.2** wiedergegeben. Die Gleichungen, insbesondere die Exponenten, zeigen den unterschiedlichen Einfluss von Mauerstein und Mauermörtel auf die Mauerwerksdruckfestigkeit.

Wegen der sehr dünnen Lagerfuge und der hohen Maßhaltigkeit der Plansteine ergibt sich für Dünnbettmauerwerk praktisch kein Einfluss der Mörteldruckfestigkeit.

Die Grundwerte σ_0 der zulässigen Druckspannungen für Mauerwerk nach DIN 1053-1 sind in der **Tafel B.4.3** zusammengestellt. Obwohl – wie erwähnt – der Einfluss der verschiedenen Mauersteinarten und -sorten unberücksichtigt geblieben ist, zeigt die Tafel den z. T. erheblichen Einfluss von Mörtelart bzw. Mörtelgruppe (Vergleich: Normalmörtel Mörtelgruppe III mit Dünnbettmörtel sowie Normalmörtel Mörtelgruppe IIa mit Leichtmörtel).

Aus den σ_0-Werten können die Rechenwerte β_R für die Bemessung nach dem genaueren Verfahren in DIN 1053-1 wie folgt abgeleitet werden:

$$\beta_R = 2{,}67 \cdot \sigma_0$$

Die DIN 1053-100 bezieht sich auf die charakteristische Druckfestigkeit von Mauerwerk f_k. Diese ist definiert als 5 %-Fraktilwert der Druckfestigkeit im Kurzzeitversuch nach DIN 18554-1, bezogen auf die theoretische Schlankheit Null. Die **Tafel B.4.4** enthält die f_k-Werte aus DIN 1053-100.

Tafel B.4.3 Grundwerte σ_0 der zulässigen Druckspannungen für Mauerwerk (aus DIN 1053-1)

Stein- festig- keits- klasse	Normalmörtel					Dünn- bett- mörtel[2]	Leichtmörtel	
	Mörtelgruppe							
	I	II	IIa	III	IIIa		LM 21	LM 36
	MN/m²							
2	0,3	0,5	0,5[1]	–	–	0,6	0,5[3]	0,5[3)5]
4	0,4	0,7	0,8	0,9	–	1,1	0,7[4]	0,8[6]
6	0,5	0,9	1,0	1,2	–	1,5	0,7	0,9
8	0,6	1,0	1,2	1,4	–	2,0	0,8	1,0
12	0,8	1,2	1,6	1,8	1,9	2,2	0,9	1,1
20	1,0	1,6	1,9	2,4	3,0	3,2	0,9	1,1
28	–	1,8	2,3	3,0	3,5	3,7	0,9	1,1
36	–	–	–	3,5	4,0	–	–	–
48	–	–	–	4,0	4,5	–	–	–
60	–	–	–	4,5	5,0	–	–	–

[1] $\sigma_0 = 0{,}6$ MN/m² bei Außenwänden mit Dicken ≥ 300 mm. Diese Erhöhung gilt jedoch nicht für den Nachweis der Auflagerpressung.
[2] Nur für Porenbeton-Plansteine nach DIN 4165 und Kalksand-Plansteine. Die Werte gelten für Vollsteine. Für Kalksand-Lochsteine und Kalksand-Hohlblocksteine nach DIN 106-1 gelten die entsprechenden Werte für Normalmörtel Mörtelgruppe III bis Steinfestigkeitsklasse 20.
[3] Für Mauerwerk mit Mauerziegeln nach DIN 105-1 bis 4 gilt $\sigma_0 = 0{,}4$ MN/m².
[4] Für Kalksandsteine nach DIN 106-1 der Rohdichteklasse $\geq 0{,}9$ und für Mauerziegel nach DIN 105-1 bis 4 gilt $\sigma_0 = 0{,}5$ MN/m².
[5] $\sigma_0 = 0{,}6$ MN/m² bei Außenwänden mit Dicken ≥ 300 mm. Diese Erhöhung gilt jedoch nicht für den Fall der Fußnote 3) und nicht für den Nachweis der Auflagerpressung.
[6] Für Mauerwerk mit den in Fußnote 4) genannten Mauersteinen gilt $\sigma_0 = 0{,}7$ MN/m².

Tafel B.4.4 Charakteristische Werte f_k der Druckfestigkeit von Mauerwerk (aus DIN 1053-100)

Stein-festigkeits-klasse	Normalmörtel Mörtelgruppe					Dünn-bett-mörtel[c]	Leichtmörtel	
	I	II	IIa	III	IIIa		LM 21	LM 36
	N/mm²							
2	0,9	1,5	1,5[a]	–	–	1,8	1,5 (1,2)[d]	1,5 (1,2)[d], (1,8)[a]
4	1,2	2,2	2,5	2,8	–	3,4	2,2 (1,5)[e]	2,5 (2,2)[f]
6	1,5	2,8	3,1	3,7	–	4,7	2,2	2,8
8	1,8	3,1	3,7	4,4	–	6,2	2,5	3,1
10	2,2	3,4	4,4	5,0	–	6,6	2,7	3,3
12	2,5	3,7	5,0	5,6	6,0	6,9	2,8	3,4
16	2,8	4,4	5,5	6,6	7,7	8,5	2,8	3,4
20	3,1	5,0	6,0	7,5	9,4	10,0	2,8	3,4
28	–	5,6	7,2	9,4	11,0	11,6	2,8	3,4
36	–	–	–	11,0	12,5[b]	–	–	–
48	–	–	–	12,5[b]	14,0[b]	–	–	–
60	–	–	–	14,0[b]	15,5[b]	–	–	–

[a] $f_k = 1{,}8\,\text{N/mm}^2$ bei Außenwänden mit Dicken ≥ 300 mm. Diese Erhöhung gilt jedoch nicht für den Fall der Fußnote d und nicht für den Nachweis der Auflagerpressung.
[b] Die Werte $f_k \geq 11{,}0\,\text{N/mm}^2$ enthalten einen zusätzlichen Sicherheitsbeiwert zwischen 1,0 und 1,17 wegen Gefahr von Sprödbruch.
[c] Anwendung nur bei Porenbeton-Plansteinen nach DIN V 4165-100 und bei Kalksand-Plansteinen. Die Werte gelten für Vollsteine. Für Kalksand-Lochsteine und Kalksand-Hohlblocksteine nach DIN V 106 gelten die entsprechenden Werte für Normalmörtel bei Mörtelgruppe III bis Steinfestigkeitsklasse 20.
[d] Für Mauerwerk mit Mauerziegel nach DIN V 105-100 gilt $f_k = 1{,}2\,\text{N/mm}^2$.
[e] Für Kalksandsteine nach DIN V 106 der Rohdichteklasse $\geq 0{,}9$ und für Mauerziegel nach DIN V 105-100 gilt $f_k = 1{,}5\,\text{N/mm}^2$.
[f] Für Mauerwerk mit den in Fußnote e genannten Mauersteinen gilt $f_k = 2{,}2\,\text{N/mm}^2$.

Wie bereits zuvor erwähnt, wurde bei der Festlegung der Grundwerte σ_0 für die zulässige Druckspannung nicht nach Mauersteinart unterschieden, sondern es wurde jeweils auf den ungünstigsten Fall bezogen. Dies bedeutet, dass für bestimmte Mauerstein-Mauermörtel-Kombinationen die Druckfestigkeit des Mauerwerks bzw. die Grundwerte σ_0 in Wirklichkeit deutlich höher sind, als die in der DIN 1053-1 zugrunde gelegten Werte. Um nun solche günstigen Mauerstein-Mauermörtel-Kombinationen nutzen zu können, besteht die Möglichkeit einer so genannten Eignungsprüfung. Diese ist in DIN 1053-2 beschrieben und geht von dem versuchsmäßigen Nachweis der Mauerwerksdruckfestigkeit für eine bestimmte Mauerstein-Mauermörtel-Kombination aus. Aus den Versuchswerten werden dann der Rechenwert und der Grundwert der zulässigen Druckspannung abgeleitet, wobei die „Einstufung" max. um 50 % höher erfolgen darf als für das entsprechende Mauerwerk nach DIN 1053-1.

Durch diese Verfahrensweise kann bestimmtes Mauerwerk in Hinblick auf seine Drucktragfähigkeit wesentlich besser ausgenutzt werden. Die **Tafel B.4.5** enthält die Anforderungen bzw. Einstufungsklassen und die Zuordnung zu σ_0-Werten.

Die Sicherheitsbeiwerte betragen, wie für das genauere Berechnungsverfahren in DIN 1053-1, 2,0 für Wände und 2,5 für bestimmte pfeilerartige Bauteile. Leider wurde die DIN 1053-2 bisher nicht bauaufsichtlich eingeführt.

Angaben zu *Natursteinmauerwerk* – Druckfestigkeit von Gesteinsarten, Einstufung in Güteklassen und σ_0-Werte sowie charakteristische Werte nach DIN 1053-1 und DIN 1053-100 – enthalten die **Tafeln B.4.6 bis B.4.10**.

Baustoffe

Tafel B.4.5 Anforderungen an die Mauerwerks-druckfestigkeit von Mauerwerk nach Eignungsprüfung (EM) (aus DIN 1053-2) und Zuordnung zu Grundwerten σ_0 der zulässigen Druckspannung nach DIN 1053-1

Mauerwerks-festigkeits-klasse	Nennfestig-keit des Mauerwerks $\beta_M{}^{1)}$	Mindestdruckfestigkeit	
		kleinster Einzelwert β_{MN}	Mittelwert β_{MS}
		N/mm²	
1	1,0	1,0	1,2
1,2	1,2	1,2	1,4
1,4	1,4	1,4	1,6
1,7	1,7	1,7	2,0
2	2,0	2,0	2,4
2,5	2,5	2,5	2,9
3	3,0	3,0	3,5
3,5	3,5	3,5	4,1
4	4,0	4,0	4,7
4,5	4,5	4,5	5,3
5	5,0	5,0	5,9
5,5	5,5	5,5	6,5
6	6,0	6,0	7,0
7	7,0	7,0	8,2
9	9,0	9,0	10,6
11	11,0	11,0	12,9
13	13,0	13,0	15,3
16	16,0	16,0	18,8
20	20,0	20,0	23,5
25	25,0	25,0	29,4

[1] Der Nennfestigkeit liegt das 5 %-Quantil der Grundgesamtheit zugrunde.

β_M	σ_0
N/mm²	MN/m²
1,0 bis 9,0	$0{,}35 \cdot \beta_M$
11,0 bis 13,0	$0{,}32 \cdot \beta_M$
16,0 bis 25,0	$0{,}30 \cdot \beta_M$

Tafel B.4.6 Mindestdruckfestigkeit der Gesteinsarten (aus DIN 1053-1)

Gesteinsarten	Mindest-druck-festigkeit N/mm²
Kalkstein, Travertin, vulkanische Tuffsteine	20
Weiche Sandsteine (mit tonigem Bindemittel) und dergleichen	30
Dichte (feste) Kalksteine und Dolomite (einschließlich Marmor), Basaltlava und dergleichen	50
Quarzitische Sandsteine (mit kieseligem Bindemittel), Grauwacke und dergleichen	80
Granit, Syenit, Diorit, Quarzporphyr, Melaphyr, Diabas und dergleichen	120

Tafel B.4.7 Chrakteristische Druckfestigkeit f_{bk} der Gesteinsarten nach DIN 1053-100

Gesteinsarten	Druck-festigkeit f_{bk} N/mm²
Weicher Kalkstein, Travertin, vulkanische Tuffsteine	20
Weiche Sandsteine (mit tonhaltigen Anteilen) und dergleichen	30
Quarzitische Sandsteine mit kieseligem oder karbonitischem Bindemittel	40
Dichte (feste) Kalksteine und Dolomite (einschließlich Marmor), Basaltlava und dergleichen	50
Quarzit, Grauwacke und dergleichen	80
Granit, Syenit, Diorit, Basalt, Quarzporphyr, Melaphyr, Diabas und dergleichen	120
Metamorphe Gesteine, Gneis und dergleichen	140

Mauerwerk

Tafel B.4.8 Anhaltswerte zur Güteklasseneinstufung von Natursteinmauerwerk (aus DIN 1053-1) s. auch Abb. B.4.1

Güte-klasse	Grundein-stufung	Fugen-höhe/Stein-länge h/l	Nei-gung der Lager-fuge $\tan \alpha$	Über-tragungs-faktor η
N1	Bruchstein-mauerwerk	≤ 0,25	≤ 0,30	≥ 0,50
N2	Hammerrech-tes Schichten-mauerwerk	≤ 0,20	≤ 0,15	≥ 0,65
N3	Schichten-mauerwerk	≤ 0,13	≤ 0,10	≥ 0,75
N4	Quader-mauerwerk	≤ 0,07	≤ 0,05	≥ 0,85

a) Ansicht

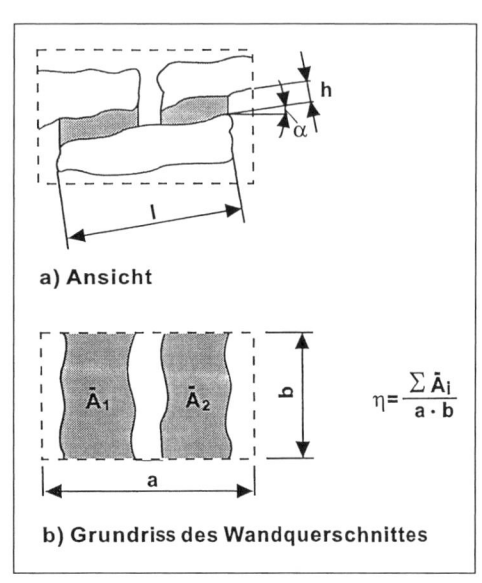

b) Grundriss des Wandquerschnittes

$$\eta = \frac{\sum \bar{A}_i}{a \cdot b}$$

Abb. B.4.1 Darstellung der Anhaltswerte h/l, $\tan \alpha$, η nach Tafel B.4.8

Tafel B.4.9 Grundwerte σ_0 der zulässigen Druckspannungen für Natursteinmauerwerk mit Normalmörtel (aus DIN 1053-1)

Güte-klasse	Stein-festig-keit β_{st} N/mm²	Grundwerte σ_0[1] Mörtelgruppe			
		I	II	IIa	III
		MN/m²			
N1	≥ 20	0,2	0,5	0,8	1,2
	≥ 50	0,3	0,6	0,9	1,4
N2	≥ 20	0,4	0,9	1,4	1,8
	≥ 50	0,6	1,1	1,6	2,0
N3	≥ 20	0,5	1,5	2,0	2,5
	≥ 50	0,7	2,0	2,5	3,5
	≥ 100	1,0	2,5	3,0	4,0
N4	≥ 20	1,0	2,0	2,5	3,0
	≥ 50	2,0	3,5	4,0	5,0
	≥ 100	3,0	4,5	5,5	7,0

[1] Bei Fugendicken über 40 mm sind die Grundwerte σ_0 um 20 % zu vermindern.

Tafel B.4.10 Charakteristische Werte f_k der Druckfestigkeit von Natursteinmauerwerk mit Normalmörtel nach DIN 1053-100

Güte-klasse	Ge-steins-festigkeit f_{bk}	Werte f_k[a] in Abhängigkeit von der Mörtelgruppe			
		I	II	IIa	III
		N/mm²			
N1	≥ 20	0,6	1,5	2,4	3,6
	≥ 50	0,9	1,8	2,7	4,2
N2	≥ 20	1,2	2,7	4,2	5,4
	≥ 50	1,8	3,3	4,8	6,0
N3	≥ 20	1,5	4,5	6,0	7,5
	≥ 50	2,1	6,0	7,5	10,5
	≥ 100	3,0	7,5	9,0	12,0
N4	≥ 5	1,2	2,0	2,5	3,0
	≥ 10	1,8	3,0	3,6	4,5
	≥ 20	3,6	6,0	7,5	9,0
	≥ 50	6,0	10,5	12,0	15,0
	≥ 100	9,0	13,5	16,5	21,0

[a] Bei Fugendicken über 40 mm sind die Werte f_k um 20 % zu vermindern.

4.3 Zug-, Biegefestigkeit

Mauerwerk hat im Vergleich zu seiner Druckfestigkeit eine geringe Zug- und Biegefestigkeit und wird deshalb vorwiegend für druckbeanspruchte Bauteile eingesetzt. Auf Zug bzw. Biegung beanspruchte Mauerwerksbauteile sind z. B. Verblendschalen, Ausfachungswände (Windbeanspruchung) sowie Kellerwände (Beanspruchung durch Erddruck), aber auch Bauteile, die infolge von Schwinden und ggf. Abkühlung auf Zug beansprucht werden. Derartige Bauteile müssen eine gewisse Zug- bzw. Biegezugfestigkeit aufweisen – vor allem dann, wenn die Zug- und Biegezugspannungen nicht durch entsprechende Auflasten „überdrückt" werden können.

Die wesentlichen Einflüsse auf die Zug-, Biegefestigkeit von Mauerwerk sind:

- die Mauersteinzug- und -biegezugfestigkeit,
- die Verbundfestigkeit zwischen Mauermörtel und Mauerstein (Haftscher- bzw. Haftzugfestigkeit),
- die Art des Mauerwerkverbandes und die Überbindelänge der Mauersteine von Schicht zu Schicht (Überbindemaß) sowie
- die Ausführungsqualität.

Bei der Zug- und Biegezugbeanspruchung von Mauerwerk *senkrecht zu den Lagerfugen* wird die Tragfähigkeit meist ausschließlich von der Verbundfestigkeit zwischen Mauermörtel und Mauerstein bestimmt. Diese ist in der Regel – ausgenommen Dünnbettmörtel – sehr gering und hängt zudem erheblich von der Ausführungsqualität ab. Aus diesen Gründen ist bei tragenden Wänden eine planmäßige Beanspruchung senkrecht zu den Lagerfugen nach DIN 1053 nicht zulässig.

Die Zug-, Biegefestigkeit *parallel zu den Lagerfugen* wird sowohl von der Steinzugfestigkeit als auch von der Scherfestigkeit zwischen Mauerstein und Mauermörtel sowie dem Überbindemaß bestimmt. Die Scherfestigkeit hängt dabei von der Haftscherfestigkeit β_{HS} und dem auflastbedingten Anteil $\mu \cdot \sigma_D$ (Reibungsbeiwert × Normalspannung) ab. Ist keine oder nur eine sehr geringe Auflast vorhanden, wird die Haftscherfestigkeit bestimmend. Diese unterscheidet sich nach Mörtelart und Mörtelgruppe. Bei hoher Haftscherfestigkeit und vergleichsweise geringer Mauersteinfestigkeit kann ein Versagen auch durch Überschreiten der Zug-, Biegezug- und ggf. der Längsdruckfestigkeit der Mauersteine eintreten.

Rechenwerte bzw. zulässige Werte (DIN 1053-1) und charakteristische Werte (DIN 1053-100) für die Haftscherfestigkeit, die Steinzugfestigkeit und den Reibungsbeiwert sowie die maximalen Zug- und Biegezugspannungen (vereinfachtes Berechnungsverfahren) enthalten die **Tafeln B.4.11** bis **B.4.14**.

Die Zug- und Biegefestigkeit von Mauerwerk parallel zu den Lagerfugen ist vergleichsweise niedrig. Der Maximalwert für die zulässigen Zug- und Biegezugspannungen beträgt 0,3 MN/m².

Tafel B.4.11 Haftscherfestigkeit β_{HS}; zulässige abgeminderte σ_{0HS} und Rechenwert β_{RHS} in MN/m² (DIN 1053-1)

Kenn-wert	Mörtelart, Mörtelgruppe				
	I	II	IIa, LM21, LM36	III, DM	IIIa
σ_{0HS}	0,01	0,04	0,09	0,11	0,13
β_{RHS}	0,02	0,08	0,18	0,22	0,26
$\beta_{RHS} = f_{vko}$ nach DIN 1053-100					

Für Mauerwerk mit unvermörtelten Stoßfugen sind die Werte σ_{0HS} bzw. β_{RHS} zu halbieren. Als vermörtelt gilt eine Stoßfuge, bei der etwa die halbe Wanddicke oder mehr verfüllt ist.

Tafel B.4.12 Steinzugfestigkeit, Rechenwert β_{RZ} in MN/m² (DIN 1053-1)

β_{RZ}		
Hohlblocksteine	Hochlochziegel und Steine mit Grifföffnungen oder Grifflöchern	Vollsteine ohne Grifföffnungen oder Grifflöcher
$0,025 \cdot \beta_{N,st}$	$0,033 \cdot \beta_{N,st}$	$0,04 \cdot \beta_{N,st}$

$\beta_{N,st}$: Steinfestigkeitsklasse

Tafel B.4.13 Reibungsbeiwerte (DIN 1053-1)

Rechenwert μ	Rechenwert $\bar{\mu}$ (abgeminderter Reibungsbeiwert)
0,6	0,4

Tafel B.4.14 Maximalwerte der zulässigen Zug- und Biegezugspannung max σ_Z und Schubspannung max τ in MN/m² (DIN 1053-1, 1. Wertezeile) sowie Höchstwerte der Zugfestigkeit max f_{x2} und Höchstwerte der Schubfestigkeit max f_{vk} in N/mm² (DIN 1053-100, 2. Wertezeile)

max σ_Z, max f_{x2}						
Steinfestigkeitsklasse $\beta_{N,st}$						
2	4	6	8	12	20	≥ 28
0,01	0,02	0,04	0,05	0,10	0,15	0,20
0,02	0,04	0,08	0,10	0,20	0,30	0,40

max τ, max f_{vk}		
Hohlblocksteine	Hochlochziegel und Steine mit Grifföffnungen oder Grifflöchern	Vollsteine ohne Grifföffnungen oder Grifflöcher
$0{,}010 \cdot \beta_{N,st}$	$0{,}012 \cdot \beta_{N,st}$	$0{,}014 \cdot \beta_{N,st}$
$0{,}012\, f_{bk}$	$0{,}016\, f_{bk}$	$0{,}020\, f_{bk}$
f_{bk} entspricht $f_{N,st}$		

Deutliche höhere Werte sind bei Dünnbettmauerwerk zu erwarten, bislang jedoch noch nicht in der DIN 1053 berücksichtigt.

4.4 Schubfestigkeit

Die Schubfestigkeit von Mauerwerk ist für die Aufnahme von Horizontalkräften in Richtung der Bauteilebene (Scheibenschub) und senkrecht dazu (Plattenschub) von Bedeutung. Dies betrifft in der Regel die Beanspruchung durch Wind.

Die wesentlichen Einflüsse auf die Schubfestigkeit von Mauerwerk sind:

– die Zugfestigkeit, ggf. auch die Längsdruckfestigkeit der Mauersteine,
– die Verbundfestigkeit zwischen Mauerstein und Mauermörtel (Scherfestigkeit bzw. Haftscherfestigkeit)
– die Überbindelänge sowie
– die Ausführungsqualität.

Wie bei der Zug- und Biegefestigkeit wird die Beanspruchbarkeit auf Schub wesentlich durch die Auflast bestimmt.

Rechenwerte bzw. zulässige Werte für die Haftscherfestigkeit, die Steinzugfestigkeit und den Reibungsbeiwert sowie die maximale Schubspannung (vereinfachtes Berechnungsverfahren) enthalten die **Tafeln B.4.11** bis **B.4.14**.

Die max. zulässige Schubspannung beträgt 0,84 MN/m².

4.5 Sicherheitskonzeption

Wie bei Beton u. a. Baustoffen wird auch bei der Mauerwerksfestigkeit auf den 5 %-Quantil-Wert bezogen. Aus dieser Nennfestigkeit bzw. charakteristischen Festigkeit werden dann in DIN 1053-1 unter Berücksichtigung einer langzeitigen Beanspruchung (Dauerstandeinfluss) und der Bauteilschlankheit (bei der Druckfestigkeit) ein Rechenwert der Festigkeit oder eine zulässige Spannung abgeleitet. Für die zulässige Spannung werden Sicherheitsbeiwerte von 2,0 (Wände) bzw. 2,5 (pfeilerartige Bauteile) angesetzt. Entsprechend werden auch die Rechenwerte abgemindert.

Bei der Druckbeanspruchung werden die Grundwerte σ_0 für die zulässige Spannung auf eine Bauteilschlankheit von $\lambda = 10$ bezogen. Davon abweichende Schlankheiten werden durch entsprechende Faktoren berücksichtigt.

Beim Mauerwerk nach Eignungsprüfung nach DIN 1053–2 entsprechen die Sicherheitsbeiwerte bzw. das Sicherheitskonzept denen in DIN 1053-1.

In DIN 1053-100 wird der Tragwiderstand R_d aus den durch den Teilsicherheitsbeiwert γ_M dividierten charakteristischen Festigkeitswerten ermittelt Ggf. werden noch weitere Einflüsse (z. B. Lastdauer) berücksichtigt.

5 Bewehrtes Mauerwerk

5.1 Allgemeines

Die Bewehrung von Mauerwerk kann mit zwei Zielsetzungen erfolgen: Erhöhung der Tragfähigkeit und Verhinderung größerer, breiterer Risse. Im ersten Fall handelt es sich um eine statisch wirksame und in Rechnung gestellte Bewehrung. Im zweiten Fall um eine konstruktive Bewehrung zur Rissbreitenbeschränkung.

Da die Zug- und Biegefestigkeit von Mauerwerk im Vergleich zu seiner Druckfestigkeit gering ist (s. dazu auch Abschn. B.4), kann analog zu Beton die Tragfähigkeit des Mauerwerks durch eine Bewehrung, welche die Zugkräfte aufnimmt, erheblich verbessert werden. In der DIN 1053-3 (1990-02) wird bewehrtes Mauerwerk behandelt. Die DIN bezieht sich praktisch ausschließlich auf statisch in Rechnung gestellte Bewehrung und gibt lediglich eine Mindestbewehrung zur Vermeidung größerer Rissbreiten an. Ansonsten wird die konstruktive Bewehrung nicht behandelt.

Für statisch bewehrtes Mauerwerk sind eine Reihe von besonderen Anforderungen und Regelungen zu beachten, die in der DIN 1053-3 aufgeführt und vor allem in [Schneider/Schubert – 99] näher erläutert sind. Diese betreffen im wesentlichen:

- die für bewehrtes Mauerwerk verwendbaren Baustoffe (s. dazu **Tafel B.5.1**),
- Regelungen für die Ausführung von Mauerwerk, einschließlich Anordnung der Bewehrung (s. dazu die **Tafel B.5.2** und die **Abbn. B.5.1** und **B.5.2**),
- Anforderungen an den Korrosionsschutz der Bewehrung (s. dazu die **Tafeln B.5.3** und **B.5.4**),
- Angaben zur Mindestbewehrung und zu den Stababständen (s. dazu **Tafel B.5.5**),
- Angaben zur Mindestbewehrung (s. dazu **Tafel B.5.6**),
- Angaben zur Bemessung und zu den zulässigen Verbundspannungen zwischen Bewehrung und Mauermörtel (s. dazu **Tafeln B.5.7** und **B.5.8**) sowie
- erforderliche Grundmaße für die Verankerungslänge (s. dazu **Tafel B.5.9**).

In den genannten Tafeln sind die wesentlichen Angaben, Anforderungen und Regelungen der DIN 1053-3 zusammengefasst und übersichtlich dargestellt.

Die DIN 1053-3 wird derzeit grundlegend überarbeitet und soll in DIN 1053-1 eingearbeitet werden..

Tafel B.5.1 Bewehrtes Mauerwerk nach DIN 1053-3; verwendbare Baustoffe

Baustoffart	Anwendungsbedingungen
Mauersteine	Alle genormten Mauersteine und Formsteine, wenn: • Lochanteil ≤ 35 %[1] • bei nicht kreisförmigen Löchern die Stege in Wandlängsrichtung durchgehen (kein Stegversatz) • Kennzeichnung der Mauersteine zusätzlich „BM" (bewehrtes Mauerwerk) enthält.
Mauermörtel	• unbewehrte Mauerwerksbereiche: Mauermörtel nach DIN 1053-1 (Normalmörtel, außer MG I; Leichtmörtel; Dünnbettmörtel), • bewehrte Mauerwerksbereiche (Lagerfugen, Aussparungen): nur Normalmörtel der Mörtelgruppen III und IIIa (Zuschlag mit dichtem Gefüge nach DIN 4226-1)
Beton	Für bewehrte Bereiche in Formsteinen, großen und ummauerten Aussparungen: Beton mind. Festigkeitsklasse B15 nach DIN 1045, Zuschlag Größtkorn 8 mm, ggf. höhere Festigkeitsklasse erforderlich wegen Korrosionsschutz
Betonstahl	Gerippter Betonstahl nach DIN 488-1[2]

[1] Hochlochziegel nach Zulassung Nr. Z-17.1-480 des Deutschen Instituts für Bautechnik dürfen unter bestimmten Bedingungen mit Lochanteilen bis zu 50 % für bewehrtes Mauerwerk verwendet werden.

[2] Für andere Bewehrung (kleinere Durchmesser als 6 mm, Bewehrungselemente – auch mit glatten Stählen) ist eine bauaufsichtliche Zulassung erforderlich. Derzeit sind zugelassen: MURFOR-Bewehrungselemente aus nicht rostendem Stahl für bewehrtes Mauerwerk (Z-17.1-541).

Tafel B.5.2 Angaben zu Anforderungen und Einschränkungen bei der Ausführung von bewehrtem Mauerwerk nach DIN 1053-3

Anforderungsbezug		horizontale Bewehrung			vertikale Bewehrung	
		in Lagerfuge	in Formsteinen		in Formsteinen mit kleinen Aussparungen[2)]	in Formsteinen mit großer Aussparung oder in ummauerten Aussparungen[2)]
Füllmaterial		Mörtelgruppe III oder IIIa	Mörtelgruppe III oder IIIa	Beton $\geq$ B 15	Mörtelgruppe III oder IIIa	Beton $\geq$ B 15
Verfüllen der vertikalen Aussparungen		–			in jeder Lage	mindestens nach jedem Meter Wandhöhe
maximaler Stabdurchmesser d_s (mm)		8	14	nach DIN 1045	14	nach DIN 1045
Überdeckung (mm)		zur Wandoberfläche $\geq$ 30	allseitig mindestens das 2fache des Stabdurchmessers; zur Wandoberfläche $\geq$ 30	nach DIN 1045	allseitig mindestens das 2fache des Stabdurchmessers; zur Wandoberfläche $\geq$ 30	nach DIN 1045
Korrosionsschutz	bei dauernd trockenem Raumklima	keine besonderen Anforderungen				
	in allen anderen Fällen	Feuerverzinken oder andere dauerhafte Maßnahmen[1)]	Feuerverzinken oder andere dauerhafte Maßnahmen[1)]	nach DIN 1045	Feuerverzinken oder andere dauerhafte Maßnahmen[1)]	nach DIN 1045
Mindestdicke des bewehrten Mauerwerks in mm				115		

[1)] Die Brauchbarkeit ist z. B. durch eine allgemeine bauaufsichtliche Zulassung nachzuweisen.
[2)] Vgl. Abb. B.5.2

Baustoffe

Tafel B.5.3 Korrosionsschutz der Bewehrung nach DIN 1053-3

- Bewehrung in Mörtel muss stets zusätzlich geschützt werden, wenn nicht ein dauernd trockenes Klima gewährleistet ist (z. B. Innenwände von Wohnbauten – s. auch Tafel B.5.4)
- Korrosionsschutz der Bewehrung
  – Verwendung von Edelstahl,
  – Kunststoffbeschichtung,
  – Feuerverzinkung, wenn
    Gehalt an zinkaggressiven Bestandteilen (vor allem Sulfate, Chloride) im Mörtel und in Mauersteinen begrenzt ist (s. DIN 1053-3).
  Verwendbarkeit nur mit bauaufsichtlicher Zulassung!

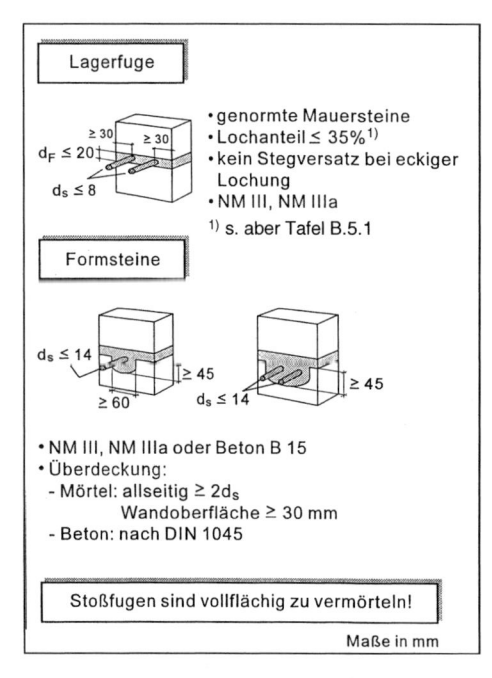

Abb. B.5.1 Bewehrungsführung und wichtige Maße in bewehrtem Mauerwerk nach DIN 1053-3, horizontale Bewehrung

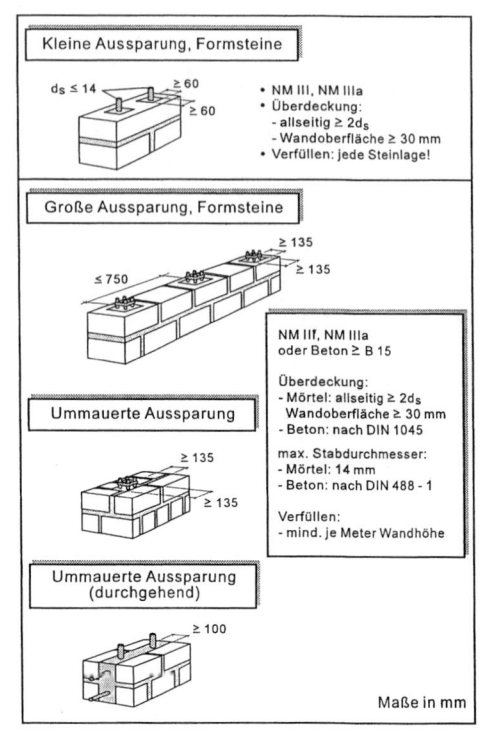

Abb. B.5.2 Bewehrungsführung und wichtige Maße in bewehrtem Mauerwerk nach DIN 1053-3, vertikale Bewehrung

Besonderheiten der Bewehrung im Mauerwerk gegenüber der im Beton betreffen u. a. die gegenüber Beton eingeschränkte Anordnungsmöglichkeit für die Bewehrung, die unterschiedlichen Korrosionsschutzverhältnisse sowie die Unterschiede in der Beanspruchbarkeit der Druckzone unter Bezug auf die verwendeten Mauersteine. Eine weitgehend problemlose Anordnung der Bewehrung ist nur in den Lagerfugen bei der Sollfugendicke von 12 mm (für bewehrtes Mauerwerk bis 20 mm) gegeben.

Eine ausreichend wirksame Bewehrung in Dünnbettmauerwerk ist bislang nicht möglich. Die vertikale Anordnung einer Bewehrung in Mauerwerksbauteilen ist zwar wegen der in der Regel kürzeren Spannrichtung wirksamer als die horizontale Anordnung, sie ist jedoch konstruktiv schwieriger auszuführen. Dies betrifft vor allem auch Mauerwerksbauteile mit hohen Anforderungen an den Wärmeschutz.

In Mauermörtel verlegte Bewehrung ist durch den sie umgebenden Mauermörtel bzw. die Mauersteine nicht vor Korrosion geschützt. Sie bedarf deshalb in nicht dauernd trocken bleibenden Bauteilen eines zusätzlichen Korrosionsschutzes.

Die Beanspruchbarkeit von Mauerwerk in der Biegedruckzone hängt sowohl von der Druckfestigkeit der Mauersteine in Wandlängsrichtung als auch von der Ausbildung des Stoßfugenbereiches zwischen den Mauersteinen ab. Mauersteine mit hohem Lochanteil und in Längsrichtung versetzten Stegen bzw. einer geringen Längsdruckfestigkeit sowie unvermörtelte Stoßfugen führen zu einer geringen Beanspruchbarkeit der Biegedruckzone und sind deshalb nach DIN 1053-3 nicht zulässig. Das heißt, bei derartig beanspruchten Mauerwerksbauteilen müssen die Stoßfugen stets vollflächig vermörtelt werden. Der Lochanteil der Mauersteine ist auf max. 35 % begrenzt. Durch eine bauaufsichtliche Zulassung sind jedoch auch Mauerziegel mit höheren Lochanteilen verwendbar, wenn deren Stege in Wandlängsrichtung nicht versetzt sind und eine bestimmte Mindestdruckfestigkeit der Mauerziegel in Wandlängsrichtung eingehalten wird.

Vorteilhaft hat sich der Einsatz von Bewehrungselementen erwiesen, die jedoch einer bauaufsichtlichen Zulassung bedürfen (s. dazu **Tafel B.5.1**, Fußnote 2).

Anwendungshemmende Einschränkungen der derzeitigen Fassung der DIN 1053-3 sind u. a. die Begrenzung auf die Normalmörtelgruppen MG III und IIIa, die volle Vermörtelung der Stoßfugen, das vorgeschriebene schicht- bzw. meterweise Verfüllen von bewehrten Aussparungen, die unzureichende Ausnutzung bestimmter Mauerwerkseigenschaften sowie das Fehlen von detaillierten Regelungen zur Anwendung der konstruktiven Bewehrung. Die Neubearbeitung der DIN 1053-3 ist derzeit im Gange.

Tafel B.5.4 Vorschläge zur Einordnung von Wandbauteilen hinsichtlich des Korrosionsschutzes

Bauteil	Korrosionsschutz
Innenwände	
• dauerhaft trocken	nicht erforderlich
• Trennwände zwischen Bädern, Küchen u. Ä.	erforderlich
einschalige Außenwände (auch Kellerwände)	
• Innenseite	u. U. erforderlich, wenn Wasserzutritt nicht sicher ausgeschlossen werden kann. Korrosionsschutz jedoch grundsätzlich sinnvoll, da Verwendung geschützter und ungeschützter Bewehrung (Gefahr einer Makroelementbildung) im gleichen Bauteil nicht sinnvoll und baupraktisch kaum durchführbar ist.
• Außenseite	erforderlich
zweischalige Außenwände	
• Innenschale	nicht erforderlich
• Außenschale	erforderlich

Tafel B.5.5 Mindestbewehrung, Stababstände, Verankerung nach DIN 1053-3

Sachverhalt	Verfahrensweise, Regelung
Vermeiden breiter Risse	Einhalten von Mindestbewehrungsgehalten. Die Werte für reine Lastbeanspruchung enthält **Tafel B.5.6**. Bei Gefahr sehr breiter Risse durch lastunabhängige Zwängungen (z. B. aus Schwinden oder Temperaturbeanspruchung) wird ein Bewehrungsanteil von mind. 0,2 % empfohlen.
Stababstände	• Mindestabstand zwischen den Stäben: nach DIN 1045 • größte Stababstände: 250 mm (Hauptbewehrung), 375 mm (Querbewehrung)
Verankerung der Bewehrung	• Nachweis nach DIN 1045 • zulässige Grundwerte der Verbundspannung für Bewehrung in Mörtel: siehe **Tafel B.5.8**

Tafel B.5.6 Mindestbewehrung

Lage der Hauptbewehrung	Mindestbewehrung, bezogen auf Gesamtquerschnitt	
	Hauptbewehrung min μ_H	Querbewehrung min μ_Q
Horizontal in Lagerfugen oder Aussparungen	4 Stäbe, $d_s = 6$ mm je m Wandhöhe	–
Vertikal in Aussparungen oder Sonderverbänden	0,1 %	• 0, wenn $\mu_H < 0{,}5$ % • 0,2 μ_H, wenn $\mu_H > 0{,}6$ % Zwischenwerte: linear interpolieren
In durchgehenden, ummauerten Aussparungen	0,1 %	0,2 μ_H

Tafel B.5.7 Angaben zur Bemessung nach DIN 1053-3

Sachverhalt	Angaben, Regelungen
Verfahrensweise für Bemessung	i. allg. nach DIN 1045
Biegeschlankheit	$\lambda_B = l/d \leq 20$
statische Nutzhöhe wandartiger Träger	$h_{stat} \leq l/2$ l: Stützweite
Rechenwerte der Mauerwerksdruckfestigkeit β_R	• Druckbeanspruchung in Lochrichtung: β_R nach DIN 1053-1 und 1053-2 • Druckbeanspruchung quer zur Lochrichtung: $\beta_{R,Q} = 0{,}5 \cdot \beta_R$ (gelochte Vollsteine, Lochsteine), $\beta_{R,Q} = \beta_R$ (Vollsteine) • Querschnitte mit verfüllten Aussparungen: Wenn β_R von Beton oder Mörtel $< \beta_R$ Mauerwerk, so ist für den Gesamtquerschnitt der Rechenwert des Verfüllmaterials maßgebend. β_R Mörtel: 4,5 MN/m² für MG III, 10,5 MN/m² für IIIa; Beton: nach DIN 1045
Knicksicherheit	$\lambda \leq 25$; $\lambda > 20 \rightarrow$ genauer Nachweis nach DIN 1045 $\lambda \leq 20 \rightarrow$ Näherungsnachweis (s. DIN 1053-3)
Bemessung für Querkraft	• Scheibenschub – Schubnachweis im Abstand $0{,}5\,h$ von der Auflagerkante erlaubt; überdrückte Rechteckquerschnitte: Stelle der max. Schubspannung, gerissene Querschnitte: Nachweis in Höhe Nullinie, Zustand II. – Zulässige Schubspannungen nach DIN 1053-1 sind einzuhalten. • Plattenschub Nachweis nach DIN 1045, jedoch gilt: $\tau_{0,11} = 0{,}015\,\beta_R$ (β_R nach DIN 1053-1, gilt auch für gelochte Vollsteine, Lochsteine in und quer zur Lochrichtung).

Tafel B.5.8 Bewehrung in Mauermörtel; zulässige Grundwerte der Verbundspannung zul τ_1 für gerippten Betonstahl nach DIN 488-1 in MN/m²

Mörtelgruppe	Bewehrung	
	in der Lagerfuge	in Formsteinen und Aussparungen
III	0,35	1,0
IIIa	0,70	1,4

Tafel B.5.9 Erforderliche Grundmaße l_o der Verankerungslänge in Abhängigkeit vom Stahldurchmesser d_s

Quelle	Normalmörtel		
	MG IIa	MG III	MG IIIa
DIN 1053-3	nicht zulässig	$204\,d_s$	$102\,d_s$
Z-17.1-541[1]	1000 mm	700 mm	350 mm
[Meyer/Schießl-94]	$204\,d_s$	$143\,d_s$	$102\,d_s$

[1] Siehe Tafel B.5.1, Fußnote [2]

5.2 Konstruktive Bewehrung zur Rissbreitenbeschränkung

In einer Reihe von Fällen können bei Mauerwerksbauteilen unter bestimmten Bedingungen Rissbildungen nicht ausgeschlossen werden. Solche Risse – vor allem breitere Risse – können sowohl die Funktionsfähigkeit von Mauerwerksbauteilen als auch die Ästhetik erheblich beeinträchtigen. In einigen Fällen können sie durch gezielte Baustoffwahl, konstruktive Maßnahmen (z. B. Dehnungsfugen) und besondere Ausführungsqualität vermieden werden. Dies ist jedoch in der Regel kostspielig oder kann nicht sicher gewährleistet werden (Ausführungsqualität). Eine konstruktive Bewehrung von Mauerwerksbauteilen (in den Lagerfugen) kann zwar die Risse nicht verhindern, aber die Rissbreite auf ein vorgegebenes Maß beschränken. Da die Rissbreitenbeschränkung i. allg. nicht die Standsicherheit eines Bauteils oder gar eines Bauwerkes betrifft, können die Anforderungen an die Bewehrung selbst und die Mauerwerksbaustoffe niedriger sein. Für die Verwendbarkeit einer konstruktiven Bewehrung bedarf es keines bauaufsichtlichen Nachweises oder einer DIN-Regelung.

Die Wirksamkeit einer konstruktiven Bewehrung wird durch eine Reihe von Einflüssen bestimmt. Dies sind z. B.: die Zug- und Biegezugfestigkeit des Mauerwerks, die Druckfestigkeit des Fugenmörtels, der Bewehrungsanteil (Querschnitt – in Prozent vom Mauerwerksquerschnitt) sowie die Stahlspannung am Riss. In [Meyer – 96] wurde ein Bemessungsverfahren für konstruktive Bewehrung entwickelt. Mit diesem kann für ein bestimmtes Mauerwerk und für eine vorgegebene Rissbreite (Mittelwert oder 95 %-Quantil) der erforderliche Bewehrungsquerschnitt ermittelt werden. Auf diesem Bemessungsverfahren basieren die in der **Tafel B.5.10** vorgeschlagenen Mindestbewehrungsgehalte zur Beschränkung der Rissbreite. Sie beziehen sich auf derzeit bekannte obere Grenzwerte der Mauerwerkszugfestigkeit. Genauere Angaben über die erforderliche konstruktive Bewehrung für den Einzelfall sind mit Hilfe der in [Meyer – 96] angegebenen Bemessungsformeln möglich.

Dringend zu empfehlen ist die Beratung durch einen Sachverständigen bereits im Planungsstadium, um einen wirtschaftlichen und wirksamen Einsatz der konstruktiven Bewehrung zu gewährleisten.

Detaillierte Erläuterungen und Rechenbeispiele zur konstruktiven Bewehrung finden sich in [Meyer/Schießl – 97] und [Meyer/Schubert – 99].

Anwendungsbeispiele sind in der **Abb. B.5.3** dargestellt.

Tafel B.5.10 Vorschläge für Mindestbewehrungsgehalte μ_{min} in % zur Beschränkung der Rissbreite (aus [Meyer/Schubert – 99])
(Angaben bezogen auf die unter Zugspannung stehende Mauerwerksfläche)
Lagerfugenbewehrung in Normalmörtel
I: Kriterium I, mittlere Rissbreite $w \leq 0{,}2$ mm
II: Kriterium II, $\sigma_{s,R} = 400$ N/mm² Stahlspannung am Riss

Steinart, -sorte (s. auch Tafel B.1.3)	Biegezwang				zentrischer Zwang	
	Stoßfuge					
	unvermörtelt		vermörtelt			
	I	II	I	II	I	II
PP	0,03	0,01	0,06	0,02	0,07	0,03
Hbl	0,03	0,01	0,11	0,04	0,07	0,03
V, Vbl (V 12)	0,08	0,03	0,11 (0,33)	0,04 (0,12)	0,21	0,08
KS	0,08	0,03	0,28	0,10	0,21	0,08
Mz	0,14	0,05	0,47	0,17	0,34	0,13
HLz	0,06	0,02	0,17	0,06	0,14	0,05

Baustoffe

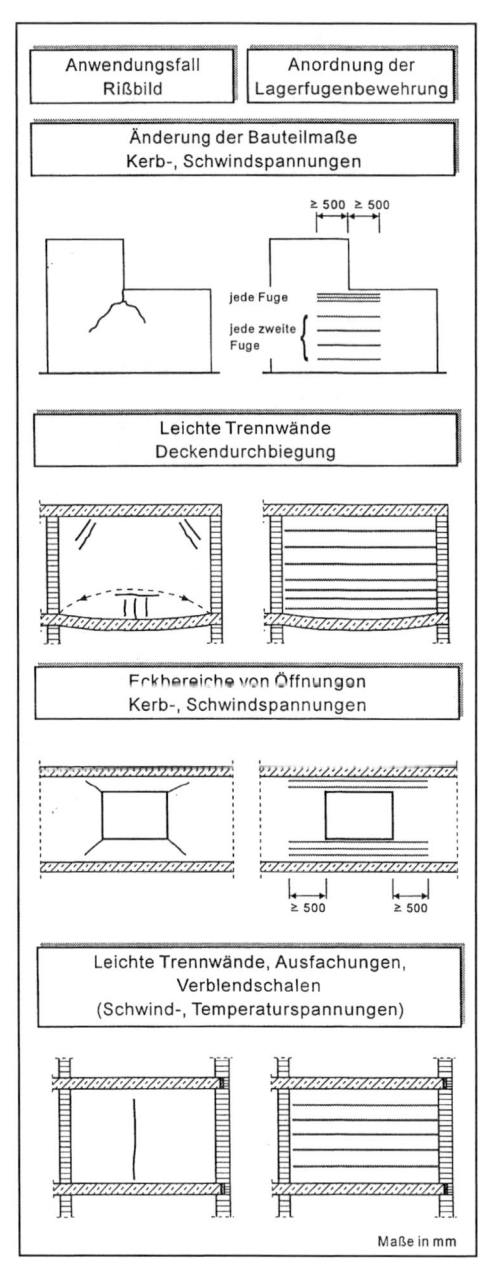

Abb. B.5.3 Zwangbeanspruchte Mauerwerksbauteile; Rissfälle, empfohlene Bewehrungsanordnung (Beispiele, Schemaskizzen)

6 Aktueller Beitrag
Geschichte und Entwicklung des Kalksandsteinmauerwerks

1 Einleitung

Eine Geschichte der historisch wichtigen Baustoffe nimmt zwangsläufig ihren Anfang mit dem Material Lehm, in gebrannter Form dem Ziegel.

Er ist nicht nur das älteste, künstliche Baumaterial, er läßt sich auch von seinem Anfang in den Hochkulturen Ägyptens vor 4000 Jahren über die hervorragend erhaltene, römische Architektur kontinuierlich in seiner Entwicklung und materialtechnischen Verfeinerung bis heute nachweisen, seine Geschichte kann in den Grundzügen als geschrieben gelten.

Diese lange und im Bewußtsein sowohl der Architekten wie auch der Bewohner von Ziegel-Häusern mehr oder weniger bewußt gespeicherte Geschichte, ist nicht zuletzt Grundlage eines außerordentlich erfolgreichen Marketings, das auf Tradition, Bewährung und Zukunftsgarantie setzt.

Der Kalksandstein gilt im Gegensatz dazu als modernes Material, das erst 1994 eine 100-jährige Geschichte, zumindest des deutschen Zweiges der Kalksandstein-Industrie, rekonstruierte und ins Bewußtsein zu bringen versuchte. Dabei geht die visuelle Erinnerung an die Anfänge des Materials lediglich zurück bis in die 60er Jahre des 20. Jahrhunderts, in denen Kalksandstein-Sichtmauerwerk in Verbindung mit Sichtbeton zu den essentiellen Vokabeln der Moderne avancierte – dies geradezu vorsätzlich im Gegensatz zum tradierten Material Ziegel.

Architekten wie Paul Schütz in der Wohnsiedlung „Baumgarten" in Karlsruhe-Rüpur Mitte der 60-er Jahre (auf Abb. B.1), Dolf Schnebli in einem Kindergarten in Bisone Anfang der 70-er Jahre (Abb. B.2) oder Busso von Busse mit der Gemeindeakademie in Rummelsberg bei Nürnberg, ebenfalls vom Anfang der 70er Jahre (Abb. B.3) geben hierfür noch heute gültiges Beispiel.

Die Geschichte der Kalksandsteine muß umfassend erst noch recherchiert und geschrieben werden; im Unterschied zum Ziegelstein ist sie noch immer ein ungewöhnliches Desiderat, was nicht zuletzt mit der beschriebenen, späten Rezeption in Verbindung steht.

Abb. B.1: Siedlung Baumgarten, Karlsruhe-Rüppur, Architekt Paul Schütz, 1963

Abb. B.2: Kindergarten in Bissone, Tessin, Architekt Dolf Schnebli, 1970

Dabei reichen die Anfänge insbesondere dann weit zurück, wenn man auf den wesentlichen Bestandteil, das Material Kalk focussiert; insoweit läuft die Geschichte des Kalksandsteines auch parallel mit der Geschichte der Betonsteine, die ebenfalls noch der systematischen Recherche bedarf.

Im folgenden sollen analog zur Geschichte des Ziegelsteines im Jahrbuch 1999, die Grundprinzipien der Herstellung im historischen Rückblick

Baustoffe

Abb. B.3: Gemeindeakademie Rummelsberg, Architekt Busso von Busse, 1971

Abb. B.4: Kristallverbund am Beispiel von drei Sandkörnern

und die jeweiligen Güteeigenschaften des Kalksandsteines als geschichtsträchtigem, gleichwohl modernem Material dargelegt werden.

So geht es um die Urgeschichte von Kalk und Sand als natürlichen Materialien, um ihre künstliche Aufbereitung, zunächst als Kalkmörtel, dann als Schüttmaterial und später erst als geformter Stein (Abb. B.4).

Themen werden sein die Formung des Materials: ursprünglich mit der Hand oder in einfachen Modeln aus Holz, in der hochentwickelten Produktion dann in maschinellen Preßverfahren in ständig steigender, seit 1925 dann auch als durch DIN 106 „Kalksandstein Mauersteine" genormtes Material. Das Trocknen an der Luft, Hydrophobierung und spezifische Brenntechniken sichern letztendlich jene Materialeigenschaften und technische Formpräzision, die für das Bauen mit Kalksandstein-Sichtmauerwerk in mehrschaligen Konstruktionen unverzichtbar geworden ist.

Letztlich bleibt interessant in diesem Zusammenhang, daß eine wesentliche Grundlage der Geschichtsrecherche zum Kalksandstein, alte Baukonstruktionslehrbücher vom Ende des 19. und Anfang des 20. Jahrhundert dieses Material fast nicht aufgreifen, wenn nicht als Kalkstein im Kapitel der natürlichen Steine.

So sind es immer wieder die Ziegel, die erörtert werden – wobei hier das Material Kalk eher kritisch beschrieben wird: „Kalkstein-Stücke schaden der Ziegelerde ein für alle Male, weil die Kalksteine beim Brennen des Ziegels gebrannt werden, als dann Wasser aus der Luft anziehen, sich löschen, durch die hierbei eintretende Ausdehnung den Stein zersprengen" (Dr. H. Behser: Der Maurer, 7. Auflage, Leipzig 1902).

2 Geologische Grundlagen

Der Terminus „Kalk", dem verschiedene Bedeutungen zugeordnet sind, ist vom lateinischen Wort „calx" abgeleitet. In der Chemie steht Kalk als Oberbegriff für all jene Kalzium-Verbindungen, die in direkter Verbindung mit dem Ausgangsstoff Kalziumoxyd (CaO) stehen. Nach Eisen und Aluminium ist das lebenswichtige Kalzium (Ca) das am dritthäufigst vorkommende metallische Element in der Erdkruste.

Kalkstein ist ein Sedimentgestein und besteht hauptsächlich aus Calcit.

Reiner Kalkstein ist weiß, grau, cremefarben oder gelb gefärbt, es kommen aber auch dunkle bis fast schwarze Formen vor. Kalkstein kann grob- bis feinkörnig sein und auf ganz verschiedene Art gebildet werden:

Trümmerkalk hat Bestandteile mit scharfen Ecken und Kanten und ist meist auf dem Lande entstanden.

Chemisch entstandene Kalksteine werden dagegen aus Wasser ausgefällt. Beispiele hierfür sind oolithische Kalksteine und Travertin.

Organische Kalksteine bestehen aus Teilen und Resten von Tieren und Pflanzen.

Kalksteine sind meist geschichtet in ihrer inneren Struktur, die einzelnen Schichten sind jedoch nicht immer deutlich erkennbar.

Organische oder auch biogene Kalksteine werden z. T. aus den Schalen und Gehäusen von Tieren und Pflanzen gebildet, insbesondere aus den Resten verschiedener Meeresorganismen. Gerade bei den aus Kalkstein errichteten Bauten der Antike in Griechenland sind diese Ablagerungen auch heute noch – nicht zuletzt nach entsprechender Verwitterung – deutlich erkennbar **(Abb. B.5)**.

Wegen seines unedlen Stoffcharakters liegt Kalzium allerdings nicht in gediegener, reiner Form vor. Es existiert nur innerhalb von chemischen Verbindungen, von denen wiederum die Karbonate die wichtigsten sind. Zu diesen gehört das zumeist in Steinform (Kalkstein) vorliegende, sehr schwer lösliche Kalziumkarbonat ($CaCO_3$), landläufig auch als kohlensaurer Kalk benannt. In den weit verbreiteten Kalk- und Dolomit-Regionen (französische Kalkalpen, Helveticum, nördliche Kalkalpen, Sedimente der Ost- und Südalpen) ist der Kalkstein als Kalziumkarbonat einem Regenwasser ausgesetzt, das sehr reich an Kohlendioxid-Gas ist. Auf Kalkflächen und in Klüften löst sich der Kalkstein äußerst langsam auf; er wird in leicht lösliches Kalzium Bikarbonat umgewandelt, das als sogenannte Härte mit dem Wasser abgeführt wird. Hier gilt die Gleichung $CaCO_3 + H_2O + CO_2 = Ca(HCO_3)_2$ **(Abb. B.6)**.

Kalziumkarbonat wird im Brand chemisch reduziert auf den gebrannten Kalk (CaO) und nicht zuletzt auf den gelöschten Kalk, das Kalciumhydrat ($Ca(OH)_2$), das in seiner materialspezifischen Funktion als Bindemittel bei der Kalkmörtelherstellung fungiert.

Es ist eine gewaltige kulturelle Errungenschaft, die natürlichen Vorgänge der Kalksteinbildung aus Kalzium (Ca) und Kohlenstoffdioxid (CO_2) durch Brennen rückgängig zu machen und den Kalkstein wieder in seine ursprünglichen Bestandteile zu zerlegen; dies gilt auch dann, wenn dieser Vorgang ursprünglich sicher unbewußt erzeugt worden

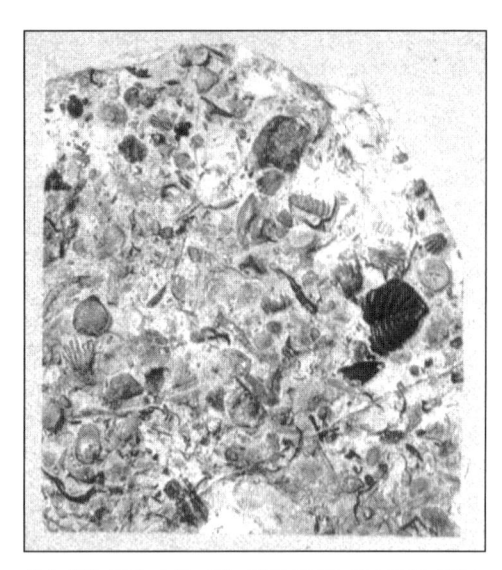

Abb. B.5: Kalkstein mit zahlreichen Fossilien (Wenlock, England)

Abb. B.6: Kalkstein in der Almbachklamm (Bayerische Alpen)

sein mag : um eine Feuerstelle geschichtete Kalksteine, deren ursprüngliche Struktur durch die Hitze des Feuers in pulveriges Kalziumoxid zerfiel, das sich dann bei Regen zum Kalziumhydrat um-

Baustoffe

wandelte; letztlich dann unter Einwirkung von Kohlensäure aus der Luft und durch die Beimengung von umliegendem Staub, Asche und Sand das Zusammenbacken von festen Gebilden, die von der Feuerstelle kaum zu trennen waren.

Das Material Kalk hat eine breitgefächerte, erdgeschichtliche und geowissenschaftliche Relevanz bis in die biologische Evolution; es stellt sich die grundsätzliche Frage, inwieweit das primitive Leben der Geiseltierchen, ohne den existenziell wichtigen Griff zu mineralischem Kalziumkarbonat-Stützkorsett, zum ewigen Dahinvegetieren im Wasser verdammt gewesen wäre.

So aber entstanden bereits vor mehr als 1 Milliarde Jahren nicht nur unablässig neue Generationen von immer höher sich entwickelndem Leben, sondern auch – sozusagen als mineralisches Abfallprodukt dieses vielfältigen Lebens – überall auf der Erde hunderte Meter mächtige Lagerstätten aus Kalk- und Dolomitstein, mithin Kalklagerstätten, die im Verlauf von Jahrmillionen von unzähligen abgestorbenen gerüstbauenden Organismen aufgeschichtet wurden. Sie bilden eine natürliche Rohstoffresource, auf die historisch wie in die Zukunft gerichtet zugegriffen werden kann (Abb. B.7).

Abb. B.7: Steinbruch im Jura-Kalkstein mit Kalkwerk, Kehlheim

3 Kalk als Baumaterial

Ein in der Osttürkei bei Cajenü ausgegrabener und hervorragend erhaltener Terazzoboden wurde nachweislich bereits im 12. Jahrtausend vor Christus mit Kalkmörtel verlegt.

In der sogenannten Jericho-Kultur in Palästina wurde ab dem 2. Jahrtausend v. Chr. Kalkmörtel zum Vermauern verwendet.

Im Zweistromland, in der historischen Stadt Ur wurden Kalköfen gefunden, die ebenfalls bereits im 2. Jahrtausend v. Chr. betrieben worden waren.

Ein Schritt in der Entwicklung der Verarbeitung von Kalk als Baumaterial bei der Mörtelherstellung läßt sich in einem der frühesten, erhaltenen Quellenwerke sehr fundiert ablesen: in den „decem libri de architectura" des Marcus Vitruvius Pollio, geschrieben von einem römischen Architekten in der Zeit des Kaiser Augustus, ca. 14 v. Chr.:

„Der Kalk, der aus festem und hartem Stein gewonnen wird, wird im Mauerwerk brauchbar sein, der aus porösem aber beim Verputz. Wenn er gelöscht ist, dann soll der Mörtel so gemischt werden, daß, wenn der Sand Grubensand ist, drei Teile Sand und ein Teil Kalk hineingeschüttet werden ...

Weshalb der Kalk aber, wenn er Wasser und Sand aufnimmt, dann das Mauerwerk bindet, dafür scheint dies der Grund zu sein, daß wie die übrigen Körper auch die Steine aus (den vier) Grundstoffen gemischt sind. Die mehr Luft enthalten, sind weich, die mehr Wasser enthalten, sind infolge des Feuchtigkeitsgehaltes geschmeidig, die mehr Erde haben, sind hart, die mehr Feuer haben, sind brüchig. Daher werden Steine, wenn sie, bevor sie gebrannt werden, fein zerstoßen und mit Sand gemischt in Mauerwerk eingebaut werden, nicht fest und können das Mauerwerk nicht binden. Wenn sie aber, in den Kalkofen geworfen, von der heftigen Hitze des Feuers ergriffen die Eigenschaft der früheren Härte haben, dann bleiben sie, nachdem ihre Kräfte ausgebrannt und ausgeschöpft sind, mit offenen und leeren Poren zurück. Also wird der Stein, wenn die Feuchtigkeit, die in dem Körper des Steines ist, und die Luft herausgebrannt und ihm entzogen sind und er die zurückbleibende verborgene Wärme in sich hat, eingetaucht in Wasser, bevor er die infolge der Einwirkung des Feuers (verlorene) Kraft wiedergewinnt, durch die in die leeren Räume der Poren eindringende Feuchtigkeit heiß und, so wieder abgekühlt, läßt er, nunmehr zu Kalk geworden, aus seinem Körper die Hitze entweichen. Wenn also die leeren Räume der Poren offen sind, reißen sie den beigemischten Sand in sich hinein, (Kalk und Sand) haften auf diese Weise fest aneinander, gehen beim Eintrocknen mit den Bruchsteinen eine Verbindung ein und erzeugen die Festigkeit des Mauerwerks" (Abb. B.8).

Was Vitruv im fünften Kapitel des zweiten Buches beschreibt, ist zunächst eine Lehre vom richtigen Bindemittel Mörtel, der aus drei Teilen Grubensand und einem Teil gelöschten Kalk gemischt werden soll, einer Lehre, die alle wesentlichen Kenntnisse der Kalkverarbeitung bereits in den Grundzügen kennt.

Abb. B.8: Römisches Opus caementitium

Calx et arenatum: Die Umschreibung für den römischen Mörtel implizierte Kalk und Sand, die Mischung wurde als materia miscenda deklariert. Einen entscheidenden Beitrag zur römischen Mörteltechnik leisteten zusätzlich die sogenannten Puzzolane, die vulkanischen Tuffe, der Traß und Ziegelmehl, die dem Kalk die Eigenschaften eines hydraulischen Bindemittels verleihen und so wasserbeständige Verbindungen eingehen, die nach Vitruv ‚weder die Meereswogen noch die Stromgewalt zu zersprengen vermag.'

Die Verwendung von Ziegelmehl verlieh dem römischen Mörtel die Eigenschaften eines Kalkzementmörtels nach DIN 1053, Mörtelgruppe II.

In Kombination mit dem Baumaterial Stein, sei es gebrochener Naturstein oder aber gebrannter Ziegel, sowie mit neuen wirtschaftlichen Herstellungsverfahren verbindet sich die Entwicklung des Gußmauerwerkes, des opus caementitium.

Zisternen und Wasserleitungen aus den Bergen in die Stadt, datiert um 950 n. Chr. lassen sich in Jerusalem nachweisen; ihre Technologie beschreibt ansatzweise Buch Moses der Bibel als einen „wasserdichten Putz aus Kalk-Ziegelmehlmörtel".

Die Beispiele für Kalkmörtel – Technologien lassen sich für nahezu alle frühen und spätantiken Kulturen nachweisen, wenn auch auf unterschiedlichem Niveau.

Nicht zuletzt durch die überragend innovative, römische Bau- und Baustoffindustrie ist ein Stand erreicht, der über die folgenden Jahrhunderte keine weitere Entwicklung mehr erfährt.

4 Vom Kalkmörtel zum Kunstsandstein

Wie auch in der Architekturtheorie und Architekturgeschichte ist es das Zeitalter der Aufklärung, das Wissenschaft und Technik, Form und Inhalt in einer neuen Diskussion belebt und im ausgehenden 18. Jahrhundert die Anfänge eines intellektuellen wie ökonomischen Aufbruches in die industrielle Revolution des beginnenden 19. Jahrhunderts einleitet.

Ein wachsender Bedarf an kostengünstigem Baumaterial angesichts zunehmender Verdichtung der Städte, eine dringend notwendige Alternative zu dem feuergefährlichen Material Holz und dem teuren Naturstein einerseits und eine wissenschaftlich, damit zunehmend systematisch arbeitende Baustoffindustrie, deren herausragende neuen Innovationen die Materialien Gußeisen und Glas sind, führen auch zu neuen Experimenten mit dem Material Kalk. Gestellt ist die Aufgabe, wie mit den bekannten Ingredienzien des Mörtel Kalk, Sand und Wasser eine homogene Masse gemischt werden kann, die an der Luft zu einer Dauerhaftigkeit und Festigkeit trocknen könnte, die der des eingeführten Materials Ziegel gleichkommt. Analog zu dessen Herstellung wurde denn auch in den Anfängen dieser Experimente das Kalk-Sand-Gemisch in wiederverwendbare Holzmodeln eingefüllt, gestampft und glattgestrichen. Nach sehr langsamen, natürlichen Abbindeprozeß an der Luft konnten jedoch keine gleichwertigen Qualitäten ereicht werden.

Erst die Entdeckungen, daß der Sand als Quarzsand mit hohem Siliciumdioxidgehalt beigemischt werden muß und insbesondere, daß die Erhärtung der Kalkmörtelmischung durch Carbonatisierung, d. h. durch die Aufnahme von Kohlensäure aus der Luft erhärtet, brachten die notwendigen Fortschritte.

Beide Entdeckungen in Verbindung mit der Erkenntnis, daß der Abbindevorgang nicht unter atmosphärischen Bedingungen ablaufen darf , sondern unter Waserdampfdruck bei erhöhten Temperaturen, bilden die Grundlage der Kalksandstein-Produktion bis heute.

Um 1800 versucht der schwedische Architekt von Rydin, ganze Häuser aus Kalksandmörtel zu gießen; gleichzeitig versucht Prochow in Deutschland, aus dem gleichen Material zumindest einzelne Wände zu stampfen; als Kalksand-Pise-Mauern findet sich diese Konstruktionsart noch 1903 in der 7. Auflage der „Konstruktionen in Stein" von Dr. Otto Warth: „Der Kalk wird mit Wasser in Kalkmilch verwandelt und dieser der Sand nach und nach zugesetzt. Die nötige Wassermenge wird derart ermittelt, daß man ein Gefäß von bestimmter Größe möglichst dicht mit dem Sande und seinen Beimischungen von Kies anfüllt und dann soviel Wasser zuschüttet, bis alle Hohlräume gefüllt sind. Diese Wassermenge entspricht der Menge des zuzusetzenden Kalkhydrates, das dann gerade genügt, um die einzelnen miteinander in Berührung bleibenden Sandkörner mit einer dünnen Kalkhaut zu umhüllen ... Die Mengung geschieht in einer geräumigen Kalkbank, in dem man die Masse mit einer Mengeharke gegen die Wände harkt und mit der Krücke nach der Mitte zurückquetscht. Durch dieses Manöver soll sich das kleinste Kalkstückchen zerdrücken, und vier Mann sollen, an zwei Kalkbänken angestellt, im stande gewesen sein, 16 – 18 Stampfen mit dem erforderlichen Material zu versehen." (S. 62, § 31)

Das Kalksand-Gemenge wird zwischen die hölzernen Schalbretter der Wände gefüllt und mit Stößern, sogenannten Pisoirs verdichtet. Da man der Festigkeit dieser im Prinzip monolithischen Konstruktion offensichtlich nur bedingt vertraute, gibt Otto Warth den zusätzlichen baukonstruktiven Hinweis, daß die Ecken der Wände mit Ziegelmauerwerk verstärkt werden sollten, das zuvor in die Schalung eingebracht werden muß.

1854 experimentiert der deutsche Arzt Dr. Bernhardi in Eilenburg bei Leipzig mit einer handbetriebenen, hölzernen Hebelpesse und stellt die ersten luftgehärteten Kalkmörtel-Mauersteine her.

Seine theoretischen Erkenntnisse publiziert er im gleichen Jahr unter dem Titel „Anleitung zur Kalkziegelfabrikation und zum Kalkziegelbau, nach eigenen Erfahrungen handschriftlich zusammengestellt" und setzt sie gleichzeitig in die Praxis um mit einem zweigeschossigen Gebäude. (Abb. B.9)

Eine Weiterentwicklung seiner Handpresse wird 1872 in der „Illustrirten Zeitung Nr. 1526" am 28. 09. 1872 publiziert, mit der die Produktionsgeschwindigkeit nicht unerheblich gesteigert werden kann. (Abb. B.10)

1877 zielen Versuche von Dr. Zernikow auf eine Beschleunigung des Härtevorganges durch Kochen des Kalkmörtels, was angesichts des zwangsläufig zu hohen Mörtelwassergehaltes nur bedingt zu den gewünschten Festigkeitsergebnissen führt. Gleichwohl erwiesen sich diese Versuche als wegweisend für die weitere Entwicklung hin zum dampfgehärteten Kalksandstein.

Abb. B.9: Luftgetrocknete Kalkmörtelsteine, Leipzig, Dr. Bernhardi, um 1870

Abb. B.10: Einsteinige Kniehebelpresse, Dr. Bernhardi, 1872

Abb. B.11: Patentschrift Nr. 14195 von 1880 zur Erzeugung von Kunstsandstein

Mit der Patentschrift Nr. 14 195 vom 5. 10. 1880 für ein „Verfahren zur Erzeugung von Kunstsandstein" von Dr. Wilhelm Michaelis in Berlin (Abb. B.11) verbindet sich formal der endgültige Durchbruch in der Herstellung von Kalksandsteinen, auch wenn dieses Patent paradoxerweise ungenutzt verfiel: Michaelis hatte als Baustoff-Chemiker in

Schweden ein englisches Verfahren kennengelernt, bei dem ein chemisch behandeltes Gemisch aus Wasserglas und Sand unter niedrigem Dampfdruck innerhalb kürzester Zeit gehärtet werden konnte. Er modifizierte diese Technik dergestalt, daß er eine wasserarme, steife Mischung aus Kalk und Sand einem gespannten Heißdampf aussetzte und so eine qualifizierte Härtung des Kalksandstein – Mörtels zum Mauerstein erzielen konnte: „Ich mische Sand oder irgendeine Modification der Kieselsäure und 10 bis 40 Gewichtsprocent Kalkhydrat, Baryt- oder Strontianerdehydrat in geeigneten Apparaten innig mit einander, forme die so erhaltene Masse und setze dieselbe alsdann unmittelbar der Einwirkung hoch gespannter Dämpfe in geeigneten Apparaturen aus bei Temperaturen von 130 bis 300°. Innerhalb weniger Stunden erzeuge ich auf diese Weise Kalk- bzw. Baryt- oder Strontianerde-Hydrosilikat und dadurch eine steinharte, luft- und wasserbeständige Masse."

Eine nochmals entscheidende Weiterentwicklung, die ebenfalls der heutigen Produktion noch immer unterliegt, ergab sich wenig später aus einem Patent der englischen Firma Cressy & Co, das diese mit ihrem deutschen Mitarbeiter Dr. Avenarius entwickelt hatte: die Rohstoffmasse aus Sand und Kalk wird einige Zeit abgelagert, so daß der Löschprozeß des Kalkes bereits im Vorfeld einsetzen kann.

Als Kunstsandsteine finden sie sich dann auch zunehmend in der Baukonstruktionsliteratur für Architekten und Maurer, so z. B. in Otto Warth, Die Konstruktionen in Stein von 1903, 7. Aufl. S. 4: „Zu den künstlichen Steinen rechnet man:

... b) Die Steine, deren Fabrikation auf der Erhärtungsfähigkeit der verwendeten Materialien beruht und die im Allgemeinen als Kunststeine bezeichnet werden (die Schlackensteine, die rheinischen Tuff- und Schwemmsteine, die Korksteine, die Cementbetonsteine, die Kunststeine u.s.w.)"

Interessant ist in diesem Zusammenhang, daß die baukonstruktiven Regeln ungeachtet dieser Materialvielfalt ausschließlich auf das Material Ziegel bezogen werden.

War damit materialspezifisch, baustofftechnisch der notwendige Wissensstand erreicht, fehlten noch immer die maschinellen, verfahrenstechnischen Voraussetzungen für eine Massenproduktion, wie sie für den Mauerziegel in der gleichen Zeit bereits bestanden.

5 Aspekte zur Entwicklung von Mischverfahren, Kalksandstein-Pressen und Härtekessel

Zu diesen Voraussetzungen der Massenproduktion, wie sie angesichts der steigenden Bauaufgaben notwendig waren, zählten zunächst die verschiedenen Aufbereitungs- und Mischverfahren der Rohstoffe in großer Quantität.

Wie später DIN 106 als Norm- und Regelwerk qualifiziert, müssen Kalk und Zuschlagstoffe sorgfältig („innig") gemischt werden. Die hierfür entwickelten Verfahren unterscheiden sich nach der Art des Mischens, des Löschens und der Dauer des Aufbereitungsvorganges.

In einer sogenannten Kalklöschtrommel (Abb. B.12) wird der Kalk mit einem Teil der erforderlichen Sandbeimengung unter Dampf und Rotation gemischt. Der Kalk wird dabei zum Ablöschen gezwungen, im Anschluß hieran wird die Restmenge des Sandes beigefügt. Der Mischvorgang dauert insgesamt ca. 45 Minuten.

Lediglich 35 Minuten dauert die Aufbereitung beim sogenannten Heißaufbereitungsverfahren, (Abb. B.13) bei dem die erforderliche Sandmenge von Anfang an beigegeben wird. Zur Beschleunigung wird der Mischbehälter insgesamt erhitzt und dem Kalk-Sand-Gemenge heißer Frischdampf zugeführt.

Beim Siloverfahren (Abb. B.14) wird das Kalk-Sand-Wasser-Gemisch drei bis zwölf Stunden in oftmals mehrteiligen Silos eingelagert, bis der Löschvorgang abgeschlossen ist.

Beim sogenannten Fettmasseverfahren moderner Provenienz werden die Rohstoffe genau abgemessen, über ein Transportband einem Zwangsmischer zugeführt und trocken zerkleinert; erst am Schluß wird Wasser zum Ablöschen des Kalkes

Abb. B.12: Kalklöschtrommel Ende 19. Jhdt.

Baustoffe

Abb. B.13: Heißaufbereitungsmaschine

Abb. B.14: Werksinnenansicht mit Siloanlage

Abb. B.15: Mechanische Kniehebelpresse von Brück, Kretschel & Co, um 1880

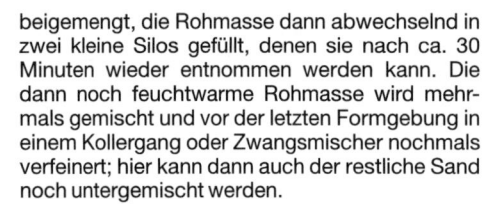

Abb. B.16: Dorstener Fallstempelpresse, 1886

beigemengt, die Rohmasse dann abwechselnd in zwei kleine Silos gefüllt, denen sie nach ca. 30 Minuten wieder entnommen werden kann. Die dann noch feuchtwarme Rohmasse wird mehrmals gemischt und vor der letzten Formgebung in einem Kollergang oder Zwangsmischer nochmals verfeinert; hier kann dann auch der restliche Sand noch untergemischt werden.

Das Rohmaterial aus Kalk, Sand und Wasser in sorgfältiger Mischung bedarf nun der Pressung.

Die von Dr. Bernhardi 1854 entwickelte hölzerne Hebelpresse ermöglichte eine Tagesleistung von ca. 1000 Steinen, die verbesserte Ausführung als sogenannte Kniehebelpresse ermöglichte eine Verdoppelung der Produktionszahlen; beide Pressen waren lediglich handbetrieben. Erst die mechanisch betriebene Kniehebelpresse von Brück, Kretschel & Co Anfang der 80er Jahre des 19. Jahrhunderts steigerte die Leistung pro Stunde auf 800 Steine (**Abb. B.15**), die 1886 entwickelte Fallstempelpresse der Dorstener Maschinenfabrik dann sogar auf eine Leistung pro Stunde von 3000 Steinen. (**Abb. B.16**)

Wieder sind es überwiegend Unternehmen in England, dem Zentrum der industriellen Revolution und technischen Evolution wie Herbert Alexander oder Sutcliff-Speakman, die diese Kapazitäten nochmals wesentlich steigern und vor allem die bis dahin separaten Arbeitsgänge Füllen, Pressen und Ausstoßen in einem Arbeitsgang in der sogenannten Drehtischpresse von 1894 (**Abb. B.17**) integrieren. Importiert nach Deutschland von Amandus Kahl erwarb im gleichen Jahr der Baumeister Mecklenburg aus Holstein die Patentlizenz, um die fabrikmäßige Herstellung von Kalksandsteinen maschinell zu betreiben. Diese Technologie gilt als der Ausgangspunkt der industriellen Produktion nach Art der späteren DIN 106 und begründete 1994 die Feier zum hundertjährigen Bestehen der deutschen Kalksandstein-Industrie.

Von gleicher Bedeutung ist die Dampfhärtung im Härtekessel, dessen Kapazität auf die Tagesleistung der Pressen abgestimmt sein mußte.

Nach dem Patent von Michaelis aus dem Jahre 1880 war die technische Möglichkeit aufgezeigt,

Kalksandsteinmauerwerk

Abb. B.17: Drehtischpresse, um 1894

Abb. B.18: Härtekessel mit Verschiebebühne, um 1920

Abb. B.19: Härtekessel mit Schnellverschluß, um 1920

durch Dampfhärtung die im Rohling bestehenden, relativ schwachen und leicht abbaubaren physikalischen Bindungen zwischen den einzelnen Rohstoffpartikeln durch eine festere und beständige chemische Bindung ersetzen zu können. Die Härtung erfordert einen gespannten Wasserdampf, der in einem Härtekessel, einem sogenannten Autoklaven erzeugt wird. In den ersten Jahrzehnten der industriellen Produktion lag der Härtedruck bei lediglich 8 bar, was eine Prozeßdauer von 9 Stunden erforderte. **(Abb. B.18, 19)** Heutige Anlagen werden im Vergleich hierzu mit einem Arbeitsdruck von 16 bar gefahren, die Prozeßdauer konnte dadurch verkürzt werden auf nur noch ca. fünf Stunden.

Mehrere Härtekessel, im Querschnitt zylindrisch bei einem Durchmesser von ca. 2.00 m und in genieteter Konstruktion, ergeben insgesamt eine Härtungsanlage. In ihr werden die Kalksandstein-Rohlinge bis heute auf sogenannten Härtewagen eingefahren und nach dem Härtungsvorgang für den Vertrieb an vorgesehener Stelle im Werk plaziert.

6 Qualitätssicherung und erstes Marketing

Nach 1894 entstehen in Deutschland die ersten Kalksandsteinwerke; zu Anfang des 20. Jahrhunderts sind es im damaligen deutschen Kaiserreich insgesamt zehn Werke, die meisten davon in der Region Westfalen. 1939 produzieren bereits 300 Werke und dokumentieren damit eine gestiegene Akzeptanz des neuen Materials im Markt.

Wurde in den Anfängen der industriellen Produktion noch mit unterschiedlichen Patenten, Produktbezeichnungen wie z. B. Kalksandstein, Hartstein, Kalksandziegel, unterschiedlichen Formaten und insbesondere Druckfestigkeiten produziert, so gelang es bereits Ende 1900 mit der Gründung des „Vereins der Kalksandsteinfabriken" Mindestqualitäten unter den Mitgliedern festzuschreiben, die sich insbesondere auf die Druckfestigkeit bezogen: „Jedes ordentliche Mitglied, verpflichtet sich, nur Kalksandsteine mit einer Mindestdruckfestigkeit von 140 kg/qcm herzustellen und diesen Nachweis nach den Beschlüssen der Jahreshauptversammlung zu erbringen. Im Gegenzug hat jedes ordentliche Mitglied das Recht, die Steine seines Werkes durch das Vereinsschutzzeichen (eingetragenes Warenzeichen Nr. 85 404) zu kennzeichnen." (Satz 2 des Vereinsstatus seit 1903)

B.45

Baustoffe

Diese „Vereinsnorm" kann als Vorläufer der Qualitätssicherung in der gesamten Steinindustrie betrachtet werden und zwang viele Konkurrenten – nicht zuletzt die Ziegelindustrie – nachzuziehen.

Die erfolgreiche Einführung der Kalksandsteine in den Markt in den ersten Jahrzehnten des 20. Jahrhunderts ist eng mit dieser Qualitätssicherung verbunden. Weitere Argumente waren die nachweisliche Feuerbeständigkeit seit den spektakulären Brandversuchen in Berlin von 1910, als ein Bau von Peter Behrens durch das königliche Materialprüfungsamt Großlichterfelde-West einem Brandtest unterzogen wurde, nicht zuletzt aber auch die Mobilität der Produktionsstätten: Ziegeleien mit gemauerten Ringbrandöfen waren an ihren Produktionsstandort gebunden; im Gegensatz dazu konnte ein mobiles Kalksandsteinwerk mit einfach demontierbaren und transportablen Autoklaven aus Stahl am Ort der Großbaustelle aufgebaut und nach Fertigstellung der Baumaßnahme wieder abgebaut und an einen neuen Produktionsstandort verlegt werden. Ein Beispiel hierfür ist die Produktion von 12,5 Millionen Kalksandsteinen für den neu einzurichtenden Truppenübungsplatz Neuhammer a. Queis für die kaiserliche Heeresverwaltung im Jahr 1902. Nach Fertigstellung der Baumaßnahme wurde die Produktionsstätte abgebaut und in der Nähe von Berlin für ein neues Bauvorhaben wieder aufgebaut; die nicht unerheblichen Transportprobleme konnten damit deutlich reduziert werden. **(Abb. B.20)**

Ein weiteres Verkaufsargument war die produktionsbedingte Maßhaltigkeit und Kantenschärfe, die den Kalksandstein deutlich von den unregelmäßigen, im Ringbranntofen verzogenen Ziegelsteinen unterschied. **(Abb. B.21)**

Wasseraufnahmevermögen und Frostbeständigkeit weisen kaum Unterschiede auf.

Seit 1909 werden die ersten regionalen Vertriebsgesellschaften gegründet in Kiel, Grünberg (Schlesien), Straßburg (Elsaß) und Berlin neben weiteren Gesellschaften bis 1912 z. B. in Minden und Ulm.

Abb. B.20: Kalksandstein-Transport auf dem Wasserweg

Abb. B.21: Scharfkantige Kalksandsteine mit hoher Maßhaltigkeit

7 Von DIN 106 zum aktuellen Stand der Technik

1926 trat DIN 106 „Kalksandsteine – Mauersteine" in Kraft, eine der ersten DIN-Normen im Mauerwerksbau überhaupt und definierte damit einen Status, der trotz permanenter Verfeinerung bis heute Gültigkeit besitzt.

Verfeinerung und Modifikation bezogen sich dabei weniger auf die bauchemischen Ingredienzien als vielmehr neben der steigenden Druckfestigkeit auf die Formung neuer Formate: bis 1945 wurde fast ausschließlich das Reichsformat (RF) mit

Kalksandsteinmauerwerk

Abb. B.22: Typische Kalksandstein-Baustelle um 1950

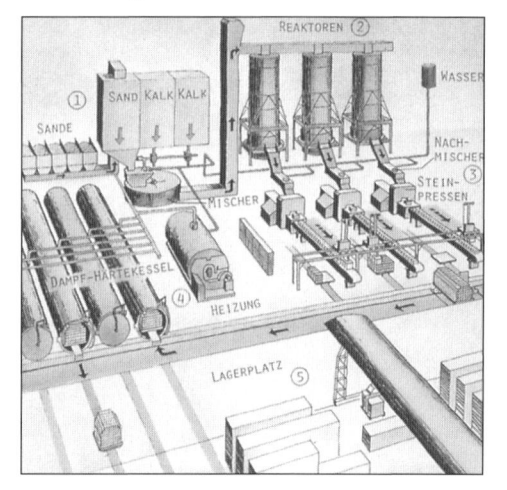

Abb. B.23: Ablaufschema der Kalksandstein-Produktion

Abb. B.24: Moderne Härtekessel-Anlage, um 1990

25 × 12,5 × 6,5 cm verwand, im Anschluß hieran dann einheitlich das Bundes-Normal-Format (NF) mit 24 × 11,5 × 7,1 cm neben dem Dünnformat (DF) mit 24 × 11,5 × 5,2 cm und Vielfachen hiervon (2 DF, 3 DF etc.).

Bis zum Jahre 1955 hat sich der Produktionsanteil der klassischen klein- und mittelformatigen Kalksandsteine auf 50 % reduziert zu Gunsten großformatiger Hohlblocksteine mit unterschiedlichen Lochungsbildern. **(Abb. B.22)**

Damit gelingt es im Zuge einer permanenten Entwicklung, sich auf geänderte Produktionsanforderungen, eine gestiegene bauphysikalische und ökologische Sensibilität und nicht zuletzt auf einen steigenden Kostendruck einzustellen.

Nach wie vor ist dabei aktueller Wissenstand, daß sich wasserarmer Kalkmörtel unter Einwirkung von hochgespanntem Dampf in einen hochwertigen Silicatstein umwandeln läßt. Grundlage ist eine chemische Reaktion, die während der Dampfhärtung innerhalb weniger Stunden Calciumhydrosilicate entstehen läßt, die Kalk und Sand miteinander verkitten – ein Vorgang, der sich in der Natur durch Kieselsäurebildung über geologische Zeiträume erstreckt.

Beim Produktionsablauf **(Abb. B.23)** werden dabei zunächst Kalk und Sand aus heimischen Produktionsstätten werkseits in Silos gelagert (1), nach Gewicht dosiert, „innig" gemischt und über eine Förderanlage in den Reaktionsbehälter geleitet. Dort löscht der Branntkalk zu Kalkhydrat ab, das bei manchen Anlagen im Nachmischer auf Preßfeuchte gebracht wird (2).

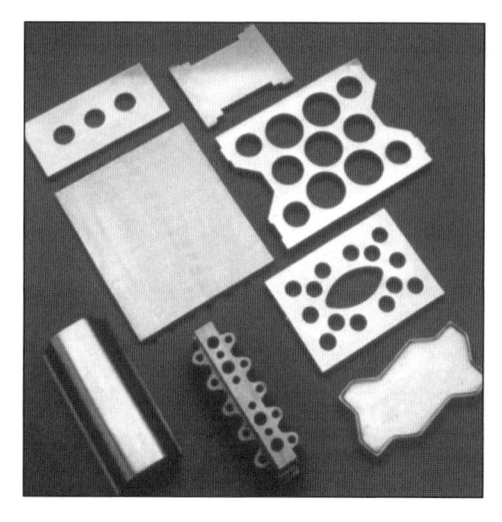

Abb. B.25: Formwerkzeuge für die Kalksandsteinherstellung

Baustoffe

Abb. B.26: Auswahl aus aktueller Produktionspalette

Mit vollautomatisch arbeitenden Pressen werden die Steinrohlinge geformt (3) und unter geringem Energieaufwand bei Temperaturen von 160 bis 220 °C schadstofffrei gehärtet (4).

Nach dem Härten und Abkühlen sind die Steine gebrauchsfertig und können nach Verpackung in Folien auf die Baustelle geliefert werden (5).

Modernste Technologien z. B. im Härtekesselbereich **(Abb. B.24)** sichern eine gleichbleibende Qualität differenziert ausgebildeter Fomate **(Abb. B.25, 26)** und Festigkeitsklassen (siehe B.1 Mauersteine, P. Schubert), die den Marktanteil zu Recht stetig ausbauen half. In Verbindung mit den richtigen baukonstruktiven Lösungen für Außen- und Innenwand, ein- und mehrschalige Konstruktionen, tragende und nichttragende Bauelemente ist der Kalksandstein heute ein gleichwohl historisches wie zukunftsweisendes Baumaterial.

C BAUEN IM BESTAND

Dipl.-Ing. Architekt Josef Guggenbichler, Dipl.-Ing. Architektin Waltraud Vogler,
Dipl.-Ing. Architektin, MBA Anne-Nassrin Zarbafi (1. Beitrag)
Dipl.-Ing. Detlef Böttcher (2. Beitrag)
Dr.-Ing. Ulrich Huster, Prof. Dr.-Ing. Werner Seim (3. Beitrag)

Die Allerheiligen-Hofkirche der Münchener Residenz
Geschichte, Zerstörung und Wiederaufbau

1	Entwurf und Entstehung	C.3
2	Zerstörung im Zweiten Weltkrieg	C.4
3	Erste Sanierungsmaßnahmen	C.6
4	Sanierungen in den 80er Jahren	C.6
5	Dritte Sanierungsstufe	C.7

Restaurierung und Umbau im Mauerwerksbau

1	Allgemeines		C.11
	1.1	Konstruktion und Aufgabe	C.11
	1.2	Begriffe	C.11
2	Befund		C.12
	2.1	Wirkungen	C.12
	2.2	Umfang der Untersuchungen	C.12
		2.2.1 Holzbalkendecken	C.13
		2.2.2 Kappendecken, vor allem über Kellern	C.13
		2.2.3 Wände aus Mauerwerk	C.13
		2.2.4 Gründung	C.14
	2.3	Berechnung	C.14
3	Beurteilung		C.15
	3.1	Wirkung und Ursache	C.15
	3.2	Wirkungsverlauf	C.16
	3.3	Bewertung	C.16
4	Maßnahmen		C.18
	4.1	Reparatur von Mauerwerk	C.18
	4.2	Umbauten	C.21
		4.2.1 Verstärkungen	C.21
		4.2.2 Öffnungen, Abstützungen	C.22

Mauerwerkskonstruktionen – Bewerten, Instandsetzen und Verstärken
Folge 1: Grundlagen und Zustandserfassung

1	Einleitung	C.27
2	Begriffe und Planungsschritte	C.28
3	Grundlagen	C.30
	3.1 Natursteine	C.30
	3.2 Künstlich hergestellte Steine	C.31
	3.3 Mörtel	C.31
4	Konstruktionsgeschichte	C.33
	4.1 Frühgeschichte und Antike	C.33
	4.2 Mittelalter und Renaissance	C.34
	4.3 19. und 20. Jahrhundert	C.37
5	Bestands- und Zustandserfassung	C.38
	5.1 Bauwerksbegehung und Sichtung vorhandener Unterlagen	C.39
	5.2 Aufmaß	C.40
	5.3 Strukturerkundung	C.41
	5.3.1 Äußere Struktur	C.41
	5.3.2 Innere Struktur	C.42
	5.4 Materialkennwerte	C.44
	5.4.1 Mechanische Kennwerte	C.44
	5.4.2 Materialtechnologie, Dauerhaftigkeit	C.46
	5.5 Schadensaufnahme und typische Schadensbilder	C.47
6	Literatur	C.48

Die Allerheiligen-Hofkirche der Münchener Residenz
Geschichte, Zerstörung und Wiederaufbau

1 Entwurf und Entstehung

Die Allerheiligen Hofkirche wurde von Leo von Klenze in den Jahren 1826 bis 1837 als höfischer Kirchenraum erbaut. Sein Auftraggeber war der Bayerische König Ludwig I., mit dem er verschiedene Italienreisen unternommen hatte, als dieser noch Kronprinz war.

Ludwig I. wünschte sich eine Kirche, die der Capella Palatina in Palermo, einem normannischen Kirchenbau aus dem 12. Jahrhundert, gleichen sollte. Ein weiteres Vorbild war der Markusdom in Venedig.

Ludwig I. stellte sich also seine Hofkirche im byzantinisch-mittelalterlichen Stil erbaut vor. Er war begeistert von den reich mit farbigen Mosaiken auf goldenem Hintergrund verzierten Kirchenräumen in Palermo und Venedig.

Leo von Klenze, als seiner Auffassung nach moderner Architekt, versuchte den König mit verschiedenen Entwürfen von der seiner Meinung nach rückständigen Bauauffassung abzubringen.

Abb. 2   Heinrich Adam, Ansicht, 1839

Nach langwierigen Diskussionen, in die auch sein Widersacher Friedrich Gärtner eingebunden war, setzte sich schließlich Klenze durch: die Hofkirche wurde im damals zeitgemäßen klassizistischen Stil erbaut; in Anlehnung an Venedig sollten die Wände und Kuppeln mit Darstellungen aus der Bibelgeschichte versehen werden, mit goldgrundigem Mosaikmaterial.

Abb. 1   Franz X. Nachtmann, Innenraumansicht, 1839

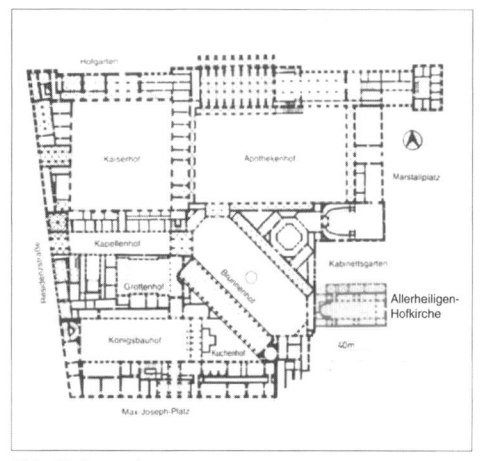

Abb. 3   Lageplan

Diese Idee musste aus finanziellen Gründen aufgegeben werden. Anstelle von Mosaiken wurden die Kuppeln des Kirchenraumes schließlich mit Fresken des Münchener Kunstakademiemitgliedes Heinrich Maria Heß und die Wände mit Scagliola-Verkleidungen geschmückt.

Abb. 4 Mey und Widmayer, Ansicht, 1842

Noch während der Arbeit an den Fundamenten des Baues wurde die Kirche aus städtebaulichen Gründen gleichsam „umgedreht"; sie war, wie fast alle katholischen Kirchen, ursprünglich geostet geplant, also mit einem nach Osten gewandten Chorraum.

Klenze konnte den König davon überzeugen, dass es für den Marstallplatz, an dessen Westrand die Kirche lag, von größter Bedeutung sei, eine repräsentative Kircheneingangsfassade und nicht eine Rückseite zu verwirklichen; eine der Intentionen des Königs war dabei wohl auch, die Kirche seinem Volke vom öffentlichen Platzraum aus zugänglich zu machen. Am 29. Oktober 1837 wurde die Kirche eingeweiht.

Am Ende des 19. Jahrhunderts mussten die Fundamente der Allerheiligen-Hofkirche unterfangen werden. Durch Grundwasserabsenkungen als Folge der Flussregulierungen der Isar waren die Köpfe des Eichenpfahlrostes, auf dem die Gründung ruhte, wasserfrei geworden und verfault, und es zeigten sich schwere Risse an den Bogenstellungen der Emporen.

2 Zerstörung im Zweiten Weltkrieg

Mit den Luftangriffen der Alliierten im 2. Weltkrieg wurde der gesamte Komplex der Münchener Residenz größtenteils zerstört. Beim Bombenangriff am 24. April 1944 wurde die Kirche schwer getroffen, sie brannte vollkommen aus. Die Decken- und Kellergewölbe waren fast alle eingestürzt, die Innenausstattung, die Heß'schen Ausmalungen und die Wandbekleidungen gingen bis auf marginale Reste verloren.

In den 50er Jahren erhielten viele Teile der Residenz zur Rettung der Gemäuer Überdachungen. Die Hofkirche wurde dabei ausgespart; einerseits war sie durch die schweren Schäden nach Kirchenrecht profanisiert, andererseits hatte man für sie keine Nutzungen.
Die ungeschützte Ruine erlitt weitere Bau- und Feuchtigkeitsschäden: Die übrig gebliebenen Scagliolaverkleidungen an den Wänden und große Putzflächen fielen ab, 1956 stürzte die Decke über dem Kellergeschoss ein; es wuchsen bereits Bäume und Sträucher im Bau.

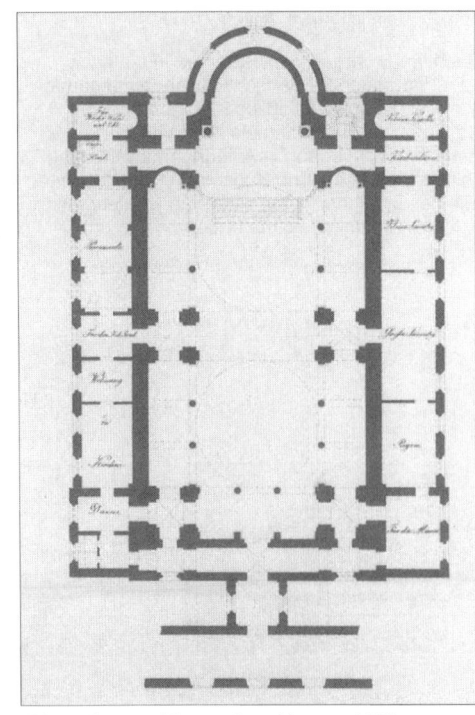

Abb. 5 Leo von Klenze, Grundriss, um 1826

Abb. 6 Zerstörte Brunnenhoffassaden

Die Allerheiligen-Hofkirche der Münchener Residenz

Abb. 7 Ruine der Allerheiligen-Hofkirche nach der Zerstörung im Zweiten Weltkrieg

Ein Landtagsbeschluss vom Dezember 1963 bewilligte Haushaltsmittel für den Abbruch der Ruine.

Um Bauplatz für das neben der Kirche liegende Staatsschauspiel zu schaffen, wurde 1956 das südliche Seitenschiff abgebrochen und ein massiger Erweiterungsbau direkt an die Hauptschiffwand angebaut. Gleichzeitig wurde das Kulissengebäude errichtet, das sich wie ein Riegel zwischen den Marstallplatz und die Kirche schiebt und auch heute noch den Kontakt der Kirche zum Stadtraum sehr erschwert.

1964 hat der Landtag dann den Abriss der kompletten Kirche beschlossen. Dies wurde vom damaligen Vorstand der Residenzbauleitung, Toni Beil, durch Unterlassung dankenswerter Weise verhindert. Auf Betreiben des Abgeordneten Dr. Erich Schosser und verschiedener Kunstexperten („einen Klenze bricht man nicht ab") entschied der Landtag dann 1968, die Ruine zu erhalten und zu sichern. Die Allerheiligen-Hofkirche war gerettet.

3 Erste Sanierungsmaßnahmen

Erste Sicherungsmaßnahmen konnten nun durchgeführt werden. So wurden Ende der 60er Jahre unter Mitwirkung von Hans Döllgast über

Abb. 9 Dachstuhl von Hans Döllgast

dem Kellergeschoss und über den Emporen Stahlbetondecken eingezogen und ein luftiger Dachstuhl errichtet, der eine spätere Einwölbung zuließ; erste Veranstaltungen konnten somit wieder stattfinden.

4 Sanierungen in den 80er Jahren

In einem zweiten Abschnitt Ende der 80er Jahre wurden durch das Bauamt der Bayerischen Schlösserverwaltung die Kuppeln wieder eingezogen, wobei der Döllgast'sche Dachstuhl weitestgehend erhalten blieb. Das Mauerwerk wurde innen nachgebessert und die für die klassizistische Architekturwirkung so wichtige Kantenschärfe an Mauerwerkspfeilern und Gesimsen wiederhergestellt, mit dem ganz normalen Klinkerziegelmaterial, das bei den Kuppelüberwölbungen Verwendung fand.
So zeigt sich durch die Farb- und Oberflächenunterschiede in Kuppeln und Mauerwerksausbesserungen dieser zweite Sanierungsschritt deutlich ablesbar. Die Sandstein- und Putzfassaden wurden aufwendig renoviert, ebenso die Fensterrosette, wobei auch hier keinerlei Anstrengungen unternommen wurden, altes, vorhandenes und neues Material anzugleichen.

Abb. 8 Hans Döllgast, Innenraum mit Dachstuhl

5 Dritte Sanierungsstufe

In einer dritten Sanierungsstufe bekamen die Architekten Guggenbichler + Netzer im Jahr 2000 den Auftrag, die Kirche in einen vielfältig nutzbaren, zeitgemäße Vorschriften erfüllenden Veranstaltungsraum für etwa 400 Besucher umzubauen.

Der Hauptansatz der Arbeit war, die bestehende Bausubstanz so wenig wie möglich zu verändern und so die vorhandene, wunderbar klare Raumstimmung zu bewahren. Trotzdem war eine Lösung zu finden, wie einerseits die technisch notwendigen Erfordernisse wie Beheizung, Belüftung, Beleuchtung, Beschallung usw. einzurichten und wie andererseits wichtige funktionale Notwendigkeiten wie Rettungswege, Brandabschnitte, Garderoben, Toiletten, Zugangsmöglichkeiten für Behinderte usw. einzubauen waren.

Alle dazu erforderlichen Eingriffe sind mit sehr zurückhaltender, aber dennoch deutlich ablesbar zeitgenössischer, aber nicht modischer Formensprache erfolgt.
Die sparsame Materialwahl von Stahl, Glas, Beton und andererseits die konsequente Detaillierung unterstreichen die Haltung der Architekten. Sämtliche neuen Elemente wurden gleichsam mit

Abb. 11 Sanierungsarbeiten, Einzug eines Bogens

Achtungsabstand zum Bestand eingebaut, durchgängige Schattenfugen trennen deutlich Neues und Altes.

Das Ziegelmauerwerk wurde nicht verputzt oder geschlämmt, damit die Spuren der Zerstörung und des Wiederaufbaus sichtbar bleiben, auch als irritierendes Moment in einer Stadt, in der die Erinnerungen an schlimme Zeiten immer mehr verblassen und verschwinden.
Gleichwohl musste eine große Anzahl von Ziegeln ausgetauscht werden, weil sie durch die jahrzehntelangen Witterungseinflüsse so stark geschädigt waren, dass sie herabzufallen drohten. Dafür wurden aber nur so viele Ziegel verwendet, wie aus Abbruchmaßnahmen in den Kellerbereichen der Kirche vorhanden waren.

Abb. 10 Mauerwerksausbesserung

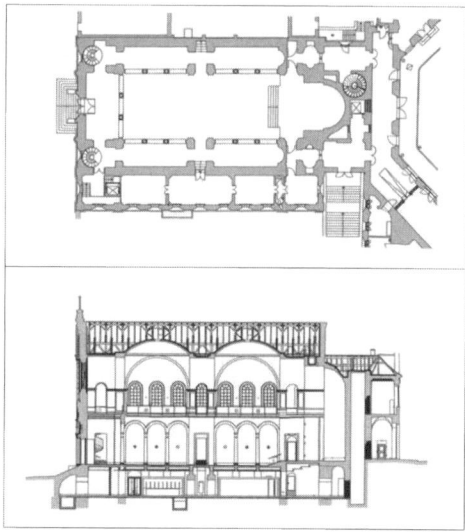

Abb. 12 Grundriss EG und Schnitt

Abb. 13 Stahltreppe

Das gereinigte Mauerwerk wurde mit einer leicht pigmentierten verfestigenden Wasserglaslösung behandelt, um zu grobe Farbunterschiede zu egalisieren.

Die neu einzubauenden Bauteile bestehen aus glatten und flächigen Elementen, absichtlich ohne jede ornamentale Wirkung; sie heben sich deutlich von der rauen, unregelmäßigen Oberfläche des alten Ziegelmauerwerkes ab. Sie ordnen sich unter und unterstreichen die abstrakte Architekturform der Allerheiligen-Hofkirche als eindrucksvolles Raumerlebnis.

Die Glasgeländer der Empore sowie die Wendel-

Abb. 15 Glasgeländer Empore

treppen stehen mit Abstand zum Bestand, eigenständig im Raum. Die mit dunkler Eisenglimmerfarbe gestrichenen Geländer der Stahltreppen nehmen sich zurück und wirken ebenso flächig wie der Bodenbelag aus Terrazzo-Estrich.

Die Beleuchtung des Hauptschiffes übernehmen Deckenstrahler, die in an den Kuppeln hergestellten Öffnungen verdeckt liegen. Die übrige Beleuchtung ist flächig eingebunden und erfolgt ausschließlich indirekt über Bodenlichtbänder und eingehängte Lichtdecken aus mattiertem, lichtstreuendem Glas. „Licht statt Lampen" war hier die Devise. Über Dimmerschaltungen sind verschiedene „Lichtszenarien" einstellbar.

Abb. 14 Empore

Abb. 16 Terrazzobodendetail

Abb. 17 Lichtdecken im EG

Die Lüftungsrohre wurden zum Teil in den ehemaligen Heizungsschächten in den Wänden verzogen, die bestehenden Heizungsöffnungen werden als Quellluftauslässe genutzt. Alle übrigen Haustechnischen Anlagen sind so angeordnet, dass sie auf den ersten Blick nicht erkennbar sind und so den Raumeindruck nicht stören. So wird z.B. die Abluft über die oben erwähnten Öffnungen in den Kuppeln abgesogen.
Die Foyerbereiche im Untergeschoss wurden durch die Absenkung des Kellerniveaus ermöglicht; auch hier sind die architektonischen Eingriffe deutlich erkennbar ausgeformt. Die erforderlichen Toiletten- und Garderobenanlagen sind als Möbel ausgebildet und freistehend eingstellt.

Abb. 19 Blick zum Chor

6 Heutige Nutzung

Aufgrund seiner ausgewogenen Akustik bietet der Raum heute wieder einen hervorragenden Rahmen für Konzerte und andere Veranstaltungen, gleichzeitig sind die Anforderungen an einen zeitgemäßen Versammlungsraum ohne Einschränkungen erfüllt, und der Klenze'sche Rohbau konnte seine klare und berührende Kraft behalten.

Abb. 18 Blick Richtung Eingang

Abb. 20 Bodenlichtband 1.OG

Bauen im Bestand

Abb. 21 Konzert in der sanierten Allerheiligen-Hofkirche   Fotos 13-21: Julia Schambeck

Restaurierung und Umbau im Mauerwerksbau

1 Allgemeines

1.1 Konstruktion und Aufgabe

System Der Umbau oder die Restaurierung eines neueren oder historischen Gebäudes stellt an den Tragwerksplaner und Konstrukteur andere Anforderungen als bei einem Neubau. Der Fehler, der sehr häufig im Umgang mit vorhandener Bausubstanz gemacht wird, ist das Herangehen wie bei einer Neuplanung, mit fast allen Freiheiten in der Wahl der Lastabtragung und der Systeme.

Die Konstruktion ist vorgegeben und die Systeme können nicht frei gewählt werden. Die Tragstruktur des Gebäudes entsteht nicht in der Vorstellung des Planers, sondern ist existent. Dieser Vorgabe muss sich der Tragwerksplaner unterwerfen, um zu geringen Eingriffen und Maßnahmen, und damit kostengünstigen Lösungen, zu gelangen.

Konstruktion Ist das Gebäude vollständig aus Mauerwerk errichtet, oder sind die Innenwände, wie häufig bei historischen Gebäuden, aus Fachwerk? Wie erfolgt die Abtragung der Lasten, sind die Innenwände übereinander ausgeführt, sind Wände bereits früher abgefangen worden? Handelt es sich um eine Flachgründung, oder sind Pfähle vorhanden, wie dies in Flussauen im Binnenland oft anzutreffen ist.

Ausführung Ist das Gebäude repräsentativ, kann von einer besseren Bauausführung ausgegangen werden, gegenüber einem Haus, das von der Lage und Architektur eher untergeordnet ist. Ist die Dachkonstruktion hochwertig kann von einer insgesamt guten Bausubstanz ausgegangen werden, sind minderwertige Hölzer und einfache Anschlüsse verwandt, ist im Übrigen von einer ähnlichen Ausführung auszugehen. Gebäude, die während oder unmittelbar nach Kriegen errichtet wurden, 1914-1920, 1939-1950, sind häufig von geringerer Qualität.

Umbau Welche Ziele sollen bei dem Umbau erfüllt werden. Bei Nutzungsänderungen mit erhöhten Verkehrslasten sind die Decken besonders zu beachten. Der Brandschutz und Schallschutz ist bei Mauerwerk meist ohne Maßnahmen vorhanden oder kann mit geringem Aufwand erreicht werden. Bei einer Änderung der Raumaufteilung ist zu überprüfen, ob eine Wand als wandartiger Träger wirkt, bzw. vertikal lastabtragend ist, oder es sich um eine nichttragende Wand handelt. Wände aus Mauerwerk sind im allgemeinen Wohnhausbau nicht als speziell aussteifende Wände ausgebildet, im Industriebau können sie als solche wirken.

Denkmalschutz Steht das Gebäude unter Denkmalschutz sind Einschränkungen in der Wahl der Materialien und Maßnahmen zu beachten. Die eingefügten Baustoffe sind den vorhandenen anzupassen. Die Eingriffe sind zu minimieren, sie sind dauerhaft, verträglich und reversibel auszuführen.

Handelt es sich um ein neueres Gebäude, oder ein solches ohne historische Bedeutung, sollte auch materialgerecht geplant werden, um Differenzen in den Bauteileigenschaften zu minimieren.

1.2 Begriffe

Die häufig in der konstruktiven Denkmalsanierung verwendeten Begriffe "Anamnese, Diagnose, Therapie" [Pieper – 83, S. 19] implizieren a`priori eine Krankheit – Schaden – des Gebäudes, daher werden im Folgenden die Begriffe "Befund, Beurteilung, Maßnahmen" verwendet, die wertneutral und allgemein verständlich sind.

Als **Wirkungen** werden Risse, Versetzungen, Absenkungen, Verformungen und Verrottungen bezeichnet. Die Wirkungen haben als Ursachen letztlich Planungs- oder Ausführungsmängel, diese sind bei historischen Gebäuden oder solchen, die älter als 50 Jahre alt sind, jedoch nicht relevant. **Ursachen** für alle Wirkungen sind die **Lasten** – Eigen-, Verkehrs-, Schnee-, Windlast – , die **nachgebende Unterkonstruktion** – horizontal oder vertikal – und das **Klima** – Temperatur und Feuchte.

Bei älteren Gebäuden ist für die Beurteilung der **Wirkungsverlauf** entscheidend, wie haben sich Risse in der Vergangenheit entwickelt, sind Setzungen oder Verformungen früher ausgeglichen worden, wo sind Verrottungen und Reparaturen, sind sie aus der Entstehungszeit oder aus der Gegenwart. Je nach Ursache und Größe und deren Veränderung, sind die Wirkungen akzeptabel, ein Mangel oder Schaden.

Ein **Mangel** in der Konstruktion ist die Störung eines Bauteiles ohne Gefährdung der Standsicherheit, ein **Schaden** die Zerstörung eines oder mehrerer Bauteile mit Gefährdung der Standsicherheit.

Durch den **Befund** ist es möglich, ein Gebäude wertneutral zu untersuchen, in der **Beurteilung** die Wirkungen ihren Ursachen zuzuordnen, und über die Bestimmung des **Wirkungsverlaufes** zu angemessenen **Maßnahmen** zu gelangen, die im Mauerwerksbau meist als Reparatur ausreichend sind.

2 Befund

Erhält man den Auftrag, die Standsicherheit eines historischen Bauwerks zu beurteilen, so stellt der Befund den ersten, fast wichtigsten Teil dar. Bei großen umfangreichen Vorhaben, wie auch bei kleineren Umbauten oder Umnutzungen, sollte die Vorgehensweise stets ähnlich sein und sich lediglich im Umfang unterscheiden. Der Text kann nur einzelne wichtige Aspekte behandeln, umfassend ist das Thema in [Böttcher – 00], dem Teile entnommen sind, dargestellt.

Der Befund bildet die Grundlage für alle weiteren Arbeiten und ist entsprechend sorgfältig zu erstellen. Die vorhandenen Wirkungen werden umfassend beschrieben, fotografiert, gemessen und dokumentiert. Unter Berücksichtigung der Berechnung wird daraus der Wirkungsverlauf ermittelt.

Bei neuen Gebäuden ist die Konstruktion und die Lastabtragung anhand der vorliegenden statischen Berechnung zu bestimmen.

Statische Berechnungen werden seit etwa 1890 für größere Gebäude erstellt. Angaben zu historischen Konstruktionen sind unter anderem in [Bargmann – 93], [Ahnert/Krause – 00] enthalten.

2.1 Wirkungen

Bei einem **ersten Rundgang** außen und im Inneren sind die Bauteile nach Augenschein zu untersuchen.

Bei **Decken** fallen starke Durchbiegungen bereits beim Begehen auf, sofern die Verformungen nicht ausgeglichen sind. Die Systeme und Verformungen der Decken werden oft erst bei der Betrachtung im darunter liegenden Geschoss erkennbar. Die Spannrichtung und der Abstand von Holzbalken ist durch die Dielung und Nagelung festzustellen. Wenn die Balkenauflager frei liegen, sollte die Holzqualität bei der Einbindung ins Außenmauerwerk untersucht werden, da diese Bereiche häufig geschädigt sind. Die Zwischenräume können mit einem Endoskop untersucht werden. Durch kurzes, kräftiges Aufspringen auf den Decken ist die Schwingung und der Klang zu bewerten. Starkes Nachschwingen deutet auf geringe Tragfähigkeit oder geringe Masse hin. Decken mit geringen Massen, ohne Füllungen, klingen "heller".

Bei **Wänden** sind die Verformungen, Risse, Klaffungen und Reparaturspuren zu beachten, Bereiche mit herabfallendem Putz lassen auf Feuchtigkeit schließen. Die Anschlüsse der Decken an die Wände und die Rechtwinkligkeit der Türen und Fenster sind zu untersuchen. Innenputze sind bezüglich ihrer Verfärbungen, Feuchtigkeit und eventueller Ausflickungen zu betrachten. Erste Einschätzungen aufsteigender Feuchtigkeit am Sockel können erfolgen.

Kellerräume sind hinsichtlich ihrer Trockenheit oder Feuchtigkeit einzuschätzen. Die Schädigung der Decken – Gewölbe, Holz-, oder Kappendecken – ist zu erfassen. Die Ebenheit eventuell sichtbarer Fugen ist zu beobachten.

Die Wirkungen aus unzureichender **Wartung und Pflege** der Bauwerke sind im Allgemeinen nicht zu übersehen. Mangelhafte Ableitung von Regenwasser, undichte Dächer und Fenster, abfallender Putz, offene Fugen, Spritzwasser im Sockelbereich, verrottete Hausinstallationen führen bereits mittelfristig zum Verlust der Tragfähigkeit von Einzelbauteilen.

2.2 Umfang der Untersuchung

Für die Bauteile Holzbalkendecken, Kappendecken, Wände und Gründung sind im Folgenden Punkte zusammengestellt, die bei der genaueren Untersuchung zu beachten sind. Die

Beobachtungen und Feststellungen sind durch Diktat, Fotografie und Messungen zu dokumentieren.

2.2.1 Holzbalkendecken

- Klärung der **Spannrichtung** und des **Balkenabstandes** durch Dielenverlauf und Abstand der Nagelung
- Bestimmung der **Dielenbreiten** als Indiz des Alters, je breiter die Dielen um so älter können sie angenommen werden
- Bestimmung von **Querschnitten** und **Deckenaufbau**, in der Regel nur durch Öffnen der Decken festzustellen, oder mit Bohrungen und Endoskop
- Abschätzen der **Schwingungen** durch kräftiges Aufspringen, je stärker die Schwingung oder Verformung, umso geringer die Tragfähigkeit oder die Masse
- Feststellung der **Verformungen**, Feststellen eines Verformungsausgleichs auf der Oberseite durch Kontrolle der Deckenuntersichten, Nivellement
- Untersuchung der **Deckenauflager** vor allem an den Außenwänden hinsichtlich abplatzenden Putzes am Auflager und Verfärbungen des Putzes infolge Durchfeuchtungen; Untersuchung von Wandstärken zur Abschätzung der Auflagertiefe
- Wirkungen an den Balken im Feld und über den inneren Auflagern: **Bruch** infolge Biegung, **Quetschungen** infolge Stützensenkungen oder Verdrehungen
- **Verrottung** durch verbliebene Feuchtigkeit auf Balken und Dielen
- **Verfärbungen** von Dielenbereichen, Deckenunterkonstruktionen und Putzen infolge von Feuchtigkeit
- Messung der **Holzfeuchte**, zur Abschätzung der Gefährdung von Schädlingsbefall

2.2.2 Kappendecken, vor allem über Kellern

- **Träger**, sichtbare Flanschbreite, Abstand, Rostansatz, Durchbiegung
- **Steinformat**, flach oder hochkant ausgeführt
- **Deckenaufbau**, Stichmaß der Kappen
- **Stein- und Mörtelqualität**, Klopfproben mit Hammer: gelöste Steine klingen "dumpfer", eingebundene Steine klingen "heller"

- Angaben zu **Putz**abplatzungen und Ablösungen durch Salzkristallisation
- **Risse**, klaffende Fugen, Risstiefe
- **Auflager** im Mauerwerk: Feuchtigkeit, Korrosion, Risse
- Ableitung der Horizontalkräfte im Endfeld, Einbau von Zugankern, ausreichendes **Mauerwiderlager**.

2.2.3 Wände aus Mauerwerk

Wände als vertikale Ebenen sind weitgehend einheitlich ausgeführte Bauteile. Risse und Verformungen sind, je nach Wirkungsort, nicht gleichmäßig verteilt. Bei Problemen in der Gründung werden die Risse in den Wänden nach oben geringer, bei Störungen durch Gewölbe verformen sich die Wände an der Mauerkrone am stärksten. Feuchtigkeit mit Frosteinwirkungen führen zur Ablösung von Außenschalen bei dreischaligem Mauerwerk.

- **Flächen von außen,** Sichtmauerwerk, Putz, Backstein, Naturstein, Formate
- **Verformungen**, Klaffungen, frühere Reparaturen von Rissbereichen, Verschiedenartigkeit der Steinformate, Ebenheit
- Feststellung von **Setzungen** durch Nivellement, bei Sichtmauerwerk über die Fugen, bei geputzen Flächen im Sockelbereich oder über Fensterbrüstungen
- Wirkungen an Stein- oder **Putzoberflächen**, Ausmaß und nach Himmelsrichtungen gegliedert; Putzhaftung, Flechtenbewuchs als Hinweis auf Feuchte im Mauerwerk, im Südwesten am stärksten, im Nordosten am geringsten
- **Beschreibung** der einzelnen Wandbereiche und Wandflächen von Wandkrone bis -fuß
- Beschreibung der **Risse**, diagonaler, vertikaler oder horizontaler Verlauf bei Sichtmauerwerk bzw. im Putz; bei Putzausführung bzw. Farbfassung, Befragung des Bauherrn nach der letzten Überarbeitung
- Angaben zur **Putzqualität**, Zementputz, Kalkputz, Schlämmen – Haftung, Versanden
- Beobachtung von **Gipsmarken**
- Reparaturen nach **Himmelsrichtungen**, im Südwesten am stärksten, im Nordosten am geringsten

- Beschreibung der **Flächen von innen**, Rechtwinkligkeit und Versetzung der Fenster, Reparaturspuren
- **Putzflächen**, Haftung auf dem Untergrund, Farbschichten, Tapetenreste, häufig wurden als Untergrund Zeitungen verwendet, u.U. Bestimmung des Erscheinungsdatums
- **Verfärbungen**, Angaben zu aufsteigender Feuchtigkeit, Salzbildungen mit Geschmacksproben: salzig - Kochsalz, neutral – Gips, Kalk
- Klaffungen, **Risse**, Verschmutzung der Rissflächen
- Beobachtung älterer **Gipsmarken**.

2.2.4 Gründung

Die Größe der Setzungen ist mit einem **Nivellement** in den Geschossen zu bestimmen. Um die Art und Ausführung der Gründung zu untersuchen, sind **Schürfen** erforderlich.

Setzungen aus Problemen der Gründung verringern sich in den **aufgehenden Geschossen**.

Setzungen in Wellenlinien mit geringen Differenzen, Δh ca. 3–4 cm, sind bei Bauwerken mit einem Alter von mehr als 200–300 Jahren normal und akzeptabel.

Schnell **fortschreitende Setzungen** mit Rissbildung, erkennbar an sauberen Rissflächen, nach langen setzungsfreien Zeiten deuten z.B. auf verrottende Pfahlköpfe hin oder großräumige Grundwasserabsenkungen, unter Umständen mit verrottenden oberflächennahen Torfen.

Stark **unterschiedliche Setzungen** in Teilbereichen des Bauwerkes weisen bei harmonischem Übergang der Setzungen und Risse vom gestörten zum intakten Material auf wechselnde Bodenschichten hin oder bei starken Versetzungen auf geringen Längen auf unterschiedliche Gründungen, Pfähle und Streifenfundamente.

Auf weichen Bodenschichten treten anfangs große, auch unterschiedliche Setzungen auf, die sich nach einer **Konsolidierungszeit** von ca. 150-250 Jahren stark vermindert fortsetzen.

2.3 Berechnung

System

Für die Ermittlung der Schnittgrößen ist die vorhandene Konstruktion zugrunde zu legen. Die Systeme sind damit vorgegeben. Bei großen Gebäuden, wie Kirchen, ist für die Ermittlung der Schnittgrößen das Gebäude als räumliches Stabwerk zu berechnen.

Alle Bauteile wirken zur Lastabtragung mit und sind bei einem räumlichen Stabwerk mit einzubeziehen.

Belastung

Die **Eigen- und Verkehrslasten** sind den gültigen Vorschriften zu entnehmen. Die Schnee- und Windlasten der DIN-Normen entsprechen heute etwa den Werten von 1875, als erste Belastungsangaben gemacht wurden [Bargmann – 93, S. 20 f].

Schnittgrößen

In der Berechnung ergeben sich an den Schnittkanten der Ebenen, aus denen ein Gebäude gebildet wird, Dach, Decken, Wände, Gründung, folgende Lasten:

Vertikallasten aus Dach, Decken, Gewölben

Horizontallasten aus Dach und Gewölben, Windlasten können bei Wandstärken über 60 cm unberücksichtigt bleiben, der Einfluss auf die Stabilität des gesamten Bauwerks ist jedoch zu untersuchen

In den Ebenen der Wände:

Momente aus Wind, horizontalen Gewölbelasten, Erddruck.

Die Größenordnung der vertikalen **Setzungen** oder **horizontalen Verschiebungen** ist als Wirkung bestimmt worden. Bei der Berechnung als räumliches Stabwerk können die Werte als Zwangsverformungen bei großen Setzungen eingefügt werden.

Werte für wechselnde **Temperatur** auf die Außenwände sind in [Böttcher – 00, S. 67] angegeben. Der Einfluss aus Temperatur und **Feuchtigkeit** ist als statische Einwirkung nicht relevant.

Bemessung

Aus den ermittelten Schnittgrößen der **Lasten** werden zunächst die **vorhandenen Spannungen** in den einzelnen Bauteilen ermittelt. Stimmen die Werte mit den zulässigen Spannungen von DIN 1053 nicht überein, sind die Randbedingungen der eigenen Rechnung und der Erhaltungszustand des Mauerwerks sowie die Güteklasse des Mörtels zu untersuchen und dann zu entscheiden, ob die zulässigen Werte korrigiert werden können. In der Regel sind die Spannungen in historischem Mauerwerk aufgrund der großen Querschnitte sehr viel geringer als die zulässigen Spannungen.

Frühere zulässige Spannungen sind in [Bargmann – 93, S. 387 f] enthalten, bei Reparaturen kann hierauf Bezug genommen werden.

Entscheidend für die Beurteilung der langfristigen Standsicherheit ist jedoch nicht der Spannungsnachweis, sondern die Ermittlung der bezogenen **Ausmitte** in den Bauteilen. Bei historischen Konstruktionen sollte gelten:

$$e/d = M/N \cdot d \leq 0{,}167$$

Die in DIN 1053 genannte Größe zul. $e/d \leq 0{,}333$ bedeutet eine klaffende Fuge bis zur Querschnittsachse. Der Wert $e/d = 0{,}167$, keine klaffende Fuge, ist bei historischen Bauwerken auch im Lastfall HZ eingehalten, wie an mehreren Kirchen untersucht wurde. Dadurch sind bei den T-Querschnitten der Stützpfeiler die Fugen geschlossen, ein konstruktiver Bautenschutz.

Der Einfluss **nachgebender Unterkonstruktion** oder Gründungen auf die Schnittgrößen und Spannungen ist gering.

Das Klima ist für die Ermittlung der Bauteilspannungen ohne Einfluss. Die täglichen Temperaturdifferenzen bewirken bei Sichtmauerwerk eine Längenänderung in den äußeren Steinen von etwa $\Delta l = 0{,}2$-$0{,}3$ mm. Für die langfristige Zerstörung der Außenfläche nach etwa 10 000 Lastwechseln, 60-80 Jahre, ist dieser zunächst geringe Einfluss, in Verbindung mit Feuchtigkeit und den Frost-Tau-Wechseln, die Ursache.

3 Beurteilung

3.1 Wirkungen und Ursachen

Die am Bauwerk beobachteten **Wirkungen** können eindeutig definiert und ihren **Ursachen** zugeordnet werden.

Risse, Versetzungen, Verformungen und Verrottungen sind zunächst Wirkungen und nicht Schäden, wie dies sehr häufig in der Literatur und in Gutachten angegeben ist.

Interessant sind nur die Ursachen, die zu den Wirkungen geführt haben. Diese werden unterschieden nach Lasten, nachgebender Unterkonstruktion und Klima. Planungs- oder Ausführungsfehler sind bei historischen Gebäuden nicht mehr relevant.

– **Risse** sind die Entspannungen einer Einwirkung. Ein nicht im Gleichgewicht stehendes System wird ins Gleichgewicht gebracht. Dieser Prozess ist beendet, sobald sich ein stabiles System entwickelt und keine weiteren Aufweitungen eintreten.

Die Ursache für Risse sind meist unterschiedliche Setzungen des Gebäudes oder von dessen Teilen. Durch die Temperatur auf die Außenflächen von Sichtmauerwerk in Verbindung mit Feuchtigkeit und Frost kommt es langfristig zu Rissen, ohne Einfluss auf die Standsicherheit, jedoch Verlust der Tragfähigkeit von Außenschalen.

– **Versetzungen** sind sprunghaft horizontal oder vertikal verschobene Bauteilbereiche; sie entstehen als Entspannungen von großen oder konzentrierten Einwirkungen.

Die Ursache bei Wänden sind immer stark unterschiedliche Setzungen in kurzen Bereichen, z. B. bei großen Fenstern. Bei Gewölben ist das horizontale Ausweichen der Wände im Bereich der Fenster häufig die Ursache.

– **Verformungen** entstehen durch Lasten und Setzungen und sind in der Berechnung zu überprüfen.

Als Ursache weisen sie auf zu hohe Einwirkungen bzw. zu gering dimensionierte Querschnitte hin.

– **Verrottungen** sind Störungen oder Zerstörungen infolge Feuchtigkeit und der sich daraus ergebenden biologischen Prozesse im Holz. Im Stein führt die Feuchtigkeit bei Außenwänden langfristig zu Frostschäden, die bis zur vollständigen Zerstörung des Mauergefüges führen können. Im Inneren führt Feuchtigkeit in der Regel zu Putzschäden.

Entscheidend für den Maßnahmenbedarf ist, ob sich in der Vergangenheit ein Tragwerk entwickelt hat, das aufgrund der klimatischen Einwirkungen zwar noch weiteren Veränderungen unterworfen ist, jedoch insgesamt standsicher und im Gleichgewicht ist.

Die Überbeanspruchung eines Bauteiles führt in der Regel nicht zu Problemen, erst durch die Summe von mehreren Ursachen und Wirkungen entstehen große Schäden mit hohem Sanierungsbedarf.

3.2 Wirkungsverlauf

Für die Bewertung der Wirkungen ist deren historischer Verlauf von entscheidender Bedeutung. Wirkungen, die schon in der Bauzeit entstanden, wie häufig das Nachgeben der Gründung, und weitgehend konsolidiert sind, erfordern keine Maßnahmen. Die meisten Wirkungen an den Außenwänden entstehen aufgrund klimatischer Einflüsse und sind in einem langen Zeitraum entstanden.

Bei der Untersuchung des Wirkungsverlaufs ist nach den Ursachen – Lasten, Nachgeben der Unterkonstruktion, Klima – zu suchen. Eine genauere Einschätzung kann oft erst mit zunehmender Erfahrung im Umgang mit historischen Bauwerken erfolgen. Allgemein gelten folgende Grundraster.

Bei **Wänden aus Mauerwerk** führen neue Risse zu hellen sauberen Risskanten. Eine deutliche Verschmutzung der Risse mit Spinnweben und Staub, Farbspuren und Griff- oder Bearbeitungsspuren sind kennzeichnend für alte Wirkungen. Die Verformungen und deren eventueller Ausgleich sind durch die Berechnung einzuschätzen.

Bei Rissen ist die Verschmutzung der Kanten und die eventuellen früheren Bearbeitungen zu beachten. Sind bereits Flechten über Risse gewachsen, so kann von einer jahrzehnte zurückliegenden Ursache ausgegangen werden.

Entscheidend für die Beurteilung ist immer das Umfeld der Wirkungen, deren Reparatur oder Ausgleich und die Verschmutzung der Risse.

Für **Gründungen** gelten die Angaben wie bei den Wänden. Verrottende Pfahlgründungen haben lange Zeit keinen Einfluss auf das Bauwerk, bis der Restquerschnitt des Pfahles seine Bruchfestigkeit erreicht hat, dann treten die Wirkungen schnell und stetig auf. Der Wirkungsverlauf kann durch Gipsmarken beobachtet werden.

Eine genaue **Einschätzung des Alters** der Wirkungen, ob 10, 100 oder 500 Jahre, kann nur durch Berechnungen der Ursprungsverformungen und Vergleich mit den vorgefundenen Verformungen erreicht werden. Der Vergrößerungsfaktor für 500 Jahre liegt nach den Beobachtungen des Verfassers bei $\kappa \cong 10$.

Dieser Wert gilt nur bei statischen Einwirkungen. Gründungsprobleme aus sinkenden oder wechselnden Grundwasserständen können innerhalb weniger Monate zu erheblichen Störungen führen, was an den Risskanten ablesbar ist.

3.3 Bewertung

Gebäude haben durch ihre pure Existenz in Jahrzehnten oder Jahrhunderten ihre Standsicherheit bewiesen. Die oft geäußerte Meinung, aufgrund heutiger Vorschriften sei dies nicht nachweisbar, ist falsch. Die Lasten aus Holz, Stein, Wind und Schnee haben sich nicht verändert. Die Nachweise müssen sich auf die vorhandenen Tragwerke beziehen und die Schnittgrößen realistisch ermitteln.

Um die Wirkungen besser zuordnen zu können, sind diese im Grundriss des Gebäudes einzutragen. Das Nivellement gibt Erkenntnisse über den Wirkungsort der Setzungen und Verformungen.

Wie eine Bewertung erfolgen kann wird an einem Beispiel deutlich.

Beispiel 3.1 Untersuchung einer Schulsporthalle von 1930

Es handelt sich um eine Schulsporthalle von 1930, L/B/H = 99/20/8,7 m, mit 19 Fensterachsen. Die Verblendsteine sind gesintert und dicht, der Fugenmörtel ist außen grobkörnig, der Mauermörtel im Inneren als Kalkmörtel ausgeführt. Herausgefallene Mörtelteile ließen vermuten, dass die Stahlbetondecke Horizontalverschiebungen erfahren hat. Die Standsicherheit der Konstruktion sollte beurteilt und Maßnahmen angegeben werden. Der Schnitt in Bild 3.1 zeigt die Situation des Gebäudes.

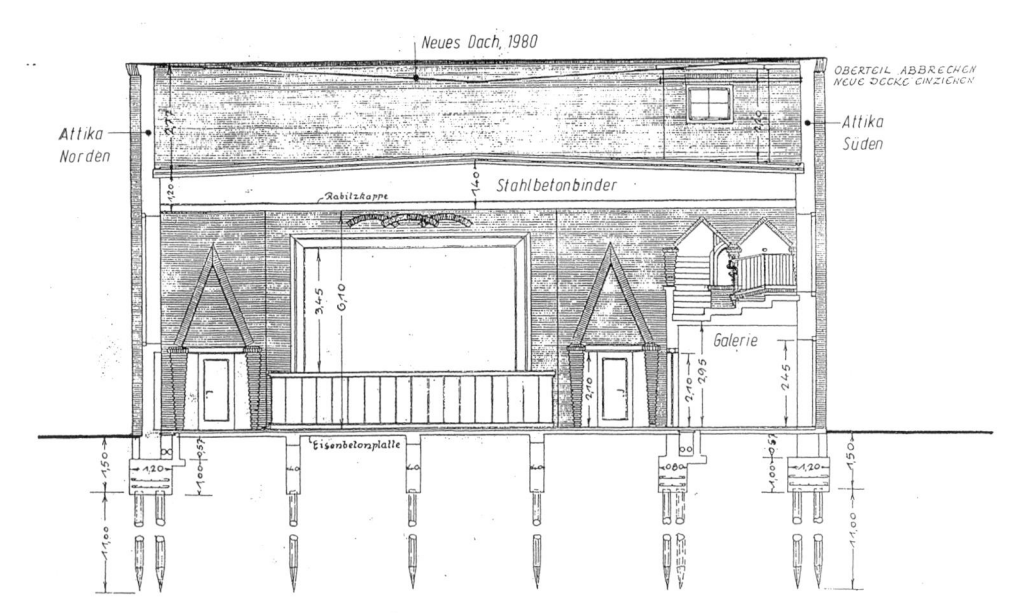

Bild 3.1: Schulsporthalle von 1930, Schnitt

Wirkungen

Bei den gestörten Fugen sind folgende Punkte als Wirkungen auffallend.

- Die herausfallenden Fugen sind in der Ebene der Stahlbetondecke vorhanden. Bereiche darüber und darunter sind geschädigt, jedoch auch früher nicht bearbeitet.
- Zwischen der Nord- und Südwand waren große Unterschiede in den früheren Wirkungen vorhanden. Die Nordwand wurde etwa 1990 vollständig in einer Ebene der Stahlbetondecke bearbeitet, die Südwand nur in kleinen Bereichen.
- In der Süd-, West- und Nordwand sind oder waren Versetzungen der Steine vorhanden, in der Ostwand sind keine sichtbar.
- Kalkausblühungen, die auf äußere Durchfeuchtungen schließen lassen, sind innen an der Südwand stärker als an der Nordwand.
- Die Auswertung der Wirkungen anhand der Bilder, (65 Fotos), an den Innen- und Außenseiten zeigt, dass die Ausblühungen an der Südwand innen im Osten am stärksten sind, hier sind auch die Störungen der Fugen am größten. Nach Westen werden die Wirkungen und Störungen geringer. Im Norden sind nur noch geringe Wirkungen sichtbar.
- Große Risse, Versetzungen, Verdrehungen sind nicht vorhanden.
- Um die Feuchtigkeit der Nordwandattika zu verringern ist auf den roten Backstein des Hintermauerwerks an der Südinnenseite ein Putz aufgebracht worden. Teilbereiche wurden bituminiert. Die Nordinnenseite der Südwandattika ist unbehandelt geblieben.

Ursachen

Für die Risse in den Fugen in einer Ebene sind mehrere sich überlagernde Ursachen maßgeblich.

- Verdrehung der Auflager der Stahlbetonbinder infolge Durchbiegung mit Klaffung an der Außenwand.
- Größere Längenänderung der Stahlbetonbinder an der Nordwand aufgrund der steiferen Konstruktion an der Südwand mit Galerie und Querwänden. Hierdurch waren wahrscheinlich die Fugen an der Nordwand bereits 1990 größer und wurden bearbeitet.
- Die Attika an der Südwand ist durch vier Kamine besser ausgesteift, so dass die Klaffung der Fuge infolge Windbelastung erheblich geringer ist. Hierdurch sind die stärkeren Fugenstörungen der Nordwand, $e/d = 0{,}657$, mit früherer Reparatur zu erklären.

- Durch den grobkörnigen Fugenmörtel ist die Dichtheit der Außenfassade infolge Temperatur und Feuchte an der Südseite geringer geworden. Hierdurch ist es zu einer stärkeren Feuchteeinwirkung in der Wand gekommen. Daher sind die Kalkausblühungen an der Südseite stärker als an der Nordseite. Die Fugen der Nordwand an der südlichen Innenseite sind weitgehend intakt und dicht.
- Durch die saugfähigen Hintermauersteine in der Attika ist die Feuchtigkeit im Süden im Mauerwerk verblieben und konnte durch die gesinterten Verblender nicht auf der warmen Seite im Süden entweichen. In der Nordwand konnten die Backsteine durch die Erwärmung auf der Südseite die Feuchtigkeit schneller abgeben, dadurch gibt es hier geringere Ausblühungen in den Stürzen. An der Südwand hat sich die höhere Feuchtigkeit nach unten ausgebreitet und ist innen an den Pfeilern und Stürzen mit den gelösten Kalkanteilen ausgetreten. Die Größe der Störungen des Verblendmauerwerks im Süden korrespondiert mit der Stärke der Ausblühungen.

Zusammenfassung

Die Ursache der geschädigten Fugen in der Südseite liegt in dem grobkörnigen Mörtel, der eine geringere Dichtheit gegenüber einem feinkörnigen Mörtel hat, infolge 70-jähriger Temperatureinwirkung. Durch die Binder sind infolge Durchbiegung und Längenänderung sowie durch die teilweise nicht ausgesteiften Attikawände, ursprüngliche Risse entstanden, die als Sollbruchstellen wirken.

Eine Schädigung des Mauerwerks infolge Rosten der Bewehrung ist aufgrund der einheitlichen hellen Farbe der Kalkausblühungen auszuschließen.

Die Längenänderungen der Betondecke sind durch die neue höhere Dachebene stark vermindert, da die Temperatur von früher maximal 80 °C auf jetzt etwa 30 °C vermindert ist. Der Einbau einer Wärmedämmung hat nur Einfluss auf die Wärmeverluste.

Maßnahmen

Die Fugen können durch Reparatur bearbeitet werden. Der grobkörnige Fugenmörtel sollte in den Bereichen, wo starke Risse und Spalten vorhanden sind, durch einen feinkörnigen Mörtel ersetzt werden.

Durch die gesinterte Oberfläche der Steine ist eine Wasserdichtheit gegeben. Hydrophobe Anstriche der Mauerwerksflächen sind nicht geeignet eine Dichtung zu erzielen. Zum einen sind die stark strukturierten Oberflächen für einen derartigen Anstrich nicht geeignet, zum anderen sind die Anstriche nach wenigen Jahren wirkungslos. Durch die nachlassende Diffusionsoffenheit der Anstriche kann es zur Ansammlung von Feuchtigkeit unter der Oberfläche kommen, mit flächiger Ablösung der Fugen durch Frost.

4 Maßnahmen
4.1 Reparatur von Mauerwerk

Die häufigen Reparaturspuren bei historischen Bauwerken seit der Entstehung zeigen uns heute die Probleme, die bei den Gebäuden auftraten und die zeitliche Abfolge der Störungen. Somit ist die Reparatur von Wandflächen durch Erneuerung zerstörten Steinmaterials mit Materialien, die auch in der Entstehungszeit existierten, ein Ausdruck der heutigen Vorstellung von Sanierung und ein Weiterführen der historischen Entwicklung der Erhaltung.

Die heute durchgeführten Maßnahmen sollen erkennbar und vor allem reparabel sein. Diese Forderungen werden von der vollständigen Mörtelverpressung, Vernadelung [Wenzel/Kleinmanns – 00, S. 64] und Hydrophobierung [Franke – 94] nicht oder nur eingeschränkt erfüllt.

Die Sanierung der Mängel und Schäden aus den klimatischen Einflüssen kann nur in der Tradition vergangener Jahrhunderte fortgeführt werden, nämlich der Reparatur durch Entfernen der gestörten und zerstörten Bereiche und Ersatz durch Material, das in Festigkeit und Ausführung dem überkommenen angepasst ist.

Verformungen

Vorhandene Verformungen sollten als Alterswert erhalten werden, auch um die konstruktionshistorische Kausalität zu bewahren, zumal die Rückversetzung einer Wand zu nicht einschätzbaren Zwangsspannungen führt, die weitere Wirkungen nach der Anpassung erzeugen können.

Zerstörte Steine, offene Fugen

Wenn lediglich die Oberflächen der Steine Störungen aufweisen, die Außenschale bei dreischaligem Aufbau aber noch mit dem Kern verbunden ist, sind diese Bereiche zu entfernen und durch neue Steine zu ersetzen. Störungen in den Fugen sind durch erneutes Verfugen mit angepasstem Material zu beheben.

Risse

Risse mit geringen Breiten, < 1 cm, die in den vergangenen 60-80 Jahren nur geringe Aufweitungen <2 mm erhalten haben, werden durch Neuverfugung bearbeitet. Bei Rissbreiten zwischen 1–5 cm am besten durch das Entfernen des losen Steinmaterials und dessen Neuvermauerung. Bei breiten alten Rissen mit einer Breite über 5 cm, die sich in den letzten 60-80 Jahren nur wenig verändert haben, kann beidseitig ein Stein herausgenommen und die Spalte neu vermauert werden. Eventuelle neue Steine und der Mörtel sind dem überkommenen Material anzupassen. Sind die alten Risse breiter als 10 cm, sind zusätzlich Mauerbrücken im Kern sinnvoll, vgl. [Böttcher – 00, S. 321].

Abgelöste Außenschalen bei Backstein

Bei Wandstärken von über 60 cm kann von einer dreischaligen Ausführung ausgegangen werden. Ist eine Außenschale vom Kern abgelöst, kann von einer Zerstörung der äußeren Steine ausgegangen werden. Vor allem die Wetterseiten, Süden und Westen, sind häufig bei historischen Gebäuden geschädigt, Flechtenbesatz deutet darauf hin. Vollständige großflächige Ablösungen von Außenschalen sind selten.

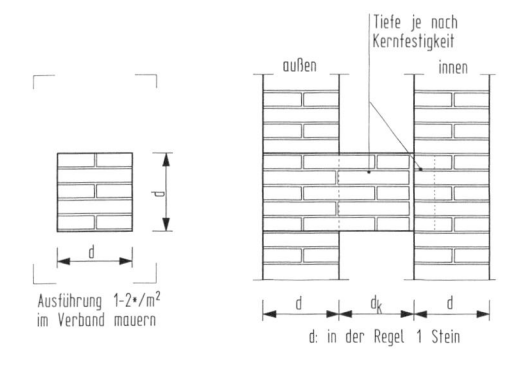

Bild 4.1: Mauerbrücke zur Verbindung von Außenschale und Kern

Die Steine der zerstörten Außenschale sind zu ersetzen. Um die Außenschale mit dem Kern zu verbinden, sind in [Böttcher – 00, S. 319] Mauerbrücken angegeben; der Anschluss ist von außen nicht sichtbar, vgl. Bild 4.1. Die Abmessungen der Brücken sind an die Steinformate anzupassen. Das Kernmauerwerk wird bis zu den tragfähigen Bereichen entfernt; in das feste Kernmaterial werden Löcher eingestemmt, in die die Brücken gemauert werden. Nach den Erfahrungen ist eine Einbindung bis in die Innenschale nicht möglich, da das Gefüge zu fest ist. Die Wand wird mit der Außenschale geschlossen und mit dem festen Kern durch Steine, Steinabschläge und Kalk-, Muschelkalk- oder Kalkzementmörtel verbunden.

Die Anzahl der Brücken hängt vom Störungsgrad der Wand ab und ist im Einzelfall festzulegen. Im Allgemeinen sind partiell 1–2 Brücken je m² ausreichend. Eine Ermittlung der zulässigen Kräfte ist in [Böttcher – 00, S. 320] angegeben. Eine Mauerbrücke in Kalkzementmörtel der Mörtelgruppe II entspricht der Kraft einer Vernadelung mit 2 ⌀ 12 mm [Wenzel – 88].

Die Mauerbrücke ist unempfindlich gegenüber klimatischen Einflüssen, was bei der Vernadelung nicht zutrifft. Die große Fläche der Mauerbrücken ist gegenüber der punktuellen Lasteinleitung der Nadeln konstruktiv sinnvoller.

Abgelöste Außenschalen bei Naturstein

Die historische Sicherung von ausbeulenden Wandpartien erfolgte durch Eisenanker, die Außen- und Innenschale verbinden und mit den äußeren Querstäben mehrere Steine erfassen, oft als Jahreszahlen ausgebildet. Der Nachteil dieser Ausführungen ist, dass durch das äußere Loch Wasser eindringt und der Anker in einer Tiefe von etwa 10–20 cm im Mauerwerk rostet, so dass viele Anker lose im Mauerwerk sitzen.

Die nachstehende Konstruktion zur Sicherung einer ausgebeulten Wand mit abgedeckten Ankern kann bei einer Quader-, Feld- oder Bruchsteinwand angewandt werden, vgl. Bild 4.2. Es ist ausreichend nur die gestörten Bereiche der Wand zu sichern.

Die Anker, Gewindestangen ⌀ 16 mm V4A, werden in ein Bohrloch mit einem Durchmesser von 35 mm gesetzt. Der Spalt zwischen Kern und Außenschale wird mit geringem Druck, 4-5 bar, mit gleichartigem Mörtel gefüllt. Eine vollständige Verfüllung aller Hohlräume ist nicht erforderlich. Nach etwa einer Stunde wird die Montagehilfe entfernt und die Unterlegscheibe mit zwei Muttern angebracht. Durch kräftiges Anziehen kann eine leichte Vorspannung aufgebracht werden, zur Bestimmung der aufgebrachten

Kraft genügt der subjektive Eindruck. Die Abdeckung der Schrauben kann außen mit dem ausgebohrten Stein erfolgen. Die Schrauben an der Innenschale können versenkt werden oder sichtbar bleiben. Die Kontrolle der Anker ist von innen möglich.

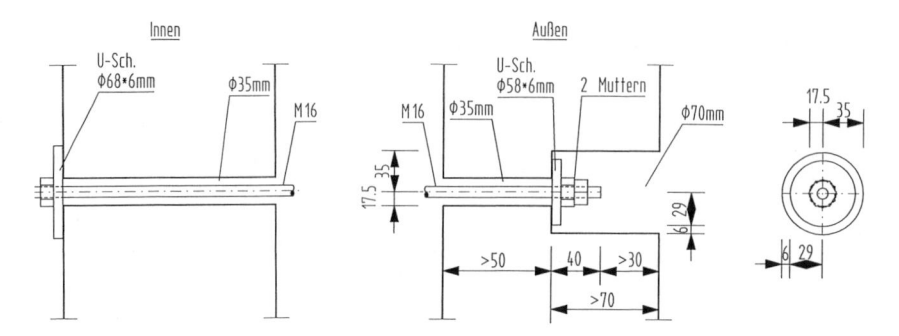

Bild 4.2: Sicherung von abgelösten Wandbereichen

Das Verfahren hat folgende Vorteile gegenüber einer Vernadelung:
- Verwendung von gleichartigem Mörtel zur Verfüllung der inneren Spalten, i. d. R. Kalkmortel
- Durch die relativ geringe Menge von Mörtel im äußeren Bereich ist die Veränderung des Salz- und Feuchtepotentials im Inneren der Wand gering
- Sichere, mechanische Lasteinleitung ohne mögliche thermische Einwirkungen
- Geringe Störung der Oberflächen
- Spätere Kontrollmöglichkeit der Zugkraft durch Untersuchung der inneren Schrauben.

Mörtelverpressung

Mörtelverpressungen werden meist in Verbindung mit Vernadelungen ausgeführt. Um die Haftung der Nadeln mit dem Mauerwerk zu erzielen, ist es daher notwendig Zementmörtel zu verwenden.

Die Veränderung der Festigkeit und Dichte des Mauerwerks führt aufgrund der Spannungen aus Temperatur, den höheren Lasten bei bindigem Baugrund und einer veränderten Feuchteverteilung zu uneinschätzbaren Spätfolgen an Mauerwerk und Putz. Denkmalpflegerische Belange werden in [Eckert – 00, S. 65 f.] diskutiert, danach ist die Forderung der Denkmalpflege nach Reversibilität, der Umkehrbarkeit einer Ausführung, für Injizieren und Vernadeln von Mauerwerk nicht gegeben.

Die Möglichkeit des historischen Kalkmörtels Verformungen und Setzungen ohne Rissbildung aufzunehmen, ist bei dem unelastischen Mauerwerk mit Zementverpressungen nicht mehr gegeben.

Mörtelinjektionen sollten immer erst dann eingesetzt werden, wenn sich alle anderen Sanierungsmöglichkeiten als unzureichend oder undurchführbar erwiesen haben. Dies kann der Fall sein bei Mauerwerk im Wasser, bei dem eine Freilegung und Trocknung des Mauerwerks nicht möglich ist.

Die Sanierung des Sockels einer Wasserburg erfolgte durch Injektion der gestörten Bereiche mit unter Wasser abbindendem Mörtel. Das Material, das auch im Hafenbau eingesetzt wird, ist frostbeständig. Durch die Haftung des Zementes an den Bruchsteinen ist eine irreparable Ausführung gewählt worden, die in diesem Fall nach dem Stand der Technik die einzige Möglichkeit darstellte.

Das Problem der **Vernadelung** ist die Verankerung in der Außen- und Innenschale. Bei Backsteinmauerwerk beträgt die Dicke der Schale höchstens 30 cm, bei Natursteinquadern jedoch häufig nur 12–15 cm. Durch die Erwärmung der Steine im Süden und Westen ist aufgrund der unterschiedlichen Ausdehnung von Stahl und Stein, $\alpha_{T\,Stahl} = 1{,}0 \cdot 10^{-5}$, $\alpha_{T\,Mauerwerk} = 0{,}6\text{–}0{,}7 \cdot 10^{-5}$, die dauerhafte Wirksamkeit bei 10 000 Lastwechseln in 60–80 Jahren in Frage zu stellen.

Feuchtigkeit

Die Höhe der aufsteigenden Feuchte in Backsteinmauerwerk beträgt aufgrund der nicht durchgehenden Kapilare ca. 1,0–1,5 m und wird häufig überschätzt.

Die Ableitung von **Oberflächenwasser am Mauerfuß** durch eine Drainage sowie die Anordnung von Kieselpackungen im Bereich des Mauerfußes führt zu einer erheblichen Verminderung des Spritzwassers und einer gezielten Ableitung von Oberflächenwasser im Fundamentbereich.

Zur Verminderung der Wasseraufnahme an den Fundamentaußenseiten können Dichtungen aus Bitumen ausgeführt werden, dadurch ist der Feuchtigkeitseintrag nur über die Fundamentunterkante möglich und die Höhe der aufsteigenden Feuchtigkeit ab dort anzunehmen.

Hauptursache für **Störungen im Innenraum** ist die Hydratation, das heißt Anlagerung von Wassermolekülen aus der Luft beim Kristallisationsprozess von Salzen. Dadurch kommt es zu einer erhöhten Feuchte der Steine und damit zu erhöhter Luftfeuchtigkeit innerhalb der Räume, die den Prozess der Kristallisation weiter begünstigt. Ziel einer Sanierung kann daher nur sein, die relative Luftfeuchtigkeit in den Innenräumen so zu vermindern, sodass der Prozess der Kristallisation eingeschränkt wird.

4.2 Umbauten

4.2.1 Verstärkungen

Steindecken

Historische Steindecken sind Gewölbe oder Kappendecken, im Allgemeinen über dem Kellergeschoss. Ob die Verstärkung eines **Kellergewölbes** erforderlich ist, sollte erst nach intensiven Untersuchungen und Berechnungen entschieden werden. Durch die i. d. R. massiven Gewölbeauflager der Kelleraußenwand mit passivem Erddruck ist ein Ausweichen fast unmöglich, so dass im Gewölbebogen große Lasten abgeleitet werden können. Falls es erforderlich ist hohe Einzellasten zu verteilen, ist dies durch einen Lastverteilungsbalken in Fußbodenebene möglich, vgl. Bild 4.3.

Es ist darauf zu achten, dass die Lastabtragung der neuen Stahlbetonplatte in den Auflagern gewährleistet ist, u.U. sind diese Auflager durch Aufmauerung erst zu schaffen, da die Gewölbeoberseiten oft mit Schutt gefüllt sind.

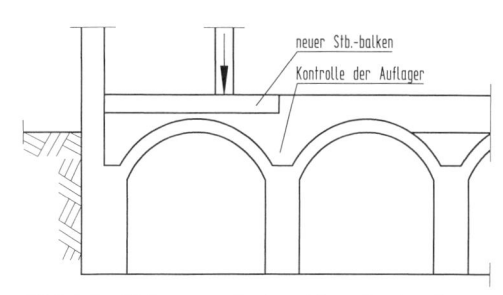

Bild 4.3: Abtragung hoher Einzellasten in Kellergewölben

Bei **Kappendecken** sind die zulässigen Lasten durch die Tragfähigkeit der Stahlträger begrenzt, während die Kappen bei gesicherter Ableitung der Horizontalkräfte auch höhere Lasten aufnehmen können. Eine Erhöhung der Tragfähigkeit ist durch eine Verstärkung der Stahlträger oder durch Einbau einer Stahlbetonplatte möglich, die dann für die gesamten Horizontal- und Vertikalkräfte zu berechnen ist, vgl. Bild 4.4.

a) Verstärkung der Stahlträger
b) Ersetzen der Kappendecke durch Stb.-platte

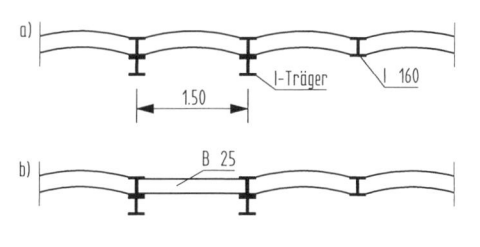

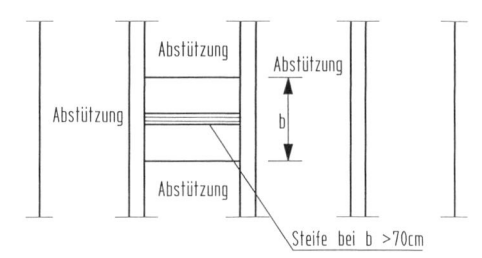

Bild 4.4: Verstärkung und Ersetzen einer Kappendecke

Bei einer Verstärkung ist der kraftschlüssige Kontakt der alten mit den neuen Trägern zu gewährleisten. Beim Stemmen der Auflager der neuen Träger ist die vorhandene Konstruktion abzustützen.

Wird eine Stahlbetonplatte eingebaut, ist beim Herausnehmen von Kappen zu beachten, dass diese als flache Gewölbe wirken und Horizontalkräfte erzeugen. Nur durch den Ausgleich der Kräfte aus gegenüberliegenden Feldern ist die Stabilität gewährleistet. Bei Arbeiten an Kappen sind daher auch die Nachbarfelder abzustützen. Eine horizontale Aussteifung der Trägerstege ist bei Herausnahme größerer Flächen, $b >$ ca. 70 cm, erforderlich.

Wände

Bei neuen Wände sind die bauphysikalischen Anforderungen, hier vor allem des Wärmeschutzes, von Bedeutung. Falls eine Verbesserung erforderlich wird, ist dies am einfachsten durch eine zusätzliche Innenschale möglich. Bei historischen Mauerwänden treten aufgrund der größeren Querschnitte Probleme des Wärme-, Schall- und Brandschutzes nicht auf.

Historische **Mauerwände** sind aufgrund der großen Querschnitte, vgl. [Bargmann – 93, S. 393 f], im Allgemeinen ausreichend tragfähig, so dass Verstärkungen nur selten erforderlich sind. Falls erforderlich, sollten sie nicht durch irreversible Maßnahmen, wie Mörtelverpressungen oder Vernadelungen erfolgen, sondern als Beifügung erkennbar sein und den Bestand erhalten. Eine andere Verteilung der neuen Lasten kann die Erhaltung der überkommenen Wände ermöglichen. So sind bei einer Kirchenruine, die zur Bibliothek umgebaut wurde, die neuen Deckenebenen vollständig von der historischen Konstruktion getrennt worden. Die Wände tragen wie früher wieder nur die Lasten des Daches.

Gründung

Bei historischen **Flachgründungen** ist aufgrund der Konsolidierung eine Laststeigerung um 25 % möglich. Falls die neuen Lasten diesen Wert überschreiten, und die Gründung verstärkt werden muss, ist zu beachten, dass es durch die Störung des Übergangs von Fundament zum Baugrund zunächst zu neuen Setzungen kommt, bis wieder eine Konsolidierung eintritt.

Durch den Einbau von Pfählen unter die Fundamente, die hydraulisch von oben eingepresst werden, sind heute Verstärkungen vorhandener Fundamente möglich. Durch die bleibende Lastabtragung der vorhandenen Fundamente tritt eine sofortige Erhöhung der Tragfähigkeit ein. Bild 4.5 zeigt die Verstärkung unter dem Stützpfeiler einer Kirche.

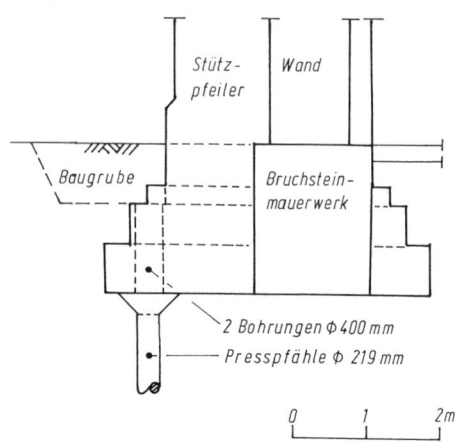

Bild 4.5: Verstärkung eines Fundamentes mit hydraulischen Presspfählen

4.2.2 Öffnungen, Abstützungen

Bei Umbauten und Nutzungsänderungen werden Öffnungen in Wänden geplant, die je nach Größenordnung und Lasten eine Sicherung der verbleibenden Wände und Hilfskonstruktionen während des Abbruchs erfordern. Diese sind Bestandteil des zu erstellenden Standsicherheitsnachweises. Die Ermittlung der Wandlasten und die Nachweise der Träger, Balken, Stützen etc. werden hier nicht behandelt.

Bleibende Unterfangung mit zwei Trägern

Dieses einfachste Verfahren beschränkt sich auf geringe Öffnungsbreiten bis ca. 2 m und setzt Wandstärken von mindestens 24 cm am besten in Backsteinen voraus. Zunächst wird die Wand in geplanter Höhe der Öffnung in halber Dicke ausgestemmt, besser ausgeschnitten, und der erste Träger eingebaut. Der Anschluss an das vorhandene Mauerwerk erfolgt durch Quellmörtel, um eine kraftschlüssige Verbindung zu erzielen. Danach wird die verbliebene Mauerhälfte ausgestemmt und der zweite Träger eingebaut, vgl. Bild 4.6.

Die Voraussetzung für dieses Verfahren ist intaktes Mauerwerk, das auch nach dem Ausstemmen noch steht. Bei dreischaligem Mauerwerk ist der Kern vereinzelt locker, so dass das Material herausbrechen kann. In diesem Fall ist eine andere Unterfangung zu wählen.

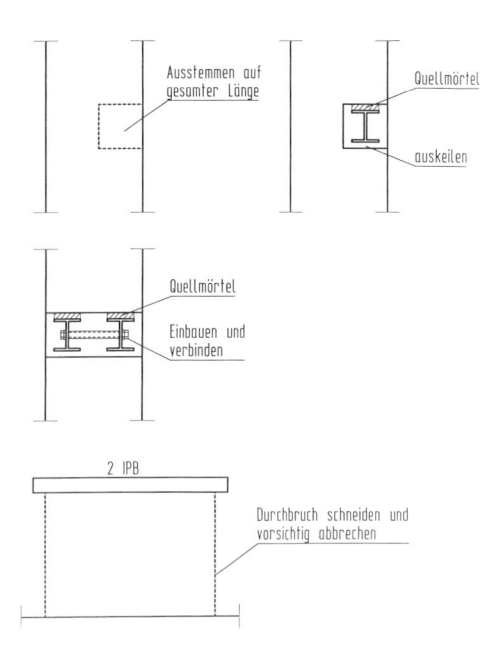

Bild 4.6: Bleibende Unterfangung mit zwei Trägern, Angaben zur Ausführung

Da der Träger nach Abstemmen des zweiten Wandschlitzes die gesamte Wandlast zu tragen hat, ist die Lastableitung auch nach unten zu gewährleisten. Dies kann durch Keile geschehen, die später leicht zu entfernen sind.

Beim Aufschneiden der zweiten Wandhälfte ist wie oben vorzugehen. Eine Verbindung der beiden Stahlträger kann durch Bolzen mit Abstandshülsen erfolgen.

Vor dem Abbruch des darunter liegenden Mauerwerks ist die ausreichende Tragfähigkeit des Mörtels zu überprüfen. Um den neuen Auflagerbereich in seinem Wandgefüge nicht zu stören, sind die Steine vertikal zu schneiden und nicht abzustemmen.

Abstützung der Wand mit Stahlprofilen

Eine interessante Möglichkeit der Abfangung ohne Hilfsgerüste ist die Abstützung der aufgehenden Wand im Zwischenbauzustand mit hohen Stahlprofilen. In die Wand werden in Trägerhöhe im Abstand von ca. 1–1,5 m Löcher gestemmt, und hohe Stahlprofile, z.B. IPE, HE-A, oben und unten kraftschlüssig eingebaut. Das Mauerwerk zwischen den Trägern kann entfernt und der Träger eingebaut werden. Die Ausführung ist in Bild 4.7 dargestellt.

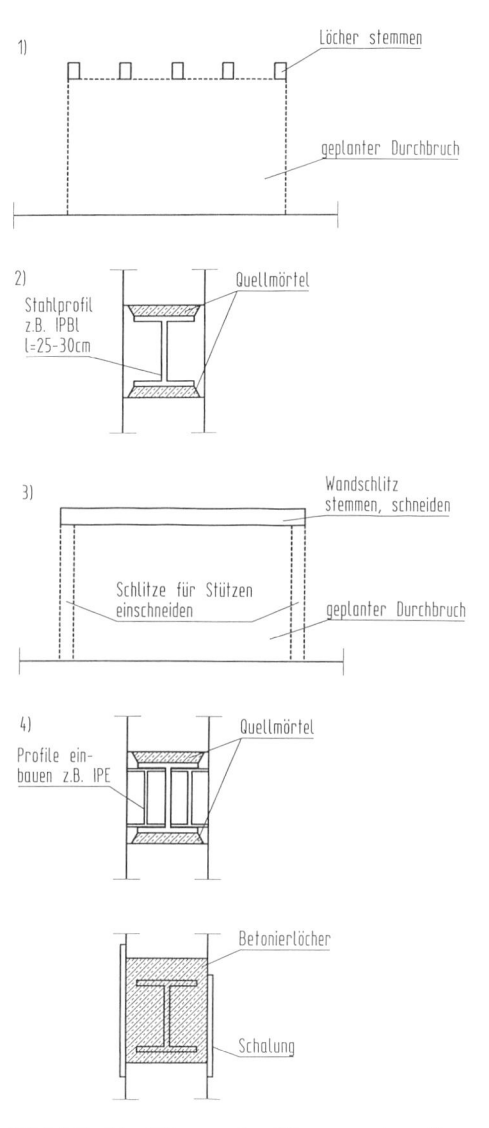

Bild 4.7: Abstützung des Mauerwerks mit Stahlprofilen

Voraussetzung ist intaktes Mauerwerk, das in allen Teilen tragfähig ist. Der Abstand der Löcher ist von der Ausbildung eines Gewölbes im Mauerwerk abhängig, bei Türöffnungen in der darüber liegenden Wand ist dies nicht gewährleistet; der Abstand ist dann geringer auszuführen.

Beim Einbau der hohen Stahlprofile ist zu beachten, dass die volle Wandlast nach Abbruch des Wandschlitzes durch die Träger übertragen werden muss; kraftschlüssige Anschlüsse oben und unten sind zu gewährleisten. Aufgrund der Störung der Mauer beim Abbrechen sollten diese Bereiche mit Quellmörtel ausgeführt werden.

Beim Entfernen des Mauerwerks zwischen den Profilen ist vorsichtig vorzugehen, da die Stabilität der Wand durch die hohen Stahlprofile bestimmt wird. Die Steine sind daher zu schneiden und am besten einzeln zu entfernen.

In dem frei liegenden Schlitz können Stahlträger oder Stahlbetonbalken eingebaut werden. Bei Stahlprofilen gelten die Angaben in Bild 4.6 sinngemäß. Beim Einbau von Stahlbetonbalken ist eine untere Trennlage vorzusehen, um den Abbruch des Mauerwerks zu erleichtern.

Vor dem Abbruch des darunter liegenden Mauerwerks muss die Tragfähigkeit der Konstruktion sichergestellt sein. Am seitlichen Rand der Öffnung sind die Steine zu schneiden und nicht abzuschlagen.

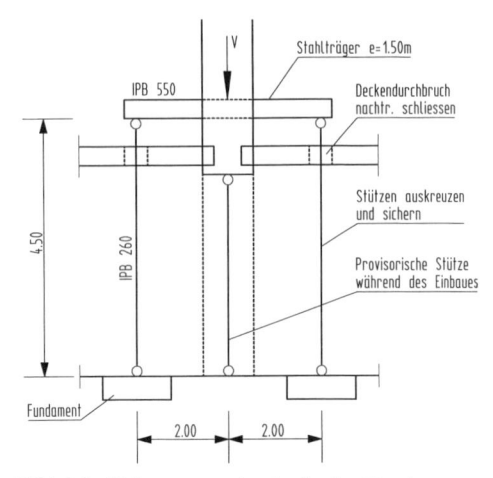

Bild 4.8: Abfangung oberhalb der Decke

Unterfangung unterhalb der Decke

Bei großen Öffnungen mit Breiten über 2 m sind Unterfangungen des Mauerwerks zur Sicherung während der Bauphase erforderlich. Hierzu wird die darüber vorhandene Mauer durch Querträger auf Stützen im Abstand von ca. 0,5–1,0 m, abgestützt. Das Mauerwerk dazwischen trägt sich über die Gewölbeausbildung selbst. Ist dies bei losem Mauerwerk nicht gegeben, ist der Abstand zu verringern. Das Mauerwerk darunter kann entfernt und die endgültige tragende Konstruktion eingebaut werden. Zu beachten ist, dass während der Abstützung und im Endzustand nur sehr geringe, besser keine, Setzungen auftreten, so kommt der Gründung der Abstützung besondere Bedeutung zu. Der Arbeitsraum ist bei dieser Art der Sicherung sehr eingeschränkt, einzelne Arbeitsschritte sind vorher zu bedenken. Zur Ausführung vgl. [Böttcher – 00, S. 365].

Unterfangung oberhalb der Decke

Ist die Höhe unterhalb der Decke sehr eingeschränkt und die neu einzubauenden Träger sollen fast bündig unter der Decke ausgeführt werden, ist die aufgehende Wand oberhalb der Decke abzustützen. Bild 4.8 zeigt schematisch die Abfangung im Schnitt mit den Profilen und den Fundamentabmessungen bei sehr hohen Wandlasten.

Ein Problem stellt die Haftung des Mauerabschnitts unterhalb der Abfangung bis zur Unterkante der Decke dar.

Die Decke ist entlang der geplanten Öffnung zusätzlich abzustützen. Dabei ist zu beachten, dass die Einbindung der Decke das Wandstück zwischen oberer Abstützung und Decke tragen muss. Greifen die Deckenbalken weit in die Wand ein, kann von einer Sicherung des Mauerwerks unterhalb der Abfangung ausgegangen werden. Bei dicken Wänden, bei denen diese Sicherung nicht gegeben oder unwahrscheinlich ist, ist die Wand unterhalb der Decke zusätzlich abzustützen. Um die Hilfsstützung in der Mitte versetzen zu können, sind zwei Stahlrahmen nebeneinander auszuführen.

Der Nachteil der Unterfangung oberhalb der Decke ist, dass die Stützen durch die Decke zu führen sind und die verbliebenen, geringen Wandlasten ebenfalls zu unterfangen sind.

Unterfangung mehrerer gleichartiger Wände

Die nachfolgende Konstruktion wurde vom Verfasser bei einem ehemaligen Straßenbahndepot ausgeführt, bei dem die Mittelwand in 18 Bereichen durchbrochen werden sollte. Der Vorteil liegt in der schnellen Durchführung, da nur zwei Löcher gestemmt und einige Fugen geschnitten werden. Danach werden zwei Stahlträger durch die Wand gesteckt und abgestützt, vgl. Bild 4.9 a. In die horizontalen Fugen werden jeweils auf beiden Seiten der Wand Winkel geschoben, deren senkrechte Schenkel am Stahlträger verankert werden. Zur Sicherung der Winkel sind diese senkrecht zur Wand miteinander verschraubt, vgl. Bild 4.9 b. Durch Winden werden die Abstützungen der Stahlträger unter Last gebracht, danach kann die Wand darunter entfernt werden.

Bei allen Unterfangungen und Abstützungen ist vor- und umsichtig vorzugehen, da bei Fehlern die Wirkungen schnell auftreten.

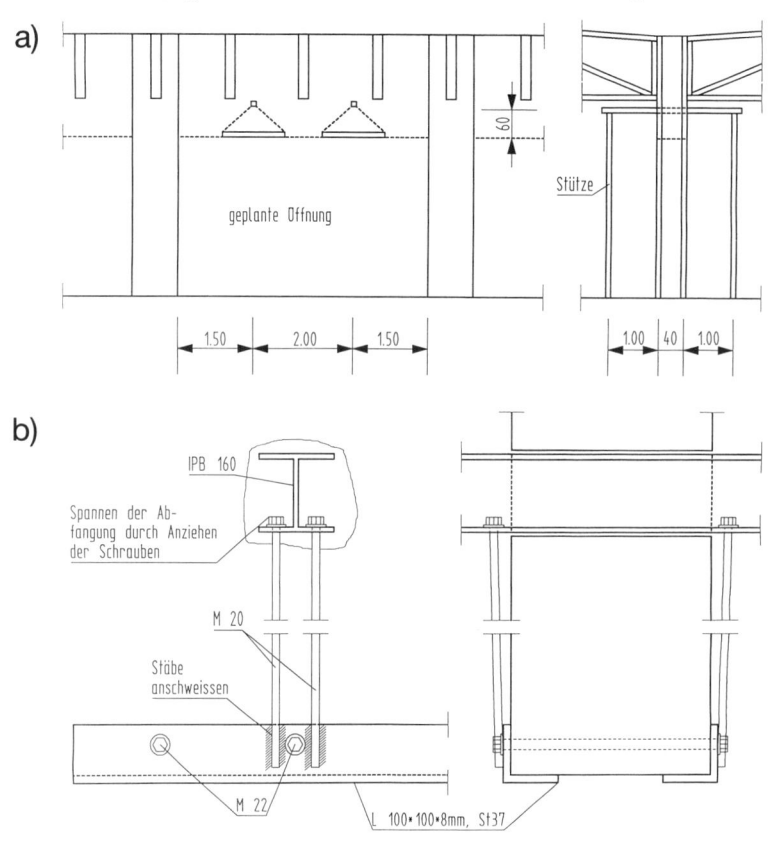

Bild 4.9: Unterfangung mehrerer gleicher Wandbereiche

4.2.3 Aussteifung

Beim Entfernen und Öffnen von Wänden muss die Aussteifung des Gesamtgebäudes gewährleistet bleiben. Da bei Gebäuden aus der ersten Hälfte des 20. Jh. oft noch Holzdecken vorhanden sind, ist die Decke durch Auskreuzungen als Scheibe auszubilden, um die Horizontalkräfte in die verbleibenden Wände zu leiten.

Für die Aussteifung eines Gebäudes sind mindestens zwei parallele und eine quer dazu stehende Wand erforderlich. Die Horizontalkräfte werden zum einen in die parallelen Wände geleitet, zum anderen in die Querwand, wobei das Versatzmoment durch die beiden parallelen Wände abgeleitet wird. Die Wände sind für die Horizontal-, Vertikalkräfte und das Moment zu bemessen. Die Horizontalkräfte in den Wänden sind in Bild 4.10 angegeben.

$H_1 = H_y/2$
$H_2 = H_y/2$
$H_3 = 0$

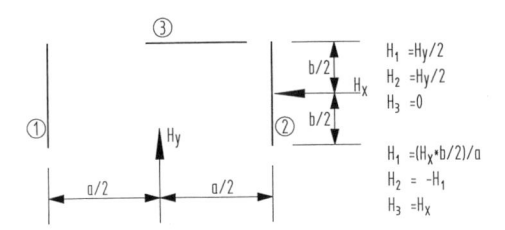

$H_1 = (H_x \cdot b/2)/a$
$H_2 = -H_1$
$H_3 = H_x$

Bild 4.10: Horizontalkräfte in den Wandscheiben

4.2.4 Einbauten

Aufgrund der im Vergleich zu Stahlbeton weichen Holzdecken werden neue Wände in historischen Gebäuden häufig in Ständerbauweise mit Gipskartonplatten ausgeführt. Damit sind die Lasten gering und Risse werden weitgehend vermieden. Beim Einbau von Mauerwänden ist zu beachten, dass sich durch die Durchbiegung der Decke eine Gewölbewirkung einstellt, die zu diagonal verlaufenden Rissen am Rand und horizontalen Rissen im unteren Bereich der Wand führt, wenn die Zugkomponente unten versagt. Eine Möglichkeit die Gewölbewirkung zu ermöglichen, ist in Bild 4.11 dargestellt. Durch das U-Profil am Wandfuß bleiben die Zugkräfte erhalten, im Bereich von Türöffnungen können die Flansche entfernt werden. Zur Einleitung der Horizontalkräfte am Wandfuß sind Schubstege im Abstand von ca. 50 cm zwischen die Flansche zu schweißen.

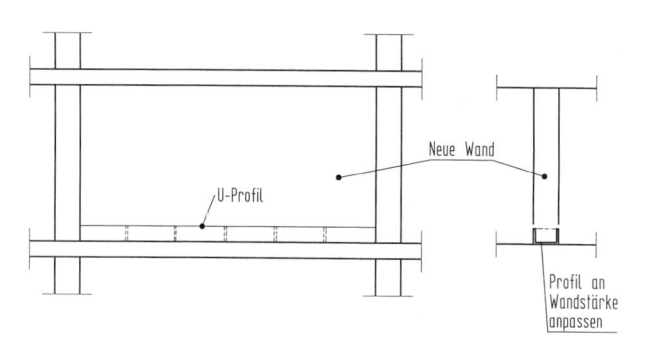

Bild 4.11: Innenmauerwand mit U-Profil als Zugband

4.2.5 Anbauten

Bei Anbauten stellt sich die Frage, ob der neue Teil vom vorhandenen Bauwerk getrennt ausgeführt werden soll, oder ob altes und neues Mauerwerk zu verbinden ist. Beide Ausführungen haben Vor- und Nachteile, die im Einzelfall zu bewerten sind.

Trennung

Die zu erwartenden Setzungen des Anbaus können sich ungehindert ausbilden, es kommt zu einer kontrollierten Rissbildung.

Durch die Trennung ist die Aussteifung des neuen Baukörpers für sich zu untersuchen. Überlagerungen treten nicht auf.

Die Übergangsbereiche sind durch planmäßige Konstruktionen auszubilden, um Versetzungen des neuen gegenüber dem alten Gebäudeteil auszugleichen.

Verbindung

Setzungen treten auf, werden aber durch die vorhandene Konstruktion stark reduziert. Risse treten nur begrenzt auf.

Durch die Verbindung wird die neue Konstruktion mit ausgesteift; die Aussteifung der vorhandenen Konstruktion wird verbessert.

In den Übergangsbereichen treten im Allgemeinen keine oder nur sehr geringe Versetzungen auf, so dass zusätzliche Konstruktionen entfallen können.

Es gibt keine allgemein gültige Lösung. So ist der Anschluss der Gründung und die daraus folgenden Kosten zu untersuchen. Der Aufwand der Einbindung der neuen Konstruktion ist den Kosten und Problemen einer dauerhaften Dichtung bei Trennung gegenüberzustellen.

Mauerwerkskonstruktionen – Bewerten, Instandsetzen und Verstärken – Folge 1: Grundlagen und Zustandserfassung

1 Einleitung

Bezogen auf das gesamte Bauvolumen ist der Anteil reiner Neubauten rückläufig. Auch wenn statistisch eindeutig abgesicherte Daten fehlen, so gehen die unterschiedlichen Schätzungen vergleichsweise einheitlich davon aus, dass der derzeitige Anteil der Baumaßnamen im Bestand etwa 50 % bis 60 % beträgt. Es wird allgemein als realistisch angesehen, dass sich dieser Anteil in den kommenden Jahren auf bis zu 70 % erhöhen wird. Das gilt für alle Bereiche des Bauens, für Hochbauten genauso wie für Infrastrukturprojekte. Maßnahmen die im weitesten Sinne als Umbau- oder Sanierungsmaßnahmen bezeichnet werden, haben in allen Bereichen einen erheblichen Anteil mit steigender Tendenz. Die Gründe dafür sind vielfältig:

Im Zuge der gesellschaftlichen und volkswirtschaftlichen Entwicklung steigen auch die Anforderungen, die die Nutzer von Wohngebäuden, Schulen, Krankenhäusern, Industriegebäuden aber auch von Infrastrukturbauten an ihre Bauwerke stellen. Das bedeutet letztendlich, dass in der Regel nur eine ständig sich weiterentwickelnde höherwertige Nutzung den Bestand eines Bauwerks sichern kann.

Wohnungen ohne Bad lassen sich schon seit 20 Jahren nicht mehr vermieten. Und Wohnungen mit dunklen Fluren, kleinen Zimmern und fehlender Wärmedämmung entsprechen nicht dem heutigen Standard. Darüber hinaus unterliegen alle Teile eines Bauwerks einem Verschleißprozess. In erster Linie betrifft das natürlich die Oberflächen (Fassade, Tapete, Bodenbelag) und die technischen Einrichtungen (Heizung, Lüftung, Sanitär).

Aber auch tragende Konstruktionen weisen immer wieder aufgrund von Konstruktions- und Herstellungsmängeln oder wegen unerwarteter Einwirkungen lokale oder flächige Schäden auf.

Nun kann man im Einzelfall die Frage stellen: Warum erneuert man das Bauwerk nicht einfach durch Abbruch und anschließenden Neubau. Die Einzelkriterien, die in eine solche Entscheidung beeinflussen, lassen sich in drei Gruppen zusammenfassen:

Ökonomie: Abriss sowie Transport und Deponie bzw. Recycling des Abrissmaterials kosten Geld und vernichten Werte. Bauen im Bestand erhält den Wert der Bausubstanz und erhöht ihn.

Ökologie: Abriss und Transport des Abbruchmaterials sowie Herstellung und Transport der neuen Baustoffe erfordern einen hohen Energieeinsatz. Deponieraum ist knapp. Auch beim Recycling wird durch neuen Energieeinsatz die in den Baustoffen enthaltene Energie zumindest teilweise vernichtet.

Juristische Gründe sprechen dann für den Erhalt eines Gebäudes, wenn es aufgrund von baurechtlichen Regelungen nicht mehr in der ursprünglichen Größe wiederaufgebaut werden dürfte. Wenn das Gebäude als Kulturdenkmal einzustufen ist oder als prägendes Element der Stadtgestalt im Geltungsbereich einer Erhaltungssatzung liegt, wird nur dann eine Abbruchgenehmigung erteilt, wenn es gelingt nachzuweisen, dass ein Erhalt wirtschaftlich nicht vertretbar ist.

Der Bewertung der Tragsicherheit bestehender Mauerwerkskonstruktionen und den vielfältigen Fragen im Zusammenhang mit der Instandsetzung und nachträglichen Verstärkung entsprechender Tragwerke kommt allein schon vor dem Hintergrund des außerordentlich hohen Anteils – beim Wohnungsbau liegt er bei etwa 80 % –, den gemauerte Wände bei bestehenden Bauwerken haben, eine besondere Bedeutung zu.

In den folgenden Abschnitten dieses Beitrags werden vorab die wichtigsten Begriffe zum „Bauen im Bestand" und zum Mauerwerksbau zusammenfassend erläutert. Der Konstruktionsgeschichte ist ein eigenes Kapitel gewidmet, ebenso der Zustandserfassung. Beiden Themen sind im Zusammenhang mit dem angemessenen Umgang mit der vorhandenen Bausubstanz besonders wichtig. Die Kenntnisse zur Konstruktionsgeschichte deshalb, weil man nur Konstruktionsformen, die man auch kennt, identifizieren und zielgerecht erkunden kann. Die Zustandserfassung an und für sich ist die Grundlage aller weiteren Planungsschritte und der in diesem Zusammenhang zu treffenden Entscheidungen. Der vorliegende Beitrag als Ganzes ist als erste Folge einer Reihe gedacht, die in den nächsten Jahren in „Mauerwerksbau aktuell" fortgesetzt werden soll.

Folgende Themen für zukünftige Beiträge sind geplant:

— Tragverhalten und Beanspruchbarkeit, Besonderheiten beim Nachweis der Tragsicherheit im Bestand

- Strukturberechnung bestehender Mauerwerkskonstruktionen
- Instandsetzung von Mauerwerk
- Nachträgliche Verstärkung gemauerter Konstruktionen

2 Begriffe und Planungsschritte

Der *Planungsablauf* von Baumaßnahmen im Bestand unterscheidet sich nicht grundsätzlich vom Planungsablauf bei Neubauten.

Bei den einzelnen *Planungsabschnitten* gibt es allerdings – das zeigt Tab. 1 – grundsätzliche Unterschiede.

Häufig lassen sich die aktuellen, für Neubauten geschriebenen Konstruktionsnormen für die rechnerischen Nachweise der Tragfähigkeit bestehender Konstruktionen nicht direkt anwenden. Das gilt vor allem dann, wenn es die derzeit gültige Norm bei der Herstellung des Bauwerks noch nicht gab.

Die Kenntnisse der mechanischen, baustoffkundlichen und statischen Grundlagen, auf denen die Normen beruhen, ermöglichen es – wenn es erforderlich ist – rechnerische Nachweise auch in Anlehnung an Normen oder bauaufsichtliche Zulassungen zu führen.

Dabei gilt immer das Vier-Augen-Prinzip. D.h. zwei Ingenieure, z.B. der Aufsteller einer statischen Berechnung und ein zweiter erfahrener Kollege im gleichen Büro oder der externe Prüfingenieur, kommen unabhängig zum gleichen Ergebnis.

Neubau	Bauen im Bestand
Planungsaufgabe +Grundstück	Planungsaufgabe +Bauwerk (+Grundstück)
Definition konkreter Vorgaben (Raumprogramm etc.)	*Definition* konkreter Vorgaben (Raumprogramm, Nutzungskonzept etc.)
Erkundung der Rahmenbedingungen (Bebauungsplan, Baugrundverhältnisse etc.)	*Erkundung* der Rahmenbedingungen - Erfassung der Gebäudestruktur und der Baugrundverhältnisse durch Sichtung vorhandener Unterlagen, Aufmaß und örtliche Sondierung - Interpretation der Tragwirkung und Bewertung der Tragfähigkeit der vorhandenen Struktur - Klärung der rechtlichen Rahmenbedingungen (Bestandsschutz, Denkmalschutz etc.)
Entwurf von Lösungsvarianten	*Entwurf* von Lösungsvarianten
Berechnung und *Konstruktion* des Tragwerks auf der Basis der allgemein anerkannten Regeln der Bautechnik (Normen, Zulassungen etc.)	*Rechnerischer Nachweis* der Tragfähigkeit der vorhandenen Struktur auf der Basis von Bestandsunterlagen, örtlicher Erkundung, Probeentnahme und Laboruntersuchungen, sowie der allgemein anerkannten Regeln der Bautechnik (Erfahrungswerte, Normen, Zulassungen) *Rechnerische Nachweise* der Standsicherheit verbleibender Bauteile bei teilweisem Abbruch *Berechnung und Konstruktion* von Eingriffen und Verstärkungsmaßnahmen auf der Basis der allgemein anerkannten Regeln der Bautechnik (Normen, Zulassungen etc.)
Überwachung der Bauausführung auf Übereinstimmung mit den Konstruktionsplänen, *Güteüberwachung*	*Überwachung* der Bauausführung auf Übereinstimmung mit den Konstruktionsplänen, *Güteüberwachung* und ständige Kontrolle der vorhandenen Struktur auf Übereinstimmung mit den Ergebnissen der örtlichen Erkundungen, die dem Berechnen und Konstruieren zugrunde lagen
Bauwerk	verändertes Bauwerk

Tab. 1 Planungsschritte Neubau und Bauen im Bestand im Vergleich

	Beispiel	Auswirkungen auf das Tragwerk
MODERNISIERUNG neue Qualität erhöhte Nutzerstandards Stand der Technik ⇒ Werterhöhung einzelner Gebäudeteile	Oberflächen Sanitäre Einrichtungen Haustechnik Wärme- und Schallschutz	Durchbrüche durch tragende Bauteile erhöhte Lasten Verankerungen neuer Bauteile oder Installationen am Bestand
INSTANDSETZUNG Beseitigung von Mängeln Reparatur schadhafter Bauteile ⇒ Werterhalt	Fenster Witterungsschutz Tragende Bauteile (Balkenkopf, Brückenträger)	örtliche Reparaturen flächige Sanierungsmaßnahmen
NUTZUNGSÄNDERUNG ⇒ Werterhöhung des Gebäudes	Abstellraum → Wohnraum historisches Stadthaus → Bibliothek Fabrik → Büro	wesentliche Eingriffe in die gesamte Tragstruktur Lasten und Lastfluss ändern sich
VERGRÖSSERUNG ⇒ Werterhöhung des Grundstücks und des Gebäudes	Aufstockung Anbau Unterfangung	Neubau und Bestand treffen aufeinander höhere Lasten
ABBRUCH	Teilabbruch Rückbau Vollabbruch	Tragsicherheit der verbleibenden Bauteile sichern

Tab. 2: Baumaßnahmen im Bestand

Die Tab. 2 ordnet den wichtigsten Baumaßnahmen im Bestand die entsprechenden Auswirkungen auf die Tragstruktur eines Bauwerks zu. Eine Kombination unterschiedlicher Maßnahmen und fließende Übergänge sind der Normalfall.

Die Vorbereitung von Baumaßnahmen im Bestand erfordert - unabhängig davon ob es sich um einzelne klar abzugrenzende Bereiche oder um ganze Bauwerke handelt - ein klar strukturiertes, systematisches Vorgehen (Tab. 3):

In einem ersten Schritt, der sogenannten *Anamnese*, ist der Ist-Zustand des Bauwerks zu erfassen. Dazu benötigt man maßstäbliche Pläne, die - sofern sie nicht vorhanden sind - durch eigenes Aufmaß erstellt werden müssen. In diesen Plänen können dann alle geometrischen Unregelmäßigkeiten (Verformungen, Risse) und die auf den Bauteiloberflächen erkennbaren Schadensbilder (Materialverlust, Verfärbung, Bewuchs, Feuchte etc.) eingetragen werden.

Oft gelingt es auch schon in dieser ersten Erkundungsphase, durch einfaches Klopfen mit dem Hammer oder durch das Wegnehmen loser Schichten etwas darüber zu erfahren, was sich hinter der Bauteiloberfläche verbirgt. Darüber hinaus stehen für die unterschiedlichen Konstruktionsmaterialien spezielle Erkundungsverfahren zur Verfügung. Die wichtigsten dieser Verfahren werden in den folgenden Kapiteln vorgestellt. Aber auch hier gilt, dass ein zielgerichteter Einsatz dieser Verfahren und eine nachvollziehbare Dokumentation der Untersuchungsergebnisse nur auf der Grundlage vollständiger Planunterlagen möglich ist.

Anamnese	Dokumentation des Schadensbildes
Diagnose	Identifikation der Schadensursachen
Therapie	Planung und Umsetzung von Instandsetzungsmaßnahmen
Prognose	Vorschau auf zukünftige Entwicklungen

Tab. 3 Arbeitschritte Bauwerksinstandsetzung

Wie in der Medizin, so geht es auch in der Bauwerksinstandsetzung nicht darum, Symptome zu behandeln, sondern es müssen im Sinne einer *Di-*

agnose zuerst die Ursachen identifiziert werden, die die vorhandenen Schäden verursacht haben:

Rechnerische Untersuchungen des Tragwerks können Hinweise auf Überlastungen geben und helfen, mögliche Einflüsse des Baugrundes einzugrenzen. Baustofftechnologische Analysen können wichtige Hinweise auf Verlauf und Ursachen von Schädigungsprozessen ergeben und schaffen gleichzeitig die Voraussetzung für die Auswahl geeigneter Werkstoffe für die Reparatur geschädigter Bauteile.

Mit dem eigentlichen Instandsetzungskonzept - der *Therapie* - werden die Maßnahmen festgelegt, die die Schadensursachen beseitigen. Das Spektrum dieser Maßnahmen reicht von statisch-konstruktiven Sicherungsmaßnahmen im Gebäude oder im Bereich der Gründung bis hin zur Reparatur der Dachentwässerung. Meist werden mit den Schadensursachen auch die Schadensbilder mit beseitigt. Das ist allerdings - z. Bsp. bei Rissen die keinen Einfluss auf die Tragfähigkeit und Dauerhaftigkeit eines Bauteils haben – nicht immer zwingend erforderlich.

Es versteht sich von selbst, dass zur Vorbereitung der Instandsetzungsmaßnahmen auch das Erstellen von Ausführungszeichnungen und die Ausschreibung der auszuführenden Arbeiten gehört.

Die eigentliche Baumaßnahme ist vom verantwortlichen Ingenieur fortlaufend zu überwachen. Zum einen um die Übereinstimmung der Situation vor Ort mit den getroffenen Annahmen sicherzustellen, zum anderen um auf unvorhersehbare Überraschungen reagieren zu können. Zusätzliche Instandsetzungs- und Sicherungsmaßnahmen müssen in den vorhandenen Planunterlagen nachgetragen oder durch eine Abschlussdokumentation festgehalten werden.

Mit einer abschließenden Prognose sollte man den Bauherrn nicht nur über die zu erwartende „Lebensdauer" der Instandsetzungsmaßnahmen sondern auch darüber in Kenntnis setzen, was er durch Unterhaltungsmaßnahmen zur Pflege des Bauwerks beitragen kann. Gegebenenfalls sind auch die Zeitabstände festzulegen, in denen das Bauwerk durch einen fachkundigen Ingenieur erneut begutachtet werden muss.

3 Grundlagen

Mauerwerk ist ein Verbundbaustoff, der aus Steinen und Mörtel besteht. Die Eigenschaften des Mauerwerks sind abhängig von den mechanischen und physikalischen Eigenschaften der Einzelkomponenten, der Geometrie und des Verbandes. Die ältesten in Deutschland erhaltenen Mauerwerksbauten bestehen aus Natursteinen oder Ziegeln. Dabei beschränkt sich der Einsatz von Ziegeln bis ins 18. Jh. im Wesentlichen auf Bauten aus der Römerzeit oder auf Regionen, in denen es geringe Natursteinvorkommen gab. Die Eigenschaften der mineralischen Baustoffe, wie Natursteine, künstlich hergestellte Steine und Mörtel, werden im Wesentlichen durch ihren Mineralbestand, das Korngefüge und den Porenraum bestimmt. Insbesondere die Porosität hat einen großen Einfluss. Je poröser desto geringer Festigkeit und Steifigkeit und desto größer die Wasseraufnahme.

3.1 Natursteine

Natürlich entstandene Gesteine werden als Natursteine bezeichnet. Sie werden in der Regel im Steinbruch gewonnen oder als Feldsteine aufgelesen. Natursteine werden nach der Art der Entstehung unterschieden. Die Petrografie unterscheidet 3 Hauptgruppen Erstarrungsgesteine, Sedimente oder metamorphe Gesteine. Natursteine bestehen aus Mineralien bzw. Mineralgemengen, die nach Art und Zusammensetzung ihren Charakter bestimmen. Die für die Gesteinsbildung wichtigsten Minerale sind Silikate (z.B. Feldspat, Quarz, Glimmer) und Nichtsilikate (z.B. Kalkspat, Dolomit, Gips).

Erstarrungsgesteine entstehen durch das Erstarren bzw. die Kristallisation von flüssigem Magma. Die Erstarrung kann in der Tiefe der Erde stattfinden oder oberflächennah als Ergussgestein im Zusammenhang mit Vulkanismus. Der Mineralgehalt der Gesteine ist abhängig von der Zusammensetzung des Magma im Erdinneren bzw. der Lava an der Oberfläche. Die Erstarrungsgeschwindigkeit bestimmt die Größe der ausgebildeten Kristalle. Je schneller die Abkühlung, desto kleiner die entstandenen Kristalle. Basalt als Beispiel für ein Ergussgestein erstarrt oberflächennah vergleichsweise schnell, er ist sehr feinkörnig. Granit als typisches Tiefengestein erstarrt durch die „Dämmung" des umgebenden Erdmantels langsam. Der Stein ist grob- bis mittelkörnig.

Tuffe entstehen durch die Ablagerung von vulkanischen Aschen. Sie könnten wegen ihres vulkanischen Ursprungs den Erstarrungsgesteinen zugeordnet werden. Allerdings erscheint eine Zuordnung zu den Ablagerungsgesteinen bzw. Sedimenten sinnvoller.

Sedimentgesteine entstehen durch die schichtweise Ablagerung von Verwitterungsprodukten. Der Ablauf der Sedimentation ist gekennzeichnet durch die Prozesse der Verwitterung, des Transportes, der Ablagerung oder Ausfällung und der Diagenese (Verfestigung). Die Bindung zwischen den einzelnen Gesteinskörnern kann durch kieselige Bindemittel (SiO_2: Siliziumdioxid), kalkige Bindemittel ($CaCO_3$: Calciumcarbonat), verschiedenen tonige Mineralien (z.B. Kaolinit) und bzw. oder eisenhaltige Moleküle bestimmt sein: Klastische Sedimente

Hauptgruppe	Untergruppe	zugehörige Natursteine
Erstarrungsgesteine (Magmatite, Glutflussgesteine)	Tiefengestein	Granit, Diorit, Gabbro
	Ergussgestein	Porphyr, Basalt, Bims, (vulkanische Tuffe)
Sedimentgesteine (Sedimentite, Ablagerungsgesteine)	Klastische Sedimente (Trümmergestein)	Sandstein, Grauwacke, (vulkanische Tuffe)
	Ausfällungsgesteine	Kalkstein, Dolomit
	Biogene Sedimente	Kieselschiefer, Kalkstein
Metamorphe Gesteine (Metamorphite, Umwandlungsgesteine)	abhängig von Druck und Temperatur	Gneis, Marmor

Tab. 4: Natürliche Steine

wie Sandsteine entstehen aus Gesteinstrümmern. Diese Gesteinstrümmer können auch Erstarrungsgesteine sein. Ausfällungsgesteine entstehen durch Ausfällen von in Wasser gelösten Verwitterungsprodukten und biogene Sedimente durch Absetzen von Skeletten verschiedener Organismen. Durch die schichtenweise Ablagerung können die Eigenschaften der Sedimentite parallel und senkrecht zur Schichtung sehr unterschiedlich sein.

Metamorphe Gesteine entstehen durch nachträgliche Umwandlung von Erstarrungs- und Ablagerungsgesteinen unter hohen Temperaturen und Umgebungsdrücken oder unter chemischer Einwirkung gelöster oder gasförmiger Stoffe. Dabei ist Marmor umgewandelter Kalkstein und Schiefer umgewandelter Ton-(Sand)stein.

Bei der Bezeichnung von Natursteinen müssen Handelsnamen und wissenschaftliche Einordnung unterschieden werden, da für den Nicht-Geologen erhebliche Verwirrungen auftreten können. So ist beispielsweise der Baumberger Sandstein ein Kalkstein (Biomikrit).

3.2 Künstlich hergestellte Steine

Die ältesten künstlich hergestellten Steine sind getrocknete Lehmsteine. Werden Lehm- oder Tonsteine gebrannt, entstehen Ziegel. Der Begriff Backstein weist auf das Brennen in einem Ofen hin. Historische Ziegel wurden in Feldbrandtöfen hergestellt. Wurde die Lehmmasse die über die Form überstand mit der Hand abgestrichen, entstanden Handstrichziegel mit den markanten Spuren. Da die Brenntemperatur einen großen Einfluss auf wesentliche Eigenschaften hat, sind Ziegel aus der Mitte des Ofens hochwertiger als Steine, die am Rand des Meilers entstanden sind. Frühere Ziegel unterschieden sich auch in ihren Formaten. Erst mit Einführung des Reichsformates 1872 (25/12/6,5) im Zuge der Industrialisierung setzten sich landesweit einheitliche Formate durch. Mit der industriellen Ziegelherstellung konnte auch die Streubreite der Steineigenschaften deutlich verringert werden.

Für Informationen über andere heute industriell hergestellte Steine wie Kalksandsteine, Porenbetonstein und Betonsteine wird auf Fachliteratur und Firmenunterlagen verwiesen.

3.3 Mörtel

Mörtel besteht aus Zuschlag, Bindemittel und Wasser und gegebenenfalls aus Zusatzstoffen und Zusatzmitteln. Als Zuschlagstoffe werden Sande verwendet. Der Größtkorndurchmesser darf für heutige Mörtel 4 mm nicht überschreiten. In historischen Kalkmörteln wurden zum Teil deutlich größere Kornfraktionen gefunden [1]. Als Bindemittel kommen für moderne Mörtel Luftkalk, Wasserkalk, hydraulischer Kalk, hochhydraulischer Kalk, Putz- und Mauerbinder und Zement – in Sonderfällen Trass - oder Mischungen aus diesen Bestandteilen in Frage. Historische Mörtel enthalten vor allem Luft- oder Wasserkalk. Die Art und die Menge der Bindemittel sind maßgebend für die Art und den Verlauf der Erhärtung sowie für die Druckfestigkeit (siehe Tab. 5). Das Mischungsverhältnis beträgt für moderne Mörtel etwa 1 Raumteil Bindemittel auf 3-4 Raumteile (RT) Sand. Historische Mörtel können beträchtlich fetter oder magerer (höherer Zuschlagsanteil) ausgeführt sein.

Zusatzstoffe und Zusatzmittel können zur Verbesserung von verschiedenen Mörteleigenschaften ebenfalls enthalten sein. Als historische Zusatzmittel wurden Tierhaare, Stroh, Hanf und Kasein nachgewiesen. Kasein wirkt als Verflüssiger und vermindert den Wasserbedarf. Es erhöht die Haftung auf dem

Bindemittel	Erhärtung		Druckfestigkeit nach 28 Tagen
	Art	Verlauf	
Luftkalk	karbonatisch	sehr langsam bis langsam	sehr klein ca. 1-2 N/mm²
Wasserkalk	hydraulisch und karbonatisch		nennenswerter Festigkeitszuwachs bis etwa 90-120 Tage
hydraulischer Kalk			
Luftkalk/Wasserkalk und Zement	hauptsächlich hydraulisch	mittel bis schnell schnell	mittel ca. 2-10 N/mm²
Hochhydraulischer Kalk / PM-Binder mit oder ohne Zement			
Zement	hydraulisch		mittel bis sehr hoch ca. 10-30 N/mm²

Tab. 5: Erhärtung und Druckfestigkeit von Mörtel in Abhängigkeit der Bindemittelart

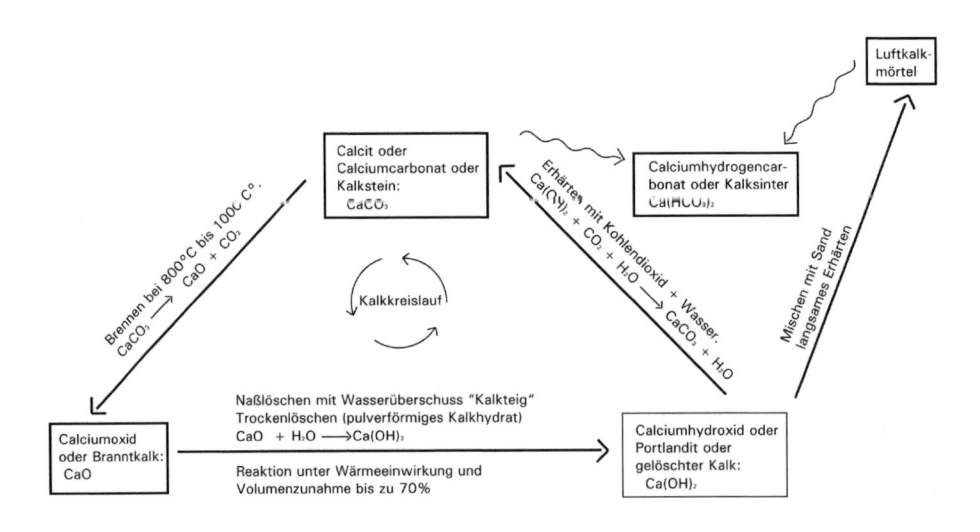

Abb. 1: Kalkkreislauf

Untergrund erheblich und wurde zumeist in Putzmörteln eingesetzt [2]. Puzzolane, Trass und gemahlene Ziegelsteinreste dienten als Zusatzstoffe um hydraulische Eigenschaften zu wecken.

Die reine karbonatische Erhärtung von Luftkalkmörteln benötigt CO_2 aus der Luft und Wasser. Fehlt eine der Komponenten wird der Abbindeprozess unterbrochen. Die Abbindereaktion verläuft sehr langsam. Vor allem in tiefen Mauerabschnitten von historischem Natursteinmauerwerk ist eine reine Austrocknung ohne Karbonatisierung denkbar. Luftkalkmörtel weisen eine ausgeprägtes Kapillarporensystem auf, das sehr wasseraufnahmefähig ist. Deshalb gilt dieser Mörtel auch nicht als frostbeständig. In Abb. 1 sind der Kalkkreislauf sowie die mögliche Verwitterung und Entfestigung dargestellt.

Mörtel die hydraulisch – d.h. ohne CO_2-Zufuhr abbinden, weisen höhere Festigkeiten und geringere Porosität auf. Die hydraulischen Eigenschaften beruhen auf dem Brennen einer Ton- und Carbonatmischung. Bei einem Verhältnis von ca. 80% Karbonat und 20% Ton entstehen bei Brenntemperaturen um 1000°C natürliche hydraulische Kalke, liegen die Brenntemperaturen bei 1500°C entsteht Portlandzement. Diese Brenntemperaturen können erst seit ca. 300 Jahren realisiert werden.

4 Konstruktionsgeschichte

Die Konstruktionsgeschichte des Mauerwerksbaus beginnt als die ersten Menschen sesshaft wurden mit dem Aufschichten von Feldsteinen und luftgetrockneten Lehmsteinen zum Schutz vor Feinden und vor Witterung.

Sie setzt sich mit Repräsentationsbauten, Industriebauten, Verkehrsbauwerken sowie Bauten für die Wasserversorgung bis ins 20. Jahrhundert fort. Die Tatsache, dass fünf der sieben Weltwunder Mauerwerksbauten waren, belegt eindrucksvoll die Bedeutung des Mauerwerksbaus in der Baugeschichte. Mit der Entwicklung der Stahlbetonbauweise wird das Mauwerk aus vielen Anwendungsbereichen verdrängt. Das gilt vor allem für Infrastrukturbauten. Im Wohnungsbau allerdings behauptet der Mauerwerksbau seine Vormachtstellung. Dazu hat die Entwicklung von Steinen und Ziegeln mit geringer Wärmeleitfähigkeit sowie großformatiger Bauteile erheblich beigetragen.

Der technische Fortschritt im Bauwesen – auch im Mauerwerksbau – war bis ins 19. Jahrhundert hinein von zwei Randbedingungen geprägt: Zum einen von den örtlich vorhandenen Rohstoffen, zum anderen von den individuellen Kenntnissen, die der Baumeister von seinem Lehrmeister gelernt oder sich auf Reisen angeeignet hatte. Die Entwicklung verlief deshalb nicht ohne Brüche und Rückschritte. Dies ist insbesondere bei der unterschiedlichen Qualität von Mauerwerksverbänden zu allen Zeiten gut nachzuvollziehen.

Die folgenden Ausführungen erheben keinen Anspruch auf eine umfassende Darstellung der baugeschichtlichen Zusammenhänge. Sie sollen dem Planer helfen, einige Konstruktionsgrundformen zu erkennen und einzuordnen. Um vertiefte Kenntnisse zu erwerben, ist die Fachliteratur heranzuziehen.

4.1 Frühgeschichte und Antike

Luftgetrocknete, handgeformte Lehmsteine, die bei archäologischen Ausgrabungen im Niltal entdeckt wurden, lassen sich bis in die Zeit um 14.000 v. Chr. nachweisen. Nach 5.000 v. Chr. wurden in Mesopotamien erstmals dauerhafte gebrannte Ziegel hergestellt. Diese Technik wurde kontinuierlich weiterentwickelt. Ziegel wurden farbig glasiert und mit Schmuckformen versehen. Der Turm zu Babel – man geht davon aus, dass er eine Höhe von etwa 90 m und eine Grundfläche von etwa 90 m x 90 m hatte – wurde um 2.000 vor Chr. aus Ziegeln gemauert. In dieser Zeit wurden in Ägypten und Mesopotamien bereits Mörtel mit Gips und Kalk als Bindemittel verwendet oder man nahm – wie das zweite Buch Mose berichtet – „Erdpech als Mörtel" (Gen 11,3). Zuvor war man auf wenig dauerhafte Lehmmörtel angewiesen. Natursteine, die man zuvor nur als Feldsteine oder grob bearbeitete große Blöcke nutzen konnte, wurden – als in der Bronzezeit (nach 3.000 v. Chr.) die nötigen Werkzeuge zur Verfügung standen – präzise behauen und u. a. für die Monumentalbauten in Ägypten eingesetzt.

Erste Erfahrungen mit hydraulischen Mörteln gehen auf die Phönizier zurück, die um 1.000 v. Chr. fein gemahlenes Ziegelmehl mit Luftkalk mischten.

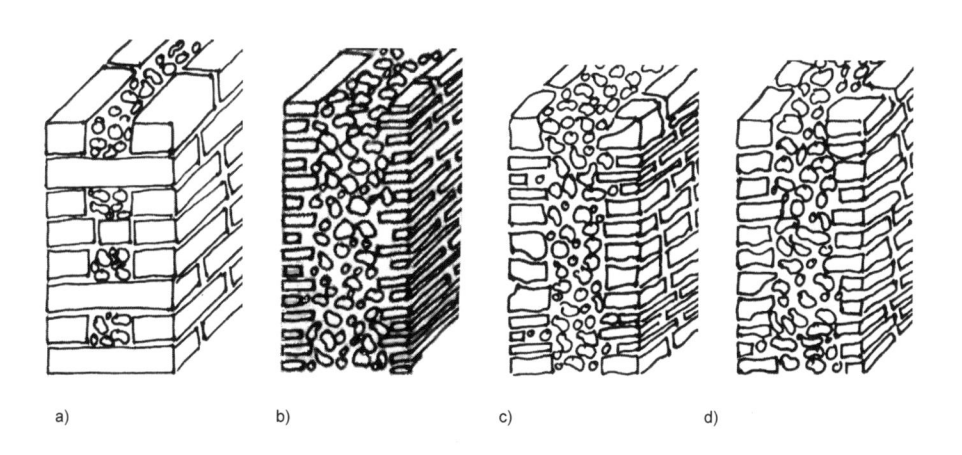

Abb. 2: Querschnitte antiker Wandkonstruktionen a) emplecton b) opus testaceum c) opus mixtum d) opus incertum

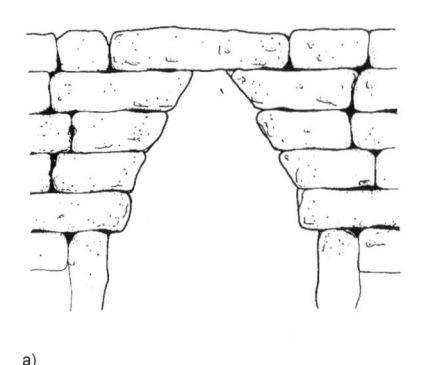

Abb. 3: a) falscher und b) echter Bogen aus [18]

Später verwendeten die Griechen gemahlenes vulkanisches Gestein von der Insel Santorin. Vergleichbare natürliche Vorkommen am Golf von Neapel und in der Eifel nutzten dann auch die Römer um Puzzolane und Eifeltrass zu gewinnen.

Das verbesserte Abbindeverhalten und die höhere Festigkeit, die mit hydraulischen Bindemitteln erreicht werden konnten, ermöglichten völlig neuartige Konstruktionen im Mauerwerksbau: Das bei den Griechen bereits für massive Wandkonstruktionen bekannte mehrschalige „verflochtene" Mauerwerk (emplecton) wurde noch wirtschaftlicher hergestellt, indem die teuren sorgfältig bearbeiteten Außenschalen dünner und der Kern aus unbearbeiteten Steinen und Mörtel dicker ausgeführt wurde. Aufgrund der hohen Mörtelqualität übernahm im Wesentlichen der Kern die auftretenden Lasten, die beiden äußeren Schalen dienten als verlorene Schalung und zur optischen Gestaltung der Wandoberfläche.

Eine durchgehende Verbindung zwischen den beiden Schalen, wie sie beim Emplecton noch erforderlich war, um ein möglichst monolithisches Gefüge zu erhalten, war nicht mehr nötig. Die Verzahnung der Außenschalen mit dem Kern diente dazu, ein Ablösen der Schalen vom Kern zu verhindern. Die unterschiedlichen Begriffe für römisches Mauerwerk – opus caementitium, opus incertum, opus quadratum etc. – bezeichnen letztendlich die Geometrie der Außenschalen (Abb. 2).

Erste gewölbte Konstruktionen mit vergleichsweise geringen Spannweiten werden in Ägypten vor 1.000 v. Chr. errichtet. Über noch ältere Gewölbe in Mesopotamien wird spekuliert. Tatsache ist, dass von den Römern bei den Spannweiten von Bögen und Gewölben völlig neue Dimensionen erreicht und die „falschen" Bögen und Gewölbe der Griechen abgelöst wurden (Abb. 3). Bei den Bogenbauwerken sind es vor allem Brücken und Aquädukte, die das eindrucksvoll bis in unsere Zeit belegen. Bei den Kuppeln und Gewölben ist das Pantheon (2. Jh. n. Chr.) mit einer Spannweite von 43 m das herausragende Beispiel. Allerdings hatte auch hier, wie zuvor schon bei einigen Wandkonstruktionen der römische Beton das Mauerwerk als tragendes Konstruktionsmaterial verdrängt.

4.2 Mittelalter und Renaissance

Zwar wurde 537 n. Chr. mit der Hagia Sophia nochmals eine gemauerte Kuppel errichtet, die mit 35 m annähernd die Spannweite des Pantheons erreicht. Allerdings fällt die Fertigstellung in eine Zeit, in der die bautechnischen Kenntnisse der Römer nach und nach in Vergessenheit gerieten. Das betrifft sowohl die hydraulischen Bindemittel als auch die Technik der Wölbkonstruktionen. Wenn für die Innenschale genügend Bindemittel (Kalk ggf. mit Gips) zugegeben wurde und das Material gut gemischt wurde, so wirkt der dreischalige Wandquerschnitt monolithisch. Oft ist mittelalterliches mehrschaliges Mauerwerk aber nur eine schlechte Imitation römischer Wandkonstruktionen: Zwischen Außenschalen unterschiedlicher Ausführung findet sich eine innere Schale, die aus einem mehr oder – meist – weniger gut verfestigtem Konglomerat aus Bruchsteinen und Kalkmörtel besteht. Die innere Schale trägt kaum zum Lastabtrag bei, im günstigen Fall – bei guter

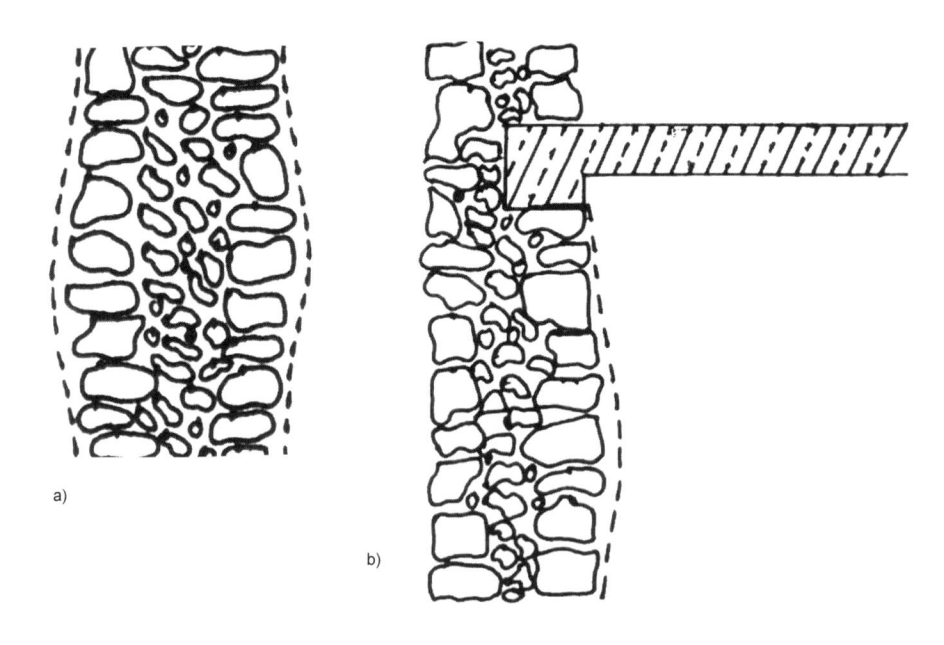

Abb. 4: mehrschaliges mittelalterliches Mauerwerk, Ausbeulen der Außenschalen a) durch den Druck der Füllung b) durch Einleitung örtlicher Lasten

Verzahnung – stabilisiert sie die Außenschalen, im häufig ungünstigen Fall drückt sie von innen auf die Außenschalen (Abb. 4).

Abb. 5 zeigt sehr anschaulich am Beispiel der Kathedrale von Amiens, wie die Mauerwerksqualität – vom durchgemauerten Querschnitt in den unteren Wandbereichen bis zu den nach oben immer dünner werdenden Außenschalen – der Größe der Beanspruchung aus vertikalen und horizontalen Lasten angepasst wurde.

Schritt für Schritt und mit einer Fokussierung auf die Sakralarchitektur entwickelt sich die Kunst des Mauerwerks im Mittelalter neu und erreicht mit den hinsichtlich des Materialeinsatzes optimierten Skelettkonstruktionen der Gotik völlig neue Dimensionen. Ob von den Baumeistern die Materialstärken von Gewölben, Wänden, Pfeilern und Strebepfeilern bei gleichzeitig zunehmender Höhe und Spannweite auf der Grundlage von Modellen oder mathematischen an der Stützlinie orientierte Überlegungen festgelegt oder ob die Erfahrung einfach Schritt für Schritt erweitert wurde, bleibt der Spekulation überlassen.

Abb. 5: Kathedrale von Amiens (aus [6])

Sehr gut nachvollziehbar ist dagegen die Entwicklung der Steinmetzkunst und die Optimierung der baubetrieblichen Abläufe. Ein hoher Grad der Vorfertigung bei der Steinbearbeitung und die „Normung" von Ziegelformen und -formaten ermöglichten – wenn genügend finanzielle Mittel zur Verfügung standen – eine hohe Qualität des Mauerwerksverbandes (siehe Abb. 6). Neben den gotischen Kathedralen sind es vor allem die gemauerten Bogenbrücken, die als Zeugnisse mittelalterlicher Baukunst Stadt- und Landschaftsbilder prägen.

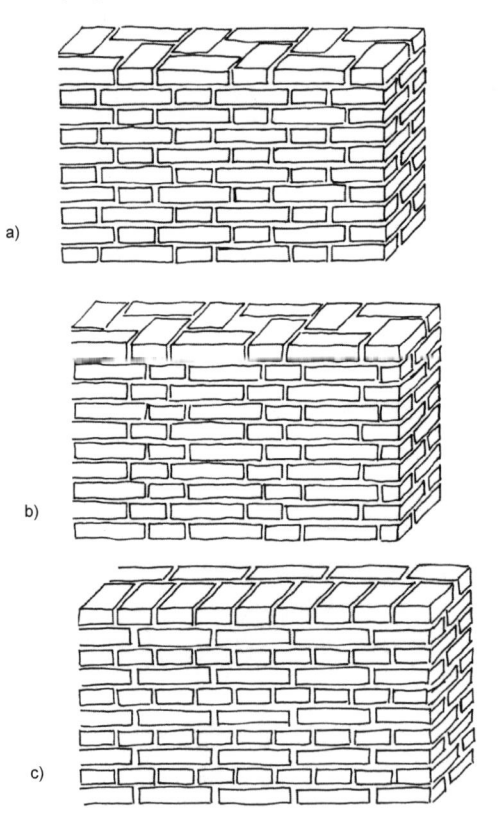

Abb. 6: a) und b) gotische Verbände c) Kreuzverband

Das Interesse an den antiken Wurzeln europäischer Kultur, das in der Renaissance erwacht, schließt auch die Bautechnik mit ein. Römische Bauwerke und Ruinen werden erkundet und aufgemessen, schriftliche Quellen erforscht. In diesem Zusammenhang werden auch die zehn Bücher über Architektur von Vitruv wiederentdeckt und nachgedruckt. Darüber hinaus sind die ersten Überlegungen zu Bauteilversuchen überliefert

(Abb. 7). Das Ergebnis des Quellenstudiums und der weiteführenden Überlegungen sind zahlreiche gemauerte Brücken, bei denen mit Segment-, Korb- oder Ellipsenbögen ein günstigeres Verhältnis von Bogenstich zu Spannweite erreicht wurde, als bei den antiken und mittelalterlichen Kreisbögen. Die Lehrbücher von Alberti und Palladio fassen das bautechnische Wissen der Renaissance zusammen und geben u. a. ganz konkrete Hinweise zur Dimensionierung von Bauteilen, allerdings auf der Grundlage einfacher Proportionsregeln. Mit Brunelleschis Kuppel des Domes in Florenz (1420 – 1436) wird mit 42 m Durchmesser erstmals wieder die Spannweite des Pantheons erreicht.

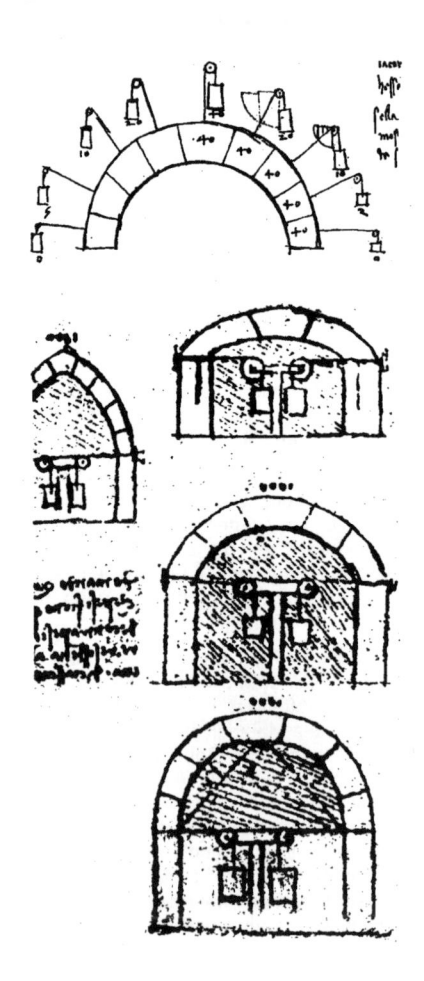

Abb. 7: Leonardo da Vincis Überlegungen zum Bogenschub (aus [4])

Was die Bautechnik angelangt, so zehrt das Barockzeitalter von den Kenntnissen der Renaissance.

Die mathematischen Formulierungen und Lösungen baumechanischer Fragen, die Robert Hooke, Johann Bernoulli, Leonhard Euler und anderen zwischen dem Ende des 17. Jh. und dem Ende des 18. Jh. gelingen, bleiben für das praktische Bauen erst einmal ungenutzt. Es ist dem 19. Jahrhundert vorbehalten auf der Grundlage dieser Erkenntnisse die Bemessungsregeln für Tragwerke zu entwickeln, auf die auch heute noch die allgemein anerkannten Regeln der Bautechnik zurückgreifen.

4.3 19. und 20. Jahrhundert

Das Baugeschehen im 19. Jahrhundert wird zum einen von der Industrialisierung und dem rasantem Wachstum der Städte und zum anderen vom Historismus in der Architektur geprägt. Dass sowohl beim Industriebau als auch im Wohnungsbau Mauerwerksbauten nicht nur ökonomisch, sondern außerordentlich qualitätsvoll ausgeführt wurden, hängt vor allem damit zusammen, dass es gelang, Steine und Mörtel in verlässlich guter Qualität herzustellen und dass für die Ausführung und Bemessung der Konstruktionen von den Bauverwaltungen klare Regelungen vorgegeben waren.

Beim Bau des gemauerten Leuchtturms von Edystone wurde 1756 ganz gezielt ein hydraulischer Mörtel durch das Beimischen von Puzzolanen hergestellt. Der Erfolg gab den Anstoß zur Entwicklung des Portlandzementes. Das erste deutsche Zementwerk wurde 1855 in Züllchow bei Stettin gebaut. Ab etwa 1870 stand Zementmörtel allgemein zur Verfügung. Seine Verwendung wurde von den Behörden für hochwertiges Mauerwerk vorgeschrieben. 1887 werden in den Berliner Bestimmungen [7] erstmals zulässige Spannungen für Ziegelmauerwerk festgelegt (siehe Tab. 6). Es wurden vier Steinfertigkeitsklassen unterschieden, die entweder mit Kalkmörtel oder mit Zementmörtel zu verarbeiten waren. Kalk-Zementmörtel wurde in den Bestimmungen von 1910 [8] erstmals berücksichtigt, ebenfalls Kalksandsteine, die seit 1880 hergestellt wurden. Die Anwendung der zulässigen Spannungen für die Bemessung von Wänden und Pfeilern war an zahlreiche Bedingungen geknüpft: In den unterschiedlichen Geschossen waren Mindestwandstärken einzuhalten, ebenso Mindestabstände für aussteifende Querwände. Geschosshöhe sowie maximale Spannweiten und Lasten für die Decken waren vorgegeben. Zwischen windbeanspruchten Außen- und ausschließlich vertikal beanspruchten Innenwänden wurde unterschieden. Darüber hinaus gab es zahlreiche konstruktive Regeln zu den einzuhaltenden Fugendicken zum Mauerwerksverband, zur Ausführung der Deckenauflager etc.. 1872 war für Ziegel das Reichsformat (25/12/6,5) eingeführt worden, das bis 1952 gültig blieb.

Mauerwerk wurde allerdings nicht nur für Wände und Pfeiler im Wohnungs- und Verwaltungsbau eingesetzt. Die flachen Tonnengewölbe, die bei den Kappendecken zwischen den Stahlträgern spannen (Abb. 8), waren häufig gemauert, ebenso Industrieschornsteine, Stützmauern und weiter Infrastrukturprojekte bis hin zu Talsperren.

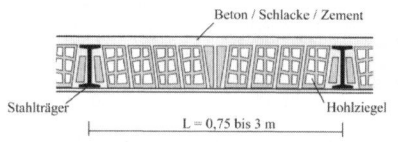

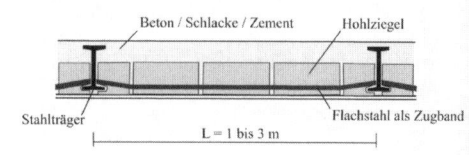

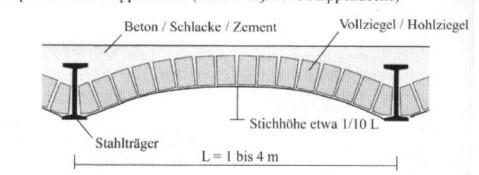

Abb. 8: Deckenkonstruktionen mit Ziegeln (aus [10])

Seit Beginn des 20. Jahrhunderts verdrängte der Stahlbeton das Mauwerk nach und nach vor allem bei höher beanspruchten Bauteilen (z.B. Stützen). Auch die Stahlsteindecken, die meist mit Ziegelhohlkörpern gefertigt worden waren, konnten sich gegen Stahlbetonplatten nicht behaupten.

Zwei Schwerpunkte prägten die Entwicklungen im Mauerwerksbau seit Beginn des 20. Jahrhunderts:

Steine	Mörtelgruppen		
	K ∧ I	KZ ∧ II	Z ∧ III
1887 Berlin [7] Porensteine	0,3 – 0,6	-	-
gewöhnliche Ziegel	0,7	-	-
Ziegel	-	-	1,1
beste Klinker	-	-	1,2 – 1,4
1910 Preußen [8] Porensteine	0,3 – 0,6	-	-
gewöhnliche Ziegel	bis 0,7	-	-
Hartbrandsteine	-	1,2 – 1,5	-
Klinker	-	-	2,0 – 3,0
Kalksandsteine	bis 0,7	1,2 – 1,5	-
Schwemmsteine	bis 0,3	bis 0,3	-
1996 DIN 1053 [9] Mz 12	0,8	1,2	1,8
Mz 20	1,0	1,6	2,0
Mz 28	-	1,8	2,4
Mz 36	-	-	3,0

Tab. 4: Zulässige Spannungen von Mauerwerk in MN/m^2

Zum einen die Verbesserung der Dämmeigenschaften der Steine (poröse Ziegel, Hüttenbims-Schwemm- später Leichtbetonsteine, Porenbetonsteine seit 1929, Querloch-, später Hochlochziegel seit etwa 1940, etc.) und der Fugen (Leichtmörtel und Dünnbettmörtel). Zum anderen die Erhöhung der Effektivität beim Mauern. Der vor allem in den 1990er Jahren erwartete Einsatz von Robotern setzte sich allerdings nicht durch, so dass die höhere Geschwindigkeit beim Mauern vor allem durch größere Elemente und die entsprechenden Hebezeuge sowie unvermörtelte Stoßfugen und dünne durch Planelemente ermöglichte und mit dem Mörtelschlitten hergestellte Lagerfugen erreicht wird.

Zur Fassadengestaltung mit Sichtmauerwerk wurden zweischalige Konstruktionen mit den entsprechenden Befestigungs- und Verankerungsdetails entwickelt.

5 Bestands- und Zustandserfassung

Baufgaben an bestehenden Gebäuden können sehr unterschiedlich sein. Geht es um eine Bewahrung des Ist-Zustandes? Geht vom Bauwerk eine Gefahr aus oder kann es nicht mehr genutzt werden? Ist eine Umnutzung mit Veränderung der mechanischen oder bauphysikalischen Beanspruchungen geplant? Wird eine Erweiterung oder ein Umbau notwendig? Geht es um das Instandsetzen, also um das Wiederherstellen einer ursprünglichen Widerstandskraft gegen mechanische und bzw. oder bauphysikalische Einwirkungen. Oder steht die Ertüchtigung, das Vergrößern einer ursprünglichen Widerstandskraft gegen mechanische und/ oder bauphysikalischen Einwirkungen, im Vordergrund?

Es schließen sich weitere Fragen an: Stellt das Bauwerk eine historisch bedeutsame Quelle im denkmalschutzrechtlichen Sinne dar? Kann für das Gebäude Bestandschutz geltend gemacht werden?

Die Beantwortung dieser Fragen schafft die Grundlagen für die Art und Weise der Planungsarbeit und schließlich auch für die Bauausführung. Erst nachdem bekannt ist, was werden soll, ist es möglich, die notwendige Tiefe der Voruntersuchungen zu definieren. Die Bestands- und Zustandsuntersuchungen müssen aufgabenorientiert sein, um die Bauaufgabe wirtschaftlich zu lösen. Je höher der Aufwand für die Voruntersuchung, desto größer wird der Erkenntnisgewinn und somit die Planungs- und Kostensicherheit. Das heißt, die unerwarteten Kosten für nicht erkannten Instandsetzungsbedarf sinken. Es muss nur bedacht werden, dass eine hundertprozentige Planungssicherheit nur selten erreicht wird. Die Kosten für den Untersuchungsaufwand sollten im gesamtwirtschaftlichen Sinne, die - nachträglich - entstehenden Kosten für nicht erkannte Maßnahmen nicht überschreiten. Es ist eine der Aufgaben des beratenden Planers, diese Zusammenhänge dem Bauherrn zu vermitteln. Nur wenn die Voruntersuchungen in ausreichender Tiefe erfolgen, ist ein wirtschaftlicher Projekterfolg möglich. Nur wenn der Bauherr erkennt, welchen Wert die Voruntersuchungen für ihn haben, wird er in diese investieren.

Der Architekt benötigt für den Entwurf vor allem die Geometrie des Bestandes. Die geplante Nutzung muss in den vorhandenen und neu zu planenden Räumen realisierbar sein. Um die Nutzung mit dem bestehenden Tragwerk zu realisieren, muss der Tragwerksplaner das statisch konstruktive Gefüge kennen lernen. Die Bewertung des Tragwerks erfordert die Kenntnis der vorhandenen konstruktiven Mängel und Schäden. Der Entwurf der Instandsetzungs- und Ertüchtigungsmaßnahmen sowie eventueller neuer Einbauten erfordert umfassendes Wissen über Material- und Konstruktionsverträglichkeiten. Gleichzeitig muss ausführungsgerecht geplant werden.

Die Größenordnung der Baukosten wird mit dem Entwurf festgelegt. Geht der Entwurf nicht oder nur wenig auf das Tragwerk des Bestandes ein, sind höhere Kosten zu erwarten, weil Ertüchtigungen notwendig werden. Idealerweise werden die Belange des Tragwerksplaners frühzeitig in die Überlegungen des Architekten zu Nutzung und Gestaltung eingebunden. Der erfahrene Bauingenieur kann die Tragfähigkeit einzelner Konstruktionen erkennen und einschätzen. Die Nutzung eines Dachbodens als Archiv macht aus tragwerksplanerischer Sicht in der Regel keinen Sinn, weil die hohen Lasten durch das gesamte Gebäude nach unten geführt werden müssen. Der Abbruch von Deckenanbindungen an Mauerwerkswände kann deren Aussteifung so vermindern, dass Ersatzmaßnahmen notwendig werden. Die Anordnung von Stützen auf Gewölben stößt rasch an die Grenzen dessen, was ohne aufwendige Verstärkung machbar ist.

Je nachdem ob Haustechniker, Restauratoren, Bauforscher, Archäologen oder weitere Spezialdisziplinen beteiligt sind, müssen noch viele weitere Fragestellungen über geeignete Voruntersuchungen beantwortet werden.

5.1 Bauwerksbegehung und Sichtung vorhandener Unterlagen

In einem ersten Schritt geht es darum, das Bauwerk kennen zu lernen. Die Suche nach eventuell vorhandenen Bestandsunterlagen beginnt sinnvollerweise beim Bauherrn. In Archiven der verschiedenen öffentlichen Ämter können neben Planunterlagen, Berechungen oder Rechnungen vorhanden sein. Denkmalgeschützte Bauwerke sind möglicherweise in den staatlichen Denkmaltopographien oder in einschlägigen Monografien [11] beschrieben. Teile der Bauwerksgeschichte können Be- oder Anwohnern bekannt sein. Die zusammengetragenen Informationen über Bauzeit, Bau- und Umbauphasen, frühere Schäden und Reparaturen sind von großem Wert für eine erste Einschätzung. Die vorhandenen Unterlagen müssen allerdings auf Übereinstimmung mit dem Bestand überprüft werden, denn sie stellen immer nur einen Augenblick des Bauwerklebens dar. Möglicherweise wurden die Pläne nie so umgesetzt, vielleicht auch - ganz spontan - nachträglich verändert. Diese Kontrolle kann stichprobenartig schon während einer ersten Begehung erfolgen. Bei dem ersten Bauwerkskontakt gewinnt man einen Eindruck über den Bauwerkszustand. Es wird deutlich, welche Aufmaßtechnik möglich und sinnvoll ist. Bevor das Aufmaß begonnen werden kann, müssen ggf. Reinigungsarbeiten und lokale Bestandsöffnungen (z.B. Putzfenster) vorgenommen werden.

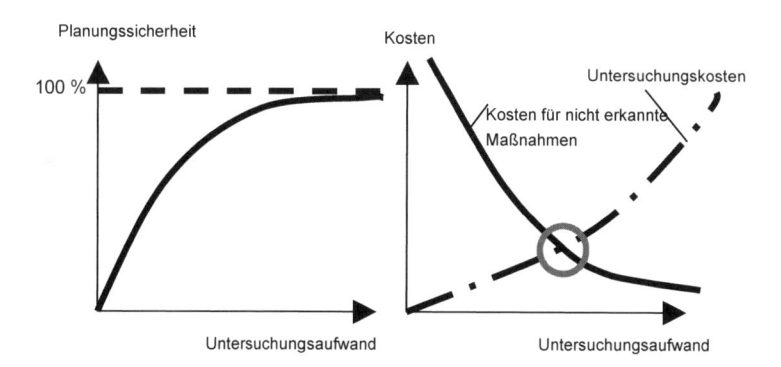

Abb. 9: Zusammenhang zwischen Voruntersuchungen und Kostensicherheit

5.2 Aufmaß

Die nachträgliche maßliche Erfassung bestehender Bauwerke im erforderlichen Umfang und im angemessenen Maßstab ist der zweite Schritt der Bestandserfassung. Die zu erstellenden Bestandsunterlagen dienen als Grundlage für die Schadenskartierung und den Entwurf der Planungen. Die Genauigkeit des Aufmaßes, auch im Detail, hängt von den Erfordernissen der Folgearbeiten ab. Deshalb kann nach weiterem Erkenntnisgewinn eine Verfeinerung notwendig werden. In DIN 1356 Teil 6 [16] werden die erforderlichen Genauigkeitsstufe in der Bestandsaufnahme festgelegt:

Genauigkeitsstufe 1: einfache Dokumentation M 1:100, skizzenhaft, Grundrissgliederung, Außenabmessungen, Wandöffnungen, Höhen, Wand- und Deckenstärken, Darstellungsgenauigkeit bei ± 20 cm. Verwendung als Besprechungsgrundlage bei Vorplanungen oder Renovierungsmaßnahmen ohne Eingriffe in Bausubstanz

Genauigkeitsstufe 2: Zwischenstufe, M 1:50, Darstellungsgenauigkeit bei ± 10 cm, Konstruktion und Struktur der Wände, Deckenspannrichtungen, deutlich sichtbare Durchbiegungen, Schiefstellungen, Winkelabweichungen. Verwendung als Grundlage für einfache Sanierungs- und Sicherungsmaßnahmen sowie zur Kartierung von restauratorischen Untersuchungen

Genauigkeitsstufe 3: Exaktes und verformungsgetreues Aufmaß, Anlegen eines unabhängigen dreidimensionalen Vermessungssystems) (Winkelmessung, Rastermessung), M 1:50 , Darstellungsgenauigkeit bei ± 2.5 cm, Konstruktion und Struktur der Wände mit Materialien, Deckenspannrichtungen und -konstruktionen, Durchbiegungen, Schiefstellungen, Winkelabweichungen. Verwendung als Grundlage für Instandsetzungs-, Ertüchtigungs- und Umbauplanungen

Genauigkeitsstufe 4: Exaktes und verformungsgetreues Aufmaß mit verdichteten Informationen, Anlegen eines unabhängigen dreidimensionalen Vermessungssystems) (Winkelmessung, Rastermessung), Fotogrammetrie, M 1:20 Darstellungsgenauigkeit bei ± 1.0 cm, M 1:10 Darstellungsgenauigkeit bei ± 0.5 cm, Konstruktion und Struktur der Wände mit Materialien, Steinsichtig, Deckenspannrichtungen und -konstruktionen, Durchbiegungen, Schiefstellungen, Winkelabweichungen. Verwendung als Grundlage für schwierige Instandsetzungs-, Ertüchtigungs- und Umbauplanungen

In der Regel ergibt sich schon an einem Bauwerk eine Mischung der Genauigkeitsstufen für unterschiedliche Darstellungen bzw. Zielsetzungen.

Eine Bauaufnahmezeichnung kann als Handaufmaß, mithilfe der Fotogrammetrie oder Laserscanning erstellt werden. Beim Handaufmaß genügen Messgeräte wie Zollstock, Bandmaß oder Distanzmessgerät, Lot und Schlauchwaage. Es ist wichtig, eine horizontale Schnittebene festzulegen. Entweder wird jedes Konstruktionselement einzeln vermessen oder die Maße werden kontinuierlich vom Bandmaß abgelesen. Sinnvoll sind zudem Kontrollmaße, um beim Erstellen der Zeichnung am Schreibtisch etwaige Fehlmessungen aufzuspüren. Fehlmessungen oder Zahlendreher lassen sich auch vermeiden, wenn direkt vor Ort maßstäblich gezeichnet wird. Bauwerkswinkel können gut über Dreiecksmessungen ermittelt werden. Übereinander liegende Ebenen müssen über mindestens zwei Lotschnüre einander zugeordnet werden. Je nach Komplexität des Bauwerks kann es nützlich sein, ein Koordinatensystem mit Achsenbezeichnungen einzuführen und die Achsen am Bauwerk zu kennzeichnen. Für verschiedene Techniken im Handaufmass steht umfangreiche Literatur zur Verfügung [12][13].

Die Fotogrammetrie liefert für steinsichtiges und großflächiges Mauerwerk die genauesten Ergebnisse. An markanten, möglichst weit voneinander liegenden Punkten werden Zielmarken gesetzt und eingemessen, z.B. über Theodoliten. Die Fläche wird fotografiert und das Bild wird programmtechnisch entzerrt. Das entzerrte Bild steht dann als Zeichnungsvorlage, für eine Weiterbearbeitung von Hand oder mit CAD zur Verfügung. Fotogrammetrische Pläne kommen in Betracht, wenn vergleichsweise viele Steinschäden vorliegen, für die eine restauratorische Instandsetzung erforderlich wird oder bei einem hohen Denkmalwert.

Eine Weiterentwicklung der Fotogrammetrie ist das Laserscanning. Beim 3D-Laserscanning werden die Oberflächen von Körpern punktweise digital erfasst. Die Koordinaten der dreidimensionalen Abtastpunkte werden aus den Winkeln und der Entfernung in Bezug zum Ursprung ermittelt. Aus den Punkten wird in entsprechenden CAD-Programmen die Oberfläche generiert und kann dann zur Visualisierung genutzt werden. Schwerpunkte des Einsatzes von Laserscanning liegen in der Bauforschung und Denkmalpflege. Räumlich komplizierte Bauwerke oder Skulpturen können schnell und vollständig erfasst werden. Moderne Lasermesssysteme erreichen eine Punktegenauigkeit von bis zu 1 mm am Objekt.

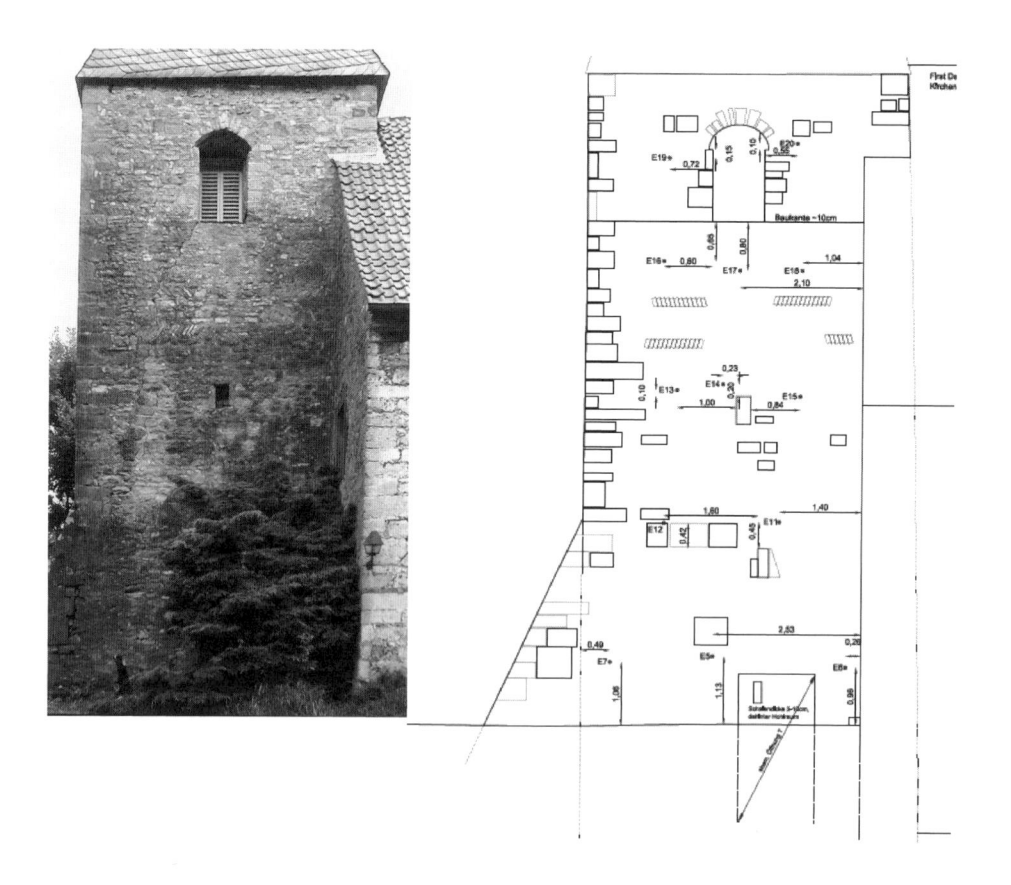

Abb. 10 entzerrte Südansicht und Bestandszeichnung Kirchturm Wetteborn

Eine weniger aufwändige, aber für konstruktive Fragestellungen oft ausreichende Variante, besteht darin, eigene digitale Aufnahmen mithilfe von wenigen Messlängen wie Wandhöhe und -breite zu entzerren. Dies gilt insbesondere für hohe Bauwerke, die für das Aufmass nicht eingerüstet werden können. Markante Punkte wie Öffnungen oder auffällige Steine, Verbände können dann auf der Zeichnung eingetragen werden. Abb. 10 zeigt am Beispiel des Kirchturmes Wetteborn das entzerrte Foto und die dazugehörige Fassadenansicht.

In die Zeichnung werden auffällige Bereiche wie Eckquaderung, Verbands- und bzw. oder Materialwechsel (hier schräge Rollschichten und ein nachträglich aufgesetztes Geschoss), ehemalige, aber geschlossene Öffnungen sowie Bereiche mit Bewuchs übertragen.

5.3 Strukturerkundung

5.3.1 Äußere Struktur

Die äußere Struktur wird visuell erkundet. Ist die Mauerwerksoberfläche verputzt, müssen zumindest einige Putzfenster angelegt werden, um Stein- und Verbandsarten zu erkennen. Aufgenommen werden typische Stein- und Fugenabmessungen, um den Verband möglichst entsprechend DIN 1053 in die verschiedenen Güteklassen wie Bruchsteinmauerwerk, unregelmäßiges oder regelmäßiges Schichtenmauerwerk bzw. Quadermauerwerk einordnen zu können. Wichtig im Hinblick auf mögliche Ausschreibungstexte ist die Bestimmung des Fugenanteils, z.B. in lfm. Fuge je m² Mauerwerk und die Steinbearbeitung. An der Mauerwerksoberfläche sind oft Merkmale der Bauwerksgeschichte und Hinweise zum inneren Aufbau zu erkennen - wie z. Bsp. in Abb. 11 nachträglich verschlossen Fensteröffnungen und - rostende - Ankerköpfe von Mauerwerksankern.

Bauen im Bestand

Abb. 11 Kirchturm Bodenfelde - nachträglich verschlossene Fensteröffnungen

Abb. 12 Schein und Sein

Der Verband kann in diesem Fall als Schichtenmauerwerk klassifiziert werden. Eine Eckquaderung ist vorhanden. Die Mauerkrone ist mit einem anderen, rötlicheren Sandstein vermauert, vermutlich nach einem Brand des Turmhelmes.

In Abb. 12 ist zu erkennen, dass das vermeintlich hochwertige Quadermauerwerk der Lisenen bei näherer Betrachtung nur ein verputztes kleinteiliges Bruchsteinmauerwerk verbirgt.

5.3.2 Innere Struktur

Das zu erkundende Mauerwerk kann einschalig oder mehrschalig aufgebaut sein. Die einzelnen Schichten können verbandsmäßig horizontal miteinander verbunden oder durch eine Vertikalfuge getrennt sein. Manchmal kann schon an dem Verband bzw. den Steinabmessungen der Ansicht erkannt werden, ob möglicherweise Bindersteine vorhanden sind. Eine auf den ersten Blick 24 cm dicke Ziegelwand, die nur Läufer zeigt, wirkt unter Umständen nur wie zwei direkt nebeneinander stehende 11.5 er Wände. Die Wanddicke bei Natursteinmauerwerk gibt in der Regel bereits Hinweise auf den inneren Aufbau, so ist ab Wanddicken von etwa 50 cm eine Mehrschaligkeit sehr wahrscheinlich. Historisches Mauerwerk ist dann meist dreischalig. Die äußeren Schichten sind üblicherweise aus hochwertigerem Mauerwerk errichtet. Die Zwischenschicht besteht meist aus kleinteiligerem Steinmaterial, oft auch aus Resten der Steinbearbeitung. Ein ordentlicher Verband ist die Ausnahme, der Mörtelanteil ist hoch und die Struktur kann hohlraumreich sein. Zur Beurteilung der Tragfähigkeit kreisen die zentralen Fragen um die Wirksamkeit als Gesamtquerschnitt. Gibt es einen Verbund zwischen den einzelnen Schichten? Wie steif sind die jeweiligen Schichten? Ist die Zwischenschicht für sich tragfähig („kohäsiv" nach [14]) oder nicht? Belastet sie als „nichtkohäsives" Mauerwerk die äußeren Schalen durch horizontalen Druck?

Die innere Mauerwerksstruktur kann vergleichsweise rabiat über zerstörende Untersuchungen, wie das Herstellen von großen Öffnungen, zerstörungsarm über Kernbohrungen und Endoskopie oder zerstörungsfrei mit Hilfe von Georadar oder seismischen Verfahren erkundet werden.

Mit Hilfe der *Mauerwerksendoskopie* kann der innere Aufbau stichprobenartig punktuell erkundet werden. Dazu werden trockene Bohrungen ⌀ 22 hergestellt, durch Staubsauger gereinigt und mit dem Endoskop inspiziert. Das Endoskop leitet extern erzeugtes Licht über Glasfaserbündel zur Beobachtungslinse um den Hohlraum auszuleuchten. Ein zweites Glasfaserbündel leitet das Bild zurück zum Auge bzw. zu einem Monitor oder einer anderen Aufzeichnungseinheit. Bei einem flexiblen Endoskop ist die Beobachtungslinse kreisförmig im 90°-Winkel zur Schlauchachse beweglich, so dass auch Hohlräume seitlich des Bohrkanals genauer beobachtet werden können. Durch die Endoskopie lassen sich Stein- und Fugenabmessungen, innere Schalenablösungen sowie Risse und Hohlräume erkunden. Zudem gibt der Zustand des Bohrkanals Hinweise auf den Zustand und die Festigkeit der Umgebung. Nachfallende Steine oder Mörtel lassen auf eine geringe innere Standfestigkeit schließen. Rillenförmige Bohrlochwandungen deuten auf geringe Druckfestigkeit hin.

Die Endoskopie wird über Protokolle ausgewertet.

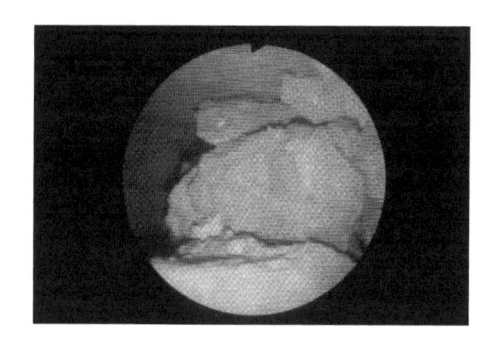

Abb. 13 a) Endoskop im Einsatz b) Endoskopieaufnahme - Blick in eine Schalenablösung mit eingefallenen Mörtelbrocken

Bauen im Bestand

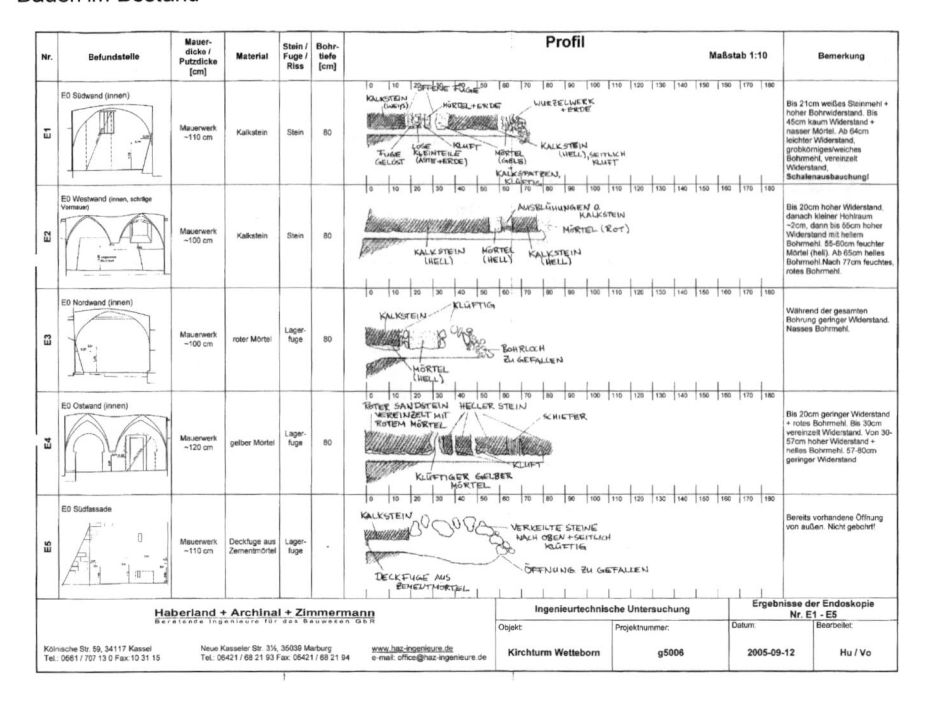

Abb. 14 Endoskopieprotokoll

Im Gegensatz zur zerstörungsarmen, punktuellen Endoskopie, sind *Georadar* oder *seismische* Verfahren zerstörungsfrei und flächenhaft anwendbar. Beide Verfahren beruhen auf dem Prinzip der indirekten Messung. Es werden andere Effekte als die gesuchten gemessen, aber über interpretierende Auswertungen können Rückschlüsse auf das eigentliche Untersuchungsziel gefolgert werden. Beim Georadar wird das Mauerwerk mit elektro-magnetischen Wellen durchstrahlt. Befinden sich Sender und Empfänger auf der gleichen Wandoberfläche wird die Reflexionsmethode angewandt, im anderen Fall der Durchschallung die Transmissionsmethode. In beiden Fällen werden Laufzeit und Amplitude der gesendeten Wellen mit den empfangenen verglichen. Das Georadar eignet sich zur Feststellung von Hohlräumen (Kammern, Klüften und Schalenablösungen) und zur Bestimmung von Schichtdicken. Besonders gut können Metalleinlagen wie Anker oder Dübel erkannt werden. Möglich ist auch die Eingrenzung feuchte- und salzbelasteter Bereiche.

Ultraschallverfahren benutzen Schallwellen oberhalb der menschlichen Hörschwelle. Auch hier werden Reflexions- und Transmissionsmethoden verwendet. Ultraschall eignet sich zur Beurteilung der Homogenität und für das Auffinden von Hohlräumen. Das Erkennen von Schalenablösungen, Verwitterungsprofilen und mechanischen Eigenschaften ist bedingt möglich.

Die *Mikroseismik* beruht auf dem Prinzip, dass mechanische Wellen, z.B. durch Hammerschläge, im Mauerwerk erzeugt werden. Die Ausbreitung und Fortpflanzung der Wellen hängt von den mechanischen Eigenschaften des Materials ab. Ein Beschleunigungsaufnehmer auf der gegenüberliegenden Wandoberfläche misst die Laufzeit der Welle, über die Wanddicke kann die mittlere Wellengeschwindigkeit berechnet werden. Niedrige Wellengeschwindigkeit weisen auf eine geringe Festigkeit hin. Befindet sich der Empfänger oder Sender in einem Bohrloch können mit der Mikroseismik auch Hohlräume und Schalenablösungen lokalisiert werden.

5.4 Materialkennwerte

5.4.1 Mechanische Kennwerte

Für die Beurteilung der Standsicherheit werden mechanische Kennwerte der Steine und des Mörtels sowie des Verbundes erforderlich. Kann die Standsicherheit mit konservativen, auf der „sicheren Seite liegenden" Annahmen nachgewiesen werden, ist es nicht notwendig, Kennwerte experimentell zu bestimmen. Wenn mechanische Eigenschaften bestimmt werden sollen, muss für die jeweilige Messung die Anzahl der Prüfungen festgelegt werden. Ein Statistiker würde eine Probenzahl von drei sicherlich als nicht ausreichend einordnen. Eine wesentlich höhere Stichprobenanzahl als genügend große Grundmenge zur Bestimmung der Häufigkeitsverteilung bedeutet aber viele zerstörende Eingriffe in das Bauwerk und entsprechende Kosten. In diesem Spannungsfeld muss verantwortlich über die Art und Anzahl der jeweiligen Prüfungen vom Tragwerksplaner entschieden werden. Er muss auch entscheiden, an welchen Stellen die Proben gefahrlos, aber dennoch aussagekräftig für hochbeanspruchte Bereiche, entnommen werden können.

Grundsätzlich sollen die Eingriffe so klein wie möglich sein. Deshalb ist es im Normalfall nicht realistisch, einen Teil einer Wand auszubauen, um deren Druckfestigkeit und Steifigkeit zu bestimmen. Steine und Mörtel werden in aller Regel separat geprüft. Diese Ergebnisse werden verwendet, um die Eigenschaften des Mauerwerks abzuschätzen. Die Ermittlung einiger Kennwerte kann nur in situ geschehen, wie zum Beispiel die Prüfung der Verbundeigenschaften. Dazu wird versucht, einen Stein aus dem Verband heraus zu ziehen. Die meisten Eigenschaften werden allerdings im Labor geprüft. Geprüft werden mindestens die Druckfestigkeit des Steine und des Mörtels sowie die Rohdichte. Davon ausgehend können andere Eigenschaften wie Zugfestigkeit oder E-Modul abgeschätzt werden.

Die Druckfestigkeit der Steine wird an aus Bohrkernen herausgeschnittenen Probekörpern vorgenommen. Die Bohrkerne sind zu nummerieren, um die Entnahmestelle nachvollziehen zu können. An den Bohrkernen muss auch die Belastungsrichtung im Bauwerk ablesbar sein, um die Druckfestigkeit entsprechend zu bestimmen. Die Druckfestigkeit kann bei manchen Steinen erheblich vom Feuchtigkeitszustand abhängen, wobei erhöhte Feuchtigkeit die Druckfestigkeit mindert.

Die Druckfestigkeitsprüfung von Festmörtel ist in DIN 18555-9 [15] normativ geregelt. Aus dem Bauwerk werden „mindestens 10" Probekörper entnommen. Das können einzelne Lagerfugenabschnitte oder Fugenbohrkerne sein, aus denen im Labor die Fuge herausgeschnitten wird. Die ermittelte Druckfestigkeit entspricht der Festigkeit des Mörtels wie er tatsächlich im Mauerwerk auftritt, anders als bei der Prüfung von Mörtel in Stahlschalungen. Hier wird der Einfluss der Erhärtung zwischen den Steinen nicht abgebildet.

Die Bewertung der Prüfergebnisse muss sorgfältig geschehen. Meist wird der Mittelwert bestimmt. Bei historischen Baustoffen bzw. Natursteinen kann jedoch die Streuweite der jeweiligen Eigenschaften erheblich sein. Das bedeutet, dass der charakteristische Wert der Festigkeit erheblich niedriger ist als bei industriell hergestellten Baustoffen mit gleichem Mittelwert.

Weitere sinnvolle mechanische Prüfungen umfassen den E-Modul und die Zugfestigkeit.

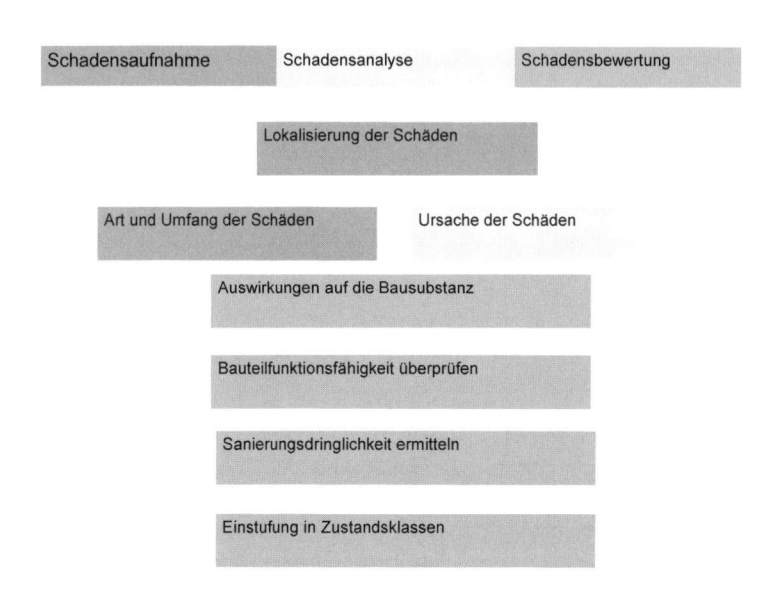

Abb. 15 Stufen der Schadensaufnahme, -analyse und –bewertung

5.4.2 Materialtechnologie, Dauerhaftigkeit

Zeichnet sich bei den Bestandsuntersuchungen ab, dass der Mörtel geschädigt ist und ausgebessert werden muss oder dass Hohlräume injiziert werden müssen, sollte die Mörtelzusammensetzung bestimmt werden. Dazu entnimmt ein Sachverständiger Mörtelproben um Bindemittelart und -gehalt sowie die Sieblinie zu bestimmen. Zusätzlich untersucht er die Proben auf Spuren potentieller Treibmineralien oder Salze, um eine dauerhafte Instandsetzung zu gewährleisten. Auch hier gilt, möglichst repräsentative Entnahmestellen festzulegen, mit denen auch die Bauwerksgeschichte berücksichtigt wird.

Der Mörtelgutachter sollte nach der Analyse des Bestandes Empfehlungen zur Zusammensetzung der verschiedenen Instandsetzungsmörtel geben. Es werden Fug- und Mauermörtel, Verfüllmörtel und Ankerverbundmörtel unterschieden. Es müssen neben mechanische Anforderungen vor allem auch Anforderungen an die Verträglichkeit und Dauerhaftigkeit formuliert werden. Ein „verträglicher" Mörtel stellt sicher, dass keine Treibmineralien wie Ettringit oder Thaumasit entstehen, und dass sich keine ungewollten Lastumlagerungen durch lokale Steifigkeitserhöhungen ergeben. Der Verfugmörtel im Außenbereich muss frostbeständig sein, gleichzeitig aber so konzipiert sein, dass wesentliche Feuchte-Transportvorgänge über die Fuge stattfinden können

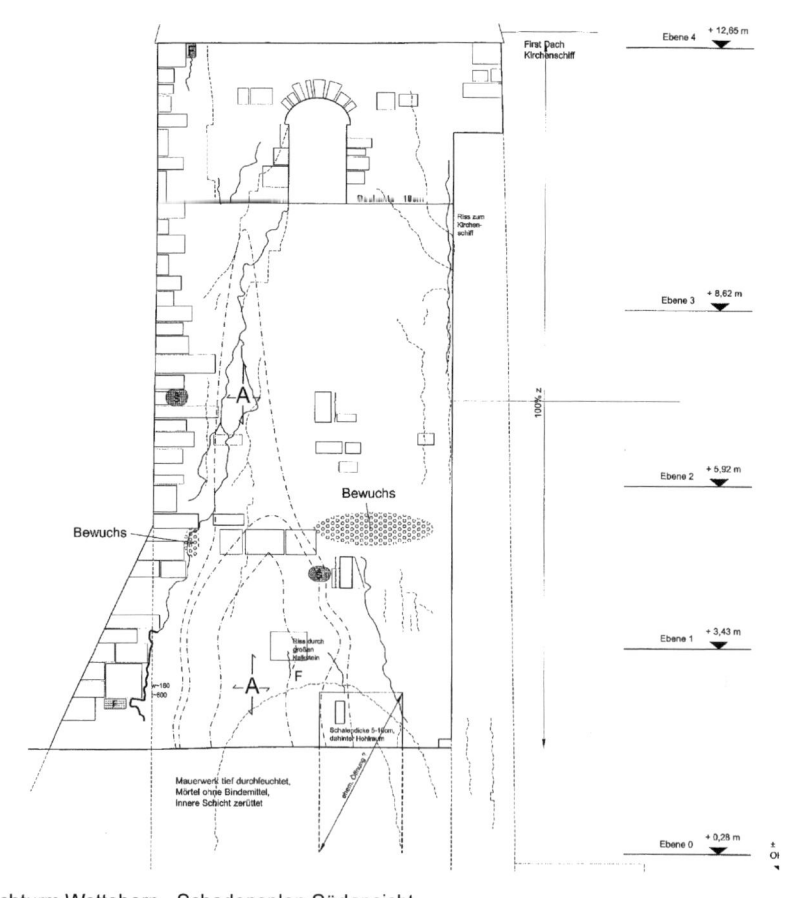

Kirchturm Wetteborn - Schadensplan Südansicht

Abb. 16

5.5 Schadensaufnahme und typische Schadensbilder

Die Zustandsbeurteilung des Bauwerks erfolgt über eine Schadensaufnahme, eine Schadensanalyse und eine Bewertung nach Abb. 15.

In Abb. 16 ist ein Schadensplan einer Mauerwerksfassade dargestellt. Die häufigsten Mauerwerksschäden sind Risse, Schiefstellungen, Ausbauchungen, zerrüttetes Gefüge, offene Fugen, Bewuchs und Substanzschäden durch Frost, Feuchte, Salze oder Brand. Hinweise auf tiefer liegende Schäden geben Verfärbungen oder Ausblühungen

Mauerwerksrisse, insbesondere an bewitterten Flächen, gefährden die Standsicherheit des Mauerwerks meist mittelfristig. Für die Beurteilung sind der Rissverlauf, die Rissweite und -tiefe und Höhenversätze der Rissufer bedeutsam. Das für die Rissentstehung notwendige Bewegungsmuster lässt sich sicherer nachvollziehen, wenn die rückwärtigen Risse der Mauerwerkswand mit denen der Ansicht zeichnerisch überlagert werden. Bei der Beurteilung muss berücksichtigt werden, dass die Risse nicht alle zum gleichen Zeitpunkt entstanden sein müssen. Die Rissentstehung kann durch ungenügende Gründung oder Auflagerung, statische oder dynamische Überbeanspruchung, Materialunverträglichkeiten oder Zwängungen infolge thermischer oder hygrischer Belastung verursacht sein. Wichtige Hinweise für Rissschäden in Mauerwerk mit Steinen aus industrieller Produktion liefert [17].

Ausbauchungen wie in Abb. 17 zu erkennen deuten auf Schalenablösungen hin. Das Gefährdungspotential ist einzuschätzen, um gegebenenfalls eine Notsicherung einzubringen. Eine Ausbauchung kann die Vorankündigung des Bruches sein, der dann schlagartig eintritt.

Im vorliegenden Fall wurde durch wachsende Durchfeuchtung der Zwischenschicht der Kalk aus dem Mörtel ausgetragen und die ehemals kohäsiver Zwischenschicht ist vollständig entfestigt. Die nun nichtkohäsive Zwischenschicht belastet die Außenschale horizontal. Die Durchfeuchtung wurde ausgelöst, durch eine zementhaltige Verfugung des dichten Kalksteinmauerwerks. Über Flankenabrisse konnte Wasser in das Mauerwerk eindringen, Kalksteine und dichte Zementfugen verhinderten dann aber die Diffusion nach außen.

Dichte Verfugmörtel können aber auch in Steinen indirekt Schäden verursachen, wie Abb. 18 a) zeigt. Eine Zementverfugung in weichem, feuchteempfindlichen Tuffsteinmauerwerk verlagert Feuchtetransportvorgänge auf den Stein. Der wiederum reagiert mit verstärkter Verwitterung, so dass die Oberfläche einzelner Steine deutlich hinter der ca. 40 Jahre alten Verfugung zurückliegt.

Umgang und Bewertung der Schäden sowie angemessene Instandsetzungs- und Ertüchtigungsmaßnahmen werden in den Fortsetzungen dieser Reihe beschrieben. Nicht jedes Bauwerk muss so enden, wie das in Abb. 18 b).

Abb. 17 Schalenausbauchung mit Notsicherung

Abb. 18 a) verstärkte Steinverwitterung durch nicht verträgliche Verfugung b) Sperrung wegen akuter Einsturzgefahr

6 Literatur

[1] Schäfer, J., Hilsdorf, H. K., Der Mörtel in historischem Mauerwerk, in: Erhalten historisch bedeutsamer Bauwerke. Verlag Ernst & Sohn, Berlin, 1989.

[2] Wisser S.; Historische und moderne Mörtel im Verbund mit Naturstein. Dissertation, Universität Freiburg, 1989.

[3] Mislin, M; Geschichte der Baukonstruktion und der Bautechnik, Band 1: Antike bis Renaissance. Werner-Verlag, Düsseldorf, 1997.

[4] Straub, H.: Die Geschichte der Bauingenieurkunst. Basel, Birkhäuser, 1996.

[5] Stark, J., Wicht, B.: Geschichte der Baustoffe. Wiesbaden, Bauverlag, 1998.

[6] Fitchen, J.; The Construction of Gothic Cathedrals. University of Chicago Press, Chicago, 1981.

[7] Polizeipräsident von Berlin; Bestimmungen über Eigengewicht, Belastungen und Beaspruchung von Baustoffen und Bautheilen. Centralblatt der Bauverwaltung, Berlin, 1887.

[8] Minister der öffentlichen Arbeiten in Preußen; Bestimmungen über die bei Hochbauten anzunehmenden Belastungen und die Beanspruchungen der Baustoffe. Zentralblatt der Bauverwaltung, Berlin, 1910.

[9] DIN 1053-1. Mauerwerk, Berechnung und Ausführung. 1996.

[10] Voormann, F.; Historische Ziegeldeckenkonstruktionen. Bautechnik (2004), S. 603-609.

[11] Dehio, G.; Das Handbuch der Deutschen Kunstdenkmäler Ausgaben für verschiedene Regionen, Deutscher Kunstverlag, München.

[12] Wangerin, G.; Bauaufnahme, Grundlagen, Methoden, Darstellung. Vieweg –Verlag, Braunschweig, 1992.

[13] Wiedemann, A.; Handbuch Bauvermessung, Geodäsie - Photogrammetrie -Laserscanning. Birkhäuser-Verlag, Basel, 2004.

[14] Warnecke, P.; Tragverhalten und Konsolidierung von historischem Natursteinmauerwerk. Dissertation, TU Braunschweig, 1995.

[15] DIN 18555-9; Prüfung von Mörteln mit mineralischen Bindemitteln - Teil 9: Festmörtel, Bestimmung der Fugendruckfestigkeit. Beuth-Verlag Berlin, 1999.

[16] DIN 1356-6; Technische Produktdokumentation – Bauzeichnungen, Teil 6: Bauaufnahmezeichnungen. Beuth-Verlag, Berlin, 2006.

[17] Pfefferkorn, W.; Rissschäden an Mauerwerk. Irb-Verlag, 2002.

[18] Pfeifer, G., Ramcke, R., Achtziger, J., Zilch, K; Mauerwerk Atlas. Birkhäuser-Verlag, Basel, 2001.

D BAUPHYSIK

Prof. Dr.-Ing. Nabil A. Fouad (1. Beitrag)
Dipl.-Ing. Astrid Schwedler (1. Beitrag)
Prof. Dipl.-Ing. Rainer Pohlenz (2. Beitrag)
Dipl.-Ing. Torsten Schoch (3. und 4. Beitrag)

Zum Stand der brandschutztechnischen Bemessung von Mauerwerk ... D.3

1 Brandverhalten von Baustoffen und Bauteilen sowie deren Klassifizierung ... D.3
   1.1 Einführung ... D.3
   1.2 Bauaufsichtliche Anforderungen an Bauteile und Baustoffe ... D.3
   1.3 Klassifizierung von Baustoffen und Bauteilen nach DIN 4102 ... D.4
      1.3.1 Klassifizierung von Baustoffen ... D.4
      1.3.2 Feuerwiderstandsklassen von Bauteilen ... D.4
   1.4 Klassifizierung von Baustoffen und Bauteilen nach DIN EN 13501 ... D.5
      1.4.1 Klassifizierung von Baustoffen ... D.5
      1.4.2 Feuerwiderstandsklassen von Bauteilen ... D.7

2 Grundlagen zur brandschutztechnischen Bemessung von Wänden ... D.8
   2.1 Wandarten und Wandfunktionen ... D.8
   2.2 Bemessung nach DIN 4102 Teil 4 unter Anwendung des Teils 4/A1 und des Teils 22 der DIN 4102 ... D.8
   2.3 Bemessung nach DIN V ENV 1996-1-2 unter Berücksichtigung des Nationalen Anwendungsdokumentes ... D.9

3 Brandschutztechnische Bemessung nach DIN 4102-4 sowie DIN 4102-4/A1 ... D.10
   3.1 Randbedingungen für die Bemessung ... D.10
   3.2 Wände aus Mauerwerk und Wandbauplatten ... D.10
      3.2.1 Nichttragende, raumabschließende Wände ... D.11
      3.2.2 Tragende, raumabschließende Wände ... D.12
      3.2.3 Tragende, nichtraumabschließende Wände ... D.13
   3.3 Tragende Pfeiler und nichtraumabschließende Wandabschnitte aus Mauerwerk ... D.14
   3.4 Allgemeine Anforderungen an Wände und Pfeiler ... D.16
   3.5 Stürze ... D.19
   3.6 Brandwände ... D.21

4 Brandschutztechnische Bemessung nach DIN V ENV 1996-1-2 (EC 6) sowie dem Nationalen Anwendungsdokument (NAD) ... D.24

Literaturverzeichnis ... D.24

Schallschutz im Geschosswohnungsbau Normung – Nutzererwartung – Lösungen ... D.27

1 Einführung ... D.27

2 Schallschutznormung contra Nutzererwartung ... D.27
   2.1 Allgemeines ... D.27
   2.2 Bauordnungsrechtlich geforderter Schallschutz ... D.27
      2.2.1 Die derzeit gültige DIN 4109 Schallschutz im Hochbau ... D.27
      2.2.2 Zu erwartende Neufassung der DIN 4109 Schallschutz im Hochbau ... D.28
   2.3 Regelmäßig erreichter Schallschutz ... D.29
   2.4 Erhöhter Schallschutz ... D.29
      2.4.1 Notwendigkeit eines erhöhten Schallschutzes und seiner Klassifizierung ... D.29

		2.4.2 Normen und Regelwerke zum erhöhten Schallschutz	D.30
		2.4.3 Kosten eines erhöhten Schallschutzes	D.31
	2.5	Geschuldeter Schallschutz	D.32
		2.5.1 Vorbemerkungen	D.32
		2.5.2 Rechtliche Grundsätze	D.32
		2.5.3 Vereinbarungspflicht	D.32
	2.6	Einzahlangaben zur Kennzeichnung des Schallschutzes	D.33
	2.7	Neue Schallschutzkennzeichnungen	D.33
3	Schallschutznachweis		D.34
	3.1	Schalltechnische Grundlagen	D.34
		3.1.1 Luftschalldämmung einschaliger Bauteile	D.34
		3.1.2 Luftschalldämmung zweischaliger Bauteile	D.35
		3.1.3 Flankenschalldämmung	D.35
		3.1.4 Trittschallschutz von Massiv(roh)decken	D.36
		3.1.5 Trittschallschutz schwimmender Estriche	D.36
	3.2	Schallschutznachweis	D.37
		3.2.1 Zurzeit angewendete Verfahren nach Beiblatt 1 zu DIN 4109	D.37
		3.2.2 Künftig anzuwendende Verfahren nach DIN EN 12354	D.38
4	Schallschutzlösungen		D.39
	4.1	Luftschallschutz	D.39
		4.1.1 Wohnungstrennwände und Treppenhaustrennwände aus Planziegeln	D.39
		4.1.2 Zimmertrennwände aus Planziegeln	D.40
		4.1.3 Außenwände aus Planziegeln	D.41
		4.1.4 Leichte Dächer	D.42
	4.2	Trittschallschutz mit Massiv- und Ziegeleinhängedecken	D.43
		4.2.1 Rohdecken aus Beton und Ziegeleinhänge-Elementen	D.43
		4.2.2 Schwimmende Estriche	D.43
5	Zusammenfassung		D.44
	Literatur- und Quellenverzeichnis		D.44

Das neue Beiblatt 2 zu DIN 4108 Ausgabe März 2006 .... D.46

1	Einleitung	D.46
2	Was ist neu?	D.46
3	Hinweise zu den Bauteilanschlüssen	D.47
4	Nachweis der Gleichwertigkeit	D.51
5	Empfehlungen zur energetischen Betrachtung	D.57
6	Wärmebrückenzuschlag und ψ-Werte nach Beiblatt 2	D.59
7	Zusammenfassung	D.65
	Zeichenerklärung für dargestellte Materialien	D.66

Die Energieeinsparverordnung 2007 .... D.68

1	Einleitung	D.68
2	Novelle des Energieeinsparungsgesetzes (EnEG)	D.68
3	Die EnEV 2007	D.69
	3.1 Allgemeines	D.69
	3.2 Änderungen im Verordnungstext	D.69
	3.3 Der öffentlich-rechtliche Nachweis für Wohngebäude	D.72
	3.4 Der öffentlich-rechtliche Nachweis für Nichtwohngebäude	D.72
	3.5 Berechnungsalgorithmus für Nichtwohngebäude	D.78
4	Der neue Energieausweis	D.80

Zum Stand der brandschutztechnischen Bemessung von Mauerwerk

1 Brandverhalten von Baustoffen und Bauteilen sowie deren Klassifizierung

1.1 Einführung

Der bauliche Brandschutz als Bestandteil des Bauordnungsrechtes ist in Deutschland Landesrecht. Daraus abgeleitet folgen die 16 Bundesländer mehr oder weniger ausgeprägt der Musterbauordnung (MBO) [6] der Bauministerkonferenz (ARGE-BAU). Die Landesbauordnungen (LBO) bzw. die Musterbauordnung fordern, dass bauliche Anlagen und Einrichtungen so anzuordnen, zu errichten, zu ändern und zu unterhalten sind, dass die öffentliche Sicherheit und Ordnung, insbesondere Leben, Gesundheit und die natürlichen Lebensgrundlagen, nicht gefährdet werden. Zur Verwirklichung der Grundanforderungen sind in den Bauordnungen unter anderem brandschutztechnische Anforderungen an die baulichen Anlagen gestellt. Diese sollen gewährleisten, dass die baulichen Anlagen so beschaffen sind, dass der Entstehung und Ausbreitung von Rauch und Feuer vorgebeugt wird, die Rettung von Menschen und Tieren sowie wirksame Löscharbeiten bei einem Brand möglich werden.

Für den Normalfall, sogenannte „Standardbauten" die nicht zu den Hochhäusern zählen, wie z. B. Wohn-, Verwaltungs- und Bürogebäude bis 1600 m² Brandabschnittsfläche, sind die materiellen Anforderungen in den Bauordnungen in Verbindung mit einem gesetzlich nachrangigen Regelwerk aus eingeführten Technischen Baubestimmungen (vgl. Liste der eingeführten Technischen Baubestimmungen im jeweiligen Bundesland) und Verwaltungsvorschriften mit bauaufsichtlichen Richtlinien aufgeführt. Für Sonderbauten, wie z. B. Schulen, Versammlungsstätten, Verkaufsstätten, Krankenhäuser und Hochhäuser, haben die Länder jeweils spezifische Verordnungen, Technische Baubestimmungen oder bauaufsichtliche Richtlinien erlassen.

Für Bauprodukte und Bauarten ist weiterhin die „Bauregelliste" [1] zu beachten, die nach § 17, Abs. 2 der MBO vom Deutschen Institut für Bautechnik (DIBt) im Einvernehmen mit den obersten Bauaufsichtsbehörden der Länder bekannt gemacht wird. Die Bauregelliste A enthält u. a. technische Regeln für Bauprodukte, die zur Erfüllung der in der MBO und in Vorschriften aufgrund der MBO gestellten Anforderungen an bauliche Anlagen erforderlich sind. Diese technischen Regeln gelten als Technische Baubestimmungen im Sinne des § 3, Abs. 3, Satz 1 der MBO. Von Bedeutung für die bautechnische Umsetzung der bauaufsichtlichen Brandschutzanforderungen ist die in der Bauregelliste A, Teil 1, Anlagen 0.1 und 0.2 vorgenommene Zuordnung der bauaufsichtlichen Benennungen zu den Klassen für Bauteile und Baustoffe, die sich aus den Prüfungen nach deutschen und auch europäisch harmonisierten Prüfnormen ergeben.

1.2 Bauaufsichtliche Anforderungen an Baustoffe und Bauteile

In der Musterbauordnung werden die allgemeinen Anforderungen an das Brandverhalten von Baustoffen und Bauteilen mit Hilfe von folgenden Begriffen beschrieben:

(1) Baustoffe werden nach den Anforderungen an ihr Brandverhalten unterschieden in

– nichtbrennbar,
– schwerentflammbar und
– normalentflammbar.

Leichtentflammbare Baustoffe dürfen nicht verwendet werden; dies gilt nicht, wenn sie in Verbindung mit anderen Baustoffen nicht leichtentflammbar sind.

(2) Bauteile werden nach den Anforderungen an ihre Feuerwiderstandsfähigkeit unterschieden in

– feuerbeständig,
– hochfeuerhemmend und
– feuerhemmend.

Die Feuerwiderstandsfähigkeit bezieht sich bei tragenden und aussteifenden Bauteilen auf deren Standsicherheit im Brandfall, bei raumabschließenden Bauteilen auf deren Widerstand gegen die Brandausbreitung. Bauteile werden zusätzlich nach dem Brandverhalten ihrer Baustoffe unterschieden:

1. Bauteile aus nichtbrennbaren Baustoffen.

2. Bauteile, deren tragende und aussteifende Teile aus nichtbrennbaren Baustoffen bestehen und die bei raumabschließenden Bauteilen zusätzlich eine in Bauteilebene durchgehende Schicht aus nichtbrennbaren Baustoffen haben (feuerbeständige Bauteile müssen mindestens diese Anforderungen erfüllen).

Bauphysik

3. Bauteile, deren tragende und aussteifende Teile aus brennbaren Baustoffen bestehen und die allseitig eine brandschutztechnisch wirksame Bekleidung aus nichtbrennbaren Baustoffen (Brandschutzbekleidung) haben (hochfeuerhemmende Bauteile müssen mindestens diese Anforderungen erfüllen).

4. Bauteile aus brennbaren Baustoffen.

Die in den Bauordnungen verwendeten Brandschutzbegriffe werden entweder durch Prüfungen und Klassifizierungen nach DIN 4102 „Brandverhalten von Baustoffen und Bauteilen" oder nach dem neuen europäischen Klassifizierungskonzept für den Brandschutz auf der Grundlage der DIN EN 13501 „Klassifizierung von Bauprodukten und Bauarten zu ihrem Brandverhalten" konkretisiert.

1.3 Klassifizierung von Baustoffen und Bauteilen nach DIN 4102

1.3.1 Klassifizierung von Baustoffen

Die nationalen Prüfverfahren für Baustoffe sind in der DIN 4102-1 festgelegt. Entsprechend ihres Brandverhaltens werden die Baustoffe in die in Bild 1 dargestellten Baustoffklassen nach DIN 4102-1 unterteilt.

DIN 4102 Brandverhalten von Baustoffen und Bauteilen			
Baustoffe		**Bauteile**	
Baustoffklassen		**Feuerwiderstandsklassen**	
A: nichtbrennbar A 1 A 2	B: brennbar B 1 schwerentflammbar B 2 normalentflammbar B 3 leichtentflammbar	F 30 F 60 F 90 F 120 F 180	feuerhemmend hochfeuerhemmend feuerbeständig hochfeuerbeständig

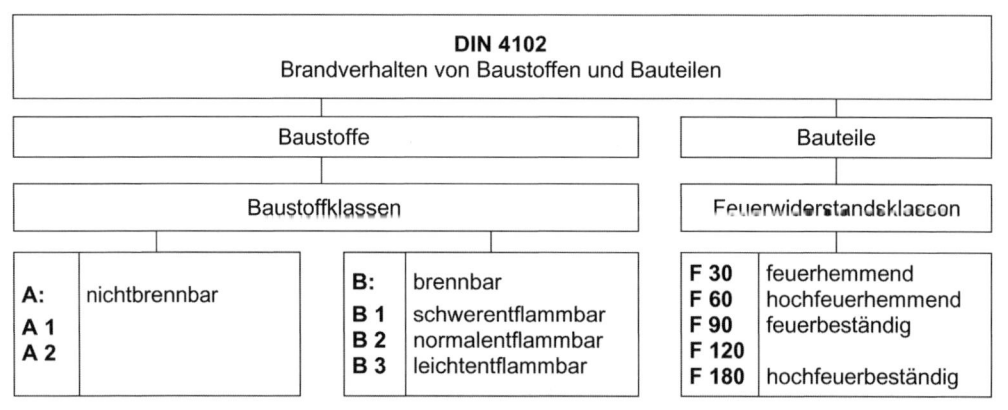

Bild 1: Klassifizierung von Baustoffen und Bauteilen nach DIN 4102 und die zugeordneten bauaufsichtlichen Benennungen nach [1]

1.3.2 Feuerwiderstandsklassen von Bauteilen

Das Brandverhalten von Bauteilen wird im Wesentlichen durch die Feuerwiderstandsdauer gekennzeichnet. Die Feuerwiderstandsdauer ist die Mindestdauer in Minuten, während der ein Bauteil die Prüfanforderungen der DIN 4102-2 erfüllt, ohne seine Tragfähigkeit bzw. seine Raumabschlussfunktion zu verlieren. Die Normbrandbeanspruchung entspricht dabei dem Temperaturverlauf der Einheits-Temperaturzeitkurve (ETK). Die Bauteile werden entsprechend der in der Prüfung erreichten Feuerwiderstandsdauer in Feuerwiderstandsklassen nach DIN 4102-2 eingeteilt.

Zur weiteren Einstufung der Bauteile erhalten diese eine Zusatzbezeichnung zur Feuerwiderstandsklasse entsprechend dem Brandverhalten ihrer Baustoffe. Es wird unterteilt in Bauteile aus nicht brennbaren Baustoffen (–A), in den wesentlichen Bestandteilen aus nicht brennbaren Baustoffen (–AB, vgl. MBO § 26, Satz 2, Nr. 2), in den wesentlichen Bestandteilen aus brennbaren Baustoffen (–BA, vgl. MBO § 26, Satz 2, Nr. 3) und in Bauteile aus brennbaren Baustoffen (–B). Die Gesamtübersicht in der Tabelle 1 zeigt die Verknüpfung der Baustoff- und Bauteilanforderungen der Feuerwiderstandsklassen nach DIN 4102 mit den bauordnungsrechtlichen Anforderungen nach MBO (vgl. Bauregelliste [1]).

Tabelle 1: Zuordnung der Feuerwiderstandsklassen nach DIN 4102 zu den bauordnungsrechtlichen Anforderungen nach MBO [6]

Benennung der Bauteile nach DIN 4102-2	Kurzbezeichnung	bauaufsichtliche Benennung
Feuerwiderstandsklasse F 30	F 30 – B	feuerhemmend
Feuerwiderstandsklasse F 30 und in den wesentlichen Teilen aus nichtbrennbaren Baustoffen	F 30 – AB	feuerhemmend und in den wesentlichen Teilen aus nichtbrennbaren Baustoffen
Feuerwiderstandsklasse F 30 und aus nichtbrennbaren Baustoffen	F 30 – A	feuerhemmend und aus nichtbrennbaren Baustoffen
Feuerwiderstandsklasse F 60	F 60 – B	hochfeuerhemmend
	F 60 – BA	
Feuerwiderstandsklasse F 60 und in den wesentlichen Teilen aus nichtbrennbaren Baustoffen	F 60 – AB	hochfeuerhemmend und in den wesentlichen Bestandteilen aus nichtbrennbaren Baustoffen
Feuerwiderstandsklasse F 60 und aus nichtbrennbaren Baustoffen	F 60 – A	hochfeuerhemmend und aus nichtbrennbaren Baustoffen
Feuerwiderstandsklasse F 90	F 90 – B	–
Feuerwiderstandsklasse F 90 und in den wesentlichen Teilen aus nichtbrennbaren Baustoffen	F 90 – AB	feuerbeständig
Feuerwiderstandsklasse F 90 und aus nichtbrennbaren Baustoffen	F 90 – A	feuerbeständig und aus nichtbrennbaren Baustoffen
Feuerwiderstandsklasse F 90 und aus nichtbrennbaren Baustoffen + zusätzliche Anforderungen	Bauart BW	feuerbeständig und in der Bauart von Brandwänden
Feuerwiderstandsklasse F 90 und aus nichtbrennbaren Baustoffen + zusätzliche Anforderungen	BW	Brandwand
Feuerwiderstandsklasse F 180 und aus nichtbrennbaren Baustoffen + zusätzliche Anforderungen	KTW	Komplextrennwand[1)]

[1)] Komplextrennwände sind bauordnungsrechtlich nicht geregelt.

1.4 Klassifizierung von Baustoffen und Bauteilen nach DIN EN 13501

1.4.1 Klassifizierung von Baustoffen

In den vergangenen Jahren wurde ein einheitliches europäisches Konzept für den Brandschutz erarbeitet, das inzwischen weitgehend fertig gestellt ist. Hierzu hat die europäische Kommission eine Reihe von Entscheidungen über die Klassifizierung im Hinblick auf den Brandschutz getroffen, die künftig eine einheitliche Bewertung und Beurteilung des Verhaltens von Bauprodukten im Falle eines Brandes erlauben.

Das europäische Klassifizierungssystem stellt gegenüber der bisherigen Einteilung nach DIN 4102-1 eine Vielzahl von Klassen zur Verfügung.

Nach dem europäischen Konzept werden, neben der Einteilung der Hauptklassifizierungskriterien Entzündbarkeit, Flammenausbreitung und frei werdende Wärme in die Euroklassen entsprechend Tabelle 2, zusätzlich die Brandparallelerscheinungen Rauchentwicklung (s für „smoke") und brennendes Abfallen/Abtropfen (d für „droplets") von Baustoffen festgestellt und in mehreren Stufen klassifiziert (vgl. Tabelle 3).

Bauphysik

Tabelle 2: Übersicht „Euroklassen"

Euroklasse	Leistungsanforderungen
A	Kein Beitrag zum Brand
B	Sehr begrenzter Beitrag zum Brand
C	Begrenzter Beitrag zum Brand
D	Hinnehmbarer Beitrag zum Brand
E	Hinnehmbares Brandverhalten
F	Keine Leistung festgestellt

Die Gesamtübersicht in der Tabelle 3 zeigt die Verknüpfung der Baustoffanforderungen nach DIN EN 13501 mit den bauordnungsrechtlichen Anforderungen nach MBO (vgl. Bauregelliste [1]).

Tabelle 3: Klassifizierung von Baustoffen nach DIN EN 13501 und die zugeordneten bauaufsichtlichen Benennungen nach [1]

| Bauaufsichtliche Benennung | Euroklasse | Zusatzanforderungen | |
		Kein Rauch	Kein brennendes Abfallen/Abtropfen
Nichtbrennbar	A I	X	X
	A2 – s1, d0	X	X
Schwerentflammbar	B – s1, d0 C – s1, d0	X	X
	A2 – s2/s3, d0 B – s2/s3, d0 C – s2/s3, d0		X
	A2 – s1, d1/d2 B – s1, d1/d2 C – s1, d1/d2	X	
	A2 – s3, d2 B – s3, d2 C – s3, d2		
Normalentflammbar	D – s1/s2/s3, d0 E – d0		X
	D – s1/s2/s3, d2		
	E – d2		
Leichtentflammbar	F		

1.4.2 Feuerwiderstandsklassen von Bauteilen

Die Hauptkriterien für die europäische Klassifizierung des Feuerwiderstands sind die Tragfähigkeit (R), der Raumabschluss (E) und die Wärmedämmung (I).

Zusätzliche Indizes für Leistungskriterien werden den Feuerwiderstandsklassen angefügt, wie beispielsweise:

- (S) für die Rauchdurchlässigkeit bei Lüftungsleitungen oder
- (C) für das Selbstschließvermögen von Feuerschutzabschlüssen.

Weitere Indizes geben die Richtung der klassifizierten Feuerwiderstandsdauer an:

- für die Klassifizierung in vertikaler Richtung von z. B. abgehängten Decken sind dies (a → b), (a ← b) oder (a ↔ b) (a steht für „above" bzw. „über" und b für „below" bzw. „unter") sowie
- für die Klassifizierung in horizontaler Richtung von z. B. nicht tragenden Außenwänden die Indizes (i → o), (i ← o) oder (i ↔ o) (i steht für „in" bzw. „innen" und o steht für „out" bzw. „außen"),

wobei der Pfeil die Klassifizierungsrichtung angibt.

Tabelle 4: System der europäischen Klassifizierung von tragenden und nichttragenden Bauteilen

	Kurzzeichen	Bedeutung
Tragende Bauteile	R XXX*	Tragfähigkeit
	RE XXX*	Tragfähigkeit, Raumabschluss
	REI XXX*	Tragfähigkeit, Raumabschluss, Wärmedämmung
	REI-M XXX*	Tragfähigkeit, Raumabschluss, Wärmedämmung, Stoßbeanspruchung
Nicht tragende Bauteile	E XXX*	Raumabschluss
	EI XXX*	Raumabschluss, Wärmedämmung
	EI-M XXX*	Raumabschluss, Wärmedämmung, Stoßbeanspruchung

XXX* Feuerwiderstandsdauer in Minuten (15 bis 360)

Die Übersicht in der Tabelle 5 zeigt am Beispiel statisch tragender Bauteile sowie Wände und Unterdecken die Verknüpfung der Baustoffanforderungen nach DIN EN 13501 mit den bauordnungsrechtlichen Anforderungen (vgl. Bauregelliste [1]).

Tabelle 5: Beispiel zur Klassifizierung von Bauteilen nach DIN EN 13501 und die zugeordneten bauaufsichtlichen Benennungen nach [1]

Bauaufsichtliche Benennung	Tragende Bauteile		Nichttragende Innenwände	Nichttragende Außenwände	Selbstständige Unterdecken
	ohne Raumabschluss	mit Raumabschluss			
Feuerhemmend	R 30	REI 30	EI 30	E 30 (i → o) (i ← o) (i ↔ o)	EI 30 (a → b) (a ← b) (a ↔ b)
Hochfeuerhemmend	R 60	REI 60	EI 60	E 60 (i → o) (i ← o) (i ↔ o)	EI 30 (a → b) (a ← b) (a ↔ b)
Feuerbeständig	R 90	REI 90	EI 90	E 90 (i → o) (i ← o) (i ↔ o)	EI 30 (a → b) (a ← b) (a ↔ b)
Brandwand	–	REI-M 90	EI-M 90	–	–

2 Grundlagen zur brandschutztechnischen Bemessung von Wänden

2.1 Wandarten und Wandfunktionen

Aus Sicht des Brandschutzes wird zwischen nichttragenden und tragenden sowie zwischen raumabschließenden und nichtraumabschließenden Wänden unterschieden.

Nichttragende Wände:

Scheibenartige Bauteile, die auch im Brandfall überwiegend nur durch ihre Eigenlast beansprucht werden und die nicht zur Knickaussteifung tragender Wände beitragen. Die auf ihre Fläche wirkenden Windlasten müssen an tragende Bauteile weitergeleitet werden. Aussteifungen und Unterstützungen der nichttragenden Wände müssen für ihre aussteifende Wirkung mindestens die gleiche Feuerwiderstandsklasse besitzen.

Tragende Wände:

Überwiegend auf Druck beanspruchte scheibenartige Bauwerke zur Aufnahme vertikaler und horizontaler Lasten.

Aussteifende Wände:

Scheibenartige Bauteile zur Aussteifung des Gebäudes oder zur Knickaussteifung tragender Wände. Sie sind hinsichtlich des Brandschutzes wie tragende Wände zu bemessen.

Raumabschließende Wände:

Trennwände, Gebäudeabschlusswände und Brandwände gelten als raumabschließende Wände. Sie dienen zur Verhinderung der Brandübertragung von einer Nutzungseinheit zur anderen bzw. in den Rettungsweg und werden nur einseitig vom Brand beansprucht. Raumabschließende Wände müssen eine Mindestbreite von 1,0 m haben und können tragende oder nichttragende Wände sein.

Nichtraumabschließende Wände:

Tragende Wände, die zweiseitig – bei teilweise oder ganz freistehenden Wänden auch drei- oder vierseitig – vom Brand beansprucht werden. Querschnitte aus Mauerwerk, deren Fläche $\geq 0{,}10\,\text{m}^2$ und deren Breite $\leq 1{,}0$ m ist, gelten als nichtraumabschließende Wandabschnitte. Als Pfeiler oder kurze Wände aus Mauerwerk gelten Querschnitte, die aus einem oder mehreren ungetrennten Steinen oder aus getrennten Steinen mit einem Lochanteil $< 35\,\%$ bestehen und nicht durch Schlitze oder Aussparungen geschwächt sind oder deren Querschnittsfläche $< 0{,}10\,\text{m}^2$ ist. Gemauerte Querschnitte, deren Flächen $< 0{,}04\,\text{m}^2$ sind, sind als tragende Teile unzulässig.

Aus der brandschutztechnischen Bezeichnung nach DIN (F) ist nicht erkennbar, um welche Wandart es sich handelt. Nach europäischer Klassifizierung (R, EI, REI) ist dies möglich.

Zweischalige Außenwände aus Mauerwerk mit oder ohne Dämmschicht bzw. Luftschicht sind Wände, die durch Anker verbunden sind und deren innere Schale tragend und deren äußere Schale nichttragend ist.

Zweischalige Haustrennwände bzw. Gebäudeabschlusswände aus Mauerwerk mit oder ohne Dämmschicht bzw. Luftschicht sind Wände, die nicht miteinander verbunden sind. Bei tragenden Wänden bildet jede Schale für sich jeweils das Endauflager einer Decke bzw. eines Daches.

2.2 Bemessung nach DIN 4102 Teil 4 unter Anwendung des Teils 4/A1 und des Teils 22 der DIN 4102

Der Brandschutznachweis von Mauerwerk wird mittels Tabellen in DIN 4102-4 für die Feuerwiderstandsklassen F 30 bis F 180 und für Brandwände geführt. Mit der Einführung der nationalen Bemessungsnormen auf der Grundlage des neuen Sicherheitskonzepts mit Teilsicherheitsbeiwerten wurde es notwendig, die baustoffübergreifende DIN 4102 Teil 4 anzupassen, um diese weiterhin in Verbindung mit den neuen Konstruktionsnormen anwenden zu können. Die Anpassung erfolgte mit der Anwendungsnorm DIN 4102 Teil 22, die zusammen mit den allgemeinen Korrekturen und Berichtigungen im Teil 4/A1 der DIN 4102 im November 2004 erschienen ist und im Februar 2005 in die Musterliste der Technischen Baubestimmungen aufgenommen wurde.

Im Mauerwerksbau erschien die DIN 1053-100 mit der Bemessung auf Basis von Teilsicherheitsbeiwerten erst im August 2004 und ist bislang noch nicht als technische Baubestimmung eingeführt. Aus diesem Grund war für den Bereich Mauerwerk in der DIN 4102-22 noch keine Anpassung an das neue Sicherheitskonzept möglich. Die brandschutztechnische Bemessung von Mauerwerksbauteilen erfolgt somit nach den Regeln der Norm DIN 4102-4 unter Berücksichtigung der Änderungen im Teil 4/A1.

Sowohl der Teil 4/A1 als auch der Teil 22 der Norm DIN 4102 sind in der Art eines „Lückentextes" verfasst, d. h. es sind nur die Änderungen und Ergänzungen gegenüber der DIN 4102-4 angegeben und nur mit dieser anzuwenden. Für den Mauerwerksbau ergeben sich neben neuer normativer Verweise folgende Änderungen im Teil 4/A1:

- Die Definition von Pfeilern und kurzen Wänden wurde korrigiert.
- Wärmedämmputzsysteme sind als Putze zur Verbesserung der Feuerwiderstandsdauer zulässig.
- In den Bemessungstabellen wurden die normativen Bezeichnungen angepasst,
- Mauerziegel aus Planziegeln nach DIN V 105-6 wurden aufgenommen und
- des Weiteren wurden einzelne Werte geändert bzw. ergänzt.

Die im Abschnitt 3 angegebenen Tabellen für den brandschutztechnischen Nachweis von Wänden, Pfeilern, Stürzen und Brandwänden enthalten die Änderungen nach DIN 4102-4/A1.

2.3 Bemessung nach DIN V ENV 1996-1-2 unter Berücksichtigung des Nationalen Anwendungsdokumentes

Der europäische Brandschutznachweis von Mauerwerk erfolgt mithilfe der im Juli 1997 erschienenen DIN V ENV 1996-1-2 (EC 6, Teil 1-2) und des Nationalen Anwendungsdokumentes (NAD). Das NAD ist die Richtlinie zur Anwendung von DIN V ENV 1996-1-2 mit der Anpassung an das nationale Sicherheitsniveau, welches im Jahr 2000 erschienen ist.

Allgemein stehen neben der Brandprüfung für den Nachweis nach den stoffbezogenen Brandschutzteilen der Eurocodes (Teil 1-2 des jeweiligen EC) drei Bemessungsverfahren zur Verfügung:

- Stufe 1: Tabellarische Bemessung,
- Stufe 2: Nachweis mittels vereinfachter Rechenverfahren,
- Stufe 3: Bemessung mittels allgemeiner Rechenverfahren.

Diese Möglichkeiten werden auch im EC 6-1-2 genannt, jedoch sind zum Nachweis lediglich leere Mustertabellen im Anhang C und weder vereinfachte noch allgemeine Rechenverfahren angegeben. Die Bemessung mittels tabellarischer Daten ist im NAD enthalten, die Anwendung von Rechenverfahren ist allerdings ebenfalls nicht geregelt.

Für die Angabe von Mindestwanddicken in den Tabellen mit europäischer Klassifizierung (R, REI, EI sowie REI-M) wurden die Werte der DIN 4102-4 übernommen unter Berücksichtigung neuerer Prüfergebnisse von genormten Steinarten. Zulassungspflichtige Bauweisen sind in der Richtlinie nicht enthalten. Aufgrund höherer zulässiger Belastungen bei einer Bemessung nach DIN V ENV 1996-1-2 gegenüber DIN 1053 ist der Ausnutzungsfaktor, der das Brandverhalten des Mauerwerks mit beeinflusst, mithilfe von DIN 1053-1 zu bestimmen.

3 Brandschutztechnische Bemessung nach DIN 4102-4 sowie DIN 4102-4/A1

3.1 Randbedingungen für die Bemessung

Wanddicken und Wandhöhen:

Die in den Bemessungstabellen angegebenen Mindestdicken d beziehen sich, soweit nichts anderes angegeben ist, immer auf die unbekleidete Wand oder auf eine unbekleidete Wandschale.

Die maximalen Wandhöhen ergeben sich aus den Normen DIN 1053 Teil 1 bis Teil 4 und DIN 4103 Teil 1 bis Teil 4.

Ausnutzungsfaktor:

Der Ausnutzungsfaktor α_2 ist beim vereinfachten Berechnungsverfahren das Verhältnis der vorhandenen Beanspruchung vorh σ nach DIN 1053 Teil 1 und Teil 2 zur zulässigen Beanspruchung zul σ nach DIN 1053-1;

$$\alpha_2 = (\text{vorh } \sigma / \text{zul } \sigma) \qquad (1)$$

Beim genaueren Berechnungsverfahren ist bei planmäßig ausmittiger Beanspruchung von Pfeilern bzw. nichtraumabschließenden Wandabschnitten für die Ermittlung von α_2 von einer über die Wandhöhe konstanten Ausmitte auszugehen. Die Angaben in den Tabellen berücksichtigen Exzentrizitäten bis $e \leq d/6$, für Exzentrizitäten $d/6 \leq e \leq d/3$ ist die Lasteinleitung zu konzentrieren.

Für die Mindestdicken und die Mindestbreiten dürfen Zwischenwerte geradlinig interpoliert werden.

3.2 Wände aus Mauerwerk und Wandbauplatten

Die Angaben der Tabellen 6 bis 8 gelten für Wände aus Mauerwerk und Wandbauplatten nach den Normen DIN 1053 Teil 1 bis Teil 4 und DIN 4103 Teil 1 und Teil 2 mit einseitiger Brandbeanspruchung bei raumabschließenden Wänden bzw. mehrseitiger Brandbeanspruchung bei nichtraumabschließenden Wänden. Für Mauerwerk nach DIN 1053-2 ist eine Beurteilung im Einzelfall nach DIN 4102-2 erforderlich.

Im Folgenden werden die Mindestwanddicken für nichttragende bzw. tragende, raumabschließende und tragende, nichtraumabschließende Wände angegeben.

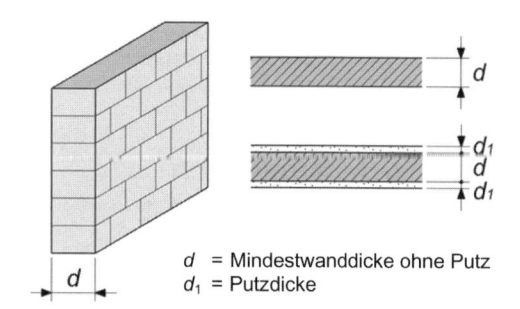

d = Mindestwanddicke ohne Putz
d_1 = Putzdicke

3.2.1 Nichttragende, raumabschließende Wände

Tabelle 6: Mindestdicke d nichttragender, raumabschließender Wände[1] aus Mauerwerk oder Wandbauplatten.
Die ( ) – Werte gelten für Wände mit beidseitigem Putz [7, Tabelle 38]

Feuerwiderstandsklasse	F 30-A	F 60-A	F 90-A	F 120-A	F 180-A
d: Mindestdicke (mm)	d	d	d	d	d
Porenbetonsteine (DIN V 4165, Plansteine und Planelemente), Porenbeton-Bauplatten und Porenbeton-Planbauplatten (DIN 4166)	75[2] (50)	75 (75)	100[3] (75)	115 (75)	150 (115)
Hohlwandplatten aus Leichtbeton (DIN 18148), Hohlblöcke aus Leichtbeton (DIN V 18151), Vollsteine und -blöcke aus Leichbeton (DIN V 18152), Mauersteine aus Beton (DIN V 18153), Wandbauplatten aus Leichtbeton (DIN 18162)	50 (50)	70 (50)	95 (70)	115 (95)	140 (115)
Mauerziegel aus Voll- und Hochziegel (DIN V 105-1), Wärmedämmziegel und Hochlochziegel (DIN V 105-2), hochfesten Ziegeln und hochfesten Klinkern (DIN 105-3), Keramikklinker (DIN 105-4) oder Planziegel (DIN V 105-6)	115 (70)	115 (70)	115 (100)	140 (115)	175 (140)
Mauerziegel aus Leichtlanglochziegeln und Leichtlangloch-Ziegelplatten (DIN 105-5)	115 (70)	115 (70)	140 (115)	175 (140)	190 (175)
Kalksandsteine aus Voll-, Loch-, Block-, Hohlblock- und Plansteinen, Planelementen nach Zulassung und Bauplatten (DIN V 106-1) oder Vormauersteinen und Verblender (DIN V 106-2)	70 (50)	115[4] (70)	115[5] (100)[6]	115 (115)	175 (140)
Mauerwerk aus Ziegelfertigbauteilen (DIN 1053-4)	115 (115)	115 (115)	115 (115)	165 (140)	165 (140)
Wandbauplatten aus Gips (DIN 18163) für Rohdichten $\geq 0,6$ kg/dm³	60	80	80	80	100

[1] Wände mit Normal-, Dünnbett- oder Leichtmörtel.
[2] Bei Verwendung von Dünnbettmörtel: $d \geq 50$ mm.
[3] Bei Verwendung von Dünnbettmörtel: $d \geq 75$ mm.
[4] Bei Verwendung von Dünnbettmörtel: $d \geq 70$ mm.
[5] Bei Verwendung von Steinen der Rohdichteklasse $\geq 1,8$ und Dünnbettmörtel: $d \geq 100$ mm.
[6] Bei Verwendung von Steinen der Rohdichteklasse $\geq 1,8$ und Dünnbettmörtel: $d \geq 70$ mm.

Bauphysik

3.2.2 Tragende, raumabschließende Wände

Tabelle 7: Mindestdicke d tragender, raumabschließender Wände aus Mauerwerk.
Die ( ) – Werte gelten für Wände mit beidseitigem Putz [7, Tabelle 39]

Feuerwiderstandsklasse		F 30-A	F 60-A	F 90-A	F 120-A	F 180-A
α_2: Ausnutzungsfaktor d: Mindestdicke (mm)	α_2	d	d	d	d	d
Porenbetonsteine (DIN V 4165, Plansteine und Planelemente nach Zulassung), Rohdichteklasse $\geq 0{,}4$, Verwendung von Dünnbettmörtel	0,2	115 (115)	115 (115)	115 (115)	115 (115)	150 (115)
	0,6	115 (115)	115 (115)	150 (115)	150 (150)	175 (175)
	1,0	115 (115)	150 (115)	175 (150)	175 (175)	200 (200)
Hohlblöcke aus Leichtbeton (DIN V 18151), Vollsteine und -blöcke aus Leichbeton (DIN V 18152), Mauersteine aus Beton (DIN V 18153), Rohdichteklasse $\geq 0{,}5$, Verwendung von Normal- und Leichtmörtel	0,2	115 (115)	115 (115)	115 (115)	140 (115)	140 (115)
	0,6	140 (115)	140 (115)	175 (115)	175 (140)	190 (175)
	1,0	175 (140)	175 (140)	175 (140)	190 (175)	240 (190)
Mauerziegel aus Voll- und Hochlochziegel (DIN V 105-1), Lochung: Mz, HLz A, HLz B, Verwendung von Normalmörtel	0,2	115 (115)	115 (115)	115 (115)	115 (115)	175 (140)
	0,6	115 (115)	115 (115)	140 (115)	175 (115)	240 (140)
	1,0[1]	115 (115)	115 (115)	175 (115)	240 (140)	240 (175)
Mauerziegel mit Lochung A und B (DIN V 105-2 und DIN V 105-6 nach Zulassung), Rohdichteklasse $\geq 0{,}8$, Verwendung von Normal-, Dünnbett- und Leichtmörtel	0,2	175[2] (115)	175[2] (115)	175[2] (115)	240[3] (115)	– (140)
	0,6	175[2] (115)	175[2] (115)	175[2] (115)	240[3] (115)	– (140)
	1,0	175[2,4] (115)	175[2,4] (115)	175[2,4] (115)	230[3,4] (140)	– (175)
Mauerziegel aus Leichthochlochziegel W (DIN V 105-2), Rohdichteklasse $\geq 0{,}8$, Verwendung von Normal- und Leichtmörtel	0,2	(115)	(115)	(140)	(175)	(240)
	0,6	(115)	(140)	(175)	(300)	(300)
	1,0	(115)	(175)	(240)	(300)	(365)
Kalksandsteine aus Voll-, Loch-, Block-, Hohlblock- und Plansteinen, Planelementen nach Zulassung und Bauplatten (DIN V 106-1) oder Vormauersteinen und Verblender (DIN V 106-2), Verwendung von Normal- und Dünnbettmörtel	0,2	115 (115)	115 (115)	115 (115)	115 (115)	175 (140)
	0,6	115 (115)	115 (115)	115 (115)	140 (115)	200 (140)
	1,0[1]	115 (115)	115 (115)	115 (115)	200 (140)	240 (175)
Mauerwerk aus Ziegelfertigbauteilen (DIN 1053-4)	–	115 (115)	165 (115)	165 (165)	190 (165)	240 (190)

[1] Bei 3,0 N/mm² < vorh $\sigma \leq$ 4,5 N/mm² gelten die Werte nur für Mauerwerk aus Voll-, Block- und Plansteinen.
[2] Rohdichteklasse $\geq 0{,}9$.
[3] Rohdichteklasse $\geq 1{,}0$.
[4] Gilt nicht bei Verwendung von Dünnbettmörtel.

3.2.3 Tragende, nichtraumabschließende Wände

Tabelle 8: Mindestdicke d tragender, nichtraumabschließender Wände aus Mauerwerk.
Die ( ) – Werte gelten für Wände mit beidseitigem Putz [7, Tabelle 40]

Feuerwiderstandsklasse		F 30-A	F 60-A	F 90-A	F 120-A	F 180-A
α_2: Ausnutzungsfaktor d: Mindestdicke (mm)	α_2	d	d	d	d	d
Porenbetonsteine (DIN V 4165, Plansteine und Planelemente nach Zulassung), Rohdichteklasse ≥ 0,4, Verwendung von Dünnbettmörtel	0,2	115 (115)	150 (115)	150 (115)	150 (115)	175 (115)
	0,6	150 (115)	175 (150)	175 (150)	175 (150)	240 (175)
	1,0	175 (150)	175 (150)	240 (175)	300 (240)	300 (240)
Hohlblöcke aus Leichtbeton (DIN V 18151), Vollsteine und -blöcke aus Leichtbeton (DIN V 18152), Mauersteine aus Beton (DIN V 18153), Rohdichteklasse ≥ 0,5, Verwendung von Normal- und Leichtmörtel	0,2	115 (115)	140 (115)	140 (115)	140 (115)	175 (115)
	0,6	140 (115)	175 (140)	190 (175)	240 (190)	240 (240)
	1,0	175 (140)	175 (175)	240 (175)	300 (240)	300 (240)
Mauerziegel aus Voll- und Hochlochziegel (DIN V 105-1), Lochung: Mz, HLz A, HLz B, Verwendung von Normalmörtel	0,2	115 (115)	115 (115)	175 (115)	240 (115)	240 (175)
	0,6	115 (115)	115 (115)	175 (115)	240 (115)	300 (200)
	1,0[1]	115 (115)	115 (115)	240 (115)	365 (175)	490 (240)
Mauerziegel mit Lochung A und B (DIN V 105-2 und DIN V 105-6 nach Zulassung), Rohdichteklasse ≥ 0,8, Verwendung von Normal-, Dünnbett- und Leichtmörtel	0,2	(115)	(115)	(115)	(115)	(175)
	0,6[2]	(115)	(115)	(115)	(115)	(200)
	1,0	(115)	(115)	(115)	(175)	(240)
Mauerziegel aus Leichthochlochziegel W (DIN V 105-2), Rohdichteklasse ≥ 0,8, Verwendung von Normal- und Leichtmörtel	0,2	(175)	(175)	(175)	(175)	(240)
	0,6	(175)	(175)	(240)	(240)	(300)
	1,0	(240)	(240)	(240)	(300)	(365)
Kalksandsteine aus Voll-, Loch-, Block-, Hohlblock- und Plansteinen, Planelementen nach Zulassung und Bauplatten (DIN V 106-1) oder Vormauersteinen und Verblender (DIN V 106-2), Verwendung von Normal- und Dünnbettmörtel	0,2	115 (115)	115 (115)	115 (115)	140 (115)	175 (140)
	0,6	115 (115)	115 (115)	140[3] (115)	150 (115)	200 (175)
	1,0[1]	115 (115)	115 (115)	140[3] (115)	200 (175)	240 (190)
Mauerwerk aus Ziegelfertigbauteilen (DIN 1053-4)	–	115 (115)	165 (115)	165 (165)	190 (165)	240 (190)

[1] Bei 3,0 N/mm² < vorh σ ≤ 4,5 N/mm² gelten die Werte nur für Mauerwerk aus Voll-, Block- und Plansteinen.
[2] Gilt auch bei Verwendung von Dünnbettmörtel.
[3] Bei Verwendung von Dünnbettmörtel d ≥ 115 mm.

Bauphysik

3.3 Tragende Pfeiler und nichtraumabschließende Wandabschnitte aus Mauerwerk

Die Angaben der Tabelle 9 gelten für Pfeiler und nichtraumabschließende Wandabschnitte aus Mauerwerk nach den Normen DIN 1053 Teil 1 bis Teil 4 und DIN 4103 Teil 1 mit mehrseitiger Brandbeanspruchung. Für Mauerwerk nach DIN 1053-2 ist eine Beurteilung im Einzelfall nach DIN 4102-2 erforderlich.

d = Mindestdicke
b = Mindestbreite

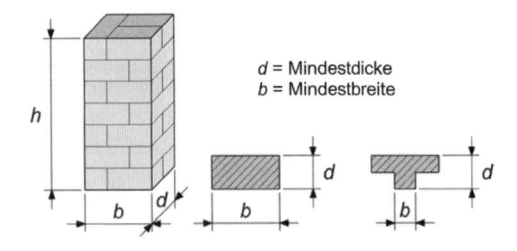

Tabelle 9: Mindestquerschnittsabmessungen tragender Pfeiler bzw. nichtraumabschließender Wandabschnitte aus Mauerwerk.
Die ( ) – Werte gelten für Pfeiler mit allseitigem Putz, der Putz kann durch eine ein- oder mehrseitige Verblendung ersetzt werden. [7, Tabelle 41]

Feuerwiderstandsklasse			F 30-A	F 60-A	F 90-A	F 120-A	F 180-A
α_2: Ausnutzungsfaktor d: Mindestdicke (mm) b: Mindestbreite (mm)	α_2	d	b	b	b	b	b
Porenbetonsteine (DIN V 4165, Plansteine und Planelemente nach Zulassung), Rohdichteklasse $\geq$ 0,4, Verwendung von Dünnbettmörtel	0,6	175	365	365	490	490	615
		200	240	365	365	490	615
		240	240	240	300	365	615
		300	240	240	240	300	490
		365	175	175	240	240	365
	1,0	175	490	490	1)	1)	1)
		200	365	490	1)	1)	1)
		240	300	365	615	730	730
		300	240	300	490	490	615
		365	240	240	365	490	615
Hohlblöcke aus Leichtbeton (DIN V 18151), Vollsteine und -blöcke aus Leichbeton (DIN V 18152), Mauersteine aus Beton (DIN V 18153), Rohdichteklasse $\geq$ 0,5, Verwendung von Normal- und Leichtmörtel	0,6	175	240	365	490	1)	1)
		240	175	240	300	365	490
		300	190	240	240	300	365
	1,0	175	365	490	1)	1)	1)
		240	240	300	365	1)	1)
		300	240	240	300	365	490
Mauerziegel aus Voll- und Hochlochziegel (DIN V 105-1), Lochung: Mz, HLz A, HLz B, Verwendung von Normalmörtel Es gelten auch die ( )-Werte der Mauerziegel Lochung A und B	0,6	115	615[3)]	730[3)]	990[3)]	1)	1)
		175	490	615	730[3)]	990[3)]	1)
		240	200	240	300	365	490
		300	200	200	240	365	490
	1,0[2)]	115	990[3)]	990[3)]	1)	1)	1)
		175	615	730	990[3)]	1)	1)
		240	365	490	615	1)	1)
		300	300	365	490	1)	1)

Fortsetzung nächste Seite

Tabelle 9: Fortsetzung

Feuerwiderstandsklasse			F 30-A	F 60-A	F 90-A	F 120-A	F 180-A
Mauerziegel mit Lochung A und B (DIN V 105-2 und DIN V 105-6 nach Zulassung), Rohdichteklasse ≥ 0,8, Verwendung von Normal- und Leichtmörtel	0,6[4)]	115	(365)	(490)	(615)	(730)	[1)]
		175	(240)	(240)	(240)	(300)	[1)]
		240	(175)	(175)	(175)	(240)	(300)
		300	(175)	(175)	(175)	(175)	(240)
	1,0	115	(490)	(615)	(730)	[1)]	[1)]
		175	(240)	(240)	(365)	(365)	[1)]
		240	(175)	(175)	(240)	(240)	(365)
		300	(175)	(175)	(200)	(240)	(300)
Mauerziegel aus Leichthochlochziegel W (DIN V 105-2), Rohdichteklasse ≥ 0,8, Verwendung von Normal- und Leichtmörtel	0,6	240	(240)	(240)	(240)	(240)	(365)
		300	(175)	(175)	(175)	(240)	(240)
		365	(175)	(175)	(175)	(240)	(240)
	1,0	240	(240)	(240)	(300)	(365)	(365)
		300	(240)	(240)	(240)	(240)	(300)
		365	(240)	(240)	(240)	(240)	(240)
Kalksandsteine aus Voll-, Loch-, Block-, Hohlblock- und Plansteinen, Planelementen nach Zulassung und Bauplatten (DIN V 106-1) oder Vormauersteinen und Verblender (DIN V 106-2), Verwendung von Normal- und Dünnbettmörtel	0,6	115	365	490	(615)	(990)	[1)]
		150	300	300	300	365	898
		175	240	240	240	240	365
		240	175	175	175	175	300
	1,0[2)]	115	(365)	(490)	(730)	[1)]	[1)]
		150	300	300	300	490	[1)]
		175	240	240	300[5)6)]	300[6)]	490
		240	175	175	240	240	365

[1)] Die Mindestbreite ist $b > 1,0$ m → Bemessung bei Außenwand als raumabschließende Wand nach Tabelle 7, sonst als nichtraumabschließende Wand nach Tabelle 8.
[2)] Bei 3,0 N/mm² $<$ vorh $\sigma \leq$ 4,5 N/mm² gelten die Werte nur für Mauerwerk aus Vollsteinen, Block- und Plansteinen.
[3)] Nur bei Verwendung von Vollziegeln.
[4)] Zusätzlich auch bei Verwendung von Dünnbettmörtel.
[5)] Bei $h_k/d \geq 10$ darf $b = 240$ mm betragen.
[6)] Bei Verwendung von Dünnbettmörtel, $h_k/d \leq 15$ und vorh $\sigma \leq 3,0$ N/mm² darf $b = 240$ mm betragen.

3.4 Allgemeine Anforderungen an Wände und Pfeiler

Lochungen von Steinen oder Wandbauplatten:

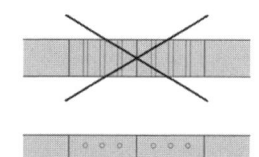

Draufsicht:

Lochungen von Steinen und Wandbauplatten senkrecht zur Wandebene sind nicht zulässig.

Aussteifende Riegel und Stützen müssen mindestens derselben Feuerwiderstandsklasse wie die Wand angehören.

Stürze, Balken, Unterzüge usw. über Wandöffnungen sind mindestens für eine dreiseitige Brandbeanspruchung zu bemessen.

Bei zweischaligen Wänden sind die Stützen, Riegel, Verbände usw., die zwischen den Schalen angeordnet werden, für sich allein zu bemessen.

Die Anordnung von zusätzlichen Bekleidungen z. B. Putz oder Verblendung, mit Ausnahme von Bekleidungen aus Stahlblech, ist erlaubt. Bei Verwendung von Baustoffen der Klasse B sind gegebenenfalls bauaufsichtliche Anforderungen zu beachten.

Bauphysik

Putze zur Verbesserung der Feuerwiderstandsdauer:

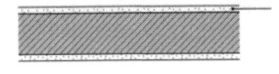

- Putze der Mörtelgruppe P IV nach DIN 18550-2, Wärmedämmputzsysteme nach DIN 18550-3 oder Leichtputze nach DIN 18550-4 sind verwendbar.
- Der Putzgrund muss die Anforderungen nach DIN 18550-2 für eine ausreichende Haftung erfüllen.
- Bei Wärmedämmverbundsystemen muss die Dämmschicht der Baustoffklasse A angehören.

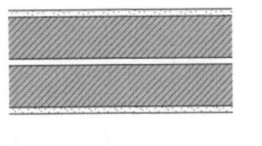

Putz bei zweischaligen Trennwänden nur auf den Außenseiten der Schalen notwendig.

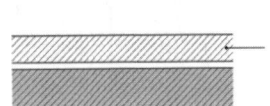

Putz kann durch zusätzliche Mauerwerksschale bzw. eine Verblendung aus Mauerwerk ersetzt werden.

Die Angaben in den Tabellen 6 bis 9 gelten für alle Stoßfugenausbildungen nach DIN 1053-1.

Kunstharzmörtel zur Verbindung von Steinen, Platten und Fertigteilen im Lagerfugenbereich mit einer Dicke ≤ 3 cm, Dampfsperren sowie Sperrschichten gegen aufsteigende Feuchtigkeit beeinflussen die Feuerwiderstandsklasse nicht.

Anschlüsse und Fugen:

Die brandschutztechnischen Angaben gelten für Wände, die von Rohdecke bis Rohdecke spannen. Für raumabschließende Wände, die z. B. an Unterdecken befestigt sind oder auf Doppelböden stehen, ist die Feuerwiderstandsklasse durch Prüfungen nachzuweisen. Anschlüsse nichttragender Massivwände müssen nach DIN 1053-1, DIN 4103-1 oder nach den Angaben von Bild 2 bzw. Bild 3 ausgeführt werden. Anschlüsse tragender Massivwände müssen nach DIN 1053-1 oder nach den Angaben von Bild 4 bzw. Bild 5 ausgeführt werden.

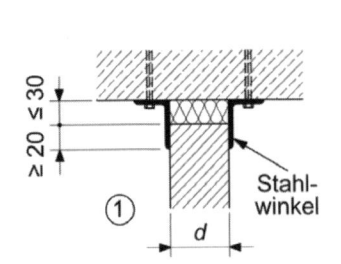

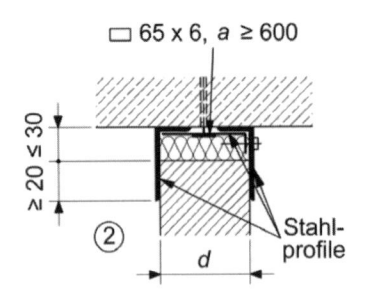

Dämmschicht nach DIN 4102-4, Abschnitt 4.5.2.6

Bild 2: Anschlüsse Wand – Decke nichttragender Massivwände [7, Bild 17]

Brandschutztechnische Bemessung

Anschluss durch Einputzen:
(nur im Einbaubereich I nach DIN 4103-1)

① Putzdicke ≥ 10 mm

Anschluss durch Nut:

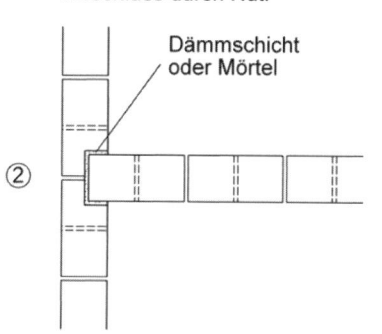

② Dämmschicht oder Mörtel

Anschluss mit Anker:

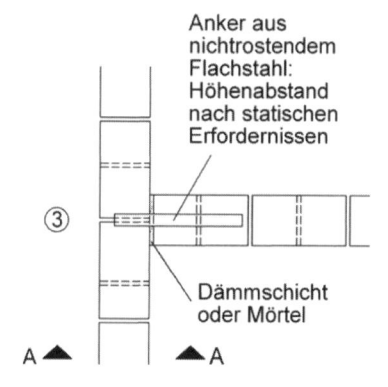

③ Anker aus nichtrostendem Flachstahl: Höhenabstand nach statischen Erfordernissen

Dämmschicht oder Mörtel

Schnitt A - A:

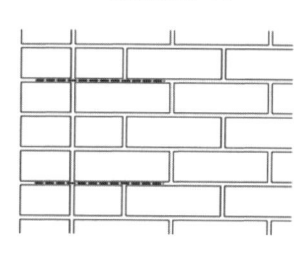

Dämmschicht nach DIN 4102-4, Abschnitt 4.5.2.6

Bild 3: Anschlüsse Wand (Pfeiler/Stütze) – Wand nichttragender Massivwände (Beispiel Mauerwerk) [7, Bild 18]

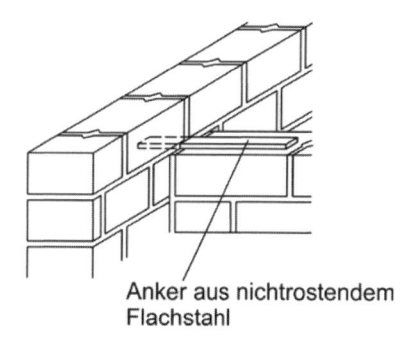

Anker aus nichtrostendem Flachstahl

Bild 4: Stumpfstoß Wand – Wand tragender Wände (Beispiel Mauerwerk) [7, Bild 19]

Bauphysik

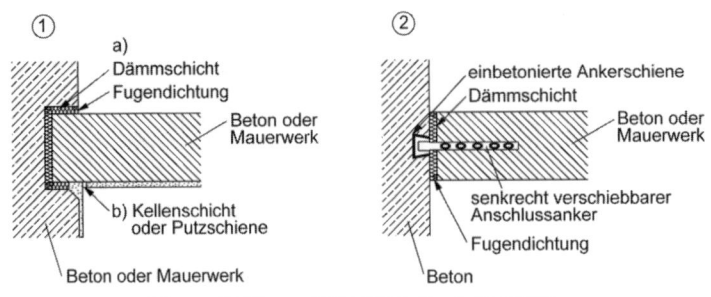

Bild 5: Gleitender Stoß Wand (Stütze) – Wand tragender Wände [7, Bild 20]

Dämmschichten in Anschlussfugen:

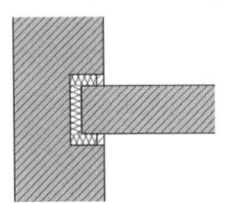

Mineralfaser-Dämmschichten nach DIN 18165-2, Abschnitt 2.2, der Baustoffklasse A, einem Schmelzpunkt $\geq$ 1000 °C nach DIN 4102-17 und einer Rohdichte $\geq$ 30 kg/m³.
Hohlräume müssen dicht ausgestopft werden.
Fugendichtstoffe nach DIN EN 26927 auf der Außenseite zur Verschließung der Dämmschicht sind erlaubt.

Steckdosen, Schalterdosen, Verteilerdosen usw. bei raumabschließenden Wänden:

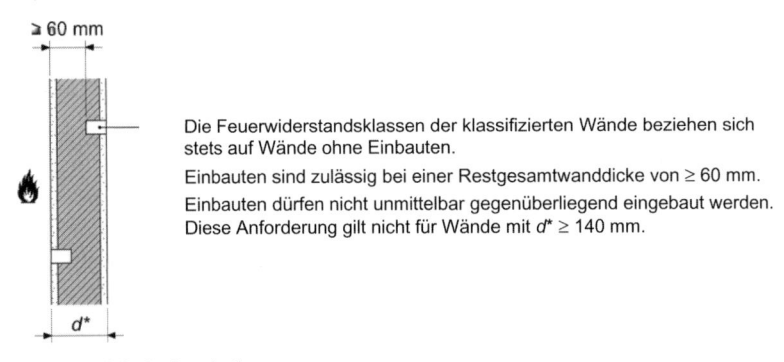

Die Feuerwiderstandsklassen der klassifizierten Wände beziehen sich stets auf Wände ohne Einbauten.
Einbauten sind zulässig bei einer Restgesamtwanddicke von $\geq$ 60 mm.
Einbauten dürfen nicht unmittelbar gegenüberliegend eingebaut werden.
Diese Anforderung gilt nicht für Wände mit $d^* \geq$ 140 mm.

Durchführung von elektrischen Leitungen:

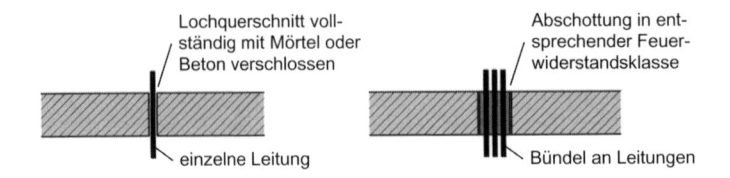

Bewehrtes Mauerwerk:

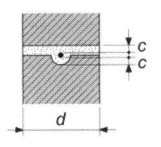

Horizontale Bewehrung nach DIN 1053-3, Abschnitt 2b

d = Mindestwanddicke nach Tabelle 7 bis Tabelle 9
c = Mörtelüberdeckung der Bewehrung nach den Angaben der Richtlinien für Bemessung und Ausführung von Flachstürzen

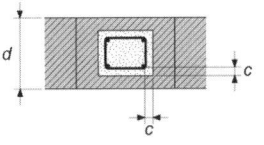

Vertikale Bewehrung nach DIN 1053-3, Abschnitt 2d und 2e

d = Mindestwanddicke nach Tabelle 7 bis Tabelle 9
c = Mörtelüberdeckung der Bewehrung nach Tabelle 31 der DIN 4102-4

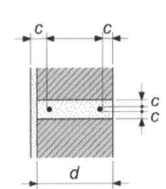

Horizontale Bewehrung nach DIN 1053-3, Abschnitt 2a für ≤ F 90

d = Mindestwanddicke nach Tabelle 7 bzw. Tabelle 8
c = Mörtelüberdeckung der Bewehrung ≥ 50 mm, die Dicke einer Putzschicht darf mit angerechnet werden

Für Feuerwiderstandsklassen > F 90 ist eine Beurteilung im Einzelfall nach DIN 4102-2 erforderlich.

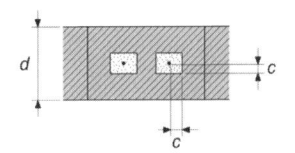

Vertikale Bewehrung nach DIN 1053-3, Abschnitt 2c für ≤ F 90

d = Mindestwanddicke nach Tabelle 7 bzw. Tabelle 8
c = Mörtelüberdeckung der Bewehrung ≥ 50 mm

Für Feuerwiderstandsklassen > F 90 ist eine Beurteilung im Einzelfall nach DIN 4102-2 erforderlich.

3.5 Stürze

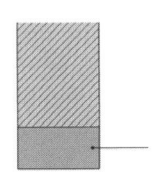

Stürze im Bereich von Mauerwerkswänden sind:
- vorgefertigte Stürze (z. B. bewehrte Normal- und Leichtbetonstürze),
- Stahlstürze,
- Ortbetonstürze im Bereich von Ringbalken oder
- Unterzüge (z. B. Stahlbetonstürze mit und ohne U-Schalen).

Breite von Stürzen aus Stahlbeton und bewehrtem Porenbeton und Achsabstände von Stahlbetonstürzen:

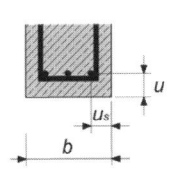

b = Breite des Sturzes
d = geforderte Mindestwanddicke
$b = d$
u, u_s = Achsabstand der Bewehrung nach Tabelle 35, Zeile 1.4 der DIN 4102-4

Stürze aus bewehrtem Porenbeton nach Zulassung.

Bauphysik

Stahlstürze sind zu ummanteln und nach DIN 4102-4, Abschnitt 6.2 zu bemessen.

Abmessungen von Flachstürzen, Stürzen aus ausbetonierten U-Schalen und Porenbetonstürzen:

Flachstürze und ausbetonierte U-Schalen   Porenbetonstürze

b = Mindestbreite
h = Mindesthöhe
c = Mindestbetondeckung

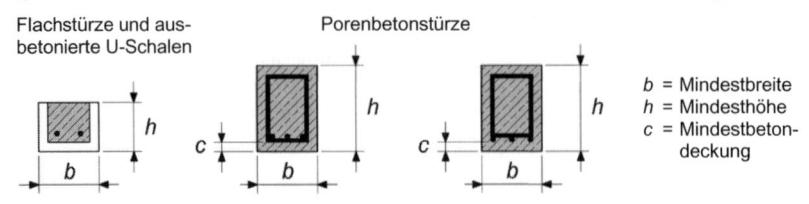

Tabelle 10: **Mindestquerschnittsabmessungen von vorgefertigten Flachstürzen, ausbetonierten U-Schalen und Porenbetonstürzen.**
Die ( ) – Werte gelten für Stürze mit dreiseitigem Putz[1] [7, Tabelle 42]

Feuerwiderstandsklasse			F 30-A	F 60-A	F 90-A	F 120-A	F 180-A
c: Mindestbetondeckung (mm) h: Mindesthöhe (mm) b: Mindestbreite (mm)	c	h	b	b	b	b	b
Vorgefertigte Flachstürze							
Mauerziegel (DIN 105 Teil 1 bis Teil 5)	–	71	(115)	(115)	(115)	–	–
		113	115	115	175 (115)	–	–
Kalksandsteine (DIN V 106-1)	–	71	115	115	175 (115)	– (175)	–
		113	115	115	115	(175)	–
Leichtbeton	–	71	115	115	175	–	–
		113	115	115	115	–	–
Flachstürze und Kombistürze aus Porenbeton	–	124	175 (115)	175 (115)	240 (175)	–	–
Ausbetonierte U-Schalen							
Porenbeton	–	199	175	175	175	–	–
Leichtbeton	–	240	175	175	175	–	–
Mauerziegel	–	240	115	115	175	–	–
Kalksandsteinen	–	240	115	115	175	–	–
Porenbetonstürze (Mindeststabanzahl n = 3)							
	10	240	175 (175)	240 (200)	–	–	–
	20	240	175 (175)	240 (200)	300[2] (240)	–	–
	30	240	175 (175)	175 (175)	200 (175)	–	–

[1] Auf den Putz an der Sturzunterseite kann bei Anordnung von Stahl- oder Holz-Umfassungszargen verzichtet werden.
[2] Mindeststabanzahl n = 4.

3.6 Brandwände

Die Angaben der Tabelle 11 gelten für Wände aus Normalbeton nach DIN 1045-1, Leichtbeton mit haufwerksporigem Gefüge nach DIN 4232, bewehrtem Porenbeton nach Zulassung oder Mauerwerk nach DIN 1053 Teil 1, Teil 2 und Teil 4 mit einseitiger Brandbeanspruchung, die die Anforderungen von DIN 4102-3 erfüllen.

Aussteifungen von Brandwänden müssen mindestens der Feuerwiderstandsklasse F 90 entsprechen. Stützen und Riegel aus Stahl, die direkt vor einer Brandwand angeordnet sind, müssen zusätzlich die Anforderungen der Bilder 25 bis 30 der DIN 4102-4 erfüllen.

Sofern bauaufsichtlich Öffnungen zugelassen sind, müssen die Wandbereiche bzw. Stürze über den Öffnungen mindestens der Feuerwiderstandsklasse F 90 entsprechen.

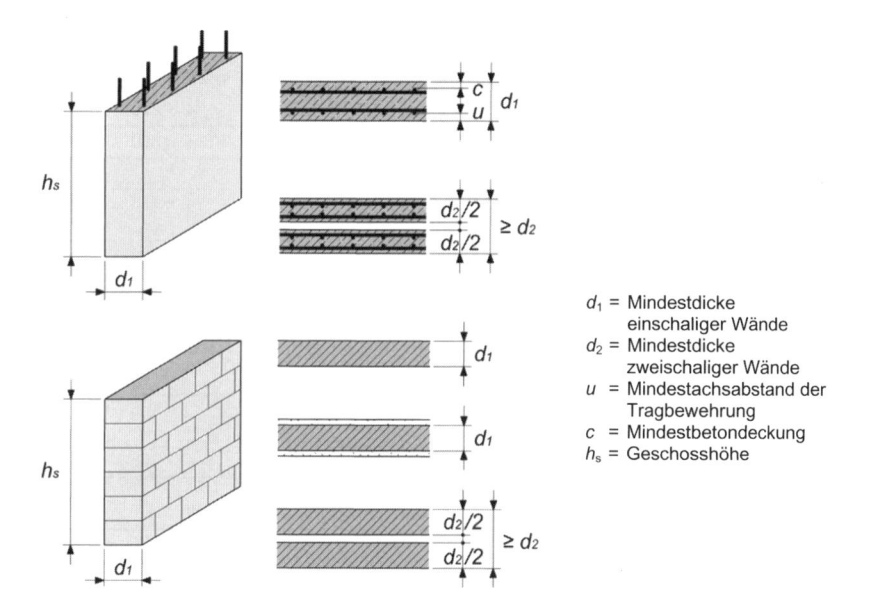

Zulässige Schlankheit, Mindestwanddicke und Mindestachsabstand der Längsbewehrung:

d_1 = Mindestdicke einschaliger Wände
d_2 = Mindestdicke zweischaliger Wände
u = Mindestachsabstand der Tragbewehrung
c = Mindestbetondeckung
h_s = Geschosshöhe

Tabelle 11: Zulässige Schlankheit, Mindestwanddicke und Mindestachsabstand von ein- und zweischaligen Brandwänden mit einseitiger Brandbeanspruchung.
Die ( ) – Werte gelten für Wände mit beidseitigem Putz [7, Tabelle 45]

Feuerwiderstandsklasse	BW			
h_s/d: zulässige Schlankheit d_1: Mindestwanddicke (mm) bei einschaliger Ausführung d_2: Mindestwanddicke (mm) bei zweischaliger Ausführung[8] u: Mindestachsabstand (mm)	h_s/d	d_1	d_2	u
Wände aus Normalbeton (DIN 1045-1)				
unbewehrter Beton	nach DIN 1045-1	200	2 × 180	nach DIN 1045-1
bewehrter Beton, nichttragend		120	2 × 100	
bewehrter Beton, tragend	25	140	2 × 120[1]	25
Wände aus Leichtbeton mit haufwerksporigem Gefüge (DIN 4232)				
der Rohdichteklasse ≥ 1,4	nach DIN 4232	250	2 × 200	–
der Rohdichteklasse ≥ 0,8		300	2 × 200	–
Wände aus bewehrtem Porenbeton				
nichttragende Wandplatten der Festigkeitsklasse 4,4, Rohdichteklasse ≥ 0,55	nach Zulassung	175	2 × 175	20
nichttragende Wandplatten der Festigkeitsklasse 3,3, Rohdichteklasse ≥ 0,55		200	2 × 200	30
tragende, stehend angeordnete, bewehrte Wandtafeln der Festigkeitsklasse 4,4, Rohdichteklasse ≥ 0,65		200[2]	2 × 200[2]	20[2]
Wände aus Ziegelfertigbauteilen (DIN 1053-4)				
Hochlochtafeln mit Ziegeln für vollvermörtelte Stoßfugen	25	165	2 × 165	nach DIN 1053-4
Verbundtafeln mit zwei Ziegelschichten	25	240	2 × 165	
Wände aus Mauerwerk (DIN 1053-1) unter Verwendung von Normalmörtel der Mörtelgruppe II, IIa oder III, IIIa				
Mauerziegel (DIN V 105-1) der Rohdichteklasse ≥ 1,4	nach DIN 1053-1[3]	240 (175)	2 × 175	–
Mauerziegel (DIN V 105-1) der Rohdichteklasse ≥ 1,2		300 (175)	2 × 200 (2 × 150[10])	–
Mauerziegel mit Lochung A und B (DIN V 105-2) der Rohdichteklasse ≥ 0,9		(175)	(2 × 150[10])	–
Mauerziegel mit Lochung A und B (DIN V 105-2) der Rohdichteklasse ≥ 0,8		365[6] (240)	2 × 240 (2 × 175)	–
Mauerziegel aus Leichthochlochziegel W (DIN V 105-2) der Rohdichteklasse ≥ 0,8		(240)	(2 × 175)	–
Mauerziegel (DIN V 105-6[5]) der Rohdichteklasse ≥ 0,9	nach Zulassung	240[11] (240[12])	(2 × 175)	–
Wände aus Kalksandsteinen (DIN V 106-1[4], DIN V 106-2)				
Voll-, Loch-, Block- und Plansteine der Rohdichteklasse ≥ 1,8	nach DIN 1053-1[3]	175[5]	2 × 150[5]	–
Voll-, Loch-, Block- und Plansteine der Rohdichteklasse ≥ 1,4		240	2 × 175	–
Voll-, Loch-, Block- und Plansteine der Rohdichteklasse ≥ 0,9		300 (300)	2 × 200 (2 × 175)	–
Voll-, Loch-, Block- und Plansteine der Rohdichteklasse = 0,8		300	2 × 240 (2 × 175)	–
Planelemente der Rohdichteklasse ≥ 1,8	nach Zulassung	175[10] 200	2 × 150[10] 2 × 175	–

Brandschutztechnische Bemessung

Tabelle 11: (Fortsetzung)

Feuerwiderstandsklasse	BW			
h_s/d: zulässige Schlankheit d_1: Mindestwanddicke (mm) bei einschaliger Ausführung d_2: Mindestwanddicke (mm) bei zweischaliger Ausführung[8] u: Mindestachsabstand (mm)	h_s/d	d_1	d_2	u
Porenbetonsteine (DIN V 4165[5])				
Plansteine der Rohdichteklasse ≥ 0,55	nach DIN 1053-1[3]	300	2 × 240	–
Plansteine der Rohdichteklasse ≥ 0,55[7]		240	2 × 175	–
Plansteine der Rohdichteklasse ≥ 0,40[9]		300	2 × 240	–
Plansteine der Rohdichteklasse ≥ 0,40[10)13)]		240	2 × 175	–
Planelemente der Rohdichteklasse ≥ 0,55	nach Zulassung	240[10)14)]	2 × 175[10)14)]	–
Planelemente der Rohdichteklasse ≥ 0,45		300	2 × 240	–
Steine (DIN V 18 151, DIN V 18 152, DIN V 18 153)				
der Rohdichteklasse ≥ 0,8	nach DIN 1053-1[3]	240 (175)	2 × 175 (2 × 175)	–
der Rohdichteklasse ≥ 0,6		300 (240)	2 × 240 (2 × 175)	–

[1] Sofern infolge eines hohen Ausnutzungsfaktors nach Tabelle 35 der DIN 4102-4 keine größeren Werte gefordert werden.
[2] Sofern infolge eines hohen Ausnutzungsfaktors nach Tabelle 44 der DIN 4102-4 keine größeren Werte gefordert werden.
[3] Exzentrizitäten $e \leq d/3$.
[4] Auch mit Dünnbettmörtel.
[5] Bei Verwendung von Dünnbettmörtel und Plansteinen.
[6] Bei Verwendung von Leichtmauermörtel, Ausnutzungsfaktor $\alpha_2 \leq 0,6$.
[7] Bei Verwendung von Dünnbettmörtel und Plansteinen mit Vermörtelung der Stoß- und Lagerfugen.
[8] Hinsichtlich des Abstandes der beiden Schalen bestehen keine Anforderungen.
[9] Bei Verwendung von Dünnbettmörtel und Plansteinen ohne Stoßfugenvermörtelung.
[10] Mit aufliegender Geschossdecke mit mindestens F 90 als konstruktive obere Halterung.
[11] Ausnutzungsfaktor $\alpha_2 \leq 0,6$.
[12] Bei Ausnutzungsfaktor $\alpha_2 \leq 0,6$ gilt $d_1 = (175)$.
[13] Bei Verwendung von Dünnbettmörtel und Plansteinen mit glatter, vermörtelter Stoßfuge.
[14] Bei Verwendung von Dünnbettmörtel und Planelementen mit Vermörtelung der Stoß- und Lagerfugen.

Zweischalige Wände:

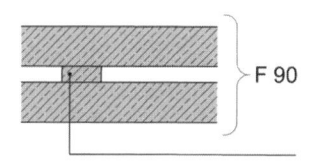

F 90   Die Angaben in Tabelle 11 beziehen sich auf den Feuerwiderstand der gesamten Wand und nicht nur auf eine Tragschale.

Bauteile zwischen den Schalen, z. B. Stützen oder Riegel, sind für sich allein zu bemessen.

Bekleidungen:

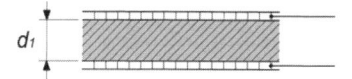

d_1 Bekleidungen dürfen nicht zur Verminderung der in Tabelle 11 angegeben Mindestwanddicken herangezogen werden.

Zum Anschluss von Brandwänden an angrenzende Massivbauteile, Stahlbetonbauteile, Stahl- und Verbundbauteile sind in den Abschnitten 4.8.3 bis 4.8.7 der DIN 4102-4 Anforderungen und Randbedingungen angegeben.

4 Brandschutztechnische Bemessung nach DIN V ENV 1996-1-2 (EC 6) sowie dem Nationalen Anwendungsdokument (NAD)

Im Nationalen Anwendungsdokument sind insgesamt acht Tabellen für:

- nichttragende, raumabschließende Wände,
- für tragende, raumabschließende und nichtraumabschließende Wände,
- für tragende kurze Wände sowie
- für Brandwände enthalten.

Bei den tragenden Wänden wird zwischen einem Ausnutzungsfaktor $\alpha = 0,6$ und $\alpha = 1,0$ unterschieden. Angaben zu einem Auslastungsgrad von 20 % – wie teilweise in den DIN-Tabellen – fehlen.

Für die Erstellung der Tabellen wurden die Werte der DIN 4102-4 übernommen und aktualisiert, siehe Abschnitt 2.3. Da jedoch DIN 4102 Teil 4/A1 aktueller ist als das NAD und somit weitere Werte enthält (z. B. für Planziegel nach DIN V 105-6), wird an dieser Stelle trotz vereinzelt anderer Werte auf die Tabellen der DIN verwiesen und die Tabellen des NAD nicht aufgeführt.

Es sei noch darauf hingewiesen, dass für kurze Wände aus Leichtbeton- und Betonsteinen zusätzliche Mindestbreiten bei einer Wanddicke von 365 mm angegeben werden und für Brandwände neben den Werten für 90 Minuten Brandbeanspruchung, die ebenso für 30 und 60 Minuten gelten, Mindestdicken für eine Feuerwiderstandsdauer von 180 Minuten angegeben werden.

Literaturverzeichnis

[1] Bauregelliste A. DIBt, jährlich

[2] Fouad, N. A.; Schwedler, A.: *Brandschutz-Bemessung auf einen Blick nach DIN 4102*. Bauwerk Verlag, Berlin, 2006

[3] Hosser, D. (Hrsg.): *Brandschutz in Europa – Bemessung nach Eurocodes*. Beuth Kommentar, Beuth Verlag, Berlin, 2000

[4] Mauerwerk-Kalender. Verlag Ernst & Sohn, Berlin, ab 1995

[5] Mayr, J. (Hrsg.): *Brandschutzatlas: Baulicher Brandschutz*. FeuerTRUTZ, Verlag für Brandschutzpublikationen, Wolfratshausen, ab 1995

[6] Musterbauordnung – MBO. Fassung November 2002

[7] DIN 4102-4: *Brandverhalten von Baustoffen und Bauteilen – Teil 4: Zusammenstellung und Anwendung klassifizierter Baustoffe, Bauteile und Sonderbauteile*. März 1994

[8] DIN 4102-4/A1: *Brandverhalten von Baustoffen und Bauteilen – Teil 4: Zusammenstellung und Anwendung klassifizierter Baustoffe, Bauteile und Sonderbauteile; Änderung A1*. November 2004

[9] DIN 4102-22: *Brandverhalten von Baustoffen und Bauteilen – Teil 22: Anwendungsnorm zu DIN 4102-4 auf der Bemessungsbasis von Teilsicherheitsbeiwerten*. November 2004

[10] DIN V ENV 1996-1-2 – Eurocode 6: *Bemessung und Konstruktion von Mauerwerksbauten – Teil 1-2: Allgemeine Regeln – Tragwerksbemessung für den Brandfall*. Mai 1997

[11] DIN-Fachbericht 96 – Nationales Anwendungsdokument (NAD): *Richtlinie zur Anwendung von DIN V ENV 1996-1-2*. 2000

[12] DIN V 105-1: *Mauerziegel – Teil 1: Vollziegel und Hochlochziegel der Rohdichteklassen größer gleich 1,2*. Juni 2002

[13] DIN V 105-2: *Mauerziegel – Teil 2: Wärmedämmziegel und Hochlochziegel der Rohdichteklasse kleiner gleich 1,0*. Juni 2002

[14] DIN 105-3: *Mauerziegel – Teil 3: Hochfeste Ziegel und hochfeste Klinker*. Mai 1984

[15] DIN 105-4: *Mauerziegel – Teil 4: Keramikklinker*. Mai 1984

[16] DIN 105-5: *Mauerziegel – Teil 5: Leichtlanglochziegel und Leichtlangloch-Ziegelplatten*. Mai 1984

[17] DIN V 105-6: *Mauerziegel – Teil 6: Planziegel*. Juni 2002

[18] DIN V 106-1: *Kalksandsteine – Teil 1: Voll-, Loch-, Block-, Hohlblock-, Plansteine, Planelemente, Fasensteine, Bauplatten, Formsteine*. Februar 2003

[19] DIN V 106-2: *Kalksandsteine – Teil 2: Vormauersteine und Verblender*. Februar 2003

[20] DIN 1053-1: *Mauerwerk – Teil 1: Berechnung und Ausführung*. November 1996

[21] DIN 1053-2: *Mauerwerk – Teil 2: Mauerwerksfestigkeitsklassen aufgrund von Eignungsprüfungen*. November 1996

[22] DIN 1053-3: *Mauerwerk – Teil 3: Bewehrtes Mauerwerk; Berechnung und Ausführung*. Februar 1990

[23] DIN 1053-4: *Mauerwerk – Teil 4: Fertigbauteile*. Februar 2004

[24] DIN 1053-100: *Mauerwerk – Teil 100: Berechnung auf der Grundlage des semiprobabilistischen Sicherheitskonzepts*. August 2004

[25] DIN 4102-1: *Brandverhalten von Baustoffen und Bauteilen – Teil 1: Baustoffe, Begriffe, Anforderungen und Prüfungen.* Mai 1998

[26] DIN 4102-1 Berichtigung 1: *Berichtigung zu DIN 4102-1.* August 1998

[27] DIN 4102-2: *Brandverhalten von Baustoffen und Bauteilen – Teil 2: Bauteile, Begriffe, Anforderungen und Prüfungen.* September 1977

[28] DIN 4102-3: *Brandverhalten von Baustoffen und Bauteilen – Teil 3: Brandwände und nichttragende Außenwände; Begriffe, Anforderungen und Prüfungen.* September 1977

[29] DIN 4103-1: *Nichttragende innere Trennwände – Teil 1: Anforderungen, Nachweise.* Juli 1984

[30] DIN 4103-2: *Nichttragende innere Trennwände – Teil 2: Trennwände aus Gips-Wandbauplatten.* Dezember 1985

[31] DIN 4103-4: *Nichttragende innere Trennwände – Teil 4: Unterkonstruktion in Holzbauart.* November 1988

[32] DIN V 4165: *Porenbetonsteine – Plansteine und Planelemente.* Juni 2006

[33] DIN 4166: *Porenbeton-Bauplatten und Porenbeton-Planbauplatten.* Oktober 1997

[34] DIN 18148: *Hohlwandplatten aus Leichtbeton.* Oktober 2000

[35] DIN V 18151: *Hohlblöcke aus Leichtbeton.* Oktober 2003

[36] DIN V 18152: *Vollsteine und Vollblöcke aus Leichtbeton.* Oktober 2003

[37] DIN V 18153: *Mauersteine aus Beton (Normalbeton).* Oktober 2003

[38] DIN 18162: *Wandbauplatten aus Leichtbeton, unbewehrt.* Oktober 2000

[39] DIN 18163: *Wandbauplatten aus Gips – Eigenschaften, Anforderungen, Prüfung.* Juni 1978

[40] DIN V 18165-1: *Faserdämmstoffe für das Bauwesen – Teil 1: Dämmstoffe für die Wärmedämmung.* Januar 2002

[41] DIN V 18165-2: *Schaumkunststoffe als Dämmstoffe für das Bauwesen – Teil 2: Dämmstoffe für die Trittschalldämmung.* September 2001

[42] DIN 18550-2: *Putz – Teil 2: Putze aus Mörteln mit mineralischen Bindemitteln, Ausführung.* Januar 1985

[43] DIN 18550-3: *Putz – Teil 3: Wärmedämmputzsysteme aus Mörteln mit mineralischen Bindemitteln und expandiertem Polystyrol (EPS) als Zuschlag.* März 1991

[44] DIN 18550-4: *Putz – Teil 4: Leichtputze, Ausführung.* August 1993

[45] DIN EN 13501-1: *Klassifizierung von Bauprodukten und Bauarten zu ihrem Brandverhalten – Teil 1: Klassifizierung mit den Ergebnissen aus den Prüfungen zum Brandverhalten von Baustoffen.* Deutsche Fassung prEN 13501-1:2006

[46] DIN EN 13501-2: *Klassifizierung von Bauprodukten und Bauarten zu ihrem Brandverhalten – Teil 2: Klassifizierung mit den Ergebnissen aus den Feuerwiderstandsprüfungen, mit Ausnahme von Lüftungsanlagen.* Deutsche Fassung prEN 13501-2:2006

[47] DIN EN 26927: *Hochbau; Fugendichtstoffe, Begriffe (ISO 6927:1981).* Mai 1991

Fouad / Schwedler

Brandschutz-Bemessung auf einen Blick nach DIN 4102

2006. 254 Seiten.
17 x 24 cm. Kartoniert.
Mit Abbildungen.
EUR 45,–
ISBN 3-934369-46-4

In einfacher und übersichtlicher Form werden die brandschutztechnischen Anforderungen mit Hilfe von farbigen Abbildungen und Tabellen für die Feuerwiderstandsklassen F 30 bis F 180 dargestellt.

Bereits enthalten sind die Korrekturen DIN 4102-4 / A1 (11/2004) und die neue Anwendungsnorm DIN 4102-22 (11/2004).

Autoren:
Prof. Dr.-Ing. Nabil A. Fouad lehrt die Fächer Bauphysik, Bauplanung und Bauwerkserhaltung an der Universität Hannover. Er ist öffentlich bestellter und vereidigter Sachverständiger für Bauphysik und vorbeugenden Brandschutz.
Dipl.-Ing. Astrid Schwedler ist wissenschaftliche Mitarbeiterin am Institut für Bautechnik und Holzbau der Universität Hannover.

Interessenten:
Architektur- und Bauingenieurbüro, Bauunternehmen, Baubehörden, Bauprodukthersteller, Feuerwehr

Bauwerk www.bauwerk-verlag.de

Schallschutz im Geschosswohnungsbau[1)]
Normung – Nutzererwartung – Lösungen

1 Einführung

Klagen über ungenügenden Schallschutz häufen sich. Architekten rügen die mangelhafte Ausführung der von ihnen geplanten Konstruktionen im Rahmen der Bau(Qualitäts)überwachung. Investoren machen Mängelansprüche im Zuge der Abnahme geltend. Erwerber und Mieter klagen nach dem Bezug ihres Hauses, ihrer Wohnung oder ihrer Büroeinheit über Schallstörungen. Die Motive für ihre Klagen sowie Art und Ausmaß ihrer Betroffenheit sind dabei so unterschiedlich wie die Beteiligten selbst.

Nicht selten wird dabei in Bauprozessen ein Schallschutz als „mangelhaft" beklagt, der sich im Fortgang der Verfahren als „mangelfrei" herausstellt, denn es wird den Beschwerdeführern deutlich gemacht, dass der Schallschutz in ihrer Immobilie die in der Schallschutznorm DIN 4109 festgelegten Grenzwerte erfüllt oder sogar übertrifft und ein von ihnen erwarteter höherer Schallschutz ihnen nicht zusteht. Insbesondere private Bauherren, die die mit diesem Schallschutz ausgestatteten Wohnungen oder Häuser selbst bewohnen, sind in diesen Fällen zumindest erstaunt, oft verärgert, nicht selten verbittert.

Wie es zu dieser Diskrepanz zwischen bautechnischen Regeln und Nutzererwartung kommt, welcher Schallschutz für angemessen gehalten und wie er baulich umgesetzt werden kann, soll im Folgenden anhand des Geschosswohnungsbaus erörtert werden. (Zum Schallschutz im Einfamilienreihenhausbau siehe z. B. [42]).

2 Schallschutznormung contra Nutzererwartung

2.1 Allgemeines

Die hier zu erörternde Problemstellung erweist sich bei näherer Betrachtung als sehr komplex und ist einem betroffenen Laien nur schwer zu vermitteln. Sie enthält eine wohnungsmedizinische, eine wirtschaftliche, eine gesellschaftliche und eine physikalisch-physiologische Komponente.

Diese Komponenten betreffen Fragen wie: Welcher Schallschutz ist wohnungsmedizinisch unumgänglich notwendig? Ist die Umsetzung dieses Schallschutzes wirtschaftlich vertretbar? Öffentlich-rechtliche Fragen also, die das Bauordnungsrecht zu beantworten hat. Sie betreffen aber auch Fragen wie: Welcher Schallschutz ist in unterschiedlichen Nutzungssituationen notwendig und sinnvoll, also „für den jeweiligen Zweck tauglich"? Sind unterschiedliche Schallschutzstandards im Bauwesen legitim und wünschenswert? Sind diese mit den Ausstattungsstandards der Gebäude (automatisch) verknüpft oder müssen sie jeweils ausdrücklich vereinbart werden? Stellt die Möglichkeit, unterschiedliche Schallschutzstandards zu vereinbaren, eine unnötige Verkomplizierung des Vertragswerkes und damit eine generelle Gefährdung der Bauwirtschaft dar? Zivilrechtliche Fragen also, die das Bauvertragsrecht zu beantworten hat. Auf diese Fragen soll in den Abschnitten 2.2 bis 2.5 eingegangen werden.

Die physikalisch-physiologische Komponente betrifft Fragen wie: Wie ist die *physikalisch begründete Schalldämmung* eines Bauteils oder Baugefüges zu kennzeichnen? Wie ist die mit dieser Schalldämmung des Baugefüges verknüpfte *empfundene Schutzwirkung* zu kennzeichnen? Kann beides mittels einer einzigen Kennzahl zutreffend und umfassend beschrieben werden? Fragen also, die das technische Regelwerk zu beantworten hat. Hierauf soll in den Abschnitten 2.6 und 2.7 eingegangen werden.

2.2 Bauordnungsrechtlich geforderter Schallschutz

2.2.1 Die derzeit gültige Norm DIN 4109 Schallschutz im Hochbau

Seit ihrer öffentlich-rechtlichen Einführung im Jahre 1990 (z. B. [11]) wird der bauordnungsrechtlich erforderliche Schallschutz durch die im Jahre 1989 verabschiedete DIN 4109 Schallschutz im Hochbau [01] festgelegt. Dort lauten die Anforderungen an den Schallschutz für Wohnungstrennbauteile im Geschosswohnungsbau:

– Wohnungstrennwände erf. $R'_w \geq 53$ dB
  Treppenhauswände erf. $R'_w \geq 52$ dB
– Wohnungstrenndecken erf. $R'_w \geq 54$ dB
  erf. $L'_{n,w} \leq 53$ dB

Gerade diese Anforderungen an den Schallschutz im Geschosswohnungsbau waren – daran sollte

---

[1)] Der nachfolgende Beitrag wurde in überarbeiteter Form aus dem Wienerberger Baukalender 2006 [43] übernommen und bezieht sich schwerpunktmäßig auf Ziegelmauerwerk. Im Praxishandbuch „Mauerwerksbau aktuell 2008" wird die gleiche Thematik anhand von anderen Mauerwerksarten dargestellt.

man sich erinnern – das Ergebnis einer mehr als 10 Jahre andauernden Diskussion innerhalb des Normenausschusses über einen wohnungsmedizinisch wünschenswerten, konstruktiv machbaren, ökonomisch vertretbaren und marktpolitisch konsensfähigen Schallschutz. Die Anforderungen wurden deshalb als Kompromiss mit dem Ziel festgelegt, „Menschen in Aufenthaltsräumen vor unzumutbaren Belästigungen durch Schallübertragung zu schützen" [01]. Dieses Ziel impliziert, dass „nicht erwartet werden kann, dass Geräusche von außen oder aus benachbarten Räumen nicht mehr wahrgenommen werden" [01]. Den wenigsten Planern und Ausführenden und erst recht keinem Bauherren ist das bekannt. Noch immer wird in Baubeschreibungen und darauf basierenden Kaufverträgen auf einen „Schallschutz nach DIN" verwiesen, ohne über die damit verbundene eingeschränkte Schutzwirkung aufzuklären. Nicht selten wird sogar in einem Zuge von einem „hohen Komfort", oder einer „exklusiven Ausstattung" und einer „Bauausführung nach den geltenden Normen" gesprochen. Lautere Absichten einmal unterstellt, wird der dieser Begriffskombination innewohnende Widerspruch von den Verfassern offensichtlich nicht erkannt. In jedem Fall werden bei Wohnungskäufern oder -mietern Erwartungen an den Schallschutz geweckt, die bei Bezug der Wohnung nicht erfüllt werden. Die Enttäuschung darüber macht besonders hellhörig. Es wäre wünschenswert und nützlich, über die mit den o.a. Schallschutzwerten verknüpfte Schutzwirkung aufzuklären. Abb. D.2.1 enthält hierzu eine gut brauchbare tabellarische Übersicht (in Anlehnung an [10][29]): Aus der Abbildung ist zu entnehmen, dass ein aus einer Nachbarwohnung eindringendes Geräusch umso besser wahrgenommen wird, je ruhiger das Umgebungsgeräusch ist. Das oben zitierte Minimalziel der Norm wird also nur bei „relativ lauter" Umgebung wirklich erreicht: Ein in Normallautstärke geführtes Gespräch wird nur dann nicht wahrgenommen.

Eine laut geführte Unterhaltung kann dagegen durch eine gemäß DIN 4109 gedämmte Wohnungstrennwand nicht nur wahrgenommen, sondern bei entsprechend geringem Grundgeräuschpegel u.U. auch verstanden werden.

Nicht berücksichtigt ist bei alledem, dass bei einer kleinen Trennwand u.U. ein besserer Schallschutz erreicht wird als bei einer großen.

2.2.2 Zu erwartende Neufassung der Norm DIN 4109 Schallschutz im Hochbau

Mittlerweile schon wieder seit vielen Jahren wird über eine Neufassung der DIN 4109 diskutiert. Geplant sind 4 Teile [18]:

1 Anforderungen

2 Nachweisverfahren   (gemäß DIN EN 12354)

3 Bauteilkatalog

4 Messverfahren   (zzt. DIN 4109-11)

Zu erwarten ist, dass das derzeit bestehende Anforderungsniveau für den Schallschutz im Geschosswohnungsbau für Räume üblicher Größe und Zuschnitts nicht angehoben werden wird [18]. Die in Abschnitt 2.2.1 beschriebene derzeitige Problematik des Mindestschallschutzes wird also auch zukünftig bestehen bleiben.

Die neue Norm wird aber Schluss machen mit einem seit je her in Deutschland bestehenden Problem: Der zwischen zwei Räumen entstehende und empfundene Schallschutz, d.h. die vom lauten zum leisen Raum entstehende Verringerung des Störpegels wird durch das bislang gebräuchliche bewertete Schalldämm-Maß R'_w eines Trennbauteils mit seinen Flanken nicht richtig wiedergegeben. Anstelle des Schalldämm-Maßes R'_w sollen deshalb zukünftig Anforderungen an die bewertete Standard-Schallpegeldifferenz $D_{nT,w}$ festgelegt werden, die die Schutzwirkung des Bauteilgefüges zwischen zwei Räumen besser beschreibt als das bewertete Schalldämm-Maß R'_w. Analog hierzu wird anstelle des bewerteten Norm-Trittschallpegels $L'_{n,w}$ zukünftig der bewertete Standard-Trittschallpegel $L_{nT,w}$ verwendet (Abschnitt 2.7 „Neue Schallschutzkennzeichnungen").

Bei einer Schalldämmung [dB] von ist	vorhanden R'_w				vorhanden $L'_{n,w}$			
	laute Sprache		laute Musik		Gehen		Stühlerücken	
bei einem Grundgeräuschpegel [dB(A)] von	20	30	20	30	20	30	20	30
nicht zu hören	67	57	72	62	33	43	28	38
	62	**53**	67	59	39	46	33	43
zu hören, aber Sprache nicht zu verstehen	57	47	63	**53**	43	**53**	39	46
zu hören							43	**53**
gut zu hören und Sprache zu verstehen	**53**	43	57	47	**53**	63	46	58
	47	37	**53**	42	58	68	**53**	63
laut wahrnehmbar und Sprache gut zu verstehen	42	32	47	37	63	73	58	68
fett: Mindestanforderung gemäß DIN 4109								

Abb. D.2.1 Wahrnehmbarkeit von Wohngeräuschen bei unterschiedlicher Schalldämmung   ([10][29])

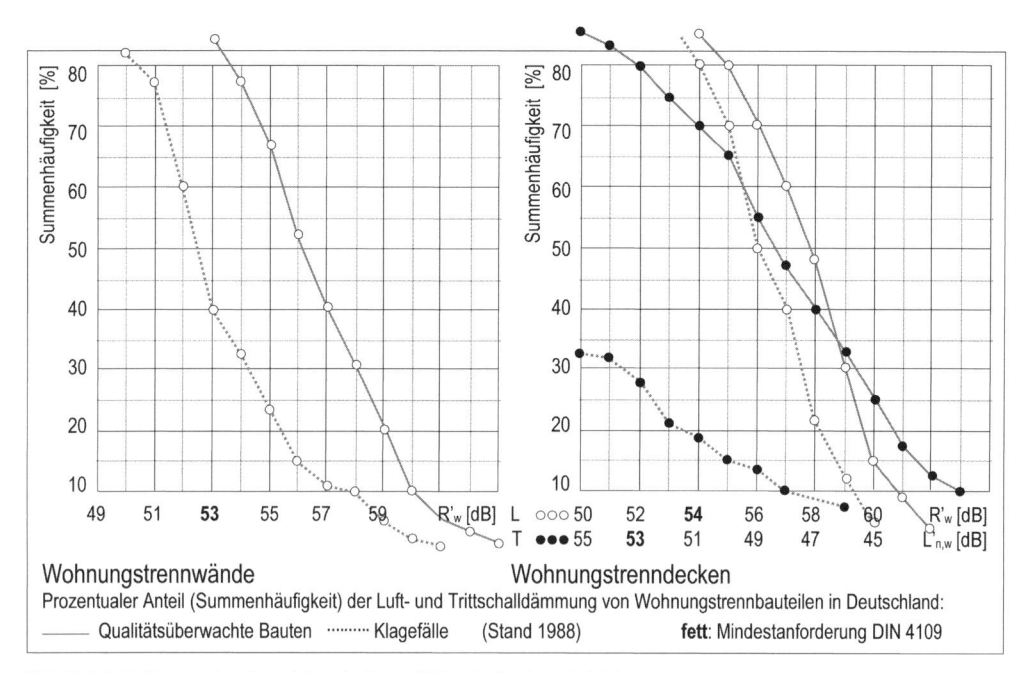

Abb. D.2.2 In Deutschland erreichter Luft- und Trittschallschutz in Mehrgeschosshäusern (nach [32])

2.3 Regelmäßig erreichter Schallschutz

Der in Deutschland regelmäßig erreichte Schallschutz, die mittlere Art und Güte also, entwickelt sich abweichend von den bauordnungsrechtlichen Anforderungen nach den Gesetzen des Marktes und geht im Wohnungsbau mit massiven Bauteilen über die nach DIN 4109 erforderlichen Mindestschalldämmungen der verschiedenen Bauteile nicht selten hinaus. Sie lag bereits in den 70er Jahren bei Wohnungstrennwänden um etwa 1 dB und bei Wohnungstrenndecken um etwa 3 bis 4 dB über dem Schallschutz nach DIN 4109 [30]. Nach neueren Untersuchungen (z. B. [32][34]) erreichen mehr als 50% der untersuchten Wohnungen die u.a. Werte (siehe auch Bild D.2.2). Ein Mieter oder Käufer einer Geschosswohnung hat in der Regel Anspruch auf mindestens diesen Schallschutz [49]:

– Wohnungstrennwände   mittl. $R'_w \approx 54$ dB
– Wohnungstrenndecken   mittl. $R'_w \approx 56$ dB
                                       mittl. $L'_{n,w} \approx 49$ dB

Kommt er lediglich in den „Genuss" eines bauordnungsrechtlich vorgeschriebenen Schallschutzes „nach DIN", so kann die damit verbundene stärkere Belästigung u.U. erheblich sein (→Abb. D.2.1). (Anmerkung: Zum Schallschutz in Reihenhäusern → DEGA-Memorandum; *www.dega-akustik.de*)

2.4 Erhöhter Schallschutz

2.4.1 Notwendigkeit eines erhöhten Schallschutzes und seiner Klassifizierung

Es ist wohl nicht zu bestreiten, dass Menschen sich in Bezug auf ihre Bedürfnisse und Ansprüche individuell unterscheiden. Unbestreitbar ist auch, dass die Befriedigung dieser Bedürfnisse auf unterschiedlichem Niveau erfolgt und zwar insbesondere dort (aber nicht nur dort), wo es über die unmittelbare Sicherung der Gesundheit und des Lebens hinausgeht. Nun ist das „Wohnen" gleichermaßen beiden Kategorien zuzuordnen: Die Wohnung muss den Rückzugs- und Erholungsraum des Menschen sichern, seine Intimsphäre schützen, sie sollte ihm aber auch die Möglichkeit geben, sich in vielfältiger Weise zu verwirklichen. „Wohnen" findet deshalb auf höchst unterschiedlichem Komfortniveau statt; und Begriffe wie „exklusiver Standard" oder „hochwertige Ausstattung" sollten nicht zu verkaufschancensteigernden Worthülsen verkommen, sondern tatsächlich die zu erwartende Qualität beschreiben.

In Bezug auf den Schallschutz bedeutet dies, dass ein über das bauordnungsrechtlich Nötigste hinausgehender Komfort durchaus wünschenswert erscheint. An die Stelle des Mindestschallschutzes sollte ein ausreichender „akustischer Komfort" treten.

Rasmussen [44] definiert akustischen Komfort wie folgt:
- Vermeidung unerwünschter Geräuscheinwirkung durch akustische Aktivitäten anderer
- Ermöglichung eigener akustischer Aktivitäten ohne Störung anderer.

In VDI 4100 [10], die in Abschnitt 2.4.2.3 noch zu behandeln sein wird, sind diesbezüglich folgende Grundsätze vorangestellt:
- Eine Wohnung muss die Privatsphäre von Menschen in ihren unterschiedlichen Erscheinungsformen schützen: Es muss sowohl die Möglichkeit des Alleinseins, der Intimität, aber auch der Geborgenheit gegeben sein.
- Die Güte einer Wohnung bestimmt sich durch den Grad, in dem sie Individualität und damit die persönliche Entfaltung der Bewohner zu verwirklichen gestattet.
- Sie sollte die Pflege einer friedlichen Nachbarschaft ermöglichen.

Die zur Beschreibung dieses akustischen Komforts benutzten Schallschutzkennwerte müssen diese Kriterien und die in Abb. D.2.1 angegebenen Abhängigkeiten berücksichtigen. Und um die Komfortunterschiede spürbar zu machen, sollten sie sich zudem merklich von den bauordnungsrechtlichen Mindestwerten unterscheiden. Als „merklich" wird allgemein ein Unterschied von wenigstens 3 dB angesehen. Dabei dürfte es in Zeiten, in denen jeder Rasierapparat einer Energieeffizienzklasse zugeordnet wird, für den Verbraucher nützlich sein, möglichst mehrere Komfortniveaus oder Schallschutz(Komfort)klassen zu definieren. Dies wird in den skandinavischen Ländern, in Frankreich, Litauen und den Niederlanden praktiziert [44]. Die in Deutschland hierzu unternommenen Anstrengungen [04][10] werden unverständlicherweise im Grundsatz kontrovers diskutiert. Schwer nachvollziehbar ist auch, warum eine solche Klassifizierung nicht in einem unabhängigen Regelwerk niedergelegt, sondern stattdessen auf lange überfällige, (immer) noch zu entwickelnde „Merkblätter fachkundiger Kreise der Bau- und Wohnungswirtschaft" [14] gewartet werden soll.

2.4.2 Normen und Regelwerke zum erhöhten Schallschutz

2.4.2.1 Beiblatt 2 zur Norm DIN 4109 Schallschutz im Hochbau

Bereits in den 60er Jahren enthielt DIN 4109 Empfehlungen für einen erhöhten Schallschutz. Sie wurden in Blatt 2 den Mindestanforderungen unmittelbar gegenübergestellt. Auch bei deren Überarbeitung in den 70er Jahren war dies zunächst so geplant. Man entschied sich schließlich aus Gründen der (bauordnungsrechtlichen) Eindeutigkeit, diese Empfehlungen in ein gesondertes Beiblatt 2 [03] zu verlegen und deren rechtliche Verbindlichkeit dadurch einzuschränken zu versuchen, dass sie „ausdrücklich zwischen dem Bauherrn und dem Entwurfsverfasser vereinbart werden" müssten (siehe auch Abschnitt 2.4.3). Für den erhöhten Schallschutz von Wohnungstrennbauteilen lauten die Empfehlungen:

- Wohnungstrennwände erh. $R'_w \geq 55$ dB
- Wohnungstrenndecken erh. $R'_w \geq 55$ dB
  erh. $L'_{n,w} \leq 46$ dB

Fatalerweise unterscheiden sich die beiden Empfehlungen für einen erhöhten Luftschallschutz gegenüber dem bauordnungsrechtlich vorgeschriebenen Mindestschallschutz nicht wirklich spürbar. Deshalb und wegen der rechtlich angreifbaren „Vereinbarungspflicht" ist der Wert des Beiblatts 2 in diesem Punkt in Frage zu stellen.

2.4.2.2 E DIN 4109-10 Schallschutz im Hochbau

Chronologisch folgte der Entwurf des Teils 10 der DIN 4109 Schallschutz im Hochbau [04] auf die VDI 4100, soll aber aus Ordnungsgründen bereits an dieser Stelle behandelt werden. Mit der Veröffentlichung des Entwurfs reagierte der Normenausschuss Bauwesen auf die unselige Diskussion über „zwei Normen zu einem Themenbereich (Bbl. 2 zu DIN 4109 und VDI 4100, → Abschnitt 2.4.2.3)" ohne allerdings die inhaltliche Qualität der VDI-Richtlinie und deren dreistufiges Schallschutzkonzept in Frage zu stellen. Er enthielt deshalb 3 (mit denen der VDI 4100 identische) Schallschutzstufen:

Schallschutzstufe SSt I SSt II SSt III

- Wohnungstrennwände $R'_w \geq 53 / 56 / 59$ dB
- Wohnungstrenndecken $R'_w \geq 54 / 57 / 60$ dB
  $L'_{n,w} \leq 53 / 46 / 39$ dB

Ursprünglich war gedacht, mit Erscheinen des Weißdrucks des Teils 10 sowohl das in diesem Punkt „missglückte" Beiblatt 2 zu DIN 4109 als auch die dann nicht mehr notwendige VDI 4100 zurückzuziehen. Tatsächlich aber geriet der Normenentwurf zwischen die Fronten einer kontroversen Diskussion, in der u.a. unverständlicherweise der Sinn einer 3. Schallschutzstufe in Frage gestellt wurde. Gleichzeitig machte die voranschreitende Normenentwicklung auf europäischer Ebene eine vollständige Überarbeitung der DIN 4109 erforderlich [19]. Beides hatte zur Folge, dass das Projekt „DIN 4109-10" schließlich aufgegeben und der Normenentwurf zurückgezogen wurde.

2.4.2.3 VDI 4100 Schallschutz von Wohnungen

Unter anderem die in Abschnitt 2.4.2.1 beschriebenen Probleme mit den in Beiblatt 2 zu DIN 4109 enthaltenen Empfehlungen, vor allem aber die in Abschnitt 2.4.1 zitierten Grundsätze zur akustischen Behaglichkeit veranlassten den Normenausschuss Akustik, die Richtlinie VDI 4100 Schallschutz von Wohnungen [10] mit Empfehlungen für den normalen und erhöhten Schallschutz von Wohngebäuden zu entwickeln. Diese Empfehlungen enthalten 3 Schallschutzstufen, bei denen sich der erhöhte Schallschutz vom bauordnungsrechtlich vorgeschriebenen Mindestschallschutz um mindestens 3 dB und sich ein guter Schallschutz von dem erhöhten um noch einmal mindestens 3 dB abhebt. Dies geschieht unter Berücksichtigung der zu spürenden Schutzwirkung gemäß Abb. D.2.1 einerseits und der bautechnischen Machbarkeit andererseits. Für den Schallschutz von Wohnungstrennbauteilen lauten die drei Schallschutzstufen:

Schallschutzstufe SSt I SStII SSt III

– Wohnungstrennwände $R'_w \geq 53 / 56 / 59$ dB

– Wohnungstrenndecken $R'_w \geq 54 / 57 / 60$ dB

$L'_{n,w} \leq 53 / 46 / 39$ dB

Mit Hinweis darauf, dass es sich bei den Schallschutzstufen II und III „lediglich" um privatrechtlich relevante Gütestufen handele, wird in VDI 4100 „dringend empfohlen, die gewünschte Stufe vertraglich zu vereinbaren". Die gewählte Schallschutzstufe sollte im Regelfall für ein Gebäude oder eine Wohnung insgesamt vereinbart werden. Es ist aber auch vorgesehen und erscheint grundsätzlich sinnvoll, in begründeten Fällen für verschiedene Räume auch unterschiedliche Schallschutzstufen zu Grunde zu legen.

Mit diesen drei Schallschutzstufen und den übrigen Planungsempfehlungen wurde ein Planungsinstrumentarium entwickelt, das für differenzierte schalltechnische Problemstellungen eine fundierte Beratung und die Entwicklung von angemessenen Lösungen ermöglicht.

Das Erscheinen der VDI 4100 als zusätzliches schalltechnisches Regelwerk entfachte jedoch einen Sturm des Protests unter all denjenigen, für die der Schallschutz ein ohnehin schwierig zu bewältigendes Problem bedeutet. Er fand in der Ergänzung des Einführungserlasses des Bauministeriums NRW [12], dass die VDI 4100 in Nordrhein-Westfalen nicht als allgemein anerkannte Regel der Technik erlassen worden sei, einen bemerkenswerten Höhepunkt. Unbeirrt davon allerdings verwenden mehr als 85 % derjenigen, für die Schallschutz eine planbare Ingenieurleistung darstellt, die VDI 4100 weiterhin mit Erfolg als Planungshilfe [47].

2.4.3 Kosten eines erhöhten Schallschutzes

Im Wohnungsbau, der traditionell in Massivbauweise erstellt wird, führten seit je her die üblicherweise eingesetzten Bauteile und angewendeten Fügungstechniken zu einem Schallschutz, der die bauordnungsrechtlichen Schallschutzvorschriften erfüllt, denn diese sind ja rückbezüglich auf diese Bautechniken entwickelt worden. In puncto Schallschutz nach DIN 4109 = SSt I entstehen also im Allgemeinen keine schallschutzbedingten Extrakosten. Ein davon abweichender höherer Schallschutz hat aber seinen Preis. Dieser muss bei einer umsichtigen Planung und verantwortlichen wirtschaftlichen Kalkulation berücksichtigt werden. Eine umfassende Beratung von Bauherrn oder Käufern muss die offensichtliche Wechselbeziehung zwischen Ausstattungsniveau und Kosten deutlich machen.

Bei vollständiger Umsetzung der innerhalb einer Schallschutzstufe beschriebenen schalltechnischen Qualitäten (Luftschallschutz der Trennwände, Türen und Fenster, Trittschallschutz der Decken und Treppen, Schallschutz der haustechnischen Installation) ergeben sich in etwa die auf der folgenden Seite aufgeführten Steigerungen der Baukosten. Bei der Komplexität der Preisgestaltung im Bauwesen lässt sich die durch den Schallschutz verursachte Baukostensteigerung nicht exakt angeben. Die Angaben, die auf einer Umfrage des Umweltbundesamtes basieren [33], stellen daher Richtgrößen dar. Dabei muss berücksichtigt werden, dass die Verbesserung des Schallschutzes selten allein durch höheren Material- und Konstruktionsaufwand, sondern häufig nur durch ein größeres Bauteilvolumen, das die verwertbaren Flächen reduziert, zu erreichen ist.

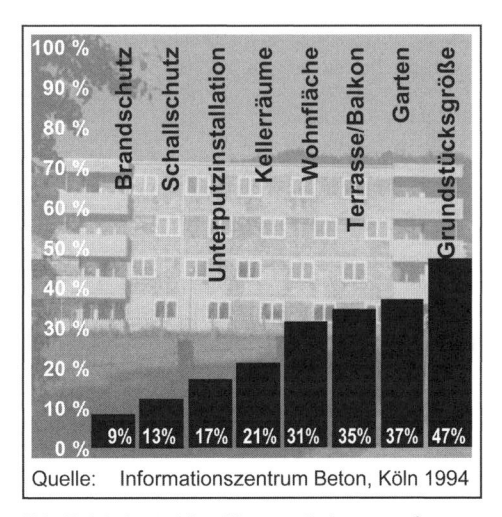

Quelle: Informationszentrum Beton, Köln 1994

Abb. D.2.3 An welchen Kosten würde gespart?

Wird anstelle des bauordnungsrechtlich vorgeschriebenen Mindestschallschutzes (SSt I) die Schallschutzstufe II oder III umgesetzt ist nach dieser Untersuchung [33] in etwa mit folgenden Steigerungen der reinen Baukosten zu rechnen

Ohne Berücksichtigung der Wohnflächenverringerung I ↗ II ca.+2 % I ↗ III ca.+5 %

Mit Berücksichtigung der Wohnflächenverringerung I ↗ II ca.+5 % I ↗ III ca.+10 %

Ob Bauherrn zu einer solchen Schallschutzinvestition bereit sind, muss vor dem Hintergrund gesehen werden, dass der Kauf einer Wohnung in der Regel eine wirtschaftliche Entscheidung ersten Ranges darstellt. So ist zu erklären, dass an den Aufwendungen für den Schallschutz eher zuletzt gespart wird (→Bild D.2.3)

2.5 Geschuldeter Schallschutz

2.5.1 Vorbemerkungen

Nicht erfüllte Schallschutzerwartungen werden von enttäuschten Betroffenen zum Anlass genommen, unerwartete Schallübertragungen als Schallschutzmangel zu beklagen. Dabei spielt es kaum eine Rolle, ob diese Erwartungen gerecht fertigt waren oder nicht. Stimmen dagegen Erwartung und Realität überein, werden auch gut wahrnehmbare Schallübertragungen häufig nicht als Störung empfunden. So beklagten beispielsweise nur wenige Bewohner von Altbauwohnungen Luft- und Trittschallstörungen – trotz des notorisch geringen Schallschutzes der in solchen Wohnungen vorhandenen Holzbalkendecken. Hinzu kommt, dass mit den in Altbauten zu zahlenden geringen Mieten die Störschwelle steigt. Werden diese Erwartungen dagegen durch Fehlinterpretation von Norm-Vorgaben oder Inaussichtstellen eines vermeintlich „hohen Schallschutzes" in die andere Richtung gelenkt (→ Abschnitt 2.2), werden auch geringfügige Schallübertragungen als Störungen empfunden und (zu recht?) gerügt. Welcher Schallschutz wird geschuldet?

2.5.2 Rechtliche Grundsätze

- *Bauordnungsrechtlich* ist grundsätzlich mindestens der gemäß DIN 4109 geforderte Schallschutz sicherzustellen.
- *Zivilrechtlich* hat der Besteller eines Werkes unabhängig davon Anspruch auf ein sachmängelfreies Werk. Der Schallschutz eines Gebäudes oder Bauteils gilt nach § 633 BGB oder § 13 VOB dann als sachmängelfrei, wenn er alternativ

- die vereinbarte Beschaffenheit aufweist,
  (Anm.: Bei der Festlegung der zu vereinbarenden Schallschutzqualität ist zu beachten, dass diese der vorausgesetzten Verwendung genügen muss.)

- für die vorausgesetzte Verwendung geeignet ist,
  (Anm.: Die „vorausgesetzte Verwendung" reicht von „preiswertem Wohneigentum" mit Mindestschallschutz der Stufe I bis zu „luxuriösen Eigentumswohnungen in hochwertiger Ausstattung" mit Schallschutz der Stufe II oder III. Dass der Schallschutz der „vorausgesetzten Verwendung" genügt, bedarf keiner ausdrücklichen Vereinbarung.)

- für die gewöhnliche Verwendung geeignet ist,
  (Anm.: Geschuldet ist hier ein durchschnittlich üblicher Schallschutz mittlerer Art und Güte; auch er muss selbstverständlich nicht ausdrücklich vereinbart werden.)

- den allgemein anerkannten Regeln der Technik entspricht und

- die Qualität erreicht, die bei mängelfreier Ausführung hätte erreicht werden können.
  (Anm.: Gemeint ist nicht, dass Konstruktionen zu planen sind, die einen maximalen Schallschutz zur Folge haben, sondern dass ein Schallschutz erzielt wird, der bei Verwendung ohnehin geplanter Bauteile hätte erreicht werden müssen.)

2.5.3 Vereinbarungspflicht

Die o.a. Kriterien zeigen, dass der Schallschutz (auch der erhöhte) in vielen Fällen nicht gesondert vereinbart werden muss. Aufgrund des sich häufig ergebenden Interpretationsspielraums sollte der herzustellende Schallschutz zwischen den Vertragsparteien m.E. aber dennoch umfassend und differenziert vereinbart werden. Der Vereinbarung sollte eine eingehende Diskussion über die Schallschutzkennwerte hinsichtlich ihrer Einordnung in der Skala der allgemein anerkannten Regeln der Technik, ihrer Schutzwirkung und des baukonstruktiven Aufwands vorausgehen. Es sei daran erinnert: Der durch die DIN 4109 vorgegebene Mindestschallschutz unterschreitet oft einen Schallschutz ‚mittlerer Art und Güte'. Auf diesen Fall hob das vielfach falsch zitierte Stuttgarter Urteil von 1976 [48] ab, in dem entschieden wurde, dass dann anstelle des (damals gültigen) Mindestschallschutzes von $R'_w = 52$ dB der erhöhte Schallschutz von $R'_w = 55$ dB auch ohne besondere Vereinbarung als geschuldet gälte (*weil ein $R'_w = 55$ dB der mittleren Art und Güte am ehesten entsprach*). Soll lediglich der Mindestschallschutz umgesetzt werden, weil er als ausreichend erachtet wird, sollte auch der ausdrücklich und begründet vereinbart werden, um gegebenenfalls (möglicherweise ungerechtfertigt) vorhandenen Erwartungen eines höheren Schallschutzes im Vorfeld zu begegnen.

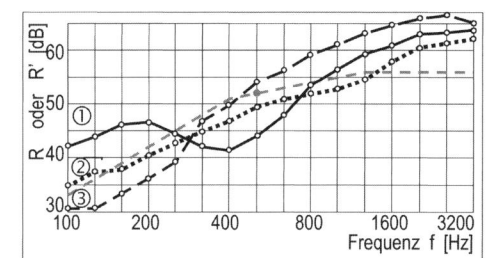

Das bewertete Schalldämm-Maß R'$_w$ von Bauteilen wird durch den Vergleich der jeweiligen Schalldämmkurve mit einer (verschobenen) Bezugskurve ---- ermittelt. Alle drei gezeigten Schalldämmkurven weisen bei erheblich unterschiedlichem Schalldämmverlauf das gleiche R'$_w$, jedoch unterschiedliche C- und C$_{tr}$-Werte auf. So beträgt das bewertete Schalldämm-Maß aller drei Bauteile R'$_w$ = 52 dB, die Spektrum-Anpassungswerte variieren dagegen stark:
① ——— R'$_w$ = 52 dB, C = -1 dB, C$_{tr}$ = -4 dB
② ······· R'$_w$ = 52 dB, C = -1 dB, C$_{tr}$ = -5 dB
③ - - - - R'$_w$ = 52 dB, C = -3 dB, C$_{tr}$ = -8 dB

Abb. D.2.4 Bewertung der Luftschalldämmung

2.6 Einzahlangaben zur Kennzeichnung des Schallschutzes

Auch bei Einhaltung der mittleren Art und Güte, ja u.U. sogar bei Erfüllung des erhöhten Schallschutzes kann eine Schalldämmung hin und wieder als unzureichend empfunden werden. Der Grund liegt in den für die Kennzeichnung des Schallschutzes verwendeten *Einzahlangaben R'$_w$ und L'$_{n,w}$*, bzw. bei dem für die Ermittlung dieser Einzahlangaben verwendeten Bewertungsverfahren. Dieses seit vielen Jahrzehnten angewandte Verfahren [08] berücksichtigt durch den Vergleich von gemessenen Schalldämm- bzw. Norm-Trittschallpegelkurven mit den jeweiligen Bezugskurven die mit wachsender Frequenz steigende Empfindlichkeit des menschlichen Gehörs (→Bild D.2.4). Dabei sind in einzelnen Frequenzen negative Abweichungen möglich, die ohne Folgen für den Einzahlwert bleiben, wenn sie in der Summe einen Wert von 32 dB nicht überschreiten. Zudem es ist unerheblich, ob diese Summe durch viele geringfügige, über den Messbereich gleichmäßig verteilte Abweichungen (Kurve ①) oder durch wenige starke, in einem engeren Frequenzbereich konzentrierte Abweichungen (Kurven ① und ③), im krassesten Fall durch eine Extremunterschreitung bei einer einzelnen Frequenz gebildet wird. Außerdem wird nicht berücksichtigt, ob diese frequenzmäßig begrenzten Abweichungen im unteren, mittleren oder oberen Frequenzbereich auftreten. Beides aber ist für die mit der Schalldämmung verbundene Schutzwirkung von mitentscheidender Bedeutung. Diesem Problem soll durch die zusätzliche Kennzeichnung der Schalldämmung mit sogenannten *Spektrum-Anpassungswerten C, C$_{tr}$, C$_I$* begegnet werden [08]. Dabei ist C für typische Wohngeräusche, C$_{tr}$ für innerstädtischen Straßenverkehrslärm und C$_I$ für tieffrequente Gehgeräusche anzuwenden. Addiert man den jeweiligen Spektrum-Anpassungswert zur Einzahlangabe des Bauteils, so ergibt sich in etwa die zu erwartende empfundene Schutzwirkung:

(1) $R'_A = R'_w + C$ bzw. $+ C_{tr}$ und $L'_A = L'_{n,w} + C_I$

In verschiedenen Untersuchungen (u.a. [31] [40]) wurde gezeigt, dass die Verständlichkeit von Sprache, die durch ein Bauteil dringt, vor allem durch dessen Schalldämmung im mittleren bauakustischen Messbereich beeinflusst wird. Weist die Schalldämmung konzentriert in diesem Frequenzbereich die zulässigen negativen Abweichungen auf, so ist trotz eines R'$_w$ = 53 dB eine Satzverständlichkeit von u.U. mehr als 50% gegeben, wenn im lauten Raum mit gehobener Stimme gesprochen wird (Sprachpegel L – 65 dB(A)). Die Schalldämmung ist dann also trotz Einhaltung der Norm-Anforderung objektiv ungenügend. Selbst bei einem R'$_w$ = 55 dB kann bei ungünstigem Schalldämmkurvenverlauf eine Satzverständlichkeit von fast 50% auftreten [40]. Bei günstigem Kurvenverlauf, d.h. ohne Unterschreitung im Frequenzbereich zwischen 250 und 1000 Hz, liegt sie nur noch bei etwa 25%. Erst bei einem R'$_w$ = 59 dB und günstigem Verlauf sinkt die Satzverständlichkeit auf 0 %.

Nun sind im mittleren Frequenzbereich „durchhängende" Schalldämmkurven keine Seltenheit. Sie treten z. B. regelmäßig auf, wenn leichte 5 bis 15 cm dicke flankierende Bauteile (also Zimmertrennwände) mit dem Trennbauteil (also Wohnungstrennwand oder -decke) steif verbunden sind. Kein Wunder also, dass selbst bei bewerteten Schalldämm-Maßen von bis zu 55/56 dB Klagen über störende Schallübertragungen laut werden.

2.7 Neue Schallschutzkennzeichnungen: D$_{nT,w}$ und L'$_{nT,w}$

Schließlich bleibt ein letztes Problem zu betrachten: Bei gleichem Schalldämm-Maß R'$_w$ übertragen ein großes Bauteil und seine Flanken mehr Schall von einem Raum zu anderen als ein kleines. Außerdem ergibt sich bei der Verteilung der übertragenen Schallenergie in einem großen Raum ein geringerer Schallpegel als in einem kleinen. Es ergibt sich also bei gleicher Bauteil-Schalldämmung je nach Bauteil- oder Raumgröße eine unterschiedliche Pegelminderung, d.h. eine unterschiedlich zu empfindende Schutzwirkung. Dies wird bei der Festlegung der Schallschutzanforderungen bisher nicht berücksichtigt.

Bauphysik

Abb. D.2.5 Luftschalldämmung einschal. Bauteile

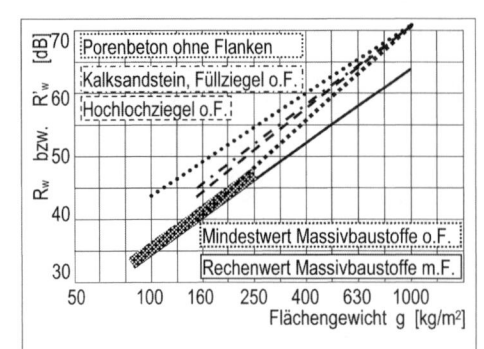

Das Schalldämm-Maß einschaliger homogener Bauteile steigt mit wachsendem Flächengewicht an.
(Werte nach [02][05][16][17][24][26])

Beim *Luftschallschutz* wird deshalb die Neufassung der DIN 4109 künftig anstelle des bewerteten Schalldämm-Maßes R'_w, das sich auf die Luftschalldämmung eines Bauteilgefüges bezieht, die erforderliche Pegelminderung zwischen zwei Räumen, die so genannte *Standard-Schallpegeldifferenz* $D_{nT,w}$ [05], vorschreiben, die sowohl das Volumen des gestörten Raumes V_r als auch die gemeinsame Trennfläche S_s berücksichtigt. Das derzeit bestehende Schutzniveau wird dabei nicht verändert. Das Schalldämm-Maß R'_w wird dabei wie bisher zur Kennzeichnung der gebäudebezogenen Bauteil-Schalldämmung, die zur Herstellung dieses raumbezogenen Schallschutzes notwendig ist, verwendet werden (→ Abschnitt 3.2).

(2a) $D_{nT,w} \approx R'_w + 10 \cdot \lg(V_r/S_s)\ 5\ dB$
(2b) $R'_w \approx D_{nT,w} - 10 \cdot \lg(V_r/S_s) + 5\ dB$

Beim *Trittschallschutz* wird der (bauteilgefügebezogene) bewertete Norm-Trittschallpegel $L'_{n,w}$ durch den (raumbezogenen) *Standard-Trittschallpegel* $L'_{nT,w}$ [06] ersetzt. Auch hier wird das bestehende Niveau nicht verändert. Und auch hier wird bei der Planung außer den Bauteildaten (→ Abschnitt 3) das Empfangsraumvolumen V_r zu berücksichtigen sein:

(3a) $L'_{nT,w} \approx L'_{n,w} - 10 \cdot \lg V_r + 15\ dB$
(3b) $L'_{n,w} \approx L'_{nT,w} + 10 \cdot \lg V_r\ 15\ dB$

Zur Erfüllung einer Anforderung nach DIN 4109 – z. B. für Wohnräume im Geschosswohnungsbau – $D_{nT,w} = 53$ dB und $L'_{nT,w} = 50$ dB – werden also die dazu notwendigen gebäudebezogenen Bauteilkennwerte R'_w oder $L'_{n,w}$ keine fixen Größen mehr sein, sondern abhängig von der Größe der Trennfläche S_s und dem Volumen des gestörten Raumes V_r unterschiedlich, möglicherweise auch richtungsabhängig unterschiedlich, ausfallen müssen:

Beispiel für einen großen Raum (5x5x2.5):
$R'_w \approx D_{nT,w} - 2\ dB \qquad L'_{n,w} \approx L'_{nT,w} + 3\ dB$

Beispiel für einen kleinen Raum (2x2x2.5):
$R'_w \approx D_{nT,w} + 2\ dB \qquad L'_{n,w} \approx L'_{nT,w} - 5\ dB$

3 Schallschutznachweis

3.1 Schalltechnische Grundlagen

3.1.1 Luftschalldämmung einschaliger Bauteile

Die Schalldämmung homogener Bauteile wächst gemäß dem Massegesetz mit Verdopplung des Flächengewichts theoretisch um 6 dB an. Gleichzeitig verbessert sich die Schalldämmung je Frequenzverdopplung ebenfalls um 6 dB. Dies kommt dem Schutzbedürfnis entgegen, weil auch die Empfindlichkeit des menschlichen Gehörs mit zunehmender Frequenz zunimmt.

Aufgrund von Biegewellen, die sich in plattenförmigen Bauteilen ausbreiten, verringert sich diese frequenzabhängige Schalldämmsteigerung. Der Spuranpassung genannte Effekt verringert also das bewertete Schalldämm-Maß und zwar insbesondere dann, wenn der Schalldämmeinbruch zwischen etwa 200 bis 1000 Hz erfolgt. Dies ist immer dann der Fall, wenn Bauteile zwischen etwa 5 bis 15 cm Dicke zum Einsatz kommen: Trotz wachsenden Gewichts steigt die Schalldämmung in einem Dickenbereich von d < 10 cm (entsprechend g < 100 kg/m²) nur geringfügig an.

Fasst man alle genannten Einflussgrößen und Effekte zusammen, gilt für das bewertete Schalldämm-Maß R_w ohne Berücksichtigung einer baulichen Flankenübertragung:

(4a) Beton, Porenbeton, KS-Stein, g > 150 [05]:
$R_w = 37.5 \cdot \lg g - 42.0\ [dB]$
(4b) HLZ, $\rho \geq 1000$ kg/m³, d ≤ 24 cm [26]:
$R_w = 35.9 \cdot \lg g - 33.2\ [dB]$
(4c) Füllziegel, KS-Stein, g > 150 kg/m² [16][24]:
$R_w = 30.9 \cdot \lg g - 22.2\ [dB]$
(4d) Porenbeton, g ≥ 100 kg/m² [17]:
$R_w = 26.7 \cdot \lg g - 9.6\ [dB]$

Für das bewertete Schalldämm-Maß R'_w mit Berücksichtigung einer baulichen Flankenübertragung gilt nach [02]:

(4e) Beton, Bims, KS-Stein, Ziegel, g ≥ 85 kg/m²
$R'_{w,R} = 28 \cdot \lg g - 20\ [dB]$
(4f) Porenbeton, $\rho \leq 800$ kg/m³, g ≤ 250 kg/m²
$R'_{w,R} = 28 \cdot \lg g - 18\ [dB]$

Zusätzlich zu den genannten Effekten weisen die Dämmkurven verputzter LHLZ-Wände mit versetzten Stegen ($p \leq 900$ kg/m^3) einen verminderten Anstieg und ab einer Dicke von > 30 cm im Frequenzbereich ≤ 2000 Hz einen merklichen Einbruch auf, der auf die so genannte Dickenresonanz des Mauerwerks zurückgeführt wird (u.a. [21][35][36] [45][46]). Das bewertete Schalldämm-Maß solcher Wände ist bei Lagerfugen aus LM 35 um bis zu 5 dB, bei geklebten Steinen um bis zu 8 dB geringer als nach Gleichung (4b) errechnet [21].

3.1.2 Luftschalldämmung zweischaliger Bauteile

Zweischalige Bauteile, wie z. B. doppelschalige Haustrennwände, Wände mit biegeweicher Vorsatzschale oder Wände mit WDVS, bilden so genannte Masse-Feder-Masse-Systeme. Diese Systeme erzeugen (unvermeidlich) eine deutlich verstärkte Schalldurchlässigkeit im Bereich ihrer so genannten *Eigen- oder Resonanzfrequenz f_0*, dämmen also dort deutlich schlechter als gleich schwere einschalige Bauteile. Bei Frequenzen oberhalb f_0 findet eine zunehmend stärkere Entkopplung beider Bauteilschalen statt. Die Bauteile dämmen also dort deutlich besser als gleich schwere einschalige Bauteile. Um einen möglichst hohen Dämmgewinn ΔR_w zu erzielen, kommt es darauf an, eine möglichst niedrige Resonanzfrequenz, am besten deutlich unter 100 Hz, zu erzeugen. Die Resonanzfrequenz f_0 ist abhängig von den Flächengewichten g_1 und g_2 [kg/m^2] der beiden Schalen, der dynamischen Steifigkeit der Zwischenschicht s' [MN/m^3], d.h. deren dynamischem E-Modul E_{dyn} [MN/m^2] und deren Dicke d_a [m]:

(5a) $f_0 = 160 \cdot [s' \cdot (1/g_1 + 1/g_2)]^{1/2}$ [Hz]
(5b) $s' = E_{dyn}/d_a$ [MN/m^3]

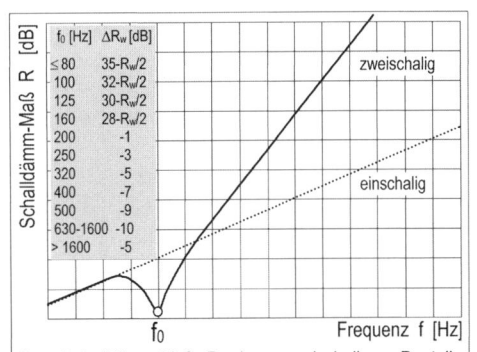

f_0 [Hz]	ΔR_w [dB]
≤ 80	35-R_w/2
100	32-R_w/2
125	30-R_w/2
160	28-R_w/2
200	-1
250	-3
320	-5
400	-7
500	-9
630-1600	-10
> 1600	-5

Das Schalldämm-Maß R eines zweischaligen Bauteils nimmt im Bereich der Eigen- oder Resonanzfrequenz f_0 deutlich ab. Oberhalb f_0 nimmt das Schalldämm-Maß mit theoretisch 18 dB/Frequenzverdopplung zu. Der Schalldämmgewinn ΔR_w durch eine Vorsatzschale hängt deshalb von der Eigenfrequenz f_0 ab. (Werte nach [05])

Abb. D.3.1 Luftschalldämmung zweisch. Bauteile

3.1.3 Flankenschalldämmung

Schall wird nicht allein über das Trennbauteil, sondern auch über alle flankierenden Bauteile übertragen. Dabei ist das angeregte Bauteil (gekennzeichnet durch „D" und „F") nicht immer auch das schallabstrahlende Bauteil (gekennzeichnet durch „d" und „f") (siehe hierzu Bild D.3.2).

Das *Flankendämm-Maß R_{ij}*, das sich bei Übertragung von Bauteil i nach Bauteil j ergibt, hängt von den Schalldämm-Maßen R_i und R_j der Bauteile i und j, dem *Stoßstellendämm-Maß K_{ij}* und den Flächen des trennenden Bauteils S_s und des flankierenden Bauteils S_i bzw. S_j ab. R_i und R_j sind – wie beschrieben – vor allem flächengewichtsabhängig (→ Abschnitt 3.1.1). K_{ij} ist zurückzuführen auf die Körperschalldämmung, die der Schall beim Durchqueren einer Bauteilverbindung (Stoßstelle) erfährt. Diese ist bei starr miteinander verbundenen Bauteilen prinzipiell umso größer, je größer das Verhältnis der Flächengewichte von gestoßenem g_j zu anstoßendem Bauteil g_i ist. Dabei ist K_{ij} bei kreuzförmigem Stoß (+) größer (Gleichungen (6a+b)) als bei T-förmigem Stoß (T) (Gleichungen (6c+d)):

+ (6a) $K_{Ff} = 8.7 + 17.1 \cdot [\lg (g_d/g_F)] + 5.7 \cdot [\lg (g_d/g_F)]^2$
(6b) $K_{Fd} = 8.7 + 5.7 \cdot [\lg (g_d/g_F)]^2$ [dB]

T (6c) $K_{Ff} = 5.7 + 14.1 \cdot [\lg (g_d/g_F)] + 5.7 \cdot [\lg (g_d/g_F)]^2$
(6d) $K_{Fd} = 5.7 + 5.7 \cdot [\lg (g_d/g_F)]^2$ [dB]

Flankiert ein Bauteil ein Trennbauteil ohne oder nahezu ohne Verbindung, geht K_{Ff} gegen null und K_{Fd} und K_{Df} gegen unendlich. Stößt ein flankierendes Bauteil dagegen ohne oder nahezu ohne Verbindung an ein Trennbauteil, gehen sowohl K_{Ff} als auch K_{Fd} und K_{Df} gegen unendlich.

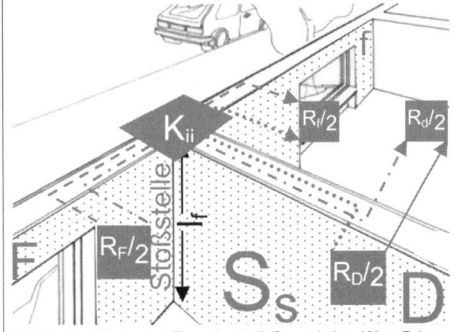

Schall wird über das Trennbauteil S_s und den Weg Dd sowie über die flankierenden Bauteile (Wege Ff, Df, Fd) übertragen. Bei einem Trennbauteil und vier Flanken (Trennwand, 2 flankierende Wände, 2 flankierende Decken oder Trenndecke und 4 flankierende Wände) ergeben sich so insgesamt 13 verschiedene Übertragungswege.

Abb. D.3.2 Schallübertragungswege

3.1.4 Trittschallschutz von Massiv(roh)decken

Die Trittschalldämmung homogener Rohdecken, ausgedrückt durch den *Norm-Trittschallpegel* L_n hängt von deren Flächengewicht g_{RD}, der Körperschall-Nachhallzeit T_s, dem Abstrahlgrad für freie Biegewellen σ sowie der Frequenz f ab [06]. Für Oktavbänder errechnet sich der Norm-Trittschallpegel L_n nach [06] (Für Terzbänder ist der Norm-Trittschallpegel L_n etwa 5 dB geringer.):

(7a) $L_n \approx 125 - 30 \cdot \lg g_{RD} + 10 \cdot \lg (T_s \cdot \sigma \cdot f)$ [dB]

Die Körperschall-Nachhallzeit T_s und der Abstrahlgrad σ sind frequenzabhängige Größen in Abhängigkeit von Bauteilabmessungen und -steifigkeiten. T_s und σ sind gemäß [05] zu berechnen. Die Norm-Trittschallpegelkurven einschaliger Massivdecken weisen einen mit etwa 1.5 dB je Frequenzverdopplung ansteigenden Verlauf, Rohdecken mit großen Hohlräumen einen mit etwa 4.5 dB ansteigenden, d. h. also ungünstigeren Verlauf der Norm-Trittschallpegelkurve auf.

Der schalltechnische Nachweis wird in der Regel unter Verwendung von Einzahlangaben geführt. Der hierzu benötigte *äquivalente bewertete Norm-Trittschallpegel* $L_{n,w,eq,R}$ errechnet sich nach [06] aus dem Flächengewicht der Rohdecke q_{RD}:

(7b) $L_{n,w,eq,R} = 164 - 35 \cdot \lg g_{RD}$ [dB]

Rohdecken aus *Leicht- oder Porenbeton* weisen einen etwas geringeren, also günstigeren, Rohdecken mit großen Hohlräumen einen um 3 bis 5 dB höheren, also ungünstigeren äquivalenten bewerteten Norm-Trittschallpegel auf.

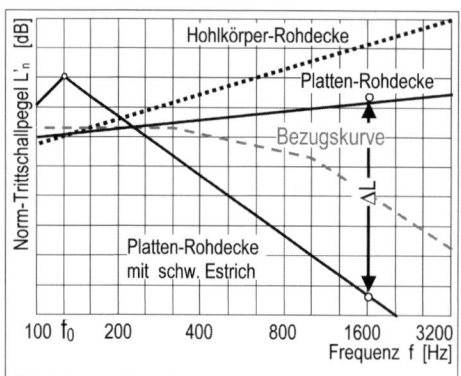

3.1.5 Trittschallschutz schwimmender Estriche

Auf Dämmschicht verlegte Estriche oder Werkstoffplatten bilden zusammen mit der darunter liegenden Rohdecke Masse-Feder-Masse-Systeme (→ Abschnitt 3.1.2).

Die dadurch bewirkte Verringerung des Norm-Trittschallpegels, die *Trittschallminderung* ΔL, nimmt im Bereich der Resonanzfrequenz f_0 (→ Gleichung (5a)) stark ab: Die Trittschallübertragung wird in diesem Frequenzbereich also verstärkt. Oberhalb f_0 wächst die Trittschallminderung schnell an. Der Zuwachs beträgt theoretisch 18 dB/Frequenzverdopplung. Die zu den höheren Frequenzen ungünstiger werdende Dämmwirkung einschaliger Decken wird durch die zunehmende Trittschallminderung durch die Deckenauflage mehr als aufgehoben: Der Norm-Trittschallpegel des Gesamtaufbaus sinkt also wunschgemäß mit steigender Frequenz. Daher steigt auch das für den Schallschutznachweis benötigte *Trittschallverbesserungsmaß* ΔL_w, auch *bewertete Trittschallminderung* ΔL_w genannt, mit wachsendem Estrichgewicht g_E und sinkender Steifigkeit s' der Trittschalldämmung (→ Gleichung (5b)) [06]:

(8a) CT-/CA-Estrich (60–160 kg/m²):
$\Delta L = 30 \cdot \lg (f/f_0)$ $\Delta L_w = 15 \cdot \lg g_E - 14 \cdot \lg s' + 17$

(8b) AS-Estrich (40–50 kg/m²):
$\Delta L = 40 \cdot \lg (f/f_0)$ $\Delta L_w = 7.5 \cdot \lg g_E - 15 \cdot \lg s' + 32$

(8c) Trockenestrich (11–20 kg/m²):
$\Delta L = 40 \cdot \lg (f/f_0)$ $\Delta L_w = 7.5 \cdot \lg g_E - 8 \cdot \lg s' + 21$

Daraus ergeben sich die in Bild D.3.4 wiedergegebenen Trittschallminderungskurven.

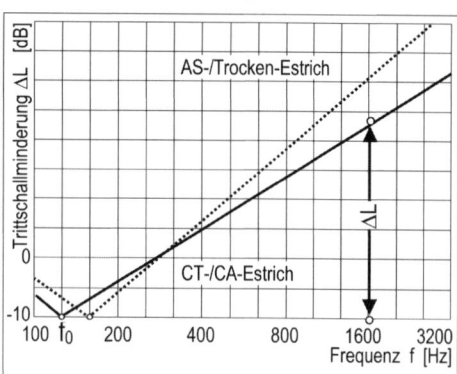

Rohdecken weisen einen steigenden (ungünstigen) Norm-Trittschallpegelverlauf auf. Durch die trittschallmindernde Wirkung eines schwimmenden Estrichs wird aus dem steigenden ein fallender (günstiger) Verlauf. Dadurch sinkt der bewertete Norm-Trittschallpegel $L'_{n,w}$ deutlich ab. Je weicher die Dämmschicht ist, desto niedriger liegt f_0, desto früher sinkt die Norm-Trittschallkurve.

Abb. D.3.3 Massivdecken: Trittschalldämmung

Schwimmende Estriche oder schwimmend verlegte Werkstoffplatten (Trockenestriche) bilden mit den Rohdecken Masse-Feder-Masse-Systeme. Die dadurch bewirkte Entkopplung der Bauteile ergibt eine oberhalb der Resonanzfrequenz f_0 stetig steigende Verminderung der Trittschallübertragung. Im Bereich der Resonanzfrequenz f_0 wird die Trittschallübertragung verstärkt.

Abb. D.3.4 Schwimm. Estriche: Trittschallminderung

DIN 4109 und Beiblatt 1

Prüfstand mit bauüblicher Flankenübertragung → **Bauteilkataloge** (z.B. Beiblatt 1) oder **Prüfzeugnisse** ↓ **Gebäudebezogene Bauteilkennwerte** $R'_{w,R}$ $L_{n,w,eq,R}$ $\Delta L_{w,R}$ ↓ **Berechnung gemäß Beiblatt 1** ↓ **Gebäudebezogene Bauteilkennwerte** R'_w $L'_{n,w}$ ↔ **Anforderung DIN 4109**

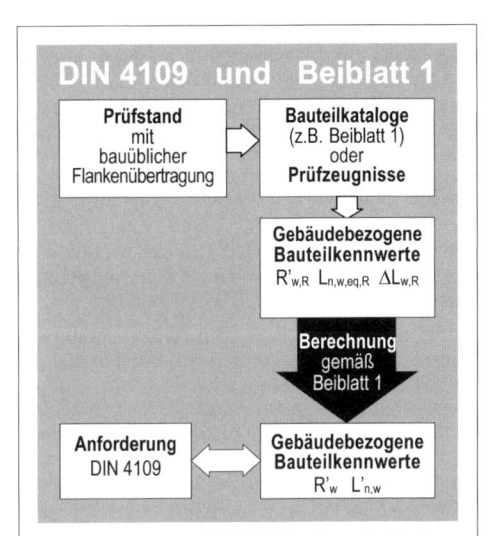

Derzeit ist der nach DIN 4109 in einem Gebäude zu erbringende Schallschutz gemäß Beiblatt 1 zu bestimmen. Dabei werden aus in Prüfständen ermittelten „quasi-gebäudebezogenen" schalltechnischen Bauteilkennwerten $R'_{w,R}$, $L_{n,w,eq,R}$ und $\Delta L_{w,R}$ gebäudebezogene Bauteilkennwerte R'_w, und $L'_{n,w}$ bestimmt.

Abb. D.3.5 Schallschutznachweis heute

3.2 Schallschutznachweis

3.2.1 Zurzeit angewendete Verfahren nach Beiblatt 1 zu DIN 4109

Die gebäudebezogenen Bauteilkennwerte sind gemäß Beiblatt 1 zu DIN 4109 aus Rechenwerten zu ermitteln. Nachfolgend wird das für den Massivbau anzuwendende Verfahren beschrieben. Durch Messungen in Prüfständen mit genormten flankierenden Bauteilen wird das schalltechnische Verhalten der Bauteile im Gebäude simuliert. Es werden Prüfwerte für eine „quasi-gebäudebezogene" Bauteil-Schalldämmung der Bauteile ermittelt. Diese Prüfwerte sind mittels in DIN 4109 festgelegter Sicherheitsbeiwerte, so genannter Vorhaltemaße – sie betragen für Türen 5 dB, für alle übrigen Bauteile 2 dB – in Rechenwerte umzurechnen. Beiblatt 1 zu DIN 4109 enthält eine Reihe von tabellarisch aufgelisteten Rechenwerten.

3.2.1.1 Luftschalldämmung

Der gebäudebezogene Bauteilkennwert R'_w wird im Massivbau gemäß Bbl. 1 zu DIN 4109 üblicherweise aus dem im Prüfstand ermittelten quasi-gebäudebezogenen Bauteil-Kennwert $R'_{w,R}$ ermittelt, der wegen der abweichend von der Prüfstandsituation im geplanten Gebäude tatsächlich gegebenen flankierenden Bauteile durch Korrekturwerte K_{L1} und K_{L2} wie folgt zu korrigieren ist:

(9a) $R'_w = R'_{w,R} + K_{L1} + K_{L2}$ [dB]   bzw.
(9b) $R'_w = R'_{w,P} 2 + K_{L1} + K_{L2}$ [dB]

$R'_{w,R}$ Rechenwert [dB] bzw. $R'_{w,P}$ Prüfwert [dB] für das Schalldämm-Maß des Trennbauteils einschließlich Flankenschallübertragung über 4 flankierende einschalige Massivbauteile mit einem gemittelten Flächengewicht von $g_{L,mittel}$ = 300 kg/m² (→ Abschn. 3.1.1, Gl. (4e))

K_{L1} Korrekturwert [dB] für die erhöhte oder verringerte Flankenschallübertragung über die geplanten flankierenden einschaligen Massivbauteile mit einem gemittelten Flächengewicht von $g_{L,mittel}$? 300 kg/m² (→ [02])

K_{L2} Korrekturwert [dB] für die verringerte Flankenschallübertragung über ggf. geplante flankierende Massivbauteile mit biegeweicher Vorsatzschale (→ [02])

Der Vorteil dieses Verfahrens besteht in seiner Einfachheit. Es können mit diesem Verfahren ohne großen Rechenaufwand sichere Schallschutzprognosen durchgeführt werden – von Ausnahmen abgesehen. Nach den vorliegenden Erfahrungen liegt der zu befürchtende Fehler bei unter 2 dB.

Der Hauptnachteil dieses Verfahrens besteht darin, dass es nur auf „klassische" Massivbaukonstruktionen anwendbar ist. Voraussetzung für das „Funktionieren" dieser Methode nämlich sind massive, homogene Bauteile, nicht zu leichte flankierende Wände und ein steifer Verbund zwischen Trennbauteil und flankierenden Bauteilen. Bei sehr leichten Flanken oder Flanken mit ungünstiger Lochstruktur, wie z.B. aus LHLZ-Mauerwerk ist mit einer zu positiven Prognose in der Größenordnung von 2 bis 3 dB zu rechnen.

3.2.1.2 Trittschalldämmung

Der gebäudebezogene Bauteilkennwert $L'_{n,w}$ wird gemäß Bbl. 1 zu DIN 4109 aus den Rechenwerten für den bewerteten äquivalenten Norm-Trittschallpegel der Rohdecke $L_{n,w,eq,R}$ und dem Verbesserungsmaß bzw. der bewerteten Trittschallminderung $\Delta L_{w,R}$ der Deckenauflage errechnet:

(10) $L'_{n,w} = L_{n,w,eq,R} - \Delta L_{w,R} + 2 - K_T$

$L_{n,w,eq,R}$ Rechenwert für den äquivalenten bewerteten Norm-Trittschallpegel [dB] (→ Abschnitt 3.1.4, Gleichung (7b))

$\Delta L_{w,R}$ Trittschallverbesserungsmaß [dB] (→ [02]) bzw. bewertete Trittschallminderung [dB]

K_T Korrekturwert [dB] für eine nicht senkrecht von oben nach unten erfolgende Trittschallübertragung (horizontal, diagonal oder von unten nach oben) (→ [02])

Bauphysik

DIN 4109 und DIN EN 12354

Bauteilkataloge (z.B. DIN 4109) oder Prüfzeugnisse ← Prüfstand ohne Flankenübertragung

↓

Gebäudeunabhängige Bauteilkennwerte
R_w $R_{ij,w}$ $L_{n,w,eq}$ ΔL_w

Berechnung gemäß DIN EN 12354

↓

Gebäudebezogene Bauteilkennwerte
R'_w $L'_{n,w}$

Berechnung gemäß DIN EN 12354

↓

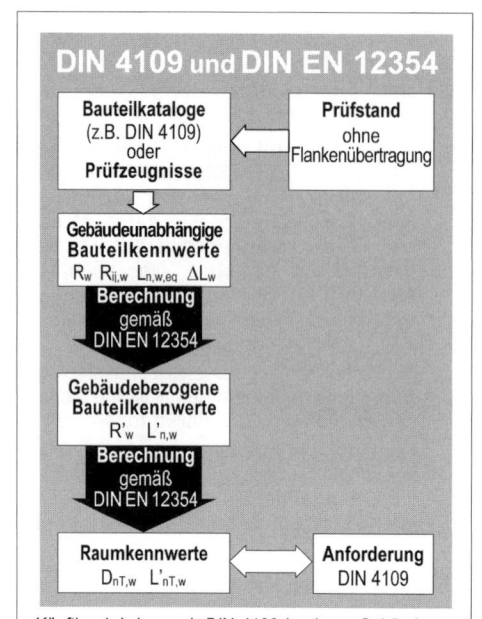

Raumkennwerte $D_{nT,w}$ $L'_{nT,w}$ ↔ Anforderung DIN 4109

Künftig wird der nach DIN 4109 in einem Gebäude zu erbringende Schallschutz gemäß DIN EN 12354 zu bestimmen sein. Dabei werden neben den gebäudebezogenen schalltechnischen Bauteilkennwerten R'_w und $L'_{n,w}$ auch die raumbezogenen Schallschutzkennwerte $D_{nT,w}$ und $L'_{nT,w}$ zu ermitteln sein.

Abb. D.3.6 Schallschutznachweis morgen

3.2.2 Künftig anzuwendende Verfahren nach DIN EN 12354

3.2.2.1 Allgemeines

Auch künftig werden die Anforderungen an den Schallschutz zwischen zwei Räumen in DIN 4109 (Neufassung) festgelegt (→ Abschnitt 2.2.2). Dabei wird das zurzeit bestehende Anforderungsniveau der DIN 4109 [01] mehr oder weniger unverändert bleiben.

Der Nachweis des Schallschutzes erfolgt in zwei Schritten: Zunächst sind aus gebäudeunabhängigen Bauteilkennwerten gebäudebezogene Bauteilkennwerte zu errechnen. Diese geben an, wie hoch die Schalldämmung aller an der Schallübertragung beteiligter Bauteile aufgrund derer Konstruktion und Fügung zusammen ist. Sodann sind aus den gebäudebezogenen Bauteilkennwerten die raumbezogenen Kennwerte, die angeben, wie hoch der (empfundene) Schallschutz zwischen zwei Räumen ist, zu errechnen.

Nachzuweisen sein wird dieser Schallschutz gemäß DIN EN 12354 [05][06] mit Hilfe gebäudeunabhängiger bauteilbezogener schalltechnischer Kennwerte, die durch Messungen in Prüfständen mit unterdrückter Flankenübertragung gemäß DIN EN ISO 140 [07] ermittelt wurden. DIN EN 12 354 enthält Zusammenstellungen solcher Kennwerte; der Umfang der Angaben reicht aber für den Bedarf der täglichen Planungspraxis leider nicht aus. Für die Neufassung der DIN 4109 werden deshalb ergänzend hierzu Bauteilkataloge mit schalltechnischen Kennwerten erarbeitet. Auch die Produkthersteller sind in diesem Zusammenhang gefragt, Kennwerte für ihre Produkte zu veröffentlichen. Eine Reihe solcher Prüfergebnisse liegen bereits vor (z. B. [20][23][24][26]).

Mittels eines möglichen *detaillierten* Verfahrens werden mit den Gleichungen (11) bis (16) die gebäudebezogenen Kennwerte R' bzw. L'_n frequenzabhängig berechnet und daraus gemäß [08] die bewerteten gebäudebezogenen Kennwerte R'_w bzw. $L'_{n,w}$ bestimmt. Bei einem alternativ anwendbaren *vereinfachten* Verfahren werden mit den Gleichungen (11) bis (16) die bewerteten gebäudebezogenen Kennwerte unmittelbar aus den bewerteten Bauteilkennwerten errechnet. Dieses Verfahren führt im Allgemeinen zu einer leichten Überschätzung der zu erwartenden Schalldämmung [05]. Ausreichend hohe Vorhaltemaße sind im Rahmen der Neufassung der DIN 4109 deshalb noch festzulegen.

3.2.2.2 Luftschalldämmung

In einem 1. Schritt wird analog DIN EN 12354-1 [05] der gebäudebezogene Bauteilkennwert R'_w berechnet (→ Bild D.3.2):

(11) $R'_w = -10 \cdot \lg [10^{-0.1 R_{Dd,w}}$
$+ \sum_{F=f=1}^{n} 10^{-0.1 R_{Ff,w}} + \sum_{F=f=1}^{n} 10^{-0.1 R_{Df,w}} + \sum_{F=f=1}^{n} 10^{-0.1 R_{Fd,w}}]$

(12) $R_{Dd,w} = R_{s,w} + \Delta R_{Dd,w}$ [dB]

(13) $R_{ij,w} = R_{i,w}/2 + R_{j,w}/2 + \Delta R_{ij,w} + K_{ij}$
$+ 10 \cdot \lg [S_s/(l_0 \, l_f)]$ [dB]

Für die Berechnung von K_{ij} enthält [05] Beispiele unterschiedlicher Stoßstellen mit dazugehörigen Gleichungssystemen (siehe hierzu z. B. Gleichungen (6a–d)). K_{ij} ist zwischen 125 Hz bis 2000 Hz kaum frequenzabhängig. Außerhalb dieses Bereiches kann der Frequenzeinfluss größer sein. Beim vereinfachten Verfahren ist nach [05] der K_{ij}-Wert für 500 Hz einzusetzen, nach [09] ist er aus den Werten für 200 bis 1250 Hz arithmetisch zu mitteln. Je nach Bauteilkombination und Übertragungsrichtung beträgt $K_{ij} \approx 5 - 15$ dB, bei elastisch gestoßenen Flanken $K_{ij} \approx 10 - 35$ dB. K_{ij} ist mit einem Mindestwert anzunehmen, z. B. wenn das flankierende Bauteil ohne Verbindung am Trennbauteil vorbeiläuft. Er beträgt:

(14) $K_{ij,min} = 10 \cdot \lg [l_0 \, l_f \, (1/S_i + 1/S_j)]$ [dB]

In einem 2.Schritt ist R'_w raumweise in die Standard-Schallpegeldifferenz $D_{nT,w}$ umzurechnen:

(15) $D_{nT,w} = R'_w + 10 \cdot \lg(0.32\, V_r/S_s)$ [dB]

$R_{Dd,w}$ Gesamt-Schalldämm-Maß [dB] des Trennbauteils ohne Flankenschallübertragung

$R_{s,w}$ Schalldämm-Maß [dB] des einschaligen Trennbauteils ohne Flankenschallübertragung (→ Absch. 3.1.1, Gl. (4a)–(4d))

$R_{ij,w}$ Flankendämm-Maße [dB] der 4 flankierenden Bauteile

$R_{i,w}\, R_{j,w}$ Schalldämm-Maße [dB] der flankierenden Bauteile (→ Gleichungen (4a) – (4d))

ΔR_w Luftschallverbesserungsmaß [dB] durch Vorsatzkonstruktionen auf den an der Schallübertragung beteiligten Bauteilen (→ Bild D.3.1 [05])

K_{ij} Stoßstellendämm-Maß [dB] für jeden Übertragungsweg (→ Absch. 3.1.3; → [05])

$S_s\, S_{ij}$ Flächengröße [m²] des Trennbauteils bzw. der Flankenbauteile

l_f Länge [m] der Verbindung zwischen flankierendem und trennendem Bauteil (gemeinsame Kopplungslänge) bezogen auf eine Bezugslänge $l_0 = 1$ m

V_r Empfangsraumvolumen [m³]

Der Vorteil dieser Methode besteht darin, dass alle Bauteile ihrer tatsächlichen Schallübertragung entsprechend berücksichtigt werden. Nachteilig ist der hohe Rechenaufwand. Neue umfangreiche Bauteillisten mit Kenndaten werden nötig.

3.2.2.3 Trittschalldämmung

Der gebäudebezogene Kennwert $L'_{n,w}$ und der raumbezogene Kennwert $L'_{nT,w}$ werden analog DIN EN 12354-2 [06] berechnet:

(16) $L'_{n,w} = L_{n,w,eq} - \Delta L_w + K$ [dB]
(17) $L'_{nT,w} = L'_{n,w} - 10 \cdot \lg(0.032\, V_r)$ [dB]

$L_{n,w,eq}$ Äquivalenter bewerteter Norm-Trittschallpegel [dB] (→ Gleichung (7b))

ΔL_w Bewertete Trittschallminderung [dB] (→ Gleichungen (8b), (8d) oder (8f))

K   Korrekturwert [dB] für die Trittschallflankenübertragung über die Wände (K=1–3 → [06])

Schallschutzkonzeption

- Störende und empfindliche Bereiche räumlich trennen
- Wohnungstrennwände mit hohem Flächengewicht ausbilden
- Wohnungstrenndecken mit hohem Flächengewicht ausbilden
- Schwere schwimmende Estriche auf weichen Dämmschichten
- Flankierende leichte massive Zimmertrennwände abkoppeln
- Flankierende leichte massive Außenwände unterbrechen
- Flankierende leichte Dächer durch Wohnungstrennwände abschotten

4 Schallschutzlösungen

4.1 Luftschallschutz

4.1.1 Wohnungstrennwände und Treppenhaustrennwände aus Planziegeln

Um einen ausreichend hohen Luftschallschutz der Wohnungstrennwände sicherzustellen, sind Wandbaustoffe mit Rohdichten von > 2000 kg/m³ zu verwenden. Hier können z. B. Hochlochziegel, Rohdichteklasse 2.0 (Schallschutzziegel) eingesetzt werden. Bessere Ergebnisse werden mit *Planfüllziegeln T (PFZ)*, den mit ≥ B 15 gefüllten Ziegel-Schalungssteinen ($\rho - 2250$ kg/m³), erreicht. Beidseitig verputzt, ergibt sich für die 24 cm dicke Planfüllziegel-Wand nach Gleichung (4c) ein Schalldämm-Maß von $R_w > 60$ dB. Mit Außen- und Innenwänden aus Planziegeln führt dies in Stumpfstoßtechnik zu einem Schalldämm-Maß von $R'_w = 54$ dB [15][39]. Mit dieser Ausführungsvariante wird also der für Wohnungstrennwände übliche Schallschutz erreicht (→ Abschnitt 2.3). Mit abgekoppelten Innenwänden (→ Abschnitt 4.1.2) und Außenwand-Schlitzeinbindung (→ Abschnitt 4.1.3) kann das Schalldämm-Maß merklich gesteigert [38] und der erhöhte Schallschutz der Schallschutzstufe SSt II nach VDI 4100 auch ohne biegeweiche Vorsatzschale erreicht werden. (Sie-

Objekt	Ausführung	Schalldämmung	Bemerkung
ohne/mit Flanken	24 cm PFZ-T	R_w = 63/57 dB	berechnet nach [05]/[02]
Whs. Hohenbrunn	24 cm PFZ-T AW + IW Stumpfstoß	R'_w = 54 dB	Prüfzeugnisse 12/2003 [15]
Whs. Bad Aibling	24 cm PFZ-T AW + IW Stumpfstoß	R'_w = 54 dB	Prüfzeugnis 04/2004 [39]
Whs. München	24 cm PFZ-T AW Schlitzeinbindung; IW entkoppelt	R'_w = 55-58 dB	Prüfzeugnisse 05/2004 [38]
Whs. Recklinghausen	24 cm PFZ-T AW Schlitzeinbindung; IW entkoppelt	R'_w = 56 dB	Prüfzeugnis 10/2002 [22]

Abb. D.4.1 Luftschallschutz ausgeführter Wohnungsbauobjekte (aus [5.1])

he hierzu auch unten stehende Übersicht ausgeführter Objekte).

Die Wände müssen fugendicht sein. Sie sind von Rohdecke bis Rohdecke zu *verputzen*, denn das Schalldämm-Maß einer unverputzten PFZ-Wand beträgt statt 56 dB nur 52 dB [27].

Wandschlitze oder in die Wände eingelassene *Aussparungen* für z. B. Sicherungsschränke verringern die Schalldämmung der Wände um 1 bis 2 dB. Solche Querschnittsschwächungen sind zu vermeiden. Dagegen sind *Steckdosen* in diesen Wänden durchaus möglich, ohne dass sich deren Schalldämmung verringert. Es muss aber vermieden werden, dass beim Setzen der Steckdosenlöcher ungewollte „Wanddurchbrüche" entstehen.

4.1.2 Zimmertrennwände aus Planziegeln

Zimmertrennwände werden, um Gewicht zu sparen, aus Mauerwerk geringer Rohdichte hergestellt. Aus schalltechnischer Sicht sind sie nicht selten zu leicht: Bei Flächengewichten von $g \leq 100$ kg/m² gefährden sie aufgrund ihrer geringen Flankenschalldämmung das schalltechnische Potenzial der Wohnungstrennwände. In zurückliegender Zeit waren (und sind bis heute) Schallschutzmängel im Wohnungsbau festzustellen, die auf solche leichten Zimmertrennwände zurückzuführen sind. Die Abhilfe besteht darin, die Zimmertrennwände von den Wohnungstrennwänden und -decken abzutrennen.

Die Ziegelindustrie bietet hierzu seit einiger Zeit das *Ziegel-Innenwand-System ZIS*, bestehend aus 11.5 cm Plan- oder Blockziegeln der Rohdichteklasse 0.8 mit *Entkopplungs-Anschluss-Profilen EAP* aus Polypropylen (Wand und Decke verschieden) an (→ Abb. D.4.3). Die dynamische Steifigkeit der Profile beträgt s' – 50 MN/m³. Damit wird auch unter 125 Hz bereits eine Entkopplung wirksam. Die Stoßstellendämm-Maße werden durch deren Anwendung um etwa 20 dB erhöht:
– starr: $K_{Fd} \approx 15$ dB [28];
– entkoppelt: $K_{Fd} \approx 35$ dB [23], $K_{Ff} \approx 45$ dB [23]

Das nach Abschnitt 3.2.2.2 berechnete bewertete Schalldämm-Maß von Füllziegel-Mauerwerk steigt dadurch von $R'_w = 53$ auf $R'_w = 55$ dB an. Diese entscheidende Schalldämmsteigerung deckt sich mit den durchgeführten Felduntersuchungen, bei denen sogar Schalldämm-Maße von $R'_w > 55$ dB ermittelt wurden (→ Abb. D.4.1).

Wenige punktförmige Verbindungen mit Flachankern vermindern die Wirkung nicht wesentlich. Da das Entkopplungs-Anschluss-Profil auf die Trennwand und die Trenndecken aufgeklebt wird, ist eine Ankerverbindung ohnehin nicht notwendig. Dagegen würde ein Überputzen des Profils dessen Wirkung in Frage stellen [??]. Um dies zu vermeiden, wurde eine spezielle Profilierung des Entkopplungs-Anschluss-Profils entwickelt. Der sichtbar bleibende Profilrandbereich lässt die schallbrückenfreie Ausführung erkennen (D.4.2).

Das Ziegel-Innenwand-System besteht aus 11.5 cm Plan- oder Blockziegeln, RD 0.8 und unter die Decke bzw. auf die Wand geklebten, unterschiedlichen Polypropylen-Entkopplungs-Anschluss-Profilen. Auf der unteren Decke wird ein Bitumenbahnstreifen verlegt.

Abb. D.4.2 Ziegelinnenwandsystem ([50][52])

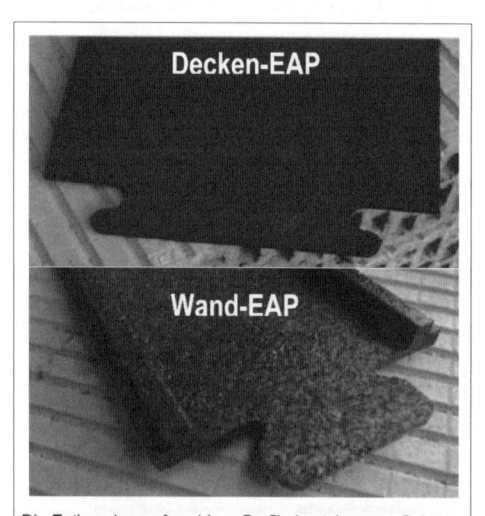

Die Entkopplungs-Anschluss-Profile bestehen aus Polypropylen. Das Wandanschlussprofil ist an seinen seitlichen Rändern profiliert, um die in das Profil eingeschobene Trennwand seitlich zu halten. Das Deckenprofil ist dagegen seitlich nicht profiliert.

Abb. D.4.3 Entkopplungs-Anschluss-Profile ([52])

4.1.3 Außenwände aus Planziegeln

Wärmetechnisch hochwertige Ziegelaußenwände weisen aufgrund der versetzten Stegführung eine schalltechnisch ungünstige Lochung auf. Ihre Schall-Längsdämmung ist daher vergleichsweise gering (→ Abschnitt 3.1.1). Dies kann durch eine Erhöhung der Stoßstellendämmung K_{Ff} wettgemacht werden. Hierzu bestehen zwei konstruktive Möglichkeiten:

Möglichkeit 1 Schlitzeinbindung (→Bild D.4.4.1):

Die Trennwand wird in einen innen angelegten Außenwandschlitz eingebunden. Dabei sollte der Schlitz eine Tiefe von möglichst mehr als der Hälfte, besser zwei Drittel des Außenwandquerschnitts aufweisen. Das Stoßstellendämm-Maß steigt damit von $K_{ij}-8$ dB auf $K_{ij}-10$ dB an [25]. Die Folge ist, dass das bewertete Schalldämm-Maß der Trennwand von R'_w = 54 dB (Stumpfstoß) auf R'_w = 55-56 dB (Schlitz) anwächst [51]. Werden die Innenwände zusätzlich entkoppelt (→ Abschnitt 4.1.2) wächst das bewertete Schalldämm-Maß noch einmal um 1 bis 2 dB an.

Möglichkeit 2 Durchbindung (→ Bild D.4.4.2):

Die Trennwand durchquert die Außenwand vollständig. Mit dieser *Durchbindung* wird die maximal mögliche Stoßstellendämmung erzielt, so dass auch hier für die Wohnungstrennwände mit bewerteten Schalldämm-Maßen von R'_w = 56 dB zu rechnen ist.

Um eine Wärmebrücke zu vermeiden, muss der außenseitige Bereich des *Knoten- oder Durchbinderziegels* mit Wärmedämmstoff ausgefüllt werden. Der Temperaturfaktor der Innenecke liegt dann bei $f_{Rsi} \approx 0.8$, so dass Tauwasser- und Schimmelpilzbildung in der Wandecke sicher vermieden werden.

Entsprechend ausgeführte Testobjekte sind seit einigen Jahren in Beobachtung. Rissbildungen im Außenputz entlang der durchbindenden Trennwände sind bislang nicht aufgetreten.

Die Produktion eines entsprechenden Knotenziegels ist für 2006 vorgesehen [53].

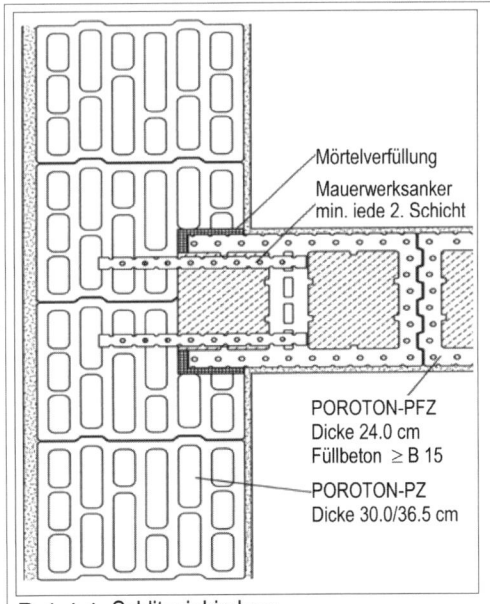

D.4.4.1 Schlitzeinbindung

Durch die Schlitzanbindung der Trennwand an die flankierende Außenwand, die etwa 2/3 der Wanddicke ausmachen sollte, werden die Stoßstellendämmung und damit die Flankendämmung soweit erhöht, dass sich das bewertete Schalldämm-Maß der Planfüllziegelwand um etwa 2 dB verbessert.

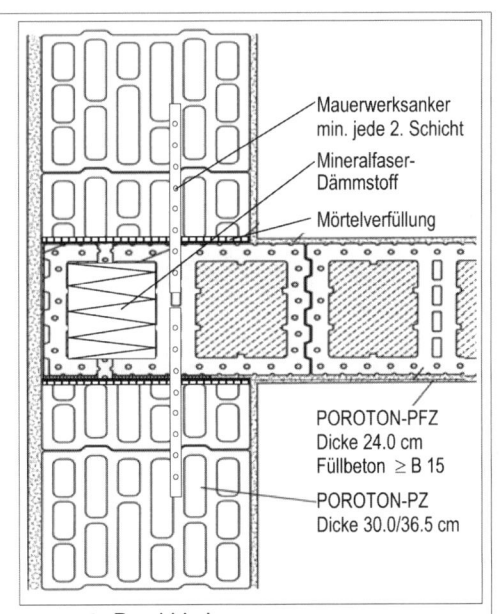

D.4.4.2 Durchbindung

Eine noch etwas bessere Wirkung als durch die Schlitzeinbindung wird durch die Durchbindung der Planfüllziegel-Trennwand durch die Außenwand erzielt. Es werden spezielle Durchbinder-Ziegel, bei denen die äußere Kammer wegen des Wärmeschutzes mit Mineralwolle gefüllt ist, verwendet.

Abb. D.4.4 Außenwandanschlüsse für Wohnungstrennwände   (aus [50][52][53])

4.1.4 Leichte Dächer

Im Dachgeschoss wird eines der flankierenden Bauteile der Wohnungstrennwand durch die leichte Dachkonstruktion gebildet. Um den hohen Schalldämmwert der Wohnungstrennwand aus Planfüllziegeln nicht in Frage zu stellen, muss das Schalllängsdämm-Maß des Dach-Wand-Anschlusses $R_{L,w} > 60$ dB betragen.

Die Schalllängsleitung über leichte Dächer erfolgt prinzipiell über die Unterschale (1), über den Dachholraum (2) und als indirekte Übertragung über das Dach und den Außenraum hinweg (3).

(1) Die Unterschale ist im Bereich der Wohnungstrennwand zu unterbrechen. Dadurch allein wird eine Verbesserung des Schalllängsdämm-Maßes von ≈ 6 dB erreicht (vgl. Bild D.4.5 A und B). Eine doppellagige Beplankung des Daches erhöht zwar die Schalldämmung des Daches, die Schalllängsdämmung aber nicht ausreichend stark. In jedem Fall ist sicherzustellen, dass die Dachunterschale und deren Anschluss an die Trennwand *fugendicht* ausgebildet werden. Nut-Feder-Untersichten sind oberseitig mit einer Lage Gipskartonplatten zu versehen.

(2) Die Schalllängsdämmung erhöht sich bei Verwendung von *Mineralfaserdämmstoff* als Wärmedämmmaterial, weil hierdurch die Schallausbreitung über den Weg (2) behindert wird. Gleichwertig ist eine Hartschaumdämmung kombiniert mit einer Vollsparrendämmung aus Mineralfaserdämmstoff in mindestens 3 Sparrenfeldern beidseits der Trennwand. Ein ausreichend hohes Schalllängsdämm-Maß ergibt sich jedoch in beiden Fällen nur bei Abschottung des Dachhohlraumes durch die Trennwand (→Bild D.4.5 C oder D). Sämtliche Hohlräume und Spalten sind mit Mineralfaserdämmstoff auszustopfen. Die *Streichsparren* sind hierzu mit 6 cm Abstand zur Trennwand zu verlegen. Gemäß DIN 4108, Bbl.2 wird durch eine seitliche und oberseitige Dämmung von 6 cm Dicke die Wirkung der durch die Trennwand verursachten Wärmebrücke ausreichend gemindert. In der Wohnungstrennwand aufliegende *Pfetten* sind im Bereich der Wand zu trennen.

(3) Die Verminderung der Schallübertragung über den Weg (3) ist lediglich bei gewünschten Schalldämm-Maßen von $R'_w > 70$ dB erforderlich. Ein Unterdach aus Holzwerkstoffplatten und eine doppellagige Untersicht erbringen eine Steigerung des Schalllängsdämm-Maßes auf $R_{L,w} > 75$ dB.

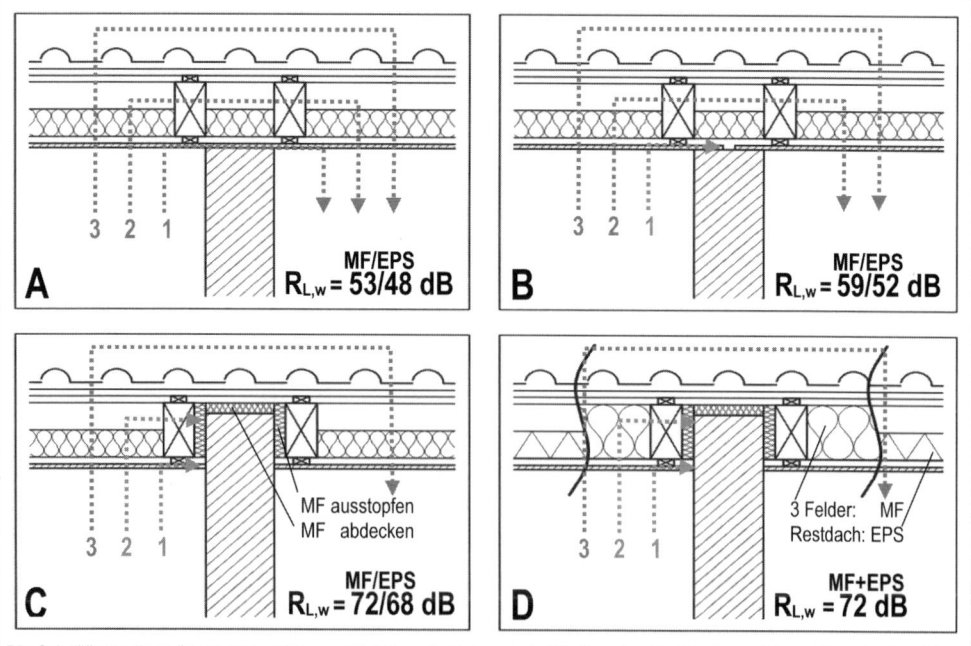

Die Schalllängsleitung über leichte Dächer erfolgt über die Unterschale (1), über den Dachholraum (2) und über das Dach hinweg (3). Ein ausreichendes Schalllängsdämm-Maß ergibt sich nur bei Abschottung des Dachhohlraumes durch die Trennwand.

Abb. D.4.5 Dachanschlüsse für Wohnungstrennwände (nach [37])

A: MF/EPS $R_{L,w} = 53/48$ dB
B: MF/EPS $R_{L,w} = 59/52$ dB
C: MF/EPS $R_{L,w} = 72/68$ dB (MF ausstopfen, MF abdecken)
D: MF+EPS $R_{L,w} = 72$ dB (3 Felder: MF, Restdach: EPS)

Schallschutz im Geschosswohnungsbau

4.2 Trittschallschutz mit Massiv- und Ziegeleinhängedecken

4.2.1 Rohdecken aus Beton und Ziegeleinhänge-Elementen

Da der Trittschallschutz von Rohdecken, ausgedrückt durch den bewerteten äquivalenten Norm-Trittschallpegel $L_{n,w,eq}$, eine flächengewichtsabhängige Größe ist (→ Abschnitt 3.1.4), bietet es sich an, Rohdecken aus Stahlbeton zu erstellen. Ab einer Deckenstärke von 11 cm kann mit einem entsprechenden schwimmenden Estrich die Mindestanforderung der DIN 4109 von $L'_{n,w}$ = 53 dB, ab einer Deckenstärke von 17 cm der Vorschlag für einen erhöhten Schallschutz von $L'_{n,w}$ = 46 dB erfüllt werden (jeweils unterseitig verputzt).

Ziegel-Einhängedecken sind leicht, weisen wegen ihrer gleichmäßigen Hohlraumstruktur aber keinen ungünstigeren Verlauf der Norm-Trittschallpegelkurve auf (→ Abschnitt 3.1.4). Mit diesen Decken lässt sich mit entsprechendem Aufbeton ein sehr guter Schallschutz erzielen (→ Tafel D.4.1).

Um einen Schallschutz mittlerer Art und Güte zu erreichen, sollte ein Aufbeton mit einer Dicke von d ≥ 5 cm gewählt werden. Und um eine ausreichende Luftschalllängsdämmung der Außenwände sicherzustellen (→ Abschnitt 4.1.3), müssen oberhalb und unterhalb der Rohdecke Bitumenbahnen angeordnet werden (→Bild D.4.6).

4.2.2 Schwimmende Estriche

Ein hohes *Estrichgewicht* und eine weiche *Dämmschicht* (Typ DES) mit s' ≤ 10 MN/m³ ergeben bewertete Trittschallminderungen von ΔL_w > 30 dB (→ Gleichung (8b)). Damit sind die u.a. $L'_{n,w}$- und R'_w-Werte zu erreichen. Entscheidend ist, dass Schallbrücken vermieden werden: Rohrleitungen sind in einer gesonderten *Verlegeschicht* anzuordnen. *Randdämmstreifen* müssen auf der Rohdecke stehen und dürfen erst nach Fertigstellung des Bodenbelags abgeschnitten werden.

Tafel D.4.1 Ziegeleinhängedecken: Elementdicken und -gewichte sowie schalltechnische Daten (nach [52])

Dicke des Elements + Dicke des Aufbetons	d	[cm]	22+0	25+0	20+3	20+5	20+7	20+10
Flächengewicht des Elements mit Aufbeton	g_{RD}	[kg/m²]	275	325	325	375	425	500
Element + Aufbeton	$L_{n,w,eq}$	[dB]	80	78	78	76	74	71
Element + Aufbeton + schwimmender Estrich	$L'_{n,w}$	[dB]	52	50	50	48	46	43
	R'_w	[dB]	53	55	55	56	57	58

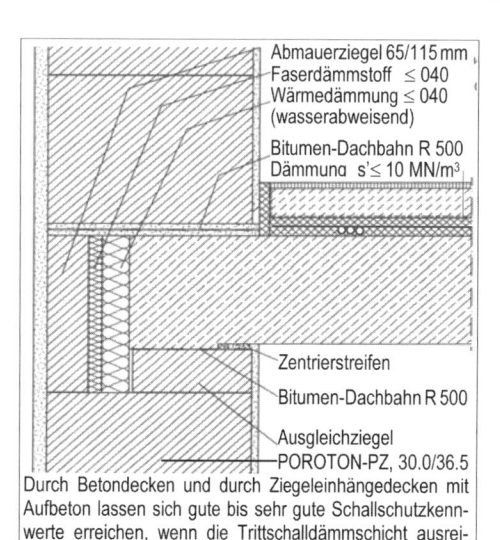

Durch Betondecken und durch Ziegeleinhängedecken mit Aufbeton lassen sich gute bis sehr gute Schallschutzkennwerte erreichen, wenn die Trittschalldämmschicht ausreichend weich (Typ DES; s' ≤ 10 MN/m³) ist.

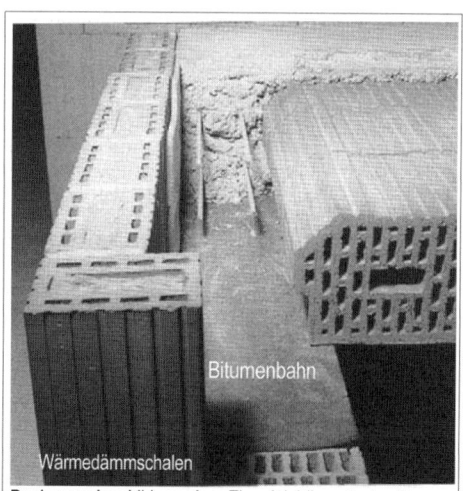

Abb. D.4.6 Geschossdecke: Wandanschluss

Deckenrandausbildung einer Ziegeleinhängedecke: Zu erkennen sind der Aufbeton und die Bitumenbahn.

Abb. D.4.7 Geschossdecke: Deckenrand

5 Zusammenfassung

Die mängelfreie Planung des Schallschutzes im Geschosswohnungsbau beginnt mit der Festlegung des für die jeweilige Aufgabe tauglichen Schallschutzes. Hier bedarf es einer ausführlichen Erörterung der Nutzeransprüche und der Möglichkeiten zur technischen Umsetzung. Sie setzt sich fort mit dem Einsatz tauglicher Materialien und Baukonstruktionen. In der Ziegelbauweise sind mit dem Schallschutzplanfüllziegel, den Entkopplungsprofilen für leichte massive Innenwände und dem Einbinde- oder dem Durchbindeanschluss an die Außenwände Materialien und Konstruktionsweisen verfügbar, die einen erhöhten Luftschallschutz zwischen Wohnungen leicht erreichbar machen. Ein hoher Trittschallschutz lässt sich mit Ziegel-Einhängedecken mit starker Überdeckung und schwimmenden Estrichen erreichen. Einem angemessenen akustischen Komfort im Geschosswohnungsbau steht also nichts im Wege. ®

Literatur- und Quellenverzeichnis

Normen und Richtlinien

[01] DIN 4109 Schallschutz im Hochbau – Anforderungen und Nachweise; 1989-11
[02] Beiblatt1 zu DIN 4109 Schallschutz im Hochbau – Ausführungsbeispiele und Rechenverfahren; 1989-11
[03] Beiblatt2 zu DIN 4109 Schallschutz im Hochbau – Hinweise für Planung und Ausführung; Vorschläge für einen erhöhten Schallschutz; Empfehlungen für den Schallschutz im eigenen Wohn- oder Arbeitsbereich; 1989-11
[04] E DIN 4109-10 Schallschutz im Hochbau – Vorschläge für einen erhöhten Schallschutz von Wohnungen; 2000-06
[05] DIN EN 12354-1 Bauakustik – Berechnung der akustischen Eigenschaften von Gebäuden aus den Bauteileigenschaften; Luftschalldämmung zwischen Räumen; 2000-12
[06] DIN EN 12354-2 Bauakustik – Berechnung der akustischen Eigenschaften von Gebäuden aus den Bauteileigenschaften; Trittschalldämmung zwischen Räumen; 2000-09
[07] DIN EN ISO 140 Akustik – Messung der Schalldämmung in Gebäuden und von Bauteilen, Teile 3, 6, 8-12, 16
[08] DIN EN ISO 717 Akustik – Einzahlangaben für die Schalldämmung in Gebäuden und von Bauteilen; 1997-01 (Teil 1 Luftschallschutz, Teil 2 Trittschallschutz)
[09] E DIN EN ISO/DIS 10848-1 Akustik – Messung der Flankenübertragung von Luftschall und Trittschall zwischen benachbarten Räumen in Prüfständen – Rahmendokument; 2003-08
[10] VDI 4100 Schallschutz von Wohnungen – Kriterien für Planung und Beurteilung; 1994-09

Erlasse

[11] RdErl. des Ministeriums für Bauen und Wohnen, NW, DIN 4109 Schallschutz im Hochbau; 24.09.1990 II B 4 – 870.302 (MBl. NRW 1990, Nr. 77, S. 1348)
[12] RdErl. des Ministeriums für Bauen und Wohnen, NW, DIN 4109 Schallschutz im Hochbau; 15.12.1994 II B 4 – 870.302 (MBl. NRW 1995, Nr. 13, S. 232)
[13] RdErl. des Ministeriums für Städtebau und Wohnen, Kultur und Sport v. 8.6.2005 – II A 3 – 408 – (MBl. NRW 2005 S. 698) [Quelle: Mitteilungen der IK Bau NRW Nr. 7–8 vom 11.08.2005]

Literatur

[14] ARGE Mauerziegel e.V./ BAK/BDA/BDB/ BFW/ BIK/ GdW/ZDB u.a.: Positionspapier der Verbände der Bau- und Wohnungswirtschaft zum baulichen Schallschutz; Dezember 2004
[15] Berater-Kreis Kirchner, Bad Reichenhall: Mehrfamilienwohnhaus in Hohenbrunn – Schalltechnischer Messbericht 15-16-17/03 vom 16.12.2003
[16] Blessing, Schneider, Späh, Fischer: AIF-Vorhaben Nr. 11 593 N/1 – Ermittlung und Verifizierung schalltechnischer Grundlagendaten für Wandkonstruktionen aus Kalksandsteinmauerwerk auf der Grundlage neuer europäischer Normen des baulichen Schallschutzes, Fachhochschule Stuttgart; Bericht 1370
[17] Blessing, Schneider, Späh, Fischer: AIF-Vorhaben Nr. 11 640 N/1 – Umsetzung der europäischen Normen des baulichen Schallschutzes für die Porenbetonindustrie, Fachhochschule Stuttgart; Bericht 1371
[18] Fischer: Welchen Weg geht die DIN 4109?; Bauphysikertreffen 2001, Tagungsband 54 (2001) der FHT Stuttgart
[19] Fischer: Auswirkung der europäischen Normung auf die deutsche Normungskonzeption im Bereich Bauakustik; wksb – Wärme, Kälte, Schall, Brand 40(1997); S.24 (Herausgeber Grünzweig + Hartmann AG, Ludwigshafen)
[20] Fischer/Schneider: Bestimmung der Stoßstellendämmung an Stößen aus Ziegelmauerwerk bei unterschiedlicher Knotenausbildung, Fachhochschule Stuttgart; Bericht FEB/FS 09/00 vom 08.02.2001
[21] Fischer/Schneider: Schalldämmung von Mauerwerk aus Lochsteinen; Tagungsbeitrag DAGA 2001
[22] Fischer/Schneider: Ergebnisse der schalltechnischen Untersuchungen in einem Wohngebäude in Ziegelbauweise in Recklinghausen, Fachhochschule Stuttgart; Bericht 1373/06/02 vom 22.10.2002
[23] Fischer/Schneider: Untersuchungen zur Stoßstellendämmung von leichten flankierenden Innenwänden bei Anschluss mittels eines neuen Kunststoffprofils, Fachhochschule Stuttgart; Bericht 1373/01/03 vom 07.01.2003
[24] Fischer/Schneider: Schalldämmung von Mauerwerk aus Füllziegel, Fachhochschule Stuttgart; Bericht 1373-01/03 vom 16.04.2003

[25] Fischer/Schneider: Ergebnisse der Untersuchungen zur schalltechnischen Eignung unterschiedlicher Anschlüsse im Bereich Außenwand-Wohnungstrenndecke und Außenwand-Wohnungstrennwand, Fachhochschule Stuttgart; Bericht 132-012 02P/19-2, 06/2004
[26] Fischer/Schneider: Abschlussbericht zum AIF Vorhaben Nr. 1373 – Umsetzung der europäischen Normen des baulichen Schallschutzes für die Ziegelindustrie, Fachhochschule Stuttgart; Bericht 1373 vom 20.04.2005
[27] Fraunhofer-Institut für Bauphysik: Luftschalldämmung von Poroton-Planfüllziegeln; Bericht P-BA 541/1995 vom 06.12.1995
[28] Gierga/Schneider: Einfluss leichter, massiver Innenwände auf den Schallschutz trennender Bauteile; Bauphysik 26 (2004), Heft1, S.36 ff.
[29] Gösele/Schüle: Schall, Wärme, Feuchte; Bauverlag, Wiesbaden, 8. Auflage 1985
[30] Gösele: Der derzeitige Schallschutz in Wohnbauten; FBW-Blätter 1968, Folge 1
[31] Joiko/Bormann/Kraak: Durchhören von Sprache bei Leichtbauwänden; ZfL 49 (2002), Heft 3, S. 79–85
[32] Kötz: Der bauliche Schallschutz in der Praxis: Was bieten Neubauten an Innenschallschutz? ZWS 9 (1988), S. 89–95 und 117–120
[33] Kötz:Kosten des Schallschutzes im Wohnungsbau – Beispiele für Kostengünstige Lösungen; ZfL48 (2001), Heft 1, S. 20–22
[34] Kurz/Schnelle: DIN 4109 Teil 10 – ein Fortschritt der Bauakustik? Tagungsband DAGA 2003, Aachen
[35] Lott/Lutz: Einfluss der Dickenresonanz leichter Außenwände auf die Schall-Längsleitung; Bauphysikertreffen 1991, Tagungsband 12 (1991) der FHT Stuttgart
[36] Lutz/Schneider: Untersuchungen zur Verbesserung der Schalldämmung und Schall-Längsdämmung von Außenwänden aus porosierten Hochlochziegeln; IBL-FEB-Forschungsbericht 942/92;13.05.1994
[37] Lutz:Schalldämmung und Schalllängsleitung bei ausgebauten Steildächern; Bauphysikertreffen1991, Tagungsband 12 (1991) der FHT Stuttgart
[38] Messbüro Manz, Sauerlach: Wohnhaus München – Messbericht vom 18.05.2004
[39] Müller-BBM, Planegg: Wohnanlage Bad Aibling – Prüfbericht 59493/2; 21.05.04
[40] Ortscheid/Kötz: Vergleich. Bewertung der Dämmqualitäten von Wohnungstrennwänden und -decken; ZfL39 (1992), Heft 1, S. 2–9
[41] Pohlenz: Bauordnungsrechtlich erforderlicher Schallschutz contra erwarteten Schallschutz – zu recht enttäuscht?; Tagungsband DAGA 2003, Aachen
[42] Pohlenz: Schallschutz im Mauerwerksbau; in: Mauerwerksbau aktuell 2003, Seite D15–D25; Bauwerk Verlag, Berlin 2002
[43] Pohlenz: Schallschutz im Geschosswohnungsbau; in: Wienerberger Baukalender 2006, Seite 353–376; Bauwerk Verlag, Berlin 2006
[44] Rasmussen: Schallschutz zwischen Wohnungen – Bauvorschriften und Klassifizierungssysteme in Europa; wksb – Wärme, Kälte, Schall, Brand 53 (2005), S. 6 bis 11 (Herausgeber Saint-Gobain Isover G + H AG, Ludwigshafen)
[45] Scholl/Weber: Einfluss der Lochung auf die Schalldämmung und Schall-Längsdämmung von Mauersteinen – Ergebnisse einer Literaturauswertung; Bauphysik 20 (1998), Heft 2, S. 49–55
[46] Schumacher: Zur Transmissions- und Längsschalldämmung leichter Außenwände und Fassaden; Bauphysikertreffen1991, Tagungsband 12 (1991) der FHT Stuttgart
[47] Umweltbundesamt, Berlin: Ergebnisbericht I3.4 – 60 572-2/0 der 3. Umfrage bei Sachverständigen der Bauakustischen Prüfstellen zur Anwendung der Richtlinie VDI 4100 vom 04.10.2001

Urteile

[48] OLG Stuttgart v. 24.11.1976 – 6 U 27/76; BauR 1977, 279
[49] BGH; v. 14.05.1998 – VII ZR 184/97 (OLG München); NJW 1998, Seite 2814

Produktinformationen

[50] Schlagmann Baustoffwerke, Tann: Poroton S 12 – Massive Wohnanlagen ohne Wärmedämm-Verbundsystem
[51] Schlagmann Baustoffwerke, Tann: Objektübersicht Schalldämmung von Wohnungstrennwänden und -decken; 15.05.2005 in [50]
[52] Wienerberger Ziegelindustrie, Hannover: Technische Information – Ziegelsystem
[53] Wienerberger Ziegelindustrie, Hannover: Wärmegedämmter Knotenziegel; unveröffentlichtes Schreiben vom 24.08.2005

Das neue Beiblatt 2 zu DIN 4108
Ausgabe März 2006

1 Einleitung

Seit Einführung der Energieeinsparverordnung (EnEV) im Jahre 2002 werden im öffentlich-rechtlichen Nachweis die zusätzlichen Verluste über Wärmebrücken mittels pauschalen Ansätzen oder genauen rechnerischen Nachweisen berücksichtigt. Sollte ein pauschaler Zuschlag auf die Wärmedurchgangskoeffizienten der gesamten wärmeübertragenden Umfassungsfläche von 0,05 W/m²K angesetzt werden (ohne Einbeziehung der Temperaturkorrekturkoeffizienten), so wurde dafür als eine unerlässliche Voraussetzung die Übereinstimmung der geplanten und ausgeführten Details mit den im Beiblatt 2 enthaltenen Details definiert. Konnte diese Übereinstimmung nicht festgestellt werden, war entweder ein doppelter Zuschlag anzusetzen oder ein genauer Nachweis nach DIN EN ISO 10211 zu führen. Der erste Fall führte in aller Regel zu völlig unwirtschaftlichen Bauteilaufbauten, der zweite zu aufwendigen Nachweisverfahren. Daher war und ist es allzu verständlich, dass sich in der Praxis eine Hinwendung zum Beiblatt 2 einstellte, wohl wissend, dass mit dem Beiblatt ein für die Praxis nur wenig taugliches Planungsinstrument bereitstand. Die Untauglichkeit ergab sich vornehmlich aus dem Umstand, dass zu wenig Details im Beiblatt abgebildet waren und überdies klare Instruktionen fehlten, wie bei kleineren oder auch größeren Abweichungen zu verfahren, sprich: wie der Nachweis der Gleichwertigkeit eigener Details mit denen im Beiblatt dargestellten zu führen war.

Mit dem im Januar 2004 veröffentlichten neuen Beiblatt sollten die oben erwähnten Unklarheiten im Normtext weitestgehend beseitigt werden, ohne ein Werk schaffen zu wollen, welches alle nur erdenklichen Konstruktionsfragen im Zusammenhang mit Wärmebrücken im Hochbau erschöpfend beantwortet. Das neue Beiblatt 2 zu DIN 4108 "Wärmebrücken – Planungs- und Ausführungsbeispiele" wird von der Änderungsverordnung 2004 zur EnEV (kurz: Novelle) in Bezug genommen und löst somit das alte Beiblatt 2, Ausgabe August 1998 ab.

In Vorbereitung der für 2007 geplanten neuen Energieeinsparverordnung hat der zuständige Normenausschuss im März 2006 bereits eine neue Ausgabe des Beiblatts veröffentlicht, welches von der Verordnung künftig in Bezug genommen werden wird. Die Änderungen in der neuen Ausgabe umfassen vor allem die Präzisierung der Randbedingungen für den Nachweis der Gleichwertigkeit und die Korrektur von Grenz-Psi-Werten für Rollladenkästen. Mit der Einfügung zusätzlicher Kommentare für die dargestellten Details werden der Nachweis der Gleichwertigkeit und die Umsetzung der Details in der Baupraxis erleichtert. Es ist zu empfehlen, insbesondere bei der Auswahl geeigneter Rollladenkästen bereits heute auf das neue Beiblatt zurückzugreifen, da die vorgenommenen Korrekturen den Einsatz von zum Teil wärmetechnisch deutlich verbesserten Rollladenkästen erfordern. Eine Ignoranz gegenüber diesen Änderungen könnte unter Umständen den Planer trotz Beachtung der heute gültigen bauaufsichtlichen Anforderungen (die gültige EnEV enthält nur die Ausgabe 2004 des Beiblatts als Anforderung) in eine juristische Auseinandersetzung mit ungewissem Ausgang zwängen.

2 Was ist neu?

Gegenüber Beiblatt 2 zu DIN 4108:1998-08 und DIN 4108:2004-01 wurden folgende Änderungen vorgenommen:

1. Aufnahme von **38** neuen Anschlussdetails (zum Beispiel Anschlüsse Bodenplatte/Mauerwerk für nicht unterkellerte Gebäude).
2. Aufnahme eines Kapitels "Gleichwertigkeitsnachweis".
3. Aufnahme eines Kapitels "Empfehlungen zur energetischen Betrachtung".
4. Aufnahme von längenbezogenen Wärmebrückenverlustkoeffizienten (ψ-Werte) für alle abgebildeten Anschlussdetails.
5. Aufnahme eines Abschnittes "Randbedingungen" mit Darstellung der für die Berechnung der ψ- und f_{RSI}-Werte verwendeten Annahmen.
6. Aufnahme eines Mini-Aufsatzkastens.
7. Aufnahme eines Leichtbau-Rollladenkastens und eines tragenden Rollladenkastens mit den zugehörigen Referenzwerten und Randbedingungen.

8. Überarbeitung der Randbedingungen für den Nachweis der Gleichwertigkeit von Rollladenkästen.

Der Temperaturfaktor f_{Rsi} wird auch im neuen Beiblatt für die dargestellten Konstruktionen nicht separat nachgewiesen, da davon ausgegangen wird, dass alle vorgestellten Konstruktionen an der ungünstigsten Stelle einen Wert von mindestens 0,7 aufweisen und somit die Mindestanforderungen nach DIN 4108-2:2003-07 zur Vermeidung von Schimmelpilzbildung an Bauteiloberflächen erfüllen. Diese Annahme gilt auch für den Fall, dass eine Gleichwertigkeit nach den im Beiblatt formulierten Kriterien allein für den längenbezogenen Wärmebrückenverlustkoeffizienten (ψ-Wert) nachgewiesen wird.

3 Hinweise zu den Bauteilanschlüssen

Im neuen Beiblatt 2 wurde die Auswahl der für eine Gleichwertigkeitsbeurteilung zugrunde zu legenden Bauteilanschlüsse um einige Praxisfälle erweitert. Streng genommen war es bislang zum Beispiel unmöglich, für nicht unterkellerte Gebäude unter Hinweis auf Beiblatt 2 den pauschalen Wärmebrückenverlust in Ansatz zu bringen, da die Anschlüsse Bodenplatte/Außenmauerwerk im Beiblatt gar nicht vorkamen. Diese Lücke wurde geschlossen und darüber hinaus erfolgte eine Überarbeitung der bereits im alten Beiblatt vorhandenen Details mit stärkerer Orientierung zum handwerklich Machbaren. Im Abschnitt 3.4 des Beiblatts sind nunmehr auch zusätzliche Hinweise enthalten, die einen Gleichwertigkeitsnachweis unter Verwendung von Rechenprogrammen ermöglichen. Einflüsse, die in der Berechnung der ψ-Werte zu berücksichtigen sind, werden im Beiblatt direkt ausgewiesen. Beispielhaft sei an dieser Stelle der im Nachweis nicht so beachtende Einfluss von Drahtankern bei zweischaligem Mauerwerk genannt.

Im Abschnitt 5 des neuen Beiblatts werden alle Anschlussdetails in einer Übersichtsmatrix dargestellt. Abbildung 1 zeigt einen Ausschnitt.

Art des Anschlusses		Regelquerschnitt				
		M 	A 	K 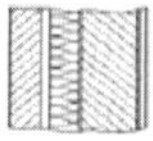	S 	H 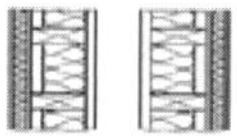
				Bild		
6	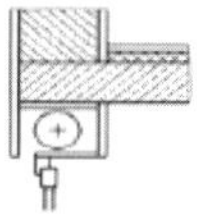	Bild 60	Bild 61	Bild 62 bis Bild 64		Bild 65 bis Bild 66
7	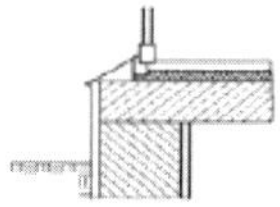	Bild 67 bis Bild 68		Bild 69 bis Bild 70		—
8				Bild 71		—
9	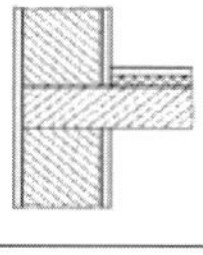	Bild 72	Bild 73	Bild 74		Bild 75

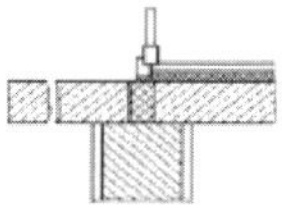

Abb. 1: Auszug Übersichtsmatrix Beiblatt 2

Bauphysik

Die Details werden in der Übersicht den jeweiligen Regelquerschnitten zugeordnet. Die Abkürzungen im Tabellenkopf stehen für folgende Konstruktionsarten:

M Monolithisches Mauerwerk

A Außengedämmtes Mauerwerk

K Mauerwerk mit Kerndämmung und Verblender

S Stahlbeton mit Kerndämmung und Verblender

H Holzkonstruktionen

Dieser Matrix folgend ist zum Beispiel das Detail für einen Geschossdeckenanschluss im monolithischen Mauerwerk im Bild 72 des Beiblattes dargestellt.

Hinweis: Im Beiblatt wird nicht zwischen gedämmtem Mauerwerk mit oder ohne Luftschicht differenziert. Soll eine Luftschicht ausgeführt werden, so können die Details für kerngedämmtes Mauerwerk verwendet werden. Dies ist möglich, da bei der Berechnung der ψ-Werte und der f_{Rsi}-Werte weder die Luftschicht noch der Verblender als thermisch wirksame Schicht in die Berechnung impliziert wurden. Unter Beachtung der Tatsache, dass Luftschichten im zweischaligen Mauerwerk gemäß Definition der DIN EN ISO 6946 überwiegend als stark belüftete Luftschichten ausgeführt werden, eine korrekte Herangehensweise.

Die im neuen Beiblatt gewählte Darstellung der Anschlussdetails ist in der Abbildung 2 dargestellt.

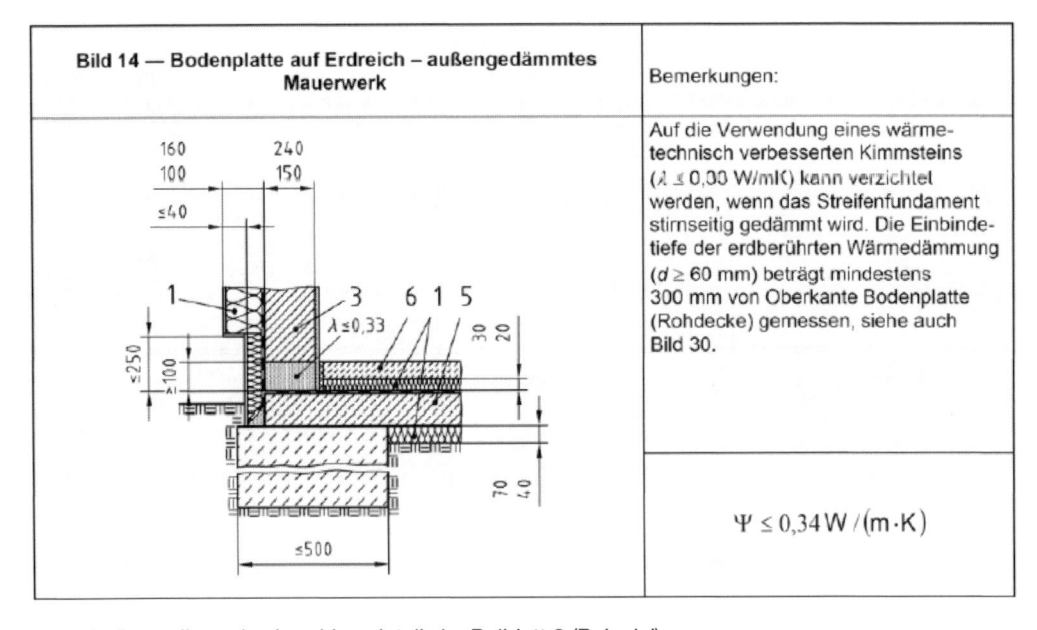

Bild 14 — Bodenplatte auf Erdreich – außengedämmtes Mauerwerk	Bemerkungen:
(Zeichnung mit Maßen: 160, 100, 240, 150, ≤40, 1, 3, 6, 1, 5, λ≤0,33, ≤250, ≥100, 30, 20, 70, 40, ≤500)	Auf die Verwendung eines wärmetechnisch verbesserten Kimmsteins ($\lambda \leq 0{,}33$ W/mK) kann verzichtet werden, wenn das Streifenfundament stirnseitig gedämmt wird. Die Einbindetiefe der erdberührten Wärmedämmung ($d \geq 60$ mm) beträgt mindestens 300 mm von Oberkante Bodenplatte (Rohdecke) gemessen, siehe auch Bild 30.
	$\Psi \leq 0{,}34 \, \text{W}/(\text{m} \cdot \text{K})$

Abb. 2: Darstellung der Anschlussdetails im Beiblatt 2 (Beispiel)

Hinweis: Eine Übersicht über die Zuordnung der verwendeten Baustoffe zu den in den Details enthaltenen Nummern ist am Ende dieses Beitrages zu finden.

Für alle Details werden die für einen eventuell erforderlichen Gleichwertigkeitsnachweis wichtigen Eingangsdaten dargestellt. Die Zuordnung der Bemessungswerte der Wärmeleitfähigkeiten nach Tabelle 2 des Beiblattes erfolgt über die in den Zeichnungen gewählte Flächenschraffur. In Abbildung 2 fällt auf, dass nicht alle Konstruktionselemente vermaßt wurden. Auf ein Vermaßen wurde immer dann verzichtet, wenn das Konstruktionselement keinen wesentlichen Beitrag am Wärmeverlust leistet und dessen Ausführungsdicke daher ohne Belang ist. Im Gleichwertigkeitsnachweis könnte man dieses Konstruktionselement daher auch komplett eliminieren.

Beispiel: Ob der Estrich in Abb. 2 mit 4 cm oder 8 cm ausgeführt wird, beeinflusst das Ergebnis für den längenbezogenen Wärmebrückenverlustkoeffizient nicht oder allenfalls in der vierten Stelle nach dem Komma.

Jedem Detail wird im Beiblatt 2 ein längenbezogener Wärmebrückenverlustkoeffizient (ψ-Wert) zugeordnet, der mit den im Beiblatt dargestellten Randbedingungen berechnet worden ist. Dieser Wert dient als Grundlage für einen Nachweis der Gleichwertigkeit für Konstruktionen, die vom Konstruktionsprinzip des im Beiblatt dargestellten Details abweichen (siehe Abschnitt Gleichwertigkeitsnachweis). Wenn erforderlich, werden den Details zusätzliche verbale Ergänzungen beigeordnet. So kann z.B. für das in der Abb. 2 dargestellte Detail auch auf einen wärmetechnisch verbesserten Kimmstein mit $\lambda \leq$ 0,33 W/(mK) verzichtet werden, wenn stattdessen eine 6 cm Dämmung an der Stirnseite des Fundaments mit einer Einbindetiefe von 30 cm ab Oberkante Bodenplatte angeordnet wird. Auch für diesen Fall gilt die Ausführung als gleichwertig, obgleich eine genaue Berechnung einen höheren ψ-Wert ergäbe, da aufgrund des nach DIN EN ISO 13789 zu verwendenden Außenmaßbezug die stirnseitige Dämmung an der Außenseite des Fundaments in die Berechnung nicht eingeht. Mit den zusätzlichen Hinweisen wird folglich auch die aus den Rechenansätzen resultierende "Unschärfe" teilweise geglättet.

Herauszuheben ist ferner, dass im Gegensatz zum alten Beiblatt 2 die möglichen Wanddicken erheblich erweitert wurden. So kann eine monolithische Wand jetzt mit einer Wanddicke von 24 bis 37,5 cm ausgeführt werden, ohne dass der Zwang entstünde, einen rechnerischen Nachweis zu führen. Das alte Beiblatt sah für monolithische Konstruktionen nur eine Wanddicke von 36,5 cm vor. Zu beachten ist jedoch, dass bei einer Wanddicke von 30 cm der Bemessungswert der Wärmeleitfähigkeit maximal 0,18 W/mK und bei einer Wanddicke von 24 cm maximal 0,14 W/(mK) betragen darf. Hierorts wurde dem Umstand Rechnung getragen, dass trotz Einhaltung von ψ-Werten und f_{Rsi}-Werten der Mindestwärmeschutz bei höheren λ-Werten unterschritten werden könnte, was unter Bezug auf DIN 4108-2 zu vermeiden ist.

Eine Besonderheit ist auch bei Konstruktionsdetails mit Dachflächenfenstern und Rollladenkästen zu beachten. Für die im neuen Beiblatt 2 dargebotenen Details wurden zwar vereinfachend die Wärmebrückenverluste (ψ-Werte) berechnet, der Nachweis der minimalen Oberflächentemperatur über den f_{Rsi}-Wert (Mindestwert 0,7, was einer minimalen Oberflächentemperatur von 12,6 °C entspricht) konnte jedoch für so komplexe Detaillösungen unter Beachtung der mannigfaltigen Ausführungsvarianten nicht geführt werden. Das Beiblatt verlangt für diese Konstruktionen einen Nachweis der Hersteller, dass die Mindestoberflächentemperatur von 12,6 °C mit dem angebotenen Konstruktionsprinzip erreicht werden kann. Auf diese Besonderheit ist bereits in der Planungsphase zu achten, die Übereinstimmung mit der Konstruktion nach Beiblatt 2 oder die Einhaltung des angegebenen ψ-Wertes allein reicht für diesen Fall nicht aus.

Stichwort Rollladenkasten: In der Ausgabe des Beiblatts aus dem Jahre 1989 wurde die Verteilung der Dämmung im Rollladenkasten noch obligatorisch vorgeschrieben. Aus dem Vergleich mit den am Markt erhältlichen Rollladenkästen – insbesondere in Bezug auf die tragenden Rollladenkästen – war jedoch ersichtlich, dass die im alten Beiblatt dargestellten Rollladenkästen mit einer innenseitigen Dämmung von 6 cm, wenn überhaupt, nur mit großem technischem Aufwand hergestellt werden können. Streng genommen war für kein Gebäude mit Rollladenkästen der verringerte pauschale Wärmebrückenverlust anwendbar, es sei denn, man entschloss sich zu genauen Berechnungen. Auch eilig vorpreschende Hersteller mit dem Drang, für den öffentlich-rechtlichen Nachweis unmaßgebende Gütesiegel zu entwickeln, konnten dieses Problem nicht lösen. Der Normausschuss hatte sich nach eingehender Diskussion dazu entschlossen, die Anordnung der Dämmung in den Rollladenkästen freizustellen, jedoch nur unter Beachtung der Prämisse, dass die Mindestanforderungen nach DIN 4108-2 (Mindestwärmeschutz) eingehalten werden. Abbildung 3 zeigt ein Beispiel für eine derartige Konstruktion mit beigefügten Ausführungshinweisen.

Die Grenzwerte im Beiblatt wurden unter Voraussetzung berechnet, dass es sich bei den Kästen um tragende Elemente handelt. Tragende Rollladenkästen werden auch heute noch vereinzelt mit filigranen Stahlblechen als tragende Konstruktion ausgeführt, die es bei der Berechnung des ψ-Wertes zu berücksichtigen gilt.

Bauphysik

Andererseits bietet die Industrie seit Jahren gut gedämmte nicht tragende Kästen und so genannte Aufsatzkästen an, für die die im Beiblatt 2 angegebenen Grenzwerte deutlich zu hoch sind. In der aktuellen Ausgabe des Beiblatts werden daher Unterscheidungen zwischen einzelnen Arten von Rollladenkästen vorgenommen, um nicht einer Verschlechterung des baulichen Wärmeschutzes über eine gezielte Fehlinterpretation des Beiblattes Vorschub zu leisten. Überdies enthält die Neuausgabe des Beiblattes eindeutige Randbedingungen für die Berechnung von Wärmeströmen über Rollladenkästen, sodass Differenzen in den Berechnungsergebnissen, die allein auf einer Fehlinterpretation der Randbedingungen basieren, künftig ausgeschlossen werden können.

(Zeichnung Rollladenkasten mit Maßen 140, 240, 100, 150 und Positionsnummern 4, 1, 3, 6, 1, 5)	Gilt analog auch für beliebige Anordnungen/Verteilung des Dämmstoffes im Rollladenkasten, sofern die Mindestanforderungen nach DIN 4108-2 und der Referenzwert für Ψ eingehalten sind. $\leq 0{,}25$ W/(m · K) Freier Panzerauslassschlitz ≤ 10 mm

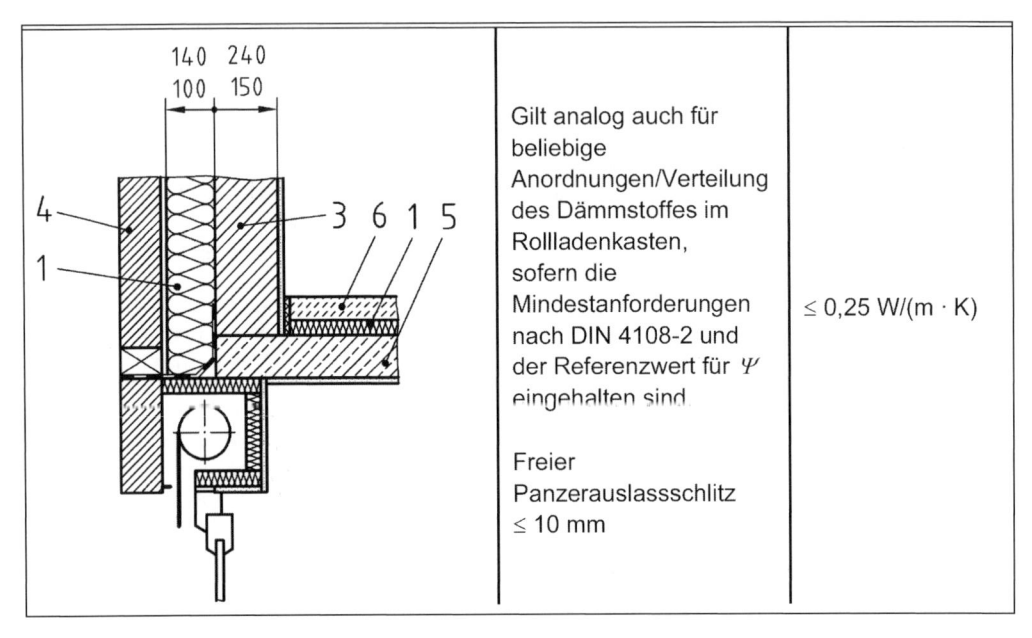

Abb. 3 Rollladenkasten – kerngedämmtes Mauerwerk nach Beiblatt 2, Bild 63

Hinweis: In allen Details wurde auch die Darstellung der Abdichtungen mit aufgenommen. Diese Darstellungen sind jedoch vornehmlich als Prinzipskizzen zu verstehen und dienen daher nicht als Grundlage für die Planung einer funktionierenden Abdichtung nach DIN 18195.

Eine weitere Besonderheit stellt die Modellbildung im Bereich von Fensteranschlüssen dar. Um gegebenenfalls rechnerische Nachweise führen zu können, mussten für den Bereich des Fensteranschlusses Vereinfachungen gefunden werden, da bekanntermaßen sowohl Verluste aus den Laibungsanschlüssen als auch aus den Randverbindungen der Verglasungen mit dem Rahmen zu berücksichtigen sind. Die im neuen Beiblatt gewählte Lösung verdeutlicht Abbildung 4.

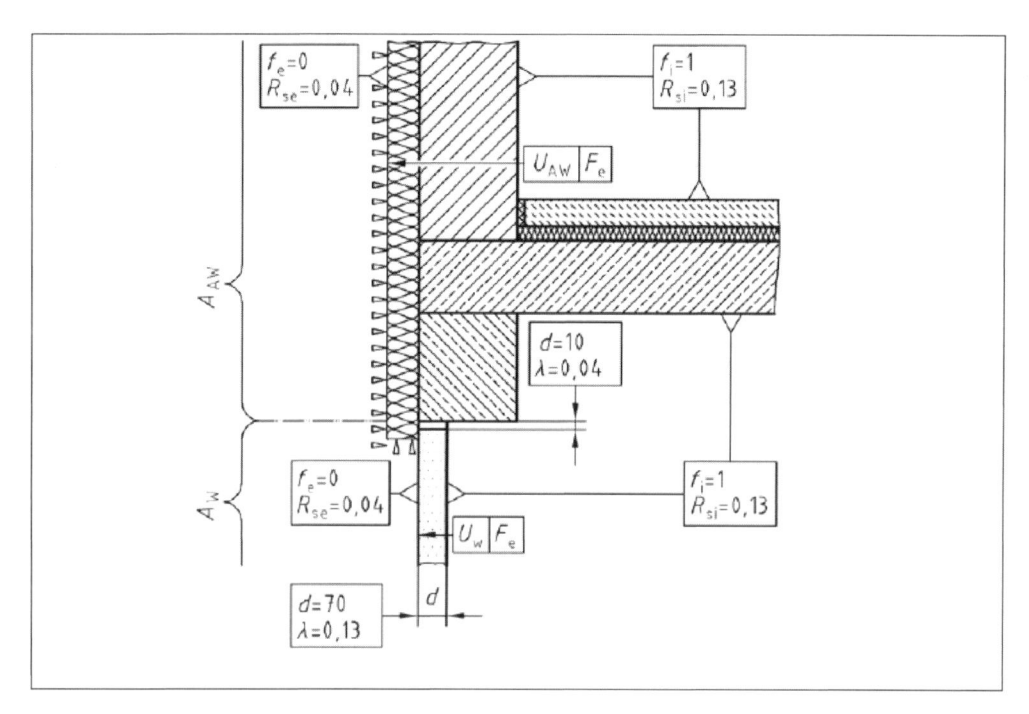

Abb. 4: Modellbildung für Fensteranschlüsse nach BB 2

Das "Modellfenster" besteht, wie aus Abb. 4 ersichtlich, aus einem 70 mm dicken Baustoff mit einem Bemessungswert der Wärmeleitfähigkeit von 0,13 W/(mK). Unter Hinzuzählung der Wärmeübergangswiderstände ergibt sich für das Fenster demnach ein U-Wert von ca. 1,4 W/(m²K). Mit diesem Modell können nur die Wärmebrückenverluste am Anschluss des Fensters zur Gebäudehülle erfasst werden, die Verluste über den Randverbund Glas-Rahmen werden in die Berechnung nicht mit einbezogen. Diese sind ohnehin schon im deklarierten U-Wert des Fensters nach ISO 10077 bzw. DIN V 4108-4 enthalten. Dass sich der ψ-Wert eines Anschlusses bei Beachtung der Randverluste verändert, wird im Rahmen des Nachweises nach Beiblatt 2 aus Vereinfachungsgründen ignoriert.

4 Nachweis der Gleichwertigkeit

Mittels der in Abschnitt 3 dargestellten Prinzipien wird ein Gleichwertigkeitsnachweis ermöglicht. Der Nachweis der Gleichwertigkeit von Konstruktionen zu den im Beiblatt 2 aufgezeigten kann mit einem der nachfolgenden Verfahren vorgenommen werden:

a) **Bei der Möglichkeit einer eindeutigen Zuordnung des konstruktiven Grundprinzips und bei Vorliegen der Übereinstimmung der beschriebenen Bauteilabmessungen und Baustoffeigenschaften ist eine Gleichwertigkeit gegeben.**

Diese Art des Gleichwertigkeitsnachweises folgt dem Grundsatz, dass das zu beurteilende Detail mit einem Detail aus dem Beiblatt übereinstimmt. Ein Beispiel ist in Tabelle 1 aufgeführt.

Bauphysik

Tabelle 1: Gleichwertigkeitsnachweis nach Verfahren a)

Konstruktion nach Beiblatt 2	Gewählte Konstruktion
Bild 6 nach Beiblatt 2	d_1 = 60 mm Dämmung (040) d_2 = 70 mm Dämmung (040)
Gleichwertigkeitskriterien: Dämmung unterhalb Sohle : 40-70 mm Dämmung oberhalb Sohle: 20- 30 mm Vertikale Dämmung: 60 -100 mm Mauerwerk: 240 – 375 mm (λ>1,1W/(mK))	**Umsetzung am Detail:** 70 mm Dämmung 30 mm Dämmung 60 mm Dämmung 300 mm mit λ = 1,1 W/(mK) (KS-Mauerwerk)
Nachweis erfüllt	

b) Bei Materialien mit abweichender Wärmeleitfähigkeit erfolgt der Nachweis der Gleichwertigkeit über den Wärmedurchlasswiderstand der jeweiligen Schicht.

Diese Instruktion für eine Feststellung der Gleichwertigkeit soll ermöglichen, dass bei Einhaltung der energetischen Qualität der Gesamtkonstruktion auch abweichende Aufbauten verwendet werden können. In der Praxis wird man diese Regel vor allem dann anwenden können, wenn zum Beispiel Mauerwerk oder Dämmung geringerer Wärmeleitfähigkeit zum Einsatz kommen soll. Es ist jedoch zu beachten, dass in Beiblatt 2 kein Wärmedurchlasswiderstand ausgewiesen wird, es ist daher immer zunächst davon auszugehen, dass der Aufbau mit den minimalen Wärmeleitfähigkeiten nach Tabelle 2 von Beiblatt 2 als Vergleichsgrundlage zu dienen hat. Der folgende Vergleich verdeutlicht die Nachweisführung anhand eines Beispiels:

Das neue Beiblatt zu DIN 4108

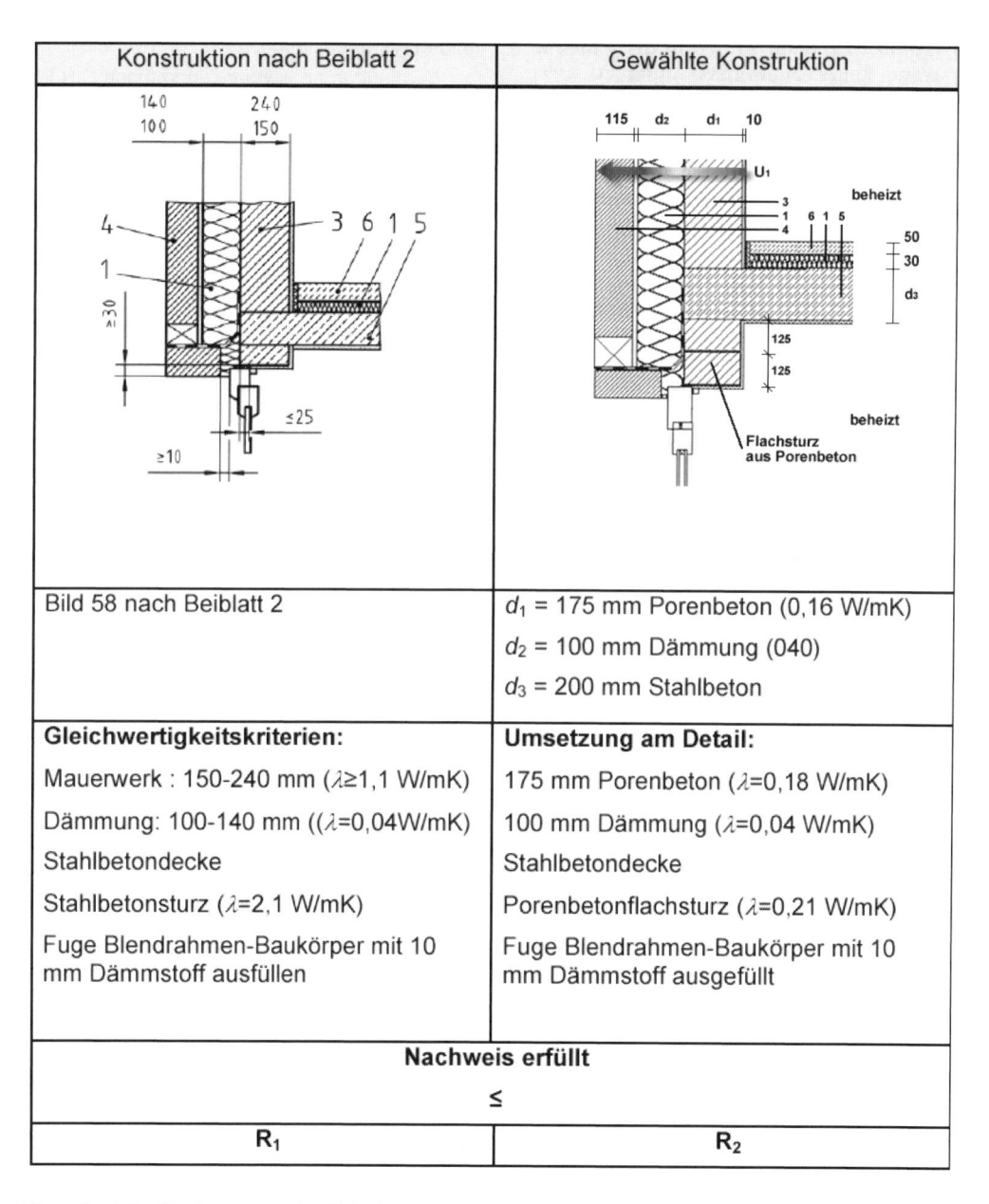

Konstruktion nach Beiblatt 2	Gewählte Konstruktion
Bild 58 nach Beiblatt 2	d_1 = 175 mm Porenbeton (0,16 W/mK) d_2 = 100 mm Dämmung (040) d_3 = 200 mm Stahlbeton
Gleichwertigkeitskriterien: Mauerwerk : 150-240 mm ($\lambda \geq 1,1$ W/mK) Dämmung: 100-140 mm ((λ=0,04 W/mK) Stahlbetondecke Stahlbetonsturz (λ=2,1 W/mK) Fuge Blendrahmen-Baukörper mit 10 mm Dämmstoff ausfüllen	**Umsetzung am Detail:** 175 mm Porenbeton (λ=0,18 W/mK) 100 mm Dämmung (λ=0,04 W/mK) Stahlbetondecke Porenbetonflachsturz (λ=0,21 W/mK) Fuge Blendrahmen-Baukörper mit 10 mm Dämmstoff ausgefüllt
\multicolumn{2}{c}{**Nachweis erfüllt** $\leq$}
R_1	R_2

Hinweis: Die Forderung nach Einhaltung des Wärmedurchlasswiderstandes gilt für alle Bereiche der Konstruktion, nicht nur für das Mauerwerk selbst. Deshalb ist bei dem dargestellten Detail eine Reduzierung der Dämmung auf 80 mm nur dann möglich, wenn eine Dämmung mit einer Wärmeleitfähigkeit von $\leq$ 0,03 W/(mK) zum Einsatz käme, da ansonsten der Wärmedurchlasswiderstand an der Stirnseite der Decke geringer ausfiele.

c) Ist auf dem unter a) und b) dargestellten Wege keine Übereinstimmung zu erreichen, so sollte die Gleichwertigkeit des Anschlussdetails mit einer Wärmebrückenberechnung nach den in DIN EN ISO 10211-1 beschriebenen Verfahren unter Verwendung der in Beiblatt 2 angegebenen Randbedingungen vorgenommen werden.

Für diese Art des Nachweises der Gleichwertigkeit ist also eine Berechnung des ψ-Wertes gefordert. Eine solche Berechnung kann nur unter Verwendung von speziellen EDV-Programmen (z.B. HEAT) vorgenommen werden. Zu beachten ist hierbei, dass in Beiblatt 2 an einigen Stellen von den in DIN EN ISO 10211-1 vorgeschriebenen Randbedingungen abgewichen wird (z.B. bei erdberührten Bauteilen). Die Berechnungen des ψ-Wertes für ebensolche Anschlussdetails können daher nur für den Nachweis der Gleichwertigkeit verwendet werden und nicht für einen detaillierten Nachweis der Wärmebrückenverluste eines Gebäudes.

Die zu benützenden Randbedingungen sind im Kapitel 7 des Beiblatts enthalten. In Abbildung 5 werden exemplarisch die Randbedingungen für die Berechnung des ψ-Wertes eines Anschlusses der obersten Geschossdecke dargestellt. Der Dachraum ist unbeheizt.

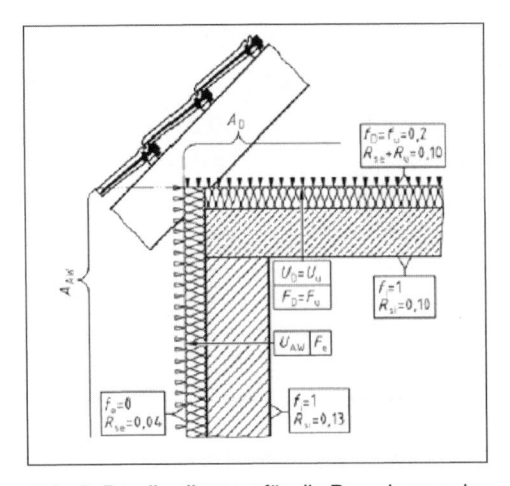

Abb. 5 Randbedingung für die Berechnung des ψ-Wertes (Beispiel)

In den Randbedingungen werden festgelegt:
1. Wärmeübergangswiderstände (nach DIN EN 6946)
2. Der gewählte Außenmaßbezug der Bauteile nach DIN EN ISO 13789
3. Temperaturfaktoren (f-Werte)

Hinweis: Die Temperaturfaktoren f_x sind aus den Temperaturkorrekturfaktoren F_x nach DIN V 4108-6 abgeleitet und stehen in folgender Beziehung zueinander:

$$F_x = 1 - f_x$$

Der Wert für den Temperaturkorrekturfaktor zum ungeheizten Dachraum F_u für das in Abbildung 5 aufgezeigte Anschlussdetail ist nach DIN V 4108-6 mit 0,8 anzunehmen, daher wird f_u 0,2. Bei Verwendung von Temperaturfaktoren kann auf das Umrechnen auf die konkreten Temperaturen verzichtet werden, was eine Vereinfachung, gleichwohl aber keine Notwendigkeit und schon gar keine Voraussetzung darstellt.

Die Temperaturkorrekturfaktoren für an das Erdreich grenzende Bauteile (Bodenplatte, Kellerwand) werden im Beiblatt 2 einheitlich für alle Details auf 0,6 fixiert. Diese Annahme liegt auf der sicheren Seite, da die positiven Einflüsse aus Geometrie und Dämmung derartiger Bauteile nicht in die Berechnung eingehen. Für detaillierte Nachweise nach DIN EN ISO 10211-1 sollten diese Einflüsse jedoch nicht unberücksichtigt bleiben.

Alle im Beiblatt berechneten ψ-Werte sind außenmaßbezogene Werte. Der ψ-Wert wird bestimmt nach:

$$\psi = L^{2D} - \sum_{j=1}^{J} U_j \cdot l_j$$

L^{2D} der längenbezogene thermische Leitwert aus einer 2-D-Berechnung

U_j der Wärmedurchgangskoeffizient des 1-D-Teiles

l_j die Länge, über die der U_j-Wert gilt

Da über den Außenmaßbezug nach DIN EN ISO 13789 bei der Berechnung der Wärmeverluste schon ein Teil der Wärmebrückenverluste in die Berechnung eingeht, ist der ψ-Wert vorderhand nur ein Verhältniswert, der das Verhältnis bereits einbezogener Verluste zu den tatsächlich vorhandenen Verlusten darstellt. Der außenmaßbezogene ψ-Wert ist daher kein Wert zur energetischen Beurteilung der Anschlussdetails.

Das neue Beiblatt zu DIN 4108

Der Nachweis der Gleichwertigkeit über die Berechnung des ψ-Wertes soll im Folgenden an einem Beispiel erläutert werden.

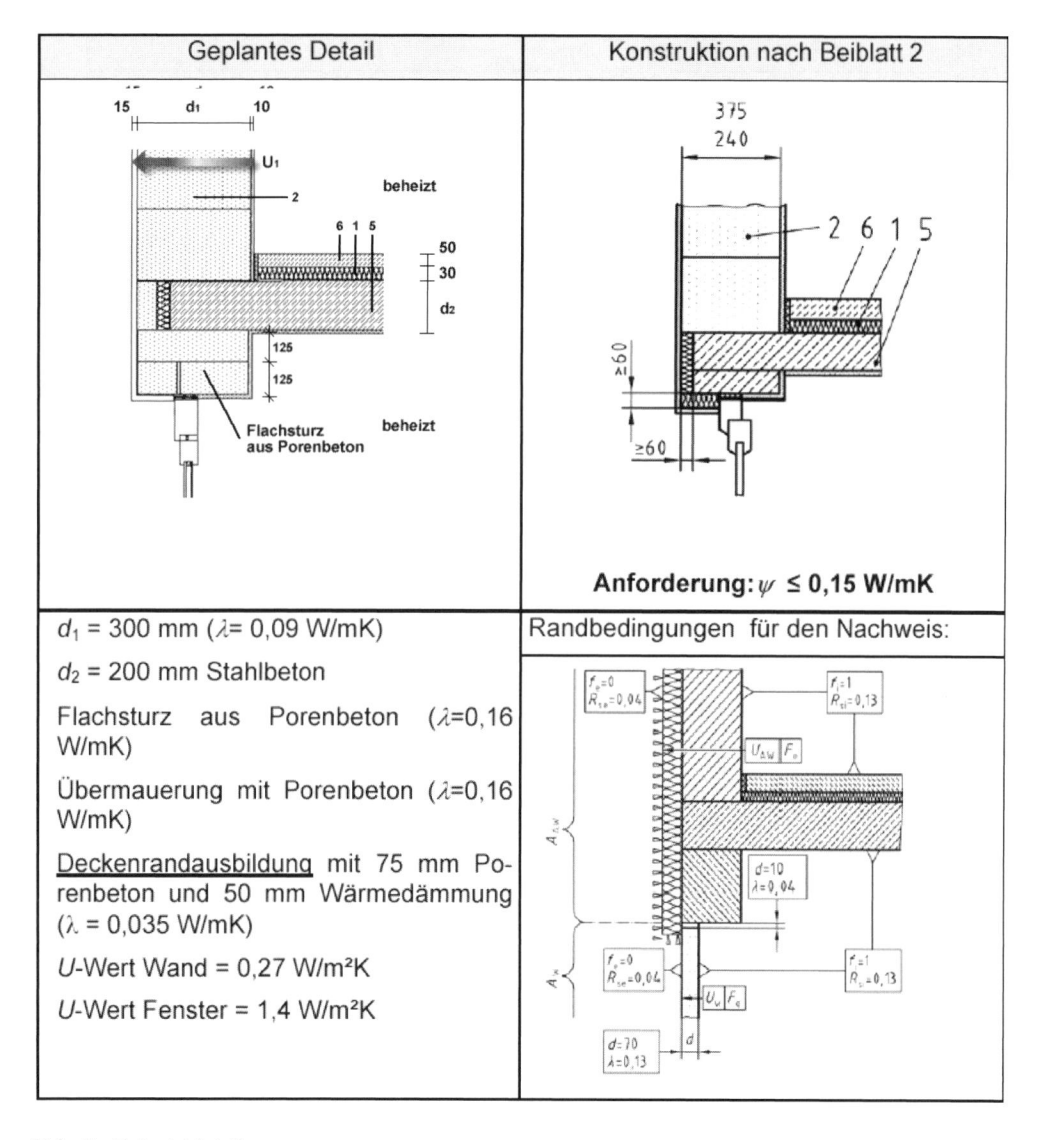

Geplantes Detail	Konstruktion nach Beiblatt 2
(Detailzeichnung mit Maßen: 15, d_1, 10; 6 1 5; 50; 30; d_2; 125; 125; Flachsturz aus Porenbeton; beheizt)	(Detailzeichnung mit Maßen: 375; 240; 2 6 1 5; ≥60; ≥60) **Anforderung:** $\psi \leq 0{,}15$ W/mK
d_1 = 300 mm (λ = 0,09 W/mK) d_2 = 200 mm Stahlbeton Flachsturz aus Porenbeton (λ=0,16 W/mK) Übermauerung mit Porenbeton (λ=0,16 W/mK) <u>Deckenrandausbildung</u> mit 75 mm Porenbeton und 50 mm Wärmedämmung (λ = 0,035 W/mK) U-Wert Wand = 0,27 W/m²K U-Wert Fenster = 1,4 W/m²K	Randbedingungen für den Nachweis: (Schnittdarstellung mit: f_s=0, R_{se}=0,04; f_s=1, R_{si}=0,13; U_{AW} F_c; A_{AW}; d=10, λ=0,04; f_s=0, R_{se}=0,04; f_s=1, R_{si}=0,13; U_w F_c; A_x; d=70, λ=0,13)

Abb. 6: Beispieldetail

Bauphysik

Die Modellierung des Details sowie die Ergebnisse (Wärmeströme) sind aus der Abbildung 7 zu entnehmen.

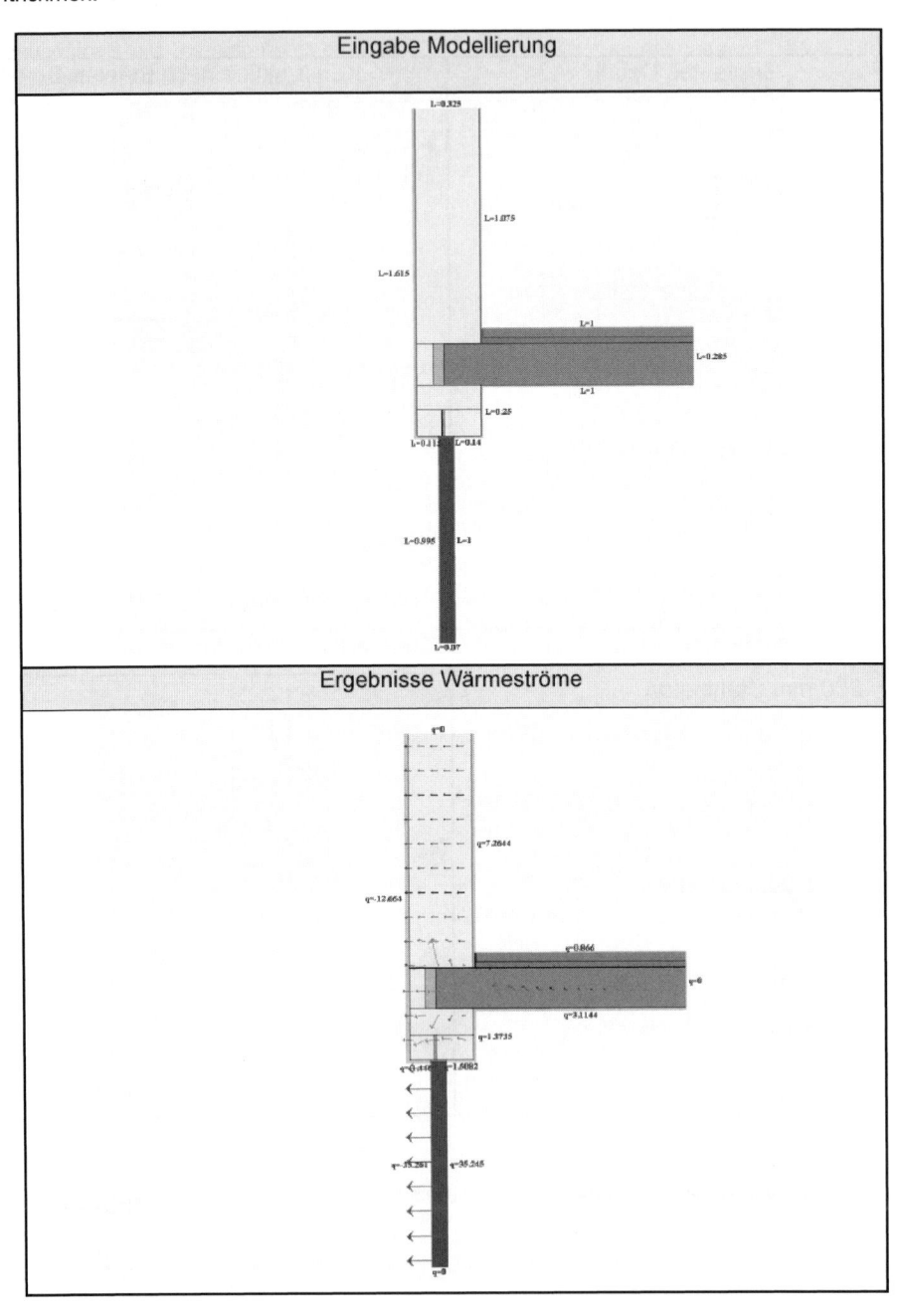

Abb. 7: Eingabedaten und Ergebnisse der Berechnung mit dem Programm HEAT 2.6

Auf der Basis der Berechnungsergebnisse erfolgt die Ermittlung des längenbezogenen Wärmebrückenkoeffizienten.

Hinweis: Einige Programme bieten bereits eine komplette ψ-Wert Berechnung an. Erfahrungen zeigen, dass die berechneten Werte, insbesondere bei Details mit mehreren Aufbauten, vor Weiterverwendung einer kritischen Beurteilung des Anwenders unterzogen werden sollten. Für unser Beispiel werden nur die berechneten Wärmeströme übernommen. Die Berechnung des ψ-Wertes erfolgt mittels Handrechnung,

Ermittlung des ψ-Wertes:

Eingangsdaten:	Ergebnisse:
U-Wert der Wandkonstruktion im ungestörten Bereich	0,277 W/(m²K)
U-Wert des Fensters	1,40 W/(m²K)
Länge der Wand gemäß Modellierung (Eingabe der Länge mit Außenmaßbezug nach DIN EN ISO 13789)	1,60 m
Länge des Fensters gemäß Modellierung (Eingabe der Länge mit Außenmaßbezug nach DIN EN ISO 13789)	1,01 m
Sollwärmestrom über die Wandfläche	0,28 · 1,60 = 0,443 W/mK
Sollwärmestrom über die Fensterfläche	1,40 · 1,01 m = 1,414 W/mK
Gesamt-Sollwärmestrom	1,414 + 0,443 = 1,857 W/mK
Temperaturdifferenz $\Delta\theta$ (innen: 20 °C, außen: –5 °C)	25 K
Ausgabedaten:	
Gesamtwärmestrom:	49,37 W/m
Berechnungsdaten:	
Leitwert: Gesamtwärmestrom / Temperaturdifferenz	49,37/25 = 1,9748 W/mK
ψ-Wert: Leitwert – Gesamtsollwärmestrom	1,9748 – 1,857 = 0,1178 W/mK
Vergleich:	0,15 > 0,12

Der Nachweis der Gleichwertigkeit wurde erbracht, da der berechnete ψ-Wert kleiner ist als der für dieses Detail im Beiblatt 2 geforderte. Bei Übereinstimmung der restlichen Detaillösungen des Gebäudes mit den in Beiblatt 2 enthaltenen kann somit der pauschale Wärmebrückenzuschlag von 0,05 W/(m²K) zur Anwendung gebracht werden. Sollten auch andere Details nicht mit denen nach Beiblatt 2 übereinstimmen, so ist die oben veranschaulichte Vorgehensweise für jedes Detail zu wiederholen.

d) Ebenso können ψ-Werte Veröffentlichungen oder Herstellernachweisen entnommen werden, die auf den im Beiblatt festgelegten Randbedingungen basieren.

Mit dieser vom Beiblatt eingeräumten Nachweisart wird erstmals die Möglichkeit eröffnet, die von Herstellern bereitgestellten ψ-Werte als Grundlage einer Gleichwertigkeitsbeurteilung zu verwenden. Dem Planer obliegt jedoch eine gewisse Prüfpflicht, die sich vor allem darauf beschränkt, die verwendeten Randbedingungen zu hinterfragen. Gegebenenfalls sollte sich der Planer, um die Haftungsfrage eindeutig zu regeln, vom Anbieter die verwendeten Randbedingungen detailliert bescheinigen lassen.

5 Empfehlungen zur energetischen Betrachtung

Das alte Beiblatt 2 ließ die Frage offen, unter welchen Voraussetzungen geometrische und konstruktive Wärmebrücken im öffentlich-rechtlichen Nachweis unberücksichtigt bleiben dürfen. Diese Frage wird im neuen Beiblatt wie nachfolgend aufgezeigt beantwortet:

Bauphysik

1. Anschlüsse Außenwand/Außenwand (Außen- und Innenecke) dürfen bei der energetischen Betrachtung vernachlässigt werden.

Diese Möglichkeit wurde deshalb eingeräumt, weil der Außenmaßbezug bei der Berechnung der thermischen Verluste über die Außenwände die zusätzlichen Verluste an solchen Anschlüssen generell einschließt. Bei der detaillierten Berechnung des außenmaßbezogenen ψ-Wertes für solche Anschlussdetails werden daher auch stets negative Verlustwerte (sprich: Wärmegewinne) ermittelt. Eine Gleichwertigkeitsbetrachtung ist daher entbehrlich. Dies bedeutet jedoch nicht, dass die Gewinne bei einer detaillierten Berechnung aller Wärmebrücken eines Gebäudes nach DIN EN ISO 10211-1 nicht einbezogen werden dürfen.

Ergänzend sei jedoch hinzugefügt, dass diese Empfehlung nur für den Fall einer thermisch homogenen Eckausbildung zutrifft. Werden zum Beispiel Stahlbetonstützen oder Stahlstützen im Eckbereich angeordnet, so ist sicherlich eine detaillierte Berechnung der ψ-Werte und der f_{Rsi}-Werte zu empfehlen. Derartige Konstruktionen werden von der oben erwähnten Vereinfachung nicht erfasst.

2. Der Anschluss Geschossdecke (zwischen beheizten Geschossen) an die Außenwand, bei der eine durchlaufende Dämmschicht mit einer Dicke $\geq$ 100 mm bei einer Wärmeleitfähigkeit von 0,04 W/(mK) vorhanden ist, kann bei der energetischen Betrachtung vernachlässigt werden.

Ein Beispiel für die Anwendung dieser Vereinfachung zeigt Abbildung 8.

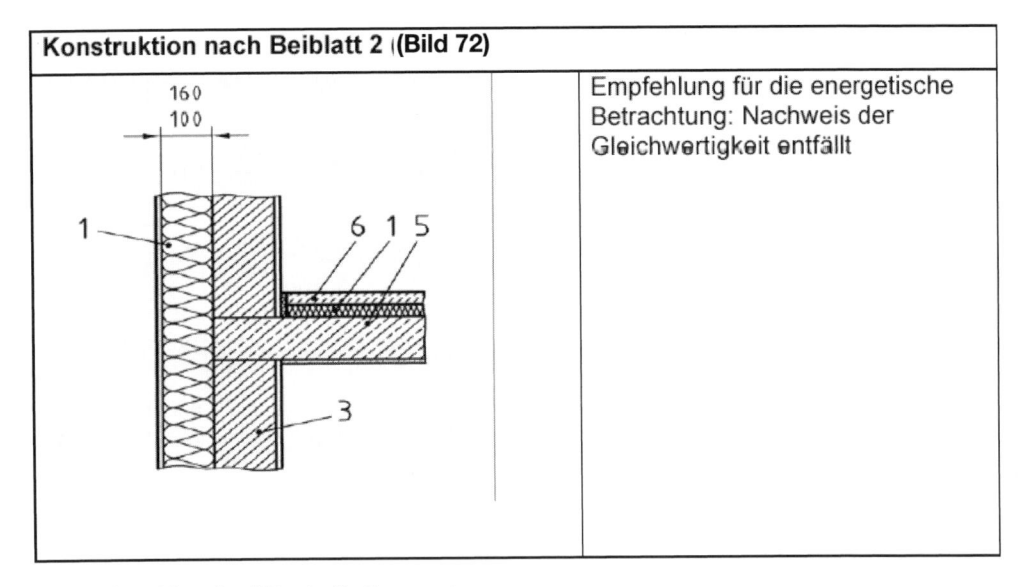

Konstruktion nach Beiblatt 2 (Bild 72)	
	Empfehlung für die energetische Betrachtung: Nachweis der Gleichwertigkeit entfällt

Abb. 8: Anschlussdetail Decke/Außenwand

Die zusätzlichen Verluste am Anschluss Decke/Außenwand sind auch für den in Abbildung 8 dargereichten Fall durch den im Nachweis verwendeten Außenmaßbezug bereits im Gesamtverlust der Außenwand enthalten. Die geforderte minimale Oberflächentemperatur von 12,6 °C an der Innenseite wird aufgrund der durchlaufenden Dämmschicht mit einem Mindestwärmedurchlasswiderstand von 2,5 m²K/W sicher eingehalten.

Werden zum Beispiel Aussteifungsstützen im Außenmauerwerk angeordnet, so gilt diese Vereinfachung aber nur dann, wenn die Außenwand bereits als zusammengesetztes inhomogenes Bauteil berechnet wurde. Eine detaillierte Berechnung der Oberflächentemperatur sollte auch für diesen Fall vorgenommen werden.

3. Anschluss Innenwand an eine durchlaufende Außenwand oder obere und untere Außenbauteile, die nicht durchstoßen wer-

den bzw. wenn eine durchlaufende Dämmschicht mit einer Dicke von ≥ 100 mm bei einer Wärmeleitfähigkeit von 0,04 W/(mK) vorliegt, dürfen bei der energetischen Betrachtung vernachlässigt werden.

Die Grundlage für diese Vereinfachung wurde bereits unter 1. erläutert. Diese Empfehlung folgt dem Grundsatz, dass ohne Perforation der Dämmschicht keine Wärmebrücken auftreten, zumindest nicht für den hierorts bereits mehrfach erwähnten außenmaßbezogenen Berechnungsfall. In Abbildung 9 ist ein Beispiel für die Anwendung dieser Empfehlung beigefügt.

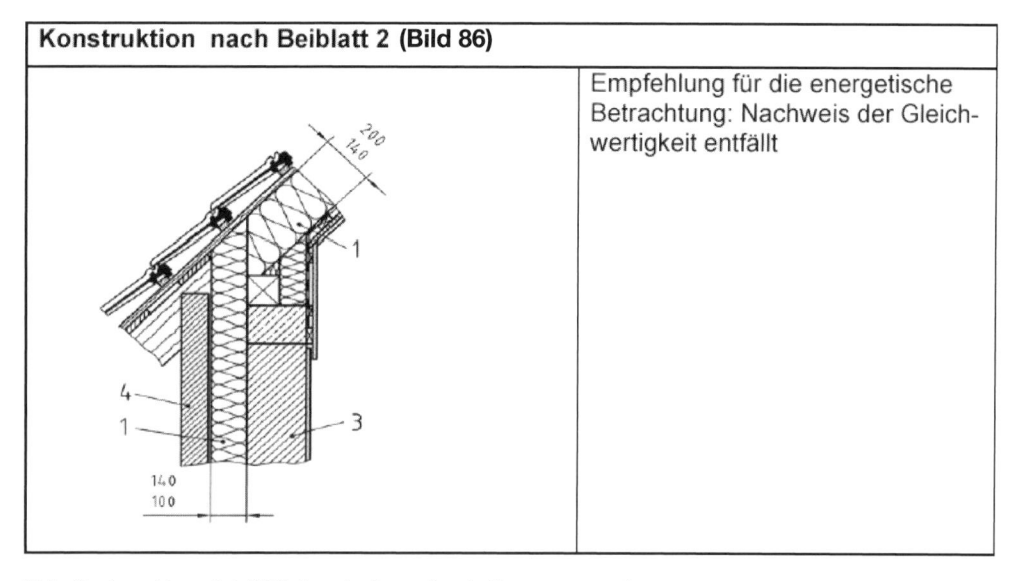

Konstruktion nach Beiblatt 2 (Bild 86)	Empfehlung für die energetische Betrachtung: Nachweis der Gleichwertigkeit entfällt

Abb. 9: Anschlussdetail Pfettendach an das Außenmauerwerk

Hinweis: Mit dem in Abbildung 9 dargestellten Konstruktionsprinzip sind auch auskragende Bauteile (Balkonplatte) erfasst. Hier fordert das Beiblatt, grundsätzlich auskragende Bauteile thermisch von der Gebäudehülle zu trennen. Auch für diesen Anwendungsfall sind keine weiteren Nachweise erforderlich.

4. Einzeln auftretende Türanschlüsse in der wärmetauschenden Hüllfläche (Haustür, Kellerabgangstür, Kelleraußentür, Türen zum unbeheizten Dachraum) dürfen bei der energetischen Betrachtung vernachlässigt werden.

Diese normativen Hinweise würdigen den Umstand, dass derlei Wärmebrücken auf den Energieverlust eines Gebäudes in der Tat nur einen geringen Einfluss haben. Detaillierte Nachweise sind ohnehin sehr aufwendig und nur mit vereinfachenden Modellbildungen realisierbar. Dies schließt aber wiederum nicht die Sorgfaltspflicht des Planers aus, diese Details so zu planen, dass an den Anschlüssen keine niedrigen Oberflächentemperaturen aufgrund hoher Wärmeverluste auftreten. Mit der im Normtext gewählten Formulierung soll lediglich die Möglichkeit eingeräumt werden, auch bei Vorhandensein einzelner im Beiblatt nicht abgebildeter Details trotzdem den pauschalen Wärmebrückenverlust von 0,05 W/m^{2}K auf die gesamte wärmeübertragende Umfassungsfläche anwenden zu können.

6 Wärmebrückenzuschlag und ψ-Werte nach Beiblatt 2

Wie bereits erwähnt, stellen ψ-Werte jeweils das Verhältnis des tatsächlichen Wärmestromes zum berechneten Wärmestrom dar. Sie dürfen daher auch nicht unabhängig von der konkreten Detailausbildung beurteilt werden. Bei näherer Betrachtung der Details nach Beiblatt 2 fällt auf, dass für scheinbar gleiche Anschlusssituationen voneinander stark abweichende ψ-Werte ausgewiesen werden. Abbildung 10 zeigt ein solches Beispiel bezogen auf den Anschluss einer Bodenplatte eines nicht unterkellerten Gebäudes.

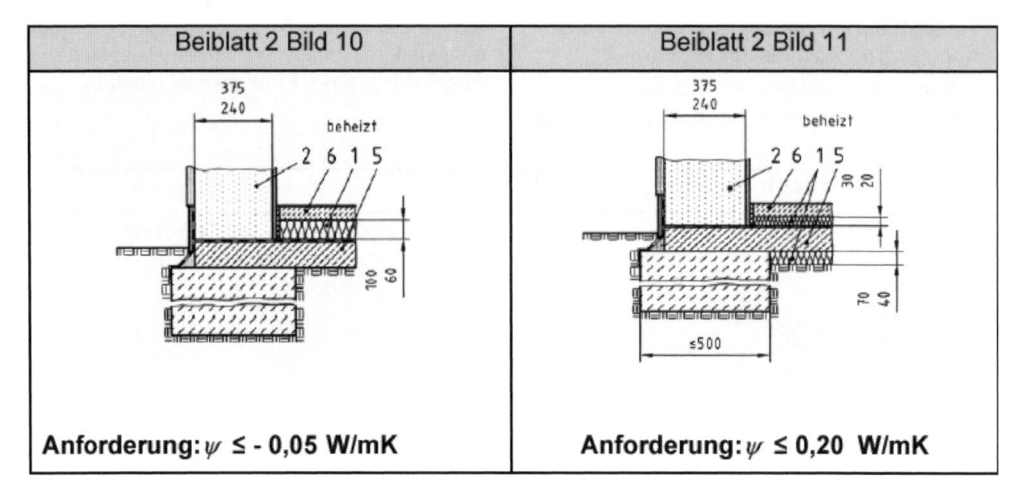

Beiblatt 2 Bild 10	Beiblatt 2 Bild 11
Anforderung: $\psi \leq -0{,}05$ W/mK	Anforderung: $\psi \leq 0{,}20$ W/mK

Abb. 10: Anschlussdetails Bodenplatte auf Erdreich

Die Frage, die sich bei Betrachtung beider Details in Abbildung 10 stellt, lautet: Führen denn tatsächlich beide Anschlusssituationen zu dem von der EnEV in Aussicht gestellten geringen Zuschlag von 0,05 W/m²K auf die gesamte wärmeübertragende Umfassungsfläche? Um diese Frage zu beantworten, wurden vom Autor dieses Beitrages an mehreren Gebäuden die Wärmebrückenverluste unter Verwendung der jeweils größten ψ-Werte nach Beiblatt 2 berechnet. Beispielhaft werden die Ergebnisse für ein nicht unterkellertes Einfamilienhaus vorgestellt.

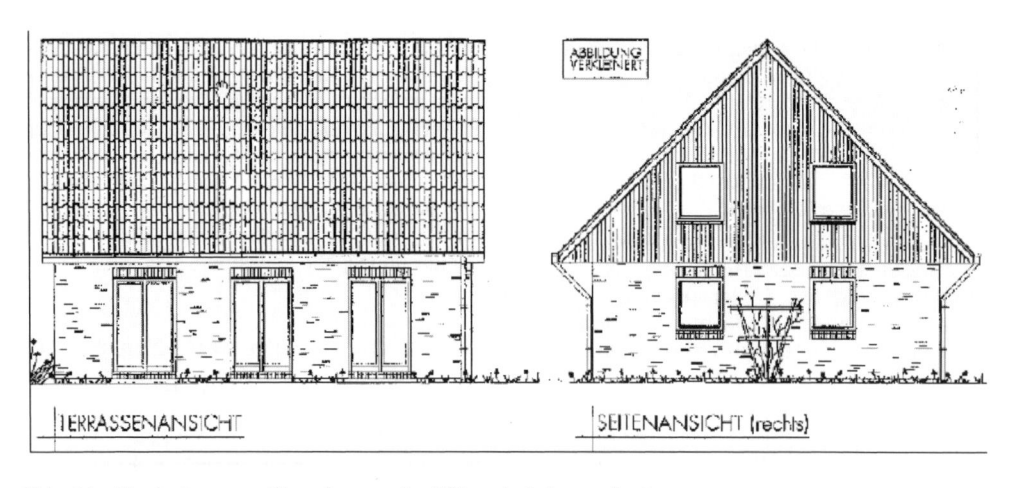

Abb. 11: Musterhaus zur Berechnung der Wärmebrückenverluste

Die Verluste über die Wärmebrücken wurden jeweils für drei unterschiedliche Ausführungsarten berechnet:
- Monolithische Bauweise,
- Konstruktion mit Wärmedämmverbundsystem,
- Konstruktion mit Kerndämmung und Verblendschale.

In den nachfolgenden Tabellen sind die jeweils nach Beiblatt 2 berücksichtigten Wärmebrücken, die verwendeten ψ-Werte und der auf die gesamte wärmeübertragende Umfassungsfläche bezogene Wärmebrückenverlust dargestellt. Differenziert wurde bei allen Ausführungsarten zwischen einer reinen Verlustrechnung und einer Kalkulation unter Einschluss möglicher Gewinne aus vorhandenen geometrischen Wärmebrücken (Außenecken). Diese sind zwar in Beiblatt 2 nicht enthalten, spielen aber bei der Festlegung des Gesamtverlustes eine wichtige Rolle.

Tabelle 2: Berechnung des Gesamtverlustes; Variante A: EFH monolithisch, ohne Berücksichtigung von Außenecken

Bezeichnung der Wärmebrücke	Länge in m	ψ-Wert nach Beiblatt 2	Gesamtverlust in W/K
Bodenplatte	36,8	0,20	7,36
Fensterbrüstungen	9,45	0,07	0,662
Fensterlaibungen	23,34	0,05	1,162
Rollladenkästen	14,25	0,32	4,56
Geschossdecke	22,55	0,06	1,353
Ortgang	14	0,06	0,84
Traufe	20,2	0,08	1,616
Gesamtverlust über alle Wärmebrücken in W/K			17,55
Wärmeübertragende Umfassungsfläche in m²			349,20
Auf die wärmeübertragende Umfassungsfläche bezogener Verlust in W/m²K (ΔU_{WB})			**0,05**

Tabelle 3: Berechnung des Gesamtverlustes; Variante A: EFH monolithisch, mit Berücksichtigung von Außenecken

Bezeichnung der Wärmebrücke	Länge in m	ψ-Wert nach Beiblatt 2	Gesamtverlust in W/K
Bodenplatte	36,8	0,20	7,36
Fensterbrüstungen	9,45	0,07	0,662
Fensterlaibungen	23,34	0,05	1,162
Rollladenkästen	14,25	0,32	4,56
Geschossdecke	22,55	0,06	1,353
Ortgang	14	0,06	0,84
Traufe	20,2	0,08	1,616
Außenwandecken	10	-0,12	-1,20
First	10	-0,13	-1,30
Gesamtverlust über alle Wärmebrücken in W/K			15,05
Wärmeübertragende Umfassungsfläche in m²			349,20
Auf die wärmeübertragende Umfassungsfläche bezogener Verlust in W/m²K (ΔU_{wB})			**0,043**

Tabelle 4: Berechnung des Gesamtverlustes; Variante B: EFH mit WDVS, ohne Berücksichtigung von Außenecken

Bezeichnung der Wärmebrücke	Länge in m	ψ-Wert nach Beiblatt 2	Gesamtverlust in W/K
Bodenplatte	36,8	0,34	12,512
Fensterbrüstungen	9,45	0,14	1,323
Fensterlaibungen	23,34	0,08	1,867
Rollladenkästen	14,25	0,23	3,28
Geschossdecke	22,55	0	0
Ortgang (nicht vorhanden)	14	0	0
Traufe (nicht vorhanden)	20,2	0	0
Gesamtverlust über alle Wärmebrücken in W/K			18,98
Wärmeübertragende Umfassungsfläche in m²			349,20
Auf die wärmeübertragende Umfassungsfläche bezogener Verlust in W/m²K (ΔU_{wB})			**0,054**

Hinweis zu Tabelle 4: Nicht vorhanden bedeutet, dass kein Detail im Beiblatt 2 aufgeführt ist. Der Geschossdeckenanschluss wird zu null gesetzt, da die Kriterien nach Abschnitt 5 dieses Beitrages als eingehalten betrachtet werden (durchlaufende Dämmung am Deckenanschluss mit mind. 10 cm und Wärmeleitfähigkeit 0,04 W/mK).

Tabelle 5: Berechnung des Gesamtverlustes; Variante B: EFH mit WDVS, mit Berücksichtigung von Außenecken

Bezeichnung der Wärmebrücke	Länge in m	ψ-Wert nach Beiblatt 2	Gesamtverlust in W/K
Bodenplatte	36,8	0,34	12,512
Fensterbrüstungen	0,14	0,07	1,323
Fensterlaibungen	23,34	0,08	1,867
Rollladenkästen	14,25	0,23	3,28
Geschossdecke	22,55	0	0
Ortgang	14	0	0
Traufe	20,2	0	0
Außenwandecken	10	-0,07	-0,70
First	10	-0,13	-1,30
Gesamtverlust über alle Wärmebrücken in W/K			16,98
Wärmeübertragende Umfassungsfläche in m²			349,20
Auf die wärmeübertragende Umfassungsfläche bezogener Verlust in W/m²K (ΔU_{wB})			**0,048**

Tabelle 6: Berechnung des Gesamtverlustes; Variante C: EFH mit Kerndämmung, ohne Berücksichtigung von Außenecken

Bezeichnung der Wärmebrücke	Länge in m	ψ-Wert nach Beiblatt 2	Gesamtverlust in W/K
Bodenplatte	36,8	0,29	10,672
Fensterbrüstungen	9,45	0,11	1,045
Fensterlaibungen	23,34	0,06	1,40
Rollladenkästen	14,25	0,25	3,56
Geschossdecke	22,55	0,00	0
Ortgang	14	0,06	0,84
Traufe	20,2	0,00	0
Gesamtverlust über alle Wärmebrücken in W/K			17,52
Wärmeübertragende Umfassungsfläche in m²			349,20
Auf die wärmeübertragende Umfassungsfläche bezogener Verlust in W/m²K (ΔU_{wB})			**0,050**

Tabelle 7: Berechnung des Gesamtverlustes; Variante C: EFH mit Kerndämmung, mit Berücksichtigung von Außenecken

Bezeichnung der Wärmebrücke	Länge in m	ψ-Wert nach Beiblatt 2	Gesamtverlust in W/K
Bodenplatte	36,8	0,29	10,672
Fensterbrüstungen	0,14	0,11	1,045
Fensterlaibungen	23,34	0,06	1,40
Rollladenkästen	14,25	0,25	3,56
Geschossdecke	22,55	0	0
Ortgang	14	0,06	0,84
Traufe	20,2	0	0
Außenwandecken	10	-0,12	-1,20
First	10	-0,13	-1,30
Gesamtverlust über alle Wärmebrücken in W/K			15,02
Wärmeübertragende Umfassungsfläche in m²			349,20
Auf die wärmeübertragende Umfassungsfläche bezogener Verlust in W/m²K (ΔU_{wB})			**0,043**

Fazit: Die Beispielrechnungen zeigen, dass selbst bei ausschließlicher Verwendung der Details mit dem höchsten ψ-Wert nach Beiblatt 2 ein max. ΔU_{WB} von 0,05 W/m²K erreicht werden kann, vornehmlich dann, wenn auch die Gewinne mit eingerechnet werden. Diese Gewinne ergeben sich aus der konsequenten Verwendung der Außenmaße im Nachweis des Wärmeschutzes eines Gebäudes. Für diesen Fall werden zum Beispiel die Verluste an Außenecken zu hoch angesetzt. Gleiche Ergebnisse konnten auch für Mehrgeschoss-Wohnungsbauten erreicht werden, vorausgesetzt, die Fußpunkte von Innenwänden gegen den unbeheizten Keller sind ausreichend gedämmt. Die Ausbildung des Fußpunktes nach Bild 95 und 96 des Beiblattes haben sich dabei allerdings als unzureichende Lösungen herausgestellt. Diese Details sind auch im Beiblatt 2 nachzubessern, da sie für die Erreichung eines Grenzwertes von ΔU_{WB} = 0,05 W/m²K keine ausreichend sichere Lösung darstellen.

7 Zusammenfassung

Mit dem neuen Beiblatt 2 zu DIN 4108 wurden die Möglichkeiten, für Planungsdetails den Nachweis der Gleichwertigkeit zu führen, wesentlich erweitert. Obgleich viele neue Details in das Beiblatt aufgenommen wurden, erhebt dieses Beiblatt nicht den Anspruch, ein für alle Praxisfälle passendes Pendant bereitstellen zu können. Erstmals wird jedoch die Möglichkeit eröffnet, einzelne Details rechnerisch nachzuweisen und allein über den Vergleich mit den ψ- und f_{Rsi}-Werten im Beiblatt die Gleichwertigkeit nachzuweisen. Die Anwendung des pauschalen Wärmebrückenzuschlages von 0,05 W/m²K auf die gesamte wärmeübertragende Umfassungsfläche wird damit wesentlich vereinfacht.

Erstmalig eröffnet sich zudem die Möglichkeit, bestimmte Anschlusssituationen bei der energetischen Betrachtung des Gebäudes zu vernachlässigen, was den Planungsaufwand doch nachhaltig verringern dürfte.

Wünschenswert für die Zukunft wären weitere Vereinfachungen, die Berechnungen nach den Verfahren der DIN EN ISO 10211 weitestgehend ausschließen. Im Abschnitt "Empfehlungen zur energetischen Betrachtung" wurden im neuen Beiblatt bereits erste Schritte in diese Richtung unternommen.

Die in der aktuellen Überarbeitung geplante weitere Differenzierung bei den Rollladenkästen dürfte dazu beitragen, die mit der letzten Überarbeitung einher gehende Verunsicherung bei der Anwendung von Rollladenkästen zu beenden und künftig die energetische Bewertung derartiger Bauteile wieder zu vereinfachen.

Beispielrechnungen unterstreichen, dass bei konsequenter Anwendung der Detailvorgaben nach Beiblatt 2 der in der EnEV angebotene pauschale Wärmebrückenzuschlag von 0,05 W/m²K gerechtfertigt ist. Nachbesserungen sind insbesondere für die Fußpunktdetails zu empfehlen.

Tabelle 8: Zeichenerklärung für die dargestellten Materialien

Nummer des Bildelements	Zeichnerische Abbildung	Material	Bemessungswert der Wärmeleitfähigkeit λ W/(m · K)
1		Wärmedämmung	0,04[a]
2		Mauerwerk	$\leq 0,21$[b]
3		Mauerwerk	$0,21 < \lambda \leq 1,1$
4			$> 1,1$
5		Stahlbeton	2,3
6		Estrich	—
7		Gipskartonplatte	—
8		Holzwerkstoffplatte	—
—		Holz	—

Tabelle 8: Zeichenerklärung für die dargestellten Materialien (Forts.)

Nummer des Bildelements	Zeichnerische Abbildung	Material	Bemessungswert der Wärmeleitfähigkeit λ W/(m · K)
—		unbewehrter Beton	—
—		Putz	—
—		Erdreich	—

^a Allen Maßangaben bei Wärmedämmstoffen liegt eine Wärmeleitfähigkeit von λ = 0,04 W/(m · K) zugrunde.
^b Zur Einhaltung des Mindestwärmeschutzes sollte bei einschaligem Mauerwerk mit 300 mm Wanddicke eine Wärmeleitfähigkeit λ = 0,18 W/(m · K) und für Mauerwerk mit 240 mm Wanddicke eine Wärmeleitfähigkeit λ = 0,14 W/(m · K) eingehalten werden.

Die Energieeinsparverordnung 2007

1 Einleitung

Die EU hat sich das Ziel gestellt, bis zum Jahre 2012 die so genannten Treibhausgase (z. B. CO_2) um 8 % zu senken. Da Deutschland mit einem jährlichen CO_2-Ausstoß von ca. 980 Mio Tonnen zu den größten Emittenten der EU gehört, stehen hierorts Reduzierungen von ca. 21 % an. Ohne Einbeziehung der Bauwirtschaft kann ein derart anspruchsvolles Ziel nicht erreicht werden.

Dieser Einsicht folgend, hat die EU am 4.1.2003 die Richtlinie „Gesamtenergieeffizienz von Gebäuden" veröffentlicht und mit der Forderung verbunden, sie innerhalb von 3 Jahren in nationales Recht zu überführen. Die Kernpunkte lassen sich wie folgt zusammenfassen:

- Gebäude sind nach einheitlichen Maßstäben energetisch zu beurteilen.
- Werden Gebäude beurteilt, so sind alle eingesetzten Energien zu berücksichtigen. Schließlich werden viele Gebäude nicht nur beheizt, sondern auch gekühlt.
- Wenn gebaut wird, so hat das Bauen unter Beachtung von Mindeststandards zu erfolgen.
- Heizungen, Warmwasserspeicher verlieren an Leistung, sprich: Effizienz. Sie sind daher in überschaubaren Zeiträumen zu inspizieren und zu ertüchtigen.
- Der Nutzer muss wissen, auf was er sich einlässt, wenn er eine Immobilie mietet oder kauft. Amtssprache: Verpflichtung, einen Energiepass auszustellen.
- Der öffentliche Verbraucher muss in die Vorbildrolle, deshalb: Aushang der Pässe, um einen notfalls kritischen Blick der Bevölkerung zu ermöglichen.

In Deutschland führt die Umsetzung der EG-Richtlinie zu einigen Änderungen. Welche Änderungen sind konkret zu erwarten:

1. Die Energieeinsparverordnung aus den Jahren 2002/2004 wird überarbeitet. Für den Wohnbau/Nichtwohnbau wird künftig auch der Energiebedarf für Kühlung und Beleuchtung in die Bilanzierung einbezogen.
2. Ein neues Energieeinspargesetz schafft alle Voraussetzungen, einen Energiepass auch für den Gebäudebestand zu fordern.

Die in der EG-Richtlinie enthaltene Vorgabe, mit der Umsetzung zum 4.01.2006 zu beginnen, konnte übrigens von vielen Mitgliedsstaaten nicht eingehalten werden, zu umfangreich sind die zu schaffenden gesetzlichen Voraussetzungen. Da Deutschland bereits mit der EnEV 2002/2004 einen Weg beschritten hat, der eine ganzheitliche Betrachtung des Gebäudes ermöglicht, sind die Verzögerungen bei der Anpassung der EnEV politisch ohne Belang. Da zum heutigen Zeitpunkt noch kein Referentenentwurf vorliegt, ist mit der Einführung der neuen EnEV auch nicht – vorsichtig geschätzt – vor April/Mai 2007 zu rechnen. Bei der Fülle zu erwartender Änderungen in der Nachweisführung bei Nichtwohngebäuden (siehe unten) sollte man wohl eher darüber nachdenken, großzügigere Übergangsregelungen für die Baupraxis einzuräumen als bisher vorgesehen.

Hinweis: Die Angaben in diesem Artikel beziehen sich auf einen bisher nicht offiziell veröffentlichten Entwurf, der aber bereits seit April 2006 der Fachöffentlichkeit zugänglich ist. Inwieweit dieser dann die Grundlage des tatsächlich noch ausstehenden Referentenentwurfs bildet, entzieht sich der Kenntnis des Autors. Unter Eingrenzung der momentan geführten Diskussionen in Fachausschüssen ist davon auszugehen, dass grundsätzliche Verschiebungen wohl nicht mehr zu erwarten sind.

2 Novelle des Energieeinsparungsgesetzes (EnEG)

Um die Vorgaben der EG-Effizienzrichtlinie in nationales Recht überführen zu können, bedarf es einer nationalen Gesetzgebung. Das Gesetz zur Einsparung von Energie in Gebäuden – Energieeinsparungsgesetz – schafft bereits seit Jahren die gesetzlichen Grundlagen für Energieeinsparmaßnahmen bei Neubauten und im Gebäudebestand. Es stellt insofern auch die Grundlage für die bisherigen Wärmeschutz-/Energieeinsparverordnungen dar. Um den Forderungen der EG-Richtlinie nach einem ganzheitlichen Beurteilungsansatz für Gebäude zu entsprechen, wurden Änderungen im EnEG erforderlich. Gleiches gilt für die Forderung, die Pflicht zur Ausstellung eines Energiebedarfsausweises künftig auch auf den Gebäudebestand auszuweiten. Die 2005 beschlossene Novelle beinhaltet daher folgende wesentliche Änderungen:

1. Die Verpflichtung aus dem EnEG, bei Einbau und Aufstellung von Anlagentechnik in Gebäuden stets dafür Sorge zu tragen, dass nicht mehr Energie verbraucht wird als zur bestim-

mungsgemäßen Nutzung erforderlich ist, wurde auch auf Kühl- und Beleuchtungsanlagen ausgedehnt. Damit können in der künftigen Energieeinsparverordnung notwendige Regelungen zur Beurteilung solcher Anlagen und zur Einbeziehung in die Gesamtbilanzierung erlassen werden.

2. Künftige Rechtsverordnungen der Bundesregierung dürfen sich fortan auch auf die Effizienz von Beleuchtungssystemen beziehen.

Die wichtigsten Änderungen sind im neuen § 5a des EnEG enthalten. Dieser Paragraph bezieht sich ausschließlich auf die Ausstellung von Energieausweisen. Die Bundesregierung wird hierorts ermächtigt, Vorgaben für die nachfolgenden Anforderungen zu definieren und über eine Rechtsverordnung (mit Zustimmung des Bundesrates) einzuführen:

– Zeitpunkt und Anlässe für die Ausstellung und Aktualisierung von Energieausweisen;
– Ermittlung, Dokumentation und Aktualisierung von Angaben und Kennwerten;
– Angabe von Referenzwerten;
– Empfehlungen zur Verbesserung der Energieeffizienz;
– Verpflichtung, Energieausweise bestimmten Behörden und Dritten zugänglich zu machen;
– Aushang der Energieausweise in Gebäuden, in denen Dienstleistungen für die Allgemeinheit erbracht werden;
– Berechtigung zur Ausstellung der Energieausweise einschließlich der Anforderungen an die Qualifikation der Aussteller sowie
– Ausgestaltung der Energieausweise.

Zusätzlich aufgenommen wurden ferner neue Tatbestände für Ordnungswidrigkeiten. So können künftig Geldbußen bis 50.000 € verhängt werden, wenn vorsätzlich oder fahrlässig Rechtsverordnungen über Anforderungen an den Wärmeschutz von Gebäuden und über die Ausstellung von Energieausweisen verletzt werden.

Besondere Aufmerksamkeit dürfte auch die in § 5a nunmehr festgeschriebene Ermächtigung für die Bundesregierung hervorrufen, die Qualifikation der Aussteller für Energieausweise künftig selbst festzulegen. Überraschenderweise führte diese Ermächtigung zu keinerlei Widerspruch der Bundesländer, die heute allein über die erforderliche Qualifizierung, zumindest im Rahmen der Landesbauordnung, entscheiden. Inwieweit die nach EnEG berechtigten Aussteller auch künftig im Zuge des öffentlich-rechtlichen Nachweises tätig werden dürfen, bleibt zunächst ungeklärt.

Mit der Novelle des EnEG sind nunmehr alle rechtlichen Grundlagen für eine neue Energieeinsparverordnung gelegt worden.

3 Die EnEV 2007

3.1 Allgemeines

Bereits mit der EnEV 2002 ist in Deutschland erstmals ein ganzheitlicher Ansatz für die Beurteilung der Energieeffizienz von Gebäuden „erprobt" worden. Mit der Begrenzung des Primärenergiebedarfs unter Einbeziehung aller Verluste und Gewinne in Gebäuden ist Deutschland der EG-Effizienzrichtlinie schon ein paar Jahre voraus. Nur in den nachfolgend aufgezeigten Schwerpunkten ist eine Anpassung des nationalen Rechts erforderlich, um das vorgegebene europäische Level zu erreichen.

– Die Einbeziehung des Bedarfs an Energie für die Kühlung und Beleuchtung von Nichtwohngebäuden.
– Einführung des Energieausweises für den Gebäudebestand als Pflichtmaßnahmen bei Neuvermietung oder Verkauf des Gebäudes/der Wohnung.
– Aushangpflicht bei öffentlichen Gebäuden.
– Inspektion von Klimaanlagen.
– Besondere Berücksichtigung von regenerativen Energien bei der Planung von Gebäuden ab einer bestimmten Gebäudenutzfläche.

Der sachliche Änderungsbedarf soll in der EnEV 2007 umgesetzt werden.

3.2 Änderungen im Verordnungstext

a. Geltungsbereich der Verordnung (§ 1)

Eine Differenzierung zwischen Gebäuden mit niedrigen und normalen Innentemperaturen wird nicht mehr vorgenommen, da sich das künftige Anforderungsniveau im Nichtwohnbau nicht mehr an dieser starren Unterscheidung ausrichten wird. Es kommt folglich nur eine Differenzierung dergestalt in Betracht, dass Räume unter Einsatz von Energie beheizt oder gekühlt werden. Ist dies nicht der Fall, so ist die Verordnung nicht anzuwenden. Da die Verordnung auch Regelungen für die in den Gebäuden vorhandenen bzw. zu installierenden Anlagen enthält, werden diese durch den neuen §1 der Verordnung auch gegenständlich in den Anwendungsbereich integriert.

Gegenüber der Verordnung von 2004 sind die nachfolgend aufgezeigten Gebäude zusätzlich

Bauphysik

dem Geltungsbereich der Verordnung entzogen worden. Diese Maßnahme steht im Einklang mit der europäischen Vorgehensweise:

- Provisorische Gebäude mit einer geplanten Nutzungsdauer bis zu zwei Jahren,
- Gebäude, die dem Gottesdienst gewidmet sind sowie nach ihrer Zweckbestimmung eine Innentemperatur von weniger als 12 Grad Celsius oder jährlich weniger als vier Monate beheizt werden,
- Wohngebäude, die für eine Nutzungsdauer von weniger als vier Monaten jährlich bestimmt sind, und
- Sonstige handwerkliche, gewerbliche und industrielle Betriebsgebäude, die nach ihrer Zweckbestimmung auf eine Innentemperatur von weniger als 12 Grad Celsius oder jährlich weniger als vier Monate beheizt sowie jährlich weniger als zwei Monate gekühlt werden.

b. Begriffe nach § 2 der Verordnung

Die Begriffe normale Innentemperatur und niedrige Innentemperatur entfallen aus den oben genannten Gründen. Die Wohnnutzung wurde dergestalt präzisiert, dass schon im Verordnungstext Alten- und Pflegeheime sowie ähnliche Einrichtungen der Wohnnutzung zugeordnet sind.

Zusätzlich erfolgte eine Erweiterung der Begriffsdefinitionen um die Begriffe „gekühlte Räume" und „Nettogrundfläche", die für die künftige Nachweisführung von Nichtwohngebäuden von Bedeutung sind. Freuen wird manchen die exakte Definition von erneuerbaren Energien. Sind in der EnEV 2002/2004 nur die dazu gewonnene Solarenergie, Umweltwärme, Erdwärme und Biomasse als erneuerbar definiert, so verfeinert und erweitert die neue Verordnung den Begriff „Biomasse" um die Energiearten „Biogas, Klärgas und Deponiegas".

Die weiteren Änderungen im §2 resultieren vornehmlich aus dem Umstand, dass in der Nachweisführung künftig das Kühlen und das Beleuchten eine Rolle spielt, demzufolge zum Beispiel die Leistungsparameter von Anlagen auch dieser Versorgungsart anzupassen waren. Beispielsweise war die Nennleistung von Anlagen für den Anwendungsfall „Kühlen und/oder Heizen" zu definieren.

c. Anforderungen an Wohngebäude nach § 3

Die im Zuge der Anwendung der EnEV 2002/2004 oftmals zu Irritationen und Fehlinterpretationen einladende Regelung, wann auf einen Nachweis des Primärenergiebedarfs bei Wohngebäuden verzichtet werden darf, ist deutlich vereinfacht worden. Danach gilt der Befreiungsgrundsatz nunmehr für den Fall, dass die Wohngebäude mit Systemen beheizt werden, für die in DIN V 4701-10 keine Berechnungsregeln angegeben sind. Die Begrenzung des Primärenergiebedarfs gilt im Umkehrschluss zukünftig auch für die Gebäude, die zu 70% durch Wärme aus Kraft-Wärme-Kopplung oder erneuerbare Energien beheizt werden.

Erfolgt aufgrund fehlender Berechnungsregeln keine Begrenzung des Primärenergiebedarfs bei Wohngebäuden, so ist die Regelung aus der heute gültigen EnEV nach zusätzlicher Begrenzung des spezifischen, auf die wärmeübertragende Umfassungsfläche bezogenen Transmissionswärmeverlustes auf 76 % des jeweiligen Höchstwertes übernommen worden.

Neu aufgenommen wurden Anforderungen an Wohngebäude für den Fall, dass diese unter Einsatz von elektrischer Energie oder unter Einsatz von fossilen Brennstoffen gekühlt werden. Für den in Deutschland zugegeben eher seltenen Fall werden Wohngebäude bezüglich des Nachweises der Einhaltung des zulässigen Primärenergiebedarfs der Nachweisführung eines Nichtwohngebäudes gleichgestellt. Davon unbenommen gelten die Anforderungen an den sommerlichen Wärmeschutz dieser Gebäude.

d. Anforderungen an Nichtwohngebäude nach § 4

§ 4 bildet die Grundlage des für Nichtwohngebäude neu einzuführenden Nachweisverfahrens unter Einbeziehung der DIN V 18599 (siehe unten). Im Gegensatz zur EnEV 2002/2004 erfolgt demnach eine deutliche Differenzierung zwischen den Nachweisverfahren bei Wohn- und Nichtwohngebäuden. Auch die bisher gelebte Unterscheidung zwischen Nichtwohngebäuden mit normalen und niedrigen Innentemperaturen wird formal nicht mehr vorgenommen, sie ergibt sich allenfalls aus dem Anforderungsniveau im Nachweisverfahren selbst aufgrund unterschiedlicher Temperierungen ganzer Gebäude oder Gebäudezonen.

Mit dieser Abkoppelung der Nachweisverfahren für Nichtwohngebäude vom gegenwärtigen Bewertungsverfahren nach DIN V 4701-10 und DIN V 4108-6 soll ermöglicht werden, die energetische Bewertung an die tatsächliche Nutzung unter Einbeziehung des Energiebedarfs für Kühlung und Beleuchtung des Gebäudes anzulehnen. Es wird dem Umstand Rechnung getragen, dass Nichtwohngebäude bezüglich Nutzung und Anlagentechnik mit Wohngebäuden nicht oder nur mit sehr fraglichen Vereinfachungen zu vergleichen sind. Jeder Planer wird sich schon heute des Öfteren die Frage gestellt haben, inwieweit der einheitliche

Ansatz einer Innentemperatur von 19 °C die Temperaturverhältnisse in einer Schwimmhalle richtig beschreiben und infolgedessen wie viel Wert der aus dieser Bewertung resultierende Energiebedarfsausweis überhaupt besitzen kann.

Andererseits führt der Verzicht auf solche Vereinfachung auch immer zu einer komplizierten, weil komplexeren Nachweisführung, die nicht mehr so einfach von jedem Planer zu beherrschen sein wird.

Die Grundzüge des neuen Nachweises sind im Abschnitt 3.4 dargelegt.

e. Berücksichtigung alternativer Energieversorgungssysteme nach § 5

Sowohl für zu errichtende Wohngebäude als auch für zu errichtende Nichtwohngebäude ist in der Planungsphase zu prüfen, ob alternative Energiesysteme eingesetzt werden können. Als alternativ im Sinne der Verordnung gelten Systeme, die erneuerbare Energien, die Prinzipien der Kraft-Wärme-Kopplung, Fern- und Blockheizung, Fern- und Blockkühlung oder Wärmepumpen nutzen.

Diese „Regelanalyse" gilt allerdings erst ab einer Gebäudenutzfläche (Wohngebäude) bzw. Nettogrundfläche (Nichtwohngebäude) von 1000 m². Zusätzlich gibt der Verordnungsgeber vor, dass der Einsatz der o. g. Systeme dem Grundsatz der Wirtschaftlichkeit zu folgen hat.

Die Anforderungen nach § 5 stimmen wortwörtlich mit denen aus der EG-Energieeffizienzrichtlinie überein, es handelt sich also nur um eine 1:1 Übernahme und um keine zusätzliche nationale Verschärfung der europäischen Vorgaben.

Offen ist, wie resp. ob diese Regelprüfung im baurechtlichen Genehmigungsverfahren überprüft werden soll. Überdies fehlen noch klare Kriterien, nach denen man die Wirtschaftlichkeit und die technische Realisierbarkeit derartiger Systeme überhaupt zu beurteilen hat.

f. Kleine Gebäude nach § 8

Die Verordnung von 2002/2004 enthielt eine Bagatellregelung für sogenannte Gebäude mit geringem Volumen, die obere Anwendungsgrenze für diese Regelung lag bei 100 m³ Gebäudevolumen. Die neue Regelung wird diese Grenze bei 50 m² Gebäudenutzfläche für Wohngebäude und 50 m² Nettogrundfläche für Nichtwohngebäude fixieren. Unter Berücksichtigung des Zusammenhanges zwischen Volumen und Gebäudenutzfläche bei Wohngebäuden ergibt sich daraus, dass der Grenzwert um ca. 56 m³ im Vergleich zur bestehenden Regelung angehoben wurde. Wohngebäude – vornehmlich wohl Anbauten und kleine Ferienhäuser – unterliegen künftig demnach den vereinfachten Anforderungen zur Begrenzung der U-Werte der wärmeübertragenden Bauteile. Auch diese Änderung ist den Anforderungen aus der EG-Richtlinie geschuldet.

g. Änderungen von Gebäuden nach § 9

Die aus der EnEV 2002/2004 bekannte 40 %-Regel ist auch in die neue Verordnung übernommen worden, allerdings wird bei den Anforderungen zwischen Wohn- und Nichtwohngebäuden unterschieden, was sich aus den unterschiedlichen Nachweisverfahren ergibt. Darüber hinaus werden bei bestehenden Gebäuden innerhalb der vorgeschriebenen Nachweisführung Vereinfachungen zugelassen, die es ermöglichen sollen, trotz fehlender Angaben zur Gebäudegeometrie sowie zu den im Bestand vorhandenen Anlagen eine Berechnung mit vertretbarem Aufwand durchzuführen. Die in der Berechnung verwertbaren Simplifikationen werden vom zuständigen Bundesministerium im Bundesanzeiger veröffentlicht.

Die Grenz-U-Werte bei Ersatz/Änderung an Bauteilen bleiben unverändert. Gleiches gilt für die zu stellenden Anforderungen an Gebäudeerweiterung, zwar wurde auch hier die Nutzfläche/Nettogrundfläche als Bezugsgröße verwendet, dagegen konnte aber auf eine quantitative Änderung dieser verzichtet werden (10 m² Fläche entspricht in etwa dem alten Grenzwert von 30m³ Gebäudevolumen).

h. Nachrüstung von Anlagen, Aufrechterhaltung der energetischen Qualität nach §§ 10 und 11

Aus der neuen Verordnung ergeben sich keine wesentlich neuen Anforderungen. Da in der Verordnung keine Unterscheidung mehr zwischen Gebäuden mit normalen und niedrigen Innentemperaturen vorgenommen wird, musste die Anforderung zur energetischen Verbesserung von ungedämmten, nicht begehbaren, aber zugänglichen obersten Geschossdecken präzisiert werden. Gemäß dem neuen Verordnungstext gilt diese Anforderung an Gebäude mit einer minimalen Innentemperatur von 19 °C, welches mindestens 4 Monate im Jahr beheizt wird. Inhaltlich unterscheidet sie sich demnach nicht von der bestehenden Anforderung. Inwieweit unter Beachtung bestimmter Fristen aus der alten Verordnung diese Anforderungen in der neuen Verordnung überhaupt noch ihren Niederschlag finden werden, bleibt abzuwarten.

i. Energetische Inspektion von Klimaanlagen nach § 12

Gemäß den Vorgaben der EG-Richtlinie wird künftig für in Gebäude eingebaute Klimaanlagen mit einer Nennleistung von mehr als 12 Kilowatt eine regelmäßige energetische Inspektion durch im Sinne der Verordnung berechtigte Personen verlangt. Zur Durchführung derlei Inspektionen sind berechtigt:

- Absolventen von Diplom,- Bachelor- oder Masterstudiengängen an Universitäten, Hochschulen oder Fachhochschulen in den Fachrichtungen Versorgungstechnik, Technische Gebäudeausrüstung oder einer ähnlichen Fachrichtung mit mindestens einem Jahr Berufserfahrung in Planung, Bau oder Betrieb raumlufttechnischer Anlagen,
- Absolventen von Diplom,- Bachelor- oder Masterstudiengängen an Universitäten, Hochschulen oder Fachhochschulen in den Fachrichtungen Maschinenbau, Verfahrenstechnik, Bauingenieurwesen oder einer ähnlichen Fachrichtung mit mindestens drei Jahren Berufserfahrung in Planung, Bau oder Betrieb raumlufttechnischer Anlagen.

Die regelmäßigen Inspektionen sollen vorderhand sicherstellen, dass mittels Kontrolle vor Ort die energetische Qualität der Anlagen zumindest im Rahmen des technisch Machbaren aufrechterhalten werden kann.

j. Anlagen der Heizungs-, Kühl- und Raumlufttechnik sowie der Wasserversorgung nach Abschnitt 4

Der Abschnitt 4 musste um die Anlagenkomponenten „Kühl- und Raumlufttechnik" erweitert werden. Geregelt werden Anforderungen an Anlagen für die Kühl- und Raumlufttechnik mit mehr als 12 kW Nennleistung, die für einen Volumenstrom von mindestens 4000 Kubikmeter je Stunde ausgelegt sind. Daraus ist zu entnehmen, dass für die üblicherweise im Kleinhausbau verwendeten Anlagen auch weiterhin keine besonderen Anforderungen gestellt werden.

3.3 Der öffentlich-rechtliche Nachweis für Wohngebäude

Für Wohngebäude ändert sich nur wenig: Die im Jahre 2002 eingeführten Anforderungen und die Methodik sollen unverändert bleiben. Dies gilt aber nur dann, wenn das Wohngebäude nicht unter Verwendung elektrischer Energie oder Energie aus fossilen Brennstoffen gekühlt wird. Für diesen Fall gelten die Nachweisverfahren nach Abschnitt 3.4. Weder die DIN V 4701-10, noch die Vornorm 4108-6 befinden sich derzeit in der Überarbeitung, mit diesen Normen wird auch künftig weitergearbeitet. Lediglich eine Überarbeitung von Beiblatt 2 zu DIN 4108 (Wärmebrücken) liegt vor und wird von der neuen Verordnung in Bezug genommen. Details zu den Änderungen sind in dem in dieser Ausgabe enthaltenen Artikel „Das neue Beiblatt 2 zu DIN 4108" dargestellt.

Weitere Änderungen ergeben sich auf der Grundlage des heutigen Kenntnisstandes nicht. Wie lange sich die Konstanz jedoch halten kann, bleibt ungewiss, denn die Europäische Kommission hat unlängst verlauten lassen, die Effizienzrichtlinie bis 2008 zu verschärfen. Diese mögliche weitere Verschärfung könnte in der Konsequenz auch zu einer erneuten Überarbeitung des nationalen Anforderungsniveaus führen.

3.4 Der öffentlich-rechtliche Nachweis für Nichtwohngebäude

Die EnEV-Methodik 2002/2004 reicht für diese Gebäudekategorie nicht mehr aus. Zur Berücksichtigung der eingebauten Beleuchtung und von Klimaanlagen müssen neue technische Regeln in Bezug genommen werden. Um eine Integration der Energiebedarfsanteile Beleuchtung und Klimaanlagen in die Gesamtenergieeffizienzberechnung zu ermöglichen, wurde das erforderliche technische Regelwerk umfangreich neu bearbeitet und angepasst. Grundlage dafür war ein Normungsantrag des zuständigen Bundesministeriums. Der Antrag sah u.a. vor, in die Erarbeitung des allgemeinen Bilanzablaufs die Ansätze bereits vorhandener Energiebilanzverfahren (DIN V 4108-6/DIN V 4701-10 und -12, EN 832, ISO 13 790 u. a.) einzubeziehen. Diese wurden dahingehend verbessert, dass z. B. eine integrierte Bilanzierung der Nutzenergie für Heizen und Kühlen unter Beachtung aller Wärmequellen und -senken möglich ist. Dabei wurde in vielen Bereichen Neuland beschritten, was sich auch bei der Anwendung des neu erstellten Normenwerkes schnell zeigen wird. Um dem Anliegen der Gesamtbetrachtung entgegen zu kommen, bedurfte es einer interdisziplinären Arbeit in einem Arbeitsausschuss des DIN (Bau-, Anlagen- und Lichttechnik), in dessen Ergebnis die Vornorm DIN 18 599 „Energetische Bewertung von Gebäuden" erarbeitet werden konnte. Die Vornorm hat im Gegensatz zu den geplanten Europäischen Normen den Vorteil, dass die Normreihe im Juli 2005 vom DIN komplett vorgelegt wurde, in allen Teilen offensichtlich aufeinander abgestimmt werden konnte und im Umfang wohl erheblich geringer ausfällt als die über 40 in Arbeit befindlichen CEN-Normen (31 work items), die voraussichtlich erst ab 2007/2008 endgültig zur Verfügung gestellt werden können.

Die Berechnungen nach der DIN V 18 599 ermöglichen die Beurteilung aller Energiemengen, die zur bestimmungsgemäßen Beheizung, Warmwasserbereitung, raumlufttechnischen Konditionierung und Beleuchtung von Gebäuden notwendig sind. Dabei berücksichtigt die Normreihe auch die gegenseitige Beeinflussung von Energieströmen und die daraus resultierenden planerischen Konsequenzen. Die Vornorm kann den Nutz-, End- und Primärenergiebedarf des Gebäudes abbilden und bildet somit die Grundlage für die Festlegung der Anforderungen an künftige Nichtwohngebäude.

Neben der Berechnungsmethode werden auch nutzungsbezogene Randbedingungen für eine neutrale Bewertung zur Ermittlung des Energiebedarfs angegeben (unabhängig von individuellem Nutzerverhalten und lokalen Klimadaten). Mit festen Randbedingungen werden die vergleichende Betrachtung und Analyse von Gebäuden und der öffentlich-rechtliche Nachweis für Neubauten und umfassend zu modernisierende Gebäude möglich.

Für den Verordnungsgeber ist dies zurzeit die einzige Möglichkeit, Gebäude entsprechend der EU-Richtlinie ganzheitlich planerisch zu bewerten. Mit der Norm ist es bereits heute möglich, Energieausweise für Nichtwohngebäude im Bestandsbereich zu bearbeiten.

Die Normreihe DIN 18 599 besteht aus 10 Teilen, die miteinander so verflochten sind, dass eine gesamtheitliche Betrachtung des Gebäudes in Abhängigkeit von der verwendeten Anlagentechnik nur unter Nutzung aller Teile möglich sein wird.

Die mit der Normenreihe DIN V 18 599 durchgeführte Energiebilanz folgt einem integralen Ansatz, d.h. es erfolgt eine gemeinschaftliche Bewertung des Baukörpers, der Nutzung und der Anlagentechnik unter Berücksichtigung der gegenseitigen Wechselwirkungen. Dabei wurde die Norm nicht ausschließlich für den öffentlich-rechtlichen Nachweis konzipiert, sondern ermöglicht auch eine allgemeine, ingenieurmäßige Energiebedarfsbilanzierung von Gebäuden mit frei wählbaren Randbedingungen. Zur Verbesserung der Übersichtlichkeit besteht die Normenreihe aus mehreren Teilen, die einzelne Themenschwerpunkte behandeln:

DIN V 18 599-1 „Allgemeine Bilanzierungsverfahren, Begriffe, Zonierung und Bewertung der Energieträger"

DIN V 18 599-2 „Nutzenergiebedarf für Heizen und Kühlen von Gebäudezonen"

DIN V 18 599-3 „Nutzenergiebedarf für die energetische Luftaufbereitung"

DIN V 18 599-4 „Nutz- und Endenergiebedarf für Beleuchtung"

DIN V 18 599-5 „Endenergiebedarf von Heizungssystemen"

DIN V 18 599-6 „Endenergiebedarf von Wohnungslüftungsanlagen und Luftheizungsanlagen für den Wohnungsbau"

DIN V 18 599-7 „Endenergiebedarf von Raumlufttechnik- und Klimakältesystemen für den Nichtwohnungsbau"

DIN V 18 599-8 „Nutz- und Endenergiebedarf von Warmwasserbereitungssystemen"

DIN V 18 599-9 „End- und Primärenergiebedarf von Kraft-Wärme-Kopplungsanlagen"

DIN V 18 599-10 „Nutzungsrandbedingungen, Klimadaten"

Beiblatt zur DIN V 18 599 „Berechnungsbeispiele" (noch in der Bearbeitung)

Dabei übernimmt **Teil 1** der Norm die Funktion einer Basisnorm. Er enthält alle wichtigen Formeln und Definitionen und legt fest, wie Gebäude nach Nutzungen zu zonieren sind.

Die Zonierung von Gebäuden ist zwar eine unangenehme, planerisch aufwendige Aufgabe (wegen der vielen Flächenzuordnungen), sie ist aber mit Blick auf die oft völlig unterschiedlich bereitzustellenden Nutzenergien unumgänglich. Für jede Zone wird der Nutzenergiebedarf für Heizen und Kühlen getrennt bestimmt. Die Energiebereitstellung eines Versorgers kann sich über mehrere Zonen erstrecken. Teil 1 liefert ein Verfahren, wie Energiekennwerte (innere Wärmequellen und -senken, technische Verluste) von Versorgungsbereichen auf die Zonen umzulegen sind.

Im öffentlich-rechtlichen Nachweis besteht die Möglichkeit, die Zonierung eines Gebäudes unter bestimmten Voraussetzungen zu vereinfachen und sogar ein Ein-Zonen-Modell anzuwenden. Dieses vereinfachte Verfahren wird besonders dann hilfreich sein, wenn nur einfach strukturierte Gebäude (z. B. Bürogebäude mit nur einem Nutzer) zu bewerten sind.

Gegenüber der bisher bekannten Energiebilanzierungen wird der Endenergiebedarf brennwertbezogen (bisher: heizwertbezogen) angegeben. Eine Tabelle zur Umrechnung des Energieinhalts von Energieträgern enthält DIN V 18 599-1, Anhang B. Die Umrechnung der bilanzierten Endenergie in Primärenergie erfolgt mit den in DIN V 18 599-1, Anhang A angegebenen Primärenergiefaktoren. Gegenüber dem bisherigen Verfahren ist festzustellen, dass der Faktor für Strom nunmehr mit 2,7 angegeben wird. Der steigende Anteil erneuerbarer Energien bei der Stromversorgung in Deutschland soll hier sichtbar gemacht werden.

Teil 2 bildet mit der Bestimmung des Nutzenergiebedarfs einer Gebäudezone gewissermaßen das Kernstück der Normenreihe. Der ermittelte Nutzenergiebedarf für das Heizen und Kühlen der Gebäudezone aus Teil 2 bildet zusammen mit dem Nutzenergiebedarf für die Luftaufbereitung aus Teil 3 die Basis für die weiterführende Bestimmung des Endenergiebedarfs nach den Teilen 5 bis 8 und der primärenergetischen Bewertung nach Teil 1. Er stellte dar, wie die bestehenden Verfahren zur Ermittlung des Heizenergiebedarfs nach DIN EN 832 bzw. DIN 4108-6 um die Ermittlung des Kühlbedarfs und um den Einbezug von raumlufttechnischen Anlagen erweitert wurden. Dabei wird der Kühlbedarf aus dem Anteil der „für Heizzwecke nicht nutzbaren" Wärmegewinne ermittelt. Dieser in der Heizwärmebetrachtung nicht weiter interessierende Anteil bewirkt in nicht gekühlten Gebäuden eine Erhöhung der Raumtemperatur oder wird beispielsweise durch Öffnen der Fenster „weggelüftet". Für gekühlte Gebäude stellt dieser Teil der Wärmegewinne genau diejenige Wärmemenge dar, die durch die Kühlung abgeführt werden muss.

Eine weitere Neuerung in der energetischen Bewertung des Gebäudes ist die Bestimmung der ungeregelten Wärmeeinträge des Heizsystems in Abhängigkeit des bestehenden Bedarfs und der Systemauslastung. Gleiches gilt natürlich für Kälteeinträge oder Wärmeeinträge aus dem Kühlsystem. Bisher gab es lediglich pauschale Ansätze. Durch das Zusammenwirken von bau- und haustechnischen Normungskreisen in der DIN V 18 599 ist jetzt die Möglichkeit geschaffen worden, die Wärmeeinträge bedarfsorientiert einzubeziehen.

Geändert wurde ebenfalls der Bewertungsansatz für unbeheizte Glasvorbauten (Wintergärten). Teil 2 betrachtet Windergärten fortan als eine selbstständige Zone mit definierten Randbedingungen. Diese Änderung wird in der Regel zu einer realistischeren Beurteilung des Einflusses solcher Glasvorbauten führen.

Teil 3 behandelt den Nutzenergiebedarf für das Heizen, Kühlen, Be- und Entfeuchten in zentralen RLT-Anlagen sowie den Energiebedarf für die Luftförderung durch diese Anlagen. Die Bezeichnung Nutzenergiebedarf wird an dieser Stelle verwendet, weil der Energieeinsatz nicht nur der Temperierung von Gebäuden dient, sondern auch der Sicherstellung von Raumluftqualität und Raumluftfeuchte – also erweiterter Nutzungsanforderungen gegenüber der bisher üblichen rein thermischen Betrachtung. Es wurde eine Matrix von 46 sinnvollen Anlagenkombinationen erstellt, die einen Großteil der praktisch vorkommenden Anlagenschaltungen abdecken. Das Berechnungsverfahren basiert auf der Umrechnung von tabellierten Energiebedarfskennwerten für diese Variantenmatrix und darauf aufbauenden einfachen Interpolationen und Korrekturen. Zwischen Teil 3 und Teil 2 bestehen enge Verknüpfungen, da der Zuluftvolumenstrom und die Zulufttemperatur in die Gebäudebilanz einfließen. Durch die Kombination beider Teile ist die überwiegende Anzahl der Systeme abbildbar.

Teil 4 der Normenreihe berücksichtigt beleuchtungstechnische Einflüsse, die installierte Anschlussleistung des Beleuchtungssystems, die Tageslichtversorgung, Beleuchtungskontrollsysteme und Nutzungsanforderungen. In Ermangelung geeigneter Bewertungsmodelle wurde das Nachweisverfahren vollständig neu entwickelt. Der Geltungsbereich umfasst ausschließlich die Beleuchtung zur Erfüllung der Sehaufgabe in Nichtwohngebäuden. Dekorative Beleuchtung wird nicht berücksichtigt. Der Energiebedarf für Beleuchtung wird vereinfachend als Produkt aus elektrischer Anschlussleistung (nicht zu verwechseln mit der elektrotechnischen Lastauslegung der Beleuchtungsstromkreise) und einer effektiven Betriebszeit ermittelt. Die elektrische Bewertungsleistung kann alternativ über ein schnell anwendbares Tabellenverfahren, ein angepasstes Wirkungsgradverfahren oder eine Fachplanung ermittelt werden. Für das vereinfachte Tabellenverfahren müssen die Beleuchtungsart (direkt, direkt-indirekt, indirekt), der Lampentyp (z. B. Glühlampen, Kompaktleuchtstofflampen usw.), der Typ des Vorschaltgerätes und der Einfluss der Raumgeometrie einbezogen werden.

Die künstliche Beleuchtung als Wärmequelle wirkt in der thermischen Zonenbilanz. Die Wärmegewinne fließen auf monatlicher Basis in das in Teil 2 beschriebene thermische Modell ein. Im Winter sind sie zur Herabsetzung des Heizwärmebedarfs nutzbar; im Sommer können sie dagegen die Überhitzungsgefahr und damit den Energiebedarf für Kühlung vergrößern.

Das Verfahren berücksichtigt tageslichtabhängige und präsenzabhängige Beleuchtungskontrollsysteme. In beiden Fällen wird jeweils das Einsparpotential (Tageslichtversorgung bzw. Abwesenheit) mit einem als Wirkungsgrad aufzufassenden Faktor gewichtet, der die Ausnutzung des jeweiligen Potentials durch die Beleuchtungskontrollsysteme beschreibt.

Teil 5 der Normenreihe DIN V 18 599 liefert ein Verfahren zur energetischen Bewertung von Heizsystemen. Die wesentlichen Änderungen zu der heute verwendeten DIN V 4701-10 sind:

– Umstellung auf das Monatsbilanzverfahren (keine vorgegebene Heizperiode von 185 d).

- In der Konsequenz des ersten Punktes: Es ist kein Tabellenverfahren mehr verfügbar.
- Detaillierte Berechnungsansätze für alle üblicherweise in der Praxis anzutreffenden Heizsysteme.
- Integration neuer Heizsysteme (Luftheizungen, Strahlungsheizungen).
- Schaffung der Möglichkeit, auch alte Heizungsanlagen zu bilanzieren.
- Neue Berechungsansätze für solare Heizunterstützung (keine starre Begrenzung).
- Neue Berechnungsmethode für die Leistungszahlen von Wärmepumpen.
- Detaillierte Berechnung der Wärmeübergabe an den Raum.
- Bewertungsmöglichkeiten der Auswirkung von Heizunterbrechung und/oder Heizabsenkung.

Teil 6 dieser Normenreihe liefert ein Verfahren zur energetischen Bewertung für Wohnungslüftungsanlagen – mit und ohne Wärmerückgewinnung und Abwärmenutzung – sowie Luftheizungsanlagen in den einzelnen zu bewertenden Prozessbereichen für Wohngebäude. Wegen der strikten Trennung in der geplanten EnEV 2007 zwischen Wohn- und Nichtwohnbereich wird dieser Teil hinsichtlich des öffentlich-rechtlichen Nachweises vorerst unberücksichtigt bleiben.

Teil 7 beschreibt die Berechnung des Endenergiebedarfs für die Raumlufttechnik und Klimakälteerzeugung. Ausgehend vom Nutzenergiebedarf für die Raumkühlung (Teil 2) und der Außenluftaufbereitung (Teil 3) werden Übergabe- und Verteilverluste für die Raumkühlung und RLT-Kühlung und RLT-Heizung berechnet und Randbedingungen für die Komponenten der Raumlufttechnik definiert. Dabei soll keine Planung an Hand von Produktdaten stattfinden (sie sind z. B. bei Neubauplanungen in der Vorplanungsphase in der Regel noch nicht bekannt), sondern eine System- und Komponentenbewertung. Darüber hinaus sind aufgrund von fehlenden harmonisierten Produktnormen und der großen Produktvielfalt kaum Produktkennwerte für ein öffentlich-rechtliches Verfahren verfügbar. Die Berechnung der erforderlichen Endenergie für die Klimakälte erfolgt anhand spezifischer technologie- und nutzungsabhängiger Kennwerte, die tabellarisch zusammengestellt sind. Grundlage für dieses Kennwerteverfahren bilden die Nennkälteleistungszahl (EER) und ein mittlerer Teillastfaktor (PLV_{av}).

Teil 8 liefert ein Verfahren zur energetischen Bewertung von Warmwassersystemen. Bei der Erarbeitung dieses Normteils konnte man ebenfalls auf der vorhandenen Methodik der DIN V 4701-10 aufbauen. Aber auch für diesen Bilanzierungsteil gibt es Änderungen, die wichtigsten werden im Folgenden dargestellt:

- Energetische Bewertung aller typischen TWW-Systeme für Neubau/Bestand
- Monatsbilanzverfahren ohne Tabellenverfahren
- Verluste der Verteilsysteme und Speicher werden an DIN V 18599-2 übergeben
- Keine pauschalen Gutschriften aus Verteilung, Speicherung und Erzeugung, sondern genaue Berechnungen
- Detaillierte Ermittlung der Betriebs- und Stillstandszeiten der Erzeuger
- Brennwertbezogene Wärmeverluste der Wärmeerzeuger
- Verluste von älteren Elektro-Durchlauferhitzern werden pauschal mit 1 % des Aufwandes angesetzt, neue Geräte haben keinen Wärmeverlust
- Bewertung von Wärmeerzeugern für Heizung und TWW erfolgt in direkter Interaktion mit DIN V 18599-5.

Teil 9 der Normenreihe liefert ein Verfahren zur Berechnung des Endenergieaufwands für Kraft-Wärme-gekoppelte Systeme (z. B. BHKW), die als Wärmeerzeuger innerhalb eines Gebäudes zur Wärmeerzeugung eingesetzt werden. Dabei werden die Verluste sowie die Hilfsenergieaufwendungen des Prozessbereiches Wärmeerzeugung ermittelt und für die weitere Berechnung in Teil 1 der Normenreihe zur Verfügung gestellt. Die Besonderheit der Berechnungsmethode nach Teil 9 besteht darin, dass bei der gleichzeitigen, voneinander abhängigen Erzeugung von elektrischem Strom und Wärme (KWK) derjenige Endenergieaufwand ermittelt werden muss, der der Wärmeerzeugung zuzurechnen ist. Der im KWK-System erzeugte Strom wird dazu unter Berücksichtigung der Primärenergiefaktoren für elektrischen Strom und den verwendeten Endenergieträger aus dem gesamten Endenergieaufwand herausgerechnet.

Im **Teil 10** der Normenreihe werden Randbedingungen für Wohn- und Nichtwohngebäude sowie Klimadaten für das Referenzklima Deutschland zur Verfügung gestellt. Die aufgeführten Nutzungsrandbedingungen sind als Grundlage für den öffentlich-rechtlichen Nachweis heranzuziehen. Darüber hinaus bietet Teil 10 Informationen für Anwendungen im Rahmen der Energieberatung. In einer Tabelle werden insgesamt 33 Nutzungsprofile beschrieben. Die Gliederung der Tabelle sieht die Angabe von Nutzungs- und Betriebszeiten sowie Nutzungsrandbedingungen zu Beleuchtung, Raumklima und Wärmequellen vor.

Unter Nutzung dieser Normteile kann der Nachweis nach EnEV 2007 mit einem vereinfachten oder einem detaillierten Verfahren geführt werden, mit dem erstgenannten aber nur dann, wenn die in der Verordnung genannten Voraussetzungen vorliegen. Die Unterschiede und Voraussetzungen beider Verfahren werden in Tabelle 1 erläutert.

Tabelle 1: Öffentlich-rechtliche Nachweisverfahren nach Entwurf EnEV 2007 für Nichtwohngebäude

Nachweisverfahren	
Vereinfachtes Nachweisverfahren	**Detailliertes Nachweisverfahren**
Merkmal: – Ein-Zonen-Modell	Mehr-Zonen-Modell
Voraussetzung für die Anwendung: – Gebäude ohne Kühlung – Summe Nettogeschossflächen aus der Hauptnutzung und der Verkehrsflächen des Gebäudes betragen mehr als 2/3 der gesamten Nettogeschossfläche. – Nur eine Anlage für Warmwasser und Heizung. – Spezifische elektrische Bewertungsleistung liegt max. 10 % über der Referenzleistung.	**Voraussetzung für die Anwendung:** – Gebäude mit Kühlung – Summe Nettogeschossflächen aus der Hauptnutzung und der Verkehrsflächen des Gebäudes betragen weniger als 2/3 der gesamten Nettogeschossfläche. – Mehrere Anlagen für Warmwasser und Heizung. – Spezifische elektrische Bewertungsleistung liegt > 10 % über der Referenzleistung.

Beim vereinfachten Verfahren besteht die Vereinfachung im Kern demnach in der Annahme, dass das Gebäude nur über eine Zone verfügt, was der heute gültigen Nachweisführung entspricht. Diese Zone wird einem Nutzungsschema nach DIN V 18599 (in der Regel Einzelbüros oder Klassenzimmer/Gruppenraum) zugeordnet.

In Tabelle 1 ist bereits von einer Referenzleistung die Rede, was aber ist darunter zu verstehen?

Der Tatsache folgend, dass Nichtwohngebäude trotz gleicher Architektur über eine völlig diametrale Nutzungsstruktur verfügen können, ist eine Ableitung der Anforderungen an derartige Gebäude aus dem bekannten A/V-Verhältnis schier unmöglich. Deshalb werden im künftigen Nachweis die Anforderungen zunächst zu berechnen sein, um sie dann mit den tatsächlichen Gegebenheiten zu vergleichen. In diesem Zusammenhang wird von einem sogenannten Referenzgebäude die Rede sein, was einzig und allein dem Zweck dient, eine Anforderung für das konkret auszuführende Gebäude zu berechnen. Das Gebäude selbst entspricht dabei in den geometrischen Abmessungen dem auszuführenden Gebäude, lediglich Anlagenkomponenten und die energetische Qualität der Gebäudehülle werden vom Verordnungsgeber vorgegeben.

Die wesentlichen Vorgaben für die Referenzausführung ist auszugsweise der folgenden Abbildung zu entnehmen.

En EV 2007

Lfd. Nr.	Rechengröße/System		Referenzausführung bzw. Wert (Maßeinheit)
1	spezifischer, auf die wärmeübertragende Umfassungsfläche nach Nr. 1.3.1 bezogener Transmissionswärmetransferkoeffizient $H_T'^{\,1)}$	Gebäude und Gebäudeteile mit Raum-Solltemperaturen im Heizfall $\geq 19\,°C$ und Fensterflächenanteilen $\leq 30\,\%$	$H_T' = 0{,}23 + 0{,}12/(A/V_e)$ (in W/(m²·K))
		Gebäude und Gebäudeteile mit Raum-Solltemperaturen im Heizfall $\geq 19\,°C$ und Fensterflächenanteilen $> 30\,\%$	$H_T' = 0{,}27 + 0{,}18/(A/V_e)$ (in W/(m²·K))
		Gebäude und Gebäudeteile mit Raum-Solltemperaturen im Heizfall von 12 bis 19 °C	$H_T' = 0{,}53 + 0{,}1/(A/V_e)$ (in W/(m²·K))
2	Gesamtenergiedurchlassgrad $g_\perp$	transparente Bauteile in Fassaden und Dächern	$0{,}65^{2)}$
		Lichtbänder	0,70
		Lichtkuppeln	0,72
3	Lichttransmissionsgrad der Verglasung τ_{D65}	transparente Bauteile in Fassaden und Dächern	$0{,}78^{2)}$
		Lichtbänder	0,62
		Lichtkuppeln	0,73
4	Einstufung der Gebäudedichtheit, Bemessungswert n_{50}		Kategorie I (nach Tabelle 4 der DIN V 18599-2: 2005-7)
5	Tageslichtversorgungsfaktor bei Sonnen- und/oder Blendschutz	kein Sonnen- oder Blendschutz vorhanden	0,7
	$C_{TL,Vers,SA}$ nach DIN V 18599-4 : 2005-07	Blendschutz vorhanden	0,15
6	Sonnenschutzvorrichtung		für den Referenzfall ist die tatsächliche Sonnenschutzvorrichtung des zu errichtenden Gebäudes anzunehmen; sie ergibt sich ggf. aus den Anforderungen zum sommerlichen Wärmeschutz nach DIN 4108 - 2
7	Beleuchtungsart		direkte Beleuchtung mit verlustarmen Vorschaltgerät und stabförmiger Leuchtstofflampe
8	Regelung der Beleuchtung	Präsenzkontrolle	manuelle Kontrolle (ohne Präsenzmelder)
		Tageslichtabhängige Kontrolle	manuelle Kontrolle
9	Heizung		Wärmeerzeuger: Niedertemperaturkessel, Gebläsebrenner, Aufstellung außerhalb der thermischen Hülle, Wasserinhalt > 0,15 l/kW Wärmeverteilung: Zweirohrnetz, außenliegende Verteilleitungen, innenliegende Steigstränge, innenliegende Anbindeleitungen, Systemtemperatur 55/45 °C, hydraulisch abgeglichen, dp konstant, Pumpe auf Bedarf ausgelegt Wärmeübergabe: freie Heizflächen an der Außenwand mit Glasfläche, P-Regler (2K)
10	Warmwasser	zentral	Wärmeerzeuger: gemeinsame Wärmeerzeugung mit Heizung Wärmespeicherung: indirekt beheizter Speicher (stehend), Aufstellung außerhalb der thermischen Hülle Wärmeverteilung: außenliegende Verteilleitungen, innenliegende Steigstränge, innenliegende Anbindeleitungen, mit Zirkulation, dp konstant, Pumpe auf Bedarf ausgelegt
		dezentral	elektrischer Durchlauferhitzer, eine Zapfstelle pro Gerät

Abbildung 1: Referenzausführung nach EnEV 2007 (Auszug)

Aus der Berechnung mit den Angaben für das Referenzgebäude ergeben sich die Anforderungswerte für das konkret zu planende Gebäude, im Übrigen unabhängig vom verwendeten Verfahren.

Stimmt das geplante Gebäude mit dem Referenzgebäude in Gebäudehülle und Anlagentechnik vollständig überein, so sind die Anforderungs- und Bewertungsergebnisse gleich. Weicht das zu planende Gebäude von der energetischen Qualität des Referenzgebäudes ab, so sind die daraus resultierenden höheren Bedarfswerte über andere „Stellschrauben" zu korrigieren. „Stellschrauben" können sowohl eine energetisch verbesserte Gebäudehülle als auch die Nutzung von regenerativen Energien sein.

3.5 Berechnungsalgorithmus für Nichtwohngebäude

Der dargestellte Algorithmus gilt sowohl für die Festlegung der Anforderungen an das Gebäude mit dem Referenzverfahren als auch für die Berechnung des geplanten Gebäudes. Sind beide identisch, ist die Berechnung nur einmal erforderlich (Ausnahmefall).

Step	Inhalt	Nach DIN V 18599-/EnEV
1	Feststellung der Nutzungsrandbedingungen und, wenn erforderlich, Zonierung des Gebäudes nach Nutzungsarten, Anlagentechnik, Beleuchtung. Prüfung, ob das vereinfachte Verfahren nach EnEV angewendet werden kann.	Teil 1 und Teil 10 EnEV Anhang 2
2	Zusammenstellung der Eingangsdaten für die Bilanzierung; U-Werte, Anlagenkennwerte, Lüftungssysteme, wärme-/kälteübertragende Flächen des Gebäudes und der Zone, Beleuchtungseinrichtungen.	EnEV Anhang 2 für das Referenzgebäude
3	Berechnung des Nutzenergiebedarfs für die Beleuchtung und der daraus resultierenden Wärmequellen.	Teil 4
4	Ermittlung der Wärmequellen und Wärmesenken aus dem verwendeten Lüftungssystem in der Zone/im Gebäude.	Teil 3
5	Ermittlung der Wärmequellen/-senken aus Personen, Geräten und Prozessen in der Zone/im Gebäude.	Teil 2
6	Bilanzierung des Nutzwärmebedarfs und des Nutzkältebedarfs (erste überschlägige Berechnung).	Teil 2
7	Aufteilung der in 6 ermittelten Ergebnisse auf die Versorgungssysteme für Heizung, Kühlung, Lüftung.	Teil 3, 5–8
8	Berechnung der aus der Heizung resultierenden Wärmequellen in der Zone/im Gebäude.	Teil 5
9	Berechnung der Wärmequellen/-senken durch die Kühlung in der Zone/im Gebäude anhand des nach 6 ermittelten Nutzkältebedarfs.	Teil 7
10	Berechnung der Wärmequellen aus der Trinkwassererzeugung, -speicherung und -verteilung.	Teil 8
11	Bilanzierung des Nutzwärme-/-kältebedarfs der Zone unter zusätzlicher Einbeziehung aller zuvor ermittelten Wärmequellen/-senken. Die Iteration mit den Schritten 7–11 solange wiederholen, bis das zuletzt ermittelte Ergebnis nicht mehr als 1 % vom vorherigen abweicht bzw. nach max. 5 Iterationsschritten (je nachdem, was früher eintritt).	Teil 2
12	Ermittlung des Nutzenergiebedarfs für die Luftaufbereitung.	Teil 3
13	Aufteilung der bilanzierten Nutzenergie auf die Versorgungssysteme.	Teil 2
14	Berechnung der Verluste der Übergabe, Verteilung und Speicherung sowie der erforderlichen Hilfsenergien für die Heizung.	Teil 5

Fortsetzung nächste Seite

Step	Inhalt	Nach DIN V 18 599-/EnEV
15	Berechnung der Verluste der Übergabe, Verteilung und Speicherung sowie der Hilfsenergien für die Wärmeversorgung der RLT-Anlagen.	Teil 3
16	Berechnung der Verluste der Übergabe, Verteilung und Speicherung sowie der Hilfsenergien für die Kälteversorgung.	Teil 7
17	Berechnung der Verluste der Übergabe, Verteilung und Speicherung sowie der Hilfsenergien für die Trinkwasserbereitung.	Teil 8
18	Aufteilung der notwendigen Nutzwärmeabgabe aller Erzeuger auf die unterschiedlichen Erzeugersysteme.	Teil 5
19	Aufteilung der notwendigen Nutzkälteabgabe aller Erzeuger auf die unterschiedlichen Erzeugersysteme.	Teil 3/7
20	Berechnung der Verluste bei der Erzeugung von Kälte inklusive des Aufwandes der Rückkühlung.	Teil 3/7
21	Berechnung der Verluste bei der Erzeugung und Bereitstellung von Dampf für die Luftaufbereitung sowie der erforderlichen Hilfsenergien.	Teil 3
22	Berechnung der Verluste bei der Erzeugung der Wärme in Heiz- und Trinkwasserwärmeerzeugern, Wohnungslüftungsanlagen u. ä. und, wenn erforderlich, aus der Abwärme der Kältemaschine sowie der erforderlichen Hilfsenergien.	Teil 3/5/8
23	Zusammenstellung aller erforderlichen Endenergien.	Teil 1
24	Primärenergetische Bewertung aller energieträgerbezogenen Endenergieaufwendungen.	Teil 1

Am Schluss der Bilanzierung steht ein für das Gebäude ermittelte Primärenergiebedarf:

$Q_{P,max} = Q_{P,Heiz,max} + Q_{P,Lüft,max} + Q_{P,WW,max} + Q_{P,Licht,max} + Q_{P,Kühl,max}$

mit:

$Q_{P,Heiz,max}$ Primärenergiebedarf Heizung

$Q_{P,Lüft,max}$ Primärenergiebedarf für die Lüftung des Gebäudes

$Q_{P,WW,max}$ Primärenergiebedarf für das Warmwasser

$Q_{P,Licht,max}$ Primärenergiebedarf für die Beleuchtung

$Q_{P,Kühl,max}$ Primärenergiebedarf für die Kühlung

Der Nachweis ist erbracht, wenn der Primärenergiebedarf für das zu bewertende Gebäude nicht größer ist als der zuvor berechnete Bedarf für das Referenzgebäude nach Anhang 2 der EnEV (siehe Abbildung 1).

$Q_{P,max,ref} \geq Q_{P,max,vorh}$

Aus der Darstellung des künftigen Berechnungsalgorithmus ist ersichtlich, dass auf den Planer von Gebäuden im Zusammenhang mit der energetischen Bewertung im Vergleich zum heutigen Verfahren eine beachtliche Anzahl neuer Bilanzierungsarten zukommen werden. Die zum Teil komplizierte Strukturierung der DIN V 18599 lässt nicht zwangsläufig erwarten, dass dieser Anpassungs-Prozess problemlos ablaufen wird. Viele Planer, die heute noch auf Basis der DIN V 4701-10 Anlagen innerhalb der Nachweisführung nach EnEV 2002/2004 energetisch bewerten, werden komplett neuen Rechenansätzen gegenüberstehen, die nur mit soliden Kenntnissen im Bereich der Anlagentechnik zu meistern sind. Schwierig wird es insbesondere dann, wenn Gebäude zu planen sind, die anlagentechnisch über alle Komponenten (also Heizung, Kühlung und Lüftung) verfügen. Die nach DIN V 18599 zu berücksichtigenden gegenseitigen Abhängigkeiten dürften mit „normalem" technischem Verständnis der heute noch mit der Nachweisführung beauftragten Architekten/Ingenieure kaum noch zu machen sein. Andererseits wird der gewählte Ansatz nach DIN V 18599 sicherlich zu einer integralen Planung führen, denn ohne die Einbeziehung des Haustechnikers sollten anlagentechnisch anspruchsvolle Gebäude nicht mehr bewertet werden. Die

Praxis wird zeigen, ob mit dem nach DIN V 18 599 gewählten Bilanzierungsweg das Ziel, möglichst energieeffiziente Gebäude zu errichten, erreicht werden kann. Kritisch ist schon jetzt anzumerken, dass von der sicherlich vorhandenen Möglichkeit, mit sinnvollen Vereinfachungen die Nachweisführung überschaubarer zu gestalten, nur wenig Gebrauch gemacht wurde. Im Vergleich zu unseren europäischen Nachbarn, die bekanntermaßen die EG-Richtlinie ebenfalls in vollem Umfang in nationales Recht zu überführen haben, ist die Bilanzierung nach DIN V 18599 sicherlich das technisch ausgereifteste System, aber was bringt es, wenn die Praxis dieses nicht oder nur bruchstückhaft umsetzen kann.

4 Der neue Energieausweis

Die EG-Richtlinie fordert im Artikel 7 bei der Errichtung, beim Verkauf oder bei der Neuvermietung von Gebäuden einen Energieausweis zugänglich zu machen. Abgestellt wird auf einen Kennwert, der es dem Nutzer ermöglicht, eine Effizienz des Gebäudes möglichst anhand von Referenzwerten abzuleiten. In diesem Sinne handelt es sich auch um einen erweiterten Verbraucherschutz, denn unter den Bedingungen wachsender Energiepreise muss es dem Käufer/Nutzer möglich sein, die Entscheidung über den Kauf oder die Anmietung einer Immobilie von bestimmten energetischen Kennwerten abhängig zu machen. Davon unbenommen bleibt die allgemeine Forderung, mit den Ausweisen selbst auch Alternativen zur Verbesserung der Energieeffizienz eines Gebäudes aufzuzeigen. Beide Aufgaben – Verbraucherschutz und Verbesserung der Energieeffizienz von Gebäuden – hat der künftige Energieausweis zu erfüllen. Das schließt ein, Energieausweise zunehmend auch in den öffentlichen Gebäuden auszuhängen, um einerseits eine gewisse Vorbildwirkung zu erzielen und andererseits auch Effizienzmaßnahmen für die öffentlichen Gebäude anzukurbeln.

Die Inhalte und die Gestaltung des Energieausweises wurden in einem groß angelegten Feldversuch der DENA (Deutsche Energieagentur) ausgelotet und getestet. Als sicher gilt, dass der künftige Energieausweis mit mehr Transparenz für den Nutzer einhergehen wird, inwieweit ihm das konkret bei der Abschätzung von zu erwartenden Energiekosten helfen wird, bleibt abzuwarten. Unterstützend wird die Einteilung von Gebäuden in Effizienzklassen wirken, die es sozusagen ermöglicht, ein Haus nach Energieeffizienz auszuwählen wie heute einen Kühlschrank. Voraussetzung ist natürlich, dass die Klassifizierung halbwegs möglichen durchschnittlichen Verbrauchsdaten folgen wird und nicht, wie in der Vergangenheit, dem Kleingedruckten zum Opfer fällt. Auch die ständige Kaprizierung auf die schlimmen Verbrauchergewohnheiten helfen nicht weiter, weil heutzutage die Masse der Verbraucher sehr wohl weiß, wie man sich energetisch richtig zu verhalten hat.

In diesem Kontext wurden auch Diskussionen geführt, ob denn künftig Verbrauchsausweise und/oder Bedarfsausweise zu erstellen sind. Klar ist, dass für den Neubau ausschließlich der Bedarfsausweis eine Rolle spielen kann, da zum Zeitpunkt der Erstellung logischerweise keine Verbrauchsdaten vorliegen. Anders beim Gebäudebestand: Nichts ist aufschlussreicher als die Heizkostenabrechnung so mancher Vormieter und Mieter. Nachteil: Gebäude sind auf der Basis von Verbrauchswerten nur schwerlich zu vergleichen, da beim Verbrauch selbstverständlich das Nutzerverhalten und die konkreten klimatischen Bedingungen im Abrechnungszeitraum eine Rolle spielen. Überdies können allein aus Verbrauchsdaten keine Modernisierungsmaßnahmen abgeleitet werden, da hierzu umfangreiche rechnerische Analysen erforderlich sind. Die EG-Richtlinie verlangt jedoch, Energieausweise im Bestand generell mit Modernisierungsvorschlägen zu verknüpfen.

Wahrscheinlich wird nach heutigem Stand ab einer Mindestgebäudegröße die Erstellung von Verbrauchsausweisen fakultativ möglich sein, ohne die Bedarfsausweise gänzlich zu hinterfragen.

Ein Beispiel für die mögliche Gestaltung eines Energieausweises für Wohnbauten zeigt das nachfolgende Bild. Es gilt als sicher, dass das bisher von der DENA entwickelte Layout die Grundlage für die Gestaltung des künftigen Energieausweises darstellt. Die Gestaltung des Ausweises ist auch im Entwurf zur EnEV 2007 hinterlegt. Offen bleibt, ob wirklich allein das von der DENA entworfene Layout zu verwenden ist oder ob auch andere Darstellungsarten zugelassen werden.

Darüber hinaus sind auch Regelungen in der Vorbereitung, die eine weitere Verwendung von Energieausweisen, die nach EnEV 2002/2004 ausgestellt worden sind, ermöglichen. Als sicher gilt, dass die Energieausweise eine Gültigkeitsdauer von 10 Jahren haben werden.

Der Energieausweis für Nichtwohngebäude wird aufgrund der von Wohngebäuden abweichenden Bilanzierung mit anderen „Inputs" versehen. So sind zum Beispiel die vom Planer gewählte Zonierung des Gebäudes und die Bedarfsanteile für Kühlung und Beleuchtung in die Ausweise mit aufzunehmen. Abbildung 3 zeigt einen solchen Energieausweis.

Für Gebäude, die einer Aushangpflicht für den Ausweis nach EG-Richtlinie unterliegen (z. B. öffentliche Gebäude mit Publikumsverkehr) wird zusätzlich geregelt, wie dieser Aushang zu gestalten ist, damit ein interessierter Besucher nicht mit Daten „beschossen" wird, sondern sich schnell eine Übersicht über die energetische Qualität des Gebäudes machen kann – wenn er dann überhaupt will. Abbildung 4 zeigt ein Muster für einen möglichen Aushang innerhalb eines Gebäudes.

Wer darf künftig die Energieausweise ausstellen? Geregelt wird die Ausstellungsberechtigung im § 21 der EnEV 2007 wie folgt:

1. Absolventen von Diplom-, Bachelor- oder Masterstudiengängen an Universitäten, Hochschulen oder Fachhochschulen in den Fachrichtungen Architektur, Hochbau, Bauingenieurwesen, Gebäudetechnik, Bauphysik, Maschinenbau oder Elektrotechnik,

2. Absolventen im Sinne der Nummer 1 im Bereich Architektur der Fachrichtung Innenarchitektur,

3. Handwerksmeister, deren wesentliche Tätigkeit die Bereiche von Bauhandwerk, Heizungsbau, Installation oder Schornsteinfegerwesen umfasst, und Handwerker, die berechtigt sind, ein solches Handwerk ohne Meistertitel auszuüben,

4. staatlich anerkannte oder geprüfte Techniker in den Bereichen Hochbau, Bauingenieurwesen oder Gebäudetechnik.

Voraussetzung für die Ausstellungsberechtigung ist

– ein Ausbildungsschwerpunkt im Bereich des energiesparenden Bauens oder einschlägige Berufserfahrung in diesem Sektor von mind. 2 Jahren oder

– eine erfolgreiche Fortbildung im Bereich des energiesparenden Bauens oder eine

– nicht nur auf bestimmte Gewerke beschränkte Bauvorlageberechtigung nach Landesbauordnungsrecht.

Die oben genannten Ausbildungsschwerpunkte im Bereich des energiesparenden Bauens werden ebenfalls in der EnEV geregelt.

Mit dieser Regelung lehnt sich die EnEV an die bereits vorhandene Regelung an, ein derzeit diskutiertes breites Aufweichen des Anforderungsprofils wird es nicht geben. Damit dürfte auch klar sein, dass nicht jede heute am Markt angebotene Ausbildung zum Energieberater automatisch zu einer Ausstellungsberechtigung für Energieausweise nach EnEV 2007 führen wird.

Bauphysik

ENERGIEAUSWEIS für Wohngebäude
gemäß den §§ 16 ff. Energieeinsparverordnung

Berechneter Energiebedarf des Gebäudes | 2

Energiebedarf

Primärenergiebedarf „Gesamtenergieeffizienz"
kWh/(m²·a)

0   50   100   150   200   250   300   350   400   >400

kWh/(m²·a)
Endenergiebedarf CO_2-Emissionen *   kg/(m²·a)

Nachweis der Einhaltung des § 3 oder § 9 Abs. 1 der EnEV (Vergleichswerte)

Primärenergiebedarf		Energetische Qualität der Gebäudehülle	
Gebäude Ist-Wert	kWh/(m²a)	Gebäude Ist-Wert H_T'	W/(m²K)
EnEV-Anforderungs-Wert	kWh/(m²a)	EnEV-Anforderungs-Wert H_T'	W/(m²K)

Endenergiebedarf „Normverbrauch"

Energieträger	Jährlicher Endenergiebedarf in kWh/(m²a) für			Gesamt in kWh/(m²a)
	Heizung	Warmwasser	Hilfsgeräte	

Erneuerbare Energien

☐ Einsetzbarkeit alternativer Energie-versorgungssysteme nach § 5 EnEV vor Baubeginn berücksichtigt

Erneuerbare Energieträger werden genutzt für:
☐ Heizung   ☐ Warmwasser
☐ Lüftung   ☐ Kühlung

Lüftungskonzept

Die Lüftung erfolgt durch:
☐ Fensterlüftung   ☐ Schachtlüftung
☐ Lüftungsanlage ohne Wärmerückgewinnung
☐ Lüftungsanlage mit Wärmerückgewinnung

Vergleichswerte Endenergiebedarf

0   50   100   150   200   250   300   350   400   >400

Passivhaus | MFH Neubau | EFH Neubau | EFH energetisch gut modernisiert | Durchschnitt Wohngebäude | MFH energetisch nicht wesentlich modernisiert | EFH energetisch nicht wesentlich modernisiert **

Erläuterungen zum Berechnungsverfahren

Das verwendete Berechnungsverfahren ist durch die EnEV vorgegeben. Insbesondere wegen standardisierter Randbedingungen erlauben die angegebenen Werte keine Rückschlüsse auf den tatsächlichen Energieverbrauch. Die ausgewiesenen Bedarfswerte sind spezifische Werte nach der EnEV pro Quadratmeter Gebäudenutzfläche (A_N).

* freiwillige Angabe ** EFH – Einfamilienhäuser, MFH – Mehrfamilienhäuser

Abbildung 2: Auszug aus einem Energieausweis für Wohngebäude

En EV 2007

ENERGIEAUSWEIS für Nichtwohngebäude
gemäß den §§ 16 ff. Energieeinsparverordnung

Berechneter Energiebedarf des Gebäudes (2)

Primärenergiebedarf „Gesamtenergieeffizienz"

Dieses Gebäude: ____ kWh/(m²·a)

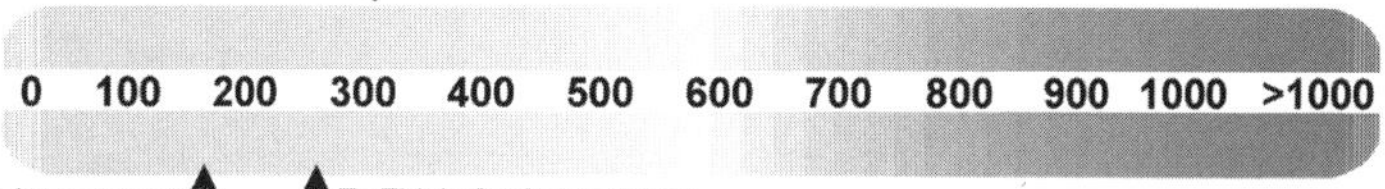

0 100 200 300 400 500 600 700 800 900 1000 >1000

EnEV-Anforderungswert Neubau | EnEV-Anforderungswert modernisierter Altbau

CO_2-Emissionen * ____ kg/(m²·a)

D

Nachweis der Einhaltung des § 3 oder § 9 Abs. 1 der EnEV (Vergleichswerte)

Primärenergiebedarf
Gebäude Ist-Wert ____ kWh/(m²a)
EnEV-Anforderungswert ____ kWh/(m²a)

Energetische Qualität der Gebäudehülle
Gebäude Ist-Wert H_T' ____ W/(m²K)
EnEV-Anforderungswert H_T' ____ W/(m²K)

Endenergiebedarf „Normverbrauch"

Jährlicher Endenergiebedarf in kWh/(m² a) für

Energieträger	Heizung	Warmwasser	Eingebaute Beleuchtung	Lüftung	Kühlung einschl. Befeuchtung	Gebäude insgesamt

Aufteilung Energiebedarf

[kWh/(m² a)]	Heizung	Warmwasser	Eingebaute Beleuchtung	Lüftung	Kühlung einschl. Befeuchtung	Gebäude insgesamt
Nutzenergie						
Endenergie						
Primärenergie						

Erneuerbare Energien

☐ Einsetzbarkeit alternativer Energieversorgungssysteme nach § 5 EnEV vor Baubeginn berücksichtigt

Erneuerbare Energieträger werden genutzt für:
☐ Heizung ☐ Warmwasser ☐ Eingebaute Beleuchtung
☐ Lüftung ☐ Kühlung

Lüftungskonzept

Die Lüftung erfolgt durch:
☐ Fensterlüftung ☐ Lüftungsanlage ohne Wärmerückgewinnung
☐ Schachtlüftung ☐ Lüftungsanlage mit Wärmerückgewinnung

Gebäudezonen

Nr.	Zone	Fläche [m²]	Anteil [%]
1			
2			
3			
4			
5			
6			
☐	weitere Zonen in Anlage		

Erläuterungen zum Berechnungsverfahren

Das verwendete Berechnungsverfahren ist durch die EnEV vorgegeben. Insbesondere wegen standardisierter Randbedingungen erlauben die angegebenen Werte keine Rückschlüsse auf den tatsächlichen Energieverbrauch. Die ausgewiesenen Bedarfswerte sind spezifische Werte nach der EnEV pro Quadratmeter Nettogrundfläche. Die oben als EnEV-Anforderungswert bezeichneten Anforderungen der EnEV sind nur im Falle des Neubaus und der Modernisierung nach § 9 Abs. 1 EnEV bindend.

* freiwillige Angabe

Abbildung 3: Energieausweis für ein Nichtwohngebäude

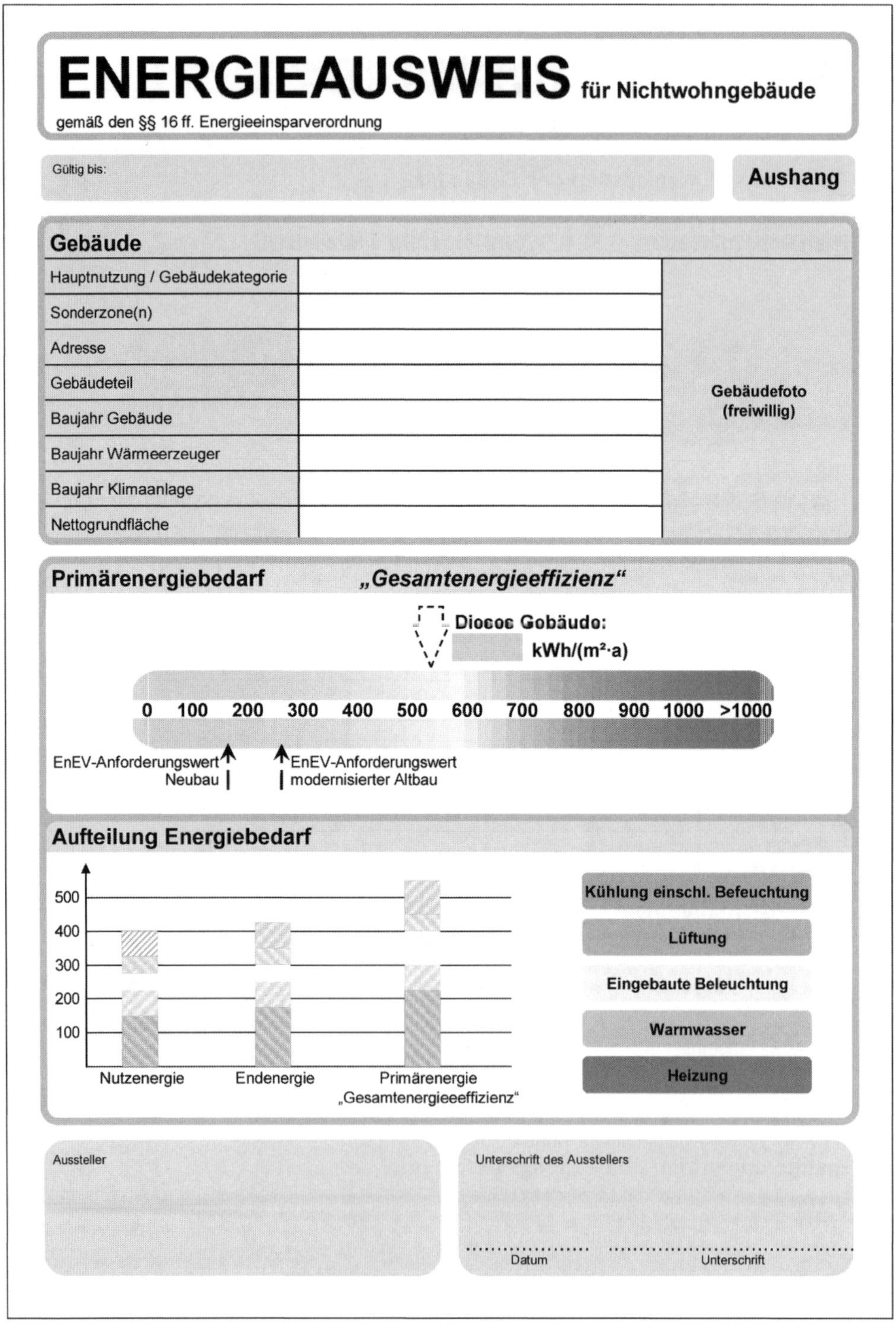

Bauphysik

ENERGIEAUSWEIS für Nichtwohngebäude
gemäß den §§ 16 ff. Energieeinsparverordnung

Gültig bis:

Aushang

Gebäude

Hauptnutzung / Gebäudekategorie	
Sonderzone(n)	
Adresse	
Gebäudeteil	
Baujahr Gebäude	
Baujahr Wärmeerzeuger	
Baujahr Klimaanlage	
Nettogrundfläche	

Gebäudefoto (freiwillig)

Primärenergiebedarf „Gesamtenergieeffizienz"

Dieses Gebäude: ___ kWh/(m²·a)

0 100 200 300 400 500 600 700 800 900 1000 >1000

EnEV-Anforderungswert Neubau | EnEV-Anforderungswert modernisierter Altbau

Aufteilung Energiebedarf

500
400
300
200
100

Nutzenergie Endenergie Primärenergie „Gesamtenergieeffizienz"

- Kühlung einschl. Befeuchtung
- Lüftung
- Eingebaute Beleuchtung
- Warmwasser
- Heizung

Aussteller

Unterschrift des Ausstellers

Datum   Unterschrift

Abbildung 4: Muster Aushang eines Energieausweises (Bedarfsbasis)

E BAUSTATIK

Prof. Dipl.-Ing. Klaus-Jürgen Schneider (Abschnitte 0 bis 3; Abschnitt 4, 1. Beitrag)
Prof. Dr.-Ing. Klaus Holschemacher (Abschnitt 4, 2. bis 4. Beitrag)
Dipl.-Ing. Susann Höher (Abschnitt 4, 2. und 3. Beitrag)
B. Sc. Jing Wang (Abschnitt 4, 2. bis 4. Beitrag)
Dr.-Ing. Dirk Weiße (Abschnitt 4, 4. Beitrag)

0 Mauerwerksbemessung nach DIN 1053-100 .... E.3

- 0.1 Allgemeines E.3
- 0.2 Bemessung nach dem Vereinfachten Verfahren E.3
  - 0.2.1 Nachweis nach dem neuen Sicherheitskonzept E.3
  - 0.2.2 Bemessungswert der einwirkenden Normalkraft N_{Ed} E.3
  - 0.2.3 Bemessungswert der aufnehmbaren Normalkraft N_{Rd} E.3
  - 0.2.4 Abminderungsfaktor Φ E.4
  - 0.2.5 Knicklängen E.5
  - 0.2.6 Zusätzlicher Nachweis bei schmalen und dünnen Wänden E.5
  - 0.2.7 Knicksicherheitsnachweis bei größeren Exzentrizitäten E.5
  - 0.2.8 Teilflächenpressung E.6
  - 0.2.9 Zug- und Biegezug E.6
  - 0.2.10 Schubbeanspruchung E.6
  - 0.2.11 Zahlenbeispiele E.7
- 0.3 Genaueres Berechnungsverfahren E.8

1 Vereinfachtes Berechnungsverfahren nach DIN 1053-1 ..... E.9

- 1.1 Anwendungsgrenzen für das vereinfachte Berechnungsverfahren E.9
- 1.2 Standsicherheit E.9
  - 1.2.1 Standsicheres Konstruieren E.9
  - 1.2.2 Windnachweis für Wind rechtwinklig zur Wandebene E.10
  - 1.2.3 Lastfall „Lotabweichung" E.10
  - 1.2.4 Beispiel für Decken mit und ohne Scheibenwirkung E.10
  - 1.2.5 Ringbalken/horizontale Aussteifung bei Bauten mit Decken ohne Scheibenwirkung E.11
  - 1.2.6 Ringanker E.12
  - 1.2.7 Anschluss der Wände an Decken und Dachstuhl E.14
- 1.3 Wandarten E.14
  - 1.3.1 Allgemeines E.14
  - 1.3.2 Tragende Wände und Pfeiler E.15
  - 1.3.3 Nichttragende Wände E.15
- 1.4 Knicklängen E.17
  - 1.4.1 Zweiseitig gehaltene Wände E.17
  - 1.4.2 Drei- und vierseitig gehaltene Wände E.17
  - 1.4.3 Halterungen zur Knickaussteifung bei Öffnungen E.18
- 1.5 Bemessung von Mauerwerkskonstruktionen nach dem vereinfachten Verfahren E.18
  - 1.5.1 Allgemeines E.18
  - 1.5.2 Grundprinzip der Bemessung nach dem vereinfachten Verfahren E.18
  - 1.5.3 Spannungsnachweis bei zentrischer und exzentrischer Druckbeanspruchung E.19
  - 1.5.4 Grundwerte der zulässigen Druckspannungen σ_0 ..... E.19
  - 1.5.5 Abminderungsfaktor k E.19

1.5.6	Zahlenbeispiele	E.20
1.5.7	Längsdruck und Biegung/Klaffende Fuge	E.21
1.5.8	Zusätzlicher Nachweis bei Scheibenbeanspruchung	E.25
1.5.9	Zusätzlicher Nachweis bei dünnen, schmalen Wänden	E.25
1.5.10	Lastverteilung	E.25
1.5.11	Spannungsnachweis bei Einzellasten in Richtung der Wandebene	E.27
1.5.12	Spannungsnachweis bei Einzellasten senkrecht zur Wandebene	E.29
1.5.13	Biegezugspannungen	E.29
1.5.14	Schubnachweis	E.30
1.6	Tragfähigkeitstafeln für Mauerwerkswände (Hinweis)	E.30
1.7	Belastung bei Stürzen	E.32
1.8	Kellerwände	E.34
1.8.1	Allgemeines	E.34
1.8.2	Formeln für die Berechnung von Kellermauerwerk auf der Basis einer Gewölbeeinwirkung	E.34
1.8.3	Tafeln für die erforderliche Auflast min F bei Kellerwänden	E.36
1.8.4	Tragfähigkeitstafeln für Kellerwände aus bewehrtem Mauerwerk	E.39

2 Genaueres Berechnungsverfahren E.41

2.1	Allgemeines	E.41
2.2	5 %-Regel	E.41
2.3	Rahmenformel (genauere Berechnung)	E.42
2.4	Bemessung	E.47
2.5	Zahlenbeispiel	E.48

3 Bewehrtes Mauerwerk E.49

3.1	Biegebemessung nach DIN 1053-3	E.49
3.2	Bemessung für Querkraft	E.50
3.3	Bemessung von Flachstürzen	E.50

4 Aktuelle Beiträge

Tragfähigkeitstafeln für Wände nach DIN 1053-100 (08.2006)		E.52
Windlasten nach DIN 1055-4 (03.05)		E.55
1	Allgemeines	E.55
2	Winddruck für nicht schwingungsanfällige Bauteile	E.55
3	Resultierende Windkraft	E.63
Schnee- und Eislast nach DIN 1055-5 (07.05)		E.64
1	Charakteristische Werte der Schneelasten	E.64
2	Schneeanhäufungen	E.66
3	Eislasten nach DIN 1055-5 (07.05)	E.68
Bauten in deutschen Erdbebengebieten nach DIN 4149 (04.05)		E.72
1	Allgemeines	E.72
2	Entwurf und Bemessung	E.73
3	Erdbebeneinwirkung	E.74
4	Tragwerksberechnung	E.82
5	Nachweise der Standsicherheit	E.84
6	Besondere Regeln für Mauerwerksbauten	E.86

E BAUSTATIK

0 Mauerwerksbemessung nach DIN 1053-100 (08.2006)

0.1 Allgemeines

Als Ergänzung zur Standardnorm für den Mauerwerksbau DIN 1053-1 ist im August 2006 DIN 1053-100 als „Weißdruck" (endgültige Norm) erschienen. DIN 1053-100 enthält die Bemessung von Mauerwerk nach dem neuen Sicherheitskonzept mit Teilsicherheitsbeiwerten.

0.2 Bemessung nach dem Vereinfachten Verfahren

Die Anwendungsgrenzen für das Vereinfachte Verfahren sind in Abschn. 1.1 dargestellt.

0.2.1 Nachweis nach dem neuen Sicherheitskonzept

Es ist folgender Nachweis zu führen:

$$N_{Ed} \leq N_{Rd}$$

N_{Ed} Bemessungswert der einwirkenden Normalkraft

N_{Rd} Bemessungswert der aufnehmbaren Normalkraft

0.2.2 Bemessungswert der einwirkenden Normalkraft N_{Ed}

$$N_{Ed} = 1{,}35\, N_{Gk} + 1{,}50\, N_{Qk}$$

N_{Gk} Charakteristischer Wert der einwirkenden Normalkraft infolge von Eigenlast

N_{Qk} Charakteristischer Wert der einwirkenden Normalkraft infolge von Nutzlast

1,35 und 1,50 sind Sicherheitsbeiwerte.

Vereinfachung beim Sonderfall:
Bei Hochbauten mit Decken aus Stahlbeton und charakteristischen Nutzlasten von maximal 2,5 kN/m² darf vereinfachend angesetzt werden:

$$N_{Ed} = 1{,}4\,(N_{Gk} + N_{Qk})$$

N_{Gk} und N_{Qk} siehe oben.

Hinweis:
Bei größeren Biegemomenten (z. B. bei Windscheiben) ist auch ein Nachweis für max M + min N zu führen. Hierbei gilt:

min $N_{Ed} = 1{,}0\, N_{Gk}$

0.2.3 Bemessungswert der aufnehmbaren Normalkraft N_{Rd}

$$N_{Rd} = A \cdot f_d \cdot \Phi$$

A Querschnittsfläche (abzüglich eventueller Schlitze und Aussparungen)
$A < 400\,\text{cm}^2$ ist unzulässig.

$f_d = \eta\, f_k / \gamma_M$ Bemessungswert der Druckfestigkeit des Mauerwerks

η Abminderungsbeiwert zur Berücksichtigung von Langzeitwirkung und weiterer Einflüsse. Allgemein $\eta = 0{,}85$. Kurzzeitbelastung: $0{,}85 < \eta \leq 1$. Außergewöhnliche Einwirkungen: $\eta = 1$

f_k Charakteristische Druckfestigkeit des Mauerwerks nach den Tafeln E.0.1 und E.0.2

γ_M Teilsicherheitsbeiwert nach Tafel 0.3

Φ Abminderungsfaktor zur Berücksichtigung des Knickens und von Lastexzentrizitäten (vgl. Abschn. 0.2.4)

Tafel E.0.1 Charakteristische Werte f_k der Druckfestigkeit von Mauerwerk mit Normalmörtel

Steinfestigkeitsklasse	Mörtelgruppe				
	I N/mm²	II N/mm²	IIa N/mm²	III N/mm²	IIIa N/mm²
2	0,9	1,5	1,5[1)]	–	–
4	1,2	2,2	2,5	2,8	–
6	1,5	2,8	3,1	3,7	–
8	1,8	3,1	3,7	4,4	–
10	2,2	3,4	4,4	5,0	–
12	2,5	3,7	5,0	5,6	6,0
16	2,8	4,4	5,5	6,6	7,7
20	3,1	5,0	6,0	7,5	9,4
28	–	5,6	7,2	9,4	11,0
36	–	–	–	11,0	12,5
48	–	–	–	12,5[2)]	14,0[2)]
60	–	–	–	14,0[2)]	15,5[2)]

[1)] $f_k = 1,8$ N/mm² bei Außenwänden mit Dicken ≥ 300 mm. Diese Erhöhung gilt jedoch nicht für den Nachweis der Auflagerpressung nach Abschn. 0.2.8.
[2)] Die Werte $f_k \geq 11,0$ N/mm² enthalten einen zusätzlichen Sicherheitsbeiwert zwischen 1,0 und 1,17 wegen Gefahr von Sprödbruch.

Tafel E.0.3 Teilsicherheitsbeiwerte γ_M für Baustoffeigenschaften

Konstruktionsarten	γ_M	
	Normale Einwirkungen	Außergewöhnliche Einwirkungen
Mauerwerk	$1,5 \cdot k_0$	$1,3 \cdot k_0$
Verbund-, Zug- und Druckwiderstand von Wandankern und Bändern	2,5	2,5

In der Tafel gilt:

$k_0 = 1$ bei Wänden und Pfeilern ($1000 > A \geq 400$ cm²), wenn letztere aus ungeteilten Steinen oder aus geteilten Steinen mit einem Lochanteil $< 35\,\%$ bestehen

$k_0 = 1,25$ bei allen anderen Pfeilern.

Tafel E.0.2 Charakteristische Werte f_k der Druckfestigkeit von Mauerwerk mit Dünnbett- und Leichtmörtel

Steinfestigkeitsklasse	Dünnbettmörtel[1)]	Leichtmörtel	
		LM 21	LM 36
	N/mm²	N/mm²	N/mm²
2	1,8	1,5 (1,2)[2)]	1,5 (1,2)[2)] (1,8)[3)]
4	3,4	2,2 (1,5)[4)]	2,5 (2,2)[5)]
6	4,7	2,2	2,8
8	6,2	2,5	3,1
10	6,6	2,7	3,3
12	6,9	2,8	3,4
16	8,5	2,8	3,4
20	10,0	2,8	3,4
28	11,6	2,8	3,4

[1)] Anwendung nur bei Porenbeton-Plansteinen und bei Kalksand-Plansteinen. Die Werte gelten für Vollsteine. Für Kalksand-Lochsteine und Kalksand-Hohlblocksteine gelten die entsprechenden Werte der Tafel E.0.1 bei Mörtelgruppe III bis Steinfestigkeitsklasse 20.
[2)] Für Mauerwerk mit Mauerziegeln gilt $f_k = 1,2$ N/mm².
[3)] $f_k = 1,8$ N/mm² bei Außenwänden mit Dicken ≥ 300 mm. Diese Erhöhung gilt jedoch nicht für den Fall der Fußnote [2)] und nicht für den Nachweis der Auflagerpressung nach 0.2.8.
[4)] Für Kalksandsteine der Rohdichteklasse $\geq 0,9$ und Mauerziegel gilt $f_k = 1,5$ N/mm².
[5)] Für Mauerwerk mit den in Fußnote [4)] genannten Mauersteinen gilt $f_k = 2,2$ N/mm².

0.2.4 Abminderungsfaktoren Φ

Abminderungsfaktor Φ_2 bei Knickgefahr von geschosshohen Wänden

$$\Phi = \Phi_2 = 0,85 - 0,0011 \cdot (h_k/d)^2$$

h_k Knicklänge nach Abschnitt 1.4

d Dicke des Querschnitts

Schlankheiten $h_k/d > 25$ sind unzulässig.

Abminderungsfaktor Φ_3 bei geschosshohen Wänden („Deckendrehwinkel")

Φ_3 berücksichtigt die exzentrische Beanspruchung von Wänden infolge „Deckendrehwinkel".

Es sind die folgenden Abminderungsfaktoren einzusetzen:

Bei Endauflagern von Außen- und Innenwänden und folgenden Stützweiten:

$l \leq 4{,}20\,\text{m} \rightarrow$ $\Phi = \Phi_3 = 0{,}9$

$4{,}20 < l \leq 6\,\text{m} \rightarrow$ $\Phi = \Phi_3 = 1{,}6 - l/6 \leq 0{,}9$
für $f_k \geq 1{,}8\,\text{N/mm}^2$

bzw.

$\Phi = \Phi_3 = 1{,}6 - l/5 \leq 0{,}9$
für $f_k < 1{,}8\,\text{N/mm}^2$

Sonderfall: Decken über dem obersten Geschoss, insbesondere Dachdecken

Für alle $l \rightarrow \Phi = \Phi_3 = 0{,}5$

Wird ein „Deckendrehwinkel" durch konstruktive Maßnahmen verhindert (z. B. Zentrierleisten), so darf unabhängig von der Deckenstützweite

$\Phi = \Phi_3 = 1{,}0$ gesetzt werden.

Abminderungsfaktor Φ_1 bei vorwiegender Biegebeanspruchung

Bei vorwiegender Biegebeanspruchung, z. B. bei Windscheiben, ist

$\Phi = \Phi_1 = 1 - 2\,e/b$

$e = M_{Ed}/N_{Ed}$ Exzentrizität der Last, zum Lastfall max M + min N

$M_{Ed} = \gamma_F \cdot M_{Ek}$ Bemessungswert des Biegemoments;
bei Windscheiben gilt $M_{Ed} = 1{,}5 \cdot H_{Wk} \cdot h_W$; eventuell vorhandene Exzentrizitäten der Normalkraft sind zusätzlich zu berücksichtigen.

H_{Wk} charakteristischer Wert der resultierenden Windlast bezogen auf den nachzuweisenden Querschnitt

h_W Hebelarm von H_{Wk} bezogen auf den nachzuweisenden Querschnitt

N_{Ed} Bemessungswert der Normalkraft im nachzuweisenden Querschnitt nach Abschnitt 0.2.2

Bei Exzentrizitäten $e > b/6$ bzw. $e > d/6$ sind rechnerisch klaffende Fugen vorausgesetzt. Bei Windscheiben mit $e > b/6$ ist zusätzlich nachzuweisen, dass die rechnerische Randdehnung aus der Scheibenbeanspruchung auf der Seite der Klaffung $\varepsilon_R = \varepsilon_D \cdot a/c$ unter charakteristischen Lasten den Wert $\varepsilon_{Rk} = 10^{-4}$ nicht überschreitet (siehe Abb.). Der Elastizitätsmodul für Mauerwerk darf hierfür zu $E = 1000\,f_k$ angenommen werden.

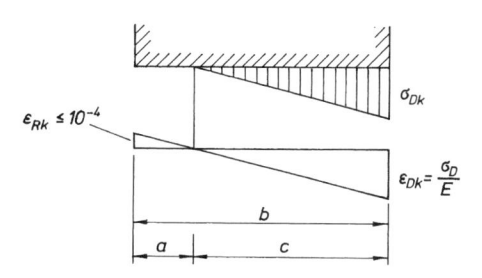

Legende

h Länge der Windscheibe
σ_{Dk} Kantenpressung auf Basis eines linear-elastischen Stoffgesetzes
ε_{Dk} rechnerische Randstauchung
ε_{Rk} rechnerische Randdehnung

0.2.5 Knicklängen

Für die Ermittlung der Knicklängen gilt Abschn. 1.4.

0.2.6 Zusätzlicher Nachweis bei schmalen und dünnen Wänden

Bei zweiseitig gehaltenen Wänden mit Wanddicken $d < 175\,\text{mm}$ und mit Schlankheiten $h_k/d > 12$ und mit Wandbreiten $< 2{,}0\,\text{m}$ ist der Einfluss einer ungewollten horizontalen Einzellast $H = 0{,}5\,\text{kN}$, die als außergewöhnliche Einwirkung A_d in halber Geschosshöhe angreift, nachzuweisen. Sie darf als Linienlast über die Wandbreite gleichmäßig verteilt werden. Der Nachweis ist nach DIN 1053-100 Anhang A, Gleichung (A.3) zu führen. Er darf entfallen, wenn die folgende Gleichung erfüllt ist:

$h_k/d \leq 20 - 1000 \cdot H/(A \cdot f_k)$

A Wandquerschnitt $b \cdot d$

0.2.7 Knicksicherheitsnachweis bei größeren Exzentrizitäten

Der Faktor Φ_2 nach 0.2.4 berücksichtigt die ungewollte Ausmitte und die Verformung nach Theorie II. Ordnung. Dabei ist vorausgesetzt, dass in halber Geschosshöhe nur Biegemomente aus Knotenmomenten und aus Windlasten auftreten. Greifen größere horizontale Lasten an oder werden vertikale Lasten mit größerer planmäßiger Exzentrizität eingeleitet, so ist der Knicksicherheitsnachweis nach dem „Genaueren Berechnungsverfahren" zu führen. Ein Versatz der Wandachsen infolge einer Änderung der Wanddicken gilt dann nicht als größere Exzentrizität, wenn der Querschnitt der dickeren tragenden Wand den Querschnitt der dünneren tragenden Wand umschreibt.

0.2.8 Teilflächenpressung

Bei mittiger oder ausmittiger Belastung einer Mauerwerkskonstruktion durch eine Einzellast F_d (z. B. durch eine Stütze) darf im Bereich der Teilfläche A_1 folgende Pressung auftreten:

$$\sigma_{1d} = F_d/A_1 \leq \alpha \cdot \eta \cdot f_k/\gamma_M$$

$\alpha = 1$ im Allgemeinen

$\alpha = 1{,}3$, wenn folgende Voraussetzungen erfüllt sind:

- Teilfläche $A_1 \leq 2\,d^2$
- $e < d/6$ sowie
- $a_1 > 3\,l_1$

η siehe Abschn. 0.2.3

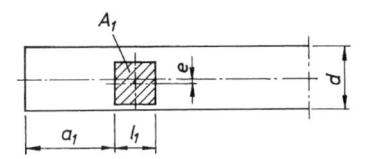

Teilflächenpressung rechtwinklig zur Wandebene

Für diesen Fall beträgt die zulässige Teilflächenpressung:

$$\sigma_{1d} = 1{,}3 \cdot \eta \cdot f_k/\gamma_M$$

Bei horizontalen Lasten $F_d \geq 4{,}0$ kN muss zusätzlich ein Schubspannungsnachweis für die Lagerfugen der belasteten Steine geführt werden. Bei Loch- und Kammersteinen ist z. B. durch Unterlagsplatten sicherzustellen, dass die Druckkraft auf mindestens zwei Stege übertragen wird.

0.2.9 Zug- und Biegezug

Zug- und Biegezugspannungen rechtwinklig zu Lagerfugen dürfen in tragendem Mauerwerk nicht in Rechnung gestellt werden.

Nachweis für Zugbeanspruchung parallel zu Lagerfugen:

$$n_{Ed} \leq n_{Rd} = d \cdot f_{x2}/\gamma_M$$

Nachweis für Biegezugbeanspruchung parallel zu Lagerfugen:

$$m_{Ed} \leq m_{Rd} = d^2 \cdot f_{x2}/6\,\gamma_M$$

n_{Ed} bzw. m_{Ed} Bemessungswert der wirkenden Zugkraft bzw. des Biegemoments (je Längeneinheit)

n_{Rd} bzw. m_{Rd} Bemessungswert der aufnehmbaren Zugkraft bzw. des Biegemoments

γ_M Teilsicherheitsbeiwert nach Tafel E.0.3

$f_{x2} = 0{,}4\,f_{vk0} + 0{,}24\,\sigma_{Dd} \leq \max f_{x2}$

σ_{Dd} Bemessungswert der zugehörigen Druckspannung rechtwinklig zur Lagerfuge. In der Regel ist der geringste Wert einzusetzen.

Tafel E.0.4 Abgeminderte Haftscherfestigkeit f_{vk0} in N/mm²

Mörtelart, Mörtelgruppe	NM I	NM II	NM IIa LM 21 LM 36	NM III DM	NM IIIa
f_{vk0} [1]	0,02	0,08	0,18	0,22	0,26

[1] Für Mauerwerk mit unvermörtelten Stoßfugen sind die Werte f_{vk0} zu halbieren. Als vermörtelt in diesem Sinn gilt eine Stoßfuge, bei der etwa die halbe Wanddicke oder mehr vermörtelt ist.

Tafel E.0.5 Höchstwerte der Zugfestigkeit max f_{x2} parallel zur Lagerfuge in N/mm²

Steinfestigkeitsklasse	2	4	6	8	12	20	≥ 28
max f_{x2}	0,02	0,04	0,08	0,10	0,20	0,30	0,40

0.2.10 Schubbeanspruchung

Es ist zwischen Scheibenschub (Kräfte wirken parallel zur Wandebene) und Plattenschub (Kräfte wirken senkrecht zur Wandebene) zu unterscheiden.

Ist kein Nachweis der räumlichen Steifigkeit erforderlich (Bauwerk ist offensichtlich ausreichend ausgesteift!), kann der Schubnachweis für die aussteifenden Wände entfallen.

Querschnittsbereiche, in denen die Fugen rechnerisch klaffen, dürfen beim Schubnachweis nicht mit angesetzt werden. Es darf nur die überdrückte Fläche mit der Länge l_c in Ansatz gebracht werden.

Im Grenzzustand der Tragfähigkeit ist nachzuweisen:

$$V_{Ed} \leq V_{Rd}$$

V_{Ed} Bemessungswert der Querkraft

V_{Rd} Bemessungswert des Bauteilwiderstandes bei Querkraftbeanspruchung

Für Rechteckquerschnitte gilt bei Scheibenschub:

$$V_{Rd} = \alpha_s \cdot f_{vd} \cdot d / c$$

Dabei ist

$f_{vd} = f_{vk}/\gamma_M$ Bemessungswert der Schubfestigkeit mit f_{vk}: siehe unten

γ_M Teilsicherheitsbeiwert nach Tafel E.0.3

α_s Schubträgerfähigkeitsbeiwert. Für den Nachweis von Wandscheiben unter Windbeanspruchung gilt $\alpha_s = 1{,}125 \cdot l$ bzw. $\alpha_s = 1{,}333 \cdot l_c$, wobei der kleinere der beiden Werte maßgebend ist. In allen anderen Fällen gilt $\alpha_s = l$ bzw. $\alpha_s = l_c$.

d Dicke der nachzuweisenden Wand

l Länge der nachzuweisenden Wand

l_c Länge des überdrückten Wandquerschnitts; $l_c = 1{,}5 \cdot (l - 2e) \leq l$

c Faktor zur Berücksichtigung der Verteilung der Schubspannungen über den Querschnitt. Für hohe Wände $h_w/l \geq 2$ gilt $c = 1{,}5$; für Wände mit $h_w/l \leq 1$ gilt $c = 1{,}0$; dazwischen darf linear interpoliert werden. h_w bedeutet die Gesamthöhe, l die Länge der Wand. Bei Plattenschub gilt stets $c = 1{,}5$.

Bei Plattenschub ist analog zu verfahren.

Schubfestigkeit

Für die charakteristische Schubfestigkeit gilt:

Scheibenschub:

$f_{vk} = f_{vk0} + 0{,}4 \cdot \sigma_{Db}$ bzw.

$f_{vk} = \max f_{vk}$

Der kleinere Wert ist maßgebend.

$\max f_{vk}$ der Höchstwert der Schubfestigkeit nach Tafel E.0.6, abhängig vom Rissverhalten

Plattenschub:

$f_{vk} = f_{vk0} + 0{,}6 \cdot \sigma_{Dd}$

f_{vk0} abgeminderte Haftscherfestigkeit nach Tafel E.0.4

σ_{Dd} Bemessungswert der zugehörigen Druckspannung im untersuchten Lastfall an der Stelle der maximalen Schubspannung. Für Rechteckquerschnitt gilt $\sigma_{Dd} = N_{Ed}/A$, dabei ist A der überdrückte Querschnitt. Im Regelfall ist die minimale Einwirkung $N_{Ed} = 1{,}0 \, N_G$ maßgebend.

Tafel E.0.6 Höchstwerte der Schubfestigkeit $\max f_{vk}$ im vereinfachten Nachweisverfahren

Steinart	$\max f_{vk}$
Hohlblocksteine	$0{,}012 \cdot f_{bk}$
Hochlochsteine und Steine mit Grifflöchern oder mit Grifföffnungen	$0{,}016 \cdot f_{bk}$
Vollsteine ohne Grifflöcher und ohne Grifföffnungen	$0{,}020 \cdot f_{bk}$

f_{bk} ist der charakteristische Wert der Steindruckfestigkeit (Steindruckfestigkeitsklasse)

0.2.11 Zahlenbeispiele

Zahlenbeispiel 1

Gegeben:

Innenwand $d = 11{,}5$ cm

Lichte Geschosshöhe $h_s = 2{,}75$ m

Belastung UK Wand $R_k = 49{,}6$ kN/m

(Nutzlast der Stahlbetondecke $q_k = 2{,}25$ kN/m²)

Knicklänge $h_k = 0{,}75 \, h_s = 0{,}75 \cdot 2{,}75 = 2{,}06$ m

$N_{Ed} = 1{,}4 \cdot (N_{Gk} + N_{Qk})$

$N_{Ed} = 1{,}4 \cdot 49{,}6 = 69{,}4$ kN/m

$N_{Rd} = A \cdot f_d \cdot \Phi = A \cdot (0{,}85 \cdot f_k / \gamma_M) \cdot \Phi$

$\gamma_M = 1{,}5 \cdot k_0$ $k_0 = 1$ (Wand)

$\gamma_M = 1{,}5$

Da keine „vorwiegende Biegebeanspruchung" vorliegt, spielt Φ_1 keine Rolle.

$\Phi_2 = 0{,}85 - 0{,}0011 \cdot (h_k/d)^2$
$ = 0{,}85 - 0{,}0011 \cdot (2{,}06/0{,}115)^2 = 0{,}50$

$\Phi_3 = 1$ (Innenwand kein „Deckendrehwinkel")

gew. 6/II $\rightarrow f_k = 2{,}8$ N/mm² $= 0{,}28$ kN/cm²

$\Phi = \Phi_2 = 0{,}5$

(Der kleinste Φ-Wert ist maßgebend.)

$N_{Rd} = 11{,}5 \cdot 100 \cdot (0{,}85 \cdot 0{,}28/1{,}5) \cdot 0{,}5$

$N_{Rd} = 91{,}2$ kN/m

Nachweis:

$N_{Ed} = 69{,}4$ kN/m $< N_{Rd} = 91{,}2$ kN/m

Zahlenbeispiel 2

Gegeben:

Außenwandpfeiler $b/d = 49/17{,}5$ (geteilte Steine mit Lochanteil $> 35\%$)

Lichte Geschosshöhe $h_s = 2{,}75$ m

Stützweite der Stahlbetondecke $l = 4{,}80$ m

Nutzlast der Stahlbetondecke $q_k = 2{,}25$ kN/m^2

Belastung UK Pfeiler $R_k = 68$ kN

Knicklänge $h_k = 0{,}75 \cdot 2{,}75 = 2{,}06$ m

$N_{Ed} = 1{,}4 \,(N_{Gk} + N_{Qk})$
$\phantom{N_{Ed}} = 1{,}4 \cdot 68 = 95{,}2$ kN

$N_{Rd} = A \cdot f_d \cdot \Phi = A \cdot (0{,}85 \cdot f_k / \gamma_M) \cdot \Phi$

$\gamma_M = 1{,}5 \cdot k_0 \quad k_0 = 1{,}25$

$\gamma_M = 1{,}5 \cdot 1{,}25 = 1{,}875$

Da keine „vorwiegende Biegebeanspruchung" vorliegt, spielt Φ_1 keine Rolle.

$\Phi_2 = 0{,}85 - 0{,}0011 \cdot (h_k/d)^2$
$ = 0{,}85 - 0{,}0011 \cdot (2{,}06/0{,}175)^2 = 0{,}70$

$\Phi_3 = 1{,}6 - l/6 = 1{,}6 - 4{,}8/6 = 0{,}80$

Maßgebend: $\Phi = \Phi_2 = 0{,}70$

gew. 12/II $\rightarrow f_k = 0{,}37$ kN/cm^2

$N_{Rd} = 49 \cdot 17{,}5 \cdot (0{,}85 \cdot 0{,}37/1{,}875) \cdot 0{,}70$
$\phantom{N_{Rd}} = 100{,}7$ kN

Nachweis:

$N_{Ed} = 95{,}2$ kN $< N_{Rd} = 100{,}7$ kN

0.3 Genaueres Berechnungsverfahren

siehe DIN 1053-100, Abschnitt 9.

E BAUSTATIK

1 Vereinfachtes Berechnungsverfahren nach DIN 1053-1

1.1 Anwendungsgrenzen für das vereinfachte Berechnungsverfahren

Alle Bauwerke, die innerhalb der im Folgenden zusammengestellten Anwendungsgrenzen liegen, dürfen mit dem *vereinfachten Verfahren* berechnet werden. Es ist selbstverständlich auch eine Berechnung nach dem *genaueren Verfahren* (vgl. Abschnitt 2) möglich. Befindet sich das Mauerwerk außerhalb der Anwendungsgrenzen, *muss* es nach dem genaueren Verfahren gerechnet werden. Im Einzelnen müssen für die Anwendung des *vereinfachten Berechnungsverfahrens* die folgenden Voraussetzungen erfüllt sein:

- Gebäudehöhe < 20 m über Gelände
  (Bei geneigten Dächern darf die Mitte zwischen First- und Traufhöhe zugrunde gelegt werden.)
- Verkehrslast $p \leq 5{,}0$ kN/m²
- Deckenstützweiten $l \leq 6{,}0$ m[1]
  (Bei zweiachsig gespannten Decken gilt für l die kleinere Stützweite.)
- Innenwände
  Wanddicke 11,5 cm $\leq d <$ 24 cm: lichte Geschosshöhe $h_s \leq 2{,}75$ m
  $d \geq 24$ cm: h_s ohne Einschränkung
- Einschalige Außenwände
  Wanddicke 17,5 cm[2] $\geq d <$ 24 cm: lichte Geschosshöhe $h_s \leq 2{,}75$ m
  Wanddicke $d \geq 24$ cm: $h_s \leq 12\,d$
- Zweischalige Außenwände und Haustrennwände
  Tragschale 11,5 cm $\leq d <$ 24 cm: lichte Geschosshöhe $h_s \leq 2{,}75$ m
  Tragschale $d \geq 24$ cm: lichte Geschosshöhe $h_s \leq 12\,d$

  Zusätzliche Bedingung, wenn $d = 11{,}5$ cm:
  a) maximal 2 Vollgeschosse zuzüglich ausgebautem Dachgeschoss
  b) Verkehrslast einschließlich Zuschlag für unbelastete Trennwände $q \leq 3$ kN/m²
  c) Abstand der aussteifenden Querwände $e \leq 4{,}50$ m bzw. Randabstand $\leq 2{,}0$ m

- Als horizontale Lasten dürfen nur Wind oder Erddruck angreifen.
- Es dürfen keine größeren planmäßigen Exzentrizitäten eingeleitet werden.[3]

1.2 Standsicherheit

1.2.1 Standsicheres Konstruieren

Jedes Bauwerk muss so konstruiert werden, dass alle auftretenden vertikalen *und* horizontalen Lasten einwandfrei in den Baugrund abgeleitet werden können und dass somit eine ausreichende Standsicherheit vorhanden ist. Im Mauerwerksbau wird dies in der Regel durch Wände und Deckenscheiben erreicht. In Sonderfällen kann die Standsicherheit auch durch andere Maßnahmen (z.B. Rahmenkonstruktionen, Ringbalken) gewährleistet werden.

Auf einen Nachweis der räumlichen Steifigkeit kann verzichtet werden, wenn folgende Bedingungen erfüllt sind:

- Die Decken sind als steife Scheiben ausgebildet, oder es sind stattdessen statisch nachgewiesene Ringbalken (ausreichend steif) vorhanden.
- In Längs- und Querrichtung des Bauwerkes ist eine offensichtlich ausreichende Anzahl von aussteifenden Wänden vorhanden.

  Diese müssen ohne größere Schwächungen und Versprünge bis auf die Fundamente gehen.

---

[1] Es dürfen auch Stützweiten $l > 6$ m vorhanden sein, wenn die Deckenauflagerkraft durch Zentrierung mittig eingeleitet wird (Verringerung des Einflusses des Deckendrehwinkels).
[2] Bei eingeschossigen Garagen und vergleichbaren Bauwerken, die nicht zum dauernden Aufenthalt von Menschen dienen, ist auch $d = 11{,}5$ cm zulässig.
[3] Was sind *größere* planmäßige Exzentrizitäten? Diese Frage wird in der Norm nicht eindeutig beantwortet. In vielen Diskussionen unter Fachleuchten hat sich folgende baupraktisch sinnvolle Regelung herauskristallisiert: Lässt sich eine exzentrisch beanspruchte Mauerwerkskonstruktion rechnerisch für das vereinfachte Verfahren nachweisen (Nachweis der Auflagerpressung und Nachweis in halber Geschosshöhe bei einseitiger Lastverteilung unter 60°), so handelt es sich um keine *größere* Exzentrizität.
[4] Als flächig aufgelagerte Massivdecken gelten auch Stahlbetonbalken- und Stahlbetonrippendecken mit Zwischenbauteilen nach DIN 1045, bei denen die Auflagerung durch Randbalken erfolgt.

Tafel E.1.1 Dicken und Abstände aussteifender Wände *(Tab. 3, DIN 1053 alt)*

Zeile	Dicke der aus-zusteifenden belasteten Wand in cm		Geschoss-höhe in m	Aussteifende Wand		
				im 1. bis 4. Vollgeschoss von oben	im 5. u. 6. Vollgeschoss von oben	Mittenabstand in m
1	≥ 11,5	< 17,5	≤ 3,25	≥ 11,5 cm	≥ 17,5 cm	≤ 4,50
2	≥ 17,5	< 24				≤ 6,00
3	≥ 24	< 30	≤ 3,50			≤ 8,00
4	≥ 30		≤ 5,00			

Die Norm DIN 1053-1 enthält keine Angaben darüber, was „offensichtlich ausreichend" bedeutet. Dies lässt sich in kurzer Form in einer Norm auch nicht darstellen. Hier muss also der Ingenieur im Einzelfall entscheiden. Als Anhalt könnte die Tabelle 3 der alten DIN 1053 (11.72), die allerdings inzwischen zurückgezogen worden ist, hilfreich sein. Die Konstruktionsregel der alten DIN 1053, dass bei Mauerwerksbauten bis zu sechs Geschossen kein Windnachweis geführt werden muss, wenn die Bedingungen der Tafel E.1.1 in etwa erfüllt sind, könnte auch heute als Definitionshilfe für „offensichtlich ausreichend" herangezogen werden. Diese Konstruktionsregel der alten DIN 1053 hat sich jahrzehntelang bewährt. Im Zweifelsfall muss jedoch ein Nachweis geführt werden (vgl. Abschn. D.3.3). In einfachen Fällen kann dies nach dem *vereinfachten Verfahren* geschehen. In der Regel erscheint es jedoch sinnvoll, das *genauere Nachweisverfahren* zu wählen (vgl. Zahlenbeispiel im Abschnitt D.4.5.3).

Bei dem Standsicherheitsnachweis einzelner Wände unterscheidet man in DIN 1053-1 (*vereinfachtes Verfahren*) zwischen:
- zweiseitig
- dreiseitig oder
- vierseitig

gehaltenen Wänden. Frei stehende (einseitig gehaltene) Wände sind nach dem *genaueren Verfahren* zu berechnen.

1.2.2 Windnachweis für Wind rechtwinklig zur Wandebene

Ein Nachweis für Windlasten rechtwinklig zur Wand ist in der Regel nicht erforderlich. Voraussetzung ist jedoch, dass die Wände durch Deckenscheiben oder statisch nachgewiesene Ringbalken oben und unten einwandfrei gehalten sind. Bei kleinen Wandstücken und Pfeilern mit anschließenden großen Fensteröffnungen ist jedoch ein Nachweis ratsam, insbesondere in Dachgeschossen mit geringen Auflasten.

In jedem Fall ist unabhängig davon die räumliche Steifigkeit des Gesamtgebäudes sicherzustellen (vgl. Abschnitt 1.2.1).

1.2.3 Lastfall „Lotabweichung"

Bei Mauerwerksbauten, bei denen ein rechnerischer Windnachweis erforderlich ist, muss am unverformten System zusätzlich der Lastfall „Lotabweichung" berücksichtigt werden. Hierdurch werden die an jedem Bauwerk auftretenden ungewollten Lastausmitten infolge Herstellungsungenauigkeiten näherungsweise berücksichtigt. Wie auch im Stahlbetonbau gemäß DIN 1045 sind bei Mauerwerkskonstruktionen horizontale Lasten infolge Schrägstellung des Gebäudes um den Winkel $\varphi = \pm 1/(100 \cdot \sqrt{h_G})$ anzusetzen (φ im Bogenmaß, h_G = Gebäudehöhe in m über OK Fundament).

1.2.4 Beispiele für Decken mit und ohne Scheibenwirkung

Für die Beurteilung der Standsicherheit eines Bauwerkes ist es wichtig zu wissen, ob die Deckenkonstruktionen als Scheiben anzusehen sind.

Als Decken *mit Scheibenwirkung* und damit als horizontal ausreichend aussteifende Konstruktionsteile gelten z.B.:
- Stahlbetonplatten und Stahlbetonrippendecken aus Ortbeton
- Decken aus Stahlbetonfertigteilen, wenn sie die Bedingungen nach DIN 1045, 19.7.4 erfüllen
- Ziegeldecken mit entsprechenden konstr. Maßnahmen.

Decken *ohne Scheibenwirkung* sind z.B.:
- Fertigteildecken aus Stahlbeton, die nicht den Bedingungen nach DIN 1045, 19.7.4 genügen
- Holzbalkendecken, wenn sie nicht den Bedingungen nach DIN 1052-1, 10.3 genügen.

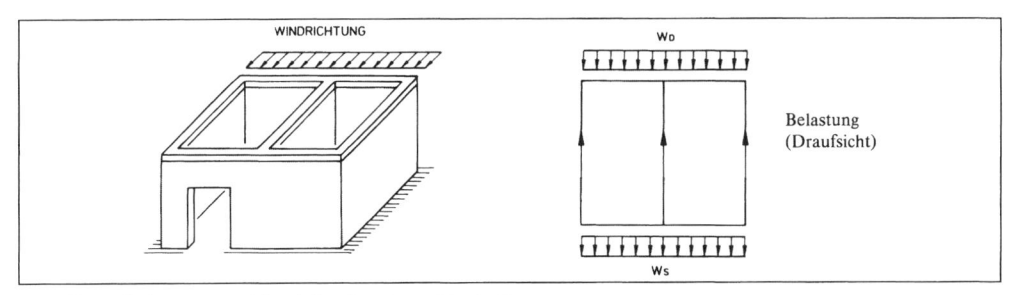

Vereinfachtes Berechnungsverfahren nach DIN 1053-1

Abb. E.1.1 Belastung und Lastabgabe eines Ringbalkens

1.2.5 Ringbalken/horizontale Aussteifung bei Bauten mit Decken ohne Scheibenwirkung

1.2.5.1 Allgemeines

Ringbalken sind in der Wandebene liegende horizontale Balken, die Biegemomente infolge von *rechtwinklig* zur Wandebene wirkenden Lasten (z.B. Wind) aufnehmen können. Ringbalken können auch Ringankerfunktionen übernehmen, wenn sie als „geschlossener Ring" um das ganze Gebäude herumgeführt werden (vgl. Abschn. 1.2.6).

Die in Windrichtung liegenden Balken geben die Lasten über Reibungskräfte und Haftscherkräfte an die Wandscheiben ab.

- Ausführung von Ringbalken: Bewehrtes Mauerwerk, Stahlbeton, Stahl, Holz[1]

Wenn bei einem Mauerwerksbau
- keine Decken mit Scheibenwirkung vorhanden sind oder
- unter der Dachdecke eine Gleitschicht angeordnet wird,

muss die horizontale Aussteifung der Wände durch einen *Ringbalken* oder andere statisch gleichwertige Maßnahmen (z.B. horizontale Fachwerkverbände) sichergestellt werden.

1.2.5.2 Bemessung von Ringbalken

Ein Ringbalken muss folgende horizontale Lasten aufnehmen:
- Windlasten unter Berücksichtigung der Einflusshöhen
- 1/100 der maximalen senkrechten Belastung der Wände.

Bei der Bemessung von Ringbalken unter Gleitschichten sollten außerdem die Zugkräfte berücksichtigt werden, die sich aus den verbleibenden Reibungskräften ergeben.

Die vom Ringbalken aufzunehmenden Kräfte sind bis zur Aufnahme durch die Fundamente (rechnerisch) zu verfolgen. Ein Ringbalken braucht grundsätzlich nur bis zu dem Bauelement geführt zu werden, in das die horizontalen Kräfte weitergeleitet werden sollen, es sei denn, der Ringbalken ist auch gleichzeitig Ringanker (vgl. Abschnitt 1.2.6). Die Krafteinleitung von der horizontal auszusteifenden Wand in den Ringbalken und vom Ringbalken in ein vertikales Aussteifungselement muss nachgewiesen werden, es sei denn, die Haftfestigkeit ist offensichtlich ausreichend.

Ringbalken sollten möglichst steif ausgebildet werden, damit die Formänderung gering ist und im horizontal auszusteifenden Mauerwerk keine Schäden entstehen.

Im folgenden Zahlenbeispiel wird das Prinzip der Bemessung eines Ringbalkens gezeigt. Das häufig verwendete Material *Stahlbeton* sollte nach Möglichkeit durch bewehrtes Mauerwerk ersetzt werden. Bewehrtes Mauerwerk hat bauphysikalische Vorteile (keine Wärmebrücke). Außerdem wird ein sinnvolles Konstruktionsprinzip, möglichst kein Materialwechsel (dadurch keine unterschiedlichen Schwind- und Temperaturdehnzahlen), eingehalten.

1.2.5.3 Bemessungsbeispiel für einen Ringbalken aus bewehrtem Mauerwerk

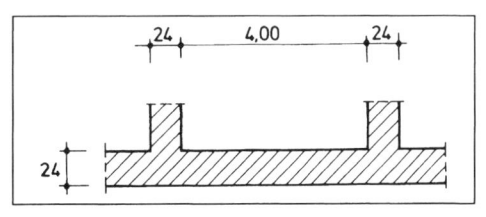

Grundriss Außenwand

Der Ringbalken soll auch die Ringankerfunktion übernehmen. Daher ist als Belastung zusätzlich eine Zugkraft N = 30 kN anzusetzen (s. Abschn. 1.2.6.4).

---

[1] Konstruktive Vorschläge für Ausführung aus Holz siehe [Milbrandt].

$N = 30$ kN
$H = 3,00$ m (Einflusshöhe des Windes)
$l = 4,00 + 2 \cdot 0,24/2 = 4,24$ m (Stützweite)
$d = 24$ cm
$h = 20$ cm (statische Höhe)
$b = 1,00$ m (Mauerwerkshöhe für Bemessung)
vertikale Belastung von oben 40 kN
Staudruck $q = 0,8$ kN/m² (8 bis 20 m)
$w = c_p \cdot q = 0,8 \cdot 0,8 = 0,64$ kN/m²
Horizontale Belastung des Ringbalkens:
aus Wind $\quad 0,64 \cdot 3,00 = 1,92$ kN/m
aus Last von oben $\quad 40/100 = 0,40$ kN/m
$\quad\quad\quad\quad\quad\quad\quad\quad q = 2,32$ kN/m

Schnittgrößen:
$A = B = 2,32 \cdot 4,24/2 = 4,92$ kN
max $M = 2,32 \cdot 4,24^2/8 = 5,21$ kNm

Bemessungsmoment:
$M_s = 5,21 - 30 \cdot (0,20 - 0,24/2) = 2,81$ kNm
$k_h = 20/\sqrt{2,81/1,00} = 11,93$

gew. Steinfestigkeitsklasse:
12/III mit $\beta_r = 4,81$ MN/m²
da Lochsteine: $\beta_r/2 = 4,81/2 = 2,40$ MN/m²
aus k_h-Tafeln (siehe E.3.1.2)
$k_s = 3,72 \quad k_z = 0,94$
erf $A_s = 3,72 \cdot 2,81/20 + 30/28,6 = 1,57$ cm²/m
1 ⌀ 7mm $\quad A_s = 1,54$ cm²

Schubnachweis:
$\tau_0 = 4,92/(100 \cdot 0,94 \cdot 20) = 0,03$ MN/m²
zul $\tau_0 = 0,015 \cdot \beta_r = 0,015 \cdot 4,81 = 0,072$ MN/m²
$\quad\quad\quad\quad\quad\quad\quad\quad > 0,03$ MN/m²

1.2.6 Ringanker

1.2.6.1 Aufgabe des Ringankers

Der Ringanker hat eine Teilfunktion bei der Aufgabe, die Gesamtstabilität eines Bauwerks zu gewährleisten. Er erfüllt im Wesentlichen drei Aufgaben:

a) Scheibenbewehrung in den vertikalen Mauerwerksscheiben
b) Teil der Scheibenbewehrung der Deckenscheiben
c) umlaufender Ring zum „Zusammenhalten" der Wände.

zu a) Zum Beispiel können durch unterschiedliche Setzungen des Bauwerks in den vertikalen Mauerwerksscheiben Zugspannungen auftreten, die von der Ringankerbewehrung aufgenommen werden.

zu b) Insbesondere bei Deckenscheiben aus Fertigteilen erfüllt der Ringanker die Zugbandfunktion (vgl. Abb. E.1.2).

zu c) Der Ringanker soll als umlaufender Ring die Wände des Bauwerks zusammenhalten, und er erhält somit (z.B durch Verformungsunterschiede des Bauwerks in Richtung des Ringankers) Zugspannungen. Der Ringanker wirkt also im Gegensatz zum Ringbalken (vgl. Abschnitt 1.2.5) nicht als Biegebalken, sondern als Zugglied. Während ein Ringbalken auch Ringankerfunktion übernehmen kann, ist ein Ringanker wegen der geringeren Querschnittsabmessungen und der geringeren Bewehrung in der Regel nicht in der Lage, eine Ringbalkenfunktion zu übernehmen.

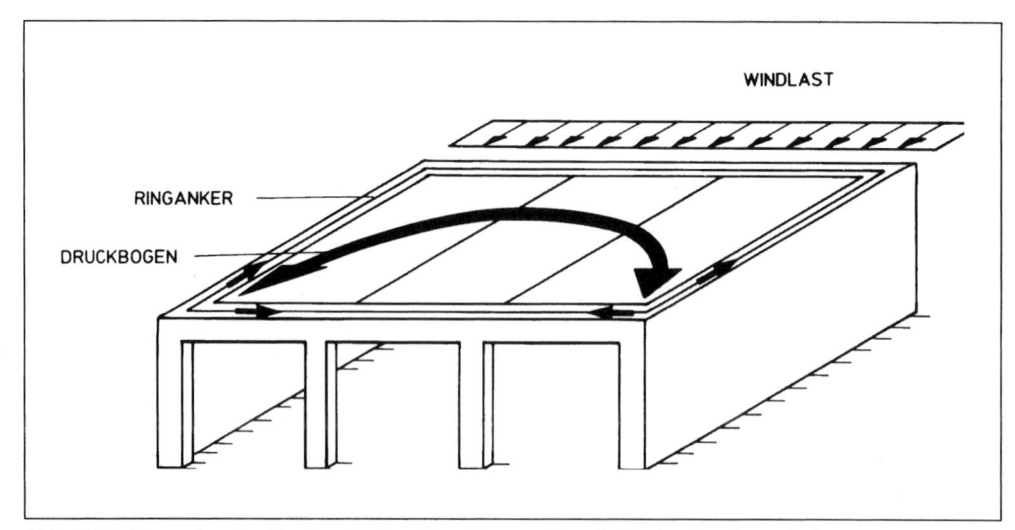

Abb. E.1.2 Ringanker als „Zugband" eines Druckbogens innerhalb einer Deckenscheibe

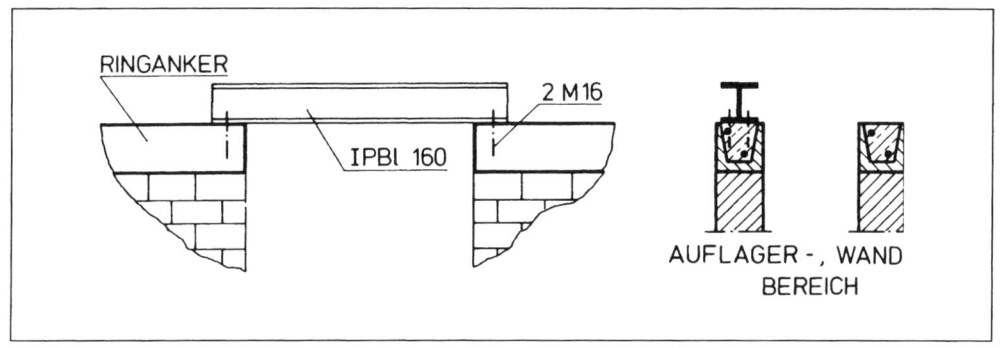

Abb. E.1.3 Unterbrechung von Ringankern

1.2.6.2 Erforderliche Anordnung von Ringankern

Ringanker sind auf allen Außenwänden anzuordnen und auf den lotrechten Scheiben (Innenwänden), die der Abtragung von horizontalen Lasten (z.B. Wind) dienen. Ringanker sind in folgenden Fällen erforderlich:

a) bei Bauten, die insgesamt mehr als zwei Vollgeschosse haben oder länger als 18 m sind,
b) bei Wänden mit vielen oder besonders großen Öffnungen, besonders dann, wenn die Summe der Öffnungsbreiten 60% der Wandlänge oder bei Fensterbreiten von mehr als 2/3 der Geschosshöhe 40 % der Wandlänge übersteigt,
c) wenn die Baugrundverhältnisse es erfordern.

Ringanker können bereits unter der in Punkt a) genannten Grenze erforderlich sein, wenn die Punkte b) oder/und c) maßgebend sind. Die Rissempfindlichkeit von Wänden hängt von sehr vielen Faktoren ab (vgl. z.B. Abschn. B.6), so dass im Zweifelsfall von Fachleuten entschieden werden muss, ob ein Ringanker im Fall b) die Rissgefahr vermindert. Im Fall c) kann die Entscheidung ebenfalls nur am konkreten Bauwerk erfolgen, wobei die Hinzuziehung eines Baugrundfachmannes in jedem Fall sinnvoll ist.

1.2.6.3 Lage der Ringanker

Die Ringanker sind in jeder Deckenlage oder unmittelbar darunter anzubringen. Sie können mit Stahlbetondecken oder Fensterstürzen aus Stahlbeton vereinigt werden. Eine Einbeziehung von Fensterstürzen ist natürlich nur möglich, wenn die Ringankerwirkung (Zugglied) dadurch nicht unterbrochen wird. Ist eine Unterbrechung des Ringankers, der üblicherweise als Stahlbetonbalken ausgeführt wird, nicht zu umgehen, so muss die zu übertragende Ringankerkraft von anderen Konstruktionsteilen (z.B. Stahlträger, vgl. Abb. E.1.3) übernommen oder „umgeleitet" werden.

1.2.6.4 Konstruktion der Ringanker

Die beste Ringankerkonstruktion aus bauphysikalischen und materialtechnischen Gründen ist ein Ringanker aus bewehrtem Mauerwerk (vgl. Abb. E.1.4). Häufig wird auch eine U-Schale aus Mauerwerk ausgeführt (Abb. E.1.4). Grundsätzlich sind jedoch auch andere Konstruktionen möglich, wenn sie in der Lage sind, die entsprechenden Zugkräfte zu übertragen (z.B. Ringanker aus Holz, Stahl).

Ringanker aus bewehrtem Mauerwerk bzw. aus Stahlbeton sind mit durchlaufenden Rundstäben zu bewehren, die im Gebrauchszustand eine Zugkraft von 30 kN aufnehmen können. Die zulässigen Spannungen zur Ermittlung der erforderlichen Ringankerbewehrung sind der folgenden Zusammenstellung zu entnehmen. Die „Klammerwerte" geben jeweils die erforderliche Mindestbewehrung an.

1. Ringanker aus Mauerwerk:
BSt 420 S; zul σ = 240 MN/m^2
(mindestens 3 $\varnothing$ 8 III S)
BSt 500 S; zul σ = 286 MN/m^2
(mindestens 4 $\varnothing$ 6 IV S)

2. Ringanker aus Stahlbeton:
BSt 420 S; zul σ = 240 MN/m^2
(mindestens 2 $\varnothing$ 10 III S)
BSt 500 S; zul σ = 286 MN/m^2
(mindestens 2 $\varnothing$ 10 IV S)

Auf die erforderliche Ringankerbewehrung dürfen dazu parallel liegende, durchlaufende Bewehrungen mit vollem Querschnitt angerechnet werden, wenn sie in Decken oder in Fensterstürzen im Abstand von 50 cm von der Mittelebene der Wand bzw. der Decke liegen (Abb. E.1.4). Bei Anrechnung dieser Bewehrung auf die Ringankerbewehrung sollten jedoch die zwei folgenden Bedingungen erfüllt sein:

- Die Haupt- und Querbewehrung der Stahlbetondecke muss mindestens bis zur halben

Baustatik

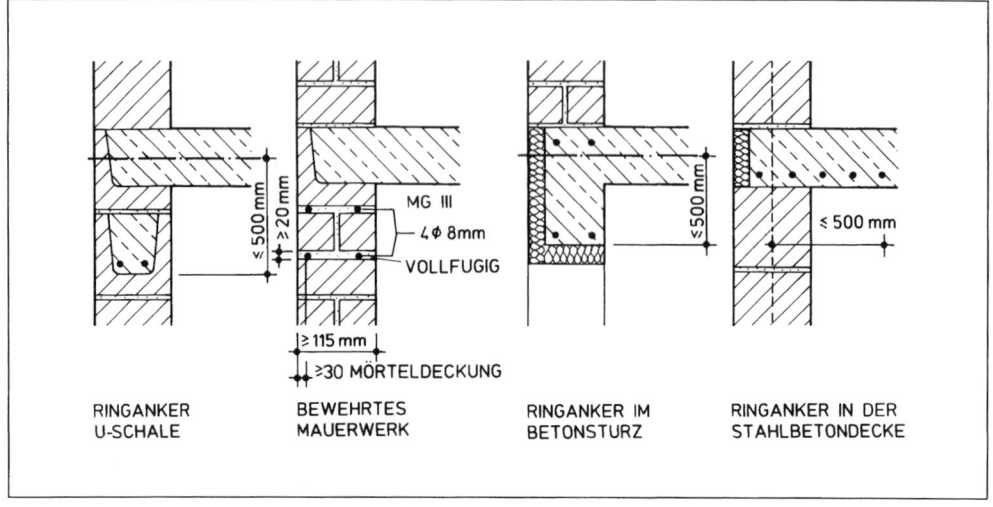

Abb. E.1.4 Verschiedene Möglichkeiten der Ausbildung von Ringankern

Wanddicke an die Außenseite der Außenwände geführt werden, und das aufgehende Mauerwerk muss auf der Stahlbetonplatte aufliegen.
- Die anrechenbaren Bewehrungsstäbe müssen die ihnen zugeordnete Ringankerkraft ohne Überschreitung der zul. Stahlspannung aufnehmen können. Anderenfalls ist eine zusätzliche Bewehrung (z.B. im Sturzbereich) anzuordnen.

Die Stöße der Ringankerbewehrung sind bei Stahlbetonringankern nach DIN 1045, Abschnitt 18.6, und bei Ringankern aus bewehrtem Mauerwerk nach DIN 1053 Teil 3 ebenfalls gemäß DIN 1045 auszuführen.

1.2.7 Anschluss der Wände an Decken und Dachstuhl

Umfassungswände müssen an die Decken durch Zuganker oder über Haftung und Reibung angeschlossen werden.

- Zuganker müssen in belasteten Wandbereichen (nicht in Brüstungen) angeordnet werden. Bei fehlender Auflast sind zusätzlich Ringanker anzuordnen. Abstand der Zuganker (bei Holzbalkendecken mit Splinten): 2 m bis 3 m. Bei parallel spannenden Decken müssen die Anker mindestens einen 1 m breiten Deckenstreifen erfassen (bei Holzbalkendecken mindestens 3 Balken). Balken, die mit Außenwänden verankert und über der Innenwand gestoßen sind, müssen untereinander zugfest verbunden sein.
- Giebelwände sind durch Querwände auszusteifen oder mit dem Dachstuhl kraftschlüssig zu verbinden. Bei sehr hohen Giebelwänden können die Flächen zwischen den horizontalen Halterungen (Verankerung mit der Dachkonstruktion), den vertikalen Halterungen (Querwände oder Mauerwerksvorlagen) und den Dachschrägen in flächengleiche Rechtecke umgewandelt werden. Die erforderliche Giebelwanddicke ergibt sich dann in Anlehnung an Tafel E.1.2. Auch bewehrtes Mauerwerk bzw. eine konstruktive Fugenbewehrung könnte in Erwägung gezogen werden.
- Haftung und Reibung dürfen bei Massivdecken angesetzt werden, wenn die Decke mindestens 10 cm aufliegt.

1.3 Wandarten und Mindestabmessungen

1.3.1 Allgemeines

Grundsätzlich muss die statisch erforderliche Dicke jeder Wand nachgewiesen werden. Ist jedoch eine gewählte Wanddicke offensichtlich ausreichend (Erfahrungswerte!), so darf ein statischer Nachweis entfallen. In keinem Fall dürfen jedoch die in der Norm DIN 1053-1 angegebenen Mindestwanddicken unterschritten werden. Bei der Wahl der Wanddicke sind neben statischen Gesichtspunkten auch bauphysikalische Aspekte zu beachten.

Vereinfachtes Berechnungsverfahren nach DIN 1053-1

Tafel E.1.2 Zulässige Größtwerte der Ausfachungsfläche von nichttragenden Außenwänden ohne rechnerischen Nachweis

Wand-dicke in cm	Zulässiger Größtwert[1] der Ausfachungsfläche in m² bei einer Höhe über Gelände von:																	
	bis 8,0 m						8 bis 20 m						20 bis 100 m					
	ε						ε						ε					
	=1,0	=1,2	=1,4	=1,6	=1,8	≥2,0	=1,0	=1,2	=1,4	=1,6	=1,8	≥2,0	=1,0	=1,2	=1,4	=1,6	=1,8	≥2,0
11,5[2]	12,0	11,2	10,4	9,6	8,8	8,0	8,0	7,4	6,8	6,2	5,6	5,0	6,0	5,6	5,2	4,8	4,4	4,0
17,5	20,0	18,8	17,6	16,4	15,2	14,0	13,0	12,2	11,4	10,6	9,8	9,0	9,0	8,8	8,6	8,4	8,2	8,0
24	36,0	33,8	31,6	29,4	27,2	25,0	23,0	21,6	20,2	18,8	17,4	16,0	16,0	15,2	14,4	13,6	12,8	12,0
≥30	50,0	46,6	43,2	39,8	36,4	33,0	35,0	32,6	30,2	27,8	25,4	23,0	25,0	23,4	21,8	20,2	18,6	17,0

[1] Zwischenwerte dürfen geradlinig eingeschaltet werden. ε ist das Verhältnis der größeren zur kleineren Seite der Ausfachungsfläche.
[2] Bei Verwendung von Steinen der Festigkeitsklassen ≥ 12 dürfen die Werte dieser Zeile um 33 % vergrößert werden.

Innerhalb eines Geschosses sollte der Wechsel von Steinarten und Mörtelgruppen möglichst eingeschränkt werden, um Bauüberwachung und Ausführung zu vereinfachen.

Steine, die unmittelbar der Witterung ausgesetzt sind, müssen frostwiderstandsfähig sein. Gibt es in bestimmten Stoffnormen bezüglich der Frostwiderstandsfähigkeit verschiedene Klassen, so sind für folgende Konstruktionsarten Steine mit der höchsten Frostwiderstandsklasse zu verwenden:
– Schornsteinköpfe
– Kellereingangs-, Stütz- und Gartenmauern
– stark strukturiertes Mauerwerk.

Horizontale und leicht geneigte Sichtmauerflächen sind vor eindringendem Wasser zu schützen (z.B. durch Abdeckungen).

1.3.2 Tragende Wände und Pfeiler

Begriff

Wände und Pfeiler gelten als tragend, wenn sie

a) vertikale Lasten (z.B. aus Decken, Dachstielen) und/oder
b) horizontale Lasten (z.B. aus Wind) aufnehmen und/oder
c) zur Knickaussteifung von tragenden Wänden dienen.

Tragende Wände und Pfeiler sollen unmittelbar auf Fundamente gegründet werden. Ist dies in Sonderfällen nicht möglich, so sind die Abfangekonstruktionen ausreichend steif auszubilden, damit keine größeren Verformungen auftreten.

Mindestdicken von tragenden Wänden

Die Mindestdicke von tragenden Innen- und Außenwänden beträgt d = 11,5 cm, sofern aus statischen oder bauphysikalischen Gründen nicht größere Dicken erforderlich sind.

Mindestabmessungen von tragenden Pfeilern

Die Mindestabmessungen von tragenden Pfeilern betragen 11,5 cm × 36,5 cm bzw. 17,5 cm × 24 cm. Pfeiler mit $A < 400$ cm² (Nettoquerschnitt bei eventuellen Schlitzen) sind unzulässig.

1.3.3 Nichttragende Wände

Begriff

Wände, die überwiegend nur durch ihre Eigenlast belastet sind und nicht zur Knickaussteifung tragender Wände dienen, werden als *nichttragende Wände* bezeichnet. Sie müssen jedoch in der Lage sein, rechtwinklig auf die Wand wirkende Lasten (z.B. aus Wind) auf tragende Bauteile (z.B. Wand- oder Deckenscheiben) abzutragen. Nichttragende Wände übernehmen keine statische Funktion innerhalb eines Gebäudes. Es ist daher auch möglich, sie wieder zu entfernen, ohne dass dies statische Konsequenzen für die anderen Bauteile hat.

Nichttragende Außenwände

Nichttragende Außenwände können ohne statischen Nachweis ausgeführt werden, wenn sie vierseitig gehalten sind (z.B. durch Verzahnung, Versatz oder Anker), den Bedingungen der Tafel E.1.2 genügen und Normalmörtel mit mindestens der Mörtelgruppe IIa verwendet wird.

Werden Steine der Festigkeitsklassen ≥ 20 verwendet und ist $\varepsilon = h/l \geq 2$ (h = Höhe und l = Breite der Ausfachungsfläche), so dürfen die entsprechenden Tabellenwerte (Tafel E.1.2) verdoppelt werden.

Nichttragende innere Trennwände

Für nichttragende innere Trennwände, die nicht rechtwinklig zur Wandfläche durch Wind beanspnucht werden, ist DIN 4103 Teil 1 (7.84) maßgebend.

Abhängig vom Einbauort werden nach DIN 4103 Teil 1 zwei unterschiedliche Einbaubereiche unterschieden.

Einbaubereich I:

Bereiche mit geringer Menschenansammlung, wie sie z. B. in Wohnungen, Hotel-, Büro- und Krankenräumen sowie ähnlich genutzten Räumen einschließlich der Flure vorausgesetzt werden können.

Einbaubereich II:

Bereiche mit großen Menschenansammlungen, wie sie z. B. in größeren Versammlungs- und Schulräumen, Hörsälen, Ausstellungs- und Verkaufsräumen und ähnlich genutzten Räumen vorausgesetzt werden müssen.

Für die Versuchsdurchführung sind das statische System und die Belastung nach Abb. E.1.5 maßgebend.

Aufgrund neuer Forschungsergebnisse hat die DGfM (Deutsche Gesellschaft für Mauerwerksbau e.V.) ein Merkblatt über „Nichttragende innere Trennwände aus künstlichen Steinen und Wandbauplatten" herausgegeben. Die folgenden Ausführungen basieren auf diesem Merkblatt.

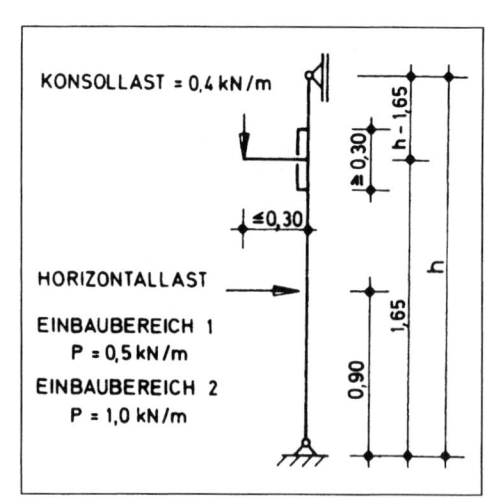

Abb. E.1.5 Einbaubereiche

Tafel E.1.3 Grenzabmessungen für vierseitig[1]) gehaltene Wände ohne Auflast[2)3)]

d cm	max. Wandlänge in m (Tabellenwerte) im Einbaubereich I (oberer Wert)/ Einbaubereich II (unterer Wert) bei einer Wandhöhe in m					
	2,5	3,0	3,5	4,0	4,5	≤ 6,0
5,0	3,0 1,5	3,5 2,0	4,0 2,5	– –	– –	– –
6,0	4,0 2,5	4,5 3,0	5,0 3,5	5,5 –	– –	– –
7,0	5,0 3,0	5,5 3,5	6,0 4,0	6,5 4,5	7,0 5,0	– –
9,0	6,0 3,5	6,5 4,0	7,0 4,5	7,5 5,0	8,0 5,5	– –
10,0	7,0 5,0	7,5 5,5	8,0 6,0	8,5 6,5	9,0 7,0	– –
11,5	10,0 6,0	10,0 6,5	10,0 7,0	10,0 7,5	10,0 8,0	– –
17,5	12,0 12,0	12,0 12,0	12,0 12,0	12,0 12,0	12,0 12,0	12,0 12,0
24,0	12,0 12,0	12,0 12,0	12,0 12,0	12,0 12,0	12,0 12,0	12,0 12,0

Tafel E.1.4 Grenzabmessungen für vierseitig[1]) gehaltene Wände mit Auflast[3)4)]

d cm	max. Wandlänge in m (Tabellenwerte) im Einbaubereich I (oberer Wert)/ Einbaubereich II (unterer Wert) bei einer Wandhöhe in m					
	2,5	3,0	3,5	4,0	4,5	≤ 6,0
5,0	5,5 2,5	6,0 3,0	6,5 3,5	– –	– –	– –
6,0	6,0 4,0	6,5 4,5	7,0 5,0	– –	– –	– –
7,0	8,0 5,5	8,5 6,0	9,0 6,5	9,5 7,0	– 7,5	– –
9,0	12,0 7,0	12,0 7,5	12,0 8,0	12,0 8,5	12,0 9,0	– –
10,0	12,0 8,0	12,0 8,5	12,0 9,0	12,0 9,5	12,0 10,0	– –
11,5	12,0 12,0	12,0 12,0	12,0 12,0	12,0 12,0	12,0 12,0	– –
17,5	12,0 12,0	12,0 12,0	12,0 12,0	12,0 12,0	12,0 12,0	12,0 12,0
24,0	12,0 12,0	12,0 12,0	12,0 12,0	12,0 12,0	12,0 12,0	12,0 12,0

Hinweis: Die Stoßfugen sind zu vermörteln. Ausnahmen s. Merkblatt DGfM, Abschnitt 8.

Tafel E.1.5 Grenzabmessungen für dreiseitig gehaltene Wände (der obere Rand ist frei) mit Auflast[3)5)]

d cm	max. Wandlänge in m (Tabellenwerte) im Einbaubereich I (oberer Wert)/ Einbaubereich II (unterer Wert) bei einer Wandhöhe in m							
	2,0	2,25	2,5	3,0	3,5	4,0	4,5	≤6,0
5,0	3,0	3,5	4,0	5,0	6,0	–	–	–
	1,5	2,0	2,5	–	–	–	–	–
6,0	5,0	5,5	6,0	7,0	8,0	9,0	–	–
	2,5	2,5	3,0	3,5	4,0	–	–	–
7,0	7,0	7,5	8,0	9,0	10,0	10,0	10,0	–
	3,5	3,5	4,0	4,5	5,0	6,0	7,0	–
9,0	8,0	8,5	9,0	10,0	10,0	12,0	12,0	–
	4,0	4,0	5,0	6,0	7,0	8,0	9,0	–
10,0	8,0	9,0	10,0	12,0	12,0	12,0	12,0	–
	5,0	5,0	6,0	7,0	8,0	9,0	10,0	–
11,5	8,0	9,0	10,0	12,0	12,0	12,0	12,0	–
	6,0	6,0	7,0	8,0	9,0	10,0	10,0	–
17,5	12,0	12,0	12,0	12,0	12,0	12,0	12,0	12,0
	8,0	9,0	10,0	12,0	12,0	12,0	12,0	12,0
24,0	12,0	12,0	12,0	12,0	12,0	12,0	12,0	12,0
	8,0	9,0	10,0	12,0	12,0	12,0	12,0	12,0

Hinweis: Die Stoßfugen sind zu vermörteln.

[1)] Bei dreiseitiger Halterung (ein freier, vertikaler Rand) sind die max. Wandlängen zu halbieren.

[2)] Für Porenbeton gelten die angegebenen Werte bei Verwendung von Normalmörtel der MG III oder Dünnbettmörtel. Bei Wanddicken < 17,5 cm und Verwendung der MG II oder IIa sind die Werte für die max. Wandlängen zu halbieren.

[3)] Für Kalksandsteine gelten die angegebenen Werte bei Verwendung von Normalmörtel der Mörtelgruppe III (trockene Kalksandsteine sind vorzunässen) oder Dünnbettmörtel bei Wanddicken < 11,5 cm. Bei Wanddicken ≥ 11,5 ist Normalmörtel mindestens der Mörtelgruppe IIa oder Dünnbettmörtel zu verwenden (trockene Kalksandsteine sind vorzunässen).

[4)] Für Porenbeton gelten die angegebenen Werte bei Verwendung von Normalmörtel der MG III oder Dünnbettmörtel. Bei Wanddicken ≥ 11,5 cm ist auch Normalmörtel min. der MG II zulässig. Werden Wanddicken ≤ 10 cm mit Normalmörtel der MG II und IIa ausgeführt, so sind die Werte für die max. Wandlängen zu halbieren.

[5)] Für Porenbeton gelten die angegebenen Werte bei Verwendung von Normalmörtel der Mörtelgruppe III oder Dünnbettmörtel. Bei Verwendung der Mörtelgruppen II und IIa sind die Werte wie folgt abzumindern:
a) bei 5, 6 und 7cm dicken Wänden auf 40 %
b) bei 9 und 10 cm dicken Wänden auf 50 %
c) bei 11,5 cm dicken Wänden im Einbaubereich II auf 50 % (keine Abminderung im Einbaubereich I). Die Reduzierung der Wandlängen ist nicht erforderlich bei Verwendung von Dünnbettmörteln oder Mörteln der Gruppe III. Bei Verwendung der Mörtelgruppe III sind die Steine vorzunässen.

1.4 Knicklängen

1.4.1 Zweiseitig gehaltene Wände

- Allgemein: $\quad h_K = h_s$

- Bei Einspannung der Wand in flächig aufgelagerten Massivdecken: $\quad h_K = \beta \cdot h_s$

  für β gilt:

β	Wanddicke d in mm
0,75	≤ 175
0,90	175 < d < 250
1,00	> 250

- Abminderung der Knicklänge nur zulässig, wenn
  – als horizontale Last nur Wind vorhanden ist,
  – folgende Mindestauflagertiefen gegeben sind:

Wanddicke d in mm	Auflagertiefe a in mm
= 240	≥ 175
< 240	= d

1.4.2 Drei- und vierseitig gehaltene Wände

- Für die Knicklänge gilt: $\quad h_K = \beta \cdot h_s$
- wenn $h_s \leq 3{,}50$ m, β nach Tafel E.1.6
- wenn $b > 30\,d$ bzw. $b' > 15\,d$, Wände wie zweiseitig gehalten berechnen
- ein Faktor β größer als bei zweiseitiger Halterung braucht nicht angesetzt zu werden.

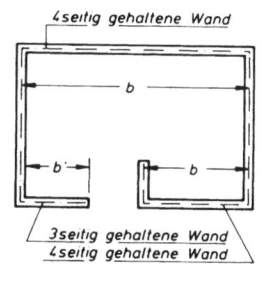

- Schwächung der Wände durch Schlitze oder Nischen

  a) vertikal in Höhe des mittleren Drittels: d = Restwanddicke oder freien Rand annehmen
  b) unabhängig von der Lage eines vertikalen Schlitzes oder einer Nische Wandöffnung annehmen, wenn Restwanddicke $d < 1/2$ Wanddicke oder < 115 mm ist.

Tafel E.1.6 β-Werte für drei- und vierseitig gehaltene Wände

b' in m	0,65	0,75	0,85	0,95	1,05	1,15	1,25	1,40	1,60	1,85	2,20	2,80
β	0,35	0,40	0,45	0,50	0,55	0,60	0,65	0,70	0,75	0,80	0,85	0,90
b in m	2,00	2,25	2,50	2,80	3,10	3,40	3,80	4,30	4,80	5,60	6,60	8,40

Tafel E.1.7 Grenzwerte für b' und b in m

Wanddicke in cm	11,5	17,5	24	30
max $b' = 15\,d$	1,75	2,60	3,60	–
max $b = 30\,d$	3,45	5,25	7,20	9,00

- **Öffnungen in Wänden**
  Bei Wänden, deren Öffnungen
  - in ihrer lichten Höhe > 1/4 der Geschosshöhe oder
  - in ihrer lichten Breite > 1/4 der Wandbreite oder
  - in ihrer Gesamtfläche > 1/10 der Wandfläche

  sind, gelten die Wandteile
  - zwischen der Wandöffnung und der aussteifenden Wand als dreiseitig
  - zwischen den Wandöffnungen als zweiseitig gehalten.

1.4.3 Halterungen zur Knickaussteifung bei Öffnungen

Als unverschiebliche Halterungen von belasteten Wänden dürfen Deckenscheiben und aussteifende Querwände oder andere ausreichend steife Bauteile angesehen werden.

Ist die aussteifende Wand durch Öffnungen unterbrochen, so muss die Bedingung der Abbildung E.1.6 erfüllt sein. Bei Fenstern gilt die jeweilige lichte Höhe als h_1 und h_2.

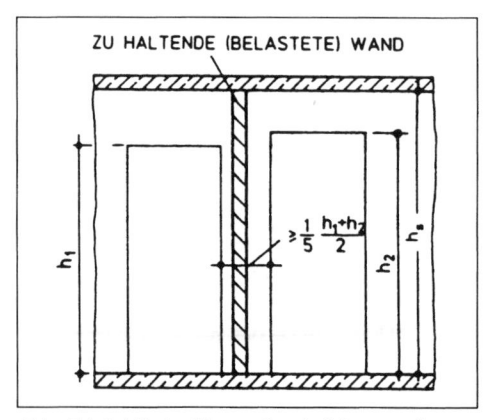

Abb. E.1.6 Mindestlänge einer knickaussteifenden Wand bei Öffnungen

1.5 Bemessung von Mauerwerkskonstruktionen nach dem vereinfachten Verfahren

1.5.1 Allgemeines

Die Anwendungsgrenzen für das *vereinfachte Verfahren* sind dem Abschnitt 1 zu entnehmen.

Hier wird nochmal auf den letzten Punkt eingegangen:

„Es dürfen keine Lasten mit größeren planmäßigen Exzentrizitäten eingeleitet werden." Sind Wandachsen infolge von Änderungen der Wanddicken versetzt, so gilt dies nicht als „größere Exzentrizität", wenn der Querschnitt der dickeren Wand den Querschnitt der dünneren Wand umschreibt. Ebenso handelt es sich nicht um eine „größere Exzentrizität", wenn bei einer exzentrisch angreifenden Last und einer Lastverteilung von 60° in der Mitte des Mauerwerkskörpers ein Spannungsnachweis geführt werden kann.

Mitwirkende Breite von zusammengesetzten Querschnitten siehe DIN 1053-1, 6.8.

1.5.2 Grundprinzip der Bemessung nach dem vereinfachten Verfahren

Beim *vereinfachten Verfahren* brauchen Einflüsse aus Beanspruchungen wie Biegemomente infolge Deckeneinspannungen, ungewollte Exzentrizitäten, Knicken oder Wind auf Außenwände (vgl. jedoch Abschnitt 1.2.2) bei der Spannungsermittlung nicht berücksichtigt zu werden.

Diese Einflüsse sind durch den Sicherheitsabstand des Grundwertes der zulässigen Spannungen σ_0 (vgl. Abschnitt 1.5.4), durch den Abminderungsfaktor k (vgl. Abschnitt 1.5.5) sowie durch konstruktive Regeln und Grenzen (vgl. Abschnitt 1) abgedeckt.

Es gilt in der Regel das einfache Bemessungsprinzip:

$$\sigma = \frac{F}{A} \leq \text{zul } \sigma$$

Greifen jedoch größere Horizontallasten an oder werden Vertikallasten mit größerer planmäßiger Exzentrizität eingeleitet, so ist der Knicknachweis nach dem *genaueren Verfahren* zu führen.

1.5.3 Spannungsnachweis bei zentrischer und exzentrischer Druckbeanspruchung

Auf der Grundlage einer linearen Spannungsverteilung ist der Spannungsnachweis unter Ausschluss von Zugspannungen zu führen (klaffende Fugen maximal bis zur Schwerpunktmitte des Querschnitts zulässig, vgl. auch Abschnitt 1.5.7). Es ist nachzuweisen, dass die folgenden zulässigen Druckspannungen nicht überschritten werden:

$$\boxed{\text{zul } \sigma = k \cdot \sigma_0}$$

σ_0 Grundwerte der zulässigen Druckspannungen nach Tafel E.1.8
k Abminderungsfaktor nach Abschnitt 1.5.5

1.5.4 Grundwerte der zulässigen Druckspannungen σ_0

In der Tafel E.1.8 sind die Grundwerte der zulässigen Druckspannungen für Mauerwerk mit Normal-, Dünnbett- und Leichtmörtel zusammengestellt, in Tafel E.1.9 diejenigen fur Mauerwerk nach Eignungsprüfung.

1.5.5 Abminderungsfaktor k

Der Abminderungsfaktor k, der zur Ermittlung der zulässigen Spannung benötigt wird (zul $\sigma = k \cdot \sigma_0$), berücksichtigt folgende Einflüsse:

– Pfeiler/Wand → k_1
– Knicken → k_2
– Deckendrehwinkel (Wandmomente) → k_3

Tafel E.1.8 Grundwerte der zulässigen Druckspannungen σ_0 in MN/m² für Rezeptmauerwerk

Steinfestig-keitsklasse	Normalmörtel mit Mörtelgruppe					Dünn-bett-mörtel[2)]	Leichtmörtel	
	I	II	IIa	III	IIIa		LM 21	LM 36
2	0,3	0,5	0,5 [1)]	–	–	0,6	0,5 [3)]	0,5 [3)4)]
4	0,4	0,7	0,8	0,9	–	1,1	0,7 [5)]	0,8 [6)]
6	0,5	0,9	1,0	1,2	–	1,5	0,7	0,9
8	0,6	1,0	1,2	1,4	–	2,0	0,8	1,0
12	0,8	1,2	1,6	1,8	1,9	2,2	0,9	1,1
20	1,0	1,6	1,9	2,4	3,0	3,2	0,9	1,1
28	–	1,8	2,3	3,0	3,5	3,7	0,9	1,1
36	–	–	–	3,5	4,0	–	–	–
48	–	–	–	4,0	4,5	–	–	–
60	–	–	–	4,5	5,0	–	–	–

[1)] $\sigma_0 = 0{,}6$ MN/m² bei Außenwänden mit Dicken ≥ 300 mm. Diese Erhöhung gilt jedoch nicht für den Nachweis der Auflagerpressung nach Abschnitt 1.5.11 und 1.5.12
[2)] Verwendung nur bei Porenbeton-Plansteinen nach DIN 4165 und bei Kalksand-Plansteinen. Die Werte gelten für Vollsteine. Für Kalksand-Lochsteine und Kalksand-Hohlblocksteine nach DIN 106 Teil 1 gelten die entsprechenden Werte bei Mörtelgruppe III bis Steinfestigkeitsklasse 20.
[3)] Für Mauerwerk mit Mauerziegeln nach DIN 105 Teile 1 bis 4 gilt $\sigma_0 = 0{,}4$ MN/m².
[4)] $\sigma_0 = 0{,}6$ MN/m² bei Außenwänden mit Dicken ≥ 300 mm. Diese Erhöhung gilt jedoch nicht für den Nachweis der Auflagerpressung und nicht für den Fall der Fußnote 3.
[5)] Für Kalksandsteine nach DIN 106 Teil 1 der Rohdichteklasse ≥ 0,9 und für Mauerziegel nach DIN 105 Teile 1 bis 4 gilt $\sigma_0 = 0{,}5$ MN/m².
[6)] Für Mauerwerk mit den in Fußnote [5)] genannten Mauersteinen gilt $\sigma_0 = 0{,}7$ MN/m².

Tafel E.1.9 Grundwerte der zulässigen Druckspannungen σ_0 für Mauerwerk nach Eignungsprüfung

Nennfestigkeit β_M in MN/m²	1,0 bis 9,0	11,0 und 13,0	16,0 bis 25,0
σ_0 in MN/m²	0,35 β_M	0,32 β_M	0,30 β_M
	Abrunden auf 0,01 MN/m²		

Baustatik

Es sind zwei Fälle zu unterscheiden:

- **Wände bzw. Pfeiler als Zwischenauflager**

  $$k = k_1 \cdot k_2$$

  Als Zwischenauflager zählen:
  - Innenauflager von Durchlaufdecken
  - beidseitige Endauflager von Decken

- **Wände als einseitiges Endauflager**

  $$k = k_1 \cdot k_2 \quad oder \quad k = k_1 \cdot k_3$$

  Der kleinere Wert ist maßgebend.

Eine Kombination von k_2 und k_3 ist nicht erforderlich, da der Einfluss des Knickens im mittleren Drittel der Wand und der Einfluss des Deckendrehwinkels im oberen bzw. unteren Wandbereich wirksam sind.

- **Ermittlung der einzelnen k_i-Faktoren**[1]

  a) Pfeiler/Wand

  Ein Pfeiler im Sinne der Norm liegt vor, wenn $A < 1000$ cm² ist. Pfeiler mit einer Fläche $A < 400$ cm² (Nettofläche) sind unzulässig.

  1. Wände sowie Pfeiler, die aus einem oder mehreren ungetrennten Steinen bestehen oder aus getrennten Steinen mit einem Lochanteil von < 35%: $k_1 = 1$
  2. Alle anderen *Pfeiler*: $k_1 = 0,8$

  b) Knicken (h_K = Knicklänge)

  | $h_K/d \leq 10$ | $k_2 = 1,0$ |
  | $10 < h_K/d < 25$ | $k_2 = \dfrac{25 - h_K/d}{15}$ |

  c) Deckendrehwinkel (nur bei Endauflagern)
  - *Geschossdecken*

  | $l \leq 4,20$ m | $k_3 = 1,0$ |
  | $4,20$ m $< l \leq 6,00$ m | $k_3 = 1,7 - l/6$ |

  Bei zweiachsig gespannten Platten ist l die kleinere Stützweite.

  - *Dackdecken* (oberstes Geschoss)

  | Für alle l: $k_3 = 0,5$ |

  - Bei mittiger Auflagerkrafteinleitung (z.B. Zentrierung): $k_3 = 1$

1.5.6 Zahlenbeispiele

Beispiel 1

Gegeben:
  Innenwand: $d = 11,5$ cm
  lichte Geschosshöhe: $h_s = 2,75$ m
  Belastung UK Wand: $R = 49,6$ kN/m
  Stahlbetondecke

  Knicklänge: $h_K = \beta \cdot h_s = 0,75 \cdot 2,75 = 2,06$ m
  a) $k_1 = 1$ (Wand)
  b) $h_K/d = 206/11,5 = 17,9 > 10$

  $$k_2 = \frac{25 - h_K/d}{15} = \frac{25 - 17,9}{15} = 0,47$$

Ermittlung des Abminderungsfaktors k

$k = k_1 \cdot k_2 = 1 \cdot 0,47 = \mathbf{0,47}$

Spannungsnachweis

$$\sigma = \frac{49,6}{100 \cdot 11,5} = 0,043 \text{ kN/cm}^2 = 0,43 \text{ MN/m}^2$$

gew. HLz 12/II $\sigma_0 = 1,2$ MN/m² (aus Tafel E.1.8)

zul $\sigma = k \cdot \sigma_0 = 0,47 \cdot 1,2 = 0,56$ MN/m² $> 0,43$

Beispiel 2

Gegeben:
  Außenwandpfeiler: $b/d = 49/17,5$ cm
  lichte Geschosshöhe: $h_s = 2,75$ m
  Stützweite Decke: $l = 4,80$ m
  Belastung UK Pfeiler: $R = 68$ kN
  Stahlbetondecke

  Knicklänge: $h_K = \beta \cdot h_s = 0,75 \cdot 2,75 = 2,06$ m
  a) $k_1 = 0,8$ (Pfeiler, da $A < 1000$ cm²)
  b) $h_K/d = 206/17,5 = 11,8$

  $$k_2 = \frac{25 - h_K/d}{15} = \frac{25 - 11,8}{15} = 0,88$$

  c) $k_3 = 1,7 - l/6 = 1,7 - 4,8/6 = 0,9$

Ermittlung des Abminderungsfaktors k

$k = k_1 \cdot k_2 = 0,8 \cdot 0,88 = \mathbf{0,70}$
bzw.
$k = k_1 \cdot k_3 = 0,8 \cdot 0,9 = 0,72$

Spannungsnachweis

$$\sigma = \frac{68}{49 \cdot 17,5} = 0,079 \text{ kN/cm}^2 = 0,79 \text{ MN/m}^2$$

gew. KSL 12/II $\sigma_0 = 1,2$ MN/m² (aus Tafel E.1.8)

zul $\sigma = k \cdot \sigma_0 = 0,70 \cdot 1,2 = 0,84$ MN/m² $> 0,79$

---

[1] Die Zahlenwerte bzw. Formeln für die k_i-Faktoren wurden auf der Basis der theoretischen Grundlagen des genaueren Verfahrens ermittelt, vgl. Abschnitt 2.

Vereinfachtes Berechnungsverfahren nach DIN 1053-1

Tafel E.1.10 Randspannungen bei einachsiger Ausmittigkeit für Rechteckquerschnitte
(Baustoff ohne rechnerische Zugfestigkeit)

	BELASTUNGS- UND SPANNUNGSSCHEMA	LAGE DER RESULTIERENDEN KRAFT	RANDSPANNUNGEN
1		$e = 0$ (R IN DER MITTE)	$\sigma = \dfrac{R}{bd}$
2		$e < \dfrac{d}{6}$ (R INNERHALB DES KERNS)	$\sigma_1 = \dfrac{R}{bd}\left(1 - \dfrac{6e}{d}\right)$ $\sigma_2 = \dfrac{R}{bd}\left(1 + \dfrac{6e}{d}\right)$
3		$e = \dfrac{d}{6}$ (R AUF DEM KERNRAND)	$\sigma_1 = 0$ $\sigma_2 = \dfrac{2R}{bd}$
4		$\dfrac{d}{6} < e < \dfrac{d}{3}$ (R AUSSERHALB DES KERNS)	$\sigma = \dfrac{2R}{3cb}$ $c = \dfrac{d}{2} - e$
5		$e = \dfrac{d}{3}$ (KLAFFUNG BIS ZUR SCHWERACHSE)	$\sigma = \dfrac{4R}{bd}$

1.5.7 Längsdruck und Biegung/ Klaffende Fuge

Bei ausmittiger Druckbeanspruchung oder bei Beanspruchung eines Querschnittes durch Längsdruck *und* ein Biegemoment (Längsdruck mit Biegung) treten bei großer Ausmittigkeit der Druckkraft bzw. bei großem Biegemoment im Mauerwerksquerschnitt Biegezugspannungen auf. Die (geringe) Zugfestigkeit des Mauerwerks darf jedoch in der Regel beim Spannungsnachweis nicht in Rechnung gestellt werden. Daher wird ein Teil des Querschnitts „aufreißen" (klaffende Fuge) und sich somit der Spannungsübertragung entziehen. Nach DIN 1053-1 ist es erlaubt, mit „klaffender Fuge" zu rechnen, wobei sich die Fugen jedoch höchstens bis zur Schwerachse öffnen dürfen.

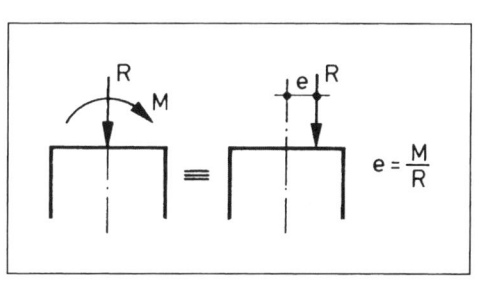

Abb. E.1.7 Umrechnung eines Moments M und einer mittigen Längsbelastung R in eine ausmittige Längsbelastung R

$e = \dfrac{M}{R}$

● **Rechteckquerschnitte**
Für einen Rechteckquerschnitt ergibt sich damit eine zulässige Ausmittigkeit von $e = d/3$ (d = Bauteildicke in Richtung der Ausmittigkeit), vgl. Tafel E.1.10, Zeile 5.

● **T-Querschnitte [Kirschbaum]**
Bei der Spannungsermittlung für T-Querschnitte aus Mauerwerk sind zwei Fälle zu unterscheiden:

Fall 1: Druckbereich ist T-Querschnitt

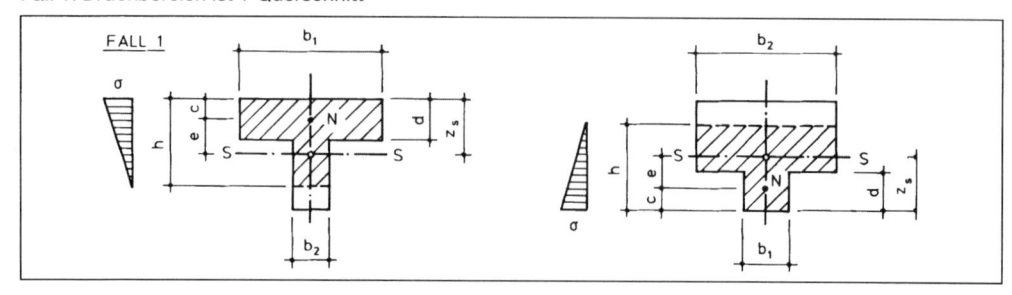

$e = M/N$; $c = z_s - e$; $\beta = b_1/b_2$; $c > d/3$; $h \geq z_s$

Aus der nachfolgenden Gleichung dritten Grades ermittelt man h:

$$h^3 - 3 \cdot c \cdot h^2 + (1 - \beta) \cdot [(6 \cdot c \cdot d - 3 \cdot d^2) \cdot h + (2 \cdot d^3 - 3 \cdot d^2 \cdot c)] = 0$$

$$\sigma = \frac{2 \cdot N \cdot h}{b_2 \cdot h^2 + (2 \cdot d \cdot h - d^2) \cdot (b_1 - b_2)}$$

Fall 2: Druckbereich ist Rechteckquerschnitt

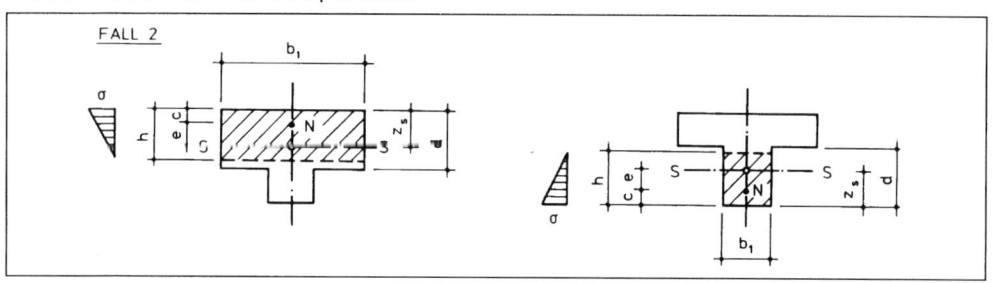

$z_s/3 \leq c \leq d/3$; $h = 3 \cdot c$

$$\sigma = \frac{2 \cdot N}{h \cdot b_1} = \frac{2 \cdot N}{3 \cdot c \cdot b_1}$$

- **Windbeanspruchung von Pfeilern rechtwinklig zur Wandebene („Plattenbeanspruchung")**

Da in diesem Fall die Spannrichtung des Pfeilers rechtwinklig zur Fugenrichtung verläuft, darf keine Zugfestigkeit des Mauerwerks in Rechnung gestellt werden. Eine vertikale Lastabtragung ist daher nur möglich, wenn eine genügend große Auflast vorhanden ist. Es darf jedoch mit „klaffender Fuge" gerechnet werden.

Zahlenbeispiel

Es wird der statische Nachweis des Mauerwerkspfeilers Pos. 1 (Abb. E.1.8) im obersten Geschoss eines 4-geschossigen Wohnhauses geführt. Die Außenwände bestehen aus zweischaligem Mauerwerk, wobei in Abb. E.1.8 nur die tragende Innenschale dargestellt ist. Es handelt sich bei Pos. 1 im Sinne der Norm DIN 1053 Teil 1 um keinen Pfeiler, da $A = 49 \cdot 24 = 1176 \text{ cm}^2 > 1000 \text{ cm}^2$ ist.

Gegeben:

Auflagerkraft der Dachdecke (Holzbalkendecke) max $A = 9{,}7$ kN/m
min $A = 8{,}1$ kN/m (nur Eigenlast)
Deckenstützweite $l = 4{,}50$ m
Mauerwerk KSL 12/1,0
Eigenlast (einschl. Putz) $g_M = 3{,}43$ kN/m^2
Eigenlast des Sturzes (einschl. Sturzmauerwerk) $g_{St} = 2{,}4$ kN/m
Pfeilerabmessungen $b/d = 49/24$ cm
Einflussbreite $B = 0{,}49 + 2 \cdot 2{,}635/2 = 3{,}13$ m[1]

Es sind *zwei Nachweise* zu führen:
a) minimale Vertikallast in halber Geschosshöhe und Windlast
b) maximale Vertikallast in halber Geschosshöhe und Windlast.

---

[1] Es wird davon ausgegangen, dass die Fensterstürze als Einfeldträger ausgeführt werden. Anderenfalls wäre bei der Lastzusammenstellung ein Durchlauffaktor anzusetzen (z.B. 1,25).

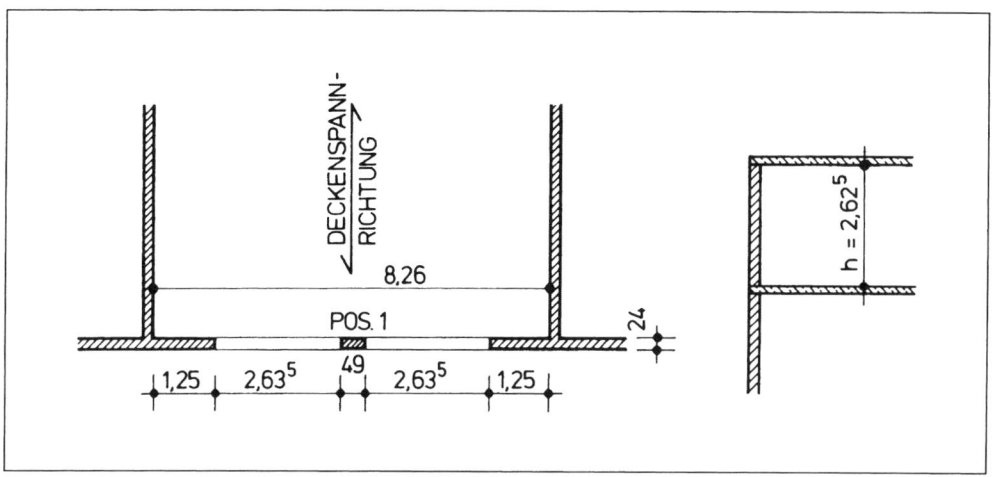

Abb. E.1.8 Durch Wind beanspruchter Mauerwerkspfeiler

Nachweis a)
Hier ist nachzuweisen, dass die Bedingung $e \leq d/3$ (klaffende Fuge darf höchstens bis zur Schwerachse gehen) erfüllt ist.

Vertikale Belastung:

Aus Dachdecke (min A) $8,1 \cdot 3,13$ $\quad= 25,4$ kN
Mauerwerkspfeiler (Geschossmitte)
$3,43 \cdot 0,49 \cdot 2,625/2$ $\quad= 2,2$ kN
Sturzeigenlast (einschl. Mauerwerk)
$2,4 \cdot 3,13$ $\quad= 7,5$ kN
$\quad\quad\quad\quad\quad\quad\quad\quad$ min $R = 35,1$ kN

Windbelastung nach DIN 1055 Teil 4:

$w = c_p \cdot q$
$w = 0,8 \cdot 0,8 = 0,64$ kN/m²

Die Windlast ist beim Nachweis einzelner Bauglieder um 25 % zu erhöhen. Unter Berücksichtigung der Einflussbreite $B = 3,13$ m ergibt sich:

$w = 0,64 \cdot 1,25 \cdot 3,13 = 2,5$ kN/m

Als statisches System wird ein vertikaler „Träger auf zwei Stützen" angenommen, als Stützweite der lichte Abstand der horizontalen Halterungen:

max $M_w = 2,5 \cdot 2,63^2/8 = 2,2$ kNm

Ausmittigkeit $e = M_w/R = 2,2/35,1 = 0,063$ m
$\quad\quad\quad\quad\quad\quad\quad\quad\quad\quad= 6,3$ cm $< d/3 = 8$ cm

Knicklänge:
$h_K = 0,9\, h_s = 2,363$ m (vgl. Abschnitt 1.4)
$k_1 = 1,0$ (kein „Pfeiler")
$h_K/d = 236,3/24 < 10$
$k_2 = 1$
$k_3 = 1,7 - l/6 = 1,7 - 4,5/6 = 0,95$

Abminderungsfaktor k:
min $k = k_1 \cdot k_3 = 1 \cdot 0,95 = 0,95$

Spannungsnachweis:
Tafel E.1.10 Zeile 4: $= 24/2 - 6,3 = 5,7$ cm
max $\sigma = 2 \cdot 35,1/(3 \cdot 5,7 \cdot 49) = 0,0838$ kN/cm² $= 0,84$ MN/m²

gew. KSL 12/II

$\sigma_0 = 1,2$ MN/m² (aus Tafel E.1.8)
zul $\sigma = k \cdot \sigma_0 = 0,95 \cdot 1,2 = 1,14$ MN/m² $> 0,84$

Nachweis b)
Hier ist zu überprüfen, ob die max. Druckspannung größer wird als bei „Nachweis a)".

Vertikale Belastung:
Aus Dachdecke (max A) $9,7 \cdot 3,13$ $\quad= 30,4$ kN
Mauerwerk und Sturzeigenlast
wie bei a) $2,2 + 7,5$ $\quad= 9,7$ kN
$\quad\quad\quad\quad\quad\quad\quad\quad$ max $R = 40,1$ kN

Windmoment wie unter a): $M_w = 2,2$ kNm

Spannungsnachweis:
Ausmittigkeit $e = M_w/R = 2,2/40,1 = 0,055$ m
$= 5,5$ cm $< d/3 = 8$ cm

Tafel E.1.10, Zeile 4: $c = 24/2 - 5,5 = 6,5$ cm
max $\sigma = 2 \cdot 40,1/(3 \cdot 6,5 \cdot 49) = 0,0839$ kN/cm²
$= 0,84$ MN/m² $<$ zul $\sigma = 1,14$

● **Frei stehende Mauern**

Für frei stehende Mauern, die oben nicht gehalten sind (z.B. Einfriedungen), ist die Windbeanspruchung der kritische Lastfall. Beim Nachweis einer solchen Mauer liegt die größte Schwierigkeit in einer vernünftigen Windlastannahme. Die Windkräfte unmittelbar über dem Erdboden sind als Mittelwert kaum formelmäßig erfassbar. Sie sind direkt

Baustatik

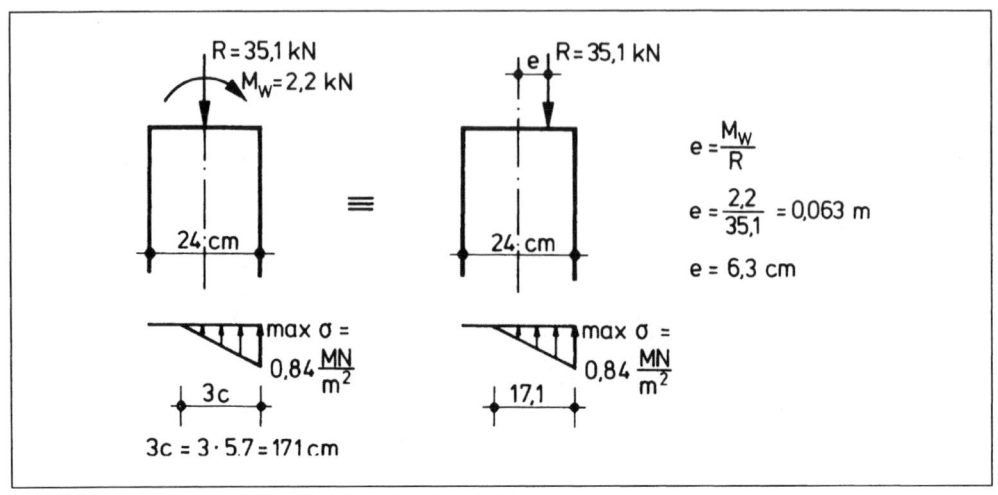

Abb. E.1.9 Mauerwerkspfeiler mit Längsdruck und Biegung

$$e = \frac{M_W}{R}$$

$$e = \frac{2{,}2}{35{,}1} = 0{,}063 \text{ m}$$

$$e = 6{,}3 \text{ cm}$$

$3c = 3 \cdot 5{,}7 = 17{,}1 \text{ cm}$

am Boden in etwa gleich Null und vergrößern sich mit zunehmender Höhe. Hinzu kommt noch die Schwierigkeit, dass die Größe der Windlast auch von den Außenabmessungen der betrachteten Mauer abhängt und ebenso davon, ob es sich um eine frei im Gelände stehende Mauer oder um eine Mauer als Teil eines Bauwerks handelt.

Für die folgenden Berechnungen wird als Mittelwert eine gleichmäßig verteilte Windlast $w = 0{,}6$ kN/m² angenommen. Dieser Wert entspricht den Angaben der alten DIN 1055 Teil 4 (Ausgabe Juni 1938) für Bauwerke bis 8 m über Geländeoberkante. In der Windlastnorm DIN 1055 Teil 4 (Ausgabe August 1986) gibt es für den vorliegenden Fall keine eindeutige Angabe für die Windbelastung. Es wird empfohlen, im Einzelfall mit der zuständigen Bauaufsichtsbehörde Kontakt aufzunehmen.

Maßgebend für die Bemessung einer frei stehenden Mauer ist die allgemeine Bedingung, dass eine Klaffung der Fuge höchstens bis zum Schwerpunkt zugelassen ist, d.h., es muss sein

| $\max e \leq d/3$ | (1) mit $e = M/R$ (2)

Wenn die frei stehende Mauer *keine* Auflast hat, so besteht die maßgebende vertikale Last R nur aus der Eigenlast des Mauerwerks.
Damit folgt:

$R = g_M \cdot b \cdot d \cdot h$ (3) g_M Eigenlast des Mauerwerks

Außer dem Nachweis der Gleichung (1) ist streng genommen die maximale Randspannung zu ermitteln (Tafel E.1.10) und mit der zulässigen Spannung zu vergleichen. Wegen der geringen Längsdruckkraft (nur Eigenlast des Mauerwerks) kann auf diesen Nachweis in der Regel verzichtet werden. Ist wegen zusätzlicher Auflast (z.B. aus Abdeckungen) ein Spannungsnachweis erforderlich, so ist dieser nach dem genaueren Verfahren (vgl. Abschnitt 2) zu führen.

Zahlenbeispiel

Wie hoch darf eine Mauer mit einer Dicke von $d = 36{,}5$ cm, die aus Vollziegeln Mz 12 – 1,8 in Mörtelgruppe II gemauert wird, ausgeführt werden?

Es wird ein 1 m breiter Wandbereich nachgewiesen. Eigenlast des Mauerwerks $g_M = 18$ kN/m³, Windlast $w = 0{,}6$ kN/m².

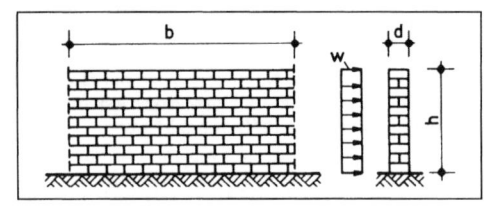

Abb. E.1.10 Frei stehende Mauer

Nachweis der zulässigen Klaffung
Maximales Biegemoment:
$\max M = w \cdot h^2/2 = 0{,}6 \, h^2/2 = 0{,}3 \, h^2$
Aus Gl. (3):
$R = 18 \cdot 0{,}365 \cdot 1{,}0 \cdot h = 6{,}57 \cdot h$
aus Gl. (2):
$e = 0{,}3 \cdot h^2/(6{,}57 \cdot h) = 0{,}046 \cdot h$
aus Gl. (1):
$e = d/3;\quad 0{,}046 \cdot h = 0{,}365/3$
zul $h = 2{,}65$ m (vgl. auch Tafel E.1.11)

Zulässige Höhen für verschiedene Mauerwerksdicken und Eigenlasten können der Tafel E.1.11 entnommen werden.

Tafel E.1.11 Tragfähigkeit frei stehender Mauern (ungegliedert)[1]

Eigenlast kN/m³	Zulässige Mauerhöhe h in m bei einer Dicke d in cm von			
	36,5	30	24	17,5
12	1,75	1,20	0,75	0,40
13	1,90	1,30	0,80	0,40
14	2,05	1,40	0,90	0,45
15	2,20	1,50	0,95	0,50
17	2,50	1,70	1,05	0,55
18	2,65	1,80	1,15	0,60
19	2,80	1,90	1,20	0,65
20	2,95	2,00	1,25	0,65

[1] Erforderliche Mindeststeinfestigkeitsklasse: 8 MN/m².
Den Tabellenwerten liegt eine Windbelastung von 0,6 kN/m² zugrunde. Bei anderen Windbelastungen w' ergibt sich die neue zulässige Mauerhöhe $h' = h \cdot w/w'$.

Anstelle einer ungegliederten, frei stehenden Mauer ist es oft zweckmäßig, eine gegliederte Mauer mit Zwischenpfeilern oder Zwischenstützen aus Stahlbeton bzw. Stahl zu konstruieren (Abb. E.1.11). Die Windlast muss dann vom Mauerwerk zwischen den gemauerten Vorlagen bzw. den Stahlbeton- oder Stahlstützen horizontal abgetragen werden (vgl. Abschnitt 1.5.13).

Abb. E.1.11 Gegliederte frei stehende Mauern

1.5.8 Zusätzlicher Nachweis bei Scheibenbeanspruchung

Sind Wandscheiben infolge Windbeanspruchung rechnerisch nachzuweisen, so ist bei klaffender Fuge außer dem Spannungsnachweis ein Nachweis der Randdehnung

$$\varepsilon_R \leq 10^{-4}$$

zu führen. Der Elastizitätsmodul für Mauerwerk darf zu $E = 3000\,\sigma_0$ angenommen werden.

$\varepsilon_D = \sigma_D/E$, wobei σ_D die rechnerische Kantenpressung im maßgebenden Gebrauchs-Lastfall ist.

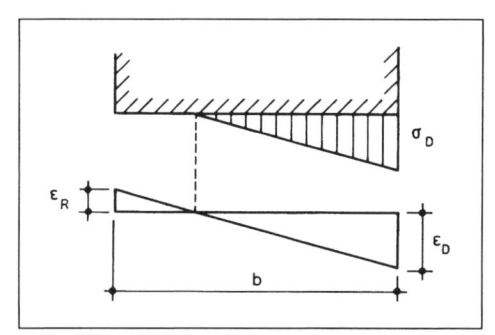

Abb. E.1.12 Zulässige rechnerische Randdehnung bei Scheiben: $\varepsilon_R \leq 10^{-4}$

1.5.9 Zusätzlicher Nachweis bei dünnen, schmalen Wänden

Bei zweiseitig gehaltenen Wänden mit $d < 17$ cm und mit Schlankheiten $\frac{h_k}{d} > 12$ und Wandbreiten $< 2,0$ m ist der Einfluß einer ungewollten horizontalen Einzellast $H = 0,5$ kN in halber Geschosshöhe zu berücksichtigen. H darf über die Wandbreite gleichmäßig verteilt werden. Zul σ darf hierbei um 33 % erhöht werden.

1.5.10 Lastverteilung

Bei Mauerwerksscheiben kann entsprechend dem Verlauf der Spannungstrajektorien eine Lastverteilung unter 60° angesetzt werden.

Aus der Darstellung der Spannungstrajektorien in Abb. E.1.13 ist ersichtlich, dass die Ausstrahlung der Druckkräfte gleichzeitig Querzugkräfte zur Folge hat. Während diese sog. Spaltzugkräfte im Stahlbetonbau durch zusätzliche Bewehrung aufgenommen werden, müssen sie bei Mauerwerkskonstruktionen vom Mauerwerk selbst aufgenommen werden. Auf eine besonders sorgfältige Ausführung eines Mauerwerksverbandes ist daher zu achten.

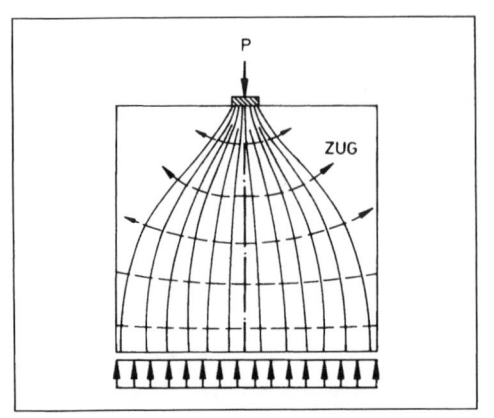

Abb. E.1.13 Spannungstrajektorien

Auch eine einseitige Lastverteilung unter 60° darf rechnerisch angesetzt werden, wenn der dadurch auftretende Horizontalschub aufgenommen werden kann. Für eine vereinfachte Darstellung des Kräftespiels bei einseitiger Lastverteilung kann das „Pendelstab-Modell" hilfreich sein (Abb. E.1.14). Man sieht bei diesem Modell deutlich, dass bei einseitiger Lastverteilung aus Gleichgewichtsgründen Horizontalkräfte H auftreten, deren Aufnahme gewährleistet sein muss (z.B. durch Deckenscheiben). Bei der Einleitung von größeren Einzellasten in Mauerwerkskonstruktionen (z.B. Auflager von Abfangungen, Sturzauflager, Einzellasten durch Stützen) sind häufig Untermauerungen in höherer Mauerwerksfestigkeit oder sogar Stahlbetonschwellen notwendig.

Bei der Wahl des Materials bei Untermauerungen sind jedoch besonders die Ausführungen in DIN 1053-1, Abschnitt 6.5 („Zwängungen") zu beachten.

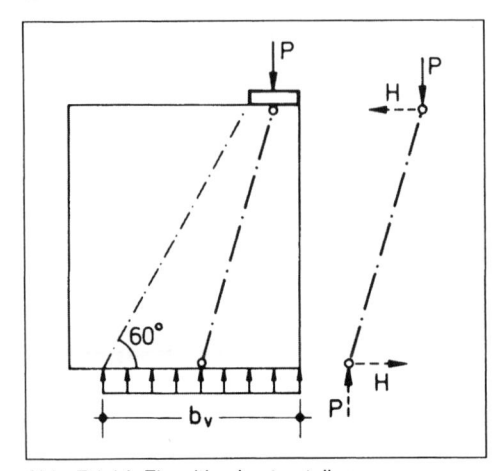

Abb. E.1.14 Einseitige Lastverteilung

Bei einer Lastverteilung unter 60° ergeben sich die mathematischen Beziehungen zwischen der Verteilungsbreite b_v und der Höhe h des höherwertigen Mauerwerks aus den Abb. E.1.15 und E.1.16.

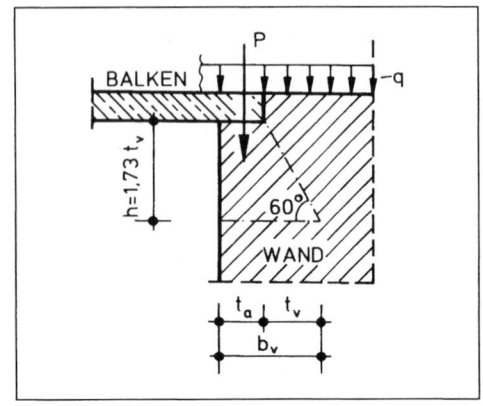

Abb. E.1.15 Lastverteilungsbreite bei einseitiger Lastverteilung

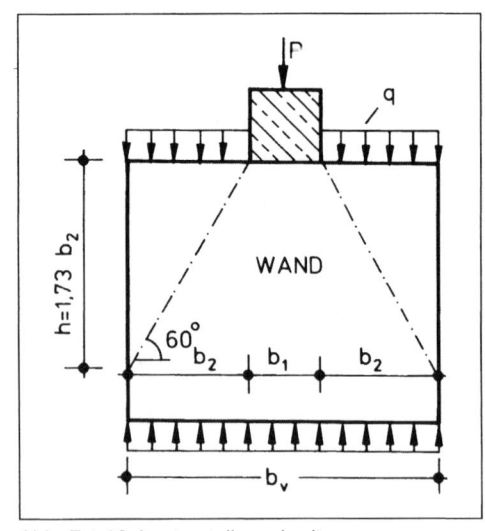

Abb. E.1.16 Lastverteilungsbreite

Näherungsformeln für b_v

Bei Vernachlässigung der (geringen) Eigenlast des Mauerwerks im Bereich der Lastausbreitung erhält man zur Ermittlung von b_v folgende Näherungsformel (Abb. E.1.15 und E.1.16):

$$\text{erf } b_v = \frac{P}{d \cdot \sigma_0 - q}$$

1.5.11 Spannungsnachweis bei Belastung durch Einzellasten in Richtung der Wandebene

Unter Einzellasten (z.B. unter Balken, Stützen usw.) darf eine gleichmäßig verteilte zulässige Auflagerpressung von $1,3 \cdot \sigma_0$ angesetzt werden (σ_0 aus Tafel E.1.8). Zusätzlich muss jedoch nachgewiesen werden, dass in Wandmitte (Lastverteilung unter 60°) die vorhandene Spannung den Wert zul σ nach Abschnitt 1.5.3 nicht überschreitet.

Zahlenbeispiel 1

Ermittlung der Abmessungen und der Güte der Untermauerung in der Mauerwerksscheibe gemäß Abb. E.1.17. Außerdem ist nachzuweisen, dass die Spannung in Wandmitte zul σ nicht überschreitet.
Die lichte Geschosshöhe betrage $h_s = 2,88$ m.
Die Stützweite der Decke (Endauflager) betrage $l = 5,80$ m.

Pressung unter Stahlbetonbalken:

Gesamtlast $138 + 35 \cdot 0,3 = 149$ kN
$\sigma = 149/(30 \cdot 24) = 0,207$ kN/cm² $= 2,07$ MN/m²
$<$ zul $\sigma = 1,3 \sigma_0 = 1,3 \cdot 1,8 = 2,34$ MN/m²

Pressung unter höherwertigem Mauerwerk:

gewählt: $b_v = 94$ cm; $h = 1,73 \cdot 32 = 55$ cm
Eigenlast des Mauerwerks im Bereich der Untermauerung (Rohdichte $= 1,6$ kg/dm³)
$G_M = 0,94 \cdot 0,90 \cdot 4,63 = 3,9$ kN
Gesamtlast: $138 + 35 \cdot 0,94 + 3,9 = 175$ kN
$a = 175/(94 \cdot 24) = 0,078$ kN/cm² $= 0,78$ MN/m²
$<$ zul $\sigma = 0,9$ MN/m² $= \sigma_0$ (Tafel E.1.8)
Hier wird mit σ_0 als zulässiger Pressung gerechnet, da gegenüber der Stelle unmittelbar unter dem Stahlbetonbalken ein Knickeinfluss möglich ist.

Spannungsnachweis in Wandmitte:

Lastverteilungsbreite in Wandmitte:
$h = 288/2 - 35 = 109$ cm (vgl. Abb. E.1.17)
$b_2 = h/1,73 = 109/1,73 = 63$ cm (vgl. Abb. E.1.16)
$b_v = 2 \cdot 63 + 30 = 156$ cm
Eigenlast des Mauerwerks
(Rohdichte $= 1,6$ kg/dm³)
$G_M = 1,56 \cdot 1,44 \cdot 4,63 = 10,4$ kN
Gesamtlast: $138 + 35 \cdot 1,56 + 10,4 = 203$ kN
Ermittlung der k_i-Werte (Abschnitt 1.5.5)
$k_1 = 1,0$ (Wand)
$k_K = 0,9 \cdot 2,88 = 2,59$ m (Abschnitt 1.4.1)
$k_K/d = 259/24 = 10,8$
$k_2 = \dfrac{25 - k_K/d}{15} = \dfrac{25 - 10,8}{15}$
$k_3 = 1,7 - l/6 = 1,7 - 5,8/6 = 0,73$
min $k = k_i \cdot k_3 = 0,73$
zul $\sigma = k \cdot \sigma_0 = 0,73 \cdot 0,9 = 0,66$ MN/m²
vorh $\sigma = 203/(156 \cdot 24) = 0,054$ kN/cm²
$= 0,54$ MN/m² $< 0,66$

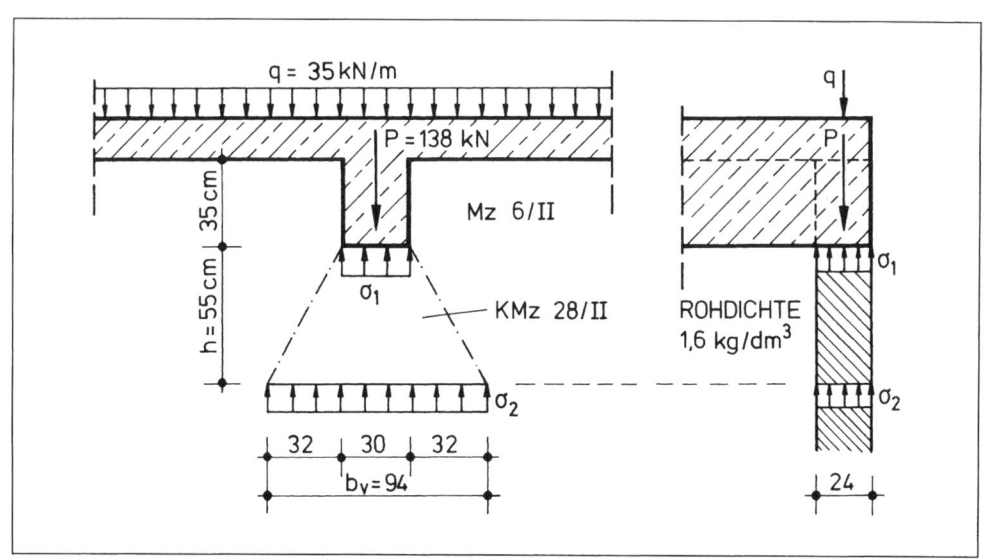

Abb. E.1.17 Lastverteilung unter Auflagern

Zahlenbeispiel 2
Exzentrisch angreifende Einzellast infolge eines Unterzuges

Lässt sich die örtliche Auflagerpressung und die Tragfahigkeit in Wandmitte bei einer Lastverteilung von 60° problemlos nachweisen, so bestehen keine Bedenken, nach dem vereinfachten Verfahren zu rechnen (vgl. auch Fußnote [3] zu Abschnitt 1.1). Voraussetzung ist allerdings, dass der Mauerwerkskörper oben und unten durch eine horizontale Scheibe (oder statisch gleichwertige Konstruktion) gehalten ist.

a) Nachweis der Auflagerpressung

Belastung: aus Unterzug   150 kN
aus Decke 20 · 0,20 =   4 kN
                        154 kN

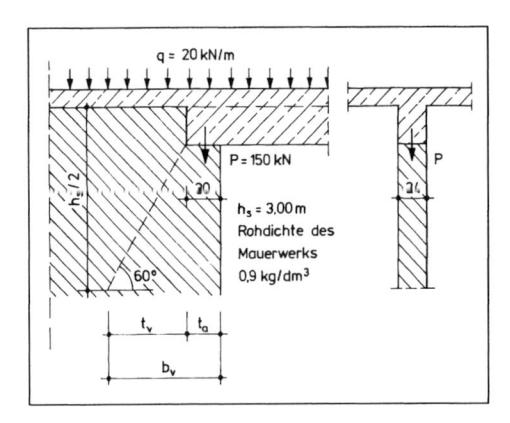

$\sigma_A = \dfrac{154}{30 \cdot 24} = 0{,}214 \text{ kN/cm}^2 = 2{,}14 \text{ MN/m}^2$

Untermauerung: HLz 12/III
$\sigma_0 = 1{,}8 \text{ MN/m}^2$
zul $\sigma = 1{,}3 \cdot 1{,}8 = 2{,}34 \text{ MN/m}^2 > 2{,}14$

b) Nachweis unter höherwertigem Mauerwerk

gew. $b_v = 0{,}85 \text{ m}$ $h = (0{,}85 - 0{,}30) \cdot 1{,}72 = 0{,}95 \text{ m}$
Eigenlast Mauerwerk: $G_M = 0{,}85 \cdot 0{,}95 \cdot 3{,}19 = 2{,}6 \text{ kN}$
Gesamtlast: $150 + 20 \cdot 0{,}75 + 2{,}6 = 167{,}6 \text{ kN}$
$\sigma = 167{,}6/(85 \cdot 24) = 0{,}082 \text{ kN/cm}^2 = 0{,}82 \text{ MN/m}^2$
vorh. HLz 6/II mit $\sigma_0 = 0{,}9 \text{ MN/m}^2 = $ zul $\sigma > 0{,}82$

c) Nachweis in halber Wandhöhe

Ermittlung der k-Werte
$k_1 = 1$ (Wand)
$h_k = 0{,}9 \, h_s = 0{,}9 \cdot 3{,}0 = 2{,}70 \text{ m}$
$\dfrac{h_k}{d} = \dfrac{270}{24} = 11{,}25$

$k_2 = \dfrac{25 - h_k/d}{15} = \dfrac{25 - 11{,}25}{15} = 0{,}92$
$k = k_1 \cdot k_2 = 1{,}0 \cdot 0{,}92 = 0{,}92$

Ermittlung der Verteilungsbreite:
$b_v = t_a + t_v = 0{,}30 + \text{ca.} \, \dfrac{3{,}0}{2} \cdot \dfrac{1}{\tan 60°} = 1{,}17 \text{ m}$

Belastung in Wandmitte:
aus Unterzug 150/1,17   = 128,0 kN/m
aus Decke   = 20,0 kN/m
aus Mauerwerk 3,19 · 1,5 =   4,8 kN/m
                         152,8 kN/m

$\sigma = 152{,}8/100 \cdot 24 = 0{,}064 \text{ kN/cm}^2$
$\phantom{\sigma = 152{,}8/100 \cdot 24\ } = 0{,}64 \text{ MN/m}^2$

vorh. HLz 6/II mit $\sigma_0 = 0{,}9 \text{ MN/m}^2$
zul $\sigma = k \cdot \sigma_0 = 0{,}92 \cdot 0{,}9 = 0{,}83 \text{ MN/m}^2 > 0{,}64$

● **Dünnere Wände in ausgebauten Dachgeschossen**

Derartige Wände sind in der Regel oben nicht durch eine Deckenscheibe gehalten. Bei Belastung durch Einzellasten (z.B. Mittelpfette eines Pfettendaches) ist eine obere Halterung jedoch zwingend.

Konstruktive Möglichkeiten einer oberen Halterung:

a) Ringbalken (z.B. bewehrtes Mauerwerk oder U-Schale mit Stahlbeton). Der Ringbalken muss auf Querwände geführt werden.

b) Die Pfette als Teil einer räumlich stabilen Dachkonstruktion muss mit dem Auflagermauerwerk konstruktiv verankert werden, so dass das Mauerwerk oben durch die Pfette gehalten ist. Da es sich jedoch nicht um eine absolut feste Halterung handelt (Dachkonstruktion ist nicht „starr"), sollte bei der Wandberechnung die Knicklänge ohne Abminderung gleich der lichten Geschosshöhe gesetzt werden.

Zahlenbeispiel 3

Eine 11,5 cm dicke Mittelwand wird durch eine Pfette belastet.

Lichte Geschosshöhe: 2,60 m
Rohdichte Mauerwerk: 1,2 kg/dm³
Auflagerkraft der Pfette (25/30): 70 kN

Nachweis der Auflagerpressung

$\sigma_A = \dfrac{70}{25 \cdot 11{,}5} = 0{,}243 \text{ kN/cm}^2 = 2{,}43 \text{ MN/m}^2$

| gew. HLz 20/IIa | $\sigma_0 = 1{,}9 \text{ MN/m}^2$ |

zul σ = 1,3 σ_0
   = 1,3 · 1,9 = 2,47 MN/m² > 2,43

Nachweis in halber Wandhöhe

Wegen der „nur konstruktiven" oberen Halterung der belasteten Wand wird als Knicklänge die lichte Geschosshöhe (ohne Abminderung) angesetzt.

Ermittlung der k-Werte:

k_1 = 1,0 (Wand)

$h_k = h_s$ = 2,60 m

h_k/d = 260/11,5 = 22,6

$k_2 = \dfrac{25 \cdot h_k/d}{15} \cdot \dfrac{25 - 22,6}{15} = 0,16$

Belastung in halber Wandhöhe:

$b_v = 0,20 + 2 \cdot \dfrac{2,60}{2} \cdot \dfrac{1}{\tan 60°} = 1,70$ m

Aus Pfette 70/1,70   = 41,2 kN/m
Aus Wand 2,16 · 1,3 = 2,8 kN/m
                               44,0 kN/m

$\sigma = \dfrac{44,0}{11,5 \cdot 100} = 0,0383$ kN/cm²

gew. HLz 20/III

mit σ_0 = 2,4 MN/m²
zul $\sigma = k \cdot \sigma_0$ = 0,16 · 2,4 = 0,384 MN/m² > 0,383

1.5.12 Spannungsnachweis bei Einzellasten senkrecht zur Wandebene

Bei Teilflächenpressung rechtwinklig zur Wandebene darf zul σ = 1,3 σ_0 angenommen werden. Bei Einzellasten ≥ 3 kN ist zusätzlich ein Schubnachweis in den Lagerfugen der belasteten Steine gemäß Abschnitt 1.5.14 zu führen.

Bei Loch- und Kammersteinen muss die Last mindestens über zwei Stege eingeleitet werden (Unterlagsplatten).

Man beachte jedoch, dass der Knicknachweis für Mauerwerkskonstruktionen, die durch größere Einzellasten rechtwinklig zur Wandebene belastet sind, nach dem genaueren Verfahren geführt werden muß (vgl. auch Abschnitt 1.5.2).

1.5.13 Biegezugspannungen

Zulässig sind nur Biegezugspannungen parallel zur Lagerfuge in Wandrichtung. Es gilt:

$$\boxed{\text{zul } \sigma_Z = 0,4\,\sigma_{0HS} + 0,12\,\sigma_D \leq \max \sigma_Z} \quad (1)$$

zul σ_Z zulässige Biegezugspannung parallel zur Lagerfuge
σ_D zugehörige Druckspannung rechtwinklig zur Lagerfuge
σ_{0HS} zulässige abgeminderte Haftscherfestigkeit nach Tafel E.1.12
max σ_Z Maximalwert der zulässigen Biegezugspannung nach Tafel E.1.13

Gleichung (1) ergibt sich aus der Kombination der folgenden beiden Gleichungen nach dem *genaueren Verfahren*:

$$\text{zul } \sigma_Z \leq \dfrac{1}{\gamma}(\beta_{RHS} + \mu \cdot \sigma_D)\,\ddot{u}/h$$

(Versagen der Fugen)

$$\text{zul } \sigma_Z \leq \beta_{RHS}/2\gamma$$

(Versagen der Steinzugfestigkeit)

Kombiniert man die beiden Gleichungen und setzt ein:

$\gamma = 2;\ \ddot{u}/h = 0,4;\ \mu = 0,6;\ \beta_{RK}/\gamma = \sigma_{0HS}$

dann folgt die oben angegebene Gleichung (1).

Tafel E.1.12 Zul. abgeminderte Haftscherfestigkeit σ_{0HS}[1]

Mörtelgruppe	I	II	IIa	III	IIIa	LM 21	LM 36	DM [2]
σ_{0HS} in MN/m²	0,01	0,04	0,09	0,11	0,13	0,09	0,09	0,11

[1] Bei unvermörtelten Stoßfugen (weniger als die halbe Wanddicke ist vermörtelt) sind die σ_{0HS}-Werte zu halbieren.
[2] DM = Dünnbettmörtel

Tafel E.1.13 Maximale Werte der zul. Biegezugspannungen max σ_Z

Steinfestigkeitsklasse	2	4	6	8	12	20	≥ 28
max σ_Z in MN/m²	0,01	0,02	0,04	0,05	0,10	0,15	0,20

1.5.14 Schubnachweis

Ein Schubnachweis ist in der Regel nicht erforderlich, wenn eine ausreichende räumliche Steifigkeit eines Bauwerkes offensichtlich gegeben ist. Ist jedoch im Einzelfall ein Schubnachweis zu führen, so kann dies für Rechteckquerschnitte nach dem vereinfachten Verfahren mit Hilfe der Gleichungen (1) und (2) erfolgen[1]:

$$\boxed{\text{zul } \tau = \sigma_{0HS} + 0{,}20\, \sigma_D \leq \max \tau} \qquad (1)$$

Es ist nachzuweisen:

$$\boxed{\tau = \frac{c\, Q}{A} \leq \text{zul } \tau} \qquad (2)$$

c Formbeiwert

$\dfrac{h}{l} \geq 2 \rightarrow c = 1{,}5$

$\dfrac{h}{l} \leq 1 \rightarrow c = 1{,}0$

(h = Höhe der Mauerwerksscheibe)
(l = Länge der Mauerwerksscheibe)

Zwischenwerte für c sind linear zu interpolieren.

A überdrückte Querschnittsfläche
σ_{0HS} aus Tafel E.1.12 mittlere
σ_{Dm} zugehörige Druckspannung rechtwinklig zur Lagerfuge im ungerissenen Querschnitt A

$\max \tau = n \cdot \beta_{Nst}$
  $n = 0{,}010$ bei Hohlblocksteinen
  $n = 0{,}012$ bei Hochlochsteinen und Steinen mit Grifföffnungen oder -löchern
  $n = 0{,}014$ bei Vollsteinen ohne Grifföffnungen oder -löcher

β_{Nst} Steindruckfestigkeitsklasse (Nennwert der Steindruckfestigkeit)

Die obige Gl. (1) folgt aus der Kombination und Vereinfachung der Gln. (3) und (4) des genaueren Verfahrens:

$$\gamma \cdot \tau \leq \beta_{RHS} + \mu \cdot \sigma_{Dm} \qquad (3)$$
$$\leq 0{,}45 \cdot \beta_{RZ} \sqrt{1 + \sigma/\beta_{RZ}} \qquad (4)$$

indem man den Reibungskoeffizienten $\mu = 0{,}4$ und $\beta_{RHS}/\gamma = \sigma_{0HS}$ setzt.

---

[1] Es ist jedoch in der Regel sinnvoller, den Schubnachweis nach dem genaueren Verfahren durchzuführen.

Zahlenbeispiel

Gegeben:

Wandscheibe mit Rechteckquerschnitt (Abb. E.1.18)
Vertikale Belastung $R = 350$ kN
Horizontale Last $H = 60$ kN
Nachweis der Randdehnung siehe Abschn. 1.5.8

Biegespanaung (vgl. Tafel E.1.10)
Der Nachweis wird in der unteren Fuge I–I geführt.

$M = H \cdot 2{,}625 = 60 \cdot 2{,}625 = 157{,}5$ kNm
$e = M/R = 157{,}5/350 = 0{,}45$ m $< d/3 = 2{,}49/3$
  $= 0{,}83$ m
$c = d/2 - e = 2{,}49/2 - 0{,}45 = 0{,}795$ m
$3c = 2{,}385$ m

Tafel E.1.10, Zeile 4: $\max \sigma = 2 \cdot 350/(238{,}5 \cdot 24)$
  $= 0{,}122$ kN/cm$^2 = 1{,}22$ MN/m^2

Schubspannung

$\alpha \approx 1$
$\tau \approx Q/A = 60/238{,}5 \cdot 24 = 0{,}01$ kN/cm^2
  $= 0{,}1$ MN/m^2

Zulässige Schabspannung

Ermittlung nach Gleichung (1):
gew. KS 12/II (Vollsteine)
$\sigma_{0HS} = 0{,}04$ MN/m^2 (Tafel E.1.12)
$\sigma_{Dm} = 1{,}22/2 = 0{,}61$ MN/m^2
$\max \tau = n \cdot \beta_{Nst} = 0{,}014 \cdot 12 = 0{,}17$ MN/m^2
zul $\tau = 0{,}04 + 0{,}20 \cdot 0{,}61 = 0{,}16$ MN/m^2

Schubnachweis

$\tau = 0{,}10$ MN/m$^2 < 0{,}16$ MN/m$^2 = $ zul τ

● **Plattenschub**

$$\boxed{\text{zul } \tau = \sigma_{0HS} + 0{,}30\, \sigma_D} \qquad (5)$$

Nachweis für einen Rechteckquerschnitt:

$$\boxed{\tau = \frac{1{,}5\, Q}{A} \leq \text{zul } \tau} \qquad (6)$$

A überdrückte Querschnittsflche
σ_{0HS} aus Tafel E.1.12
σ_D Druckspannung rechtwinklig zur Lagerfuge

1.6 Tragfähigkeitstafeln für Mauerwerkswände

Nicht abgedruckt, vergl. jedoch „Mauerwerksbau aktuell 2003", S. E.8

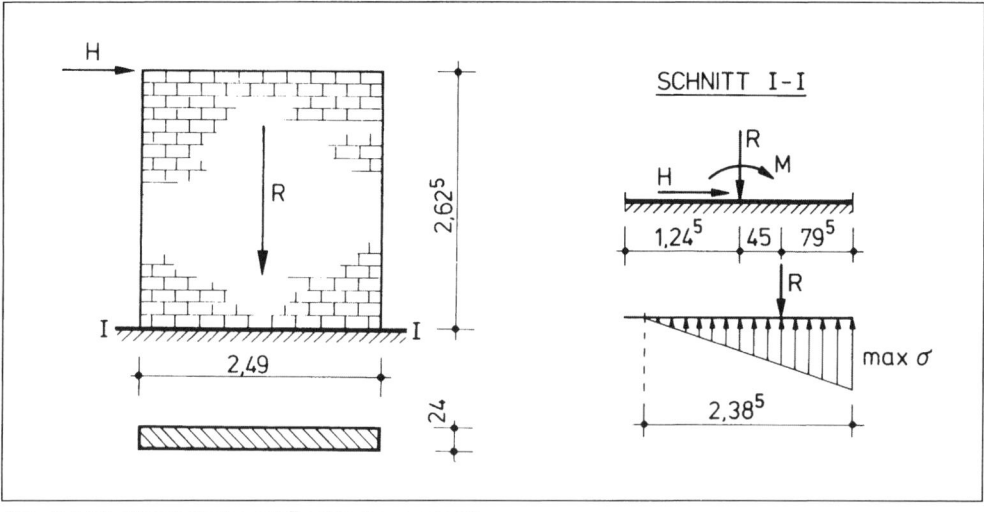

Vereinfachtes Berechnungsverfahren nach DIN 1053-1

Abb. E.1.18 Wandscheibe mit Rechteckquerschnitt

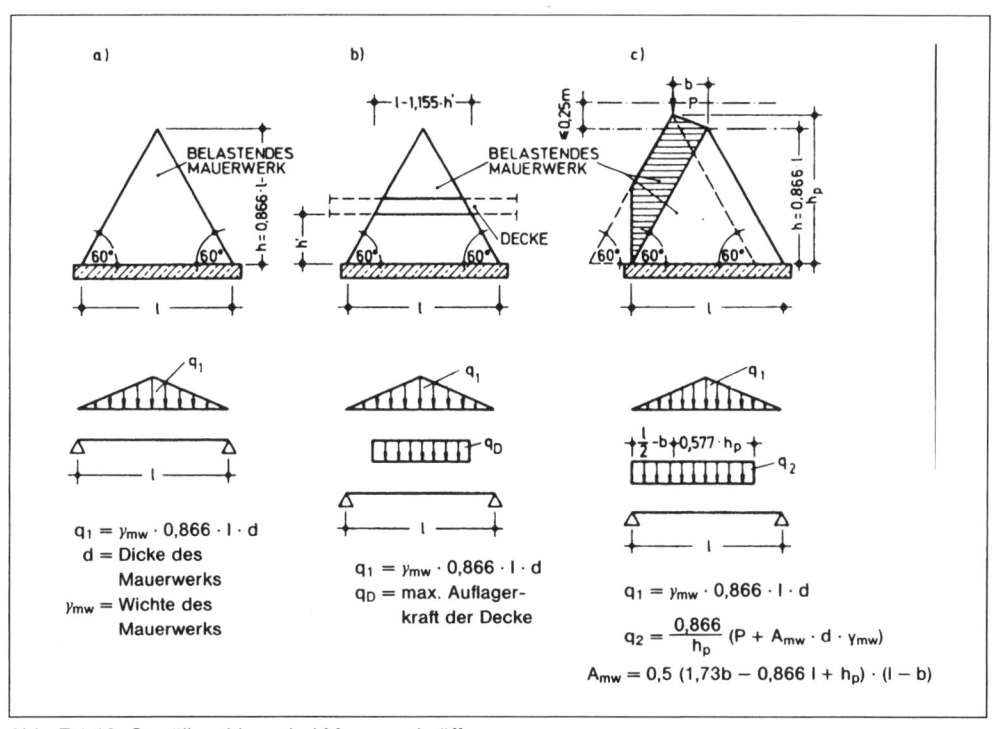

$q_1 = \gamma_{mw} \cdot 0{,}866 \cdot l \cdot d$
d = Dicke des Mauerwerks
γ_{mw} = Wichte des Mauerwerks

$q_1 = \gamma_{mw} \cdot 0{,}866 \cdot l \cdot d$
q_D = max. Auflagerkraft der Decke

$q_1 = \gamma_{mw} \cdot 0{,}866 \cdot l \cdot d$
$q_2 = \dfrac{0{,}866}{h_p} (P + A_{mw} \cdot d \cdot \gamma_{mw})$
$A_{mw} = 0{,}5 \, (1{,}73b - 0{,}866\,l + h_p) \cdot (l - b)$

Abb. E.1.19 Gewölbewirkung bei Mauerwerksöffnungen

E.31

1.7 Belastung bei Stürzen

Bei Sturz- und Abfangträgern brauchen nur die Lasten gemäß Abb. E.1.19 angesetzt zu werden.

Für Einzellasten, die innerhalb oder in der Nähe des Belastungsdreiecks liegen, darf eine Lastverteilung von 60° angenommen werden. Liegen Einzellasten außerhalb des Belastungsdreiecks, so brauchen sie nur berücksichtigt zu werden, wenn sie noch innerhalb der Stützweite des Trägers und unterhalb einer Waagerechten angreifen, die 25 cm über der Dreiecksspitze liegt. Solchen Einzellasten ist das Gewicht des waagerecht schraffierten Mauerwerks zuzuschlagen.

Man beachte: Die verminderten Belastungsannahmen nach Abb. E.1.2 sind nur zulässig, wenn sich oberhalb und neben dem Träger und der Belastungsfläche ein Gewölbe ausbilden (keine störenden Öffnungen!) und der Gewölbeschub aufgenommen werden kann.

Angaben über erforderliche Abmessungen des ungestörten Mauerwerks neben und über der Öffnung findet man in der Vorschrift 158 (Ausgabe 1985) der Staatl. Bauaufsicht (ehemalige DDR); siehe nebenstehende Abb. und Tabelle.

h/l	n
0,85	0,4
1,2	0,5
1,6	0,6
2,0	0,7
2,5	0,8
3,0	0,9
3,6	1,9

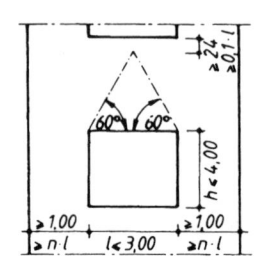

Holschemacher (Hrsg.)

Lastannahmen nach neuen Normen
Grundlagen, Erläuterungen, Praxisbeispiele

Einwirkungen auf Tragwerke aus:
Nutzlasten, Windlasten, Schneelasten, Erdbebenlasten

IV. Quartal 2006. ca. 200 Seiten.
17 x 24 cm. Kartoniert.
ISBN 3-89932-130-8
EUR ca. 35,–

In diesem Buch werden berücksichtigt:

- die neu geänderte DIN 1055-3 "Eigen- und Nutzlasten für Hochbauten" (03/2006) – (bereits im März 2003 als Weißdruck erschienen)
- Berichtigung 1 zu DIN 1055-4 "Windlasten" (03/2006)

Herausgeber:
Prof. Dr.-Ing. Klaus Holschemacher lehrt Stahlbetonbau an der HTWK Leipzig.

Bauwerk www.bauwerk-verlag.de

1.8 Kellerwände

1.8.1 Allgemeines

Es gibt mehrere Möglichkeiten für die Wahl von Tragmodellen bei durch Erddruck belasteten Kellerwänden:

1. vertikale Lastabtragung (Träger auf 2 Stützen, klaffende Fuge)
2. horizontale Lastabtragung (Träger auf 2 Stützen)
   a) Ausnutzung der Biegezugfestigkeit parallel zur Lagerfuge
   b) bewehrtes Mauerwerk
3. vertikale und horizontale Lastabtragung (zweiachsig gespannte Platte): Kombination der statischen Systeme aus 1 und 2
4. Bei allen Varianten 1 bis 3 kann als statisches System ein Stützlinienbogen gewählt werden. Hierbei muß jedoch in jedem Fall die Aufnahme des Horizontalschubs gewährleistet sein.

zu 1: In DIN 1053 T1 (s. Abschnitt I) sind Formeln für die erforderliche Auflast von Kellermauerwerk angegeben. Die hier geforderten Auflasten liegen auf der sicheren Seite und führen häufig zu unwirtschaftlichen Wanddicken. Im Abschnitt E.1.8.3 sind Tabellen für geringere erf. Auflasten angegeben, die sich durch die Annahme eines günstigeren Tragmodells ergeben.

zu 2: Im folgenden Abschnitt E.1.8.4 findet man Tragfähigkeitstafeln für bewehrtes Mauerwerk (horizontale Lastabtragung). Diese Konstruktionsvariante empfiehlt sich für Bereiche mit größerem Erddruck und wenig Auflast (z. B. unter großen Fensterbereichen).

zu 4: Formeln und ein Zahlenbeispiel befinden sich im folgenden Abschnitt E.1.8.2.

1.8.2 Formeln für Berechnung von Kellermauerwerk auf der Basis einer Gewölbeeinwirkung[1]

Dem folgenden Zahlenbeispiel liegen die umseitig angeführten Formeln zugrunde.

Zahlenbeispiel: Kellermauerwerk mit Gewölbewirkung

$q = 9{,}1$ kN/m^2
$l_w = 3{,}385$ m
$d = 36{,}5$ cm
Mauerwerk HLz 12/II a

Vorwert: $l/d = 3{,}385/0{,}365 = 9{,}27$

Maximale Randspannung für Fall 3

$\sigma_D = 0{,}75 \cdot 9{,}1 \cdot 9{,}27^2 = 586$ kN/m^2
$\phantom{\sigma_D = 0{,}75 \cdot 9{,}1 \cdot 9{,}27^2} = 0{,}586$ MN/m^2

$\sigma_{Dm} = \dfrac{\sigma_D}{2} = 0{,}293$ MN/m^2

vorh. Hlz 12/II a mit $\sigma_0 = 1{,}6$ MN/m^2

Schubspannungsnachweis für Fall 3

vorh $\tau = 0{,}75 \cdot 9{,}1 \cdot 9{,}27 = 63{,}3$ kN/m^2
$\phantom{vorh \tau = 0{,}75 \cdot 9{,}1 \cdot 9{,}27} = 0{,}0633$ MN/m^2

DIN 1053-1 (vereinfachtes Berechnungsverfahren):

$$\text{zul } \tau = \sigma_{Z0} + 0{,}20\, \sigma_{Dm} \leq \max \tau$$

max $\tau = 0{,}012 \cdot 12 = 0{,}144$
zul $\tau\ = 0{,}09 + 0{,}20 \cdot 0{,}293$
$ = 0{,}149 > 0{,}144$ (maßgebend)

---

[1] Auf der Basis einer hochschulinternen Veröffentlichung von Prof. Gerhard Richter, FH Bielefeld, Abt. Minden.

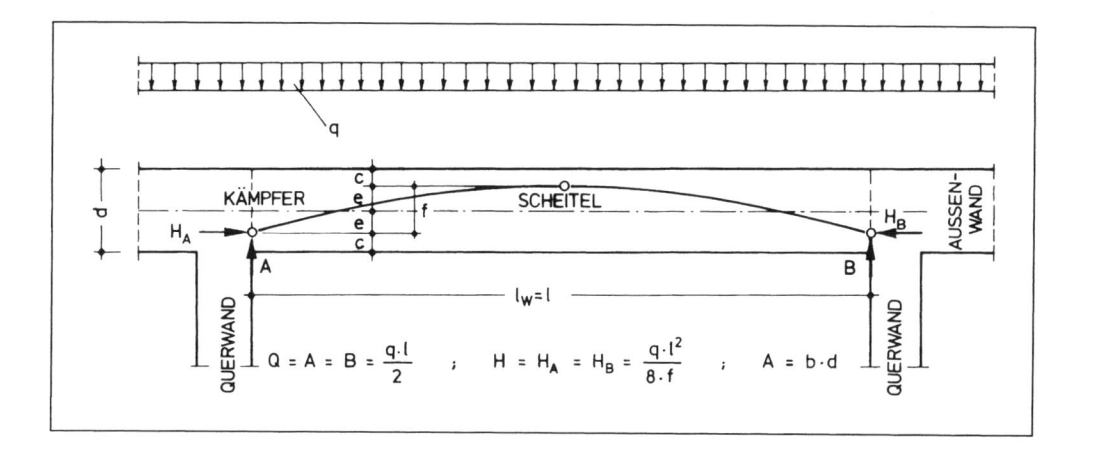

Vereinfachtes Berechnungsverfahren nach DIN 1053-1

$$Q = A = B = \frac{q \cdot l}{2} \quad ; \quad H = H_A = H_B = \frac{q \cdot l^2}{8 \cdot f} \quad ; \quad A = b \cdot d$$

Bei Untersuchung eines horizontalen Wandstreifens von $b = 1,0$ m ergeben sich folgende Fälle:

	① klaffende Fugen reichen bis:	② klaffende Fugen reichen bis:	③ keine klaffenden Fugen – H greift im Kernpunkt an
ungerissener wirksamer Querschnitt $(b = 1,0$ m$)$ A_w	$d/2$ | $d/2$	$3d/4$ | $d/4$	d
e	$\dfrac{d}{3}$	$\dfrac{d}{4}$	$\dfrac{d}{6}$
c	$\dfrac{d}{6}$	$\dfrac{d}{4}$	$\dfrac{d}{3}$
f	$\dfrac{2d}{3}$	$\dfrac{d}{2}$	$\dfrac{d}{3}$
Horizontalschub $H = q \cdot l^2/(8 \cdot f)$	$0{,}1875 \cdot q \cdot l \left(\dfrac{l}{d}\right)$	$0{,}25 \cdot q \cdot l \left(\dfrac{l}{d}\right)$	$0{,}375 \cdot q \cdot l \left(\dfrac{l}{d}\right)$
max. Randspannung $\sigma_D = 2 \cdot H/(3 \cdot c \cdot b)$	$0{,}75 \cdot q \cdot \left(\dfrac{l}{d}\right)^2$	$0{,}666 \cdot q \cdot \left(\dfrac{l}{d}\right)^2$	$0{,}75 \cdot q \cdot \left(\dfrac{l}{d}\right)^2$
Schubspannung $\tau_s = 1{,}5 \cdot Q/A_w$	$1{,}5 \cdot q \cdot \left(\dfrac{l}{d}\right)$	$1{,}0 \cdot q \cdot \left(\dfrac{l}{d}\right)$	$0{,}75 \cdot q \cdot \left(\dfrac{l}{d}\right)$

1.8.3 Tafeln für erforderliche Auflast min F bei Kellerwänden[1]

Zur Arbeitsvereinfachung werden im folgenden Bemessungstabellen angegeben, die auf einem Verfahren von Prof. Mann (Mauerwerkskalender 1984, „Rechnerischer Nachweis von ein- und zweiachsig gespannten, gemauerten Kellerwänden") beruhen. Die Tabellen geben die erforderlichen Mindestauflasten bei verschiedenen Anschütthöhen, Böschungswinkeln und Verkehrslasten an. Zwischenwerte können interpoliert werden.

Falls am Wandfuß eine Horizontalsperre zwischen Betonfundament und Mauerwerk eingelegt wird, muß die Betonoberfläche rauh abgezogen sein, um ausreichende Reibung zu erreichen. Die Tabellen gelten nicht für hydrostatischen Druck (Grundwasser).

(Hinweis: Bei größeren Böschungswinkeln ist vom Statiker zusätzlich der Gleitsicherheitsnachweis in der Sohlfläche zu führen – unabhängig vom Kellerbaustoff!)

Die Tabellen wurden von Dipl.-Ing. Hammes, Aachen, aufgestellt und von Prof. Mann in statischer Hinsicht geprüft (Prüfbericht vom 11. 4. 1988 kann bei unipor angefordert werden).

Den Tabellen liegen folgende Rechenwerte zugrunde:

- Einachsig gespannte Kellerwände für Rezeptmauerwerk nach DIN 1053 Teil 1, d. h. mindestens Ziegelfestigkeitsklasse 6 und Normalmauermörtel MG IIa
- Bodenwichte 19 kN/m^3
- Wandreibungswinkel $\delta = 0°$
- Ziegelrohdichteklasse 0,8 kg/cm^3
- Verkehrslast auf dem Gelände $p = 5$ kN/m^2 oder $p = 1,5$ kN/m^2. Der niedrigere Wert kann z. B. für Terrassen vor großen Fenstern angesetzt werden, wo sichergestellt ist, daß sich keine Fahrzeuge auf der Freifläche bewegen.
- Mauerwerk im Läuferverband (Einsteinmauerwerk)
- Mörtelgruppe IIa, III, IIIa und Leichtmauermörtel.

Eine Aussteifung der Kelleraußenwände ist rechnerisch nicht in Ansatz gebracht. Die Wände sind also als einachsig gerechnet. Die Wände dürfen deshalb in Stumpfstoßtechnik errichtet werden.

Die Bezeichnung in folgenden Tafeln sind in der Abb. erläutert.

---

[1] Die folgenden Tabellen wurden mit freundlicher Genehmigung der unipor-Gruppe aus den Fachinformationen *unipor* entnommen.

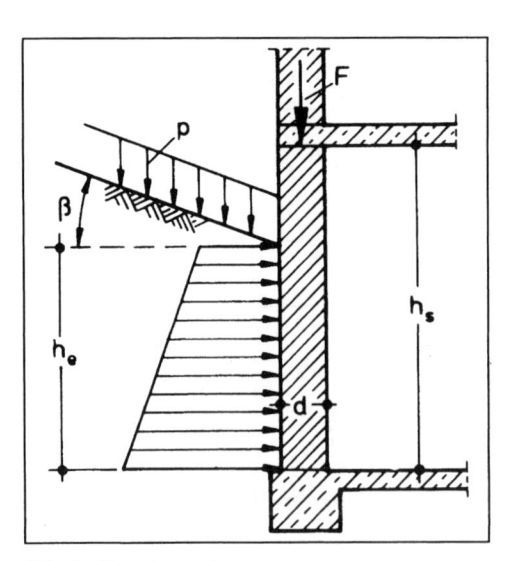

Prinzipskizze, Legende

Tafel E.1.23 Erforderliche Mindestauflast min F in kN/m bei Kellermauerwerk (h_s = 2,26 m) mit *unvermörtelter* * Stoßfuge

* Hinweis: Die Tabellenwerte sind weitgehend identisch mit den Tabellenwerten für „vermörtelte Stoßfuge". Nur in Einzelfällen ergeben sich wegen der geringeren zulässigen Schubspannungen etwas höhere Auflasten.

Lichte Kellerhöhe h_s = 2,26 m   Verkehrslast p = 5,00 KN/m²

Anschütthöhe h_e m	Böschungswinkel $\beta = 0°$ Wanddicken d in cm				Böschungswinkel $\beta = 30°$ Wanddicken d in cm			
	24,00	30,00	36,50	49,00	24,00	30,00	36,50	49,00
1,00	4,21	1,66	–	–	14,17	9,64	6,06	1,08
1,10	6,07	3,20	0,81	–	18,24	12,93	8,81	3,22
1,20	8,08	4,85	2,21	–	22,66	16,51	11,79	5,52
1,30	10,23	6,60	3,69	–	27,40	20,34	14,98	7,96
1,40	12,51	8,46	5,26	0,79	32,44	24,40	18,36	10,54
1,50	14,91	10,41	6,89	2,06	37,74	28,67	21,90	13,25
1,60	17,41	12,43	8,58	3,38	43,28	33,13	25,59	16,05
1,70	19,98	14,52	10,32	4,72	49,01	37,74	29,71	19,04
1,80	22,62	16,65	12,10	6,09	54,89	42,46	33,91	22,39
1,90	25,31	18,82	13,90	7,47	60,87	47,27	38,29	25,69
2,00	28,02	21,01	15,72	8,86	66,93	52,33	42,70	29,22
2,10	30,74	23,20	17,54	10,24	–	57,41	47,12	32,74
2,20	33,45	25,37	19,34	11,61	–	62,46	51,62	36,35
2,30	36,12	27,52	21,11	12,95	–	67,45	56,07	39,91

Lichte Kellerhöhe h_s = 2,26 m   Verkehrslast p = 1,50 KN/m²

Anschütthöhe h_e m	Böschungswinkel $\beta = 0°$ Wanddicken d in cm				Böschungswinkel $\beta = 30°$ Wanddicken d in cm			
	24,00	30,00	36,50	49,00	24,00	30,00	36,50	49,00
1,00	1,80	–	–	–	8,89	5,37	2,50	–
1,10	3,34	0,97	–	–	12,24	8,09	4,78	0,12
1,20	5,04	2,37	0,13	–	15,95	11,10	7,30	2,08
1,30	6,90	3,89	1,42	–	20,02	14,39	10,04	4,20
1,40	8,90	5,53	2,80	–	24,42	17,95	13,01	6,47
1,50	11,03	7,27	4,26	0,02	29,14	21,75	16,17	8,89
1,60	13,29	9,10	5,80	1,23	34,14	25,78	19,51	11,44
1,70	15,66	11,02	7,41	2,48	39,39	30,01	23,01	14,10
1,80	18,12	13,02	9,08	3,77	44,86	34,40	26,65	16,86
1,90	20,76	15,17	10,79	5,09	50,50	38,94	30,71	19,90
2,00	23,36	17,27	12,63	6,43	56,29	43,59	34,85	23,11
2,10	25,99	19,39	14,40	7,78	62,17	48,31	39,15	26,45
2,20	28,65	21,54	16,18	9,23	68,10	53,28	43,48	29,91
2,30	31,31	23,68	17,95	10,58	74,50	58,25	47,92	33,36

Baustatik

Tafel E.1.24 Erforderliche Mindestauflast min F in kN/m bei Kellermauerwerk (h_s = 2,63 m) mit *unvermörtelter* Stoßfuge
*Hinweis: Die Tabellenwerte sind weitgehend identisch mit den Tabellenwerten für „vermörtelte Stoßfuge". Nur in Einzelfällen ergeben sich wegen der geringeren zulässigen Schubspannungen etwas höhere Auflasten.

Lichte Kellerhöhe h_s = 2,63 m   Verkehrslast p = 5,00 KN/m²

Anschütthöhe h_e m	Böschungswinkel $\beta = 0°$ Wanddicken d in cm				Böschungswinkel $\beta = 30°$ Wanddicken d in cm			
	24,00	30,00	36,50	49,00	24,00	30,00	36,50	49,00
1,00	3,95	1,10	–	–	14,60	9,62	5,65	0,05
1,10	6,02	2,80	0,10	–	19,11	13,27	8,71	2,42
1,20	8,28	4,66	1,67	–	24,06	17,28	12,05	5,01
1,30	10,72	6,65	3,36	–	29,45	21,63	15,67	7,79
1,40	13,35	8,79	5,16	0,04	35,24	26,31	19,56	10,76
1,50	16,14	11,06	7,07	1,53	41,42	31,29	23,69	13,91
1,60	19,09	13,46	9,07	3,09	47,97	36,56	28,06	17,23
1,70	22,18	15,96	11,16	4,71	54,84	42,08	32,73	20,80
1,80	25,41	18,57	13,33	6,38	62,01	47,85	37,70	24,81
1,90	28,74	21,26	15,58	8,11	69,43	53,82	42,93	28,94
2,00	32,17	24,03	17,88	9,87	77,08	59,96	48,41	33,27
2,10	35,69	26,86	20,23	11,67	–	66,25	53,90	37,68
2,20	39,26	29,74	22,62	13,48	–	72,65	59,58	42,25
2,30	42,87	32,65	25,02	15,31	–	79,12	65,32	46,97
2,40	46,50	35,57	27,44	17,15	–	85,64	71,10	51,70
2,50	50,13	38,49	29,86	18,97	–	92,16	76,87	56,53
2,60	53,75	41,39	32,26	20,79	–	98,65	82,72	61,34

Lichte Kellerhöhe h_s = 2,63 m   Verkehrslast p = 1,50 KN/m²

Anschütthöhe h_e m	Böschungswinkel $\beta = 0°$ Wanddicken d in cm				Böschungswinkel $\beta = 30°$ Wanddicken d in cm			
	24,00	30,00	36,50	49,00	24,00	30,00	36,50	49,00
1,00	1,35	–	–	–	8,88	5,00	1,80	–
1,10	3,04	0,37	–	–	12,55	7,98	4,30	–
1,20	4,92	1,92	–	–	16,66	11,31	7,09	1,21
1,30	7,00	3,63	0,82	–	21,21	14,99	10,16	3,59
1,40	9,26	5,48	2,38	–	26,19	19,02	13,51	6,16
1,50	11,71	7,47	4,06	–	31,59	23,38	17,14	8,94
1,60	14,33	9,60	5,85	0,60	37,39	28,05	21,01	11,90
1,70	17,11	11,86	7,75	2,08	43,56	33,02	25,13	15,03
1,80	20,05	14,24	9,73	3,62	50,07	38,26	29,47	18,32
1,90	23,12	16,73	11,81	5,22	56,90	43,75	34,12	21,97
2,00	26,32	19,31	13,96	6,88	64,02	49,47	39,05	25,94
2,10	29,62	21,98	16,18	8,58	71,38	55,39	44,34	30,03
2,20	33,02	24,72	18,45	10,32	–	61,47	49,66	34,32
2,30	36,49	27,51	20,77	12,08	–	67,69	55,09	36,68
2,40	40,01	30,35	23,13	13,87	–	74,00	60,71	43,20
2,50	43,47	33,22	25,50	15,67	–	80,39	66,37	47,86
2,60	47,15	36,09	27,88	17,48	–	86,81	72,16	52,53

Vereinfachtes Berechnungsverfahren nach DIN 1053-1

1.8.4 Tragfähigkeitstafeln für Kellerwände aus bewehrtem Mauerwerk

1.8.4.1 Bemessungsbeispiel für eine Kellerwand aus bewehrtem Mauerwerk

Da die Wand als dreiseitig gelagerte Platte trägt und die elastische Einspannung nicht angesetzt wird, ist diese Vereinfachung vertretbar.

Schnittgrößen
max $M = 7{,}92 \cdot 4{,}24^2/8 = 17{,}79$ kN/m
Bemessungsquerkraft am Anschnitt:
$Q = 7{,}92 \cdot 4{,}00/2 = 15{,}84$ kN

Biegebemessung
$d = 36{,}5$ cm $h = 33$ cm $b = 1{,}0$ m
Steinfestigkeitsklasse 8, Lochanteil ≤ 50 %
MG III   BSt (IV) 500
$\sigma_0 = 1{,}4$ MN/m² $\beta_R = 2{,}67 \cdot 1{,}4 = 3{,}74$ MN/m²
da Lochsteine, $\beta_R/2 = 1{,}87$ MN/m²
$k_h = h/\sqrt{M/b}$
$k_h = 33/\sqrt{17{,}79/1{,}0} = 7{,}82$
$k_s < 3{,}92$ $k_z = 0{,}89$
$A_s = k_s \cdot M/h$

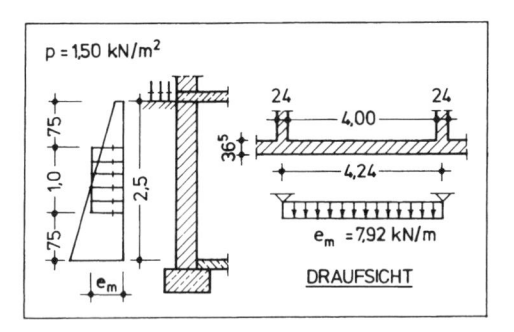

Angenommene Bodenkennwerte
$\gamma = 18$ kN/m³
$\varphi = 30°$ $\delta = 0$ $K_{ah} = 0{,}33$
$e = e_{ah} + e_{ah,p} = \gamma \cdot h \cdot K_{ah} + p \cdot K_{ah}$

0,75 von OK Erdreich:
$e = 18 \cdot 1{,}75 \cdot 0{,}33 + 1{,}5 \cdot 0{,}33 = 10{,}89$ kN/m

Berechnung des mittleren 1-m-Streifens:
$e_m = (4{,}95 + 10{,}89)/2 = 7{,}92$ kN/m

$\boxed{A_s = 3{,}92 \cdot 17{,}79/33 = 2{,}11 \text{ cm}^2/\text{m}}$

Schubnachweis (Plattenschub)
$\tau = Q/(b \cdot h \cdot k_z)$
$\tau = 15{,}84 / (100 \cdot 33 \cdot 0{,}89) = 0{,}0054$ kN/cm²
$\qquad\qquad\qquad\qquad\quad = 0{,}054$ MN/m²

zul $\tau = 0{,}015\, \beta_R$
zul $\tau = 0{,}015 \cdot 3{,}74 = 0{,}056$ MN/m² $> 0{,}054$

1.8.4.2 Tragfähigkeitstafeln – Erforderliche Bewehrung

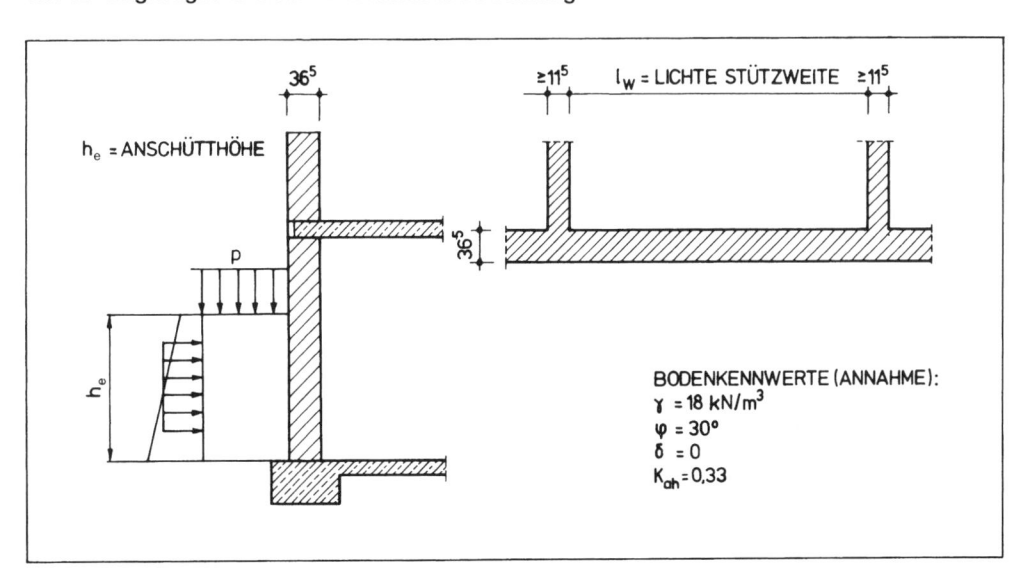

Für die Tafeln E.1.25 und E.1.26 gilt:

> Steinfestigkeitsklasse 12
> Lochanteil ≤ 35 %
> Mörtelgruppe III
> BSt IV

Tafel E.1.25 erf A_s in cm²/m $p = 1{,}50$ kN/m²

h_e in m	Lichte Stützweite l_w der Wand in m									
	2,50	2,75	3,00	3,25	3,50	3,75	4,00	4,25	4,50	4,75
1,00	0,36	0,43	0,50	0,58	0,67	0,77	0,87	0,98	1,10	1,22
1,25	0,43	0,52	0,61	0,71	0,82	0,94	1,06	1,20	1,34	1,49
1,50	0,51	0,61	0,72	0,84	0,97	1,11	1,26	1,42	1,59	1,77
1,75	0,59	0,71	0,84	0,97	1,12	1,28	1,46	1,64	1,84	2,05
2,00	0,67	0,80	0,95	1,10	1,27	1,46	1,66	1,87	2,09	2,34
2,25	0,75	0,90	1,06	1,24	1,43	1,63	1,86	2,10	2,35	2,63
2,50	0,83	0,99	1,17	1,37	1,58	1,81	2,06	2,33	2,61	2,92
2,75	0,91	1,09	1,29	1,50	1,74	1,99	2,26	2,56	2,88	3,23

Tafel E.1.26 erf A_s in cm²/m $p = 5{,}00$ kN/m²

h_e in m	Lichte Stützweite l_w der Wand in m									
	2,50	2,75	3,00	3,25	3,50	3,75	4,00	4,25	4,50	4,75
1,00	0,48	0,57	0,67	0,78	0,90	1,03	1,17	1,32	1,48	1,65
1,25	0,56	0,67	0,79	0,92	1,06	1,21	1,37	1,54	1,73	1,93
1,50	0,64	0,76	0,90	1,05	1,21	1,38	1,57	1,77	1,98	2,21
1,75	0,71	0,86	1,01	1,18	1,36	1,56	1,77	1,99	2,24	2,50
2,00	0,79	0,95	1,12	1,31	1,51	1,73	1,97	2,22	2,50	2,79
2,25	0,87	1,05	1,24	1,44	1,67	1,91	2,17	2,45	2,76	3,09
2,50	0,96	1,15	1,36	1,58	1,83	2,10	2,39	2,70	3,04	3,43
2,75	1,04	1,24	1,47	1,71	1,98	2,27	2,59	2,94	–	–

Für die Tafeln E.1.27 und E.1.28 gilt:

> Steinfestigkeitsklasse 8
> Lochanteil ≤ 50 %
> (vgl. Zulassung Z–17.1–480)
> Mörtelgruppe III
> BSt IV

Tafel E.1.27 erf A_s in cm²/m $p = 1{,}50$ kN/m²

h_e in m	Lichte Stützweite l_w der Wand in m									
	2,50	2,75	3,00	3,25	3,50	3,75	4,00	4,25	4,50	4,75
1,00	0,36	0,43	0,51	0,59	0,68	0,78	0,88	0,99	1,11	1,23
1,25	0,44	0,52	0,62	0,72	0,83	0,95	1,07	1,21	1,36	1,51
1,50	0,52	0,62	0,73	0,85	0,98	1,12	1,27	1,43	1,61	1,79
1,75	0,60	0,71	0,84	0,98	1,13	1,30	1,48	1,67	1,87	2,09
2,00	0,68	0,81	0,96	1,12	1,29	1,48	1,68	1,90	2,13	2,39
2,25	0,78	0,91	1,07	1,25	1,44	1,66	1,89	2,13	2,40	2,71
2,50	0,84	1,00	1,18	1,38	1,60	1,84	2,11	2,38	2,70	–
2,75	0,92	1,10	1,30	1,52	1,76	2,03	2,31	2,63	–	–

Tafel E.1.28 erf A_s in cm²/m $p = 5,00$ kN/m²

h_e	Lichte Stützweite l_w der Wand in m									
in m	2,50	2,75	3,00	3,25	3,50	3,75	4,00	4,25	4,50	4,75
1,00	0,48	0,57	0,68	0,79	0,91	1,04	1,18	1,33	1,50	1,67
1,25	0,56	0,67	0,79	0,92	1,07	1,22	1,39	1,56	1,75	1,96
1,50	0,64	0,77	0,90	1,06	1,22	1,40	1,59	1,79	2,01	2,25
1,75	0,72	0,86	1,02	1,19	1,37	1,58	1,79	2,03	2,28	2,56
2,00	0,80	0,96	1,13	1,32	1,53	1,76	2,00	*2,27*	*2,56*	*2,89*
2,25	0,88	1,06	1,25	1,46	1,69	1,94	*2,22*	*2,52*	*2,85*	–
2,50	1,01	1,16	1,37	1,60	1,87	*2,15*	*2,43*	–	–	–
2,75	1,05	1,25	1,48	1,74	*2,02*	*2,32*	–	–	–	–

Hinweis für die kursiv gedruckten Zahlenwerte

In diesem Fall müssen Ziegel der Steinfestigkeitsklasse 12 (Mörtelgruppe III) verwendet werden, obwohl die Festigkeitsklasse 12 in der Ziegelzulassung für bewehrtes Mauerwerk (Lochanteil ≤ 50 %) wegen fehlender Versuchsergebnisse nicht aufgeführt ist. Man kann jedoch davon ausgehen, daß, wie es sich bei Ziegeln bis zur Festigkeitsklasse 8 ergeben hat, auch bei der Festigkeitsklasse 12 keine wesentlichen Festigkeitsunterschiede zwischen Steinen mit Lochanteil ≤ 35 % und ≤ 50 % vorhanden sind. Die in den Tabellen *kursiv* gedruckten Zahlen (Bewehrungsquerschnitte) wurden unter der Voraussetzung ermittelt, daß die zul. Schubspannungen für die Steinfestigkeitsklasse 12 wegen der noch fehlenden Untersuchungen um 10 % abgemindert wurden.

2 Genaueres Berechnungsverfahren

2.1 Allgemeines

Das *genauere Berechnungsverfahren* berücksichtigt näherungsweise die Rahmenwirkung zwischen den Decken und den Mauerwerkswänden. Das führt i.d.R. zu wirtschaftlicheren Lösungen bei der Mauerwerksbemessung gegenüber der Berechnung nach dem *vereinfachten Verfahren*.

Das *genauere Verfahren* darf nicht nur bei ganzen Bauwerken, sondern auch bei einzelnen Bauteilen angewendet werden.

Für die Berechnung gilt im einzelnen:

Der Einfluß der Decken-Auflagerdrehwinkel auf die Ausmitte der Lasteintragung in die Wände ist zu berücksichtigen. Dies darf durch eine Berechnung des Wand-Decken-Knotens erfolgen, bei der vereinfachend ungerissene Querschnitte und elastisches Materialverhalten zugrunde gelegt werden können. Die so ermittelten Knotenmomente dürfen auf 2/3 ihres Wertes ermäßigt werden.

Die Berechnung des Wand-Decken-Knotens darf an einem Ersatzsystem unter Abschätzung der Momenten-Nullpunkte in den Wänden, im Regelfall in halber Geschoßhöhe, erfolgen. Hierbei darf die halbe Verkehrslast wie ständige Last angesetzt und der Elastizitätsmodul für Mauerwerke zu $E = 3000\,\sigma_0$ angenommen werden.

Ist e aus Deckenlast und aus N größer als $1/3$ der Wanddicke d, so darf $e = d/3$ gesetzt werden. In diesem Fall ist eventuellen Rissen im Mauerwerk mit besonderen konstruktiven Maßnahmen entgegenzuwirken (z. B. Fugen, Zentrierleisten, Kantennut).

2.2 5%-Regel

Eine einfache, aber nur grobe (auf der sicheren Seite liegende) Abschätzung der Wandmomente erfolgt mit der sog. 5 %-Regel:

Die Berücksichtigung der Knotenmomente darf bei $p \leq 5\,\text{kN/m}^2$ durch eine Näherungsberechnung gemäß nachstehender Abb. erfolgen.

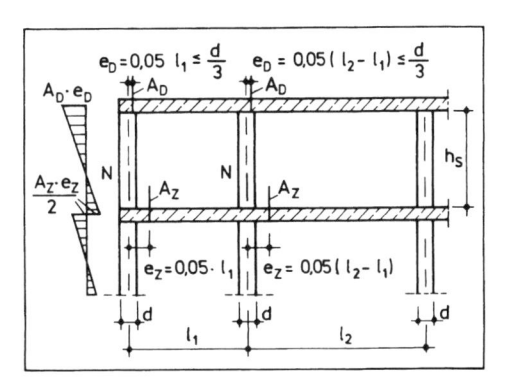

Baustatik

Hinweise:

- Das Moment $M_D = A_D \cdot e_D$ ist bei Dachdecken voll in den Wandkopf, bei Geschoßdecken das Moment $M_Z = A_Z \cdot e_Z$ je zur Hälfte in den angrenzenden Wandkopf und in den Wandfuß einzuleiten.

- Lasten N aus oberen Geschossen dürfen zentrisch angesetzt werden.

- Bei zweiachsig gespannten Decken mit Spannweitenverhältnissen bis 1 : 2 darf mit

$$e = 0{,}05\, l_1 \cdot {}^2/_3$$

gerechnet werden.

2.3 Rahmenformeln (genauere Berechnung)

Die folgenden Formeln gelten für Mauerwerksbauten mit Stahlbetondecken. Weitere Einzelheiten und ausführlichere Formeln für Stahlbetondecken und für beliebige andere Deckensysteme siehe [Schneider/Schubert-96].

Auf der Grundlage der nachstehenden Definitionen der Zugfaser für die Wände und der positiven Exzentrizität e ergeben sich die folgenden Formeln für die Wandmomente und für e.

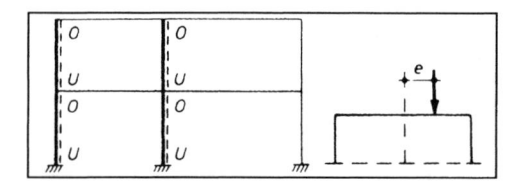

Die in diesem Abschnitt zusammengestellten Formeln gelten für Mauerwerksbauten mit Stahlbeton-Vollplatten.

Liegen andere Ortbetondecken vor, z. B. Stahlbetonrippendecken, so ist in den folgenden Formeln $d_b^3 \cdot b_b$ durch $12 \cdot I_b$ zu ersetzen (I_b = Flächenmoment 2. Grades der Betondecke).

Abkürzungen und Bezeichnungen

b_i, b_j, b_k Breite des betrachteten Wandstreifens im Geschoß i, j, k
b_{bi}, b_{bj}, b_{bk} Breite des betrachteten Stahlbetondeckenstreifens im Geschoß i, j, k
d_i, d_j, d_k Wanddicke im Geschoß i, j, k
d_{bi}, d_{bj}, d_{bk} Dicke der Stahlbetondecke über dem Geschoß i, j, k
E_i, E_j, E_k Elastizitätsmodul des Mauerwerks im Geschoß i, j, k
E_{bi}, E_{bj}, E_{bk} Elastizitätsmodul der Stahlbetondecke über dem Geschoß i, j, k
l_1, l_2, l_k Stützweiten linkes Feld, rechtes Feld, Kragarm
q_i, q_j, q_k Belastung der Decke über dem Geschoß i, j, k

- **Außenwand im Dachgeschoß**

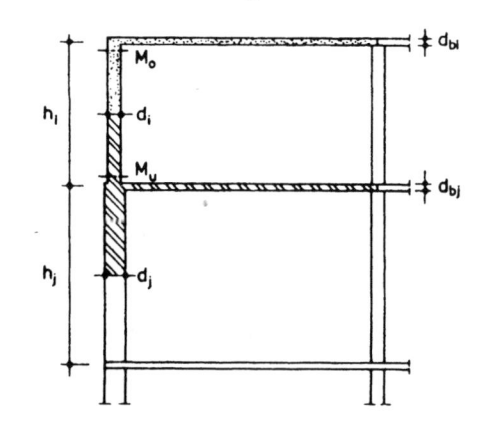

Wandmoment M_o:

$$M_o = -\frac{1}{24} \cdot q_i \cdot l_1^2 \cdot \frac{1}{1 + k_i} \qquad (1)$$

mit $k_i = \dfrac{2 \cdot E_{bi} \cdot d_{bi}^3 \cdot b_{bi} \cdot h_i}{3 \cdot E_i \cdot d_i^3 \cdot b_i \cdot l_1}$

Rechnerische Exzentrizität am Wandkopf:

$$e_o = -\frac{M_o}{A_D} \qquad (2)$$

A_D Auflagerkraft am Deckenendauflager der Dachdecke

Wandmoment M_u:

$$M_u = \frac{1}{24} \cdot q_j \cdot l_1^2 \cdot \frac{1}{1 + \frac{E_j \cdot d_j^3 \cdot b_j \cdot h_i}{E_i \cdot d_i^3 \cdot b_i \cdot h_j} + k_j} \quad (3)$$

mit $k_j = \dfrac{2 \cdot E_{bj} \cdot d_{bj}^3 \cdot b_{bj} \cdot h_i}{3 \cdot E_i \cdot d_i^3 \cdot b_i \cdot l_1}$

Rechnerische Exzentrizität am Wandfuß:

$$e_u = -\frac{M_u}{R_u} \quad (4)$$

$R_u = N$ Längskraft oberhalb der Zwischendecke

● **Außenwand im Normalgeschoß**

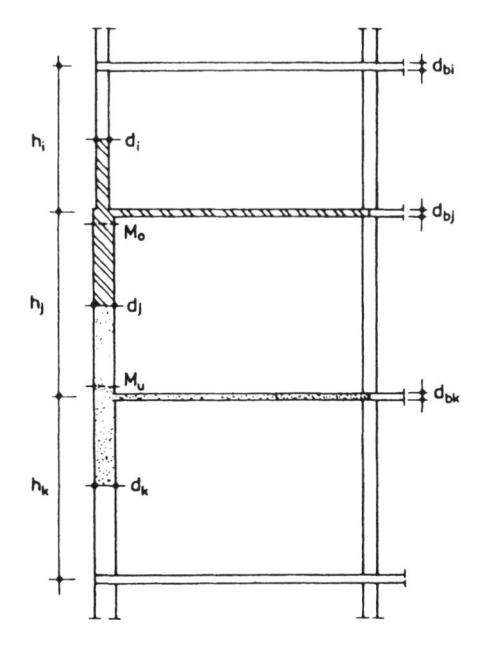

Wandmoment M_o:

$$M_o = -\frac{1}{24} \cdot q_j \cdot l_1^2 \cdot \frac{1}{1 + \frac{E_i \cdot d_i^3 \cdot b_i \cdot h_j}{E_j \cdot d_j^3 \cdot b_j \cdot h_i} + \bar{k}_j} \quad (5)$$

mit $\bar{k}_j = \dfrac{2 \cdot E_{bj} \cdot d_{bj}^3 \cdot b_{bj} \cdot h_j}{3 \cdot E_j \cdot d_j^3 \cdot b_j \cdot l_1}$

Rechnerische Exzentrizität am Wandkopf:

$$e_o = -\frac{M_o}{R_o} \quad (6)$$

$R_o = N + A_z$
N Längskraft oberhalb der Zwischendecke j
A_z Auflagerkraft am Endauflager der Zwischendecke j

Wandmoment M_u:

$$M_u = \frac{1}{24} \cdot q_k \cdot l_1^2 \cdot \frac{1}{1 + \frac{E_k \cdot d_k^3 \cdot b_k \cdot h_j}{E_j \cdot d_j^3 \cdot b_j \cdot h_k} + k_k} \quad (7)$$

mit $k_k = \dfrac{2 \cdot E_{bk} \cdot d_{bk}^3 \cdot b_{bk} \cdot h_j}{3 \cdot E_j \cdot d_j^3 \cdot b_j \cdot l_1}$

Rechnerische Exzentrizität am Wandfuß:

$$e_u = -\frac{M_u}{R_u} \quad (8)$$

$R_u = N$ Längskraft oberhalb der Zwischendecke k

Baustatik

● **Innenwand im Dachgeschoß**

Die Vorzeichen der Wandmomente in den folgenden Formeln ergeben sich gemäß „Zugfaser" (vgl. Abb. S. E.34), wenn l_1 jeweils die Stützweite links neben der betrachteten Wand ist.

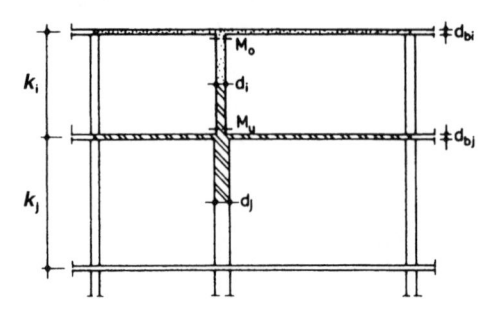

Wandmoment M_o:

$$M_o = \frac{1}{18} \cdot (q_{1i} \cdot l_1^2 - q_{2i} \cdot l_2^2) \cdot \frac{1}{1 + k_i(1 + \frac{l_1}{l_2})} \quad (9)$$

mit $k_i = \dfrac{2 \cdot E_{bi} \cdot d_{bi}^3 \cdot b_{bi} \cdot h_i}{3 \cdot E_i \cdot d_i^3 \cdot b_i \cdot l_1}$

Rechnerische Exzentrizität am Wandkopf:

$$e_o = - \frac{M_o}{B_D} \quad (10)$$

B_D = Auflagerkraft am Mittelauflager der Dachdecke

Wandmoment M_u:

$$M_u = - \frac{1}{18} \cdot (q_{1j} \cdot l_1^2 - q_{2j} \cdot l_2^2) \cdot \frac{1}{1 + \frac{E_j \cdot d_j^3 \cdot b_j \cdot h_i}{E_i \cdot d_i^3 \cdot b_i \cdot h_j} + k_j(1 + \frac{l_1}{l_2})} \quad (11)$$

mit $k_j = \dfrac{2 \cdot E_{bj} \cdot d_{bj}^3 \cdot b_{bj} \cdot h_i}{3 \cdot E_i \cdot d_i^3 \cdot b_i \cdot l_1}$

Rechnerische Exzentrizität am Wandfuß:

$$e_u = - \frac{M_u}{R_u} \quad (12)$$

$R_u = N$ Längskraft oberhalb der Zwischendecke j

● **Innenwand im Normalgeschoß**

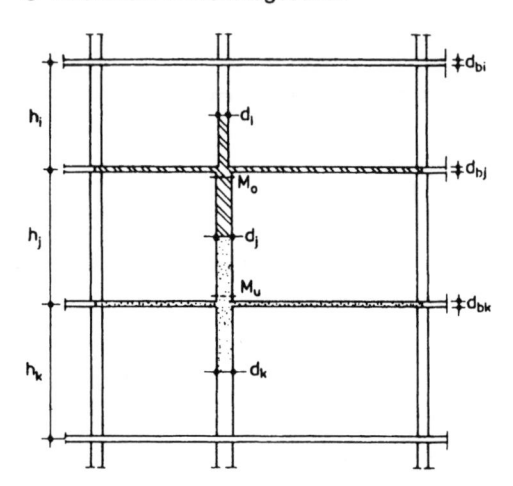

Wandmoment M_o:

$$M_o = \frac{1}{18} \cdot (q_{1j} \cdot l_1^2 - q_{2j} \cdot l_2^2) \cdot \frac{1}{1 + \frac{E_i \cdot d_i^3 \cdot b_i \cdot h_j}{E_j \cdot d_j^3 \cdot b_j \cdot h_i} + \bar{k}_j(1 + \frac{l_1}{l_2})} \quad (13)$$

mit $\bar{k}_j = \dfrac{2 \cdot E_{bj} \cdot d_{bj}^3 \cdot b_{bj} \cdot h_j}{3 \cdot E_j \cdot d_j^3 \cdot b_j \cdot l_1}$

Rechnerische Exzentrizität am Wandkopf:

$$e_o = - \frac{M_o}{R_o} \quad (14)$$

$R_o = N + B_z$
N Längskraft oberhalb der Zwischendecke j
B_z Auflagerkraft am Mittelauflager der Zwischendecke j

Wandmoment M_u:

$$M_u = -\frac{1}{18} \cdot (q_{1k} \cdot l_1^2 - q_{2k} \cdot l_2^2)$$
$$\cdot \frac{1}{1 + \frac{E_k \cdot d_k^3 \cdot b_k \cdot h_j}{E_j \cdot d_j^3 \cdot b_j \cdot h_k} + k_k (1 + \frac{l_1}{l_2})} \quad (15)$$

mit $k_k = \dfrac{2 \cdot E_{bk} \cdot d_{bk}^3 \cdot b_{bk} \cdot h_j}{3 \cdot E_j \cdot d_j^3 \cdot b_j \cdot l_1}$

Rechnerische Exzentrizität am Wandfuß:

$$e_u = -\frac{M_u}{R_u} \quad (16)$$

$R_u = N$ Längskraft oberhalb der Zwischendecke k

DECKEN MIT KRAGARM

Eine Abminderung der Volleinspannmomente im Endfeld auf 75 % wird nicht vorgenommen, da bei vorhandenen Kragplatten die erforderliche obere Kragbewehrung in das Endfeld hineingeführt wird. Diese obere Bewehrung ist in der Regel erheblich größer als eine konstruktive Einspannbewehrung bei Endfeldern ohne Kragarm.

Aufgrund dieser unterschiedlichen Rechenansätze lassen sich daher die Gleichungen (1) bis (7) für $l_k = 0$ nicht ohne weiteres in die Gleichungen (17) bis (23) überführen.

● Außenwand im Dachgeschoß

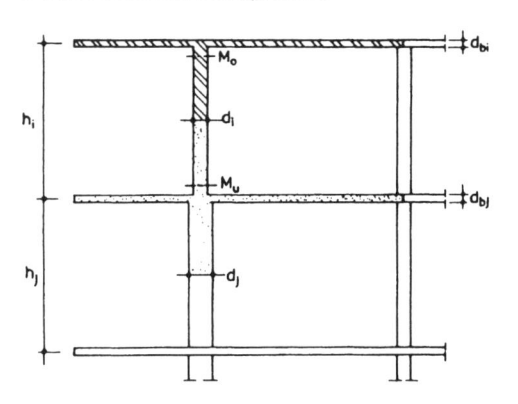

Wandmoment M_o:

$$M_o = -\frac{1}{18} \cdot (q_i \cdot l_1^2 - 9 q_{ki} \cdot l_{ki}^2) \cdot \frac{1}{1 + k_i} \quad (17)$$

mit $k_i = \dfrac{2 \cdot E_{bi} \cdot b_{bi} \cdot d_{bi}^3 \cdot h_i}{3 \cdot E_i \cdot b_i \cdot d_i^3 \cdot l_1}$

Rechnerische Exzentrizität am Wandkopf:

$$e_o = -\frac{M_o}{R_o} \quad (18)$$

$R_o = A_D$ Auflagerkraft am Endauflager der Dachdecke

Wandmoment M_u:

$$M_u = \frac{1}{18} \cdot (q_j \cdot l_1^2 - 9 q_{kj} \cdot l_{kj}^2)$$
$$\cdot \frac{1}{1 + \frac{E_j \cdot b_j \cdot d_j^3 \cdot h_i}{E_i \cdot b_i \cdot d_i^3 \cdot h_j} + k_j} \quad (19)$$

mit $k_j = \dfrac{2 \cdot E_{bj} \cdot b_{bj} \cdot d_{bj}^3 \cdot h_i}{3 \cdot E_i \cdot b_i \cdot d_i^3 \cdot l_1}$

Rechnerische Exzentrizität am Wandfuß:

$$e_u = -\frac{M_u}{R_u} \quad (20)$$

$R_u = N$ Längskraft oberhalb der Zwischendecke j

Baustatik

● Außenwand im Normalgeschoß

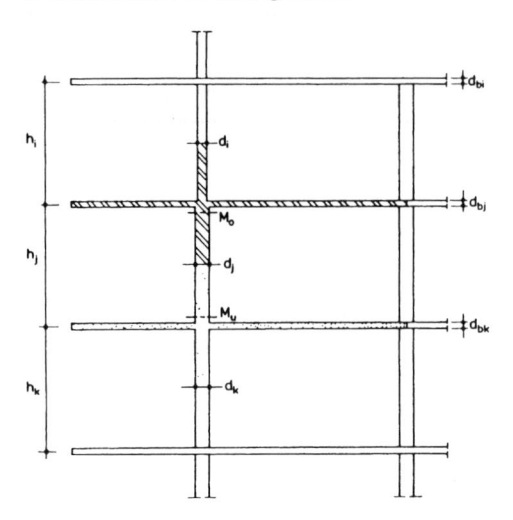

Wandmoment M_u:

$$M_u = -\frac{1}{18} \cdot (q_k \cdot l_1^2 - 9 q_{kk} \cdot l_{kk}^2)$$
$$\cdot \frac{1}{1 + \dfrac{E_k \cdot b_k \cdot d_k^3 \cdot h_j}{E_j \cdot b_j \cdot d_j^3 \cdot h_k} + k_k} \tag{23}$$

mit $k_k = \dfrac{2 \cdot E_{bk} \cdot b_{bk} \cdot d_{bk}^3 \cdot h_j}{3 \cdot E_j \cdot b_j \cdot d_j^3 \cdot l_1}$

Rechnerische Exzentrizität am Wandfuß:

$$e_u = -\frac{M_u}{R_u} \tag{24}$$

$R_u = N$ Längskraft oberhalb der Zwischendecke k

Wandmoment M_o:

$$M_o = -\frac{1}{18} \cdot (q_j \cdot l_j^2 - 9 q_{kj} \cdot l_{kj}^2)$$
$$\cdot \frac{1}{1 + \dfrac{E_i \cdot b_i \cdot d_i^3 \cdot h_j}{E_j \cdot b_j \cdot d_j^3 \cdot h_i} + \bar{k}_j} \tag{21}$$

mit $\bar{k}_j = \dfrac{2 \cdot E_{bj} \cdot b_{bj} \cdot d_{bj}^3 \cdot h_j}{3 \cdot E_j \cdot b_j \cdot d_j^3 \cdot l_1}$

Rechnerische Exzentrizität am Wandkopf:

$$e_o = -\frac{M_o}{R_o} \tag{22}$$

$R_o = N + A_z$
  N Längskraft oberhalb der Zwischendecke j
  A_z Auflagerkraft am Endauflager der Zwischendecke

2.4 Bemessung

2.4.1 Knicklängen s. S. I.19

2.4.2 Nachweis der Bruchsicherheit

$$\gamma \cdot \text{vorh } \sigma \leq \beta_R$$

$\beta_R = 2{,}67\, \sigma_o$ Rechenwert der Druckfestigkeit
σ_o siehe S. E.5
γ Sicherheitsbeiwert

Bei exzentrischer Beanspruchung darf die Kantenpressung im Bruchzustand 1,33 β_R betragen, während für die mittlere Spannung β_R eingehalten werden muß.

Sicherheitsbeiwerte

Durch den Sicherheitsbeiwert γ wird der Sicherheitsabstand zwischen Bruchlast und Gebrauchslast wiedergegeben. Da von einer linearen Spannungsverteilung ausgegangen wird, wird durch γ auch der Abstand zwischen der Rechenfestigkeit β_R und der unter Gebrauchslast auftretenden Spannung σ angegeben.

Es gibt zwei Sicherheitsbeiwerte:

- $\gamma_w = 2{,}0$ für Wände und Pfeiler ($A < 1000\,\text{cm}^2$), die aus einem oder mehreren ungetrennten Steinen oder aus getrennten Steinen mit einem Lochanteil $< 35\,\%$ bestehen

- $\gamma_p = 2{,}5$ für alle anderen Pfeiler.

Querschnitte mit $A < 400\,\text{cm}^2$ sind unzulässig.

Klaffende Fugen infolge planmäßiger Exzentrizität e dürfen im Gebrauchszustand höchstens bis zum Schwerpunkt des Gesamtquerschnitts entstehen.

2.4.3 Zusätzlicher Nachweis für Scheibenbeanspruchung s. S. E.25

2.4.4 Knicknachweis

Hierbei sind außer der planmäßigen Ausmitte e_1 eine ungewollte sinusförmige Ausmitte mit dem Maximalwert $f_1 = h_K/300$ (h_K Knicklänge siehe S. I.19) und die Stabauslenkung f_2 nach Theorie II. Ordnung zu berücksichtigen. Für die Erfassung der Spannungs-Dehnungs-Beziehung gilt

$E_s = 1100 \cdot \sigma_o$ (E_s Sekantenmodul).

Näherungsverfahren:

$$f_1 + f_2 = f = \bar{\lambda}\, \frac{1+m}{1800}\, h_K$$

In dieser Gleichung ist der Einfluß des Kriechens näherungsweise erfaßt.

h_K Knicklänge
$\bar{\lambda} = h_K/d$ Schlankheit ($\bar{\lambda} > 25$ ist unzulässig)
$m = 6 \cdot |e|/d$ bezogene planmäßige Ausmitte in halber Geschoßhöhe

Wandmomente nach Abschnitt E.1.6.2 und gegebenenfalls Windmomente sind mit ihren Werten in halber Wandhöhe als planmäßige Ausmittigkeiten e_1 zu berücksichtigen.

2.4.5 Zusätzlicher Nachweis bei dünnen, schmalen Wänden s. S. I.20

2.4.6 Weitere Nachweise s. S. I.21

2.5 Zahlenbeispiel

24 cm Außenwand im Dachgeschoß (zweiseitig gehalten)

geg: Geschoßhöhe: $h = 2{,}875$ m;
lichte Höhe $h_s = 2{,}72$ m;
Stützweite (Endfeld) $l = 4{,}10$ m;
Dachdecke: $q = 7{,}0$ kN/m²; $A_D = 9{,}4$ kN/m;
Zwischendecke: $q = 8{,}55$ kN/m²
gew.: Rezeptmauerwerk 2/II, $\sigma_0 = 0{,}5$ MN/m²;
$E_{mw} = 3000 \cdot \sigma_0 = 1500$ MN/m²;
$\beta_R = 2{,}67 \cdot \sigma_0 = 1{,}335$
Steinrohdichte $\varrho = 1{,}6$ kg/dm³; Stahlbetondecke
$d = 16$ cm; B 25; $E_b = 30\,000$ MN/m²; Belastung am Wandfuß: 22 kN/m; Wanddicke unterhalb des Dachgeschosses auch $d = 24$ cm.

Bemessung: Wandfuß maßgebend.
$|e_u| = 0{,}06$ m; $N_u = 22$ kN/m;

$$\max \sigma = \frac{2 \cdot 22}{3(24/2 - 6) \cdot 100} = 0{,}024 \text{ kN/cm}^2$$
$$= 0{,}24 \text{ MN/m}^2$$

$$< 1{,}33 \, \frac{\beta_R}{\gamma} = 1{,}33 \, \frac{1{,}335}{2} = 0{,}88 \text{ MN/m}^2$$

Nach Abschnitt E.2.3:

$$k_i = \frac{2 \cdot 30\,000 \cdot 16^3 \cdot 1{,}0 \cdot 2{,}875}{3 \cdot 1500 \cdot 0{,}24^3 \cdot 1{,}0 \cdot 4{,}10} = 2{,}77$$

Wandkopf: Gl. (1):

$$M_o = -\frac{1}{24} \cdot 7{,}0 \cdot 4{,}10^2 \cdot \frac{1}{1 + 2{,}77} = -1{,}3 \text{ kNm/m}$$

Gl. (2): $e_o = 1{,}3/9{,}4 = 0{,}14$ m $> d/3 = 0{,}08$ m
Bemessungsbeiwert $e_o = 0{,}08$ m (vgl. Abschnitt E.2.1)

Wandfuß: Gl. (3):

$$M_u = \frac{1}{24} \cdot 8{,}55 \cdot 4{,}10^2 \cdot \frac{1}{1 + 1 + 2{,}77} = 1{,}26 \text{ kNm/m}$$

Gl. (4): $e_u = -1{,}26/22 = -0{,}06$ m
$|e_u| < e/3 = 0{,}08$ m

Wandmitte:

Planmäßige Exzentrizität $e_1 = (e_o + e_u)/2 = 0{,}01$ m;
$h_K = \beta \cdot h_s = 1 \cdot 2{,}72 = 2{,}72$ m;

Abschnitt E.2.4.4:

$m = 6 \cdot 0{,}01/0{,}24 = 0{,}25$;
$\bar{\lambda} = 2{,}72/0{,}24 = 11{,}3$

$$f = 11{,}3 \cdot \frac{1 + 0{,}25}{1800} \cdot 2{,}72 = 0{,}02;$$

$e_m = e_1 + f = 0{,}01 + 0{,}02 = 0{,}03$ m

3 Bewehrtes Mauerwerk

3.1 Biegebemessung nach DIN 1053 Teil 3

3.1.1 Allgemeines

- Biegeschlankheit $l/d > 20$ nicht zulässig
- Bei wandartigen Trägern muß die Nutzhöhe
  $h \leq 0,5\,l$ sein (Stützweite).
- Bemessungsquerschnitt ist das tragende Mauerwerk einschl. mit Mörtel oder Beton verfüllten Aussparungen.
- Rechenwerte β_R der Mauerwerksfestigkeit (vgl. Abschnitt E.1.9.4.2):
  – in Lochrichtung: β_R
  – rechtwinklig zur Lochrichtung: $0,5\,\beta_R$
- Bei verfüllten Aussparungen gilt: Für den Gesamtquerschnitt ist der kleinste Rechenwert (β_R von Mauerwerk oder von der Verfüllung) anzusetzen.
  Mörtelgruppe III: $\beta_R = 4,5$ MN/m²;
               IIIa: $\beta_R = 10,5$ MN/m²
  Beton: β_R nach DIN 1045

3.1.2 Biegebemessung mit dem k_h-Verfahren

$$k_h = \frac{h\,(\text{cm})}{\sqrt{\dfrac{M\,(\text{kNm})}{b\,(\text{m})}}}$$

M Biegemoment
b Querschnittsbreite
h statische Höhe

$$A_s\,(\text{cm}^2) = k_s \cdot \frac{M\,(\text{kNm})}{h\,(\text{cm})}$$

Biegung ohne Längskraft

$$A_s\,(\text{cm}^2) = k_s \cdot \frac{M_s\,(\text{kNm})}{h\,(\text{cm})} + \frac{N\,(\text{kN})}{\beta_s/\gamma\,(\text{kN/cm}^2)}$$

Biegung mit Längskraft

N Längskraft in kN
M_s Moment, bezogen auf die Lage der Bewehrung

$\beta_s/\gamma = 24$ kN/cm² für BSt 420;
$\beta_s/\gamma = 28,6$ kN/cm² für BSt 500

k_h-Tafel für Rezeptmauerwerk nach DIN 1053-1

Rechenfestigkeit β_R in MN/m²										BSt 420	BSt 500			$\varepsilon_m/\varepsilon_\sigma$
0,67	0,94	1,07	1,2	1,34	1,6	1,87	2,14	2,4	2,54	2,67	k_s	k_s	k_x	k_z	‰
\multicolumn{11}{c	}{k_h}					
165,14	139,42	130,68	123,40	116,77	106,87	98,85	92,40	87,26	84,82	82,73	4,19	3,52	0,02	0,99	0,1/5,0
57,46	48,51	45,47	42,93	40,63	37,18	34,39	32,15	30,36	29,51	28,78	4,25	3,57	0,06	0,98	0,3/5,0
35,97	30,37	28,46	26,88	25,43	23,28	21,53	20,13	19,01	18,47	18,02	4,30	3,61	0,09	0,97	0,5/5,0
26,80	22,63	21,21	20,03	18,95	17,34	16,04	15,00	14,16	13,77	13,43	4,35	3,65	0,12	0,96	0,7/5,0
21,74	18,36	17,21	16,25	15,37	14,07	13,01	12,17	11,49	11,17	10,89	4,40	3,70	0,15	0,95	0,9/5,0
18,56	15,67	14,68	13,87	13,12	12,01	11,11	10,38	9,80	9,53	9,30	4,45	3,74	0,18	0,94	1,1/5,0
16,38	13,83	12,96	12,24	11,58	10,60	9,81	9,17	8,66	8,41	8,21	4,50	3,78	0,21	0,93	1,3/5,0
14,82	12,51	11,72	11,07	10,48	9,59	8,87	8,29	7,83	7,61	7,42	4,55	3,82	0,23	0,92	1,5/5,0
13,65	11,52	10,80	10,20	9,65	8,83	8,17	7,64	7,21	7,01	6,84	4,59	3,86	0,25	0,91	1,7/5,0
12,76	10,77	10,10	9,53	9,02	8,26	7,64	7,14	6,74	6,55	6,39	4,64	3,90	0,28	0,90	1,9/5,0
12,31	10,40	9,74	9,20	8,71	7,97	7,37	6,89	6,51	6,32	6,17	4,67	3,93	0,29	0,89	2,0/4,9
12,16	10,26	9,62	9,08	8,60	7,87	7,28	6,80	6,42	6,24	6,09	4,69	3,94	0,30	0,89	2,0/4,7
12,00	10,13	9,49	8,96	8,48	7,76	7,18	6,71	6,34	6,16	6,01	4,71	3,96	0,31	0,88	2,0/4,5
11,84	9,99	9,37	8,84	8,37	7,66	7,08	6,62	6,25	6,08	5,93	4,73	3,97	0,32	0,88	2,0/4,3
11,67	9,85	9,24	8,72	8,25	7,55	6,99	6,53	6,17	5,99	5,85	4,75	3,99	0,33	0,88	2,0/4,1
11,51	9,71	9,11	8,60	8,14	7,45	6,89	6,44	6,08	5,91	5,76	4,77	4,01	0,34	0,87	2,0/3,9
11,34	9,57	8,97	8,47	8,02	7,34	6,79	6,34	5,99	5,82	5,68	4,80	4,03	0,35	0,87	2,0/3,7
11,17	9,43	8,84	8,35	7,90	7,23	6,69	6,25	5,90	5,74	5,60	4,82	4,05	0,36	0,86	2,0/3,5
11,00	9,28	8,70	8,22	7,78	7,12	6,58	6,15	5,81	5,65	5,51	4,85	4,08	0,38	0,86	2,0/3,3
10,82	9,14	8,56	8,09	7,65	7,00	6,48	6,06	5,72	5,56	5,42	4,89	4,10	0,39	0,85	2,0/3,1

k_h-Tafel für Rezeptmauerwerk nach DIN 1053-1
(Fortsetzung)

Rechenfestigkeit β_R in MN/m²											BSt 420 k_s	BSt 500 k_s	k_x	k_z	$-\varepsilon_m/\varepsilon_\sigma$ ‰
3,07	3,2	3,74	4,01	4,27	4,67 k_h	4,81	5,07	5,34	6,14	6,41					
77,15	75,57	69,90	67,50	65,42	62,55	61,63	60,03	58,80	54,55	53,39	4,19	3,52	0,02	0,99	0,1/5,0
26,84	26,29	24,32	23,49	22,76	21,76	21,44	20,89	20,35	18,98	18,58	4,25	3,57	0,06	0,98	0,3/5,0
16,80	16,46	15,22	14,70	14,25	13,62	13,42	13,08	12,74	11,88	11,63	4,30	3,61	0,09	0,97	0,5/5,0
12,52	12,26	11,34	10,96	10,62	10,15	10,00	9,74	9,49	8,85	8,66	4,35	3,65	0,12	0,96	0,7/5,0
10,16	9,95	9,20	8,89	8,61	8,24	8,11	7,90	7,70	7,18	7,03	4,40	3,70	0,15	0,95	0,9/5,0
8,67	8,49	7,85	7,58	7,35	7,03	6,93	6,75	6,57	6,13	6,00	4,45	3,74	0,18	0,94	1,1/5,0
7,65	7,50	6,93	6,70	6,49	6,20	6,11	5,95	5,80	5,41	5,30	4,50	3,78	0,21	0,93	1,3/5,0
6,92	6,78	6,27	6,06	5,87	5,61	5,53	5,39	5,25	4,89	4,79	4,55	3,82	0,23	0,92	1,5/5,0
6,38	6,25	5,78	5,58	5,41	5,17	5,09	4,96	4,83	4,51	4,41	4,59	3,86	0,25	0,91	1,7/5,0
5,96	5,84	5,40	5,22	5,05	4,83	4,76	4,64	4,52	4,21	4,12	4,64	3,90	0,28	0,90	1,9/5,0
5,75	5,63	5,21	5,03	4,88	4,66	4,60	4,48	4,36	4,07	3,98	4,67	3,93	0,29	0,89	2,0/4,9
5,68	5,56	5,15	4,97	4,82	4,60	4,54	4,42	4,31	4,02	3,93	4,69	3,94	0,30	0,89	2,0/4,7
5,60	5,49	5,08	4,90	4,75	4,54	4,48	4,36	4,25	3,96	3,88	4,71	3,96	0,31	0,88	2,0/4,5
5,53	5,42	5,01	4,84	4,69	4,48	4,42	4,30	4,19	3,91	3,83	4,73	3,97	0,32	0,88	2,0/4,3
5,45	5,34	4,94	4,77	4,62	4,42	4,36	4,24	4,13	3,86	3,77	4,75	3,99	0,33	0,88	2,0/4,1
5,38	5,27	4,87	4,70	4,56	4,36	4,29	4,18	4,08	3,80	3,72	4,77	4,01	0,34	0,87	2,0/3,9
5,30	5,19	4,80	4,63	4,49	4,30	4,23	4,12	4,02	3,75	3,67	4,80	4,03	0,35	0,87	2,0/3,7
5,22	5,11	4,73	4,57	4,42	4,23	4,17	4,06	3,96	3,69	3,61	4,82	4,05	0,36	0,86	2,0/3,5
5,14	5,03	4,65	4,50	4,36	4,17	4,10	4,00	3,90	3,63	3,56	4,85	4,08	0,38	0,86	2,0/3,3
5,06	4,95	4,58	4,42	4,29	4,10	4,04	3,93	3,83	3,58	3,50	4,89	4,10	0,39	0,85	2,0/3,1

3.1.3 Nachweis der Knicksicherheit
($\bar{\lambda} = h_k/d$)

● $\bar{\lambda} \leq 20$: Im mittleren Drittel darf für ungewollte Ausmitte und Stabauslenkung nach Theorie II. Ordnung angesetzt werden:

$$f = \frac{h_K}{46} - \frac{d}{8}$$

h_K Knicklänge
d Querschnittsdicke in Knickrichtung

● $\bar{\lambda} > 20$: Nachweis nach DIN 1045
● $\bar{\lambda} > 25$: unzulässig

3.2 Bemessung für Querkraft

3.2.1 Scheibenschub (Last parallel zur Mauerwerksebene)

Nachweis darf im Abstand 0,5 h von der Auflagerkante geführt werden:
– bei überdrückten Rechteckquerschnitten Nachweis mit max τ
– bei gerissenen Querschnitten Nachweis in Höhe der Nullinie im Zustand II

Es ist nachzuweisen, daß vorh $\tau \leq$ zul τ (nach DIN 1053-1, vgl. Abschnitt 6.2.4). Für die rechnerische Normalspannung σ darf angesetzt werden:
$\sigma = 2 \cdot A/(b \cdot l)$ (A Auflagerkraft; b Querschnittsbreite; l Stützweite des Trägers bzw. doppelte Kraglänge bei Kragträgern).

Ergänzend gilt:
$\beta_{Rk} = 0{,}08$ MN/m² für Mörtelgruppe II;
$\beta_{Rk} = 0{,}18$ MN/m² für Leichtmörtel;
$\beta_{Rk} = 0{,}22$ MN/m² für Dünnbettmörtel.

3.2.2 Plattenschub (Last rechtwinklig zur Mauerwerksebene)

Nachweis gemäß DIN 1045. Abweichend gilt:
$\tau_{011} = 0{,}015 \, \beta_R$ (β_R nach DIN 1053-1).
Nur Schubbereich I zulässig.

3.3 Bemessung von Flachstürzen

Maßgebend: „Richtlinien für die Bemessung und Ausführung von Flachstürzen" (s. S. I.152)

Folgende Bedingungen sind einzuhalten:

Zuggurt: $b \geq 11{,}5$ cm und $d \geq 6$ cm; BSt 420 S (III) oder BSt 500 S (IV); $\geq$ B 25 oder $\geq$ LB 25 zum Verfüllen der Schalen; Betonüberdeckung ≥ 2 cm; vollvermörtelte Stoß- und Lagerfugen; Mauerwerk $\geq 12/\text{II}$

(Rechenwert der Festigkeit: $\beta = 2{,}5$ MN/m²); Druckhöhe darf nur bis $l/2{,}4$ (l Stützweite; h statische Höhe) in Rechnung gestellt werden. Auflagertiefe $t \geq 11{,}5$ cm; Bewehrungsdurchmesser $d_s \leq 12$ mm, max $l = 3{,}0$ m.

Besteht die Druckzone aus Mauerwerk und Beton, so ist der gesamte Druckgurt wie für Mauerwerk zu bemessen. Mauerwerk über einer Stahlbetondecke bzw. einem Ringbalken darf nicht angesetzt werden.

Biegebemessung (k_h-Verfahren)

$$k_h = \frac{h\,(\text{cm})}{\sqrt{\dfrac{M\,(\text{kNm})}{b\,(\text{m})}}} \quad ; \quad A_s = k_s \cdot \frac{M\,(\text{kNm})}{h\,(\text{cm})}$$

k-Tafel für Flachstürze

$\beta_R = 2{,}5$ MN/m²												
k_h	29,7	18,6	13,9	11,3	9,61	8,48	7,67	7,07	6,42	6,21	6,00	5,78	5,56
k_s (III)	4,25	4,30	4,35	4,40	4,45	4,50	4,55	4,59	4,67	4,71	4,76	4,82	4,90
k_s (IV)	3,57	3,61	3,65	3,70	3,74	3,78	3,82	3,86	3,92	3,96	4,00	4,05	4,12
k_x	0,06	0,09	0,12	0,15	0,18	0,21	0,23	0,25	0,29	0,31	0,33	0,36	0,40
k_z	0,98	0,97	0,96	0,95	0,94	0,93	0,92	0,91	0,89	0,89	0,88	0,86	0,85
$-\varepsilon_{mw}/\varepsilon_s$	0,3/5	0,5/5	0,7/5	0,9/5	1,1/5	1,3/5	1,5/5	1,7/5	2/5	2,/4,5	2/4	2/3,5	2/3

Querkraftbemessung

$$\text{zul } Q = \text{zul } \tau \cdot b \cdot h \, \frac{\lambda + 0{,}4}{\lambda - 0{,}4}$$

mit zul $\tau = 0{,}1$ N/mm² $= 100$ kN/m² und $\lambda = \max M/(\max Q \cdot h) \geq 0{,}6$.
Für Gleichstreckenlast wird $\lambda = l/(4\,h)$.

Verankerung der Bewehrung

Maßgebend DIN 1045. Es muß ein Bewehrungsquerschnitt A_s verankert werden für eine Zugkraft $F_{sR} = 0{,}75\,Q_R \leq \max M/(k_z \cdot h)$. Erforderliche Verankerungslänge hinter der Auflagervorderkante: $l_2 = 2 \cdot l_1/3 \geq 6\,d_s$ bzw. $\geq t/3$ (t Auflagertiefe, d_s Stabdurchmesser).

Beispiel

Belastung des Sturzes $q = 50$ kN/m; Breite der U-Schalen $b = 30$ cm; Stützweite $l = 2{,}20$ m; Höhe der Druckzone (U-Schale, Mauerwerk, Dicke der Stahlbetonplatte) 78 cm; statische Höhe (geschätzt) $h = 70$ cm; B 25; BSt 420 S (III); Auflagertiefe $t = 18$ cm.
Bedingung $h = 70$ cm $< \max h = l/2{,}4 = 220/2{,}4 = 91{,}7$ cm erfüllt.

Biegebemessung:
$M = 50 \cdot 2{,}20^2/8 = 30{,}25$ kNm
$k_h = 70\sqrt{30{,}25/0{,}30} = 6{,}97$; $k_s = 4{,}67$; $k_z = 0{,}89$
$A_s = 4{,}67 \cdot 30{,}25/70 = 2{,}02$ cm²
gew. 3 Ø 10 mit $A_s = 2{,}36$ cm²

Querkraftbemessung:
max $Q = 50 \cdot 2{,}20/2 = 55$ kN
$\lambda = 220/(4 \cdot 70) = 0{,}786$
zul $Q = 100 \cdot 0{,}30 \cdot 0{,}70 \cdot (0{,}786 + 0{,}4)/(0{,}786 - 0{,}4)$
$= 64{,}5$ kN > 55

Verankerung:
$F_{sR} = 0{,}75 \cdot 55 = 41{,}25$
$< 30{,}25/(0{,}89 \cdot 0{,}70) = 48{,}56$ kN
erf $A_s = 41{,}25/24 = 1{,}72$ cm² (hinter der Auflagerkante mit l_2 verankern)
erf A_s/vorh $A_s = 1{,}72/2{,}36 = 0{,}7$
Nach [Schneider – 98], S. 6.46:
$l_2 = 16$ cm $> 6 \cdot 1{,}0$ cm bzw. $> 18/3$

4 Aktuelle Beiträge
Tragfähigkeitstafeln für Wände nach DIN 1053-100 (08.2006)[1]

Mittelwände und Außenwände zwischen Geschossdecken,
Zweiseitig gelenkig gehalten
oder elastisch eingespannt

$d = 36{,}5$ cm

$d = 30$ cm

Deckenendfeld-Stützweite $\ell \leq 4{,}20$ m, wenn $f_k < 1{,}8$ N/mm²
$\ell \leq 4{,}80$ m, wenn $f_k \geq 1{,}8$ N/mm²

Tafelwerte: Zul. N in kN/m

$h_s \to$ (m) ↓f_k (N/mm²)	2,40	2,50	2,60	2,70	2,80	2,90
1,5	142,1 **177,7**	141,0 **176,8**	139,7 **175,9**	138,6 **175,0**	137,3 **173,9**	136,0 **172,8**
2,2	208,4 **260,6**	206,7 **259,3**	204,9 **258,0**	203,3 **256,7**	201,4 **255,1**	199,5 **253,5**
2,5	236,8 **296,2**	234,9 **294,7**	232,8 **293,2**	231,0 **291,8**	228,9 **289,9**	226,7 **288,1**
2,8	265,2 **331,7**	263,1 **330,1**	260,8 **328,4**	258,7 **326,8**	256,3 **324,7**	254,0 **322,6**
3,1	293,8 **367,3**	291,3 **365,5**	288,7 **363,6**	200,4 **361,8**	203,0 **359,5**	281,2 **357,2**
3,4	322,0 **402,8**	319,5 **400,8**	316,6 **398,8**	314,2 **396,8**	311,3 **394,3**	308,4 **391,8**
3,7	350,4 **438,4**	347,7 **436,2**	344,6 **434,0**	341,9 **431,8**	338,7 **429,1**	335,6 **426,4**
4,4	416,7 **521,3**	413,5 **518,7**	409,8 **516,1**	406,6 **513,5**	402,8 **510,3**	399,1 **507,0**
5,0	473,6 **592,4**	470,0 **589,5**	465,7 **586,5**	462,0 **583,5**	457,8 **579,9**	453,5 **576,2**
5,5	520,9 **651,7**	516,9 **648,4**	512,2 **645,2**	508,2 **641,9**	503,5 **637,8**	499,0 **633,8**
5,6	530,4 **663,5**	526,3 **660,2**	521,5 **656,9**	517,5 **653,4**	512,7 **649,4**	507,9 **645,3**
6,0	568,3 **710,9**	563,9 **707,4**	558,8 **703,8**	554,4 **700,3**	549,3 **695,8**	544,2 **691,4**
7,2	681,9 **853,1**	676,7 **848,8**	670,6 **844,6**	665,3 **840,1**	659,2 **835,0**	653,1 **829,7**
7,5	710,3 **888,6**	704,9 **884,2**	698,5 **879,8**	693,0 **875,3**	686,7 **869,8**	680,3 **864,2**
7,7	729,3 **912,3**	723,7 **907,8**	717,1 **903,2**	711,5 **898,7**	705,0 **893,0**	698,4 **887,3**
9,4	890,3 **1113,7**	883,4 **1108,2**	875,5 **1102,6**	868,6 **1097,1**	860,6 **1090,1**	852,6 **1083,2**
11,0	1004,2 **1303,3**	1003,4 **1296,8**	1024,5 **1290,3**	1016,5 **1283,8**	1007,1 **1275,7**	997,8 **1267,6**
12,5	1183,9 **1481,1**	11748 **1473,7**	1164,2 **1466,3**	1155,1 **1458,9**	1144,4 **1449,7**	1133,8 **1440,4**

[1] Den folgenden Tafeln liegt die vereinfachte Einwirkungsgleichung $N_{ED} = 1{,}4\,(N_{Gk} + N_{Qk})$ zugrunde (vgl. Abschn. 0.2.2).

Mittelwände und Außenwände zwischen Geschossdecken,

Deckenendfeld-Stützweite $\ell \leq 4{,}20$ m, wenn $f_k < 1{,}8$ N/mm²
$\ell \leq 5{,}00$ m, wenn $f_k \geq 1{,}8$ N/mm²

$d = 24$ cm

Zweiseitig gehalten und elastisch eingespannt
Zweiseitig gehalten, gelenkig (*kursiv*)

Tafelwerte: Zul. *N* in kN/m

$h_s \to$ (m) $\downarrow f_k$ (N/mm²)	2,40	2,50	2,60	2,70	2,80	2,90
1,5	110,7 *107,8*	109,3 *106,4*	108,5 *104,9*	107,8 *103,4*	106,4 *102,0*	104,9 *100,5*
2,2	162,4 *158,1*	160,3 *156,0*	159,2 *153,9*	158,2 *151,7*	156,0 *149,6*	153,9 *147,4*
2,5	184,6 *179,7*	182,1 *177,3*	180,9 *174,8*	179,7 *172,4*	177,3 *170,0*	174,8 *167,6*
2,8	206,7 *201,3*	204,0 *198,5*	202,6 *195,8*	201,3 *193,1*	198,6 *190,4*	195,8 *187,7*
3,1	228,8 *222,8*	225,8 *219,8*	224,3 *216,8*	222,8 *213,8*	219,8 *210,8*	216,8 *207,8*
3,4	251,0 *244,4*	247,7 *241,1*	246,0 *237,8*	244,4 *234,5*	241,1 *231,2*	237,8 *227,9*
3,7	273,1 *266,0*	269,6 *262,4*	267,8 *258,8*	266,0 *255,2*	262,4 *251,6*	258,8 *248,0*
4,4	324,8 *316,3*	320,6 *312,0*	318,4 *307,7*	316,3 *303,5*	312,0 *299,2*	307,7 *294,9*
5,0	369,1 *359,4*	364,3 *354,5*	361,8 *349,7*	359,4 *344,8*	354,6 *340,0*	349,7 *335,1*
5,5	406,0 *395,3*	400,7 *390,0*	398,0 *384,7*	395,3 *379,4*	390,0 *374,0*	384,7 *368,6*
5,6	413,4 *402,5*	408,0 *397,1*	405,3 *391,7*	402,5 *386,2*	397,1 *380,8*	391,7 *375,3*
6,0	442,9 *431,3*	437,1 *425,5*	434,2 *419,6*	431,2 *413,8*	425,5 *408,0*	419,6 *402,1*
7,2	531,5 *517,6*	524,5 *510,6*	521,1 *503,6*	517,6 *496,6*	510,6 *489,6*	503,6 *482,6*
7,5	553,7 *539,1*	546,4 *531,8*	542,8 *524,5*	539,1 *517,3*	531,8 *510,0*	524,5 *502,7*
7,7	568,5 *553,5*	561,0 *546,0*	557,2 *538,5*	553,5 *531,1*	546,0 *523,6*	538,5 *516,1*
9,4	694,0 *675,7*	684,8 *666,6*	680,3 *657,4*	675,7 *648,3*	666,6 *639,2*	657,4 *630,0*
11,0	812,1 *790,7*	801,4 *780,0*	796,1 *769,3*	790,7 *758,7*	780,0 *748,0*	769,3 *737,3*
12,5	922,8 *898,5*	910,7 *886,4*	904,6 *874,3*	898,5 *862,1*	886,4 *850,0*	874,3 *837,8*

Mittelwände und Außenwände zwischen Geschossdecken,

Deckenendfeld-Stützweite $\ell \leq 4{,}35$ m, wenn $f_k < 1{,}8$ N/mm^2
$\ell \leq 5{,}20$ m, wenn $f_k \geq 1{,}8$ N/mm^2

$d = 17{,}5$ cm

Wände zweiseitig gehalten, elastisch eingespannt
Wände zweiseitig gehalten, gelenkig (*kursiv*)

Tafelwerte: Zul. N in kN/m

$h_s \rightarrow$ (m) $\downarrow f_k$ (N/mm^2)	2,40	2,50	2,60	2,70	2,80	2,90
1,5	77,6 *68,0*	76,4 *66,9*	75,4 *64,8*	74,4 *62,7*	73,3 *60,5*	72,2 *58,4*
2,2	113,7 *99,7*	112,2 *98,2*	110,6 *95,0*	109,1 *91,9*	107,5 *88,8*	106,0 *85,7*
2,5	129,3 *113,3*	127,5 *111,5*	125,7 *108,0*	123,9 *104,5*	122,2 *100,9*	120,4 *97,4*
2,8	144,8 *126,9*	142,8 *124,9*	140,8 *121,0*	138,8 *117,0*	136,8 *113,0*	134,9 *109,1*
3,1	160,3 *140,5*	158,1 *138,3*	155,9 *133,9*	153,7 *129,5*	151,5 *125,1*	149,3 *120,8*
3,4	175,0 *154,1*	173,4 *151,7*	171,0 *146,9*	168,6 *142,1*	166,2 *137,3*	163,7 *132,4*
3,7	191,3 *167,7*	188,7 *165,1*	186,1 *159,9*	183,5 *154,6*	180,8 *149,4*	178,2 *144,1*
4,4	227,5 *199,4*	224,4 *196,3*	221,3 *190,1*	218,2 *183,9*	215,0 *177,6*	211,9 *171,4*
5,0	258,5 *226,6*	255,0 *223,1*	251,4 *216,0*	247,9 *208,9*	244,4 *201,9*	240,8 *194,8*
5,5	284,4 *249,3*	280,5 *245,4*	276,6 *237,6*	272,7 *229,8*	268,8 *222,0*	264,9 *214,2*
5,6	289,5 *253,8*	285,6 *249,9*	281,6 *241,9*	277,6 *234,0*	273,7 *226,1*	269,7 *218,1*
6,0	310,2 *272,0*	306,0 *267,7*	301,7 *259,2*	297,5 *250,7*	293,2 *242,2*	289,0 *233,7*
7,2	372,3 *326,4*	367,2 *321,3*	362,1 *311,1*	357,0 *300,9*	351,9 *290,7*	346,8 *280,5*
7,5	387,8 *340,0*	382,5 *334,7*	377,2 *240,0*	371,9 *313,4*	366,5 *302,8*	361,2 *292,9*
7,7	398,1 *349,0*	392,7 *343,6*	278,8 *332,7*	381,8 *321,8*	376,3 *310,9*	370,9 *300,0*
9,4	486,0 *426,1*	479,4 *419,5*	472,7 *406,1*	466,1 *392,8*	459,4 *379,5*	452,7 *366,2*
11,0	568,8 *498,6*	561,0 *490,9*	553,2 *475,3*	545,4 *459,7*	537,6 *444,1*	529,8 *428,5*
12,5	646,3 *566,6*	637,5 *557,8*	628,6 *540,1*	619,9 *522,4*	610,9 *504,7*	602,1 *487,0*

Windlasten nach DIN 1055-4 (03.05)

1 Allgemeines

Die in DIN 1055-4 (03.05) angegebenen Verfahren zur Berechnung der Windlasten gelten für Hoch- und Ingenieurbauwerke mit einer Höhe bis zu 300 m, einschließlich deren einzelner Bauteile und Anbauten. Bauwerke mit besonderen Zuverlässigkeitsanforderungen und Brücken gehören dagegen nicht zum Geltungsbereich dieser Norm. Weiterhin können für die Windsogsicherung kleinformatiger, überlappend verlegter Bauteile (z.B. Dachziegel) abweichende Regelungen zu beachten sein.

Die nachfolgenden Angaben zur Ermittlung der Windlasten sind für ausreichend steife, nicht schwingungsanfällige Bauwerke bzw. Bauteile anwendbar. Dazu können in der Regel ohne weiteren Nachweis Wohn-, Büro- und Industriegebäude mit einer Höhe bis zu 25 m, sowie diesen in Form und Konstruktion ähnliche Gebäude gezählt werden. Für andere Fälle ist in DIN 1055-4 (03.05) ein rechnerisches Abgrenzungskriterium zur Unterscheidung zwischen schwingungsanfälligen und nicht schwingungsanfälligen Konstruktionen enthalten.

2 Winddruck für nicht schwingungsanfällige Bauteile

2.1 Geschwindigkeitsdruck

Windlasten sind veränderliche, freie Einwirkungen entsprechend DIN 1055-100 (03.01). Die auf der Grundlage der nachfolgenden Angaben ermittelten Winddrücke sind als charakteristische Werte mit einer jährlichen Überschreitungswahrscheinlichkeit von 2% zu betrachten.

Grundsätzlich wird zwischen dem an der Außenfläche und dem an der Innenfläche eines Bauwerks wirkenden Winddruck unterschieden:

– Winddruck auf der Außenfläche eines Bauwerks: $w_e = c_{pe} \cdot q(z_e)$

– Winddruck auf der Innenfläche eines Bauwerks: $w_i = c_{pi} \cdot q(z_i)$

Es bedeuten:

c_{pe}, c_{pi} Aerodynamischer Beiwert für den Außen- bzw. Innendruck (siehe Abschnitte 2.2 bzw. 2.3)

z_e, z_i Bezugshöhe; Höhe der Oberkante der betrachteten Fläche bzw. der Oberkante des betrachteten Abschnittes über der Gelände

$q(z_e)$, $q(z_i)$ Geschwindigkeitsdruck nach DIN 1055-4 (03.05), Abschnitt 10

Der Geschwindigkeitsdruck ist abhängig von der Windzone, der Geländekategorie und der Höhe über dem Gelände. Bei Bauwerken bis zu einer Höhe von 25 m über dem Gelände darf zur Vereinfachung ein über die gesamte Gebäudehöhe konstanter Geschwindigkeitsdruck nach Tafel 1 angesetzt werden.

Die Belastung infolge von Winddruck ergibt sich aus der Überlagerung von Außen- und Innendruck, siehe Abb. 1. Wenn sich der Innendruck bei der Ermittlung einer Reaktionsgröße entlastend auswirkt, ist er zu null zu setzen.

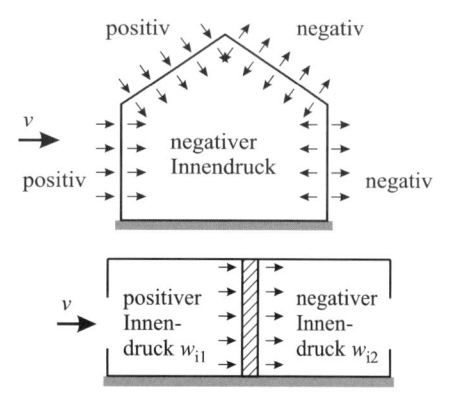

Abb. 1: Beispiele für die Überlagerung von Außen- und Innendruck

2.2 Aerodynamische Beiwerte für den Außendruck

Einfluss der Lasteinzugsfläche

Die im Folgenden angegebenen Außendruckbeiwerte gelten für nicht hinterlüftete Wand- und Dachflächen.

Der maßgebende Außendruckbeiwert c_{pe} ist in Abhängigkeit von der Lasteinzugsfläche A zu bestimmen:

$$c_{pe} = \begin{cases} c_{pe,1} & \text{für } A \leq 1\,\text{m}^2 \\ c_{pe,1} + (c_{pe,10} - c_{pe,1}) \cdot \lg A & \text{für } 1\,\text{m}^2 < A \leq 10\,\text{m}^2 \\ c_{pe,10} & \text{für } A > 10\,\text{m}^2 \end{cases}$$

mit:
- $c_{pe,1}$ Außendruckbeiwert für $A \leq 1\,\text{m}^2$
- $c_{pe,10}$ Außendruckbeiwert für $A > 10\,\text{m}^2$
- A Lasteinzugsfläche

Die Außendruckbeiwerte für $A < 10\,\text{m}^2$ sind nur für den Nachweis der Verankerungen von unmittelbar durch Windeinwirkungen belasteten Bauteilen einschließlich deren Unterkonstruktion zu verwenden.

Vorzeichendefinition

Die allgemeine Bezeichnung „Winddruck" steht sowohl für den Fall einer durch Windlasten auf einer Fläche verursachten Druckbeanspruchung, als auch für den Fall einer Sogbeanspruchung. Die Vorzeichenregelung bei der Angabe von aerodynamischen Beiwerten und damit auch von Winddrücken ist so geregelt, dass ein Druck auf eine Fläche positiv und ein Sog auf eine Fläche negativ ist.

Tafel 1: Vereinfachte Geschwindigkeitsdrücke für Bauwerke bis zu einer Höhe von 25 m

Windzone	Gebiet	Geschwindigkeitsdruck q in kN/m² für eine Gebäudehöhe h		
		$h \leq 10\,\text{m}$	$h \begin{cases} > 10\,\text{m} \\ \leq 18\,\text{m} \end{cases}$	$h \begin{cases} > 18\,\text{m} \\ \leq 25\,\text{m} \end{cases}$
1	Binnenland	0,50	0,65	0,75
2	Binnenland	0,65	0,80	0,90
2	Ostseeküste und -inseln [1)]	0,85	1,00	1,10
3	Binnenland	0,80	0,95	1,10
3	Ostseeküste und -inseln [1)]	1,05	1,20	1,30
4	Binnenland	0,95	1,15	1,30
4	Ostseeküste und -inseln, Nordseeküste [1)]	1,25	1,40	1,55
4	Nordseeinseln	1,40	– [2)]	– [2)]

[1)] Zum Küstenbereich zählt ein entlang der Küste verlaufender, in landeinwärtiger Richtung 5 km breiter Streifen.
[2)] Auf Nordseeinseln ist der Ansatz der vereinfachten Geschwindigkeitsdrücke nur für Gebäude bis 10 m Höhe zugelassen.

Tafel 2: Aerodynamische Beiwerte für vertikale Wände

h/d	Wandbereich									
	A		B		C		D		E	
	$c_{pe,1}$	$c_{pe,10}$	$c_{pe,1}$	$c_{pe,10}$	$c_{pe,1}$	$c_{pe,10}$	$c_{pe,1}$	$c_{pe,10}$	$c_{pe,1}$	$c_{pe,10}$
≥ 5	−1,7	−1,4	−1,1	−0,8	−0,7	−0,5	+1,0	+0,8	−0,7	−0,5
1	−1,4	−1,2	−1,1	−0,8	−0,5		+1,0	+0,8	−0,5	
≤ 0,25	−1,4	−1,2	−1,1	−0,8	−0,5		+1,0	+0,7	−0,5	−0,3

Zwischenwerte dürfen linear interpoliert werden.
Bei einzeln in offenem Gelände stehenden Gebäuden können im Sogbereich auch größere Werte auftreten.
Für h/d > 5 ist die Gesamtwindkraft nach DIN 1055-4 (03/05), Abschnitte 12.4 bis 12.6 und 12.7.1 zu ermitteln.

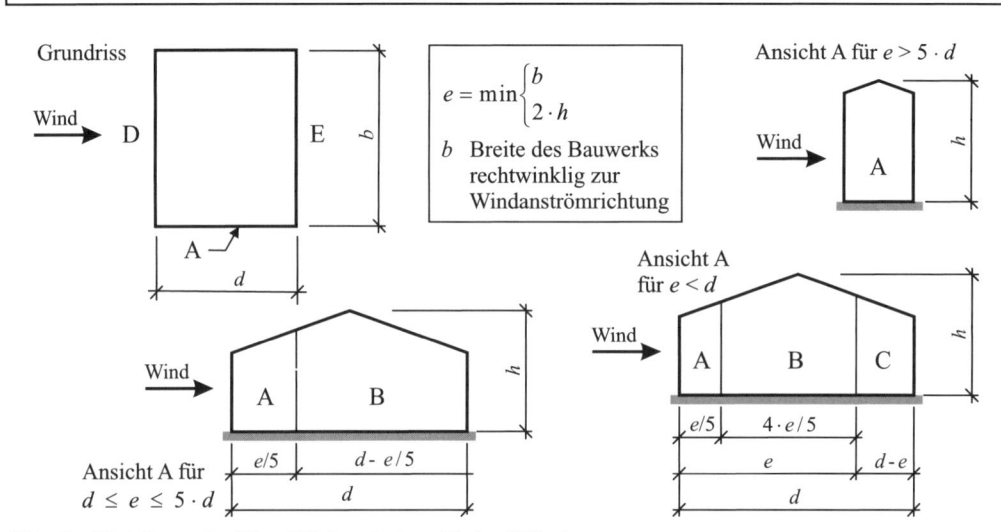

$$e = \min\begin{cases} b \\ 2 \cdot h \end{cases}$$

b Breite des Bauwerks rechtwinklig zur Windanströmrichtung

Abb. 2: Einteilung der Wandflächen bei vertikalen Wänden

Vertikale Wände von Gebäuden mit rechteckigem Grundriss

Die Wände sind entsprechend der Windanströmrichtung und der vorliegenden geometrischen Verhältnisse in die Wandbereiche A bis D einzuteilen, für die die aerodynamischen Beiwerte in Tafel 2 abzulesen sind.

Satteldächer (Dachneigung ≥ 5°)

Satteldächer sind getrennt nach der Luv- und Leeseite in die Dachbereiche F bis J entsprechend Abb. 3 einzuteilen. Im Bereich von Dachüberständen darf für den Unterseitendruck der Wert der anschließenden Wandfläche, auf der Oberseite der Druck der anschließenden Dachfläche angesetzt werden.

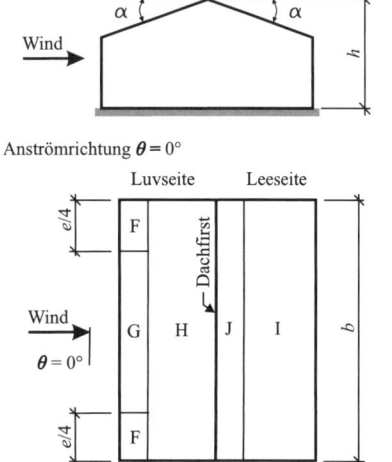

Anströmrichtung $\theta = 0°$

Abb. 3a: Einteilung der Dachfläche von Satteldächern, $\theta = 0°$

Baustatik

Anströmrichtung $\theta = 90°$

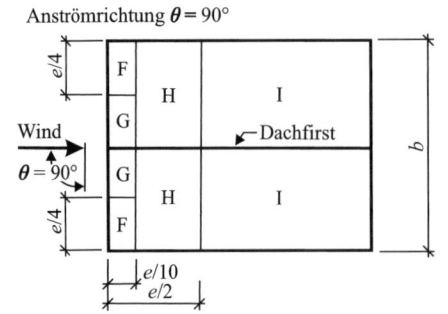

Abb. 3b: Einteilung der Dachfläche von Satteldächern, $\theta = 90°$

Beispiel:
Nachfolgend wird der Winddruck für einen allseitig geschlossenen Baukörper mit Satteldach ermittelt, siehe Abb. 4

Ermittlung des vereinfachten Geschwindigkeitsdruckes q nach Tafel 1 (Binnenland, Windzone 1, $h = 10{,}80$ m):

$q = 0{,}65$ kN/m² über die gesamte Gebäudehöhe

Windanströmrichtung: $\theta = 0°$

– Wandbereiche:

Einflussbreite $e = \min \begin{cases} b & = 10{,}00 \text{ m} \\ 2 \cdot h & = 21{,}60 \text{ m} \end{cases}$

$e/d = 10{,}00 / 9{,}00 = 1{,}11 \quad (d < e < 5 \cdot d)$

Breite der Fläche A: $b_A = e/5 = 10{,}00/5 = 2{,}00$ m

$\rightarrow \dfrac{h}{d} = \dfrac{10{,}80}{9{,}00} = 1{,}20$ ($c_{pe,10}$ ggf. linear interpolieren)

(Fortsetzung auf der Folgeseite)

Tafel 3: Aerodynamische Beiwerte für Satteldächer

Windanströmrichtung $\theta = 0°$

Neigungs-winkel α	\multicolumn{10}{c}{Dachbereich}
	F		G		H		I		J	
	$c_{pe,1}$	$c_{pe,10}$	$c_{pe,1}$	$c_{pe,10}$	$c_{pe,1}$	$c_{pe,10}$	$c_{pe,1}$	$c_{pe,10}$	$c_{pe,1}$	$c_{pe,10}$
5°	−2,5	−1,7	−1,7	−1,0	−1,2	−0,6	+0,2 / −0,6		+0,2 / −0,6	
10°	−2,2	−1,3	−1,5	−0,8	−0,4		+0,2 / −0,5		+0,2	−0,8
15°	−2,0	−0,9	−0,8	−1,5	−0,3		−0,4		−1,5	−1,0
	+0,2		+0,2		+0,2					
30°	−1,5	−0,5	−1,5	−0,5	−0,2		−0,4		−0,5	
	+0,7		+0,7		+0,4					
45°	+0,7		+0,7		+0,6		−0,4		−0,5	
60°	+0,7		+0,7		+0,7		−0,4		−0,5	
75°	+0,8		+0,8		+0,8		−0,4		−0,5	

Windanströmrichtung $\theta = 90°$

Neigungs-winkel α	\multicolumn{8}{c}{Dachbereich}
	F		G		H		I	
	$c_{pe,1}$	$c_{pe,10}$	$c_{pe,1}$	$c_{pe,10}$	$c_{pe,1}$	$c_{pe,10}$	$c_{pe,1}$	$c_{pe,10}$
5°	−2,2	−1,6	−2,0	−1,3	−1,2	−0,7	+0,2 / −0,6	
10°	−2,1	−1,4	−2,0	−1,3	−1,2	−0,6	+0,2 / −0,6	
15°	−2,0	−1,3	−2,0	−1,3	−1,2	−0,6	−0,5	
30°	−1,5	−1,1	−2,0	−1,4	−1,2	−0,8	−0,5	
45°	−1,5	−1,1	−2,0	−1,4	−1,2	−0,9	−0,5	
60°	−1,5	−1,1	−2,0	−1,2	−1,0	−0,8	−0,5	
75°	−1,5	−1,1	−2,0	−1,2	−1,0	−0,8	−0,5	

Sind sowohl positive als auch negative aerodynamische Beiwerte angegeben, so ist der für die betrachtete Beanspruchungssituation ungünstigere Wert zu verwenden.
Für Dachneigungen zwischen den angegeben Werten darf linear interpoliert werden, sofern das Vorzeichen der Druckbeiwerte nicht wechselt.

Windlasten nach DIN 1055-4

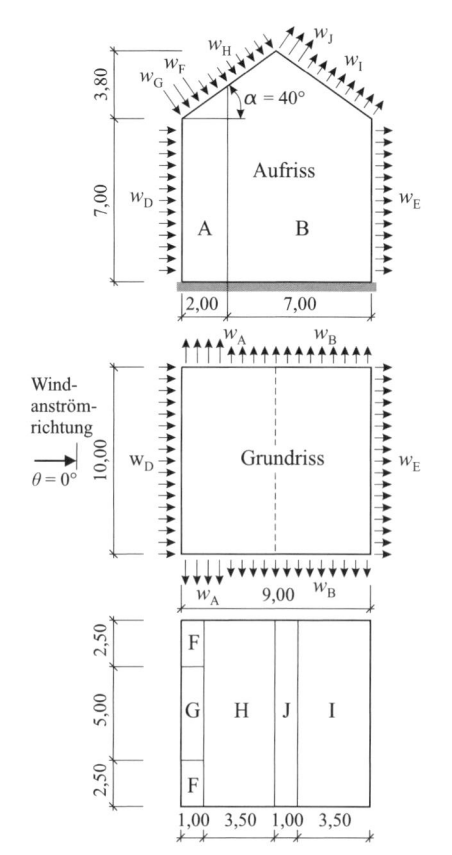

Abb. 4: Beispiel „Allseitig geschlossener Baukörper mit Satteldach", Darstellung für $\theta = 0°$

Wandbereiche (Fortsetzung)

$w_e = c_{pe} \cdot q$

$w_A = -1{,}21 \cdot 0{,}65 = -0{,}79 \text{ kN/m}^2$
$w_B = -0{,}80 \cdot 0{,}65 = -0{,}52 \text{ kN/m}^2$
$w_D = +0{,}80 \cdot 0{,}65 = +0{,}52 \text{ kN/m}^2$
$w_E = -0{,}50 \cdot 0{,}65 = -0{,}33 \text{ kN/m}^2$

– Dachbereiche:

Abmessung der Fläche F rechtwinklig zur Windanströmrichtung:
$b_F = e/4 = 10{,}00/4 = 2{,}50 \text{ m}$

Abmessung der Flächen F und G parallel zur Windanströmrichtung:
$d_F = d_G = e/10 = 10{,}00/10 = 1{,}00 \text{ m}$

$w_F = +0{,}70 \cdot 0{,}65 = +0{,}46 \text{ kN/m}^2$
$w_G = +0{,}70 \cdot 0{,}65 = +0{,}46 \text{ kN/m}^2$
$w_H = +0{,}53 \cdot 0{,}65 = +0{,}34 \text{ kN/m}^2$
$w_J = -0{,}50 \cdot 0{,}65 = -0{,}33 \text{ kN/m}^2$
$w_I = -0{,}40 \cdot 0{,}65 = -0{,}26 \text{ kN/m}^2$

– Erhöhte Druckbeiwerte:

Für Lasteinzugsflächen $A < 10 \text{ m}^2$ sind gegebenenfalls erhöhte Druckbeiwerte für die Berechnung von Ankerkräften zu berücksichtigen. Die Dachbereiche F und G haben eine geringere Fläche als 10 m², bei einer Dachneigung von 40° ergeben sich dafür jedoch keine höheren Druckbeiwerte ($c_{pe,1} = c_{pe,10}$).

Windanströmrichtung: $\theta = 90°$

– Wandbereiche:

Einflussbreite $e = \min \begin{cases} b = 9{,}00 \text{ m} \\ 2 \cdot h = 21{,}60 \text{ m} \end{cases}$

$e/d = 9{,}00 / 10{,}00 = 0{,}90$ ($e < d$)

Breite der Fläche A: $b_A = e/5 = 9{,}00/5 = 1{,}80 \text{ m}$
$b_B = 4 \cdot e/5 = 4 \cdot 1{,}80 = 7{,}20 \text{ m}$

$\rightarrow \dfrac{h}{d} = \dfrac{10{,}80}{10{,}00} = 1{,}08 \text{ m}$

$w_A = -1{,}20 \cdot 0{,}65 = -0{,}78 \text{ kN/m}^2$
$w_B = -0{,}80 \cdot 0{,}65 = -0{,}52 \text{ kN/m}^2$
$w_C = -0{,}50 \cdot 0{,}65 = -0{,}33 \text{ kN/m}^2$
$w_D = +0{,}80 \cdot 0{,}65 = +0{,}52 \text{ kN/m}^2$
$w_E = -0{,}50 \cdot 0{,}65 = -0{,}33 \text{ kN/m}^2$

– Dachbereiche:

Abmessung der Fläche F rechtwinklig zur Windanströmrichtung:
$b_F = e/4 = 9{,}00/4 = 2{,}25 \text{ m}$

Abmessung der Flächen F, G, H und I parallel zur Windanströmrichtung:
$d_F = d_G = e/10 = 9{,}00/10 = 0{,}90 \text{ m}$
$d_H = 2 \cdot e/5 = 2 \cdot 9{,}00/5 = 3{,}60 \text{ m}$
$d_I = d - e/2 = 9{,}00/2 = 5{,}50 \text{ m}$

$w_F = -1{,}10 \cdot 0{,}65 = -0{,}72 \text{ kN/m}^2$
$w_G = -1{,}40 \cdot 0{,}65 = -0{,}91 \text{ kN/m}^2$
$w_H = -0{,}87 \cdot 0{,}65 = -0{,}57 \text{ kN/m}^2$
$w_I = -0{,}50 \cdot 0{,}65 = -0{,}33 \text{ kN/m}^2$

– Erhöhte Druckbeiwerte:

Für die Berechnung von Ankerkräften ergeben sich für die Bereiche F und G erhöhte Druckbeiwerte:

$A_F = (2{,}25 / \cos 40°) \cdot 0{,}90 = 2{,}64 \text{ m}^2$
$c_{pe,F} = c_{pe,1} + (c_{pe,10} - c_{pe,1}) \cdot \log A$
$\phantom{c_{pe,F}} = -1{,}50 + (-1{,}10 + 1{,}50) \cdot \log 2{,}64 = -1{,}33$
$w_F = -1{,}33 \cdot 0{,}65 = -0{,}87 \text{ kN/m}^2$
$A_G = (2{,}25 / \cos 40°) \cdot 0{,}90 = 2{,}64 \text{ m}^2$
$c_{pe,G} = -2{,}00 + (-1{,}40 + 2{,}00) \cdot \log 2{,}64 = -1{,}75$
$w_G = -1{,}75 \cdot 0{,}65 = -1{,}14 \text{ kN/m}^2$

Baustatik

Tafel 4: Aerodynamische Beiwerte für Flachdächer [1]

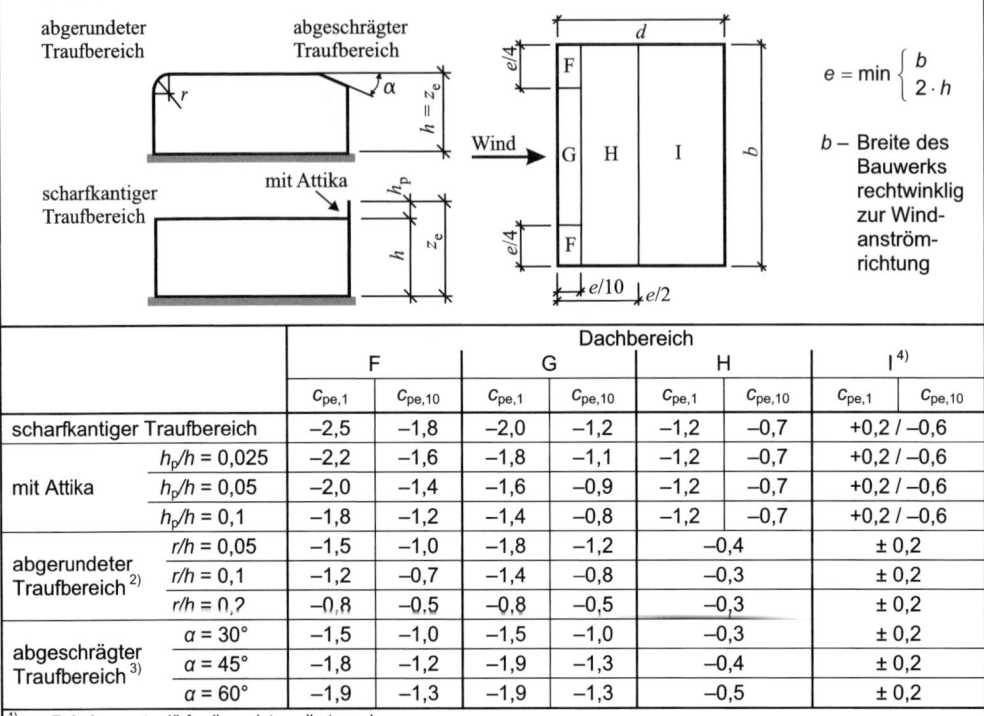

			Dachbereich						
			F		G		H		I [4]
			$c_{pe,1}$	$c_{pe,10}$	$c_{pe,1}$	$c_{pe,10}$	$c_{pe,1}$	$c_{pe,10}$	$c_{pe,1}$ / $c_{pe,10}$
scharfkantiger Traufbereich			−2,5	−1,8	−2,0	−1,2	−1,2	−0,7	+0,2 / −0,6
mit Attika	$h_p/h = 0{,}025$		−2,2	−1,6	−1,8	−1,1	−1,2	−0,7	+0,2 / −0,6
	$h_p/h = 0{,}05$		−2,0	−1,4	−1,6	−0,9	−1,2	−0,7	+0,2 / −0,6
	$h_p/h = 0{,}1$		−1,8	−1,2	−1,4	−0,8	−1,2	−0,7	+0,2 / −0,6
abgerundeter Traufbereich [2]	$r/h = 0{,}05$		−1,5	−1,0	−1,8	−1,2	−0,4		± 0,2
	$r/h = 0{,}1$		−1,2	−0,7	−1,4	−0,8	−0,3		± 0,2
	$r/h = 0{,}2$		−0,8	−0,5	−0,8	−0,5	−0,3		± 0,2
abgeschrägter Traufbereich [3]	$\alpha = 30°$		−1,5	−1,0	−1,5	−1,0	−0,3		± 0,2
	$\alpha = 45°$		−1,8	−1,2	−1,9	−1,3	−0,4		± 0,2
	$\alpha = 60°$		−1,9	−1,3	−1,9	−1,3	−0,5		± 0,2

[1] Zwischenwerte dürfen linear interpoliert werden.
[2] Bei Flachdächern mit abgerundetem Traufbereich ist im unmittelbaren Bereich der Dachkrümmung ein linearer Übergang vom Außendruckbeiwert der Außenwand zu dem des Daches anzusetzen.
[3] Bei Flachdächern mit abgeschrägtem Traufbereich ergeben sich die Druckbeiwerte für den unmittelbaren Bereich der Dachschräge nach Tafel 3 ($\theta = 0°$). Für $\alpha > 60°$ darf der Beiwert für den Flachdachbereich linear interpoliert werden zwischen $\alpha = 60°$ und $\alpha = 90°$ (scharfkantiger Traufbereich).
[4] Positive und negative Werte im Bereich I müssen gleichermaßen berücksichtigt werden.

Flachdächer (Dachneigung < 5°)

Dächer mit einer geringeren Neigung als ± 5° sind in die Dachbereiche F bis I einzuteilen. Der Dachflächenbereich F darf für sehr flache Baukörper mit $h/d < 0{,}1$ entfallen; in diesem Fall verläuft der Randbereich G über die gesamte Trauflänge.

Beispiel:

Ermittlung der Winddrücke für das Flachdach und die abgeschrägten Traufbereiche eines Reihenhauses siehe Abb. 5

Ermittlung des vereinfachten Geschwindigkeitsdruckes q nach Tafel 1 (Binnenland, Windzone 2, $h = 15{,}00$ m):

$q = 0{,}80$ kN/m² über die gesamte Gebäudehöhe

Windanströmrichtung: $\theta = 0°$

Einflussbreite $e = \min \begin{cases} b = 12{,}00 \text{ m} \\ 2 \cdot h = 30{,}00 \text{ m} \end{cases}$

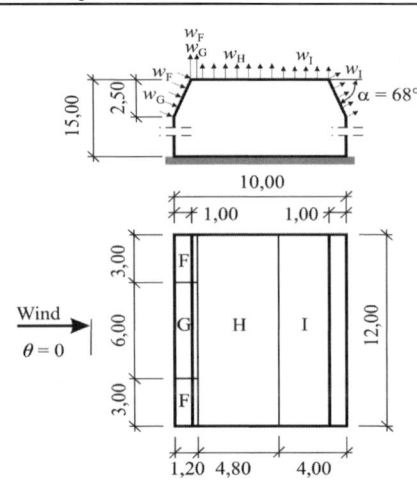

Abb. 5: Beispiel „Flachdach", Darstellung für $\theta = 0°$

Abmessung der Fläche F rechtwinklig zur Windanströmrichtung:

$b_F = e/4 = 12,00/4 = 3,00$ m

Breite der Fläche A: $b_A = e/5 = 12,00/5 = 2,40$ m

Abmessung der Flächen F, G, H und I parallel zur Windanströmrichtung:

$d_F = d_G = e/10 = 12,00/10 = 1,20$ m
$d_H = 2 \cdot e/5 = 2 \cdot 12,00/5 = 4,80$ m
$d_I = d - e/2 = 10,00 - 12,00/2 = 4,00$ m

– Flachdachbereiche:

linear interpolieren zwischen den Werten für $\alpha = 60°$ und $\alpha = 90°$ (scharfkantiger Traufbereich)

$w_F = -1,43 \cdot 0,80 = -1,14$ kN/m²
$w_G = -1,27 \cdot 0,80 = -1,02$ kN/m²
$w_H = -0,55 \cdot 0,80 = -0,44$ kN/m²
$w_J = -0,31 \cdot 0,80 = -0,25$ kN/m² und
$ = +0,2 \cdot 0,80 = +0,16$ kN/m²

– abgeschrägter Traufbereich :

(Werte der Tafel 3 entnehmen)

$w_F = +0,75 \cdot 0,80 = +0,60$ kN/m²
$w_G = +0,75 \cdot 0,80 = +0,60$ kN/m²

– Erhöhte Druckbeiwerte für das Flachdach:

$A_F = 3,00 \cdot 0,20 = 0,60$ m² $< 1,00$ m² $\to c_{pe,1}$
$w_F = -2,06 \cdot 0,80 = -1,65$ kN/m²
$A_G = 6,00 \cdot 0,20 = 1,20$ m²
$c_{pe,G} = -1,93 + (-1,27 + 1,93) \cdot \log 1,20 = -1,88$
$w_G = -1,88 \cdot 0,80 = -1,50$ kN/m²

Es ergeben sich keine erhöhten Druckbeiwerte im abgeschrägten Traufbereich, weil $c_{pe,1} = c_{pe,10}$.

Freistehende Dächer

Für Dächer ohne durchgehende Wände, z.B. Tankstellendächer, sind die Druckbeiwerte in Tafel 5 zusammengefasst. Die Bezugshöhe z_e ergibt sich aus dem höchsten Punkt der Dachkonstruktion. Im Bereich eines umlaufenden Streifens von 1 m Breite ist für den Tragsicherheitsnachweis der Dachhaut eine erhöhte Soglast anzusetzen, die mit dem Beiwert $c_{pe,res} = -2,5$ zu ermitteln ist.

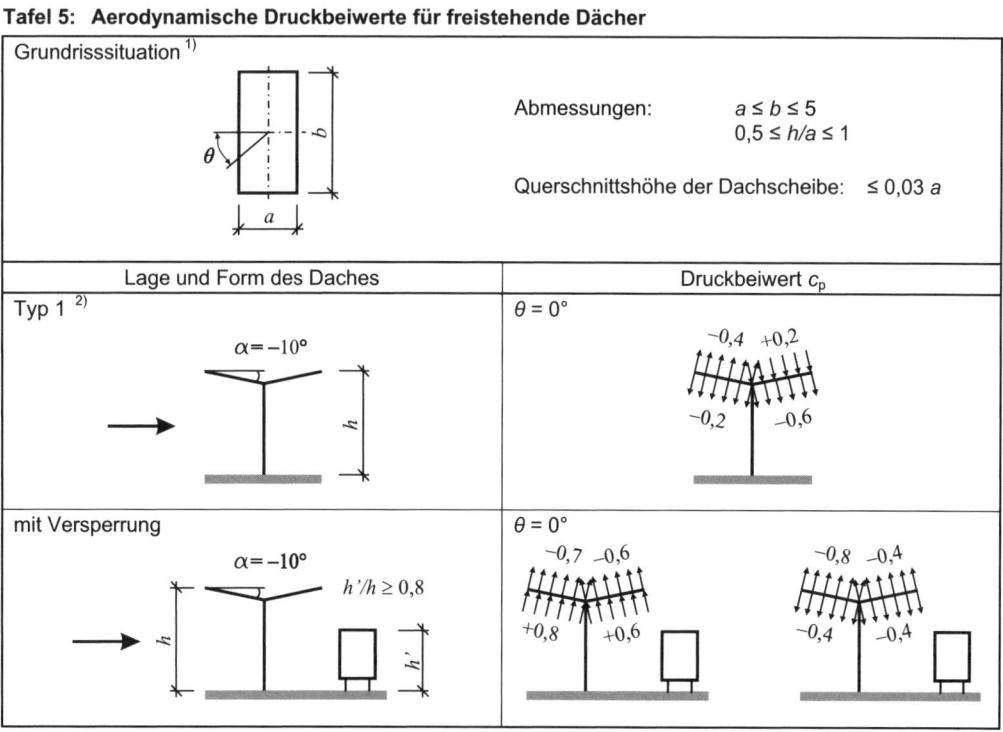

Tafel 5: Aerodynamische Druckbeiwerte für freistehende Dächer

Grundrisssituation [1]		
(Skizze mit Abmessungen a, b, θ)	Abmessungen:	$a \leq b \leq 5$ $0,5 \leq h/a \leq 1$
	Querschnittshöhe der Dachscheibe:	$\leq 0,03\, a$

Lage und Form des Daches	Druckbeiwert c_p
Typ 1 [2] $\alpha = -10°$ (Skizze)	$\theta = 0°$ $-0,4$ $+0,2$ / $-0,2$ $-0,6$
mit Versperrung $\alpha = -10°$, $h'/h \geq 0,8$ (Skizze)	$\theta = 0°$ $-0,7$ $-0,6$ / $+0,8$ $+0,6$ $-0,8$ $-0,4$ / $-0,4$ $-0,4$

Tafel 5: Aerodynamische Druckbeiwerte für freistehende Dächer (Fortsetzung)

Typ 2 [2)]	$\theta = 0°$
$\alpha = +10°$	−0,4 −0,4 / 0 / +0,2
mit Versperrung: c_p entsprechend Typ 1	

Typ 3 [2)]	$\theta = 0°$	$\theta = 180°$
$\alpha = +10°$	+0,3 −0,3 / −0,7 −0,6	−0,7 / 0 +0,3
mit Versperrung: c_p entsprechend Typ 1		

[1)] Verläuft die Windanströmrichtung parallel zur Dachlängsachse können tangentiale Windkräfte von Bedeutung sein.
[2)] Zwischenwerte der Beiwerte c_p für Dachneigungen $-10° \leq \alpha \leq +10°$ dürfen linear interpoliert werden. Eine mögliche Versperrung in Höhe von bis zu 15 % der durchströmenden Fläche unterhalb des Daches wurde in den Beiwerten berücksichtigt.

Beispiel:
Freistehendes Dach einer Bushaltestelle

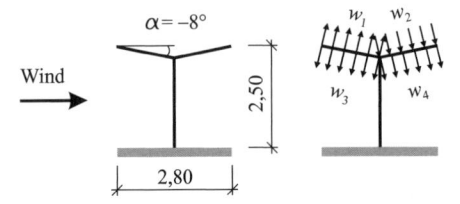

$\alpha = -8°$, Wind, 2,50, 2,80, w_1, w_2, w_3, w_4

Ermittlung des vereinfachten Geschwindigkeitsdruckes q nach Tafel 1 (Binnenland, Windzone 1):
$q = 0{,}50$ kN/m² über die gesamte Gebäudehöhe

Windanströmrichtung: $\theta = 0°$
$w_1 = -0{,}40 \cdot 0{,}50 = -0{,}20$ kN/m²
$w_2 = +0{,}20 \cdot 0{,}50 = +0{,}10$ kN/m²
$w_3 = -0{,}20 \cdot 0{,}50 = -0{,}10$ kN/m²
$w_4 = -0{,}60 \cdot 0{,}50 = -0{,}30$ kN/m²

2.3 Innendruck in geschlossenen Baukörpern

Wände mit einer offenen Außenfläche bis 30% gelten als durchlässige Wände. Überschreitet die Außenfläche 30% gilt die betreffende Wand als offen.

Bei Räumen mit durchlässigen Wänden in Gebäuden mit nicht unterteiltem Grundriss (z. B. Hallen) ist es erforderlich den Innendruck zu berücksichtigen, sofern sich dieser ungünstig auswirkt. Der Innendruck wirkt auf alle Räume eines Innenraumes mit gleichem Vorzeichen und in gleicher Höhe. Innen- und Außendruck sind gleichzeitig wirkend anzunehmen. Bei üblichen Wohn- und Bürogebäuden kann auf den Ansatz des Innendrucks verzichtet werden.

Die Bestimmung des Innendrucks bei vollständig von Außenwänden umgebenen Räumen erfolgt in Abhängigkeit vom Flächenparameter μ mit den Druckbeiwerten nach Abb. 6. Im Bereich $0{,}47 \leq \mu \leq 0{,}78$ können positive und negative Druckbeiwerte gleichzeitig auftreten, der ungünstigere Wert wird dann maßgebend.

Für die Ermittlung des Formbeiwertes μ gilt:

$$\mu = \frac{A_1}{A_2}$$

mit:

A_1 – Gesamtfläche der Öffnungen in den leeseitigen und windparallelen Flächen
A_2 – Gesamtfläche der Öffnungen aller Wände

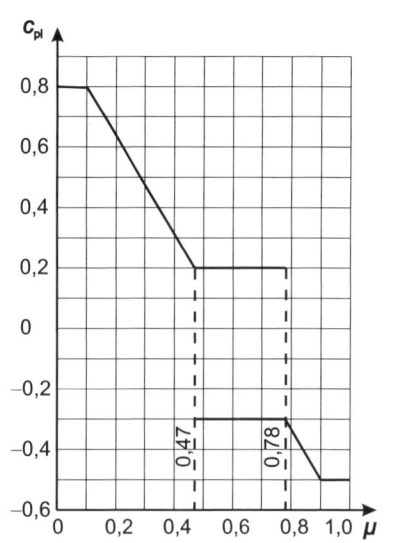

Abb. 6: Innendruckbeiwerte c_{pi} für durchlässige Wände

Beispiel:
Ermittlung des Innendrucks für ein Feuerwehrhaus (Binnenland, Windzone 2, $h = 7$ m) siehe Abb. 7

Berechnung des Innendrucks für den Fall, dass während eines Sturms nur das Ausfahrtstor geöffnet werden muss

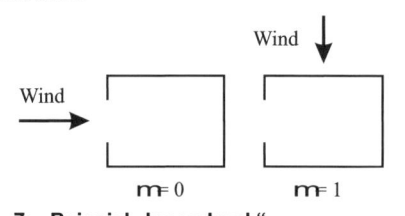

Abb. 7: Beispiel „Innendruck"

torseitige Außenwandfläche: 30 m²
Ausfahrtstor: 9 m² = 30 % der torseitigen Außenwandfläche

q = 0,65 kN/m² über die gesamte Gebäudehöhe

Windanströmrichtung: $\theta = 0°$

$$\mu = \frac{0}{9} = 0 \qquad c_{pi} = +0,80$$

$w_i = +0,80 \cdot 0,65 = +0,52$ kN/m²

Windanströmrichtung: $\theta = 90°$

$$\mu = \frac{9}{9} = 1 \qquad c_{pi} = -0,50$$

$w_i = -0,50 \cdot 0,65 = -0,33$ kN/m²

3 Resultierende Windkraft

Die auf ein Bauwerk oder ein Bauteil wirkende resultierende Windkraft F_w darf wie folgt ermittelt werden:

$$F_w = c_f \cdot q(z_e) \cdot A_{ref}$$

Dabei bedeuten:

q Staudruck (Geschwindigkeitsdruck) nach Abschnitt 2.1
z_e Bezugshöhe nach Abschnitt 2.1
c_f aerodynamischer Beiwert, Summe aus den Druckbeiwerten c_{pe} nach Abschnitt 2.2 und c_{pi} nach Abschnitt 2.3
A_{ref} Bezugsfläche, auf welche der Kraftbeiwert bezogen ist

Für den Angriffspunkt der resultierenden Windkraft ist eine Ausmitte e zu berücksichtigen:

$e = b/10$ bzw.
$e = d/10$

mit:

b Breite des Baukörpers
d Tiefe des Baukörper

Schnee- und Eislast nach DIN 1055-5 (07.05)

1 Charakteristische Werte der Schneelasten

DIN 1055-5 (07.05) ist als Ersatz für die zurzeit noch gültige Schneelastnorm DIN 1055-5 (06.75) und DIN 1055-5 A1 (04.94) vorgesehen. In DIN 1055-5 (07.05) sind die Rechenwerte der Schnee- und Eislast angegeben, die bei der Bemessung baulicher Anlagen auf der Grundlage des Sicherheitskonzeptes mit Teilsicherheitsbeiwerten nach DIN 1055-100 (03.01) anzusetzen sind.

1.1 Schneelast auf dem Boden

Der charakteristische Wert der Schneelast auf dem Boden s_k ist abhängig von der geographischen Lage (Schneelastzone und Geländehöhe über dem Meeresspiegel) und kann nach Tafel 1 berechnet werden. Für Orte mit einer Höhenlage >1500 m über NN und bestimmte Regionen der Schneelastzone 3 (z.B. Oberharz, Hochlagen des Fichtelgebirges, Reit im Winkel, Obernach/Walchensee) können sich höhere Schneelasten ergeben, die von den örtlichen zuständigen Stellen festzulegen sind.

Tafel 1: Charakteristischer Wert der Schneelast auf dem Boden s_k nach DIN 1055-5 (07.05)

Schneezonenkarte	Zone	Charakteristischer Wert in kN/m² [2)]
(Karte Deutschland mit Zonen 1, 1a, 2, 2a, 3)	1 [1)]	$s_k = \max \begin{cases} 0{,}65 \\ 0{,}19 + 0{,}91 \cdot \left(\dfrac{A+140}{760}\right)^2 \end{cases}$
	2 [1)]	$s_k = \max \begin{cases} 0{,}85 \\ 0{,}25 + 1{,}91 \cdot \left(\dfrac{A+140}{760}\right)^2 \end{cases}$
	3	$s_k = \max \begin{cases} 1{,}10 \\ 0{,}31 + 2{,}91 \cdot \left(\dfrac{A+140}{760}\right)^2 \end{cases}$

s_k charakteristischer Wert der Schneelast auf dem Boden
A Geländehöhe über dem Meeresspiegel in m

[1)] Für die Zonen 1a und 2a muss der charakteristische Wert der Zone 1 bzw. 2 mit dem Faktor 1,25 multipliziert werden.

[2)] Die Schreibweise $s_k = \max \begin{cases} A \\ B \end{cases}$ bedeutet, dass der größere der beiden Werte A und B maßgebend ist.

1.2 Schneelast auf dem Dach

Der charakteristische Wert der Schneelast auf dem Dach s_i ist abhängig von der Dachform und dem charakteristischen Wert der Schneelast auf dem Boden.

$s_i = \mu_i \cdot s_k$

- s_i charakteristischer Wert der Schneelast auf dem Dach, auf die Grundrissprojektion der Dachfläche zu beziehen (Tafel 2)
- μ_i Formbeiwert der Schneelast entsprechend der vorliegenden Dachform
- s_k charakteristischer Wert der Schneelast auf dem Boden

Sattel-, Flach- und Pultdächer

Bei Satteldächern sind nach Tafel 2 verschiedene Lastbilder zu untersuchen, von denen das ungünstigste maßgebend wird. Lastbild a stellt sich ohne Windeinwirkung ein, die Lastbilder b und c erfassen Verwehungs- und Abtaueinflüsse. Letztere werden allerdings nur bei Tragwerken maßgebend, die empfindlich gegenüber ungleichmäßig verteilten Lasten sind. Bei Flach- und Pultdächern ist im Allgemeinen der Ansatz einer auf der gesamten Dachfläche gleichmäßig verteilten Schneelast ausreichend.

Aneinandergereihte Sattel- und Sheddächer

Bei der Berechnung von aneinandergereihten Sattel- und Sheddächern ist neben dem Schneelastfall ohne Windeinfluss (Lastbild a) auch der Verwehungslastfall (Lastbild b) nach 0 zu betrachten.

Tafel 2: Formbeiwerte μ_i der Schneelast für flache und geneigte Dächer

Dachneigung α	μ_1	μ_2
$0° \leq \alpha \leq 30°$	0,8	$\dfrac{0,8 + 0,8 \cdot \alpha}{30°}$
$30° < \alpha \leq 60°$	$\dfrac{0,8 \cdot (60° - \alpha)}{30°}$	1,6
$\alpha > 60°$	0	1,6
Für Dächer mit Brüstungen, Schneefanggittern oder anderen Hindernissen an der Traufe ist der Formbeiwert mindestens mit $\mu_i = 0,8$ anzusetzen.		

Tafel 3: Lastbilder für Sattel-, Flach- und Pultdächer

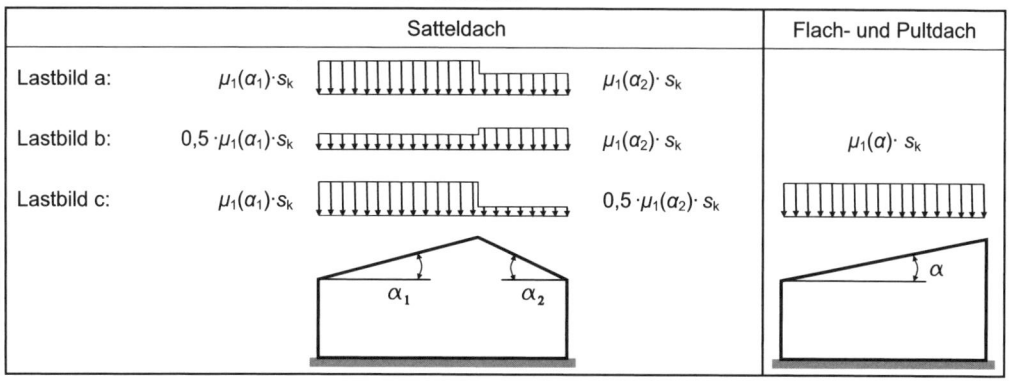

	Satteldach			Flach- und Pultdach
Lastbild a:	$\mu_1(\alpha_1) \cdot s_k$		$\mu_1(\alpha_2) \cdot s_k$	
Lastbild b:	$0,5 \cdot \mu_1(\alpha_1) \cdot s_k$		$\mu_1(\alpha_2) \cdot s_k$	$\mu_1(\alpha) \cdot s_k$
Lastbild c:	$\mu_1(\alpha_1) \cdot s_k$		$0,5 \cdot \mu_1(\alpha_2) \cdot s_k$	

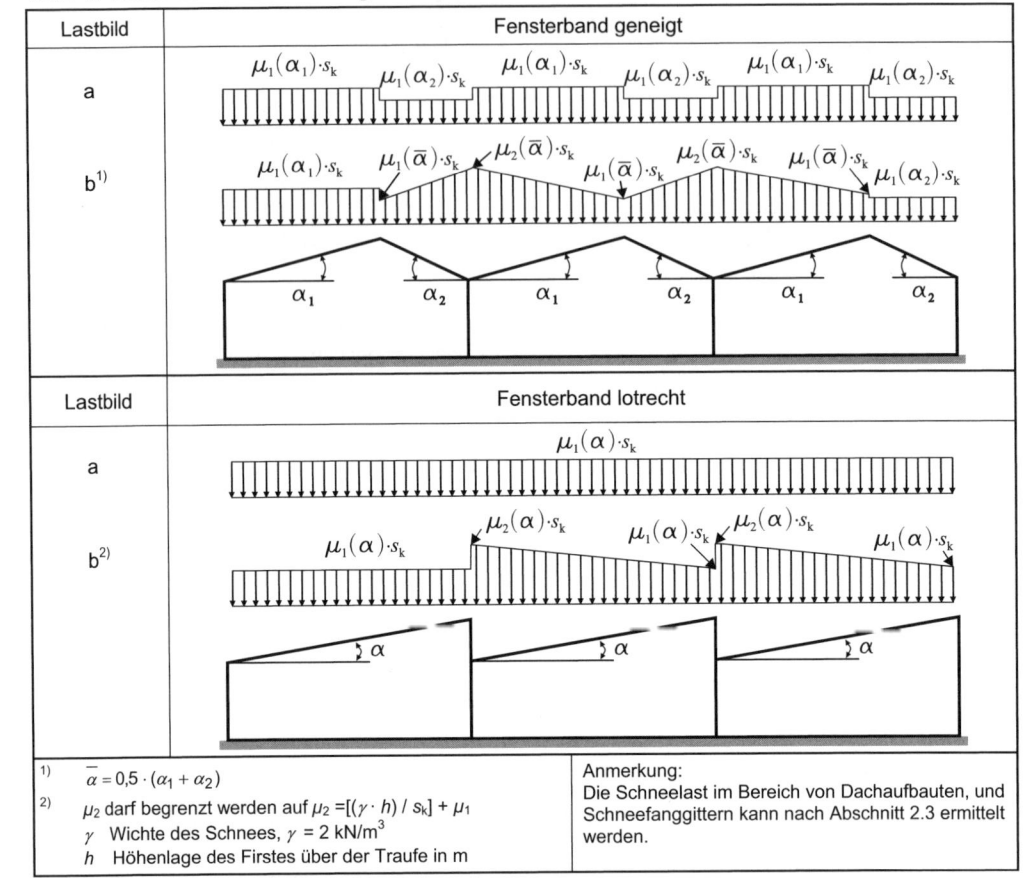

Tafel 4: Lastbilder für aneinandergereihte Sattel- und Sheddächer

Lastbild	Fensterband geneigt
a	$\mu_1(\alpha_1)\cdot s_k$ $\mu_1(\alpha_2)\cdot s_k$ $\mu_1(\alpha_1)\cdot s_k$ $\mu_1(\alpha_2)\cdot s_k$ $\mu_1(\alpha_1)\cdot s_k$ $\mu_1(\alpha_2)\cdot s_k$
b[1]	$\mu_1(\alpha_1)\cdot s_k$ $\mu_1(\overline{\alpha})\cdot s_k$ $\mu_2(\overline{\alpha})\cdot s_k$ $\mu_1(\overline{\alpha})\cdot s_k$ $\mu_2(\overline{\alpha})\cdot s_k$ $\mu_1(\overline{\alpha})\cdot s_k$ $\mu_1(\alpha_2)\cdot s_k$

Lastbild	Fensterband lotrecht
a	$\mu_1(\alpha)\cdot s_k$
b[2]	$\mu_1(\alpha)\cdot s_k$ $\mu_2(\alpha)\cdot s_k$ $\mu_1(\alpha)\cdot s_k$ $\mu_2(\alpha)\cdot s_k$ $\mu_1(\alpha)\cdot s_k$

[1] $\overline{\alpha} = 0{,}5 \cdot (\alpha_1 + \alpha_2)$

[2] μ_2 darf begrenzt werden auf $\mu_2 = [(\gamma \cdot h) / s_k] + \mu_1$
γ Wichte des Schnees, $\gamma = 2$ kN/m³
h Höhenlage des Firstes über der Traufe in m

Anmerkung:
Die Schneelast im Bereich von Dachaufbauten, und Schneefanggittern kann nach Abschnitt 2.3 ermittelt werden.

2 Schneeanhäufungen

2.1 Höhensprünge an Dächern

Ab einem Höhensprung von 50 cm muss die Anhäufung von Schnee im tiefer liegenden Dachbereich nach Abb. 1 berücksichtigt werden. Das tiefer liegende Dach wird als Flachdach angenommen und erhält eine dreieckförmige Zusatzlast aus Schneeverwehung und abrutschendem Schnee des anschließenden, höher liegenden Daches. Diese Schneeanhäufung verteilt sich über eine Länge l_s, welche vom Höhensprung zwischen den Dächern abhängig ist.

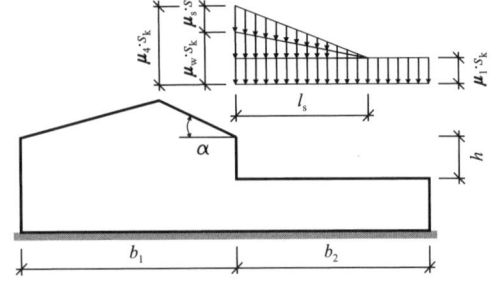

Abb. 1: Lastbild der Schneelast an Höhensprüngen mit $h \geq 50$ cm

Für die Ermittlung der Formbeiwerte μ_i sowie der Länge l_s gilt:

$\mu_1 = 0{,}8$

$l_s = 2 \cdot h \begin{cases} \geq 5\,m \\ \leq 15\,m \end{cases}$

$\mu_4 = \mu_w + \mu_s \begin{cases} \geq 0{,}8 \\ \leq 4{,}0 \end{cases}$

$\mu_w = \min \begin{cases} \dfrac{b_1 + b_2}{2 \cdot h} \\ \dfrac{\gamma \cdot h}{s_k} - \mu_s \end{cases}$

Dabei sind:

l_s	Länge des Verwehungskeils; für $l_s > b_2$ sind die Lastordinaten am vom Höhensprung entfernten Dachrand abzuschneiden
μ_w	Formbeiwert der Schneeverwehung
μ_s	Formbeiwert des abrutschenden Schnees – sofern beim höher liegenden Dach $\alpha \leq 15°$: $\mu_s = 0$ – sofern beim höher liegenden Dach $\alpha > 15°$: Die Last aus Abrutschen des Schnees $\mu_s \cdot s_k$ ist aus der Hälfte der größten resultierenden Schneelast zu ermitteln, die auf der angrenzenden Seite des oberen Daches maßgebend ist. Diese Last ist auf der Länge l_s dreieckförmig zu verteilen.
γ	Wichte des Schnees, $\gamma = 2\,kN/m^3$
h	Höhe des Dachsprunges in m
s_k	charakteristischer Wert der Schneelast auf dem Boden

2.2 Schneeverwehungen an Aufbauten und Wänden

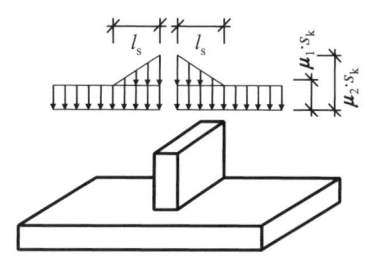

Schneeanhäufungen an Dachaufbauten sind bei einer Ansichtsfläche von $\geq 1\,m^2$ oder einer Höhe von $\geq 50\,cm$ zu berücksichtigen. Die Schneelast verteilt sich dreieckförmig über die Länge l_s, wobei die Formbeiwerte wie folgt anzunehmen sind:

$\mu_1 = 0{,}8$

$\mu_2 = \gamma \cdot h / s_k \begin{cases} \geq 0{,}8 \\ \leq 2{,}0 \end{cases}$

$l_s = 2 \cdot h \begin{cases} \geq 5\,m \\ \leq 15\,m \end{cases}$

γ Wichte des Schnees, $\gamma = 2\,kN/m^3$
h Höhe des Aufbaus in m
s_k charakteristischer Wert der Schneelast auf dem Boden

2.3 Schneelasten auf Aufbauten von Dachflächen

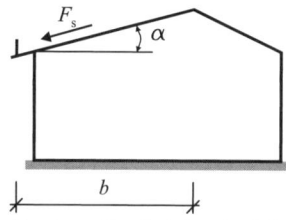

An Dachaufbauten, die abgleitende Schneemassen anstauen, entsteht eine linienförmige Schneelast F_s. Bei der Ermittlung dieser Linienlast ist die Reibung zwischen Dachfläche und Schnee zu vernachlässigen.

$F_s = \mu_i \cdot s_k \cdot b \cdot \sin\alpha$

μ_i größter Formbeiwert nach Tafel 2 für die betrachtete Dachfläche
b Grundrissabstand zwischen Dachaufbau und einem höher liegendem Hindernis bzw. dem First in m

2.4 Schneeüberhang an der Traufe

An auskragenden Dachbereichen ist eine zusätzliche Linienlast S_e durch überhängenden Schnee anzusetzen. Diese Linienlast wirkt an der Trauflinie und ist wie folgt zu ermitteln:

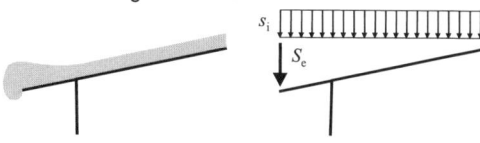

$S_e = s_i^2 / \gamma$

S_e Schneelast des Überhanges in kN je m Trauflänge
s_i Schneelast für das Dach nach Abschnitt 1.1

Baustatik

γ Wichte des Schnees; darf für diesem Nachweis zu 3 kN/m³ angenommen werden.

Beispiel:
Ermittlung der Schneelast für ein Einfamilienhaus mit angebauter Garage

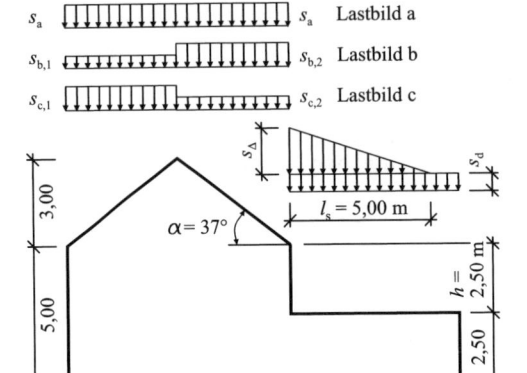

s_a Lastbild a
$s_{b,1}$ $s_{b,2}$ Lastbild b
$s_{c,1}$ $s_{c,2}$ Lastbild c

Ermittlung des charakteristischen Wertes der Schneelast s_k auf dem Boden und des Formbeiwertes $\mu_i(\alpha)$ (Schneezone 2, A = 50 m ü.d.M.)

$$s_k = \max \begin{cases} 0{,}85 \text{ kN/m}^2 \\ 0{,}25 + 1{,}91 \cdot \left(\dfrac{50+140}{760}\right)^2 \\ \qquad = 0{,}37 \text{ kN/m}^2 \end{cases}$$

$\mu_1(\alpha = 37°) = 0{,}8 \cdot \dfrac{60° - 37°}{30°} = 0{,}61$

– Hausdach:
$s_a = 0{,}61 \cdot 0{,}85 = 0{,}52 \text{ kN/m}^2$
$s_{b,1} = s_{c,2} = 0{,}5 \cdot 0{,}61 \cdot 0{,}85 = 0{,}26 \text{ kN/m}^2$
$s_{b,2} = s_{c,1} = 0{,}61 \cdot 0{,}85 = 0{,}52 \text{ kN/m}^2$

– Garagendach:
$l_s = 2 \cdot 2{,}50 = \underline{5{,}00 \text{ m}} \begin{cases} \geq 5{,}00 \text{ m} \\ \leq 15{,}00 \text{ m} \end{cases}$

$0{,}5 \cdot \mu_1 \cdot s_k \cdot b_1/2 = \mu_S \cdot s_k \cdot l_s/2$
$\to \mu_S = 0{,}5 \cdot \mu_1 \cdot b_1/l_s = 0{,}5 \cdot 0{,}61 \cdot 8{,}00/5{,}00 = 0{,}49$

$\mu_W = \min \begin{cases} \dfrac{b_1+b_2}{2 \cdot h} = \dfrac{8{,}00+6{,}00}{2 \cdot 2{,}50} = 2{,}80 \\ \dfrac{\gamma \cdot h}{s_k} - \mu_S = \dfrac{2{,}00 \cdot 2{,}50}{0{,}85} - 0{,}49 = 5{,}39 \end{cases}$

$\mu_4 = \mu_S + \mu_W = 0{,}49 + 2{,}80 = \underline{3{,}29} \begin{cases} \geq 0{,}8 \\ \leq 4{,}0 \end{cases}$

$s_d = \mu_1 \cdot s_k$ (mit $\mu_1 = 0{,}8$)
$s_d = 0{,}8 \cdot 0{,}85 = 0{,}68 \text{ kN/m}^2$
$s_\Delta = \mu_4 \cdot s_k - s_d = 3{,}29 \cdot 0{,}85 - 0{,}68 = 2{,}12 \text{ kN/m}^2$

Sofern ein Dachüberstand an der Traufe vorhanden ist, muss eine zusätzliche **Linienlast aus Schneeüberhang** berücksichtigt werden:

$S_e = s_i^2 / \gamma$
$S_{e,a} = 0{,}52^2 / 3{,}00 = 0{,}09 \text{ kN/m}$
$S_{e,b,1} = S_{e,c,2} = 0{,}26^2 / 3{,}00 = 0{,}02 \text{ kN/m}$
$S_{e,b,2} = S_{e,c,1} = 0{,}52^2 / 3{,}00 = 0{,}09 \text{ kN/m}$

3 Eislasten nach DIN 1055-5 (07.05)

Filigrane Bauteile können durch einen Eismantel stärker belastet werden als durch eine Schneelast. Die Art und Stärke des Eisansatzes hängt dabei von den Umwelteinflüssen (z.B. absolute und relative Luftfeuchtigkeit, Lufttemperatur und Windstärke) ab, welche wiederum mit dem Relief und der Geländehöhe stark variieren. Bei der Bemessung sind sowohl das erhöhte Gewicht als auch die größere Windangriffsfläche zu beachten.

3.1 Arten des Eisansatzes

In Abhängigkeit der meteorologischen Verhältnisse am Ort entstehen unterschiedliche Arten des Eisansatzes. Für die Berechnung werden zwei typische Fälle in Vereisungsklassen unterschieden.

Vereisungsklasse G

Es wird eine allseitige Ummantelung der Bauteile mit Glatteis (gefrierender Regen) oder Klareis (gefrierende Nebelanlagen) angenommen, die durch die Dicke der Eisschicht in cm charakterisiert ist. Die Vereisungsklasse G 1 bedeutet demnach einen allseitigen Eisansatz von t = 1 cm. Für alle Regionen in Deutschland dürfen die Vereisungsklassen G 1 bzw. G 2 als maßgebend angenommen werden.
Die Eisrohwichte ist mit 9 kN/m³ anzusetzen.

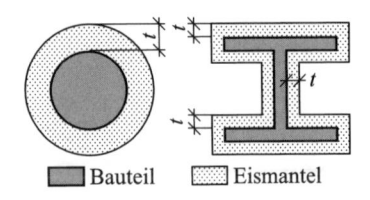

Vereisungsklasse R

Die vorherrschende Windrichtung führt während der Vereisung zum Aufbau einer kompakten Raueisfahne, die einseitig gegen den Wind anwächst. Die Raueisfahne wird durch das Gewicht des an einem dünnen Stab angelagerten Eises und die Schichtdicke der Eisanlagerung charakterisiert.

Regionen im Flachland und in den unteren Lagen der Mittelgebirge dürfen den Vereisungsklassen R1 bis R3 zugeordnet werden, siehe Abschnitt 3.2. Das für die einzelnen Raueisklassen maßgebende Raueisgewicht ist in Tafel 1 für Bauteile in einer Höhenlage von 10 m über dem Gelände angegeben. Davon abweichende Höhen werden mit dem Höhenfaktor k_z nach Abschnitt 3.3 berücksichtigt.

Die Schichtdicke der Eisanlagerung darf aus den Eisgewichten nach Tafel 5 berechnet werden. Die Eisrohwichte für Raueis ist mit 5 kN/m³ anzusetzen. Für nicht verdrehbare Stabquerschnitte wachsen die kompakten Raueisfahnen je nach Querschnittstyp in unterschiedlicher Form an und sind in Tafel 6 schematisch dargestellt. Bei verdrehbaren Querschnitten (z.B. Seilen) kann es durch die Rotation zu einer allseitigen Ummantelung durch Eis kommen (sog. Eiswalze).

Die Bildung der Eisfahnen erfolgt in der ersten Phase ohne Breitenwachstum. Mit der 2. Phase beginnt jedoch das Breitenwachstum bis zur Raueisdicke t. Mit wachsender Querschnittsbreite nimmt die Eisfahnenlänge ab. Für Fachwerkstäbe ergibt sich die Eislast aus der Summe der Eislasten der Einzelstäbe. Geometrische Überschneidungen dürfen in diesem Fall abgezogen werden.

Tafel 5: Raueisgewicht

Vereisungsklasse für Raueis	Eisgewicht an einem Stab (mit ø ≤ 300 mm) in kN/m
R1	0,005
R2	0,009
R3	0,016

Tafel 6: Raueisfahnenbildung an Stäben mit unterschiedlicher Querschnittsform

Stabquerschnitt	Typ A, B, C und D

Stabbreite W in mm	10		30		100		≥300	
Eisklasse	L	D	L	D	L	D	L	D
R1	56	23	36	35	13	100	4	300
R2	80	29	57	40	23	100	8	300
R3	111	37	86	48	41	100	14	300

Tafel 6: Raueisfahnenbildung an Stäben mit unterschiedlicher Querschnittsform (Fortsetzung)

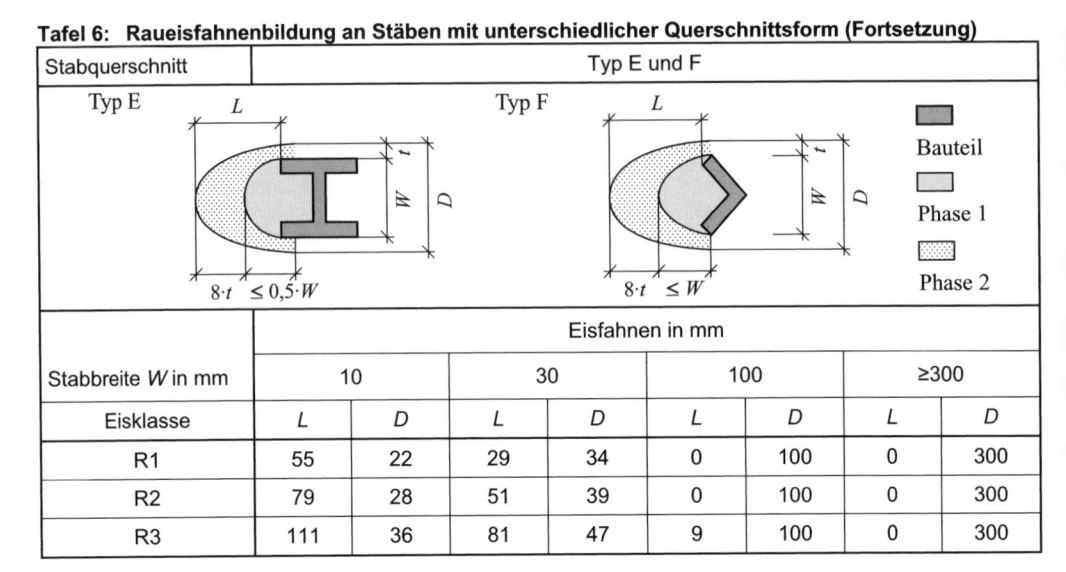

Stabquerschnitt	Typ E und F							
Typ E: $8 \cdot t \leq 0{,}5 \cdot W$ Typ F: $8 \cdot t \leq W$ (Bauteil, Phase 1, Phase 2)								
	Eisfahnen in mm							
Stabbreite W in mm	10		30		100		≥300	
Eisklasse	L	D	L	D	L	D	L	D
R1	55	22	29	34	0	100	0	300
R2	79	28	51	39	0	100	0	300
R3	111	36	81	47	9	100	0	300

3.2 Vereisungsklassen in Deutschland

Die meteorologischen und topographischen Verhältnisse in Deutschland werden durch 4 klassifizierte Eiszonen charakterisiert. Die Vereisungsklassen decken normale Verhältnisse ab. In besonders gefährdeten oder gut abgeschirmten Regionen darf die Vereisungsklasse durch ein meteorologisches Gutachten festgelegt werden. Insbesondere für Höhenlagen oberhalb 600 m über dem Meeresspiegel sollte die Vereisungsklasse durch ein Gutachten in Abstimmung mit der zuständigen Behörde geregelt werden.

Eiszone		Vereisungsklasse
1	Küstengebiet	G1 / R1
2	Binnenland	G2 / R1
3	Mittelgebirge $A \leq 400$ m	R2
4	Mittelgebirge 400 m $< A \leq 600$ m	R3
A	Geländehöhe über dem Meeresspiegel in m	

3.3 Eisansatz in größeren Höhen über dem Gelände

Für die Vereisungsklassen R ist der zunehmende Eisansatz mit steigender Höhe über dem Gelände zu beachten. Die anwachsende Windgeschwindigkeit wird durch die Multiplikation der Eisfahnengeometrie mit dem Höhenfaktor k_z berücksichtigt. Die nachstehende Formel gilt für den Bereich von $0 < h \leq 50$ m über dem Gelände. Die Höhe h ist in m einzusetzen.

$$k_z = 1 + \frac{h-10}{100}$$

Für die Vereisungsklassen G darf der Eisansatz für Bauteile mit Klareis als gleich bleibend angesetzt werden, wenn sich das Bauteil bis zu 50 m über dem Gelände befindet.

3.4 Windlast auf vereiste Baukörper

Die Windlast auf vereiste Baukörper wird nach DIN 1055-4 (03.05) ermittelt. Mit dem Eisansatz ändert sich die Querschnittsform der Bauteile. Der Windkraftbeiwert und die Bezugsfläche, bei Fachwerken auch der Völligkeitsgrad, müssen daraufhin neu in Ansatz gebracht werden.

Windkraftbeiwerte für Vereisungsklassen G

Maßgebend für die Berechnung der Windlast ist der durch Eisansatz allseitig geometrisch vergrößerte Querschnitt. Ausgehend von den Windkraftbeiwerten c_{f0} ohne Eisansatz nach DIN 1055-4 (03.05.) können die veränderten Beiwerte c_{fi} je nach Vereisungsklasse in Abb. 2 abgelesen werden. Die Windkraftbeiwerte tendieren mit zunehmender Vereisung auf den Wert $c_{fi} = 1{,}4$ hin.

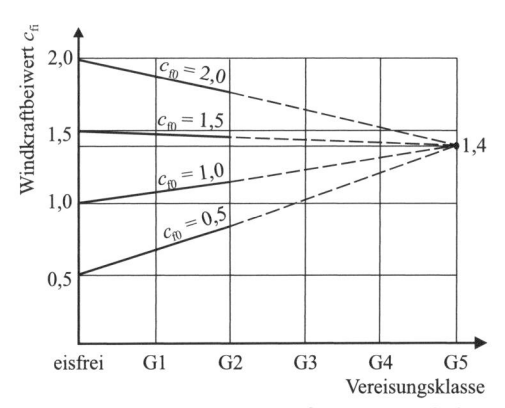

Abb. 2: Angepasste Windkraftbeiwerte c_{fi} bei allseitigem Eisansatz

Windkraftbeiwerte für Vereisungsklassen R

Für die Vereisungsklassen R sollte ungünstig davon ausgegangen werden, dass die Windrichtung quer zu den Raueisfahnen verläuft. Für dünne und für stabförmige Bauteile mit einer Breite bis zu 300 mm können die vergrößerten Windangriffsflächen nach Tafel 6 verwendet werden. Für Bauteile mit einer Breite > 300 mm siehe ISO/DIS 12949 (1999), Atmospheric icing of structures.

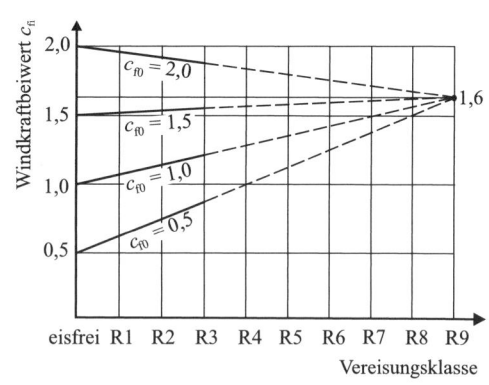

Abb. 3: Angepasste Windkraftbeiwerte c_{fi} bei Raueis

Bauten in deutschen Erdbebengebieten nach DIN 4149 (04.05)

1 Allgemeines

1.1 Geltungsbereich und normative Grundlagen

In DIN 4149 (04.05) sind Regelungen zur Berechnung und Konstruktion von baulichen Anlagen des üblichen Hochbaus aus Stahlbeton, Stahl, Holz oder Mauerwerk enthalten, die in Erdbebengebieten zusätzlich zu den allgemein bei Entwurf, Planung und Bemessung einzuhaltenden Regelungen anderer Normen zu berücksichtigen sind. Die Festlegungen in DIN 4149 (04.05) sind darauf ausgerichtet, im Falle eines Erdbebens menschliches Leben zu schützen, Schäden zu begrenzen und sicherzustellen, dass für die öffentliche Sicherheit und Infrastruktur wichtige bauliche Anlagen funktionstüchtig bleiben.

Die von Erdbeben in stärkerem Maße betroffenen Gebiete Deutschlands werden in die Erdbebenzonen 1 bis 3 eingeteilt (Abb. 2). Außerhalb der Erdbebenzonen 1 bis 3 ist der Grad der Erdbebengefährdung als so gering einzuschätzen, dass diese Norm dort nicht angewendet werden muss. Bauliche Anlagen und Teile baulicher Anlagen (z.B. kerntechnische Anlagen, chemische Anlagen usw.), von denen im Falle eines Erdbebens zusätzliche Gefahren ausgehen können, sind nicht Bestandteil dieser Norm.

1.2 Begriffe

Bedeutungswert	Bemessungsbeiwert zur Berücksichtigung der Bedeutung des Erhalts der Funktionsfähigkeit einer baulichen Anlage im Falle eines Erdbebens.
Verhaltensbeiwert	Beiwert, der bei der Bemessung zur Reduzierung der vereinfachend durch lineare Berechnung ermittelten Erdbebeneinwirkungen verwendet wird, um günstig wirkende dissipative Effekte abhängig von dem verwendeten Baustoff, dem Tragsystem und der konstruktiven Ausbildung zu berücksichtigen.
Dissipatives Tragwerk	Tragwerk, das für den Lastfall Erdbeben unter Berücksichtigung seiner Fähigkeit zur Energiedissipation bemessen ist.
Nicht dissipatives Tragwerk	Tragwerk, das für den Lastfall Erdbeben bemessen ist, ohne dabei ein mögliches dissipatives Verhalten zu beachten.
Lokale Duktilität	Fähigkeit eines Bauteils, durch örtliche plastische Verformung Energie zu verbrauchen.
Globale Duktilität	Fähigkeit einer Unterstruktur oder eines Bauwerks, durch Bildung plastischer Bereiche Energie zu dissipieren.
Intensität	Kennzahl für die Stärke der Bodenerschütterung bei Erdbeben anhand der Auswirkung auf Menschen und Objekte und entsprechend des Ausmaßes der Gebäudeschäden vor Ort. Den in dieser Norm angegebenen Werten liegt die Europäische Makroseismische Skala (EMS) zugrunde.
Steifigkeitsmittelpunkt	In eingeschossigen Gebäuden ist der Steifigkeitsmittelpunkt der Schwerpunkt der horizontalen Steifigkeiten aller in horizontaler Richtung aussteifenden Bauteile. Bei mehrgeschossigen Gebäuden ist die Festlegung des Steifigkeitsmittelpunktes im Allgemeinen nur näherungsweise möglich.
Geologischer Untergrund	bezeichnet im Sinne dieser Norm den Untergrund ab einer Tiefe von etwa 20 m
Baugrund	bezeichnet im Sinne dieser Norm den seismisch relevanten, oberflächennahen Untergrund bis zu einer Tiefe von etwa 20 m, Baugrundmaterial bis zu einer Tiefe von 3 m bleibt dabei außer Betracht

2 Entwurf und Bemessung

Bauliche Anlagen im Anwendungsbereich dieser Norm sind so zu bemessen und auszubilden, dass sie dem in DIN 4149 definierten Bemessungserdbeben widerstehen können und auch nach dem Beben über eine ausreichende Resttragfähigkeit verfügen. Nichttragende Bauteile sind so auszubilden, dass sie im Falle eines Erdbebens keine Personen gefährden.

2.1 Empfehlungen für den Entwurf von baulichen Anlagen in Erdbebengebieten

Bei der Erarbeitung des Entwurfes von baulichen Anlagen in Erdbebengebieten sollten die folgenden Konstruktionsmerkmale berücksichtigt werden:

– Das Tragwerk soll einfach sein, d.h. es sollen Systeme mit eindeutigen und direkten Wegen für die Übertragung der Erdbebenkräfte bevorzugt werden.
– Wahl von aussteifenden Tragwerksteilen mit ähnlicher Steifigkeit und Tragfähigkeit in jeder der Hauptrichtungen.
– Steifigkeitssprünge zwischen übereinander liegenden Geschossen sollen vermieden werden.
– Vermeidung unterschiedlicher Höhenlagen horizontal benachbarter Geschosse.
– Wahl von torsionssteifen Konstruktionen und gleichzeitige Vermeidung von Massenexzentrizitäten, die zu erhöhten Torsionsbeanspruchungen führen.
– Vermeidung imperfektionsempfindlicher und stabilitätsgefährdeter Konstruktionen sowie von Bauteilen, deren Standsicherheit schon bei kleinen Auflagerbewegungen gefährdet ist.
– Geschossdecken sind zur Verteilung der horizontalen Trägheitskräfte auf die aussteifenden Elemente als Scheiben auszubilden.
– Auswahl einer Gründungskonstruktion, die eine einheitliche Verschiebung der verschiedenen Gründungsteile bei Erdbebenanregung sicherstellt.
– Wahl duktiler Konstruktionen mit der Fähigkeit zu möglichst großer Energiedissipation.
– Vermeidung großer Massen in oberen Geschossen; falls dies nicht möglich ist, dann sollte das Tragwerk mittels Fugen in dynamisch unabhängige Einheiten aufgeteilt werden.

2.2 Regelmäßigkeit des Bauwerkes

Es ist zwischen regelmäßigen und unregelmäßigen Bauwerken zu unterscheiden. Diese Unterscheidung beeinflusst das zu wählende Tragwerksmodell (vereinfacht eben oder räumlich), das erforderliche Berechnungsverfahren (vereinfachtes oder allgemeines Verfahren) sowie den Verhaltensbeiwert (Abminderung in Abhängigkeit von der Art der Unregelmäßigkeit im Aufriss und dem Werkstoff) – siehe Tafel 1.

Tafel 1: Auswirkungen der Regelmäßigkeit des Bauwerks auf die Erdbebenauslegung

Regelmäßigkeit im		Zulässige Vereinfachung		Verhaltensbeiwert
Grundriss	Aufriss	Tragwerksmodell	Berechnung	
Ja	Ja	eben	vereinfacht (Grundschwingungsform) [a]	Referenzwert [c]
Ja	Nein	eben	mehrere Schwingungsformen	abgemindert
Nein	Ja	räumlich [b]	mehrere Schwingungsformen [b]	Referenzwert [c]
Nein	Nein	räumlich	mehrere Schwingungsformen	abgemindert

[a] Falls die Bedingungen nach Abschnitt 4.2.1 dieses Beitrages erfüllt sind.
[b] Wenn die besonderen Bedingungen nach Abschnitt 4.2.4 dieses Beitrages eingehalten werden, können auch vereinfacht ebene, nach den Hauptrichtungen ausgerichtete Modelle verwendet werden.
[c] Die maßgebenden Verhaltensbeiwerte sind in Abschnitt 6 für Mauerwerksbauten sowie der DIN 4149, Abschnitte 8 bis 12, für die anderen Bauweisen zu entnehmen.

2.2.1 Kriterien für die Regelmäßigkeit des Bauwerkes im Grundriss

Das Gebäude ist im Grundriss bezüglich der Horizontalsteifigkeit und der Massenverteilung um zwei zueinander senkrechte Achsen nahezu symmetrisch. Kompakte, nicht aufgelöste Grundrissformen sind zu bevorzugen, gegliederte Grundrisse wie beispielsweise H- oder X-Formen sind nachteilig. Ebenso sind rückspringende Ecken oder Nischen im Grundriss möglichst zu vermeiden oder in ihren Abmessungen zu begrenzen, damit das Aussteifungssystem nicht beeinträchtigt wird. Beim Vorhandensein von Rücksprüngen darf unter folgenden Voraussetzungen trotzdem eine Regelmäßigkeit im Grundriss angenommen werden:

- die Rücksprünge beeinträchtigen die Steifigkeit der Decke in ihrer Ebene nicht,
- die Fläche zwischen dem Umriss des Stockwerks und einem konvexen Polygon als Umhüllende des Stockwerks überschreitet 5% der Stockwerksfläche nicht.

Es ist eine ausreichend hohe Steifigkeit der Decken in ihrer Ebene im Vergleich zur Horizontalsteifigkeit der durch die Decke gekoppelten Stützen und Wände anzustreben, so dass sich die Verformung der Decke nur unbedeutend auf die Verteilung der horizontalen Kräfte auf die aussteifenden Bauteile auswirkt. Außerdem müssen die einzelnen Geschosse über einen ausreichenden Widerstand gegen Torsionswirkungen verfügen.

2.2.2 Kriterien für die Regelmäßigkeit des Bauwerkes im Aufriss

Alle Tragwerksteile, welche an der Aufnahme von Horizontallasten beteiligt sind (z.B. Kerne, tragende Wände oder Rahmen), sind ohne Unterbrechung von ihren Gründungen bis zur Oberkante des Gebäudes zu führen. Sowohl die Horizontalsteifigkeit als auch die Masse der einzelnen Geschosse bleiben konstant oder verringern sich nur allmählich ohne große sprunghafte Veränderungen mit der Bauwerkshöhe. Das Verhältnis zwischen der tatsächlichen Geschossbeanspruchbarkeit und der laut Berechnung erforderlichen Beanspruchbarkeit sollte bei Skelettbauten nicht stark zwischen benachbarten Geschossen schwanken. Sofern Rücksprünge vorhanden sind, gelten folgende zusätzliche Bedingungen:

- Für stufenweise verteilte Rücksprünge unter Wahrung der axialen Symmetrie ist der Rücksprung an jedem Stockwerk nicht größer als 20% der früheren Grundrissabmessung in Richtung des Rücksprungs (Abb. 1a und Abb. 1b).
- Besitzt das Bauwerk nur einen einzelnen Rücksprung innerhalb der unteren 15% der Gesamthöhe des Haupttragsystems, so darf der Rücksprung nicht größer als 50% der früheren Grundrissabmessung sein (Abb. 1c). In diesem Fall sollte das Tragwerk im unteren Bereich innerhalb der Vertikalprojektion des Umrisses der oberen Stockwerke derart bemessen werden, dass es mindestens 75% der horizontalen Schubkräfte aufnehmen kann, die in diesem Bereich eines ähnlichen Bauwerkes ohne Verbreiterung der Basis entstehen würden.
- Wenn durch die Rücksprünge die Symmetrie verletzt wird, darf in jeder Richtung die Summe der Rücksprünge von allen Stockwerken nicht größer als 30% der Grundrissabmessung des Erdgeschosses, und die einzelnen Rücksprünge nicht größer als 10% der früheren Grundrissabmessung sein (Abb. 1d).

3 Erdbebeneinwirkung

3.1 Erdbebenzonen

Die Erdbebenzonen der Bundesrepublik Deutschland sind in Abb. 2 abgebildet. Nicht dargestellt sind Gebiete mit nichttektonischen seismischen Ereignissen, z.B. Bergbau- oder Erdfallgebiete, da diese nicht Gegenstand dieser Norm sind. Den Erdbebenzonen werden auf der Grundlage berechneter Intensitäten nach Tafel 2 Intensitätsintervalle zugeordnet. Innerhalb jeder Erdbebenzone wird die Gefährdung im Allgemeinen als einheitlich angesehen. Die Referenz-Wiederkehrperiode, für die die Erdbebengefährdungskarte bzw. die daraus abgeleitete Erdbebenzonenkarte erstellt wurde, beträgt 475 Jahre; das entspricht einer Wahrscheinlichkeit des Auftretens oder Überschreitens von 10% innerhalb von 50 Jahren. Der Referenz-Wiederkehrperiode wird ein in Abschnitt 3.3 definierter Bedeutungsbeiwert γ_1 gleich 1,0 zugeordnet.

a) $\dfrac{L_1 - L_2}{L_1} \leq 0{,}20$

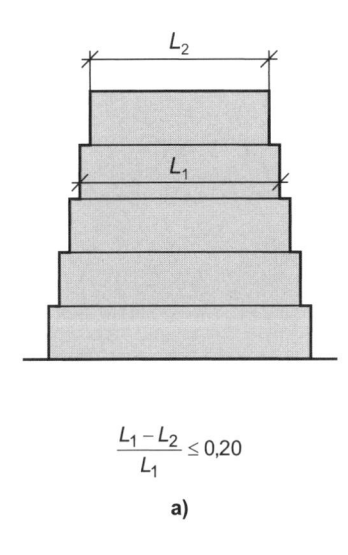

b) (Rücksprung liegt oberhalb 0,15 H) $\dfrac{L_3 + L_1}{L} \leq 0{,}20$

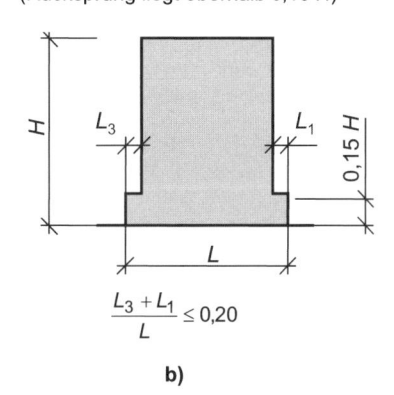

c) (Rücksprung liegt unterhalb 0,15 H) $\dfrac{L_3 + L_1}{L} \leq 0{,}50$

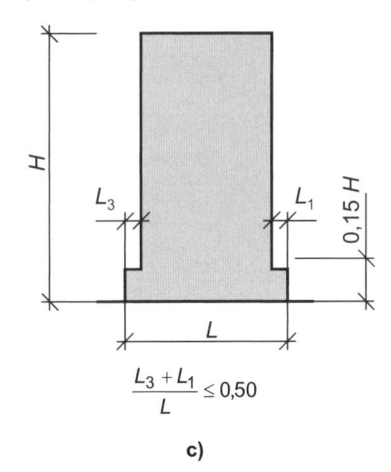

d) $\dfrac{L - L_2}{L} \leq 0{,}30$ und $\dfrac{L_1 - L_2}{L_1} \leq 0{,}10$

Abb. 1: Kriterien für die Regelmäßigkeit von Gebäuden mit Rücksprüngen

Baustatik

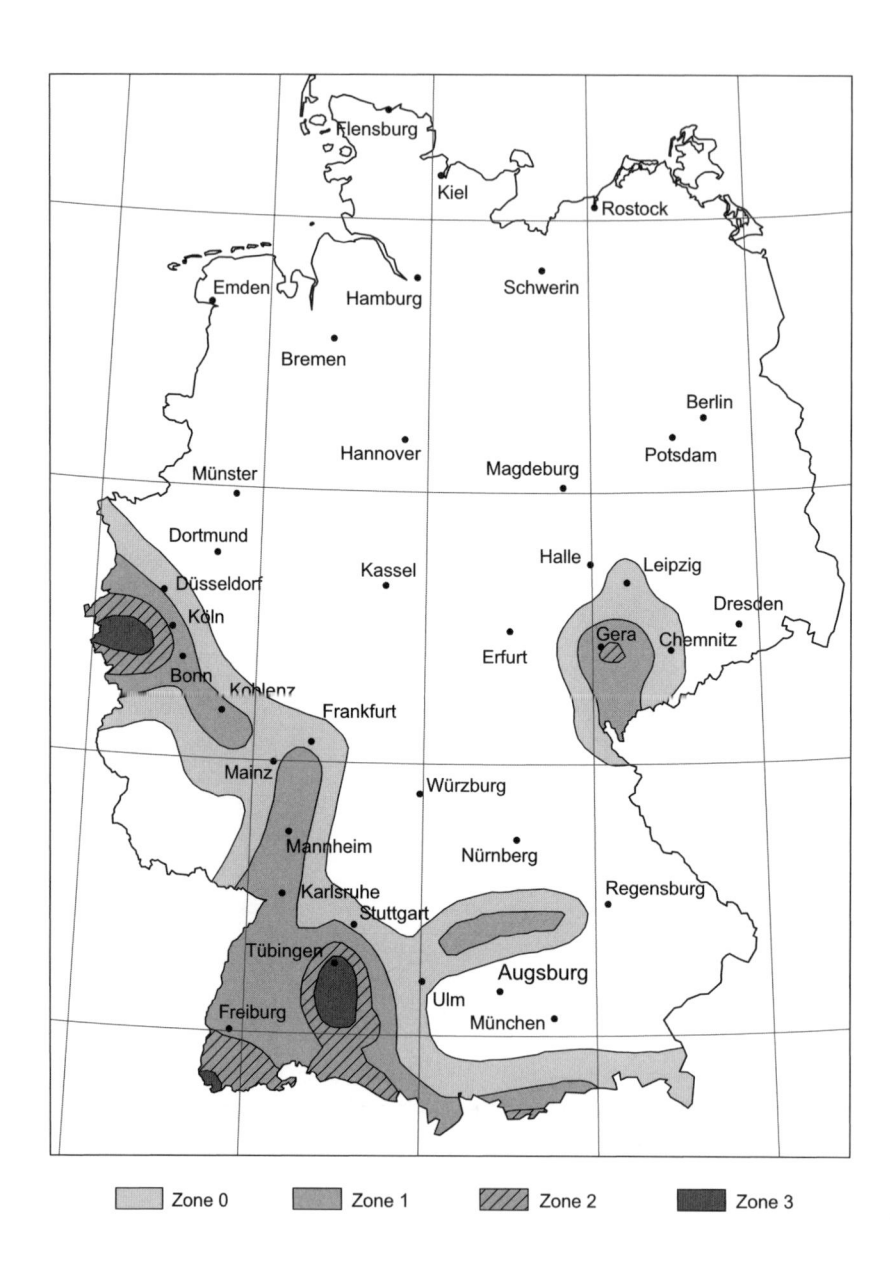

Abb. 2: Erdbebenzonen der Bundesrepublik Deutschland

Das GeoForschungsZentrum Potsdam bietet eine vorläufige Zuordnung von Orten zu Erdbebenzonen an (http://www.gfz-potsdam.de/pb5/pb53/projects/en/seism_zonation_din4149n/me-nue_seismic_zone_localization_e.html).

Für die verbindliche Zuordnung einzelner Gemeinden und Kreise zu den Erdbebenzonen ist ein Beiblatt zur DIN 4149 (04.05) in Vorbereitung.

Tafel 2: Zuordnung von Intensitätsintervallen und Bemessungswerten der Bodenbeschleunigung zu den Erdbebenzonen

Erdbebenzone	Intensitätsintervalle	Bemessungswert der Bodenbeschleunigung a_g in m/s²
0	$6{,}0 \leq I < 6{,}5$	-
1	$6{,}5 \leq I < 7{,}0$	0,4
2	$7{,}0 \leq I < 7{,}5$	0,6
3	$7{,}5 \leq I$	0,8

Der Bemessungswert der Bodenbeschleunigung a_g nach Tafel 2 (hängt von der jeweiligen Erdbebenzone ab) gilt als zonenspezifischer Einwirkungsparameter und ist Grundlage für den rechnerischen Erdbebennachweis.

3.2 Untergrundverhältnisse und Baugrund

Die Erdbebenzonen Deutschlands sind unterteilt in Untergrundklassen (Abb. 3), um den Einfluss der örtlichen Untergrundverhältnisse auf die Erdbebeneinwirkung zu berücksichtigen.
Es erfolgt eine Unterscheidung in die folgenden geologischen Untergrundklassen:

- Untergrundklasse R:
  Gebiete mit felsartigem Gesteinsuntergrund
- Untergrundklasse T:
  Übergangsbereiche zwischen den Gebieten der Untergrundklasse R und S sowie Gebiete relativ flachgründiger Sedimentbecken
- Untergrundklasse S:
  Gebiete tiefer Beckenstrukturen mit mächtiger Sedimentfüllung

Darüber hinaus wird der Baugrund entsprechend den lokalen Bedingungen in 3 Baugrundklassen unterteilt:

- Baugrundklasse A:
  Unverwitterte (bergfrische) Festgesteine mit hoher Festigkeit.
  Dominierende Scherwellengeschwindigkeiten liegen höher als etwa 800 m/s.
- Baugrundklasse B:
  Mäßig verwitterte Festgesteine bzw. Festgesteine mit geringerer Festigkeit oder grobkörnige (rollige) bzw. Gemischtkörni-ge Lockergesteine mit hohen Reibungseigen-schaften in dichter Lagerung bzw. in fester Konsistenz (z.B. glazial vorbelastete Lockerge-steine).
  Dominierende Scherwellengeschwindigkeiten liegen etwa zwischen 350 m/s und 800 m/s.
- Baugrundklasse C:
  Stark bis völlig verwitterte Festgesteine oder grobkörnige (rollige) bzw. gemischtkörnige Lockergesteine in mitteldichter Lagerung bzw. in mindestens steifer Konsistenz oder feinkörnige (bindige) Lockergesteine in mindestens steifer Konsistenz.
  Dominierende Scherwellengeschwindigkeiten liegen etwa zwischen 150 m/s und 350 m/s.

Als Kombinationen von geologischem Untergrund und Baugrund können die Untergrundverhältnisse A-R, B-R, C-R, B-T, C-T, C-S vorkommen.

Lässt sich der Baugrund nicht in die oben genannten Baugrundklassen einordnen, insbesondere wenn als Baugrund tiefgründig unverfestigte Ablagerungen in lockerer Lagerung (z.B. lockerer Sand) bzw. in weicher oder breiiger Konsistenz (z.B. Seeton, Schlick) vorhanden sind (dominierende Scherwellengeschwindigkeiten liegen unter 150 m/s), so ist der Einfluss auf die Erdbebeneinwirkungen gesondert zu untersuchen und zu berücksichtigen. Ebenso sollten vom Bauwerksstandort und der Art des Untergrundes im Allgemeinen keine Risiken bezüglich Grundbruch, Hangrutschung und Setzung infolge Bodenverflüssigung oder Bodenverdichtung bei Erdbeben ausgehen.

Baustatik

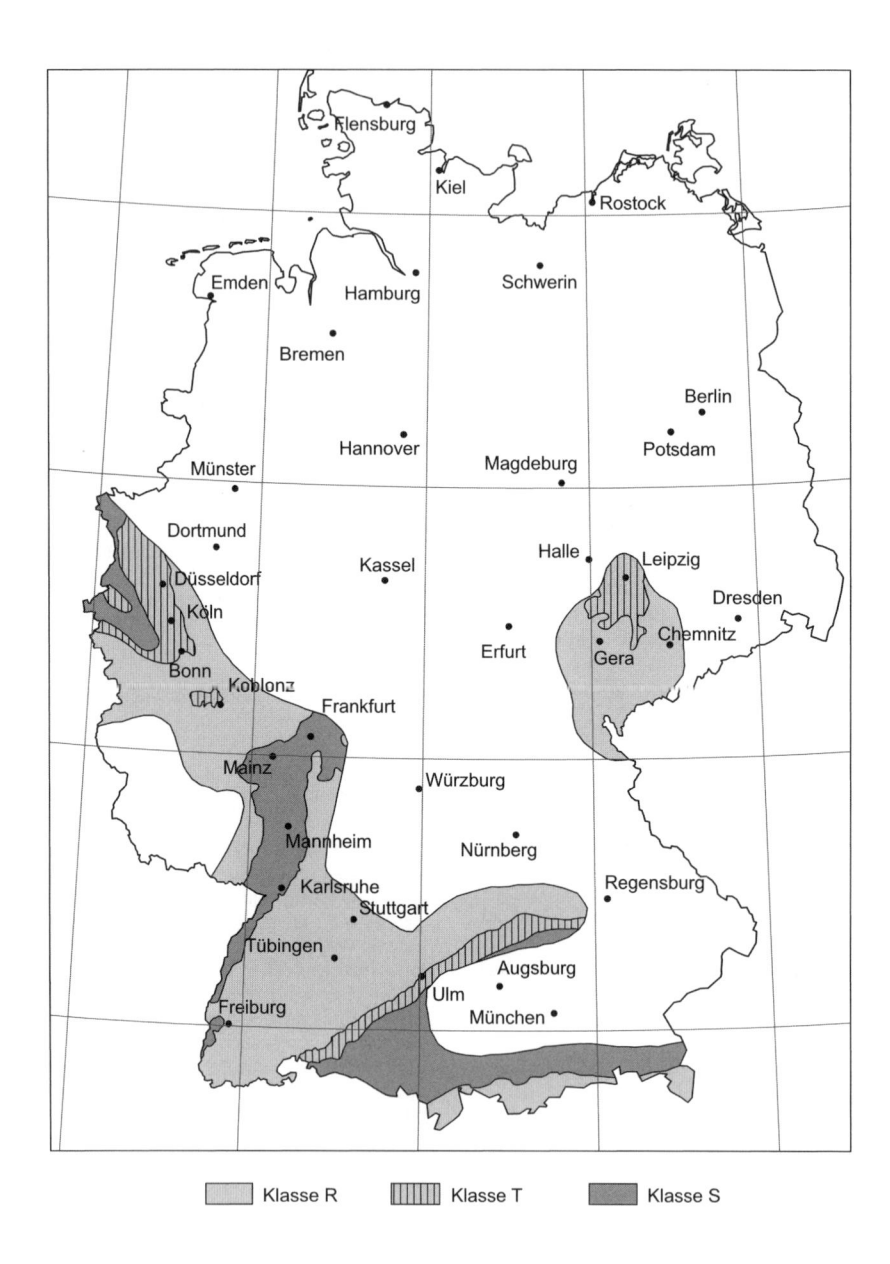

Abb. 3: Geologische Untergrundklassen in den Erdbebenzonen der Bundesrepublik Deutschland

Tafel 3: Bedeutungskategorien und Bedeutungsbeiwerte für Hochbauten

Bedeutungs-kategorie	Bauwerke	Bedeutungs beiwert γ_1
I	Bauwerke von geringer Bedeutung für die öffentliche Sicherheit, z.B. landwirtschaftliche Bauten usw.	0,8
II	Gewöhnliche Bauten, die nicht zu den anderen Kategorien gehören, z.B. Wohngebäude	1,0
III	Bauwerke, deren Widerstandsfähigkeit gegen Erdbeben im Hinblick auf die mit einem Einsturz verbundenen Folgen wichtig ist, z.B. große Wohnanlagen, Verwaltungsgebäude, Schulen, Versammlungshallen, kulturelle Einrichtungen, Kaufhäuser usw.	1,2
IV	Bauwerke, deren Unversehrtheit im Erdbebenfall von Bedeutung für den Schutz der Allgemeinheit ist, z.B. Krankenhäuser, wichtige Einrichtungen des Katastrophenschutzes und der Sicherheitskräfte, Feuerwehrhäuser usw.	1,4

3.3 Bedeutungskategorien

Hochbauten sind entsprechend ihrer Bedeutung für den Schutz der Allgemeinheit bzw. der mit einem Einsturz verbundenen Folgen (z.B. Gefahr für Leib und Leben, Kulturgüter und Sachwerte) in eine der vier Bedeutungskategorien nach Tafel 3 zu klassifizieren. Den Bedeutungskategorien werden verschiedene Bedeutungsbeiwerte γ_1 nach Tafel 3 zugeordnet, die bei der Beschreibung der Erdbebeneinwirkung zu berücksichtigt sind.

3.4 Definition der Erdbebeneinwirkung

Die Beschreibung der Erdbebeneinwirkung auf ein Bauwerk an einem bestimmten Punkt der Erdoberfläche erfolgt durch ein elastisches Bodenbeschleunigungs-Antwortspektrum, auch elastisches Antwortspektrum genannt (Gleichungen (1) bis (4)). Dieses elastische Antwortspektrum beschreibt die Einwirkung auf Tragwerke, welche bei Erdbebeneinwirkung im linear-elastischen Bereich verbleiben, ohne dass Energie anders als durch viskose Dämpfung dissipiert wird. Ein Teil der von Erdbeben in Bauwerke eingetragenen Energie wird jedoch auch durch hysteretische Energiedissipation abgebaut. Dieser Reduktion der eingetragenen Energie wird in dieser Norm vereinfachend durch Abminderung der elastischen Antwortspektren auf das Niveau von Bemessungsspektren Rechnung getragen (Gleichungen (5) bis (8)).

Die Bedeutung eines Bauwerks für den Schutz der Allgemeinheit bzw. die mit einem Einsturz verbundenen Folgen (Abschnitt 3.3) wird durch den Bedeutungsbeiwert γ_1 nach Tafel 3 in den Antwortspektren berücksichtigt.

Es werden in der Regel zwei zueinander orthogonale Richtungen des Gebäudequerschnitts zum Nachweis der horizontalen Erdbebeneinwirkung untersucht. Dabei ist für beide Richtungen das gleiche elastische Antwortspektrum anzusetzen (siehe Tafel 4). Ebenso wie die horizontale Erdbebeneinwirkung kann die vertikale Komponente der Erdbebeneinwirkung durch das angegebene Antwortspektrum nach den Gleichungen (1) bis (4) bzw. (5) bis (8) beschrieben werden. Dabei ist der Bemessungswert der Bodenbeschleunigung a_g nach Tafel 2 mit dem Faktor 0,7 abzumindern. Die entsprechenden Parameter des vertikalen Antwortspektrums sind Tafel 4 zu entnehmen.

Das elastische Antwortspektrum $S_e(T)$ (siehe Abb. 4) wird durch folgende Ausdrücke bestimmt:

Baustatik

$T_A \leq T \leq T_B$: $\quad S_e(T) = a_g \cdot \gamma_1 \cdot S \cdot \left[1 + \dfrac{T}{T_B} \cdot (\eta \cdot \beta_0 - 1)\right]$ (1)

$T_B \leq T \leq T_C$: $\quad S_e(T) = a_g \cdot \gamma_1 \cdot S \cdot \eta \cdot \beta_0$ (2)

$T_C \leq T \leq T_D$: $\quad S_e(T) = a_g \cdot \gamma_1 \cdot S \cdot \eta \cdot \beta_0 \cdot \dfrac{T_C}{T}$ (3)

$T_D \leq T$: $\quad S_e(T) = a_g \cdot \gamma_1 \cdot S \cdot \eta \cdot \beta_0 \cdot \dfrac{T_C \cdot T_D}{T^2}$ (4)

mit

$S_e(T)$	Ordinate des elastischen Antwortspektrums;
T	Schwingungsdauer eines linearen Einmassenschwingers;
a_g	Bemessungswert der Bodenbeschleunigung (Tafel 2);
γ_1	Bedeutungsbeiwert (Tafel 3);
β_0	Verstärkungsbeiwert der Spektralbeschleunigung mit dem Referenzwert $\beta_0 = 2,5$ für 5% viskose Dämpfung;
T_A, T_B, T_C, T_D	Kontrollperioden des Antwortspektrums, mit $T_A = 0$; zur Darstellung im Frequenzbereich kann an Stelle der Periode 0 s die Frequenz 25 Hz gesetzt werden, mit konstantem S_e zu höheren Frequenzen;
S	Untergrundparameter;
η	Dämpfungs-Korrekturbeiwert mit dem Referenzwert $\eta = 1$ für 5% viskose Dämpfung

$$\eta = \sqrt{\dfrac{10}{5 + \xi}} \geq 0,55 \quad \text{dabei ist } \xi \text{ der Wert der viskosen Dämpfung des Bauwerks in \%}$$

Die Verwendung einer anderen viskosen Dämpfung als 5% ist zu begründen.

Tafel 4: Werte der Parameter zur Beschreibung des elastischen horizontalen Antwortspektrums und des elastischen vertikalen Antwortspektrums

Untergrundverhältnisse und Baugrund		elastisch horizontales Antwortspektrum			elastisch vertikales Antwortspektrum		
	S	T_B in s	T_C in s	T_D in s	T_B in s	T_C in s	T_D in s
A-R	1,00	0,05	0,20	2,0	0,05	0,20	2,0
B-R	1,25	0,05	0,25	2,0	0,05	0,20	2,0
C-R	1,50	0,05	0,30	2,0	0,05	0,20	2,0
B-T	1,00	0,1	0,30	2,0	0,1	0,20	2,0
C-T	1,25	0,1	0,40	2,0	0,1	0,20	2,0
C-S	0,75	0,1	0,50	2,0	0,1	0,20	2,0

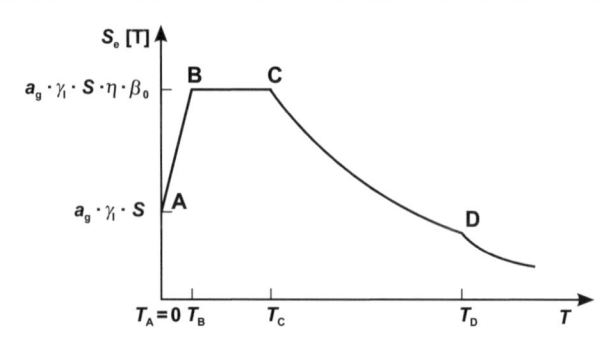

Abb. 4: Elastisches Antwortspektrum

Für das Bemessungsspektrum wird das elastische Antwortspektrum durch den konstruktions- und bauartspezifischen Verhaltensbeiwert q abgemindert. Dadurch werden die günstig wirkenden dissipativen Effekte auch bei linearer Berechnung berücksichtigt und darüber hinaus der Einfluss einer von 5% abweichenden Dämpfung.
Das Bemessungsspektrum $S_d(T)$ wird durch die folgenden Ausdrücke bestimmt:

$T_A \leq T \leq T_B$:
$$S_d(T) = a_g \cdot \gamma_I \cdot S \cdot \left[1 + \frac{T}{T_B} \cdot \left(\eta \cdot \frac{\beta_0}{q} - 1\right)\right] \quad (5)$$

$T_B \leq T \leq T_C$:
$$S_d(T) = a_g \cdot \gamma_I \cdot S \cdot \eta \cdot \frac{\beta_0}{q} \quad (6)$$

$T_C \leq T \leq T_D$:
$$S_d(T) = a_g \cdot \gamma_I \cdot S \cdot \eta \cdot \frac{\beta_0}{q} \cdot \frac{T_C}{T} \quad (7)$$

$T_D \leq T$:
$$S_d(T) = a_g \cdot \gamma_I \cdot S \cdot \eta \cdot \frac{\beta_0}{q} \cdot \frac{T_C \cdot T_D}{T^2} \quad (8)$$

mit

$S_d(T)$ Ordinate des elastischen Bemessungsspektrums;
q Verhaltensbeiwert (Die maßgebenden Verhaltensbeiwerte sind Abschnitt 6 für Mauerwerksbauten sowie der DIN 4149, Abschnitte 8 bis 12, für die anderen Bauweisen zu entnehmen).

3.5 Kombinationen der Erdbebeneinwirkung mit anderen Einwirkungen

Für die Ermittlung des Bemessungswerts E_{dAE} der Beanspruchungen gelten die Kombinationsregeln nach DIN 1055-100 für die Bemessungssituation Erdbeben.

Unter Berücksichtigung aller Vertikallasten, die in die folgende Kombination eingehen, ist der Bemessungswert einer Einwirkung infolge von Erdbeben A_{Ed} zu ermitteln.

$$\sum G_{kj} \oplus \sum \psi_{Ei} \cdot Q_{ki} \quad (9)$$

mit

$\oplus$ steht als Symbol für „in Kombination mit ...";
Σ steht als Symbol für „die kombinierte Wirkung von ...";

G_{kj} charakteristischer Wert der ständigen Einwirkung j;
Q_{ki} charakteristischer Wert der veränderlichen Einwirkung i;
ψ_{Ei} Kombinationsbeiwert für die veränderliche Einwirkung i;

Die Kombinationsbeiwerte ψ_{Ei} berücksichtigen die Wahrscheinlichkeit, dass die veränderlichen Lasten $\psi_{2i} \cdot Q_{ki}$ während des Erdbebens nicht in voller Größe vorhanden sind.

Die Kombinationsbeiwerte ψ_{Ei} sind mit Hilfe des folgenden Ausdrucks zu berechnen:

$$\psi_{Ei} = \varphi \cdot \psi_{2i} \quad (10)$$

Die Werte für φ sind in Tafel 5 angegeben, die Kombinationsbeiwerte ψ_{2i} sind DIN 1055-100 zu entnehmen.

Tafel 5: Beiwerte für φ zur Berechnung von ψ_{Ei}

Art der veränderlichen Einwirkung	Nutzung der Geschosse	Lage der Geschosse	φ
Nutzlasten und Verkehrslasten in Lagerräumen, Bibliotheken, Werkstätten und Fabriken mit schwerem Betrieb, Warenhäusern, Parkhäusern	-	-	1,0
Nutzlasten und Verkehrslasten in sonstigen Gebäuden (Wohnhäuser, Bürogebäude, Krankenhäuser usw.)	Alle Geschosse sind unabhängig voneinander genutzt	oberstes Geschoss	1,0
		andere Geschosse	0,5
	Mehrere Geschosse haben eine in Beziehung stehende Nutzung	oberstes Geschoss	1,0
		andere Geschosse	0,7

4 Tragwerksberechnung

4.1 Berechnungsverfahren

Für die Berechnung von baulichen Anlagen stehen in Abhängigkeit vom Tragwerk folgende Berechnungsverfahren zur Verfügung:
- vereinfachtes Antwortspektrenverfahren
- Antwortspektrenverfahren unter Berücksichtigung mehrerer Schwingungsformen (für alle Arten von Bauwerken anwendbar)

4.2 Vereinfachtes Antwortspektrenverfahren

4.2.1 Allgemeines

Dieses Berechnungsverfahren kann bei Bauwerken angewandt werden, welche sich durch zwei ebene Modelle darstellen lassen und deren Verhalten durch Beiträge höherer Schwingungsformen nicht wesentlich beeinflusst wird. Die Erfüllung dieser Bedingungen kann als gegeben erachtet werden, wenn die Bauwerke:

- die in den Abschnitten 2.2.1 und 2.2.2 angegebenen Kriterien für die Regelmäßigkeit im Grundriss und im Aufriss erfüllen

oder

- die im Abschnitt 2.2.2 angegebenen Kriterien für die Regelmäßigkeit im Aufriss erfüllen und eine symmetrische Verteilung von Horizontalsteifigkeit und Masse aufweisen

und deren Grundschwingzeit T_1 in jeder der beiden betrachteten Ebenen höchstens gleich $4 \cdot T_c$ ist.

4.2.2 Berechnung der Gesamterdbebenkraft

Für die Ermittlung der Gesamterdbebenkraft F_b gilt im Allgemeinen:

$$F_b = S_d(T_1) \cdot M \cdot \lambda \qquad (11)$$

$S_d(T_1)$ Ordinate des Bemessungsspektrums (siehe Abschnitt 3.4) bei der Grundschwingzeit T_1;

T_1 Grundschwingzeit des Bauwerks für die Translationsbewegung in der betrachteten Richtung;

M Gesamtmasse des Bauwerks;

λ Korrekturfaktor mit dem Wert $\lambda = 0{,}85$ für $T_1 \leq T_c$ für Bauwerke mit mehr als 2 Geschossen und $\lambda = 1{,}0$ in allen anderen Fällen;
(Durch den Beiwert λ wird die Tatsache berücksichtigt, dass in Gebäuden mit mindestens 3 Stockwerken und Verschiebungsfreiheitsgraden in jeder horizontalen Richtung die effektive modale Masse der Grundeigenform durchschnittlich um 15% kleiner ist als die gesamte Gebäudemasse.)

Zur Bestimmung der Grundschwingzeiten T_1 der beiden ebenen Modelle eines Bauwerks dürfen vereinfachte Beziehungen der Dynamik angewendet werden.

4.2.3 Verteilung der horizontalen Erdbebenkräfte

Die Grundschwingungsformen der beiden ebenen Bauwerksmodelle können mittels baudynamischer Verfahren berechnet oder durch linear mit der Bauwerkshöhe anwachsende Horizontalverschiebungen angenähert werden. Die aus der Erdbebeneinwirkung entstehenden Schnittgrößen werden berechnet, indem an den beiden ebenen Modellen horizontale Kräfte F_i an allen Geschossmassen m_i aufgebracht werden. Die Kräfte F_i ergeben sich wie folgt:

$$F_i = F_b \cdot \frac{s_i \cdot m_i}{\sum s_j \cdot m_j} \qquad (12)$$

mit:

F_i die am Geschoss i angreifende Horizontalkraft;

F_b die Gesamterdbebenkraft nach Abschnitt 4.2.2;

s_i, s_j die Verschiebungen der Massen m_i, m_j in der Grundschwingungsform;
(Die Grundschwingungsform darf auch durch linear mit der Bauwerkshöhe anwachsende Horizontalverschiebungen vereinfacht werden.);

m_i, m_j Geschossmassen.

Die so bestimmten Horizontalkräfte F_i sind auf das System zur Abtragung von Horizontallasten unter der Annahme starrer Decken zu verteilen.

4.2.4 Torsionswirkung

Die Ermittlung der Torsionswirkung erfolgt im Allgemeinen an einem räumlichen Modell. Es müssen nicht planmäßige Torsionswirkungen, die sich aus der nicht genauen Kenntnis bezüglich der Lage der Massen und der räumlichen Veränderlichkeit der Erdbebenbewegungen ergeben, durch eine zusätzliche Exzentrizität berücksichtigt werden. Bei Bauwerken mit einer symmetrischen Verteilung von Horizontalsteifigkeit und Masse wird durch die Erhöhung der Erdbebenlasten um den Faktor δ die nicht planmäßige Torsionswirkung erfasst.

Die Torsionswirkung kann auch vereinfacht an ebenen, nach den Hauptrichtungen ausgerichteten Modellen berücksichtigt werden, wenn folgende Kriterien erfüllt sind:

- Regelmäßigkeit im Aufriss;
- gut verteilte und verhältnismäßig steife Außen- und Innenwände sind vorhanden,
- Bauwerkshöhe ist kleiner als 10 m;

– ausreichend große Steifigkeit der Decken in ihrer Ebene im Vergleich zur Horizontalsteifigkeit der vertikalen Tragwerksteile, so dass ein starres Verhalten der Deckenscheiben angenommen werden kann;
– die Steifigkeitsmittelpunkte und Massenschwerpunkte der einzelnen Geschosse liegen jeweils näherungsweise auf einer vertikalen Geraden.

4.3 Kombination der Beanspruchung infolge der Horizontalkomponenten der Erdbebeneinwirkung

Die Horizontalkomponenten der Erdbebeneinwirkung sind im Allgemeinen sind als gleichzeitig wirkend zu betrachten. Die Kombination der Hori-zontalkomponenten der Erdbebeneinwirkung darf folgendermaßen berücksichtigt werden:

– Die Schnittgrößen und Verschiebungen des Tragwerks sind für jede Horizontalkomponente getrennt zu ermitteln. Dabei ist der Maximalwert jeder Schnittgröße am Tragwerk infolge der zwei Horizontalkomponenten der Erdbebeneinwirkung in diesem Fall als Quadratwurzel der Summe der Quadrate (SRSS-Regel) der für die beiden Horizontalkomponenten berechneten Werte zu ermitteln.

oder

– die einer Kombination der Horizontalkomponenten der Erdbebeneinwirkung entsprechenden Schnittgrößen dürfen mit Hilfe der folgenden zwei Kombinationen berechnet wer-den:

$E_{Edx} \oplus 0{,}30 \cdot E_{Edy}$
$0{,}30 \cdot E_{Edx} \oplus E_{Edy}$

mit
$\oplus$ steht als Symbol für „in Kombination mit ...";
E_{Edx}: die Schnittgrößen infolge des Angriffs der Erdbebeneinwirkung in Richtung der gewählten horizontalen x-Achse des Tragwerks;
E_{Edy}: die Schnittgrößen infolge des Angriffs derselben Erdbebeneinwirkung in Richtung der dazu senkrechten horizontalen y-Achse des Tragwerks.

Jede einzelne Komponente in den angegebenen Kombinationen ist mit dem für die betrachtete Schnittgröße ungünstigsten Vorzeichen anzusetzen.

Es ist keine Kombination der Horizontalkomponenten der Erdbebeneinwirkungen erforderlich für Bauwerke, die die Kriterien für die Regelmäßigkeit im Grundriss erfüllen oder bei denen Horizontallasten ausschließlich durch Wände abgetragen werden. Dann darf die Erdbebeneinwirkung als getrennt in Richtung der zwei zueinander orthogonalen Hauptachsen des Bauwerks wirkend angenommen werden.

4.4 Kombination der Beanspruchung infolge der Vertikalkomponenten der Erdbebeneinwirkung

Die Vertikalkomponente der Erdbebeneinwirkung ist nur bei Trägern, die Stützen tragen, zu berücksichtigen. Die Berechnung zur Bestimmung der Schnittgrößen infolge der Vertikalkomponente der Erdbebeneinwirkung darf im Allgemeinen auf der Grundlage des Teilmodells des Tragwerks geführt werden, dass die betrachteten Bauteile einschließt und auch die Steifigkeit der angrenzenden Bauteile berücksichtigt. Des Weiteren müssen die Schnittgrößen infolge der Vertikalkomponente nur für die betrachteten Bauteile und die direkt mit ihnen verbundenen tragenden Bauteile oder Tragwerksbereiche berücksichtigt werden.

4.5 Berechnung der Verformungen

Die Verformungen infolge Erdbebeneinwirkung können vereinfachend auf der Grundlage der elastischen Verformungen des Tragsystems mittels der folgenden Gleichung (13) berechnet werden:

$$d_s = q \cdot d_e \qquad (13)$$

mit:
d_s Verformung des Tragsystems infolge Erdbebeneinwirkung; (Wenn die Berechnung von d_e mit der Annahme der Steifigkeit ungerissener Querschnitte erfolgte, kann die Verschiebung d_s im Einzelfall unterschätzt werden.);
q der bei der Berechnung von d_e angesetzte Verhaltensbeiwert nach Abschnitt 6;
d_e die durch lineare Berechnung aufgrund des Bemessungsspektrums nach Abschnitt 3.4 ermittelte Verformung des gleichen Punktes des Tragsystems.

Bei der Ermittlung der Verformungen d_e sind die Torsionswirkungen der Erdbebeneinwirkung zu berücksichtigen.

4.6 Nicht tragende Bauteile

Für sekundäre und nicht tragende Bauteile (z.B. Verglasungskonstruktionen, spröde Außenwandbekleidungen, Brüstungen, Giebel, Antennen, technische Anlagenteile, nicht tragende Außenwände, nicht tragende innere Trennwände über 3,50 m Höhe, Geländer, Schornsteine), die im Falle des Versagens Gefahren für Personen hervorrufen oder das Tragwerk des Bauwerks beeinträchtigen können, muss nachgewiesen werden, dass sie – zusammen mit ihren Auflagern – die Bemessungs-Erdbebeneinwirkung aufnehmen können.

Es ist sicherzustellen, dass sowohl die nicht tragenden Bauteile als auch ihre Verbindungen und Befestigungen oder Verankerungen der Kombination aus maßgebenden ständigen, veränderlichen und seismischen Einwirkungen standhalten (siehe Abschnitt 3.5). Besondere Aufmerksamkeit ist auf die Konsequenzen behinderter Verformungen (z.B. bei spröden Fassadenteilen) zu richten.

Eine vereinfachende Bestimmung der Schnittgrößen infolge der Erdbebeneinwirkung ist zulässig, an den nicht tragenden Bauteilen wird eine Horizontalkraft F_a nach folgender Gleichung angesetzt:

$$F_a = S_a \cdot m_a \cdot \gamma_a / q_a \qquad (14)$$

mit:
- F_a horizontale Erdbebenkraft, die im Massenschwerpunkt des nicht tragenden Bauteils in der ungünstigsten Richtung angreift;
- S_a Wert des Bemessungsspektrums für nicht tragende Bauteile, siehe nachfolgenden Absatz;
- m_a Masse des Bauteils;
- γ_a Bedeutungsbeiwert des nicht tragenden Bauteils, siehe nachfolgenden Absatz;
- q_a Verhaltensbeiwert des Bauteils nach Tafel 6.

Der Wert des Bemessungsspektrums für nicht tragende Bauteile S_a darf wie folgt berechnet werden:

$$S_a = a_g \cdot \gamma_I \cdot S \cdot \left[\frac{3\left(1 + \dfrac{z}{H}\right)}{1 + \left(1 - \dfrac{T_a}{T_1}\right)^2} - 0{,}5 \right] \qquad (15)$$

mit:
- a_g Bemessungswert der Bodenbeschleunigung;
- γ_I Bedeutungsbeiwert nach Tafel 14;
- S Untergrundparameter;
- T_a Grundschwingzeit des nicht tragenden Bauteils;
- T_1 Grundschwingzeit des Bauwerks in der maßgebenden Richtung;
- z Höhe des nicht tragenden Bauteils über dem Fußpunkt des Bauwerks;
- H Gesamthöhe des Bauwerks.

Der Bedeutungsbeiwert γ_a darf für folgende nicht tragenden Bauteile nicht kleiner als 1,5 sein:

– Verankerungen von Maschinen und Geräten, die für Systeme zur Lebensrettung benötigt werden;
– Tankbauwerke und Behälter, die toxische oder explosive Substanzen enthalten, die als gefährlich für die Öffentlichkeit gelten.

In allen anderen Fällen darf der Bedeutungsbeiwert γ_a eines nicht tragenden Bauteils zu 1,0 angesetzt werden.

Werte des Verhaltensbeiwerts q_a für nicht tragende Bauteile sind in Tafel 6 angegeben.

Tafel 6: Werte von q_a für nicht tragende Bauteile

Art des nicht tragenden Bauteils	Verhaltensbeiwert q_a
– Äußere und innere Wände – Außenschalen von zweischaligem Mauerwerk – Trennwände und Fassadenteile – Schornsteine, Masten und Tankbauwerke auf Stützen, die entlang einer Länge von weniger als der Hälfte ihrer Gesamthöhe als unversteifte Kragträger wirken, oder gegen das Tragwerk ausgesteift oder abgespannt sind, und zwar auf der Höhe von oder oberhalb ihres Massenschwerpunkts; – Verankerungen für ständig vorhandene Schränke und Bücherregale auf dem Fußboden – Verankerungen für abgehängte Zwischendecken und Beleuchtungskörper	2,0
– Spröde Bestandteile von Fassadenkonstruktionen; – Auskragende Brüstungen oder Verzierungen; – Zeichen und Werbetafeln; – Schornsteine, Masten und Tankbauwerke auf Stützen, die entlang einer Länge von mehr als der Hälfte ihrer Gesamthöhe als unversteifte Kragträger wirken	1,0

5 Nachweise der Standsicherheit

5.1 Allgemeines

Der Grenzzustand der Tragfähigkeit für die Bemessungssituation infolge von Erdbeben nach DIN 1055-100 ist für die Nachweise der Standsicherheit zusammen mit den Empfehlungen für den Entwurf nach Abschnitt 2.1 zu berücksichtigen. Unabhängig von der Bauart darf der Tragfähigkeitsnachweis für die seismische Lastkombination mit dem Bemessungsspektrum für lineare Berechnung unter Annahme eines im Wesentlichen linearelastischen Verhaltens mit dem Verhaltensbeiwert $q = 1{,}0$ für die horizontale und die vertikale Richtung geführt werden.

Hierbei müssen die Teilsicherheitsbeiwerte für Baustoffeigenschaften γ_M für die ständige und vorübergehende Bemessungssituation verwendet werden, sofern nicht im Abschnitt 6 spezielle günstigere

Regelungen angegeben sind. Dabei sind die im Erdbebenfall auftretenden wechselnden Beanspruchungsrichtungen sowie die konstruktiven Anforderungen und Empfehlungen für Gründungen nach DIN 4109, Abschnitt 12.1.2 zu beachten.

Für Hochbauten der Bedeutungskategorien I bis III nach Tafel 7 können die in Abschnitt 5.2 vorgeschriebenen Nachweise als erbracht angesehen werden, falls die beiden folgenden Bedingungen erfüllt sind:
– die für die Kombination in der Erdbebenbemessungssituation (siehe Abschnitt 3.5) mit einem Verhaltensbeiwert $q = 1,0$ ermittelte horizontale Gesamterdbebenkraft ist kleiner als die maßgebende Horizontalkraft, die sich aus den anderen zu untersuchenden Einwirkungskombinationen (z.B. unter Berücksichtigung von Windlasten) ergibt und für die das Bauwerk für die ständige und vorübergehende Bemessungssituation bemessen wird;
– die in Abschnitt 2.1 aufgeführten Empfehlungen für den Entwurf wurden eingehalten.

Auf einen rechnerischen Nachweis für den Grenzzustand der Tragfähigkeit in Abschnitt 5.2 kann bei Wohn- und ähnlichen Gebäuden (z.B. Bürogebäuden) verzichtet werden, wenn sämtliche der folgenden Bedingungen eingehalten sind:
– die Anzahl der Vollgeschose über Gründungsniveau übersteigen nicht die Werte der Tafel 18. Das oberste Geschoss eines Gebäudes gilt dann als Vollgeschoss, wenn die für die Erdbebeneinwirkungen zu berücksichtigende Masse (aus Eigengewicht und Verkehrslasten nach Abschnitt 3.5) des obersten Geschosses bzw. der Dachkonstruktion maximal 50% des darunter liegenden Vollgeschos-ses beträgt. (für Kellergeschosse siehe nachfolgende Regelungen);
– die Grundlagen der Auslegung nach Abschnitt 2.1 sind erfüllt;
– Bauten in den Erdbebenzonen 2 und 3 entsprechen zusätzlich den Regelmäßigkeitskriterien nach Abschnitt 2.2;
– die Geschosshöhe muss maximal 3,50 m betragen;
– für Mauerwerksbauten sind die konstruktiven Regeln nach Abschnitt 6.5 eingehalten.

Wenn das Kellergeschoss bzw. das Geschoss über Gründungsebene als steifer Kasten ausgebildet und auf einheitlichem Niveau gegründet ist, muss es bei der Ermittlung der Geschossanzahl nicht berücksichtigt werden. Sofern die Konstruktion in dieser Hinsicht nicht zweifelsfrei bewertet werden kann, darf die Bedingung als erfüllt angesehen werden, wenn in jeder Richtung die Gesamtsteifigkeit dieses Geschosses, d.h. Biege- und Schubsteifigkeit aller Bauteile, die primär zur Abtragung der horizontalen Erdbebenbelastungen herangezogen werden, mindestens 5-mal größer ist als die entsprechende Steifigkeit des darüber liegenden Geschosses.

Tafel 7: Bedeutungskategorie und zulässige Anzahl der Vollgeschose für Hochbauten ohne rechnerischen Standsicherheitsnachweis

Erdbebenzone	1	2	3
Bedeutungskategorie	I bis III	I und II	I und II
Maximale Anzahl von Vollgeschossen	4	3	2

5.2 Grenzzustand der Tragfähigkeit

Zur Gewährleistung der Sicherheit gegen Einsturz, d.h. für den Grenzzustand der Tragfähigkeit, in der Erdbebenbemessungssituation sind die nachfolgenden Bedingungen hinsichtlich Tragfähigkeit, Duktilität, Gleichgewicht, Tragsicherheit der Gründung und erdbebengerechter Fugen zu erfüllen.

5.2.1 Tragfähigkeitsbedingung

Für alle tragenden Bauteile einschließlich der Verbindungen und der maßgebenden nicht tragenden Bauteile (siehe Abschnitt 4.6) ist die Beziehung nach Gleichung (16) zu erfüllen.

$$E_d \leq R_d \tag{16}$$

mit:

$$E_d = E\left\{\sum G_{k,j} \oplus P_k \oplus \gamma_1 \cdot A_{Ed} \oplus \sum \psi_{2,i} \cdot Q_{k,j}\right\} \tag{17}$$

$$R_d = R\left\{\frac{f_k}{\gamma_M}\right\} \tag{18}$$

E_d ist der Bemessungswert der jeweiligen Schnittgröße in der Erdbebenbemessungssituation (siehe Abschnitt 3.5 bzw. DIN 1055-100) und R_d ist die Bemessungstragfähigkeit des Bauteils, ermittelt nach baustoffbezogenen Anforderungen (charakteristischer Wert der Eigenschaft f_k und Teilsicherheitsbeiwert γ_M).

Hierbei sind die bauart- und tragwerksspezifischen Verhaltensbeiwerte q für Mauerwerk nach Abschnitt 6 zu berücksichtigen, falls erforderlich auch die Wirkungen nach Theorie II. Ordnung. Ferner ist im Anwendungsbereich dieser Norm der in DIN 1055-100 genannte Wichtungsfaktor für Einwirkungen aus Erdbeben $\gamma_1 = 1,0$ zu setzen.

Wirkungen nach Theorie II. Ordnung (P-Δ-Effekt) müssen nicht berücksichtigt werden, wenn die folgende Bedingung in allen Geschossen eingehalten wird:

$$\theta = \frac{P_{tot} \cdot d_t}{V_{tot} \cdot h} \leq 0{,}10 \qquad (19)$$

mit:

- θ Kennwert der Empfindlichkeit gegenüber Geschossverschiebungen;
- P_{tot} die gesamte Vertikallast über dem betrachteten Geschoss, entsprechend den Annahmen für die Berechnung der Schnittgrößen infolge Erdbebeneinwirkung;
- d_t Bemessungswert der Geschossverschiebung, ermittelt als Differenz der Mittelwerte der nach Abschnitt 4.5 berechneten Horizontalverschiebungen d_s an der Ober- und Unterkante des betrachteten Geschosses;
- V_{tot} Geschossquerkraft infolge Erdbebeneinwirkung;
- h Geschosshöhe.

In Fällen von $0{,}1 < \theta \leq 0{,}2$, können Wirkungen nach Theorie II. Ordnung näherungsweise berücksichtigt werden, indem die maßgebenden Schnittgrößen infolge Erdbebeneinwirkung mit einem Faktor gleich $1/(1 - \theta)$ vergrößert werden. Der Wert von θ darf jedoch 0,3 nicht überschreiten.

5.2.2 Duktilitätsbedingung

Für die tragenden Bauteile und das Gesamttragwerk ist die der Schnittgrößenermittlung zugrunde gelegte Duktilität nachzuweisen. Dieser Nachweis gilt als erfüllt, wenn die im Abschnitt 6 für Mauerwerksbauten sowie die in DIN 4149, Abschnitte 8 bis 12, getroffenen Festlegungen für die anderen Bauweisen berücksichtigt sind.

ANMERKUNG: Bei Erfüllung der im Abschnitt 6 für Mauerwerksbauten sowie der in DIN 4149, Abschnitte 8 bis 12, für die anderen Bauweisen festgelegten baustoffbezogenen Anforderungen — gegebenenfalls unter Berücksichtigung von Vorschriften für die Kapazitätsbemessung — wird eine Hierarchie der Tragfähigkeit der verschiedenen tragenden Bauteile erzielt, die zur Sicherstellung der geplanten Anordnung der Fließgelenke und zur Vermeidung von Sprödbruchverhalten erforderlich ist.

5.2.3 Gleichgewichtsbedingung

Unter Erdbebeneinwirkungen muss das Bauwerk in stabilem Gleichgewicht verbleiben, einschließlich auch Wirkungen wie Kippen und Gleiten unter Berücksichtigung von DIN 1054.

5.2.4 Tragfähigkeit der Gründungen

Für Gründungen und Stützbauwerke sind die Anforderungen nach DIN 4149, Abschnitt 12 (Besondere Regeln für Gründungen und Stützbauwerke) zu erfüllen.

Die Schnittgrößen für die Gründungen sind auf der Grundlage der Kapazitätsbemessung unter Berücksichtigung möglicher Überfestigkeiten zu ermitteln, sie müssen jedoch nicht größer angesetzt werden als die Schnittgrößen, die sich für die Erdbebenbemessungssituation unter Annahme elastischen Verhaltens ($q = 1{,}0$) ergeben. Werden die Schnittgrößen für die Gründung unter Verwendung eines Verhaltensbeiwerts $q \leq 1{,}5$ ermittelt, ist die Berücksichtigung der Kapazitätsbemessung nicht erforderlich.

5.2.5 Bedingungen für erdbebengerechte Fugen

Hochbauten müssen gegen erdbebeninduzierte Zusammenstöße mit angrenzenden Bauwerken oder Bauteilen geschützt werden. Dies gilt als erfüllt, wenn der Abstand angrenzender Bauteile an den Stellen möglicher Zusammenstöße nicht kleiner ist als die Wurzel aus der Summe der Quadrate der jeweiligen Maximalwerte der Horizontalverschiebungen nach Abschnitt 4.5. Die begrenzte Zusammendrückbarkeit eines eventuell eingebauten Fugenmaterials (z.B. Weichfasermatte) ist bei der Planung der Fugengröße zu beachten. Falls kein genauerer Nachweis hierzu geführt wird, sollte die planmäßige Fugengröße auf das 1,5fache der oben genannten Summe erhöht werden. Bei Reihenhäusern gilt der Schutz von Zusammenstößen als erfüllt, wenn der Abstand zwischen den zweischaligen Haustrennwänden mindestens 40 mm beträgt.

6 Besondere Regeln für Mauerwerksbauten

6.1 Allgemeines

Bei Mauerwerksbauten werden die Horizontallasten überwiegend über tragende Wände aus Mauerwerk abgetragen. Die zur Aussteifung gegen horizontale Einwirkungen dienenden tragenden Wände werden auch als Schubwände bezeichnet.

Die im Folgenden genannten Anforderungen für Hochbauten aus Mauerwerk in den Erdbebenzonen 1 bis 3 gelten zusätzlich zu denjenigen nach DIN 1053-1, DIN 1053-3 und DIN 1053-4. Es dürfen alle Mauersteine und Mauermörtel für Mauerwerk nach DIN 1053-1 verwendet werden. In den Erdbebenzonen 2 und 3 müssen Mauersteine für Schubwände aus Mauerwerk nach DIN 1053, die keine in Wandlängsrichtung durchlaufenden Innenstege haben, in der in Wandlängsrichtung vorgesehenen Steinrichtung eine mittlere Steindruckfestigkeit von mindestens 2,5 N/mm² aufweisen. Der kleinste Einzelwert einer Versuchsreihe aus sechs Prüfkörpern muss mindestens 2,0 N/mm² betragen. Die Prüfung erfolgt nach DIN EN 772-1.

Für nicht tragende Außenschalen von zweischaligem Mauerwerk nach DIN 1053-1 in Gebäuden, die welche Tafel 7 entsprechen, ist ein rechnerischer Nachweis für den Lastfall Erdbeben nicht erforderlich.

Mauerwerksbauten sind in Abhängigkeit von der Art des für erdbebenwiderstandsfähige Bauteile verwendeten Mauerwerks einem der folgenden Bauwerkstypen zuzuordnen:
– Bauwerke aus unbewehrtem Mauerwerk;
– Bauwerke aus eingefasstem Mauerwerk;
– Bauwerke aus bewehrtem Mauerwerk.

6.2 Allgemeine Konstruktionsregeln

Bei der Konstruktion sind alle Regelungen nach Abschnitt 2.1 zu beachten. Hochbauten aus Mauerwerk sind in allen Vollgeschossen durch Geschossdecken mit Scheibenwirkung auszusteifen. Die Aussteifungswirkung muss in allen Horizontalrichtungen gegeben sein. Es können nur solche Wände zur Aussteifung herangezogen werden, die die Mindestanforderungen nach Tafel 8 erfüllen.

Tafel 8: Mindestanforderungen an aussteifende Wände (Schubwände)

Erdbebenzone	h_k/t	t in mm	l in mm
1	nach DIN 1053-1		≥ 740
2	≤ 18	≥ 150 [a)]	≥ 980
3	≤ 15	≥ 175	≥ 980

h_k Knicklänge der Wand nach DIN 1053-1
t Wanddicke
l Wandlänge

[a)] Wände der Wanddicke ≥ 115 mm dürfen zusätzlich berücksichtigt werden, wenn $h_k/t \leq 15$ ist.

6.3 Zusätzliche Konstruktionsregeln für eingefasstes Mauerwerk

Die horizontalen und vertikalen Einfassungsbauteile sind miteinander zu verbinden und in den Bauteilen des Haupttragwerks zu verankern. Zur Gewährleistung eines wirksamen Verbundes zwischen den Einfassungsbauteilen und dem Mauerwerk, sind Einfassungsbauteile erst nach Ausführung des Mauerwerks zu betonieren.

Für die horizontalen als auch für die vertikalen Einfassungselemente müssen Mindestquerschnittsabmessungen von ≥ 100 mm in jeder Richtung eingehalten werden.

Horizontale Einfassungselemente sind in der Wandebene, in der Höhe jeder Decke und in jedem Fall in vertikalen Abständen von nicht mehr als 4 m anzuordnen. Als horizontale Einfassungselemente gelten beispielsweise entsprechend bewehrte Stahlbetondecken oder Ringbalken. Vertikale Einfassungselemente, die rechnerisch in Ansatz gebracht werden, sind wie folgt anzuordnen:
– an den freien Enden jedes tragenden Wandbauteils;
– zu beiden Seiten jeder Wandöffnung mit einer Fläche von mehr als 1,5 m²;
– innerhalb einer Wand, wenn ein Abstand von 5 m zwischen 2 Einfassungselementen überschritten wird;
– an Kreuzungspunkten von tragenden Wänden, wenn die nach den o.g. Regeln angeordneten Einfassungselemente einen Abstand von mehr als 1,5 m von diesem Kreuzungspunkt haben.

Die Bewehrung von Einfassungselementen soll einen Mindestquerschnitt von 1 cm² oder 1% der Querschnittsfläche des Einfassungselements nicht unterschreiten. Die Längsbewehrung ist nach DIN 1045-1 zu verbügeln, für die Verankerung der Bewehrungsstäbe gilt ebenfalls DIN 1045-1. Für die Bewehrung ist Bewehrungsstahl nach DIN 488 oder allgemeinen bauaufsichtlichen Zulassungen zu verwenden.

6.4 Zusätzliche Konstruktionsregeln für bewehrtes Mauerwerk

In die Lagerfugen oder in geeignete Nuten der Mauersteine ist horizontale Bewehrung mit einem vertikalen Abstand von nicht mehr als 625 mm einzulegen. Tabelle 1 der DIN 1053-3 (Februar 1990) ist maßgebend für den Mindestbewehrungsgehalt. Es sind hohe Bewehrungsgehalte der Horizontalbewehrung, die zum Druckversagen der Mauersteine vor dem Fließen des Stahls führen, zu vermeiden. Die vertikale Bewehrung ist in geeigneten Aussparungen in Mauersteinen anzuordnen. An beiden freien Enden jedes Wandbauteils, an jeder Wandkreuzung sowie innerhalb der Wand, falls ein Abstand von 5 m zwischen 2 Vertikalbewehrungen überschritten wird, ist vertikale Bewehrung mit einer Querschnittsfläche von ≥ 1 cm² anzuordnen. Für die Verbügelung der Längsbewehrung sowie für die Verankerung der Bewehrungsstäbe gilt DIN 1045-1. Es ist Betonstahl nach DIN 488 zu verwenden.

6.5 Konstruktive Regeln für Mauerwerksbauten ohne rechnerischen Nachweis des Grenzzustandes der Tragfähigkeit für den Lastfall Erdbeben

Ein rechnerischer Nachweis im Grenzzustand der Tragfähigkeit für den Lastfall Erdbeben ist für Hochbauten aus Mauerwerk nicht erforderlich, wenn die folgenden Festlegungen eingehalten werden:

- Die Regelungen der Abschnitte 6.1 und 6.2 werden erfüllt.
- kompakter und annähernd rechteckiger Gebäudegrundriss. Das Verhältnis zwischen kürzerer Seite b und längerer Seite l des Bauwerks bzw. eines durch Gebäudefugen begrenzten Bauwerksabschnitts muss $b/l \geq 0{,}25$ betragen;
- die Anzahl der Vollgeschosse über Gründungsniveau überschreitet nicht die in Abschnitt 5.1 bzw. Tafel 7 angegebenen Werte;
- die maximale Geschosshöhe beträgt 3,50 m;
- aussteifende Wände werden so angeordnet, dass der Steifigkeitsmittelpunkt und der Massenschwerpunkt nahe beieinander liegen und eine ausreichende Torsionssteifigkeit sichergestellt ist;
- durchgehende Ausführung der aussteifenden Wände über alle Geschosse, in Dachgeschossen kann die Aussteifung stattdessen durch andere konstruktive Maßnahmen sichergestellt werden;
- der Lastabtrag des überwiegenden Teils der vertikalen Lasten erfolgt durch die aussteifenden Wände und soll in beiden Gebäuderichtungen verteilt werden;
- ausreichende Aussteifung des Gebäudes durch genügend lange Schubwände in beiden Gebäuderichtungen, angegebene Mindestwerte für die auf die Geschossgrundrissfläche bezogene Schubwandquerschnittsfläche der aussteifenden Wände nach Tafel 9 sind einzuhalten;
- Anordnung von mindestens zwei Schubwänden in jeder Gebäuderichtung mit einer Länge von jeweils mindestens 1,99 m;
- für Bemessungswerte $a_g \cdot S \cdot \gamma_1 > 0{,}09 \cdot g \cdot k$ müssen mindestens 50% der erforderlichen Wandquerschnittsflächen nach Tafel 9 aus Wänden mit mindestens 1,99 m Länge bestehen (die Werte a_g, S, γ_1, g und k werden in Tafel 9 erläutert);
- Steinfestigkeitsklasse 2 darf für Außenwände verwendet werden, wenn in jeder Richtung wenigstens 50% der erforderlichen Wandquerschnittsfläche der Schubwände aus Mauerwerk der Festigkeitsklasse 4 oder höher bestehen. Die Gesamtquerschnittsfläche der Schubwände muss dann die in Tafel 9 für die Steinfestigkeitsklasse 4 geltenden Werte einhalten.

Tafel 9: Mindestanforderungen an die auf die Geschossgrundrissfläche bezogene Querschnittsfläche von Schubwänden je Gebäuderichtung

Anzahl der Vollgeschosse	$a_g \cdot S \cdot \gamma_1 \leq 0{,}06 \cdot g \cdot k$ [a]			$a_g \cdot S \cdot \gamma_1 \leq 0{,}09 \cdot g \cdot k$ [a]			$a_g \cdot S \cdot \gamma_1 \leq 0{,}12 \cdot g \cdot k$ [a]		
	Steinfestigkeitsklasse nach DIN 1053-1 [b], [c]								
	4	6	≥ 12	4	6	≥ 12	4	6	≥ 12
1	0,020	0,02	0,02	0,03	0,025	0,02	0,04	0,03	0,02
2	0,035	0,03	0,02	0,055	0,045	0,03	0,08	0,05	0,04
3	0,065	0,04	0,03	0,08	0,065	0,05	kvNz [d]		
4	kvNz [d]	0,05	0,04	kvNz [d]					

[a] Für Gebäude, bei denen mindestens 70% der betrachteten Schubwände in einer Richtung länger als 2 m sind, beträgt der Beiwert $k = 1 + (l_{ay} \cdot 2)/4 \leq 2$. Dabei ist l_{ay} die mittlere Wandlänge der betrachteten Schubwände in m. In allen anderen Fällen beträgt $k = 1$. Der Wert γ_1 wird nach Abschnitt 3.3 bestimmt, die Werte a_g und S sind dem Abschnitt 3.4 zu entnehmen. Die Erdbeschleunigung g beträgt 9,81 m/s².

[b] Bei Verwendung unterschiedlicher Steinfestigkeitsklassen, z.B. für Innen- und Außenwände, sind die Anforderungswerte im Verhältnis der Flächenanteile der jeweiligen Steinfestigkeitsklasse zu wichten.

[c] Zwischenwerte dürfen linear interpoliert werden.

[d] kein vereinfachter Nachweis zulässig

6.6 Rechnerische Nachweise für Mauerwerksbauten

Für Mauerwerksbauten, die den Anforderungen nach Tafel 7 und nach Abschnitt 6.5 entsprechen, ist ein rechnerischer Nachweis des Grenzzustandes der Tragfähigkeit für den Lastfall Erdbeben nicht erforderlich.

6.6.1 Tragwerksmodell

Das Tragwerksmodell des Bauwerkes soll das tatsächliche Verhalten der Konstruktion angemessen darstellen.

Sofern keine genaueren Werte zur Verfügung stehen, darf zur Beschreibung der Steifigkeit von Schubwänden aus Lochsteinen mit unvermörtelten Stoßfugen der nach DIN 1053-1, Tabelle 2, ermittelte Schubmodul zur Berücksichtigung der vorhandenen Orthotropie halbiert werden.

Wandscheiben mit Öffnungen können entweder vereinfacht ohne Rahmentragwirkung oder genauer mit Rahmentragwirkung berechnet werden. Dabei dürfen als Rahmenriegel angemessen breite Streifen der Stahlbetondecken sowie eventuell vorhandene Mauerwerksabschnitte ober- bzw. unterhalb der Geschossdecke berücksichtigt werden, sofern ihre Mitwirkung durch konstruktive Maßnahmen sichergestellt ist.

6.6.2 Nachweis des Grenzzustandes der Tragfähigkeit

Die Kombination von Einwirkungen ist nach Abschnitt 3.5 zu bestimmen. Bei der Bemessung nach DIN 1053-100 sind die Teilsicherheitsbeiwerte nach Tafel 10 einzusetzen. Bei der Bemessung mit dem vereinfachten Verfahren nach DIN 1053-1 dürfen die zulässigen Spannungen um 50% erhöht werden.

Tafel 10: Teilsicherheitsbeiwerte

Baustoff	Teilsicherheitsbeiwert
Mauerwerk	$\gamma_m = 1{,}2$
Betonstahl	$\gamma_m = 1{,}0$

Bei der Bemessung mit dem genaueren Verfahren nach DIN 1053-1 ist der globale Sicherheitsbeiwert $\gamma = 1{,}33$ anzunehmen.

Bei der Bemessung ist für jede Gebäuderichtung der ungünstigste q-Wert nach Tafel 11 anzusetzen. Maßgebend für den h/l-Wert ist die längste Wand in der betrachteten Gebäuderichtung. Für Zwischenwerte $(1{,}0 \leq h/l \leq 2{,}0)$ darf linear interpoliert werden.

Bei Bauwerken mit unregelmäßigem Aufriss (siehe Abschnitt 2.2) sind die q-Werte nach Tafel 11 um 20% abzumindern, wobei eine Abminderung auf Werte kleiner als 1,5 nicht erforderlich ist.

Tafel 11: Verhaltensbeiwerte

Mauerwerksart	Verhaltensbeiwert q	
	$h/l \leq 1$	$h/l \geq 2$
unbewehrtes Mauerwerk [a]	1,5	2,0
eingefasstes Mauerwerk	2,0	
bewehrtes Mauerwerk	2,5	

[a] Die Verwendung von Verhaltensbeiwerten $q > 1{,}5$ ist nur zulässig, wenn im Gebrauchszustand die mittlere Normalspannung in den entsprechenden Wänden 50% der zulässigen Spannung nach DIN 1053-1 (ohne Inanspruchnahme der Erhöhung um 50% bei der Bemessung mit dem vereinfachten Verfahren nach DIN 1053-1) nicht überschreitet.

Beschränkungen an das Klaffen der Querschnitte nach DIN 1053-1 und die Anforderung an die zulässige Randdehnung sind nicht zu berücksichtigen. In den Erdbebenzonen 1 und 2 ist für Kelleraußenwände aus Mauerwerk bei Gebäuden, die den Randbedingungen der Tafel 7 entsprechen, ein rechnerischer Nachweis der Aufnahme eines erhöhten aktiven Erddrucks nach DIN 4109, Abschnitt 12.2, nicht erforderlich. In der Erdbebenzone 3 kann die Aufnahme des erhöhten aktiven Erddrucks nach DIN 4109, Abschnitt 12.2, bei Kelleraußenwänden aus Mauerwerk nach DIN 1053-1 nachgewiesen werden. Dabei sind die Werte der erforderlichen Mindestauflasten min N bzw. min N_0 um 20% zu erhöhen.

Beispiel:

Für ein eingeschossiges Einfamilienhaus mit ausgebautem Dachgeschoss und Kellergeschoss (Standort Tübingen: Erdbebenzone III) sollen die entsprechende Nachweise geführt werden. Die Geschosshöhe beträgt 2,80 m, das Dach wird als Satteldach ausgeführt.

Baugrund: B-R
Geschossdecken: Stahlbeton
Mauerwerk: Mz 12
Geschosshöhe Erdgeschoss: 2,80 m
Geschosshöhe Kellergeschoss: 2,80 m

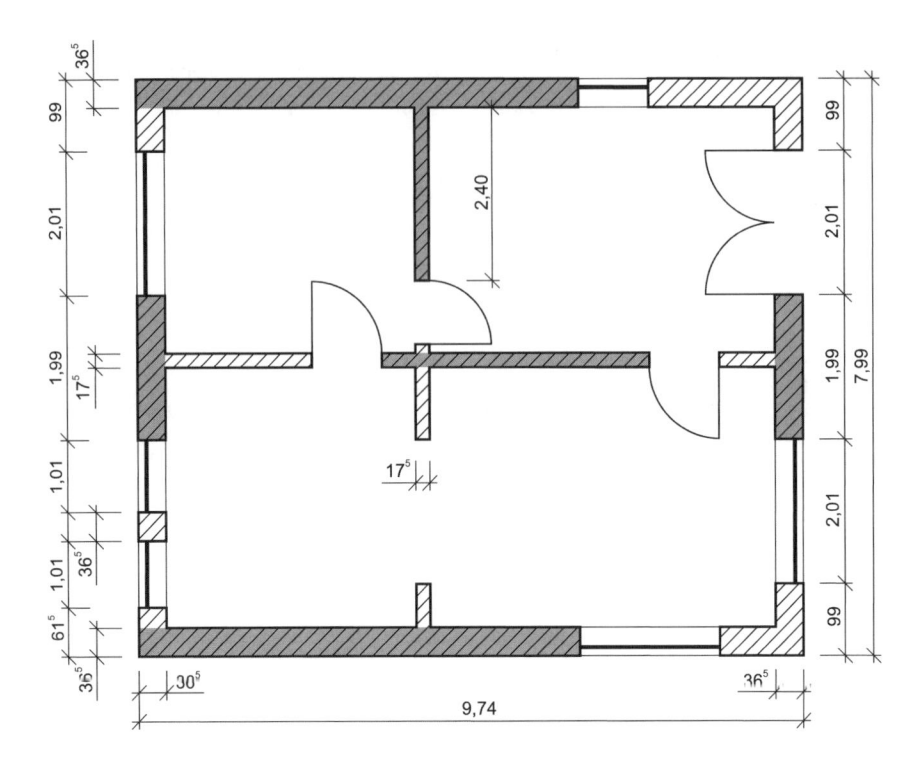

Abb. 5: Grundriss des Einfamilienhauses
(die grau hinterlegten Wände sind die in der Nachweisführung verwendeten Schubwände)

Einhaltung der konstruktiven Regeln ohne rechnerischen Nachweis des Grenzzustandes der Tragfähigkeit für den Lastfall Erdbeben

Bei Wohngebäuden kann nach Abschnitt 5.1 auf einen rechnerischen Nachweis für den Grenzzustand der Tragfähigkeit verzichtet werden, wenn die Geschosshöhe ≤ 3,50 m ist und die Anzahl der Vollgeschosse nicht größer als die in Tafel 7 angegebene Anzahl. Das gewählte Einfamilienhaus besitzt ein Vollgeschoss (der Keller aus Stahlbeton wird nicht mitgerechnet) bei einer Geschosshöhe von 2,80 m. Damit sind beide Anforderungen erfüllt.

Mauerwerksbauten müssen den allgemeinen Konstruktionsregeln nach Abschnitt 6.2 gerecht werden. Dieser Abschnitt setzt die Einhaltung der Regelungen nach Abschnitt 2.1 voraus. Der Entwurf des Einfamilienhauses erfüllt alle Anforderungen nach Abschnitt 2.1. Ebenso ist die in Abschnitt 2.2 definierte Regelmäßigkeit im Grund- und Aufriss eingehalten. Die Geschossdecken sind so bemessen, dass die geforderte Scheibenwirkung aufgenommen werden kann. Des Weiteren entsprechen die zur Aussteifung herangezogenen Schubwände (jeweils die geringsten Abmessungen) den Mindestanforderungen nach Tafel 8:

– Wanddicke t = 175 mm > 150 mm
– Wandlänge l = 1990 mm > 980 mm
– Verhältnis h_k/t = 2600/175 = 14,9 < 15

In Abschnitt 6.5 sind weitere konstruktive Regelungen definiert, deren Einhaltung Voraussetzung für den Verzicht auf den rechnerischen Nachweis ist. Das Gebäude hat einen kompakten Querschnitt, das Verhältnis l/b = 7,99/9,74 = 0,82 ist größer als 0,25. Der Steifigkeitsmittelpunkt befindet sich annähernd an der gleichen Position wie der Massenmittelpunkt. Die aussteifenden Wände werden über alle Geschosse geführt und der Lastabtrag erfolgt in beiden Gebäuderichtungen (Geschossdecken sind zweiachsig gespannt). Die vorhandene, auf die Geschossgrundrissfläche bezogene Schubwandquerschnittsfläche ist größer als diejenige, die nach Tafel 9 gefordert wird:

$a_g \cdot S \cdot \gamma_1 \leq 0{,}12 \cdot g \cdot k$
- a_g = 0,8 m/s² nach Tafel 2;
- S = 1,25 nach Tafel 4;
- γ_1 = 1,0 nach Tafel 3;
- K = 1,0 nach Tafel 9;
- g = 9,81 m/s²

0,8 · 1,25 · 1,0 = 1,0 < 0,12 · 9,81 · 1 = 1,18

Nach Tafel 9 muss somit die Querschnittsfläche der Schubwände mindestens 2% der Geschossgrundrissfläche einnehmen:

$A_{erf, Schub}$ = 0,02 · 7,99 · 9,74 = 1,56 m² <

$A_{vorh, Schub}$ = 2 · 1,99 · 0,365 + 2,40 · 0,175 = 1,87 m²

Die vorhandene Querschnittsfläche der Schubwände ist größer als die erforderliche (der Nachweis wurde nur in der ungünstigeren Gebäuderichtung geführt).

Das Einfamilienhaus besitzt in jeder Richtung Schubwände mit mehr als 1,99 m Länge. Da die Bemessungswerte $a_g \cdot S \cdot \gamma_1 > 0{,}09 \cdot g \cdot k$ sind, müssen mindestens 50% der Wände für die erforderlichen Schubwandquerschnittsflächen länger als 1,99 m sein. Diese Anforderung wird in beiden Gebäuderichtungen erfüllt.

Zusammenfassung

Im dargestellten Beispiel wurde gezeigt, das die konstruktiven Regelungen für Mauerwerksbauten relativ einfach einzuhalten sind. Dadurch ist es möglich, auf einen rechnerischen Nachweis des Grenzzustands der Tragfähigkeit für den Lastfall Erdbeben zu verzichten.

Holschemacher (Hrsg.)

Lastannahmen nach neuen Normen
Grundlagen, Erläuterungen, Praxisbeispiele

Einwirkungen auf Tragwerke aus:
Nutzlasten, Windlasten, Schneelasten, Erdbebenlasten

IV. Quartal 2006. ca. 200 Seiten.
17 x 24 cm. Kartoniert.
ISBN 3-89932-130-8
EUR ca. 35,–

In diesem Buch werden berücksichtigt:

- die neu geänderte DIN 1055-3 "Eigen- und Nutzlasten für Hochbauten" (03/2006) – (bereits im März 2003 als Weißdruck erschienen)
- Berichtigung 1 zu DIN 1055-4 "Windlasten" (03/2006)

Herausgeber:
Prof. Dr.-Ing. Klaus Holschemacher lehrt Stahlbetonbau an der HTWK Leipzig.

Bauwerk www.bauwerk-verlag.de

F BAUBETRIEB

Prof. Dipl.-Ing. Helmut Meyer-Abich (Abschnitt 1)
Dr.-Ing. Norbert Weickenmeier (Abschnitt 2)

1 Kalkulation von Baumaßnahmen ... F.3

   1.1 Grundsätzliches ... F.3
   1.2 Verfahren der Kalkulation ... F.4
   1.3 Kalkulationsformen ... F.7
   1.4 Gliederung der Kalkulation ... F.8

2 Ausführung von Mauerwerk ... F.11

   2.1 Allgemeines ... F.11
   2.2 Mauermörtel ... F.11
      2.2.1 Herstellung ... F.11
      2.2.2 Verarbeitung des Mauermörtels auf der Baustelle ... F.12
      2.2.3 Ausführung der Stoß- und Lagerfugen ... F.13
   2.3 Mauerwerk ... F.15
      2.3.1 Vom Mauern ... F.15
      2.3.2 Ausführung von Verbänden ... F.16
      2.3.3 Verbindung von Wänden und Querwänden ... F.19
      2.3.4 Schlitze und Aussparungen ... F.20
      2.3.5 Feuchteschutz ... F.22
      2.3.6 Ausführung von Mauerwerk bei Frost ... F.22
      2.3.7 Reinigung von Sichtmauerwerk ... F.22
   2.4 Eignungs- und Güteprüfungen ... F.23
   2.5 Material und Zeit ... F.23
   2.6 Ablauforganisation und Arbeitsplatzgestaltung ... F.25

1 Kalkulation von Baumaßnahmen

1.1 Grundsätzliches

Üblicherweise werden Bauvorhaben nach einem Leistungsverzeichnis kalkuliert, in dem die einzelnen Teilleistungen ausführlich beschrieben sind und die dazugehörige Menge, der sog. „Vordersatz", aufgeführt ist. Selbst bei Pauschalangeboten wird der erforderliche Leistungsumfang zunächst in Einzelpositionen zerlegt, die Mengen ermittelt und der dazugehörige Einheitspreis kalkuliert. Auch bei Pauschalverträgen wird üblicherweise eine Einheitspreisliste dem Vertragswerk angehängt, nach der zusätzliche oder entfallene Positionen verrechnet werden können, die nicht von der Pauschale erfasst sein könnten.

Alle Kosten, die bei der Herstellung eines Produktes anfallen, sind diesem Produkt bei der Ermittlung der Kosten verursachungsgerecht zuzuordnen. Dieses Prinzip ist deshalb von besonderer Bedeutung, weil die tatsächlich ausgeführten Mengen häufig von den Mengenangaben der Vorkalkulation, bzw. dem Leistungsverzeichnis, abweichen. Würden die Kosten nicht verursachungsgerecht zugeordnet werden, so besteht die Gefahr, dass im Falle einer Minderleistung bei einer Position die Kosten, die dieser Position aus einer anderen zugerechnet wurden (bei der keine Minderleistung eintritt, d. h. die Kosten fallen in voller Höhe an), nicht gedeckt wären.

Einzelkosten

Hierunter sind solche Kosten zu verstehen, die einem Teil der gesamten Bauleistung, eben einer Einzelleistung, direkt und unmittelbar zugerechnet werden können. Dazu gehören vor allem

- Lohnkosten
- Kosten des Materials, das zur Erfüllung dieser Leistung unbedingt erforderlich ist, z. B. Rüst- und Schalmaterial

- Gerätekosten und
- Fremdleistungen.

Gemeinkosten

Hierzu gehören solche Kosten, die für mehrere Teile der Bauleistung gemeinsam anfallen und einer Einzelleistung also überhaupt nicht oder nur mit großen Schwierigkeiten zuzuordnen wären. Dazu gehören vor allem

- Kosten der Baustelleneinrichtung
- Überwachung der Baustelle
- Transporte und Kleingerät

Gemeinkosten treten in der Kalkulation als „Gemeinkosten der Baustelle" oder „Allgemeine Geschäftskosten" auf. Die Zurechnung der Gemeinkosten zu den Einzelkosten erfolgt mit Hilfe eines Zuschlags.

Schlüsselkosten

Schlüsselkosten sind Kosten, die einem Teil einer Bauleistung mit Hilfe eines Verrechnungsschlüssels zugerechnet werden. Dazu gehören vor allem

- Wagnis und Gewinn

Als Verrechnungsschlüssel wird meist der prozentuale Zuschlag verwendet.

Basiskosten

Sie stellen die Bezugsgrundlage für die Schlüsselkosten dar, die prozentual auf die jeweiligen Bauleistungen umgelegt werden. Hierzu könnten also z. B. die Betriebskosten eines eigenen Betonwerkes gezählt werden, wenn diese Kosten nicht bereits in den Materialkosten enthalten sind.

Gesamtkosten

Die Gesamtkosten pro Produktionseinheit setzen sich zusammen aus den Einzelkosten pro Produktionseinheit und dem auf diesen Teil entfallenden Anteil der Gemeinkosten, der nach einem bestimmten Verrechnungsschlüssel bestimmt wird.

Gemeinkosten
Schlüsselkosten
Umlage in % ↓
Einzelkosten

Leistungsansätze

Die in den Einzelkosten kalkulierten Lohnstunden werden in Form von Aufwandswerten in Ansatz gebracht. Es handelt sich hier um Werte, die auf die jeweilige Produktionseinheit bezogen sind.

Arbeitsstunden/Mengeneinheit = Aufwandswert
(z. B. h/m³ Beton)

Die in der Fachliteratur angegebenen Aufwandswerte sind Richtwerte, die je nach verwendeten Hilfsmitteln und Materialien und in Abhängigkeit der Abmessungen des Bauwerks Schwankungen unterworfen sind. Bei geräteintensiven Arbeiten erfolgt dagegen der kalkulierte Aufwandswert über die Leistung pro Stunde oder Schicht.

Mengeneinheit/Stunde = Leistungswert
(z. B. m³/h Ladeleistung)

Auch diese Leistungsansätze sind Schwankungen unterworfen, die von der Leistungsfähigkeit des Gerätes, dem Arbeitstakt und dem zu bewegenden Material abhängig ist.

Bilden mehrere Geräte eine untrennbare Maschinengruppe (z. B. Straßenfertiger mit Glattrad- und Gummiradwalzen oder Scraper mit Schubraupen), so sind die Gesamtkosten auf die errechnete Stundenleistung zu beziehen. In einem weiteren Rechenschritt werden dann für die Teilleistung die Kosten je Mengeneinheit ermittelt:

€/h bezogen auf m³/h = €/m³

Die in der Grundkalkulation aufgestellten Leistungsansätze für den Lohnaufwand und den Geräteaufwand stellen das Herzstück jeder Kalkulation dar und sind hauptentscheidend für die Annahme eines Auftrages und die erfolgreiche Abwicklung des späteren Bauvorhabens. Besonders im geräteintensiven Erdbau führen also Maschinenausfälle zu erheblichen Mehrkosten, da die Geräte aufeinander eingespielt werden. Es wäre zu prüfen besonders kritische Arbeitsvorgänge mit Reservegeräten zusätzlich daraufhin abzusichern, dass der Stillstand einer Maschinengruppe ausgeschlossen werden kann. Die Vorhaltekosten für ein Reservegerät liegen deutlich unter den Verlusten, die bei dem Ausfall eines Gerätes entstehen können.

1.2 Verfahren der Kalkulation

Bei Verwendung des Einheitspreises als Abrechnungsgrundlage werden die Gemeinkosten der Baustelle und der entsprechende Anteil an Wagnis und Gewinn auf den Einheitspreis umgelegt. Zur Ermittlung der Einheitspreise wird also zunächst das Gesamtangebot, bestehend aus den Einzelpreisen der Teilleistungen und den Umlagen ermittelt und dann auf alle Einheitspreise in Form von Zuschlägen wieder umgelegt. Da die Angebotssumme zunächst ermittelt wird und dann die erforderlichen Einheitspreise zurückgerechnet werden, bezeichnet man dieses Verfahren als

„Kalkulation über die Endsumme".

Dieses Verfahren wird nahezu ausschließlich in der Bauwirtschaft angewandt und dient als Grundlage aller einschlägigen Kalkulationsprogramme.

Bei diesem Verfahren werden die Beträge für Baustellengemeinkosten, Allgemeine Geschäftskosten, Wagnis und Gewinn für jedes einzelne Bauvorhaben ermittelt. Es ergeben sich dadurch Kalkulationszuschläge unterschiedlicher Höhe für die Einzelkosten der Teilleistungen (EKT). Die Kalkulation wird in drei Abschnitten ausgeführt:

- Ermittlung der Angebotssumme
- Ermittlung der Einzelkosten-Zuschläge
- Ermittlung der Einheitspreise

Die Angebotssumme wird in vier Schritten ermittelt:

- Ermittlung der Einzelkosten der Teilleistungen und Aufsummierung in den einzelnen Kostenarten für die einzelnen Positionen des Leistungsverzeichnisses
- Berechnung der Gemeinkosten der Baustelle in einem gesonderten Rechnungsgang
- Ermittlung der Herstellkosten durch Addition der Einzelkosten der Teilleistungen und der Gemeinkosten der Baustelle im Endsummenblatt
- Ermittlung der Allgemeinen Geschäftskosten und der Beträge für Wagnis und Gewinn durch Multiplikation des Geschäftskostenansatzes und der Sätze für Wagnis und Gewinn mit den Herstellkosten.

Ermittlung der Einzelkostenzuschläge

Zur Ermittlung der Einheitspreise müssen die Gemeinkosten auf die Kosten der jeweiligen Position (Einzelkosten der Teilleistungen) umgelegt werden. Durch Subtraktion der Einzelkosten der Teilleistungen von der Angebotssumme (ohne MwSt.) erhält man die Schlüsselkosten, die auf die Einzelkosten als Basiskosten umzulegen sind.

Für die Wahl der Zuschlagssätze, nach denen die Schlüsselkosten verteilt werden, ist ein Spielraum gegeben, der sich in der Regel nach den jeweiligen Kostenarten richtet. Üblicherweise werden Stoffkosten und Fremdleistungen mit folgenden Zuschlagssätzen beaufschlagt:

Zuschlag für Stoffe: 15 bis 20 %
Zuschlag für Fremdleistungen: 6 bis 15 %

Haben die Stoffkosten einen außergewöhnlich hohen Anteil an den Einzelkosten der Teilleistungen, z. B. beim bituminösen Straßenbau, so werden niedrigere Zuschlagssätze verwendet.

Der Zuschlag für Fremdleistungen richtet sich nach dem Aufwand, den der Auftraggeber, bei einem schlüsselfertigen Angebot also der Generalunternehmer, mit dem jeweiligen Gewerk hat. Estricharbeiten können sicherlich mit einem geringen Zuschlag (6 %) beaufschlagt werden, da sie relativ unkritisch neben den sonstigen Ausbaugewerken durchgeführt werden. Der Aufwand in der Beaufsichtigung einer Schwachstromverdrahtung wird dagegen mehr Aufwand erfordern, da diese in Wänden, Fußbodenkanälen oder in fertigen Doppelböden verlegt werden: man wird hier einen höheren Zuschlag einsetzen (18 %).

Die Rest-Schlüsselkosten müssen auf den Lohn umgelegt werden nach folgender Formel:

$$\text{Lohnzuschlag (\%)} = \frac{\text{Rest-Schlüsselkosten} \times 100}{\text{Summe der Lohnkosten}}$$

Die Lohnkosten umfassen sämtliche Einzelkosten, die sich aus der Beschäftigung von Arbeitskräften bei der Erstellung von Bauleistungen ergeben. Sie enthalten somit nicht nur die tariflichen Löhne, sondern auch Zulagen, Zuschläge, Sozialaufwendungen, Lohnnebenkosten und sonstige Zuwendungen wie Vermögensbildung. Maßgebend ist, dass die Kosten aufgrund von Gesetzen, Verträgen oder Vereinbarungen entstehen. Gewinnbeteiligungen gehören nicht dazu, da diese nur gezahlt werden, wenn ein Gewinn entsteht.

Mittellohn

Die Lohnkosten werden in der Kalkulation in der Form des Mittellohnes erfasst, der sich aus dem arithmetischen Mittel sämtlicher auf einer Baustelle entstehenden Lohnkosten je Arbeitsstunde berechnet. Liegen auf den Baustellen eines Unternehmens gleichartige Verhältnisse vor, so kann der jeweilige Mittellohn für die jeweilige Bauleistung eingesetzt werden (z. B. Betonbau, Straßenbau, Erdbau, Kanalisation etc.).

Der Mittellohn enthält üblicherweise auch die Kosten des aufsichtsführenden Personals (z. B. Poliere, Schachtmeister), die auf die beaufsichtigten Personen und Arbeitsstunden umgelegt werden. Man unterscheidet demnach:

Mittellohn A: **A**rbeiter
Mittellohn AP: **A**rbeiter und **P**oliere
Mittellohn APS: **A**rbeiter und **P**oliere mit **S**ozialkosten
Mittellohn APSL: **A**rbeiter und **P**oliere mit **S**ozial- und **L**ohnnebenkosten

Der Mittellohn AP verändert sich während der Bauausführung meist in sehr viel stärkerem Maße als der Mittellohn A, da die Anzahl der zu beaufsichtigenden Arbeiter schwankt. In der Anfangsphase wird ein Polier weniger Arbeiter zu beaufsichtigen haben, als in der Hauptphase: In der Anfangsphase ist also der Mittellohn AP höher als in der Hauptphase. Je größer die Anzahl der Arbeitnehmer ist, die vom Polier beaufsichtigt werden müssen, desto mehr sinkt die tatsächliche Produktivität des Poliers, dies muss bei der Berechnung des Mitellohnes berücksichtigt werden.

Arbeiterlohn und Aufsichtsgehalt

Diese umfassen die tariflichen Löhne und Gehälter einschl. aller Zulagen für

- Stammarbeiter (längere Zugehörigkeit zum Unternehmen)
- Leistungszulagen
- Überstunden, Nachtarbeit, Sonntagsarbeit
- Erschwernisse
- Übertarifliche Zulagen
- Vermögensbildung

Sozialaufwendungen

Hier werden sämtliche Aufwendungen aufgeführt, die sich aufgrund von Gesetzen, Tarifvereinbarungen, Betriebsvereinbarungen oder dgl. ergeben:

- Bezahlte Feiertage
- Lohnfortzahlung im Krankheitsfall
- Rentenversicherung
- Krankenversicherung
- Arbeitslosenversicherung
- Unfallversicherung
- Schwerbeschädigtenablösung
- Lohnausgleich (Arbeitsruhe zwischen Weihnachten und Silvester)
- Urlaubsgeld

Daneben gibt es freiwillige Sozialaufwendungen wie Beihilfen im Todesfall, zusätzliche Altersversicherungen etc. Die Höhe der gesetzlichen und tariflichen Sozialaufwendungen ist von der Gesetzgebung und den Tarifverträgen abhängig. Sie liegen im Jahr 2003 bei ca. 110 % Zuschlag auf den Lohn.

Lohnnebenkosten

Die Lohnnebenkosten errechnen sich aus dem Rahmentarifvertrag und entstehen für die Arbeitnehmer, die auf eine Beschäftigungsstelle außerhalb des Betriebssitzes entsandt werden, wie

- Kalendertägliche Auslösung
- Fahrtkostenersatz
- Wochenendheimfahrten
- Wegezeitvergütung
- Kosten einer Unterkunft

Durch Addition des Lohnzuschlages zum Mittellohn ergibt sich der Kalkulationslohn wie folgt:

Mittellohn (APSL) in €
+ Lohnzuschlag (%) x Mittellohn (APSL) in €
= Kalkulationslohn in €

Werden die Gerätekosten als Kostenart getrennt erfasst, so bestehen für die Ermittlung des Zuschlags folgende Möglichkeiten:

- Einbeziehung in den einheitlichen Zuschlag für sämtliche Kostenarten
- Verwendung eines gewählten Zuschlagssatzes, wie z. B. für Stoffkosten
- Zusammenfassung mit den Lohnkosten als einheitliche Basis nach folgender Formel:

$$\text{Zuschlag für Lohn u. Gerät (\%)} = \frac{\text{Rest-Schlüsselkosten x 100}}{\text{Summe Lohn- u. Gerätekosten}}$$

Grundsätzlich sollte jedes Bauvorhaben ausschließlich über die Endsumme kalkuliert werden, da nur bei dieser Kalkulationsart die jeweiligen Kostenanteile eines Einheitspreises hinreichend genau erfasst werden. Bei eventuellen Änderungen der Bauausführung durch Mengenveränderungen werden also die Kostenanteile der jeweiligen Position in gleichem Maße erhöht oder verringert.

Gemeinkosten

Gemeinkosten sind Kosten, die durch das Betreiben einer Baustelle entstehen und sich keiner Teilleistung direkt zuordnen lassen. Sie sind gesondert zu erfassen und werden bei der Bildung des Einheitspreises den Teilleistungen als Kalkulationszuschlag zugerechnet. Häufig wird ein Teil dieser Gemeinkosten wie Einrichten, Räumen und Vorhalten der Baustelle als gesonderte Leistungsposition ausgeschrieben und wird somit zu einer Teilleistung.

Die Gemeinkosten sind immer nach

- zeitunabhängigen Kosten und nach
- zeitabhängigen Kosten

zu unterscheiden, da der Zusammenhang zwischen Baukosten und Bauzeit damit deutlich wird: Je länger eine Baustelle dauert, desto höher werden die Kostenanteile aus der Vorhaltung der Geräte.

Zeitunabhängige Kosten

Baustelleneinrichtung
- Ladekosten
- Frachtkosten
- Auf-, Umbau-, Abbaukosten (von Geräten, Baracken, Wasser, Strom)

Σ Zufahrten, Zäune, Lagerplätze

Baustellenausstattung
- Hilfsstoffe
- Werkzeuge, Kleingerät

Technische Bearbeitung
- Konstruktive Bearbeitung
- Arbeitsvorbereitung
- Baustoffprüfung, Bodenuntersuchung

Bauwagnisse
- Sonderwagnisse der Bauausführungen (Schlechtwetter, Festpreisgarantien, Terminüberschreitung, Bauverfahren, Mengengarantien)

Sonderkosten
- Lizenzgebühren
- Kosten einer Arbeitsgemeinschaft (ArGe)

Zeitabhängige Kosten

Vorhaltekosten
- Geräte
- Container, Einrichtungsgegenstände, Büroausstattung
- Rüst- und Schalgeräte, Verbaumaterial

Betriebskosten
- Geräte
- Container
- Fahrzeuge

Örtliche Bauleitung
- Gehälter
- Telefon, Porto, Büromaterial

- PKW, Reisekosten
- Werbung

Allgemeine Baukosten
- Hilfslöhne
- Instandhaltungskosten für Wege, Plätze, Straßen
- Mieten und Pachten

1.3 Kalkulationsformen

Es gibt grundsätzlich zwei unterschiedliche Kalkulationsformen, alle anderen Arten lassen sich aus diesen Grundformen ableiten:
- Divisionskalkulation
- Zuschlagskalkulation

Divisionskalkulation

Hier geht man davon aus, dass die Gesamtkosten auf die Gesamtmenge aller Produkte gleichmäßig verteilt ist, z. B. bei Gesamtkosten von 450.000 € und der Produktion von 3.000 Stück ergibt sich ein Stückpreis von 150 €/Stck. Diese Kalkulationsart ist nur möglich bei großer Serienfertigung und vorwiegend Ein-Produkten-Betrieben. Diese gibt es in der Bauwirtschaft nicht.

Sind die Produkte einander ähnlich, so kann man eine Umrechnung auf ein Einheitsprodukt mit Hilfe von sog. Äquivalenzziffern vornehmen, die bestimmte Eigenschaften oder Kosten als Grundlage nehmen und damit eine Normalisierung der Produkte vornehmen. Produziert z. B. ein Betonwerk mehrere unterschiedliche Sorten Beton, so wird der Beton mit dem größten Durchsatz als Referenzgröße gewählt und die Kosten als Äquivalenzmenge angegeben.

Zuschlagskalkulation

Bei diesem Verfahren werden die Gemeinkosten mit Hilfe eines Zuschlages den Einzelkosten zugerechnet. Das gilt sowohl für die Ermittlung der Kostenanteile der Allgemeinen Geschäftskosten als auch für die Umlage der Gemeinkosten auf die Einzelkosten zum Zweck der Bildung des Einheitspreises.

Kalkulation über die Endsumme

Innerhalb der Zuschlagskalkulation hat sich als Regelverfahren für die Kalkulation von Baupreisen die Kalkulation über die Endsumme durchgesetzt. Die verkürzte Form dieses Kalkulationsverfahrens stellt die Kalkulation mit vorberechneten Zuschlägen („Zuschlagskalkulation") dar. Bei der „Kalkulation über die Endsumme" werden die Gemeinkosten der Baustelle bei jedem Angebot von neuem ermittelt. Hierdurch wird eine exakte Kalkulation erleichtert. Grundlage des Berechnungsverfahrens aller einschlägigen Kalkulationsprogramme ist nahezu ausschließlich die Kalkulation über die Endsumme.

Kalkulation mit vorberechneten Zuschlägen

Bei der Kalkulation mit vorberechneten Zuschlägen werden die Gemeinkostenzuschläge, die sich aus einem ähnlichen Bauvorhaben oder aus dem gesamten Unternehmen ergeben haben, auf das zur Kalkulation anstehende Angebot übertragen. Es wird hier also generell vorausgesetzt, dass sich die Kosten in ihrer Art und Höhe überhaupt nicht oder nur unwesentlich ändern. Es wird hier also wissentlich auf die Berechnung der Gemeinkosten verzichtet.

Die Kalkulation über die Endsumme stellt eine genaue Kostenermittlung dar, die Kalkulation mit vorberechneten Zuschlägen nur eine stark angenäherte Kostenermittlung, da sich die Randbedingungen einer Baustelle erheblich ändern können:

- Transportentfernungen zur und auf der Baustelle
- Lohnzusatzkosten für Arbeitnehmer
- Platzbedarf und ungestörter Baustellenablauf

Die Kalkulation mit vorberechneten Zuschlägen stellt deshalb oft die Ursache für erhebliche Kalkulationsfehler dar, da jedes Bauvorhaben ein Unikat ist, das zu unterschiedlichen Bauzeiten, Jahreszeiten und Witterungsbedingungen erstellt werden soll. Nur eine spezifische Zuordnung der Zuschlagssätze auf das jeweilige Bauvorhaben sichert eine möglichst nahe Kalkulation.

1.4 Gliederung der Kalkulation

Die Kalkulation ist derart zu gliedern, dass sich eine klare Abgrenzung der Einzel- von den Gemeinkosten ergibt. Sie stellt gleichzeitig eine zeitliche Aufeinanderfolge der einzelnen Phasen der Durchführung der Kalkulation dar und bildet somit eine Arbeitsanleitung für die Kostenermittlung von Bauleistungen.

Die Selbstkosten umfassen also nicht nur Einzel- und Gemeinkosten, sondern auch Wagnisse, die mit der Ausführung verbunden sind.

Die Einzelkosten werden bei der Kalkulation nach Kostenarten aufgeteilt. Hierdurch lässt sich vor Abgabe des Angebotes die Kostenzusammensetzung erkennen und kontrollieren. Gleichzeitig bildet die Aufteilung der Kostenarten die Grundlage für den späteren Vergleich zwischen den Soll-Kosten der Kalkulation und den Ist-Kosten, die mit Hilfe der Betriebskosten erfasst werden. Außerdem ermöglicht die Aufteilung nach Kostenarten eine differenzierte Gemeinkostenumlage durch Zuschlagssätze unterschiedlicher Höhe. Die Lohnkosten erhalten generell den weitaus höchsten Zuschlag, die Fremdleistungen meist den geringsten Zuschlag.

Die Einzelkosten sind grundsätzlich aufzuteilen nach

- Lohnkosten
- Sonstigen Kosten („SoKo"), vor allem Stoffkosten
- Fremdleistungen
- Gerätekosten

Bei tieferer Untergliederung der Kostenarten können folgende Kostenarten unterschieden werden:

- Lohnkosten
- Stoffkosten
- Vorhaltestoffe (Rüst- und Schalmaterial, Verbaumaterial)
- Geräte
- Fremdleistungen

Eine weitere Aufteilung ist möglich, um folgende Kosten noch getrennt auszuweisen:

- Betriebsstoffe
- Transportkosten

- Fremdgeräte-Mieten

Eine solch weitgehende Unterteilung ist jedoch nur sinnvoll, wenn man sie zur Kontrolle der Richtigkeit der Kalkulation oder als Grundlage des Soll-Ist-Vergleichs benutzt.

Die Gemeinkosten der Baustelle werden entsprechend ihrer Abhängigkeit von der Bauzeit in

- zeitabhängige Kosten und
- zeitunabhängige Kosten

unterteilt.

Unter Berücksichtigung der oben erwähnten Kostenaufteilungen ergibt sich nachstehende detaillierte Kalkulationsgliederung:

	1.	**Einzelkosten der Teilleistungen**
	1.1	Lohnkosten
		Arbeiterlöhne und Aufsichtsgehälter (Polier)
		Gesetzliche, tarifliche, freiwillige Sozialaufwendungen
		Lohnnebenkosten
	1.2	Stoffkosten
		Baustoffkosten
		Betriebsstoffkosten
		Hilfsstoffe
	1.3	Rüstungs- und Schalmaterial
	1.4	Gerätekosten
	1.5	Kosten der Fremdleistungen
+	2.	**Baustellengemeinkosten**
	2.1	Zeitunabhängige Kosten
		Kosten der Baustelleneinrichtung
		Baustellenausstattung
		Technische Bearbeitung und Kontrolle
		Bauwagnisse
		Sonderkosten
	2.2	Zeitabhängige Kosten
		Vorhaltekosten
		Betriebskosten
		Kosten der örtlichen Bauleitung
		Allgemeine Baukosten
=		**Herstellkosten**
+	3.	Allgemeine Geschäftskosten
+	4.	Allgemeine Ausführungswagnisse
=		**Selbstkosten**
+	5.	Gewinn und Unternehmerwagnis
=		**Angebotssumme ohne Mehrwertsteuer**
+	6.	Umsatzsteuer
=		**Angebotssumme inkl. Mehrwertsteuer**

Drees / Paul

Kalkulation von Baupreisen

Hochbau, Tiefbau, Schlüsselfertiges Bauen.
Mit kompletten Berechnungsbeispielen.

9., aktualisierte und erweiterte Auflage.
Oktober 2006. ca. 370 Seiten. 17 x 24 cm. Gebunden.
ISBN 3-89932-154-5
Subskriptionspreis bis 30.11.2006: EUR 66,–
Preis ab 01.12.2006: EUR 76,–

Dieses bereits in der 9. Auflage erscheinende Standardwerk unterstützt den Kalkulator bei seinen Berechnungen und hilft bei der richtigen Einschätzung aller Kostenfaktoren, so dass größere Differenzen zwischen kalkulatorischen und tatsächlichen Kosten vermieden werden.

Neu in der 9. Auflage:
- Das korrekte Ausfüllen der Formblätter EFB Preis 1a und 1b mit Beispielen.
- Ein Beispiel aus dem Rohrleitungsbau

Aus dem Inhalt:
- Bauauftragsrechnung und Kalkulation
- Verfahren und Aufbau der Kalkulation
- Durchführung der Kalkulation, komplette Beispiele
- Risikobeurteilung in der Baupreisermittlung
- Veränderung der Einheitspreise bei unterschiedlicher Umlage
- Kalkulatorische Behandlung von Sonderpositionen
- Vergütungsansprüche aus Nachträgen
- Kalkulation im Fertigteilbau
- Kalkulation im Stahlbau
- Deckungsbeitragsrechnung
- EDV-Kalkulation und Kalkulationsanalyse
- Nachkalkulation
- Tarifverträge und Lohnzusatzkosten
- Vorgehensweise bei der Aufschlüsselung des Einheitspreises
- Beispiel für eine Analyse der Kalkulation

Interessenten:
Architekten, Bauingenieure, Wirtschaftsingenieure, Bauunternehmen, Bauträger, Baubehörden, Bauämter, Bauherren, Baukaufleute, Investoren, Studierende des Bauingenieur- und Wirtschaftswesens.

Autoren:
Prof. Dr.-Ing. Gerhard Drees leitete über 30 Jahre das Institut für Baubetriebslehre der Universität Stuttgart und ist Aufsichtsratsvorsitzender der DREES & SOMMER AG.
Dr.-Ing. Wolfgang Paul ist stellvertretender Direktor des Instituts für Baubetriebslehre an der Universität Stuttgart.

Bauwerk www.bauwerk-verlag.de

2 Ausführung von Mauerwerk

2.1 Allgemeines

Der Mauerstein, Produkt industrieller, hochtechnologischer Forschung und Fertigung und einem ständigen Wandel steigender Möglichkeiten und Ansprüche aus Normen, Richtlinien und Markterfordernissen unterworfen, unterliegt doch in der Herstellungsmethode des Gefüges handwerklichen, manuellen, damit letztlich tradierten Prinzipien. Es besteht eine gravierende Divergenz zwischen den präzisen Fertigungen im Prüflabor und den ruppigen Fügungen im Allwetter-Betrieb auf der Baustelle unter Zeitdruck und häufiger Disqualifikation des Maurers. Zwangsläufig bedeutet dies eine erhebliche Schwankungsbreite in der errechneten und der tatsächlichen Leistungsfähigkeit der Wand in statischer wie bauphysikalischer Hinsicht. Die technischen, konstruktiven Chancen, die sich in der materialkundlichen Forschung eröffnen, damit auch die bauphysikalischen und ökologischen Möglichkeiten gilt es zwingend zu nutzen.

Angesichts dessen ist die sorgfältige Planung mauerwerksgerechter Gefüge ebenso wie deren qualifizierte und kontrollierte Ausführung vor Ort um so wichtiger, muß das theoretisch Machbare bestmöglich praktisch umgesetzt werden, ohne die maximale Leistungsfähigkeit des Mauerwerks durch mangelnde Qualitätsstandards zu gefährden.

Dies ist heute um so leichter, als nahezu alle Steinhersteller in jüngster Zeit in sich geschlossene und abgestimmte Systeme anbieten. Damit muß zwingend die Erkenntnis einhergehen, daß die Forderung nach größter Wirtschaftlichkeit auf der Baustelle nicht einfach heißt: Kostenminimierung um jeden Preis; sie bedeutet vielmehr die Minimierung des Aufwandes unter Beibehaltung des Qualitätsniveaus – oder auch die Steigerung der Qualität unter Beibehaltung des Aufwandes.

Daß Bauen Bestandteil und Träger von Kultur ist, darf keine theoretische, realitätsferne Formel sein, sondern muß Gültigkeit haben von der Planung bis zur Ausführung auf der Baustelle.

2.2 Mauermörtel

2.2.1 Herstellung

Bei der Herstellung des Mauermörtels müssen auf der Baustelle Bindemittel und Zusatzstoffe trocken und windgeschützt gelagert werden. Der Sand darf keine schädlichen Bestandteile wie Salze, Lehm, organische Verunreinigungen oder großkörnige Steine enthalten.

Für das Abmessen der Mörtelbestandteile sind bei den Mörtelgruppen II, II a, III und III a Waagen oder Zumeßbehälter mit volumetrischer Einteilung zu verwenden, um eine gleichmäßige Mörtelzusammensetzung sicherzustellen. Das Mischen erfolgt bei Kleinmengen händisch mit einer Sandschaufel oder in der Mörtelwanne mit Bohrmaschine und Rührquirl – dies insbesondere bei Dünnbettmörtel (**Abb. F.2.1**). Den Regelfall stellt ein elektrischer Freifallmischer entsprechender Größe dar. Hier ist die Mischanleitung deutlich sichtbar anzubringen. Die Ausgangsstoffe sind so lange zu mischen, bis der Mörtel eine verarbeitungsgerechte Konsistenz aufweist und sich vollfugig vermauern läßt. Anhaltswert für die Regelkonsistenz von Normal- und Leichtmörteln ist ein Ausbreitungsmaß von ca. 170 mm.

Abb. F.2.1: Anrühren von Dünnbettmörtel für Planstein-Mauerwerk

Als Rationalisierungsmaßnahme haben werksgemischte Mörtel zunehmend Bedeutung erlangt; man unterscheidet Trocken-, Vor- und Frischmörtel. Auf der Baustelle darf Trockenmörtel nur die erforderliche Wassermenge zugegeben werden; so wird z. B. bei Leichtmörtel LM 21 der Standard-24-kg-Sack mit 10 Liter Wasser mindestens 3 Minuten gemischt zu insgesamt 37 Liter verarbeitungsgerechtem Mörtel. Vormörtel erhält zusätzlich zum Wasser nur die angabegemäße Bindemittelmenge, Frischmörtel ist bereits gebrauchsfertig.

Diesen Werkmörteln dürfen darüber hinaus keine weiteren Zuschläge und Zusätze beigemischt werden.

Nach DIN 1053 T 1, Abschnitt 5.2.3.1, dürfen Mörtel unterschiedlicher Art und Gruppen auf einer Baustelle nur dann gemeinsam verwendet werden, wenn sichergestellt ist, daß keine Verwechslung möglich ist. Hierauf ist besonders bei Normalmörtel der Gruppen II und II a zu achten, die sich optisch sehr ähneln. Leichtmauermörtel und Normalmauermörtel sind dagegen gut voneinander zu unterscheiden.

Mörtel erhalten in aller Regel Zement, der mit Wasser bzw. Feuchtigkeit alkalisch reagiert: Haut und Augen sind deshalb zu schützen; bei Berührung sind sie mit Wasser auszuspülen; bei Augenkontakt muß unverzüglich ein Arzt aufgesucht werden.

2.2.2 Verarbeitung des Mauermörtels auf der Baustelle

Für das Vermauern klein- und mittelformatiger Steine bleibt die Maurerkelle das geeignete Werkzeug. Die Dreieckskelle hat eine günstige Schwerpunktlage und beansprucht das Handgelenk des Maurers weniger. Die Viereckkelle (Spachtel) ermöglicht das Aufbringen größerer Mörtelmengen und erleichtert das gleichmäßige Verteilen.

Für das Vermauern großformatiger Steine eignet sich der Mörtelschlitten, der der Breite des Mauerwerks angepaßt werden kann und eine gleichmäßige Fugendicke gewährleistet; mit Schaufel oder Schöpfer gefüllt, ermöglicht er rationell Lagerfugen bis zu 10 m Länge (**Abb. F.2.2**).

Neueren Entwicklungen mit Dünnbettmörtel werden sogenannte Zahnkellen oder Mörtelwalzen gerecht, die ein gleichmäßiges Aufziehen des Mörtels in einer Stärke von nur 1 mm gewährleisten (**Abb. F.2.3/4**); diese Hilfsmittel ergänzen die Methode, den Mauerstein einfach nur in den flüssigen Mörtel in der Mörtelwanne einzutauchen und im Verband zu plazieren (**Abb. 2.5**).

Abb. F.2.3: Mörtelauftrag mit Mörtelwalze

Abb. F.2.4: Mörtelauftrag mit Zahnkelle

Der Mörtel hat die Aufgabe, die Kraftübertragung von Stein zu Stein sicherzustellen, und dient dem Ausgleich für die Maßtoleranzen bei den Steinen; je geringer die Fertigungstoleranzen des Mauersteines sind (Plansteine), desto geringer kann die Mörtelfuge sein. Dabei ist zu beachten, daß stark

Abb. F.2.2: Mörtelauftrag mit Dünnbettmörtelschlitten

Ausführung von Mauerwerk

Abb. F.2.5: Tauchverfahren bei Dünnbettmörtel

saugende Mauersteine dem Frischmörtel vergleichsweise viel Wasser entziehen. Da Mörtel für den Erhärtungsprozeß eine bestimmte Wassermenge benötigt, kann bei zu starkem Wasserentzug die Erhärtung nur unvollständig ablaufen, der Mörtel „verdurstet", der Verband zwischen Stein und Mörtel wird mangelhaft. Um den Wasserentzug zu begrenzen, müssen stark saugende Steine vorgenäßt, oder aber – in Ausnahmefällen – das Wasserrückhaltevermögen des Mörtels unter Verwendung von Zusatzmitteln gesteigert werden. Bei Werkmörtel sollte sich der Maurer unbedingt nach den Empfehlungen des Herstellers richten.

Durch Wasserwanderung vom Mörtel in den Stein können lösliche Bestandteile aus dem Bindemittel des Mörtels in den Stein gelangen. Das Wasser verdunstet auf der Oberfläche des Steines, die im Wasser gelösten Stoffe lagern sich als Ausblühung auf der Steinoberfläche ab. Durch Vornässen oder Verwendung von Zusatzmitteln, die das Wasserrückhaltevermögen des Mörtels steigern, lassen sich diese Ausblühungen verringern. Vorhandene Ausblühungen aus wasserlöslichen Salzen können durch wiederholtes Abbürsten entfernt werden.

2.2.3 Ausführung der Stoß- und Lagerfugen

Die Fugen im Mauerwerk sind im allgemeinen vollständig zu vermörteln, um die Kraftübertragung von Stein zu Stein sicherzustellen. Der Vermörtelungsgrad ist von besonderer Bedeutung: die Mauerwerksdruckfestigkeit verändert sich proportional mit der Größe der auf die Gesamtfläche der Lagerfuge (Sollfläche) bezogenen sachgerecht vermörtelten Fläche (Istfläche). Die Stoßfugenvermörtelung spielt dagegen eine geringere Rolle, da bei Normal- und Leichtmörtel-Mauerwerk im Stoßfugenbereich wegen der geringen Haftzugfestigkeit zwischen Stein und Mörtel keine wesentlichen Kräfte aufgenommen werden können

Lagerfugen sollen üblicherweise 12 mm, bei Verwendung von Dünnbettmörteln 1 bis 3 mm dick sein, Stoßfugen bei herkömmlicher Mauertechnik 10 mm, bei Dünnbettmörteln ebenfalls 1 bis 3 mm. Bei Knirschverlegung der Steine, d. h., wenn sie ohne Mörtel so dicht aneinander gelegt werden, wie dies wegen der herstellbedingten Unebenheiten der Stoßfugenfläche möglich ist, kann die im Stein vorgesehene Mörteltasche verfüllt werden, oder die Stoßfuge bleibt unverfüllt. Dabei soll der Abstand der Steine im allgemeinen nicht größer als 5 mm sein. Bei größeren Abständen müssen die Fugen bereits im Planungsstadium so gewählt werden, daß das Maß von Stein und Fugen dem Baurichtmaß bzw. dem Koordinierungsmaß entspricht.

Die unvermörtelte Stoßfuge setzt sich wegen des verringerten Arbeits- und Mörtelbedarfs immer mehr durch. Die Steine müssen hierfür durch ein Nut- und Federsystem geeignet sein (**Abb. F.2.6**). Die erforderlichen Maßnahmen zur Erfüllung der Anforderungen hinsichtlich des Schlagregenschutzes, des Wärme-, Schall- sowie des Brandschutzes sind bei dieser Vermauerungsart besonders zu beachten (**Abb. F.2.7–10**).

Abb. F.2.6: Nut- und Federsystem für unvermörtelte Stoßfugen

F.13

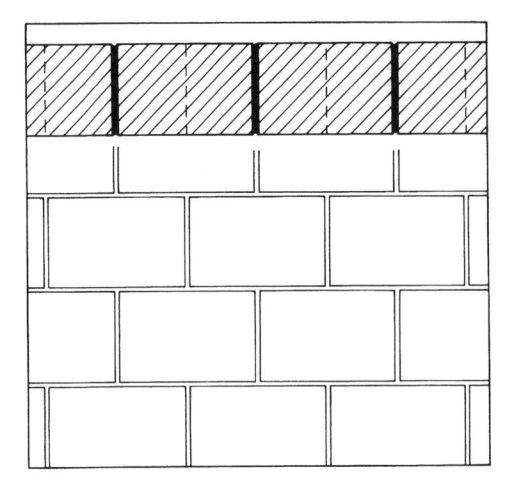

Abb. F.2.7: Traditionelle Fügung mit Mörtel in Stoß- und Lagerfuge

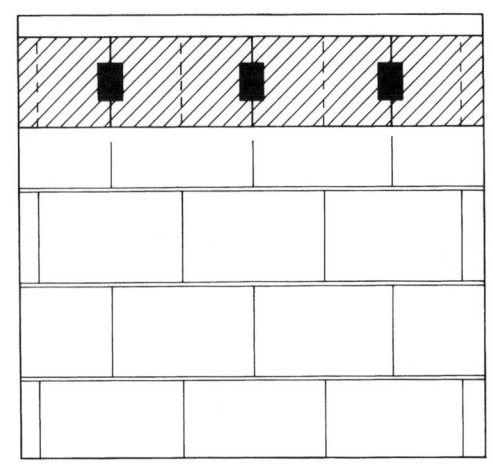

Abb. F.2.9: Knirschverlegung mit verfüllten Mörteltaschen

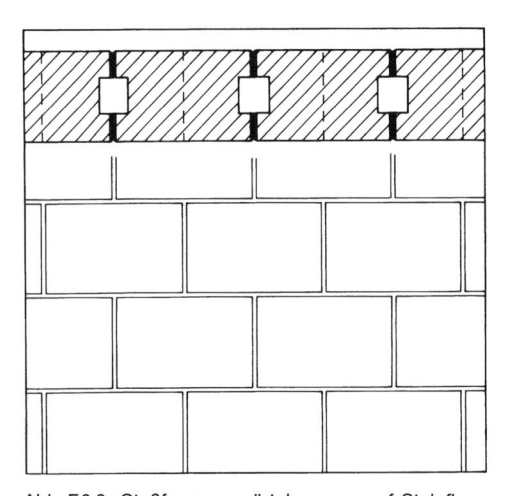

Abb. F.2.8: Stoßfugenvermörtelung nur auf Steinflanken

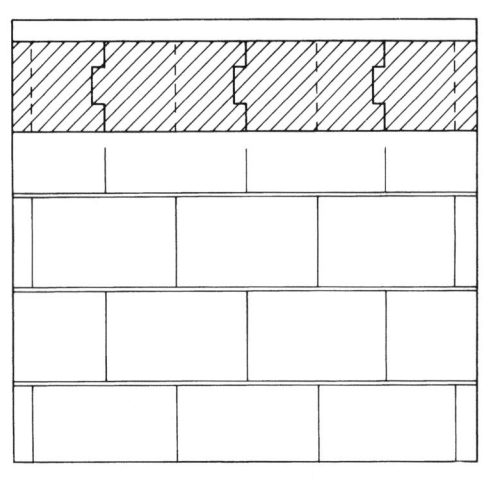

Abb. F.2.10: Nut- und Federsystem ohne Stoßfugenvermörtelung

Eine Besonderheit stellen neuere Entwicklungen im Bereich von Leichtbeton/Bims-Steinen dar, bei denen auch die Lagerfuge unvermörtelt ausgeführt wird; der statische Verbund zwischen den Steinen erfolgt dann ausschließlich über Reibung. Hier sind zwingend die produktspezifischen Zulassungen zu beachten (**Abb. F.2.11**).

Bei Sicht- und Verblendmauerwerk hängen die bauphysikalische und konstruktive Funktion sowie die Dauerhaftigkeit des Mauerwerks wesentlich von der Qualität der Verfugung ab. So sind Feuchteschäden nach Schlagregeneinwirkung fast immer auf die mangelnde Dichtigkeit der Fugen zurückzuführen. Häufig sind Risse die Ursache, die in den Lagerfugen meist quer dazu und mittig zwischen den Stoßfugen, in den Stoßfugen selbst oft zwischen Stein und Mörtel auftreten (**Abb. F.2.12**).

Sie sind die Folge eines zu rasch schwindenden Mörtels, dem das Wasser noch vor ausreichender Erhärtung durch den Stein entzogen wurde, was wiederum insbesondere dann geschieht, wenn der Mörtel zu „fett" ist wegen zu großer Anteile an Bindemitteln oder auch zu feinkörniger oder lehmhaltiger Sande. Wesentlich ist deshalb beim Vermauern die Vorbereitung vollflächig deckender

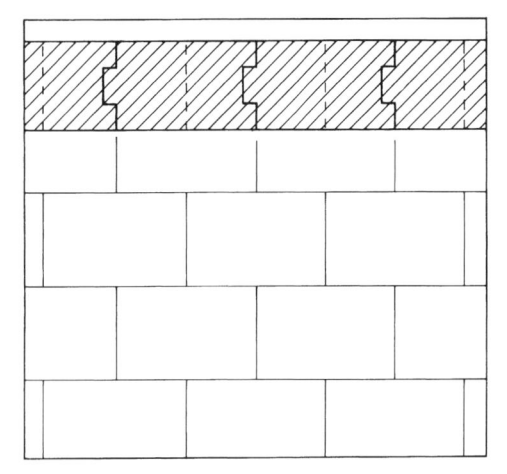

Abb. F.2.11: Mauerwerk ohne Mörtel in Stoß- und Lagerfuge

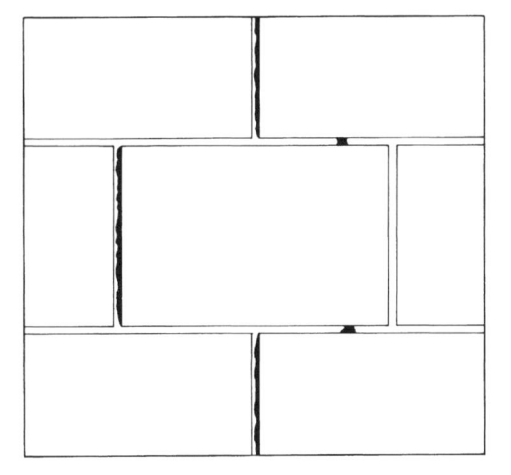

Abb. F.2.12: Schwindrisse in Stoß- und Lagerfugen

Mörtellagen für Stoß- und Lagerfugen. Geschieht dies nicht, gleiten die Mörtelbatzen gerade beim Verarbeiten von Hochlochklinkern nicht weit genug auseinander und ein Teil des Mörtels weicht in die Lochungen aus; es entstehen Hohlräume, die einen dichten, kraftschlüssigen Haftschluß verhindern.

Es gibt zwei Möglichkeiten der Verfugung: den sogenannten Fugenglattstrich und die nachträgliche Verfugung. Der Fugenglattstrich ermöglicht hochwertiges Sichtmauerwerk mit geringem Arbeitsaufwand und gleichzeitig dem bauphysikalischen Vorteil, daß die Fugen in ihrer ganzen Tiefe aus einem „Guß" sind. Der beim Mauern herausquellende Mörtel wird mit der Kelle abgezogen und nach dem Ansteifen mit einem Holzspan oder einem Schlauchstück bündig glatt gestrichen. Voraussetzung für diese Technik ist die Verwendung von Fugenmörtel mit gutem Zusammenhalt (Kohäsion) und Wasserrückhaltevermögen; dies ist erforderlich, damit herausquellender Mörtel die Steine nicht verschmutzt. Der Fugenglattstrich bietet den Vorteil einer homogenen, gut verdichteten Fuge und zwingt den Maurer zu vollfugigem Mauern.

Beim nachträglichen Verfugen sind die Fugen der Sichtflächen mit einem Hartholzstab gleichmäßig 1,5 bis 2 cm tief auszuräumen. Die Fassadenflächen einschließlich der Fugen sind dann von losen Mörtelteilen und Staub zu reinigen und anschließend ausreichend vorzunässen. Das Vornässen sollte am Wandfuß beginnen. Im Reinigungswasser gelöste Stoffe werden dann beim Ablaufen von der bereits vorgenäßten Wand nicht aufgesogen; die Gefahr späterer Ausblühungen wird so verringert.

Der schwach plastische Verfugmörtel wird kräftig in die Fugen eingedrückt, wobei auf eine innige Verbindung von Stoß- und Lagerfuge zu achten ist. Die frische Verfugung ist vor Regen und Austrocknung zu schützen. Nachträgliches Verfugen sollte nur dann angewandt werden, wenn mit der Verfugung ein besonderer Effekt erzielt werden soll (z. B. Farbe) oder wenn die Oberfläche des Steines einen Fugenglattstrich nicht zuläßt.

Über die Mörtel für Verfugungsarbeiten enthält DIN 1053 T 1 keine besonderen Hinweise. Prinzipiell sollen sie aber wie Mauermörtel aufgebaut sein. Vorzugsweise sind die Mörtelgruppen II oder II a zu verwenden.

2.3 Mauerwerk

2.3.1 Vom Mauern

Eine additiv geschichtete und mit Mörtel gefügte Mauerwerkswand wird bauseits erstellt nach den Vorgaben der Grundrißgeometrie im Werkplan; dieser basiert im Regelfall auf der „oktametrischen" Maßordnung, d. h. einem Grundmodul von 12,5 cm, das nach 1945 von Ernst Neufert als System entwickelt und verbindlich als DIN 4172 (7.55) eingeführt wurde. Hieraus ergibt sich geometrisch exakt der Mauerwerksverband in Höhe, Breite und Länge der Wände und Öffnungen, dies sowohl insgesamt wie in der Einzeladdition unterschiedlich großer Steine.

Da im Regelfall der Rohbauzustand der Wand durch Innen- oder Außenputz kaschiert wird, entziehen sich diese geometrischen Überlegungen zur Ausführung im einzelnen fälschlich immer mehr dem planenden Architekten und Fachingenieur und verlagern sich in den Bereich des Unternehmers. Ihm sind immer häufiger die Fragen nach Steingrößen und Stückgewicht überlassen, damit die nach seiner Leistung und Effizienz: bei geringem Gewicht und Stückformat entsteht pro Arbeitsgang auch nur ein geringes Volumen; bei größerem Stückformat steigt pro Arbeitsgang das Volumen; da jedoch auch das Gewicht steigt, ermüdet der Maurer schneller, und die Arbeitsleistung sinkt.

Im Spanngriff können ca. 12 cm gefaßt werden, als günstiges Stückgewicht für eine Hand haben sich 3,5–3,7 kg erwiesen – dies entspricht einem Vollziegel im Normalformat von 24 × 11,5 × 7,1 cm bei einer Rohdichte von 1,8 kg/dm^3. Größer formatierte Steine erfordern einen oder zwei Griffschlitze, die im Schwerpunkt angeordnet sein müssen; arbeitstechnisch günstig gelten hier Stückgewichte von 6,2 bis 6,5 kg, wie sie z. B. ein Leichtziegel mit Rohdichte 0,8 und einer Dimension von 30 × 24 × 11,3 cm aufweist – dem 3,75fachen des NF-Formates und damit der Möglichkeit einer mehr als doppelt so großen Arbeitsleistung des Maurers. Hier ist die Grenze des einhändigen Rhythmus aus Stein und Mörtelkelle erreicht (Abb. F.2.13).

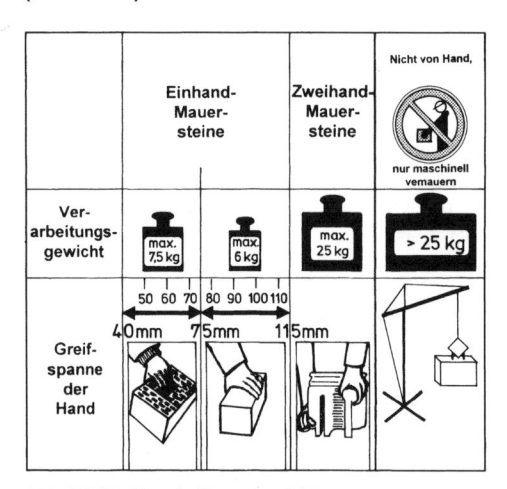

Abb. F.2.13: Verarbeitungsgewichte

Größere Formate erfordern das Zupacken mit beiden Händen, haben ein größeres Gewicht von ca. 20 kg und mehr zur Folge und implizieren im Arbeitsrhythmus zunächst das Erstellen der Lagerfuge mit Mörtel über größere Strecken, dann das trockene Versetzen mehrerer Steine hintereinander. Von Bedeutung ist dabei insbesondere die Ausbildung der Stoßfuge bzw. Mörteltasche, die in der Baustoffindustrie unterschiedlich und konkurrierend ausgebildet wird und einem innovativen, auf Effizienzsteigerung zielenden Wandel unterworfen ist.

Die Auseinandersetzungen innerhalb dieser Thematik sind für Qualität und Effizienz auf der Baustelle, damit für die Wirtschaftlichkeit des Mauerwerksbaues von besonderem Interesse; sie setzen die qualitative Einbindung des Architekten und Bauingenieurs voraus, deren Einfluß auf die Praxis an der Baustelle gestärkt werden muß.

In diesem Zusammenhang geht es aber nicht nur um die Verwendung ganzer Steine mit den beschriebenen Aspekten, es geht auch um die Frage ihrer Teilbarkeit zur Anpassung an fachgerechte Mauerwerksverbände. Das Teilen und Ablängen bei kleinformatigen Steinen mit relativ geringem Lochanteil kann problemlos mit dem Maurerhammer vorgenommen werden. Bei großformatigen leichten Steinen mit entsprechend hohem Lochanteil wird der Hammer oft durch Beil oder Axt ersetzt, was nicht handwerksgerecht ist und insbesondere unnötigen Bruch mit unpräzisen Kanten ergibt; werden diese Fehlstellen mit Mörtel und Ziegelbruch ausgefüllt – wie in der Praxis häufig insbesondere im Bereich von Giebelschrägen zu beobachten –, entstehen irreparable statische und bauphysikalische Schwachstellen. Es sollten deshalb z. B. Spaltmesser oder Handsägen (Abb. F.2.14) mit speziell gehärtetem Blatt Verwendung finden, besser noch geeignete und vom Steinhersteller empfohlene Trennmaschinen (Abb. F.2.15).

2.3.2 Ausführung von Verbänden

Die Fügung der Mauersteine mittels Mörtel in Stoß- und Lagerfugen, d. h. ihr Verband, erfolgt bei sogenanntem Rezeptmauerwerk nach Regeln der DIN 1053 T 1 (02.90).

Abb. F.2.14: Elektrische Steinhandsäge

Ausführung von Mauerwerk

Abb. F.2.15 Paßsteinherstellung mit Steinsäge

Abb. F.2.16 Überbindemaße in Stoß- und Längsfugen; Querschnitt

Im wesentlichen gelten hier folgende Regeln: Stoß- und Längsfugen übereinanderliegender Schichten müssen versetzt sein. Von dieser Bestimmung darf nicht abgewichen werden. Das Überbindemaß muß betragen: $ü ≤ 0,4 h ≤ 4,5$ cm: h ist dabei das Nennmaß der Steinhöhe (**Abb. F.2.16/17**).

Auch von dieser Bestimmung darf nicht abgewichen werden; dabei sollte die Mindestüberbindung die Ausnahme sein, die Überbindung nach der Baumaßordnung die Regel (**Tafel F.2.1**); vergleiche auch Abschnitt A.3.

Steine einer Schicht sollen die gleiche Höhe haben; Ziel dieser Sollbestimmung ist die Vermeidung bzw. Reduzierung einer ungleichen Anzahl von Lagerfugen in einer Schicht, da sich die Bereiche mit mehr Fugen unterschiedlich verformen und der Belastung anteilig entziehen können. Bei Steinen nebeneinanderliegender Läuferschichten darf die Steinhöhe nicht größer sein als die Steinbreite – eine zwingende Bestimmung, zu der es keine Ausnahme gibt.

Grundsätzlich unterscheidet man bei einem Verband Läufer- und Binderschichten. Läufer sind

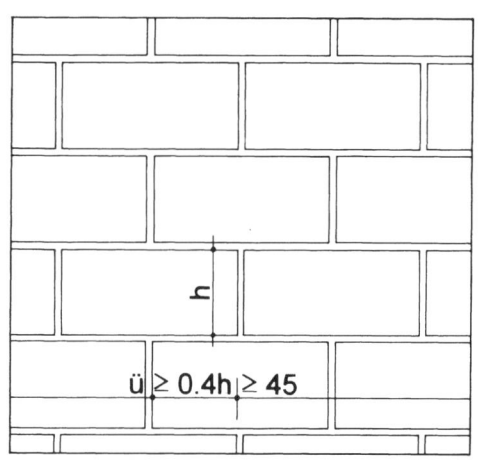

Abb. F.2.17 Überbindemaße in Stoß- und Längsfugen; Ansicht

Tafel F.2.1 Überbindemaße

Steinhöhe h	Schichthöhe h	Schichtzahl	Rechnung nach DIN + Vergleich mit Mindestforderung	$ü$ min cm	$ü$ Baumaß cm
5,2	6,25	16	0,4 × 5,2 = 2,08 < 4,5	4,5	5,2
7,1	8,33	12	0,4 × 7,1 = 2,84 < 4,5	4,5	5,2
11,3	12,5	8	0,4 × 11,3 = 4,52 > 4,5	4,52	5,2
23,8	25,0	4	0,4 × 23,8 = 9,52 > 4,5	9,52	11,5

Steine, die mit der Längsseite in der Mauerflucht liegen. Binder liegen mit der Schmalseite in der Mauerflucht, sie binden im Wortsinne (zu den wichtigsten Verbänden, siehe A 3.3).

Aus Rationalisierungsgründen wird heute vorwiegend Mauerwerk im Läufer- oder Bindverband als sogenanntes „Einsteinmauerwerk" ausgeführt. Durch Verwendung von großformatigen Steinen kann mit diesen Verbänden einsteiniges Mauerwerk von 25 cm, 30 cm, 36,5 cm und 49 cm Dicke hergestellt werden. Bei Verwendung von mittel- und großformatigen Steinen empfiehlt es sich, die Ausführung von Eckverbänden, Einbindungen, Kreuzungen usw. vor Baubeginn festzulegen. Je größer das Steinformat, desto geringer ist die Anpassungsmöglichkeit an beliebige Maße.

Um fachgerechte Verbände zu gewährleisten und das Anpassen der Steine durch Schlagen oder Schneiden zu vermeiden, zumindest aber zu reduzieren, sollten schwierige Punkte vor der Ausführung durchdacht werden. Bei einschaligen Außenwänden ist darauf zu achten, daß die Ergänzungssteine gleiche bzw. nahezu gleiche Wärmedämmeigenschaften haben, um keine Wärmebrücken entstehen zu lassen, das Entsprechende gilt in statischer Hinsicht für ihre Festigkeitsklasse. Einige Lösungen sind **Abb. F.2.18–21** zu entnehmen.

Abb. F.2.18: Wand d = 24 cm; Läuferverband aus 12 DF

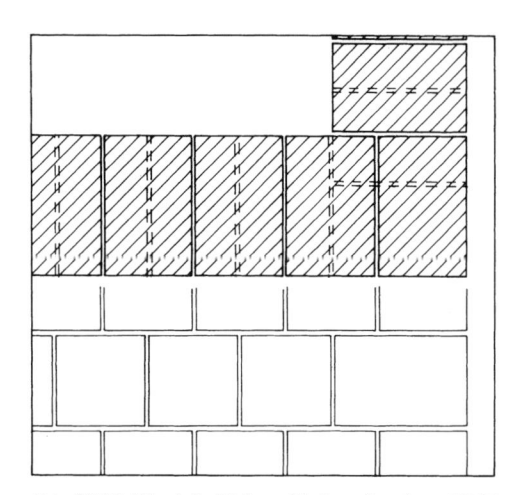

Abb. F.2.20: Wand d = 36,5 cm; Binderverband aus 12 DF

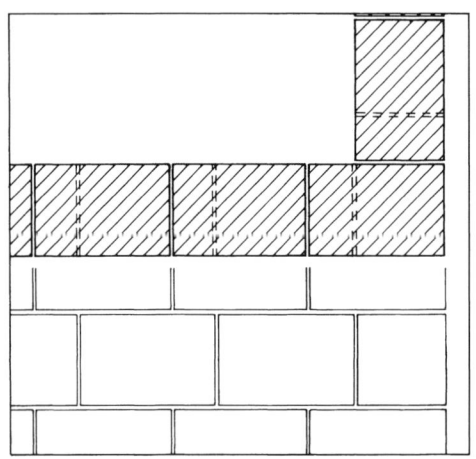

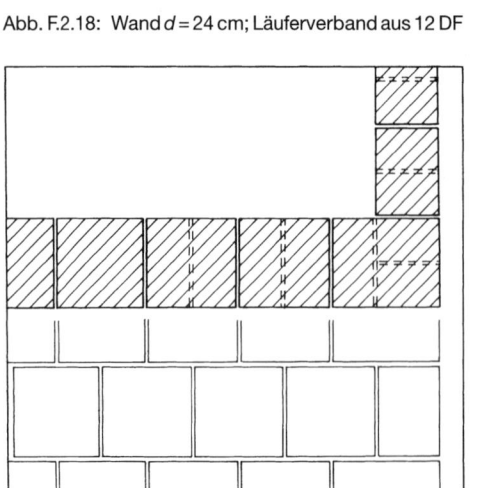

Abb. F.2.19: Wand d = 24 cm/17,5 cm; Läuferverband aus 8 DF/6 DF

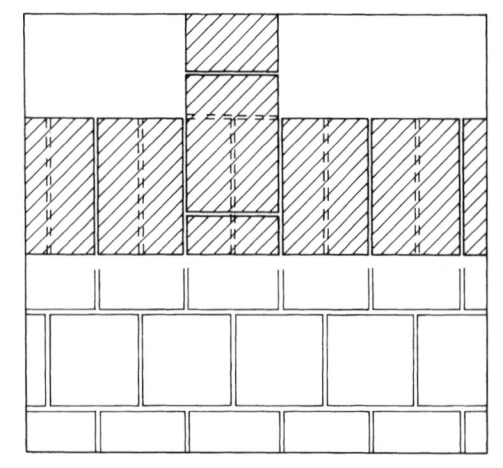

Abb. F.2.21: Wand d = 36,5 cm/24 cm; Binder-/Läuferverband aus 12 DF

2.3.3 Verbindung von Wänden und Querwänden

Von besonderer Bedeutung bei der Ausführung von Mauerwerksverbänden ist die kraftschlüssige Verbindung von Wänden und Querwänden. Es ist deshalb auf der Baustelle darauf zu achten, daß die der statischen Berechnung zugrunde gelegten, rechtwinklig zur Wandebene unverschieblich gehaltenen Bauteilränder (zwei-, drei- oder vierseitige Halterung) auch tatsächlich realisiert werden.

Als unverschiebliche Halterung dürfen horizontal gehaltene Deckenscheiben, aussteifende Querwände oder andere ausreichend steife Bauteile angesehen werden; dies aber nur dann, wenn die aussteifende Querwand und die auszusteifende Wand aus Baustoffen annähernd gleichen Verformungsverhaltens bestehen, sie zug- und druckfest mit einander verbunden sind und ein Abreißen auch infolge stark unterschiedlicher Verformungen nicht zu erwarten ist.

Als zug- und druckfester Anschluß gilt das gleichzeitige Hochführen der Wände im Verband, d. h. mit liegender oder stehender Verzahnung (**Abb. F.2.22/23**).

Nach DIN 1053 T 1, Abschnitt 6.6.1, sind aber auch andere Maßnahmen hinsichtlich zug- und druckfester Anschlüsse gestattet: so können Regelaussparungen in der auszusteifenden Wand (Lochzahnung) oder auch vorstehende Steine (Stockzahnung) eine nachträgliche Einbindung der aussteifenden Wand ermöglichen. Dies hat in der Baupraxis den Vorteil, daß der zur Verfügung stehende Arbeitsraum einschließlich erforderlicher Gerüste effizienter genutzt werden kann.

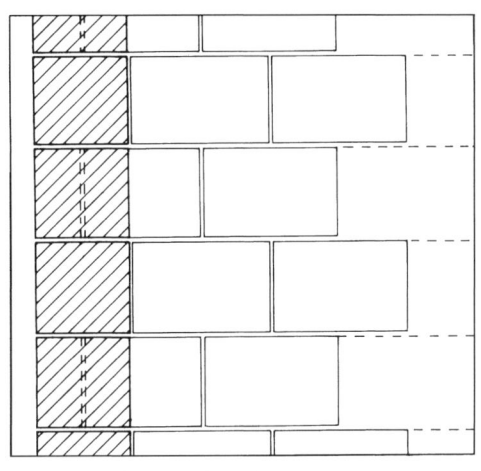

Abb. F.2.23: Stehende Verzahnung

Da Loch- und Stockzahnung jedoch nur druckfeste Verbindungen gewährleisten, müssen zur Übernahme von Zugkräften in den Drittelspunkten der Wandhöhe ausreichend korrosionsgeschützte Bewehrungseisen eingelegt werden (**Abb. F.2.24**).

Zur Rationalisierung bietet sich an, auf ihre Verzahnung – gleich welcher Art – ganz zu verzichten. Die Wände werden stumpf gestoßen und im Anschlußbereich besonders sorgfältig vermörtelt. Um den Wandanschluß zugfest zu machen, wird – wie oben geschildert – eine Bewehrung aus Betonstahl (**Abb. F.2.25**) oder aber Flachankern aus V 4A-Stahl in Verbindung mit einer an der Außenwand befestigten Führungsschiene in die Lager-

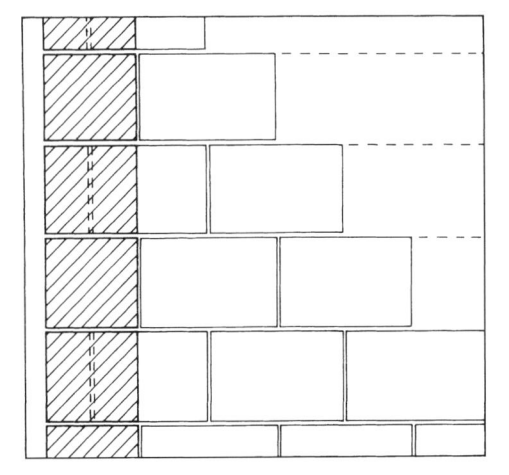

Abb. F.2.22: Liegende Verzahnung

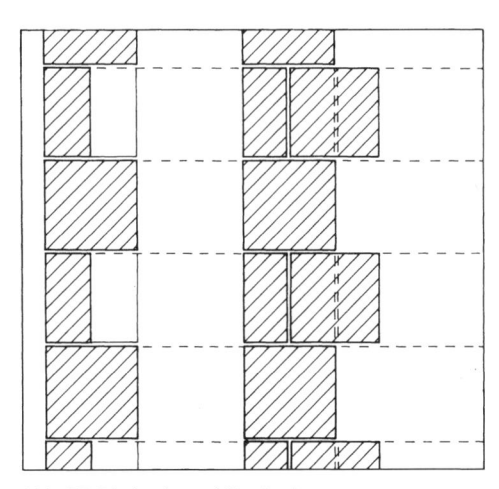

Abb. F.2.24: Loch- und Stockzahnung

Baubetrieb

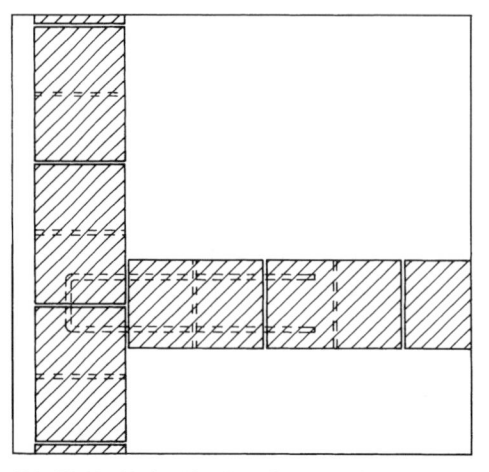

Abb. F.2.25: Kraftschlüssiger Stumpfstoß mit Betonstahl

Tafel F.2.2 Zulässige Wandhöhen in m

Steinrohdichte kg/m³	Wanddicke d in cm		
	11,5	17,5	24
600	0,60	1,35	2,55
800	0,75	1,70	3,20
1 000	0,90	2,00	3,85
1 200	0,95	2,20	4,00
1 600	1,25	2,90	4,00
1 800	1,30	3,05	4,00
2 000	1,45	3,40	4,00

2.3.4 Schlitze und Aussparungen

Die Tragfähigkeit des Mauerwerkes wird durch Schlitze und Aussparungen verringert; sie sollten deshalb frühzeitig bei der Planung in Abstimmung mit den Fachingenieuren festgelegt werden (**Abb. F.2.27**).

Bei nachträglicher Festlegung und Herstellung sind nur Geräte wie z. B. Fräsen oder elektrische Schlagwerkzeuge zu verwenden, die den Mauerwerksverband nicht lockern und die Schlitztiefe möglichst genau einhalten (**Abb. F.2.28**). Durch waagerechte und schräge Aussparungen und Schlitze treten an der Wand erhebliche Exzentrizitäten auf. Die Größe der Tragfähigkeitsminderung kann etwa proportional zur Querschnittsminderung angesetzt werden, dies bis zu einer Minderung von 25 %, wenn die Schlitze nicht im mittleren Bereich der Wandhöhe liegen. Ohne rechnerischen Nachweis sind nach DIN 1053 T 1 folgende horizontale und schräge Schlitze in tragenden Wänden zulässig (**Tafel F.2.3**), unter Beachtung der unten aufgeführten Einschränkungen.

fuge eingelegt. Durch diese Maßnahme verringert sich Arbeitszeit im Wegfall der aufwendigen Verzahnung, insbesondere ergibt sich ein problemloser Anschluß bei verschiedenen Steinformaten und -höhen sowie ein Wegfall von Wärmebrücken bei einbindenden Innenwänden höherer Rohdichte in Außenwände mit einer niedrigeren.

Tafel F.2.2 gibt die zu beachtenden Wandhöhen für nicht ausgesteifte Wände gemäß „Merkblatt für das Ausmauern von Wandscheiben der Bau-Berufsgenossenschaft an, bezogen auf eine maximale Windstärke von 12 m/s, d. h. Stärke 6 nach Beaufort.

Abb. F.2.26: Kraftschlüssiger Stumpfstoß mit Flachanker

Abb. F.2.27: Aussparungen im gemauerten Verband

Ausführung von Mauerwerk

Abb. F.2.28: Elektrische Mauerfräse für nachträgliches Schlitzen

Tafel F.2.3: Ohne Nachweis zulässige horizontale und schräge Schlitze in tragenden Wänden

Wand-dicke	Horizontale und schräge Schlitze[1] nachträglich hergestellt	
	Schlitzlänge[2]	
	unbeschränkt Tiefe[4] mm	≤ 1,25 lang[3] Tiefe/mm
≥ 115	–	–
≥ 175	0	≥ 25
≥ 240	≥ 15	≥ 25
≥ 300	≥ 20	≥ 30
≥ 365	≥ 20	≥ 30

[1] Es ist zu beachten, daß horizontale und schräge Schlitze nur zulässig sind in einem Bereich 0,4 m ober- oder unterhalb der Rohdecke sowie jeweils an einer Wandseite. Sie sind nicht zulässig bei Langlochziegeln.
[2] Bei begrenzten Schlitzlängen sind größere Tiefen zulässig, weil die Möglichkeit zur Lastumlagerung besteht.
[3] Mindestabstand in Längsrichtung von Öffnungen ≥ 490 mm, vom nächsten Horizontalschlitz 2fache Schlitzlänge.
[4] Die Tiefe darf um 10 mm erhöht werden, wenn Werkzeuge verwendet werden, mit denen die Tiefe genau eingehalten werden kann; in diesem Fall dürfen auch in Wände ≥ 240 mm gegenüberliegende Schlitze mit jeweils 10 mm Tiefe ausgeführt werden.

Vertikale Aussparungen und Schlitze können die Tragfähigkeit der Wände wesentlich beeinträchtigen, dies insbesondere dann, wenn die seitliche Halterung verringert bzw. aufgehoben wird. Sie sind im allgemeinen dann ohne Nachweis zulässig, wenn die Querschnittsschwächung, bezogen auf 1 m Wandlänge, nicht mehr als 6 % beträgt und die Wand rechnerisch 2seitig, d. h. oben und unten gehalten ist **(Tafel F.2.4)**.

Tafel F.2.4: Ohne Nachweis zulässige vertikale Schlitze und Aussparungen in tragenden Wänden

Wand-dicke	Vertikale Schlitze und Aussparungen, nachträglich hergestellt[1]			Vertikale Schlitze und Aussparungen in gemauertem Zustand[1]			
	Tiefe[2]	Einzel-schlitz-breite[3] mm	Abstand der Schlitze und Aussparungen von Öffnungen mm	Breite[3] mm	Restwand-dicke mm	Abstand der Schlitze und Aussparungen	
						von Öffnungen mm	untereinander mm
≥ 115	10	≥ 100	–	–	–		
≥ 175	30	≥ 100		260	≥ 115	≥ 2fache Schlitzbreite bzw. ≥ 365	≥ Schlitz-breite
≥ 240	30	≥ 150	≥ 115	385	≥ 115		
≥ 300	30	≥ 200		385	≥ 175		
≥ 365	30	≥ 200		385	≥ 240		

[1] Die Grenzwerte sind so festgelegt, daß der Einfluß auf die seitliche Halterung der Wand vernachlässigbar bleibt. Die Restwanddicken und der Abstand von Öffnungen müssen zwingend eingehalten werden.
[2] Schlitze, die bis maximal 1 m über den Fußboden reichen, dürfen bei Wanddicken ≥ 240 mm bis 80 mm Tiefe und 120 mm Breite ausgeführt werden.
[3] Die Gesamtbreite von Schlitzen nach Spalte 3 und Spalte 5 darf je 2 m Wandlänge die Maße in Spalte 5 nicht überschreiten. Bei geringeren Wandlängen als 2 m sind die Werte in Spalte 5 proportional zur Wandlänge zu verringern.

2.3.5 Feuchteschutz

Mauersteine werden im Regelfall auf folienverpackten Paletten geliefert. In dieser Form sind sie vor dem Vermauern gegen Durchnässen geschützt.

Da Mörtel an durchnäßten Steinen schlecht haftet, mit der Trocknung das Risiko von Ausblühungen steigt und insbesondere der Trocknungsvorgang des Rohbaues unnötig Zeit und Energie beansprucht, müssen bei lang anhaltenden Regenfällen sowohl die Mauersteine an sich als auch Bauteilbereiche wie Wände, Brüstungen, offene Aussparungen und Schlitze insgesamt an ihren Oberseiten mit Planen oder Folien sorgfältig abgedeckt werden; gegen Windeinwirkungen schützen Nagelbretter oder beschwerende Materialien, bei noch nicht vorhandenen Regenfallrohren sind provisorische Ableitungen erforderlich.

Wenn die o.a. Empfehlungen rechtzeitg und konsequent angewandt werden, sind auch bei Winterbaustellen keine Schäden am ausgeführten Mauerwerk, wie z. B. Abplatzungen, Ausblühungen und – als Extremfall – Verringerung der Tragfähigkeit, zu erwarten.

2.3.6 Ausführung von Mauerwerk bei Frost

Nach DIN 1053 T1, Abschnitt 9.4, darf bei Frost Mauerwerk nur unter Einhaltung besonderer Schutzmaßnahmen ausgeführt werden. Gestaffelt nach Temperaturbereichen, können verschiedene Schutzmaßnahmen empfohlen werden: So kann bei Temperaturen von + 5 bis 0 °C wärmedämmendes Abdecken des Mörtelzuschlages bereits genügen, bei 0 bis – 5 °C sind unvermauerte Steine abzudecken; es ist ein Erwärmen des Anmachwassers und des Zuschlages unter Verwendung von Zementen höherer Festigkeitsklassen (z. B. PZ 45 F oder PZ 55) denkbar; die Zugabe von Luftporenbildnern oder Erhärtungsbeschleunigern bei der Mörtelherstellung macht eine spezielle Eignungsprüfung erforderlich. Fertiges Mauerwerk muß zum Schutz vor Feuchtigkeit und Frost abgedeckt werden.

Die Festigkeit des Mörtels verlangsamt sich mit abnehmenden Temperaturen und kommt bei – 10 °C praktisch zum Erliegen. Durch die Volumenvergrößerung von Wasser zu Eis wird frischer und noch wenig fester Mörtel in seinem Gefüge gestört. Eine Frosteinwirkung vor Ablauf ausreichender Abbindezeiträume beeinträchtigt nachhaltig die Mörtelfestigkeit.

Auf gefrorenem Mauerwerk darf nicht weitergemauert werden. Teile von Mauerwerk, die durch Frost oder andere Einflüsse beschädigt werden, sind vor dem Weiterbau abzutragen. Gefrorene Baustoffe dürfen nicht verwendet werden. Frostschutzmittel und der Einsatz von Auftausalzen sind nicht zulässig.

2.3.7 Reinigung von Sichtmauerwerk

Zu unterscheiden sind zunächst verschiedene Verschmutzungsarten, unabhängig vom Steinmaterial der Vorsatzschale, von denen die häufigste die durch Mörtel und Bindemittel während des Arbeitsvorganges ist. Nach Fertigstellung des Sichtmauerwerkes können Ausblühungen entstehen, daneben auch Auslaugungen von Kalk. Insbesondere im Zuge der Altbausanierung stellt sich die Problematik atmosphärischer Verschmutzung.

Im ersten Fall ist die beste und billigste Reinigung die sofortige Beseitigung der noch frischen Mörtelreste parallel zur Erstellung des Mauerwerks; dies geschieht mittels Wasser, Bürste und Schwamm.

Wichtig ist in diesem Zusammenhang auch die Vorsorge: Mörtelkästen sollen in genügendem Abstand von der Fassade aufgestellt werden, frisches Mauerwerk ist durch Folienabdeckung vor Mörtelspritzern zu schützen, nicht zuletzt sind die Gerüstbretter regelmäßig zu reinigen. Das innere Brett ist bei Arbeitsunterbrechungen und Regen hochkant zu stellen.

Werden die Vormauersteine noch vor der Verarbeitung gewässert, so daß das spezifische Wassersaugvermögen z. B. bei Ziegel 15 g/m^2 und Minute nicht übersteigt, wird die Saugfähigkeit der Steine und damit die Aufnahme von Bestandteilen aus dem Mörtel und dessen Bindemittel reduziert; dies betrifft Alkalimetalle, Kieselsäure und kleine Mengen leicht löslicher Salze, insbesondere Kalium- und Natriumsulfat. Durch Wasser werden diese ausblühfähigen Stoffe gelöst, transportiert und an der Steinoberfläche abgelagert, an der das Wasser verdunsten kann. Unter Witterungseinflüssen verschwinden die meisten Ausblühungen nach kurzer Zeit; ist dies nicht der Fall, ist eine trockene Reinigung mit Spachtel (Abb. F.2.29), geeigneten Holzbrettchen oder Wurzelbürste vorzunehmen. Angewendet werden können in besonderen Fällen auch Sandstrahlverfahren, bei denen jedoch die Oberfläche des Sichtmauerwerks gefährdet ist.

Bei der nassen Reinigung muß das Mauerwerk von unten nach oben vorgenäßt werden, ehe die Reinigungsmittel gemäß Herstelleranleitung verdünnt oder unverdünnt aufgetragen werden können (Abb. F.2.30). Diese Verfahren gelten insbesondere bei älteren Kalkauslaugungen und -aussinterungen wie z. B. von Calciumcarbonat; bewährt haben sich insbesondere bei Ziegelmauerwerk

Abb. F.2.29: Trockene Reinigung mit Spachtel

Abb. F.2.30: Nasse Reinigung unter fließendem Wasser

Reinigungsmittel auf Basis von Salz-, Phosphor- und Ameisensäure. Unmittelbar nach der Reinigung muß die gelöste Verschmutzung unter fließendem Wasserstrahl abgespült werden, damit sie vom trocknenden Mauerwerk nicht wieder aufgenommen wird, bzw. die Oberfläche nicht verschmiert.

Langjährige atmosphärische Verschmutzungen von Altbauten sollten nur durch spezialisierte Reinigungsfirmen auf Basis einer chemischen Analyse beseitigt werden. Bewährt haben sich auch hier grundsätzlich nasse Reinigungsverfahren unter Verwendung von Dampf- bzw. Heißwasserstrahlgeräten mit entsprechender Tiefenwirkung.

2.4 Eignungs- und Güteprüfungen

Neben Eignungs- und Güteprüfungen, die im Regelfall seitens der Hersteller und autorisierter Prüforganisationen vorgenommen werden, sind auf der Baustelle Kontrollen und Güteprüfungen vorzunehmen, die in DIN 1053 Teil 1, 11 geregelt sind.

Diese Maßnahmen beziehen sich zuerst auf das Steinmaterial an sich. Der bauausführende Unternehmenr muß die Angaben auf dem Lieferschein bzw. Beipackzettel prüfen hinsichtlich ihrer Übereinstimmung mit den bautechnischen Unterlagen.

Schwieriger ist die Prüfung des Baustellenmörtels, die regelmäßig während der Bauausführung vorgenommen werden muß; wichtig ist hierbei die Kontrolle des Mischungsverhältnisses nach Anhang A, Tabelle 1 der Norm oder der Vorgaben nach Eignungsprüfung. Bei Werkmörteln ist wie bei den Steinen der Lieferschein oder Verpackungsaufdruck daraufhin zu kontrollieren, ob die Angaben über Mörtelart und Mörtelgruppe mit den bautechnischen Vorgaben sowie der Sortennummer und das Lieferwerk mit der Bestellung übereinstimmen; nicht zuletzt ist das Überwachungszeichen zu kontrollieren.

Bei den Mörteln der Gruppe III a sind darüber hinaus Materialproben erforderlich. So müssen je Geschoß aus drei verschiedenen Mischungen bei jeweils drei Prismen die Mörteldruckfestigkeit nach DIN 18 555 Teil 3 nachgewiesen werden. Sie muß dabei die Anforderungen nach Anhang 4, Tabelle A 2, Spalte 3 erfüllen.

Bei Gebäuden mit mehr als sechs gemauerten Vollgeschossen sind ebenfalls geschoßweise Prüfungen, mindestens jedoch je 20 m³ Mörtel gefordert, dies nicht nur bei Mörteln der Gruppe III a, sondern auch bei Normalmörteln der Gruppen II, II a und III, darüber hinaus bei Leicht- und Dünnbettmörtel. Der Schwerpunkt der Prüfungen sollte in den drei unteren Geschossen liegen, in den darüberliegenden kann nach DIN verzichtet werden.

2.5 Material und Zeit

Das Bauen mit Mauerwerk ist einem ständigen Optimierungsprozeß unterworfen. Planung und Ausführung, Theorie und Praxis müssen deshalb so aufeinander abgestimmt sein, daß der Aufwand an Material und Zeit möglichst gering gehalten werden kann – dies nicht zuletzt zugunsten grundsätzlicher Aspekte einer humanen, ästhetischen ökologischen Baukultur.

Da beim Mauerwerksbau in seiner primär handwerklichen Tradiertheit die Vorteile industrialisierten Bauens mit weitgehender Vorfertigung wie beim Skelettbau weniger greifen, kommt dem Material an sich und seiner Verarbeitung auf der Baustelle besondere Bedeutung zu.

Materialbedarf und erforderliche Arbeitszeit lassen sich theoretisch ermitteln, diese Werte unterliegen jedoch in der Praxis erheblichen Schwankungen.

Großen Einfluß hat die Führung und Organisation auf der Baustelle. Für den Steinbedarf ist z. B. entscheidend, ob die Steine durch Schlagen oder Sägen abgelängt werden. Der Mörtelbedarf bei Steinen mit unvermörtelter Stoßfuge liegt ca. 25 bis 30 % niedriger als bei verfüllten Stoßfugen. Neben der Steinart (Lochanteil, geschlossene Oberfläche) spielt hierbei auch eine Rolle, ob die richtige Mörtelmenge zum richtigen Zeitpunkt bereitgestellt wird.

Für die Arbeitszeit sind umfangreiche Richtwerte in den ARH-Tabellen des Bundesausschusses Leistungslohn veröffentlicht. Die folgenden Angaben sind Anhaltswerte und an Erfahrungswerte der Ziegelindustrie angelehnt (Tafel F.2.5). Sie schließen Nebenarbeiten wie Einweisung, Herstellen des Mörtels, Umsetzen von Gerüsten, Einmessen und Anlegen von Öffnungen, Reinigen des Arbeitsplatzes usw. mit ein.

Diese Erfahrungswerte machen deutlich, wie gravierend Steingröße und Entfall der Stoßfugenvermörtelung in die Kalkulation eingehen: Der Zeitbedarf für die Verarbeitung der Steine sinkt um bis zu 15 %, gleichzeitig erfolgt durch die Verringerung des Fugenanteils eine Senkung der Mörtelkosten, was besonders bei Verwendung von teuren Leichtmauermörteln von Einfluß ist. Bei Leichtbetonsteinen mit Bims-Zuschlag und völligem Entfall einer vermörtelten Lagerfuge ergeben sich sogar Arbeitszeiten von nur ca. 1,8 h/m^3.

Nicht zuletzt hat die Rohdichte der verwendeten Steine Konsequenzen; erfahrungsgemäß liegt der Arbeitszeitrichtwert bei einer Rohdichteklasse von 1,0 um 10 % höher als bei 0,5 und 10 % niedriger als bei Rohdichteklasse 1,6.

Der reduzierte Arbeitsaufwand großformatiger Steine gegenüber Kleinformaten liegt auch in deren Reihenverlegung. Bei dieser Arbeitstechnik kann der Lagerfugenmörtel effizient für mehrere Steine mit Schaufel, Mörtelkasten oder Walze aufgetragen werden; anschließend werden mehrere Steine in einem zweiten Arbeitsgang dicht an dicht („knirsch") versetzt. Der ökonomische Vorteil ist dabei um so größer, je präziser die Steine gefertigt sind; bei Maßtoleranzen in der Steinhöhe von nur 0,2 mm – ermöglicht durch zunehmend computergestützte Produktionstechniken bzw. nachträglichem Feinschliff – kann auch das Mörtelbett zu einem Minimum reduziert werden: Material- und Zeitersparnis sind die Folge, gleichzeitig wird die Wand homogener mit allen Vorteilen in statischer und bauphysikalischer Hinsicht.

Die Rationalisierung durch immer größere Steine stößt an Grenzen der arbeitsphysiologischen Belastbarkeit des Maurers. Viele Baubetriebe lehnen deshalb Steine größer als 16 DF bei 24 cm dicken Wänden und 10 DF bei 36,5 cm dicken Wänden ab. Hier ist dann der Einsatz entsprechender Hebeeinrichtungen erforderlich (Tafel F.2.6).

Tafel F.2.5: Materialbedarf und Arbeitszeit bei Wänden aus Hochlochziegeln

Wanddicke cm	Format Bezeichnung	Abmessungen $L \times B \times H$ mm	Bedarf pro m^2			Bedarf pro m^3		Arbeitszeit/Stunden	
			Ziegel Stück	Mörtel Liter	Arbeitszeit Stunden	Ziegel Stück	Mörtel Liter	Hlz/S	Hlz/Z
11,5	2 DF	240×115×113	32	22	1,08				
	8 DF	490×115×238	8	8	0,65				
17,5	3 DF	240×175×113	32	30	1,10				
	12 DF	490×175×238	8	17	0,70	45	140	3,0	–
24,0	2 DF	115×240×113	64	55	1,80	267	220	5,3	–
	12 DF	365×240×238	11	34	0,72	45	140	3,0	2,5
	16 DF	490×240×238	8	32	0,70	32	130	2,9	2,4
30,0	2 DF	240×115×113	32	72	1,45	107	240	4,8	–
	10 DF	240×300×238	16	44	1,00	54	150	3,2	2,7
	20 DF	490×300×238	8	40	0,80	26	120	2,85	2,3
36,5	2 DF	240×115×113	96	95	1,50	263	260	5,0	–
	12 DF	240×365×238	16	54	1,05	45	150	3,0	2,5
49,0	16 DF	240×490×238	16	70	1,25	32	140	2,8	2,25

Hlz/S Leichthochlochstein mit Stoßfugenvermörtelung
Hlz/Z Leichthochlochstein ohne Stoßfugenvermörtelung

Ausführung von Mauerwerk

Tafel F.2.6: Verarbeitungszeiten bei Porenbetonsteinen

Wanddicke cm	Abmessungen $L \times B \times H$ cm	Arbeitszeit/Stunden	
		h/m^2	h/m^3
11,5	100,0×11,5×62,5	0,37	
	62,5×11,5×25,0	0,60	
17,5	100,0×17,5×62,5	0,37	
			2,25
24,0	100,0×24,0×62,5		1,55
	62,5×24,0×25,0		2,05
30,0	100,0×30,0×62,5		1,25
	62,5×30,0×25,0		1,90
36,5	100,0×36,5×62,5		1,00
	50,0×36,5×25,0		1,90

2.6 Ablauforganisationen und Arbeitsplatzgestaltung

Ablauforganisation und Arbeitsplatz müssen vom Bauunternehmer sorgfältig geplant und so gestaltet werden, daß unnötige Behinderungen und Erschwernisse nicht entstehen.

In der Praxis zeigt sich dabei, daß gerade im Zusammenhang mit den reduzierten Arbeitszeiten bei großformatigen Steinen Störungen des Baustellenbetriebes stärkere Auswirkungen haben als bei der Verarbeitung von kleineren Steinen in der Vergangenheit. Wichtig ist insbesondere die rechtzeitige Organisation des Materials: Steine und Mörtel müssen so bereitgestellt werden, daß bei der Verarbeitung unnötige Wege und Drehungen vermieden werden. Auch sind personell die Kolonnenstärken zu optimieren; bei vier Maurern und einem Helfer ist der Helfer meistens nicht voll ausgelastet.

Um einen gleichmäßigen Arbeitsrhythmus zu erreichen, sollte der Abstand zwischen den Maurern ca. 2,50 m bis 3,00 m betragen. Bei einer Mauerlänge je Mauer von 3,00 m liegt die Leistung um ein Viertel höher als bei 2,00 m, weil der Arbeitsrhythmus weniger häufig unterbrochen wird. Bei Verwendung von Mörtelschlitten oder -walzen können diese Abstände noch vergrößert werden; die Mörtelkübel stehen dann in größeren Abständen, so daß mehr Lagerplatz für die Steinstapel und kürzere Arbeitswege für den Maurer gegeben sind.

Bei Arbeitshöhen zwischen 0,6 m und 0,8 m ist der Zeitaufwand für das Verlegen eines Steines am geringsten. Durch variable Gerüsthöhen sollte versucht werden, den optimalen Bereich weitgehend für die gesamte Arbeit einzuhalten. Hierzu sind mobile, höhenverstellbare Arbeitsbühnen optimal (**Abb. F.2.31/32**). Moderne Stahlgerüste ermöglichen das Einhängen der Gerüstböden in

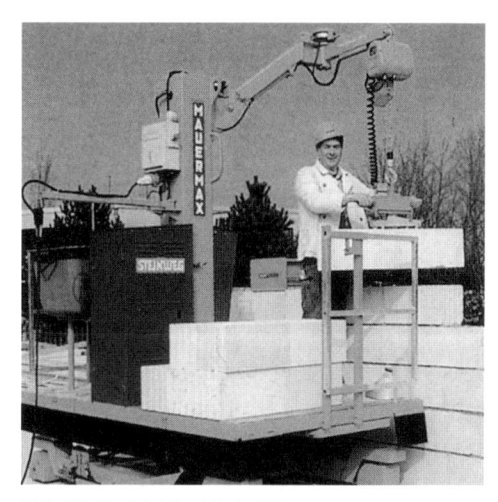

Abb. F.2.31: Mobile Arbeitsbühne

Abb. F.2.32: Mobile selbstbeladende Arbeitsbühne

Regalabständen von 50 cm, wobei auf der Wandseite Verbreiterungskonsolen jeweils 50 cm niedriger montiert werden können, um überflüssiges Bücken zu vermeiden und die ergometrische Leistungsfähigkeit des Maurers zu vergrößern.

Eine weitergehende Optimierung der Bauabläufe mit erheblicher Zukunftsperspektive bietet der Einsatz von Robotern als Errungenschaft der Datenverarbeitung und Automationstechnik (siehe hierzu C 3, Th. Rückert). Sei es im nur unterstützenden Einsatz oder in Vollautomation erweitern sie die Möglichkeiten einer Bauweise, der noch immer zu Unrecht das Etikett des Tradierten, Handwerklichen anhaftet.

Lederer

Honorarmanagement
bei Architekten- und Ingenieurverträgen
Mit Praxisbeispielen, aktueller Rechtsprechung und Checklisten.
Mit HOAI-Text und DIN 276 (`81 und `93)

2., überarbeitete und aktualisierte Auflage

2005. 536 Seiten.
17 x 24 cm. Gebunden.

EUR 68,–
ISBN 3-89932-110-3

Autoren:
Dr. M.-M. Lederer ist Rechtsanwalt und Partner der Anwaltsozietät Kapellmann und Partner (Düsseldorf, Berlin, Frankfurt, Mönchengladbach, München) mit Schwerpunkt privates Baurecht und Architektenrecht. Er ist Fachreferent in Seminaren und Mitautor des Fachbuches „Juristisches Projektmanagement". Dipl.-Ing. K. Heymann ist Architekt und Sachverständiger für Honorarfragen.

Interessenten:
Architekten und Ingenieure, Sachverständige, Bauherren, Bauträger, Baubehörden, Baujuristen.

In ihrer jahrelangen anwaltlichen und sachverständigen Tätigkeit haben die Autoren immer wieder festgestellt, dass auf der einen Seite Architekten und Ingenieure Unsummen von Geld verschenken, auf der anderen Seite Auftraggeber sich erheblichen Honorarforderungsansprüchen aussetzen. Der Grund: ein kompetentes Vertrags- und Honorarmanagement existiert meistens nicht. Das vorliegende Buch schließt diese Wissenslücken auf beiden Seiten der Vertragsparteien. Die Voraussetzungen für eine optimale Honorarabsicherung einerseits und die Grundlagen zur Prüfung geltend gemachter Honoraransprüche andererseits werden durch eine ausführliche praxisorientierte mit vielen Fallbeispielen belegte Darstellung des maßgeblichen Preis- und Werkvertragsrechts sowie einer vertiefenden Darstellung der Werkzeuge zur Erstellung einer prüffähigen Honorarberechnung dargestellt. Diese Darstellung mündet in nach Geschäftsprozessen gegliederte Operationalisierungshinweise, beginnend mit dem Geschäftsprozess 1: Angebots- und Wettbewerbsbearbeitung und endend mit dem Geschäftsprozess 5: Nachkalkulation.

In der 2. Auflage wurden die nach dem Erscheinen der Erstauflage ergangenen, für das Honorarmanagement bedeutsamen Entscheidungen des Bundesgerichtshofes und der Oberlandesgerichte eingearbeitet.

Aus dem Inhalt:
- Honorarrecht bei Architekten- und Ingenieurverträgen: Werk- oder Dienstvertrag?
- Vertragsabschluss und Vertragsdurchführung / Honorarrechtliche Probleme
- Vertragsgestaltung, regelungsbedürftige Punkte in Architektenverträgen, Architektenwettbewerb und Ansprüche des Architekten, Kündigung von Architekten- und Ingenieurverträgen
- Erkennen, Sichern und Durchsetzen berechtigter Honoraransprüche, Kostenfalle Generalplaner, Planungs- und Bauabläufe, preisrechtliche Regelungen der Besonderen Leistungen, mehrere Vor- und Entwurfsplanungen, getrennte Honorarabrechnung bei mehreren Gebäuden, Planungsänderungsmanagement, Abrechnungsmechanismen der HOAI
- Geschäftsprozesse in Planungsbüros

Bauwerk www.bauwerk-verlag.de

G BAUSCHÄDENVERMEIDUNG UND SANIERUNG

Dr.-Ing. Peter Schubert

1 Vorbemerkung G.3

**2 Risse in Mauerwerksbauteilen
Schadensbilder – Ursachen – Vermeidung –
Instandsetzung** G.5

2.1 Rissformen G.5
2.2 Vertikale und horizontale Risse in Außenwänden G.6
2.3 Horizontale Risse in Außenwänden G.7
2.4 Schrägrisse in Innenwänden nahe der Außenwand G.9
2.5 Risse im Bereich Gebäudedecke, oberste Decke G.10
2.6 Risse im Bereich von Fensteröffnungen G.11
2.7 Schrägrisse in Ausfachungswänden G.12
2.8 Risse in nichttragenden Wänden – Verblendschalen, leichte Trennwände, Ausfachungswände G.13
2.9 Risse in nichttragenden inneren Trennwänden G.15
2.10 Risse in tragenden Außenwänden G.16
2.11 Ringbalken aus Stahlbeton G.17
2.12 Risse durch Verformung von Stahlbetongurten auf Mauerwerk im Giebelbereich G.17
2.13 Risse im Bereich von Stürzen im Verblendmauerwerk G.18
2.14 Schrägrisse in Mauerwerkwänden unter Dachdecken im Bereich der Wandenden G.19

3 Putzrisse G.20

3.1 Risse an der Putzoberfläche G.20
3.2 Sackrisse im Putz G.21
3.3 Putzrisse im Bereich von Mörtelfugen G.22
3.4 Risse bis in den Putzgrund G.24

**4 Rissbeobachtung, Beurteilung
von Rissveränderungen** G.26

4.1 Bedeutung, Aussage, Ziel G.26
4.2 Messmethoden G.26

5 Ausführungsbedingte Mängel, Schäden G.28

   5.1 Beeinträchtigung der Mauerwerksdruckfestigkeit durch Ausführungsmängel ... G.28
   5.2 Schäden, Mängel bei zweischaligem Mauerwerk G.29
       5.2.1 Unsachgerechte Verankerung G.29
       5.2.2 Durchfeuchtungen bei zweischaligem Mauerwerk G.31
   5.3 Mängel und Schäden an Sichtmauerwerk G.32
       5.3.1 Schadhafter Verfugmörtel G.32
       5.3.2 Ablösen von äußeren Schalen bzw. Teilstücken aus Mauersteinen G.33
       5.3.3 Ausblühungen, Auslaugungen G.34

G BAUSCHÄDENVERMEIDUNG UND SANIERUNG

1 Vorbemerkung

Wie bei anderen Baustoffen, so gibt es auch im Bereich des Mauerwerksbaus gelegentlich Mängel bzw. Schäden. Diese sind fast ausschließlich auf Planungs- und Ausführungsfehler zurückzuführen. Materialfehler als Ursache von Mängeln und Schäden sind sehr selten.

Die meisten dieser Mängel und Schäden entstehen dadurch, dass Formänderungen des Mauerwerks (Schwinden, Quellen, Wärmedehnung – Abkühlung und Erwärmung –, Kriechen) nicht oder unzureichend berücksichtigt werden. Derartige Formänderungen eines Mauerwerksbauteils werden mehr oder weniger behindert durch die Verbindung des Bauteils mit Auflagern oder benachbarten Bauteilen. Dadurch entstehen Spannungen, die meist hohe Rissgefahr bedeuten, wenn es sich um Zug-, Scher- und Schubspannungen handelt. Wegen der im Vergleich zu seiner Druckfestigkeit geringen Zug-, Scher- und Schubfestigkeit ist die Beanspruchbarkeit des Mauerwerks in solchen Fällen gering. Zu beachten ist dies besonders bei Mauerwerksbauteilen mit geringer oder gar keiner Auflast, wie z. B. Verblendschalen, Ausfachungswände und leichte Trennwände. In solchen Bauteilen entstehen durch Schwindzugspannungen und/oder temperaturbedingte Zugspannungen bei Überschreiten der Mauerwerkszugfestigkeit annähernd vertikal verlaufende Risse über den gesamten Bauteilquerschnitt. Derartige Risse lassen sich z. B. durch entsprechende Anordnung von Dehnungsfugen, aber auch durch konstruktive Bewehrung vermeiden.

Ein weiterer, relativ häufiger Rissfall sind Risse in Außenwänden und in quer zu diesen anschließenden Innenwänden. Rissursache sind Unterschiede der Verformung beider Wände in vertikaler Richtung. Auch hier gibt es eine Reihe von Möglichkeiten, derartige Risse zu vermeiden.

Auch die gelegentlich im Außenputz, z. T. bis in den Putzgrund, auftretenden Risse können zu Schäden führen, wenn bei entsprechend großen Rissbreiten die Funktion des Außenputzes als Witterungsschutz nicht mehr vorgabegemäß erfüllt wird (Eindringen von Feuchtigkeit, Verringerung der Wärmedämmung, Frostschäden). Putzrisse lassen sich je nach Ursachen und Rissbild verschiedenen Schadensgruppen zuordnen. Dies vereinfacht die Ursachenerkennung und die Wahl der geeigneten Instandsetzungsmaßnahmen.

Von den ausführungsbedingten Mängeln bzw. Schäden sind vor allem Bauweisen und Konstruktionen betroffen, die, um ihre Funktionsfähigkeit zu gewährleisten, besonderer Sorgfalt bei der bauseitigen Herstellung bedürfen. Ein Beispiel dafür ist die zweischalige Außenwand, die den großen Vorteil aufweist, dass sie verschiedenartige Anforderungen – Tragfähigkeit, Wärmeschutz, Schallschutz, Witterungsschutz und Ästhetik – optimal erfüllen kann. Bei dieser Konstruktion sind jedoch eine ganze Reihe von Ausführungsdetails besonders zu beachten, damit es nicht zu Mängeln bzw. Schäden kommt.

Im vorliegendem Kapitel wird ein neuartiger Weg beschritten, um Schäden, Schadensursachen, Schadensvermeidung und Instandsetzungsmaßnahmen darzustellen. In Ergänzung zu der umfangreich vorhandenen Fachliteratur, in der die einzelnen Schäden ausführlich behandelt werden, werden im folgenden Schadensfälle in schematisierter, kurzgefasster Form beispielhaft behandelt. Für den jeweiligen Schadensfall werden das typische Schadensbild, die Schadensursachen, Möglichkeiten zur Schadensvermeidung und Instandsetzungsmaßnahmen sowie weiterführende Literatur angegeben. Mit dieser Darstellungsform soll eine schnelle, aber doch informative Übersicht über mögliche Schäden an Mauerwerk erreicht werden. Die im folgenden behandelten Schadensfälle beziehen sich auf die zuvor genannten Themenbereiche. Es ist beabsichtigt, die Zusammenstellung von möglichen Schäden laufend zu erweitern. Hierfür wird der Leser ausdrücklich um Anregungen, Kritik und Verbesserungsvorschläge gebeten.

Als Ergänzung zu den Beispielen gibt die **Tafel G.1** die wichtigsten Formänderungskennwerte von Mauerwerk an. Die Tafel entspricht der Neufassung der DIN 1053-1. Besonders wichtig sind die Eigenschaftskennwerte für die Feuchtedehnung (Schwinden, Quellen). Sie sind meist hauptverursachend für formänderungsbedingte Risse. Der Vergleich dieser Kennwerte gibt bereits einen Anhalt dafür, bei welchen Kombinationen von Mauersteinarten in Mauerwerk besonders große Verformungsunterschiede zu erwarten sind und somit eine mögliche Rissgefahr besteht.

Beurteilungsverfahren zur Abschätzung der Risssicherheit für einige Rissfälle finden sich in [Schubert – 96].

Tafel G.1 Verformungskennwerte für Kriechen, Schwinden, Temperaturänderung sowie Elastizitätsmoduln (aus DIN 1053-1, 11.96); aktualisiert

Mauersteine		Mauermörtel Art	Endwert der Feuchtedehnung (Schwinden, irreversibles Quellen) $\varepsilon_{f\infty}{}^{1)}$ mm/m		Endkriechzahl $\varphi_\infty{}^{2)}$ -		Wärmedehnungskoeffizient α_T 10^{-6}/K		Elastizitätsmodul $E^{3)} = k_E \cdot \sigma_0$ k_E -	
Art	DIN		Rechenwert	Wertebereich	Rechenwert	Wertebereich	Rechenwert	Wertebereich	Rechenwert	Wertebereich
1	2	3	4	5	6	7	8	9	10	11
Mauerziegel	105-1	NM	0	+0,3 bis -0,1$^{5)}$	1,0	0,5 bis 1,5	6	5 bis 7	3500	3000/4000
	105-2	LM			2,0	1,0 bis 3,0			4000	3000/5000
	105-6	DM		+0,1 bis -0,1	0,5	-				
Kalksandsteine$^{4)}$	106	NM DM	-0,2	-0,1 bis -0,3	1,5	1,0 bis 2,0	8	7 bis 9	3000	2500/4000
Porenbetonsteine	4165	DM	-0,1	+0,1 bis -0,2	0,5	0,2 bis 0,7			1700	1500/2000
Leichtbetonsteine	18 151 18 152	NM DM	-0,4	-0,2 bis -0,6	2,0	1,5 bis 2,5	10; 8$^{6)}$	8 bis 12	3000	2500/3500
		LM	-0,5	-0,3 bis -0,6						
Betonsteine	18 153	NM	-0,2	-0,1 bis -0,3	1,0	-	10		7500	6500/8500

1) Verkürzung (Schwinden): Vorzeichen minus; Verlängerung (irreversibles Quellen): Vorzeichen plus
2) $\varphi_\infty = \varepsilon_{k\infty} / \varepsilon_{el}$; $\varepsilon_{k\infty}$ Endkriechdehnung, $\varepsilon_{el} = \sigma/E$
3) E Sekantenmodul aus Gesamtdehnung bei etwa 1/3 der Mauerwerkdruckfestigkeit; σ_0 Grundwert nach Tabellen 4a und 4b DIN 1053-1
4) Gilt auch für Hüttensteine
5) Für Mauersteine < 2 DF bis –0,2 mm/m
6) Für Leichtbeton mit überwiegend Blähton als Zuschlag

Anmerkung

Die bislang als chemische Quellen bezeichnete Volumenzunahme bzw. Längenzunahme kann bei Mauerziegeln auftreten und entsteht durch molekulare **Wasser**bindung. Der Vorgang ist erst bei sehr hohen Temperaturen umkehrbar und wurde deshalb im Gegensatz zum physikalischem, umkehrbaren Schwinden, Quellen mit „chemisch" bezeichnet. Um Fehlinterpretationen in Bezug auf „chemisch" zu vermeiden, wird zukünftig und hier nachfolgend, „irreversibel" statt chemisch verwendet.

Die Zahlenwerte sind Anhaltswerte, keine Anforderungswerte!

2 Risse in Mauerwerksbauteilen
Schadensbilder – Ursachen – Vermeidung – Instandsetzung

2.1 Rissformen

■ Schadensbild, Kennzeichen

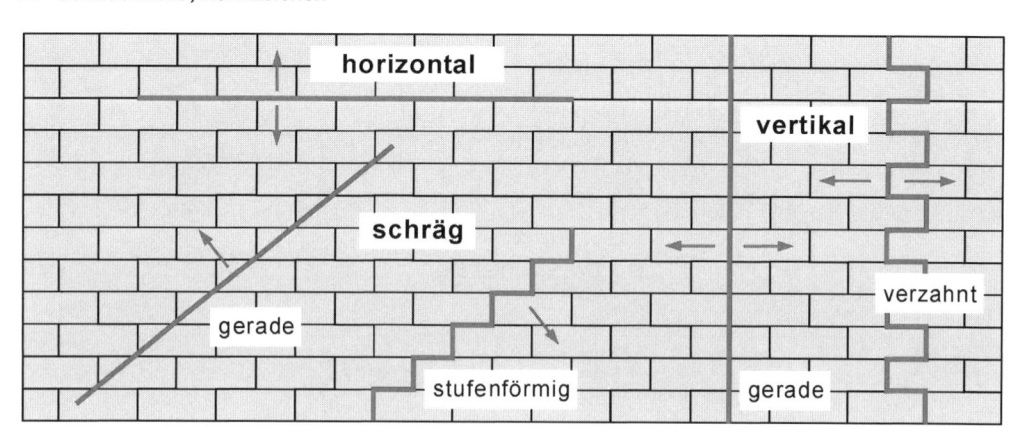

- **Vertikale Risse; verzahnt oder gerade**
  Ursachen: Schwinden, Abkühlung der Mauerwerkswand in horizontaler Richtung
- **Schräge, horizontale Risse; abgestuft, gerade**
  Ursachen: Schwinden, (Quellen), Temperaturverformung, Kriechen, Formänderungen von kraftschlüssig verbundenen Nachbarbauteilen, z. B. aus Mauerwerk oder Beton, durch Baugrundverformungen

■ **Literaturhinweis**
[Schubert–96]

2.2 Vertikale und horizontale Risse in Außenwänden

■ Schadensbild, Kennzeichen

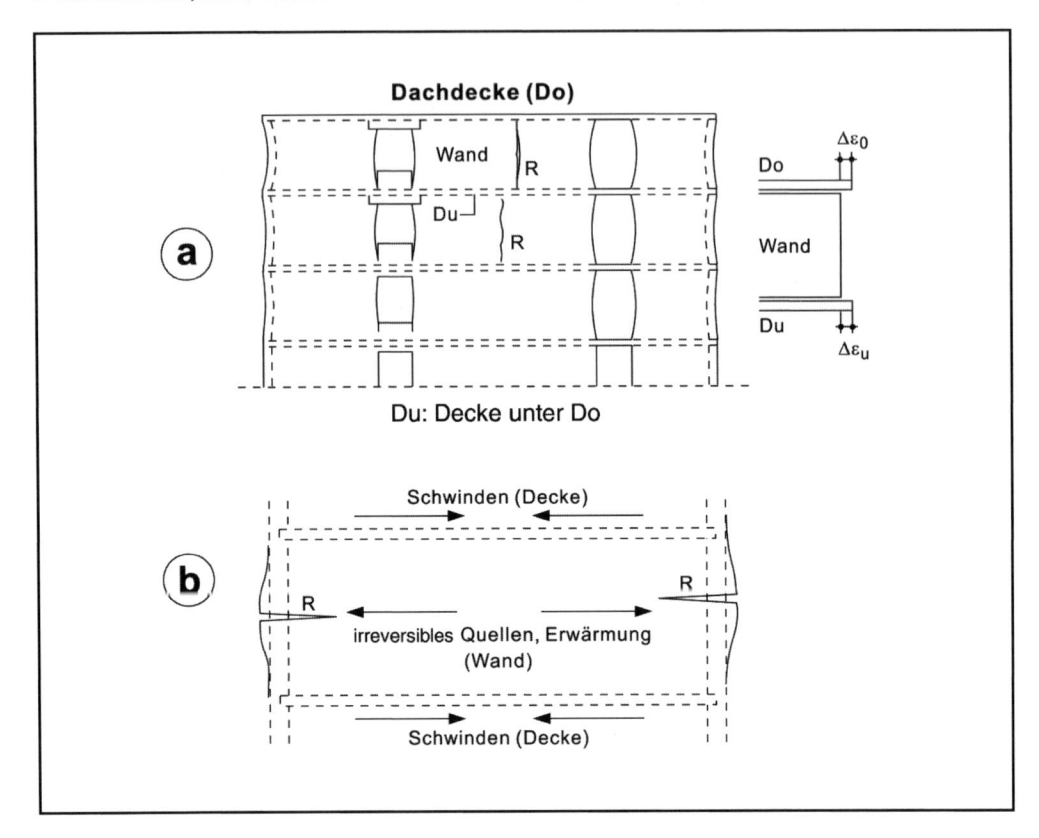

a)

Dachdecke (Do)

Wand R

Du ⌐ R

Du: Decke unter Do

Do $\Delta\varepsilon_o$
Wand
Du $\Delta\varepsilon_u$

b)

Schwinden (Decke)

R ← irreversibles Quellen, Erwärmung (Wand) → R

Schwinden (Decke)

■ Ursachen

Zu große horizontale Verformungsunterschiede zwischen Decken und Wand in *Wandebene*

ⓐ Verkürzen der Wand infolge Schwinden gegenüber den Decken

ⓑ Verlängern der Wand durch Erwärmen und ggf. irreversibles Quellen gegenüber den Decken (erhöhte Rissgefahr).

- **Vermeidung**

  (1) Möglichst geringe Verformungsunterschiede zwischen Decken und Wand

  (2) Bei Fall ⓐ

  Vertikale Dehnungsfuge in der Wand, Abstand etwa 2 x Wandhöhe

  (3) Bei Fall ⓑ
  - wie Fall ⓐ

- **Instandsetzung**

  (1) Unmittelbar nach Rissentstehung

  ⇒ es sind noch wesentliche Rissänderungen zu erwarten
  - Vertikale Risse: Ausbildung von Dehnungsfugen oder wie bei horizontalen Rissen
  - Horizontale Risse: Vorläufiges Schließen größerer Risse (Rissbreite etwa über 0,2 mm) für Feuchteschutz mit Fugendichtstoff

  (2) Sehr lange nach Rissentstehung (empfehlenswert)

  ⇒ die Risse werden sich nicht mehr oder nur noch wenig verändern
  - Erneuern Putz durch gewebebewehrten Putz
  - Rissüberbrückender Anstrich
  - Innen auch: Sehr verformungsfähige Tapete (Thermopete, Textiltapete).

- **Literaturhinweis**

  [Pfefferkorn–94], [Pfefferkorn-80], [Schubert–96], [Simons–88]

2.3 Horizontale Risse in Außenwänden

- **Schadensbild, Kennzeichen** (s. S. G.8)
- **Ursachen**

  ⓐ Zu großer Unterschied der vertikalen Formänderungen von Innenwand (IW) und Außenwand (AW); AW verkürzt sich gegenüber IW (Verformungsfall V 2 – s. auch „Schrägrisse in Innenwänden nahe der Außenwand")

  ⓑ

  (1) Abheben der Stahlbeton-Geschossdecke im Bereich Außenwandauflager infolge zu großer Durchbiegung und zu geringer Auflast (vorwiegend Dachdecke, oberste Geschossdecke)

  (2) Exzentrische Belastung des Unterzuges (Sturz) und Mauerwerkspfeilers durch Deckenverdrehung.

- **Vermeidung**

  ⓐ

  (1) Wahl verformungsverträglicher Baustoffe (z. B. Baustoffe mit gleichem Verformungsverhalten)

  (2) Steifigkeit IW möglichst klein, Belastung AW möglichst groß (AW „zwingt" Verkürzung IW auf)

  (3) Stumpfstoßtechnik (geringere Verformungsbehinderung zwischen IW und AW)

  ⓑ

  (1) Durchbiegung Betondecke möglichst klein halten

  (2) Günstige konstruktive Ausbildung Auflager AW

  (3) Evtl. abgedeckte Außenfuge, Blende (Risskaschierung).

- **Instandsetzung**

  (1) Unmittelbar nach Rissentstehung

  ⇒ es sind noch wesentliche Rissänderungen zu erwarten

  Nur bei Horizontalrissen im Deckenbereich:
  - Ausbildung einer horizontalen Dehnungsfuge
  - Abdecken durch vorgesetzte Blende

  (2) Sehr lange nach Rissentstehung (empfehlenswert)

  (wenn keine wesentlichen temperaturbedingten Verformungen zu erwarten sind)
  - Entfernen Putz etwa 100 mm beidseits vom Riss, Auftrag gewebebewehrter Putz, Anstrich
  - Rissüberbrückende Beschichtung, faserbewehrter Anstrich.

- **Literaturhinweis**

  [Schubert–96], [Pfefferkorn–94], [König/Fischer–91], [Wesche/Schubert–76]

Bauschädenvermeidung

■ Schadensbild, Kennzeichen

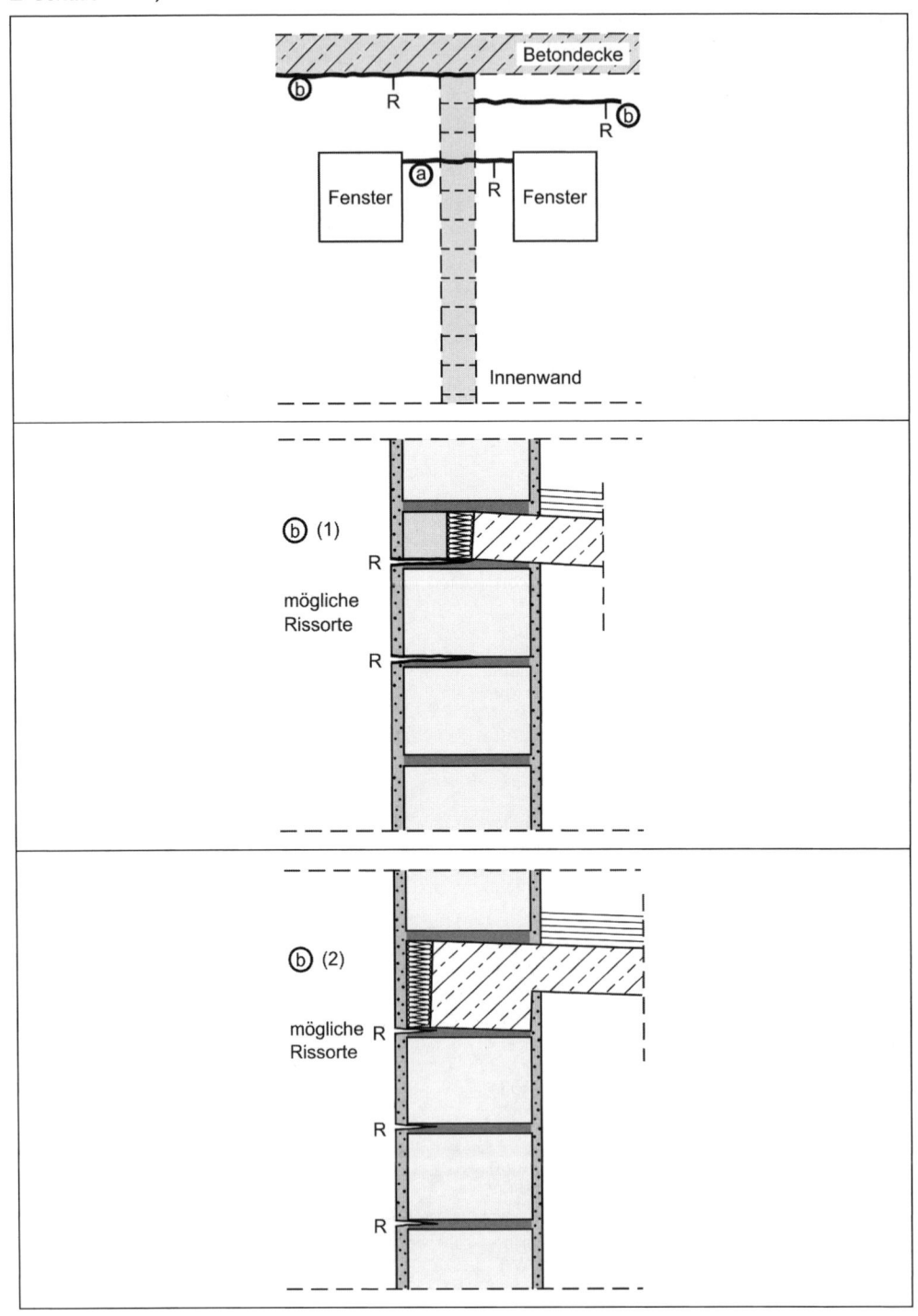

Betondecke
ⓑ R
R ⓑ
Fenster ⓐ R Fenster
Innenwand

ⓑ (1)
R
mögliche Rissorte
R

ⓑ (2)
mögliche R
Rissorte
R
R

2.4 Schrägrisse in Innenwänden nahe der Außenwand

■ Schadensbild, Kennzeichen

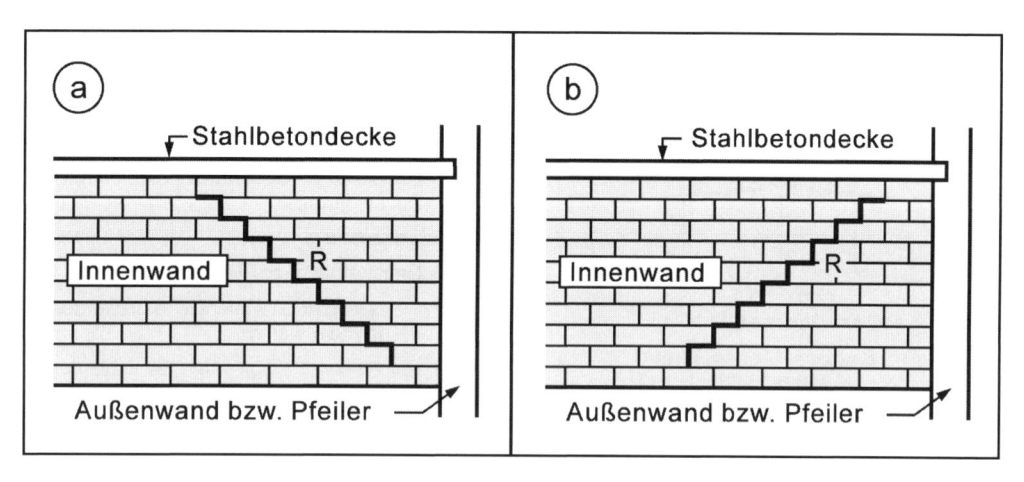

■ Ursachen

Zu großer Unterschied der vertikalen Formänderungen (im Wesentlichen Schwinden, ggf. irreversibles Quellen) von Innenwand (IW) und Außenwand (AW)

ⓐ IW verkürzt sich gegenüber AW (Verformungsfall 1)

ⓑ AW verkürzt sich gegenüber IW (Verformungsfall 2)
Beispiel: Sehr steife AW (Pfeiler-Beton) verkürzt sich gegenüber IW
s. aber auch „Horizontale Risse in Außenwänden".

■ Vermeidung

(1) Wahl verformungsverträglicher Mauerwerksbaustoffe bzw. anderer Bauteile

(2) Wahl günstiger Steifigkeitsverhältnisse IW-AW (Verformungsfall 1: IW steif, AW weich; Verformungsfall 2: umgekehrt)

(3) Verringerung der Verformungsbehinderung zwischen IW und AW durch Stumpfstoßtechnik

(4) Konstruktive Bewehrung im rissgefährdeten Bereich, gewebebewehrter Putz.

■ Instandsetzung

(1) Unmittelbar nach Rissentstehung

⇒ es sind noch wesentliche Rissänderungen zu erwarten

● Vorgesetzte Bekleidung, nicht flächig an Wand befestigt

(2) Sehr lange nach Rissentstehung (empfehlenswert)

⇒ die Risse werden sich nicht mehr oder nur noch wenig verändern

● Erneuern Putz durch gewebebewehrten Putz

● Rissüberbrückender Anstrich

● Innen auch: Sehr verformungsfähige Tapete (Thermopete, Textiltapete).

■ Literaturhinweis

[Schubert–96], [Schubert–94], [Wesche/Schubert–76], [Mann/Zahn–90]

2.5 Risse im Bereich Gebäudedecke, oberste Decke

■ Schadensbild, Kennzeichen

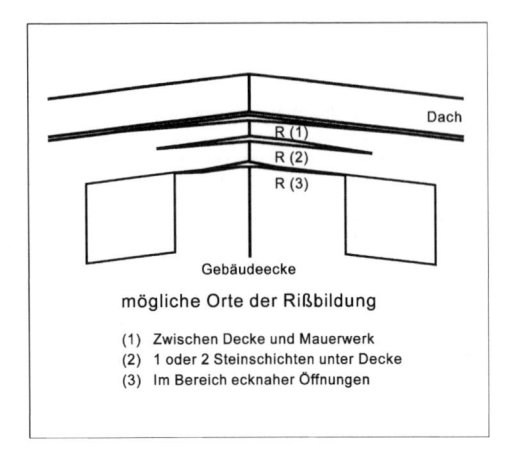

```
                                    Dach
                    R (1)
                    R (2)
                    R (3)

        Gebäudeecke
    mögliche Orte der Rißbildung

    (1)  Zwischen Decke und Mauerwerk
    (2)  1 oder 2 Steinschichten unter Decke
    (3)  Im Bereich ecknaher Öffnungen
```

■ Ursachen

Abheben der Dachdecke bzw. der obersten Geschossdecke infolge Deckendurchbiegung und seitlicher Lastabtragung im Eckbereich bei zu geringer Auflast.

■ Vermeidung

(1) Trennung Dachdecke bzw. oberste Geschossdecke von der Außenwand im Eckbereich (z. B. Bitumen-Dichtungsbahn, Folie) und Abdeckung außen durch Blende; innen Kellenschnitt, Deckleiste.

(2) Konstruktive Trennung des Eckbereiches der Deckenplatte durch „Sollbruchstelle" im oberen Deckenbereich

(3) Verankerung der Dachdecke bzw. der obersten Geschossdecke durch Betonzugsäulen im Gebäudeeckbereich mit der Decke darunter

■ Instandsetzung

(1) Unmittelbar nach Rissentstehung

⇒ es sind noch wesentliche Rissänderungen zu erwarten

Bei Rissort (1) ggf. auch (2): umlaufende Blende. Andernfalls vorläufiges Schließen größerer Risse (Rissbreite etwa über 0,2 mm) für Feuchteschutz mit Fugendichtstoff

(2) Sehr lange nach Rissentstehung

⇒ die Risse werden sich nicht mehr oder nur noch wenig verändern

● Erneuern Putz durch gewebebewehrten Putz

● Rissüberbrückender Anstrich

● Innen auch: Sehr verformungsfähige Tapete (Thermopete, Textiltapete).

■ Literaturhinweis

[Pfefferkorn–80], [Pfefferkorn–94], [Schubert–96], [Zilch–06]

2.6 Risse im Bereich von Fensteröffnungen

■ Schadensbild, Kennzeichen

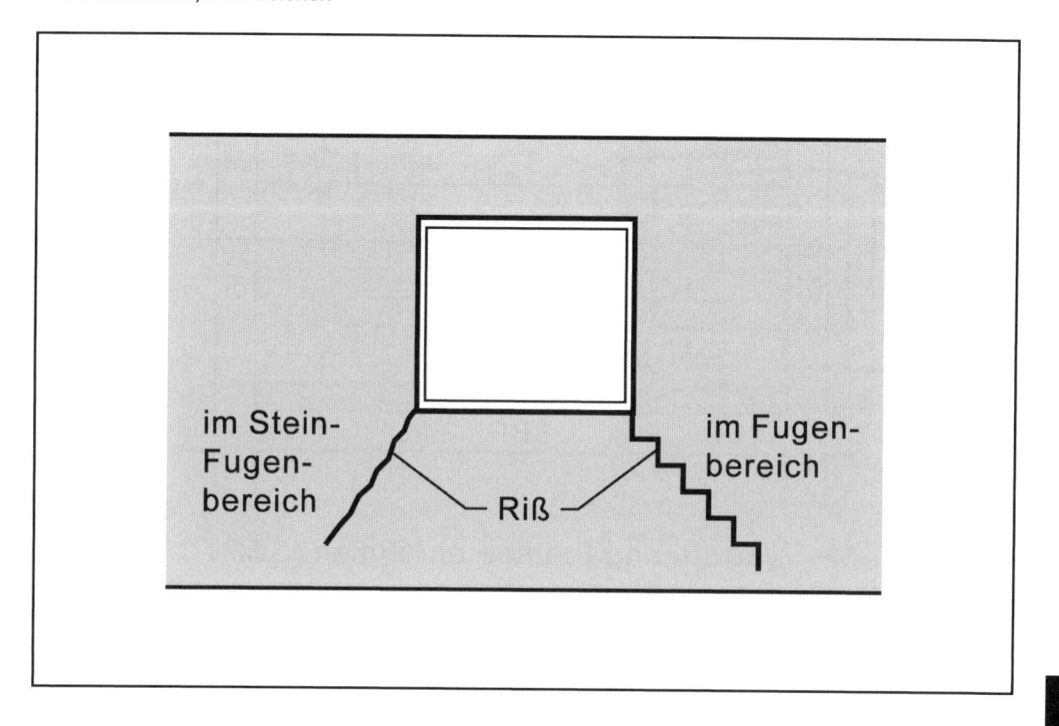

im Stein-Fugen-bereich — Riß — *im Fugen-bereich*

■ Ursachen

Horizontale Zugspannung am oberen Rand von Brüstungen infolge

- „Spreizen" der Drucktrajektorien
- Exzentrisch eingeleiteter Sturzauflagerkräfte
- Erhöhter Schwindzugspannungen wegen der Querschnittsverringerung im Bereich der Öffnung.

■ Vermeidung

(1) Trennung von Brüstung und Wand (Pfeiler) durch ein- oder beidseitige Dehnungsfuge
(2) Konstruktive Bewehrung im oberen Randbereich der Brüstung
(3) Keine Stoßfuge in der obersten Schicht im Bereich der Öffnungsecken.

■ Instandsetzung.

(1) Unmittelbar nach Rissentstehung

⇒ es sind noch wesentliche Rissänderungen zu erwarten

Einschneiden einer Dehnungsfuge an einem Brüstungsende, kraftschlüssiges Verschließen der Risse, beidseitig der Risse (etwa jeweils 100 mm), Erneuern Putz (gewebebewehrt), Anstrich

(2) Sehr lange nach Rissentstehung

⇒ die Risse werden sich nicht mehr oder nur noch wenig verändern

Beidseitig der Risse (etwa jeweils 100 mm), Entfernen des Putzes und Auftrag eines gewebebewehrten Putzes, Anstrich.

■ Literaturhinweis

[Schubert–96], [Glitza–84], [Mann/Zahn–90]

2.7 Schrägrisse in Ausfachungswänden

■ Schadensbild, Kennzeichen

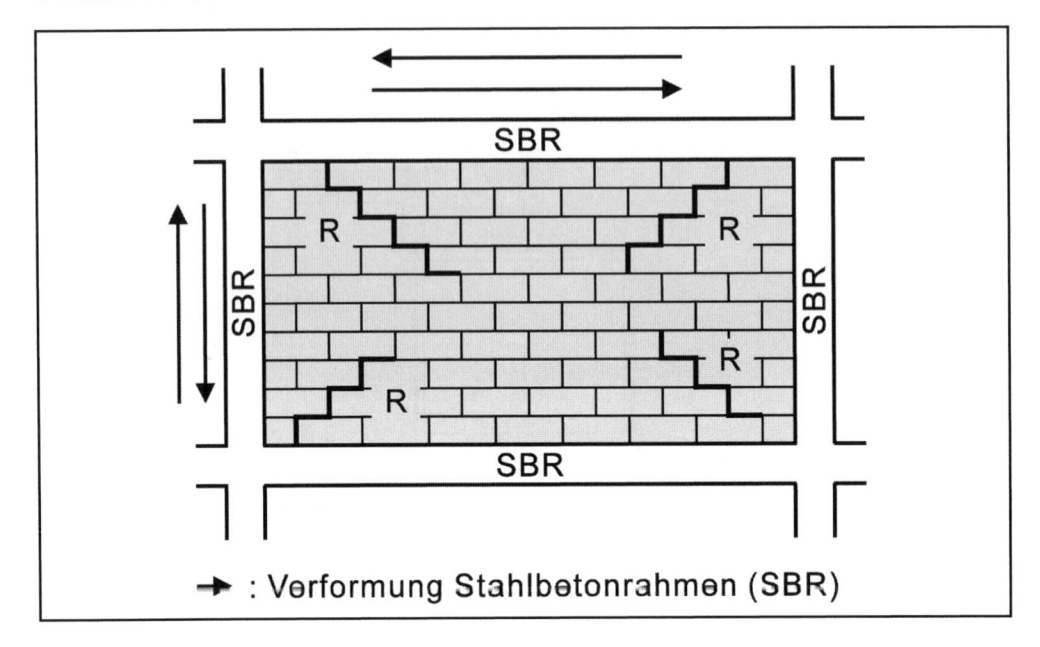

```
        ←─────────
        ─────────→
     SBR
  ┌─────────────────┐
S │  R          R   │ S
B │                 │ B
R │            R    │ R
  │      R          │
  └─────────────────┘
     SBR
```

→ : Verformung Stahlbetonrahmen (SBR)

■ Ursachen

- Kraftschlüssige Verbindung des Ausfachungsmauerwerks mit dem Stahlbetonrahmen
- Risse im Mauerwerk durch Verformung des Stahlbetonrahmens (Schwinden (Quellen) Erwärmung, Abkühlung, Kriechen)

■ Vermeidung

(1) Durch geeignete konstruktive Verbindung von Mauerwerk und Stahlbetonrahmen (z. B. Winkelprofile, U-Profile) weitgehend unbehinderte Verformung beider Bauteile sicherstellen

(2) Möglichst spätes Errichten des Mauerwerksbauteils

(3) Vermeiden größerer temperaturbedingter Verformungen vor allem des Stahlbetonrahmens (Wärmedämmung).

■ Instandsetzung

(1) Gewebebewehrter Putz

(2) Rissüberbrückende Beschichtung

(3) Wärmedämmputz-System

(4) Wärmedämmverbundsystem

(5) Vorgesetzte Bekleidung.

■ Literaturhinweis

[Schubert-96]

2.8 Risse in nichttragenden Wänden – Verblendschalen, leichte Trennwände, Ausfachungswände

■ Schadensbild, Kennzeichen

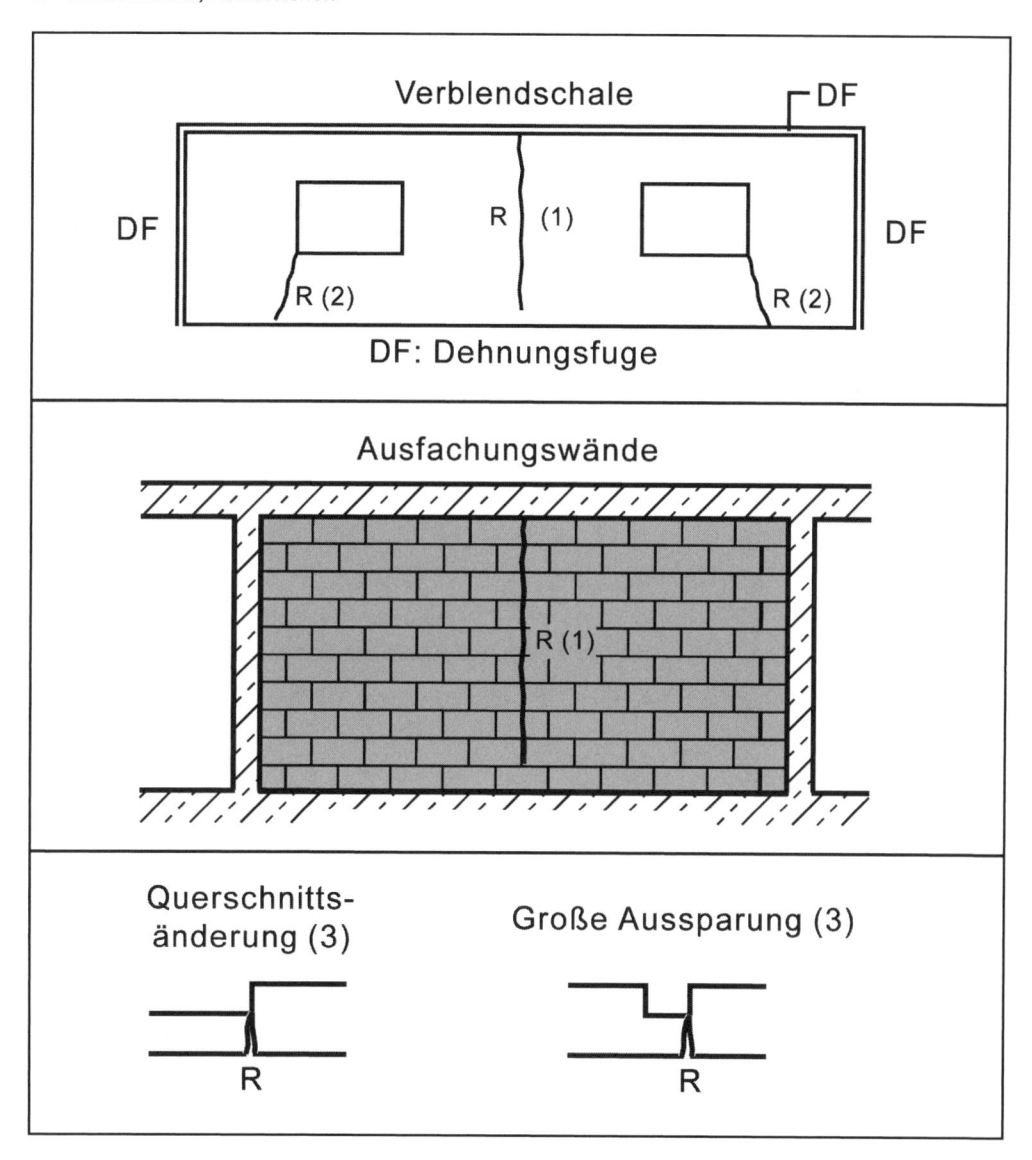

Verblendschale

DF: Dehnungsfuge

Ausfachungswände

Querschnittsänderung (3)

Große Aussparung (3)

■ Ursachen

(1) Zu große horizontale Verformungsunterschiede infolge Schwinden, Abkühlen der Mauerwerkswände gegenüber dem unteren Auflager bzw. den seitlich anbindenden Bauteilen

(2) Öffnungen (s. Abschn. 2.6)

(3) Querschnittsänderungen, größere Aussparungen

■ Vermeidung

(1) Geringe Formänderungen des Mauerwerks (Baustoffwahl, günstige Ausführungs-, Herstellungsbedingungen)

(2) Kleinere Verformungsbehinderung im Auflagerbereich (z. B. 2lagige Bitumen-Dichtungsbahn)

(3) Vertikale Dehnungsfugen

(4) Konstruktive Lagerfugenbewehrung.

■ Instandsetzung

(1) Nachträgliche Ausbildung von Dehnungsfugen (DF) im Rissbereich (vorzugsweise bei nahezu vertikalen Rissen), Breite DF mind. 10 mm; durch DF geänderte Halterung der Wand beachten, ggf. Zusatzverankerung im DF-Bereich

(2) Bei Innenwänden nach Abklingen Schwinden kraftschlüssiges Schließen der Einzelrisse, ggf. Putz beiderseits Riss (etwa jeweils 100 mm) entfernen, Auftrag gewebebewehrter Putz, Anstrich.

■ Literaturhinweis

[Schubert–88], [Schubert–96], [Mann/Zahn–90], [Schneider/Schubert–99]

2.9 Risse in nichttragenden inneren Trennwänden

■ **Schadensbild, Kennzeichen**

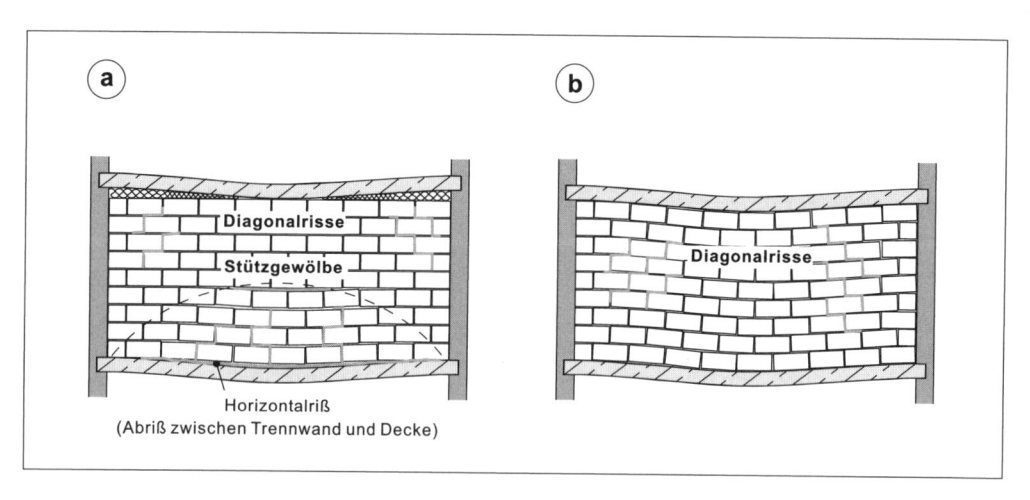

a
Diagonalrisse
Stützgewölbe
Horizontalriß
(Abriß zwischen Trennwand und Decke)

b
Diagonalrisse

■ **Ursachen**

ⓐ Durchbiegung der unteren Geschossdecke

ⓑ Zusätzliche, belastende Durchbiegung der oberen Geschossdecke.

■ **Vermeidung**

(1) Ausreichende Begrenzung der Deckenschlankheit
   – Durchbiegung max. 1/500 der Stützweite

(2) Verringerung Schwinden, Kriechen der Stahlbetondecke durch spätes Ausschalen, gute Nachbehandlung

(3) Spätes Errichten der Trennwand – möglichst hoher „Vorverformungsanteil" der Decke

(4) Trennung der Trennwand von unterer Geschossdecke durch Folie, Pappe (Fixierung Wandabriss an unsichtbarer Stelle)

(5) Ausbildung der Trennwand als selbsttragendes Bauteils → Dünnbett-Mauerwerk, bewehrtes Mauerwerk (Lagerfugenbewehrung).

(6) Verformungsfähige Zwischenschicht zwischen Wand und oberer Geschossdecke, obere Wandhalterung konstruktiv (z. B. Winkelprofile).

(7) Türöffnungen geschosshoch, mit Blendrahmen, deckengleichem Wechsel

■ **Instandsetzung**

(1) Unmittelbar nach Rissentstehung

   ⇒ es sind noch wesentliche Rissänderungen zu erwarten
   vorgesetzte Bekleidung, nicht flächig an Wand befestigt

(2) Sehr lange nach Rissentstehung (empfehlenswert)

   ⇒ die Risse werden sich nicht mehr oder nur noch wenig verändern

   ● Erneuern Putz durch gewebebewehrten Putz
   ● Rissüberbrückender Anstrich
   ● Sehr verformungsfähige Tapete (Thermopete, Textiltapete).

■ **Literaturhinweis**

[Schubert–96], [Pfefferkorn–94], [Schneider/Schubert–99], [Merkblatt „Nichttragende innere Trennwände"–01]

2.10 Risse in tragenden Außenwänden

■ Schadensbild, Kennzeichen

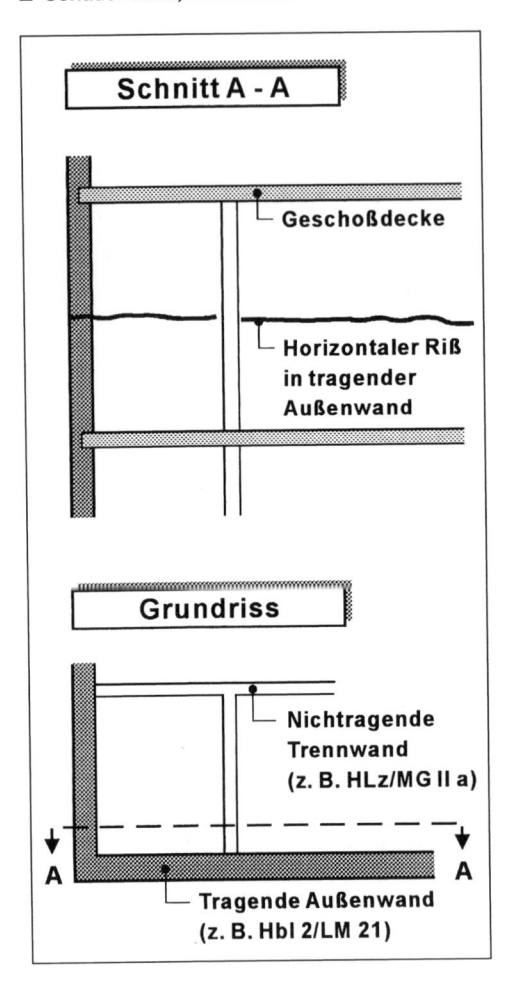

Schnitt A - A

— Geschoßdecke

— Horizontaler Riß in tragender Außenwand

Grundriss

— Nichttragende Trennwand (z. B. HLz/MG II a)

— Tragende Außenwand (z. B. Hbl 2/LM 21)

A — A

■ Ursachen

Tragende Innenwände können sich relativ stark durch Kriechen und Schwinden verkürzen. Werden später errichtete, rechnerisch unbelastete „nichttragende" Trennwände aus Mauerwerk, das praktisch nicht schwindet, wenig kriecht und möglicherweise irreversibel quillt, kraftschlüssig mit der oberen Geschossdecke vermörtelt, so kann es zu rissverursachenden Lastumlagerungen kommen.

Durch das relativ hohe Schwinden der tragenden Wände entziehen sich diese der Belastung, die dann von den sich praktisch nicht verkürzenden nichttragenden Trennwänden aufgenommen wird. Durch das vertikale Schwinden der Tragwände entstehen in diesen horizontal verlaufende Risse.

■ Vermeidung

(1) Kein zu großer Verformungsunterschied in vertikaler Richtung zwischen nichttragenden und tragenden Mauerwerkswänden durch Wahl entsprechender Mauerwerksbaustoffe.

(2) Ausführung der nichttragenden Trennwände mit ausreichender Verformungsmöglichkeit der oberen Geschossdecke zur Trennwand, um eine unplanmäßige Belastung der Trennwand zu vermeiden (s. dazu auch Abschn. 2.9).

■ Instandsetzung

(1) Zunächst ist zu prüfen, ob durch die unplanmäßige Belastung der nichttragenden Trennwände deren Standsicherheit bzw. die Standsicherheit des Bauwerks beeinträchtigt ist.

(2) Ist die Standsicherheit gegeben und sind Schwinden und Kriechen der tragenden Wände weitgehend abgeklungen, so sollten die horizontalen Risse kraftschlüssig geschlossen und der Putz wie in Abschn. 2.8, Instandsetzung (2), ausgebessert werden.

2.11 Ringbalken aus Stahlbeton

■ Schadensbild, Kennzeichen

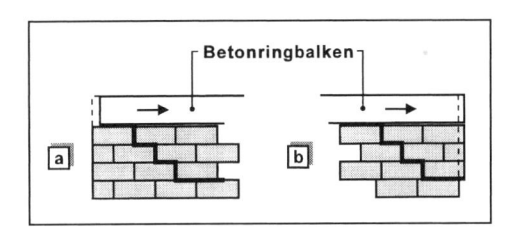

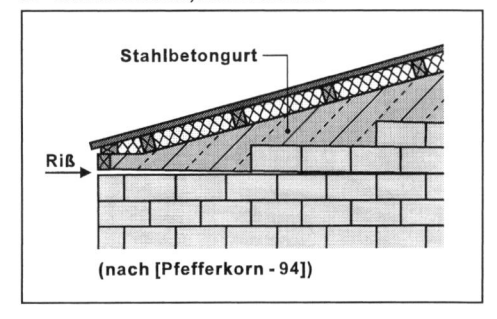

■ Ursachen

a) Zu großes Schwinden und/oder temperaturbedingtes Verkürzen des Ringbalkens gegenüber dem Mauerwerksbauteil

b) Zu großes temperaturbedingtes Verlängern des Ringbalkens gegenüber dem Mauerwerksbauteil

Zu große temperaturbedingte Verformungen des Ringbalkens treten bei geringer außenseitiger Wärmedämmung auf. Erhöhte Rissgefahr bei wenig schwindendem Mauerwerk (Mauerziegel).

■ Vermeidung

(1) Ringbalken aus Mauerwerk; z. B. Lagerfugenbewehrung, Verwendung von U-Schalen
→ Angleichung Verformung Ringbalken – Mauerwerk; einheitlicher Putzgrund, kein Schalaufwand, i. d. R. keine Wärmebrücke.

(2) Ringbalkenquerschnitt möglichst klein
→ geringe Schwindzugkraft

(3) Hoher Längsbewehrungsanteil ($\mu \geq 5\,\%$)
→ Verringerung Schwinddehnung Beton

(4) Hohe außenseitige Wärmedämmung, Wärmebrückenwirkung minimieren
→ Verringerung temperaturbedingter Verformung

■ Instandsetzung

(1) Bei unzureichender Wärmedämmung des Ringbalkens: Anordnung einer außenseitigen Blende im Rissbereich

(2) Bei Schwinden als Rissursache: Nach Abklingen des Schwindens (2 bis 3 Jahre) Risse ausbessern → Putz mindestens 100 mm beidseitig der Risse entfernen und Auftrag eines gewebebewehrten Putzes, Anstrich.

■ Literaturhinweis

[Schneider/Schubert–99], [Schubert–96]

2.12 Risse durch Verformung von Stahlbetongurten auf Mauerwerk im Giebelbereich

■ Schadensbild, Kennzeichen

(nach [Pfefferkorn - 94])

■ Ursachen
Zu großes Schwinden des Stahlbetongurtes gegenüber dem darunter liegenden Mauerwerk – Verkürzung in horizontaler Richtung; wegen zu geringer Auflast an den seitlichen Gurtenden bzw. zu geringer Verbundfestigkeit mit dem Mauerwerk
→ Abriss

Rissfördernd wirkt temperaturbedingte Verkürzung des Stahlbetongurtes (z. B. geringe außenseitige Wärmedämmung)

Erhöhte Rissgefahr bei wenig schwindendem Mauerwerk (Mauerziegel).

■ Vermeidung

(1) Gurt aus Mauerstein-U-Schalen (s. Abschnitt 2.11 „Vermeidung" (1))
(2) Querschnitt Stahlbetongurt möglichst klein
→ geringe Schwindzugkraft
(3) Hoher Längsbewehrungsanteil ($\mu \geq 5\,\%$)
→ Verringerung Schwinddehnung Beton
(4) Hohe außenseitige Wärmedämmung, Wärmebrückenwirkung minimieren → Verringerung temperaturbedingter Verformung.

■ Instandsetzung

(1) Bei unzureichender Wärmedämmung des Stahlbetongurtes: Anordnung einer außenseitigen Blende im Rissbereich
(2) Bei Schwinden als Rissursache: Nach Abklingen des Schwindens (2 bis 3 Jahre) Risse ausbessern → Putz mindestens beidseitig 100 mm der Risse entfernen, Fugenbereich möglichst kraftschlüssig (z. B. mit Epoxiharzmörtel), zumindest im Randbereich bis etwa 50 mm Tiefe, neu vermörteln und Auftrag eines gewebebewehrten Putzes, Anstrich.

■ Literaturhinweis
[Pfefferkorn–94]

2.13 Risse im Bereich von Stürzen im Verblendmauerwerk

■ Schadensbild, Kennzeichen

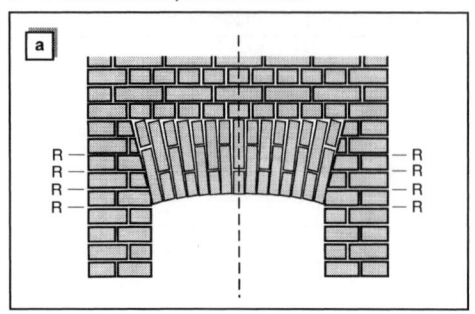

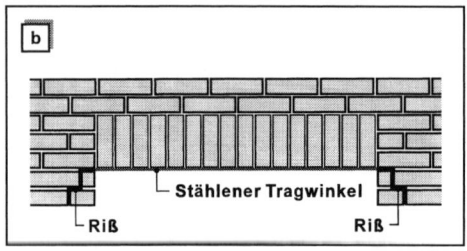

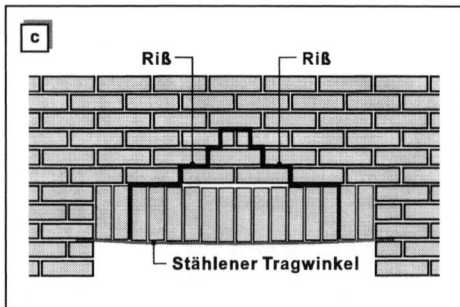

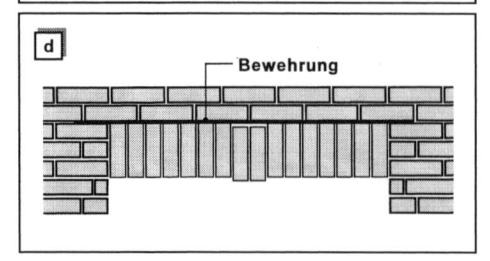

■ Ursachen

ⓐ Zu großer Horizontalschub im Widerlagerbereich bei scheitrechten Stürzen – zu geringer Bogenstich, zu geringe Beanspruchbarkeit der Widerlager (zu kleine Breite, zu geringe Verbundfestigkeit)

ⓑ Zu geringe Auflagerbreite des Sturzes (Tragwinkels)

ⓒ Zu große Durchbiegung des unter dem (Grenadier-)Sturz angeordneten Tragelementes (Stahlwinkel)

ⓓ Fehlende oder ungenügende Sicherung der Grenadiersteine gegen Lösen (keine horizontale und vertikale Verankerung in der bewehrten Lagerfuge über der Grenadierschicht).

■ Vermeidung

ⓐ Ausreichender Bogenstich (mind. l/50 – l: lichte Öffnungsbreite) und genügend große Widerlagerbreite (rechnerischer Nachweis), Einsatz von bauaufsichtlich zugelassenen Flachstürzen bzw. von Sturz-Systemen (mit Grenadierschicht)

ⓑ Ausreichende Auflagerbreite, mind. 100 mm bzw. l/10

ⓒ Ausreichende Bemessung; Durchbiegung auf l/500 begrenzen

ⓓ Sorgfältige und sachgerechte Ausführung nach allgemeiner bauaufsichtlicher Zulassung.

■ Instandsetzung

(1) Wenn Standsicherheit nicht gewährleistet ist: In der Regel Erneuern von Sturz und Brüstungsmauerwerk; ggf. Einsetzen eines Stahlwinkels unter dem Sturz

(2) Wenn Standsicherheit gewährleistet ist: Entfernen des Fugenmörtels im Rissbereich bis mindestens 50 mm Tiefe und Neuverfugen mit – ggf. kunststoffmodifiziertem – Mörtel.

■ Literaturhinweis

[Klaas – 84]

2.14 Schrägrisse in Mauerwerkwänden unter Dachdecken im Bereich der Wandenden

- **Schadensbild, Kennzeichen**

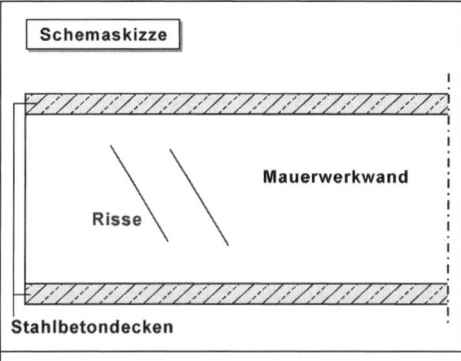

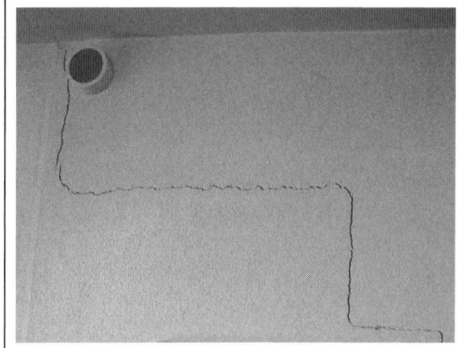

- **Ursachen**

    (a) Zu große Verformungsunterschiede zwischen Stahlbetondecke (Dachdecke, oberste Geschossdecke) und der Mauerwerkwand darunter infolge Schwinden, Wärmedehnung. irreversiblen Quellen

    (b) Zu große Verformungsunterschiede zwischen oberster Decke (Dachdecke) und darunter liegender Decke infolge Schwinden, Wärmedehnung

- **Vermeidung**

    (1) Ausreichend kleine Verschiebungslänge L (s. DIN 18530)

    (2) Nachweis der Unschädlichkeit der Verformungen nach DIN 18530, ggf. Verwendung anderer Baustoffe

    (3) Maßnahmen nach DIN 18530 wie z. B. verschiebliche Lagerung der Decke auf der Mauerwerkwand, Dehnungsfugen

- **Instandsetzung**

    (1) Unmittelbar nach Rissentstehung

    ⇒ es sind noch wesentliche Rissänderungen zu erwarten

    - Vorgesetzte Bekleidung, nicht flächig an Wand befestigt
    - Putz großflächig in Rissbereich entfernen, Rissbereich mit Putzträger überspannen, Putz, Anstrich

    (2) sehr lange nach Rissentstehung (empfehlenswert)

    ⇒ die Risse werden sich nicht mehr oder nur wenig verändern

    - Erneuern Putz durch gewebebewehrten Putz
    - Rissüberbrückender Anstrich
    - Innen auch: Sehr verformungsfähige Tapete (Thermopete, Textiltapete).

3 Putzrisse

3.1 Risse an der Putzoberfläche

■ Schadensbild, Kennzeichen

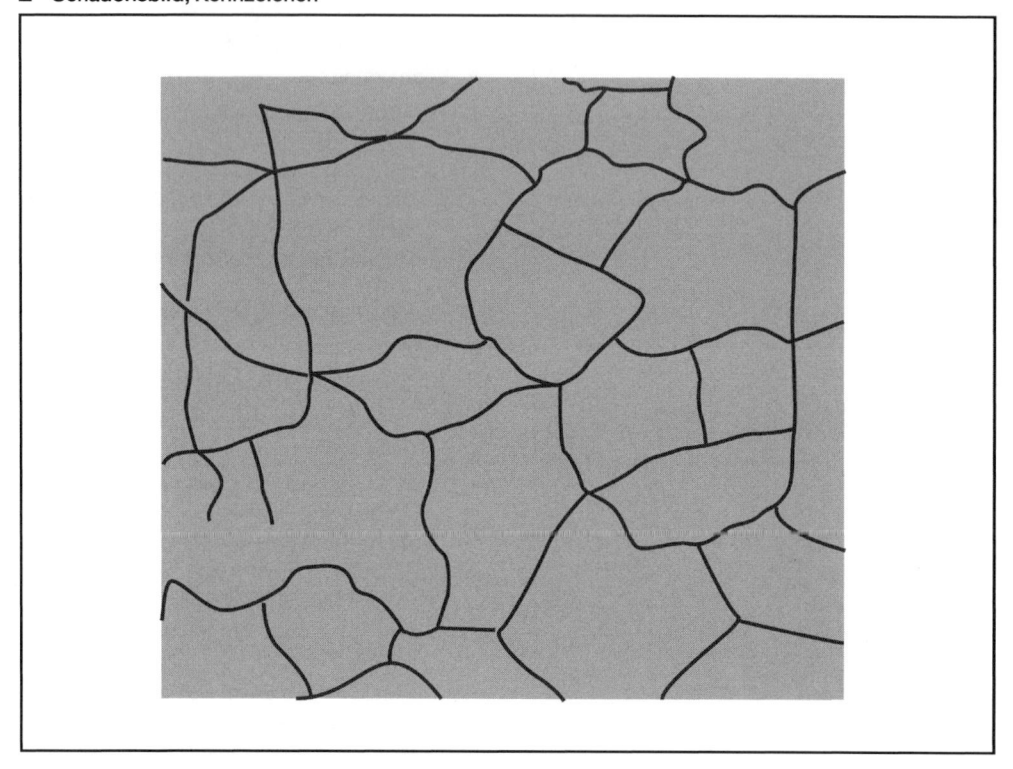

Engmaschige, dünne Risse (netzförmig, y-förmig), Knotenabstand etwa 100 bis 200 mm (abhängig vom Steifigkeitsverhältnis Putz-Putzgrund), Risse gehen i. allg. nicht durch gesamte Putzdicke.

■ Ursachen

Überschreiten der Zugfestigkeit des Putzes durch zu großes Putz-Schwinden infolge von
(1) Schwindfördernder Zusammensetzung des Putzes
    → hoher Anteil von Feinststoffen (Bindemittel, Sand, Zusätze)
(2) Zu schnellem, intensivem Austrocknen
(3) Zu langem und intensivem Glätten bzw. Abreiben der Putzoberfläche → Anreichern von Feinststoffen an der Putzoberfläche
(4) (Möglicherweise) unzureichend abgestimmtem Putzgrund und/oder Putzsystem (einzelne Putzlagen).

■ Vermeidung

(1) Günstige, schwindarme Putzzusammensetzung
(2) Keine zu lange Oberflächenbearbeitung
(3) Wirksamer Schutz vor zu schneller und intensiver Austrocknung → Abhängen mit Folie (Achtung: Vermeiden von „Windkanälen"), Befeuchten

Anmerkung: Durch Wahl einer geeigneten Putzweise – z. B. Kratzputz – wird die Schwindrissgefahr vermindert, „feine" Schwindrisse sind kaum erkennbar.

■ Instandsetzung

Anmerkung: In der Regel nur optischer Mangel wenn Rissbreite klein (max. 0,1 bis 0,2 mm)

(1) ggf. Vorbehandlung der Putzoberfläche (Abtrag der feinststoffreichen Oberschicht) ggf. Hydrophobierung
rissfüllender Anstrich bzw. Dünnputz.

■ Literaturhinweis

[Künzel–94], [WTA-Merkblatt]

3.2 Sackrisse im Putz

■ Schadensbild, Kennzeichen

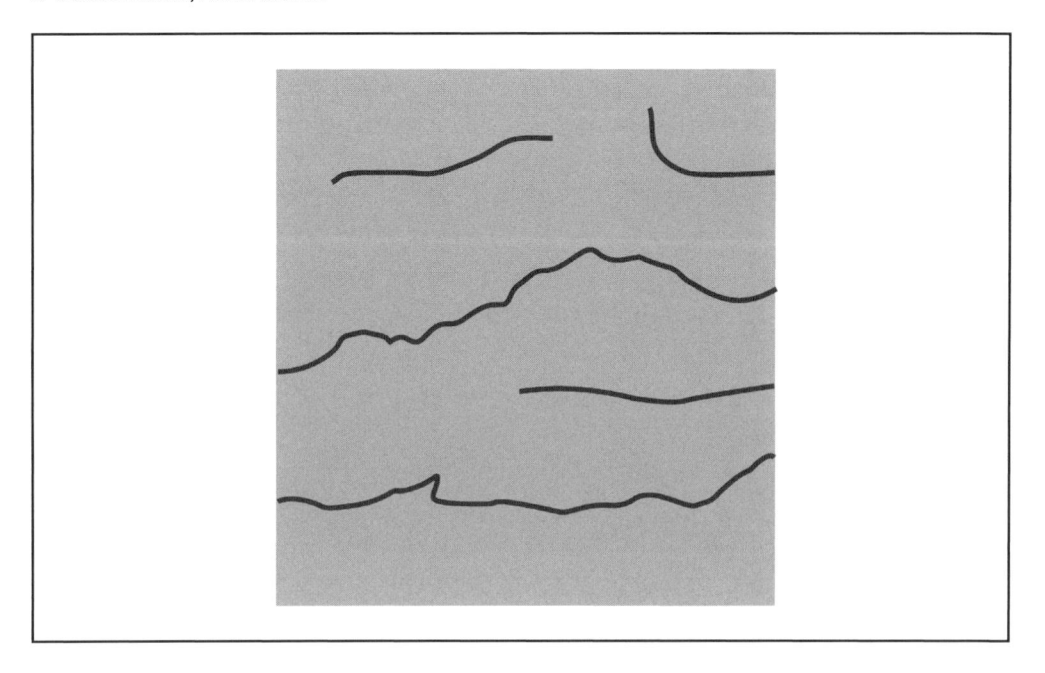

Kurze, überwiegend horizontal verlaufende, „durchhängende" Risse; Risslänge etwa 100 bis 200 mm, Rissbreite bis etwa 3 mm.

■ Ursachen

„Absacken" des frischen Putzmörtels infolge Eigengewicht

- Zu große Auftragsdicke in einer Putzlage
- Zu „weiche" Konsistenz des Putzmörtels
- Zu langsames Ansteifen (Putzgrund saugt zu wenig Putzwasser ab – zu wenig saugfähig oder zu nass)
- Zu langes, zu intensives Verreiben der Putzoberfläche.

■ Vermeidung

(1) Nicht zu große Auftragsdicke des Putzmörtels
(2) Nicht zu weiche Konsistenz („schwach" plastisch)
(3) Ausreichend saugfähiger Putzgrund, ggf. Vorbehandlung (Spritzbewurf).

■ Instandsetzung

(1) Füllen, Schließen der Risse
(2) Dünnputz bzw. Anstrich.

■ Literaturhinweis

[Künzel–94], [WTA-Merkblatt]

3.3 Putzrisse im Bereich von Mörtelfugen

■ **Schadensbild, Kennzeichen**

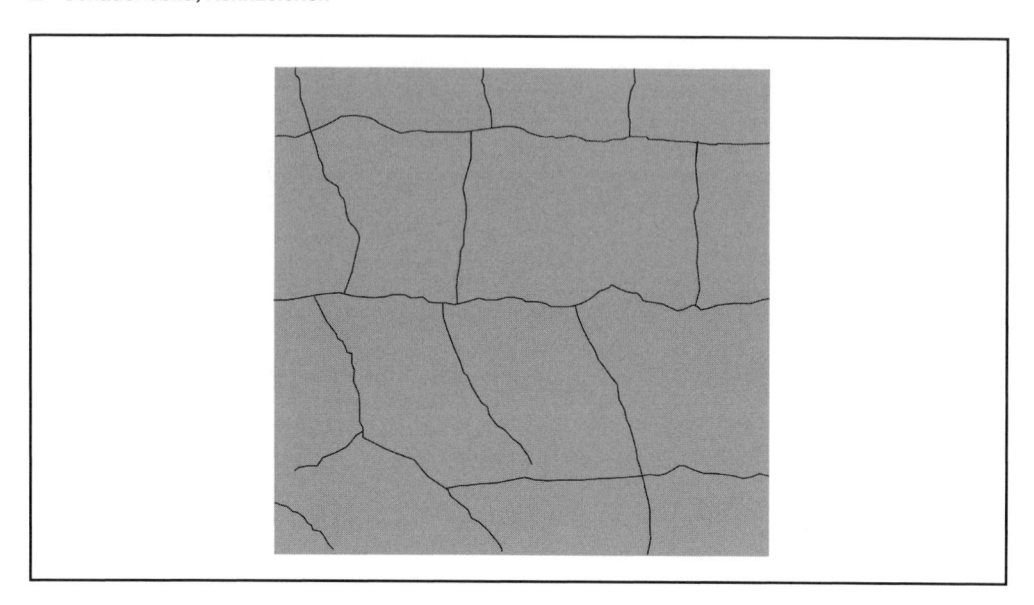

Großmaschige, relativ breite Risse, in etwa im Verlauf von Mörtelfugen, großer Knotenabstand, Risse gehen durch gesamte Putzdicke.

■ **Ursachen**

(1) Schwinden größerer Mauersteine, ggf. überlagert durch Abkühlung; größeres Schwinden im Steinrandbereich (s. Folgeseite Bild ⓐ), wenig behindert bei geringer Auflast (Leichtmauerwerk) und/oder bei Lochsteinen (äußere Steinschale), begünstigt durch unvollständig vermörtelte (Stoß-) und Lagerfuge

(2) Im äußeren Bereich nicht vermörtelte Fugen (s. Folgeseite Bild ⓑ); Putz liegt frei, Putzschwinden wirkt sich ungünstig aus

(3) Zu breite offene Stoßfuge

(4) Kein oder zu geringes Überbindemaß (s. Folgeseite Bild ⓒ)

■ **Vermeidung**

(1) Geringes Schwinden der Mauersteine nach Putzauftrag → Baustoffwahl, spätes Putzen

(2) Vollständiges Vermörteln der (Stoß-) und Lagerfugen; „knirsches" Verlegen der Mauersteine im Stoßfugenbereich, andernfalls Fugenverschluss mit Mörtel vor dem Putzen.

■ **Instandsetzung**

(1) Unmittelbar nach Rissentstehung

⇒ es sind noch wesentliche Rissänderungen zu erwarten

● Wärmedämmputz-System
● Wärmedämmverbund-System
● ggf. rissüberbrückender Anstrich (geringe Sicherheit)

(2) Sehr lange nach Rissentstehung (empfehlenswert)

⇒ die Risse werden sich nicht mehr oder nur noch wenig verändern

● Erneuern Putz durch gewebebewehrten Putz, Anstrich
● Rissüberbrückender Anstrich
● Schließen (Verfüllen) der Risse, Anstrich
● Gewebebewehrter „Aufputz", Anstrich
● Faserbewehrter oder gewebearmierter dicker Anstrich
● Innen auch: Sehr verformungsfähige Tapete (Thermotapete, Textiltapete).

Putzrisse

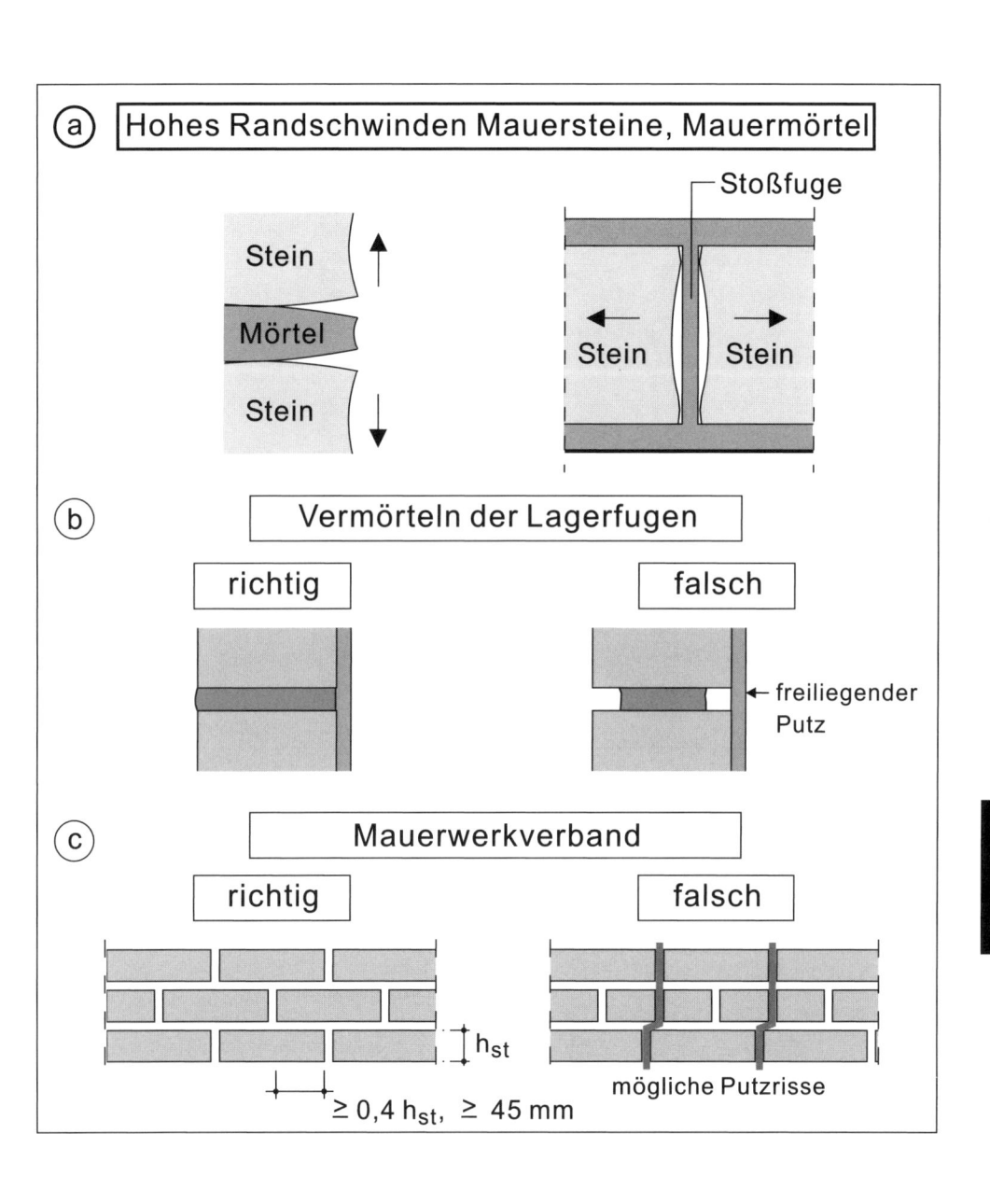

ⓐ Hohes Randschwinden Mauersteine, Mauermörtel

Stoßfuge
Stein
Mörtel
Stein
Stein — Stein

ⓑ Vermörteln der Lagerfugen

richtig — falsch
← freiliegender Putz

ⓒ Mauerwerkverband

richtig — falsch

h_{st}

mögliche Putzrisse

$\geq 0{,}4\, h_{st},\ \geq 45\ mm$

■ **Literaturhinweis**
[Schubert–92], [Schubert–93], [Künzel–94], [WTA-Merkblatt]

3.4 Risse bis in den Putzgrund

■ Schadensbild, Kennzeichen

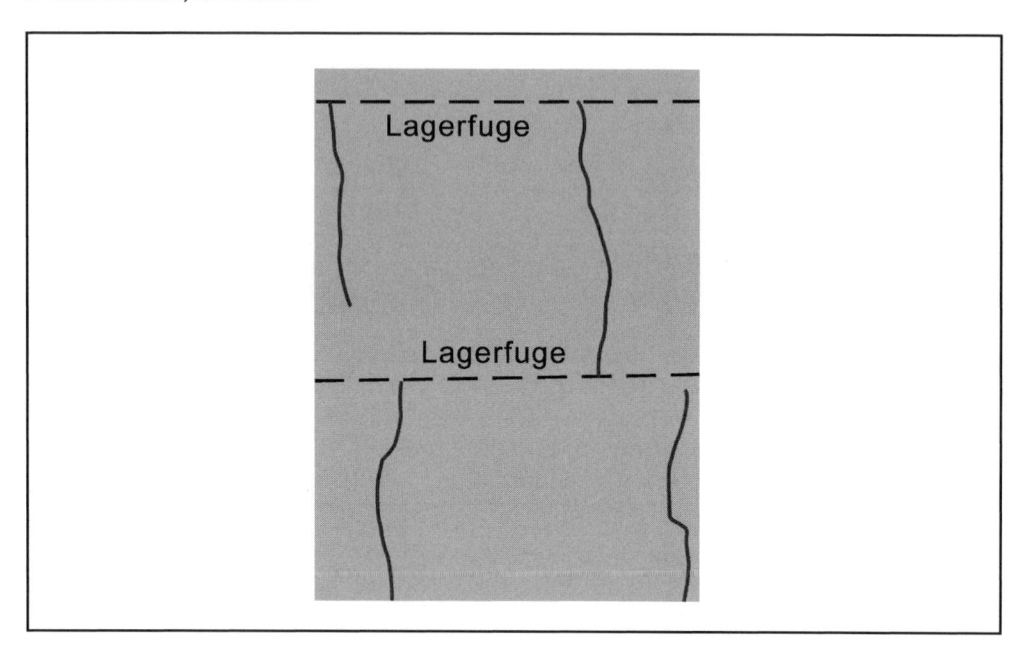

Großmaschige relativ breite Risse, großer Rissabstand; i. allg. im Bereich der Mauersteine außerhalb von Mörtelfugen; meist vertikal; Risse gehen durch gesamte Putzdicke und Außenschale der Mauersteine, vorwiegend bei Leichthochlochziegeln.

■ Ursachen

Putz ist fester, steifer als Putzgrund (Verstoß gegen Putzregel); Risse im Putz infolge Putzschwinden werden durch den „weicheren" Putzgrund nicht mehr fein verteilt – s. Bild Folgeseite –, sondern setzen sich im Putzgrund fort. Hohe Rissgefahr bei Mauersteinen mit hohem Lochanteil, dünnen, wenig festen und steifen Außenscherben.

■ Vermeidung

(1) Mindeststeifigkeit Putzgrund gewährleisten; nicht zu dünne, zu weiche Außenschalen der Mauersteine

(2) Anpassung Putz an Putzgrund; Verwendung von Leichtputz (kleiner E-Modul, niedrige Festigkeit, geringes Schwinden, hohe Relaxation).

■ Instandsetzung

(1) Faser-, gewebebewehrter dicker Anstrich bzw. Putz
(2) Wärmedämmputz-System (sicherer)
(3) Wärmedämmverbund-System (sicherer).

■ Literaturhinweis

[Schubert–93], [Merkblatt „Außenputz auf Ziegelmauerwerk"–02] [Künzel–94], [WTA-Merkblatt], [Pfefferkorn–94], [Schubert–06]

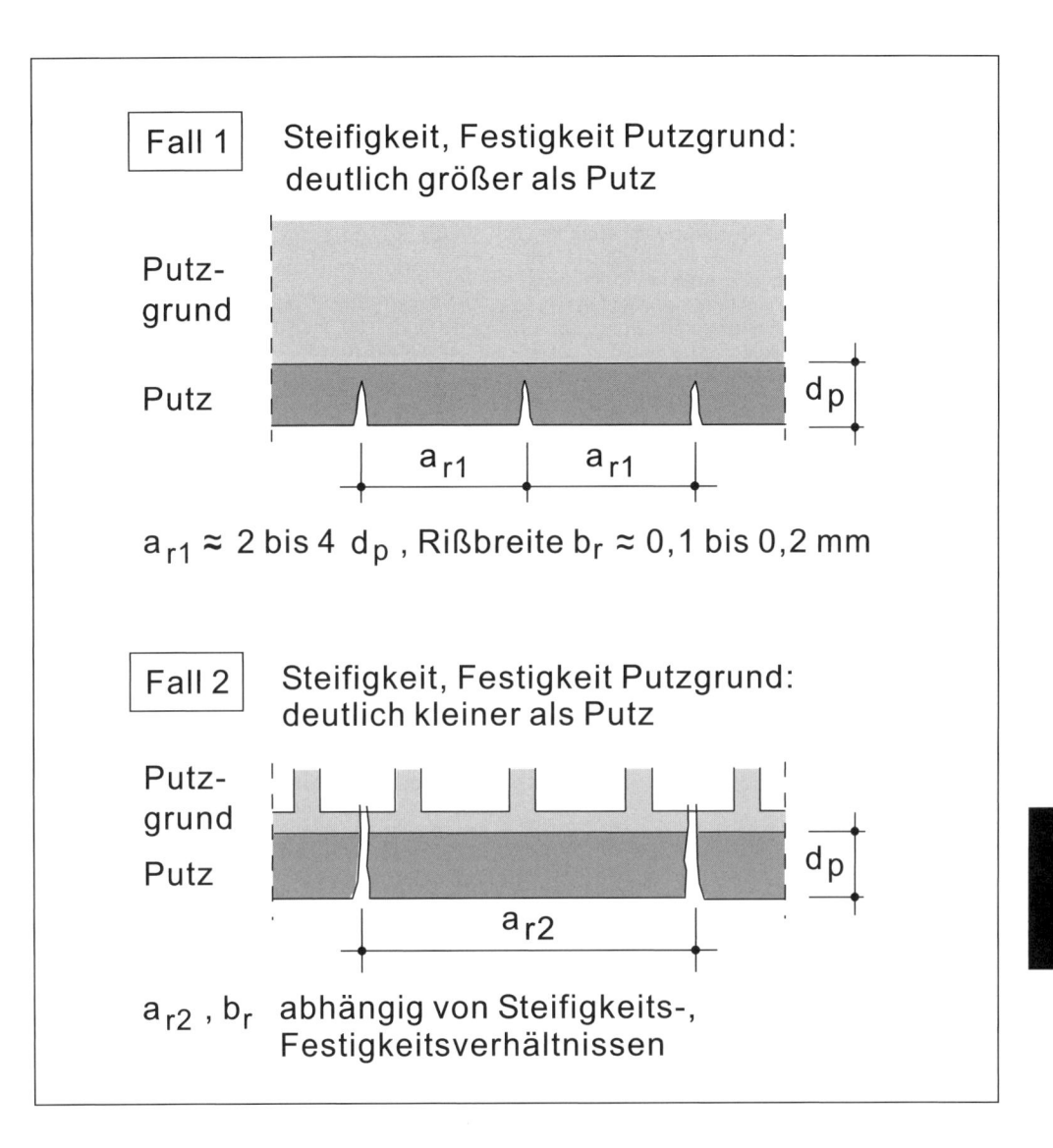

Fall 1 Steifigkeit, Festigkeit Putzgrund: deutlich größer als Putz

Putzgrund

Putz

$a_{r1} \approx 2$ bis 4 d_p , Rißbreite $b_r \approx 0{,}1$ bis $0{,}2$ mm

Fall 2 Steifigkeit, Festigkeit Putzgrund: deutlich kleiner als Putz

Putzgrund

Putz

a_{r2} , b_r abhängig von Steifigkeits-, Festigkeitsverhältnissen

4 Rissbeobachtung, Beurteilung von Rissveränderungen

4.1 Bedeutung, Aussage, Ziel

Die Beurteilbarkeit von Rissen auf mögliche Veränderungen ist eine entscheidende Voraussetzung für die Wahl der jeweils geeigneten Instandsetzungsmaßnahme. Besonders günstig ist dabei, wenn es gelingt, das Ausmaß möglicher Rissveränderungen quantitativ abzuschätzen. Aber nicht nur die Rissbreitenveränderung, sondern auch eine eventuelle Verschiebung der Rissufer ist für die Instandsetzung von großer Wichtigkeit.

Wegen des geringen Aufwandes ist eine Beurteilung von Rissveränderungen stets zu empfehlen, vor allem dann, wenn die Instandsetzung unmittelbar nach der Rissfeststellung erfolgen soll. Wurden die Risse durch Schwinden, Kriechen verursacht, so kann davon ausgegangen werden, dass sich die Rissbildungen 2 bis 3 Jahre nach Fertigstellung des Bauwerks nicht mehr wesentlich verändern. In der Regel kann jedoch aus verschiedenen Gründen mit der Instandsetzung nicht so lange gewartet werden. Es ist deshalb erforderlich, die Art der Instandsetzungsmaßnahme nach der noch zu erwartenden Rissveränderung zu wählen.

4.2 Messmethoden

● **Rissmaßstab**

Ein Rissmaßstab aus Metall oder Kunststoff mit abgestuften Strichbreiten wird so auf den Riss aufgelegt, dass die Strichbreite mit der Rissbreite übereinstimmt. Auf dem Maßstab kann dann die Rissbreite abgelesen werden.

● **Messlupe**

Nach dem grundsätzlich gleichen Verfahren wie bei dem Rissmaßstab wird mittels einer Messlupe, die einen beleuchteten Rissmaßstab enthält, die Rissbreite abgelesen. Die Ablesegenauigkeit beträgt 0,1 mm.

● **Gipsmarken**

Mit Hilfe von Gipsmarken lassen sich durch laufende augenscheinliche Beurteilung eine Rissveränderung an sich – Reißen der Gipsmarke – sowie die quantitative Änderung der Rissbreite und ein eventueller Rissbreitenversatz feststellen.

Die Gipsmarken werden über repräsentativen Rissen aufgetragen. Dabei ist wie folgt vorzugehen:

(1) Aufrauen der Oberflächenbereiche beidseits des Risses; Entfernen von Anstrichen bzw. leicht lösbaren Schichten

(2) Säubern der Oberflächenbereiche für den Auftrag der Gipsmarken – z. B. mit einer Drahtbürste

(3) Bei sehr trockenen Oberflächen leichtes Annässen

(4) Auftrag des Gipses – siehe Abb. a und b, Folgeseite

(5) Einritzen des Datums.

Wichtig ist eine hohe und dauerhafte Haftung des Gipses auf der Oberfläche. Um dies zu gewährleisten, sind die Haftflächen beiderseits des Risses entsprechend vergrößert. Über dem Rissbereich wird ein schmaler Gipssteg angeordnet. Durch diese Ausbildung der Gipsmarke wird erreicht, dass sich bei einer Rissbreitenveränderung nicht der Gips von der Oberfläche ablöst, sondern im Stegbereich über dem Riss reißt.

Um die Rissbreitenveränderung – z. B. mit einer Risslupe – möglichst genau erfassen zu können, empfiehlt sich das Einritzen oder Aufzeichnen eines senkrecht zum Riss verlaufenden Markierungsstriches. Damit kann auch ein Rissversatz festgestellt werden (Abb. b, Folgeseite).

In gewissen Zeitabständen – je nach Rissalter und qualitativ zu erwartenden weiteren Formänderungen – sind die Gipsmarken zu überprüfen und ggf. die Rissbreitenänderung quantitativ zu messen (s. nachfolgend). Diese kann dann in Abhängigkeit von der Zeit in einem Diagramm dargestellt werden und aus dem zeitlichen Verlauf der Rissbreitenänderung kann näherungsweise auf die zukünftig noch zu erwartende Rissveränderung geschlossen werden.

● **Setzdehnungsmesser**

Zur genaueren Ermittlung einer Rissbreitenveränderung können beidseits des Risses Messstellen auf die wie zuvor beschrieben vorbereiteten Oberflächen aufgeklebt oder angedübelt werden. Die Messstellen sind mit Edelstahlkugeln versehen, deren Abstandsveränderung mit Hilfe eines Setzdehnungsmessers bestimmt werden kann. Die Messstrecke ist dabei nach der Messlänge des Setzdehnungsmessers einzurichten (s. Abb. c, Folgeseite). Durch entsprechend angeordnete Messstrecken kann neben der Rissbrei-

Rissbeobachtung, Beurteilung von Rissveränderungen

tenveränderung auch eine mögliche Rissuferverschiebung ermittelt werden.

In bestimmten Zeitabständen wird dann mit Hilfe des Setzdehnungsmessers die Veränderung der Messstrecken gemessen. Die Wahl der Zeitabstände richtet sich nach dem Rissalter und der verfügbaren Beobachtungszeit. Bei geringem Rissalter ist eine größere zeitliche Verformungszunahme zu erwarten, die Zeitabstände sollten deshalb kürzer gewählt werden. Um Temperatureinflüsse zu berücksichtigen, empfiehlt sich eine sog. „Nullmessung" mit einem Nullstab aus Invarstahl. Der temperaturbedingte Einfluss auf das Messergebnis kann durch Vergleich der jeweiligen Nullmessungen berücksichtigt werden.

Die zukünftig zu erwartende Rissbreitenveränderung wird – wie oben ausgeführt – aus dem zeitlichen Verlauf der Messstreckenänderungen abgeschätzt.

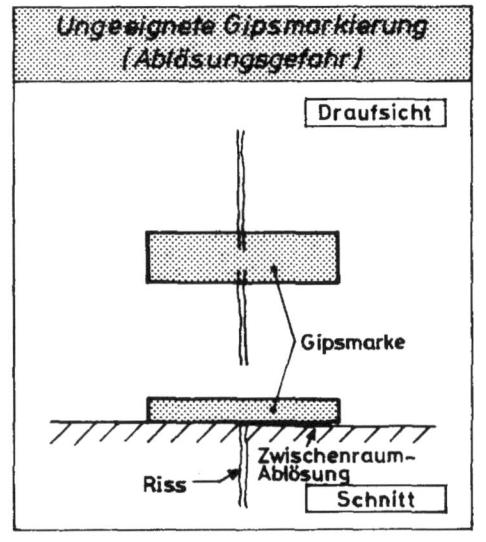

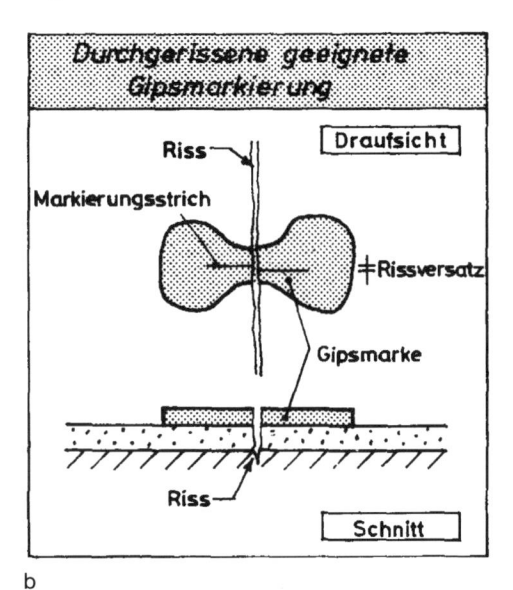

a

b

c

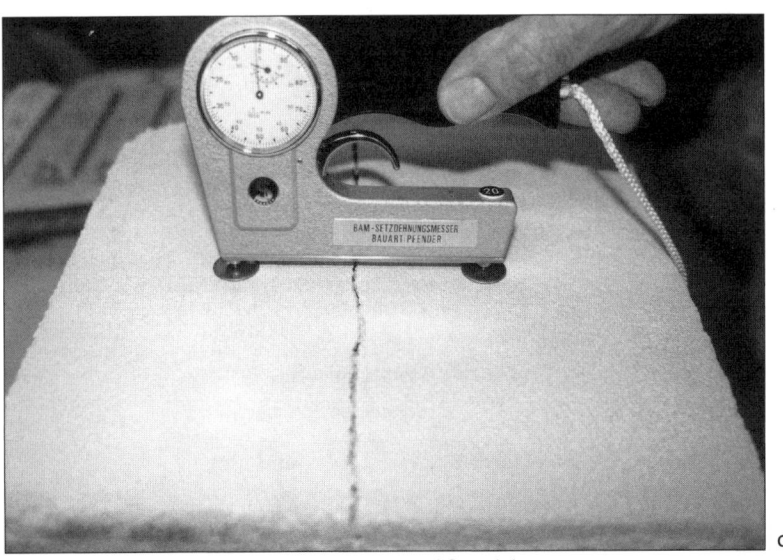

Messstrecke über Putzriss mit Messstellen und Setzdehnungsmesser

5 Ausführungsbedingte Mängel, Schäden

5.1 Beeinträchtigung der Mauerwerksdruckfestigkeit durch Ausführungsmängel

■ Schadensbild, Kennzeichnung

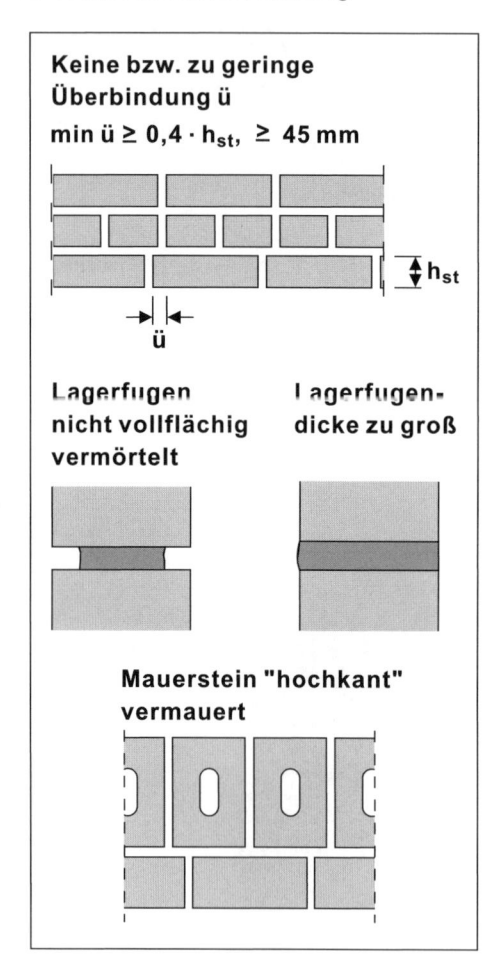

Keine bzw. zu geringe Überbindung ü

min ü ≥ 0,4 · h_{st}, ≥ 45 mm

Lagerfugen nicht vollflächig vermörtelt

Lagerfugendicke zu groß

Mauerstein "hochkant" vermauert

■ Ursachen

Keine ausreichende schichtweise Überbindung, Vermauern von Steinen in falscher Richtung, zu große Lagerfugendicke, Lagerfugen nicht vollflächig vermörtelt.

Die Mauerwerksdruckfestigkeit und damit u. U. die Standsicherheit von Mauerwerksbauteilen können durch folgende Ausführungsmängel beeinträchtigt werden:

(1) Kein bzw. ein unzureichendes Überbindemaß

⇒ dadurch wird die Flächentragwirkung des Mauerwerksbauteils in Frage gestellt (besonders nachteilig bei Zug-, Biegezug- und Schubbeanspruchung).

(2) Unsachgerechtes Verlegen der Mauersteine, z. B. Vermauern der Steine hochkant ⇒ vor allem bei Lochsteinen wesentlich geringere Druckfestigkeit der Steine in vertikaler Richtung.

(3) Zu große Dicke der Lagerfugen – Solldicke von 12 mm (bei Normal-, Leichtmörtel) wird wesentlich überschritten ⇒ mit zunehmender Lagerfugendicke verringert sich die Mauerwerksdruckfestigkeit.

(4) Nicht vollflächig vermörtelte Lagerfugen ⇒ die Mauerwerksdruckfestigkeit nimmt linear mit dem Anteil der nicht vermörtelten Lagerfläche ab.

■ Vermeidung

Das Mauerwerk ist sachgerecht entsprechend DIN 1053-1 herzustellen.

■ Instandsetzung

Eine Instandsetzung des – wie zuvor beschrieben – unsachgemäß ausgeführten Mauerwerks selbst ist praktisch nicht möglich. Bei unzureichender Standsicherheit ist entweder das Mauerwerk zu ersetzen, oder die Lastabtragung ist durch Ersatzkonstruktionen sicherzustellen.

■ Literaturhinweis

[Schneider/Schubert–99]

5.2 Schäden, Mängel bei zweischaligem Mauerwerk

5.2.1 Unsachgerechte Verankerung

■ Schadensbild, Kennzeichen

Drahtanker (Maße in mm)		
richtig (nach DIN 1053-1)	falsch	
(a)	(b)	(c)

Lage und Abstand Drahtanker (Maße in mm)	
richtig (nach DIN 1053-1)	falsch
(d)	(e)

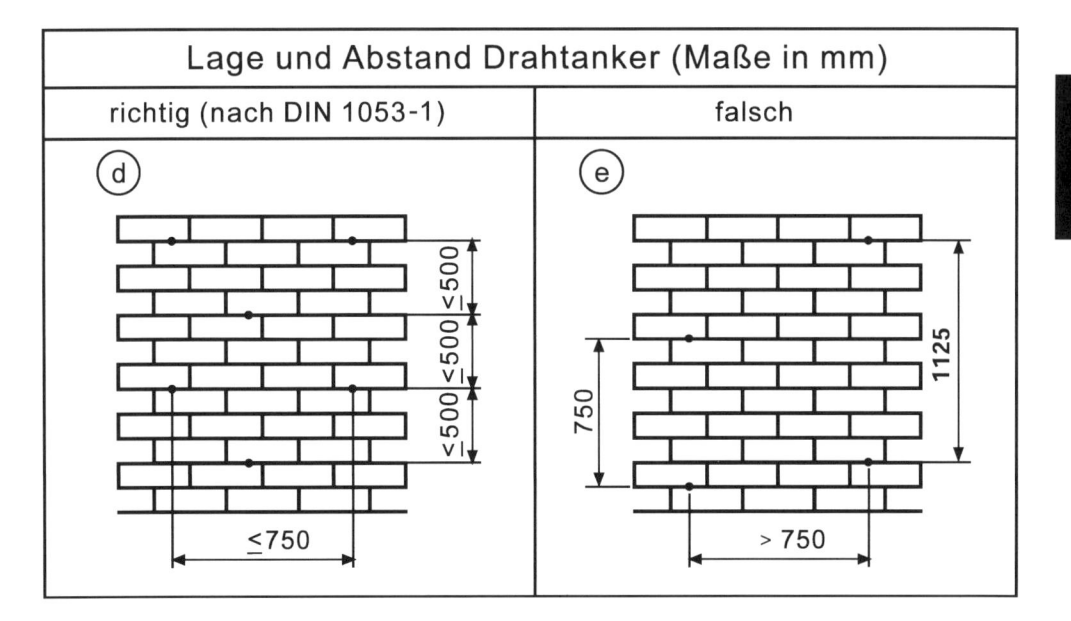

Beeinträchtigung der Standsicherheit der Verblendschale, möglicherweise „Absturz" der Schale

Bauschädenvermeidung

- **Ursachen**

  (1) Drahtanker nicht beidseitig abgebogen (Bild ⓑ)

  (2) Zu wenige Drahtanker im Bereich der Bauteilflächen (Bild ⓔ), an Öffnungen, Rändern

  (3) Zu geringer Durchmesser der Drahtanker

  (4) Falsches Material (nicht korrosionssicher)

  (5) Nicht sachgerecht verlegt (Einbindetiefe falsch), (Bild ⓒ)

- **Vermeidung**

  Sachgerechte Ausführung nach DIN 1053-1.

- **Instandsetzung**

  (1), (4), (5) Neuverankerung
  (2), (3) Ergänzungsverankerung (zusätzliche Anker) durch nachträgliches Einsetzen dafür bauaufsichtlich zugelassener Anker (Verankerungssysteme).

- **Literaturhinweis**

  [DIN 1053-1]

Ausführungsbedingte Mängel, Schäden

5.2.2 Durchfeuchtungen bei zweischaligem Mauerwerk

■ Schadensbild, Kennzeichen

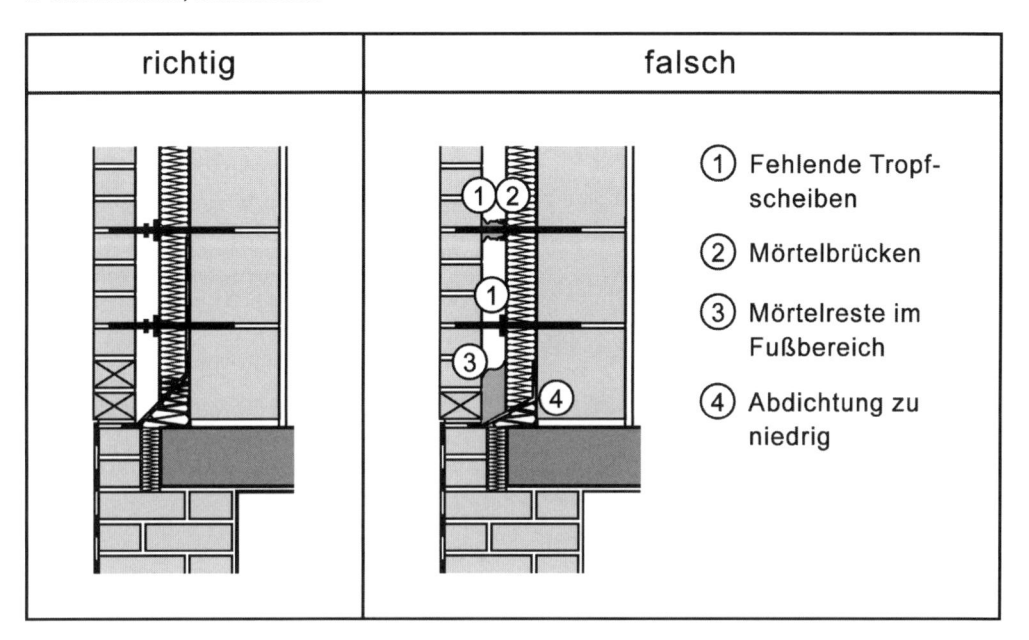

richtig	falsch
	① Fehlende Tropfscheiben
	② Mörtelbrücken
	③ Mörtelreste im Fußbereich
	④ Abdichtung zu niedrig

Durchfeuchtung im Bereich der Innenschale von zweischaligem Außenmauerwerk

(1) Im Bereich der Geschosshöhe
(2) In „Fußbereichen" von Öffnungen, Auflagern.

■ Ursachen

(1) „Mörtelbrücken" zwischen Verblend- und Innenschale; keine Tropfscheibe auf den Drahtankern; wasserdurchlässiger Wärmedämmstoff (bei Kerndämmung)
(2) Fehlerhafte Abdichtung, Entwässerung in den „Fußbereichen"
- Abdichtung an der Innenschale nicht ausreichend hochgeführt; nicht vollflächig verklebt (verschweißt), vor allem in den Eckbereichen; beschädigt
- Keine bzw. nicht ausreichend wirksame Entwässerung des „Fußbereiches" – keine Entwässerungssteine; keine bzw. zu wenige offene Stoßfugen; behinderte Entwässerung durch Mörtelreste.

■ Vermeidung

(1) DIN-1053-1-gerechte Ausführung; durch sorgfältiges Mauern Vermeiden von Mörtelbrücken
(2) Sach- und DIN-gerechte Ausführung; Entfernen der Mörtelreste über erst später geschlossene „Öffnungen" (nachträglich eingesetzte Mauersteine); Entwässerungsöffnungen auch in 2. und ggf. 3. Steinschicht.

■ Instandsetzung

(1) Bei möglicher Lokalisierung: Öffnen und Instandsetzen des Verblendschalenbereiches; andernfalls – soweit erfolgversprechend – Hydrophobierung der Verblendschale; soweit akzeptabel: Aufbringen eines wasserabweisenden Putzes; bei großflächiger Durchfeuchtung: Neuerrichten der Verblendschale
(2) Bereichsweise Verblendmauerwerk entfernen, Abdichtung, Entwässerung instandsetzen, Verblendmauerwerk erneuern.

■ Literaturhinweis

[DIN 1053-1]

5.3 Mängel und Schäden an Sichtmauerwerk

5.3.1 Schadhafter Verfugmörtel

■ **Schadensbild, Kennzeichen**

Ablösen des Verfug- bzw. Fugenmörtels von den Steinflanken, Herausfallen einzelner Fugenteilstücke.

■ **Ursachen**

Bei nachträglichem Verfugen

(1) Verwendung eines ungeeigneten Verfugmörtels – mangelhafte Zusammensetzung (zuwenig Bindemittel, zu langsames Erhärten, ungünstige Sieblinie, zu steife Verarbeitungskonsistenz).
(2) Sehr stark wasseraufsaugende Mauersteine.
(3) Unsachgemäßes und unzureichendes Vorbereiten der Fugen – Fugenmörtel nicht ausreichend tief entfernt (Solltiefe mind. 15 bis 20 mm!), Verfugbereich nicht sauber genug hergestellt bzw. vor dem Verfugen nicht gründlich gereinigt (lose Mörtelbestandteile) und vorgenässt.
(4) Unsachgerechtes, mangelhaftes Einbringen des Verfugmörtels – zu schwaches Eindrücken („Einbügeln") des Mörtels in die Fuge, nicht in 2 Arbeitsgängen, nicht hohlraumfrei (kein kraftschlüssiger Anschluss an den dahinterliegenden Fugenmörtel).
(5) Fehlende Nachbehandlung des frisch verfugten Mauerwerks (starker Feuchteentzug, großes Schwinden des Verfugmörtels).

⇒ Keine Flankenhaftung des Verfugmörtels zu den Mauersteinen, zu geringe Mörtelfestigkeit, kein Verbund zwischen Verfugmörtel und Fugenmörtel.

Bei Fugenglattstrich

(1) Ungeeignete Mörtelzusammensetzung – zu großes Schwinden, zu geringes Wasserrückhaltevermögen, zu langsame Festigkeitsentwicklung.
(2) Sehr stark wasseraufsaugende Mauersteine – nicht vor dem Vermauern vorgenässt.
(3) Mörtelfuge zu spät bzw. zu früh abgestrichen, geglättet bzw. zu intensiv bearbeitet – kein ausreichender Haftverbund zu den Steinflanken, zu starke Anreicherung von Feinbestandteilen an der Fugenoberfläche (großes Schwinden).
(4) Fehlende Nachbehandlung (Schutz des frischen Mauerwerkes vor Beregnung bzw. zu starker und zu schneller Austrocknung).

⇒ Auswaschen der Mörtelfugen, zu starkes Schwinden, Ablösen des Fugenmörtels von den Steinflanken.

■ **Vermeidung**

(1) Verwendung von auf die Mauersteine (Wasseraufsaugvermögen) ausreichend abgestimmtem Verfug- bzw. Fugenmörtel (Wasserrückhaltevermögen, Erhärtungscharakteristik, Hafteigenschaften zum Stein).
(2) Sachgerechte Ausführung des nachträglichen Verfugens bzw. des Fugenglattstrichs entsprechend DIN 1053-1 und den technischen Informationsschriften der Mörtel- und Mauersteinindustrie.
(3) Notwendige und sachgerechte Nachbehandlung (Schutz des frischen Mauerwerks vor Beregnung und zu schnellem intensivem Austrocknen durch z. B. Abdecken mit Folien, ggf. durch Feuchthalten).

■ **Instandsetzung**

(1) Gründliches Entfernen des Verfug- bzw. Fugenmörtels bis zu einer Tiefe von mind. 20 mm.
(2) Sachgerechtes Neuverfugen (s. unter „Vermeidung").
(3) Ausreichende Nachbehandlung des frisch verfugten Mauerwerks (s. unter „Vermeidung").

■ **Literaturhinweis**

[Schneider/Schubert–99], [Merkblatt „Verblendmauerwerk"–94], [PKA-KS–03], [Ziegel-Bauberatung]

5.3.2 Ablösen von äußeren Schalen bzw. Teilstücken aus Mauersteinen

■ **Schadensbild, Kennzeichen**

■ **Ursachen**

(1) Unzureichender Frostwiderstand der verwendeten Mauersteine.

(2) Wasserdampfundurchlässiger Anstrich bzw. Beschichtung auf der Sichtmauerwerksoberfläche.

(3) Sehr starke Durchfeuchtung – z. B. im Fußpunktbereich von Sichtmauerwerk – durch Niederschlagswasser bzw. aufsteigende Bodenfeuchtigkeit.

■ **Vermeidung**

(1) Verwendung normgerechter Mauersteine mit ausreichend hohem Frostwiderstand: Vormauersteine, Verblender.

(2) Vermeiden von Anstrichen bzw. Beschichtungen mit zu geringer Wasserdampfdurchlässigkeit – wenn nötig und sinnvoll: Verwenden von geeigneten Hydrophobierungen.

(3) Vermeiden von Durchfeuchtungen infolge aufsteigender Bodenfeuchtigkeit durch Anordnen von Horizontalisolierungen; Gewährleistung des schnellen Ablaufes von Niederschlagswasser im Fußpunktbereich durch entsprechendes Gefälle, Dränageeinrichtungen.

■ **Instandsetzung**

(1) Stark geschädigte Mauerwerksbereiche sind zu erneuern (Verwendung ausreichend frostwiderstandsfähiger Mauersteine!).

(2) Anstriche bzw. Beschichtungen mit zu geringer Wasserdampfdurchlässigkeit sind zu entfernen und durch geeignete Anstriche bzw. Hydrophobierungen zu ersetzen.

(3) Konstruktive Maßnahmen zur Verhinderung einer zu starken Durchfeuchtung bestimmter Mauerwerksbereiche. Hinweis: Horizontale Mauerwerksbrüstungen unter Öffnungen (Gesimse) mit ausreichendem Gefälle versehen!

■ **Literaturhinweis**

[DIN 1053-1], [DIN V 105-100], [DIN V 106], [DIN V 18 153-100], [PKA-KS–03], [Ziegel-Bauberatung]

5.3.3 Ausblühungen, Auslaugungen

■ Schadensbild, Kennzeichen

Ausblühungen: weißlicher, flockiger, lose anhaftender Belag auf der Oberfläche des Sichtmauerwerks

Auslaugungen: weißer, fest anhaftender und schwer löslicher Belag (auch „Kalkfahnen" genannt).

■ Ursachen

Ausblühungen

(1) Wasserlösliche Salze im Mauerwerk (Mauerstein, Mauermörtel) werden im Porenwasser gelöst, bei Austrocknung nach außen transportiert und kristallisieren nach Verdunsten des Wassers auf der Mauerwerksoberfläche aus.

(2) Zu hoher Gehalt an wasserlöslichen Salzen in den Mauersteinen und/oder im Mauermörtel.

(3) Hohe Durchfeuchtung des Mauerwerks infolge mangelhafter Schutzmaßnahmen bei der Ausführung – keine sachgerechte Wasserabführung, kein ausreichender Schutz des hergestellten Mauerwerks vor Durchfeuchtung.

(4) Zu hohe Durchfeuchtung des Mauerwerks durch unsachgemäße Planung – z. B. fehlende Abdichtung gegen aufsteigende Bodenfeuchtigkeit.

Auslaugungen

(1) Zu hohe Anteile von Calciumhydroxid, das an der Mauerwerksoberfläche mit dem Kohlendioxid der Luft schwer lösliches Calciumcarbonat bildet; Calciumhydroxid ist im wesentlichen im Mauermörtel vorhanden.

(2) Zu hoher Gehalt an wasserlöslichen Salzen in den Mauersteinen und/oder im Mauermörtel.

(3) Hohe Durchfeuchtung des Mauerwerks infolge mangelhafter Schutzmaßnahmen bei der Ausführung – keine sachgerechte Wasserabführung, kein ausreichender Schutz des hergestellten Mauerwerks vor Durchfeuchtung.

(4) Zu hohe Durchfeuchtung des Mauerwerks durch unsachgemäße Planung – z. B. fehlende Abdichtung gegen aufsteigende Bodenfeuchtigkeit.

■ Vermeidung

(1) Verwendung von Vormauersteinen bzw. Verblendern, welche die Anforderungen der Norm (Mauerziegel) an den max. Gehalt ausblühfähiger Salze erfüllen.

(2) Verwendung von Mauermörteln mit geringem Anteil an ausblühfähigen Salzen bzw. auslaugbarem Calciumhydroxid.

(3) Vermeiden der Durchfeuchtung des Sichtmauerwerks bei Planung und Ausführung.

■ Instandsetzung

Sowohl bei Ausblühungen als auch bei Auslaugungen handelt es sich i. d. R. nicht um einen Schaden, sondern am ehesten um einen optischen Mangel!

(1) Quelle der Durchfeuchtung dauerhaft beseitigen.

(2) Ausblühungen von Zeit zu Zeit trocken abbürsten; wenn notwendig, mit geeigneten lösenden Stoffen entfernen (das Mauerwerk muss dabei von unten nach oben vorgenässt und behandelt werden!).

Ausblühungen auf zu verputzendem Mauerwerk werden trocken und sorgfältig durch Abbürsten entfernt, da sie ansonsten die Haftung des Putzes auf dem Mauerwerk beeinträchtigen können. Weitere Maßnahmen sind nicht erforderlich.

(3) Auslaugungen müssen durch geeignete Chemikalien gelöst und mit Wasser abgespült werden. Im allgemeinen geschieht dies durch Behandlung mit verdünnter Salzsäure (Vornässen und Behandeln von unten nach oben!). Möglich ist auch, die Auslaugungen durch mechanisch wirkende Behandlungen – wie mit dem sogenannten Rotationswirbelverfahren (Auftrag von Quarzsand unter hohem Wasserdruck mittels rotierender kleiner Bürsten) – zu beseitigen.

■ Literaturhinweis

[Schneider/Schubert–99], [Kilian/Kirtschig–97], [Ziegel-Bauberatung]

H BAURECHT

Dr. Ronald Rast

CE-Kennzeichnung von Mauersteinen in Deutschland H.3

Muster-Liste der Technischen Baubestimmungen H.9

Eichberger / Oehl

Architekten- und Ingenieurrecht kompakt
Neue VOB und Schuldrechtmodernisierungsgesetz eingearbeitet

2004. 200 Seiten.
17 x 24 cm. Gebunden.

EUR 44,-
ISBN 3-89932-021-2

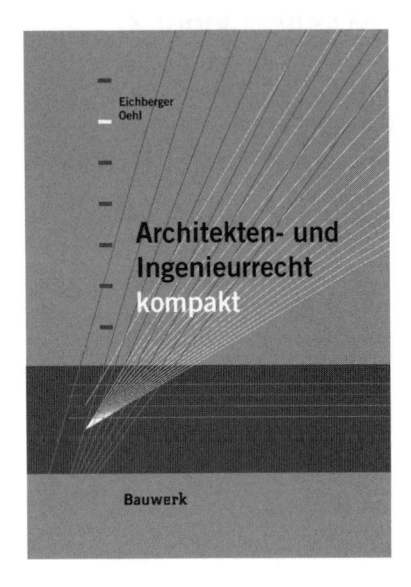

Aus dem Inhalt:
- Der Architekten- und Ingenieurvertrag
- Die Vollmacht des Architekten / Ingenieurs
- Allgemeine Geschäftsbedingungen
- Vertragskündigung
- Das Urheberrecht des Architekten
- Honorarrecht – HOAI
- Die Haftung von Architekten und Sonderfachleuten
  – Auswirkungen des Schuldrechtsmodernisierungsgesetzes auf das Architekten- und Ingenieurrecht
- Prozessrecht:
  - Honorarklage
  - Gewährleistungsprozess
  - selbständiges Beweisverfahren
- Neuere Entwicklungen im Architekten- und Ingenieurrecht
  - Generalplanervertrag
  - Generalauftragnehmer

Autoren:
Dr. Tassilo Eichberger (Nörr Stiefenhofer Lutz, München) ist Rechtsanwalt mit den Tätigkeitsschwerpunkten Privates Baurecht, Architektenrecht, Immobilienrecht.
Frank Oehl (Nörr Stiefenhofer Lutz, Düsseldorf) ist Rechtsanwalt mit dem Tätigkeitsschwerpunkten Privates Baurecht, Architekten- und Ingenieurrecht.

Interessenten:
Rechtsanwälte und Richter, Architekten und Ingenieure, Angestellte der Bauwirtschaft, Projektsteuerer, Sachverständige für Honorarfragen.

Bauwerk www.bauwerk-verlag.de

CE-Kennzeichnung von Mauersteinen in Deutschland*

Schlussfolgerung vorab – Keine Änderungen für den Anwender!

Die Verwendung und die bisher übliche Bezeichnung von Mauersteinen (Normsteinen und Zulassungssteinen) wird auf Basis der vorbereiteten DIN – Restnormen durch die deutsche Mauerwerksindustrie auch nach Einführung der CE-Kennzeichnung unverändert fortgeführt. Für Handel, Planer und Anwender wird daher – abgesehen von der neuen zusätzlichen CE-Kennzeichnung – keine Änderung feststellbar sein.

Der Startschuss für die CE-Kennzeichnung ist gefallen!

Die europäischen Mauersteinnormen der Normenreihe DIN EN 771 dürfen seit der Bekanntmachung im Europäischen Amtsblatt vom 01.04.2005 und im Bundesanzeiger vom 27.04.2005 ab sofort in Deutschland angewendet werden. Das betrifft insbesondere die nachfolgenden Produktnormen:

- DIN EN 771-1 für Mauerziegel
- DIN EN 771-2 für Kalksandsteine
- DIN EN 771-3 für Betonsteine und
- DIN EN 771-4 für Porenbetonsteine.

In den Produktnormen werden die grundsätzlichen Vorgaben zu Ausgangsstoffen und Herstellung, Anforderungen und Beschreibung sowie Kennzeichnung und Prüfung je Mauersteinart europaweit einheitlich geregelt.

Damit ist es nach langen Jahren mühevoller Harmonisierung gelungen, die Voraussetzungen dafür zu schaffen, dass Mauersteine aus EU-Mitgliedsstaaten grenzüberschreitend gehandelt und in Verkehr gebracht werden können. Ohne großen Aufwand können Handel, Planer und Bauherr anhand der europaeinheitlichen CE-Kennzeichnung die Leistungskennwerte dieser Bauprodukte erkennen. Die vom Hersteller mit dem CE-Zeichen ausgewiesenen (deklarierten) Werte müssen im jeweiligen Lieferland von der Bauaufsicht und den Baubeteiligten akzeptiert werden.

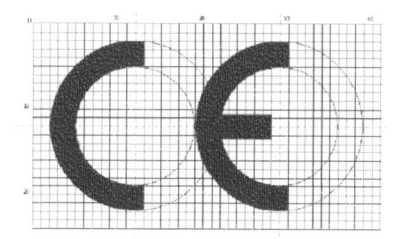

Das CE-Zeichen

Die CE- Kennzeichnung

Die CE-Kennzeichnung besteht aus dem CE-Zeichen selbst und einer Reihe formaler und produktspezifischer Angaben. Der Hersteller hat das CE-Zeichen produktbegleitend auf dem Mauerstein selbst und/oder der Verpackungseinheit (Folie, Palette, etc.) und/oder den produktbegleitenden Dokumenten (z. B. Lieferschein, etc.) anzubringen. Eine große Anzahl der deutschen Mauersteinhersteller favorisiert aus Gründen der Handhabbarkeit die produktbegleitende CE-Kennzeichnung. Produkte, die ohnehin mit einem Beileger ausgeliefert werden, erhalten hier eine Volldeklaration oder den Hinweis darauf, wo der Anwender die produktspezifischen Angaben finden kann. Immer mehr Hersteller haben als Ort der (Voll-) Kennzeichnung auch das Internet gewählt. Nähere Auskünfte zu den praktizierten Systemen erfahren Sie direkt bei den Mitgliedsverbänden der DGfM sowie den Herstellern selbst.

* Aus dem DGfM-CE-Flyer vom 01.01.2006

Gesetzliche Grundlagen für die CE-Kennzeichnung

Im Rahmen der Europäischen Harmonisierung war es als vorrangiges Ziel angesehen worden, zunächst den freien *Handel von Waren* zwischen den Mitgliedsstaaten der EU zu erleichtern und zu regeln. Für den Bereich der Bauprodukte hat die Europäische Kommission (EC) zusammen mit dem Europäischen Parlament – neben anderen Regelungsbereichen – zu diesem Zweck 1988 die so genannte „Bauproduktenrichtlinie" (BPR) erlassen. Die offizielle Bezeichnung lautet: „RICHTLINIE DES RATES vom 21. Dezember 1988 zur Angleichung der Rechts- und Verwaltungsvorschriften der Mitgliedstaaten über Bauprodukte, (89/106/EWG)".

In nationales Recht ist die BPR 1992 durch Verabschiedung des „Bauproduktegesetzes" (BPG) umgesetzt worden und hat damit rechtsverbindliche Wirkung in Deutschland. Das BPG sieht den Nachweis der Übereinstimmung der Produkte mit der BPR und zugehörigen „Technischen Spezifikationen" (i. d. R. Normen) durch das „CE-Zeichen" vor.

CE-gekennzeichnete Produkte – Verwendung ohne Schranken?

Eine ganz andere Frage ist, ob Mauersteine mit CE-Kennzeichnung nicht nur europaweit gehandelt, sondern auch grenzüberschreitend im konkreten Einzelfall verwendet werden können.

Diese Frage ist zur Zeit eindeutig mit „nein" zu beantworten!

Die Zuständigkeit für die sichere Anwendung von Bauprodukten ist und bleibt der alleinigen Verantwortung des jeweiligen EU-Mitgliedsstaates unterstellt. Für Deutschland – zuständig sind die Bauaufsichtsbehörden der Länder – wird die Anwendung CE-gekennzeichneter Mauersteine nach den Technischen Baubestimmungen auf solche Mauersteine beschränkt, für die hinreichende Erfahrungen im Tragverhalten sowie in den Schall-, Brand- und Wärmeschutzeigenschaften vorliegen.

Grundsätze für das wirtschaftliche und sichere Planen, Bemessen und Ausführen von Mauerwerksbauten, d.h. die Anwendung von Mauerwerksprodukten zur Erstellung baulicher Anlagen und ihren Teilen, sind in Deutschland in nationalen Normen für die Standsicherheit (DIN 1053), den Brandschutz (DIN 4102), den Wärmeschutz (DIN 4108) und den Schallschutz (DIN 4109) geregelt.

Diese nationalen Bemessungsnormen bleiben in den nächsten Jahren weiterhin gültig und beziehen sich in der Beschreibung der Produkteigenschaften unter anderem auf die Produktnormen der bisherigen Normenreihen

- DIN 105 (Mauerziegel)
- DIN 106 (Kalksandsteine)
- DIN 4165 (Porenbetonsteine) sowie
- DIN 18 151 bis 18 153 (Mauersteine aus Leichtbeton/Normalbeton).

Die vorgenannten nationalen Produktnormen verlieren nach Ablauf einer Übergangsperiode (Koexistenzphase) ab dem 01.04.2006 ihre Gültigkeit, müssen dann zurückgezogen und durch die neuen europäischen Produktnormen abgelöst werden.

Da die neuen europäischen Mauersteinnormen der Normenreihe DIN EN 771 die Produkteigenschaften nicht in der gleichen Art und Weise wie die bisherigen deutschen Produktnormen beschreiben, wurden zusätzlich sogenannte Anwendungsnormen erarbeitet.

Was sind Anwendungsnormen?

Ausschließlich CE-gekennzeichnete Mauersteine können in Deutschland nur in Verbindung mit speziellen Anwendungsregeln (Anwendungsnormen) zur Verwendung kommen, die das Bindeglied zwischen europäischer Produktnorm und nationalen Bemessungsnormen darstellen.

Mauersteine, die den Anwendungsnormen **DIN V 20000-401 bis -404** entsprechen, sind in ihren bauaufsichtlich maßgebenden Eigenschaften vergleichbar mit den Normsteinen der bisherigen Normenreihe DIN 105, DIN 106, DIN 4165 sowie DIN 18 151 bis DIN 18 153.

Die nachfolgenden Anwendungsnormen für Mauersteine wurden bereits über die Beuth Verlag GmbH des DIN veröffentlicht:
- DIN V 20000-401:(2005-06), Anwendung von Bauprodukten in Bauwerken – Teil 401: Regeln für die Verwendung von Mauerziegeln nach DIN EN 771-1
- DIN V 20000-402:(2005-06), Anwendung von Bauprodukten in Bauwerken – Teil 402: Regeln für die Verwendung von Kalksandsteinen nach DIN EN 771-2
- DIN V 20000-403:(2005-06), Anwendung von Bauprodukten in Bauwerken – Teil 403: Regeln für die Verwendung von Mauersteinen aus Beton nach DIN EN 771-3
- DIN V 20000-404:(2005-06), Anwendung von Bauprodukten in Bauwerken – Teil 404: Regeln für die Verwendung von Porenbetonsteinen nach DIN EN 771-4

Die Anwendungsnormen richten sich an Handel, Planer und Bauherren. Sie geben an, wie die deklarierten Werte aus der CE-Kennzeichnung in Bemessungswerte umgerechnet werden und in Bezug auf die technischen Regeln für die Planung, Bemessung und Konstruktion von baulichen Anlagen und ihren Teilen zu verwenden sind.

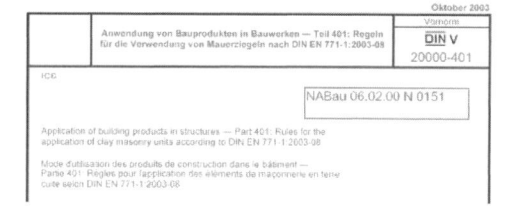

Beispiel für eine Anwendungsnorm

Und warum gibt es auch so genannte „Restnormen"?

Um Produkte wie gewohnt vermarkten und deren Verwendbarkeit national auch nach dem 01.04.2006 zusichern zu können, hat die deutsche Mauersteinindustrie Wert auf sogenannte Restnormen gelegt. Jegliche zusätzliche Aufwendungen für den Verwender, z.B. das Umrechnen von deklarierten Werten gemäß CE-Kennzeichnung auf geltende nationale Bemessungswerte, können entfallen, wenn nach Restnormen gekennzeichnete Mauersteinprodukte eingesetzt werden.

Die Restnormen beinhalten Produkte, Produkteigenschaften, Merkmale und Differenzierungen, die nicht oder nicht vollständig in den neuen europäischen Mauersteinnormen erfasst sind. Es fehlen in den europäischen Normen außerdem Rohdichte- und Druckfestigkeitsklassen, Formate, Lochungen (Lochgeometrien) und Grenzwerte, die z. B. das Ausblühen und Austreiben schädlicher Substanzen begrenzen. Fehlende Definitionen und vor allem das Fehlen von Produktanforderungen für eingeführte und lange bewährte Produktqualitäten wie Klinker, Vormauersteine und Verblender machen es aus Sicht der deutschen Mauerwerksindustrie erforderlich, auch weiterhin neben europäischen Mauersteinnormen nationale Restnormen in Bezug nehmen zu können. Das betrifft folgende Restnormen, die die Beuth Verlag GmbH des DIN im Oktober 2005 veröffentlicht hat:

- **DIN V 105-100: (2005-10), Mauerziegel – Teil 100: Mauerziegel mit besonderen Eigenschaften.**
- **DIN V 106: (2005-10), Kalksandsteine mit besonderen Eigenschaften.**
- **DIN V 4165-100: (2005-10), Porenbetonsteine – Teil 100: Porenbetonsteine mit besonderen Eigenschaften.**
- **DIN V 18151-100: (2005-10), Hohlblöcke aus Leichtbeton – Teil 100: Hohlblöcke aus Leichtbeton mit besonderen Eigenschaften.**
- **DIN V 18152-100: (2005-10), Vollsteine und Vollblöcke aus Leichtbeton – Teil 100: Vollsteine und Vollblöcke aus Leichtbeton mit besonderen Eigenschaften.**
- **DIN V 18153-100: (2005-10), Mauersteine aus Beton – Teil 100: Mauersteine aus Beton mit besonderen Eigenschaften.**

Durch die freiwillige Zusicherung bewährter Produktqualitäten von Mauersteinen nach DIN-Restnorm wird die Kompatibilität mit den nationalen Bemessungsnormen auch weiterhin gewährleistet.

Die deutsche Mauerwerksindustrie hat sich aktiv an der Erarbeitung dieser Restnormen beteiligt und sieht das als Serviceleistung für Handel, Planer und Bauausführende.

Insofern ändert sich – abgesehen von der zusätzlichen CE-Kennzeichnung, die ab dem Ende der so genannten Koexistenzperiode europäisch Pflicht wird – für den Anwender in der Baupraxis nichts.

Welche Sonderregelungen gelten in der Übergangsfrist?

Mauersteine, die nach der bisherigen Normenreihe DIN 105, DIN 106, DIN 4165 sowie DIN 18151 bis DIN 18153 hergestellt wurden, können noch bis zum Ablauf der Koexistenzperiode (siehe Zeitplan nachfolgende Abbildung) mit Ü-Zeichen gekennzeichnet, in Verkehr gebracht und verwendet werden. Nach diesem Termin ist die Verwendung dieser nicht CE-gekennzeichneten Mauersteine nur noch für die bereits in Verkehr gebrachten Produkte, d. h. Lagerware beim Handel oder auf der Baustelle, möglich.

Mauersteine auf Grundlage allgemeiner bauaufsichtlicher Zulassungen können noch uneingeschränkt bis zum Ende der Geltungsdauer der Zulassung verarbeitet werden.

Nach Ablauf der einjährigen Koexistenzperiode dürfen nur noch CE-gekennzeichnete Mauersteine in Verkehr gebracht werden. Eine zusätzliche Kennzeichnung nach DIN-Restnormen ist möglich.

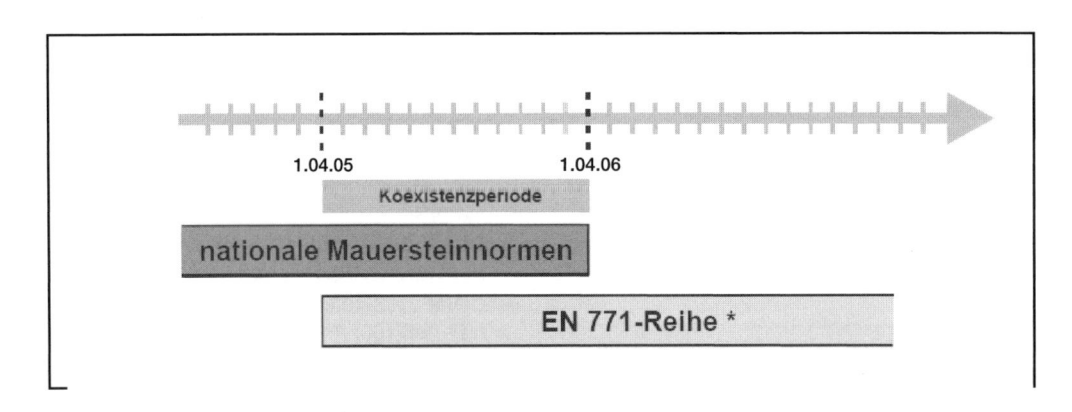

```
          1.04.05              1.04.06
              Koexistenzperiode
          nationale Mauersteinnormen
                    EN 771-Reihe *
```

Ab wann können Mauersteine mit CE in Deutschland angewendet werden?

Die Anwendung CE-gekennzeichneter Mauersteine nach DIN EN 771 ist erst nach Aufnahme der neuen europäischen Normen in die Bauregelliste B Teil 1 und unter Berücksichtigung der Verwendungsbedingungen in den Landesbauordnungen (Anwendungsnormen für Mauersteine aus der DIN V 20000-Reihe) möglich. Aus der Erfahrung mit der Umsetzung technischer Baubestimmungen in den jeweiligen Länderlisten wird die Anwendung tatsächlich erst Ende des Jahres 2005 bzw. Anfang 2006 möglich sein.

Worauf ist besonders zu achten?

Mauersteine, die ausschließlich mit CE-Zeichen in Verkehr gebracht werden und die weder den Anwendungsregeln der Normenreihe DIN V 20000 entsprechen noch eine allgemeine bauaufsichtliche Zulassung nachweisen können, dürfen nicht für tragendes Mauerwerk nach DIN 1053-1 verwendet werden. Vor der Verwendung solcher Produkte ist ausdrücklich zu warnen.

Fazit – für den schnellen Leser

Die Verwendung und die bisher übliche Bezeichnung von Mauersteinen (Normsteinen

und Zulassungssteinen) wird auf Basis der vorbereiteten DIN-Restnormen durch die deutsche Mauerwerksindustrie auch nach Einführung der CE-Kennzeichnung unverändert fortgeführt. Für Handel, Planer und Anwender wird daher – abgesehen von der neuen zusätzlichen CE-Kennzeichnung – keine Änderung feststellbar sein.

Spezielle Informationen zur CE-Kennzeichnung von Mauermörtel

Für Mauermörtel, Putzmörtel, Estrichmörtel und Fliesenkleber traten sukzessive europäische Normen in Kraft. Bereits ab dem 1. April 2004 wurden die nationalen Normen ebenso sukzessive zurückgezogen. Die Hersteller müssen ihre Produkte jetzt mit dem „CE- Kennzeichen" versehen. Die Broschüre des Industrieverbandes Werkmörtel e.V. (IWM) richtet sich an die Hersteller und enthält alle notwendigen Informationen für die Umstellung: Detailinformationen zu Übergangsfristen und den erforderlichen Dokumenten sowie zahlreiche Beispiele. [64 Seiten, 769 kB, PDF]

Nähere Angaben zur CE-Kennzeichnung von Werkmörteln finden Sie auf der Homepage des IWM unter „http://www.iwm-info.de/aktuell/news2.html". Die Broschüre des IWM können Sie als .pdf hier herunterladen.

Weitere Informationen:

Weitere Informationen zur **CE**-Kennzeichnung von Mauersteinen erhalten Sie über die folgende Internetseite sowie Verlinkungen zu den Mitgliedsverbänden der Mauersteinindustrie Deutschlands:

Deutsche Gesellschaft für Mauerwerksbau e.V
Kochstraße 6-7
10969 Berlin
www.dgfm.de

Schoch

Wärmebrückenkatalog digital
Gleichwertigkeitsnachweise auf Basis der neusten Ausgabe von DIN 4108 Beiblatt 2

2004. CD-ROM.
EUR 39,–
ISBN 3-89932-085-9

Aus dem Inhalt:
- Erläuterung der Grundlagen der Nachweisführung
- Über 3000 Wärmebrückenverluste (Psi-Werte)

Weitere Inhalte:
- Komfortable Suchfunktion
- Kompletter Ausdruck für den Bauantrag
- Direkte Datenübergabe zum EnEV-Berechnungsprogramm „EnEV-Novelle – SO 2004"

Autor
Dipl.-Ing. Torsten Schoch ist Bauingenieur und seit mehreren Jahren in führenden Positionen der Mauerwerksindustrie sowie als Tragwerksplaner tätig. Er ist Mitglied in zahlreichen europäischen und nationalen Normausschüssen.

Bauwerk www.bauwerk-verlag.de

Muster-Liste
Der Technischen Baubestimmungen

– Fassung Februar 2006 –

Muster - Liste
der Technischen Baubestimmungen
- Fassung Februar 2006 -[*]

Achtung:
Die Vorschrift befindet sich zur Notifizierung nach der Richtlinie 98/34/EG. Aufgrund der dort angegebenen Fristsetzung bzw. Stillhalteverpflichtung kann davon ausgegangen werden, dass die Muster-Liste frühestens
am 27.10.2006
von den Ländern umgesetzt werden darf, sofern in der Zwischenzeit nichts anderes mitgeteilt wird.

Vorbemerkungen

Die Liste der Technischen Baubestimmungen enthält technische Regeln für die Planung, Bemessung und Konstruktion baulicher Anlagen und ihrer Teile, deren Einführung als Technische Baubestimmungen auf der Grundlage des § 3 Abs. 3 MBO[1]) erfolgt. Technische Baubestimmungen sind allgemein verbindlich, da sie nach § 3 Abs. 3 MBO[1]) beachtet werden müssen.

Es werden nur die technischen Regeln eingeführt, die zur Erfüllung der Grundsatzanforderungen des Bauordnungsrechts unerlässlich sind. Die Bauaufsichtsbehörden sind allerdings nicht gehindert, im Rahmen ihrer Entscheidungen zur Ausfüllung unbestimmter Rechtsbegriffe auch auf nicht eingeführte allgemein anerkannte Regeln der Technik zurückzugreifen.

Soweit technische Regeln durch die Anlagen in der Liste geändert oder ergänzt werden, gehören auch die Änderungen und Ergänzungen zum Inhalt der Technischen Baubestimmungen.
Anlagen, in denen die Verwendung von Bauprodukten (Anwendungsregelungen) nach harmonisierten Normen nach der Bauproduktenrichtlinie geregelt ist, sind durch den Buchstaben "E" kenntlich gemacht.
Gibt es im Teil I der Liste keine technischen Regeln für die Verwendung von Bauprodukten nach harmonisierten Normen und ist die Verwendung auch nicht durch andere allgemein anerkannte Regeln der Technik geregelt, können Anwendungsregelungen auch im Teil II Abschnitt 5 der Liste enthalten sein.
Europäische technische Zulassungen enthalten im Allgemeinen keine Regelungen für die Planung, Bemessung und Konstruktion baulicher Anlagen und ihrer Teile, in die die Bauprodukte eingebaut werden. Die hierzu erforderlichen Anwendungsregelungen sind im Teil II Abschnitt 1 bis 4 der Liste aufgeführt.
Im Teil III sind Anwendungsregelungen für Bauprodukte und Bausätze, die in den Geltungsbereich von Verordnungen nach § 17 Abs. 4 und § 21 Abs. 2 MBO fallen (zur Zeit nur die Verordnung zur Feststellung der wasserrechtlichen Eignung von Bauprodukten und Bauarten durch Nachweise nach der Musterbauordnung (WasBauPVO)) aufgeführt.

Die technischen Regeln für Bauprodukte werden nach § 17 Abs. 2 MBO[1]) in der Bauregelliste A bekannt gemacht. Sofern die in Spalte 2 der Liste aufgeführten technischen Regeln Festlegungen zu Bauprodukten (Produkteigenschaften) enthalten, gelten vorrangig die Bestimmungen der Bauregellisten.

---

[*] Die Verpflichtungen aus der Richtlinie 98/34/EG des Europäischen Parlaments und des Rates vom 22. Juni 1998 über ein Informationsverfahren auf dem Gebiet der Normen und technischen Vorschriften und der Vorschriften für die Dienste der Informationsgesellschaft (ABl. EG Nr. L 204 S. 37), zuletzt geändert durch Richtlinie 98/48/EG des Europäischen Parlaments und des Rates vom 20. Juli 1998 (ABl. EG Nr. L 217 S. 18) sind beachtet worden.
[1]) nach Landesrecht

Teil I: Technische Regeln für die Planung, Bemessung und Konstruktion baulicher Anlagen und ihrer Teile

Inhalt

1	Technische Regeln zu Lastannahmen und Grundlagen der Tragwerksplanung	3	Technische Regeln zum Brandschutz	
2	Technische Regeln zur Bemessung und zur Ausführung	4	Technische Regeln zum Wärme- und zum Schallschutz	
2.1	Grundbau	4.1	Wärmeschutz	
2.2	Mauerwerksbau	4.2	Schallschutz	
2.3	Beton-, Stahlbeton- und Spannbetonbau	5	Technische Regeln zum Bautenschutz	
2.4	Metallbau	5.1	Schutz gegen seismische Einwirkungen	
2.5	Holzbau	5.2	Holzschutz	
2.6	Bauteile	6	Technische Regeln zum Gesundheitsschutz	
2.7	Sonderkonstruktionen	7	Technische Regeln als Planungsgrundlagen	

Kenn./ Lfd.Nr.	Bezeichnung	Titel	Ausgabe	Bezugsquelle/ Fundstelle
1	2	3	4	5

1 Technische Regeln zu Lastannahmen und Grundlagen der Tragwerksplanung
Gültig bis 31.12.2006

Kenn./Lfd.Nr.	Bezeichnung	Titel	Ausgabe	Bezugsquelle
1.1	DIN 1055	Lastannahmen für Bauten		
	- 1	Einwirkungen auf Tragwerke - Teil 1: Wichten und Flächenlasten von Baustoffen, Bauteilen und Lagerstoffen	Juni 2002	*)
	Teil 2	-; Bodenkenngrößen; Wichte, Reibungswinkel, Kohäsion, Wandreibungswinkel	Februar 1976	*)
	Blatt 3 Anlage 1.1/1	-; Verkehrslasten	Juni 1971	*)
	Teil 4 Anlage 1.1/2	-; Verkehrslasten; Windlasten bei nicht schwingungsanfälligen Bauwerken	August 1986	*)
	Teil 4 A 1	-; -; -; Änderung A1; Berichtigungen	Juni 1987	
	Teil 5 Anlage 1.1/3	-; Verkehrslasten; Schneelast und Eislast	Juni 1975	*)
	Teil 5 A 1	-; -; -, (Schneelastzonenkarte)	April 1994	*)
	Teil 6 Anlage 1.1/4	-; Lasten in Silozellen	Mai 1987	*)
	Beiblatt 1	-;-; Erläuterungen	Mai 1987	*)
	-100 Anlage 1.1/5	Einwirkungen auf Tragwerke – Teil 100: Grundlagen der Tragwerksplanung, Sicherheitskonzept und Bemessungsregeln	März 2001	*)
1.2	nicht besetzt			
1.3	Richtlinie Anlage 1.3/1	ETB-Richtlinie – "Bauteile, die gegen Absturz sichern"	Juni 1985	*)
1.4	Richtlinie VDI 3673 Blatt 1	Druckentlastung von Staubexplosionen	Juli 1995	*)

*) Beuth Verlag GmbH, 10772 Berlin

Kenn./ Lfd.Nr.	Bezeichnung	Titel	Ausgabe	Bezugs- quelle/ Fundstelle
1	2	3	4	5

Gültig ab 1.1.2007

Kenn./ Lfd.Nr.	Bezeichnung	Titel	Ausgabe	Bezugsquelle/ Fundstelle
1.1	DIN 1055	Einwirkungen auf Tragwerke		
	- 1	– Teil 1: –; Wichten und Flächenlasten von Baustoffen, Bauteilen und Lagerstoffen	Juni 2002	*)
	Teil 2	Lastannahmen für Bauten; Bodenkenngrößen, Wichte, Reibungswinkel, Kohäsion, Wandreibungswinkel	Februar 1976	*)
	-3	–; Eigen- und Nutzlasten für Hochbauten	März 2006	*)
	- 4 Anlage 1.1/1	–; Windlasten	März 2005	*)
	-4/ Ber 1	–; –; Berichtigung 1	März 2006	
	- 5 Anlage 1.1/2	–; Schnee- und Eislasten	Juli 2005	*)
	- 6	–; Einwirkungen auf Silos und Flüssigkeitsbehälter	März 2005	*)
	- 6/ Ber 1	–; –; Berichtigung 1	Februar 2006	*)
	DIN-Fachbericht 140	Auslegung von Siloanlagen gegen Staubexplosionen	Januar 2005	
	- 9 Anlage 1.1/3	–; Außergewöhnliche Einwirkungen	August 2003	*)
	-100 Anlage 1.1/4	Einwirkungen auf Tragwerke – Teil 100: Grundlagen der Tragwerksplanung, Sicherheitskonzept und Bemessungsregeln	März 2001	*)
1.2	nicht besetzt			
1.3	Richtlinie Anlage 1.3/1	ETB-Richtlinie – "Bauteile, die gegen Absturz sichern"	Juni 1985	*)
~~1.4~~	~~Richtlinie~~ ~~VDI 3673 Blatt 1~~	~~Druckentlastung von Staubexplosionen~~	~~Juli 1995~~	~~*)~~

2 Technische Regeln zur Bemessung und zur Ausführung
2.1 Grundbau

Kenn./ Lfd.Nr.	Bezeichnung	Titel	Ausgabe	Bezugsquelle/ Fundstelle
2.1.1 (1)	DIN 1054 Anlagen 2.1/1, 2.1/7 E und 2.1/8	Baugrund; zulässige Belastung des Baugrunds	November 1976	*)
2.1.1 (2)	DIN 1054 Anlagen 2.1/7 E, 2.1/8 und 2.1/9	Baugrund; Sicherheitsnachweise im Erd- und Grundbau	Januar 2005	*)
2.1.2 (1)	DIN 4014 Anlagen 2.1/2 und 2.1/8	Bohrpfähle; Herstellung, Bemessung und Tragverhalten	März 1990	*)

---
*) Beuth Verlag GmbH, 10772 Berlin

Kenn./ Lfd.Nr.	Bezeichnung	Titel	Ausgabe	Bezugs- quelle/ Fundstelle
1	2	3	4	5
2.1.2 (2	DIN EN 1536 Anlage 2.1/8	Ausführung von besonderen geotechnischen Arbeiten (Spezialtiefbau) - Bohrpfähle	Juni 1999	*)
	DIN Fachbericht 129	Richtlinie zur Anwendung von DIN EN 1536:1999-06	Februar 2005	*)
2.1.3	DIN 4026 Anlagen 2.1/3 und 2.3/18 E	Rammpfähle; Herstellung, Bemessung und zulässige Belastung	August 1975	*)
2.1.4	DIN 4093 Anlage 2.3/18 E	Baugrund; Einpressen in den Untergrund; Planung, Ausführung, Prüfung	September 1987	*)
2.1.5	DIN 4123	Ausschachtungen, Gründungen und Unterfangungen im Bereich bestehender Gebäude	September 2000	*)
2.1.6	DIN 4124 Anlage 2.1/4	Baugruben und Gräben; Böschungen, Arbeitsraumbreiten, Verbau	August 1981	*)
2.1.7	DIN 4125 Anlagen 2.1/5 und 2.3/18 E	Verpressanker, Kurzzeitanker und Daueranker; Bemessung, Ausführung und Prüfung	November 1990	*)
2.1.8	DIN 4126 Anlage 2.1/6	Ortbeton Schlitzwände; Konstruktion und Ausführung	August 1986	*)
2.1.9	DIN 4128	Verpresspfähle (Ortbeton- und Verbundpfähle) mit kleinem Durchmesser; Herstellung, Bemessung und zulässige Belastung	April 1983	*)

2.2 Mauerwerksbau

2.2.1	DIN 1053 Anlage 2.2/5 E	Mauerwerk		
	-1 Anlage 2.3/18 E	-; Berechnung und Ausführung	November 1996	*)
	Teil 3	-; Bewehrtes Mauerwerk; Berechnung und Ausführung	Februar 1990	*)
	- 4	-; Teil 4: Fertigbauteile	Februar 2004	*)
2.2.2	Richtlinie Anlage 2.3/18 E	Richtlinien für die Bemessung und Ausführung von Flachstürzen	August 1977 Ber. Juli 1979	**) 3/1979, S.73
2.2.3	DIN V ENV 1996-1-1 Anlage 2.2/3	Eurocode 6: Bemessung und Konstruktion von Mauerwerksbauten; Teil 1-1: Allgemeine Regeln, Regeln für bewehrtes und unbewehrtes Mauerwerk	Dezember 1996	*)
	DIN-Fachbericht 60	Nationales Anwendungsdokument (NAD); Richtlinie zur Anwendung von DIN V ENV 1996-1-1; Eurocode 6	1. Auflage 97	*)

*) Beuth Verlag GmbH, 10772 Berlin
**) Deutsches Institut für Bautechnik, "Mitteilungen", zu beziehen beim Verlag Ernst & Sohn, Bühringstr. 10, 13086 Berlin

Kenn./ Lfd.Nr.	Bezeichnung	Titel	Ausgabe	Bezugsquelle/ Fundstelle
1	2	3	4	5

2.3 Beton-, Stahlbeton- und Spannbetonbau

Kenn./ Lfd.Nr.	Bezeichnung	Titel	Ausgabe	Bezugsquelle/ Fundstelle
2.3.1	DIN 1045 Anlagen 2.3/14 und 2.3/19 E	Tragwerke aus Beton, Stahlbeton und Spannbeton		
	- 1 Anlage 2.3/15	- ; Teil 1: Bemessung und Konstruktion	Juli 2001	*)
	- 2 Anlage 2.3/16	- ; Teil 2: Beton; Festlegung, Eigenschaften, Herstellung und Konformität – Anwendungsregeln zu DIN EN 206-1	Juli 2001	*)
	- 2/A1	- ; -; Änderung A1	Januar 2005	*)
	DIN EN 206-1	Beton - Teil 1: Festlegung, Eigenschaften, Herstellung und Konformität	Juli 2001	*)
	- 1/A1	- ; -; Änderung A1	Oktober 2004	
	-1/A2	- ; - ; **Änderung A2**	**September 2005**	*)
	- 3 Anlage 2.3/17	- ; Teil 3: Bauausführung	Juli 2001	*)
	- 3/A1	- ; -; Änderung A1	Januar 2005	
	- 4	- ; Teil 4: Ergänzende Regeln für die Herstellung und die Konformität von Fertigteilen	Juli 2001	*)
	- 100	- ; Teil 100: Ziegeldecken	Februar 2005	*)
2.3.2 und 2.3.3	nicht besetzt			
2.3.4	DIN 4099	Schweißen von Betonstahl		*)
	- 1 Anlage 2.3/20	-; Teil 1: Ausführung	August 2003	*)
	- 2 Anlage 2.3/21	-; Teil 2: Qualitätssicherung	August 2003	*)
2.3.5	DIN 4212 Anlage 2.3/4	Kranbahnen aus Stahlbeton und Spannbeton; Berechnung und Ausführung	Januar 1986	*)
2.3.6 und 2.3.7	nicht besetzt			
2.3.8	DIN 4228 Anlage 2.3/18 E	Werkmäßig hergestellte Betonmaste	Februar 1989	*)
2.3.9	DIN 4213 Anlage 2.3/23	Anwendung von vorgefertigten bewehrten Bauteilen aus haufwerksporigem Leichtbeton in Bauwerken	Juli 2003	*)
2.3.10	DIN 18551 Anlage 2.3/8 E	Spritzbeton; Anforderungen, Herstellung, Bemessung und Konformität	Januar 2005	*)

*) Beuth Verlag GmbH, 10772 Berlin

Kenn./ Lfd. Nr.	Bezeichnung	Titel	Ausgabe	Bezugs- quelle/ Fundstelle
1	2	3	4	5
2.3.11	Instandsetzungs- Richtlinie Anlagen 2.3/11 und 2.3/24 E	DAfStb-Richtlinie - Schutz und Instandsetzung von Betonbauteilen		
		Teil 1: Allgemeine Regelungen und Planungs- grundsätze	Oktober 2001	*)
		Teil 2: Bauprodukte und Anwendung	Oktober 2001	*)
		Teil 3: Anforderungen an die Betriebe und Überwachung der Ausführung	Oktober 2001	*)
2.3.12	DIN 4223	Vorgefertigte bewehrte Bauteile aus dampfge- härtetem Porenbeton		
	- 2	- ; Teil 2: Bauteile mit statisch anrechenbarer Bewehrung; Entwurf und Bemessung	Dezember 2003	*)
	- 3	- ; Teil 3: Wände aus Bauteilen mit statisch nicht anrechenbarer Bewehrung; Entwurf und Bemessung	Dezember 2003	*)
	- 4 Anlage 2.3/22	- ; Teil 4: Bauteile mit statisch anrechenbarer Bewehrung; Anwendung in Bauwerken	Dezember 2003	*)
	- 5	-; Teil 5: Sicherheitskonzept	Dezember 2003	*)

2.4 Metallbau

2.4.1	DIN 4113	Aluminiumkonstruktionen unter vorwiegend ruhender Belastung		
	Teil 1 Anlage 2.4/9	- ; Berechnung und bauliche Durchbildung	Mai 1980	*)
	- 1/A1 Anlagen 2.4/9 und 2.4/11	-; -; Änderung A1	September 2002	*)
	- 2 Anlage 2.4/9	-; Teil 2: Berechnung geschweißter Alumini- umkonstruktionen	September 2002	*)
	DIN V 4113-3	-; Teil 3: Ausführung und Herstellerqualifika- tion	November 2003	*)
2.4.2	DIN 4119	Oberirdische zylindrische Flachboden- Tankbauwerke aus metallischen Werkstof- fen		
	Teil 1 Anlage 2.4/1	-; Grundlagen, Ausführung, Prüfungen	Juni 1979	*)
	Teil 2	-; Berechnung	Februar 1980	*)
2.4.3	DIN 4132 Anlage 2.4/1	Kranbahnen; Stahltragwerke; Grundsätze für Berechnung, bauliche Durchbildung und Ausführung	Februar 1981	*)

---
*) Beuth Verlag GmbH, 10772 Berlin

Kenn./ Lfd.Nr.	Bezeichnung	Titel	Ausgabe	Bezugs-quelle/ Fundstelle
1	2	3	4	5
2.4.4	DIN 18800	Stahlbauten		
	Teil 1 Anlagen 2.4/1 und 2.4/12	-; Bemessung und Konstruktion	November 1990	*)
	Teil 1 A1	-; -; Änderung A1	Februar 1996	*)
	Teil 2 Anlage 2.4/1	-; Stabilitätsfälle, Knicken von Stäben und Stabwerken	November 1990	*)
	Teil 2 A1	-; -; Änderung A1	Februar 1996	*)
	Teil 3 Anlage 2.4/1	-; Stabilitätsfälle, Plattenbeulen	November 1990	*)
	Teil 3 A1	-; -; Änderung A1	Februar 1996	*)
	Teil 4 Anlage 2.4/1	-; Stabilitätsfälle, Schalenbeulen	November 1990	*)
	DIN V 18800-5 Anlagen 2.4/2 und 2.4/4	- ; Teil 5: Verbundtragwerke aus Stahl und Beton - Bemessung und Konstruktion	November 2004	*)
	- 7 Anlage 2.4/14	-; Ausführung und Herstellerqualifikation	September 2002	*)
2.4.5	DIN 18801 Anlage 2.4/1	Stahlhochbau; Bemessung, Konstruktion, Herstellung	September 1983	*)
2.4.6	DIN 18806 Teil 1 Anlagen 2.4/2 und 2.4/3	Verbundkonstruktionen; Verbundstützen	März 1984	*)
	Richtlinie Anlagen 2.4/2 und 2.4/13	Richtlinien für die Bemessung und Ausführung von Stahlverbundträgern	März 1981	*)
	Ergänzende Bestimmungen	Ergänzende Bestimmungen zu den Richtlinien für die Bemessung und Ausführung von Stahlverbundträgern (Ausgabe März 1981)	März 1984	*)
	Ergänzende Bestimmungen	Ergänzende Bestimmungen zu den Richtlinien für die Bemessung und Ausführung von Stahlverbundträgern (Ausgabe März 1981)	Juni 1991	*)
2.4.7	DIN 18807	Trapezprofile im Hochbau;		
	Teil 1 Anlagen 2.4/1, 2.4/7 und 2.4/10	-; Stahltrapezprofile; Allgemeine Anforderungen, Ermittlung der Tragfähigkeitswerte durch Berechnung	Juni 1987	*)
	- 1/A1	-; - ; Änderung A1	Mai 2001	*)
	Teil 3 Anlagen 2.4/1, 2.4/8 und 2.4/10	-; Stahltrapezprofile; Festigkeitsnachweis und konstruktive Ausbildung	Juni 1987	*)
	- 3/A1	-; - ; Änderung A1	Mai 2001	*)
	- 6 Anlage 2.4/10	-; Teil 6: Aluminium-Trapezprofile und ihre Verbindungen; Ermittlung der Tragfähigkeitswerte durch Berechnung	September 1995	*)
	- 8 Anlage 2.4/10	-; Teil 8: Aluminium-Trapezprofile und ihre Verbindungen; Nachweise der Tragsicherheit und Gebrauchstauglichkeit	September 1995	*)
	- 9 Anlage 2.4/10	-; Teil 9: Aluminium-Trapezprofile und ihre Verbindungen; Anwendung und Konstruktion	Juni 1998	*)

*) Beuth Verlag GmbH, 10772 Berlin
***) Stahlbau-Verlagsgesellschaft mbH, Sohnstr. 65, 40237 Düsseldorf

Kenn./ Lfd. Nr.	Bezeichnung	Titel	Ausgabe	Bezugs- quelle/ Fundstelle
1	2	3	4	5
2.4.8	DASt-Richtlinie 016 Anlage 2.4/1	Bemessung und konstruktive Gestaltung von Tragwerken aus dünnwandigen kaltgeformten Bauteilen	Juli 1988, Neudruck 1992	***)
2.4.9	DIN 18808 Anlage 2.4/1	Stahlbauten; Tragwerke aus Hohlprofilen unter vorwiegend ruhender Beanspruchung	Oktober 1984	*)
2.4.10	nicht besetzt			
2.4.11	DIN V ENV 1993 Teil 1-1 Anlage 2.4/5 Richtlinie	Eurocode 3: Bemessung und Konstruktion von Stahlbauten; Teil 1-1: Allgemeine Bemessungsregeln, Bemessungsregeln für den Hochbau DASt-Richtlinie 103 Richtlinie zu Anwendung von DIN V ENV 1993 Teil 1-1	April 1993 November 1993	*) *) und ***)
2.4.12	DIN V ENV 1994 Teil 1-1 Anlage 2.4/6 Richtlinie	Eurocode 4: Bemessung und Konstruktion von Verbundtragwerken aus Stahl und Beton; Teil 1-1: Allgemeine Bemessungsregeln, Bemessungsregeln für den Hochbau DASt-Richtlinie 104 Richtlinie zur Anwendung von DIN V ENV 1994 Teil 1-1	Februar 1994 Februar 1994	*) *) und ***)
2.4.13	DASt-Richtlinie 007	Lieferung, Verarbeitung und Anwendung wetterfester Baustähle	Mai 1993	***)

2.5 Holzbau

Kenn./ Lfd. Nr.	Bezeichnung	Titel	Ausgabe	Bezugs- quelle/ Fundstelle
2.5.1(1)	DIN 1052 Anlage 2.5/4 E und 2.5/5	Holzbauwerke		
	Teil 1 Anlage 2.5/3	-; Berechnung und Ausführung	April 1988	*)
	-1/A1	-; -; Änderung A1	Oktober 1996	*)
	Teil 2 Anlage 2.5/1	-; Mechanische Verbindungen	April 1988	*)
	-2/A1	-; -; Änderung A1	Oktober 1996	*)
	Teil 3	-; Holzhäuser in Tafelbauart; Berechnung und Ausführung	April 1988	*)
	-3/A1	-; -; -; Änderung A1	Oktober 1996	*)
2.5.1(2)	DIN 1052 Anlagen 2.5/4 E, 2.5/5 und 2.5/6[H]	Entwurf, Berechnung und Bemessung von Holzbauwerken	August 2004	*)
2.5.2	DIN 1074	Holzbrücken	Mai 1991	*)

*) Beuth Verlag GmbH, 10772 Berlin
***) Stahlbau-Verlagsgesellschaft mbH, Sohnstr. 65, 40237 Düsseldorf

[H] Achtung: reduzierte charakteristische Werte!

Kenn./ Lfd. Nr.	Bezeichnung	Titel	Ausgabe	Bezugs- quelle/ Fundstelle
1	2	3	4	5
2.5.3	DIN V ENV 1995 Teil 1-1 Anlage 2.5/2	Eurocode 5: Entwurf, Berechnung und Bemessung von Holzbauwerken; Teil 1-1: Allgemeine Bemessungsregeln, Bemessungsregeln für den Hochbau	Juni 1994	*)
	Richtlinie Anlage 2.5/7[H)]	Richtlinie zur Anwendung von DIN V ENV 1995 Teil 1-1	Februar 1995	*)

2.6 Bauteile

Kenn./ Lfd. Nr.	Bezeichnung	Titel	Ausgabe	Bezugs- quelle/ Fundstelle
2.6.1	DIN 4121	Hängende Drahtputzdecken; Putzdecken mit Metallputzträgern, Rabitzdecken; Anforderungen für die Ausführung	Juli 1978	*)
2.6.2	DIN 4141	Lager im Bauwesen		
	DIN V 4141-1	-; Teil 1: Allgemeine Regelungen	Mai 2003	*)
	Teil 3	-; Lagerung für Hochbauten	September 1984	*)
	Teil 14	-; Bewehrte Elastomerlager; Bauliche Durchbildung und Bemessung	September 1985	*)
	- 14/A1 Anlage 2.6/5	-; -; -; Änderung A1	Mai 2003	*)
	Teil 15	-; Unbewehrte Elastomerlager; Bauliche Durchbildung und Bemessung	Januar 1991	*)
2.6.3	DIN 18069 Anlage 2.3/18 E	Tragbolzentreppen für Wohngebäude; Bemessung und Ausführung	November 1985	*)
2.6.4	~~DIN 18168~~ ~~Teil 1~~ **DIN EN 13964 Anlage 2.6/7 E**	~~Leichte Deckenbekleidungen und Unterdecken; Anforderungen für die Ausführung~~ **Unterdecken- Anforderungen und Prüfverfahren**	~~Oktober 1981~~ **Juni 2004**	*)
2.6.5	DIN 18516	Außenwandbekleidungen, hinterlüftet		
	- 1 Anlage 2.6/4	-,- ; Teil 1: Anforderungen, Prüfgrundsätze	Dezember 1999	*)
	- 3	-,-; Teil 3: Naturwerkstein; Anforderungen, Bemessung	Dezember 1999	*)
	Teil 4 Anlagen 2.6/3 und 2.6/6 E	-,-; Einscheiben-Sicherheitsglas; Anforderungen, Bemessung, Prüfung	Februar 1990	*)
	- 5	-,- ; Teil 5: Betonwerkstein; Anforderungen, Bemessung	Dezember 1999	*)
2.6.6	Richtlinie Anlagen 2.6/1 und 2.6/6 E	Technische Regeln für die Verwendung von linienförmig gelagerten Verglasungen	September 1998	**), 6/1998, S. 146
2.6.7	Richtlinie **Anlage 2.6/6 E**	Technische Regeln für die Verwendung von absturzsichernden Verglasungen (TRAV)	Januar 2003	**), 2/2003, S. 58

*) Beuth Verlag GmbH, 10772 Berlin
**) Deutsches Institut für Bautechnik, "Mitteilungen", zu beziehen beim Verlag Ernst & Sohn, Bühringstr. 10, 13086 Berlin

[H)] Achtung: reduzierte charakteristische Werte!

Kenn./ Lfd. Nr.	Bezeichnung	Titel	Ausgabe	Bezugsquelle/ Fundstelle
1	2	3	4	5

2.7 Sonderkonstruktionen

Kenn./ Lfd. Nr.	Bezeichnung	Titel	Ausgabe	Bezugsquelle/ Fundstelle
2.7.1	DIN 1056 Anlagen 2.7/1 und 2.3/18 E	Freistehende Schornsteine in Massivbauart; Berechnung und Ausführung	Oktober 1984	*)
2.7.2	DIN 4112 Anlagen 2.4/1 und 2.7/2	Fliegende Bauten; Richtlinien für Bemessung und Ausführung	Februar 1983	*)
2.7.3	nicht besetzt			
2.7.4	DIN 4131 Anlage 2.7/3	Antennentragwerke aus Stahl	November 1991	*)
2.7.5	DIN 4133 Anlage 2.7/4	Schornsteine aus Stahl	November 1991	*)
2.7.6	DIN 4134	Traglufbauten; Berechnung, Ausführung und Betrieb	Februar 1983	*)
2.7.7	DIN 4178	Glockentürme	April 2005	*)
2.7.8	DIN 4421 Anlagen 2.4/1 und 2.7/8	Traggerüste; Berechnung, Konstruktion und Ausführung	August 1982	*)
2.7.9	DIN V 11535-1 **Anlage 2.6/6 E**	Gewächshäuser; Teil 1: Ausführung und Berechnung	Februar 1998	*)
2.7.10	DIN 11622	Gärfuttersilos und Güllebehälter;		
	- 1 Anlage 2.7/7	-; Teil 1: Bemessung, Ausführung, Beschaffenheit, Allgemeine Anforderungen	~~Juli 1994~~ **Januar 2006**	*)
	- 2	-; Teil 2: Bemessung, Ausführung, Beschaffenheit; Gärfuttersilos und Güllebehälter aus Stahlbeton, Stahlbetonfertigteilen, Betonformsteinen und Betonschalungssteinen	Juni 2004	*)
	- 3 Anlage 2.7/6	-; Teil 3: Bemessung, Ausführung, Beschaffenheit; Gärfutterhochsilos und Güllehochbehälter aus Holz	Juli 1994	*)
	- 4	-; Teil 4: Bemessung, Ausführung, Beschaffenheit; Gärfutterhochsilos und Güllehochbehälter aus Stahl	Juli 1994	*)
2.7.11	DIN 18914 Anlagen 2.4/1	Dünnwandige Rundsilos aus Stahl	September 1985	*)
2.7.12	Richtlinie Anlage 2.7/10	Richtlinie für Windenergieanlagen; Einwirkungen und Standsicherheitsnachweise für Turm und Gründung	März 2004	Schriftenreihe B des DIBt, Heft 8

*) Beuth Verlag GmbH, 10772 Berlin

Kenn./ Lfd. Nr.	Bezeichnung	Titel	Ausgabe	Bezugs- quelle/ Fundstelle
1	2	3	4	5
2.7.13	~~DIN 4420~~ ~~Teil 1~~ ~~Anlage 2.7/9~~	~~Arbeits- und Schutzgerüste;~~ ~~-; Allgemeine Regelungen; Sicherheitstechni-~~ ~~sche Anforderungen, Prüfungen~~	~~Dezember 1990~~	~~*)~~
	DIN EN 12811-1 Anlage 2.7/9 und 2.7/12	Temporäre Konstruktionen für Bauwerke - Teil 1: Arbeitsgerüste – Leistungsanforde- rungen, Entwurf, Konstruktion und Be- messung	März 2004	*)
	DIN 4420-1 Anlage 2.7/9	Arbeits- und Schutzgerüste – Teil 1: Schutzgerüste – Leistungsanforderungen, Entwurf, Konstruktion und Bemessung	März 2004	*)
2.7.14	Richtlinie Anlage 2.7/11	Lehmbau Regeln	Juni 1998	*****)

3 Technische Regeln zum Brandschutz

3.1	DIN 4102	Brandverhalten von Baustoffen und Bauteilen		
	-4 Anlage 3.1/8	-; Teil 4: Zusammenstellung und Anwendung klassifizierter Baustoffe, Bauteile und Sonder- bauteile	März 1994	*)
	-4/A1	-; Teil 4: Zusammenstellung und Anwendung klassifizierter Baustoffe, Bauteile und Sonder- bauteile; Änderung A1	November 2004	*)
	-22 Anlage 3.1/10	-; Teil 22: Anwendungsnorm zu DIN 4102-4 auf der Bemessungsbasis von Teilsicher- heitsbeiwerten	November 2004	*)
	DIN V ENV 1992- 1-2 Anlage 3.1/9	Eurocode 2: Planung von Stahlbeton- und Spannbetontragwerken Teil 1-2: Allgemeine Regeln; Tragwerksbe- messung für den Brandfall	Mai 1997	*)
	Richtlinie	DIBt-Richtlinie zur Anwendung von DIN V ENV 1992-1-2:1997-05 in Verbindung mit DIN 1045-1:2001-07	2001	**) 2/2002, S. 49
	DIN V ENV 1993- 1-2 Anlage 3.1/9	Eurocode 3: Bemessung und Konstruktion von Stahlbauten - Teil 1-2: Allgemeine Regeln; Tragwerksbemessung für den Brandfall	Mai 1997	*)
	DIN-Fachbericht 93	Nationales Anwendungsdokument (NAD) - Richtlinie zur Anwendung von DIN V ENV 1993-1-2:1997-05	2000	*)
	DIN V ENV 1994- 1-2 Anlage 3.1/9	Eurocode 4: Bemessung und Konstruktion von Verbundtragwerken aus Stahl und Beton - Teil 1-2: Allgemeine Regeln; Tragwerksbemes- sung für den Brandfall	Juni 1997	*)
	DIN-Fachbericht 94	Nationales Anwendungsdokument (NAD) - Richtlinie zur Anwendung von DIN V ENV 1994-1-2:1997-06	2000	*)

*) Beuth Verlag GmbH, 10772 Berlin
**) Deutsches Institut für Bautechnik, "DIBt-Mitteilungen", zu beziehen beim Verlag Ernst & Sohn, Bühringstr. 10, 13086 Berlin
*****) GWV Fachverlage GmbH, A.-Lincoln-Str. 46, 65189 Wiesbaden

Kenn./ Lfd. Nr.	Bezeichnung	Titel	Ausgabe	Bezugs-quelle/ Fundstelle
1	2	3	4	5
	DIN V ENV 1995-1-2 Anlage 3.1/9	Eurocode 5: Entwurf, Berechnung und Bemessung von Holzbauwerken - Teil 1-2: Allgemeine Regeln; Tragwerksbemessung für den Brandfall	Mai 1997	*)
	DIN-Fachbericht 95	Nationales Anwendungsdokument (NAD) - Richtlinie zur Anwendung von DIN V ENV 1995-1-2:1997-05	2000	*)
	DIN V ENV 1996-1-2 Anlage 3.1/9	Eurocode 6: Bemessung und Konstruktion von Mauerwerksbauten - Teil 1-2: Allgemeine Regeln; Tragwerksbemessung für den Brandfall	Mai 1997	*)
	DIN-Fachbericht 96	Nationales Anwendungsdokument (NAD) - Richtlinie zur Anwendung von DIN V ENV 1996-1-2:1997-05	2000	*)
3.2	nicht besetzt			
3.3	Richtlinie Anlage 3.3/1	Muster-Richtlinie über den baulichen Brandschutz im Industriebau (Muster-Industriebaurichtlinie - MIndBauR)	März 2000	**) 6/2000, S. 212
3.4	Richtlinie	~~Richtlinie über brandschutztechnische Anforderungen an Hohlraumestriche und Doppelböden~~	~~Dezember 1998~~	~~**) 6/1999, S. 184~~
		Muster-Richtlinie über brandschutztechnische Anforderungen an Systemböden	**September 2005**	**) 3/2006, S. xx
3.5	Richtlinie Anlage 3.5/1	Richtlinie zur Bemessung von Löschwasser-Rückhalteanlagen beim Lagern wassergefährdender Stoffe (LöRüRL)	August 1992	**) 5/1992, S. 160
3.6	Richtlinie	~~Bauaufsichtliche Richtlinie über die brandschutztechnischen Anforderungen an Lüftungsanlagen~~	~~Januar 1984~~	~~**) 4/1984, S. 118~~
		Muster-Richtlinie über brandschutztechnische Anforderungen an Lüftungsanlagen (Muster-Lüftungsanlagen-Richtlinie M-LüAR)	**September 2005**	**) 3/2006, S. xx
3.7	Richtlinie	Muster-Richtlinie über brandschutztechnische Anforderungen an Leitungsanlagen (Muster-Leitungsanlagenrichtlinie – MLAR)	~~März 2000~~ **November 2005**	**) ~~6/2000, S. 206~~ 4/2006, S. xxx
3.8	Richtlinie	Muster-Richtlinie über den Brandschutz bei der Lagerung von Sekundärstoffen aus Kunststoff (Muster-Kunststofflagerrichtlinie – MKLR)	Juni 1996	Anlage F oder ****)
3.9	Richtlinie	Muster-Richtlinie über brandschutz-technische Anforderungen an hoch-feuerhemmende Bauteile in Holzbauweise – M-HFHHolzR	Juli 2004	**) 5/2004, S. 161 oder ****)

*) Beuth Verlag GmbH, 10772 Berlin
**) Deutsches Institut für Bautechnik, "DIBt-Mitteilungen", zu beziehen beim Verlag Ernst & Sohn, Bühringstr. 10, 13086 Berlin
****) entspr. der Veröffentlichung

Kenn./ Lfd. Nr.	Bezeichnung	Titel	Ausgabe	Bezugs- quelle/ Fundstelle
1	2	3	4	5

4 Technische Regeln zum Wärme- und zum Schallschutz
4.1 Wärmeschutz

4.1.1	DIN 4108	Wärmeschutz und Energie-Einsparung in Gebäuden		
	- 2 Anlage 4.1/1	-; Teil 2: Mindestanforderungen an den Wärmeschutz	Juli 2003	*)
	- 3 Anlage 4.1/2	-; Teil 3: Klimabedingter Feuchteschutz; Anforderungen, Berechnungsverfahren und Hinweise für Planung und Ausführung	Juli 2001	*)
	DIN V 4108-4 Anlagen 4.1/3 und 4.1/5 E	- ; Teil 4: Wärme- und feuchteschutztechnische Bemessungswerte	Juli 2004	*)
	DIN V 4108-10 Anlage 4.1/4	- ; Anwendungsbezogene Anforderungen an Wärmedämmstoffe - Teil 10: Werkmäßig hergestellte Wärmedämmstoffe	Juni 2004	*)
4.1.2	DIN 18159	Schaumkunststoffe als Ortschäume im Bauwesen		
	Teil 1	-; Polyurethan-Ortschaum für die Wärme- und Kältedämmung; Anwendung, Eigenschaften, Ausführung, Prüfung	Dezember 1991	*)
	Teil 2	-; Harnstoff-Formaldehydharz-Ortschaum für die Wärmedämmung; Anwendung, Eigenschaften, Ausführung, Prüfung	Juni 1978	*)
4.1.3	Richtlinie	ETB-Richtlinie zur Begrenzung der Formaldehydemission in der Raumluft bei Verwendung von Harnstoff-Formaldehydharz-Ortschaum	April 1985	*)

4.2 Schallschutz

4.2.1	DIN 4109 Anlagen 4.2/1 und 4.2/2	Schallschutz im Hochbau -; Anforderungen und Nachweise	November 1989	*)
	DIN 4109/A1	-; -; Änderung A1	Januar 2001	*)
	Beiblatt 1 zu DIN 4109 Anlage 4.2/2	-; Ausführungsbeispiele und Rechenverfahren	November 1989	*)

5 Technische Regeln zum Bautenschutz
5.1 Schutz gegen seismische Einwirkungen

5.1.1	DIN 4149 Anlage 5.1/1	Bauten in deutschen Erdbebengebieten - Lastannahmen, Bemessung und Ausführung üblicher Hochbauten	**April 2005**	*)
	~~Teil 1~~ ~~Anlage 5.1/1~~	~~-; Lastannahmen, Bemessung und Ausführung üblicher Hochbauten~~	~~April 1981~~	~~*)~~
	~~Teil 1 A1~~	~~-; -; Änderung A1, Karte der Erdbebenzonen~~	~~Dezember 1992~~	~~*)~~

---

*) Beuth Verlag GmbH, 10772 Berlin

Kenn./ Lfd. Nr.	Bezeichnung	Titel	Ausgabe	Bezugs- quelle/ Fundstelle
1	2	3	4	5

5.2 Holzschutz

5.2.1	DIN 68800	Holzschutz		
	Teil 2	-; Vorbeugende bauliche Maßnahmen im Hochbau	Mai 1996	*)
	Teil 3 Anlage 5.2/1	- ; Vorbeugender chemischer Holzschutz	April 1990	*)

6 Technische Regeln zum Gesundheitsschutz

6.1	PCB-Richtlinie Anlage 6.1/1	Richtlinie für die Bewertung und Sanierung PCB-belasteter Baustoffe und Bauteile in Gebäuden	September 1994	**) 2/1995, S. 50
6.2	Asbest-Richtlinie Anlage 6.2/1	Richtlinie für die Bewertung und Sanierung schwach gebundener Asbestprodukte in Gebäuden	Januar 1996	**) 3/1996, S. 88
6.3	Richtlinie	Bauaufsichtliche Richtlinie über die Lüftung fensterloser Küchen, Bäder und Toilettenräume in Wohnungen	April 1988	Anlage D oder ****)
6.4	PCP-Richtlinie Anlage 6.4/1	Richtlinie für die Bewertung und Sanierung Pentachlorphenol (PCP)-belasteter Baustoffe und Bauteile in Gebäuden	Oktober 1996	**) 1/1997, S. 0 2/1997, S.48

7 Technische Regeln als Planungsgrundlagen

7.1	DIN 18065 Anlage 7.1/1	Gebäudetreppen; Definitionen, Messregeln, Hauptmaße	Januar 2000	*)
7.2[2)]	DIN 18024	Barrierefreies Bauen;		
	- 1 Anlage 7.2/1	-; Teil 1: Straßen, Plätze, Wege, öffentliche Verkehrs- und Grünanlagen sowie Spielplätze; Planungsgrundlagen	Januar 1998	*)
	- 2 Anlage 7.2/2	-; Teil 2: Öffentlich zugängige Gebäude und Arbeitsstätten; Planungsgrundlagen	November 1996	*)
7.3[2)]	DIN 18025	Barrierefreie Wohnungen		
	Teil 1 Anlage 7.3/1	-; Wohnungen für Rollstuhlbenutzer; Planungsgrundlagen	Dezember 1992	*)
	Teil 2 Anlage 7.3/2	-; Planungsgrundlagen	Dezember 1992	*)
7.4	Richtlinie	Richtlinie über Flächen für die Feuerwehr auf Grundstücken	Juli 1998	Anlage E oder ****)

[2)] nur für die Länder, die die Normen einführen

*) Beuth Verlag GmbH, 10772 Berlin
**) Deutsches Institut für Bautechnik, "DIBt-Mitteilungen", zu beziehen beim Verlag Ernst & Sohn, Bühringstr. 10, 13086 Berlin
****) entspr. der Veröffentlichung

Teil II: Anwendungsregelungen für Bauprodukte und Bausätze nach europäischen technischen Zulassungen und harmonisierten Normen nach der Bauproduktenrichtlinie

Kenn./ Lfd.Nr.	Bezeichnung	Ausgabe	Bezugsquelle/ Fundstelle
1	2	3	4
1	Anwendungsregelungen für Bauprodukte im Geltungsbereich von Leitlinien für europäische technische Zulassungen	~~September 2005~~ Februar 2006	**) x/2006, S. xx
2	Anwendungsregelungen für Bausätze im Geltungsbereich von Leitlinien für europäische technische Zulassungen	~~September 2005~~ Februar 2006	**) x/2006, S. xx
3	Anwendungsregelungen für Bauprodukte, für die eine europäische technische Zulassung ohne Leitlinie erteilt worden ist	~~September 2005~~ Februar 2006	***) x/2006, S. xx
4	Anwendungsregelungen für Bausätze, für die eine europäische technische Zulassung ohne Leitlinie erteilt, worden ist	~~September 2005~~ Februar 2006	**) x/2006, S. xx
5	Anwendungsregelungen für Bauprodukte nach harmonisierten Normen	~~September 2005~~ Februar 2006	**) x/2006, S. xx

**) Deutsches Institut für Bautechnik, "DIBt-Mitteilungen", zu beziehen beim Verlag Ernst & Sohn, Bühringstr. 10, 13086 Berlin oder www.dibt.de/

Teil III: Anwendungsregelungen für Bauprodukte und Bausätze nach europäischen technischen Zulassungen und harmonisierten Normen nach der Bauproduktenrichtlinie im Geltungsbereich von Verordnungen nach § 17 Abs. 4 und § 21 Abs. 2 MBO

Kenn./ Lfd.Nr.	Bezeichnung	Ausgabe	Bezugsquelle/ Fundstelle
1	2	3	4
1	Anwendungsregelungen für Bauprodukte nach harmonisierten Normen	~~September 2005~~ Februar 2006	**) x/2006, S. xx

**) Deutsches Institut für Bautechnik, "DIBt-Mitteilungen", zu beziehen beim Verlag Ernst & Sohn, Bühringstr. 10, 13086 Berlin oder www.dibt.de/aktuelles oder www.bauministerkonferenz.de/

Anlage 1.1/1 - Gültig bis 31.12.2006

Zu DIN 1055 Blatt 3

Bei Anwendung der technischen Regel ist Folgendes zu beachten:

1 Zu den Abschnitten 4, 5 und 6.1
Voraussetzung für die Annahme gleichmäßig verteilter Verkehrslasten nach Abschnitt 4, Abschnitt 5 und Abschnitt 6.1, Tabelle 1, Zeilen 5b bis 7f, sind nur Decken mit ausreichender Querverteilung der Lasten.
Bei Decken unter Wohnräumen, die nach der Norm DIN 1045 bemessen werden, ist stets eine ausreichende Querverteilung der Lasten vorhanden; in diesen Fällen gilt Tabelle 1, Zeile 2a.

2 Zu Abschnitt 6.1, Tabelle 1
2.1 Spalte 3
Die Verkehrslastangabe für Treppen nach Zeile 5 (5,0 kN/m^2) gilt in der Regel auch für die Zeilen 6 und 7. Für Tribünentreppen ist eine Verkehrslast von 7,5 kN/m² anzusetzen.
2.2 Zeile 1a ist mit folgender Fußnote zu versehen:
Ein Spitzboden ist ein für Wohnzwecke nicht geeigneter Dachraum unter Pult- oder Satteldächern mit einer lichten Höhe von höchstens 1,80 m.
2.3 Zeile 4a, Spalte 3 ist zu ergänzen:
in Wohngebäuden und Bürogebäuden ohne nennenswerten Publikumsverkehr
2.4 Zeilen 4b und 5c sind mit Fußnoten zu versehen:
Ergeben sich aus der maximalen Belegung des Parkhauses (auf jedem Einstellplatz von 2,3 m x 5 m mit vier Radlasten eines 2,5t - PKW und Fahrgassen mit 3,5 kN/m² belastet) Schnittgrößen, die kleiner sind als die, die aus einer Gesamtflächenlast von 3,5 kN/m^2 resultieren, braucht für die Weiterleitung auf Stützen, Wände und Konsolen nur diese reduzierte Belastung berücksichtigt zu werden.
2.5 Zeile 5, Spalte 3 ist zu ergänzen:
und Bürogebäuden mit hohem Publikumsverkehr

3 Zu Abschnitt 6.3.1
3.1 Abschnitt 6.3.1 wird von der Einführung ausgenommen. Statt dessen gilt folgende Regelung:

a) Hofkellerdecken und andere Decken, die planmäßig von Personenkraftwagen und nur einzeln von Lastkraftwagen mit geringem Gewicht befahren werden (ausgenommen sind Decken nach Abschnitt 6.1, Tabelle 1), sind für die Lasten der Brückenklasse 6/6 nach DIN 1072, Ausgabe Dezember 1985, Tabelle 2, zu berechnen.
Muss mit schwereren Kraftwagen gerechnet werden, gelten - je nach Fahrzeuggröße - die Lasten der Brückenklassen 12/12 oder 30/30 nach DIN 1072, Ausgabe Dezember 1985, Tabelle 2 oder 1.

b) Hofkellerdecken, die nur im Brandfall von Feuerwehrfahrzeugen befahren werden, sind für die Brückenklasse 16/16 nach DIN 1072: 1985-12 Tabelle 2 zu berechnen. Dabei ist jedoch nur ein Einzelfahrzeug in ungünstigster Stellung anzusetzen; auf den umliegenden Flächen ist die gleichmäßig verteilte Last der Hauptspur als Verkehrslast in Rechnung zu stellen. Der nach DIN 1072: 1985-12 Tabelle 2 geforderte Nachweis für eine einzelne Achslast von 110 kN darf entfallen. Die Verkehrslast darf als vorwiegend ruhend eingestuft werden und braucht auch nicht mit einem Schwingbeiwert vervielfacht zu werden.

4 Abschnitt 7.1.2 ist wie folgt zu korrigieren:
In Versammlungsräumen, ... und Treppen nach Tabelle 1, wird hinter Zeile 5 Buchstabe "a" gestrichen.

5 Abschnitt 7.4.1.3 wird wie folgt geändert:
Nach dem 1. Satz wird folgender Satz angefügt::
Für Personenkraftwagen mit einem Gesamtgewicht bis 2,5 t ist eine Horizontallast von 10 kN in 0,5 m Höhe infolge Anpralls anzusetzen (dies gilt auch für Parkhäuser).
Der erste Absatz wird durch folgenden Satz ergänzt:
Bei der Berechnung der Fundamente braucht die Anpralllast nicht berücksichtigt zu werden.

6 Zu Abschnitt 7.4.2, 2. Absatz:
In Parkhäusern für Fahrzeuge nach Tabelle 1, Zeilen 4b und 5c sind an offenen Fassadenseiten, die nur durch ein Geländer o.ä. gesichert sind, grundsätzlich Bordschwellen mit einer Mindesthöhe von 0,2 m oder gleichwertige Anprallsicherungen vorzusehen.

7 Abschnitt 7.4.3 wird wie folgt geändert:
Hinter dem Wort "Sicherheitsbeiwert" werden die Worte "für alle Lasten" eingefügt.

8 Abschnitt 7.1.2 wird wie folgt ergänzt:
Bei Abschrankungen, wie Umwehrungen, Geländern, "Wellenbrechern" oder Absperrgittern, die dem Druck von Personengruppen standhalten müssen, 2 kN/m in Richtung dieser Beanspruchung, in Gegenrichtung 1 kN/m. Die Lasten sind in Holmhöhe, bei hohen Abschrankungen in Höhe von 1,5 m über den begehbaren Flächen anzusetzen.

Anlage 1.1/2 - Gültig bis 31.12.2006

Zu DIN 1055 Teil 4

Bei Anwendung der technischen Regel ist Folgendes zu beachten:

1 Zu Abschnitt 6.2.1
Unter den in Tabelle 2, Fußnote 2 benannten Gebäuden sind solche mit Traufhöhe h_w < 8 m, Breiten a < 13 m und Längen b < 25 m zu verstehen.

2 Zu Abschnitt 6.3.1
Die Norm gibt in Abschnitt 6.3.1 mit Bild 12 in stark vereinfachter Form die Druck-Sog-Verteilung infolge Wind für Dächer beliebiger Neigungen an. Dabei wurde näherungsweise auch auf die Erfassung der im allgemeinen sehr geringen Unterschiede zwischen den Drücken in der Luv-seitigen (Wind zugewandten) und Lee-seitigen (Wind abgewandten) Dachfläche für Dachneigungen 0 < α < 25° (Flachdächer) verzichtet. Die damit vernachlässigte horizontale Windlastkomponente des Daches hängt in starkem Maße vom Verhältnis Traufhöhe (h_w) zu Gebäudebreite (a) ab, und das Bild 12 - wiederum aus Vereinfachungsgründen - nicht eingeht. Diese Vernachlässigung ist bei Flachdächern auf gedrungenen Baukörpern mit 0,2 < h_w/a < 0,5 aus Sicherheitsgründen nicht vertretbar. Daher ist bei Flachdächern in LUV alternativ auch eine Sogbelastung von

$$w_s = (1{,}3 \times \sin \alpha - 0{,}6) \times q$$

gemäß nachstehender Ergänzung des Bildes 12 zu untersuchen.

Für $0° \leq \alpha_{Luv} < 25°$ ist
$c_p = 1,3 \cdot \sin \alpha_{Luv} - 0,6$
und alternativ : $c_p = -0,6$

Für $25° \leq \alpha_{Luv} \leq 40°$ ist
$c_p = (0,5/25) \cdot \alpha_{Luv} - 0,2$
und alternativ : $c_p = -0,6$.

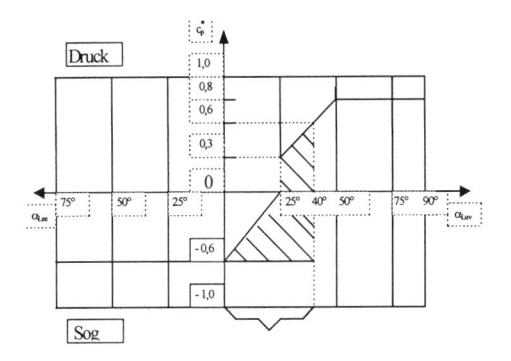

In diesem Bereich ist der ungünstigere Wert zu nehmen

Für $40° < \alpha_{Luv} < 50°$ ist $c_p = (0,5/25) \cdot \alpha_{Luv} - 0,2$.

Bild 12. Beiwerte c_p für Sattel-, Pult- und Flachdächer *)

---

*) Mit Bild 12 vergleichbare Druckbeiwerte c_p lassen sich aus anderen Angaben der Norm, z.B. über die resultierenden Windlasten in Abschnitt 6.2, nicht herleiten, weil die Werte des Bildes 12 Belastungen mit abdecken, die mit den Kraftbeiwerten c_f zur Ermittlung der resultierenden Gesamtlasten nach Abschnitt 6.2 nicht erfasst werden können. Insbesondere trifft dies für die Angaben über die resultierenden Dachlasten für Gebäude nach Fußnote 2 der Tabelle 2 zu.

Anlage 1.1/3- Gültig bis 31.12.2006

Zu DIN 1055 Teil 5

Bei Anwendung der technischen Regel ist Folgendes zu beachten:

Zu Abschnitt 4
Die Angaben der Tabelle 2 sind wie folgt zu ergänzen:

Regelschneelast s_0 in kN/m²

	1	2	3	4	5
1	Geländehöhe des Bauwerkstandortes über NN m	Schneelastzone nach Bild I			
		I	II	III	IV
4	900	1,50			
	1000	1,80	2,80		
5	1100			4,50	
	1200			5,20	
	1300			5,90	
	1400			6,60	
	1500			7,30	

Sind für bestehende Bauwerksstandorte darüber hinaus höhere Schneelasten als hier angegeben bekannt, so sind diese anzuwenden.

Anlage 1.1/4- Gültig bis 31.12.2006

Zu DIN 1055 Teil 6

Bei Anwendung der technischen Regel ist Folgendes zu beachten:

1. Zu Abschnitt 3.1.1
   Außer den Schüttgütern nach der Tabelle 1 der Norm sind weitere Schüttgüter in Tabelle 1 des Beiblatts 1 zu DIN 1055 Teil 6, Ausgabe Mai 1987, Lastannahmen für Bauten; Lasten in Silozellen; Erläuterungen, genannt. Die für diese Schüttgüter angegebenen Rechenwerte können nur zum Teil als ausreichend gesichert angesehen werden. Für folgende Schüttgüter bestehen keine Bedenken, die Silolasten nach Abschnitt 3 der Norm mit den in Tabelle 1 des Beiblattes 1 angegebenen Anhaltswerten zu ermitteln: Sojabohnen, Kartoffeln, Kohle, Koks und Flugasche.
   Die Anhaltswerte nach Tabelle 1 des Beiblattes 1 für die übrigen Schüttgüter - Rübenschnitzelpellets, Futtermittel, Kohlenstaub, Kesselschlacke, Eisenpellets, Kalkhydrat - dürfen nur dann ohne weiteren Nachweis als Rechenwerte verwendet werden, wenn die hiermit ermittelten ungünstig wirkenden Schnittgrößen um 15 % erhöht werden.

2. Zu Abschnitt 3.3.3
   Bei der Berücksichtigung ungleichförmiger Lasten durch den Ansatz einer Teilflächenlast nach Abschnitt 3.3.3.2 geht die Norm davon aus, dass die Schnittgrößen nach der Elastizitätstheorie und bei Stahlbetonsilos für den ungerissenen Zustand bestimmt werden.

Anlage 1.1/5- Gültig bis 31.12.2006

Zu DIN 1055-100

Bei Anwendung der technischen Regel ist Folgendes zu beachten:

1. Der informative Anhang B ist von der Einführung ausgenommen.
2. Die in den Technischen Baubestimmungen von lfd. Nr. 1.1 geregelten Werte der Einwirkungen gelten als charakteristische Werte der Einwirkungen im Sinne von Abschnitt 6.1.
3. Bei Anwendung der Kombinationsregeln nach DIN 1055-100 darf die vereinfachte Regel zur gleichzeitigen Berücksichtigung von Schnee- und Windlast nach DIN 1055-5:1975-06, Abschnitt 5 grundsätzlich nicht angewendet werden, stattdessen gelten die Beiwerte ψ nach DIN 1055-100, Tabelle A.2.
4. Bei Anwendung von DIN 18800-1:1990-11 dürfen für die Ermittlung der Beanspruchungen aus den Einwirkungen alternativ zu den Regelungen von DIN 1055-100 die in DIN 18800-1, Abschnitt 7.2 angegebenen Kombinationsregeln angewendet werden.

Anlage 1.1/1 - Gültig ab 1.1.2007

Zu DIN 1055-4

Bei Anwendung der technischen Regel ist Folgendes zu beachten:

1. Die Einwirkung des Windes auf Reihenmittelhäuser bei gesicherter Nachbarbebauung ist als veränderliche Einwirkung auf Druck oder Sog nachzuweisen. Die Einwirkung von Druck und Sog gemeinsam darf als außergewöhnliche Einwirkung angesetzt werden.
2. Hinsichtlich der Zuordnung der Windzonen zu den Verwaltungsgrenzen der Länder wird auf ...[1] hingewiesen.

---

[1] Nach Landesrecht oder www.dibt.de/aktuelles oder www.bauministerkonferenz.de

Anlage 1.1/2 - Gültig ab 1.1.2007

Zu DIN 1055-5

Bei Anwendung der technischen Regel ist Folgendes zu beachten:
Hinsichtlich der Zuordnung der Schneelastzonen zu den Verwaltungsgrenzen der Länder wird auf ...[1)] hingewiesen.

Anlage 1.1/3 - Gültig ab 1.1.2007-

Zu DIN 1055-9

Bei Anwendung der technischen Regel ist Folgendes zu beachten:
Der informative Anhang B ist von der Einführung ausgenommen.

Anlage 1.1/64 - Gültig ab 1.1.2007-

Zu DIN 1055-100

Bei Anwendung der technischen Regel ist Folgendes zu beachten:

1. Der informative Anhang B ist von der Einführung ausgenommen.
2. Die in den Technischen Baubestimmungen von lfd. Nr. 1.1 geregelten Werte der Einwirkungen gelten als charakteristische Werte der Einwirkungen im Sinne von Abschnitt 6.1.
3. ~~Bei Anwendung der Kombinationsregeln nach DIN 1055-100 darf die vereinfachte Regel zur gleichzeitigen Berücksichtigung von Schnee- und Windlast nach DIN 1055-5:1975-06, Abschnitt 5 grundsätzlich nicht angewendet werden, stattdessen gelten die Beiwerte ψ nach DIN 1055-100, Tabelle A.2.~~
4. ~~3~~ Bei Anwendung von DIN 18000 1:1000-11 dürfen für die Ermittlung der Beanspruchungen aus den Einwirkungen alternativ zu den Regelungen von DIN 1055-100 die in DIN 18800-1, Abschnitt 7.2 angegebenen Kombinationsregeln angewendet werden.

Anlage 1.3/1

Zur ETB - Richtlinie "Bauteile, die gegen Absturz sichern"

Bei Anwendung der technischen Regel ist Folgendes zu beachten:

1. zu Abschnitt 3.1
   4. Absatz:
   Anstelle des Satzes "Windlasten sind diesen Lasten zu überlagern." gilt:
   "Windlasten sind diesen Lasten zu überlagern, ausgenommen für Brüstungen von Balkonen und Laubengängen, die nicht als Fluchtwege dienen."
2. Die ETB-Richtlinie gilt nicht für Bauteile aus Glas.

Anlage 2.1/1

Zu DIN 1054 : 1976-11

Bei Anwendung der technischen Regel ist Folgendes zu beachten:

Auf folgende Druckfehler in der Norm DIN 1054 wird hingewiesen:
- Abschnitt 2.3.4 letzter Satz: Statt "Endwiderstand" muss es "Erdwiderstand" heißen.
- Tabelle 8 Fußnote 1: Statt "Zeilen 4 und 5" muss es "Zeilen 3 und 4" heißen, wobei der Tabellenkopf als Zeile 1 gezählt wird.
- Abschnitt 5.5, letzter Satz: Statt "50 m" muss es "0,5 m" heißen.

Anlage 2.1/2

Zu DIN 4014

Bei Anwendung der technischen Regel ist Folgendes zu beachten:

1. Zu Abschnitt 1:
   Bis zur Neufassung von DIN 1054 sind als γ_M-Werte die in DIN 1054: 1976-11, Tabelle 8, enthaltenen Sicherheitsbeiwerte η zu verwenden.

2. Bei Verwendung von Flugasche nach DIN EN 450 in Beton nach DIN 1045:1988-07 ist die „DAfStb-Richtlinie - Verwendung von Flugasche nach DIN EN 450 im Betonbau, Ausgabe September 1996" anzuwenden.

3. Bei Verwendung von Flugaschen nach DIN EN 450:1995-01 in Beton nach DIN 1045-2:2001-07 / DIN EN 206-1:2001-07 dürfen diese unter den Bedingungen gemäß DIN 1045-2:2001-07 Abschnitt 5.2.5.2.2 angerechnet werden. Abweichend davon gilt
   - der Gehalt an Zement und Flugasche (z+f) darf bei einem Größtkorn von 32 mm 350 kg/m^3 und einem Größtkorn von 16 mm 400 kg/m^3 nicht unterschreiten;
   - der Mindestzementgehalt bei Anrechnung von Flugasche darf bei einem Größtkorn von 32 mm 270 kg/m^3 und einem Größtkorn von 16 mm 300 kg/m^3 nicht unterschreiten;
   - der äquivalente Wasserzementwert (w/z)$_{eq}$ wird mit $k_f = 0,7$ berechnet.

   Eine Anrechnung von Flugasche ist nicht zulässig bei Verwendung der Zemente CEM II/B-V, CEM III/C, CEM II/B-P, CEM II/A-D.

Anlage 2.1/3

Zu DIN 4026

Bei Anwendung der technischen Regel ist Folgendes zu beachten:

1. Zu Abschnitt 5.4
   Die in der Norm erlaubten Stoßverbindungen zusammengesetzter Rammpfähle sind dort nicht geregelt; sie bedürfen daher des Nachweises der Verwendbarkeit.
2. Zu Tabelle 4
   In der Überschrift zu den Spalten 2 und 3 ist die Fußnote 1) durch die Fußnote 2) zu ersetzen.

Anlage 2.1/4

Zu DIN 4124

Bei Anwendung der technischen Regel ist Folgendes zu beachten:

Von der Einführung sind nur die Abschnitte 4.2.1 bis 4.2.5 und 9 der Norm DIN 4124 erfasst.

Anlage 2.1/5

Zu DIN 4125

Bei Anwendung der technischen Regel ist Folgendes zu beachten:

1 Zu den Abschnitten 6.3 und 6.5
Bei Verwendung von Kurzzeitankern sind die "Besonderen Bestimmungen" der Zulassungen für die zur Anwendung vorgesehenen Spannverfahren oder Daueranker zu beachten. Teile des Ankerkopfes, die zur Übertragung der Ankerkraft aus dem unmittelbaren Verankerungsbereich des Stahlzuggliedes auf die Unterkonstruktion dienen (z.B. Unterlegplatten), sind nach Technischen Baubestimmungen (z.B. DIN 18800 für Stahlbauteile) zu beurteilen.

2 Sofern Daueranker oder Teile von ihnen in benachbarten Grundstücken liegen sollen, muss sichergestellt werden, dass durch Veränderungen am Nachbargrundstück, z.B. Abgrabungen oder Veränderungen der Grundwasserverhältnisse, die Standsicherheit dieser Daueranker nicht gefährdet wird.

Die rechtliche Sicherung sollte durch eine Grunddienstbarkeit/Baulast[7] nach den Vorschriften der §§ 1090 ff. und 1018 ff. BGB erfolgen mit dem Inhalt, dass der Eigentümer des betroffenen Grundstücks Veränderungen in dem Bereich, in dem Daueranker liegen, nur vornehmen darf, wenn vorher nachgewiesen ist, dass die Standsicherheit der Daueranker und der durch sie gesicherten Bauteile nicht beeinträchtigt wird.

---
[7] je nach Landesrecht

Anlage 2.1/6

Zu DIN 4126

Bei Anwendung der technischen Regel ist Folgendes zu beachten:

1 Bei Verwendung von Flugasche nach DIN EN 450 in Beton nach DIN 1045:1988-07 ist die „DAfStb-Richtlinie - Verwendung von Flugasche nach DIN EN 450 im Betonbau, Ausgabe September 1996" anzuwenden.

2 Bei Verwendung von Flugasche nach DIN EN 450 in Beton nach DIN 1045-2 / DIN EN 206-1:2001-07 ist Abschnitt 5.3.4 von DIN 1045-2:2001-07 sinngemäß anzuwenden.

Anlage 2.1/7 E

Für die Verwendung von Bauprodukten nach harmonisierten Normen im Erd- und Grundbau ist Folgendes zu beachten:

Geotextilien und geotextilverwandte Produkte nach EN 13251:2000-12[1]:
Die Verwendungen, bei denen die Geotextilien oder geotextilverwandten Produkte für die Standsicherheit der damit bewehrten baulichen Anlage erforderlich sind, sind nicht geregelt.

---
[1] In Deutschland umgesetzt durch DIN EN 13251:2001-04.

Anlage 2.1/8

Bei der Anwendung der technischen Regel ist Folgendes zu beachten:

1 Die Technischen Baubestimmungen nach 2.1.1 (1) und 2.1.2 (1) dürfen bis zum 31. Dezember 2007 alternativ zu den Technischen Baubestimmungen nach 2.1.1 (2) und 2.1.2 (2) angewendet werden.
2 Die Regeln der Technischen Baubestimmungen nach 2.1.1 (2) und 2.1.2 (2) (neues Normenwerk) dürfen nicht mit denen der Technischen Baubestimmungen nach 2.1.1 (1) und 2.1.2 (1) (altes Normenwerk) kombiniert werden (Mischungsverbot).

Anlage 2.1/9

Zu DIN 1054 : 2005-01

Bei der Anwendung der technischen Regel ist Folgendes zu beachten:

1 DIN 1054 Berichtigung 1: 2005-04 ist zu berücksichtigen.
2 Der informative Anhang G gilt verbindlich und ist zu beachten.
3 Hinweis:
DIN 1054 nimmt wiederholt Bezug auf Ergebnisse von Baugrunduntersuchungen, die den Anforderungen der Norm DIN 4020 : 2003-09 genügen. Diese müssen vor der konstruktiven Bearbeitung der baulichen Anlage vorliegen.

Anlage 2.2/3

Zu DIN V ENV 1996-1-1

Bei Anwendung der technischen Regel ist Folgendes zu beachten:

DIN V ENV 1996 Teil 1 - 1, Ausgabe Dezember 1996, darf - unter Beachtung der zugehörigen Richtlinie zur Anwendung von DIN V ENV 1996-1-1 - alternativ zu DIN 1053-1 (lfd.Nr. 2.2.1) dem Entwurf, der Berechnung und der Bemessung sowie der Ausführung von Mauerwerksbauten zugrunde gelegt werden.

Anlage 2.2/5 E

Für die Verwendung von Bauprodukten nach harmonisierten Normen in Mauerwerk ist Folgendes zu beachten:

1 Gesteinskörnungen nach EN 13139:2002[1]
Für tragende Bauteile dürfen natürliche Gesteinskörnungen mit alkaliempfindlichen Bestandteilen oder mit möglicherweise alkaliempfindlichen Bestandteilen nur verwendet werden, wenn sie in eine Alkaliempfindlichkeitsklasse eingestuft sind (gemäß Bauregelliste A Teil 1, lfd.Nr. 2.2.8).

2 Mauermörtel nach EN 998-2:2003[2]:
Es gilt die zugehörige Anwendungsnorm DIN V 20000-412:2004-03.

3 Ergänzungsbauteile für Mauerwerk nach EN 845-1, -2, -3:2003[3]:
Die Verwendung der Ergänzungsbauteile für tragende Zwecke ist nicht geregelt.

4 Betonwerksteine nach EN 771-5: 2003/A1:2005[4]:
Die Verwendung der Betonwerksteine für tragende Zwecke ist nicht geregelt.

5 Mauersteine nach EN 771-1, -2, -3, -4: 2003/A1:2005[4]:
Es gelten die zugehörigen Anwendungsnormen
DIN V 20000-401:2005-06,
DIN V 20000-402:2005-06,
DIN V 20000-403:2005-06 und
DIN V 20000-404:2006-01.

Mauersteine, die zusätzlich folgende Anforderungen erfüllen, dürfen für Mauerwerk nach DIN 1053 verwendet werden:
- Mauerziegel nach DIN V 105-100:2005-10,
- Kalksandsteine nach DIN V 106:2005-10 mit Ausnahme von Fasensteinen und Planelementen,
- Betonsteine nach DIN V 18151-100:2005-10, DIN V 18152-100:2005-10 oder DIN V 18153-100:2005-10 mit Ausnahme von Plansteinen,
- Porenbetonsteine nach DIN V 4165-100:2005-10 mit Ausnahme von Planelementen.

[1] In Deutschland umgesetzt durch DIN EN 13139 : 2002-08
[2] In Deutschland umgesetzt durch DIN EN 998-2:2003-09
[3] In Deutschland umgesetzt durch DIN EN 845-1, -2 und –3:2003-08
[4] In Deutschland umgesetzt durch DIN EN 771-1, -2, -3, –4 und -5:2005-05

Anlage 2.3/4

Zu DIN 4212

Bei Anwendung der technischen Regel ist Folgendes zu beachten:

1 Mit Rücksicht auf mögliche Ungenauigkeiten in der Vorausbeurteilung des Kranbetriebs ist eine wiederkehrende Überprüfung der Kranbahnen auf Schädigungen erforderlich, sofern die Bemessung auf Betriebsfestigkeit (mit Kollektivformen S_0, S_1 oder S_2) erfolgt. Sie ist in geeigneten Zeitabständen vom Betreiber der Kranbahn (oder einem Beauftragten) durchzuführen.

2 Auf folgende Druckfehler wird hingewiesen:

- Die Unterschriften der Bilder 2 und 3 sind zu vertauschen, wobei es in der neuen Unterschrift des Bildes 2 heißen muss: "... $\sigma_{ub} = 0{,}20 \cdot \text{ß}_{ws}$".

- In Abschnitt 4.2.4
In der 5. Zeile muss es heißen: "...$\sigma_{ub} \leq 1/6$ ...".

Anlage 2.3/8 E

Zu DIN 18551

Für die Verwendung von Bauprodukten nach harmonisierten Normen in Spritzbeton ist Folgendes zu beachten:

Gesteinskörnungen nach EN 12620[1] und leichte Gesteinskörnungen nach EN 13055-1[2]:
Für tragende Bauteile dürfen natürliche Gesteinskörnungen mit alkaliempfindlichen Bestandteilen oder mit möglicherweise alkaliempfindlichen Bestandteilen nur verwendet werden, wenn sie in eine Alkaliempfindlichkeitsklasse eingestuft sind (gemäß Baureglliste A Teil 1, lfd. Nr. 1.2.7 bzw.1.2.8).

[1] In Deutschland umgesetzt durch DIN EN 12620:2003-04
[2] In Deutschland umgesetzt durch DIN EN 13055-1:2002-08

Anlage 2.3/11

Zur Richtlinie für Schutz und Instandsetzung von Betonbauteilen

Bauaufsichtlich ist die Anwendung der technischen Regel nur für Instandsetzungen von Betonbauteilen, bei denen die Standsicherheit gefährdet ist, gefordert.

Anlage 2.3/14

Bei Anwendung der technischen Regel ist Folgendes zu beachten:

1 Die technischen Regeln DIN 1045:1988-07, DIN 1045/A1:1996-12, DIN 4219-2:1979-12, DIN 4227-1: 1988-07, DIN 4227-1/A1: 1995-12, DIN V 4227-2: 1984-05, DIN 4227-4: 1986-02 und DIN V 4227-6: 1982-05 dürfen nur noch für die Ausführung von vor dem 31.12.2004 geplanten und genehmigten Bauvorhaben angewendet werden.

2 Die Regeln der Technischen Baubestimmungen nach 2.3.1 (neues Normenwerk) dürfen nicht mit den in Pkt. 1 genannten technischen Regeln (altes Normenwerk) kombiniert werden (Mischungsverbot) mit einer Ausnahme: Die Bemessung von Fertigteilen und vergleichbaren Bauteilen nach einem anderen Normenwerk ist möglich, wenn die betreffenden Bauteile mit dem Gesamttragwerk nicht monolithisch verbunden sind und die Übertragung der Schnittgrößen innerhalb des Gesamttragwerks sowie die Gesamtstabilität nicht berührt werden.

3 Bei der Verwendung von selbstverdichtenden Beton ist die "DAfStb-Richtlinie Selbstverdichtender Beton (SVB-Richtlinie)" (2003-11) anzuwenden.

4 Für massige Bauteile aus Beton gilt die "DAfStb-Richtlinie Massige Bauteile aus Beton" (2005-03). Teil 1, Abschn. 13.1.1 (6) wird wie folgt ergänzt: Wenn auf die Mindestbewehrung nach DIN 1045-1, 13.1.1 (1) verzichtet wird, ist dies im Rahmen der Tragwerksplanung zu begründen. Bei schwierigen Baugrundbedingungen oder komplizierten Gründungen ist nachzuweisen, dass ein duktiles Bauteilverhalten auch ohne entsprechende Mindestbewehrung durch die Boden-Bauwerk-Interaktion sichergestellt ist.

Anlage 2.3/15

Zu DIN 1045-1

Bei Anwendung der technischen Regel ist Folgendes zu beachten:

1 Die Berichtigung 2 zu DIN 1045-1, Ausgabe Juni 2005, ist zu berücksichtigen.

2 Für die Bemessung und Konstruktion von Betonbrücken gilt der DIN-Fachbericht 102 (Ausgabe März 2003). Bei Anwendung des DIN-Fachberichts sind die zusätzlichen Regeln laut Allgemeinem Rundschreiben Straßenbau Nr. 11/2003 des BMVBW (veröffentlicht im Verkehrsblatt 2003, Heft 6) zu beachten. Für die Einwirkungen auf Brücken gilt der DIN-Fachbericht 101 (Ausgabe März 2003) unter Berücksichtigung der zusätzlichen Regeln laut Allgemeinem Rundschreiben Straßenbau Nr. 10/2003 des BMVBW (veröffentlicht im Verkehrsblatt 2003, Heft 6).

3 ~~Gemeinsame Anwendung mit DIN 4149-1:1981-04:~~
~~Nach DIN 1055-100 wird im Grenzzustand der Tragfähigkeit der Bemessungswert der Beanspruchung E_{dAE} für die Bemessungssituation infolge Erdbeben nach den Kombinationen entsprechend Gleichung (16) bestimmt und dem Bemessungswert des Tragwiderstandes R_d gegenübergestellt:~~

$$\cancel{E_{dAE} \leq R_d}$$

$$E_{dAE} = E\left\{\sum G_{k,j} \oplus P_k \oplus \gamma_1 \cdot A_{Ed} \oplus \sum \Psi_{2,i} \cdot Q_{k,i}\right\}$$

$$R_d = R\left[\frac{\alpha f_{ck}, f_{yk}, f_{p0,1k}}{\gamma_c, \gamma_s, \gamma_s}\right]$$

~~Soll DIN 1045-1:2001-07 zusammen mit DIN 4149-1:1981-04 angewendet werden, ist wie folgt vorzugehen:~~

~~– Die nach DIN 4149-1:1981-04 ermittelten Erdbebenbeanspruchungen sind als Bemessungswert A_{Ed} einzusetzen. Der Wichtungsfaktor beträgt γ_1 =1,0. Die Kombinationsbeiwerte $\Psi_{2,i}$ sind den Regelungen von DIN 4149-1:1981-04 Kapitel 7 anzupassen, sofern sich hiernach größere Einwirkungsgrößen ergeben.~~

~~– Der Bemessungswert des Tragwiderstandes R_d ist auf der sicheren Seite liegend mit den Teilsicherheitsbeiwerten nach DIN 1045-1:2001-07 Tab. 2 für die ständige und vorübergehende Bemessungssituation, also mit γ_c =1,50 und γ_s=1,15 zu ermitteln. Verfahren zur Ermittlung der Schnittgrößen nach der Plastizitätstheorie sowie nichtlineare Verfahren nach DIN 1045-1:2001-07 Abschnitt 8.4 und 8.5 dürfen für Erdbebenbemessungssituationen nicht angewandt werden, die primär zur Abtragung der horizontalen Belastungen aus Erdbeben herangezogen werden. Die konstruktiven Regelungen nach DIN 4149-1:1981-04 zur Gewährleistung der Zähigkeit sowie zur Mindestbewehrung sind einzuhalten.~~

Anlage 2.3/16

Zu DIN 1045-2

Bei Anwendung der technischen Regel ist Folgendes zu beachten:

1 Die "DAfStb-Richtlinie Beton mit rezykliertem Zuschlag" (1998-08) ist für die Festigkeitsklassen $\leq$ C 30/37 sinngemäß anzuwenden. Sie gilt nicht für Spannbeton und Leichtbeton.

2 Die "DAfStb-Richtlinie für Beton mit verlängerter Verarbeitbarkeitszeit (Verzögerter Beton)" (1995-08) ist für die Festigkeitsklassen $\leq$ C 45/55 sinngemäß anzuwenden. Die Richtlinie gilt nicht für Spannbeton und Leichtbeton. Die Bestimmung der Richtlinie gemäß Abschnitt 1, Absatz (2) ("Eine Fremdüberwachung der Baustelle ist bei Beton der Festigkeitsklassen $\leq$ B 25 in der Regel nicht erforderlich, sofern es sich um Transportbeton handelt, der nach DIN 1084 Teil 3 fremdüberwacht wird.") ist nicht anzuwenden.

Anlage 2.3/17

Zu DIN 1045-3

Bei Anwendung der technischen Regel ist Folgendes zu beachten:

1 Abschnitt 11, Tabelle 3:
Beton mit höherer Festigkeit und besonderen Eigenschaften im Sinne der HAVO wird nach Tabelle 3 als Beton der Überwachungsklasse 2 und 3 verstanden.

2 Anhang D, anstelle von Absatz (1) gilt Folgendes:

  (1) Das Herstellen von Einpressmörtel nach DIN EN 447 und das Einpressen in Spannkanäle nach DIN EN 446 sind durch eine dafür anerkannte Überwachungsstelle zu überwachen.

3 Anhang D, anstelle von Absatz (3) gilt Folgendes:

  (3) Angaben zu Art, Umfang und Häufigkeit der von der Überwachungsstelle durchzuführenden Überprüfungen sind den allgemeinen bauaufsichtlichen Zulassungen zu entnehmen.

Anlage 2.3/18 E

Für die Verwendung von Zement nach EN 197-1:2000+ A1:2004[1]) gilt Anlage 1.33 der Bauregellisten A Teil 1.

[1]) In Deutschland umgesetzt durch DIN EN 197-1:2004-08

Anlage 2.3/19 E

Für die Verwendung von Bauprodukten nach harmonisierten Normen in Beton ist Folgendes zu beachten:

1 Betonzusatzmittel nach EN 934-2[1]) und Zusatzmittel für Einpressmörtel für Spannglieder nach EN 934-4[1]):
Es gelten die zugehörigen Anwendungsnormen DIN V 20000-100:2002-11 bzw. DIN V 20000-101:2002-11.

2 Gesteinskörnungen für Beton nach EN 12620[2]):
2.1 Es gilt die zugehörige Anwendungsnorm DIN V 20000-103:2004-04.
2.2 Für tragende Bauteile dürfen natürliche Gesteinskörnungen mit alkaliempfindlichen Bestandteilen oder mit möglicherweise alkaliempfindlichen Bestandteilen nur verwendet werden, wenn sie in eine Alkaliempfindlichkeitsklasse eingestuft sind (gemäß Bauregelliste A Teil 1, lfd. Nr. ~~1.2.8~~ 1.2.7.1 bzw. 1.2.7.2).

3 Leichte Gesteinskörnungen nach EN 13055-1[3]):
3.1 Es gilt die zugehörige Anwendungsnorm DIN V 20000-104:2004-04.
3.2 Für tragende Bauteile dürfen natürliche Gesteinskörnungen mit alkaliempfindlichen Bestandteilen oder mit möglicherweise alkaliempfindlichen Bestandteilen nur verwendet werden, ~~wenn sie in eine Alkaliempfindlichkeitsklasse eingestuft sind (gemäß Bauregelliste A Teil 1, lfd. Nr. 1.2.7).~~ wenn die Verwendbarkeit im Hinblick auf eine Alkali-Kieselsäure-Reaktion nachgewiesen ist. Für Tuff, Naturbims und Lava gilt die Unbedenklichkeit als nachgewiesen.

4 Flugasche für Beton nach EN 450-1[4]):
4.1 In Beton nach DIN EN 206-1 in Verbindung mit DIN 1045-2 dürfen nur Flugaschen der Glühverlustkategorie A verwendet werden.
4.2 Flugasche nach DIN EN 450-1 darf mit Gesteinskörnung der Alkaliempfindlichkeitsklasse E II und E III und für die Feuchtigkeitsklassen WF und WA gemäß der „DAfStb-Richtlinie Vorbeugende Maßnahmen gegen schädigende Alkalireaktion im Beton (Alkali-Richtlinie)", Ausgabe Mai 2001, verwendet werden. Für diesen Fall muss das mindestens einmal monatlich nach EN 450-1, Abschnitt 5.2.9, bestimmte Na_2O-Äquivalent bekannt sein. Beim Nachweis des wirksamen Alkaligehalts ist der Höchstwert der letzten 6 Monate einzusetzen.

5 Pigmente nach EN 12878:2005 [5]):
5.1 Es dürfen nur anorganische Pigmente und Pigmentruß verwendet werden.
5.2 Pigmente nach EN 12878 müssen hinsichtlich Druckfestigkeit die Anforderungen der Kategorie B erfüllen.
5.3 Pigmente nach EN 12878 müssen hinsichtlich des Gehalts an wasserlöslichen Substanzen die Anforderungen der Kategorie B erfüllen. Bei Verwendung nicht-pulverförmiger Pigmente darf der Gehalt an wasserlöslichen Substanzen bis zu 4 % Massenanteil, bezogen auf den Feststoffgehalt, betragen, vorausgesetzt, die wasserlöslichen Anteile entsprechen den Anforderungen von DIN EN 934-2.
5.4 Pigmente mit einem Gesamtchlorgehalt von $\leq$ 0,10 % Massenanteil dürfen ohne besonderen Nachweis verwendet werden.
5.5 Pigmente der Kategorie mit deklariertem Gesamtchlorgehalt dürfen verwendet werden, wenn der höchstzulässige Chloridgehalt im Beton, bezogen auf die Zementmasse, den Anforderungswert von DIN 1045-2:2001-07, 5.2.7, Tabelle 10, nicht überschreitet.

5.6 Für Stahlbeton und Spannbeton sowie für Beton mit eingebettetem Stahl dürfen nur Pigmente nach DIN EN 12878 verwendet werden, deren Unschädlichkeit nachgewiesen ist (siehe Bauregelliste A, Teil 1, lfd. Nr. 1.3.3.3).

---

[1] In Deutschland umgesetzt durch DIN EN 934-2:2002-02 bzw. DIN EN 934-4:2002-02
[2] In Deutschland umgesetzt durch DIN EN 12620:2003-04
[3] In Deutschland umgesetzt durch DIN EN 13055-1:2002-08
[4] In Deutschland umgesetzt durch DIN EN 450-1:2005-05
[5] In Deutschland umgesetzt durch DIN EN 12878:2005-08

Anlage 2.3/20

Zu DIN 4099-1

Bei Anwendung der technischen Regel ist Folgendes zu beachten:

1 zu Abschnitt 1
Diese Norm gilt nicht für die Herstellung von Gitterträgern und Rohrbewehrungen nach DIN 4035, sofern sie auf Mehrpunktschweißanlagen hergestellt werden.

2 Zu Tabelle 1 sowie die Abschnitte 5, 6 und 7
Die Schweißprozesse 21-Punktschweißen und 25-Pressstumpfschweißen sind ebenfalls anwendbar. Für den Schweißprozess 21 gelten die gleichen Festlegungen wie für den Prozess 23 und für den Schweißprozess 25 die gleichen Festlegungen wie für den Prozess 24.

3 zu Tabelle 1, Zeilen 8 und 9
Es dürfen Betonstahldurchmesser ab 4,0 mm ⌀ geschweißt werden.

Anlage 2.3/21

Zu DIN 4099-2

Bei Anwendung der technischen Regel ist Folgendes zu beachten:

1 zu Abschnitt 4.1.4 und 4.2
"Anerkannte Stellen" sind bauaufsichtlich anerkannte Prüfstellen für die Überprüfung von Herstellern bestimmter Produkte und von Anwendern bestimmter Bauarten entsprechend § 17 Abs. 5 MBO.

2 zu Tabelle 1 und Abschnitt 4.3
Die Schweißprozesse 21-Punktschweißen und 25-Pressstumpfschweißen sind ebenfalls anwendbar. Für den Schweißprozess 21 gelten die gleichen Festlegungen wie für den Prozess 23 und für den Schweißprozess 25 die gleichen Festlegungen wie für den Prozess 24.

Anlage 2.3/22

Zu DIN 4223-4

Bei der Anwendung ist Abschnitt 6 von DIN 4223-1 : 2003-12 zu beachten.

Anlage 2.3/23

Zu DIN 4213:

Bei Anwendung der technischen Regeln ist Folgendes zu beachten:

1 Bauprodukte nach DIN EN 1520 : 2003-07 dürfen nur für nicht tragende oder untergeordnete Bauteile ohne Bedeutung für die Bauwerkstragfähigkeit verwendet werden. Für die Bemessung tragender Bauteile nach Bauregelliste A Teil 1, Lfd. Nr. 1.6.25, gelten die „Technische Regeln für vorgefertigte bewehrte tragende Bauteile aus haufwerksporigem Leichtbeton, Fassung Dezember 2004"[1].

2 Zu Abschnitt 4.3
DIN EN 206-1 entfällt

3 Zu Abschnitt 8.1
Gleichung (11) wird wie folgt ersetzt:
$N_{Rd} = f_{ck} A_{co} / \gamma_c$
Dabei ist:
A_{co} die Belastungsfläche
Gleichung (12) entfällt.
Absatz (2) wird wie folgt ersetzt:
(2) Die im Lasteinleitungsbereich entstehenden Querzugkräfte sind durch Bewehrung aufzunehmen.

4 Zu den Abschnitten 8.2.1 bis 8.2.3
Die Verwendbarkeit von einbetonierten Verbindungs- und Verankerungsmitteln unter Berücksichtigung der örtlichen Lasteinleitung ist nachzuweisen, z.B. durch eine allgemeine bauaufsichtliche Zulassung.

5 Anhang A, Bild A.1
In der Legende ist bei 7 LAC-Beton zu streichen. Stützen aus LAC-Beton dürfen nicht für die Aussteifung eines Systems herangezogen werden.

---

[1] Veröffentlicht in den DIBt-Mitteilungen, Heft 3/2005, S. 98

Anlage 2.3/24 E

Die Verwendung von Produkten nach der Normenreihe EN 1504 in Verbindung mit der Instandsetzungsrichtlinie nach der gültigen Fassung ist nicht möglich.

Bei der Verwendung von Produkten nach der Normenreihe EN 1504 ist daher Folgendes zu beachten:

1 Zu DIN EN 1504-2:
Die Verwendung von Oberflächenschutzsystemen für Beton nach DIN EN 1504-2 für Instandsetzungen von Betonbauteilen, bei denen die Standsicherheit gefährdet ist, ist noch nicht geregelt.

Die Verwendung von Oberflächenschutzsystemen für Beton nach DIN EN 1504-2 in Anlagen zum Umgang mit wassergefährdenden Stoffen ist nicht geregelt.

2 Zu DIN EN 1504-4:
Die Verwendung von Klebstoffen für das Kleben von Stahlplatten oder sonstigen geeigneten Werkstoffen auf die Oberfläche oder von Festbeton auf Festbeton oder von Frischbeton auf Festbeton oder in Schlitze eines Betontragwerkes für Verstärkungszwecke nach DIN EN 1504-4 ist nicht geregelt.

3   Zu DIN EN 1504-5:
    Die Verwendung von
    - Rissfüllstoffen nach DIN EN 1504-5 für kraftschlüssiges Füllen,
    - Rissfüllstoffen nach DIN EN 1504-5 für dehnfähiges Füllen und
    - Rissfüllstoffen nach DIN EN 1504-5 für quellfähiges Füllen

    von Rissen, Hohlräumen und Fehlstellen von Betonbauteilen für Instandsetzungen von Betonbauteilen, bei denen die Standsicherheit gefährdet ist, ist nicht geregelt.

Anlage 2.4/1

Zu den technischen Regeln nach Abschn. 2.4 und 2.7

Bei Anwendung der technischen Regel ist die Anpassungsrichtlinie Stahlbau, Fassung Oktober 1998 (DIBt-Mitteilungen, Sonderheft 11/2[*]) in Verbindung mit den Berichtigungen zur Anpassungsrichtlinie Stahlbau (DIBt-Mitteilungen, Heft 6/1999,S. 201) sowie der Änderung und Ergänzung der Anpassungsrichtlinie Stahlbau, Ausgabe Dezember 2001, (DIBt-Mitteilungen, Heft 1/2002, S. 14) zu beachten.

Anlage 2.4/2

Bei Anwendung der technischen Regel ist Folgendes zu beachten:

Die Technischen Baubestimmungen nach 2.4.6 dürfen bis zum 31. Dezember 2006 in Verbindung mit DIN 1045:1988-07 alternativ zu der Technischen Baubestimmung DIN V 18800-5 nach 2.4.4 angewendet werden. Die Regeln der Technischen Baubestimmung DIN V 18800-5 nach 2.4.4 (neues Normenwerk) dürfen nicht mit denen der Technischen Baubestimmungen nach 2.4.6 (altes Normenwerk) kombiniert werden (Mischungsverbot).

Anlage 2.4/3

Zu DIN 18806

1   Bei Anwendung dieser technischen Regel sind die Normen

    DIN 18 800-1: 1981-03 und
    DIN 4114-1: 1952-07,
    DIN 4114-2: 1953-02
    zu beachten.

2   Auf folgende Druckfehler in der Norm DIN 18806 wird hingewiesen:
    - Auf Seite 3 muss es in Fußnote 1 heißen "siehe Seite 1" (statt "...Seite 2")
    - Im Anhang A muss das letzte Glied in der Formel (A.1) zur Berechnung von x "4 $\bar{\lambda}^{2}$" (statt "4 $\bar{\lambda}^{4}$") heißen.

Anlage 2.4/4

Zu DIN V 18800-5

Bei Anwendung der technischen Regel ist folgendes zu beachten:

1   Zu Element (103)
    DIN V ENV 1994-1-2 ist nur mit der "DIBt-Richtlinie zur Anwendung von DIN V ENV 1994-1-2 in Verbindung mit DIN V 18800-5" anwendbar. Bis zum Erscheinen der Richtlinie können für brandschutztechnische Nachweise nur die Normen DIN 4102-4:1994-03 einschließlich DIN 4102-4/A1:2004-11 in Verbindung mit DIN 4102-22:2004-11 angewendet werden.

2   Zu Element (104)
    Derzeit gibt es keine besonderen technischen Regeln für andere Bauprodukte. Es gelten die entsprechenden allgemeinen bauaufsichtlichen Zulassungen.

3   Zu den Elementen (907), (1118), (1119) und (1120)
    Abweichend von DIN 1045-1:2001-07, 9.1.6 ist für die Bestimmung von f_{cd} bei Verwendung von Normalbeton ausnahmslos $\alpha = 0{,}85$ (α entspricht α_c gemäß DIN V 18800-5) anzunehmen. Des weiteren entfällt bezüglich des vom Parabel-Rechteck-Diagramm abweichenden Spannungsblocks die Anpassung von f_{cd} und x.

4   Zu Element (1115)
    Die Näherungsformeln (80), (81) und (82) gelten unter der geometrischen Bedingung $h_p/h \leq 0{,}6$.

5   Zu Element (1132)
    Als Reibungszahl ist $\mu = 0{,}4$ anzunehmen.

Anlage 2.4/5

Zu DIN V ENV 1993 Teil 1 - 1

Bei Anwendung der technischen Regel ist Folgendes zu beachten:

1   DIN V ENV 1993 Teil 1 - 1, Ausgabe April 1993, darf - unter Beachtung der zugehörigen Anwendungsrichtlinie (DASt-Richtlinie 103) - alternativ zu DIN 18800 (Lfd. Nr. 2.4.4) dem Entwurf, der Berechnung und der Bemessung sowie der Ausführung von Stahlbauten zugrunde gelegt werden.

2   Bei Ausführung von Stahlbauten entsprechend DIN V ENV 1993 Teil 1 - 1, Ausgabe April 1993, ist DIN 18800-7: 2002-09, zu beachten.

3   Auf folgende Druckfehler in der DASt-Richtlinie 103 wird hingewiesen:

    Auf dem Deckblatt ist im Titel der 3. Absatz wie folgt zu ändern:
    "Eurocode 3 - Bemessung und Konstruktion von Stahlbauten
    Teil 1-1: Allgemeine Bemessungsregeln, Bemessungsregeln für den <u>Hochbau</u>"

    Auf Seite 4, Abschnitt 3.2 beginnt der 2. Satz wie folgt:
    "Für die <u>nicht</u> geschweißten Konstruktionen ..."

    Auf den Seiten 28 und 29, Anhang C, Absatz 6 ist in den Formeln für Längsspannungen und für Schubspannungen jeweils das Zeichen Φ (Großbuchstabe) zu ersetzen durch das Zeichen φ (Kleinbuchstabe).

    Auf Seite 29, Anhang C, Absatz 9 ist das Wort "Ermüdungsbelastung" durch das Wort "Ermüdungs<u>festigkeit</u>" zu ersetzen.

---

[*] Die DIBt-Mitteilungen sind zu beziehen beim Verlag Ernst & Sohn, Bühringstr. 10, 13086 Berlin.

Anlage 2.4/6

Zu DIN V ENV 1994 Teil 1 - 1

Bei Anwendung der technischen Regel ist Folgendes zu beachten:

DIN V ENV 1994 Teil 1 - 1, Ausgabe Februar 1994, darf - unter Beachtung der zugehörigen Anwendungsrichtlinie (DASt-Richtlinie 104) - alternativ zu DIN 18806 Teil 1 und den Richtlinien für die Bemessung und Ausführung von Stahlverbundträgern (lfd.Nr. 2.4.6) dem Entwurf, der Berechnung und der Bemessung sowie der Ausführung von Verbundtragwerken aus Stahl und Beton zugrunde gelegt werden.

Anlage 2.4/7

Zu DIN 18807 Teil 1

Bei Anwendung der technischen Regel ist Folgendes zu beachten:

Auf folgende Druckfehler wird hingewiesen:

1. Zu Bild 9
   In der Bildunterschrift ist "nach Abschnitt 3.2.5.3" jeweils zu berichtigen in "nach Abschnitt 4.2.3.3".
2. Zu Abschnitt 4.2.3.7
   Unter dem zweiten Spiegelstrich muss es statt "... höchstens 30° kleiner..." heißen "... mindestens 30° kleiner ...".

Anlage 2.4/8

Zu DIN 18807 Teil 3

Bei Anwendung der technischen Regel ist Folgendes zu beachten:

Auf folgende Druckfehler wird hingewiesen:

Zu Abschnitt 3.3.3.1

Im zweiten Absatz muss es anstelle von "... 3.3.3.2 Aufzählung a) multiplizierten ..." heißen "....3.3.3.2 Punkt 1 multiplizierten ...".
Im dritten Absatz muss es anstelle von "...3.3.3.2 Aufzählung b) nicht ..." heißen "...3.3.3.2 Punkt 2 nicht.....".

Zu Abschnitt 3.6.1.5 mit Tabelle 4

In der Tabellenüberschrift muss es heißen "Einzellasten zul F in kN je mm Stahlkerndicke und je Rippe für ...".

Anlage 2.4/9

Bei Anwendung der technischen Regel ist Folgendes zu beachten:

1. Zu DIN 4113 Teil 1, DIN 4113-1/A1, DIN 4113-2:

   Alternativ zu DIN 4113-1:1980-05, DIN 4113-1/A1:2002-09 und DIN 4113-2 : 2002-09 darf die Norm BS 8118 Teil 1 : 1991 angewendet werden, wenn nach dieser Norm entweder die Sicherheitsbeiwerte nach Tabelle 3.2 oder Tabelle 3.3 im Abschnitt 3 - Bemessungsgrundlagen - um 10 % höher angesetzt oder die Grenzspannungen nach den Tabellen 4.1 und 4.2 im Abschnitt 4 - Bemessung von Bauteilen - bzw. nach den Tabellen 6.1 - 6.3 im Abschnitt 6 - Bemessung von Verbindungen - um 10 % reduziert werden.

   Anmerkung: Sofern im Einzelfall ein genauerer Nachweis geführt wird, kann das bei Anwendung von DIN 4113-1: 1980-05 erzielte Sicherheitsniveau mit einem geringeren Aufschlag auf die Sicherheitsbeiwerte bzw. einer geringeren Reduktion der Grenzspannungen erreicht werden.

2. **Zu DIN 4113-1:1980-5, Abschnitt 5.2:**
   Die plastischen Querschnittsreserven analog dem Verfahren Elastisch-Plastisch nach DIN 18800-1:1990-11 dürfen berücksichtigt werden.

Anlage 2.4/10

Zu DIN 18807-1, -3, -6, -8 und -9

Bei Anwendung der technischen Regeln ist Folgendes zu beachten:

Die Normen gelten auch für Wellprofile, wobei die Wellenhöhe der Profilhöhe h und die Wellenlänge der Rippenbreite b_R nach DIN 18807-1, Bild 3 und Bild 4, bzw. Anhang A von DIN 18807-9 entspricht, siehe Bild.
DIN 18807-1, Abschnitt 4, bzw. DIN 18807-6, Abschnitt 3, gelten jedoch nicht für Wellprofile. Die Beanspruchbarkeiten von Wellprofilen sind nach DIN 18807-2 oder DIN 18807-7 zu ermitteln; lediglich das Grenzbiegemoment im Feldbereich von Einfeldträgern und Durchlaufträgern darf auch nach der Elastizitätstheorie ermittelt werden.

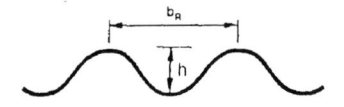

Bild

Anlage 2.4/11

Zu DIN 4113-1/A1

Bei Anwendung der technischen Regel ist Folgendes zu beachten:
Der Abschnitt 4.4 wird gestrichen.

Anlage 2.4/12

Zu DIN 18800-1

Bei Anwendung der technischen Regel ist Folgendes zu beachten:

Für die Bemessung und Konstruktion von Stahlbrücken gilt der DIN-Fachbericht 103 (Ausgabe März 2003). Bei Anwendung des DIN-Fachberichts sind die zusätzlichen Regeln laut Allgemeinem Rundschreiben Straßenbau Nr. 12/2003 des BMVBW (veröffentlicht im Verkehrsblatt 2003, Heft 6) zu beachten. Für die Einwirkungen auf Brücken gilt der DIN-Fachbericht 101 (Ausgabe März 2003) unter Berücksichtigung der zusätzlichen Regeln laut Allgemeinem Rundschreiben Straßenbau Nr. 10/2003 des BMVBW (veröffentlicht im Verkehrsblatt 2003, Heft 6).

Anlage 2.4/13

Zu den Richtlinien für die Bemessung und Ausführung von Stahlverbundträgern

Bei Anwendung der technischen Regel ist Folgendes zu beachten:

Für die Bemessung und Konstruktion von Stahlverbundbrücken gilt der DIN-Fachbericht 104 (Ausgabe März 2003). Bei Anwendung des DIN-Fachberichts sind die zusätzlichen Regeln laut Allgemeinem Rundschreiben Straßenbau Nr. 13/2003 des BMVBW (veröffentlicht im Verkehrsblatt 2003, Heft 6) zu beachten. Für die Einwirkungen auf Brücken gilt der DIN-Fachbericht 101 (Ausgabe März 2003) unter Berücksichtigung der zusätzlichen Regeln laut Allgemeinem Rundschreiben Straßenbau Nr. 10/2003 des BMVBW (veröffentlicht im Verkehrsblatt 2003, Heft 6).

Anlage 2.4/14

Zu DIN 18800-7

Bei Anwendung der technischen Regel ist Folgendes zu beachten:

Zu Abschnitt 2:
Es gilt DVS-Richtlinie 1704: Ausgabe Mai 2004 – Voraussetzungen und Verfahren für die Erteilung von Bescheinigungen über die Herstellerqualifikation zum Schweißen von Stahlbauten nach DIN 18800-7: 2002-09.

Anlage 2.5/1

Zu DIN 1052 Teil 2

Bei Anwendung der technischen Regel ist Folgendes zu beachten:

1 Zu den Abschnitten 6.2.3, 6.2.10, 6.2.11, 6.2.12, 6.2.15
Die genannten Mindestholzabmessungen und Mindestnagelabstände dürfen bei Douglasie nur angewendet werden, wenn die Nagellöcher über die ganze Nagellänge vorgebohrt werden. Dies gilt abweichend von Tabelle 11, Fußnote 1 für alle Nageldurchmesser

2 Zu Abschnitt 7.2.4
Die Festlegungen gelten nicht für Douglasie.

Anlage 2.5/2

Zu DIN V ENV 1995 Teil 1 - 1

Bei Anwendung der technischen Regel ist Folgendes zu beachten:

DIN V ENV 1995 Teil 1 - 1, Ausgabe Juni 1994, darf - unter Beachtung der zugehörigen Anwendungsrichtlinie - alternativ zu DIN 1052 (lfd.Nr. 2.5.1) dem Entwurf, der Berechnung und der Bemessung sowie der Ausführung von Holzbauwerken zugrunde gelegt werden.

Anlage 2.5/3

Zu DIN 1052-1

Bei Anwendung der technischen Regel ist Folgendes zu beachten:

zu Abschnitt 14:
Die Aufzählung b) von DIN 1052-1/A1:1996-10 erhält folgende Fassung:
"Brettschichtholz aus Lamellen der Sortierklassen S 13, MS 10 bis MS 17, bei Bauteilen über 10 m Länge auch aus Lamellen der Sortierklasse S10, und zwar insbesondere Träger mit Rechteckquerschnitt mit unsymmetrischem Trägeraufbau nach Tabelle 15, Fußnote [1], mit der Brettschichtholzklasse (Festigkeitsklasse), dem Herstellernamen und dem Datum der Herstellung; bei Brettschichtholz-Trägern mit unsymmetrischem Aufbau nach 5.1.2 zweiter und dritter Absatz sowie mit symmetrischem Aufbau nach Tabelle 15, Fußnote [1], müssen die Bereiche unterschiedlicher Sortierklassen erkennbar sein."

Anlage 2.5/4 E

Für die Verwendung von Bauprodukten nach harmonisierten Normen in Holzbauwerken ist Folgendes zu beachten:
1 Holzwerkstoffe nach EN 13986:2002[1]:
Es gilt die zugehörige Anwendungsnorm DIN V 20000-1:2004-01.
2 Vorgefertigte Fachwerkträger mit Nagelplatten nach EN 14250[2]:
Die Verwendung der vorgefertigten Fachwerkträger mit Nagelplatten ist nicht geregelt.

---

[1] in Deutschland umgesetzt durch DIN EN 13986:2002-09
[2] in Deutschland umgesetzt durch DIN EN 14250:2005-02

Anlage 2.5/5

Bei Anwendung der technischen Regel ist Folgendes zu beachten:

1 Die Technischen Baubestimmungen nach 2.5.1(1) dürfen bis zum 31. Dezember 2007 alternativ zu den Technischen Baubestimmungen nach 2.5.1(2) angewendet werden.
2 Die Regeln der Technischen Baubestimmungen nach 2.5.1(2) (neues Normenwerk) dürfen nicht mit denen der Technischen Baubestimmungen nach 2.5.1(1) (altes Normenwerk) kombiniert werden (Mischungsverbot) mit folgender Ausnahme: Die Bemessung einzelner Bauteile nach dem anderen Normenwerk ist zulässig, wenn diese einzelnen Bauteile innerhalb des Tragwerks Teiltragwerke bilden, die nur Stützkräfte weiterleiten.

Anlage 2.5/6

Zu DIN 1052:2004-08

Bei Anwendung der technischen Regel ist Folgendes zu beachten:

Zu Anhang F:
In folgenden Tabellen erhalten die charakteristischen Schub- und Torsionsfestigkeiten aufgrund neuer Erkenntnisse die nachstehenden neuen Rechenwerte:
– in Tabelle F.5 Zeile 7 (Vollholz):
$f_{v,k} = 2,0$ N/mm^2 (statt $f_{v,k} = 2,7$ N/mm^2)
– in Tabelle F.9 Zeile 7 (Brettschichtholz):
$f_{v,k} = 2,5$ N/mm^2 (statt $f_{v,k} = 3,5$ N/mm^2)
Die zugehörigen Fußnoten in den Tabellen bleiben unverändert.

Anlage 2.5/7

Zur Richtlinie zur Anwendung von DIN V ENV 1995 Teil 1-1

Bei Anwendung der technischen Regel ist Folgendes zu beachten:

In folgenden Tabellen erhalten die charakteristischen Schub- und Torsionsfestigkeiten aufgrund neuer Erkenntnisse einheitlich die nachstehenden neuen Rechenwerte:
- in Tabelle 3.2-1 (Vollholz):
  $f_{v,k} = 2{,}0$ N/mm^2
- in den Tabellen 3.3-1 und B.2-1 (Brettschichtholz):
  $f_{v,g,k} = 2{,}5$ N/mm^2

Anlage 2.6/1

Zu den Technischen Regeln für die Verwendung von linienförmig gelagerten Verglasungen

Bei Anwendung der technischen Regel ist Folgendes zu beachten:

1 Zu Abschnitt 1:
Die Technischen Regeln brauchen nicht angewendet zu werden auf Dachflächenfenster in Wohnungen und Räumen ähnlicher Nutzung (z.B. Hotelzimmer, Büroräume) mit einer Lichtfläche (Rahmeninnenmaß) bis zu 1,6 m^2.

2 Zu Abschnitt 2.1.c:
Einscheiben-Sicherheitsglas (ESG) nach DIN 1249-12: 1990-09, aus Glas nach a) oder b), sowie Heißgelagertes Einscheiben-Sicherheitsglas (ESG-H) nach Bauregelliste A Teil 1, lfd. Nr. 11.4.2 aus Glas nach a) und b)

3 Zu Abschnitt 2.4:
Der Abschnitt wird durch folgenden Text ersetzt:
Es ist Verbund-Sicherheitsglas mit PVB-Folie nach Bauregelliste A Teil 1, lfd. Nr. 11.8 zu verwenden.

4 Zu Abschnitt 3:
Für sonstige Überkopfverglasungen von Wohnungen (z.B. Wintergärten, Balkonüberdachungen) mit einer Scheibenspannweite bis zu 80 cm und einer Einbauhöhe bis zu 3,50 m dürfen alle in Abschnitt 2.1 aufgeführten Glaserzeugnisse verwendet werden.

5 Zu Abschnitt 3.3.2:
Der Abschnitt wird durch folgenden Text ersetzt:

In Einbausituationen
- bei denen die Gefahr besteht, dass sie einer besonderen Temperaturbeanspruchung unterliegen können (z. B. einer Aufheizung aufgrund unmittelbar dahinter angeordneter Dämmungen) oder
- die eine Energieabsorption von mehr als 65 % aufweisen (z. B. aufgrund von Einfärbung oder Beschichtung) oder
- die nicht auf allen Seiten durchgehend eingefasst sind,

ist Heißgelagertes Einscheiben-Sicherheitsglas (ESG-H) nach Bauregelliste A Teil 1, lfd. Nr. 11.4.2 zu verwenden.

Anlage 2.6/3

Zu DIN 18516 Teil 4

Bei Anwendung der technischen Regel ist Folgendes zu beachten:

1 Zu Abschnitt 1:
Der Abschnitt wird durch folgenden Satz ergänzt:
Es ist Heißgelagertes Einscheiben-Sicherheitsglas (ESG-H) nach Bauregelliste A Teil 1, lfd. Nr. 11.4.2 zu verwenden.

2 Der Abschnitt 2.5.1 entfällt.

3 Zu Abschnitt 3.3.4
In Bohrungen sitzende Punkthalter fallen nicht unter den Anwendungsbereich der Norm.

Anlage 2.6/4

Zu DIN 18516-1

Bei Anwendung der technischen Regel ist Folgendes zu beachten:

1 Anstelle von Abschnitt 5.1.1 gilt:
„Falls der Rechenwert der Eigenlast eines Baustoffs nicht DIN 1055-1 entnommen werden kann, soll dessen Eigenlast unter Berücksichtigung einer möglichen Feuchteaufnahme durch Wiegen nachgewiesen werden."

2 Zu Abschnitt 7.2.1 und 7.2.2 gilt:
"Für andere Korrosionsschutzsysteme ist ein Eignungsnachweis einer dafür anerkannten Prüfstelle vorzulegen."

3 Anhang C wird von der bauaufsichtlichen Einführung ausgenommen.

4 Auf folgende Druckfehlerberichtigung wird hingewiesen:
Zu Anhang A, Abschnitt A 3.1:
Im 4. Absatz muss es anstelle von "... nach Bild A.1.b) ..." richtig " ... nach Bild A.1.c) ..." und anstelle von " ... nach Bild A.1.c) .." richtig " ... nach Bild A.1.d) .." heißen.
Zu Abschnitt A 3.2
Im 2. Absatz muss es anstelle von "... nach 8.1 ..." richtig " ... nach A.1 ..." heißen.

Anlage 2.6/5

Zu DIN 4141-14/A1

Bei Anwendung der technischen Regel ist Folgendes zu beachten:

Zu Abschnitt 5.3:
Temperaturschwankungen im Schwerpunkt eines Bauteilquerschnitts sind als ständige Einwirkungen zu betrachten.

Anlage 2.6/6 E

Zu den technischen Regeln und Normen nach 2.6.5, 2.6.6, 2.6.7 und 2.7.9

1 Allgemeines
Werden Bauprodukte aus Glas auf der Grundlage der genannten Technischen Baubestimmungen in feuerwiderstandsfähigen Verglasungen verwendet, so ist zu beachten, dass die Klassifizierung der Feuerwiderstandsfähigkeit immer für das System (Brandschutzverglasung) nach EN 13501-2 im Rahmen von bauaufsichtlichen Zulassungen, europäischen technischen Zulassungen oder nationalen bzw. europäischen Produktnormen erfolgen muss.

2 Verwendbare Bauprodukte aus Glas

2.1 Basiserzeugnisse aus Kalk-Natronsilicatglas nach DIN EN 572-9:2005-01

Für die Verwendung nach den genannten Technischen Baubestimmungen sind Basiserzeugnisse aus Kalk-Natronsilicatglas mit den Bezeichnungen Floatglas, poliertes Drahtglas, Ornamentglas und Drahtornamentglas nach BRL A Teil 1 lfd. Nr. 11.10 zu verwenden. In der Koexistenzperiode bis zum 1.9.2006 ist weiterhin die Verwendung der Produkte nach der bisherigen Nationalen Produktnorm zulässig. Die Zuordnung der genannten Bauprodukte aus Glas, die durch harmonisierte Europäische Normen geregelt werden, zu den national geregelten Bauprodukten aus Glas ergibt sich aus folgender Tabelle 1.

Tabelle 1

Harmonisierte europäische Produktnorm		Bisherige nationale Produktnorm	
Glaserzeugnis	Norm	Glaserzeugnis	Norm
Floatglas aus Kalk-Natronsilikatglas	DIN EN 572-9:2005-01, DIN EN 572-1:2005-01, DIN EN 572-2:2005-01	Spiegelglas	DIN 1249-3:1980-02, DIN 1249-10:1990-08, DIN 1249-11:1986-09
Poliertes Drahtglas aus Kalk-Natronsilikatglas	DIN EN 572-9:2005-01, DIN EN 572-1:2005-01, DIN EN 572-3:2005-01	Gussglas	DIN 1249-4:1980-02, DIN 1249-10:1990-08, DIN 1249-11:1986-09
Ornamentglas aus Kalk-Natronsilikatglas	DIN EN 572-9:2005-01, DIN EN 572-1:2005-01, DIN EN 572-5:2005-01		
Drahtornamentglas aus Kalk-Natronsilikatglas	DIN EN 572-9:2005-01, DIN EN 572-1:2005-01, DIN EN 572-6:2005-01		

2.2 Beschichtetes Glas nach DIN EN 1096-4:2005-01

Es dürfen nur beschichtete Bauprodukte aus Glas nach DIN EN 1096-4:2005-01 verwendet werden, die den Bestimmungen von Bauregelliste A Teil 1 Abschnitt 11 entsprechen. Es sind die jeweiligen Werte der Biegezugfestigkeit und die Regelungen für den Nachweis der Übereinstimmung nach Bauregelliste A Teil 1 lfd. Nr. 11.11 zu berücksichtigen. Die Zuordnung der genannten beschichteten Glaserzeugnisse, die durch harmonisierte Europäische Normen geregelt werden, zu den national geregelten beschichteten Glaserzeugnissen entspricht jeweils der Zuordnung der Basisglaserzeugnisse, die für die Herstellung verwendet wurden.

2.3 Teilvorgespanntes Kalknatronglas nach DIN EN 1863-2:2005-01

Teilvorgespanntes Kalknatronglas nach DIN EN 1863-2:2005-01 darf nur verwendet werden, wenn bei der Bemessung die für Floatglas (Spiegelglas) geltenden zulässige Biegezugspannung angesetzt wird und es zur Herstellung einer der nachfolgend genannten Verglasungen verwendet wird:

- allseitig linienförmig gelagerte vertikale Mehrscheiben-Isolierverglasung
  mit einer Fläche von maximal 1,6 m²
- Verbundsicherheitsglas mit einer Fläche von maximal 1,0 m²

Andere Verwendungen von teilvorgespanntem Glas nach DIN EN 1863:2005-01 gelten als nicht geregelte Bauart.

2.4 Thermisch vorgespanntes Kalknatron-Einscheibensicherheitsglas nach DIN EN 12150-2:2005-01

Thermisch vorgespanntes Kalknatron-Einscheibensicherheitsglas nach DIN EN 12150-2:2005-01 darf nur wie Einscheiben-Sicherheitsglas (ESG) nach Baugeregelliste A Teil 1 lfd. Nr. 11.4.1 verwendet werden, wenn es den Bestimmungen der Bauregelliste A Teil 1 lfd. Nr. 11.12 entspricht. Die Zuordnung der in DIN EN 12150-2:2005-01 genannten Bauprodukte aus Glas zu den in den Technischen Baubestimmungen genannten Bauprodukten aus Glas ergibt sich aus folgender Tabelle 2.

Tabelle 2

Harmonisierte europäische Produktnorm		bisherige nationale Produktnorm	
Glaserzeugnis	Norm	Glaserzeugnis	Norm
Thermisch vorgespanntes Kalknatron-Einscheibensicherheitsglas aus Floatglas	DIN EN 12150-1:2005-01, DIN EN 12150-2:2005-01, DIN EN 572-1:2005-01, DIN EN 572-2:2005-01	Einscheiben-Sicherheitsglas aus Spiegelglas	DIN 1249-3:1980-02, DIN 1249-10:1990-08, DIN 1249-11:1986-09, DIN 1249-12:1998-09
Thermisch vorgespanntes Kalknatron-Einscheibensicherheitsglas aus Ornamentglas	DIN EN 12150-1:2005-01, DIN EN 12150-2:2005-01, DIN EN 572-1:2005-01, DIN EN 572-2:2005-01, DIN EN 572-9:2005-01	Einscheiben-Sicherheitsglas aus Gussglas	DIN 1249-4:1980-02, DIN 1249-10:1990-08, DIN 1249-11:1986-09, DIN 1249-12:1998-09
Emailliertes Thermisch vorgespanntes Kalknatron-Einscheibensicherheitsglas aus Floatglas	DIN EN 12150-1:2005-01, DIN EN 12150-2:2005-01, DIN EN 572-1:2005-01, DIN EN 572-2:2005-01, DIN EN 572-9:2005-01	Emailliertes Einscheiben-Sicherheitsglas aus Spiegelglas	DIN 1249-3:1980-02, DIN 1249-10:1990-08, DIN 1249-11:1986-09, DIN 1249-12:1998-09

Anlage 2.6/7 E

Für die Verwendung von Unterdecken nach EN 13964[1]) ist Folgendes zu beachten:

1. Der Nachweis der gesundheitlichen Unbedenklichkeit ist durch allgemeine bauaufsichtliche Zulassung zu führen. Ausgenommen sind Unterdecken, die aus Unterkonstruktionen aus Metall oder unbehandeltem Holz in Verbindung mit Deckagen aus Metallkassetten, unbehandeltem Holz, Holzwerkstoffen nach DIN EN 13986 gem. BRL B Teil 1 Abschnitt 1.3.2.1 und Gipskartonplatten sowie Dämmstoffen gem. BRL B Teil 1 Abschnitte 1.5.1 bis 1.5.10 bestehen.

2. Die Verankerung in Beton, Porenbeton, haufwerksporigem Beton, Ziegeln, Stahl, Holz oder ähnlichen Verankerungsgründen ist nur mit Verankerungselementen wie z. B. Dübeln, Setzbolzen oder Schrauben zulässig, wenn
   - für diese Verwendung eine Europäische Technische Zulassung oder eine allgemeine bauaufsichtliche Zulassung vorliegt oder
   - die Verwendung in den Technischen Baubestimmungen geregelt ist.

3. Sind Anforderungen an den Schallschutz zu erfüllen, ist der Nachweis des Schallschutzes nach DIN 4109 zu führen. Dabei sind die gemäß DIN 4109 bzw. Beiblatt 1 zu DIN 4109 ermittelten Rechenwerte in Ansatz zu bringen.

4. Der Nachweis des Wärmeschutzes nach DIN 4108 Teil 2 und 3 und der Nachweis des energieeinsparenden Wärmeschutzes sind unter Ansatz der Bemessungswerte gemäß DIN V 4108-4 zu führen. Im Bausatz verwendete Dämmstoffe müssen die Anforderungen des Anwendungsgebietes DI nach DIN V 4108-10 erfüllen.

---
[1]) in Deutschland umgesetzt durch DIN EN 13964:2004-06

Anlage 2.7/1

Zu DIN 1056

Bei Anwendung der technischen Regel ist Folgendes zu beachten:

Zu Abschnitt 10.2.3.1
Für die Mindestwanddicke gilt Tabelle 6, jedoch darf die Wanddicke an keiner Stelle kleiner als 1/30 des dazugehörigen Innendurchmessers sein.

Anlage 2.7/2

Zu DIN 4112

Bei Anwendung der technischen Regel ist Folgendes zu beachten:

Zu Abschnitt 5.17.3.4
Der 3. Absatz gilt nur für Verschiebungen in Binderebene bei Rahmenbindern mit mehr als 10 m Stützweite.

Anlage 2.7/3

Zu DIN 4131

Bei Anwendung der technischen Regeln ist Folgendes zu beachten:

Zu Abschnitt A.1.3.2.3
Aerodynamische Kraftbeiwerte, die dem anerkannten auf Windkanalversuchen beruhenden Schrifttum entnommen oder durch Versuche im Windkanal ermittelt werden, müssen der Beiwertdefinition nach DIN 1055 Teil 4 entsprechen.

Anlage 2.7/4

Zu DIN 4133

Bei Anwendung der technischen Regeln ist Folgendes zu beachten:

Zu Abschnitt A.1.3.2.2

Aerodynamische Kraftbeiwerte, die dem anerkannten auf Windkanalversuchen beruhenden Schrifttum entnommen oder durch Versuche im Windkanal ermittelt werden, müssen der Beiwertdefinition nach DIN 1055 Teil 4 entsprechen.

Anlage 2.7/6

Zu DIN 11622-3

Bei Anwendung der technischen Regel ist Folgendes zu beachten:

Zu Abschnitt 4
Auf folgenden Druckfehler in Absatz 3, Buchstabe b wird hingewiesen:
Die 5. Zeile muss richtig lauten:
"Für Güllebehälter mit einem Durchmesser d > 10 m"

Anlage 2.7/7

Zu DIN 11622-1

Bei Anwendung der technischen Regel ist Folgendes zu beachten:

Zu Abschnitt 3.3 4.4
Anstelle des nach Absatz 1 anzusetzenden Erdruhedrucks darf auch mit aktivem Erddruck gerechnet werden, wenn die zum Auslösen des Grenzzustandes erforderliche Bewegung der Wand sichergestellt ist (siehe DIN 1055 Teil 2, Abschnitt 9.1).

Anlage 2.7/8

Zu DIN 4421

Bei Anwendung der technischen Regel ist Folgendes zu beachten:

Für Traggerüste dürfen Stahlrohrgerüstkupplungen mit Schraub- oder Keilverschluss und Baustützen aus Stahl mit Ausziehvorrichtung, die auf der Grundlage eines Prüfbescheids gemäß den ehemaligen Prüfzeichenverordnungen der Länder hergestellt wurden, weiterverwendet werden, sofern ein gültiger Prüfbescheid für die Verwendung mindestens bis zum 1.1.1989 vorlag. Gerüstbauteile, die diese Bedingungen erfüllen, sind in einer Liste in den DIBt-Mitteilungen[*], Heft 6/97 S. 181, veröffentlicht.

Anlage 2.7/9

Zu DIN 4420 Teil 1

Bei Anwendung der technischen Regel ist Folgendes zu beachten:

Für Arbeits- und Schutzgerüste dürfen Stahlrohrgerüstkupplungen mit Schraub- oder Keilverschluss, die auf der Grundlage eines Prüfbescheids gemäß den ehemaligen Prüfzeichenverordnungen der Länder hergestellt wurden, weiterverwendet werden, sofern ein gültiger Prüfbescheid für die Verwendung mindestens bis zum 1.1.1989 vorlag. Gerüstbauteile, die diese Bedingungen erfüllen, sind in einer Liste in den DIBt-Mitteilungen[*], Heft 6/97 S. 181, veröffentlicht.

Anlage 2.7/10

Zur Richtlinie „Windenergieanlagen; Einwirkungen und Standsicherheitsnachweise für Turm und Gründung"

Bei Anwendung der technischen Regel ist Folgendes zu beachten:

1   Nach Untersuchung des Einflusses benachbarter Windenergieanlagen gemäß Abschn. 6.3.3 ist, soweit der Abstand a kleiner ist als nach den dort aufgeführten Bedingungen oder die Bauaufsicht dies nicht beurteilen kann, die gutachterliche Stellungnahme eines Sachverständigen[1] einzuholen (siehe 3.2).

2. Abstände wegen der Gefahr des Eisabwurfs sind unbeschadet der Anforderungen aus anderen Rechtsbereichen zu Verkehrswegen und Gebäuden einzuhalten, soweit eine Gefährdung der öffentlichen Sicherheit nicht auszuschließen ist.
    Abstände größer als 1,5 x (Rotordurchmesser plus Nabenhöhe) gelten im Allgemeinen in nicht besonders eisgefährdeten Regionen gemäß DIN 1055-5: 1975-06, Abschnitt 6 als ausreichend.

---

[*] Die DIBt-Mitteilungen sind zu beziehen beim Verlag Ernst & Sohn, Bühringstr. 10, 13086 Berlin.

3. Zu den Bauvorlagen für Windenergieanlagen gehören:
3.1 Die gutachtlichen Stellungnahmen eines Sachverständigen[1] nach Abschnitt 3, Buchstabe I der Richtlinie sowie die weiteren von einem Sachverständigen[1] begutachteten Unterlagen nach Abschn. 3, Buchstaben J, K und L der Richtlinie.

3.2 Gutachtliche Stellungnahmen eines Sachverständigen[1] nach 1. über die örtlich auftretende Turbulenzintensität und über die Zulässigkeit von vorgesehenen Abständen zu benachbarten Windenergieanlagen in Bezug auf die Standsicherheit der bestehenden und soweit möglich für vorgesehene WEAs sowie der beantragten WEA.

3.3 Soweit erforderliche Abstände wegen der Gefahr des Eisabwurfes nach 2. nicht eingehalten werden, eine gutachtliche Stellungnahme eines Sachverständigen[1] zur Funktionssicherheit von Einrichtungen, durch die der Betrieb der Windenergieanlage bei Eisansatz sicher ausgeschlossen werden kann oder durch die ein Eisansatz verhindert werden kann (z.B. Rotorblattheizung).

3.4 Zur Bestätigung, dass die der Auslegung der Anlage zugrundeliegenden Anforderungen an den Baugrund am Aufstellort vorhanden sind, das Baugrundgutachten nach Abschnitt 3, Buchstabe H der Richtlinie.

3.5 Für Windenergieanlagen mit einer überstrichenen Rotorfläche von maximal 7,0 m², einer maximalen Nennleistung von 1,0 kW und einer maximalen Höhe des Rotormittelpunktes über Gelände von 7,0 m gilt 3.1 bis 3.4 nicht.

4 Hinweise:
4.1 In die Baugenehmigung sind aufzunehmen:
- als Nebenbestimmungen die Durchführung der Wiederkehrenden Prüfungen nach Abschnitt 13 der Richtlinie[2] in Verbindung mit dem begutachteten Wartungspflichtenbuch (siehe 4.1 zu Abschnitt 3, Buchstabe L der Richtlinie) sowie die Einhaltung der in den Gutachten nach 3.1 bis 3.3 formulierten Auflagen.
- als Hinweis die Entwurfslebensdauer nach Abschn. 8.6.1 der Richtlinie.

4.2 Die Einhaltung der im Prüfbericht bzw. Prüfbescheid über den Nachweis der Standsicherheit aufgeführten Auflagen an die Bauausführung ist im Rahmen der Bauüberwachung und/oder der Bauzustandsbesichtigung zu überprüfen.

4.3 Die erforderlichen Abstände zu anderen Windenergieanlagen sollen im Allgemeinen auf dem eigenen Grundstück erbracht werden.

5 Die "Richtlinie für Windkraftanlagen; Einwirkungen und Standsicherheitsnachweise für Turm und Gründung", Fassung Juni 1993, darf noch für Anträge, die bis 31.12.2005 gestellt werden, alternativ angewendet werden.

---

[1] Als Sachverständige kommen insbesondere folgende in Betracht:
- Germanischer Lloyd, WindEnergie GmbH, Steinhöft 9, D-20459 Hamburg,
- Det Norske Veritas, Frederiksborgvej 399, DK-4000 Roskilde
- TÜV Nord Anlagentechnik, Große Bahnstraße 31, D-22525 Hamburg
- TÜV Industrie Service GmbH, Westendstraße 199, D-80686 München,
- RWTÜV Systems GmbH, Langemarckstr. 20, D-45141 Essen

[2] Als Sachverständige für Inspektion und Wartung kommen insbesondere in Betracht:
Die in Fußnote 1 genannten sowie die vom Sachverständigenbeirat des Bundesverbandes WindEnergie (BWE) e.V. anerkannten Sachverständigen.

Anlage 2.7/11

Zu den Lehmbau Regeln

Die technische Regel gilt für Wohngebäude der Gebäudeklasse 1 und 2.

1 Hinsichtlich des Brandschutzes ist das Brandverhalten der Baustoffe nach DIN 4102-1:1998-05 oder alternativ nach DIN EN 13501-1:2002-06 nachzuweisen, soweit eine Klassifizierung ohne Prüfung nach DIN 4102-4:1994-03 oder gemäß Entscheidung 96/603/EG der Europäischen Kommission nicht möglich ist.
Anforderungen an den Feuerwiderstand der Bauteile sind nach DIN 4102-2:1977-09 oder alternativ nach DIN EN 13501-2:2003-12 nachzuweisen, soweit eine Klassifizierung ohne Prüfung nach DIN 4102-4:1994-03 nicht möglich ist.

2 Für den Nachweis des Wärmeschutzes sind die Bemessungswerte der Wärmeleitfähigkeit nach DIN V 4108-4 anzusetzen.

3 Für den Nachweis des Schallschutzes gilt DIN 4109: 1989-11.

Anlage 2.7/12 (neu)

Bei Anwendung der technischen Regeln ist die "Anwendungsrichtlinie für Arbeitsgerüste", Fassung November 2005, die in den DIBt-Mitteilungen[*] Heft 2/2006 S. 66 veröffentlicht ist, zu beachten.

---
[*] Die DIBt-Mitteilungen sind zu beziehen beim Verlag Ernst & Sohn, Bühringstr. 10, 13086 Berlin.

Anlage 3.1/8

Zu DIN 4102 Teil 4

Bei Anwendung der technischen Regel ist Folgendes zu beachten:
zu Abschnitt 8.7.2
Dachdeckungsprodukte/-materialien, die einschlägigen europäischen technischen Spezifikationen (harmonisierte europäische Norm oder europäische technische Zulassung) entsprechen und die zusätzlichen Bedingungen über angrenzende Schichten erfüllen, gelten als Bedachungen, die gegen Flugfeuer und strahlende Wärme widerstandsfähig sind.
Zusammenstellung von gegen Flugfeuer und strahlende Wärme widerstandsfähigen Dachdeckungsprodukten (oder -materialien) gemäß Entscheidung der Kommission 2000/553/EG, veröffentlicht im Amtsblatt der Europäischen Gemeinschaften L 235/19, von denen ohne Prüfung angenommen werden kann, dass sie den Anforderungen entsprechen; die zusätzlichen Bedingungen zu angrenzenden Schichten sind ebenfalls einzuhalten.

Dachdeckungsprodukte/-materialien	Besondere Voraussetzung für die Konformitätsvermutung
Decksteine aus Schiefer oder anderem Naturstein	Entsprechen den Bestimmungen der Entscheidung 96/603/EG der Kommission
Dachsteine aus Stein, Beton, Ton oder Keramik, Dachplatten aus Stahl	Entsprechen den Bestimmungen der Entscheidung 96/603/EG der Kommission. Außenliegende Beschichtungen müssen anorganisch sein oder müssen einen Brennwert PCS ≤ 4,0 MJ/m² oder eine Masse ≤ 200 g/m² haben
Faserzementdeckungen: - Ebene und profilierte Platten - Faserzement-Dachplatten	Entsprechen den Bestimmungen der Entscheidung 96/603/EG der Kommission oder haben einen Brennwert PCS ≤ 3,0 MJ/kg

Dachdeckungsprodukte/-materialien	Besondere Voraussetzung für die Konformitätsvermutung
Profilblech aus Aluminium, Aluminiumlegierung, Kupfer, Kupferlegierung, Zink, Zinklegierung, unbeschichtetem Stahl, nichtrostendem Stahl, verzinktem Stahl, beschichtetem Stahl oder emailliertem Stahl	Dicke $\geq$ 0,4 mm Außenliegende Beschichtungen müssen anorganisch sein oder müssen einen Brennwert PCS $\leq$ 4,0 MJ/m^2 oder eine Masse $\leq$ 200 g/m^2 haben
Ebenes Blech aus Aluminium, Aluminiumlegierung, Kupfer, Kupferlegierung, Zink, Zinklegierung, unbeschichtetem Stahl, nichtrostendem Stahl, verzinktem Stahl, beschichtetem Stahl oder emailliertem Stahl	Dicke $\geq$ 0,4 mm Außenliegende Beschichtungen müssen anorganisch sein oder müssen einen Brennwert PCS $\leq$ 4,0 MJ/m^2 oder eine Masse $\leq$ 200 g/m^2 haben
Produkte, die im Normalfall voll bedeckt sind (von den rechts aufgeführten anorganischen Materialien)	Lose Kiesschicht mit einer Mindestdicke von 50 mm oder eine Masse $\geq$ 80 kg/m^2. Mindestkorngröße 4 mm, maximale Korngröße 32 mm. Sand-/Zementbelag mit einer Mindestdicke von 30 mm. Betonwerksteine oder mineralische Platten mit einer Mindestdicke von 40 mm

Zusätzliche Bedingungen:
Für alle Dachdeckungsprodukte/-materialien aus Metall gilt, dass sie auf geschlossenen Schalungen aus Holz oder Holzwerkstoffen mit einer Trennlage aus Bitumenbahn mit Glasvliesoder Glasgewebeeinlage auch in Kombination mit einer strukturierten Trennlage mit einer Dicke $\leq$ 8 mm zu verwenden sind. Abweichend hiervon erfüllen bestimmte Dachdeckungsprodukte/-materialien die Anforderungen an gegen Flugfeuer und strahlende Wärme widerstandsfähige Bedachungen, wenn die Ausführungsbedingungen gemäß DIN 4102-4/A1 zu 8.7.2 Nr. 2 erfüllt sind.

Anlage 3.1/9

1 Die Vornormen DIN V ENV 1993- 1-2, DIN V ENV 1994- 1-2, DIN V ENV 1995- 1-2 und DIN V ENV 1996- 1-2 dürfen unter Beachtung ihrer Nationalen Anwendungsdokumente dann angewendet werden, wenn die Tragwerksbemessung für die Gebrauchslastfälle bei Normaltemperatur nach den Vornormen DIN V ENV 1993- 1-1, DIN V ENV 1994- 1-1, DIN V ENV 1995- 1-1 bzw. DIN V ENV 1996-1-1 unter Beachtung ihrer Nationalen Anwendungsdokumente erfolgt ist.

2 Die Vornorm DIN V ENV 1992-1-2 darf unter Beachtung der "DIBt-Richtlinie zur Anwendung von DIN V ENV 1992-1-2 in Verbindung mit DIN 1045-1" dann angewendet werden, wenn die Tragwerksbemessung für die Gebrauchslastfälle bei Normaltemperatur nach DIN 1045-1:2001-07 erfolgt ist.

3 Bei der Anwendung der technischen Regel ist DIN V ENV 1991-2-2 : 1997-05 - Eurocode 1 - Grundlagen der Tragwerksplanung und Einwirkungen auf Tragwerke - Teil 2-2: Einwirkungen auf Tragwerke; Einwirkungen im Brandfall einschließlich dem Nationalen Anwendungsdokument (NAD) - Richtlinie zur Anwendung von DIN V ENV 1991-2-2:1997-05 (DIN-Fachbericht 91) zu beachten.

4 Für DIN V ENV 1994-1-2 und DIN V ENV 1996-1-2 gilt:
Die in den Tabellen zu den Mindestquerschnittsabmessungen angegebenen Feuerwiderstandsklassen entsprechen den Feuerwiderstandsklassen nach DIN 4102 Teil 2 bzw. den bauaufsichtlichen Anforderungen gemäß nachfolgender Tabelle:

Bauaufsichtliche Anforderung	Tragende Bauteile ohne Raumabschluss	Tragende Bauteile mit Raumabschluss	Nichttragende Innenwände
feuerhemmend	R 30 F 30	REI 30 F 30	EI 30 F 30
feuerbeständig	R 90 F 90	REI 90 F 90	EI 90 F 90
Brandwand	-	REI-M 90	EI-M 90

Es bedeuten:
R - Tragfähigkeit
E - Raumabschluss
I - Wärmedämmung
M - Widerstand gegen mechanische Beanspruchung
siehe auch Tabelle 0.1.1 der Bauregelliste A Teil 1

Anlage 3.1/10

Zu DIN 4102-22

Bei Anwendung der technischen Regel ist Folgendes zu beachten:

1 Zu Abschnitt 5.2:
1.1 3.7.3.2: Anstelle von "XC 2" muss es "XC 3" heißen.
1.2 3.13.2.2: In Bild 15a sind Stützen mit Festigkeiten > C 50/60 nicht erfasst. In diesen Fällen ist eine Berechnung mit $\alpha^* = 2{,}0$ unzulässig.
1.2 3.13 erhält folgende Fassung:
Tabelle 31: Mindestdicke und Mindestachsabstand von Stahlbetonstützen aus Normalbeton

		Konstruktionsmerkmale	Feuerwiderstandsklasse – Benennung				
Zeile				R 30	R 60	R 90	R 120	R 180
1		Mindestquerschnittsabmessungen unbekleideter Stahlbetonstützen bei mehrseitiger Brandbeanspruchung bei einem						
1.1		Ausnutzungsfaktor α_1 = 0,2						
1.1.1		Mindestdicke d in mm		120	120	160	240	290
1.1.2		zugehöriger Mindestachsabstand u in mm		34	34	37	34	40
1.2		Ausnutzungsfaktor α_1 = 0,5						
1.2.1		Mindestdicke d in mm		120	160	270	300	400
1.2.2		zugehöriger Mindestachsabstand u in mm		34	34	40	34	46
1.3		Ausnutzungsfaktor α_1 = 0,7						
1.3.1		Mindestdicke d in mm		120	250	320	360	490
1.3.2		zugehöriger Mindestachsabstand u in mm		34	34	40	46	46

3.13.2.1 Stahlbetonstützen aus Beton der Festigkeitsklasse $\leq$ C 45/55 müssen unter Beachtung der Bedingungen von Abschnitt 3.1.3.2 die in Tabelle 31 angegebenen Mindestdicken und Mindestachsabstände besitzen.

3.13.2.2 Der Ausnutzungsfaktor α_1 ist das Verhältnis des Bemessungswertes der vorhandenen Längskraft im Brandfall $N_{fi,d,t}$ nach DIN 1055-100:2001-03, Abschnitt 8.1 zu dem Bemessungswert der Tragfähigkeit N_{Rd} nach DIN 1045-1. Bei planmäßig ausmittiger Beanspruchung ist für die Ermittlung von α_1 von einer konstanten Ausmitte auszugehen.

3.13.2.3 Tabelle 31 gilt ausschließlich für Stützen mit Längen zwischen den Auflagerpunkten bis 6 m. Die Ersatzlänge im Brandfall ist nach DIN 1045-1:2001-07, Abschnitt 8.6.2 (4) zu bestimmen.

3.13.2.4 Tabelle 31 ist bei ausgesteiften Gebäuden anwendbar, sofern die Stützenenden, wie in der Praxis üblich, rotationsbehindert gelagert sind.
Läuft eine Stütze über mehrere Geschosse durch, so gilt der entsprechende Endquerschnitt im Brandfall ebenfalls als an seiner Rotation wirksam gehindert.
Tabelle 31 darf nicht angewendet werden, wenn die Stützenenden konstruktiv als Gelenk (z. B. Auflagerung auf einer Zentrierleiste) ausgebildet sind.

3.13.2.5 Die Ersatzlänge der Stütze zur Bestimmung der zulässigen Beanspruchung nach Abschnitt 3.13.2.2 entspricht der Ersatzlänge bei Raumtemperatur, jedoch ist sie mindestens so groß wie die Stützenlänge zwischen den Auflagerpunkten (Geschosshöhe).

1.3 4.3.2.4: Im Titel von Tabelle 37 muss es "$N_{Rd,c,t}$" anstelle von "$N_{Rd,c,0}$" heißen.

2 Zu Abschnitt 6.2:
2.1 5.5.2.1: In Tabelle 74 muss es in Gleichung (9.4) "≥ 1" anstelle von "≤ 1" heißen.

Anlage 3.3/1

Zur Muster-Industriebaurichtlinie:

Die Aussage der Tabelle 1 der Muster-Industriebaurichtlinie über die Feuerwiderstandsdauer der tragenden und aussteifenden Bauteile sowie die Größen der Brandabschnittsflächen ist nur für oberirdische Geschosse anzuwenden.

Anlage 3.5/1

Zur Richtlinie zur Bemessung von Löschwasser-Rückhalteanlagen beim Lagern wassergefährdender Stoffe (LöRüRL)

1 Abschnitt 1.2 Abs. 1 erhält folgende Fassung:
„Das Erfordernis der Rückhaltung verunreinigten Löschwassers ergibt sich ausschließlich aus dem Besorgnisgrundsatz des Wasserrechts (§ 19 g Abs. 1 Wasserhaushaltsgesetz – WHG) in Verbindung mit der Regelung des § 3 Nr. 4 Muster-VAwS[0]. Danach muss im Schadensfall anfallendes Löschwasser, das mit ausgetretenen wassergefährdenden Stoffen verunreinigt sein kann, zurückgehalten und ordnungsgemäß entsorgt werden können."

2 Nach Abschnitt 1.4 wird folgender neuer Abschnitt 1.5 eingefügt:
„1.5 Eine Löschwasserrückhaltung ist nicht erforderlich für das Lagern von Calciumsulfat und Natriumchlorid."

3 Abschnitt 1.5 wird Abschnitt 1.6 neu.

4 In Abschnitt 3.2 wird die Zeile „WGK 0: im allgemeinen nicht wassergefährdende Stoffe" gestrichen.

5 Satz 2 des Hinweises in Fußnote 4 wird gestrichen. Satz 1 erhält folgenden neuen Wortlaut:
„Vergleiche Allgemeine Verwaltungsvorschrift zum Wasserhaushaltsgesetz über die Einstufung wassergefährdender Stoffe und ihre Einstufung in Wassergefährdungsklassen (Verwaltungsvorschrift wassergefährdender Stoffe – 17. Mai 1999, Bundesanzeiger Nr. 98 a vom 29.05.1999, geändert durch Verwaltungsvorschrift vom 23. Juni 2005, Bundesanzeiger Nr. 126a vom 8. Juli 2005)."

Anlage 4.1/1

Zu DIN 4108-2

Bei Anwendung der technischen Regel ist Folgendes zu beachten:

Der sommerliche Wärmeschutz erfolgt über die Regelungen der Energieeinsparverordnung.

Anlage 4.1/2

Zu DIN 4108 - 3

Bei Anwendung der technischen Regel ist Folgendes zu beachten:
1 Der Abschnitt 5 sowie die Anhänge B und C sind von der Einführung ausgenommen.
2 Die Berichtigung 1 zu DIN 4108-3:2002-04 ist zu beachten.

Anlage 4.1/3

Zu DIN V 4108-4

Bei der Anwendung der technischen Regel ist Folgendes zu beachten:
Hinweis:
Die Bemessungswerte der Kategorie I gelten für Produkte nach harmonisierten Europäischen Normen, die in der Bauregelliste B Teil 1 aufgeführt sind.
Die Bemessungswerte der Kategorie II gelten für Produkte nach harmonisierten Europäischen Normen, die in der Bauregelliste B Teil 1 aufgeführt sind und deren Wärmeleitfähigkeit einen Wert λ_{grenz} nicht überschreitet. Der Wert λ_{grenz} ist hierbei im Rahmen eines Verwendbarkeitsnachweises (allgemeine bauaufsichtliche Zulassung oder Zustimmung im Einzelfall) festzulegen.

Anlage 4.1/4

Zu DIN V 4108-10

Bei der Anwendung der technischen Regel ist Folgendes zu beachten:

Die Berichtigung 1 zu DIN V 4108-10 : 2004-09 ist zu beachten.

Anlage 4.1/5 E

Für die Verwendung von Bauprodukten nach harmonisierten Normen ist Folgendes zu beachten:
1 Wärmedämmputzmörtel nach EN 998-1[1]:
Die Bemessungswerte der Wärmeleitfähigkeit (λ) sind der zugehörigen Anwendungsnorm DIN V 18550:2005-04 zu entnehmen.
2 Tore nach EN 13241-1[2]:
Für den rechnerischen Nachweis nach Energieeinsparverordnung ist der entsprechend DIN EN 13241-1 im Rahmen der CE-Kennzeichnung deklarierte Wert des Wärmedurchgangskoeffizienten zu verwenden.
Ist im Rahmen der CE-Kennzeichnung kein Wert angegeben, darf $U_D = 6{,}0$ W/(m². K) angenommen werden.

---

[1] In Deutschland umgesetzt durch DIN EN 998-1 : 2003-09
[2] In Deutschland umgesetzt durch DIN EN 13241-1:2004-04

---

[0] nach Landesrecht

Anlage 4.2/1

Zu DIN 4109

Bei Anwendung der technischen Regel ist Folgendes zu beachten:

1. Zu Abschnitt 5.1, Tabelle 8, Fußnote 2:
   Die Anforderungen sind im Einzelfall von der Bauaufsichtsbehörde festzulegen.

2. Zu Abschnitt 6.3 und 7.3:
   Eignungsprüfungen I und III sind im Rahmen der Erteilung eines allgemeinen bauaufsichtlichen Prüfzeugnisses durchzuführen.

3. Zu Abschnitt 8
   Bei baulichen Anlagen, die nach Tabelle 4, Zeilen 3 und 4 einzuordnen sind, ist die Einhaltung des geforderten Schalldruckpegels durch Vorlage von Messergebnissen nachzuweisen. Das gleiche gilt für die Einhaltung des geforderten Schalldämm-Maßes bei Bauteilen nach Tabelle 5 und bei Außenbauteilen, an die Anforderungen entsprechend Tabelle 8, Spalten 3 und 4 gestellt werden, sofern das bewertete Schalldämm-Maß $R'_{w,res} \geq 50$ dB betragen muss. Diese Messungen sind von bauakustischen Prüfstellen durchzuführen, die entweder nach § 24 c Abs. 1 Nr. 1 MBO anerkannt sind oder in einem Verzeichnis über "Sachverständige Prüfstellen für Schallmessungen nach der Norm DIN 4109" bei dem Verband der Materialprüfungsämter[***]) geführt werden.

4. Zu Abschnitt 6.4.1:
   Prüfungen im Prüfstand ohne Flankenübertragung dürfen auch durchgeführt werden; das Ergebnis ist nach Beiblatt 3 zu DIN 4109, Ausgabe Juni 1996, umzurechnen.

5. Eines Nachweises der Luftschalldämmung von Außenbauteilen (Tabelle 8 der Norm DIN 4109) vor Außenlärm bedarf es, wenn
   a) der Bebauungsplan festsetzt, dass Vorkehrungen zum Schutz vor Außenlärm am Gebäude zu treffen sind (§ 9 Abs. 1 Nr. 24 BauGB) oder
   b) der sich aus amtlichen Lärmkarten oder Lärmminderungsplänen nach § 47 a des Bundesimmissionsschutzgesetzes ergebende "maßgebliche Außenlärmpegel" (Abschn. 5.5 der Norm DIN 4109) auch nach den vorgesehenen Maßnahmen zur Lärmminderung (§ 47a Abs. 3 Nr. 3 BImSchG) gleich oder höher ist als
   - 56 dB (A) bei Betteräumen in Krankenhäusern und Sanatorien,
   - 61 dB (A) bei Aufenthaltsräumen in Wohnungen, Übernachtungsräumen, Unterrichtsräumen und ähnlichen Räumen,
   - 66 dB (A) bei Büroräumen.

Anlage 4.2/2

Zu DIN 4109 und Beiblatt 1 zu DIN 4109

Die Berichtigung 1 zu DIN 4109, Ausgabe August 1992, ist zu beachten.

Anlage 5.1/1

Zu DIN 4149

Bei Anwendung der technischen Regel ist Folgendes zu beachten:

~~Zu Abschnitt 5~~
~~In den Erdbebenzonen 3 und 4 sind die Dachdeckungen bei Dächern mit mehr als 35° Neigung und in den Erdbebenzonen 2, 3 und 4 die freistehenden Teile der Schornsteine über Dach durch geeignete Maßnahmen gegen die Einwirkungen von Erdbeben so zu sichern, dass angrenzende öffentlich zugängliche Verkehrsflächen sowie die Zugänge zu den baulichen Anlagen gegen herabfallende Teile ausreichend geschützt sind.~~

~~In den Erdbebenzonen 3 und 4 dürfen für Wände nur Steine verwendet werden, deren Stege in Wandlängsrichtung durchlaufen. Als solche Steine gelten auch bauaufsichtlich zugelassene Steine mit elliptischer oder rhombenförmiger Lochung. Andere Steine dürfen verwendet werden, wenn ihre Druckfestigkeit in der in Wandlängsrichtung vorgesehenen Steinrichtung mindestens 2,0 N/mm² beträgt.~~

1. In Erdbebenzone 3 sind die Dachdeckungen bei Dächern mit mehr als 35° Neigung und in den Erdbebenzonen 2 und 3 die freistehenden Teile der Schornsteine über Dach durch geeignete Maßnahmen gegen die Einwirkungen von Erdbeben so zu sichern, dass keine Teile auf angrenzende öffentlich zugängliche Verkehrsflächen sowie die Zugänge zu den baulichen Anlagen herabfallen können.

2. Hinsichtlich der Zuordnung von Erdbebenzonen und geologischen Untergrundklassen wird auf die Karte der Erdbebenzonen und geologischen Untergrundklassen für xxx[1], herausgegeben von xxx[1] oder DigitalService CD-PRINT, Isener Str. 7, 81405 Dorfen, hingewiesen. Die Tabelle „Zuordnung der Erdbebenzonen zu den Verwaltungsgrenzen der Länder" ist über www.bauministerkonferenz.de oder www.dibt.de/aktuelles abrufbar.

3. Zu Abschnitt 5.5
   Bei der Ermittlung der wirksamen Massen zur Berechnung der Erdbebenlasten sind Schneelasten in Gleichung (12) abweichend von DIN 1055-100 mit dem Kombinationsbeiwert $\Psi_2 = 0{,}5$ zu multiplizieren.

4. Zu Abschnitt 9
   - Die Duktilitätsklassen 2 und 3 dürfen nur dann zur Anwendung kommen, wenn der wirkliche Höchstwert der Streckgrenze $f_{y,\,max}$ (siehe DIN 4149:2005-04 Abschnitt 9.3.1.1) und die in Abschnitt 9.3.1.1 (2) geforderte Mindestkerbschlagarbeit durch einen bauaufsichtlichen Übereinstimmungsnachweis abgedeckt sind.
   - In Absatz 9.3.5.4 (7) wird der Verweis auf den Absatz „9.3.3.3 (10)" durch den Verweis „9.3.5.3 (10)" ersetzt.
   - In Absatz 9.3.5.5 (5) erhält Formel (87) folgende Fassung:

   $$\Omega_i = \frac{M_{pl,\,Verb,\,i}}{M_{sdi}}$$

   - In Absatz 9.3.5.8 (1) wird der Verweis auf die Abschnitte „8 und 11" durch den Verweis „8 und 9" ersetzt.

5. Zu Abschnitt 10
   - Bei Erdbebennachweisen von Holzbauten nach dieser Norm ist DIN 1052:2004-08 anzuwenden.
   - Absatz 10.1 (5) erhält folgende Fassung:
   „(5) In den Erdbebenzonen 2 und 3 darf bei der Berechnung eine Kombination von Tragwerksmodellen der Duktilitätsklassen 1 und 3 für die beiden Hauptrichtungen des Bauwerks nicht angesetzt werden."

[***]) Verband der Materialprüfungsämter (VMPA) e.V. Berlin, Rudower Chaussee 5, Gebäude 13.7, D-12484 Berlin
Hinweis: Dieses Verzeichnis wird auch bekannt gemacht in der Zeitschrift "Der Prüfingenieur", herausgegeben von der Bundesvereinigung der Prüfingenieure für Baustatik.

---

[1] Nach Landesrecht

- In Absatz 10.3 (2) erhält der mit dem 4. Spiegelstrich markierte Unterabsatz folgende Fassung:
  „– die Verwendbarkeit von mehrschichtigen Massivholzplatten (Brettsperrholzplatten) und deren Verbindungsmitteln muss durch allgemeine bauaufsichtliche Zulassungen nachgewiesen sein;"
- In Absatz 10.3 (3) erhält der mit dem 2. Spiegelstrich markierte Unterabsatz folgende Fassung:
  „– die Abminderung des Bemessungswertes des Schubflusses für Holztafeln mit versetzt angeordneten Platten (siehe DIN 1052:2004-08, 8.7.2 (6)) wird in den Erdbebenzonen 2 und 3 nicht angesetzt;"
- Absatz 10.3 (6) erhält folgende Fassung:
  „(6) Eine Unterschreitung der Mindestdicken von Holzbauteilen, wie sie in DIN 1052:2004-08, 12.2.2 (2) und 12.2.3 (7), gestattet ist, ist in den Erdbebenzonen 2 und 3 nicht zulässig."

6 Zu Abschnitt 11
- Absatz 11.2 (2) ist wie folgt zu ergänzen:
  „Solange Mauersteine mit nicht durchlaufenden Innenstegen in Wandlängsrichtung für die Verwendung in Erdbebenzone 2 und 3 noch nicht in die Bauregelliste aufgenommen sind, dürfen ersatzweise Produkte mit Übereinstimmungsnachweis für die Verwendung in Erdbebenzone 3 und 4 nach DIN 4149-1:1981-04 verwendet werden."
- Die Absätze 11.7.3 (1), 11.7.3 (2) und 11.7.3 (3) erhalten folgende Fassung (Tab. 16 ist zu streichen):
  „(1) Der Bemessungswert E_d der jeweilig maßgebenden Schnittgröße in der Erdbebenbemessungssituation ist nach Gleichung (37) zu ermitteln. Dabei darf abhängig von den vorliegenden Randbedingungen entweder das vereinfachte oder das genauere Berechnungsverfahren nach DIN 1053-1:1996-11 zur Anwendung kommen.
  „(2) Bei der Anwendung des vereinfachten Berechnungsverfahrens nach DIN 1053-1:1996-11 darf die Bemessungstragfähigkeit R_d aus den um 50 % erhöhten zulässigen Spannungen ermittelt werden. Auf einen expliziten rechnerischen Nachweis der ausreichenden räumlichen Steifigkeit darf nicht verzichtet werden."
  „(3) Bei Anwendung des genaueren Berechnungsverfahrens, ist der Bemessungswert E_d der jeweilig maßgebenden Schnittgröße unter γ-fachen Einwirkungen gemäß DIN 1053-1:1996-11 zu ermitteln. Der maßgebende Sicherheitsbeiwert γ darf hierbei auf 2/3 der in Abschnitt 7 der DIN 1053-1:1996-11 festgelegten Werte reduziert werden. Als Bemessungstragfähigkeit R_d sind die in DIN 1053-1:1996-11 angegebenen rechnerischen Festigkeitswerte anzusetzen."

7 Zu Abschnitt 12
- Bei Erdbebennachweisen von Gründungen und Stützbauwerken nach dieser Norm ist DIN 1054:2005-01 anzuwenden.
- Die Absätze 12.1.1 (1) und 12.1.1 (2) erhalten folgende Fassung:
  „(1) Werden die Nachweise auf Basis der Kapazitätsbemessung geführt, so ist Abschnitt 7.2.5 zu beachten."
  „(2) Der Nachweis unter Einwirkungskombinationen nach Abschnitt 7.2.2 umfasst:
  (a) den Nachweis der ausreichenden Tragfähigkeit der Gründungselemente nach den baustoffbezogenen Regeln dieser Norm und den jeweiligen Fachnormen;
  (b) die einschlägigen Nachweise der Gründungen nach DIN 1054. Einschränkungen hinsichtlich der generellen Anwendbarkeit von Nachweisverfahren im Lastfall Erdbeben in DIN 1054 oder in diese begleitenden Berechnungsnormen müssen nicht beachtet werden, wenn keine ungünstigen Bodenverhältnisse (Hangschutt, lockere Ablagerungen, künstliche Auffüllungen, usw.) vorliegen."
- Absatz 12.1.1 (4) erhält folgende Fassung:
  „(4) Beim Nachweis der Gleitsicherheit darf der charakteristische Wert des Erdwiderstands (passiver Erddruck) nur mit maximal 30% seines nominellen Wertes angesetzt werden."
- Absatz 12.2.1 (2) erhält folgende Fassung:

„Vereinfacht kann die Einwirkung durch Erddruck bei Erdbeben ermittelt werden, indem der Erddruckbeiwert k ersetzt wird durch $k_e = k + a_g \cdot \gamma_I \cdot \dfrac{S}{g}$."

Anlage 5.2/1

Zu DIN 68800 Teil 3

Bei Anwendung der technischen Regel ist Folgendes zu beachten:

Die Abschnitte 11 und 12 der Norm sind von der Einführung ausgenommen.

Anlage 6.1/1

Zur PCB-Richtlinie

Von der Einführung sind nur die Abschnitte 1, 2, 3, 4.1, 4.2, 5.1, 5.2, 5.4 und 6 erfasst.

Anlage 6.2/1

Zur Asbest-Richtlinie

Bei Anwendung der technischen Regel ist zu beachten:

Eine Erfolgskontrolle der Sanierung nach Abschnitt 4.3 durch Messungen der Konzentration von Asbestfasern in der Raumluft nach Abschnitt 5 ist nicht erforderlich bei Sanierungsverfahren, die nach dieser Richtlinie keiner Abschottung des Arbeitsbereiches bedürfen.

Anlage 6.4/1

Zur PCP-Richtlinie

Von der Einführung sind nur die Abschnitte 1, 2, 3, 4, 5, 6.1 und 6.2 erfasst.

Anlage 7.1/1

Zu DIN 18065

Bei Anwendung der technischen Regel ist Folgendes zu beachten:

1 Von der Einführung ausgenommen ist die Anwendung auf Treppen in Wohngebäuden der Gebäudeklasse 1 und 2 und in Wohnungen.

2 Bauaufsichtliche Anforderungen an den Einbau von Treppenliften in Treppenräumen notwendiger Treppen in bestehenden Gebäuden:
Durch den nachträglichen Einbau eines Treppenlifts im Treppenraum darf die Funktion der notwendigen Treppe als Teil des ersten Rettungswegs und die Verkehrssicherheit der Treppe grundsätzlich nicht beeinträchtigt werden. Der nachträgliche Einbau eines Treppenlifts ist zulässig, wenn folgende Kriterien erfüllt sind:
1. Die Treppe erschließt nur Wohnungen und/oder vergleichbare Nutzungen.
2. Die Mindestlaufbreite der Treppe von 100 cm darf durch die Führungskonstruktion nicht wesentlich unterschritten werden; eine untere Einschränkung des Lichtraumprofils (s. Bild 5) von höchstens 20 cm Breite und höchstens 50 cm Höhe ist hinnehmbar, wenn die Treppenlauflinie (s. Ziffer 3.6) oder der Gehbereich (s. Ziffer 9) nicht verändert wird. Ein Handlauf muss zweckentsprechend genutzt werden können.
3. Wird ein Treppenlift über mehrere Geschosse geführt, muss mindestens in jedem Geschoss eine ausreichend große Wartefläche vorhanden sein, um das Abwarten

einer begegnenden Person bei Betrieb des Treppenlifts zu ermöglichen. Das ist nicht erforderlich, wenn neben dem benutzten Lift eine Restlaufbreite der Treppe von 60 cm gesichert ist.
4. Der nicht benutzte Lift muss sich in einer Parkposition befinden, die den Treppenlauf nicht einschränkt. Im Störfall muss sich der Treppenlift auch von Hand ohne größeren Aufwand in die Parkposition fahren lassen.
5. Während der Leerfahrten in die bzw. aus der Parkposition muss der Sitz des Treppenlifts hochgeklappt sein. Neben dem hochgeklappten Sitz muss eine Restlaufbreite der Treppe von 60 cm verbleiben.
6. Gegen die missbräuchliche Nutzung muss der Treppenlift gesichert sein
7. Der Treppenlift muss aus nichtbrennbaren Materialien bestehen, soweit das technisch möglich ist.

Anlage 7.2/1

Zu DIN 18024-1

Die Einführung bezieht sich nur auf die baulichen Anlagen oder die Teile baulicher Anlagen, für die nach § 52 MBO* barrierefreie Nutzbarkeit gefordert wird. Technische Regeln, auf die in dieser Norm verwiesen wird, sind von der Einführung nicht erfasst. Bei der Anwendung der Technischen Baubestimmung ist Folgendes zu beachten:
Die Abschnitte 8.4, 8.5, 9, 10.1 Satz 2, 12.2, 13 bis 16 und 19 sind nicht anzuwenden.

Anlage 7.2/2

Zu DIN 18024-2

Die Einführung bezieht sich nur auf die baulichen Anlagen oder die Teile baulicher Anlagen, für die nach § 52 MBO* barrierefreie Nutzbarkeit gefordert wird. Technische Regeln, auf die in dieser Norm verwiesen wird, sind von der Einführung nicht erfasst. Bei der Anwendung der Technischen Baubestimmung ist Folgendes zu beachten:
Die Abschnitte 6 Satz 4, 8, 11 Satz 1, 13, 14 und 16 sind nicht anzuwenden.

Anlage 7.3/1

Zu DIN 18025-1

Die Einführung bezieht sich nur auf Wohnungen, die als Wohnungen für Rollstuhlbenutzer errichtet werden und die Zugänge zu diesen Wohnungen. Technische Regeln, auf die in dieser Norm verwiesen wird, sind von der Einführung nicht erfasst.

Anlage 7.3/2

Zu DIN 18025-2

Die Einführung bezieht sich nur auf Wohnungen, die barrierefrei errichtet werden und die Zugänge zu diesen Wohnungen. Technische Regeln, auf die in dieser Norm verwiesen wird, sind von der Einführung nicht erfasst.

---

* nach Landesrecht

I NORMEN

DIN 1053-1 Mauerwerk – Berechnung und Ausführung   I.3

Schneider (Hrsg.)

Konstruktiver Ingenieurbau Normentexte
DIN 1055-100 / DIN 1045 Teil 1+2 / DIN EN 206-1 / DIN 1052 Teil 1+2 / DIN 1053 Teil 1+3 / DIN 18800 Teil 1+2

2003. 528 Seiten.
14,8 x 21 cm. Kartoniert.

EUR 29,–
ISBN 3-934369-89-8

Aus dem Inhalt:
- DIN 1055-100 (3/2001): Einwirkungen auf Tragwerke, Grundlagen der Tragwerksplanung, Sicherheitskonzept und Bemessungsregeln
- DIN 1045-1 (7/2001): Tragwerke aus Beton, Stahlbeton und Spannbeton; Bemessung und Konstruktion
- DIN 1045-2 (7/2001): Tragwerke aus Beton, Stahlbeton und Spannbeton; Beton-Festlegung, Eigenschaften, Herstellung und Konformität; Anwendungsregeln zu DIN EN 206-1(7/2001): Beton; Festlegung, Eigenschaften, Herstellung und Konformität
- DIN 1052-1 (4/88) Holzbauwerke; Berechnung und Ausführung
- DIN 1052-2 (4/88) Holzbauwerke; Mechanische Verbindungen
- DIN 1053-1 (11/96) Mauerwerk; Berechnung und Ausführung
- DIN 1053-3 (2/90) Mauerwerk; Bewehrtes Mauerwerk; Berechnung und Ausführung
- DIN 18800-1 (11/90) Stahlbauten; Bemessung und Konstruktion
- DIN 18800-2 (11/90) Stahlbauten; Stabilitätsfälle, Knicken von Stäben und Stabwerken

Dieses kompakte Buch ist eine wichtige und preiswerte Arbeitshilfe für jeden in der Baupraxis Tätigen und für Studierende des Bauwesens.
Es enthält, durch verschieden farbiges Papier übersichtlich dargestellt, die wichtigsten Normen des konstruktiven Ingenieurbaus in Originalfassung.

Herausgeber:
Prof. Dipl.-Ing. Klaus-Jürgen Schneider ist Autor zahlreicher Fachbücher und Standardwerke des Bauwesens. Er lehrte Baustatik und Mauerwerksbau an der FH Bielefeld/Minden.

Bauwerk www.bauwerk-verlag.de

I NORMEN, RICHTLINIEN, GESETZE
1 Normen
1.1 Konstruktive Normen

Mauerwerk
Teil 1: Berechnung und Ausführung[1)]
DIN 1053-1 (11.96)

1 Anwendungsbereich und normative Verweisungen I.6
  1.1 Anwendungsbereich I.6
  1.2 Normative Verweisungen I.6

2 Begriffe I.8
  2.1 Rezeptmauerwerk (RM) I.8
  2.2 Mauerwerk nach Eignungsprüfung (EM) I.8
  2.3 Tragende Wände I.8
  2.4 Aussteifende Wände I.8
  2.5 Nichttragende Wände I.8
  2.6 Ringanker I.8
  2.7 Ringbalken I.8

3 Bautechnische Unterlagen I.8

4 Druckfestigkeit des Mauerwerks I.8

5 Baustoffe I.9
  5.1 Mauersteine I.9
  5.2 Mauermörtel I.9
    5.2.1 Anforderungen I.9
    5.2.2 Verarbeitung I.9
    5.2.3 Anwendung I.9
      5.2.3.1 Allgemeines I.9
      5.2.3.2 Normalmörtel (NM) I.9
      5.2.3.3 Leichtmörtel (LM) I.9
      5.2.3.4 Dünnbettmörtel (DM) I.9

6 Vereinfachtes Berechnungsverfahren I.9
  6.1 Allgemeines I.9
  6.2 Ermittlung der Schnittgrößen infolge von Lasten I.10
    6.2.1 Auflagerkräfte aus Decken I.10
    6.2.2 Knotenmomente I.10
  6.3 Wind I.10
  6.4 Räumliche Steifigkeit I.10
  6.5 Zwängungen I.11
  6.6 Grundlagen für die Berechnung der Formänderung I.11
  6.7 Aussteifung und Knicklänge von Wänden I.12
    6.7.1 Allgemeine Annahmen für aussteifende Wände I.12
    6.7.2 Knicklängen I.13
    6.7.3 Öffnungen in Wänden I.14
  6.8 Mitwirkende Breite von zusammengesetzten Querschnitten I.14
  6.9 Bemessung mit dem vereinfachten Verfahren I.14
    6.9.1 Spannungsnachweis bei zentrischer und exzentrischer Druckbeanspruchung I.14
    6.9.2 Nachweis der Knicksicherheit I.15
    6.9.3 Auflagerpressung I.15
    6.9.4 Zug- und Biegezugspannungen I.16
    6.9.5 Schubnachweis I.16

7 Genaueres Berechnungsverfahren I.17
  7.1 Allgemeines I.17
  7.2 Ermittlung der Schnittgrößen infolge von Lasten I.17
    7.2.1 Auflagerkräfte aus Decken I.17
    7.2.2 Knotenmomente I.17
    7.2.3 Vereinfachte Berechnung der Knotenmomente I.17
    7.2.4 Begrenzung der Knotenmomente I.18
    7.2.5 Wandmomente I.18
  7.3 Wind I.18
  7.4 Räumliche Steifigkeit I.18
  7.5 Zwängungen I.18
  7.6 Grundlagen für die Berechnung der Formänderungen I.18

---

1) Im folgenden wurden die wichtigsten Änderungen gegenüber der alten Ausgabe der DIN 1053 Teil 1 bzw. Teil 2 (02.90 bzw. 07.84) grau unterlegt.

7.7	Aussteifung und Knicklänge von Wänden	I.19	8.4.3 Zweischalige Außenwände	I.26
7.7.1	Allgemeine Annahmen für aussteifende Wände	I.19	8.4.3.1 Konstruktionsarten und allgemeine Bestimmungen für die Ausführung	I.26
7.7.2	Knicklängen	I.19		
7.7.3	Öffnungen in Wänden	I.20	8.4.3.2 Zweischalige Außenwände mit Luftschicht	I.28
7.8	Mittragende Breite von zusammengesetzten Querschnitten	I.20		
7.9	Bemessung mit dem genaueren Verfahren	I.20	8.4.3.3 Zweischalige Außenwände mit Luftschicht und Wärmedämmung	I.28
7.9.1	Tragfähigkeit bei zentrischer und exzentrischer Druckbeanspruchung	I.20	8.4.3.4 Zweischalige Außenwände mit Kerndämmung	I.28
7.9.2	Nachweis der Knicksicherheit	I.20	8.4.3.5 Zweischalige Außenwände mit Putzschicht	I.29
7.9.3	Einzellasten, Lastausbreitung und Teilflächenpressung	I.21	8.5 Gewölbe, Bogen und Gewölbewirkung	I.29
7.9.4	Zug- und Biegezugspannungen	I.21	8.5.1 Gewölbe und Bogen	I.29
7.9.5	Schubnachweis	I.21	8.5.2 Gewölbte Kappen zwischen Trägern	I.29
8	Bauteile und Konstruktionsdetails	I.22	8.5.3 Gewölbewirkung über Wandöffnungen	I.30
8.1	Wandarten, Wanddicken	I.22		
8.1.1	Allgemeines	I.22		
8.1.2	Tragende Wände	I.22		
8.1.2.1	Allgemeines	I.22	9 Ausführung	I.30
8.1.2.2	Aussteifende Wände	I.22	9.1 Allgemeines	I.30
8.1.2.3	Kellerwände	I.23	9.2 Lager-, Stoß- und Längsfugen	I.30
8.1.3	Nichttragende Wände	I.24	9.2.1 Vermauerung mit Stoßfugenvermörtelung	I.30
8.1.3.1	Allgemeines	I.24	9.2.2 Vermauerung ohne Stoßfugenvermörtelung	I.31
8.1.3.2	Nichttragende Außenwände	I.24		
8.1.3.3	Nichttragende innere Trennwände	I.24	9.2.3 Fugen in Gewölben	I.31
8.1.4	Anschluß der Wände an die Decken und den Dachstuhl	I.24	9.3 Verband	I.31
			9.4 Mauern bei Frost	I.32
8.1.4.1	Allgemeines	I.24		
8.1.4.2	Anschluß durch Zuganker	I.24	10 Eignungsprüfungen	I.32
8.1.4.3	Anschluß durch Haftung und Reibung	I.24	11 Kontrollen und Güteprüfungen auf der Baustelle	I.32
8.2	Ringanker und Ringbalken	I.24	11.1 Rezeptmauerwerk (RM)	I.32
8.2.1	Ringanker	I.24	11.1.1 Mauersteine	I.32
8.2.2	Ringbalken	I.25	11.1.2 Mauermörtel	I.32
8.3	Schlitze und Aussparungen	I.25	11.2 Mauerwerk nach Eignungsprüfung (EM)	I.33
8.4	Außenwände	I.26		
8.4.1	Allgemeines	I.26	11.2.1 Einstufungsschein, Eignungsnachweis des Mörtels	I.33
8.4.2	Einschalige Außenwände	I.26		
8.4.2.1	Verputzte einschalige Außenwände	I.26	11.2.2 Mauersteine	I.33
			11.2.3 Mörtel	I.33
8.4.2.2	Unverputzte einschalige Außenwände (einschaliges Verblendmauerwerk)	I.26	12 Natursteinmauerwerk	I.33
			12.1 Allgemeines	I.33
			12.2 Verband	I.33

12.2.1 Allgemeines	I.33	Anhang A Mauermörtel		I.37
12.2.2 Trockenmauerwerk	I.34	A.1 Mörtelarten		I.37
12.2.3 Zyklopenmauerwerk und Bruchsteinmauerwerk	I.34	A.2 Bestandteile und Anforderungen		I.38
12.2.4 Hammerrechtes Schichtenmauerwerk	I.34	A.2.1 Sand		I.38
		A.2.2 Bindemittel		I.38
12.2.5 Unregelmäßiges Schichtenmauerwerk	I.35	A.2.3 Zusatzstoffe		I.38
		A.2.4 Zusatzmittel		I.38
12.2.6 Regelmäßiges Schichtenmauerwerk	I.35	A.3 Mörtelzusammensetzung und Anforderungen		I.39
12.2.7 Quadermauerwerk	I.35	A.3.1 Normalmörtel (NM)		I.39
12.2.8 Verblendmauerwerk (Mischmauerwerk)	I.35	A.3.2 Leichtmörtel (LM)		I.40
		A.3.3 Dünnbettmörtel (DM)		I.41
12.3 Zulässige Beanspruchung	I.36	A.3.4 Verarbeitbarkeit		I.41
12.3.1 Allgemeines	I.36	A.4 Herstellung des Mörtels		I.41
12.3.2 Spannungsnachweis bei zentrischer und exzentrischer Druckbeanspruchung	I.37	A.4.1 Baustellenmörtel		I.41
		A.4.2 Werkmörtel		I.41
		A.5 Eignungsprüfungen		I.41
12.3.3 Zug- und Biegezugspannungen	I.37	A.5.1 Allgemeines		I.41
		A.5.2 Normalmörtel		I.41
12.3.4 Schubspannungen	I.37	A.5.3 Leichtmörtel		I.41
		A.5.4 Dünnbettmörtel		I.42

Vorwort

Diese Norm wurde vom Normenausschuß Bauwesen (NABau), Fachbereich 06 „Mauerwerksbau", Arbeitsausschuß 06.30.00 „Rezept- und Ingenieurmauerwerk", erarbeitet. DIN 1053 „Mauerwerk" besteht aus folgenden Teilen:

Teil 1: Berechnung und Ausführung
Teil 2: Mauerwerksfestigkeitsklassen aufgrund von Eignungsprüfungen
Teil 3: Bewehrtes Mauerwerk – Berechnung und Ausführung
Teil 4: Bauten aus Ziegelfertigbauteilen

Änderungen

Gegenüber der Ausgabe Februar 1990 und DIN 1053-2 : 1984-07 wurden folgende Änderungen vorgenommen:

a) Haupttitel „Rezeptmauerwerk" gestrichen.
b) Inhalt sachlich und redaktionell neueren Erkenntnissen angepaßt.
c) Genaueres Berechnungsverfahren, bisher in DIN 1053-2, eingearbeitet.

Frühere Ausgaben

DIN 4156 : 05.43; DIN 1053 : 02.37x, 12.52, 11.62; DIN 1053-1 : 1974-11, 1990-02

1 Anwendungsbereich und normative Verweisungen

1.1 Anwendungsbereich

Diese Norm gilt für die Berechnung und Ausführung von Mauerwerk aus künstlichen und natürlichen Steinen.

Mauerwerk nach dieser Norm darf entweder nach dem vereinfachten Verfahren (Voraussetzungen siehe 6.1) oder nach dem genaueren Verfahren (siehe Abschnitt 7) berechnet werden.

Innerhalb eines Bauwerkes, das nach dem vereinfachten Verfahren berechnet wird, dürfen einzelne Bauteile nach dem genaueren Verfahren bemessen werden.

Bei der Wahl der Bauteile sind auch die Funktionen der Wände hinsichtlich des Wärme-, Schall-, Brand- und Feuchteschutzes zu beachten. Bezüglich der Vermauerung mit und ohne Stoßfugenvermörtelung siehe 9.2.1 und 9.2.2.

Es dürfen nur Baustoffe verwendet werden, die den in dieser Norm genannten Normen entsprechen.

ANMERKUNG: Die Verwendung anderer Baustoffe bedarf nach den bauaufsichtlichen Vorschriften eines besonderen Nachweises der Verwendbarkeit, z. B. durch eine allgemeine bauaufsichtliche Zulassung.

1.2 Normative Verweisungen

Diese Norm enthält durch datierte oder undatierte Verweisungen Festlegungen aus anderen Publikationen. Diese normativen Verweisungen sind an den jeweiligen Stellen im Text zitiert, und die Publikationen sind nachstehend aufgeführt. Bei datierten Verweisungen gehören spätere Änderungen oder Überarbeitungen dieser Publikationen nur zu dieser Norm, falls sie durch Änderung oder Überarbeitung eingearbeitet sind. Bei undatierten Verweisungen gilt die letzte Ausgabe der in Bezug genommenen Publikation.

DIN 105-1
Mauerziegel – Vollziegel und Hochlochziegel

DIN 105-2
Mauerziegel – Leichthochlochziegel

DIN 105-3
Mauerziegel – Hochfeste Ziegel und hochfeste Klinker

DIN 105-4
Mauerziegel – Keramikklinker

DIN 105-5
Mauerziegel – Leichtlanglochziegel und Leichtlangloch-Ziegelplatten

DIN 106-1
Kalksandsteine – Vollsteine, Lochsteine, Blocksteine, Hohlblocksteine

DIN 106-2
Kalksandsteine – Vormauersteine und Verblender

DIN 398
Hüttensteine – Vollsteine, Lochsteine, Hohlblocksteine

DIN 1045
Beton und Stahlbeton – Bemessung und Ausführung

DIN 1053-2
Mauerwerk – Teil 2: Mauerwerksfestigkeitsklassen aufgrund von Eignungsprüfungen

DIN 1053-3
Mauerwerk – Bewehrtes Mauerwerk – Berechnung und Ausführung

DIN 1055-3
Lastannahmen für Bauten – Verkehrslasten

DIN 1057-1
Baustoffe für frei stehende Schornsteine – Radialziegel – Anforderungen, Prüfung, Überwachung

DIN 1060-1
Baukalk – Teil 1: Definitionen, Anforderungen, Überwachung

DIN 1164-1
Zement – Teil 1: Zusammensetzung, Anforderungen

DIN 4103-1
Nichttragende innere Trennwände – Anforderungen, Nachweise

DIN 4108-3
Wärmeschutz im Hochbau – Klimabedingter Feuchteschutz – Anforderungen und Hinweise für Planung und Ausführung

DIN 4108-4
Wärmeschutz im Hochbau – Wärme- und feuchteschutztechnische Kennwerte

DIN 4165
Porenbeton-Blocksteine und Porenbeton-Plansteine

DIN 4211
Putz- und Mauerbinder – Anforderungen, Überwachung

DIN 4226-1
Zuschlag für Beton – Zuschlag mit dichtem Gefüge – Begriffe, Bezeichnung und Anforderungen

DIN 4226-2
Zuschlag für Beton – Zuschlag mit porigem Gefüge (Leichtzuschlag) – Begriffe, Bezeichnung und Anforderungen

DIN 4226-3
Zuschlag für Beton – Prüfung von Zuschlag mit dichtem oder porigem Gefüge

DIN 17 440
Nichtrostende Stähle – Technische Lieferbedingungen für Blech, Warmband, Walzdraht, gezogenen Draht, Stabstahl, Schmiedestücke und Halbzeug

DIN 18 151
Hohlblöcke aus Leichtbeton

DIN 18 152
Vollsteine und Vollblöcke aus Leichtbeton

DIN 18 153
Mauersteine aus Beton (Normalbeton)

DIN 18 195-4
Bauwerksabdichtungen – Abdichtungen gegen Bodenfeuchtigkeit – Bemessung und Ausführung

DIN 18 200
Überwachung (Güteüberwachung) von Baustoffen, Bauteilen und Bauarten – Allgemeine Grundsätze

DIN 18 515-1
Außenwandbekleidungen – Angemörtelte Fliesen oder Platten – Grundsätze für Planung und Ausführung

DIN 18 515-2
Außenwandbekleidungen – Anmauerung auf Aufstandsflächen – Grundsätze für Planung und Ausführung

DIN 18 550-1
Putz – Begriffe und Anforderungen

DIN 18 555-2
Prüfung von Mörteln mit mineralischen Bindemitteln – Frischmörtel mit dichten Zuschlägen – Bestimmung der Konsistenz, der Rohdichte und des Luftgehalts

DIN 18 555-3
Prüfung von Mörteln mit mineralischen Bindemitteln – Festmörtel – Bestimmung der Biegezugfestigkeit, Druckfestigkeit und Rohdichte

DIN 18 555-4
Prüfung von Mörteln mit mineralischen Bindemitteln – Festmörtel – Bestimmung der Längs- und Querdehnung sowie von Verformungskenngrößen von Mauermörteln im statischen Druckversuch

DIN 18 555-5
Prüfung von Mörteln mit mineralischen Bindemitteln – Festmörtel – Bestimmung der Haftscherfestigkeit von Mauermörteln

DIN 18 555-8
Prüfung von Mörteln mit mineralischen Bindemitteln – Frischmörtel – Bestimmung der Verarbeitbarkeitszeit und der Korrigierbarkeitszeit von Dünnbettmörteln für Mauerwerk

DIN 18 557
Werkmörtel – Herstellung, Überwachung und Lieferung

DIN 50 014
Klimate und ihre technische Anwendung – Normalklimate

DIN 51 043
Traß – Anforderungen, Prüfung

DIN 52 105
Prüfung von Naturstein – Druckversuch

DIN 52 612-1
Wärmeschutztechnische Prüfungen – Bestimmung der Wärmeleitfähigkeit mit dem Plattengerät – Durchführung und Auswertung

DIN 53 237
Prüfung von Pigmenten – Pigmente zum Einfärben von zement- und kalkgebundenen Baustoffen

Richtlinien für die Erteilung von Zulassungen für Betonzusatzmittel (Zulassungsrichtlinien), Fassung Juni 1993, abgedruckt in den Mitteilungen des Deutschen Instituts für Bautechnik,1993, Heft 5.

Vorläufige Richtlinie zur Ergänzung der Eignungsprüfung von Mauermörtel – Druckfestigkeit in der Lagerfuge – Anforderungen, Prüfung
Zu beziehen über
Deutsche Gesellschaft für
Mauerwerksbau e. V. (DGfM),
53179 Bonn, Schloßallee 10.

2 Begriffe

2.1 Rezeptmauerwerk (RM)

Rezeptmauerwerk ist Mauerwerk, dessen Grundwerte der zulässigen Druckspannungen σ_0 in Abhängigkeit von Steinfestigkeitsklassen, Mörtelarten und Mörtelgruppen nach den Tabellen 4a und 4b festgelegt wird.

2.2 Mauerwerk nach Eignungsprüfung (EM)

Mauerwerk nach Eignungsprüfung ist Mauerwerk, dessen Grundwerte der zulässigen Druckspannungen σ_0 aufgrund von Eignungsprüfungen nach DIN 1053-2 und nach Tabelle 4c bestimmt werden.

2.3 Tragende Wände

Tragende Wände sind überwiegend auf Druck beanspruchte, scheibenartige Bauteile zur Aufnahme vertikaler Lasten, z. B. Deckenlasten, sowie horizontaler Lasten, z. B. Windlasten. Als „Kurze Wände" gelten Wände oder Pfeiler, deren Querschnittsflächen kleiner als 1000 cm^2 sind. Gemauerte Querschnitte kleiner als 400 cm^2 sind als tragende Teile unzulässig.

2.4 Aussteifende Wände

Aussteifende Wände sind scheibenartige Bauteile zur Aussteifung des Gebäudes oder zur Knickaussteifung tragender Wände. Sie gelten stets auch als tragende Wände.

2.5 Nichttragende Wände

Nichttragende Wände sind scheibenartige Bauteile, die überwiegend nur durch ihre Eigenlast beansprucht werden und auch nicht zum Nachweis der Gebäudeaussteifung oder der Knickaussteifung tragender Wände herangezogen werden.

2.6 Ringanker

Ringanker sind in Wandebene liegende horizontale Bauteile zur Aufnahme von Zugkräften, die in den Wänden infolge von äußeren Lasten oder von Verformungsunterschieden entstehen können.

2.7 Ringbalken

Ringbalken sind in Wandebene liegende horizontale Bauteile, die außer Zugkräften auch Biegemomente infolge von rechtwinklig zur Wandebene wirkenden Lasten aufnehmen können.

3 Bautechnische Unterlagen

Als bautechnische Unterlagen gelten insbesondere die Bauzeichnungen, der Nachweis der Standsicherheit und eine Baubeschreibung sowie etwaige Zulassungs- und Prüfbescheide.

Für die Beurteilung und Ausführung des Mauerwerks sind in den bautechnischen Unterlagen mindestens Angaben über

a) Wandaufbau und Mauerwerksart (RM oder EM),
b) Art, Rohdichteklasse und Druckfestigkeitsklasse der zu verwendenden Steine,
c) Mörtelart, Mörtelgruppe,
d) Aussteifende Bauteile, Ringanker und Ringbalken,
e) Schlitze und Aussparungen,
f) Verankerungen der Wände,
g) Bewehrungen des Mauerwerks,
h) verschiebliche Auflagerungen

erforderlich.

4 Druckfestigkeit des Mauerwerks

Die Druckfestigkeit des Mauerwerks wird bei Berechnung nach dem vereinfachten Verfahren nach 6.9 charakterisiert durch die Grundwerte σ_0 der zulässigen Druckspannungen. Sie sind in Tabelle 4a und 4b in Abhängigkeit von den Steinfestigkeitsklassen, den Mörtelarten und Mörtelgruppen, in Tabelle 4c in Abhängigkeit von der Nennfestigkeit des Mauerwerks nach DIN 1053-2 festgelegt.

Wird nach dem genaueren Verfahren nach Abschnitt 7 gerechnet, so sind die Rechenwerte β_R der Druckfestigkeit von Mauerwerk nach Gleichung (10) zu berechnen.

Für Mauerwerk aus Natursteinen ergeben sich die Grundwerte σ_0 der zulässigen Druckspannungen in Abhängigkeit von der Güteklasse des Mauerwerks, der Steinfestigkeit und der Mörtelgruppe aus Tabelle 14.

5 Baustoffe

5.1 Mauersteine

Es dürfen nur Steine verwendet werden, die DIN 105-1 bis DIN 105-5, DIN 106-1 und DIN 106-2, DIN 398, DIN 1057-1, DIN 4165, DIN 18 151, DIN 18 152 und DIN 18 153 entsprechen.

Für die Verwendung von Natursteinen gilt Abschnitt 12.

5.2 Mauermörtel

5.2.1 Anforderungen

Es dürfen nur Mauermörtel verwendet werden, die den Bedingungen des Anhanges A entsprechen.

5.2.2 Verarbeitung

Zusammensetzung und Konsistenz des Mörtels müssen vollfugiges Vermauern ermöglichen. Dies gilt besonders für Mörtel der Gruppen III und IIIa. Werkmörteln dürfen auf der Baustelle keine Zuschläge und Zusätze (Zusatzstoffe und Zusatzmittel) zugegeben werden. Bei ungünstigen Witterungsbedingungen (Nässe, niedrige Temperaturen) ist ein Mörtel mindestens der Gruppe II zu verwenden.

Der Mörtel muß vor Beginn des Erstarrens verarbeitet sein.

5.2.3 Anwendung

5.2.3.1 Allgemeines

Mörtel unterschiedlicher Arten und Gruppen dürfen auf einer Baustelle nur dann gemeinsam verwendet werden, wenn sichergestellt ist, daß keine Verwechslung möglich ist.

5.2.3.2 Normalmörtel (NM)

Es gelten folgende Einschränkungen:

a) Mörtelgruppe I:
   - Nicht zulässig für Gewölbe und Kellermauerwerk,
   - mit Ausnahme bei der Instandsetzung von altem Mauerwerk, das mit Mörtel der Gruppe I gemauert ist.
   - Nicht zulässig bei mehr als zwei Vollgeschossen und bei Wanddicken kleiner als 240 mm; dabei ist als Wanddicke bei zweischaligen Außenwänden die Dicke der Innenschale maßgebend.
   - Nicht zulässig für Vermauern der Außenschale nach 8.4.3.
   - Nicht zulässig für Mauerwerk EM.

b) Mörtelgruppen II und IIa:
   - Keine Einschränkung.

c) Mörtelgruppen III und IIIa:
   - Nicht zulässig für Vermauern der Außenschale nach 8.4.3.

   Abweichend davon darf MG III zum nachträglichen Verfugen und für diejenigen Bereiche von Außenschalen verwendet werden, die als bewehrtes Mauerwerk nach DIN 1053-3 ausgeführt werden.

5.2.3.3 Leichtmörtel (LM)

Es gelten folgende Einschränkungen:

- Nicht zulässig für Gewölbe und der Witterung ausgesetztes Sichtmauerwerk (siehe auch 8.4.2.2 und 8.4.3).

5.2.3.4 Dünnbettmörtel (DM)

Es gelten folgende Einschränkungen:

- Nicht zulässig für Gewölbe und für Mauersteine mit Maßabweichungen der Höhe von mehr als 1,0 mm (Anforderungen an Plansteine).

6 Vereinfachtes Berechnungsverfahren

6.1 Allgemeines

Der Nachweis der Standsicherheit darf mit dem gegenüber Abschnitt 7 vereinfachten Verfahren geführt werden, wenn die folgenden und die in Tabelle 1 enthaltenen Voraussetzungen erfüllt sind:

- Gebäudehöhe über Gelände nicht mehr als 20 m.

  Als Gebäudehöhe darf bei geneigten Dächern das Mittel von First- und Traufhöhe gelten.

- Stützweite der aufliegenden Decken $l \leq 6{,}0$ m, sofern nicht die Biegemomente aus dem Deckendrehwinkel durch konstruktive Maßnahmen, z. B. Zentrierleisten, begrenzt werden; bei zweiachsig gespannten Decken ist für l die kürzere der beiden Stützweiten einzusetzen.

  Beim vereinfachten Verfahren brauchen bestimmte Beanspruchungen, z. B. Biegemomente

Tabelle 1: Voraussetzungen für die Anwendung des vereinfachten Verfahrens

	Bauteil	Voraussetzungen		
		Wand-dicke d mm	lichte Wand-höhe h_s	Verkehrs-last p kN/m²
1	Innenwände	≥ 115 < 240	≤ 2,75 m	
2		≥ 240	–	
3	einschalige Außen-wände	≥ 175[1] < 240	≤ 2,75 m	< 5
4		≥ 240	≤ 12 · d	
5	Tragschale zwei-schaliger Außen-wände und zwei-schalige Haustrenn-wände	≥ 115[2] < 175[2]	≤ 2,75 m	≤ 3[3]
6		≥ 175 < 240		≤ 5
7		≥ 240	≤ 12 · d	

[1] Bei eingeschossigen Garagen und vergleichbaren Bauwerken, die nicht zum dauernden Aufenthalt von Menschen vorgesehen sind, auch d ≥ 115 mm zulässig.
[2] Geschoßanzahl maximal zwei Vollgeschosse zuzüglich ausgebautes Dachgeschoß; aussteifende Querwände im Abstand ≤ 4,50 m bzw. Randabstand von einer Öffnung ≤ 2,0 m.
[3] Einschließlich Zuschlag für nichttragende innere Trennwände.

aus Deckeneinspannung, ungewollte Exzentrizitäten beim Knicknachweis, Wind auf Außenwände usw., nicht nachgewiesen zu werden, da sie im Sicherheitsabstand, der den zulässigen Spannungen zugrunde liegt, oder durch konstruktive Regeln und Grenzen berücksichtigt sind.

Ist die Gebäudehöhe größer als 20 m oder treffen die in diesem Abschnitt enthaltenen Voraussetzungen nicht zu oder soll der Standsicherheit des Bauwerkes oder einzelner Bauteile genauer nachgewiesen werden, ist der Standsicherheitsnachweis nach Abschnitt 7 zu führen.

6.2 Ermittlung der Schnittgrößen infolge von Lasten

6.2.1 Auflagerkräfte aus Decken

Die Schnittgrößen sind für die während des Errichtens und im Gebrauch auftretenden maßgebenden Lastfälle zu berechnen. Bei der Ermittlung der Stützkräfte, die von einachsig gespannten Platten und Rippendecken sowie von Balken und Plattenbalken auf das Mauerwerk übertragen werden, ist die Durchlaufwirkung bei der ersten Innenstütze stets, bei den übrigen Innenstützen dann zu berücksichtigen, wenn das Verhältnis benachbarter Stützweiten kleiner als 0,7 ist. Alle übrigen Stützkräfte dürfen ohne Berücksichtigung einer Durchlaufwirkung unter der Annahme berechnet werden, daß die Tragwerke über allen Innenstützen gestoßen und frei drehbar gelagert sind. Tragende Wände unter einachsig gespannten Decken, die parallel zur Deckenspannrichtung verlaufen, sind mit einem Deckenstreifen angemessener Breite zu belasten, so daß eine mögliche Lastabtragung in Querrichtung berücksichtigt ist. Die Ermittlung der Auflagerkräfte aus zweiachsig gespannten Decken darf nach DIN 1045 erfolgen.

6.2.2 Knotenmomente

In Wänden, die als Zwischenauflager von Decken dienen, brauchen die Biegemomente infolge des Auflagerdrehwinkels der Decken unter den Voraussetzungen des vereinfachten Verfahrens nicht nachgewiesen zu werden. Als Zwischenauflager in diesem Sinne gelten:

a) Innenauflager durchlaufender Decken

b) beidseitige Endauflager von Decken

c) Innenauflager von Massivdecken mit oberer konstruktiver Bewehrung im Auflagerbereich, auch wenn sie rechnerisch auf einer oder auf beiden Seiten der Wand parallel zur Wand gespannt sind.

In Wänden, die als einseitiges Endauflager von Decken dienen, brauchen die Biegemomente infolge des Auflagerdrehwinkels der Decken unter den Voraussetzungen des vereinfachten Verfahrens nicht nachgewiesen zu werden, da dieser Einfluß im Faktor k_3 nach 6.9.1 berücksichtigt ist.

6.3 Wind

Der Einfluß der Windlast rechtwinklig zur Wandebene darf beim Spannungsnachweis unter den Voraussetzungen des vereinfachten Verfahrens in der Regel vernachlässigt werden, wenn ausreichende horizontale Halterungen der Wände vorhanden sind. Als solche gelten z. B. Decken mit Scheibenwirkung oder statisch nachgewiesene Ringbalken im Abstand der zulässigen Geschoßhöhen nach Tabelle 1.

Unabhängig davon ist die räumliche Steifigkeit des Gebäudes sicherzustellen.

6.4 Räumliche Steifigkeit

Alle horizontalen Kräfte, z. B. Windlasten, Lasten aus Schrägstellung des Gebäudes, müssen sicher in den Baugrund weitergeleitet werden können.

Auf einen rechnerischen Nachweis der räumlichen Steifigkeit darf verzichtet werden, wenn die Geschoßdecken als steife Scheiben ausgebildet sind bzw. statisch nachgewiesene, ausreichend steife Ringbalken vorliegen und wenn in Längs- und Querrichtung des Gebäudes eine offensichtlich ausreichende Anzahl von genügend langen aussteifenden Wänden vorhanden ist, die ohne größere Schwächungen und ohne Versprünge bis auf die Fundamente geführt sind.

Ist bei einem Bauwerk nicht von vornherein erkennbar, daß Steifigkeit und Stabilität gesichert sind, so ist ein rechnerischer Nachweis der Standsicherheit der waagerechten und lotrechten Bauteile erforderlich. Dabei sind auch Lotabweichungen des Systems durch den Ansatz horizontaler Kräfte zu berücksichtigen, die sich durch eine rechnerische Schrägstellung des Gebäudes um den im Bogenmaß gemessenen Winkel

$$\varphi = \pm \frac{1}{100\sqrt{h_G}} \qquad (1)$$

ergeben. Für h_G ist die Gebäudehöhe in m über OK Fundament einzusetzen.

Bei Bauwerken, die aufgrund ihres statischen Systems eine Umlagerung der Kräfte erlauben, dürfen bis zu 15 % des ermittelten horizontalen Kraftanteils einer Wand auf andere Wände umverteilt werden.

Bei großer Nachgiebigkeit der aussteifenden Bauteile müssen darüber hinaus die Formänderungen bei der Ermittlung der Schnittgrößen berücksichtigt werden. Dieser Nachweis darf entfallen, wenn die lotrechten aussteifenden Bauteile in der betrachteten Richtung die Bedingungen der folgenden Gleichung erfüllen:

$$h_G \sqrt{\frac{N}{EI}} \leq 0{,}6 \quad \text{für } n \geq 4 \qquad (2)$$
$$\leq 0{,}2 + 0{,}1 \cdot n \quad \text{für } 1 \leq n < 4$$

Hierin bedeuten:

h_G Gebäudehöhe über OK Fundament

N Summe aller lotrechten Lasten des Gebäudes

EI Summe der Biegesteifigkeit aller lotrechten aussteifenden Bauteile im Zustand I nach der Elastizitätstheorie in der betrachteten Richtung (für E siehe 6.6)

n Anzahl der Geschosse

6.5 Zwängungen

Aus der starren Verbindung von Baustoffen unterschiedlichen Verformungsverhaltens können erhebliche Zwängungen infolge von Schwinden, Kriechen und Temperaturänderungen entstehen, die Spannungsumlagerungen und Schäden im Mauerwerk bewirken können. Das gleiche gilt bei unterschiedlichen Setzungen. Durch konstruktive Maßnahmen (z. B. ausreichende Wärmedämmung, geeignete Baustoffwahl, zwängungsfreie Anschlüsse, Fugen usw.) ist unter Beachtung von 6.6 sicherzustellen, daß die vorgenannten Einwirkungen die Standsicherheit und Gebrauchsfähigkeit der baulichen Anlage nicht unzulässig beeinträchtigen.

6.6 Grundlagen für die Berechnung der Formänderung

Als Rechenwerte für die Verformungseigenschaften der Mauerwerksarten aus künstlichen Steinen dürfen die in der Tabelle 2 angegebenen Werte angenommen werden.

Die Verformungseigenschaften der Mauerwerksarten können stark streuen. Der Streubereich ist in Tabelle 2 als Wertebereich angegeben; er kann in Ausnahmefällen noch größer sein. Sofern in den Steinnormen der Nachweis anderer Grenzwerte des Wertebereichs gefordert wird, gelten diese. Müssen Verformungen berücksichtigt werden, so sind der Berechnung zugrunde liegende Art und Festigkeitsklasse der Steine, die Mörtelart und die Mörtelgruppe anzugeben.

Für die Berechnung der Randdehnung ε_R nach Bild 3 sowie der Knotenmomente nach 7.2.2 und zum Nachweis der Knicksicherheit nach 7.9.2 dürfen vereinfachend die dort angegebenen Verformungswerte angenommen werden.

Normen

Tabelle 2: Verformungskennwerte für Kriechen, Schwinden, Temperaturänderung sowie Elastizitätsmoduln

Mauersteinart	Endwert der Feuchtedehnung (Schwinden, chemisches Quellen)[1] $\varepsilon_{f\infty}$ [1]		Endkriechzahl φ_{∞} [2]		Wärmedehnungskoeffizient α_T		Elastizitätsmodul E [3]	
	Rechenwert	Wertebereich	Rechenwert	Wertebereich	Rechenwert	Wertebereich	Rechenwert	Wertebereich
	mm/m				10^{-6}/K		MN/m²	
1	2	3	4	5	6	7	8	9
Mauerziegel	0	+0,3 bis −0,2	1,0	0,5 bis 1,5	6	5 bis 7	$3500 \cdot \sigma_0$	3000 bis 4000 $\cdot \sigma_0$
Kalksandsteine[4]	−0,2	−0,1 bis −0,3	1,5	1,0 bis 2,0	8	7 bis 9	$3000 \cdot \sigma_0$	2500 bis 4000 $\cdot \sigma_0$
Leichtbetonsteine	−0,4	−0,2 bis −0,5	2,0	1,5 bis 2,5	10[5]	8 bis 12	$5000 \cdot \sigma_0$	4000 bis 5000 $\cdot \sigma_0$
Betonsteine	−0,2	−0,1 bis −0,3	1,0	−	10	8 bis 12	$7500 \cdot \sigma_0$	6500 bis 8500 $\cdot \sigma_0$
Porenbetonsteine	−0,2	+0,1 bis −0,3	1,5	1,0 bis 2,5	8	7 bis 9	$2500 \cdot \sigma_0$	2000 bis 3000 $\cdot \sigma_0$

[1] Verkürzung (Schwinden): Vorzeichen minus; Verlängerung (chemisches Quellen): Vorzeichen plus.
[2] $\varphi_{\infty} = \varepsilon_{k\infty}/\varepsilon_{el}$; $\varepsilon_{k\infty}$ Endkriechdehnung; $\varepsilon_{el} = \sigma/E$.
[3] E Sekantenmodul aus Gesamtdehnung bei etwa $1/3$ der Mauerwerksdruckfestigkeit; σ_0 Grundwert nach Tabellen 4a, 4b und 4c.
[4] Gilt auch für Hüttensteine.
[5] Für Leichtbeton mit überwiegend Blähton als Zuschlag.

6.7 Aussteifung und Knicklänge von Wänden

6.7.1 Allgemeine Annahmen für aussteifende Wände

Je nach Anzahl der rechtwinklig zur Wandebene unverschieblich gehaltenen Ränder werden zwei-, drei- und vierseitig gehaltene sowie frei stehende Wände unterschieden. Als unverschiebliche Halterung dürfen horizontal gehaltene Deckenscheiben und aussteifende Querwände oder andere ausreichend steife Bauteile angesehen werden. Unabhängig davon ist das Bauwerk als Ganzes nach 6.4 auszusteifen.

Bei einseitig angeordneten Querwänden darf unverschiebliche Halterung der auszusteifenden Wand nur angenommen werden, wenn Wand und Querwand aus Baustoffen annähernd gleichen Verformungsverhaltens gleichzeitig im Verband hochgeführt werden und wenn ein Abreißen der Wände infolge stark unterschiedlicher Verformung nicht zu erwarten ist, oder wenn die zug- und druckfeste Verbindung durch andere Maßnahmen gesichert ist. Beidseitig angeordnete Querwände, deren Mittelebenen gegeneinander um mehr als die dreifache Dicke der auszusteifenden Wand versetzt sind, sind wie einseitig angeordnete Querwände zu behandeln.

Aussteifende Wände müssen mindestens eine wirksame Länge von $1/5$ der lichten Geschoßhöhe h_s und eine Dicke von $1/3$ der Dicke der auszusteifenden Wand, jedoch mindestens 115 mm haben.

Ist die aussteifende Wand durch Öffnungen unterbrochen, muß die Länge der Wand zwischen den Öffnungen mindestens so groß wie nach Bild 1 sein. Bei Fenstern gilt die lichte Fensterhöhe als h_1 bzw. h_2.

Bei beidseitig angeordneten, nicht versetzten Querwänden darf auf das gleichzeitige Hochführen der beiden Wände im Verband verzichtet werden, wenn jede der beiden Querwände den vorstehend genannten Bedingungen für aussteifende Wände genügt. Auf Konsequenzen aus unterschiedlichen Verformungen und aus bauphysikalischen Anforderungen ist in diesem Fall besonders zu achten.

DIN 1053-1

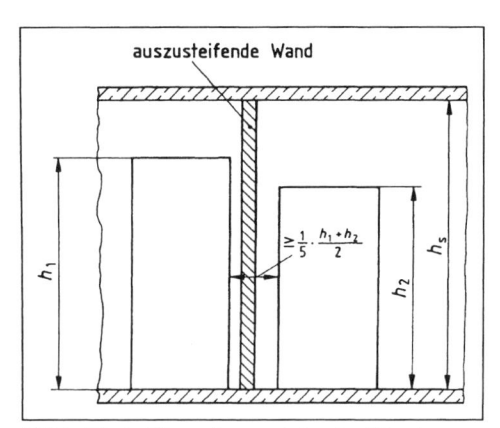

Bild 1. Mindestlänge der aussteifenden Wand

6.7.2 Knicklängen

Die Knicklänge h_K von Wänden ist in Abhängigkeit von der lichten Geschoßhöhe h_s wie folgt in Rechnung zu stellen:

a) Zweiseitig gehaltene Wände:

Im allgemeinen gilt

$$h_K = h_s \quad (1)$$

Bei Plattendecken und anderen flächig aufgelagerten Massivdecken darf die Einspannung der Wand in den Decken durch Abminderung der Knicklänge auf

$$h_K = \beta \cdot h_s \quad (2)$$

berücksichtigt werden.

Sofern kein genauerer Nachweis für β nach 7.7.2 erfolgt, gilt vereinfacht:

$\beta = 0{,}75$ für Wanddicke $d \leq 175$ mm
$\beta = 0{,}90$ für Wanddicke
       175 mm $\leq d < 250$ mm
$\beta = 1{,}00$ für Wanddicke $d > 250$ mm

Als flächig aufgelagerte Massivdecken in diesem Sinn gelten auch Stahlbetonbalken- und -rippendecken nach DIN 1045 mit Zwischenbauteilen, bei denen die Auflagerung durch Randbalken erfolgt.

Die so vereinfacht ermittelte Abminderung der Knicklänge ist jedoch nur zulässig, wenn keine größeren horizontalen Lasten als die planmäßigen Windlasten rechtwinklig auf die Wände wirken und folgende Mindestauflagertiefen a auf den Wänden der Dicke d gegeben sind:

$d \geq 240$ mm $a \geq 175$ mm
$d < 240$ mm $a = d$

b) Drei- und vierseitig gehaltene Wände:

Für die Knicklänge gilt $h_K = \beta \cdot h_s$. Bei Wänden der Dicke d mit lichter Geschoßhöhe $h_s \leq 3{,}50$ m darf β in Abhängigkeit von b und b' nach Tabelle 3 angenommen werden, falls kein genauerer Nachweis für β nach 7.7.2 erfolgt. Ein Faktor β ungünstiger als bei einer zweiseitig gehaltenen Wand braucht nicht angesetzt zu werden. Die Größe b bedeutet bei vierseitiger Halterung den Mittenabstand der aussteifenden Wände, b' bei dreiseitiger Halterung den Abstand zwischen der Mitte der aussteifenden Wand und dem freien Rand (siehe Bild 2). Ist $b > 30 \cdot d$ bei vierseitiger Halterung bzw. $b' > 15 \cdot d$ bei dreiseitiger Halterung, so sind die Wände wie zweiseitig gehaltene zu behandeln. Ist die Wand in der Höhe des mittleren Drittels durch vertikale Schlitze oder Nischen

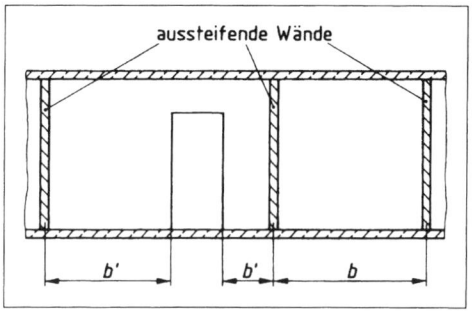

Bild 2. Darstellung der Größen b und b'

Tabelle 3: Faktor β zur Bestimmung der Knicklänge $h_K = \beta \cdot h_s$ von drei- und vierseitig gehaltenen Wänden in Abhängigkeit vom Abstand b der aussteifenden Wände bzw. vom Randabstand b' und der Dicke d der auszusteifenden Wand

Dreiseitig gehaltene Wand					Vierseitig gehaltene Wand			
Wanddicke in mm			b' m	β	b m	Wanddicke in mm			
240	175	115				115	175	240	300
				0,65	0,35	2,00				
				0,75	0,40	2,25				
				0,85	0,45	2,50				
				0,95	0,50	2,80				
				1,05	0,55	3,10	$b \leq$ 3,45 m			
				1,15	0,60	3,40				
				1,25	0,65	3,80				
		$b' \leq$ 1,75 m	1,40	0,70	4,30	$b \leq$ 5,25 m			
			1,60	0,75	4,80				
			1,85	0,80	5,60				
	$b' \leq$ 2,60 m		2,20	0,85	6,60				
			2,80	0,90	8,40	$b \leq$ 7,20 m			
$b' \leq$ 3,60 m						$b \leq$ 9,00 m			

geschwächt, so ist für d die Restwanddicke einzusetzen oder ein freier Rand anzunehmen. Unabhängig von der Lage eines vertikalen Schlitzes oder einer Nische ist an ihrer Stelle eine Öffnung anzunehmen, wenn die Restwanddicke kleiner als die halbe Wanddicke oder kleiner als 115 mm ist.

6.7.3 Öffnungen in Wänden

Haben Wände Öffnungen, deren lichte Höhe größer als $1/4$ der Geschoßhöhe oder deren lichte Breite größer als $1/4$ der Wandbreite oder deren Gesamtfläche größer als $1/10$ der Wandfläche ist, so sind die Wandteile zwischen Wandöffnung und aussteifender Wand als dreiseitig gehalten, die Wandteile zwischen Wandöffnungen als zweiseitig gehalten anzusehen.

6.8 Mitwirkende Breite von zusammengesetzten Querschnitten

Als zusammengesetzt gelten nur Querschnitte, deren Teile aus Steinen gleicher Art, Höhe und Festigkeitsklasse bestehen, die gleichzeitig im Verband mit gleichem Mörtel gemauert werden und bei denen ein Abreißen von Querschnittsteilen infolge stark unterschiedlicher Verformung nicht zu erwarten ist. Querschnittsschwächungen durch Schlitze sind zu berücksichtigen. Brüstungs- und Sturzmauerwerk dürfen nicht in die mitwirkende Breite einbezogen werden. Die mitwirkende Breite darf nach der Elastizitätstheorie ermittelt werden. Falls kein genauer Nachweis geführt wird, darf die mitwirkende Breite beidseits zu je $1/4$ der über dem betrachteten Schnitt liegenden Höhe des zusammengesetzten Querschnitts, jedoch nicht mehr als die vorhandene Querschnittsbreite, angenommen werden.

Die Schubtragfähigkeit des zusammengesetzten Querschnitts ist nach 7.9.5 nachzuweisen.

6.9 Bemessung mit dem vereinfachten Verfahren

6.9.1 Spannungsnachweis bei zentrischer und exzentrischer Druckbeanspruchung

Für den Gebrauchszustand ist auf der Grundlage einer linearen Spannungsverteilung unter Ausschluß von Zugspannungen nachzuweisen, daß die zulässigen Druckspannungen

$$\text{zul } \sigma_D = k \cdot \sigma_0 \tag{3}$$

nicht überschritten werden.

Hierin bedeuten:

σ_0 Grundwerte nach Tabellen 4a, 4b oder 4c

k Abminderungsfaktor:
- Wände als Zwischenauflager:
  $k = k_1 \cdot k_2$
- Wände als einseitiges Endauflager:
  $k = k_1 \cdot k_2$ oder $k = k_1 \cdot k_3$, der kleinere Wert ist maßgebend.

k_1 Faktor zur Berücksichtigung unterschiedlicher Sicherheitsbeiwerte bei Wänden und „kurzen Wänden":

$k_1 = 1{,}0$ für Wände

$k_1 = 1{,}0$ für „kurze Wände" nach 2.3, die aus einem oder mehreren ungetrennten Steinen oder aus getrennten Steinen mit einem Lochanteil von weniger als 35 % bestehen und nicht durch Schlitze oder Aussparungen geschwächt sind

$k_1 = 0{,}8$ für alle anderen „kurzen Wände"

Gemauerte Querschnitte, deren Flächen kleiner als 400 cm² sind, sind als tragende Teile unzulässig. Schlitze und Aussparungen sind hierbei zu berücksichtigen.

k_2 Faktor zur Berücksichtigung der Traglastminderung bei Knickgefahr nach 6.9.2

$k_2 = 1{,}0$ \qquad für $h_K/d \leq 10$

$k_2 = \dfrac{25 - h_K/d}{15}$ \qquad für $10 < h_K/d \leq 25$

mit h_K als Knicklänge nach 6.7.2. Schlankheiten $h_K/d > 25$ sind unzulässig.

k_3 Faktor zur Berücksichtigung der Traglastminderung durch den Deckendrehwinkel bei Endauflagerung auf Innen- oder Außenwänden.

Bei Decken zwischen Geschossen:

$k_3 = 1$ \qquad für \qquad $l \leq 4{,}20$ m
$k_3 = 1{,}7 - l/6$ \qquad für $4{,}20$ m $< l \leq 6{,}00$ m

mit l als Deckenstützweite in m nach 6.1.

Bei Decken über dem obersten Geschoß, insbesondere bei Dachdecken:

$k_3 = 0{,}5$ für alle Werte von l. Hierbei sind rechnerisch klaffende Lagerfugen vorausgesetzt.

Wird die Traglastminderung infolge Deckendrehwinkel durch konstruktive Maßnahmen, z. B. Zentrierleisten, vermieden, so gilt unabhängig von der Deckenstützweite $k_3 = 1$.

Falls ein Nachweis für ausmittige Last zu führen ist, dürfen sich die Fugen sowohl bei Ausmitte in Richtung der Wandebene (Scheibenbeanspruchung) als auch rechtwinklig dazu (Plattenbeanspruchung) rechnerisch höchstens bis zum Schwerpunkt des Querschnitts öffnen. Sind Wände als Windscheiben rechnerisch nachzuweisen, so ist bei Querschnitten mit klaffender Fuge infolge Scheibenbeanspruchung zusätzlich nachzuweisen, daß die rechnerische Randdehnung aus der Scheibenbeanspruchung auf der Seite der Klaffung den Wert $\varepsilon_R = 10^{-4}$ nicht überschreitet (siehe Bild 3). Der Elastizitätsmodul für Mauerwerk darf hierfür zu $E = 3000 \cdot \sigma_0$ angenommen werden.

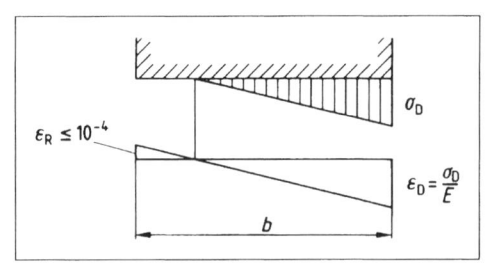

b Länge der Windscheibe

σ_D Kantenpressung

ε_D rechnerische Randstauchung im maßgebenden Gebrauchs-Lastfall

Bild 3. Zulässige rechnerische Randdehnung bei Scheiben

Bei zweiseitig gehaltenen Wänden mit $d < 175$ mm und mit Schlankheiten $\frac{h_K}{d} > 12$ und Wandbreiten $< 2{,}0$ m ist der Einfluß einer ungewollten horizontalen Einzellast $H = 0{,}5$ kN, die in halber Geschoßhöhe angreift und die über die Wandbreite gleichmäßig verteilt werden darf, nachzuweisen. Für diesen Lastfall dürfen die zulässigen Spannungen um den Faktor 1,33 vergrößert werden. Dieser Nachweis darf entfallen, wenn Gleichung (12) eingehalten ist.

6.9.2 Nachweis der Knicksicherheit

Der Faktor k_2 nach 6.9.1 berücksichtigt im vereinfachten Verfahren die ungewollte Ausmitte und die Verformung nach Theorie II. Ordnung. Dabei ist vorausgesetzt, daß in halber Geschoßhöhe nur Biegemomente aus Knotenmomenten nach 6.2.2 und aus Windlasten auftreten. Greifen größere horizontale Lasten an oder werden vertikale Lasten mit größerer planmäßiger Exzentrizität eingeleitet, so ist der Knicksicherheitsnachweis nach 7.9.2 zu führen. Ein Versatz der Wandachsen infolge einer Änderung der Wanddicken gilt dann nicht als größere Exzentrizität, wenn der Querschnitt der dickeren tragenden Wand den Querschnitt der dünneren tragenden Wand umschreibt.

6.9.3 Auflagerpressung

Werden Wände von Einzellasten belastet, so muß die Aufnahme der Spaltzugkräfte sichergestellt sein. Dies kann bei sorgfältig ausgeführtem Mauerwerksverband als gegeben angenommen werden. Die Druckverteilung unter Einzellasten darf dann innerhalb des Mauerwerks unter 60° angesetzt werden. Der höher beanspruchte Wandbereich darf in höherer Mauerwerksfestigkeit ausgeführt werden. Es ist 6.5 zu beachten.

Unter Einzellasten, z. B. unter Balken, Unterzügen, Stützen usw., darf eine gleichmäßig verteilte Auflagerpressung von $1{,}3 \cdot \sigma_0$ mit σ_0 nach Tabellen 4a, 4b oder 4c angenommen werden, wenn zusätzlich nachgewiesen wird, daß die Mauerwerksspannung in halber Wandhöhe den Wert zul σ_D nach Gleichung (3) nicht überschreitet.

Teilflächenpressungen rechtwinklig zur Wandebene dürfen den Wert $1{,}3 \cdot \sigma_0$ nach Tabellen 4a, 4b oder 4c nicht überschreiten. Bei Einzellasten $F \geq 3$ kN ist zusätzlich die Schubspannung in den Lagerfugen der belasteten Steine nach 6.9.5, Gleichung (6), nachzuweisen. Bei Loch- und Kammersteinen ist z. B. durch Unterlagsplatten sicherzustellen, daß die Druckkraft auf mindestens zwei Stege übertragen wird.

Tabelle 4a: Grundwerte σ_0 der zulässigen Druckspannungen für Mauerwerk mit Normalmörtel

Stein- festig- keits- klasse	Grundwerte σ_0 für Normalmörtel Mörtelgruppe				
	I MN/m²	II MN/m²	IIa MN/m²	III MN/m²	IIIa MN/m²
2	0,3	0,5	0,5[1]	–	–
4	0,4	0,7	0,8	0,9	–
6	0,5	0,9	1,0	1,2	–
8	0,6	1,0	1,2	1,4	–
12	0,8	1,2	1,6	1,8	1,9
20	1,0	1,6	1,9	2,4	3,0
28	–	1,8	2,3	3,0	3,5
36	–	–	–	3,5	4,0
48	–	–	–	4,0	4,5
60	–	–	–	4,5	5,0

[1] $\sigma_0 = 0{,}6$ MN/m² bei Außenwänden mit Dicken ≥ 300 mm. Diese Erhöhung gilt jedoch nicht für den Nachweis der Auflagerpressung nach 6.9.3.

Normen

Tabelle 4b: Grundwerte σ_0 der zulässigen Druckspannungen für Mauerwerk mit Dünnbett- und Leichtmörtel

Steinfestig-keitsklasse	Grundwerte σ_0 für		
	Dünnbett-mörtel[1] MN/m²	Leichtmörtel	
		LM 21 MN/m²	LM 36 MN/m²
2	0,6	0,5[2]	0,5[2],[3]
4	1,1	0,7[4]	0,8[5]
6	1,5	0,7	0,9
8	2,0	0,8	1,0
12	2,2	0,9	1,1
20	3,2	0,9	1,1
28	3,7	0,9	1,1

[1] Anwendung nur bei Porenbeton-Plansteinen nach DIN 4165 und bei Kalksand-Plansteinen. Die Werte gelten für Vollsteine. Für Kalksand-Lochsteine und Kalksand-Hohlblocksteine nach DIN 106-1 gelten die entsprechenden Werte der Tabelle 4a bei Mörtelgruppe III bis Steinfestigkeitsklasse 20.

[2] Für Mauerwerk mit Mauerziegeln nach DIN 105-1 bis DIN 105-4 gilt $\sigma_0 = 0,4$ MN/m².

[3] $\sigma_0 = 0,6$ MN/m² bei Außenwänden mit Dicken ≥ 300 mm. Diese Erhöhung gilt jedoch nicht für den Fall der Fußnote [2] und nicht für den Nachweis der Auflagerpressung nach 6.9.3.

[4] Für Kalksandsteine nach DIN 106-1 der Rohdichteklasse $\geq 0,9$ und für Mauerziegel nach DIN 105-1 bis DIN 105-4 gilt $\sigma_0 = 0,5$ MN/m².

[5] Für Mauerwerk mit den in Fußnote [4] genannten Mauersteinen gilt $\sigma_0 = 0,7$ MN/m².

Tabelle 4c: Grundwerte σ_0 der zulässigen Druckspannungen für Mauerwerk nach Eignungsprüfung (EM)

Nennfestig-keit β_M[1] in N/mm²	1,0 bis 9,0	11,0 und 13,0	16,0 bis 25,0
σ in MN/m²[2]	0,35 β_M	0,32 β_M	0,30 β_M

[1] β_M nach DIN 1053-2.
[2] σ_0 ist auf 0,01 MN/m² abzurunden.

6.9.4 Zug- und Biegezugspannungen

Zug- und Biegezugspannungen rechtwinklig zur Lagerfuge dürfen in tragenden Wänden nicht in Rechnung gestellt werden.

Zug- und Biegezugspannungen σ_Z parallel zur Lagerfuge in Wandrichtung dürfen bis zu folgenden Höchstwerten in Rechnung gestellt werden:

$$\text{zul } \sigma_Z = 0,4 \cdot \sigma_{0HS} + 0,12 \cdot \sigma_D \leq \max \sigma_Z \quad (4)$$

Hierin bedeuten:

zul σ_Z	zulässige Zug- und Biegezugspannung parallel zur Lagerfuge
σ_D	zugehörige Druckspannung rechtwinklig zur Lagerfuge
σ_{0HS}	zulässige abgeminderte Haftscherfestigkeit nach Tabelle 5
max σ_Z	Maximalwert der zulässigen Zug- und Biegezugspannung nach Tabelle 6

Tabelle 5: Zulässige abgeminderte Haftscherfestigkeit σ_{0HS} in MN/m²

Mörtel-art, Mörtel-gruppe	NM I	NM II	NM IIa LM 21 LM 36	NM III DM	NM IIIa
σ_{0HS}[1]	0,01	0,04	0,09	0,11	0,13

[1] Für Mauerwerk mit unvermörtelten Stoßfugen sind die Werte σ_{0HS} zu halbieren. Als vermörtelt in diesem Sinn gilt eine Stoßfuge, bei der etwa die halbe Wanddicke oder mehr vormörtelt ist.

Tabelle 6: Maximale Werte max σ_Z der zulässigen Biegezugspannungen in MN/m²

Stein-festig-keits-klasse	2	4	6	8	12	20	≥ 28
max σ_Z	0,01	0,02	0,04	0,05	0,10	0,15	0,20

6.9.5 Schubnachweis

Ist ein Nachweis der räumlichen Steifigkeit nach 6.4 nicht erforderlich, darf im Regelfall auch der Schubnachweis für die aussteifenden Wände entfallen.

Ist ein Schubnachweis erforderlich, darf für Rechteckquerschnitte (keine zusammengesetzten Querschnitte) das folgende vereinfachte Verfahren angewendet werden:

$$\tau = \frac{c \cdot Q}{A} \leq \text{zul } \tau \quad (5)$$

Scheibenschub:

$$\text{zul } \tau = \sigma_{0HS} + 0,2 \cdot \sigma_{Dm} \leq \max \tau \quad (6a)$$

Plattenschub:

$$\text{zul } \tau = \sigma_{0HS} + 0,3 \, \sigma_{Dm} \quad (6b)$$

Hierin bedeuten:

Q Querkraft

A überdrückte Querschnittsfläche

c Faktor zur Berücksichtigung der Verteilung von τ über den Querschnitt.
Für hohe Wände mit $H/L \geq 2$ gilt $c = 1{,}5$;
für Wände mit $H/L \leq 1{,}0$ gilt $c = 1{,}0$;
dazwischen darf linear interpoliert werden. H bedeutet die Gesamthöhe,
L die Länge der Wand.
Bei Plattenschub gilt $c = 1{,}5$.

σ_{0HS} siehe Tabelle 5

σ_{Dm} mittlere zugehörige Druckspannung rechtwinklig zur Lagerfuge im ungerissenen Querschnitt A

max $\tau = 0{,}010 \cdot \beta_{Nst}$ für Hohlblocksteine

$\phantom{\text{max }\tau } = 0{,}012 \cdot \beta_{Nst}$ für Hochlochsteine und Steine mit Grifföffnungen oder -löchern

$\phantom{\text{max }\tau } = 0{,}014 \cdot \beta_{Nst}$ für Vollsteine ohne Grifföffnungen oder -löcher

β_{Nst} Nennwert der Steindruckfestigkeit (Steinfestigkeitsklasse)

7 Genaueres Berechnungsverfahren

7.1 Allgemeines

Das genauere Berechnungsverfahren darf auf einzelne Bauteile, einzelne Geschosse oder ganze Bauwerke angewendet werden.

7.2 Ermittlung der Schnittgrößen infolge von Lasten

7.2.1 Auflagerkräfte aus Decken

Es gilt 6.2.1.

7.2.2 Knotenmomente

Der Einfluß der Decken-Auflagerdrehwinkel auf die Ausmitte der Lasteintragung in die Wände ist zu berücksichtigen. Dies darf durch eine Berechnung des Wand-Decken-Knotens erfolgen, bei der vereinfachend ungerissene Querschnitte und elastisches Materialverhalten zugrunde gelegt werden können. Die so ermittelten Knotenmomente dürfen auf $2/3$ ihres Wertes ermäßigt werden.

Die Berechnung des Wand-Decken-Knotens darf an einem Ersatzsystem unter Abschätzung der Momenten-Nullpunkte in den Wänden, im Regelfall in halber Geschoßhöhe, erfolgen. Hierbei darf die halbe Verkehrslast wie ständige Last angesetzt und der Elastizitätsmodul für Mauerwerk zu $E = 3000\,\sigma_0$ angenommen werden.

7.2.3 Vereinfachte Berechnung der Knotenmomente

Die Berechnung des Wand-Decken-Knotens darf durch folgende Näherungsrechnung ersetzt werden, wenn die Verkehrslast nicht größer als $5\,\text{kN/m}^2$ ist:

Der Auflagerdrehwinkel der Decken bewirkt, daß die Deckenauflagerkraft A mit einer Ausmitte e angreift, wobei e zu 5 % der Differenz der benachbarten Deckenspannweiten, bei Außenwänden zu 5 % der angrenzenden Deckenspannweite angesetzt werden darf.

Bei Dachdecken ist das Moment $M_D = A_D \cdot e_D$ voll in den Wandkopf, bei Zwischendecken ist das Moment $M_Z = A_Z \cdot e_Z$ je zur Hälfte in den angrenzenden Wandkopf und Wandfuß einzuleiten. Längskräfte N_0 infolge Lasten aus darüberbefindlichen Geschossen dürfen zentrisch angesetzt werden (siehe auch Bild 4).

Bei zweiachsig gespannten Decken mit Spannweitenverhältnissen bis 1 : 2 darf als Spannweite zur Ermittlung der Lastexzentrizität $2/3$ der kürzeren Seite eingesetzt werden.

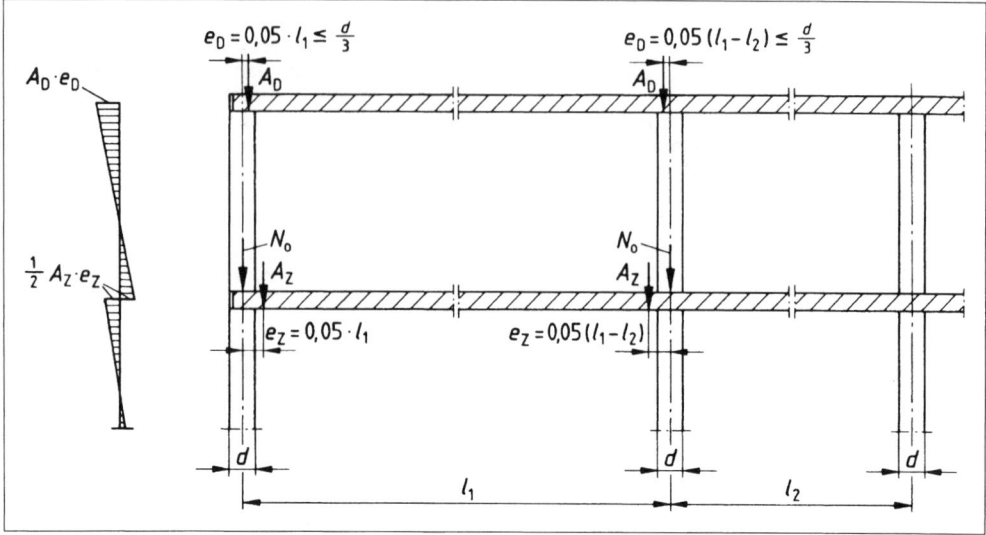

Bild 4. Vereinfachende Annahmen zur Berechnung von Knoten- und Wandmomenten

7.2.4 Begrenzung der Knotenmomente

Ist die rechnerische Exzentrizität der resultierenden Last aus Decken und darüberbefindlichen Geschossen infolge der Knotenmomente am Kopf bzw. Fuß der Wand größer als $1/3$ der Wanddicke d, so darf sie zu $1/3\, d$ angenommen werden. In diesem Fall ist Schäden infolge von Rissen in Mauerwerk und Putz durch konstruktive Maßnahmen, z. B. Fugenausbildung, Zentrierleisten, Kantennut usw., mit entsprechender Ausbildung der Außenhaut entgegenzuwirken.

7.2.5 Wandmomente

Der Momentenverlauf über die Wandhöhe infolge Vertikallasten ergibt sich aus den anteiligen Wandmomenten der Knotenberechnung (siehe Bild 4). Momente infolge Horizontallasten, z. B. Wind oder Erddruck, dürfen unter Einhaltung des Gleichgewichts zwischen den Grenzfällen Volleinspannung und gelenkige Lagerung umgelagert werden; dabei ist die Begrenzung der klaffenden Fuge nach 7.9.1 zu beachten.

7.3 Wind

Momente aus Windlast rechtwinklig zur Wandebene dürfen im Regelfall bis zu einer Höhe von 20 m über Gelände vernachlässigt werden, wenn die Wanddicken $d \geq 240$ mm und die lichten Geschoßhöhen $h_s \leq 3{,}0$ m sind. In Wandebene sind die Windlasten jedoch zu berücksichtigen (siehe 7.4).

7.4 Räumliche Steifigkeit

Es gilt 6.4.

7.5 Zwängungen

Es gilt 6.5.

7.6 Grundlagen für die Berechnung der Formänderungen

Es gilt 6.6. Für die Berechnung der Knotenmomente darf vereinfachend der E-Modul $E = 3000 \cdot \sigma_0$ angenommen werden. Beim Nachweis der Knicksicherheit gilt der ideelle Sekantenmodul $E_i = 1100 \cdot \sigma_0$.

7.7 Aussteifung und Knicklänge von Wänden

7.7.1 Allgemeine Annahmen für aussteifende Wände

Es gilt 6.7.1.

7.7.2 Knicklängen

Die Knicklänge h_K von Wänden ist in Abhängigkeit von der lichten Geschoßhöhe h_s wie folgt in Rechnung zu stellen:

a) Frei stehende Wände:

$$h_K = 2 \cdot h_s \sqrt{\frac{1 + 2N_o/N_u}{3}} \quad (7)$$

Hierin bedeuten:
N_o Längskraft am Wandkopf
N_u Längskraft am Wandfuß

b) Zweiseitig gehaltene Wände:
Im allgemeinen gilt
$$h_K = h_s \quad (8a)$$
Bei flächig aufgelagerten Decken, z. B. Massivdecken, darf die Knicklänge wegen der Einspannung der Wände in den Decken nach Tabelle 7 reduziert werden, wenn die Bedingungen dieser Tabelle eingehalten sind. Hierbei darf der Wert β nach Gleichung (8b) angenommen werden, falls er nicht durch Rahmenrechnung nach Theorie II. Ordnung bestimmt wird:

$$\beta = 1 - 0{,}15 \cdot \frac{E_b I_b}{E_{mw} I_{mw}} \cdot h_s \cdot \left(\frac{1}{l_1} + \frac{1}{l_2}\right) \geq 0{,}75 \quad (8b)$$

Hierin bedeuten:

E_{mw}, E_b E-Modul des Mauerwerks nach 6.6 bzw. des Betons nach DIN 1045

I_{mw}, I_b Flächenmoment 2. Grades der Mauerwerkswand bzw. der Betondecke

l_1, l_2 Angrenzende Deckenstützweiten; bei Außenwänden gilt $\frac{1}{l_2} = 0$

Bei Wanddicken ≤ 175 mm darf ohne Nachweis $\beta = 0{,}75$ gesetzt werden. Ist die rechnerische Exzentrizität der Last im Knotenanschluss nach 7.2.4 größer als $1/3$ der Wanddicke, so ist stets $\beta = 1$ zu setzen.

Tabelle 7: Reduzierung der Knicklänge zweiseitig gehaltener Wände mit flächig aufgelagerten Massivdecken

Wanddicke d in mm	Erforderliche Auflagertiefe a der Decke auf der Wand
< 240	d
≥ 240 ≤ 300	$\geq \frac{3}{4} d$
> 300	$\geq \frac{2}{3} d$
Planmäßige Ausmitte e [1]) der Last in halber Geschoßhöhe (für alle Wanddicken)	Reduzierte Knicklänge h_K [2])
$\leq \frac{d}{6}$	$\beta \cdot h_s$
$\frac{d}{3}$	$1{,}00\, h_s$

[1]) Das heißt Ausmitte ohne Berücksichtigung von f_1 und f_2 nach 7.9.2, jedoch gegebenenfalls auch infolge Wind.

[2]) Zwischenwerte dürfen geradlinig eingeschaltet werden.

c) Dreiseitig gehaltene Wände (mit einem freien vertikalen Rand):

$$h_K = \frac{1}{1 + \left(\frac{\beta \cdot h_s}{3b}\right)^2} \cdot \beta \cdot h_s \geq 0{,}3 \cdot h_s \quad (9a)$$

d) Vierseitig gehaltene Wände:
für $h_s \leq b$:

$$h_K = \frac{1}{1 + \left(\frac{\beta \cdot h_s}{b}\right)^2} \cdot \beta \cdot h_s \quad (9b)$$

für $h_s > b$:

$$h_K = \frac{b}{2} \quad (9c)$$

Hierin bedeuten:

b Abstand des freien Randes von der Mitte der aussteifenden Wand bzw. Mittenabstand der aussteifenden Wände

β wie bei zweiseitig gehaltenen Wänden

Ist $b > 30\,d$ bei vierseitig gehaltenen Wänden bzw. $b > 15\,d$ bei dreiseitig gehaltenen Wänden, so sind diese wie zweiseitig gehaltene zu behandeln. Hierin ist d die Dicke der gehaltenen Wand. Ist die Wand im Bereich des mittleren Drittels durch vertikale Schlitze oder Nischen geschwächt, so ist für d die Restwanddicke einzusetzen oder ein freier Rand anzunehmen. Unabhängig von der Lage eines vertikalen Schlitzes oder einer Nische ist an ihrer Stelle ein freier Rand anzunehmen, wenn die Restwanddicke kleiner als die halbe Wanddicke oder kleiner als 115 mm ist.

7.7.3 Öffnungen in Wänden

Es gilt 6.7.3.

7.8 Mittragende Breite von zusammengesetzten Querschnitten

Es gilt 6.8.

7.9 Bemessung mit dem genaueren Verfahren

7.9.1 Tragfähigkeit bei zentrischer und exzentrischer Druckbeanspruchung

Auf der Grundlage einer linearen Spannungsverteilung und ebenbleibender Querschnitte ist nachzuweisen, daß die γ-fache Gebrauchslast ohne Mitwirkung des Mauerwerks auf Zug im Bruchzustand aufgenommen werden kann. Hierbei ist β_R der Rechenwert der Druckfestigkeit des Mauerwerks mit der theoretischen Schlankheit Null. β_R ergibt sich aus

$$\beta_R = 2{,}67 \cdot \sigma_0 \qquad (10)$$

Hierin bedeutet:

σ_0 Grundwert der zulässigen Druckspannung nach Tabelle 4a, 4b oder 4c

Der Sicherheitsbeiwert ist $\gamma_W = 2{,}0$ für Wände und für „kurze Wände" (Pfeiler) nach 2.3, die aus einem oder mehreren ungetrennten Steinen oder aus getrennten Steinen mit einem Lochanteil von weniger als 35 % bestehen und keine Aussparungen oder Schlitze enthalten. Für alle anderen „kurzen Wände" gilt $\gamma_P = 2{,}5$. Gemauerte Querschnitte mit Flächen kleiner als 400 cm^2 sind als tragende Teile unzulässig.

Im Gebrauchszustand dürfen klaffende Fugen infolge der planmäßigen Exzentrizität e (ohne f_1 und f_2 nach 7.9.2) rechnerisch höchstens bis zum Schwerpunkt des Gesamtquerschnitts entstehen. Bei Querschnitten, die vom Rechteck abweichen,

ist außerdem eine mindestens 1,5fache Kippsicherheit nachzuweisen. Bei Querschnitten mit Scheibenbeanspruchung und klaffender Fuge ist zusätzlich nachzuweisen, daß die rechnerische Randdehnung aus der Scheibenbeanspruchung auf der Seite der Klaffung unter Gebrauchslast den Wert $\varepsilon_R = 10^{-4}$ nicht überschreitet (siehe Bild 3).

Bei exzentrischer Beanspruchung darf im Bruchzustand die Kantenpressung den Wert 1,33 β_R, die mittlere Spannung den Wert β_R nicht überschreiten.

7.9.2 Nachweis der Knicksicherheit

Bei der Ermittlung der Spannungen sind außer der planmäßigen Exzentrizität e die ungewollte Ausmitte f_1 und die Stabauslenkung f_2 nach Theorie II. Ordnung zu berücksichtigen. Die ungewollte Ausmitte darf bei zweiseitig gehaltenen Wänden sinusförmig über die Geschoßhöhe mit dem Maximalwert

$$f_1 = \frac{h_K}{300} \quad (h_K = \text{Knicklänge nach 7.7.2})$$

angenommen werden.

Die Spannungs-Dehnungs-Beziehung ist durch einen ideellen Sekantenmodul E_i zu erfassen. Abweichend von Tabelle 2, gilt für alle Mauerwerksarten

$$E_i = 1100 \cdot \sigma_0$$

An Stelle einer genaueren Rechnung darf die Knicksicherheit durch Bemessung der Wand in halber Geschoßhöhe nachgewiesen werden, wobei außer der planmäßigen Exzentrizität e an dieser Stelle folgende zusätzliche Exzentrizität $f = f_1 = f_2$ anzusetzen ist:

$$f = \overline{\lambda} \cdot \frac{1+m}{1800} \cdot h_K \qquad (11)$$

Hierin bedeuten:

$\overline{\lambda} = \dfrac{h_K}{d}$ Schlankheit der Wand

h_K Knicklänge der Wand

$m = \dfrac{6 \cdot e}{d}$ bezogene planmäßige Exzentrizität in halber Geschoßhöhe

In Gleichung (11) ist der Einfluß des Kriechens in angenäherter Form erfaßt.

Wandmomente nach 7.2.5 sind mit ihren Werten in halber Geschoßhöhe als planmäßige Exzentrizitäten zu berücksichtigen.

Schlankheiten $\overline{\lambda} > 25$ sind nicht zulässig.

Bei zweiseitig gehaltenen Wänden nach 6.4 mit Schlankheiten $\overline{\lambda} > 12$ und Wandbreiten $< 2{,}0$ m ist zusätzlich nachzuweisen, daß unter dem Einfluß einer ungewollten horizontalen Einzellast $H = 0,5$ kN die Sicherheit γ mindestens 1,5 beträgt. Die Horizontalkraft H ist in halber Wandhöhe anzusetzen und darf auf die vorhandene Wandbreite b gleichmäßig verteilt werden.

Dieser Nachweis darf entfallen, wenn

$$\bar{\lambda} \leq 20 - 1000 \cdot \frac{H}{A \cdot \beta_R} \quad (12)$$

Hierin bedeutet:

A Wandquerschnitt $b \cdot d$

7.9.3 Einzellasten, Lastausbreitung und Teilflächenpressung

Werden Wände von Einzellasten belastet, so ist die Aufnahme der Spaltzugkräfte konstruktiv sicherzustellen. Die Spaltzugkräfte können durch die Zugfestigkeit des Mauerwerksverbandes, durch Bewehrung oder durch Stahlbetonkonstruktionen aufgenommen werden.

Ist die Aufnahme der Spaltzugkräfte konstruktiv gesichert, so darf die Druckverteilung unter konzentrierten Lasten innerhalb des Mauerwerks unter 60° angesetzt werden. Der höher beanspruchte Wandbereich darf in höherer Mauerwerksfestigkeit ausgeführt werden. 7.5 ist zu beachten.

Wird nur die Teilfläche A_1 (Übertragungsfläche) eines Mauerwerksquerschnittes durch eine Druckkraft mittig oder ausmittig belastet, dann darf A_1 mit folgender Teilflächenpressung σ_1 beansprucht werden, sofern die Teilfläche $A_1 \leq 2\,d^2$ und die Exzentrizität des Schwerpunkts der Teilfläche $e < \frac{d}{6}$ ist:

$$\sigma_1 = \frac{\beta_R}{\gamma}\left(1 + 0,1 \cdot \frac{a_1}{l_1}\right) \leq 1,5 \cdot \frac{\beta_R}{\gamma} \quad (13)$$

Hierin bedeuten:

a_1 Abstand der Teilfläche vom nächsten Rand der Wand in Längsrichtung
l_1 Länge der Teilfläche in Längsrichtung
d Dicke der Wand
γ Sicherheitsbeiwert nach 7.9.1

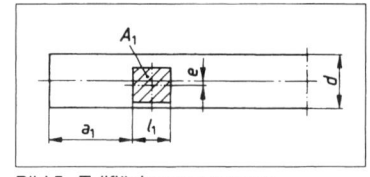

Bild 5. Teilflächenpressungen

Teilflächenpressungen rechtwinklig zur Wandebene dürfen den Wert $0,5\,\beta_R$ nicht überschreiten.

Bei Einzellasten $F \geq 3$ kN ist zusätzlich die Schubspannung in den Lagerfugen der belasteten Einzelsteine nach 7.9.5 nachzuweisen. Bei Loch- und Kammersteinen ist z. B. durch Unterlagsplatten sicherzustellen, daß die Druckkraft auf mindestens 2 Stege übertragen wird.

7.9.4 Zug- und Biegezugspannungen

Zug- und Biegezugspannungen rechtwinklig zur Lagerfuge dürfen in tragenden Wänden nicht in Rechnung gestellt werden.

Zug- und Biegezugspannungen σ_Z parallel zur Lagerfuge in Wandrichtung dürfen bis zu folgenden Höchstwerten im Gebrauchszustand in Rechnung gestellt werden:

$$\text{zul }\sigma_Z \leq \frac{1}{\gamma}\left(\beta_{RHS} + \mu \cdot \sigma_D\right)\frac{\ddot{u}}{h} \quad (14)$$

$$\text{zul }\sigma_Z \leq \frac{\beta_{RZ}}{2\,\gamma} \leq 0,3 \text{ MN/m}^2 \quad (15)$$

Der kleinere Wert ist maßgebend.

Hierin bedeuten:

zul σ_Z zulässige Zug- und Biegezugspannung parallel zur Lagerfuge
σ_D Druckspannung rechtwinklig zur Lagerfuge
β_{RHS} Rechenwert der abgeminderten Haftscherfestigkeit nach 7.9.5
β_{RZ} Rechenwert der Steinzugfestigkeit nach 7.9.5
μ Reibungsbeiwert = 0,6
$\ddot{u}$ Überbindemaß nach 9.3
h Steinhöhe
γ Sicherheitsbeiwert nach 7.9.1

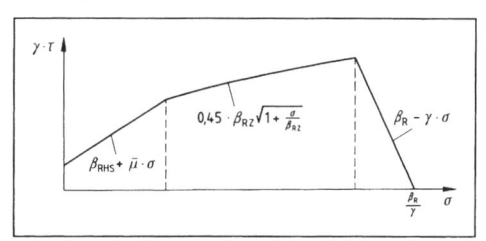

Bild 6. Bereich der Schubtragfähigkeit bei Scheibenschub

7.9.5 Schubnachweis

Die Schubspannungen sind nach der technischen Biegelehre bzw. nach der Scheibentheorie für homogenes Material zu ermitteln, wobei Querschnittsbereiche, in denen die Fugen rechnerisch klaffen, nicht in Rechnung gestellt werden dürfen.

Die unter Gebrauchslast vorhandenen Schubspannungen τ und die zugehörige Normalspannung σ in der Lagerfuge müssen folgenden Bedingungen genügen:

Scheibenschub:

$$\gamma \cdot \tau \leq \beta_{RHS} + \bar{\mu} \cdot \sigma \tag{16a}$$
$$\leq 0{,}45 \cdot \beta_{RHS} \cdot \sqrt{1 + \sigma/\beta_{RZ}} \tag{16b}$$

Plattenschub:

$$\gamma \cdot \tau \leq \beta_{RHS} + \mu \cdot \sigma \tag{16c}$$

Hierin bedeuten:

β_{RHS} Rechenwert der abgeminderten Haftscherfestigkeit. Es gilt $\beta_{RHS} = 2\,\sigma_{0HS}$ mit σ_{0HS} nach Tabelle 5. Auf die erforderliche Vorbehandlung von Steinen und Arbeitsfugen entsprechend 9.1 wird besonders hingewiesen.

μ Rechenwert des Reibungsbeiwertes. Für alle Mörtelarten darf $\mu = 0{,}6$ angenommen werden.

$\bar{\mu}$ Rechenwert des abgeminderten Reibungsbeiwertes. Mit der Abminderung wird die Spannungsverteilung in der Lagerfuge längs eines Steins berücksichtigt. Für alle Mörtelgruppen darf $\bar{\mu} = 0{,}4$ gesetzt werden.

β_{RZ} Rechenwert der Steinzugfestigkeit. Es gilt:

$\beta_{RZ} = 0{,}025 \cdot \beta_{Nst}$ für Hohlblocksteine

$\phantom{\beta_{RZ}} = 0{,}033 \cdot \beta_{Nst}$ für Hochlochsteine und Steine mit Grifföffnungen oder Grifflöchern

$\phantom{\beta_{RZ}} = 0{,}040 \cdot \beta_{Nst}$ für Vollsteine ohne Grifföffnungen oder Grifflöcher

β_{Nst} Nennwert der Steindruckfestigkeit (Steindruckfestigkeitsklasse)

γ Sicherheitsbeiwert nach 7.9.1

Bei Rechteckquerschnitten genügt es, den Schubnachweis für die Stelle der maximalen Schubspannung zu führen. Bei zusammengesetzten Querschnitten ist außerdem der Nachweis am Anschnitt der Teilquerschnitte zu führen.

8 Bauteile und Konstruktionsdetails

8.1 Wandarten, Wanddicken

8.1.1 Allgemeines

Die statisch erforderliche Wanddicke ist nachzuweisen. Hierauf darf verzichtet werden, wenn die gewählte Wanddicke offensichtlich ausreicht. Die in den folgenden Abschnitten festgelegten Mindestwanddicken sind einzuhalten.

Innerhalb eines Geschosses soll zur Vereinfachung von Ausführung und Überwachung das Wechseln von Steinarten und Mörtelgruppen möglichst eingeschränkt werden (siehe auch Abschnitt 5.2.3).

Steine, die unmittelbar der Witterung ausgesetzt bleiben, müssen frostwiderstandsfähig sein. Sieht die Stoffnorm hinsichtlich der Frostwiderstandsfähigkeit unterschiedliche Klassen vor, so sind bei Schornsteinköpfen, Kellereingangs-, Stütz- und Gartenmauern, stark strukturiertem Mauerwerk und ähnlichen Anwendungsbereichen Steine mit der höchsten Frostwiderstandsfähigkeit zu verwenden.

Unmittelbar der Witterung ausgesetzte, horizontale und leicht geneigte Sichtmauerwerksflächen, wie z. B. Mauerkronen, Schornsteinköpfe, Brüstungen, sind durch geeignete Maßnahmen (z. B. Abdeckung) so auszubilden, daß Wasser nicht eindringen kann.

8.1.2 Tragende Wände

8.1.2.1 Allgemeines

Wände, die mehr als ihre Eigenlast aus einem Geschoß zu tragen haben, sind stets als tragende Wände anzusehen. Wände, die der Aufnahme von horizontalen Kräften rechtwinklig zur Wandebene dienen, dürfen auch als nichttragende Wände nach Abschnitt 8.1.3 ausgebildet sein.

Tragende Innen- und Außenwände sind mit einer Dicke von mindestens 115 mm auszuführen, sofern aus Gründen der Standsicherheit, der Bauphysik oder des Brandschutzes nicht größere Dicken erforderlich sind.

Die Mindestmaße tragender Pfeiler betragen 115 mm × 365 mm bzw. 175 mm × 240 mm.

Tragende Wände sollen unmittelbar auf Fundamente gegründet werden. Ist dies in Sonderfällen nicht möglich, so ist auf ausreichende Steifigkeit der Abfangkonstruktion zu achten.

8.1.2.2 Aussteifende Wände

Es ist Abschnitt 8.1.2.1, zweiter und letzter Absatz, zu beachten.

8.1.2.3 Kellerwände
Bei Kellerwänden darf der Nachweis auf Erddruck entfallen, wenn die folgenden Bedingungen erfüllt sind:

a) Lichte Höhe der Kellerwand $h_s \leq 2{,}60$ m, Wanddicke $d \geq 240$ mm.

b) Die Kellerdecke wirkt als Scheibe und kann die aus dem Erddruck entstehenden Kräfte aufnehmen.

c) Im Einflußbereich des Erddrucks auf die Kellerwände beträgt die Verkehrslast auf der Geländeoberfläche nicht mehr als 5 kN/m², die Geländeoberfläche steigt nicht an, und die Anschütthöhe h_e ist nicht größer als die Wandhöhe h_s.

d) Die Wandlängskraft N_1 aus ständiger Last in halber Höhe der Ausschüttung liegt innerhalb folgender Grenzen:

$$\frac{d \cdot \beta_R}{3\gamma} \geq N_1 \geq \min N \quad (17)$$

$$\text{mit } \min N = \frac{\varrho_e \cdot h_s \cdot h_e^2}{20\, d}$$

Hierin und in Bild 7 bedeuten:

h_s lichte Höhe der Kellerwand

h_e Höhe der Anschüttung

d Wanddicke

ϱ_e Rohdichte der Anschüttung

β_R, γ nach 7.9.1

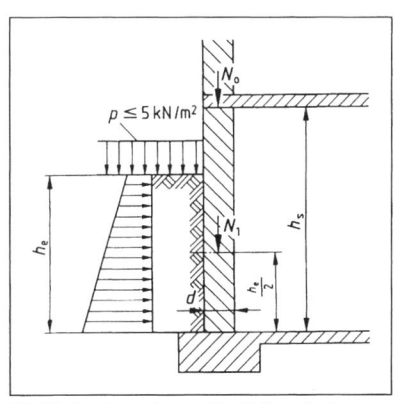

Bild 7. Lastannahmen für Kellerwände

Anstelle von Gleichung (17) darf nachgewiesen werden, daß die ständige Auflast N_0 der Kellerwand unterhalb der Kellerdecke innerhalb folgender Grenzen liegt:

$$\max N_0 \geq N_0 \geq \min N_0 \quad (18)$$

mit

$\max N_0 = 0{,}45 \cdot d \cdot \sigma_0$

$\min N_0$ nach Tabelle 8

σ_0 siehe Tabellen 4a, 4b oder 4c

Tabelle 8: min N_0 für Kellerwände ohne rechnerischen Nachweis

Wand-dicke d mm	min N_0 in kN/m bei einer Höhe der Anschüttung h_e von			
	1,0 m	1,5 m	2,0 m	2,5 m
240	6	20	45	75
300	3	15	30	50
365	0	10	25	40
490	0	5	15	30
Zwischenwerte sind geradlinig zu interpolieren.				

Ist die dem Erddruck ausgesetzte Kellerwand durch Querwände oder statisch nachgewiesene Bauteile im Abstand b ausgesteift, so daß eine zweiachsige Lastabtragung in der Wand stattfinden kann, dürfen die unteren Grenzwerte N_0 und N_1 wie folgt abgemindert werden:

$$b \leq h_s: N_1 \geq \tfrac{1}{2} \min N; \; N_0 \geq \tfrac{1}{2} \min N_0 \quad (19)$$

$$b \geq 2\, h_s: N_1 \geq \min N; \; N_0 \geq \min N_0 \quad (20)$$

Zwischenwerte sind geradlinig zu interpolieren.

Die Gleichungen (17) bis (20) setzen rechnerisch klaffende Fugen voraus.

Bei allen Wänden, die Erddruck ausgesetzt sind, soll eine Sperrschicht gegen aufsteigende Feuchtigkeit aus besandeter Pappe oder aus Material mit entsprechendem Reibungsverhalten bestehen.

8.1.3 Nichttragende Wände

8.1.3.1 Allgemeines
Nichttragende Wände müssen auf ihre Fläche wirkende Lasten auf tragende Bauteile, z. B. Wand- oder Deckenscheiben, abtragen.

8.1.3.2 Nichttragende Außenwände
Bei Ausfachungswänden von Fachwerk-, Skelett- und Schottensystemen darf auf einen statischen Nachweis verzichtet werden, wenn

a) die Wände vierseitig gehalten sind (z. B. durch Verzahnung, Versatz oder Anker),

b) die Bedingungen nach Tabelle 9 erfüllt sind und

c) Normalmörtel mindestens der Mörtelgruppe IIa oder Dünnbettmörtel oder Leichtmörtel LM 36 verwendet wird.

In Tabelle 9 ist ε das Verhältnis der größeren zur kleineren Seite der Ausfachungsfläche.

Tabelle 9: Größte zulässige Werte der Ausfachungsfläche von nichttragenden Außenwänden ohne rechnerischen Nachweis

1	2	3	4	5	6	7
Wand-dicke d mm	\multicolumn{6}{l}{Größte zulässige Werte[1] der Ausfachungsfläche in m² bei einer Höhe über Gelände von}					
	0 bis 8 m		8 bis 20 m		20 bis 100 m	
	$\varepsilon = 1,0$	$\varepsilon \geq 2,0$	$\varepsilon = 1,0$	$\varepsilon \geq 2,0$	$\varepsilon = 1,0$	$\varepsilon \geq 2,0$
115[2]	12	8	8	5	6	4
175	20	14	13	9	9	6
240	36	25	23	16	16	12
≥ 300	50	33	35	23	25	17

[1] Bei Seitenverhältnissen $1,0 < \varepsilon < 2,0$ dürfen die größten zulässigen Werte der Ausfachungsflächen geradlinig interpoliert werden.
[2] Bei Verwendung von Steinen der Festigkeitsklassen ≥ 12 dürfen die Werte dieser Zeile um $1/3$ vergrößert werden.

Bei Verwendung von Steinen der Festigkeitsklassen ≥ 20 und gleichzeitig bei einem Seitenverhältnis $\varepsilon = h/l \geq 2,0$ dürfen die Werte der Tabelle 9, Spalten 3, 5 und 7, verdoppelt werden (h, l Höhe bzw. Länge der Ausfachungsfläche).

8.1.3.3 Nichttragende innere Trennwände

Für nichttragende innere Trennwände, die nicht durch auf ihre Fläche wirkende Windlasten beansprucht werden, siehe DIN 4103-1.

8.1.4 Anschluß der Wände an die Decken und den Dachstuhl

8.1.4.1 Allgemeines
Umfassungswände müssen an die Decken entweder durch Zuganker oder durch Reibung angeschlossen werden.

8.1.4.2 Anschluß durch Zuganker
Zuganker (bei Holzbalkendecken Anker mit Splinten) sind in belasteten Wandbereichen, nicht in Brüstungsbereichen, anzuordnen. Bei fehlender Auflast sind erforderlichenfalls Ringanker vorzusehen. Der Abstand der Zuganker soll im allgemeinen 2 m, darf jedoch in Ausnahmefällen 4 m nicht überschreiten. Bei Wänden, die parallel zur Deckenspannrichtung verlaufen, müssen die Maueranker mindestens einen 1 m breiten Deckenstreifen und mindestens zwei Deckenrippen oder zwei Balken, bei Holzbalkendecken drei Balken, erfassen oder in Querrippen eingreifen.

Werden mit den Umfassungswänden verankerte Balken über einer Innenwand gestoßen, so sind sie hier zugfest miteinander zu verbinden.

Giebelwände sind durch Querwände oder Pfeilervorlagen ausreichend auszusteifen, falls sie nicht kraftschlüssig mit dem Dachstuhl verbunden werden.

8.1.4.3 Anschluß durch Haftung und Reibung
Bei Massivdecken sind keine besonderen Zuganker erforderlich, wenn die Auflagertiefe der Decke mindestens 100 mm beträgt.

8.2 Ringanker und Ringbalken

8.2.1 Ringanker

In alle Außenwände und in die Querwände, die als vertikale Scheiben der Abtragung horizontaler Lasten (z. B. Wind) dienen, sind Ringanker zu legen, wenn mindestens eines der folgenden Kriterien zutrifft:

a) bei Bauten, die mehr als zwei Vollgeschosse haben oder länger als 18 m sind,

b) bei Wänden mit vielen oder besonders großen Öffnungen, besonders dann, wenn die Summe der Öffnungsbreiten 60 % der Wandlänge oder bei Fensterbreiten von mehr als $2/3$ der Geschoßhöhe 40 % der Wandlänge übersteigt,

c) wenn die Baugrundverhältnisse es erfordern.

Die Ringanker sind in jeder Deckenlage oder unmittelbar darunter anzubringen. Sie dürfen aus Stahlbeton, bewehrtem Mauerwerk, Stahl oder Holz ausgebildet werden und müssen unter Gebrauchslast eine Zugkraft von 30 kN aufnehmen können.

In Gebäuden, in denen der Ringanker nicht durchgehend ausgebildet werden kann, ist die Ringankerwirkung auf andere Weise sicherzustellen.

Ringanker aus Stahlbeton sind mit mindestens zwei durchlaufenden Rundstäben zu bewehren (z. B. zwei Stäbe mit mindestens 10 mm Durchmesser). Stöße sind nach DIN 1045 auszubilden und möglichst gegeneinander zu versetzen. Ringanker aus bewehrtem Mauerwerk sind gleichwertig zu bewehren. Auf diese Ringanker dürfen dazu parallel liegende durchlaufende Bewehrungen mit vollem Querschnitt angerechnet werden, wenn sie in Decken oder in Fensterstürzen im Abstand von höchstens 0,5 m von der Mittelebene der Wand bzw. der Decke liegen.

8.2.2 Ringbalken

Werden Decken ohne Scheibenwirkung verwendet oder werden aus Gründen der Formänderung der Dachdecke Gleitschichten unter den Deckenauflagern angeordnet, so ist die horizontale Aussteifung der Wände durch Ringbalken oder statisch gleichwertige Maßnahmen sicherzustellen. Die Ringbalken und ihre Anschlüsse an die aussteifenden Wände sind für eine horizontale Last von $1/100$ der vertikalen Last der Wände und gegebenenfalls aus Wind zu bemessen. Bei der Bemessung von Ringbalken unter Gleitschichten sind außerdem Zugkräfte zu berücksichtigen, die den verbleibenden Reibungskräften entsprechen.

8.3 Schlitze und Aussparungen

Schlitze und Aussparungen, bei denen die Grenzwerte nach Tabelle 10 eingehalten werden, dürfen ohne Berücksichtigung der Bemessung des Mauerwerks ausgeführt werden.

Vertikale Schlitze und Aussparungen sind auch dann ohne Nachweis zulässig, wenn die Querschnittsschwächung, bezogen auf 1 m Wandlänge, nicht mehr als 6 % beträgt und die Wand nicht drei- oder vierseitig gehalten gerechnet ist. Hierbei müssen eine Restwanddicke nach Tabelle 10, Spalte 8, und ein Mindestabstand nach Spalte 9 eingehalten werden.

Alle übrigen Schlitze und Aussparungen sind bei der Bemessung des Mauerwerks zu berücksichtigen.

Tabelle 10: Ohne Nachweis zulässige Schlitze und Aussparungen in tragenden Wänden

1	2	3	4	5	6
Wanddicke	Horizontale und schräge Schlitze,[1]) nachträglich hergestellt		Vertikale Schlitze und Aussparungen, nachträglich hergestellt		
	Schlitzlänge		Schlitztiefe[4])	Einzelschlitzbreite[5])	Abstand der Schlitze und Aussparungen von Öffnungen
	unbeschränkt	≤ 1,25 m[2])			
	Schlitztiefe[3])	Schlitztiefe			
≥ 115	-	-	≤ 10	≤ 100	≥ 115
≥ 175	0	≤ 25	≤ 30	≤ 100	
≥ 240	≤ 15	≤ 25	≤ 30	≤ 150	
≥ 300	≤ 20	≤ 30	≤ 30	≤ 200	
≥ 365	≤ 20	≤ 30	≤ 30	≤ 200	

1	7	8	9	10	
Wanddicke	Vertikale Schlitze und Aussparungen in gemauertem Verband				
	Schlitzbreite[5])	Restwanddicke	Mindestabstand der Schlitze und Aussparungen		
			von Öffnungen	untereinander	
≥ 115	-	-	≥ 2fache Schlitzbreite bzw. ≥ 240	≥ Schlitzbreite	Maße in mm
≥ 175	≤ 260	≥ 115			
≥ 240	≤ 385	≥ 115			
≥ 300	≤ 385	≥ 175			
≥ 365	≤ 385	≥ 240			

[1]) Horizontale und schräge Schlitze sind nur zulässig in einem Bereich ≤ 0,4 m ober- oder unterhalb der Rohdecke sowie jeweils an einer Wandseite. Sie sind nicht zulässig bei Langlochziegeln.
[2]) Mindestabstand in Längsrichtung von Öffnungen ≥ 490 mm, vom nächsten Horizontalschlitz zweifache Schlitzlänge.
[3]) Die Tiefe darf um 10 mm erhöht werden, wenn Werkzeuge verwendet werden, mit denen die Tiefe genau eingehalten werden kann. Bei Verwendung solcher Werkzeuge dürfen auch in Wänden ≥ 240 mm gegenüberliegende Schlitze mit jeweils 10 mm Tiefe ausgeführt werden.
[4]) Schlitze, die bis maximal 1 m über den Fußboden reichen, dürfen bei Wanddicken ≥ 240 mm bis 80 mm Tiefe und 120 mm Breite ausgeführt werden.
[5]) Die Gesamtbreite von Schlitzen nach Spalte 5 und Spalte 7 darf je 2 m Wandlänge die Maße in Spalte 7 nicht überschreiten. Bei geringeren Wandlängen als 2 m sind die Werte in Spalte 7 proportional zur Wandlänge zu verringern.

8.4 Außenwände

8.4.1 Allgemeines

Außenwände sollen so beschaffen sein, daß sie Schlagregenbeanspruchungen standhalten. DIN 4108-3 gibt dafür Hinweise.

8.4.2 Einschalige Außenwände

8.4.2.1 Verputzte einschalige Außenwände

Bei Außenwänden aus nicht frostwiderstandsfähigen Steinen ist ein Außenputz, der die Anforderungen nach DIN 18 550-1 erfüllt, anzubringen oder ein anderer Witterungsschutz vorzusehen.

8.4.2.2 Unverputzte einschalige Außenwände (einschaliges Verblendmauerwerk)

Bleibt bei einschaligen Außenwänden das Mauerwerk an der Außenseite sichtbar, so muß jede Mauerschicht mindestens zwei Steinreihen gleicher Höhe aufweisen, zwischen denen eine durchgehende, schichtweise versetzte, hohlraumfrei vermörtelte, 20 mm dicke Längsfuge verläuft (siehe Bild 8). Die Mindestwanddicke beträgt 310 mm. Alle Fugen müssen vollfugig und haftschlüssig vermörtelt werden.

Bei einschaligem Verblendmauerwerk gehört die Verblendung zum tragenden Querschnitt. Für die zulässige Beanspruchung ist die im Querschnitt verwendete niedrigste Steinfestigkeitsklasse maßgebend.

Soweit kein Fugenglattstrich ausgeführt wird, sollen die Fugen der Sichtflächen mindestens 15 mm tief flankensauber ausgekratzt und anschließend handwerksgerecht ausgefugt werden.

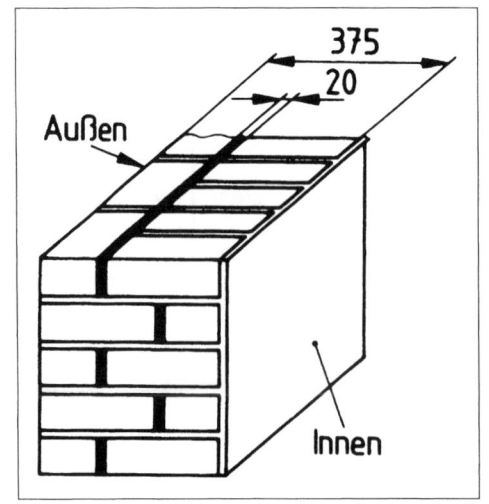

Bild 8. Schnitt durch 375 mm dickes einschaliges Verblendmauerwerk (Prinzipskizze)

8.4.3 Zweischalige Außenwände

8.4.3.1. Konstruktionsarten und allgemeine Bestimmungen für die Ausführung

Nach dem Wandaufbau wird unterschieden nach zweischaligen Außenwänden

- mit Luftschicht
- mit Luftschicht und Wärmedämmung
- mit Kerndämmung
- mit Putzschicht.

Bei Anordnung einer nichttragenden Außenschale (Verblendschale oder geputzte Vormauerschale) vor einer tragenden Innenschale (Hintermauerschale) ist folgendes zu beachten:

a) Bei der Bemessung ist als Wanddicke nur die Dicke der tragenden Innenschale anzunehmen. Wegen der Mindestdicke der Innenschale siehe Abschnitt 8.1.2.1. Bei Anwendung des vereinfachten Verfahrens ist Abschnitt 6.1 zu beachten.

b) Die Mindestdicke der Außenschale beträgt 90 mm. Dünnere Außenschalen sind Bekleidungen, deren Ausführung in DIN 18 515 geregelt ist. Die Mindestlänge von gemauerten Pfeilern in der Außenschale, die nur Lasten aus der Außenschale zu tragen haben, beträgt 240 mm.

Die Außenschale soll über ihre ganze Länge und vollflächig aufgelagert sein. Bei unterbrochener Auflagerung (z. B. auf Konsolen) müssen in der Abfangebene alle Steine beidseitig aufgelagert sein.

c) Außenschalen von 115 mm Dicke sollen in Höhenabständen von etwa 12 m abgefangen werden. Sie dürfen bis zu 25 mm über ihr Auflager vorstehen. Ist die 115 mm dicke Außenschale nicht höher als zwei Geschosse oder wird sie alle zwei Geschosse abgefangen, dann darf sie bis zu einem Drittel ihrer Dicke über ihr Auflager vorstehen. Diese Überstände sind beim Nachweis der Auflagerpressung zu berücksichtigen. Für die Ausführung der Fugen der Sichtflächen von Verblendschalen siehe 8.4.2.2.

d) Außenschalen von weniger als 115 mm Dicke dürfen nicht höher als 20 m über Gelände geführt werden und sind in Höhenabständen von etwa 6 m abzufangen. Bei Gebäuden bis zwei Vollgeschossen darf ein Giebeldreieck bis 4 m Höhe ohne zusätzliche Abfangung ausgeführt werden. Diese Außenschalen dürfen maximal 15 mm über ihr Auflager vorstehen. Die Fugen der Sichtflächen von diesen Verblendschalen sollen in Glattstrich ausgeführt werden.

e) Die Mauerwerksschalen sind durch Drahtanker aus nichtrostendem Stahl mit den Werkstoffnummern 1.4401 oder 1.4571 nach DIN 17 440 zu verbinden (siehe Tabelle 11). Die Drahtanker müssen in Form und Maßen Bild 9 entsprechen. Der vertikale Abstand der Drahtanker soll höchstens 500 mm, der horizontale Abstand höchstens 750 mm betragen.

Tabelle 11: Mindestanzahl und Durchmesser von Drahtankern je m² Wandfläche

		Drahtanker Mindestanzahl	Durchmesser mm
1	mindestens, sofern nicht Zeilen 2 und 3 maßgebend	5	3
2	Wandbereich höher als 12 m über Gelände oder Abstand der Mauerwerksschalen über 70 bis 120 mm	5	4
3	Abstand der Mauerwerksschalen über 120 bis 150 mm	7 oder 5	4 5

An allen freien Rändern (von Öffnungen, an Gebäudeecken, entlang von Dehnungsfugen und an den oberen Enden der Außenschalen) sind zusätzlich zu Tabelle 11 drei Drahtanker je m Randlänge anzuordnen.

Werden die Drahtanker nach Bild 9 in Leichtmörtel eingebettet, so ist dafür LM 36 erforderlich. Drahtanker in Leichtmörtel LM 21 bedürfen einer anderen Verankerungsart.

Andere Verankerungsarten der Drahtanker sind zulässig, wenn durch Prüfzeugnis nachgewiesen wird, daß diese Verankerungsart eine Zug- und Druckkraft von mindestens 1 kN bei 1,0 mm Schlupf je Drahtanker aufnehmen kann. Wird einer dieser Werte nicht erreicht, so ist die Anzahl der Drahtanker entsprechend zu erhöhen.

Die Drahtanker sind unter Beachtung ihrer statischen Wirksamkeit so auszuführen, daß sie keine Feuchte von der Außen- zur Innenschale leiten können (z. B. Aufschieben einer Kunststoffscheibe, siehe Bild 9).

Andere Ankerformen (z. B. Flachstahlanker) und Dübel im Mauerwerk sind zulässig, wenn deren Brauchbarkeit nach den bauaufsichtlichen Vorschriften nachgewiesen ist, z. B. durch eine allgemeine bauaufsichtliche Zulassung.

Bei nichtflächiger Verankerung der Außenschale, z. B. linienförmig oder nur in Höhe der Decken, ist ihre Standsicherheit nachzuweisen.

Bei gekrümmten Mauerwerksschalen sind Art, Anordnung und Anzahl der Anker unter Berücksichtigung der Verformung festzulegen.

f) Die Innenschalen und die Geschoßdecken sind an den Fußpunkten der Zwischenräume der Wandschalen gegen Feuchtigkeit zu schützen (siehe Bild 10). Die Abdichtung ist im Bereich des Zwischenraumes im Gefälle nach außen, im Bereich der Außenschale horizontal zu verlegen. Dieses gilt auch bei Fenster- und Türstürzen sowie im Bereich von Sohlbänken.

Die Aufstandsfläche muß so beschaffen sein, daß ein Abrutschen der Außenschale auf ihr nicht eintritt. Die erste Ankerlage ist so tief wie möglich anzuordnen. Die Dichtungsbahn für die

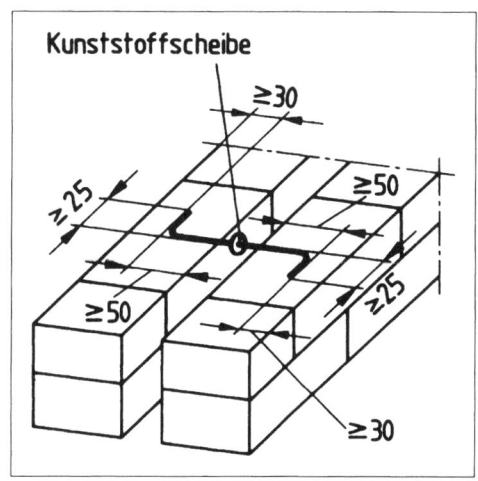

Bild 9. Drahtanker für zweischaliges Mauerwerk für Außenwände

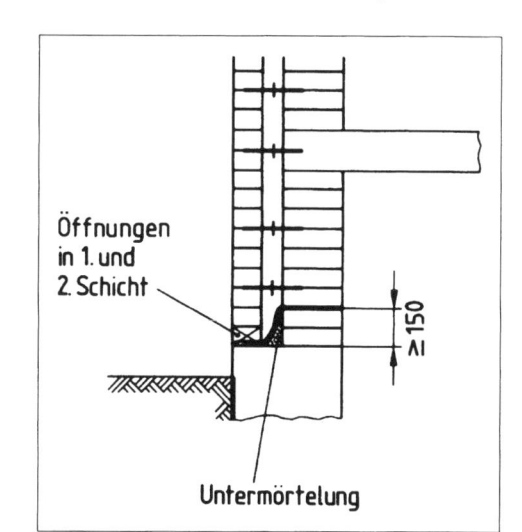

Bild 10. Fußpunktausführung bei zweischaligem Verblendmauerwerk (Prinzipskizze)

untere Sperrschicht muß DIN 18 195-4 entsprechen. Sie ist bis zur Vorderkante der Außenschale zu verlegen, an der Innenschale hochzuführen und zu befestigen.

g) Abfangekonstruktionen, die nach dem Einbau nicht mehr kontrollierbar sind, sollen dauerhaft gegen Korrosion geschützt sein.

h) In der Außenschale sollen vertikale Dehnungsfugen angeordnet werden. Ihre Abstände richten sich nach der klimatischen Beanspruchung (Temperatur, Feuchte usw.), der Art der Baustoffe und der Farbe der äußeren Wandfläche. Darüber hinaus muß die freie Beweglichkeit der Außenschale auch in vertikaler Richtung sichergestellt sein.

Die unterschiedlichen Verformungen der Außen- und Innenschale sind insbesondere bei Gebäuden mit über mehrere Geschosse durchgehender Außenschale auch bei der Ausführung der Türen und Fenster zu beachten. Die Mauerwerksschalen sind an ihren Berührungspunkten (z. B. Fenster- und Türanschlägen) durch eine wasserundurchlässige Sperrschicht zu trennen.

Die Dehnungsfugen sind mit einem geeigneten Material dauerhaft und dicht zu schließen.

8.4.3.2 Zweischalige Außenwände mit Luftschicht

Bei zweischaligen Außenwänden mit Luftschicht ist folgendes zu beachten:

a) Die Luftschicht soll mindestens 60 mm und darf bei Verwendung von Drahtankern nach Tabelle 11 höchstens 150 mm dick sein. Die Dicke der Luftschicht darf bis auf 40 mm vermindert werden, wenn der Fugenmörtel mindestens an einer Hohlraumseite abgestrichen wird. Die Luftschicht darf nicht durch Mörtelbrücken unterbrochen werden. Sie ist beim Hochmauern durch Abdecken oder andere geeignete Maßnahmen gegen herabfallenden Mörtel zu schützen.

b) Die Außenschalen sollen unten und oben mit Lüftungsöffnungen (z. B. offene Stoßfugen) versehen werden, wobei die unteren Öffnungen auch zur Entwässerung dienen. Das gilt auch für die Brüstungsbereiche der Außenschale. Die Lüftungsöffnungen sollen auf 20 m² Wandfläche (Fenster und Türen eingerechnet) eine Fläche von jeweils etwa 7500 mm² haben.

c) Die Luftschicht darf erst 100 mm über Erdgleiche beginnen und muß von dort bzw. von der Oberkante Abfangkonstruktion (siehe 8.4.3.1, Aufzählung c) bis zum Dach bzw. bis Unterkante Abfangkonstruktion ohne Unterbrechung hochgeführt werden.

8.4.3.3 Zweischalige Außenwände mit Luftschicht und Wärmedämmung

Bei Anordnung einer zusätzlichen matten- oder plattenförmigen Wärmedämmschicht auf der Außenseite der Innenschale ist zusätzlich zu 8.4.3.2 zu beachten:

a) Bei Verwendung von Drahtankern nach Tabelle 11 darf der lichte Abstand der Mauerwerksschalen 150 mm nicht überschreiten. Bei größerem Abstand ist die Verankerung durch andere Verankerungsarten gemäß 8.4.3.1, Aufzählung e, 4. Absatz, nachzuweisen.

b) Die Luftschichtdicke von mindestens 40 mm darf nicht durch Unebenheit der Wärmedämmschicht eingeengt werden. Wird diese Luftschichtdicke unterschritten, gilt 8.4.3.4.

c) Hinsichtlich der Eigenschaften und Ausführung der Wärmedämmschicht ist 8.4.3.4, Aufzählung a, sinngemäß zu beachten.

8.4.3.4 Zweischalige Außenwände mit Kerndämmung

Zusätzlich zu 8.4.3.2 gilt:

Der lichte Abstand der Mauerwerksschalen darf 150 mm nicht überschreiten. Der Hohlraum zwischen den Mauerwerksschalen darf ohne verbleibende Luftschicht verfüllt werden, wenn Wärmedämmstoffe verwendet werden, die für diesen Anwendungsbereich genormt sind oder deren Brauchbarkeit nach den bauaufsichtlichen Vorschriften nachgewiesen ist, z. B. durch eine allgemeine bauaufsichtliche Zulassung.

In Außenschalen dürfen glasierte Steine oder Steine mit Oberflächenbeschichtungen nur verwendet werden, wenn deren Frostwiderstandsfähigkeit unter erhöhter Beanspruchung geprüft wurde.[1]

Auf die vollfugige Vermauerung der Verblendschale und die sachgemäße Verfugung der Sichtflächen ist besonders zu achten.

Entwässerungsöffnungen in der Außenschale sollen auf 20 m² Wandfläche (Fenster und Türen eingerechnet) eine Fläche von mindestens 5000 mm² im Fußpunktbereich haben.

Als Baustoff für die Wärmedämmung dürfen z. B. Platten, Matten, Granulate und Schüttungen aus Dämmstoffen, die dauerhaft wasserabweisend sind, sowie Ortschäume verwendet werden.

Bei der Ausführung gilt insbesondere:

a) Platten- und mattenförmige Mineralfaserdämmstoffe sowie Platten aus Schaumkunststoffen und Schaumglas als Kerndämmung sind an der

---
[1] Mauerziegel nach DIN 52 252-1, Kalksandsteine nach DIN 106-2.

Innenschale so zu befestigen, daß eine gleichmäßige Schichtdicke sichergestellt ist.

Platten- und mattenförmige Mineralfaserdämmstoffe sind so dicht zu stoßen, Platten aus Schaumkunststoffen so auszubilden und zu verlegen (Stufenfalz, Nut und Feder oder versetzte Lagen), daß ein Wasserdurchtritt an den Stoßstellen dauerhaft verhindert wird.

Materialausbruchstellen bei Hartschaumplatten (z. B. beim Durchstoßen der Drahtanker) sind mit einer lösungsmittelfreien Dichtungsmasse zu schließen.

Die Außenschale soll so dicht, wie es das Vermauern erlaubt (Fingerspalt), vor der Wärmedämmschicht errichtet werden.

b) Bei lose eingebrachten Wärmedämmstoffen (z. B. Mineralfasergranulat, Polystyrolschaumstoff-Partikeln, Blähperlit) ist darauf zu achten, daß die Dämmstoff den Hohlraum zwischen Außen- und Innenschale vollständig ausfüllt. Die Entwässerungsöffnungen am Fußpunkt der Wand müssen funktionsfähig bleiben. Das Ausrieseln des Dämmstoffes ist in geeigneter Weise zu verhindern (z. B. durch nichtrostende Lochgitter).

c) Ortschaum als Kerndämmung muß beim Ausschäumen den Hohlraum zwischen Außen- und Innenschale vollständig ausfüllen. Die Ausschäumung muß auf Dauer in ihrer Wirkung erhalten bleiben.

Für die Entwässerung gilt Aufzählung b sinngemäß.

8.4.3.5 Zweischalige Außenwände mit Putzschicht

Auf der Außenseite der Innenschale ist eine zusammenhängende Putzschicht aufzubringen. Davor ist die Außenschale (Verblendschale) so dicht, wie es das Vermauern erlaubt (Fingerspalt), vollfugig zu errichten.

Wird statt der Verblendschale eine geputzte Außenschale angeordnet, darf auf die Putzschicht auf der Außenseite der Innenschale verzichtet werden.

Für die Drahtanker nach 8.4.3.1, Aufzählung e, genügt eine Dicke von 3 mm.

Bezüglich der Entwässerungsöffnungen gilt 8.4.3.2, Aufzählung b, sinngemäß. Auf obere Entlüftungsöffnungen darf verzichtet werden.

Bezüglich der Dehnungsfugen gilt 8.4.3.1, Aufzählung h.

8.5 Gewölbe, Bogen und Gewölbewirkung

8.5.1 Gewölbe und Bogen

Gewölbe und Bogen sollen nach der Stützlinie für ständige Last geformt werden. Der Gewölbeschub ist durch geeignete Maßnahmen aufzunehmen. Gewölbe und Bogen größerer Stützweite und stark wechselnder Last sind nach der Elastizitätstheorie zu berechnen. Gewölbe und Bogen mit günstigem Stichverhältnis, voller Hintermauerung oder reichlicher Überschüttungshöhe und mit überwiegender ständiger Last dürfen nach dem Stützlinienverfahren untersucht werden, ebenso andere Gewölbe und Bogen mit kleineren Stützweiten.

8.5.2 Gewölbte Kappen zwischen Trägern

Bei vorwiegend ruhender Verkehrslast nach DIN 1055-3 ist für Kappen, deren Dicke erfahrungsgemäß ausreicht (Trägerabstand bis etwa 2,50 m), ein statischer Nachweis nicht erforderlich.

Die Mindestdicke der Kappen beträgt 115 mm.

Es muß im Verband gemauert werden (Kuff oder Schwalbenschwanz).

Die Stichhöhe muß mindestens $1/10$ der Kappenstützweite sein.

Die Endfelder benachbarter Kappengewölbe müssen Zuganker erhalten, deren Abstände höchstens gleich dem Trägerabstand des Endfeldes sind. Sie sind mindestens in den Drittelpunkten und an den Trägerenden anzuordnen. Das Endfeld darf nur dann als ausreichendes Widerlager (starre Scheibe) für die Aufnahme des Horizontalschubes der Mittelfelder angesehen werden, wenn seine Breite mindestens ein Drittel seiner Länge ist. Bei schlankeren Endfeldern sind die Anker über mindestens zwei Felder zu führen. Die Endfelder als Ganzes müssen seitliche Auflager erhalten, die in der Lage sind, den Horizontalschub der Mittelfelder auch dann aufzunehmen, wenn die Endfelder unbelastet sind. Die Auflager dürfen durch Vormauerung, dauernde Auflast, Verankerung oder andere geeignete Maßnahmen gesichert werden.

Über den Kellern von Gebäuden mit vorwiegend ruhender Verkehrslast von maximal 2 kN/m² darf ohne statischen Nachweis davon ausgegangen werden, daß der Horizontalschub von Kappen bis 1,3 m Stützweite durch mindestens 2 m lange, 240 mm dicke und höchstens 6 m voneinander entfernte Querwände aufgenommen wird, wobei diese gleichzeitig mit den Auflagerwänden der Endfelder (in der Regel Außenwände) im Verband zu mauern sind oder, wenn Loch- bzw. stehende Verzahnung angewendet wird, durch statisch gleichwertige Maßnahmen zu verbinden sind.

8.5.3 Gewölbewirkung über Wandöffnungen

Voraussetzung für die Anwendung dieses Abschnittes ist, daß sich neben und oberhalb des Trägers und der Lastflächen eine Gewölbewirkung ausbilden kann, dort also keine störenden Öffnungen liegen, und der Gewölbeschub aufgenommen werden kann.

Bei Sturz- oder Abfangträgern unter Wänden braucht als Last nur die Eigenlast des Teils der Wände eingesetzt zu werden, der durch ein gleichseitiges Dreieck über dem Träger umschlossen wird.

Gleichmäßig verteilte Deckenlasten oberhalb des Belastungsdreiecks bleiben bei der Bemessung der Träger unberücksichtigt. Deckenlasten, die innerhalb des Belastungsdreiecks als gleichmäßig verteilte Last auf das Mauerwerk wirken (z. B. bei Deckenplatten und Balkendecken mit Balkenabständen ≤ 1,25 m), sind nur auf der Strecke, in der sie innerhalb des Dreiecks liegen, einzusetzen (siehe Bild 11a).

Für Einzellasten, z. B. von Unterzügen, die innerhalb oder in der Nähe des Lastdreiecks liegen, darf eine Lastverteilung von 60° angenommen werden. Liegen Einzellasten außerhalb des Lastdreiecks, so brauchen sie nur berücksichtigt zu werden, wenn sie noch innerhalb der Stützweite des Trägers und unterhalb einer Horizontalen angreifen, die 250 mm über der Dreiecksspitze liegt.

Solchen Einzellasten ist die Eigenlast des in Bild 11b horizontal schraffierten Mauerwerks zuzuschlagen.

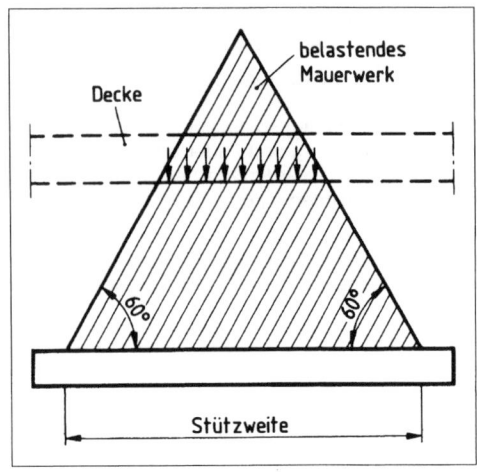

Bild 11a. Deckenlast über Wandöffnungen bei Gewölbewirkung

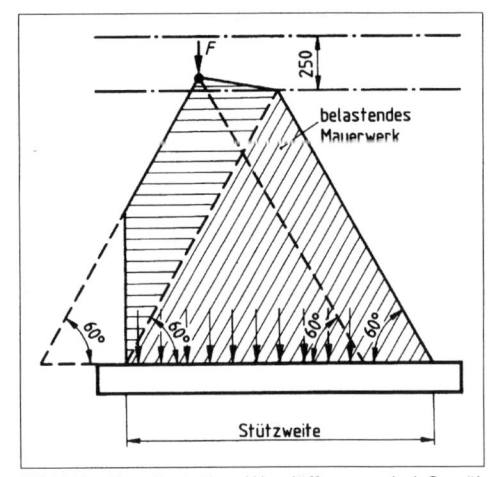

Bild 11b. Einzellast über Wandöffnungen bei Gewölbewirkung

9 Ausführung

9.1 Allgemeines

Bei stark saugfähigen Steinen und / oder ungünstigen Umgebungsbedingungen ist ein vorzeitiger und zu hoher Wasserentzug aus dem Mörtel durch Vornässen der Steine oder andere geeignete Maßnahmen einzuschränken, wie z. B.

a) durch Verwendung von Mörtel mit verbessertem Wasserrückhaltevermögen,

b) durch Nachbehandlung des Mauerwerks.

9.2 Lager-, Stoß- und Längsfugen

9.2.1 Vermauerung mit Stoßfugenvermörtelung

Bei der Vermauerung sind die Lagerfugen stets vollflächig zu vermauern und die Längsfugen satt zu verfüllen bzw. bei Dünnbettmörtel der Mörtel vollflächig aufzutragen. Stoßfugen sind in Abhängigkeit von der Steinform und vom Steinformat so zu verfüllen bzw. bei Dünnbettmörtel der Mörtel vollflächig aufzutragen, daß die Anforderungen an die Wand hinsichtlich des Schlagregenschutzes,

Wärmeschutzes, Schallschutzes sowie des Brandschutzes erfüllt werden können. Beispiele für Vermauerungsarten und Fugenausbildung sind in den Bildern 12a bis 12c angegeben.

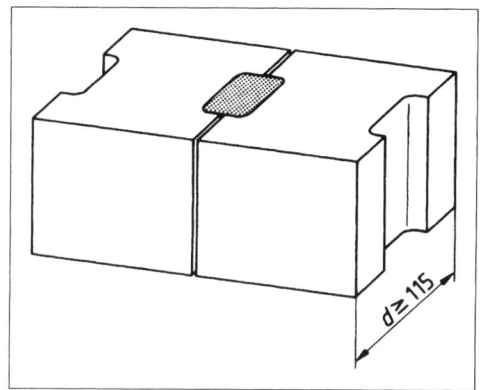

Bild 12a. Vermauerung von Steinen mit Mörteltaschen bei Knirschverlegung (Prinzipskizze)

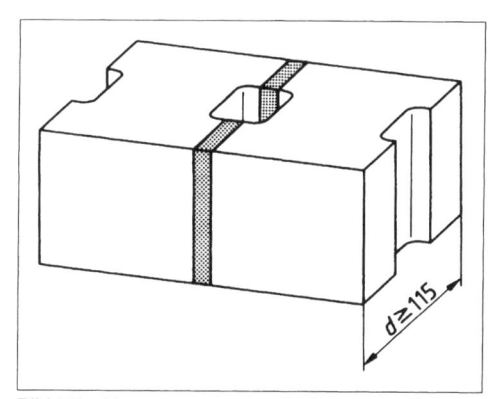

Bild 12b. Vermauerung von Steinen mit Mörteltaschen durch Auftragen von Mörtel auf die Steinflanken (Prinzipskizze)

Die Dicke der Fugen soll so gewählt werden, daß das Maß von Stein und Fuge dem Baurichtmaß bzw. dem Koordinierungsmaß entspricht. In der Regel sollen die Stoßfugen 10 mm und die Lagerfugen 12 mm dick sein. Bei Vermauerung der Steine mit Dünnbettmörtel muß die Dicke der Stoß- und Lagerfuge 1 bis 3 mm betragen.

Wenn Steine und Mörteltaschen vermauert werden, sollen die Steine entweder knirsch verlegt und die Mörteltaschen verfüllt werden (siehe Bild 12a) oder durch Auftragen von Mörtel auf die Steinflanken vermauert werden (siehe Bild 12b). Steine gelten dann als knirsch verlegt, wenn sie ohne Mörtel so dicht aneinander verlegt werden, wie dies wegen der herstellungsbedingten Unebenheiten der Stoß-

fugenflächen möglich ist. Der Abstand der Steine soll im allgemeinen nicht größer als 5 mm sein. Bei Stoßfugenbreiten > 5 mm müssen die Fugen beim Mauern beidseitig an der Wandoberfläche mit Mörtel verschlossen werden.

9.2.2 Vermauerung ohne Stoßfugenvermörtelung

Soll bei Verwendung von Normal-, Leicht- oder Dünnbettmörtel auf die Vermörtelung der Stoßfugen verzichtet werden, müssen hierzu die Steine hinsichtlich ihrer Form und Maße geeignet sein. Die Steine sind stumpf oder mit Verzahnung durch ein Nut- und Federsystem ohne Stoßfugenvermörtelung knirsch zu verlegen bzw. ineinander verzahnt zu versetzen (siehe Bild 12c).

> Bei Stoßfugenbreiten > 5 mm müssen die Fugen beim Mauern beidseitig an der Wandoberfläche mit Mörtel verschlossen werden.

Die erforderlichen Maßnahmen zur Erfüllung der Anforderungen an die Bauteile hinsichtlich des Schlagregenschutzes, Wärmeschutzes, Schallschutzes sowie des Brandschutzes sind bei dieser Vermauerung besonders zu beachten.

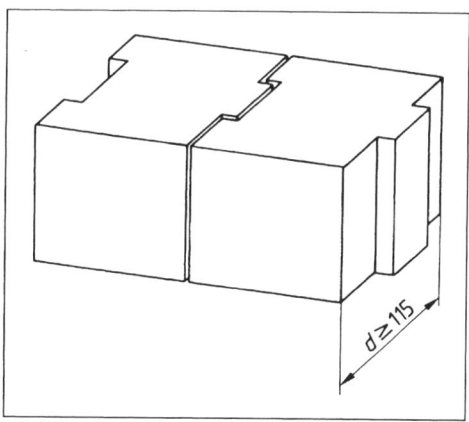

Bild 12c. Vermauerung von Steinen ohne Stoßfugenvermörtelung (Prinzipskizze)

9.2.3 Fugen in Gewölben

Bei Gewölben sind die Fugen so dünn wie möglich zu halten. Am Gewölberücken dürfen sie nicht dicker als 20 mm werden.

9.3 Verband

Es muß im Verband gemauert werden, d. h., die Stoß- und Längsfugen übereinanderliegender Schichten müssen versetzt sein.

Das Überbindemaß $ü$ (siehe Bild 13) muß $\geq 0{,}4\,h$ bzw. ≥ 45 mm sein, wobei h die Steinhöhe (Sollmaß) ist. Der größere Wert ist maßgebend.

Normen

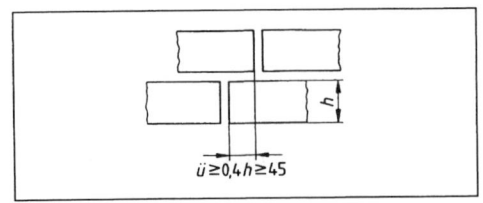

a) Stoßfugen (Wandansicht)

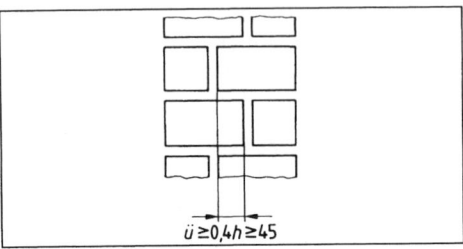

ü ≥ 0,4 h ≥ 45

b) Längsfugen (Wandquerschnitt)

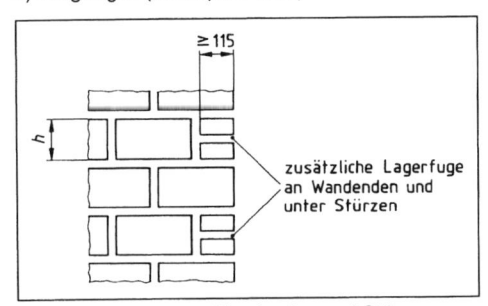

ü ≥ 0,4 h ≥ 45

c) Höhenausgleich an Wandenden und Stürzen

≥ 115

zusätzliche Lagerfuge an Wandenden und unter Stürzen

Bild 13. Überbindemaß und zusätzliche Lagerfugen

Die Steine einer Schicht sollen gleiche Höhe haben. An Wandenden und unter Stürzen ist eine zusätzliche Lagerfuge in jeder zweiten Schicht zum Längen- und Höhenausgleich gemäß Bild 13c zulässig, sofern die Aufstandsfläche der Steine mindestens 115 mm lang ist und Steine und Mörtel mindestens gleiche Festigkeit wie im übrigen Mauerwerk haben. In Schichten mit Längsfugen darf die Steinhöhe nicht größer als die Steinbreite sein. Abweichend davon muß die Aufstandsbreite von Steinen der Höhe 175 und 240 mm mindestens 115 mm betragen. Für das Überbindemaß gilt Absatz 2. Die Absätze 1 und 3 gelten sinngemäß auch für Pfeiler und kurze Wände.

9.4 Mauern bei Frost

Bei Frost darf Mauerwerk nur unter besonderen Schutzmaßnahmen ausgeführt werden. Frostschutzmittel sind nicht zulässig; gefrorene Baustoffe dürfen nicht verwendet werden.

Frisches Mauerwerk ist vor Frost rechtzeitig zu schützen, z. B. durch Abdecken. Auf gefrorenem Mauerwerk darf nicht weitergemauert werden. Der Einsatz von Salzen zum Auftauen ist nicht zulässig. Teile von Mauerwerk, die durch Frost oder andere Einflüsse beschädigt sind, sind vor dem Weiterbau abzutragen.

10 Eignungsprüfungen

Eignungsprüfungen sind nur für Mörtel notwendig, wenn dies nach Anhang A, Abschnitt A.5, gefordert wird.

11 Kontrollen und Güteprüfungen auf der Baustelle

11.1 Rezeptmauerwerk (RM)

11.1.1 Mauersteine

Der bauausführende Unternehmer hat zu kontrollieren, ob die Angaben auf dem Lieferschein oder dem Beipackzettel mit den bautechnischen Unterlagen übereinstimmen. Im übrigen gilt DIN 18 200 in Verbindung mit den entsprechenden Normen für die Steine.

11.1.2 Mauermörtel

Bei Verwendung von Baustellenmörtel ist während der Bauausführung regelmäßig zu überprüfen, daß das Mischungsverhältnis nach Anhang A, Tabelle A.1, oder nach Eignungsprüfung eingehalten ist.

Bei Werkmörteln ist der Lieferschein oder der Verpackungsaufdruck daraufhin zu kontrollieren, ob die Angaben über Mörtelart und Mörtelgruppe mit den bautechnischen Unterlagen sowie die Sortennummer und das Lieferwerk mit der Bestellung übereinstimmen und das Überwachungszeichen ausgewiesen ist.

Bei allen Mörteln der Gruppe IIIa ist an jeweils drei Prismen aus drei verschiedenen Mischungen je Geschoß, aber mindestens je 10 m³ Mörtel, die Mörteldruckfestigkeit nach DIN 18 555-3 nachzuweisen; sie muß dabei die Anforderungen an die Druckfestigkeit nach Anhang A, Tabelle A.2, Spalte 3, erfüllen.

Bei Gebäuden mit mehr als sechs gemauerten Vollgeschossen ist die geschoßweise Prüfung, mindestens aber je 20 m³ Mörtel, auch bei Normalmörteln der Gruppen II, IIa und III sowie bei Leicht- und Dünnbettmörteln durchzuführen, wobei bei den obersten drei Geschossen darauf verzichtet werden darf.

11.2 Mauerwerk nach Eignungsprüfung (EM)

11.2.1 Einstufungsschein, Eignungsnachweis des Mörtels

Vor Beginn jeder Baumaßnahme muß der Baustelle der Einstufungsschein und gegebenenfalls der Eignungsnachweis des Mörtels (siehe DIN 1053-2, 6.4, letzter Absatz) zur Verfügung stehen.

11.2.2 Mauersteine

Jeder Mauersteinlieferung ist ein Beipackzettel beizufügen, aus dem neben der Norm-Bezeichnung des Steines einschließlich der EM-Kennzeichnung, die Steindruckfestigkeit nach Einstufungsschein, die Mörtelart und -gruppe, die Mauerwerksfestigkeitsklasse, die Einstufungsschein-Nr. und die ausstellende Prüfstelle ersichtlich sind. Das bauausführende Unternehmen hat zu kontrollieren, ob die Angaben auf dem Lieferschein und dem Beipackzettel mit den bautechnischen Unterlagen übereinstimmen und den Angaben auf dem Einstufungsschein entsprechen.

Im übrigen gilt DIN 18 200 in Verbindung mit den entsprechenden Normen für die Steine.

11.2.3 Mörtel

Bei Verwendung von Baustellenmörtel ist während der Bauausführung regelmäßig zu überprüfen, daß das Mischungsverhältnis nach dem Einstufungsschein eingehalten wird.

Bei Werkmörtel ist der Lieferschein daraufhin zu kontrollieren, ob die Angaben über die Mörtelart und -gruppe, das Herstellwerk und die Sorten-Nr. den Angaben im Einstufungsschein entsprechen.

Bei Verwendung von Austauschmörteln nach DIN 1053-2, 6.4, letzter Absatz, ist entsprechend zu verfahren.

Bei allen Mörteln ist an jeweils 3 Prismen aus 3 verschiedenen Mischungen die Mörteldruckfestigkeit nach DIN 18 555-3 nachzuweisen. Sie muß dabei die Anforderungen an die Druckfestigkeit nach Tabellen A.2, A.3 und A.4 bei Güteprüfung erfüllen. Diese Kontrollen sind für jeweils 10 m^3 verarbeiteten Mörtels, mindestens aber je Geschoß, vorzunehmen.

12 Natursteinmauerwerk

12.1 Allgemeines

Natursteine für Mauerwerk dürfen nur aus gesundem Gestein gewonnen werden. Ungeschützt dem Witterungswechsel ausgesetztes Mauerwerk muß ausreichend witterungswiderstandsfähig gegen diese Einflüsse sein.

Geschichtete (lagerhafte) Steine sind im Bauwerk so zu verwenden, wie es ihrer natürlichen Schichtung entspricht. Die Lagerfugen sollen rechtwinklig zum Kraftangriff liegen. Die Steinlängen sollen das Vier- bis Fünffache der Steinhöhen nicht über- und die Steinhöhe nicht unterschreiten.

12.2 Verband

12.2.1 Allgemeines

Der Verband bei reinem Natursteinmauerwerk muß im ganzen Querschnitt handwerksgerecht sein, d. h., daß

a) an der Vorder- und Rückfläche nirgends mehr als drei Fugen zusammenstoßen,

b) keine Stoßfuge durch mehr als zwei Schichten durchgeht,

c) auf zwei Läufer mindestens ein Binder kommt oder Binder- und Läuferschichten miteinander abwechseln,

d) die Dicke (Tiefe) der Binder etwa das $1^1/_2$fache der Schichthöhe, mindestens aber 300 mm, beträgt,

e) die Dicke (Tiefe) der Läufer etwa gleich der Schichthöhe ist,

f) die Überdeckung der Stoßfugen bei Schichtenmauerwerk mindestens 100 mm und bei Quadermauerwerk mindestens 150 mm beträgt und

g) an den Ecken die größten Steine (gegebenenfalls in Höhe von zwei Schichten) nach Bild 17 und Bild 18 eingebaut werden.

Lassen sich Zwischenräume im Innern des Mauerwerks nicht vermeiden, so sind sie mit geeigneten, allseits von Mörtel umhüllten Steinstücken so auszuzwickeln, daß keine unvermörtelten Hohlräume entstehen. In ähnlicher Weise sind auch weite Fugen auf der Vorder- und Rückseite von Zyklopenmauerwerk, Bruchsteinmauerwerk und hammerrechtem Schichtenmauerwerk zu behandeln. Sofern kein Fugenglattstrich ausgeführt wird, sind die Sichtflächen nachträglich zu verfugen. Sind die Flächen der Witterung ausgesetzt, so muß die Verfugung lückenlos sein und eine Tiefe mindestens gleich der Fugendicke haben. Die Art der Bearbeitung der Steine in der Sichtfläche ist nicht maßgebend für die zulässige Druckbeanspruchung und deshalb hier nicht behandelt.

12.2.2 Trockenmauerwerk
(siehe Bild 14)

Bruchsteine sind ohne Verwendung von Mörtel unter geringer Bearbeitung in richtigem Verband so aneinanderzufügen, daß möglichst enge Fugen und kleine Hohlräume verbleiben. Die Hohlräume zwischen den Steinen müssen durch kleinere Steine so ausgefüllt werden, daß durch Einkeilen Spannung zwischen den Mauersteinen entsteht.

Trockenmauerwerk darf nur für Schwergewichtsmauern (Stützmauern) verwendet werden. Als Berechnungsgewicht dieses Mauerwerkes ist die Hälfte der Rohdichte des verwendeten Steines anzunehmen.

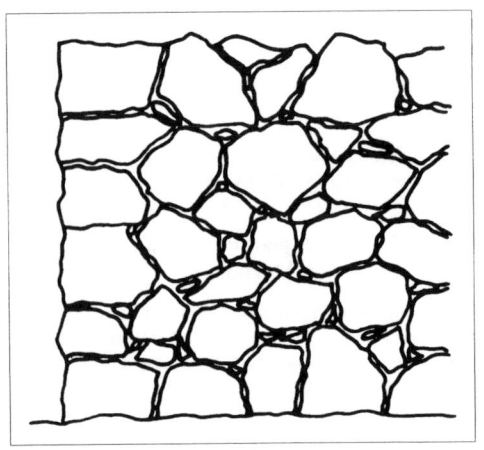

Bild 15. Zyklopenmauerwerk

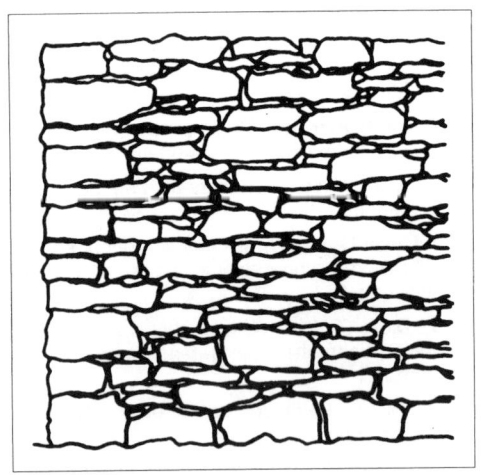

Bild 14. Trockenmauerwerk

12.2.3 Zyklopenmauerwerk und Bruchsteinmauerwerk
(siehe Bilder 15 und 16)

Wenig bearbeitete Bruchsteine sind im ganzen Mauerwerk im Verband und in Mörtel zu verlegen.

Das Bruchsteinmauerwerk ist in seiner ganzen Dicke und in Abständen von höchstens 1,50 m rechtwinklig zur Kraftrichtung auszugleichen.

12.2.4 Hammerrechtes Schichtenmauerwerk (siehe Bild 17)

Die Steine der Sichtfläche erhalten auf mindestens 120 mm Tiefe bearbeitete Lager- und Stoßfugen, die ungefähr rechtwinklig zueinander stehen.

Die Schichtdicke darf innerhalb einer Schicht und in den verschiedenen Schichten wechseln, jedoch

Bild 16. Bruchsteinmauerwerk

Bild 17. Hammerrechtes Schichtenmauerwerk

ist das Mauerwerk in seiner ganzen Dicke in Abständen von höchstens 1,50 m rechtwinklig zur Kraftrichtung auszugleichen.

12.2.5 Unregelmäßiges Schichtenmauerwerk (siehe Bild 18)

Die Steine der Sichtfläche erhalten auf mindestens 150 mm Tiefe bearbeitete Lager- und Stoßfugen, die zueinander und zur Oberfläche rechtwinklig stehen.

Die Fugen der Sichtfläche dürfen nicht dicker als 30 mm sein. Die Schichthöhe darf innerhalb einer Schicht und in den verschiedenen Schichten in mäßigen Grenzen wechseln, jedoch ist das Mauerwerk in seiner ganzen Dicke in Abständen von höchstens 1,50 m rechtwinklig zur Kraftrichtung auszugleichen.

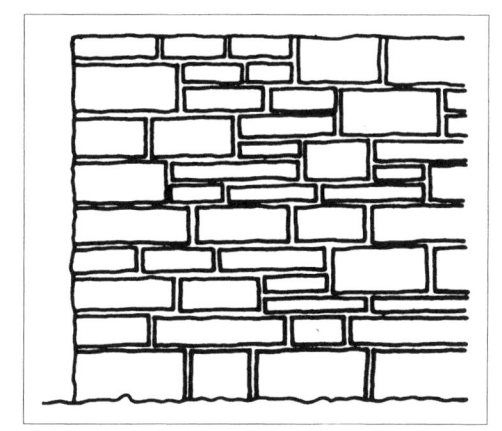

Bild 18. Unregelmäßiges Schichtenmauerwerk

12.2.6 Regelmäßiges Schichtenmauerwerk (siehe Bild 19)

Es gelten die Festlegungen nach Abschnitt 12.2.5. Darüber hinaus darf innerhalb einer Schicht die Höhe der Steine nicht wechseln; jede Schicht ist rechtwinklig zur Kraftrichtung auszugleichen. Bei Gewölben, Kuppeln und dergleichen müssen die Lagerfugen über die ganze Gewölbedicke hindurchgehen. Die Schichtsteine sind daher auf ihrer ganzen Tiefe in den Lagerfugen zu bearbeiten, während bei den Stoßfugen eine Bearbeitung auf 150 mm Tiefe genügt.

12.2.7 Quadermauerwerk (siehe Bild 20)

Die Steine sind nach den angegebenen Maßen zu bearbeiten. Lager- und Stoßfugen müssen in ganzer Tiefe bearbeitet sein.

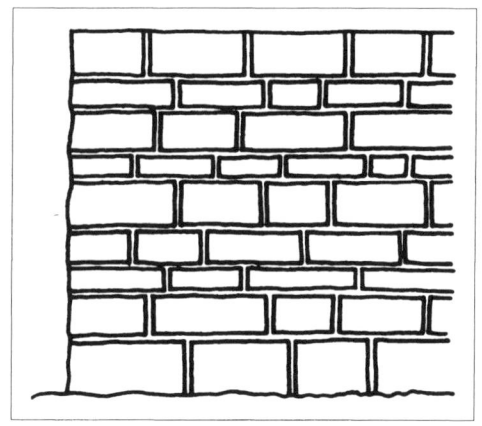

Bild 19. Regelmäßiges Schichtenmauerwerk

12.2.8 Verblendmauerwerk (Mischmauerwerk)

Verblendmauerwerk darf unter den folgenden Bedingungen zum tragenden Querschnitt gerechnet werden:

a) Das Verblendmauerwerk muß gleichzeitig mit der Hintermauerung im Verband gemauert werden,

b) es muß mit der Hintermauerung durch mindestens 30 % Bindersteine verzahnt werden,

c) die Bindersteine müssen mindestens 240 mm dick (tief) sein und mindestens 100 mm in die Hintermauerung eingreifen,

d) die Dicke von Platten muß gleich oder größer als $1/3$ ihrer Höhe und mindestens 115 mm sein,

e) bei Hintermauerungen aus künstlichen Steinen (Mischmauerwerk) darf außerdem jede dritte Natursteinschicht nur aus Bindern bestehen.

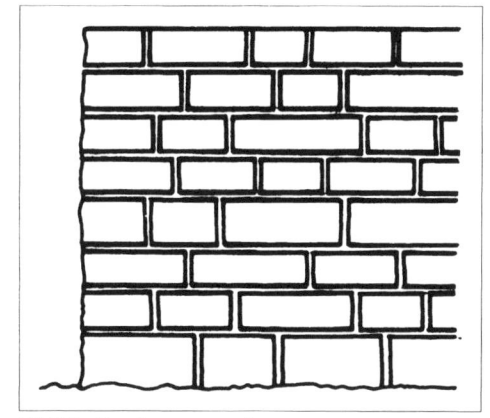

Bild 20. Quadermauerwerk

Besteht der hintere Wandteil aus Beton, so gelten die vorstehenden Bedingungen sinngemäß.

Bei Pfeilern dürfen Plattenverkleidungen nicht zum tragenden Querschnitt gerechnet werden.

Für die Ermittlung der zulässigen Beanspruchung des Bauteils ist das Material (Mauerwerk, Beton) mit der niedrigsten zulässigen Beanspruchung maßgebend.

Verblendmauerwerk, das nicht die Bedingungen der Aufzählungen a bis e erfüllt, darf nicht zum tragenden Querschnitt gerechnet werden. Geschichtete Steine dürfen dann auch gegen ihr Lager vermauert werden, wenn sie parallel zur Schichtung eine Mindestdruckfestigkeit von 20 MN/m² besitzen. Nichttragendes Verblendmauerwerk ist nach 8.4.3.1, Aufzählung e, zu verankern und nach Aufzählung d desselben Abschnittes abzufangen.

12.3 Zulässige Beanspruchung

12.3.1 Allgemeines

Die Druckfestigkeit von Gestein, das für tragende Bauteile verwendet wird, muß mindestens 20 N/mm² betragen. Abweichend davon ist Mauerwerk der Güteklasse N 4 aus Gestein mit der Mindestdruckfestigkeit von 5 N/mm² zulässig, wenn die Grundwerte σ_0 nach Tabelle 14 für die Steinfestigkeit $\beta_{St} = 20$ N/mm² nur zu einem Drittel angesetzt werden. Bei einer Steinfestigkeit von 10 N/mm² sind die Grundwerte σ_0 zu halbieren.

Erfahrungswerte für die Mindestdruckfestigkeit einiger Gesteinsarten sind in Tabelle 12 angegeben.

Tabelle 12: Mindestdruckfestigkeit der Gesteinsarten

Gesteinsarten	Mindestdruckfestigkeit N/mm²
Kalkstein, Travertin, vulkanische Tuffsteine	20
Weiche Sandsteine (mit tonigem Bindemittel) und dergleichen	30
Dichte (feste) Kalksteine und Dolomite (einschließlich Marmor), Basaltlava und dergleichen	50
Quarzitische Sandsteine (mit kieseligem Bindemittel), Grauwacke und dergleichen	80
Granit, Syenit, Diorit, Quarzporphyr, Melaphyr, Diabas und dergleichen	120

Als Mörtel darf nur Normalmörtel verwendet werden.

Das Natursteinmauerwerk ist nach seiner Ausführung (insbesondere Steinform, Verband und Fugenausbildung) in die Güteklassen N 1 bis N 4 einzustufen. Tabelle 13 und Bild 21 geben einen Anhalt für die Einstufung. Die darin aufgeführten Anhaltswerte Fugenhöhe/Steinlänge, Neigung der Lagerfuge und Übertragungsfaktor sind als Mittelwerte anzusehen. Der Übertragungsfaktor ist das Verhältnis von Überlappungsflächen der Steine zu Wandquerschnitt im Grundriß. Die Grundeinstufung nach Tabelle 13 beruht auf üblichen Ausführungen.

Tabelle 13: Anhaltswerte zur Güteklasseneinstufung von Natursteinmauerwerk

Güteklasse	Grundeinstufung	Fugenhöhe/Steinlänge h/l	Neigung der Lagerfuge $\tan \alpha$	Übertragungsfaktor η
N 1	Bruchsteinmauerwerk	$\leq 0{,}25$	$\leq 0{,}30$	$\geq 0{,}5$
N 2	Hammerrechtes Schichtenmauerwerk	$\leq 0{,}20$	$\leq 0{,}15$	$\geq 0{,}65$
N 3	Schichtenmauerwerk	$\leq 0{,}13$	$\leq 0{,}10$	$\geq 0{,}75$
N 4	Quadermauerwerk	$\leq 0{,}07$	$\leq 0{,}05$	$\geq 0{,}85$

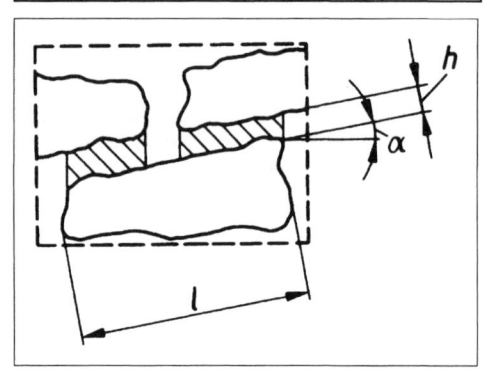

a) Ansicht

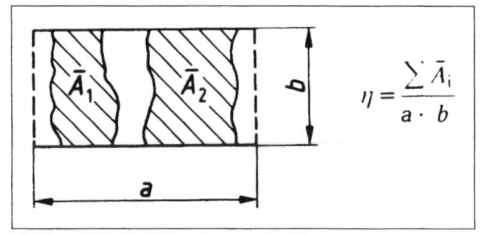

$$\eta = \frac{\sum \bar{A}_i}{a \cdot b}$$

b) Grundriß des Wandquerschnittes

Bild 21. Darstellung der Anhaltswerte nach Tabelle 13

Die Mindestdicke von tragendem Natursteinmauerwerk beträgt 240 mm, der Mindestquerschnitt 0,1 m².

12.3.2 Spannungsnachweis bei zentrischer und exzentrischer Druckbeanspruchung

Die Grundwerte σ_0 der zulässigen Spannungen von Natursteinmauerwerk ergeben sich in Abhängigkeit von der Güteklasse, der Steinfestigkeit und der Mörtelgruppe nach Tabelle 14.

In Tabelle 14 bedeutet β_{st} die charakteristische Druckfestigkeit der Natursteine (5%-Quantil bei 90 % Aussagewahrscheinlichkeit), geprüft nach DIN 52 105.

Wände der Schlankheit $h_K/d > 10$ sind nur in den Güteklassen N 3 und N 4 zulässig. Schlankheiten $h_K/d > 14$ sind nur bei mittiger Belastung zulässig, Schlankheiten $h_K/d > 20$ sind unzulässig.

Bei Schlankheiten $h_K/d \leq 10$ sind als zulässige Spannungen die Grundwerte σ_0 nach Tabelle 14 anzusetzen. Bei Schlankheiten $h_K/d > 10$ sind die Grundwerte σ_0 nach Tabelle 14 mit dem Faktor $\frac{25 - h_K/d}{15}$ abzumindern.

Tabelle 14: Grundwerte σ_0 der zulässigen Druckspannungen für Natursteinmauerwerk mit Normalmörtel

Güte-klasse	Steinfestigkeit β_{st} N/mm²	Grundwerte σ_0[1) Mörtelgruppe			
		I MN/m²	II MN/m²	IIa MN/m²	III MN/m²
N 1	≥ 20	0,2	0,5	0,8	1,2
	≥ 50	0,3	0,6	0,9	1,4
N 2	≥ 20	0,4	0,9	1,4	1,8
	≥ 50	0,6	1,1	1,6	2,0
N 3	≥ 20	0,5	1,5	2,0	2,5
	≥ 50	0,7	2,0	2,5	3,5
	≥ 100	1,0	2,5	3,0	4,0
N 4	≥ 20	1,2	2,0	2,5	3,0
	≥ 50	2,0	3,5	4,0	5,0
	≥ 100	3,0	4,5	5,5	7,0

[1)] Bei Fugendicken über 40 mm sind die Grundwerte σ_0 um 20 % zu vermindern.

12.3.3 Zug- und Biegezugspannungen

Zugspannungen sind im Regelfall in Natursteinmauerwerk der Güteklassen N 1, N 2 und N 3 unzulässig.

Bei Güteklasse N 4 gilt 6.9.4 sinngemäß mit max $\sigma_Z = 0{,}20$ MN/m².

12.3.4 Schubspannungen

Für den Nachweis der Schubspannungen gilt 6.9.5 mit dem Höchstwert max $\tau = 0{,}3$ MN/m².

Anhang A
Mauermörtel

A.1 Mörtelarten

Mauermörtel ist ein Gemisch von Sand, Bindemittel und Wasser, gegebenenfalls auch Zusatzstoff und Zusatzmittel.

Es werden unterschieden:

a) Normalmörtel (NM),

b) Leichtmörtel (LM) und

c) Dünnbettmörtel (DM).

Normalmörtel sind baustellengefertigte Mörtel oder Werkmörtel mit Zuschlagarten nach DIN 4226-1 mit einer Trockenrohdichte von mindestens 1,5 kg/dm³. Diese Eigenschaft ist für Mörtel nach Tabelle A.1 gegeben; für Mörtel nach Eignungsprüfung ist sie nachzuweisen.

Leichtmörtel[1)] sind Werk-Trocken- oder Werk-Frischmörtel mit einer Trockenrohdichte $< 1{,}5$ kg/dm³ mit Zuschlagarten nach DIN 4226-1 und 4226-2 sowie Leichtzuschlag, dessen Brauchbarkeit nach den bauaufsichtlichen Vorschriften nachgewiesen ist (siehe Abschnitt 1, Anmerkung).

Dünnbettmörtel sind Werk-Trockenmörtel aus Zuschlagarten nach DIN 4226-1 mit einem Größtkorn von 1,0 mm, Zement nach DIN 1164-1 sowie Zusätzen (Zusatzmittel, Zusatzstoffe). Die organischen Bestandteile dürfen einen Massenanteil von 2 % nicht überschreiten.

Normalmörtel werden in die Mörtelgruppen I, II, IIa, III und IIIa eingeteilt; Leichtmörtel in die Gruppen LM 21 und LM 36; Dünnbettmörtel wird der Gruppe III zugeordnet.

[1)] DIN 4108-4 ist zu beachten.

A.2 Bestandteile und Anforderungen

A.2.1 Sand

Sand muß aus Zuschlagarten nach DIN 4226-1, Abschnitt 4, und/oder DIN 4226-2 oder aus Zuschlag, dessen Brauchbarkeit nach den bauaufsichtlichen Vorschriften nachgewiesen ist (siehe Abschnitt 1, Anmerkung), bestehen.

Er soll gemischtkörnig sein und darf keine Bestandteile enthalten, die zu Schäden an Mörtel oder Mauerwerk führen.

Solche Bestandteile können z. B. sein: größere Mengen Abschlämmbares, sofern dieses aus Ton oder Stoffen organischen Ursprungs besteht (z. B. pflanzliche, humusartige oder Kohlen-, insbesondere Braunkohlenanteile).

Als abschlämmbare Bestandteile werden Kornanteile unter 0,063 mm bezeichnet (siehe DIN 4226-1). Die Prüfung erfolgt nach DIN 4226-3. Ist der Masseanteil an abschlämmbaren Bestandteilen größer als 8 %, so muß die Brauchbarkeit des Zuschlages bei der Herstellung von Mörtel durch eine Eignungsprüfung nach A.5 nachgewiesen werden. Eine Eignungsprüfung ist auch erforderlich, wenn bei der Prüfung mit Natronlauge nach DIN 4226-3 eine tiefgelbe, bräunliche oder rötliche Verfärbung festgestellt wird.

Der Leichtzuschlag muß die Anforderungen an den Glühverlust, die Raumbeständigkeit und an die Schüttdichte nach DIN 4226-2 erfüllen, jedoch darf bei Leichtzuschlag mit einer Schüttdichte < 0,3 kg/dm³ die geprüfte Schüttdichte von dem aufgrund der Eignungsprüfung festgelegten Sollwert um nicht mehr als 20 % abweichen.

A.2.2 Bindemittel

Es dürfen nur Bindemittel nach DIN 1060-1, DIN 1164-1 sowie DIN 4211 verwendet werden.

A.2.3 Zusatzstoffe

Zusatzstoffe sind fein aufgeteilte Zusätze, die die Mörteleigenschaften beeinflussen und im Gegensatz zu den Zusatzmitteln in größerer Menge zugegeben werden. Sie dürfen das Erhärten des Bindemittels, die Festigkeit und die Beständigkeit des Mörtels sowie den Korrosionsschutz der Bewehrung im Mörtel bzw. von stählernen Verankerungskonstruktionen nicht unzulässig beeinträchtigen.

Als Zusatzstoffe dürfen nur Baukalke nach DIN 1060-1, Gesteinsmehle nach DIN 4226-1, Traß nach DIN 51 043 und Betonzusatzstoffe mit Prüfzeichen sowie geeignete Pigmente (z. B. nach DIN 53 237) verwendet werden.

Zusatzstoffe dürfen nicht auf den Bindemittelgehalt angerechnet werden, wenn die Mörtelzusammensetzung nach Tabelle A.1 festgelegt wird; für diese Mörtel darf der Volumenanteil höchstens 15 % vom Sandgehalt betragen. Eine Eignungsprüfung ist in diesem Fall nicht erforderlich.

A.2.4 Zusatzmittel

Zusatzmittel sind Zusätze, die die Mörteleigenschaften durch chemische oder physikalische Wirkung ändern und in geringer Menge zugegeben werden, wie z. B. Luftporenbildner, Verflüssiger, Dichtungsmittel, Erstarrungsbeschleuniger und Verzögerer, sowie solche, die den Haftverbund zwischen Mörtel und Stein günstig beeinflussen. Luftporenbildner dürfen nur in der Menge zugeführt werden, daß bei Normalmörtel und Leichtmörtel die Trockenrohdichte um höchstens 0,3 kg/dm³ vermindert wird.

Zusatzmittel dürfen nicht zu Schäden am Mörtel oder am Mauerwerk führen. Sie dürfen auch die Korrosion der Bewehrung oder der stählernen Verankerungen nicht fördern. Diese Anforderung gilt für Betonzusatzmittel mit allgemeiner bauaufsichtlicher Zulassung als erfüllt.

Für andere Zusatzmittel ist die Unschädlichkeit nach den Zulassungsrichtlinien[2] für Betonzusatzmittel durch Prüfung des Halogengehaltes und durch die elektrochemische Prüfung nachzuweisen.

Da Zusatzmittel einige Eigenschaften positiv und unter Umständen gleichzeitig andere aber auch negativ beeinflussen können, ist vor Verwendung eines Zusatzmittels stets eine Mörtel-Eignungsprüfung nach A.5 durchzuführen.

---

[2] Richtlinien für die Erteilung von Zulassungen für Betonzusatzmittel (Zulassungsrichtlinien), Fassung Juni 1993, abgedruckt in den Mitteilungen des Deutschen Instituts für Bautechnik, 1993, Heft 5.

A.3 Mörtelzusammensetzung und Anforderungen

A.3.1 Normalmörtel (NM)

Die Zusammensetzung der Mörtelgruppen für Normalmörtel ergibt sich ohne besonderen Nachweis aus Tabelle A.1. Mörtel der Gruppe IIIa soll wie Mörtel der Gruppe III nach Tabelle A.1 zusammengesetzt sein. Die größere Festigkeit soll vorzugsweise durch Auswahl geeigneter Sande erreicht werden.

Für Mörtel der Gruppen II, IIa und III, die in ihrer Zusammensetzung nicht Tabelle A.1 entsprechen, sowie stets für Mörtel der Gruppe IIIa sind Eignungsprüfungen nach A.5.2 durchzuführen; dabei müssen die Anforderungen nach Tabelle A.2 erfüllt werden.

Tabelle A.1: Mörtelzusammensetzung, Mischungsverhältnisse für Normalmörtel in Raumteilen

	1	2	3	4	5	6	7
	Mörtelgruppe MG	Luftkalk Kalkteig	Luftkalk Kalkhydrat	Hydraulischer Kalk (HL 2)	Hydraulischer Kalk (HL 5), Putz- und Mauerbinder (MC 5)	Zement	Sand[1] aus natürlichem Gestein
1	I	1	–	–	–	–	4
2		–	1	–	–	–	3
3		–	–	1	–	–	3
4		–	–	–	1	–	4,5
5	II	1,5	–	–	–	1	8
6		–	2	–	–	1	8
7		–	–	2	–	1	8
8		–	–	–	1	–	3
9	IIa	–	1	–	–	1	6
10		–	–	–	2	1	8
11	III	–	–	–	–	1	4
12	IIIa[2]	–	–	–	–	1	4

[1] Die Werte des Sandanteils beziehen sich auf den lagerfeuchten Zustand.
[2] Siehe auch A.3.1.

Tabelle A.2: Anforderungen an Normalmörtel

1	2	3	4
Mörtelgruppe MG	Mindestdruckfestigkeit[1] im Alter von 28 Tagen Mittelwert bei Eignungsprüfung[2][3] N/mm²	Mindestdruckfestigkeit[1] im Alter von 28 Tagen Mittelwert bei Güteprüfung N/mm²	Mindesthaftscherfestigkeit im Alter von 28 Tagen[4] Mittelwert bei Eignungsprüfung N/mm²
I	–	–	–
II	3,5	2,5	0,10
IIa	7	5	0,20
III	14	10	0,25
IIIa	25	20	0,30

[1] Mittelwert der Druckfestigkeit von sechs Proben (aus drei Prismen). Die Einzelwerte dürfen nicht mehr als 10 % vom arithmetischen Mittel abweichen.
[2] Zusätzlich ist die Druckfestigkeit des Mörtels in der Fuge zu prüfen. Diese Prüfung wird z. Z. nach der „Vorläufigen Richtlinie zur Ergänzung der Eignungsprüfung von Mauermörtel; Druckfestigkeit in der Lagerfuge; Anforderungen, Prüfung" durchgeführt. Die dort festgelegten Anforderungen sind zu erfüllen.
[3] Richtwert bei Werkmörtel.
[4] Als Referenzstein ist Kalksandstein DIN 106 – KS 12 – 2,0 – NF (ohne Lochung bzw. Grifföffnung) mit einer Eigenfeuchte von 3 bis 5 % (Masseanteil) zu verwenden, dessen Eignung für diese Prüfung von der Amtlichen Materialprüfanstalt für das Bauwesen beim Institut für Baustoffkunde und Materialprüfung der Universität Hannover, Nienburger Straße 3, 30617 Hannover, bescheinigt worden ist.
Die maßgebende Haftscherfestigkeit ergibt sich aus dem Prüfwert, multipliziert mit dem Prüffaktor 1,2.

A.3.2 Leichtmörtel (LM)

Für Leichtmörtel ist die Zusammensetzung aufgrund einer Eignungsprüfung (siehe A.5.3) festzulegen.

Leichtmörtel müssen die Anforderungen nach Tabelle A.3 erfüllen.

Zusätzlich müssen Zuschlagarten nach DIN 4226-1 und DIN 4226-2 sowie Zuschlag, dessen Brauchbarkeit nach den bauaufsichtlichen Vorschriften nachgewiesen ist (siehe Abschnitt 1, Anmerkung), den Anforderungen nach A.2.1, letzter Absatz, genügen.

Tabelle A.3: Anforderungen an Leichtmörtel

		Anforderungen bei Eignungsprüfung		Anforderungen bei Güteprüfung		Prüfung nach
		LM 21	LM 36	LM 21	LM 36	
1	Druckfestigkeit im Alter von 28 Tagen, in N/mm^2	$\geq 7^{2)1)}$	$\geq 7^{2)1)}$	≥ 5	≥ 5	DIN 18 555-3
2	Querdehnungsmodul E_q im Alter von 28 Tagen, in N/mm^2	$> 7{,}5 \cdot 10^3$	$> 15 \cdot 10^3$	3)	3)	DIN 18 555-4
3	Längsdehnungsmodul E_l im Alter von 28 Tagen, in N/mm^2	$> 2 \cdot 10^3$	$> 3 \cdot 10^3$	–	–	DIN 18 555-4
4	Haftscherfestigkeit$^{4)}$ im Alter von 28 Tagen, in N/mm^2	$\geq 0{,}20$	$\geq 0{,}20$	–	–	DIN 18 555-5
5	Trockenrohdichte$^{6)}$ im Alter von 28 Tagen, in kg/dm^3	$\leq 0{,}7$	$\leq 1{,}0$	5)	5)	DIN 18 555-3
6	Wärmeleitfähigkeit$^{6)}$ λ_{10tr} in W/(m · K)	$\leq 0{,}18$	$\leq 0{,}27$	–	–	DIN 52 612-1

1) Siehe Fußnote 2) in Tabelle A.2.
2) Richtwert.
3) Trockenrohdichte als Ersatzprüfung, bestimmt nach DIN 18 555-3.
4) Siehe Fußnote 4) in Tabelle A.2.
5) Grenzabweichung höchstens ± 10 % von dem bei der Eignungsprüfung ermittelten Wert.
6) Bei Einhaltung der Trockenrohdichte nach Zeile 5 gelten die Anforderungen an die Wärmeleitfähigkeit ohne Nachweis als erfüllt. Bei einer Trockenrohdichte größer als 0,7 kg/dm^3 für LM 21 sowie größer als 1,0 kg/dm^3 für LM 36 oder bei Verwendung von Quarzsandzuschlag sind die Anforderungen nachzuweisen.

Tabelle A.4: Anforderungen an Dünnbettmörtel

		Anforderungen bei Eignungsprüfung	Anforderungen bei Güteprüfung	Prüfung nach
1	Druckfestigkeit$^{1)}$ im Alter von 28 Tagen, in N/mm^2	$\geq 14^{4)}$	≥ 10	DIN 18 555-3
2	Druckfestigkeit$^{1)}$ im Alter von 28 Tagen bei Feuchtlagerung, in N/mm^2	≥ 70 % vom Istwert der Zeile 1		DIN 18 555-3, jedoch Feuchtlagerung$^{2)}$
3	Haftscherfestigkeit$^{3)}$ im Alter von 28 Tagen in N/mm^2	$\geq 0{,}5$	–	DIN 18 555-5
4	Verarbeitbarkeitszeit, in h	≥ 4	–	DIN 18 555-8
5	Korrigierbarkeitszeit, in min	≥ 7	–	DIN 18 555-8

1) Siehe Fußnote 1) in Tabelle A.2.
2) Bis zum Alter von 7 Tagen im Klima 20/95 nach DIN 18 555-3, danach 7 Tage im Normalklima DIN 50 014-20/65-2 und 14 Tage unter Wasser bei +20 °C.
3) Siehe Fußnote 4) in Tabelle A.2.
4) Richtwert.

Bei der Bestimmung der Längs- und Querdehnungsmodul gilt in Zweifelsfällen der Querdehnungsmodul als Referenzgröße.

A.3.3 Dünnbettmörtel (DM)

Für Dünnbettmörtel ist die Zusammensetzung aufgrund einer Eignungsprüfung (siehe A.5.4) festzulegen. Dünnbettmörtel müssen die Anforderungen nach Tabelle A.4 erfüllen.

A.3.4 Verarbeitbarkeit

Alle Mörtel müssen eine verarbeitungsgerechte Konsistenz aufweisen. Aus diesem Grunde dürfen Zusätze zur Verbesserung der Verarbeitbarkeit und des Wasserrückhaltevermögens zugegeben werden (siehe A.2.4). In diesem Fall sind Eignungsprüfungen erforderlich (siehe aber A.2.3).

A.4 Herstellung des Mörtels

A.4.1 Baustellenmörtel

Bei der Herstellung des Mörtels auf der Baustelle müssen Maßnahmen für die trockene und witterungsgeschützte Lagerung der Bindemittel, Zusatzstoffe und Zusatzmittel und eine saubere Lagerung des Zuschlages getroffen werden.

Für das Abmessen der Bindemittel und des Zuschlages, gegebenenfalls auch der Zusatzstoffe und der Zusatzmittel, sind Waagen oder Zumeßbehälter (z. B. Behälter oder Mischkästen mit volumetrischer Einteilung, jedoch keine Schaufeln) zu verwenden, die eine gleichmäßige Mörtelzusammensetzung erlauben. Die Stoffe müssen im Mischer so lange gemischt werden, bis ein gleichmäßiges Gemisch entstanden ist. Eine Mischanweisung ist deutlich sichtbar am Mischer anzubringen.

A.4.2 Werkmörtel

Werkmörtel sind nach DIN 18 557 herzustellen, zu liefern und zu überwachen. Es werden folgende Lieferformen unterschieden:

a) Werk-Trockenmörtel
b) Werk-Vormörtel und
c) Werk-Frischmörtel (einschließlich Mehrkammer-Silomörtel).

Bei der Weiterbehandlung dürfen dem Werk-Trockenmörtel nur die erforderlichen Wassermengen und dem Werk-Vormörtel außer der erforderlichen Wassermenge die erforderliche Zementmenge zugegeben werden. Werkmörteln dürfen jedoch auf der Baustelle keine Zuschläge und Zusätze (Zusatzstoffe und Zusatzmittel) zugegeben werden. Mehrkammer-Silomörtel dürfen nur mit dem vom Werk fest eingestellten Mischungsverhältnis unter Zugabe der erforderlichen Wassermenge erstellt werden.

Werk-Vormörtel und Werk-Trockenmörtel müssen auf der Baustelle in einem Mischer aufbereitet werden. Werk-Frischmörtel ist gebrauchsfertig in verarbeitbarer Konsistenz zu liefern.

A.5 Eignungsprüfungen

A.5.1 Allgemeines

Eignungsprüfungen sind für Mörtel erforderlich,

a) wenn die Brauchbarkeit des Zuschlages nach A.2.1 nachzuweisen ist,

b) wenn Zusatzstoffe (siehe aber A.2.3) oder Zusatzmittel verwendet werden,

c) bei Baustellenmörtel, wenn dieser nicht nach Tabelle A.1 zusammengesetzt ist oder Mörtel der Gruppe IIIa verwendet wird,

d) bei Werkmörtel einschließlich Leicht- und Dünnbettmörtel,

e) bei Bauwerken mit mehr als sechs gemauerten Vollgeschossen.

Die Eignungsprüfung ist zu wiederholen, wenn sich die Ausgangsstoffe oder die Zusammensetzung des Mörtels wesentlich ändert.

Bei Mörteln, die zur Beeinflussung der Verarbeitungszeit Zusatzmittel enthalten, sind die Probekörper am Beginn und am Ende der vom Hersteller anzugebenden Verarbeitungszeit herzustellen. Die Prüfung erfolgt stets im Alter von 28 Tagen, gerechnet vom Beginn der Verarbeitungszeit. Die Anforderungen sind von Proben beider Entnahmetermine zu erfüllen.

A.5.2 Normalmörtel

Es sind die Konsistenz und die Rohdichte des Frischmörtels nach DIN 18 555-2 zu ermitteln. Außerdem sind die Druckfestigkeit nach DIN 18 555-3 und zusätzlich nach der vorläufigen Richtlinie zur Ergänzung der Eignungsprüfung von Mauermörtel und die Haftscherfestigkeit nach DIN 18 555-5[3)] nachzuweisen. Dabei sind die Anforderungen nach Tabelle A.2 zu erfüllen.

A.5.3 Leichtmörtel

Es sind zu ermitteln:

a) Druckfestigkeit im Alter von 28 Tagen nach DIN 18 555-3 und Druckfestigkeit des Mörtels in der Fuge nach der vorläufigen Richtlinie zur Ergänzung der Eignungsprüfung von Mauermörtel,

b) Querdehnungs- und Längsdehnungsmodul E_q und E_l im Alter von 28 Tagen nach DIN 18 555-4,

c) Haftscherfestigkeit nach DIN 18 555-5[3],

d) Trockenrohdichte nach DIN 18 555-3,

e) Schüttdichte des Leichtzuschlags nach DIN 4226-3.

Dabei sind die Anforderungen nach Tabelle A.3 zu erfüllen. Die Werte für die Trockenrohdichte und die Leichtmörtelgruppen LM 21 oder LM 36 sind auf dem Sack oder Lieferschein anzugeben.

A.5.4 Dünnbettmörtel

Es sind zu ermitteln:

a) Druckfestigkeit im Alter von 28 Tagen nach DIN 18 555-3 sowie der Druckfestigkeitsabfall infolge Feuchtlagerung (siehe Tabelle A.4),

b) Haftscherfestigkeit im Alter von 28 Tagen nach DIN 18 555-5[3],

c) Verarbeitbarkeitszeit und Korrigierbarkeitszeit nach DIN 18 555-8.

Die Anforderungen nach Tabelle A.4 sind zu erfüllen.

---

[3] Siehe Fußnote[4] In Tabelle A.2.

J ZULASSUNGEN IM MAUERWERKSBAU

Dr.-Ing. Roland Hirsch

1 Vorbemerkungen J.3
    1.1 Zum Beitrag J.3
    1.2 Zu den technischen Regeln des Mauerwerkbaus J.3
    1.3 Zur allgemeinen bauaufsichtlichen Zulassung J.4

2 Zusammenstellung ausgewählter Zulassungen für den Mauerwerksbau J.6
    2.1 Steine üblichen Formats für Mauerwerk mit Normal- oder Leichtmörtel J.6
        2.1.1 Ziegel J.6
        2.1.2 Verfüllziegel J.19
        2.1.3 Betonsteine J.22
        2.1.4 Kalksandsteine J.31
    2.2 Steine üblichen Formats für Mauerwerk im Dünnbettverfahren J.32
        2.2.1 Planziegel J.32
        2.2.2 Planverfüllziegel J.61
        2.2.3 Beton-Plansteine J.66
        2.2.4 Kalksand-Plansteine J.82
        2.2.5 Porenbeton-Plansteine J.83
    2.3 Steine üblichen Formats für Mauerwerk im Mittelbettverfahren J.84
    2.4 Großformatige Elemente für Mauerwerk mit Normalmörtel und Leichtmörtel J.88
        2.4.1 Ziegel-Elemente J.88
        2.4.2 Beton-Elemente J.89
    2.5 Großformatige Elemente für Mauerwerk im Dünnbettverfahren J.92
        2.5.1 Ziegel-Planelemente J.92
        2.5.2 Beton-Planelemente J.93
        2.5.3 Kalksand-Planelemente J.95
        2.5.4 Porenbeton-Planelemente J.103

Schneider / Volz (Hrsg.)

Entwurfshilfen für Architekten und Bauingenieure
Vorbemessung, Faustformeln, Tragfähigkeitstafeln, Beispiele

2004. 144 Seiten.
17 x 24 cm. Gebunden.

EUR 33,–
ISBN 3-934369-03-0

Dieses Buch enthält Faustformeln und Tabellen, mit deren Hilfe die Querschnittsbemessung vieler Tragwerkstypen unmittelbar, d.h. ohne Berechnung, näherungsweise angegeben werden können. Anhand von Tragfähigkeitstafeln kann der Benutzer bei vorher ermittelter Belastung die exakte Tragfähigkeit ablesen. So kann z.B. „auf einen Blick" festgestellt werden, ob eine Mauerwerkswand mit der geplanten Dicke möglich ist. Zu Beginn des Buches formuliert der weltweit bekannte Bauingenieur Prof. Dr.-Ing. Drs. h.c. Jörg Schlaich grundlegende Gedanken zum Thema „Erfinden, Entwerfen, Konstruieren".

Die Entwurfshilfen für Architekten und Ingenieure sind die erste Veröffentlichung einer umfassenden Zusammenstellung von Hilfen für die Vorbemessung von Tragwerken.

Herausgeber:
Prof. Klaus-Jürgen Schneider ist Autor zahlreicher Fachveröffentlichungen aus den Bereichen Mauerwerksbau und Baustatik und Herausgeber der „Bautabellen".
Prof. Heinz Volz lehrt das Fach Tragkonstruktionen an der Fachhochschule Würzburg und ist Autor weiterer Standardwerke des Bauwesens.

Autoren:
Dr.-Ing. Rudolf Hess ist Mitinhaber von GLASCONSULT, eines Ingenieurbüros für Glaskonstruktionen, Büro Zürich/Uitikon (Schweiz).
Prof. Dr.-Ing. Drs. h.c. Jörg Schlaich ist Mitinhaber des Büros Schlaich, Bergermann und Partner. Er ist weltweit bekannt als Ingenieur von besonders interessanten und kühnen Bauwerken.
Prof. Dipl.-Ing. Klaus-Jürgen Schneider, s.o.
Prof. Dipl.-Ing. Heinz Volz, s.o.
Dr.-Ing. Eddy Widjaja ist Oberingenieur am Institut für Tragwerksentwurf und -konstruktion der Technischen Universität Berlin.

Bauwerk www.bauwerk-verlag.de

J ZULASSUNGEN IM MAUERWERKSBAU

1 Vorbemerkungen

1.1 Zum Beitrag

In diesem Beitrag wird eine Auflistung der derzeit geltenden allgemeinen bauaufsichtlichen Zulassungen von Bauprodukten und Bauarten der Bereiche Mauersteine und -elemente für Mauerwerk im Dickbettverfahren, im Dünnbettverfahren und im Mittelbettverfahren veröffentlicht.

In der Auflistung werden auch Grundwerte der zulässigen Druckspannungen und Bemessungswerte der Wärmeleitfähigkeit und bei Elementen größeren Formats auch deren Abmessungen mit angegeben, da insbesondere diese Angaben schon für die Planung gebraucht werden.

Eine Zusammenstellung der allgemeinen bauaufsichtlichen Zulassungen der Bereiche

– Mauermörtel
– Mauerwerk im Gießmörtelverfahren
– Schalungsstein-Mauerwerk
– vorgefertigtes Mauerwerk
– Trockenmauerwerk
– geschoßhohe Wandtafeln
– bewehrtes Mauerwerk und
– Ergänzungsbauteile

ist in Mauerwerksbau aktuell – Praxishandbuch 2002 wiedergegeben.

Die Auflistung ist kein „amtliches Verzeichnis"; sollte der Verfasser wider Erwarten z. B. einen geltenden Bescheid vergessen haben, so bittet er um einen entsprechenden Hinweis.

1.2 Zu den technischen Regeln des Mauerwerksbaus

In den Bauordnungen der Bundesländer Deutschlands wird begrifflich zwischen Bauprodukten und Bauarten wie folgt unterschieden (Zitate Musterbauordnung):

§ 2 Begriffe

(9) Bauprodukte sind

1. Baustoffe, Bauteile und Anlagen, die hergestellt werden, um dauerhaft in bauliche Anlagen eingebaut zu werden,

2. aus Baustoffen und Bauteilen vorgefertigte Anlagen, die hergestellt werden, um mit dem Erdboden verbunden zu werden, wie Fertighäuser, Fertiggaragen und Silos.

(10) Bauart ist das Zusammenfügen von Bauprodukten zu baulichen Anlagen oder Teilen von baulichen Anlagen.

Die technischen Regeln der Bauart Mauerwerk sind durch öffentliche Bekanntmachung in der sog. „Liste der Technischen Baubestimmungen" als Technische Baubestimmungen bauaufsichtlich eingeführt und somit nach den Bauordnungen zu beachten. Diese Liste umfaßt für den Mauerwerksbau folgende technische Regeln:

DIN 1053-1: 1996-11	Mauerwerk – Teil 1: Berechnung und Ausführung
DIN 1053-3: 1990-02	Mauerwerk; Bewehrtes Mauerwerk; Berechnung und Ausführung
DIN 1053-4: 2004-02	Mauerwerk – Teil 4: Fertigbauteile

Richtlinie für die Bemessung und Ausführung von Flachstürzen, Fassung August 1977 (mit redaktionellen Änderungen veröffentlicht in Heft 3 der Mitteilungen des Instituts für Bautechnik 1979).

Die technischen Regeln der Bauprodukte für den Mauerwerksbau sind dagegen in der sog. „Bauregelliste A Teil 1" aufgeführt und gelten ebenso als technische Baubestimmungen. Für die Mauersteine sind das folgende Normen.

DIN V 105-1: 2002-06	Mauerziegel – Teil 1: Vollziegel und Hochlochziegel der Rohdichteklassen $\geq 1{,}2$
DIN 105-2: 2002-06	Mauerziegel – Teil 2: Wärmedämmziegel und Hochlochziegel der Rohdichteklassen $\leq 1{,}0$
DIN 105-3: 1984-05	Mauerziegel; Hochfeste Ziegel und hochfeste Klinker
DIN 105-4: 1984-05	Mauerziegel; Keramikklinker
DIN 105-5: 1984-05	Mauerziegel; Leichtlanglochziegel und Leichtlanglochziegelplatten
DIN V 106-1: 2003-02	Kalksandsteine – Teil 1: Voll-, Loch-, Hohlblock-, Plansteine, Planelemente, Fasensteine, Bauplatten, Formsteine *(mit Ausnahme von Planelementen und Fasensteinen)*

DIN V 106-2: 2003-02	Kalksandsteine – Teil 2: Vormauersteine und Verblender *(mit Ausnahme von Planelementen und Fasensteinen)*
DIN 398: 1976-06	Hüttensteine; Vollsteine, Lochsteine, Hohlblocksteine
DIN V 4165: 2003-06	Porenbetonsteine – Plansteine und Planelemente *(mit Ausnahme von Planelementen und Fasensteinen)*
DIN V 18 151: 2003-10	Hohlblöcke aus Leichtbeton
DIN V 18 152: 2003-10	Vollsteine und Vollblöcke aus Leichtbeton
DIN V 18 153: 2003-10	Mauersteine aus Beton (Normalbeton)

Für die Mauermörtel ist in der Bauregelliste A Teil 1 als technische Regel benannt:

DIN V 18 580: 2004-03	Mauermörtel mit besonderen Eigenschaften

Für Fertigteile aus Mauersteinen gibt es die Norm für Mauertafeln, Vergußtafeln und Verbundtafeln, die in die Bauregelliste A Teil 1 aufgenommen worden ist:

DIN 1053-4: 2004-02	Mauerwerk – Teil 4: Fertigbauteile

Zu einigen dieser Normen von Bauprodukten für den Mauerwerksbau sind in der Bauregelliste A Teil 1 noch zusätzliche Festlegungen getroffen und als Anlage zu dieser Liste veröffentlicht. Diese Festlegungen sind dann ebenso bauaufsichtlich verbindlich beachtlich wie die Normen selbst. Diese Anlagen beinhalten bei den Mauersteinen z. B. Normenergänzungen und zusätzliche Anforderungen an Mauersteine für die Verwendung den Erdbebenzonen 3 und 4.

In Anlage 2.3 zu DIN V 106-1:2003-02 und DIN V 106-2:2003-02 und in Anlage 2.17 zu DIN V 4165:2003-06 ist u. a. bestimmt, daß die technische Regel nicht für Planelemente und Fasensteine gilt.

1.3 Zur allgemeinen bauaufsichtlichen Zulassung

Bauprodukte, die mit den in der „Bauregelliste A Teil 1" aufgeführten technischen Regeln übereinstimmen, und Bauarten, die den in der Liste der Technischen Baubestimmungen angegebenen technischen Regeln entsprechen, werden demnach als geregelte Bauprodukte bzw. geregelte Bauarten bezeichnet, für die sich die Frage eines besonderen bauaufsichtlichen Verwendbarkeitsnachweises somit nicht stellt. Dahingegen bedürfen nicht geregelte Bauprodukte (also Bauprodukte, für die technische Regeln in der Bauregelliste A Teil 1 bekanntgemacht worden sind, die aber von diesen wesentlich abweichen oder für die es solche Regeln, Technische Baubestimmungen oder allgemein anerkannte Regeln der Technik nicht gibt – es sei denn, sie sind in der sog. Liste C aufgeführt) und nicht geregelte Bauarten (Bauarten die von den Technischen Baubestimmungen in der einschlägigen bauaufsichtlichen Liste wesentlich abweichen oder für die es solche Bestimmungen oder allgemein anerkannte Regeln der Technik nicht gibt) eines solchen Verwendbarkeitsnachweises in Form

a) einer allgemeinen bauaufsichtlichen Zulassung,
b) eines allgemeinen bauaufsichtlichen Prüfzeugnisses oder
c) einer Zustimmung im Einzelfall.

Das Verfahren der Zustimmung im Einzelfall ist ein Verfahren, mit dem von der für ein bestimmtes konkretes Bauvorhaben zuständigen obersten Bauaufsichtsbehörde zugestimmt wird, daß ein bestimmtes nicht geregeltes Bauprodukt oder eine bestimmte nicht geregelte Bauart bei diesem Bauvorhaben verwendet bzw. angewendet worden darf. Das Verfahren ist also für serienmäßig hergestellte und zur allgemeinen Verwendung vorgesehene Bauprodukte bzw. für zur häufigen Anwendung konzipierte Bauarten auf Dauer nicht sinnvoll, weil eine solche Zustimmung für jedes weitere Bauvorhaben immer wieder erforderlich wäre. Das Verfahren des allgemeinen bauaufsichtlichen Prüfzeugnisses ist nur für solche nicht geregelte Bauprodukte und nichtgeregelte Bauarten relevant, für die es in der Bauregelliste A ausdrücklich ausgewiesen ist, der Mauerwerksbau ist davon praktisch nicht betroffen. Somit ist der Verwendbarkeitsnachweis für die nicht geregelten Bauprodukte und Bauarten des Mauerwerksbaus in der Regel durch eine allgemeine bauaufsichtliche Zulassung zu führen.

Die Erteilung solcher in der gesamten Bundesrepublik Deutschland geltenden allgemeinen bauaufsichtlichen Zulassungen erfolgt gem. Landesbauordnungen allein durch das Deutsche Institut für Bautechnik in Berlin.

Rechtsgrundlagen für die Erteilung allgemeiner bauaufsichtlicher (baurechtlicher) Zulassungen sind:

Baden-Württemberg:	§ 18 und § 21 der Landesbauordnung für Baden-Württemberg (LBO) in der Fassung vom 8. August 1995 (GBl. S. 617), zuletzt geändert durch Gesetz vom 19. Oktober 2004 (GBl. S. 771)
Bayern:	Art. 20 und Art. 23 der Bayeri-

	schen Bauordnung (BayBO) vom 4. August 1997 (GVBl.). S. 434, ber. 1998 S. 270), zuletzt geändert durch § 7 des Gesetz vom 27. Dezember 1999 (GVBl. S. 532)
Berlin:	§ 19 und § 21 der Bauordnung für Berlin (BauOBln) in der Fassung vom 3. September 1997 (GVBl. S. 421), zuletzt geändert durch Artikel XLV des Gesetzes vom 16. Juli 2001 (GVBl. S. 260, 271)
Brandenburg:	§ 15 und § 18 der Brandenburgischen Bauordnung (BbgBO) vom 16. Juli 2003 (GVBl. I S. 210)
Bremen:	§ 21 und § 24 der Bremischen Landesbauordnung (BremLBO) vom 27. März 1995 (Brem. GBl. S. 211), zuletzt geändert durch Artikel 1 und 15 der Gesetze vom 8. April 2003 (Brem. GBl. S. 159 und S. 147, 151)
Hamburg:	§ 20a und § 21 der Hamburgischen Bauordnung (HBauO) vom 1. Juli 1986 (HmbGVBl S. 183), zuletzt geändert durch Gesetz vom 5. Oktober 2004 (HmbGVBl S. 375), in Verbindung mit Ziff. 3 der Verordnung über die Übertragung bauaufsichtlicher Entscheidungsbefugnisse auf das Deutsche Institut für Bautechnik (DIBt-VO) vom 29. November 1994 (HmbGVBl S. 301, 310)
Hessen:	§ 17 und § 20 Hessische Bauordnung (HBO) vom 18. Juni 2002 (GVBl. I S. 274)
Mecklenburg-Vorpommern:	§ 18 und § 21 der Landesbauordnung für Mecklenburg-Vorpommern (LBauO M-V) in der Fassung der Bekanntmachung vom 6. Mai 1998 (GVOBl. M-V S. 468 ber. S. 612), zuletzt geändert durch Gesetz vom 16. Dezember 2003 (GVOBl. M-V S. 690)
Niedersachsen:	§ 25 und § 27 der Niedersächsischen Bauordnung (NBauO) in der Fassung der Bekanntmachung vom 10. Februar 2003 (Nds.GVBl. S. 89)
Nordrhein-Westfalen:	§ 21 und § 24 der Bauordnung für das Land Nordrhein-Westfalen – Landesbauordnung (BauO NRW) vom 1. März 2000 (GV.NRW S. 256), zuletzt geändert durch Artikel 9 des Gesetzes vom 4. Mai 2004 (GV.NRW. S. 259)
Rheinland-Pfalz:	§ 19 und § 22 der Landesbauordnung Rheinland-Pfalz (LBauO) vom 24. November 1998 (GVBl. S. 365), zuletzt geändert durch Artikel 3 des Gesetzes vom 18. Dezember 2001 (GVBl. S. 303, 304)
Saarland:	§ 19 und § 22 der Bauordnung für das Saarland (LBO) vom 18. Februar 2004 (Amtsbl. S. 822), in Verbindung mit § 1 Abs. 2 Ziff. 1 der Verordnung zur Übertragung von Befugnissen der obersten Bauaufsichtsbehörde auf das Deutsche Institut für Bautechnik vom 20. Juni 1996 (Amtsbl. S. 750)
Sachsen:	§ 18 und § 21 der Sächsischen Bauordnung (SächsBO) vom 28. Mai 2004 (SächsGVBl. S. 86)
Sachsen-Anhalt:	§ 21 und § 24 der Bauordnung Sachsen-Anhalt (BauO LSA) vom 9. Februar 2001 (GVBl. LSA S. 50), zuletzt geändert durch Artikel 5 des Gesetzes vom 19. Juli 2004 (GVBl. LSA S. 408)
Schleswig-Holstein:	§ 24 und § 27 der Landesbauordnung für das Land Schleswig-Holstein in der Fassung der Bekanntmachung vom 10. Januar 2000 (GVOBl. Schl.-H. S. 47, ber. S. 213), zuletzt geändert durch Gesetz vom 20. Dezember 2004 (GVOBl. Schl.-H. S. 1243)
Thüringen:	§ 21 und § 23 der Thüringer Bauordnung (ThürBO) vom 16. März 2004 (GVBl. TH S. 349)

Die allgemeine bauaufsichtliche Zulassung wird nur auf Antrag in der Regel des Herstellers, aber auch jeder anderen natürlichen oder juristischen Person (z. B. von Interessengemeinschaften) erteilt. Der Antrag ist zu richten an das Deutsche Institut für Bautechnik, Kolonnenstraße 30L, 10829 Berlin (Tel. 0 30/78 73 0-0, Fax 0 30/78 73 03 20).

Grundlage für die Erteilung von Zulassungen sind in der Regel ausführliche Versuchsberichte über von Prüfanstalten (nur solche, die von den obersten Baubehörden bzw. dem Deutschen Institut für Bautechnik für das jeweilige Fach- bzw. Prüfgebiet bestimmt sind) durchgeführte Versuche, ggf. auch Probeausführungen. Die Zulassungserteilung erfolgt in der Regel auf der Grundlage der Begutachtung durch einen Sachverständigenausschuß des Deutschen Instituts für Bautechnik; für den Mauerwerksbau durch den Sachverständigenausschuß „Wandbauelemente".

Zulassungen

2 Zusammenstellung ausgewählter Zulassungen für den Mauerwerksbau

2.1 Steine üblichen Formats für Mauerwerk mit Normal- oder Leichtmörtel

2.1.1 Ziegel

Antragsteller:	Zulassungsgegenstand:
Arbeitsgemeinschaft Mauerziegel im Bundesverband der Deutschen Ziegelindustrie e.V. Schaumburg-Lippe-Straße-4 53113 Bonn	Gitterziegel für Mauerwerk ohne Stoßfugenvermörtelung
Zulassungsnummer: **Z-17.1-618**	Bescheid vom 16.05.2003 Geltungsdauer bis 15.05.2008

Roh-dichte-klasse	Ziegel-höhe mm	Bemessungswerte der Wärmeleitfähigkeit λ in W/(m·K)			Festig-keits-klasse	Grundwerte σ_0 der zulässigen Druckspannungen MN/m²				
		Normal-mörtel	Leichtmörtel			Normalmörtel			Leichtmörtel	
			LM 21	LM 36		II	IIa	III	LM 21	LM 36
0,60	238	-	0,12	0,14	4	-	-	-	0,4	0,6
0,65	238	-	0,13	0,14	6	-	-	-	0,5	0,8
0,70	238	-	0,14	0,16	8	-	-	-	0,5	0,9
0,75	238	-	0,16	0,18						

Antragsteller:	Zulassungsgegenstand:
Deutsche POROTON GmbH Cäsariusstraße 83a 53639 Königswinter	Poroton-Hochlochziegel mit elliptischer Lochung für Mauerwerk mit Stoßfugenverzahnung
Zulassungsnummer: **Z-17.1-340**	Bescheid vom 08.05.2002 geändert und ergänzt am 01.10.2002 Geltungsdauer bis 07.05.2007

Roh-dichte-klasse	Ziegel-höhe mm	Bemessungswerte der Wärmeleitfähigkeit λ in W/(m·K)			Festigkeits-klasse	Grundwerte σ_0 der zulässigen Druckspannungen MN/m²				
		Normal-mörtel	Leichtmörtel			Normalmörtel			Leichtmörtel	
			LM 21	LM 36		II	IIa	III	LM 21	LM 36
0,8	238	0,21	0,16	0,18	4	0,7	0,8	0,9	0,5	0,7
					6	0,9	1,0	1,2	0,6	0,8
					8	1,0	1,2	1,4	0,7	0,9
					12	1,2	1,6	1,8	0,8	1,0

Zulassungen

Antragsteller:	Zulassungsgegenstand:
Deutsche POROTON GmbH Cäsariusstraße 83a 53639 Königswinter	**Poroton-T-Hochlochziegel für Mauerwerk mit Stoßfugenverzahnung**
Zulassungsnummer: **Z-17.1-383**	Bescheid vom 16.09.2002 Geltungsdauer bis 15.09.2007

Roh-dichte-klasse	Ziegel-höhe mm	Bemessungswerte der Wärme-leitfähigkeit λ in W/(m·K)			Festigkeits-klasse	Grundwerte σ_0 der zulässigen Druckspannungen MN/m²				
		Normal-mörtel	Leichtmörtel			Normalmörtel			Leichtmörtel	
			LM 21	LM 36		II	IIa	III	LM 21	LM 36
0,8	113	0,27	0,18	0,21	4	0,7	0,8	0,9	0,5	0,7
0,8	238	0,24	0,18	0,21	6	0,9	1,0	1,2	0,7	0,9
0,9	113	0,30	0,24	0,27	8	1,0	1,2	1,4	0,8	1,0
0,9	238	0,24	0,21	0,21	10	1,1	1,4	1,6	0,8	1,0
					12	1,2	1,6	1,8	0,9	1,1

Antragsteller:	Zulassungsgegenstand:
Klimaton ZIEGEL Interessengemeinschaft e.V. Ziegeleistraße 10 95145 Oberkotzau	**klimaton ST-Ziegel für Mauerwerk ohne Stoßfugenvermörtelung**
Zulassungsnummer: **Z-17.1-328**	Bescheid vom 31.03.2006 Geltungsdauer bis 30.03.2011

Roh-dichte-klasse	Ziegel-höhe mm	Bemessungswerte der Wärme-leitfähigkeit λ in W/(m·K)			Festigkeits-klasse	Grundwerte σ_0 der zulässigen Druckspannungen MN/m²				
		Normal-mörtel	Leichtmörtel			Normalmörtel			Leichtmörtel	
			LM 21	LM 36		II	IIa	III	LM 21	LM 36
0,8	238	0,21	0,16	0,18	4	0,7	0,8	-	0,5	0,7
0,9	238	0,27	0,21	0,24	6	0,9	1,0	-	0,6	0,8
					8	0,9	1,0	-	0,6	0,8
					10	1,0	1,2	-	0,6	0,8
					12	1,2	1,4	-	0,6	0,8

Antragsteller:	Zulassungsgegenstand:
Klimaton Ziegel Interessengemeinschaft e.V. Hofoldinger Straße 9b 85649 Brunnthal	**Leichthochlochziegel klimaton ST 14**
Zulassungsnummer: **Z-17.1-740**	Bescheid vom 31.03.2006 Geltungsdauer bis 30.03.2011

Roh-dichte-klasse	Ziegel-höhe mm	Bemessungswerte der Wärme-leitfähigkeit λ in W/(m·K)			Festigkeits-klasse	Grundwerte σ_0 der zulässigen Druckspannungen MN/m²				
		Normal-mörtel	Leichtmörtel			Normalmörtel			Leichtmörtel	
			LM 21	LM 36		II	IIa	III	LM 21	LM 36
0,7	238	-	0,14[1]	-	4	-	-	-	0,3	-
					6	-	-	-	0,4	-
					8	-	-	-	0,5	-

[1] Für Wanddicken d < 240 mm ist λ = 0,16 W/(m·K).

Zulassungen

Antragsteller:	Zulassungsgegenstand:
Nikol Schaller **Ziegelwerk GmbH & Co. KG** Ziegeleistraße 12 95145 Oberkotzau	**Mauerwerk aus Leichthochlochziegeln mit integrierter Wärmedämmung (bezeichnet als Schallotherm) und Leichtmörtel LM 21**
Zulassungsnummer: **Z-17.1-771**	Bescheid vom 12.12.2001 Geltungsdauer bis 11.12.2006

Roh- dichte- klasse	Ziegel- höhe mm	Bemessungswerte der Wärme- leitfähigkeit λ in W/(m·K)			Festigkeits- klasse	Grundwerte σ_0 der zulässigen Druckspannungen MN/m²				
		Normal- mörtel	Leichtmörtel			Normalmörtel			Leichtmörtel	
			LM 21	LM 36		II	IIa	III	LM 21	LM 36
0,55	238	-	0,10	-	6	-	-	-	0,3	-
0,60	238	-	0,11	-	8	-	-	-	0,4	-
0,65	238	-	0,11	-						

Antragsteller:	Zulassungsgegenstand:
Röben Klinkerwerke GmbH & Co. KG Klein Schweinebrück 168 26340 Zetel	**Poroton-Hochlochziegel mit elliptischer Lochung für Mauerwerk mit Stoßfugenverzahnung**
Zulassungsnummer: **Z-17.1-903**	Bescheid vom 13.03.2006 Geltungsdauer bis 12.03.2011

Roh- dichte- klasse	Ziegel- höhe mm	Bemessungswerte der Wärme- leitfähigkeit λ in W/(m·K)			Festigkeits- klasse	Grundwerte σ_0 der zulässigen Druckspannungen MN/m²				
		Normal- mörtel	Leichtmörtel			Normalmörtel			Leichtmörtel	
			LM 21	LM 36		II	IIa	III	LM 21	LM 36
0,8	238	0,21	0,16	0,18	4	0,7	0,8	0,9	0,5	0,7
					6	0,9	1,0	1,2	0,6	0,8
					8	1,0	1,2	1,4	0,7	0,9
					10	1,0	1,3	1,5	0,7	0,9
					12	1,2	1,6	1,8	0,8	1,0

Antragsteller:	Zulassungsgegenstand:
Röben Klinkerwerke GmbH & Co. KG Klein Schweinebrück 168 26340 Zetel	**Poroton-T-Hochlochziegel für Mauerwerk mit Stoßfugenverzahnung**
Zulassungsnummer: **Z-17.1-904**	Bescheid vom 28.03.2006 Geltungsdauer bis 27.03.2011

Roh- dichte- klasse	Ziegel- höhe mm	Bemessungswerte der Wärme- leitfähigkeit λ in W/(m·K)			Festigkeits- klasse	Grundwerte σ_0 der zulässigen Druckspannungen MN/m²				
		Normal- mörtel	Leichtmörtel			Normalmörtel			Leichtmörtel	
			LM 21	LM 36		II	IIa	III	LM 21	LM 36
0,8	238	0,24	0,18	0,21	4	0,7	0,8	0,9	0,5	0,7
0,9	238	0,24	0,21	0,21	6	0,9	1,0	1,2	0,7	0,9
					8	1,0	1,2	1,4	0,8	1,0
					10	1,1	1,4	1,6	0,8	1,0
					12	1,2	1,6	1,8	0,9	1,1

Zulassungen

Antragsteller:	Zulassungsgegenstand:
Schlagmann-Baustoffwerke GmbH & Co. KG Ziegeleistraße 1 84367 Zeilarn **Wienerberger Ziegelindustrie GmbH** Oldenburger Allee 26 30659 Hannover	**Poroton-Hochlochziegel**
Zulassungsnummer: **Z-17.1-489**	Bescheid vom 01.08.2005 Geltungsdauer bis 30.07.2010

Roh-dichte-klasse	Ziegel-höhe mm	Bemessungswerte der Wärme-leitfähigkeit λ in W/(m·K)			Festigkeits-klasse	Grundwerte σ_0 der zulässigen Druckspannungen MN/m²				
		Normal-mörtel	Leichtmörtel			Normalmörtel			Leichtmörtel	
			LM 21	LM 36		II	IIa	III	LM 21	LM 36
0,8	238	0,21	0,16	0,18	6	0,9	1,0	1,2	0,7	0,9
					8	1,0	1,2	1,4	0,8	1,0
					10	1,1	1,4	1,6	0,8	1,0
					12	1,2	1,6	1,8	0,9	1,1

Antragsteller:	Zulassungsgegenstand:
Schlagmann-Baustoffwerke GmbH & Co. KG Ziegeleistraße 1 84367 Zeilarn **Wienerberger Ziegelindustrie GmbH** Oldenburger Allee 26 30659 Hannover	**Hochlochziegel Poroton-T14**
Zulassungsnummer: **Z-17.1-871**	Bescheid vom 19.04.2005 Geltungsdauer bis 18.04.2010

Roh-dichte-klasse	Ziegel-höhe mm	Bemessungswerte der Wärme-leitfähigkeit λ in W/(m·K)			Festigkeits-klasse	Grundwerte σ_0 der zulässigen Druckspannungen MN/m²				
		Normal-mörtel	Leichtmörtel			Normalmörtel			Leichtmörtel	
			LM 21	LM 36		II	IIa	III	LM 21	LM 36
0,70	238	-	0,14	-	4	-	-	-	0,4	-
					6	-	-	-	0,6	-
					8	-	-	-	0,7	-

J

Zulassungen

Antragsteller:	Zulassungsgegenstand:
THERMOPOR ZIEGEL-KONTOR ULM GMBH Olgastraße 94 89073 Ulm	**Thermopor-Warmmauerziegel „R"** mit Rhombuslochung und kleinen Mörteltaschen
Zulassungsnummer: **Z-17.1-346**	Bescheid vom 22.04.2004 Geltungsdauer bis 21.04.2009

Roh-dichte-klasse	Ziegel-höhe mm	Bemessungswerte der Wärme-leitfähigkeit λ in W/(m·K)			Festigkeits-klasse	Grundwerte σ_0 der zulässigen Druckspannungen MN/m²				
		Normal-mörtel	Leichtmörtel			Normalmörtel			Leichtmörtel	
			LM 21	LM 36		II	IIa	III	LM 21	LM 36
0,8	113	0,27	0,18	0,21	6	0,9	1,0	-	0,6	0,8
0,8	238	0,24	0,18	0,21	8	1,0	1,2	-	0,7	0,9
					10	1,1	1,3	-	0,7	0,9
					12	1,2	1,4	-	0,7	1,0

Antragsteller:	Zulassungsgegenstand:
THERMOPOR ZIEGEL-KONTOR-ULM GMBH Olgastraße 94 89073 Ulm	**THERMOPOR-Ziegel „T N+F"** für Mauerwerk ohne Stoßfugenvermörtelung
Zulassungsnummer: **Z-17.1-349**	Bescheid vom 31.03.2006 Geltungsdauer bis 30.03.2011

Roh-dichte-klasse	Ziegel-höhe mm	Bemessungswerte der Wärme-leitfähigkeit λ in W/(m·K)			Festigkeits-klasse	Grundwerte σ_0 der zulässigen Druckspannungen MN/m²				
		Normal-mörtel	Leichtmörtel			Normalmörtel			Leichtmörtel	
			LM 21	LM 36		II	IIa	III	LM 21	LM 36
0,8	113	0,24	0,18	0,21	6	0,9	1,0	1,2	0,5	0,8
0,8	238	0,21	0,18	0,18	8	1,0	1,2	1,4	0,6	0,9
0,9	113	0,27	0,21	0,24	10	1,1	1,3	1,5	0,6	0,9
0,9	238	0,24	0,21	0,21	12	1,2	1,4	1,6	0,7	1,0

Antragsteller:	Zulassungsgegenstand:
THERMOPOR ZIEGEL-KONTOR-ULM GMBH Olgastraße 94 89073 Ulm	**THERMOPOR-Ziegel „R N+F"** mit Rhombuslochung für Mauerwerk ohne Stoßfugenvermörtelung
Zulassungsnummer: **Z-17.1-420**	Bescheid vom 31.03.2006 Geltungsdauer bis 30.03.2011

Roh-dichte-klasse	Ziegel-höhe mm	Bemessungswerte der Wärme-leitfähigkeit λ in W/(m·K)			Festigkeits-klasse	Grundwerte σ_0 der zulässigen Druckspannungen MN/m²				
		Normal-mörtel	Leichtmörtel			Normalmörtel			Leichtmörtel	
			LM 21	LM 36		II	IIa	III	LM 21	LM 36
0,8	113	0,27	0,18	0,21	6	0,9	1,0	-	0,6	0,8
0,8	238	0,21	0,16	0,18	8	1,0	1,2	-	0,7	0,9
0,9	113	0,30	0,21	0,24	10	1,1	1,3	-	0,7	0,9
0,9	238	0,24	0,21	0,21	12	1,2	1,4	-	0,7	1,0

Zulassungen

Antragsteller: **THERMOPOR** **ZIEGEL-KONTOR-ULM GMBH** Olgastraße 94 89073 Ulm	Zulassungsgegenstand: **THERMOPOR-Ziegel 014 mit Rhombuslochung** **für Mauerwerk ohne Stoßfugenvermörtelung**
Zulassungsnummer: **Z-17.1-580**	Bescheid vom 05.02.2003 geändert am 08.04.2003 Geltungsdauer bis 04.02.2008

Roh-dichte-klasse	Ziegel-höhe mm	Bemessungswerte der Wärmeleitfähigkeit λ in W/(m·K)			Festigkeits-klasse	Grundwerte σ_0 der zulässigen Druckspannungen MN/m²				
		Normal-mörtel	Leichtmörtel			Normalmörtel			Leichtmörtel	
			LM 21	LM 36		II	IIa	III	LM 21	LM 36
0,70	238	-	0,14	-	6 8	- -	- -	- -	0,5 0,6	- -

Antragsteller: **THERMOPOR** **ZIEGEL-KONTOR-ULM GMBH** Olgastraße 94 89073 Ulm	Zulassungsgegenstand: **THERMOPOR ISO-Blockziegel** (bezeichnet als „THERMOPOR ISO-B")
Zulassungsnummer: **Z-17.1-697**	Bescheid vom 25.07.2005 Geltungsdauer bis 24.07.2010

Roh-dichte-klasse	Ziegel-höhe mm	Bemessungswerte der Wärmeleitfähigkeit λ in W/(m·K)			Festigkeits-klasse	Grundwerte σ_0 der zulässigen Druckspannungen MN/m²				
		Normal-mörtel	Leichtmörtel			Normalmörtel			Leichtmörtel	
			LM 21	LM 36		II	IIa	III	LM 21	LM 36
0,60 0,65 0,70 0,75	238 238 238 238	- - - -	0,11 0,12 0,13 0,14	- - - -	4 6 8	- - -	- - -	- - -	0,5 0,6 0,7	- - -

Antragsteller: **THERMOPOR** **ZIEGEL-KONTOR-ULM GMBH** Olgastraße 94 89073 Ulm	Zulassungsgegenstand: **THERMOPOR Gitterziegel** (bezeichnet als „THERMOPOR Gz") **für Mauerwerk ohne Stoßfugenvermörtelung**
Zulassungsnummer: **Z-17.1-700**	Bescheid vom 31.03.2006 Geltungsdauer bis 30.03.2011

Roh-dichte-klasse	Ziegel-höhe mm	Bemessungswerte der Wärmeleitfähigkeit λ in W/(m·K)			Festigkeits-klasse	Grundwerte σ_0 der zulässigen Druckspannungen MN/m²				
		Normal-mörtel	Leichtmörtel			Normalmörtel			Leichtmörtel	
			LM 21	LM 36		II	IIa	III	LM 21	LM 36
0,60 0,65 0,70 0,75	238 238 238 238	- - - -	0,11 0,12 0,13 0,14	0,12 0,13 0,14 0,15	4 6 8	- - -	- - -	- - -	0,4 0,5 0,5	0,6 0,8 0,9

Zulassungen

Antragsteller: **THERMOPOR** **ZIEGEL-KONTOR-ULM GMBH** Olgastraße 94 89073 Ulm	Zulassungsgegenstand: **THERMOPOR ISO-Blockziegel** **(bezeichnet als „THERMOPOR ISO-B Plus")**
Zulassungsnummer: **Z-17.1-808**	Bescheid vom 13.01.2003 Geltungsdauer bis 12.01.2008

Roh-dichte-klasse	Ziegel-höhe mm	Bemessungswerte der Wärme-leitfähigkeit λ in W/(m·K)			Festigkeits-klasse	Grundwerte σ_0 der zulässigen Druckspannungen MN/m²				
		Normal-mörtel	Leichtmörtel			Normalmörtel			Leichtmörtel	
			LM 21	LM 36		II	IIa	III	LM 21	LM 36
0,50	238	-	0,10	-	4	-	-	-	0,4	-
0,55	238	-	0,11	-	6	-	-	-	0,5	-
0,60	238	-	0,11	-	8	-	-	-	0,7	-
0,70	238	-	0,12	-						
0,75	238	-	0,13	-						

Antragsteller: **THERMOPOR** **ZIEGEL-KONTOR-ULM GMBH** Olgastraße 94 89073 Ulm	Zulassungsgegenstand: **THERMOPOR ISO-Blockziegel (bezeichnet als** **„THERMOPOR ISO-B Plus Objektziegel")** **in den Rohdichteklassen 0,75 und 0,80**
Zulassungsnummer: **Z-17.1-864**	Bescheid vom 09.11.2004 Geltungsdauer bis 08.11.2009

Roh-dichte-klasse	Ziegel-höhe mm	Bemessungswerte der Wärme-leitfähigkeit λ in W/(m·K)			Festigkeits-klasse	Grundwerte σ_0 der zulässigen Druckspannungen MN/m²				
		Normal-mörtel	Leichtmörtel			Normalmörtel			Leichtmörtel	
			LM 21	LM 36		II	IIa	III	LM 21	LM 36
0,75	238	-	0,12	-	4	-	-	-	0,4	-
0,80	238	-	0,12	-	6	-	-	-	0,5	-
					8	-	-	-	0,7	-

Antragsteller: **THERMOPOR** **ZIEGEL-KONTOR-ULM GMBH** Olgastraße 94 89073 Ulm	Zulassungsgegenstand: **THERMOPOR SL Blockziegel** **(bezeichnet als „THERMOPOR SL Block")**
Zulassungsnummer: **Z-17.1-919**	Bescheid vom 31.03.2006 Geltungsdauer bis 30.03.2011

Roh-dichte-klasse	Ziegel-höhe mm	Bemessungswerte der Wärme-leitfähigkeit λ in W/(m·K)			Festigkeits-klasse	Grundwerte σ_0 der zulässigen Druckspannungen MN/m²				
		Normal-mörtel	Leichtmörtel			Normalmörtel			Leichtmörtel	
			LM 21	LM 36		II	IIa	III	LM 21	LM 36
0,60	238	-	0,090	0,11	6	-	-	-	0,4	0,4
0,65	238	-	0,090	0,11	8	-	-	-	0,5	0,5
					10	-	-	-	0,6	0,6

Zulassungen

Antragsteller:	Zulassungsgegenstand:
unipor-Ziegel Marketing GmbH Aidenbachstraße 234 81479 München	unipor-Superdämm-Ziegel
Zulassungsnummer: Z-17.1-309	Bescheid vom 25.09.2002 Geltungsdauer bis 24.09.2007

Roh-dichte-klasse	Ziegel-höhe mm	Bemessungswerte der Wärme-leitfähigkeit λ in W/(m·K)			Festigkeits-klasse	Grundwerte σ_0 der zulässigen Druckspannungen MN/m²				
		Normal-mörtel	Leichtmörtel			Normalmörtel			Leichtmörtel	
			LM 21	LM 36		II	IIa	III	LM 21	LM 36
0,6	113	0,24	0,14	0,16	6	0,9	1,0	1,2	0,5	0,6
0,6	238	0,18	0,14	0,16	8	1,0	1,2	1,4	0,8	0,9
0,7	113	0,27	0,16	0,18	10	1,1	1,4	1,6	0,8	0,9
0,7	238	0,21	0,16	0,16	12	1,2	1,6	1,8	0,8	1,0

Antragsteller:	Zulassungsgegenstand:
UNIPOR Ziegel Marketing GmbH Landsberger Straße 392 81241 München	UNIPOR-Z-Hochlochziegel
Zulassungsnummer: Z-17.1-347	Bescheid vom 31.03.2006 Geltungsdauer bis 30.03.2011

Roh-dichte-klasse	Ziegel-höhe mm	Bemessungswerte der Wärme-leitfähigkeit λ in W/(m·K)			Festigkeits-klasse	Grundwerte σ_0 der zulässigen Druckspannungen MN/m²				
		Normal-mörtel	Leichtmörtel			Normalmörtel			Leichtmörtel	
			LM 21	LM 36		II	IIa	III	LM 21	LM 36
0,8	238	0,21	0,16	0,18	6	0,8	0,9	1,1	0,6	0,9
0,8	113	0,27	0,21	0,27	8	1,0	1,1	1,3	0,7	1,0
0,9	238	0,24	0,18	0,18	10	1,1	1,2	1,4	0,7	1,0
					12	1,2	1,4	1,6	0,8	1,1

Antragsteller:	Zulassungsgegenstand:
UNIPOR Ziegel Marketing GmbH Landsberger Straße 392 81241 München	UNIPOR-GZ-Hochlochziegel
Zulassungsnummer: Z-17.1-720	Bescheid vom 31.03.2006 Geltungsdauer bis 30.03.2011

Roh-dichte-klasse	Ziegel-höhe mm	Bemessungswerte der Wärme-leitfähigkeit λ in W/(m·K)			Festigkeits-klasse	Grundwerte σ_0 der zulässigen Druckspannungen MN/m²				
		Normal-mörtel	Leichtmörtel			Normalmörtel			Leichtmörtel	
			LM 21	LM 36		II	IIa	III	LM 21	LM 36
0,60	238	-	0,11	0,12	4	-	-	-	0,4	0,6
0,65	238	-	0,12	0,13	6	-	-	-	0,5	0,8
0,70	238	-	0,13	0,14	8	-	-	-	0,5	0,9
0,75	238	-	0,14	0,15						

Zulassungen

Antragsteller: unipor-Ziegel Marketing GmbH, Aidenbachstraße 234, 81479 München	Zulassungsgegenstand: unipor-Delta-Ziegel
Zulassungsnummer: **Z-17.1-767**	Bescheid vom 23.04.2002 Geltungsdauer bis 22.04.2007

Roh-dichte-klasse	Ziegel-höhe mm	Bemessungswerte der Wärmeleitfähigkeit λ in W/(m·K)			Festigkeits-klasse	Grundwerte σ_0 der zulässigen Druckspannungen MN/m²				
		Normal-mörtel	Leichtmörtel			Normalmörtel			Leichtmörtel	
			LM 21	LM 36		II	IIa	III	LM 21	LM 36
0,60	238	-	0,11	0,12	4	-	-	-	0,4	0,5
0,65	238	-	0,12	0,13	6	-	-	-	0,5	0,6
0,70	238	-	0,13	0,14	8	-	-	-	0,7	0,8
					10	-	-	-	0,8	0,9
					12	-	-	-	0,9	1,0

Antragsteller: unipor-Ziegel Marketing GmbH, Aidenbachstraße 234, 81479 München	Zulassungsgegenstand: unipor-WS-Ziegel
Zulassungsnummer: **Z-17.1-818**	Bescheid vom 20.08.2004 Geltungsdauer bis 15.06.2008

Roh-dichte-klasse	Ziegel-höhe mm	Bemessungswerte der Wärmeleitfähigkeit λ in W/(m·K)			Festigkeits-klasse	Grundwerte σ_0 der zulässigen Druckspannungen MN/m²				
		Normal-mörtel	Leichtmörtel			Normalmörtel			Leichtmörtel	
			LM 21	LM 36		II	IIa	III	LM 21	LM 36
0,80	238	0,16	0,12	0,13	6	0,5	0,7	0,8	0,7	0,8
0,85	238	0,18	0,13	0,14	8	0,7	0,9	1,0	0,8	0,9
0,90	238	0,18	0,14	0,15	10	0,7	1,0	1,1	0,8	1,0
					12	0,8	1,1	1,2	0,9	1,1
					16	0,8	1,1	1,2	0,9	1,1

Antragsteller: UNIPOR Ziegel Marketing GmbH, Landsberger Straße 392, 81241 München	Zulassungsgegenstand: UNIPOR-ZD-Hochlochziegel
Zulassungsnummer: **Z-17.1-886**	Bescheid vom 22.12.2005 Geltungsdauer bis 21.12.2010

Roh-dichte-klasse	Ziegel-höhe mm	Bemessungswerte der Wärmeleitfähigkeit λ in W/(m·K)			Festigkeits-klasse	Grundwerte σ_0 der zulässigen Druckspannungen MN/m²				
		Normal-mörtel	Leichtmörtel			Normalmörtel			Leichtmörtel	
			LM 21	LM 36		II	IIa	III	LM 21	LM 36
0,8	238	0,24	0,18	0,21	4	0,7	0,8	0,9	0,5	0,7
0,9	238	0,27	0,21	0,24	6	0,9	1,0	1,2	0,7	0,9
					8	1,0	1,2	1,4	0,8	1,0
					10	1,1	1,4	1,6	0,8	1,0
					12	1,2	1,6	1,8	0,9	1,1

Zulassungen

Antragsteller:	Zulassungsgegenstand:
WIENERBERGER Ziegelindustrie GmbH Oldenburger Allee 26 30659 Hannover **Schlagmann-Baustoffwerke GmbH & Co. KG** Ziegeleistraße 1 84367 Zeilarn	**Poroton-Blockziegel-T14 und Poroton-Blockziegel-T16**
Zulassungsnummer: **Z-17.1-673**	Bescheid vom 27.07.2005 Geltungsdauer bis 26.07.2010

Rohdichteklasse	Ziegelhöhe mm	Bemessungswerte der Wärmeleitfähigkeit λ in W/(m·K)			Festigkeitsklasse	Grundwerte σ_0 der zulässigen Druckspannungen MN/m²				
		Normalmörtel	Leichtmörtel			Normalmörtel			Leichtmörtel	
			LM 21	LM 36		II	IIa	III	LM 21	LM 36
0,70	238	0,18	0,14	0,16	4	-	0,6	-	0,4	0,5
0,75	238	0,21	0,16	0,18	6	-	0,8	-	0,6	0,7
					8	-	0,9	-	0,7	0,8
					10	-	1,0	-	0,7	0,8
					12	-	1,1	-	0,8	0,9

Antragsteller:	Zulassungsgegenstand:
Ziegelei Merkl OHG Amberger Straße 6 92249 Vilseck	**ISOMEGA-Leichthochlochziegel**
Zulassungsnummer: **Z-17.1-777**	Bescheid vom 17.02.2006 Geltungsdauer bis 16.02.2011

Rohdichteklasse	Ziegelhöhe mm	Bemessungswerte der Wärmeleitfähigkeit λ in W/(m·K)			Festigkeitsklasse	Grundwerte σ_0 der zulässigen Druckspannungen MN/m²				
		Normalmörtel	Leichtmörtel			Normalmörtel			Leichtmörtel	
			LM 21	LM 36		II	IIa	III	LM 21	LM 36
0,7	238	-	0,14	-	6	-	-	-	0,5	-
					8	-	-	-	0,6	-

Antragsteller:	Zulassungsgegenstand:
Ziegelwerk Bellenberg Wiest GmbH & Co. KG Tiefenbacher Straße 1 89287 Bellenberg	**Leichthochlochziegel SX**
Zulassungsnummer: **Z-17.1-627**	Bescheid vom 23.03.2006 Geltungsdauer bis 22.03.2011

Rohdichteklasse	Ziegelhöhe mm	Bemessungswerte der Wärmeleitfähigkeit λ in W/(m·K)			Festigkeitsklasse	Grundwerte σ_0 der zulässigen Druckspannungen MN/m²				
		Normalmörtel	Leichtmörtel			Normalmörtel			Leichtmörtel	
			LM 21	LM 36		II	IIa	III	LM 21	LM 36
0,65	238	-	0,12	-	4	-	-	-	0,5	-
0,70	238	-	0,13	-	6	-	-	-	0,7	-

Zulassungen

Antragsteller:	Zulassungsgegenstand:
Ziegelwerk Bellenberg Wiest GmbH & Co. KG Tiefenbacher Straße 1 89287 Bellenberg	**Leichthochlochziegel SX Plus**
Zulassungsnummer: **Z-17.1-737**	Bescheid vom 31.03.2006 Geltungsdauer bis 30.03.2011

Roh-dichte-klasse	Ziegel-höhe mm	Bemessungswerte der Wärme-leitfähigkeit λ in W/(m·K)			Wand-dicke mm	Festigkeits-klasse	Grundwerte σ_0 der zulässigen Druckspannungen MN/m²				
		Normal-mörtel	Leichtmörtel				Normalmörtel			Leichtmörtel	
			LM 21	LM 36			II	IIa	III	LM 21	LM 36
0,60	238	-	0,10	-	300	4	-	-	-	0,3	-
						6	-	-	-	0,4	-
						8	-	-	-	0,5	-
					≥ 365	4	-	-	-	0,4	-
						6	-	-	-	0,5	-
						8	-	-	-	0,6	-

Antragsteller:	Zulassungsgegenstand:
Ziegelwerk Friedland GmbH Heimkehrerstraße 12 37133 Friedland	**unipor-NE-Ziegel**
Zulassungsnummer: **Z-17.1-636**	Bescheid vom 10.03.2001 geändert und Geltungsdauer verlängert am 14.08.2003 Geltungsdauer bis 13.08.2008

Roh-dichte-klasse	Ziegel-höhe mm	Bemessungswerte der Wärme-leitfähigkeit λ in W/(m·K)			Festigkeits-klasse	Grundwerte σ_0 der zulässigen Druckspannungen MN/m²				
		Normal-mörtel	Leichtmörtel			Normalmörtel			Leichtmörtel	
			LM 21	LM 36		II	IIa	III	LM 21	LM 36
0,65	238	0,18	0,13[1]	0,16	4	0,6	0,7	0,8	0,5	0,6
0,70	238	0,18	0,14	0,16	6	0,8	0,9	1,1	0,6	0,8
0,75	238	0,21	0,16	0,16	8	0,9	1,1	1,2	0,7	0,9
					12	1,0	1,3	1,4	0,8	1,0

[1] Für die Wanddicke 175 mm ist λ = 0,14 W/(m·K)

Antragsteller:	Zulassungsgegenstand:
Ziegelwerk Ott Deisendorf GmbH Ziegeleistraße 20 88662 Überlingen-Deisendorf	**klimaton SL-Leichthochlochziegel mit besonderer Lochung und kleinen Mörteltaschen**
Zulassungsnummer: **Z-17.1-568**	Bescheid vom 27.01.2006 Geltungsdauer bis 26.01.2011

Roh-dichte-klasse	Ziegel-höhe mm	Bemessungswerte der Wärme-leitfähigkeit λ in W/(m·K)			Festigkeits-klasse	Grundwerte σ_0 der zulässigen Druckspannungen MN/m²				
		Normal-mörtel	Leichtmörtel			Normalmörtel			Leichtmörtel	
			LM 21	LM 36		II	IIa	III	LM 21	LM 36
0,65	238	0,21	0,14	0,18	6	0,9	1,0	-	0,6	0,8
					8	0,9	1,0	-	0,6	0,8
					10	1,0	1,2	-	0,6	0,8
					12	1,2	1,4	-	0,6	0,8

Zulassungen

Antragsteller:	Zulassungsgegenstand:
Ziegelwerk Ott Deisendorf GmbH Ziegeleistraße 20 88662 Überlingen-Deisendorf	**Klimaton ST 14 Ziegel** **für Mauerwerk ohne Stoßfugenvermörtelung**
Zulassungsnummer: **Z-17.1-577**	Bescheid vom 27.01.2006 Geltungsdauer bis 26.01.2011

Roh-dichte-klasse	Ziegel-höhe mm	Bemessungswerte der Wärme-leitfähigkeit λ in W/(m·K)			Festigkeits-klasse	Grundwerte σ_0 der zulässigen Druckspannungen MN/m²				
		Normal-mörtel	Leichtmörtel			Normalmörtel			Leichtmörtel	
			LM 21	LM 36		II	IIa	III	LM 21	LM 36
0,70	238	0,21	0,14	0,16	4	0,7	0,8	-	0,5	0,7
					6	0,9	1,0	-	0,6	0,8
					8	0,9	1,0	-	0,6	0,8
					10	1,0	1,2	-	0,6	0,8
					12	1,2	1,4	-	0,6	0,8

Antragsteller:	Zulassungsgegenstand:
Ziegelwerk Ott Deisendorf GmbH Ziegeleistraße 20 88662 Überlingen-Deisendorf	**OTT Gitterziegel**
Zulassungsnummer: **Z-17.1-620**	Bescheid vom 27.01.2006 Geltungsdauer bis 26.01.2011

Roh-dichte-klasse	Ziegel-höhe mm	Bemessungswerte der Wärme-leitfähigkeit λ in W/(m·K)			Festigkeits-klasse	Grundwerte σ_0 der zulässigen Druckspannungen MN/m²				
		Normal-mörtel	Leichtmörtel			Normalmörtel			Leichtmörtel	
			LM 21	LM 36		II	IIa	III	LM 21	LM 36
0,60	238	0,16	0,11	0,13	6	-	0,8	-	0,5	0,5
0,65	238	0,16	0,12	0,13	8	-	1,0	-	0,6	0,7
0,70	238	-	0,13	-	10	-	1,1	-	0,7	0,8

Antragsteller:	Zulassungsgegenstand:
Ziegelwerk Ott Deisendorf GmbH & Co. Besitz KG Ziegeleistraße 20 88662 Überlingen-Deisendorf	**Leichthochlochziegel** **OTT klimatherm ST 09, ST 10 und ST 11**
Zulassungsnummer: **Z-17.1-741**	Bescheid vom 11.08.2004 Geltungsdauer verlängert am 11.10.2005 Geltungsdauer bis 10.10.2010

Roh-dichte-klasse	Ziegel-höhe mm	Bemessungswerte der Wärme-leitfähigkeit λ in W/(m·K)			Festigkeits-klasse	Grundwerte σ_0 der zulässigen Druckspannungen MN/m²				
		Normal-mörtel	Leichtmörtel			Normalmörtel			Leichtmörtel	
			LM 21	LM 36		II	IIa	III	LM 21	LM 36
0,55	238	-	0,090	-	4	-	-	-	0,4	-
0,60	238	-	0,10	-	6	-	-	-	0,5	-
0,65	238	-	0,11	-	8	-	-	-	0,6	-

Zulassungen

Antragsteller:	Zulassungsgegenstand:
Ziegelwerk Ott Deisendorf GmbH & Co. Besitz KG Ziegeleistraße 20 88662 Überlingen-Deisendorf	**klimatherm-Ziegel mit HV-Lochung**
Zulassungsnummer: **Z-17.1-742**	Bescheid vom 11.10.2005 Geltungsdauer bis 10.10.2010

Roh-dichte-klasse	Ziegel-höhe mm	Bemessungswerte der Wärme-leitfähigkeit λ in W/(m·K)			Festigkeits-klasse	Grundwerte σ_0 der zulässigen Druckspannungen MN/m²				
		Normal-mörtel	Leichtmörtel			Normalmörtel			Leichtmörtel	
			LM 21	LM 36		II	IIa	III	LM 21	LM 36
0,70	238	-	0,12	-	4	-	-	-	0,4	-
0,75	238	-	0,13	-	6	-	-	-	0,6	-
0,80	238	-	0,13	-	8	-	-	-	0,7	-

Antragsteller:	Zulassungsgegenstand:
Ziegelwerk Ott Deisendorf GmbH Ziegeleistraße 20 88662 Überlingen-Deisendorf	**Leichthochlochziegel OTT klimaton ST 12 und ST 13**
Zulassungsnummer: **Z-17.1-763**	Bescheid vom 05.12.2005 Geltungsdauer bis 04.12.2010

Roh-dichte-klasse	Ziegel-höhe mm	Bemessungswerte der Wärme-leitfähigkeit λ in W/(m·K)			Festigkeits-klasse	Grundwerte σ_0 der zulässigen Druckspannungen MN/m²				
		Normal-mörtel	Leichtmörtel			Normalmörtel			Leichtmörtel	
			LM 21	LM 36		II	IIa	III	LM 21	LM 36
0,70	238	-	0,12[1]	-	4	-	-	-	0,3	-
					6	-	-	-	0,4[2]	-
					8	-	-	-	0,5[3]	-

[1] Bei der Wanddicke 200 mm ist λ = 0,13 W/(m·K).
[2] σ_0 = 0,5 MN/m² bei Außenwänden mit Dicken ≥ 365 mm
[3] σ_0 = 0,6 MN/m² bei Außenwänden mit Dicken ≥ 365 mm

Antragsteller:	Zulassungsgegenstand:
Ziegelwerk Ott Deisendorf GmbH & Co. Besitz KG Ziegeleistraße 20 88662 Überlingen-Deisendorf	**Leichthochlochziegel OTT klimatherm ST plus**
Zulassungsnummer: **Z-17.1-865**	Bescheid vom 10.03.2006 Geltungsdauer bis 09.03.2011

Roh-dichte-klasse	Ziegel-höhe mm	Bemessungswerte der Wärme-leitfähigkeit λ in W/(m·K)			Festigkeits-klasse	Grundwerte σ_0 der zulässigen Druckspannungen MN/m²				
		Normal-mörtel	Leichtmörtel			Normalmörtel			Leichtmörtel	
			LM 21	LM 36		II	IIa	III	LM 21	LM 36
0,60	238	-	0,090	-	4	-	-	-	0,4	-
0,65	238	-	0,10	-	6	-	-	-	0,5	-
					8	-	-	-	0,6	-

Antragsteller:	Zulassungsgegenstand:
Ziegelwerk Ott **Deisendorf GmbH & Co. Besitz KG** Ziegeleistraße 20 88662 Überlingen-Deisendorf	**klimatherm plus-Ziegel** **mit HV-Lochung**
Zulassungsnummer: **Z-17.1-866**	Bescheid vom 09.12.2004 Geltungsdauer verlängert am 10.03.2006 Geltungsdauer bis 09.03.2011

Roh-dichte-klasse	Ziegel-höhe mm	Bemessungswerte der Wärme-leitfähigkeit λ in W/(m·K)			Festigkeits-klasse	Grundwerte σ_0 der zulässigen Druckspannungen MN/m²				
		Normal-mörtel	Leichtmörtel			Normalmörtel			Leichtmörtel	
			LM 21	LM 36		II	IIa	III	LM 21	LM 36
0,70	238	-	0,11	-	4	-	-	-	0,4	-
0,75	238	-	0,12	-	6	-	-	-	0,6	-
0,80	238	-	0,12	-	8	-	-	-	0,7	-
					10	-	-	-	0,7	-

2.1.2 Verfüllziegel

Antragsteller:	Zulassungsgegenstand:
Deutsche POROTON GmbH Cäsariusstraße 83a 53639 Königswinter	**Mauerwerk aus Schallschutz-Blockziegeln** **mit Stoßfugenverzahnung**
Zulassungsnummer: **Z-17.1-447**	Bescheid vom 24.07.2001 Geltungsdauer bis 23.07.2006

Rohdichte-klasse	Bemessungswerte der Wärme-leitfähigkeit λ in W/(m·K)			Festigkeits-klasse	Grundwerte σ_0 der zulässigen Druckspannungen MN/m²		
	Vermauerung und Verfüllung mit Normalmörtel				Vermauerung und Verfüllung mit Normalmörtel		
	II	IIa	III		II	IIa	III
0,7	0,80	0,80	0,90	6	0,9	1,0	1,2
0,8	0,80	0,80	0,90	8	1,0	1,2	1,4
0,9	0,80	0,80	0,90	12	1,2	1,6	1,8
				20	1,6	1,9	2,4

Zulassungen

Antragsteller:	Zulassungsgegenstand:
unipor-Ziegel Marketing GmbH Aidenbachstraße 234 81479 München **Klimaton Ziegel** **Interessengemeinschaft e.V.** Hofoldinger Straße 9b 85649 Brunnthal	**Mauerwerk aus Schallschutz-Verfüllziegeln**
Zulassungsnummer: **Z-17.1-462**	Bescheid vom 11.09.2001 Geltungsdauer bis 10.09.2006

Rohdichte-klasse	Bemessungswerte der Wärme-leitfähigkeit λ in W/(m·K) Vermauerung und Verfüllung mit Normalmörtel			Festigkeits-klasse	Grundwerte σ_0 der zulässigen Druckspannungen MN/m² Vermauerung und Verfüllung mit Normalmörtel		
	II	IIa	III		II	IIa	III
0,8	-	0,80	0,90	8	-	1,2	1,4
0,9	-	0,80	0,90	12	-	1,6	1,8
1,0	-	0,80	0,90				
1,2	-	0,80	0,90				

Antragsteller:	Zulassungsgegenstand:
unipor-Ziegel Marketing GmbH Aidenbachstraße 234 81479 München **Klimaton Ziegel** **Interessengemeinschaft e.V.** Hofoldinger Straße 9b 85649 Brunnthal	**Mauerwerk aus Schallschutz-Verfüllziegeln V 2**
Zulassungsnummer: **Z-17.1-464**	Bescheid vom 11.09.2001 Geltungsdauer bis 10.09.2006

Rohdichte-klasse	Bemessungswerte der Wärme-leitfähigkeit λ in W/(m·K) Vermauerung und Verfüllung mit Normalmörtel			Festigkeits-klasse	Grundwerte σ_0 der zulässigen Druckspannungen MN/m² Vermauerung und Verfüllung mit Normalmörtel		
	II	IIa	III		II	IIa	III
0,9	-	0,80	0,90	6	-	1,0	1,2
1,0	-	0,80	0,90	8	-	1,2	1,4
1,2	-	0,80	0,90	12	-	1,6	1,8

Zulassungen

Antragsteller:	Zulassungsgegenstand:
unipor-Ziegel Marketing GmbH Aidenbachstraße 234 81479 München	**Mauerwerk aus Schallschutz-Blockziegeln SZ 4109**
Zulassungsnummer: **Z-17.1-520**	Bescheid vom 26.05.2004 Geltungsdauer bis 06.06.2006

Maße			Festigkeits-klasse	Grundwerte σ_0 der zulässigen Druckspannungen MN/m²		
				Verfüllung mit Beton B15 Vermauerung mit Normalmörtel		
Länge mm	Breite mm	Höhe mm		II	IIa	III
497 372	145 150 175 200 240 300	238	8 10 12 16 20	- - - - -	1,2 1,4 1,6 1,7 1,9	1,4 1,6 1,8 2,1 2,4

Antragsteller:	Zulassungsgegenstand:
unipor-Ziegel Marketing GmbH Aidenbachstraße 234 81479 München	**Mauerwerk aus unipor-Füllziegeln**
Zulassungsnummer: **Z-17.1-687**	Bescheid vom 12.09.2001 Geltungsdauer bis 11.09.2006

Maße			Festigkeits-klasse	Grundwerte σ_0 der zulässigen Druckspannungen MN/m²		
				Verfüllung mit Beton B15 Vermauerung mit Normalmörtel		
Länge mm	Breite mm	Höhe mm		II	IIa	III
308 373 498	150 175 200 240 300	238	6 8 12	- - -	- - -	0,9 1,1 1,4

Antragsteller:	Zulassungsgegenstand:
THERMOPOR ZIEGEL-KONTOR-ULM GMBH Olgastraße 94 89073 Ulm	**Mauerwerk aus Schallschutz-Füllziegeln (bezeichnet als „THERMOPOR SFz")**
Zulassungsnummer: **Z-17.1-454**	Bescheid vom 06.09.2001 Geltungsdauer bis 05.09.2006

Rohdichte-klasse	Bemessungswerte der Wärme-leitfähigkeit λ in W/(m·K)			Festigkeits-klasse	Grundwerte σ_0 der zulässigen Druckspannungen MN/m²		
	Vermauerung und Verfüllung mit Normalmörtel				Vermauerung und Verfüllung mit Normalmörtel		
	II	IIa	III		II	IIa	III
0,8 0,9 1,0 1,2	0,80 0,80 0,80 0,80	0,80 0,80 0,80 0,80	0,90 0,90 0,90 0,90	8 12	1,0 1,2	1,2 1,6	1,4 1,8

Zulassungen

Antragsteller: **THERMOPOR ZIEGEL-KONTOR-ULM GMBH** Olgastraße 94 89073 Ulm			Zulassungsgegenstand: **Mauerwerk aus THERMOPOR Schallschutz-Füllziegeln SFz G**			
Zulassungsnummer: **Z-17.1-558**			Bescheid vom 20.12.2001 Geltungsdauer bis 19.12.2006			
Maße			Festigkeits- klasse	Grundwerte σ_0 der zulässigen Druckspannungen MN/m²		
Länge mm	Breite mm	Höhe mm		Verfüllung mit Normalmörtel oder mit Beton B15 Vermauerung mit Normalmörtel		
				II	IIa	III
247 372 497	145 175 200 240 300	113 238	8 12	- -	1,0 1,3	1,1 1,5

2.1.3 Betonsteine

Antragsteller: **BBU Rheinische Bimsbaustoff-Union GmbH** Sandkaulerweg 1 56564 Neuwied				Zulassungsgegenstand: **Isobims-Hohlblöcke aus Leichtbeton**					
Zulassungsnummer: **Z-17.1-262**				Bescheid vom 27.10.2005 Geltungsdauer bis 22.11.2010					
Rohdichte- klasse	Bemessungswerte der Wärme- leitfähigkeit λ in W/(m·K)			Festigkeits- klasse	Grundwerte σ_0 der zulässigen Druckspannungen MN/m²				
	Normal- mörtel	Leichtmörtel			Normalmörtel			Leichtmörtel	
		LM 21	LM 36		II	IIa	III	LM 21	LM 36
2K / 17,5 cm; 3K / 24 cm; 3K / 30 cm; 4K / 30 cm; 4K / 36,5 cm									
0,6 0,8 0,9 1,0 1,2 1,4	0,29 0,35 0,39 0,45 0,53 0,65	0,24 0,31 0,34 0,45 0,53 0,65	0,25 0,32 0,36 0,45 0,53 0,65	2 4 6	0,5 0,7 0,9	0,5 0,8 1,0	- 0,9 1,2	0,4 0,5 0,7	0,5 0,8 0,9
1K / 17,5 cm									
0,6 0,8 0,9 1,0 1,2 1,4	0,32 0,41 0,46 0,52 0,60 0,72	0,27 0,34 0,37 0,52 0,60 0,72	0,28 0,36 0,40 0,52 0,60 0,72						

Zulassungen

Antragsteller:	Zulassungsgegenstand:
BBU Rheinische Bimsbaustoff-Union GmbH Sandkauler Weg 1 56564 Neuwied	**isolith-Blöcke der Rohdichteklassen 1,4; 1,6; 1,8 und 2,0 aus Leichtbeton**
Zulassungsnummer: **Z-17.1-569**	Bescheid vom 30.03.2006 Geltungsdauer bis 29.03.2011

Rohdichte-klasse	Bemessungswerte der Wärme-leitfähigkeit λ in W/(m·K)			Festigkeits-klasse	Grundwerte σ_0 der zulässigen Druckspannungen MN/m²				
	Normal-mörtel	Leichtmörtel			Normalmörtel			Leichtmörtel	
		LM 21	LM 36		II	IIa	III	LM 21	LM 36
1,4	0,63	-	-	12	-	1,6	1,8	-	-
1,6	0,74	-	-	20	-	1,9	2,4	-	-
1,8	0,87	-	-						
2,0	0,99	-	-						

Antragsteller:	Zulassungsgegenstand:
Dennert Poraver GmbH Veit-Dennert Straße 7 96132 Schlüsselfeld	**Mauerwerk aus Calimax-Mauersteinen und Leichtmörtel**
Zulassungsnummer: **Z-17.1-798**	Bescheid vom 10.03.2004 Geltungsdauer bis 05.11.2007

Rohdichte-klasse	Bemessungswerte der Wärme-leitfähigkeit λ in W/(m·K)			Festigkeits-klasse	Grundwerte σ_0 der zulässigen Druckspannungen MN/m²				
	Leichtmörtel				Normalmörtel		Leichtmörtel		
	LM16	LM 21	LM 36		II	IIa	LM 16	LM 21	LM 36
0,45	0,11	0,11	0,12	2	-	-	0,4	0,4	0,4
0,65	0,14	0,14	0,15	4	-	-	0,6	0,6	0,6

Antragsteller:	Zulassungsgegenstand:
Geschw. Mohr GmbH & Co. KG Baustoffwerke Friedhofstraße 56637 Plaidt	**Hohlblocksteine aus Leichtbeton mit integrierter Wärmedämmung (bezeichnet als "Mohrpor"-Mauersteine)**
Zulassungsnummer: **Z-17.1-823**	Bescheid vom 05.03.2004 Geltungsdauer bis 01.06.2008

Rohdichte-klasse	Bemessungswerte der Wärme-leitfähigkeit λ in W/(m·K)			Festigkeits-klasse	Grundwerte σ_0 der zulässigen Druckspannungen MN/m²				
	Normal-mörtel	Leichtmörtel			Normalmörtel			Leichtmörtel	
		LM 21	LM 36		II	IIa	III	LM 21	LM 36
0,45	-	0,11	-	2	-	-	-	0,3	-
0,50	-	0,12	-						
0,55	-	0,13	-						

Zulassungen

Antragsteller:	Zulassungsgegenstand:
Gisoton Baustoffwerke **Gebhart & Söhne GmbH & Co.** Hochstraße 2 88317 Aichstetten	**GISOTON-Hohlblocksteine** **mit integrierter Wärmedämmung**
Zulassungsnummer: **Z-17.1-567**	Bescheid vom 10.07.2001 Geltungsdauer bis 31.08.2006

Rohdichte-klasse	Wanddicke mm	Bemessungswerte der Wärmeleitfähigkeit λ W/(m·K) Leichtmörtel LM 36	Festigkeits-klasse	Grundwerte σ_0 der zulässigen Druckspannungen MN/m²				
				Normalmörtel			Leichtmörtel	
				II	IIa	III	LM 21	LM 36
0,65	240 300 365	0,14 0,14 0,16	2 4	- -	- -	- -	- -	0,5 0,8
0,8	240 300 365	0,16 0,16 0,18						

Antragsteller:	Zulassungsgegenstand:
Kaspar Röckelein KG **Baustoffwerke** Bahnhofstraße 6 96193 Wachenroth	**RÖWATON-Klimablöcke aus Leichtbeton**
Zulassungsnummer: **Z-17.1-432**	Bescheid vom 11.10.2005 geändert und ergänzt am 28.03.2006 Geltungsdauer bis 27.03.2011

Rohdichte-klasse	Bemessungswerte der Wärmeleitfähigkeit λ in W/(m·K)			Festigkeits-klasse	Grundwerte σ_0 der zulässigen Druckspannungen MN/m²				
	Normal-mörtel	Leichtmörtel			Normalmörtel			Leichtmörtel	
		LM 21	LM 36		II	IIa	III	LM 21	LM 36
0,5	0,21	0,13	0,18	2	0,5	0,5	-	0,5	0,5

Antragsteller:	Zulassungsgegenstand:
KLB-Klimaleichtblock GmbH Lohmannstraße 31 56626 Andernach	**KLB-Vollblöcke SW1 aus Leichtbeton** **(KLB-Superwärmedämmblöcke)**
Zulassungsnummer: **Z-17.1-426**	Bescheid vom 13.11.2001 Geltungsdauer bis 01.10.2006

Rohdichte-klasse	Bemessungswerte der Wärmeleitfähigkeit λ in W/(m·K)			Festigkeits-klasse	Grundwerte σ_0 der zulässigen Druckspannungen MN/m²				
	Normal-mörtel	Leichtmörtel			Normalmörtel			Leichtmörtel	
		LM 21	LM 36		II	IIa	III	LM 21	LM 36
0,45 0,50 0,55 0,60 0,65 0,70 0,80	- 0,16 0,16 0,18 0,18 0,21 0,24	0,11 0,12 0,13 0,14 0,16 0,16 0,18	- 0,13 0,14 0,16 0,16 0,18 0,21	2 4 6	0,5 0,7 0,9	0,5 0,8 1,0	- - -	0,5 0,7 0,7	0,5 0,8 0,9

Zulassungen

Antragsteller:	Zulassungsgegenstand:
Liapor GmbH & Co. KG Industriestraße 2 91352 Hallerndorf-Pautzfeld	**Mauerwerk aus Liapor-Vollwärme-Blöcken aus Leichtbeton**
Zulassungsnummer: **Z-17.1-168**	Bescheid vom 13.09.2001 Geltungsdauer bis 12.09.2006

Rohdichte-klasse	Bemessungswerte der Wärmeleitfähigkeit λ in W/(m·K)			Festigkeits-klasse	Grundwerte σ_0 der zulässigen Druckspannungen MN/m²				
	Normalmörtel	Leichtmörtel			Normalmörtel			Leichtmörtel	
		LM 21	LM 36		II	IIa	III	LM 21	LM 36
0,50	0,21	0,14	0,16	2	0,5	0,5	-	0,4	0,4
0,55	0,21	0,16	0,16	4	0,7	0,8	-	0,6	0,7
0,60	0,21	0,16	0,18	6	0,9	1,0	-	0,7	0,9
0,65	0,24	0,18	0,18						
0,70	0,24	0,18	0,21						
0,80	0,27	0,21	0,21						

Antragsteller:	Zulassungsgegenstand:
Liapor GmbH & Co. KG Industriestraße 2 91352 Hallerndorf-Pautzfeld	**Liapor-Super-K-Wärmedämmsteine aus Leichtbeton**
Zulassungsnummer: **Z-17.1-451**	Bescheid vom 10.02.2006 Geltungsdauer bis 04.03.2011

Rohdichte-klasse	Bemessungswerte der Wärmeleitfähigkeit λ in W/(m·K)			Festigkeits-klasse	Grundwerte σ_0 der zulässigen Druckspannungen MN/m²				
	Normalmörtel	Leichtmörtel			Normalmörtel			Leichtmörtel	
		LM 21	LM 36		II	IIa	III	LM 21	LM 36
0,6	0,21	0,13	0,21	2	0,5	0,5	-	0,5	0,5
0,7	0,27	0,16	0,24	4	0,7	0,8	-	0,7	0,8

Antragsteller:	Zulassungsgegenstand:
Liapor GmbH & Co. KG Industriestraße 2 91352 Hallerndorf-Pautzfeld	**Mauerwerk aus Liapor-Super-K-Wärmedämmsteinen aus Leichtbeton mit Stoßfugenverzahnung**
Zulassungsnummer: **Z-17.1-501**	Bescheid vom 31.03.2006 Geltungsdauer bis 30.03.2011

Rohdichte-klasse	Bemessungswerte der Wärmeleitfähigkeit λ in W/(m·K)				Festigkeits-klasse	Grundwerte σ_0 der zulässigen Druckspannungen MN/m²				
	Normalmörtel	Leichtmörtel				Normalmörtel		Leichtmörtel		
		LM Ultra	LM 21	LM 36		II	IIa	LM Ultra	LM 21	LM 36
0,45	0,16	0,12	0,12	0,13	2	0,5	0,5	0,5	0,5	0,5
0,50	0,18	0,13	0,13	0,14	4	0,7	0,8	0,7	0,7	0,8
0,55	0,18	0,14	0,14	0,14						
0,60	0,18	0,14	0,14	0,15						
0,65	0,21	0,15	0,15	0,16						
0,70	0,21	0,16	0,16	0,18						
0,8	0,24	0,18	0,18	0,18						

Zulassungen

Antragsteller:	Zulassungsgegenstand:
Liapor GmbH & Co. KG Industriestraße 2 91352 Hallerndorf-Pautzfeld	**Mauerwerk aus Liapor-Vollwärmeblöcken (verzahnt) aus Leichtbeton**
Zulassungsnummer: **Z-17.1-755**	Bescheid vom 31.03.2006 Geltungsdauer bis 30.03.2011

Rohdichte-klasse	Bemessungswerte der Wärmeleitfähigkeit λ in W/(m·K)				Festigkeits-klasse	Grundwerte σ_0 der zulässigen Druckspannungen MN/m²				
	Normal-mörtel	Leichtmörtel				Normalmörtel			Leichtmörtel	
		LM Ultra	LM 21	LM 36		II	IIa	III	LM 21 LM Ultra	LM 36
0,45	-	0,12	0,12	0,13	2	0,5	0,5	-	0,5	0,5
0,50	0,18	0,13	0,13	0,14	4	0,7	0,8	-	0,7	0,8
0,55	0,21	0,14	0,14	0,15						
0,60	0,21	0,15	0,15	0,16						
0,65	0,24	0,16	0,16	0,18						
0,70	0,24	0,18	0,18	0,18						
0,80	0,27	0,21	0,21	0,21						

Antragsteller:	Zulassungsgegenstand:
Liapor GmbH & Co. KG Industriestraße 2 91352 Hallerndorf-Pautzfeld	**Mauerwerk aus Liapor-Super-K-Plus Wärmedämmsteinen aus Leichtbeton mit Stoßfugenverzahnung**
Zulassungsnummer: **Z-17.1-815**	Bescheid vom 14.04.2003 geändert am 22.04.2004 Geltungsdauer bis 13.04.2008

Rohdichte-klasse	Bemessungswerte der Wärmeleitfähigkeit λ in W/(m·K)				Festigkeits-klasse	Grundwerte σ_0 der zulässigen Druckspannungen MN/m²				
	Normal-mörtel	Leichtmörtel				Normalmörtel			Leichtmörtel	
		LM Ultra	LM 21	LM 36		II	IIa	III	LM 21 LM Ultra	LM 36
0,45	0,18	0,11	0,12	0,14	2	0,5	0,5	-	0,5	0,5
0,50	0,18	0,12	0,13	0,14	4	0,7	0,8	-	0,7	0,8
0,55	0,18	0,13	0,13	0,16						
0,60	0,18	0,14	0,14	0,16						
0,65	0,21	0,14	0,15	0,18						
0,70	0,21	0,15	0,15	0,18						

Zulassungen

Antragsteller:	Zulassungsgegenstand:
Liapor GmbH & Co. KG Industriestraße 2 91352 Hallerndorf-Pautzfeld	**Mauerwerk aus Hohlblöcken aus Leichtbeton mit integrierter Wärmedämmung (bezeichnet als Liapor SL Wärmedämmsteine) und Leichtmörtel**
Zulassungsnummer: **Z-17.1-816**	Bescheid vom 09.02.2004 geändert am 22.04.2004 Geltungsdauer bis 15.04.2008

Rohdichte-klasse	Bemessungswerte der Wärmeleitfähigkeit λ in W/(m·K)				Festigkeits-klasse	Grundwerte σ_0 der zulässigen Druckspannungen MN/m²				
	Normal-mörtel	Leichtmörtel				Normalmörtel			Leichtmörtel	
		LM Ultra	LM 21	LM 36		II	IIa	III	LM 21 LM Ultra	LM 36
Dämmstoff "Isokern 68"					2	-	-	-	0,4	-
0,45	-	0,10	0,10	-	4	-	-	-	0,6	-
0,50	-	0,10	0,10	-						
0,55	-	0,11	0,11	-						
Dämmstoff "Isokern 50"										
0,45	-	0,090	0,090	-						
0,50	-	0,10	0,10	-						
0,55	-	0,11	0,10	-						

Antragsteller:	Zulassungsgegenstand:
Liapor GmbH & Co. KG Industriestraße 2 91352 Hallerndorf-Pautzfeld	**Liapor Compact Vollblöcke**
Zulassungsnummer: **Z-17.1-839**	Bescheid vom 03.11.2003 geändert und ergänzt am 30.08.2004 Geltungsdauer bis 02.11.2008

Rohdichte-klasse	Bemessungswerte der Wärmeleitfähigkeit λ in W/(m·K)				Festigkeits-klasse	Grundwerte σ_0 der zulässigen Druckspannungen MN/m²				
	Normal-mörtel	Leichtmörtel				Normalmörtel			Leichtmörtel	
		LM Ultra	LM 21	LM 36		II	IIa	III	LM 21 LM Ultra	LM 36
0,50	-	0,13	0,13	0,14	2	-	-	-	0,5	0,5
0,55	-	0,14	0,14	0,15	4	-	-	-	0,7	0,8
0,60	-	0,15	0,15	0,16						
0,65	-	0,16	0,16	0,18						
0,70	-	0,18	0,18	0,18						
0,80	-	0,21	0,21	0,21						

Zulassungen

Antragsteller: **Société Anonyme des Chaux de Contern** Rue des Chaux 5324 Contern LUXEMBURG	Zulassungsgegenstand: **Wärmedämmblöcke aus Leichtbeton "ECOBLOC"**
Zulassungsnummer: **Z-17.1-607**	Bescheid vom 30.09.2003 geändert und ergänzt am 11.06.2004 Geltungsdauer bis 29.09.2008

Rohdichte-klasse	Bemessungswerte der Wärmeleitfähigkeit λ in W/(m·K)			Festigkeits-klasse	Grundwerte σ_0 der zulässigen Druckspannungen MN/m²				
	Normalmörtel	Leichtmörtel			Normalmörtel			Leichtmörtel	
		LM 21	LM 36		II	IIa	III	LM 21	LM 36
0,50	-	0,13	-	2	-	-	-	0,5	-
0,55	-	0,15	-	4	-	-	-	0,7	-
0,60	-	0,15	-						
0,65	-	0,16	-						

Antragsteller: **Traßwerke Meurin Betriebsgesellschaft mbH** Kölner Straße 17 56626 Andernach	Zulassungsgegenstand: **Pumix-Leichtbausteine aus Leichtbeton**
Zulassungsnummer: **Z-17.1-186**	Bescheid vom 06.12.2004 geändert, ergänzt und verlängert am 25.11.2006 Geltungsdauer bis 24.11.2010

Rohdichte-klasse	Bemessungswerte der Wärmeleitfähigkeit λ in W/(m·K)			Festigkeits-klasse	Grundwerte σ_0 der zulässigen Druckspannungen MN/m²				
	Normalmörtel	Leichtmörtel			Normalmörtel			Leichtmörtel	
		LM 21	LM 36		II	IIa	III	LM 21	LM 36
Pumix-Leichtbausteine Typ 1				2	0,5	0,5	-	0,5	0,5
0,5	siehe DIN V 4108-4: 1998-10, Zeile 4.5.2.4.1 bzw. 4.5.2.4.2			4	0,7	0,8	0,9	0,7	0,8
0,6				6	0,9	1,0	1,2	0,7	0,9
0,7									
0,8									
Pumix-Leichtbausteine Typ 2									
0,45	0,18	0,13	0,14[3]						
0,50	0,18	0,14[1]	0,14						
0,55	0,21	0,14	0,15						
0,60	0,21	0,15	0,16						
0,65	0,24	0,16[2]	0,18						
0,70	0,24	0,18	0,18						
0,80	0,27	0,21	0,24						

[1] Bei Wänden aus Steinen des Formats 10 DF ist λ = 0,13 W/(m·K).
[2] Bei Wänden aus Steinen des Formats 20 DF ist λ = 0,18 W/(m·K).
[3] Bei Wänden aus Steinen des Formats 12 DF ist λ = 0,13 W/(m·K).

Antragsteller:	Zulassungsgegenstand:
Traßwerke Meurin **Betriebsgesellschaft mbH** Kölner Straße 17 56626 Andernach/Rhein	**Pumix-HW-Leichtbausteine** **Typ A und Typ B**
Zulassungsnummer: **Z-17.1-654**	Bescheid vom 01.08.2005 Geltungsdauer bis 30.07.2010

Rohdichte-klasse	Bemessungswerte der Wärme-leitfähigkeit λ in W/(m·K)			Festigkeits-klasse	Grundwerte σ_0 der zulässigen Druckspannungen MN/m²				
	Normal-mörtel	Leichtmörtel			Normalmörtel			Leichtmörtel	
		LM 21	LM 36		II	IIa	III	LM 21	LM 36
Vollblock 12 DF Typ A				2	-	-	-	0,5	0,5
0,50	-	0,13	0,14	4	-	-	-	0,7	0,8
0,55	-	0,14	0,16	6	-	-	-	0,7	0,9
0,60	-	0,16	0,16						
0,65	-	0,16	0,18						
0,70	-	0,18	0,18						
0,80	-	0,21	0,21						
Vollblock 12 DF Typ B									
0,50	-	0,13	0,14						
0,55	-	0,14	0,14						
0,60	-	0,16	0,16						
0,65	-	0,16	0,16						
0,70	-	0,16	0,18						
0,80	-	0,18	0,21						
Vollblock 20 DF Typ A									
0,50	-	0,13	0,14						
0,55	-	0,14	0,14						
0,60	-	0,16	0,16						
0,65	-	0,16	0,16						
0,70	-	0,16	0,18						
0,80	-	0,18	0,21						
Vollblock 20 DF Typ B									
0,50	-	0,12	0,12						
0,55	-	0,12	0,13						
0,60	-	0,13	0,14						
0,65	-	0,14	0,14						
0,70	-	0,15	0,15						
0,80	-	0,18	0,18						

Antragsteller:	Zulassungsgegenstand:
Veit Dennert KG Veit-Dennert-Straße 7 96132 Schlüsselfeld	**Calimax-Wärmedämmstein**
Zulassungsnummer: **Z-17.1-406**	Bescheid vom 03.04.1997 geändert und Geltungsdauer verlängert am 05.07.2002 Geltungsdauer bis 04.07.2007

Rohdichte-klasse	Bemessungswerte der Wärme-leitfähigkeit λ in W/(m·K)			Festigkeits-klasse	Grundwerte σ_0 der zulässigen Druckspannungen MN/m²				
	Normal-mörtel	Leichtmörtel			Normalmörtel			Leichtmörtel	
		LM 21	LM 36		II	IIa	III	LM 21	LM 36
0,6	0,21	0,13	0,21	2	0,5	0,5	-	0,5	0,5
0,7	0,27	0,16	0,24	4	0,7	0,8	-	0,7	0,8

Zulassungen

Antragsteller:	Zulassungsgegenstand:
Traßwerke Meurin Betriebsgesellschaft mbH Kölner Straße 17 56626 Andernach	**Hohlblöcke aus Leichtbeton mit integrierter Wärmedämmung - bezeichnet als PUMIX-thermolith-MD -**
Zulassungsnummer: Z-17.1-833	Bescheid vom 25.11.2004 Geltungsdauer verlängert am 25.11.2005 geändert am 17.05.2006 Geltungsdauer bis 24.11.2010

Rohdichte-klasse	Bemessungswerte der Wärmeleitfähigkeit λ in W/(m·K)			Festigkeits-klasse	Grundwerte σ_0 der zulässigen Druckspannungen MN/m²				
	Normal-mörtel	Leichtmörtel			Normalmörtel			Leichtmörtel	
		LM 21	LM 36		II	IIa	III	LM 21	LM 36
0,45	-	0,10	0,10	2	0,5	0,5	-	0,5	0,5
0,50	-	0,10	0,11	4	0,7	0,8	0,9	0,7	0,8
0,55	-	0,11	0,12[1]	6	0,9	1,0	1,2	0,7	0,9
0,60	-	0,12[1]	0,12						
0,65	-	0,12	0,13	[1] Bei Steinen des Formats 10 DF ist λ = 0,11 W/(m·K).					
0,70	-	0,13	0,14						
0,80	-	0,16	0,18[2]	[2] Bei Steinen des Formats 10 DF ist λ = 0,16 W/(m·K).					

Antragsteller:	Zulassungsgegenstand:
Veit Dennert KG Veit-Dennert-Straße 7 96132 Schlüsselfeld	**Calimax-K-Wärmedämmstein**
Zulassungsnummer: Z-17.1-458	Bescheid vom 05.07.2002 geändert und ergänzt am 06.09.2002 Geltungsdauer bis 04.07.2007

Rohdichte-klasse	Bemessungswerte der Wärmeleitfähigkeit λ in W/(m·K)			Festigkeits-klasse	Grundwerte σ_0 der zulässigen Druckspannungen MN/m²				
	Normal-mörtel	Leichtmörtel			Normalmörtel			Leichtmörtel	
		LM 21	LM 36		II	IIa	III	LM 21	LM 36
0,45	-	0,12	0,16	2	0,5	0,5	-	0,5	0,5
0,60	0,24	0,14	0,21	4	0,7	0,8	-	0,7	0,8
0,80	0,30	0,18	0,27						

Antragsteller:	Zulassungsgegenstand:
Veit Dennert KG Veit-Dennert-Straße 7 96132 Schlüsselfeld	**Calimax-K-Wärmedämmstein KS**
Zulassungsnummer: Z-17.1-589	Bescheid vom 03.04.1997 geändert und Geltungsdauer verlängert am 06.07.2002 Geltungsdauer bis 04.07.2007

Rohdichte-klasse	Bemessungswerte der Wärmeleitfähigkeit λ in W/(m·K)			Festigkeits-klasse	Grundwerte σ_0 der zulässigen Druckspannungen MN/m²				
	Normal-mörtel	Leichtmörtel			Normalmörtel			Leichtmörtel	
		LM 21	LM 36		II	IIa	III	LM 21	LM 36
0,6	0,24	0,16	0,21	2	0,5	0,5	-	0,5	0,5
0,8	0,30	0,18	0,27	4	0,7	0,8	-	0,7	0,8

Antragsteller:	Zulassungsgegenstand:
Veit Dennert KG Veit-Dennert-Straße 7 96132 Schlüsselfeld	**Calimax-Wärmedämmstein KS**
Zulassungsnummer: **Z-17.1-599**	Bescheid vom 03.04.1997 geändert und Geltungsdauer verlängert am 05.07.2002 Geltungsdauer bis 04.07.2007

Rohdichte-klasse	Bemessungswerte der Wärme-leitfähigkeit λ in W/(m·K)			Festigkeits-klasse	Grundwerte σ_0 der zulässigen Druckspannungen MN/m²				
	Normal-mörtel	Leichtmörtel			Normalmörtel			Leichtmörtel	
		LM 21	LM 36		II	IIa	III	LM 21	LM 36
0,6 0,7	0,21 0,27	0,13 0,16	0,21 0,24	2 4	0,5 0,7	0,5 0,8	- -	0,5 0,7	0,5 0,8

2.1.4 Kalksandsteine

Antragsteller:	Zulassungsgegenstand:
Bundesverband Kalksandsteinindustrie e.V. Entenfangweg 15 30419 Hannover	**Kalksandsteine mit besonderer Lochung für Mauerwerk im Dickbettverfahren**
Zulassungsnummer: **Z-17.1-878**	Bescheid vom 30.03.2006 geändert und ergänzt am 16.05.2006 Geltungsdauer bis 29.03.2011

Rohdichte-klasse	Bemessungswerte der Wärme-leitfähigkeit λ in W/(m·K)			Festigkeits-klasse	Grundwerte σ_0 der zulässigen Druckspannungen MN/m²				
	Normal-mörtel	Leichtmörtel			Normalmörtel			Leichtmörtel	
		LM 21	LM 36		II	IIa	III	LM 21	LM 36
1,2 1,4 1,6 1,8	0,56 0,70 0,79 0,99	- - - -	- - - -	12 16 20 28	- - - -	1,6 1,7 1,9 2,3	1,8 2,1 2,4 3,0	- - - -	- - - -

Zulassungen

2.2 Steine üblichen Formats für Mauerwerk im Dünnbettverfahren

2.2.1 Planziegel

Antragsteller: **August Lücking GmbH & Co. KG** **Ziegelwerk + Betonwerke** Elsener Straße 20 33102 Paderborn	Zulassungsgegenstand: **Mauerwerk aus unipor-NE-D-Planziegeln** **im Dünnbettverfahren** **mit gedeckelter Lagerfuge**
Zulassungsnummer: **Z-17.1-679**	Bescheid vom 22.11.2004 Geltungsdauer bis 21.11.2009

Rohdichte-klasse	Bemessungswerte der Wärme-leitfähigkeit λ in W/(m·K) Dünnbettmörtel maxitmur 900 D	Festigkeits-klasse	Grundwerte σ_0 der zulässigen Druckspannungen MN/m² Dünnbettmörtel maxitmur 900 D
0,65 0,70 0,75	0,13¹ 0,14² 0,16	4 6 8 10 12	0,8 1,1 1,2 1,3 1,6

¹ Bei der Wanddicke 175 mm ist $\lambda = 0{,}14$ W/(m·K).
² Bei der Wanddicke 175 mm ist $\lambda = 0{,}15$ W/(m·K).

Antragsteller: **Deutsche POROTON GmbH** Cäsariusstraße 83a 53639 Königswinter	Zulassungsgegenstand: **Mauerwerk aus Poroton-T-Planhochlochziegeln** **mit Stoßfugenverzahnung**
Zulassungsnummer: **Z-17.1-261**	Bescheid vom 06.03.2000 Geltungsdauer verlängert am 11.05.2001 geändert und ergänzt am 11.09.2002 Geltungsdauer bis 10.05.2006

Rohdichte-klasse	Bemessungswerte der Wärme-leitfähigkeit λ in W/(m·K) Poroton-T-Dünnbettmörtel Typ I Poroton-T-Dünnbettmörtel Typ II	Festigkeits-klasse	Grundwerte σ_0 der zulässigen Druckspannungen MN/m² Poroton-T-Dünnbettmörtel Typ I Poroton-T-Dünnbettmörtel Typ II
0,7 0,8	0,16 0,18	4 6 8 12	0,9 1,2 1,4 1,8

Zulassungen

Antragsteller: **Deutsche Poroton GmbH** Cäsariusstraße 83a 53639 Königswinter			Zulassungsgegenstand: **Mauerwerk aus Poroton-TE-Planhochlochziegeln mit Stoßfugenverzahnung**
Zulassungsnummer: **Z-17.1-355**			Bescheid vom 10.05.2002 Geltungsdauer bis 09.05.2007
Rohdichte- klasse	Bemessungswerte der Wärme- leitfähigkeit λ in W/(m·K) Poroton-T-Dünnbettmörtel Typ I Poroton-T-Dünnbettmörtel Typ II	Festigkeits- klasse	Grundwerte σ_0 der zulässigen Druckspannungen MN/m² Poroton-T-Dünnbettmörtel Typ I Poroton-T-Dünnbettmörtel Typ II
0,8	0,18	4 6 8 12	0,8 1,0 1,1 1,4

Antragsteller: **Deutsche POROTON GmbH** Cäsariusstraße 83a 53639 Königswinter			Zulassungsgegenstand: **Mauerwerk aus Poroton-Planhochlochziegeln mit Stoßfugenverzahnung**
Zulassungsnummer: **Z-17.1-407**			Bescheid vom 24.07.2001 Geltungsdauer bis 23.07.2006
Rohdichte- klasse	Bemessungswerte der Wärme- leitfähigkeit λ in W/(m·K) Poroton-T-Dünnbettmörtel Typ I	Festigkeits- klasse	Grundwerte σ_0 der zulässigen Druckspannungen MN/m² Poroton-T-Dünnbettmörtel Typ I
0,8 0,9 1,0 1,2 1,4 1,6 1,8 2,0	0,39 0,42 0,45 0,50 0,58 0,68 0,81 0,96	6 8 10 12 16 20	1,2 1,4 1,6 1,8 2,1 2,4

Antragsteller: **Deutsche POROTON GmbH** Cäsariusstraße 83a 53639 Königswinter			Zulassungsgegenstand: **Mauerwerk aus Poroton-T-Planhochlochziegeln mit Stoßfugenverzahnung**
Zulassungsnummer: **Z-17.1-683**			Bescheid vom 21.07.2005 Geltungsdauer bis 20.07.2010
Rohdichte- klasse	Bemessungswerte der Wärme- leitfähigkeit λ in W/(m·K) Poroton-T-Dünnbettmörtel Typ I Poroton-T-Dünnbettmörtel Typ II	Festigkeits- klasse	Grundwerte σ_0 der zulässigen Druckspannungen MN/m² Poroton-T-Dünnbettmörtel Typ I Poroton-T-Dünnbettmörtel Typ II
0,7 0,8	0,16 0,18	4 6 8 10 12	0,8 1,0 1,3 1,5 1,7

Zulassungen

Antragsteller: **Hörl & Hartmann** Ziegeltechnik GmbH Pellheimer Straße 17 85221 Dachau			Zulassungsgegenstand: **Mauerwerk aus unipor-WS plus-Planziegeln im Dünnbettverfahren**		
Zulassungsnummer: **Z-17.1-861**			Bescheid vom 05.10.2004 geändert und ergänzt am 28.10.2004 Geltungsdauer bis 04.10.2009		
Rohdichte- klasse	Bemessungswerte der Wärme- leitfähigkeit λ in W/(m·K) unipor-Dünnbettmörtel ZP 99 Dünnbettmörtel HP 580 Dümbettmörtel maxit mur 900		Festigkeits- klasse	Grundwerte σ_0 der zulässigen Druckspannungen MN/m² unipor-Dünnbettmörtel ZP 99 Dünnbettmörtel HP 580 Dümbettmörtel maxit mur 900	
0,80 0,85 0,90	0,12 0,12 0,13		8 10 12 16	0,8 1,0 1,1 1,3	

Antragsteller: **Hörl & Hartmann** Ziegeltechnik GmbH Pellheimer Straße 17 85221 Dachau			Zulassungsgegenstand: **Mauerwerk aus unipor-WS plus-Planziegeln im Dünnbettverfahren mit gedeckelter Lagerfuge**		
Zulassungsnummer: **Z-17.1-867**			Bescheid vom 12.11.2004 Geltungsdauer bis 11.11.2009		
Rohdichte- klasse	Bemessungswerte der Wärme- leitfähigkeit λ in W/(m·K) Dünnbettmörtel maxitmur 900 D		Festigkeits- klasse	Grundwerte σ_0 der zulässigen Druckspannungen MN/m² Dünnbettmörtel maxitmur 900 D	
0,80 0,85 0,90	0,12 0,12 0,13		8 10 12 16	0,9 1,1 1,2 1,4	

Antragsteller: **Hüning Elementbau GmbH & Co. KG** Hauptstraße 1 59399 Olfen-Vinnum			Zulassungsgegenstand: **Mauerwerk aus Vario SG Ziegeln und Vario Mörtel**		
Zulassungsnummer: **Z-17.1-685**			Bescheid vom 30.08.2005 Geltungsdauer bis 29.08.2010		
Rohdichte- klasse	Bemessungswerte der Wärme- leitfähigkeit λ in W/(m·K) Dünnbettmörtel „Vario"		Festigkeits- klasse	Grundwerte σ_0 der zulässigen Druckspannungen MN/m² Dünnbettmörtel „Vario"	
0,8 0,9 1,0 1,2 1,4 1,6 1,8 2,0	0,39 0,42 0,45 0,50 0,58 0,68 0,81 0,96		6 8 12 20	1,2 1,4 1,8 2,4	

Zulassungen

Antragsteller:	Zulassungsgegenstand:
Hüning Elementbau GmbH & Co. KG Hauptstraße 1 59399 Olfen-Vinnum	**Mauerwerk aus Vario-ZP-Ziegeln und Vario Mörtel**
Zulassungsnummer: **Z-17.1-785**	Bescheid vom 29.10.2003 Geltungsdauer bis 28.10.2008

Rohdichte-klasse	Bemessungswerte der Wärme-leitfähigkeit λ in W/(m·K) Dünnbettmörtel „Vario"	Festigkeits-klasse	Grundwerte σ_0 der zulässigen Druckspannungen MN/m² Dünnbettmörtel „Vario"
0,75	0,16^1	6	1,0
0,80	0,18^2	8	1,2
0,85	0,18^2	10	1,3
		12	1,5

^{1} Für Wanddicken < 240 mm ist λ = 0,18 W/(m·K).
^{2} Für Wanddicken < 240 mm ist λ = 0,21 W/(m·K).

Antragsteller:	Zulassungsgegenstand:
Hüning Elementbau GmbH & Co. KG Hauptstraße 1 59399 Olfen-Vinnum	**Mauerwerk aus Vario-NE-Ziegeln und Vario Mörtel**
Zulassungsnummer: **Z-17.1-838**	Bescheid vom 27.10.2003 Geltungsdauer bis 26.10.2008

Rohdichte-klasse	Bemessungswerte der Wärme-leitfähigkeit λ in W/(m·K) Dünnbettmörtel „Vario"	Festigkeits-klasse	Grundwerte σ_0 der zulässigen Druckspannungen MN/m² Dünnbettmörtel „Vario"
0,65	0,14	4	0,6
0,70	0,14	6	0,8
0,75	0,16	8	1,0

Antragsteller:	Zulassungsgegenstand:
JUWÖ POROTON-Werke Ernst Jungk & Sohn GmbH Ziegelhüttenstraße 42 55597 Wöllstein	**Planhochlochziegel für Mauerwerk im Dünnbettverfahren (bezeichnet als "Thermo Planziegel")**
Zulassungsnummer: **Z-17.1-769**	Bescheid vom 09.09.2004 geändert und ergänzt am 22.11.2005 Geltungsdauer bis 08.09.2009

Rohdichte-klasse	Bemessungswerte der Wärme-leitfähigkeit λ in W/(m·K) Tubag Dünnbettmörtel DTR Dünnbettmörtel ZP 99	Festigkeits-klasse	Grundwerte σ_0 der zulässigen Druckspannungen MN/m² Tubag Dünnbettmörtel DTR Dünnbettmörtel ZP 99
0,60	0,10^1	6	0,7
0,65	0,11^2	8	0,9^4
0,70	0,12^3	10	1,0^5

^{1} Für die Wanddicke 190 mm ist λ = 0,11 W/(m·K).
^{2} Für die Wanddicke 190 mm ist λ = 0,12 W/(m·K).
^{3} Für die Wanddicke 190 mm ist λ = 0,13 W/(m·K).
^{4} σ_0 = 1,0 MN/m² bei Außenwänden mit Dicken ≥ 300 mm und lichten Geschosshöhen ≤ 2,625 m
^{5} σ_0 = 1,1 MN/m² bei Außenwänden mit Dicken ≥ 300 mm und lichten Geschosshöhen ≤ 2,625 m

Zulassungen

Antragsteller:	Zulassungsgegenstand:
JUWÖ POROTON-Werke Ernst Jungk & Sohn GmbH Ziegelhüttenstraße 42 55597 Wöllstein	Planhochlochziegel für Mauerwerk im Dünnbettverfahren (bezeichnet als "Thermo-Plan-plus")
Zulassungsnummer: Z-17.1-859	Bescheid vom 09.09.2004 geändert und ergänzt am 22.11.2005 Geltungsdauer bis 08.09.2009

Rohdichte- klasse	Bemessungswerte der Wärme- leitfähigkeit λ in W/(m·K) Tubag Dünnbettmörtel DTR Dünnbettmörtel ZP 99	Festigkeits- klasse	Grundwerte σ_0 der zulässigen Druckspannungen MN/m² Tubag Dünnbettmörtel DTR Dünnbettmörtel ZP 99
0,65	0,10	6 8	0,7 0,9[1]

[1] σ_0 = 1,0 MN/m² bei Außenwänden mit lichten Geschosshöhen $\leq$ 2,625 m

Antragsteller:	Zulassungsgegenstand:
JUWÖ POROTON-Werke Ernst Jungk & Sohn GmbH Ziegelhüttenstraße 42 55597 Wöllstein Tubag Trass-, Zement- und Steinwerke GmbH An der Bundesstraße 256 56642 Kruft	Mauerwerk aus Planhochlochziegeln mit Stoßfugenverzahnung und Dünnbettmörtel DTR
Zulassungsnummer: Z-17.1-784	Bescheid vom 12.03.2004 Geltungsdauer bis 11.03.2009

Rohdichte- klasse	Bemessungswerte der Wärme- leitfähigkeit λ in W/(m·K) Tubag Dünnbettmörtel DTR	Festigkeits- klasse	Grundwerte σ_0 der zulässigen Druckspannungen MN/m² Tubag Dünnbettmörtel DTR
0,8	0,39	6	1,2
0,9	0,42	8	1,4
1,0	0,45	10	1,6
1,2	0,50	12	1,8
1,4	0,58	16	2,1
1,6	0,68	20	2,4
1,8	0,81		
2,0	0,96		

Zulassungen

Antragsteller:	Zulassungsgegenstand:
Klimaton ZIEGEL Interessengemeinschaft e.V. Ziegeleistraße 10 95145 Oberkotzau	**Mauerwerk aus klimaton-Planhochlochziegeln mit Stoßfugenverzahnung im Dünnbettverfahren**
Zulassungsnummer: **Z-17.1-715**	Bescheid vom 19.07.2005 Geltungsdauer bis 31.07.2010

Rohdichte-klasse	Bemessungswerte der Wärmeleitfähigkeit λ in W/(m·K) klimaton-Dünnbettmörtel	Festigkeits-klasse	Grundwerte σ_0 der zulässigen Druckspannungen MN/m² klimaton-Dünnbettmörtel
0,8	0,39	6	1,2
0,9	0,42	8	1,4
1,0	0,45	10	1,6
1,2	0,50	12	1,8
1,4	0,58	16	2,1
1,6	0,68	20	2,4
1,8	0,81		
2,0	0,96		

Antragsteller:	Zulassungsgegenstand:
Mein Ziegelhaus GmbH & Co.KG Märkerstraße 44 63755 Alzenau	**Mauerwerk aus Planhochlochziegeln - bezeichnet als ThermoPlan-T16 - im Dünnbettverfahren**
Zulassungsnummer: **Z-17.1-907**	Bescheid vom 31.03.2006 Geltungsdauer bis 30.03.2011

Rohdichte-klasse	Bemessungswerte der Wärmeleitfähigkeit λ in W/(m·K) Dünnbettmörtel "Mein Ziegelhaus Typ I" Dünnbettmörtel "Mein Ziegelhaus Typ III" Dünnbettmörtel ZiegelPlan ZP 99 Dünnbettmörtel maxit mur 900 Dünnbettmörtel 900 D	Festigkeits-klasse	Grundwerte σ_0 der zulässigen Druckspannungen MN/m² Dünnbettmörtel "Mein Ziegelhaus Typ I" Dünnbettmörtel "Mein Ziegelhaus Typ III" Dünnbettmörtel ZiegelPlan ZP 99 Dünnbettmörtel maxit mur 900 Dünnbettmörtel 900 D
0,8	0,16	6	1,2
		8	1,4
		10	1,6
		12	1,8

Zulassungen

Antragsteller: **Mein Ziegelhaus GmbH & Co.KG** Märkerstraße 44 63755 Alzenau	Zulassungsgegenstand: **Mauerwerk aus ThermoPlan T14, ThermoPlan T16 und ThermoPlan T18 Planhochlochziegeln im Dünnbettverfahren**
Zulassungsnummer: **Z-17.1-908**	Bescheid vom 31.03.2006 Geltungsdauer bis 30.03.2011

Rohdichte- klasse	Bemessungswerte der Wärme- leitfähigkeit λ in W/(m·K) Dünnbettmörtel "Mein Ziegelhaus Typ I" Dünnbettmörtel "Mein Ziegelhaus Typ III" (Typ III auch mit Glasfilamentgewebe BASIS SK) Dünnbettmörtel ZiegelPlan ZP 99 Dünnbettmörtel maxit mur 900 Dünnbettmörtel 900 D	Festigkeits- klasse	Grundwerte σ_0 der zulässigen Druckspannungen MN/m² Dünnbettmörtel "Mein Ziegelhaus Typ I" Dünnbettmörtel "Mein Ziegelhaus Typ III" (Typ III auch mit Glasfilamentgewebe BASIS SK) Dünnbettmörtel ZiegelPlan ZP 99 Dünnbettmörtel maxit mur 900 Dünnbettmörtel 900 D
0,70 0,75 0,80	0,14[1] 0,16 0,18	4 6 8 10 12	0,7 1,0 1,2 1,3 1,5

[1] Für die Wanddicken 175 mm, 190 mm und 200 mm ist λ = 0,16 W/(m·K).

Antragsteller: **Röben Klinkerwerke GmbH & Co. KG** Klein Schweinebrück 168 26340 Zetel	Zulassungsgegenstand: **Mauerwerk aus Poroton-T-Planhochlochziegeln mit Stoßfugenverzahnung im Dünnbettverfahren**
Zulassungsnummer: **Z-17.1-497**	Bescheid vom 23.03.2006 Geltungsdauer bis 19.04.2010

Rohdichte- klasse	Bemessungswerte der Wärme- leitfähigkeit λ in W/(m·K) Röben-Dünnbettmörtel Dünnbettmörtel Ziegelplan ZP 99 Dünnbettmörtel maxit mur 900 Dünnbettmörtel 900 D	Festigkeits- klasse	Grundwerte σ_0 der zulässigen Druckspannungen MN/m² Röben-Dünnbettmörtel Dünnbettmörtel Ziegelplan ZP 99 Dünnbettmörtel maxit mur 900 Dünnbettmörtel 900 D
0,9	0,21	6 8 10 12	1,0 1,2 1,4 1,6

[1] Für die Wanddicke 140 mm ist λ = 0,24 W/(m·K).

Antragsteller: **Röben Klinkerwerke GmbH & Co. KG** Klein Schweinebrück 168 26340 Zetel	Zulassungsgegenstand: **Mauerwerk aus Poroton-Planhochlochziegeln T16 und T18 ohne Stoßfugenvermörtelung**
Zulassungsnummer: **Z-17.1-553**	Bescheid vom 21.04.2005 Geltungsdauer bis 20.04.2010

Rohdichte- klasse	Bemessungswerte der Wärme- leitfähigkeit λ in W/(m·K) Röben-Dünnbettmörtel Dünnbettmörtel Ziegelplan ZP 99 Dünnbettmörtel maxit mur 900 Dünnbettmörtel 900 D	Festigkeits- klasse	Grundwerte σ_0 der zulässigen Druckspannungen MN/m² Röben-Dünnbettmörtel Dünnbettmörtel Ziegelplan ZP 99 Dünnbettmörtel maxit mur 900 Dünnbettmörtel 900 D
0,7 0,8	0,16 0,18	6 8 10 12	0,9 1,2 1,3 1,5

Zulassungen

Antragsteller: Röben Klinkerwerke GmbH & Co. KG Klein Schweinebrück 168 26340 Zetel			Zulassungsgegenstand: Mauerwerk aus Poroton-Planhochlochziegeln T14 ohne Stoßfugenvermörtelung	
Zulassungsnummer: Z-17.1-712			Bescheid vom 20.04.2005 Geltungsdauer bis 19.04.2010	
Rohdichte-klasse	Bemessungswerte der Wärme-leitfähigkeit λ in W/(m·K) Röben-Dünnbettmörtel Dünnbettmörtel Ziegelplan ZP 99 Dünnbettmörtel maxit mur 900 Dünnbettmörtel 900 D	Festigkeits-klasse	Grundwerte σ_0 der zulässigen Druckspannungen MN/m²	
			Röben-Dünnbettmörtel Dünnbettmörtel Ziegelplan ZP 99 Dünnbettmörtel maxit mur 900 Dünnbettmörtel 900 D	
0,7	0,14	4 6 8	0,4 0,7 0,9	

Antragsteller: Röben Klinkerwerke GmbH & Co. KG Klein Schweinebrück 168 26340 Zetel			Zulassungsgegenstand: Mauerwerk aus Poroton-T16 und Poroton-T18 Planhochlochziegeln mit Stoßfugenverzahnung im Dünnbettverfahren	
Zulassungsnummer: Z-17.1-895			Bescheid vom 24.03.2006 Geltungsdauer bis 23.03.2011	
Rohdichte-klasse	Bemessungswerte der Wärme-leitfähigkeit λ in W/(m·K) Röben-Dünnbettmörtel Dünnbettmörtel Ziegelplan ZP 99 Dünnbettmörtel maxit mur 900 Dünnbettmörtel 900 D	Festigkeits-klasse	Grundwerte σ_0 der zulässigen Druckspannungen MN/m²	
			Röben-Dünnbettmörtel Dünnbettmörtel Ziegelplan ZP 99 Dünnbettmörtel maxit mur 900 Dünnbettmörtel 900 D	
0,7 0,8	0,16[1] 0,18[2]	4 6 8 10 12	0,8 1,0 1,3 1,5 1,7	

[1] Für die Wanddicke 140 mm ist λ = 0,18 W/(m·K).
[2] Für die Wanddicke 140 mm ist λ = 0,21 W/(m·K).

Zulassungen

Antragsteller: **Röben Klinkerwerke GmbH & Co. KG** Klein Schweinebrück 168 26340 Zetel			Zulassungsgegenstand: **Mauerwerk aus Poroton-Planhochlochziegeln (BW)** **im Dünnbettverfahren**	
Zulassungsnummer: **Z-17.1-896**			Bescheid vom 29.03.2006 geändert und ergänzt am 07.06.2006 Geltungsdauer bis 28.03.2011	
Rohdichte- klasse	Bemessungswerte der Wärme- leitfähigkeit λ in W/(m·K) Röben-Dünnbettmörtel Dünnbettmörtel Ziegelplan ZP 99 Dünnbettmörtel maxit mur 900 Dünnbettmörtel 900 D	Festigkeits- klasse	Grundwerte σ_0 der zulässigen Druckspannungen MN/m² Röben-Dünnbettmörtel Dünnbettmörtel Ziegelplan ZP 99 Dünnbettmörtel maxit mur 900 Dünnbettmörtel 900 D	
0,8 0,9 1,0 1,2 1,4 1,6 1,8 2,0	0,39 0,42 0,45 0,50 0,58 0,68 0,81 0,96	6 8 10 12 16 20	1,2 1,4 1,6 1,8 2,1 2,4	

Antragsteller: **Röben Klinkerwerke GmbH & Co. KG** Klein Schweinebrück 168 26340 Zetel			Zulassungsgegenstand: **Mauerwerk aus Poroton-Planhochlochziegeln** **im Dünnbettverfahren**	
Zulassungsnummer: **Z-17.1-905**			Bescheid vom 29.03.2006 Geltungsdauer bis 28.03.2011	
Rohdichte- klasse	Bemessungswerte der Wärme- leitfähigkeit λ in W/(m·K) Röben-Dünnbettmörtel Dünnbettmörtel Ziegelplan ZP 99 Dünnbettmörtel maxit mur 900 Dünnbettmörtel 900 D	Festigkeits- klasse	Grundwerte σ_0 der zulässigen Druckspannungen MN/m² Röben-Dünnbettmörtel Dünnbettmörtel Ziegelplan ZP 99 Dünnbettmörtel maxit mur 900 Dünnbettmörtel 900 D	
0,8 0,9 1,0 1,2 1,4 1,6 1,8 2,0	0,39 0,42 0,45 0,50 0,58 0,68 0,81 0,96	6 8 10 12 16 20	1,2 1,4 1,6 1,8 2,1 2,4	

Zulassungen

Antragsteller:	Zulassungsgegenstand:
Schlagmann-Baustoffwerke GmbH & Co. KG Ziegeleistraße 1 84367 Zeilarn **WIENERBERGER Ziegelindustrie GmbH** Oldenburger Allee 21 30659 Hannover	**Mauerwerk aus Poroton Planziegel-T14 im Dünnbettverfahren**
Zulassungsnummer: **Z-17.1-625**	Bescheid vom 07.11.2005 Geltungsdauer bis 06.11.2010

Rohdichte-klasse	Bemessungswerte der Wärme-leitfähigkeit λ in W/(m·K) Poroton-T-Dünnbettmörtel Typ I Poroton-T-Dünnbettmörtel Typ III (Typ III auch mit Glasfilamentgewebe BASIS SK)	Festigkeits-klasse	Grundwerte σ_0 der zulässigen Druckspannungen MN/m² Poroton-T-Dünnbettmörtel Typ I Poroton-T-Dünnbettmörtel Typ III (Typ III auch mit Glasfilamentgewebe BASIS SK)
0,7	0,14	4 6 8 10 12	0,9 1,2 1,4 1,5 1,6

Antragsteller:	Zulassungsgegenstand:
Schlagmann-Baustoffwerke GmbH & Co. KG Ziegeleistraße 1 84367 Zeilarn **WIENERBERGER Ziegelindustrie GmbH** Oldenburger Allee 21 30659 Hannover	**Mauerwerk aus Planhochlochziegeln mit integrierter Wärmedämmung (bezeichnet als POROTON-T9-Planziegel) im Dünnbettverfahren**
Zulassungsnummer: **Z-17.1-674**	Bescheid vom 20.09.2005 geändert am 24.04.2006 Geltungsdauer bis 19.09.2010

Rohdichte-klasse	Bemessungswerte der Wärme-leitfähigkeit λ in W/(m·K) Poroton-T-Dünnbettmörtel Typ I Poroton-T-Dünnbettmörtel Typ III (Typ III auch mit Glasfilamentgewebe BASIS SK)	Festigkeits-klasse	Grundwerte σ_0 der zulässigen Druckspannungen MN/m² Poroton-T-Dünnbettmörtel Typ I Poroton-T-Dünnbettmörtel Typ III (Typ III auch mit Glasfilamentgewebe BASIS SK)
0,55	0,090	4 6	0,5 0,7

Zulassungen

Antragsteller: **Schlagmann-Baustoffwerke** **GmbH & Co. KG** Ziegeleistraße 1 84367 Zeilarn **WIENERBERGER** **Ziegelindustrie GmbH** Oldenburger Allee 21 30659 Hannover	Zulassungsgegenstand: **Mauerwerk aus POROTON Planhochlochziegeln** **mit integrierter Wärmedämmung** **- bezeichnet als POROTON S11-0,8** **bzw. POROTON S11-0,9 -** **im Dünnbettverfahren**
Zulassungsnummer: **Z-17.1-812**	Bescheid vom 31.03.2006 Geltungsdauer bis 05.03.2011

Rohdichte- klasse	Bemessungswerte der Wärme- leitfähigkeit λ in W/(m·K) Poroton-T-Dünnbettmörtel Typ I Poroton-T-Dünnbettmörtel Typ III (Typ III auch mit Glasfilamentgewebe BASIS SK)	Festigkeits- klasse	Grundwerte σ_0 der zulässigen Druckspannungen MN/m² Poroton-T-Dünnbettmörtel Typ I Poroton-T-Dünnbettmörtel Typ III (Typ III auch mit Glasfilamentgewebe BASIS SK)
0,8 0,9	0,11 0,11	6 8	1,2 1,4

Antragsteller: **Schlagmann-Baustoffwerke** **GmbH & Co. KG** Ziegeleistraße 1 84367 Zeilarn **WIENERBERGER** **Ziegelindustrie GmbH** Oldenburger Allee 21 30659 Hannover	Zulassungsgegenstand: **Mauerwerk aus Planhochlochziegeln** **mit integrierter Wärmedämmung** **(bezeichnet als POROTON-T8-Planziegel)** **im Dünnbettverfahren**
Zulassungsnummer: **Z-17.1-872**	Bescheid vom 20.09.2005 Geltungsdauer bis 19.09.2010

Rohdichte- klasse	Bemessungswerte der Wärme- leitfähigkeit λ in W/(m·K) Quick-Mix Dünnbettmörtel DBM-L	Festigkeits- klasse	Grundwerte σ_0 der zulässigen Druckspannungen MN/m² Quick-Mix Dünnbettmörtel DBM-L
0,6	0,080	8	0,9

Zulassungen

Antragsteller: **THERMOPOR** **Ziegel-Kontor Ulm GmbH** Olgastraße 94 89073 Ulm	Zulassungsgegenstand: **Mauerwerk aus THERMOPOR-Planhochlochziegeln mit Rhombuslochung ohne Stoßfugenvermörtelung (bezeichnet als "THERMOPOR P")**
Zulassungsnummer: **Z-17.1-471**	Bescheid vom 31.03.2006 Geltungsdauer bis 30.03.2011

Rohdichte-klasse	Bemessungswerte der Wärme-leitfähigkeit λ in W/(m·K) Dünnbettmörtel THERMY-ZP 99 Tubag-Dünnbettmörtel DTR SAKRET-Dünnbettmörtel ZPK Dünnbettmörtel maxit mur 900 Dünnbettmörtel 900 D	Festigkeits-klasse	Grundwerte σ_0 der zulässigen Druckspannungen MN/m² Dünnbettmörtel THERMY-ZP 99 Tubag-Dünnbettmörtel DTR SAKRET-Dünnbettmörtel ZPK Dünnbettmörtel maxit mur 900 Dünnbettmörtel 900 D
0,8 0,9	0,18 0,21	6 8 10 12	0,9 1,0 1,1 1,2

Antragsteller: **THERMOPOR** **Ziegel-Kontor Ulm GmbH** Olgastraße 94 89073 Ulm	Zulassungsgegenstand: **Mauerwerk aus THERMOPOR-Planziegeln ohne Stoßfugenvermörtelung (bezeichnet als „THERMOPOR PHLz")**
Zulassungsnummer: **Z-17.1-522**	Bescheid vom 22.12.2003 Geltungsdauer bis 14.02.2006

Rohdichte-klasse	Bemessungswerte der Wärme-leitfähigkeit λ in W/(m·K) Dünnbettmörtel THERMY-ZP 99 Dünnbettmörtel THERMY-900 TV Dünnbettmörtel THERMY-P 01 Tubag Dünnbettmörtel DTR Dünnbettmörtel maxit mur 900	Festigkeits-klasse	Grundwerte σ_0 der zulässigen Druckspannungen MN/m² Dünnbettmörtel THERMY-ZP 99 Dünnbettmörtel THERMY-900 TV Dünnbettmörtel THERMY-P 01 Tubag Dünnbettmörtel DTR Dünnbettmörtel maxit mur 900
0,8 0,9 1,0 1,2 1,4 1,6 1,8 2,0	0,39 0,42 0,45 0,50 0,58 0,68 0,81 0,96	6 8 10 12 16 20	1,2 1,4 1,6 1,8 2,1 2,4

Zulassungen

Antragsteller:	Zulassungsgegenstand:
THERMOPOR **Ziegel-Kontor Ulm GmbH** Olgastraße 94 89073 Ulm	**Mauerwerk aus THERMOPOR-Planhochlochziegeln** **mit Rhombuslochung ohne Stoßfugenvermörtelung** **(bezeichnet als "THERMOPOR P 016")**
Zulassungsnummer: **Z-17.1-601**	Bescheid vom 31.03.2006 Geltungsdauer bis 30.03.2011

Rohdichte-klasse	Bemessungswerte der Wärme-leitfähigkeit λ in W/(m·K) Dünnbettmörtel THERMY-ZP 99 Tubag-Dünnbettmörtel DTR SAKRET-Dünnbettmörtel ZPK Dünnbettmörtel maxit mur 900 Dünnbettmörtel 900 D	Festigkeits-klasse	Grundwerte σ_0 der zulässigen Druckspannungen MN/m² Dünnbettmörtel THERMY-ZP 99 Tubag-Dünnbettmörtel DTR SAKRET-Dünnbettmörtel ZPK Dünnbettmörtel maxit mur 900 Dünnbettmörtel 900 D
0,8	0,16	6 8 10 12	0,9 1,0 1,1 1,2

Antragsteller:	Zulassungsgegenstand:
THERMOPOR **Ziegel-Kontor Ulm GmbH** Olgastraße 94 89073 Ulm	**THERMOPOR ISO-Planziegel** **(bezeichnet als „THERMOPOR ISO-P")** **für Mauerwerk im Dünnbettverfahren**
Zulassungsnummer: **Z-17.1-698**	Bescheid vom 19.07.2005 Geltungsdauer bis 18.07.2010

Rohdichte-klasse	Bemessungswerte der Wärme-leitfähigkeit λ in W/(m·K) Dünnbettmörtel THERMY-ZP 99	Festigkeits-klasse	Grundwerte σ_0 der zulässigen Druckspannungen MN/m² Dünnbettmörtel THERMY-ZP 99
0,60 0,65 0,70	0,12¹ 0,12¹ 0,13²	4 6 8	0,6 0,8 1,0

¹ Für Wanddicken < 240 mm ist λ = 0,13 W/(m·K).
² Für Wanddicken < 240 mm ist λ = 0,14 W/(m·K).

Antragsteller:	Zulassungsgegenstand:
THERMOPOR **Ziegel-Kontor Ulm GmbH** Olgastraße 94 89073 Ulm	**THERMOPOR Plan-Gitterziegel für Mauerwerk** **ohne Stoßfugenvermörtelung im Dünnbettverfahren** **(bezeichnet als „THERMOPOR PGz")**
Zulassungsnummer: **Z-17.1-701**	Bescheid vom 31.03.2006 Geltungsdauer bis 30.03.2011

Rohdichte-klasse	Bemessungswerte der Wärme-leitfähigkeit λ in W/(m·K) Dünnbettmörtel THERMY-ZP 99	Festigkeits-klasse	Grundwerte σ_0 der zulässigen Druckspannungen MN/m² Dünnbettmörtel THERMY-ZP 99
0,60 0,65 0,70 0,75	0,12 0,12 0,13 0,14	4 6 8 10 12	0,5 0,6 0,7 0,8 0,9

Zulassungen

Antragsteller:	Zulassungsgegenstand:
THERMOPOR **Ziegel-Kontor Ulm GmbH** Olgastraße 94 89073 Ulm	**THERMOPOR ISO-Plan-Deckel-Ziegel** **(bezeichnet als „THERMOPOR ISO-PD")** **für Mauerwerk im Dünnbettverfahren**
Zulassungsnummer: **Z-17.1-752**	Bescheid vom 05.06.2001 Geltungsdauer bis 05.06.2006

Rohdichte-klasse	Bemessungswerte der Wärme-leitfähigkeit λ in W/(m·K) Dünnbettmörtel THERMY ZPD 2000	Festigkeits-klasse	Grundwerte σ_0 der zulässigen Druckspannungen MN/m² Dünnbettmörtel THERMY ZPD 2000
0,60 0,65 0,70	0,13 0,13 0,14	4 6 8	0,7 1,0 1,2

Antragsteller:	Zulassungsgegenstand:
THERMOPOR **Ziegel-Kontor Ulm GmbH** Olgastraße 94 89073 Ulm	**Mauerwerk aus THERMOPOR ISO-Plan-Deckel-Ziegeln** **(bezeichnet als „THERMOPOR ISO-PD Plus")** **für Mauerwerk im Dünnbettverfahren**
Zulassungsnummer: **Z-17.1-840**	Bescheid vom 31.03.2006 Geltungsdauer bis 30.03.2011

Rohdichte-klasse	Bemessungswerte der Wärme-leitfähigkeit λ in W/(m·K) Dünnbettmörtel 900 D	Festigkeits-klasse	Grundwerte σ_0 der zulässigen Druckspannungen MN/m² Dünnbettmörtel 900 D
0,60 0,65 0,70 0,75	0,11 0,11 0,12 0,13	4 6 8	0,7 1,0 1,2

Antragsteller:	Zulassungsgegenstand:
THERMOPOR **Ziegel-Kontor Ulm GmbH** Olgastraße 94 89073 Ulm	**Mauerwerk aus THERMOPOR-Planhochlochziegeln** **(bezeichnet als „THERMOPOR PHLz BW")**
Zulassungsnummer: **Z-17.1-843**	Bescheid vom 22.12.2003 Geltungsdauer bis 19.12.2008

Rohdichte-klasse	Bemessungswerte der Wärme-leitfähigkeit λ in W/(m·K) Dünnbettmörtel THERMY-ZP 99 Dünnbettmörtel THERMY-900 TV Dünnbettmörtel THERMY-P 01 Tubag Dünnbettmörtel DTR Dünnbettmörtel maxit mur 900	Festigkeits-klasse	Grundwerte σ_0 der zulässigen Druckspannungen MN/m² Dünnbettmörtel THERMY-ZP 99 Dünnbettmörtel THERMY-900 TV Dünnbettmörtel THERMY-P 01 Tubag Dünnbettmörtel DTR Dünnbettmörtel maxit mur 900
0,8 0,9 1,0 1,2 1,4	0,39 0,42 0,45 0,50 0,58	6 8 10 12 16 20	1,2 1,4 1,6 1,8 2,1 2,4

Zulassungen

Antragsteller:	Zulassungsgegenstand:
THERMOPOR **Ziegel-Kontor Ulm GmbH** Olgastraße 94 89073 Ulm	**THERMOPOR SL Planziegel** **(bezeichnet als „THERMOPOR SL Plan")** **für Mauerwerk im Dünnbettverfahren** **mit gedeckelter Lagerfuge**
Zulassungsnummer: **Z-17.1-920**	Bescheid vom 31.03.2006 Geltungsdauer bis 30.03.2011

Rohdichte- klasse	Bemessungswerte der Wärme- leitfähigkeit λ in W/(m·K) Dünnbettmörtel 900 D	Festigkeits- klasse	Grundwerte σ_0 der zulässigen Druckspannungen MN/m² Dünnbettmörtel 900 D
0,60 0,65	0,090 0,090	6 8 10 12	0,8 1,0 1,2 1,4

Antragsteller:	Zulassungsgegenstand:
unipor-Ziegel Marketing GmbH Aidenbachstraße 234 81479 München	**Mauerwerk aus unipor-Hochlochplanziegel ZP** **im Dünnbettverfahren**
Zulassungsnummer: **Z-17.1-538**	Bescheid vom 02.10.2002 Geltungsdauer bis 01.10.2007

Rohdichte- klasse	Bemessungswerte der Wärme- leitfähigkeit λ in W/(m·K) unipor-Dünnbettmörtel ZP 99 Dünnbettmörtel HP 580 Dünnbettmörtel maxitmur 900	Festigkeits- klasse	Grundwerte σ_0 der zulässigen Druckspannungen MN/m² unipor-Dünnbettmörtel ZP 99 Dünnbettmörtel HP 580 Dünnbettmörtel maxitmur 900
0,75 0,80 0,85 0,90	$0,16^1$ $0,16^1$ $0,18^2$ $0,18^2$	4 6 8 10 12	0,6 0,8 1,0 1,2 1,4

[1] Für Wanddicken < 240 mm ist $\lambda = 0,18$ W/(m·K).
[2] Für Wanddicken < 240 mm ist $\lambda = 0,21$ W/(m·K).

Antragsteller:	Zulassungsgegenstand:
unipor-Ziegel Marketing GmbH Aidenbachstraße 234 81479 München	**Mauerwerk aus unipor-PlanZiegel** **mit Stoßfugenverzahnung** **im Dünnbettverfahren**
Zulassungsnummer: **Z-17.1-635**	Bescheid vom 28.07.2004 Geltungsdauer bis 27.07.2009

Rohdichte- klasse	Bemessungswerte der Wärme- leitfähigkeit λ in W/(m·K) unipor-Dünnbettmörtel ZP 99 Dünnbettmörtel maxitmur 900 Dünnbettmörtel HP 580 Dünnbettmörtel 900 D	Festigkeits- klasse	Grundwerte σ_0 der zulässigen Druckspannungen MN/m² unipor-Dünnbettmörtel ZP 99 Dünnbettmörtel maxitmur 900 Dünnbettmörtel HP 580 Dünnbettmörtel 900 D
0,8 0,9 1,0 1,2 1,4	0,39 0,42 0,45 0,50 0,58	6 8 10 12 16 20	1,2 1,4 1,6 1,8 2,1 2,4

Antragsteller:	Zulassungsgegenstand:
UNIPOR Ziegel Marketing GmbH Landsberger Straße 392 81241 München	Mauerwerk aus Planhochlochziegeln - bezeichnet als UNIPOR-GPZ-Hochlochplanziegel - im Dünnbettverfahren
Zulassungsnummer: Z-17.1-721	Bescheid vom 31.03.2006 Geltungsdauer bis 30.03.2011

Rohdichte- klasse	Bemessungswerte der Wärme- leitfähigkeit λ in W/(m·K) unipor-Dünnbettmörtel ZP 99 Dünnbettmörtel HP 580 Dünnbettmörtel maxitmur 900 Dünnbettmörtel 900 D	Festigkeits- klasse	Grundwerte σ_0 der zulässigen Druckspannungen MN/m² unipor-Dünnbettmörtel ZP 99 Dünnbettmörtel HP 580 Dünnbettmörtel maxitmur 900 Dünnbettmörtel 900 D
0,55	0,10	4	0,5
0,60	0,11	6	0,6
0,65	0,12	8	0,7
0,70	0,13	10	0,8
0,75	0,14	12	0,9

Antragsteller:	Zulassungsgegenstand:
UNIPOR Ziegel Marketing GmbH Landsberger Straße 392 81241 München	Mauerwerk aus unipor-Delta-D-Planziegeln im Dünnbettverfahren mit gedeckelter Lagerfuge
Zulassungsnummer: Z-17.1-756	Bescheid vom 31.08.2005 Geltungsdauer bis 30.08.2010

Rohdichte- klasse	Bemessungswerte der Wärme- fähigkeit λ in W/(m·K) Dünnbettmörtel 900 D	Festigkeits- klasse	Grundwerte σ_0 der zulässigen Druckspannungen MN/m² Dünnbettmörtel 900 D
0,60	0,11[1]	4	0,6
0,65	0,12[2]	6	0,8
0,70	0,13[3]	8	1,0
		10	1,2
		12	1,4

[1] Für die Wanddicke 200 mm ist $\lambda = 0,12$ W/(m·K).
[2] Für die Wanddicke 200 mm ist $\lambda = 0,13$ W/(m·K).
[3] Für die Wanddicke 200 mm ist $\lambda = 0,14$ W/(m·K).

Antragsteller:	Zulassungsgegenstand:
unipor-Ziegel Marketing GmbH Aidenbachstraße 234 81479 München	Mauerwerk aus unipor-NE-Planziegeln im Dünnbettverfahren
Zulassungsnummer: Z-17.1-760	Bescheid vom 30.07.2002 Geltungsdauer bis 29.07.2007

Rohdichte- klasse	Bemessungswerte der Wärme- leitfähigkeit λ in W/(m·K) unipor-Dünnbettmörtel ZP 99 Dünnbettmörtel HP 580 Dünnbettmörtel maxit mur 900	Festigkeits- klasse	Grundwerte σ_0 der zulässigen Druckspannungen MN/m² unipor-Dünnbettmörtel ZP 99 Dünnbettmörtel HP 580 Dünnbettmörtel maxit mur 900
0,65	0,13	4	0,6
0,70	0,14	6	0,8
0,75	0,16	8	0,9

Zulassungen

Antragsteller:	Zulassungsgegenstand:
unipor-Ziegel Marketing GmbH Aidenbachstraße 234 81479 München	**Mauerwerk aus unipor-WX-Planziegeln im Dünnbettverfahren**
Zulassungsnummer: **Z-17.1-790**	Bescheid vom 28.10.2004 Geltungsdauer bis 27.10.2009

Rohdichte- klasse	Bemessungswerte der Wärme- leitfähigkeit λ in W/(m·K) unipor-Dünnbettmörtel ZP 99 Dünnbettmörtel HP 580 Dünnbettmörtel maxit mur 900	Festigkeits- klasse	Grundwerte σ_0 der zulässigen Druckspannungen MN/m² unipor-Dünnbettmörtel ZP 99 Dünnbettmörtel HP 580 Dünnbettmörtel maxit mur 900
0,60 0,65 0,70	0,09[1] 0,10[2] 0,11[3]	4 6 8 10	0,4 0,6 0,8 1,0

[1] Für Wanddicken < 300 mm ist λ = 0,10 W/(m·K).
[2] Für Wanddicken < 300 mm ist λ = 0,11 W/(m·K).
[3] Für Wanddicken < 300 mm ist λ = 0,12 W/(m·K).

Antragsteller:	Zulassungsgegenstand:
unipor-Ziegel Marketing GmbH Aidenbachstraße 234 81479 München	**Mauerwerk aus unipor-WX-Planziegeln im Dünnbettverfahren mit gedeckelter Lagerfuge**
Zulassungsnummer: **Z-17.1-791**	Bescheid vom 28.10.2004 Geltungsdauer bis 27.10.2009

Rohdichte- klasse	Bemessungswerte der Wärme- leitfähigkeit λ in W/(m·K) Dünnbettmörtel maxitmur 900 D	Festigkeits- klasse	Grundwerte σ_0 der zulässigen Druckspannungen MN/m² Dünnbettmörtel maxitmur 900 D
0,60 0,65 0,70	0,09[1] 0,10[2] 0,11[3]	4 6 8 10	0,5 0,7 0,9 1,1

[1] Für Wanddicken < 300 mm ist λ = 0,10 W/(m·K).
[2] Für Wanddicken < 300 mm ist λ = 0,11 W/(m·K).
[3] Für Wanddicken < 300 mm ist λ = 0,12 W/(m·K).

Antragsteller:	Zulassungsgegenstand:
unipor-Ziegel Marketing GmbH Aidenbachstraße 234 81479 München	**Mauerwerk aus unipor-WS-Planziegeln im Dünnbettverfahren**
Zulassungsnummer: **Z-17.1-795**	Bescheid vom 12.09.2002 Geltungsdauer bis 11.09.2007

Rohdichte- klasse	Bemessungswerte der Wärme- leitfähigkeit λ in W/(m·K) unipor-Dünnbettmörtel ZP 99 Dünnbettmörtel HP 580 Dünnbettmörtel maxit mur 900	Festigkeits- klasse	Grundwerte σ_0 der zulässigen Druckspannungen MN/m² unipor-Dünnbettmörtel ZP 99 Dünnbettmörtel HP 580 Dünnbettmörtel maxit mur 900
0,80 0,85 0,90	0,12 0,13 0,14	8 10 12 16	0,8 1,0 1,1 1,3

Zulassungen

Antragsteller:			Zulassungsgegenstand:	
unipor-Ziegel Marketing GmbH Aidenbachstraße 234 81479 München			**Mauerwerk aus unipor-WS-Planziegeln** **im Dünnbettverfahren** **mit gedeckelter Lagerfuge**	
Zulassungsnummer: **Z-17.1-796**			Bescheid vom 31.10.2002 Geltungsdauer bis 30.10.2008	
Rohdichte-klasse	Bemessungswerte der Wärme-leitfähigkeit λ in W/(m·K) Dünnbettmörtel maxitmur 900 D	Festigkeits-klasse	Grundwerte σ_0 der zulässigen Druckspannungen MN/m² Dünnbettmörtel maxitmur 900 D	
0,80 0,85 0,90	0,12 0,13 0,14	8 10 12 16	0,9 1,1 1,2 1,4	

Antragsteller:			Zulassungsgegenstand:
unipor-Ziegel Marketing GmbH Aidenbachstraße 234 81479 München			**Mauerwerk aus unipor-Delta-Planziegeln** **im Dünnbettverfahren**
Zulassungsnummer: **Z-17.1-819**			Bescheid vom 25.03.2003 Geltungsdauer bis 24.03.2008
Rohdichte-klasse	Bemessungswerte der Wärme-leitfähigkeit λ in W/(m·K) unipor-Dünnbettmörtel ZP 99 Dünnbettmörtel HP 580 Dünnbettmörtel maxit mur 900	Festigkeits-klasse	Grundwerte σ_0 der zulässigen Druckspannungen MN/m² unipor-Dünnbettmörtel ZP 99 Dünnbettmörtel HP 580 Dünnbettmörtel maxit mur 900
0,60 0,65 0,70	0,11 0,12 0,13	4 6 8 10 12	0,5 0,6 0,8 0,9 1,1

Antragsteller:			Zulassungsgegenstand:
unipor-Ziegel Marketing GmbH Aidenbachstraße 234 81479 München			**Mauerwerk aus UNIPOR-WS14 Planhochlochziegeln** **im Dünnbettverfahren** **mit gedeckelter Lagerfuge**
Zulassungsnummer: **Z-17.1-883**			Bescheid vom 18.07.2005 Geltungsdauer bis 17.07.2010
Rohdichte-klasse	Bemessungswerte der Wärme-leitfähigkeit λ in W/(m·K) Dünnbettmörtel 900 D	Festigkeits-klasse	Grundwerte σ_0 der zulässigen Druckspannungen MN/m² Dünnbettmörtel 900 D
0,80 0,85	0,14 0,15	10 12 16	1,3 1,6 2,0

Zulassungen

Antragsteller:				Zulassungsgegenstand:		
unipor-Ziegel Marketing GmbH Landsberger Straße 392 81241 München				**Mauerwerk aus UNIPOR-ZD-Hochlochplanziegeln im Dünnbettverfahren**		
Zulassungsnummer: **Z-17.1-887**				Bescheid vom 22.12.2005 Geltungsdauer bis 21.12.2010		
Rohdichte- klasse	Bemessungswerte der Wärme- leitfähigkeit λ in W/(m·K) unipor-Dünnbettmörtel ZP 99 Dünnbettmörtel HP 580 Dünnbettmörtel maxit mur 900			Festigkeits- klasse	Grundwerte σ_0 der zulässigen Druckspannungen MN/m² unipor-Dünnbettmörtel ZP 99 Dünnbettmörtel HP 580 Dünnbettmörtel maxit mur 900	
0,8 0,9	0,18 0,21			4 6 8 10 12	0,9 1,2 1,4 1,6 1,8	

Antragsteller:				Zulassungsgegenstand:		
WIENERBERGER Ziegelindustrie GmbH Oldenburger Allee 21 30659 Hannover **Schlagmann Baustoffwerke GmbH & Co. KG** Ziegeleistraße 1 84367 Zeilarn				**Mauerwerk aus POROTON-T16 Planhochlochziegeln mit Stoßfugenverzahnung im Dünnbettverfahren**		
Zulassungsnummer: **Z-17.1-490**				Bescheid vom 23.12.2005 Geltungsdauer bis 22.10.2010		
Rohdichte- klasse	Bemessungswerte der Wärme- leitfähigkeit λ in W/(m·K) Poroton-T-Dünnbettmörtel Typ I Poroton-T-Dünnbettmörtel Typ III (Typ III auch mit Glasfilamentgewebe BASIS SK)			Festigkeits- klasse	Grundwerte σ_0 der zulässigen Druckspannungen MN/m² Poroton-T-Dünnbettmörtel Typ I Poroton-T-Dünnbettmörtel Typ III (Typ III auch mit Glasfilamentgewebe BASIS SK)	
0,8	0,16			6 8 10 12	1,2 1,4 1,6 1,8	

Zulassungen

Antragsteller:	Zulassungsgegenstand:
WIENERBERGER Ziegelindustrie GmbH Oldenburger Allee 21 30659 Hannover	**Mauerwerk aus POROTON-T14-, POROTON-T16- und POROTON-T18-Planhochlochziegeln im Dünnbettverfahren**
Zulassungsnummer: **Z-17.1-651**	Bescheid vom 07.05.2004 Geltungsdauer bis 06.05.2009

Rohdichte-klasse	Bemessungswerte der Wärmeleitfähigkeit λ in W/(m·K) Poroton-T-Dünnbettmörtel Typ I Poroton-T-Dünnbettmörtel Typ III (Typ III auch mit Glasfaservlies V.Plus SH 25/1 oder Glasfilamentgewebe BASIS SK)	Festigkeits-klasse	Grundwerte σ_0 der zulässigen Druckspannungen MN/m² Poroton-T-Dünnbettmörtel Typ I Poroton-T-Dünnbettmörtel Typ III (Typ III auch mit Glasfaservlies V.Plus SH 25/1 oder Glasfilamentgewebe BASIS SK)
0,70 0,75 0,80	0,14[1] 0,16 0,18	4 6 8 10 12	0,7 1,0 1,2 1,3 1,5

[1] Bei der Wanddicke 175 mm ist λ = 0,16 W/(m·K)

Antragsteller:	Zulassungsgegenstand:
WIENERBERGER Ziegelindustrie GmbH Oldenburger Allee 21 30659 Hannover **Schlagmann Baustoffwerke GmbH & Co. KG** Ziegeleistraße 1 84367 Zeilarn	**Mauerwerk aus POROTON- und HLz Planhochlochziegeln-T in den Rohdichteklassen 0,8 bis 2,0 im Dünnbettverfahren**
Zulassungsnummer: **Z-17.1-728**	Bescheid vom 31.03.2006 Geltungsdauer bis 30.03.2011

Rohdichte-klasse	Bemessungswerte der Wärmeleitfähigkeit λ in W/(m·K) Poroton-T-Dünnbettmörtel Typ I Poroton-T-Dünnbettmörtel Typ III (Typ III auch mit Glasfilamentgewebe BASIS SK)	Festigkeits-klasse	Grundwerte σ_0 der zulässigen Druckspannungen MN/m² Poroton-T-Dünnbettmörtel Typ I Poroton-T-Dünnbettmörtel Typ III (Typ III auch mit Glasfilamentgewebe BASIS SK)
0,8 0,9 1,0 1,2 1,4 1,6 1,8 2,0	0,39 0,42 0,45 0,50 0,58 0,68 0,81 0,96	6 8 10 12 16 20	1,2 1,4 1,6 1,8 2,1 2,4

Zulassungen

Antragsteller:	Zulassungsgegenstand:
WIENERBERGER Ziegelindustrie GmbH Oldenburger Allee 21 30659 Hannover **Schlagmann Baustoffwerke GmbH & Co. KG** Ziegeleistraße 1 84367 Zeilarn	**Mauerwerk aus Planhochlochziegel (bezeichnet als Planhochlochziegel-T) im Dünnbettverfahren**
Zulassungsnummer: **Z-17.1-868**	Bescheid vom 29.07.2005 Geltungsdauer bis 28.07.2010

Rohdichte-klasse	Bemessungswerte der Wärmeleitfähigkeit λ in W/(m·K) Poroton-T-Dünnbettmörtel Typ I Poroton-T-Dünnbettmörtel Typ III (Typ III auch mit Glasfilamentgewebe BASIS SK)	Festigkeits-klasse	Grundwerte σ_0 der zulässigen Druckspannungen MN/m² Poroton-T-Dünnbettmörtel Typ I Poroton-T-Dünnbettmörtel Typ III (Typ III auch mit Glasfilamentgewebe BASIS SK)
0,8	0,39	6	1,2
0,9	0,42	8	1,4
1,0	0,45	10	1,6
1,2	0,50	12	1,8
1,4	0,58	16	2,1
1,6	0,68	20	2,4
1,8	0,81		

Antragsteller:	Zulassungsgegenstand:
WIENERBERGER Ziegelindustrie GmbH Oldenburger Allee 21 30659 Hannover **Schlagmann Baustoffwerke GmbH & Co. KG** Ziegeleistraße 1 84367 Zeilarn	**Mauerwerk aus Wienerberger Planhochlochziegeln T11 / T12 im Dünnbettverfahren**
Zulassungsnummer: **Z-17.1-877**	Bescheid vom 15.07.2005 Geltungsdauer bis 14.07.2010

Rohdichte-klasse	Bemessungswerte der Wärmeleitfähigkeit λ in W/(m·K) Poroton-T-Dünnbettmörtel Typ I Poroton-T-Dünnbettmörtel Typ III (Typ III auch mit Glasfilamentgewebe BASIS SK)	Festigkeits-klasse	Grundwerte σ_0 der zulässigen Druckspannungen MN/m² Poroton-T-Dünnbettmörtel Typ I Poroton-T-Dünnbettmörtel Typ III (Typ III auch mit Glasfilamentgewebe BASIS SK)
0,60	0,11	4	0,4
0,65	0,12	6	0,7
		8	0,8
		10	1,0
		12	1,2

Antragsteller:	Zulassungsgegenstand:
WIENERBERGER Ziegelindustrie GmbH Oldenburger Allee 21 30659 Hannover **Schlagmann Baustoffwerke GmbH & Co. KG** Ziegeleistraße 1 84367 Zeilarn	**Mauerwerk aus POROTON Planhochlochziegeln-T10/-T11 "Mz 33" im Dünnbettverfahren**
Zulassungsnummer: **Z-17.1-889**	Bescheid vom 14.03.2006 Geltungsdauer bis 13.03.2011

Rohdichte-klasse	Bemessungswerte der Wärmeleitfähigkeit λ in W/(m·K) Poroton-T-Dünnbettmörtel Typ I Poroton-T-Dünnbettmörtel Typ III (Typ III auch mit Glasfilamentgewebe BASIS SK)	Festigkeits-klasse	Grundwerte σ_0 der zulässigen Druckspannungen MN/m² Poroton-T-Dünnbettmörtel Typ I Poroton-T-Dünnbettmörtel Typ III (Typ III auch mit Glasfilamentgewebe BASIS SK)
0,65 0,70	0,10[1] 0,11[2]	6 8 10 12	0,7 0,9 1,1 1,3

[1] Für die Wanddicke 240 mm ist λ = 0,11 W/(m·K).
[2] Für die Wanddicke 240 mm ist λ = 0,12 W/(m·K).

Antragsteller:	Zulassungsgegenstand:
WIENERBERGER Ziegelindustrie GmbH Oldenburger Allee 21 30659 Hannover **Schlagmann Baustoffwerke GmbH & Co. KG** Ziegeleistraße 1 84367 Zeilarn	**Mauerwerk aus POROTON Planhochlochziegeln-T9/-T10/-T11 "DR 34" im Dünnbettverfahren**
Zulassungsnummer: **Z-17.1-890**	Bescheid vom 31.03.2006 Geltungsdauer bis 30.03.2011

Rohdichte-klasse	Bemessungswerte der Wärmeleitfähigkeit λ in W/(m·K) Poroton-T-Dünnbettmörtel Typ I Poroton-T-Dünnbettmörtel Typ III (Typ III auch mit Glasfilamentgewebe BASIS SK)	Festigkeits-klasse	Grundwerte σ_0 der zulässigen Druckspannungen MN/m² Poroton-T-Dünnbettmörtel Typ I Poroton-T-Dünnbettmörtel Typ III (Typ III auch mit Glasfilamentgewebe BASIS SK)
0,60 0,65 0,70	0,090 0,10 0,11	6 8 10 12	0,55 0,7 0,85 1,0

Zulassungen

Antragsteller:	Zulassungsgegenstand:
Adolf Zeller GmbH & Co. **Poroton-Ziegelwerke KG** Märkerstraße 44 63755 Alzenau	**Zeller-Therm 012 Planziegel** **für Mauerwerk im Dünnbettverfahren** **ohne Stoßfugenvermörtelung**
Zulassungsnummer: **Z-17.1-747**	Bescheid vom 27.04.2001 Geltungsdauer bis 24.04.2006

Rohdichte-klasse	Bemessungswerte der Wärme-leitfähigkeit λ in W/(m·K) Poroton-T-Dünnbettmörtel Typ I	Festigkeits-klasse	Grundwerte σ_0 der zulässigen Druckspannungen MN/m² Poroton-T-Dünnbettmörtel Typ I
0,60	0,12	4	0,5
0,65	0,12	6	0,6
0,70	0,13	8	0,7
0,75	0,14	10	0,8
		12	0,9

Antragsteller:	Zulassungsgegenstand:
Ziegelwerk Bellenberg **Wiest GmbH & Co. KG** Tiefenbacher Straße 1 89287 Bellenberg	**Mauerwerk aus Planhochlochziegeln SX** **im Dünnbettverfahren**
Zulassungsnummer: **Z-17.1-628**	Bescheid vom 31.03.2006 Geltungsdauer bis 30.03.2011

Rohdichte-klasse	Bemessungswerte der Wärme-leitfähigkeit λ in W/(m·K) Dünnbettmörtel "Mein Ziegelhaus Typ I" Dünnbettmörtel ZiegelPlan ZP 99 Dünnbettmörtel maxit mur 900 Dünnbettmörtel 900 D	Festigkeits-klasse	Grundwerte σ_0 der zulässigen Druckspannungen MN/m² Dünnbettmörtel "Mein Ziegelhaus Typ I" Dünnbettmörtel ZiegelPlan ZP 99 Dünnbettmörtel maxit mur 900 Dünnbettmörtel 900 D
0,60	0,11[1]	4	0,7
0,65	0,12	6	1,0
0,70	0,13		

[1] Für die Wanddicke 240 mm ist λ = 0,12 W/(m·K).

Antragsteller:	Zulassungsgegenstand:
Ziegelwerk Bellenberg **Wiest GmbH & Co. KG** Tiefenbacher Straße 1 89287 Bellenberg	**Mauerwerk aus Plan-Leichthochlochziegeln "SX Plus"** **mit gedeckelter Lagerfuge (VD System)**
Zulassungsnummer: **Z-17.1-738**	Bescheid vom 31.03.2006 Geltungsdauer bis 30.03.2011

Rohdichte-klasse	Bemessungswerte der Wärme-leitfähigkeit λ in W/(m·K) Dünnbettmörtel "Mein Ziegelhaus Typ I" Dünnbettmörtel ZiegelPlan ZP 99 Dünnbettmörtel 900 D	Festigkeits-klasse	Grundwerte σ_0 der zulässigen Druckspannungen MN/m² Dünnbettmörtel "Mein Ziegelhaus Typ I" Dünnbettmörtel ZiegelPlan ZP 99 Dünnbettmörtel 900 D
0,55	0,090	4	0,5
0,60	0,090	6	0,6[1]
0,65	0,11	8	0,8
0,70	0,11		
0,75	0,12		

[1] σ_0 = 0,7 MN/m² bei lichten Geschosshöhen $\leq$ 2,625 m

Zulassungen

Antragsteller: **Ziegelwerk Freital Eder GmbH** Wilsdruffer Straße 25 01705 Freital	Zulassungsgegenstand: **Mauerwerk aus Planhochlochziegeln** **(bezeichnet als "EDERPLAN XP 11")** **und Dünnbettmörtel mit gedeckelter Lagerfuge**
Zulassungsnummer: **Z-17.1-813**	Bescheid vom 17.03.2006 Geltungsdauer bis 16.03.2011

Rohdichte- klasse	Bemessungswerte der Wärme- leitfähigkeit λ in W/(m·K) Tubag Dünnbettmörtel DTR Dünnbettmörtel 900 D	Festigkeits- klasse	Grundwerte σ_0 der zulässigen Druckspannungen MN/m² Tubag Dünnbettmörtel DTR Dünnbettmörtel 900 D
0,70	0,11	8 10	1,0 1,2

Antragsteller: **Ziegelwerk Freital Eder GmbH** Wilsdruffer Straße 25 01705 Freital	Zulassungsgegenstand: **Mauerwerk aus Planhochlochziegeln** **(bezeichnet als "EDERPLAN XP 10")** **und Dünnbettmörtel mit gedeckelter Lagerfuge**
Zulassungsnummer: **Z-17.1-892**	Bescheid vom 07.12.2005 Geltungsdauer bis 06.12.2010

Rohdichte- klasse	Bemessungswerte der Wärme- leitfähigkeit λ in W/(m·K) Tubag Dünnbettmörtel DTR	Festigkeits- klasse	Grundwerte σ_0 der zulässigen Druckspannungen MN/m² Tubag Dünnbettmörtel DTR
0,70	0,10	10 12	0,9 1,0

Antragsteller: **Ziegelwerk Hannover-Hainholz** Ziegeleistraße 1-7 30855 Langenhagen	Zulassungsgegenstand: **Mauerwerk aus Planhochlochziegel** **(bezeichnet als "Hainhölzer Planhochlochziegel")**
Zulassungsnummer: **Z-17.1-850**	Bescheid vom 23.04.2004 Geltungsdauer bis 22.04.2009

Rohdichte- klasse	Bemessungswerte der Wärme- leitfähigkeit λ in W/(m·K) Dünnbettmörtel ZP 99	Festigkeits- klasse	Grundwerte σ_0 der zulässigen Druckspannungen MN/m² Dünnbettmörtel ZP 99
0,9 1,0 1,2 1,4	0,42 0,45 0,50 0,58	12	1,8

Zulassungen

Antragsteller: **Ziegelwerk Ignaz Schiele** Wittenfelder Straße 15 85111 Adelschlag	Zulassungsgegenstand: **Mauerwerk aus unipor-ZP-Planziegeln im Dünnbettverfahren**
Zulassungsnummer: **Z-17.1-652**	Bescheid vom 08.01.2004 Geltungsdauer bis 07.01.2009

Rohdichte-klasse	Bemessungswerte der Wärmeleitfähigkeit λ in W/(m·K) unipor-Dünnbettmörtel ZP 99 Dünnbettmörtel HP 580 Dünnbettmörtel maxit mur 900 Dünnbettmörtel „Vario"	Festigkeits-klasse	Grundwerte σ_0 der zulässigen Druckspannungen MN/m² unipor-Dünnbettmörtel ZP 99 Dünnbettmörtel HP 580 Dünnbettmörtel maxit mur 900 Dünnbettmörtel „Vario"
0,75	0,16[1]	4	0,6
0,80	0,18[2]	6	0,8
0,85	0,18[2]	8	1,0
0,90	0,18[2]	10	1,2
		12	1,4

[1] Bei Wanddicken ≤ 200 mm ist λ = 0,18 W/(m·K)
[2] Bei Wanddicken ≤ 200 mm ist λ = 0,21 W/(m·K)

Antragsteller: **Ziegelwerk Ott Deisendorf GmbH & Co. Besitz KG** Ziegeleistraße 20 88662 Überlingen-Deisendorf	Zulassungsgegenstand: **Mauerwerk aus OTT Plan-Gitterziegeln und Dünnbettmörtel DTR mit gedeckelter Lagerfuge**
Zulassungsnummer: **Z-17.1-802**	Bescheid vom 13.05.2004 Geltungsdauer bis 12.05.2009

Rohdichte-klasse	Bemessungswerte der Wärmeleitfähigkeit λ in W/(m·K) Tubag Dünnbettmörtel DTR	Festigkeits-klasse	Grundwerte σ_0 der zulässigen Druckspannungen MN/m² Tubag Dünnbettmörtel DTR
0,60	0,11	6	0,6
0,65	0,12	8	0,9
0,70	0,13	10	1,0

Antragsteller: **Ziegelwerk Ott Deisendorf GmbH & Co. Besitz KG** Ziegeleistraße 20 88662 Überlingen-Deisendorf	Zulassungsgegenstand: **Mauerwerk aus OTT Planhochlochziegeln**
Zulassungsnummer: **Z-17.1-821**	Bescheid vom 31.03.2006 Geltungsdauer bis 30.03.2011

Rohdichte-klasse	Bemessungswerte der Wärmeleitfähigkeit λ in W/(m·K) Dünnbettmörtel ZP 99	Festigkeits-klasse	Grundwerte σ_0 der zulässigen Druckspannungen MN/m² Dünnbettmörtel ZP 99
0,8	0,39	6	1,2
0,9	0,42	8	1,4
1,0	0,45	10	1,6
1,2	0,50	12	1,8
1,4	0,58	16	2,1
		20	2,4

Zulassungen

Antragsteller:	Zulassungsgegenstand:
Ziegelwerk Ott **Deisendorf GmbH & Co. Besitz KG** Ziegeleistraße 20 88662 Überlingen-Deisendorf	**Mauerwerk aus** **OTT klimatherm plus – Planhochlochziegeln** **im Dünnbettverfahren**
Zulassungsnummer: **Z-17.1-853**	Bescheid vom 31.03.2006 Geltungsdauer bis 30.03.2011

Rohdichte-klasse	Bemessungswerte der Wärme-leitfähigkeit λ in W/(m·K) Tubag Dünnbettmörtel DTR Dünnbettmörtel ZP 99 Dünnbettmörtel 900 D	Festigkeits-klasse	Grundwerte σ_0 der zulässigen Druckspannungen MN/m² Tubag Dünnbettmörtel DTR Dünnbettmörtel ZP 99 Dünnbettmörtel 900 D
0,70 0,75 0,80	0,11 0,12 0,12	4 6 8 10	0,5 0,6 0,7 0,9

Antragsteller:	Zulassungsgegenstand:
Ziegelwerk Ott **Deisendorf GmbH & Co. Besitz KG** Ziegeleistraße 20 88662 Überlingen-Deisendorf	**Mauerwerk aus** **OTT Klimatherm ST09 - ST10 - ST11 -** **Planhochlochziegeln** **im Dünnbettverfahren**
Zulassungsnummer: **Z-17.1-856**	Bescheid vom 31.03.2006 Geltungsdauer bis 30.03.2011

Rohdichte-klasse	Bemessungswerte der Wärme-leitfähigkeit λ in W/(m·K) Tubag Dünnbettmörtel DTR Dünnbettmörtel ZP 99 Dünnbettmörtel 900 D	Festigkeits-klasse	Grundwerte σ_0 der zulässigen Druckspannungen MN/m² Tubag Dünnbettmörtel DTR Dünnbettmörtel ZP 99 Dünnbettmörtel 900 D
0,55 0,60 0,65	0,090 0,10 0,11	4 6 8	0,5 0,6 0,7

Antragsteller:	Zulassungsgegenstand:
Ziegelwerk Ott **Deisendorf GmbH & Co. Besitz KG** Ziegeleistraße 20 88662 Überlingen-Deisendorf	**Mauerwerk aus** **OTT Klimatherm ST plus Planhochlochziegeln** **im Dünnbettverfahren**
Zulassungsnummer: **Z-17.1-857**	Bescheid vom 10.03.2006 geändert und ergänzt am 01.06.2006 Geltungsdauer bis 09.03.2011

Rohdichte-klasse	Bemessungswerte der Wärme-leitfähigkeit λ in W/(m·K) Tubag Dünnbettmörtel DTR Dünnbettmörtel ZP 99 Dünnbettmörtel 900 D	Festigkeits-klasse	Grundwerte σ_0 der zulässigen Druckspannungen MN/m² Tubag Dünnbettmörtel DTR Dünnbettmörtel ZP 99 Dünnbettmörtel 900 D
0,60 0,65	0,090 0,10	4 6 8	0,5 0,6 0,7

Zulassungen

Antragsteller: **Ziegelwerk Ott** **Deisendorf GmbH & Co. Besitz KG** Ziegeleistraße 20 88662 Überlingen-Deisendorf	Zulassungsgegenstand: **Mauerwerk aus** **OTT klimatherm ST plus Planhochlochziegeln** **mit gedeckelter Lagerfuge**
Zulassungsnummer: **Z-17.1-860**	Bescheid vom 10.03.2006 geändert und ergänzt am 01.06.2006 Geltungsdauer bis 09.03.2011

Rohdichte- klasse	Bemessungswerte der Wärme- leitfähigkeit λ in W/(m·K) Tubag Dünnbettmörtel DTR Dünnbettmörtel ZP 99 Dünnbettmörtel 900 D Poroton-T-Dünnbettmörtel Typ III (Typ III auch mit Glasfilament- gewebe BASIS SK)	Festigkeits- klasse	Grundwerte σ_0 der zulässigen Druckspannungen MN/m² Tubag Dünnbettmörtel DTR Dünnbettmörtel ZP 99 Dünnbettmörtel 900 D Poroton-T-Dünnbettmörtel Typ III (Typ III auch mit Glasfilamentgewebe BASIS SK)
0,60 0,65	0,090 0,10	4 6 8	0,5 0,7 0,9

Antragsteller: **Ziegelwerk Ott** **Deisendorf GmbH & Co. Besitz KG** Ziegeleistraße 20 88662 Überlingen-Deisendorf	Zulassungsgegenstand: **Mauerwerk aus** **OTT klimatherm plus – Planhochlochziegeln** **und Dünnbettmörtel mit gedeckelter Lagerfuge**
Zulassungsnummer: **Z-17.1-869**	Bescheid vom 18.03.2005 geändert und ergänzt am 13.07.2005 und am 13.06.2006 Geltungsdauer bis 17.03.2010

Rohdichte- klasse	Bemessungswerte der Wärme- leitfähigkeit λ in W/(m·K) Tubag Dünnbettmörtel DTR Dünnbettmörtel ZP 99 Dünnbettmörtel 900 D	Festigkeits- klasse	Grundwerte σ_0 der zulässigen Druckspannungen MN/m² Tubag Dünnbettmörtel DTR Dünnbettmörtel ZP 99 Dünnbettmörtel 900 D
0,70 0,75 0,80	0,11 0,12 0,12	4 6 8 10	0,6 0,8 1,0 1,2

Zulassungen

Antragsteller:	Zulassungsgegenstand:
Ziegelwerk Ott **Deisendorf GmbH & Co. Besitz KG** Ziegeleistraße 20 88662 Überlingen-Deisendorf	**Mauerwerk aus** **klimatherm-Planhochlochziegeln mit HV-Lochung** **im Dünnbettverfahren**
Zulassungsnummer: **Z-17.1-879**	Bescheid vom 06.07.2005 geändert und ergänzt am 14.06.2006 Geltungsdauer bis 05.07.2010

Rohdichte- klasse	Bemessungswerte der Wärme- leitfähigkeit λ in W/(m·K) Dünnbettmörtel ZP 99 Dünnbettmörtel 900 D	Festigkeits- klasse	Grundwerte σ₀ der zulässigen Druckspannungen MN/m² Dünnbettmörtel ZP 99 Dünnbettmörtel 900 D
0,70 0,75 0,80	0,12 0,13 0,13	4 6 8 10	0,5 0,6 0,7 0,9

Antragsteller:	Zulassungsgegenstand:
Ziegelwerk Ott **Deisendorf GmbH & Co. Besitz KG** Ziegeleistraße 20 88662 Überlingen-Deisendorf	**Mauerwerk aus** **OTT Klimatherm ST09 - ST10 - ST11 -** **Planhochlochziegeln** **und Dünnbettmörtel mit gedeckelter Lagerfuge**
Zulassungsnummer: **Z-17.1-880**	Bescheid vom 13.07.2005 geändert und ergänzt am 14.06.2006 Geltungsdauer bis 12.07.2010

Rohdichte- klasse	Bemessungswerte der Wärme- leitfähigkeit λ in W/(m·K) Dünnbettmörtel ZP 99 Dünnbettmörtel 900 D	Festigkeits- klasse	Grundwerte σ₀ der zulässigen Druckspannungen MN/m² Dünnbettmörtel ZP 99 Dünnbettmörtel 900 D
0,55 0,60 0,65	0,090 0,10 0,11	4 6 8	0,5 0,7 0,9

Antragsteller:	Zulassungsgegenstand:
Ziegelwerk Ott **Deisendorf GmbH & Co. Besitz KG** Ziegeleistraße 20 88662 Überlingen-Deisendorf	**Mauerwerk aus** **klimatherm-Planhochlochziegeln mit HV-Lochung** **und Dünnbettmörtel mit gedeckelter Lagerfuge**
Zulassungsnummer: **Z-17.1-881**	Bescheid vom 13.07.2005 geändert und ergänzt am 14.06.2006 Geltungsdauer bis 12.07.2010

Rohdichte- klasse	Bemessungswerte der Wärme- leitfähigkeit λ in W/(m·K) Dünnbettmörtel ZP 99 Dünnbettmörtel 900 D	Festigkeits- klasse	Grundwerte σ₀ der zulässigen Druckspannungen MN/m² Dünnbettmörtel ZP 99 Dünnbettmörtel 900 D
0,70 0,75 0,80	0,12 0,13 0,13	4 6 8 10	0,6 0,8 1,0 1,2

Zulassungen

Antragsteller:	Zulassungsgegenstand:
Ziegelwerk Ott Deisendorf GmbH & Co. Besitz KG Ziegeleistraße 20 88662 Überlingen-Deisendorf **quick-mix Gruppe GmbH & Co. KG** Mühleneschweg 6 49090 Osnabrück	**Mauerwerk aus OTT Klimatherm ST09 - ST10 - ST11 - Planhochlochziegeln und Dünnbettmörtel DTR mit gedeckelter Lagerfuge**
Zulassungsnummer: **Z-17.1-799**	Bescheid vom 18.03.2005 Geltungsdauer bis 26.03.2008

Rohdichte-klasse	Bemessungswerte der Wärmeleitfähigkeit λ in W/(m·K) Tubag Dünnbettmörtel DTR	Festigkeits-klasse	Grundwerte σ_0 der zulässigen Druckspannungen MN/m² Tubag Dünnbettmörtel DTR
0,55	0,090	4	0,5
0,60	0,10	6	0,7
0,65	0,11	8	0,9

Antragsteller:	Zulassungsgegenstand:
Ziegelwerk Ott Deisendorf GmbH & Co. Besitz KG Ziegeleistraße 20 88662 Überlingen-Deisendorf **quick-mix Gruppe GmbH & Co. KG** Mühleneschweg 6 49090 Osnabrück	**Mauerwerk aus klimatherm-Planhochlochziegeln mit HV-Lochung und Dünnbettmörtel DTR mit gedeckelter Lagerfuge**
Zulassungsnummer: **Z-17.1-800**	Bescheid vom 18.03.2005 Geltungsdauer bis 19.11.2007

Rohdichte-klasse	Bemessungswerte der Wärmeleitfähigkeit λ in W/(m·K) Tubag Dünnbettmörtel DTR	Festigkeits-klasse	Grundwerte σ_0 der zulässigen Druckspannungen MN/m² Tubag Dünnbettmörtel DTR
0,70	0,12	4	0,6
0,75	0,13	6	0,8
0,80	0,13	8	1,0
		10	1,2

Antragsteller:	Zulassungsgegenstand:
Ziegelwerk Ott Deisendorf GmbH & Co. Besitz KG Ziegeleistraße 20 88662 Überlingen-Deisendorf **quick-mix Gruppe GmbH & Co. KG** Mühleneschweg 6 49090 Osnabrück	**Mauerwerk aus klimatherm-Planhochlochziegeln mit HV-Lochung und Dünnbettmörtel DTR mit gedeckelter Lagerfuge**
Zulassungsnummer: **Z-17.1-806**	Bescheid vom 17.08.2004 Geltungsdauer bis 12.01.2008

Rohdichte- klasse	Bemessungswerte der Wärme- leitfähigkeit λ in W/(m·K) Tubag Dünnbettmörtel DTR	Festigkeits- klasse	Grundwerte σ_0 der zulässigen Druckspannungen MN/m² Tubag Dünnbettmörtel DTR
0,70 0,75 0,80	0,12 0,13 0,13	4 6 8 10	0,5 0,6 0,7 0,9

Antragsteller:	Zulassungsgegenstand:
Ziegelwerk Stengel GmbH & Co. KG Nördlinger Straße 24 86609 Donauwörth-Berg	**klimaton ST-Planhochlochziegel für Mauerwerk im Dünnbettverfahren ohne Stoßfugenvermörtelung**
Zulassungsnummer: **Z-17.1-663**	Bescheid vom 14.04.2005 Geltungsdauer bis 13.04.2010

Rohdichte- klasse	Bemessungswerte der Wärme- leitfähigkeit λ in W/(m·K) klimaton-Dünnbettmörtel	Festigkeits- klasse	Grundwerte σ_0 der zulässigen Druckspannungen MN/m² klimaton-Dünnbettmörtel
0,7	0,16	6 8 10 12	0,9 1,2 1,3 1,4

2.2.2 Planverfüllziegel

Antragsteller:	Zulassungsgegenstand:
Deutsche Poroton GmbH Cäsariusstraße 83a 53639 Königswinter	**Mauerwerk aus POROTON-SPZ-T Plan-Verfüllziegeln**
Zulassungsnummer: **Z-17.1-583**	Bescheid vom 20.09.2002 Geltungsdauer bis 19.09.2007

Maße			Festigkeits- klasse	Grundwerte σ_0 der zulässigen Druckspannungen MN/m² Vermauerung mit Poroton-T-Dünnbettmörtel Typ I oder Poroton-Dünnbettmörtel ZP 99 Verfüllung mit Beton B15 bzw. C12/15
Länge mm	Breite mm	Höhe mm		
248 308 373 498	115 150 175 200 240 300	124 249	8 10 12 16 20	1,7 1,9 2,2 2,7 3,2

Zulassungen

Antragsteller: **Mein Ziegelhaus GmbH & Co.KG** Märkerstraße 44 63755 Alzenau					Zulassungsgegenstand: **Mauerwerk aus Planfüllziegeln** **- bezeichnet als Planfüllziegel PFZ -** **im Dünnbettverfahren**
Zulassungsnummer: **Z-17.1-911**					Bescheid vom 31.03.2006 Geltungsdauer bis 30.03.2011
	Maße			Festigkeits- klasse	Grundwerte σ_0 der zulässigen Druckspannungen MN/m^2 Vermauerung mit Dünnmörtel "Mein Ziegelhaus Typ I", Dünnbettmörtel ZiegelPlan ZP 99 oder Dünnbettmörtel maxit mur 900 Verfüllung mit Beton C12/15
Länge mm	Breite mm		Höhe mm		
248 308 373 498	115 145 150 175 200 240 300		249	6 8 10 12 16 20	1,2 1,7 1,9 2,2 2,7 3,2

Antragsteller: **unipor-Ziegel Marketing GmbH** Aidenbachstraße 234 81479 München					Zulassungsgegenstand: **Mauerwerk aus** **Schallschutz-Planziegeln SZ 4109**
Zulassungsnummer: **Z-17.1-604**					Bescheid vom 26.05.2004 Geltungsdauer bis 25.05.2009
	Maße			Festigkeits- klasse	Grundwerte σ_0 der zulässigen Druckspannungen MN/m^2 Vermauerung mit unipor-Dünnbettmörtel ZP 99, Dünnbettmörtel maximur 900 oder Dünnbettmörtel Vario Verfüllung mit Beton B15 bzw. C12/15
Länge mm	Breite mm		Höhe mm		
497 372	145 150 175 200 240 300		249	8 10 12 16 20	1,4 1,6 1,8 2,1 2,4

Antragsteller: **unipor-Ziegel Marketing GmbH** Aidenbachstraße 234 81479 München					Zulassungsgegenstand: **Mauerwerk aus** **unipor-Planfüllziegeln**
Zulassungsnummer: **Z-17.1-688**					Bescheid vom 25.10.2000 Geltungsdauer bis 24.10.2005
	Maße			Festigkeits- klasse	Grundwerte σ_0 der zulässigen Druckspannungen MN/m^2 Vermauerung mit unipor-Dünnbettmörtel ZP 99, Dünnbettmörtel HP 580 oder Dünnbettmörtel „Vario" Verfüllung mit Beton B15 bzw. C12/15
Länge mm	Breite mm		Höhe mm		
248 308 373 498	115 150 175 200 240 300		124 249	6 8 12	1,2 1,4 1,8

Antragsteller: **WIENERBERGER Verkaufs GmbH** Am Weichselgarten 19a 91058 Erlangen			Zulassungsgegenstand: **Mauerwerk aus Megaplan-Verfüllziegeln** **"Megaplan-VZ-T"**	
Zulassungsnummer: **Z-17.1-724**			Bescheid vom 24.07.2001 Geltungsdauer bis 23.07.2006	
Maße			Festigkeits- klasse	Grundwerte σ_0 der zulässigen Druckspannungen MN/m² Vermauerung mit Dünnbettmörtel "Vario" Verfüllung mit Beton B15 bzw. C12/15
Länge mm	Breite mm	Höhe mm		
248 308 373 498	175 200 240	124 249	6 8 12 20	1,2 1,7 2,2 3,2

Antragsteller: **WIENERBERGER Ziegelindustrie** **GmbH & Co.** Oldenburger Allee 21 30659 Hannover			Zulassungsgegenstand: **Mauerwerk aus** **POROTON-SPZ-T Plan-Verfüllziegeln**	
Zulassungsnummer: **Z-17.1-537**			Bescheid vom 25.06.2001 geändert und ergänzt am 15.11.2001 Geltungsdauer bis 24.06.2006	
Maße			Festigkeits- klasse	Grundwerte σ_0 der zulässigen Druckspannungen MN/m² Vermauerung mit Poroton-T-Dünnbettmörtel Typ I oder Poroton-T-Dünnbettmörtel Typ III Verfüllung mit Beton B15 bzw. C12/15
Länge mm	Breite mm	Höhe mm		
248 308 373 498	115 150 175 200 240 300	124 249	6 8 12 20	1,2 1,7 2,2 3,2

Zulassungen

Antragsteller: THERMOPOR ZIEGEL-KONTOR ULM GMBH Olgastraße 94 89073 Ulm	Zulassungsgegenstand: **Mauerwerk aus THERMOPOR Plan-Füllziegeln PFz**
Zulassungsnummer: **Z-17.1-559**	Bescheid vom 01.08.2005 Geltungsdauer bis 31.07.2010

Maße			Festigkeits-klasse	Grundwerte σ_0 der zulässigen Druckspannungen MN/m² Vermauerung mit Dünnbettmörtel THERMY-ZP99, Dünnbettmörtel THERMY-900 TV, Dünnbettmörtel THERMY-TH/X, Dünnbettmörtel maxitmur 900 oder Dünnbettmörtel DTR Verfüllung mit Beton B15 bzw. C12/15
Länge mm	Breite mm	Höhe mm		
247 372 497	145 175 200 240 300	124 249	8 10 12 16 20	1,4 1,6 1,8 2,1 2,4

Antragsteller: THERMOPOR ZIEGEL-KONTOR ULM GMBH Olgastraße 94 89073 Ulm	Zulassungsgegenstand: **Wandbauart aus THERMOPOR Plan-Schalungsziegeln (bezeichnet als „THERMOPOR PSz")**
Zulassungsnummer: **Z-17.1-676**	Bescheid vom 01.08.2005 Geltungsdauer bis 31.07.2010

Maße			Festigkeits-klasse	Grundwerte σ_0 der zulässigen Druckspannungen MN/m² Vermauerung mit Dünnbettmörtel THERMY-ZP99, Dünnbettmörtel THERMY-900 TV, Dünnbettmörtel THERMY-TH/X, Dünnbettmörtel maxitmur 900 oder Dünnbettmörtel DTR Verfüllung mit Beton B15 bzw. C12/15
Länge mm	Breite mm	Höhe mm		
247 372 497	200 240 300	124 249	8 10 12 16 20	1,4 1,6 1,8 2,1 2,4

Antragsteller:	Zulassungsgegenstand:
THERMOPOR ZIEGEL-KONTOR ULM GMBH Olgastraße 94 89073 Ulm	**Mauerwerk aus THERMOPOR Plan-Füllziegeln N+F (bezeichnet als "THERMOPOR PFz N+F")**
Zulassungsnummer: **Z-17.1-779**	Bescheid vom 09.04.2002 Geltungsdauer bis 08.04.2007

Maße			Festigkeits-klasse	Grundwerte σ_0 der zulässigen Druckspannungen MN/m² Vermauerung mit Dünnbettmörtel "Vario" Verfüllung mit Beton B15 bzw. C12/15
Länge mm	Breite mm	Höhe mm		
247	175	124	6	1,2
307	200	249	8	1,7
372	240		10	1,9
497	300		12	2,2
			16	2,7
			20	3,2

Antragsteller:	Zulassungsgegenstand:
Ziegelwerk Bellenberg Wiest & Co. GmbH Tiefenbacher Straße 1 89287 Bellenberg **ZU Bayerische Ziegelunion GmbH & Co. KG** Ziegeleistraße 27-29 86551 Aichach	**Mauerwerk aus Plan-Füllziegeln „VERATON" mit Stoßfugenverzahnung im Dünnbettverfahren**
Zulassungsnummer: **Z-17.1-560**	Bescheid vom 31.03.2006 Geltungsdauer bis 30.03.2011

Maße			Festigkeits-klasse	Grundwerte σ_0 der zulässigen Druckspannungen MN/m² Vermauerung mit Dünnbettmörtel "Mein Ziegelhaus Typ I", Dünnbettmörtel "Mein Ziegelhaus Typ III", Dünnbettmörtel ZiegelPlan ZP 99 oder Dünnbettmörtel maxit mur 900 Verfüllung mit Beton C12/15
Länge mm	Breite mm	Höhe mm		
372	145	249	8	1,4
497	175		10	1,6
	200		12	1,8
			16	2,1
			20	2,4
372	240	249	8	1,6
497			10	1,8
			12	2,1
			16	2,2
			20	2,4

Zulassungen

Antragsteller:				Zulassungsgegenstand:	
Ziegelwerk Ott Deisendorf GmbH & Co. Besitz KG Ziegeleistraße 20 88662 Überlingen-Deisendorf				Mauerwerk aus OTT Plan-Füllziegeln	
Zulassungsnummer: Z-17.1-884				Bescheid vom 21.07.2005 Geltungsdauer bis 20.07.2010	
	Maße			Festigkeits- klasse	Grundwerte σ_0 der zulässigen Druckspannungen MN/m² Vermauerung mit Dünnbettmörtel ZP99 Verfüllung mit Beton B15 bzw. C12/15
Länge mm	Breite mm	Höhe mm			
373 498	175 200 240	124 249		6 8 10 12	1,2 1,4 1,6 1,8

2.2.3 Beton-Plansteine

Antragsteller:		Zulassungsgegenstand:	
BBU Rheinische Bimsbaustoff-Union GmbH Sandkauler Weg 1 56564 Neuwied		Mauerwerk aus Planhohlblöcken aus Leichtbeton (bezeichnet als isobims-Hohlblöcke P) im Dünnbettverfahren	
Zulassungsnummer: Z-17.1-842		Bescheid vom 28.06.2004 geändert am 02.02.2006 Geltungsdauer bis 27.06.2009	
Rohdichte- klasse	Bemessungswerte der Wärme- leitfähigkeit λ in W/(m·K) Dünnbettmörtel nach Z-17.1-842	Festigkeits- klasse	Grundwerte σ_0 der zulässigen Druckspannungen MN/m² Dünnbettmörtel nach Z-17.1-842
1K/17,5 cm, 3K/30 cm, 4K/30 cm, 4K/36,5 cm		2 4 6	0,5 0,7 0,9
0,70 0,8 0,9 1,0 1,2 1,4	0,30 0,34 0,37 0,52 0,60 0,72		
3K/24 cm			
0,70 0,8 0,9 1,0 1,2 1,4	0,28 0,31 0,34 0,45 0,53 0,65		

Antragsteller:	Zulassungsgegenstand:
Betonwerk Pallmann GmbH Veerenkamp 27 21739 Dollern	**Mauerwerk aus Pallmann-Planvollblöcken aus Leichtbeton im Dünnbettverfahren**
Zulassungsnummer: **Z-17.1-616**	Bescheid vom 16.04.2003 Geltungsdauer bis 15.04.2008

Rohdichte-klasse	Bemessungswerte der Wärme-leitfähigkeit λ in W/(m·K) Pallmann-Dünnbettmörtel	Festigkeits-klasse	Grundwerte σ_0 der zulässigen Druckspannungen MN/m² Pallmann-Dünnbettmörtel
0,55	0,21	2	0,6
0,60	0,22	4	0,9
0,65	0,23		
0,70	0,25		
0,80	0,27		

Antragsteller:	Zulassungsgegenstand:
Betonwerk Pallmann GmbH Veerenkamp 27 21739 Dollern	**Mauerwerk aus Pallmann-Planhohlblöcken aus Leichtbeton im Dünnbettverfahren**
Zulassungsnummer: **Z-17.1-622**	Bescheid vom 16.04.2003 Geltungsdauer bis 15.04.2008

Rohdichte-klasse	Bemessungswerte der Wärme-leitfähigkeit λ in W/(m·K) Pallmann-Dünnbettmörtel	Festigkeits-klasse	Grundwerte σ_0 der zulässigen Druckspannungen MN/m² Pallmann-Dünnbettmörtel
\multicolumn{2}{|c|}{247/365/249, 247/300/249, 497/115/249}	2	0,5
0,55	0,31	4	0,8
0,60	0,32		
0,65	0,34		
0,70	0,36		
0,80	0,41		
\multicolumn{2}{|c|}{330/240/249, 497/175/249}		
0,55	0,27		
0,60	0,29		
0,65	0,30		
0,70	0,32		
0,80	0,35		

Zulassungen

Antragsteller: **Bettendorf Lava-Steinwerk GmbH** Güterstraße 49-51 54295 Trier		Zulassungsgegenstand: **Mauerwerk aus Plansteinen aus Beton (bezeichnet als BELA-Plan) im Dünnbettverfahren**	
Zulassungsnummer: **Z-17.1-876**		Bescheid vom 13.06.2005 Geltungsdauer bis 12.06.2010	
Rohdichte- klasse	Bemessungswerte der Wärme- leitfähigkeit λ in W/(m·K) Dünnbettmörtel Vario	Festigkeits- klasse	Grundwerte σ_0 der zulässigen Druckspannungen MN/m² Dünnbettmörtel Vario
0,55 0,60 0,65 0,70 0,80	0,21 0,22 0,23 0,25 0,27		Planblöcke mit horizontaler Lochung
		2 4 6	0,4 0,7 0,9
			Plan-Vollblöcke
		6 8 12 20	1,4 1,6 2,0 2,9

Antragsteller: **Birkenmeier KG GmbH & Co.** Industriestraße 1 79206 Breisach-Niederrimsingen		Zulassungsgegenstand: **Mauerwerk aus Liaplan-Steinen im Dünnbettverfahren**	
Zulassungsnummer: **Z-17.1-481**		Bescheid vom 25.10.2004 geändert und ergänzt am 19.06.2006 Geltungsdauer bis 24.10.2009	
Rohdichte- klasse	Bemessungswerte der Wärme- leitfähigkeit λ in W/(m·K) Liaplan Ultra-Dünnbettmörtel	Festigkeits- klasse	Grundwerte σ_0 der zulässigen Druckspannungen MN/m² Liaplan Ultra-Dünnbettmörtel
0,5 0,6 0,7 0,8	0,12 0,14 0,16 0,18	2 4 6	0,6 0,9 1,2

Antragsteller: **Birkenmeier KG GmbH & Co.** Industriestraße 1 79206 Breisach-Niederrimsingen		Zulassungsgegenstand: **Mauerwerk aus Planhohlblöcken aus Leichtbeton mit integrierter Wärmedämmung (bezeichnet als „Liaplan Ultra 010") im Dünnbettverfahren**	
Zulassungsnummer: **Z-17.1-681**		Bescheid vom 06.07.2005 Geltungsdauer bis 05.07.2006	
Rohdichte- klasse	Bemessungswerte der Wärme- leitfähigkeit λ in W/(m·K) Liaplan Ultra-Dünnbettmörtel	Festigkeits- klasse	Grundwerte σ_0 der zulässigen Druckspannungen MN/m² Liaplan Ultra-Dünnbettmörtel
0,45	0,10	2	0,4

Zulassungen

Antragsteller:	Zulassungsgegenstand:
Birkenmeier KG GmbH & Co. Industriestraße 1 79206 Breisach-Niederrimsingen	**Mauerwerk aus Planhohlblöcken aus Leichtbeton mit integrierter Wärmedämmung - bezeichnet als Liaplan Ultra - im Dünnbettverfahren**
Zulassungsnummer: **Z-17.1-902**	Bescheid vom 29.03.2006 Geltungsdauer bis 28.03.2011

Rohdichte-klasse	Bemessungswerte der Wärme-leitfähigkeit λ in W/(m·K) Liaplan Ultra-Dünnbettmörtel	Festigkeits-klasse	Grundwerte σ_0 der zulässigen Druckspannungen MN/m² Liaplan Ultra-Dünnbettmörtel
0,50 0,55 0,60 0,65	0,10 0,11[1] 0,11[2] 0,12[3]	2 4	0,4 0,6

[1] Bei Steinen 498 x 300 x 248 mm ist λ=0,10 W/(m·K).
[2] Bei Steinen 247 x 425 x 248 mm ist λ=0,12 W/(m·K).
[3] Bei Steinen 498 x 300 x 248 mm ist λ=0,10 W/(m·K).

Antragsteller:	Zulassungsgegenstand:
Bisotherm GmbH Eisenbahnstraße 12 56218 Mülheim-Kärlich	**Mauerwerk aus Bisotherm-Plansteinen im Dünnbettverfahren (bezeichnet als BISOPLAN)**
Zulassungsnummer: **Z-17.1-415**	Bescheid vom 16.02.2006 Geltungsdauer bis 15.02.2011

Rohdichte-klasse	Bemessungswerte der Wärme-leitfähigkeit λ in W/(m·K) Bisoplan-Dünnbettmörtel T	Festigkeits-klasse	Grundwerte σ_0 der zulässigen Druckspannungen MN/m² Bisoplan-Dünnbettmörtel T
0,45 0,50 0,55 0,60 0,65 0,70 0,80	0,10[1] 0,11 0,12 0,13 0,14 0,15 0,18[2]	2 4 6	0,5 0,9 1,2

[1] Bei Steinen der Breite 240 mm ist λ = 0,11 W/(m·K)
[2] Bei Steinen der Breite 300 mm ist λ = 0,16 W/(m·K)

Zulassungen

Antragsteller: **BISOTHERM GmbH** Eisenbahnstraße 12 56218 Mülheim-Kärlich			Zulassungsgegenstand: **Mauerwerk aus Planvollblöcken aus Leichtbeton (bezeichnet als „NORMAPLAN") im Dünnbettverfahren**	
Zulassungsnummer: **Z-17.1-722**			Bescheid vom 31.03.2006 Geltungsdauer bis 30.03.2011	
Rohdichte- klasse	Bemessungswerte der Wärme- leitfähigkeit λ in W/(m·K) Bisoplan-Dünnbettmörtel T	Festigkeits- klasse		Grundwerte σ_0 der zulässigen Druckspannungen MN/m² Bisoplan-Dünnbettmörtel T
0,7 0,8 0,9 1,0 1,2 1,4	0,27 0,29 0,32 0,34 0,49 0,57	2 4 6 8 10 12		0,6 1,0 1,4 1,6 2,2 3,2
1,6 1,8 2,0	nach DIN V 4108-4:2004-07, Tabelle 1, Zeile 2.4.1 oder 2.4.2			
2,2	nach DIN V 4108-4:2004-07, Tabelle 1, Zeile 2.1			

Antragsteller: **BISOTHERM GmbH** Eisenbahnstraße 12 56218 Mülheim-Kärlich			Zulassungsgegenstand: **Mauerwerk aus Planblöcken aus Leichtbeton mit horizontaler Lochung (bezeichnet als NORMAPLAN) im Dünnbettverfahren**	
Zulassungsnummer: **Z-17.1-753**			Bescheid vom 31.03.2006 Geltungsdauer bis 30.03.2011	
Rohdichte- klasse	Bemessungswerte der Wärme- leitfähigkeit λ in W/(m·K) Bisoplan-Dünnbettmörtel T	Festigkeits- klasse		Grundwerte σ_0 der zulässigen Druckspannungen MN/m² Bisoplan-Dünnbettmörtel T
0,7 0,8 0,9 1,0 1,2 1,4 1,6	0,30 0,34 0,37 0,52 0,60 0,72 0,76	2 4 6		0,5 0,9 1,2

Antragsteller: **BISOTHERM GmbH** Eisenbahnstraße 12 56218 Mülheim-Kärlich			Zulassungsgegenstand: **Mauerwerk aus Bisotherm-Plansteinen der Druckfestigkeitsklasse 1,6 im Dünnbettverfahren**	
Zulassungsnummer: **Z-17.1-794**			Bescheid vom 16.02.2006 Geltungsdauer bis 15.02.2011	
Rohdichte- klasse	Bemessungswerte der Wärme- leitfähigkeit λ in W/(m·K) Bisoplan-Dünnbettmörtel T	Festigkeits- klasse		Grundwerte σ_0 der zulässigen Druckspannungen MN/m² Bisoplan-Dünnbettmörtel T
0,40 0,45 0,50 0,55	0,090[1] 0,10[2] 0,11 0,12	1,6		0,3
[1] Bei Steinen der Breite 240 mm ist λ = 0,10 W/(m·K) [2] Bei Steinen der Breite 240 mm ist λ = 0,11 W/(m·K)				

Zulassungen

Antragsteller:	Zulassungsgegenstand:
BISOTHERM GmbH Eisenbahnstraße 12 56218 Mülheim-Kärlich	**Mauerwerk aus BISO-VarioPlan-Steinen** **aus Leichtbeton** **im Dünnbettverfahren**
Zulassungsnummer: **Z-17.1-917**	Bescheid vom 31.03.2006 Geltungsdauer bis 30.03.2011

Rohdichte-klasse	Bemessungswerte der Wärme-leitfähigkeit λ in W/(m·K) Bisoplan-Dünnbettmörtel T	Festigkeits-klasse	Grundwerte σ_0 der zulässigen Druckspannungen MN/m² Bisoplan-Dünnbettmörtel T
0,45	0,12[1]	2	0,5
0,50	0,13[2]	4	0,9
0,55	0,14[3]	6	1,2
0,60	0,14		
0,65	0,15		
0,70	0,16		
0,8	0,18		
0,9	0,21		
1,0	0,24		

[1] Bei Steinen der Breiten 300 mm und 365 mm ist λ = 0,10 W/(m·K).
[2] Bei Steinen der Breiten 300 mm und 365 mm ist λ = 0,10 W/(m·K).
[3] Bei Steinen der Breiten 300 mm und 365 mm ist λ = 0,10 W/(m·K)

Antragsteller:	Zulassungsgegenstand:
Dennert Poraver GmbH Veit-Dennert-Straße 7 96132 Schlüsselfeld	**Mauerwerk aus Leichtbeton-Plansteinen** **(bezeichnet als "Dennert-Plansteine")** **im Dünnbettverfahren**
Zulassungsnummer: **Z-17.1-826**	Bescheid vom 25.07.2003 Geltungsdauer bis 24.07.2008

Rohdichte-klasse	Bemessungswerte der Wärme-leitfähigkeit λ in W/(m·K) Quick-Mix Dünnbettmörtel DBM-L	Festigkeits-klasse	Grundwerte σ_0 der zulässigen Druckspannungen MN/m² Quick-Mix Dünnbettmörtel DBM-L
175x499x249, 240x249x249, 240x374x249, 240x499x249		175x499x249, 240x249x249, 240x374x249, 240x499x249	
0,55	0,31	2	0,5
0,60	0,32	4	0,8
0,65	0,34		
0,70	0,36		
0,80	0,41		
115x499x249		115x499x249	
0,55	0,27	2	0,6
0,60	0,29	4	1,0
0,65	0,30		
0,70	0,32		
0,80	0,35		

Zulassungen

Antragsteller:			Zulassungsgegenstand:	
Dennert Poraver GmbH Veit-Dennert-Straße 7 96132 Schlüsselfeld			**Mauerwerk aus Calimax-P-Plansteinen und Quick-Mix Dünnbettmörtel DBM-L**	
Zulassungsnummer: **Z-17.1-827**			Bescheid vom 25.03.2004 Geltungsdauer bis 24.07.2008	
Rohdichte- klasse	Bemessungswerte der Wärme- leitfähigkeit λ in W/(m·K) Quick-Mix Dünnbettmörtel DBM-L		Festigkeits- klasse	Grundwerte σ_0 der zulässigen Druckspannungen MN/m² Quick-Mix Dünnbettmörtel DBM-L
0,45 0,65	0,11 0,14		2 4	0,4 0,6

Antragsteller:						Zulassungsgegenstand:	
Fachvereinigung Leichtbeton e.V. Sandkauler Weg 1 56564 Neuwied						**Mauerwerk aus Plan-Vollsteinen und Plan-Vollblöcken aus Leichtbeton im Dünnbettverfahren**	
Zulassungsnummer: **Z-17.1-778**						Bescheid vom 05.01.2004 Geltungsdauer bis 04.01.2009	
Rohdichte- klasse	Bemessungswerte der Wärme- leitfähigkeit λ in W/(m·K) Dünnbettmörtel nach Z-17.1-778			Festigkeits- klasse	Grundwerte σ_0 der zulässigen Druckspannungen MN/m² Dünnbettmörtel nach Z-17.1-778		
	V-P	Vbl-P Vbl S-P	Vbl SW-P (NB, BT, NB-BT)		Vollblöcke mit Schlitzen (Vbl S-P, Vbl SW-P)	Vollblöcke ohne Schlitze und Vollsteine (Vbl-P, V-P)	
0,45	0,31	0,28	0,18	2	0,6	0,6	
0,50	0,32	0,29	0,20	4	1,0	1,0	
0,55	0,33	0,30	0,21	6	1,4	1,4	
0,60	0,34	0,31	0,22	8	1,6	1,6	
0,65	0,35	0,32	0,23	12	2,0	2,2	
0,70	0,37	0,33	0,25	20	-	3,2	
0,80	0,40	0,36	0,27				
0,90	0,43	0,39	-				
1,00	0,46	0,42	-				
1,20	0,54	0,49	-				
1,40	0,63	0,57	-				
1,60	0,81	0,76	-				
1,80	1,10	1,00	-				
2,00	1,40	1,30	-				

Zulassungen

Antragsteller:	Zulassungsgegenstand:
Fachvereinigung Leichtbeton e.V. Sandkauler Weg 1 56564 Neuwied	**Mauerwerk aus Plan-Hohlblöcken aus Leichtbeton im Dünnbettverfahren**
Zulassungsnummer: **Z-17.1-844**	Bescheid vom 10.01.2005 Geltungsdauer bis 09.01.2010

Rohdichte-klasse	Bemessungswerte der Wärme-leitfähigkeit λ in W/(m·K) Dünnbettmörtel nach Z-17.1-844		Festigkeits-klasse	Grundwerte σ_0 der zulässigen Druckspannungen MN/m² Dünnbettmörtel nach Z-17.1-844	
	Hohlblöcke Typ I	Hohlblöcke Typ II		Hohlblöcke Typ I	Hohlblöcke Typ II
0,65	0,27	0,30	2	0,5	0,4
0,70	0,29	0,32	4	0,8	0,7
0,8	0,35	0,41	6	1,0	0,9
0,9	0,39	0,46	8	1,2	1,1
1,0	0,45	0,52	12	1,4	1,3
1,2	0,53	0,60			
1,4	0,65	0,72			
1,6	0,81	0,88			

Antragsteller:	Zulassungsgegenstand:
Fachvereinigung Leichtbeton e.V. Sandkauler Weg 1 56564 Neuwied	**Mauerwerk aus Plan-Hohlblöcken, Plan-Vollblöcken und Plan-Vollsteinen aus Beton im Dünnbettverfahren**
Zulassungsnummer: **Z-17.1-845**	Bescheid vom 10.01.2005 Geltungsdauer bis 09.01.2010

Rohdichte-klasse	Bemessungswerte der Wärme-leitfähigkeit λ in W/(m·K) Dünnbettmörtel nach Z-17.1-845	Festigkeits-klasse	Grundwerte σ_0 der zulässigen Druckspannungen MN/m² Dünnbettmörtel nach Z-17.1-845	
			Hohlblöcke Typ I	Hohlblöcke Typ II
0,8	0,60	2	0,5	0,4
0,9	0,65	4	0,8	0,7
1,0	0,70	6	1,0	0,9
1,2	0,80	8	1,2	1,0
1,4	0,90	12	1,4	1,2
1,6	1,1	Plan-Vollsteine (Vn-P) und Plan-Vollblöcke (Vbn-P)		
1,8	1,2	4	1,0	
2,0	1,4	6	1,4	
2,2	1,7	8	1,6	
2,4	2,1	12	2,0	
		20	2,9	
		28	3,4	

Zulassungen

Antragsteller: **Geschw. Mohr GmbH & Co. KG** **Baustoffwerke** Friedhofstraße 56637 Plaidt	Zulassungsgegenstand: **Mauerwerk aus Planvollblöcken aus Leichtbeton (bezeichnet als "Mohr DM"-Mauersteine) im Dünnbettverfahren**
Zulassungsnummer: **Z-17.1-807**	Bescheid vom 02.06.2003 Geltungsdauer bis 01.06.2008

Rohdichte- klasse	Bemessungswerte der Wärme- leitfähigkeit λ in W/(m·K) Dünnbettmörtel nach Z-17.1-807	Festigkeits- klasse	Grundwerte σ_0 der zulässigen Druckspannungen MN/m² Dünnbettmörtel nach Z-17.1-807
1,60 1,80 2,00	0,81 1,10 1,40	12 20	2,0 2,9

Antragsteller: **GISOTON Baustoffwerke** **Gebhart & Söhne GmbH & Co.** Hochstraße 2 88317 Aichstetten	Zulassungsgegenstand: **Mauerwerk aus GISOTON-Plansteinen mit integrierter Wärmedämmung**
Zulassungsnummer: **Z-17.1-566**	Bescheid vom 10.07.2001 Geltungsdauer bis 31.08.2006

Rohdichte- klasse	Bemessungswerte der Wärme- leitfähigkeit λ in W/(m·K) GISOTON-Dünnbettmörtel	Festigkeits- klasse	Grundwerte σ_0 der zulässigen Druckspannungen MN/m² GISOTON-Dünnbettmörtel
0,65 0,80	0,14 0,16	2 4	0,6 0,9

Antragsteller: **GISOTON-Baustoffwerke** **Gebhart & Söhne GmbH & Co.** Hochstraße 2 88317 Aichstetten	Zulassungsgegenstand: **GISOPLAN-Therm Wandsystem**
Zulassungsnummer: **Z-17.1-672**	Bescheid vom 12.08.2004 Geltungsdauer bis 11.08.2009

	Bemessungswerte der Wärme- leitfähigkeit λ in W/(m·K) Dünnbettmörtel „Extraplan, rot"	Festigkeits- klasse	Grundwerte σ_0 der zulässigen Druckspannungen MN/m² Dünnbettmörtel „Extraplan, rot"
Typ 25/10 Typ 30/15 Typ 30/10 Typ 35/15	0,080 0,070 0,090 0,080	10	1,8

Zulassungen

Antragsteller:	Zulassungsgegenstand:
GISOTON Baustoffwerke Gebhart & Söhne GmbH & Co. Hochstraße 2 88317 Aichstetten	**Mauerwerk aus Plansteinen aus Leichtbeton mit integrierter Wärmedämmung (bezeichnet als Gisoton Wärmedämmblöcke WDB 25/9 und WDB 30/9)**
Zulassungsnummer: **Z-17.1-873**	Bescheid vom 09.11.2005 Geltungsdauer bis 08.11.2010

Rohdichte-klasse	Bemessungswerte der Wärmeleitfähigkeit λ in W/(m·K) Dünnbettmörtel „Extraplan, rot"	Festigkeits-klasse	Grundwerte σ_0 der zulässigen Druckspannungen MN/m² Dünnbettmörtel „Extraplan, rot"
0,8 0,8	0,10 (Typ 25/9) 0,11 (Typ 30/9)	6	0,9

Antragsteller:	Zulassungsgegenstand:
Hornick GmbH Mainzerstraße 23 64579 Gernsheim	**Mauerwerk aus Plansteinen aus Beton (bezeichnet als "IBS plan") im Dünnbettverfahren**
Zulassungsnummer: **Z-17.1-862**	Bescheid vom 29.11.2004 geändert am 17.02.2005 Geltungsdauer bis 28.11.2009

Rohdichte-klasse	Bemessungswerte der Wärmeleitfähigkeit λ in W/(m·K) Dünnbettmörtel Vario	Festigkeits-klasse	Grundwerte σ_0 der zulässigen Druckspannungen MN/m² Dünnbettmörtel Vario
1,4	0,90	4	1,0
1,6	1,1	6	1,4
1,8	1,2	8	1,6
2,0	1,4	12	2,0
2,2	1,7	20	2,9
2,4	2,1	28	3,4

Antragsteller:	Zulassungsgegenstand:
KLB-Klimaleichtblock GmbH Lohmannstraße 31 56626 Andernach	**Mauerwerk aus KLB-Planvollblöcken im Dünnbettverfahren**
Zulassungsnummer: **Z-17.1-459**	Bescheid vom 17.03.2005 Geltungsdauer verlängert am 01.02.2006 Geltungsdauer bis 31.01.2011

Rohdichte-klasse	Bemessungswerte der Wärmeleitfähigkeit λ in W/(m·K) KLB-P-Dünnbettmörtel, normal Dünnbettmörtel Vario	Festigkeits-klasse	Grundwerte σ_0 der zulässigen Druckspannungen MN/m² KLB-P-Dünnbettmörtel, normal Dünnbettmörtel Vario
1,2	0,54	6	1,4
1,4	0,63	12	2,2
1,6	0,75	20	3,2
1,8	0,92		
2,0	1,20		

Zulassungen

Antragsteller: **KLB-Klimaleichtblock GmbH** Lohmannstraße 31 56626 Andernach	Zulassungsgegenstand: **Mauerwerk aus KLB-P-Superdämmblöcken SW 1** **aus Leichtbeton** **im Dünnbettverfahren**
Zulassungsnummer: **Z-17.1-730**	Bescheid vom 17.03.2005 Geltungsdauer bis 16.03.2010

Rohdichte-klasse	Bemessungswerte der Wärmeleitfähigkeit λ in W/(m·K) KLB-P-Dünnbettmörtel, leicht Dünnbettmörtel "Vario"	Festigkeits-klasse	Grundwerte σ_0 der zulässigen Druckspannungen MN/m² KLB-P-Dünnbettmörtel, leicht Dünnbettmörtel "Vario"
0,45 0,50 0,55 0,60 0,65 0,70 0,80	0,10 0,12 0,13 0,14 0,16 0,16 0,18	2 4 6	0,5 0,9 1,2

Antragsteller: **KLB-Klimaleichtblock GmbH** Lohmannstraße 31 56626 Andernach	Zulassungsgegenstand: **Mauerwerk aus KLB-P-Wärmedämmblöcken W 3** **aus Leichtbeton** **im Dünnbettverfahren**
Zulassungsnummer: **Z-17.1-766**	Bescheid vom 04.04.2005 Geltungsdauer bis 03.04.2010

Rohdichte-klasse	Bemessungswerte der Wärmeleitfähigkeit λ in W/(m·K) KLB-P-Dünnbettmörtel, leicht Dünnbettmörtel "Vario"	Festigkeits-klasse	Grundwerte σ_0 der zulässigen Druckspannungen MN/m² KLB-P-Dünnbettmörtel, leicht Dünnbettmörtel "Vario"
0,45 0,50 0,55 0,60 0,65 0,70 0,80	0,12 0,13[1] 0,14[2] 0,15[3] 0,16[4] 0,18 0,21	2 4 6	0,5 0,8 1,0

[1] Für Hohlblöcke 10 DF und 20 DF ist λ = 0,14 W/(m·K).
[2] Für Hohlblöcke 20 DF ist λ = 0,15 W/(m·K).
[3] Für Hohlblöcke 10 DF, 12 DF und 20 DF ist λ = 0,16 W/(m·K).
[4] Für Hohlblöcke 8 DF, 10 DF, 12 DF und 20 DF ist λ = 0,18 W/(m·K).

Zulassungen

Antragsteller:	Zulassungsgegenstand:
KLB-Klimaleichtblock GmbH Lohmannstraße 31 56626 Andernach	**Mauerwerk aus KLB-Plan-Hohlblöcken im Dünnbettverfahren**
Zulassungsnummer: **Z-17.1-797**	Bescheid vom 14.04.2003 Geltungsdauer bis 13.04.2008

Rohdichte-klasse	Bemessungswerte der Wärme-leitfähigkeit λ in W/(m·K) Dünnbettmörtel "Vario"	Festigkeits-klasse	Grundwerte σ_0 der zulässigen Druckspannungen MN/m² Dünnbettmörtel "Vario"
1K Hbl – 12DF, 175 mm; 2K Hbl - 8DF, 240 mm; 3K Hbl - 10DF, 300 mm; 3K Hbl - 20DF, 300 mm; 3K Hbl - 12DF, 365 mm		1K Hbl – 12DF, 175 mm; 2K Hbl - 8DF, 240 mm; 3K Hbl - 10DF, 300 mm; 3K Hbl - 20DF, 300 mm; 3K Hbl - 12DF, 365 mm; 3K Hbl - 16DF, 240 mm	
0,8	0,41	2	0,5
0,9	0,46	4	0,8
1,0	0,52	6	1,0
1,2	0,60	8	1,2
1,4	0,72	12	1,6
1,6	0,86		
3K Hbl - 16DF, 240 mm			
0,8	0,35		
0,9	0,39		
1,0	0,45		
1,2	0,53		
1,4	0,65		
1,6	0,79		

Antragsteller:	Zulassungsgegenstand:
Liapor GmbH & Co. KG Industriestraße 2 91352 Hallerndorf-Pautzfeld	**Mauerwerk aus Liapor-Super-K-Plan-Wärmedämmsteinen aus Leichtbeton im Dünnbettverfahren**
Zulassungsnummer: **Z-17.1-707**	Bescheid vom 31.03.2006 Geltungsdauer bis 30.03.2011

Rohdichte-klasse	Bemessungswerte der Wärme-leitfähigkeit λ in W/(m·K) SAKRET-Liapor-Plansteinkleber	Festigkeits-klasse	Grundwerte σ_0 der zulässigen Druckspannungen MN/m² SAKRET-Liapor-Plansteinkleber
0,45	0,12	2	0,5
0,50	0,13	4	0,9
0,55	0,13		
0,60	0,14		
0,65	0,16		
0,70	0,16		

Zulassungen

Antragsteller: **Liapor GmbH & Co. KG** Industriestraße 2 91352 Hallerndorf-Pautzfeld	Zulassungsgegenstand: **Mauerwerk aus Liapor SL-P Wärmedämmsteinen und SAKRET-Liapor-Plansteinkleber im Dünnbettverfahren**
Zulassungsnummer: **Z-17.1-817**	Bescheid vom 09.02.2004 geändert und ergänzt am 24.08.2005 Geltungsdauer bis 08.02.2009

Rohdichte-klasse	Bemessungswerte der Wärme-leitfähigkeit λ in W/(m·K) SAKRET-Liapor-Plansteinkleber	Festigkeits-klasse	Grundwerte σ_0 der zulässigen Druckspannungen MN/m² SAKRET-Liapor-Plansteinkleber
\multicolumn{2}{l	}{Dämmstoff "Isokern 68"}	2	0,4
0,45 0,50 0,55	0,10 0,10 0,10	4	0,6
\multicolumn{2}{l	}{Dämmstoff "Isokern 50 I" und "Isokern 50 II"}		
0,45 0,50 0,55	0,090 0,10 0,10		

Antragsteller: **Jakob Stockschläder GmbH & Co. KG** Koblenzer Straße 34 56299 Ochtendung	Zulassungsgegenstand: **Mauerwerk aus Planvollblöcken aus Beton im Dünnbettverfahren (bezeichnet als Jastoplan)**
Zulassungsnummer: **Z-17.1-659**	Bescheid vom 19.12.2005 geändert und ergänzt am 04.09.2006 Geltungsdauer bis 18.01.2011

Rohdichte-klasse	Bemessungswerte der Wärme-leitfähigkeit λ in W/(m·K) Jasto-Dünnbettmörtel Jasto-Dünnbettmörtel-S	Festigkeits-klasse	Grundwerte σ_0 der zulässigen Druckspannungen MN/m² Jasto-Dünnbettmörtel Jasto-Dünnbettmörtel-S
1,6 1,8 2,0	1,1 1,2 1,4	12 20	2,0 2,9

Antragsteller: **Jakob Stockschläder GmbH & Co. KG** Koblenzer Straße 34 56299 Ochtendung	Zulassungsgegenstand: **Mauerwerk aus Planhohlblöcken aus Leichtbeton im Dünnbettverfahren (bezeichnet als Jastoplan)**
Zulassungsnummer: **Z-17.1-734**	Bescheid vom 21.12.2005 Geltungsdauer bis 18.01.2011

Rohdichte-klasse	Bemessungswerte der Wärme-leitfähigkeit λ in W/(m·K) Jasto-Dünnbettmörtel Jasto-Dünnbettmörtel-S	Festigkeits-klasse	Grundwerte σ_0 der zulässigen Druckspannungen MN/m² Jasto-Dünnbettmörtel Jasto-Dünnbettmörtel-S
0,80 0,90 1,00 1,20	0,34 / 0,31[1] 0,37 / 0,34[1] 0,52 / 0,45[1] 0,60 / 0,53[1]	2 4 6	0,5 / 0,4[2] 0,8 / 0,7[2] 1,0 / 0,9[2]

[1] für Steine der Breite 240 mm
[2] für Steine der Länge 245 mm

Antragsteller:	Zulassungsgegenstand:
Jakob Stockschläder GmbH & Co. KG Koblenzer Straße 34 56299 Ochtendung	**Mauerwerk aus Langloch-Planblöcken aus Leichtbeton (bezeichnet als Langlochsteine Jastoplan) im Dünnbettverfahren**
Zulassungsnummer: **Z-17.1-754**	Bescheid vom 20.06.2001 Geltungsdauer bis 19.06.2006

Rohdichte-klasse	Bemessungswerte der Wärme-leitfähigkeit λ in W/(m·K) Jasto-Dünnbettmörtel Jasto-Dünnbettmörtel-S	Festigkeits-klasse	Grundwerte σ_0 der zulässigen Druckspannungen MN/m² Jasto-Dünnbettmörtel Jasto-Dünnbettmörtel-S
0,80	0,39	2	0,5
0,90	0,44	4	0,9
1,00	0,49	6	1,2
1,20	0,60		

Antragsteller:	Zulassungsgegenstand:
Jakob Stockschläder GmbH & Co. KG Koblenzer Straße 34 56299 Ochtendung	**Mauerwerk aus Langloch-Planblöcken aus Leichtbeton (bezeichnet als Thermoplansteine Jastoplan)**
Zulassungsnummer: **Z-17.1-787**	Bescheid vom 02.03.2005 Geltungsdauer bis 24.06.2007

Rohdichte-klasse	Bemessungswerte der Wärme-leitfähigkeit λ in W/(m·K) Jasto-Dünnbettmörtel Jasto-Dünnbettmörtel-S	Festigkeits-klasse	Grundwerte σ_0 der zulässigen Druckspannungen MN/m² Jasto-Dünnbettmörtel Jasto-Dünnbettmörtel-S
	Typ 1	2	0,5
0,45	0,11	4	0,9
0,50	0,12		
0,55	0,13		
0,60	0,14		
0,65	0,16		
	Typ 2		
0,45	0,12		
0,50	0,13		
0,55	0,14		
0,60	0,15		

Zulassungen

Antragsteller:	Zulassungsgegenstand:
Jakob Stockschläder GmbH & Co. KG Koblenzer Straße 34 56299 Ochtendung	**Mauerwerk aus Plan-Voll- und Plan-Hohlblöcken aus Leichtbeton** **- bezeichnet als Jasto Therm bzw. Jasto Super-Therm -** **im Dünnbettverfahren**
Zulassungsnummer: **Z-17.1-912**	Bescheid vom 02.03.2005 Geltungsdauer bis 24.06.2007

Rohdichte-klasse	Bemessungswerte der Wärmeleitfähigkeit λ in W/(m·K) Jasto-Dünnbettmörtel Jasto-Dünnbettmörtel-S Dünnbettmörtel Jasto Super-Therm	Festigkeits-klasse	Grundwerte σ_0 der zulässigen Druckspannungen MN/m² Jasto-Dünnbettmörtel Jasto-Dünnbettmörtel-S Dünnbettmörtel Jasto Super-Therm
Jasto Therm HbI-P 12 DF – 365, HbI-P 20 DF - 300		2 4	0,5 0,9
0,45 0,50 0,55 0,60	0,12 0,13 0,14 0,15		
Jasto Therm VbI-P 10 DF – 300, VbI-P 12 DF – 365, VbI-P 16 DF – 240, VbI-P 20 DF – 300			
0,45 0,50 0,55 0,60	0,11 0,12 0,13 0,14		
Jasto Super-Therm VbI-P 10 DF – 300, VbI-P 12 DF – 365, VbI-P 16 DF – 240, VbI-P 20 DF – 300			
0,45	0,10		

Antragsteller:	Zulassungsgegenstand:
Trasswerke Meurin **Betriebsgesellschaft mbH** Kölner Straße 17 56626 Andernach **Aktiengesellschaft für Steinindustrie** Sohler Weg 34 56564 Neuwied	**Mauerwerk aus Plan-Hohlblöcken aus Leichtbeton mit integrierter Wärmedämmung** **- bezeichnet als PUMIX(P)-thermolith-MD -** **im Dünnbettverfahren**
Zulassungsnummer: **Z-17.1-834**	Bescheid vom 25.11.2004 Geltungsdauer verlängert am 25.11.2005 geändert am 17.05.2006 Geltungsdauer bis 24.11.2010

Rohdichte-klasse	Bemessungswerte der Wärmeleitfähigkeit λ in W/(m·K) Dünnbettmörtel "Vario"	Festigkeits-klasse	Grundwerte σ_0 der zulässigen Druckspannungen MN/m² Dünnbettmörtel "Vario"
0,45 0,50 0,55 0,60 0,65 0,70 0,80	0,090[1] 0,10 0,11[2] 0,11[3] 0,12 0,13 0,16	2 4 6	0,5 0,8 1,0

[1] Für Hohlblöcke 16 DF ist λ = 0,10 W/(m·K).
[2] Für Hohlblöcke 10 DF ist λ = 0,10 W/(m·K).
[3] Für Hohlblöcke 16 DF ist λ = 0,12 W/(m·K).

Zulassungen

Antragsteller: **Trasswerke Meurin** **Betriebsgesellschaft mbH** Kölner Straße 17 56626 Andernach	Zulassungsgegenstand: **Mauerwerk aus Planvollblöcken** **aus Leichtbeton (bezeichnet als Pumix-P-HW)** **im Dünnbettverfahren**
Zulassungsnummer: **Z-17.1-846**	Bescheid vom 08.03.2004 geändert und ergänzt am 06.12.2004 geändert und Geltungsdauer verlängert am 25.11.2005 Geltungsdauer bis 24.11.2010

Rohdichte- klasse	Bemessungswerte der Wärme- leitfähigkeit λ in W/(m·K) Dünnbettmörtel "Vario"	Festigkeits- klasse	Grundwerte σ_0 der zulässigen Druckspannungen MN/m² Dünnbettmörtel "Vario"
0,50	0,11	2	0,5
0,55	0,12	4	0,9
0,60	0,13	6	1,2
0,65	0,14		
0,70	0,14		
0,80	0,18		

Antragsteller: **Veit Dennert KG** Veit-Dennert-Straße 7 96132 Schlüsselfeld	Zulassungsgegenstand: **Mauerwerk aus Calimax-P-Plansteinen** **im Dünnbettverfahren**
Zulassungsnummer: **Z-17.1-457**	Bescheid vom 05.07.2002 geändert und ergänzt am 06.09.2002 Geltungsdauer bis 04.07.2007

Rohdichte- klasse	Bemessungswerte der Wärme- leitfähigkeit λ in W/(m·K) Calimax-Dünnbettmörtel	Festigkeits- klasse	Grundwerte σ_0 der zulässigen Druckspannungen MN/m² Calimax-Dünnbettmörtel
0,45	0,12	2	0,5[1]
0,70	0,18	4	0,9
0,80	0,21		

[1] σ_0 = 0,6 MN/m² bei Steinen der Rohdichteklasse 0,70

Antragsteller: **Veit Dennert KG** Veit-Dennert-Straße 7 96132 Schlüsselfeld	Zulassungsgegenstand: **Mauerwerk aus Calimax-P-Plansteinen KS** **im Dünnbettverfahren**
Zulassungsnummer: **Z-17.1-590**	Bescheid vom 05.07.2002 Geltungsdauer bis 04.07.2007

Rohdichte- klasse	Bemessungswerte der Wärme- leitfähigkeit λ in W/(m·K) Calimax-Dünnbettmörtel	Festigkeits- klasse	Grundwerte σ_0 der zulässigen Druckspannungen MN/m² Calimax-Dünnbettmörtel
0,7	0,18	2	0,6
0,8	0,21	4	0,9

2.2.4 Kalksand-Plansteine

Zulassungen

Antragsteller:	Zulassungsgegenstand:
Bundesverband Kalksandsteinindustrie e.V. Entenfangweg 15 30419 Hannover	**Mauerwerk aus KS-Yali-Plansteinen im Dünnbettverfahren**
Zulassungsnummer: **Z-17.1-446**	Bescheid vom 05.03.2001 Geltungsdauer bis 04.03.2006

Rohdichte- klasse	Bemessungswerte der Wärme- leitfähigkeit λ in W/(m·K) Dünnbettmörtel nach DIN 1053-1	Festigkeits- klasse	Grundwerte σ_0 der zulässigen Druckspannungen MN/m² Dünnbettmörtel nach DIN 1053-1
0,7 0,8 0,9	0,21 0,24 0,24	4 6	0,9 1,2

Antragsteller:	Zulassungsgegenstand:
Bundesverband Kalksandsteinindustrie e.V. Entenfangweg 15 30419 Hannover	**Kalksand-Plansteine mit besonderer Lochung für Mauerwerk im Dünnbettverfahren**
Zulassungsnummer: **Z-17.1-893**	Bescheid vom 31.03.2006 geändert und ergänzt am 16.05.2006 Geltungsdauer bis 30.03.2011

Rohdichte- klasse	Bemessungswerte der Wärme- leitfähigkeit λ in W/(m·K) Dünnbettmörtel nach DIN V 18580	Festigkeits- klasse	Grundwerte σ_0 der zulässigen Druckspannungen MN/m² Dünnbettmörtel nach DIN V 18580
1,2 1,4 1,6 1,8	0,56 0,70 0,79 0,99	12 16 20 28	1,8 2,1 2,4 3,0

Antragsteller:	Zulassungsgegenstand:
Kalksandsteinwerk Bienwald Schencking GmbH & Co. KG Ander L 540 76767 Hagenbach	**Mauerwerk aus Kalksandfasensteinen mit Lochung im Dünnbettverfahren**
Zulassungsnummer: **Z-17.1-820**	Bescheid vom 22.07.2003 Geltungsdauer bis 20.03.2008

Rohdichte- klasse	Bemessungswerte der Wärme- leitfähigkeit λ in W/(m·K) Dünnbettmörtel nach DIN 1053-1	Festigkeits- klasse	Grundwerte σ_0 der zulässigen Druckspannungen MN/m² Dünnbettmörtel nach DIN 1053-1
1,4 1,6	0,70 0,79	12	1,8

Zulassungen

Antragsteller:			Zulassungsgegenstand:	
Norddeutsche Kalksandsteinwerke (Nord-KS) Barmstedter Straße 14 24568 Kaltenkirchen			**Mauerwerk aus KS-Luftkanalsteinen im Dünnbettverfahren**	
Zulassungsnummer: **Z-17.1-804**			Bescheid vom 21.03.2003 Geltungsdauer bis 20.03.2008	
Rohdichte-klasse	Bemessungswerte der Wärme-leitfähigkeit λ in W/(m·K) Dünnbettmörtel nach DIN 1053-1	Festigkeits-klasse	Grundwerte σ_0 der zulässigen Druckspannungen MN/m² Dünnbettmörtel nach DIN 1053-1	
1,2 1,4	0,56 0,70	8 12	1,0 1,2	

2.2.5 Porenbeton-Plansteine

Antragsteller:			Zulassungsgegenstand:
BUNDESVERBAND PORENBETONINDUSTRIE E.V. Entenfangweg 15 30419 Hannover			**Porenbeton-Plansteine W der Rohdichteklasse 0,50 in der Festigkeitsklasse 4**
Zulassungsnummer: **Z-17.1-630**			Bescheid vom 03.02.2006 Geltungsdauer bis 02.02.2011
Rohdichte-klasse	Bemessungswerte der Wärme-leitfähigkeit λ in W/(m·K) Dünnbettmörtel nach DIN 1053-1	Festigkeits-klasse	Grundwerte σ_0 der zulässigen Druckspannungen MN/m² Dünnbettmörtel nach DIN 1053-1
0,50	0,13	4	1,0

Antragsteller:			Zulassungsgegenstand:
Wüseke Baustoffwerke GmbH Sennelagerstraße 99 33106 Paderborn			**Porenbeton-Plansteine W der Rohdichteklasse 0,50 in der Festigkeitsklasse 4**
Zulassungsnummer: **Z-17.1-894**			Bescheid vom 18.01.2006 Geltungsdauer bis 17.01.2011
Rohdichte-klasse	Bemessungswerte der Wärme-leitfähigkeit λ in W/(m·K) Dünnbettmörtel nach DIN 1053-1	Festigkeits-klasse	Grundwerte σ_0 der zulässigen Druckspannungen MN/m² Dünnbettmörtel nach DIN 1053-1
0,50	0,13	4	1,0

Zulassungen

Antragsteller:	Zulassungsgegenstand:
Xella Porenbeton GmbH Hornstraße 3 80797 München	**Porenbeton-Plansteine W** **der Rohdichteklassen 0,50 und 0,55** **in der Festigkeitsklasse 4 und** **der Rohdichteklassen 0,60 und 0,65 in der** **Festigkeitsklasse 6**
Zulassungsnummer: **Z-17.1-540**	Bescheid vom 09.11.2004 Geltungsdauer bis 08.11.2009

Rohdichte-klasse	Bemessungswerte der Wärme-leitfähigkeit λ in W/(m·K) Dünnbettmörtel nach DIN 1053-1	Festigkeits-klasse	Grundwerte σ_0 der zulässigen Druckspannungen MN/m² Dünnbettmörtel nach DIN 1053-1
0,50 0,55 0,60 0,65	0,12 0,14 0,16 0,18	4 6	1,0 1,4

Antragsteller:	Zulassungsgegenstand:
Xella Deutschland GmbH Dr.-Hammacher-Straße 49 47119 Duisburg	**Porenbeton-Plansteine W** **der Rohdichteklasse 0,30 und 0,35** **in der Festigkeitsklasse 1,6**
Zulassungsnummer: **Z-17.1-828**	Bescheid vom 31.03.2006 Geltungsdauer bis 30.03.2011

Rohdichte-klasse	Bemessungswerte der Wärme-leitfähigkeit λ in W/(m·K) Dünnbettmörtel nach DIN 1053-1	Festigkeits-klasse	Grundwerte σ_0 der zulässigen Druckspannungen MN/m² Dünnbettmörtel nach DIN 1053-1
0,30 0,35	0,080 0,090	1,6	0,4

2.3 Steine üblichen Formats für Mauerwerk im Mittelbettverfahren

Antragsteller:	Zulassungsgegenstand:
Michael Kellerer Ortsstraße 18 82282 Oberweikertshofen	**Mauerwerk im Mittelbettverfahren** **aus Leichthochlochziegeln ZMK 9 und ZMK 12** **und Mittelbettmörtel maxit therm 828**
Zulassungsnummer: **Z-17.1-739**	Bescheid vom 15.02.2005 Geltungsdauer bis 14.02.2010

Rohdichte-klasse	Bemessungswerte der Wärme-leitfähigkeit λ in W/(m·K) Mittelbettmörtel maxit therm 828	Festigkeits-klasse	Grundwerte σ_0 der zulässigen Druckspannungen MN/m² Mittelbettmörtel maxit therm 828
0,65 0,90	0,090 0,12	4 6 8 10 12	0,5 0,7 0,8 1,0 1,2

Zulassungen

Antragsteller:	Zulassungsgegenstand:
THERMOPOR **ZIEGEL-KONTOR-ULM GMBH** Olgastraße 94 89073 Ulm	**Mauerwerk im Mittelbettverfahren** **aus THERMOPOR-ISO-Blockziegeln und** **Mittelbettmörtel maxit therm 828** **(bezeichnet als "THERMOPOR ISO-MB")**
Zulassungsnummer: **Z-17.1-646**	Bescheid vom 13.01.2003 Geltungsdauer bis 29.07.2007

Rohdichte- klasse	Bemessungswerte der Wärme- leitfähigkeit λ in W/(m·K) Mittelbettmörtel maxit therm 828	Festigkeits- klasse	Grundwerte σ_0 der zulässigen Druckspannungen MN/m² Mittelbettmörtel maxit therm 828
0,60 0,65 0,70 0,75	0,11 0,12 0,13 0,14	4 6 8	0,5 0,6 0,7

Antragsteller:	Zulassungsgegenstand:
THERMOPOR **ZIEGEL-KONTOR-ULM GMBH** Olgastraße 94 89073 Ulm	**Mauerwerk im Mittelbettverfahren** **aus THERMOPOR-Ziegeln 014 mit Rhombuslochung** **und Mittelbettmörtel maxit therm 828** **(bezeichnet als "THERMOPOR MT 014")**
Zulassungsnummer: **Z-17.1-780**	Bescheid vom 10.02.2003 Geltungsdauer bis 09.02.2008

Rohdichte- klasse	Bemessungswerte der Wärme- leitfähigkeit λ in W/(m·K) Mittelbettmörtel maxit therm 828	Festigkeits- klasse	Grundwerte σ_0 der zulässigen Druckspannungen MN/m² Mittelbettmörtel maxit therm 828
0,70	0,14	6 8	0,5 0,6

Antragsteller:	Zulassungsgegenstand:
THERMOPOR **ZIEGEL-KONTOR-ULM GMBH** Olgastraße 94 89073 Ulm	**Mauerwerk im Mittelbettverfahren** **aus THERMOPOR-ISO-Blockziegeln und** **Mittelbettmörtel maxit therm 828** **(bezeichnet als "THERMOPOR ISO-MB Plus")**
Zulassungsnummer: **Z-17.1-809**	Bescheid vom 13.01.2003 Geltungsdauer bis 12.01.2008

Rohdichte- klasse	Bemessungswerte der Wärme- leitfähigkeit λ in W/(m·K) Mittelbettmörtel maxit therm 828	Festigkeits- klasse	Grundwerte σ_0 der zulässigen Druckspannungen MN/m² Mittelbettmörtel maxit therm 828
0,60 0,65 0,70 0,75	0,11 0,11 0,12 0,13	4 6 8	0,4 0,5 0,7

Zulassungen

Antragsteller: **unipor-Ziegel Marketing GmbH** Aidenbachstraße 234 81479 München	Zulassungsgegenstand: **Mauerwerk aus unipor-MSZ-Füllziegeln im Mittelbettverfahren**
Zulassungsnummer: **Z-17.1-718**	Bescheid vom 12.09.2001 Geltungsdauer bis 11.09.2006

Maße			Festigkeits- klasse	Grundwerte σ_0 der zulässigen Druckspannungen MN/m² Vermauerung mit unipor-Mittelbettmörtel N (unipor-Qm-N), unipor Mittelbettmörtel 928, oder unipor-Mittelbettmörtel Tubag Vario (unipor T-Vario) Verfüllung mit Beton B15 bzw. C12/15
Länge mm	Breite mm	Höhe mm		
373 497	145 175 200 240 300	238	6 8 12	1,2 1,4 1,8

Antragsteller: **unipor-Ziegel Marketing GmbH** Aidenbachstraße 234 81479 München	Zulassungsgegenstand: **Mauerwerk im Mittelbettverfahren aus unipor-Hochlochziegeln und unipor- Mittelbettmörtel 828 (Höhenraster 244 mm)**
Zulassungsnummer: **Z-17.1-744**	Bescheid vom 11.07.2002 Geltungsdauer bis 10.07.2007

Rohdichte- klasse	Bemessungswerte der Wärme- leitfähigkeit λ in W/(m·K) unipor-Mittelbettmörtel 828 (unipor-MM 828)	Festigkeits- klasse	Grundwerte σ_0 der zulässigen Druckspannungen MN/m² unipor-Mittelbettmörtel 828 (unipor-MM 828)
0,8 0,9 1,0 1,2 1,4 1,6 1,8	0,33 0,36 0,39 0,50 0,58 0,68 0,81	6 8 10 12 16 20	0,8 0,9 1,0 1,1 1,2 1,3

Antragsteller: **unipor-Ziegel Marketing GmbH** Aidenbachstraße 234 81479 München	Zulassungsgegenstand: **Mauerwerk im Mittelbettverfahren aus unipor-Delta-Ziegeln und unipor-Mittelbettmörtel 828**
Zulassungsnummer: **Z-17.1-768**	Bescheid vom 11.04.2002 Geltungsdauer bis 10.04.2007

Rohdichte- klasse	Bemessungswerte der Wärme- leitfähigkeit λ in W/(m·K) unipor-Mittelbettmörtel 828	Festigkeits- klasse	Grundwerte σ_0 der zulässigen Druckspannungen MN/m² unipor-Mittelbettmörtel 828
0,60 0,65 0,70	0,11 0,12 0,13	4 6 8 10 12	0,5 0,6 0,8 1,0 1,1

Antragsteller:	Zulassungsgegenstand:
unipor-Ziegel Marketing GmbH Aidenbachstraße 234 81479 München	**Mauerwerk im Mittelbettverfahren aus unipor-WS-Ziegeln und unipor-Mittelbettmörtel 828**
Zulassungsnummer: **Z-17.1-814**	Bescheid vom 03.03.2003 Geltungsdauer bis 02.03.2008

Rohdichte-klasse	Bemessungswerte der Wärme-leitfähigkeit λ in W/(m·K) unipor-Mittelbettmörtel 828 (unipor-MM 828)	Festigkeits-klasse	Grundwerte σ_0 der zulässigen Druckspannungen MN/m² unipor-Mittelbettmörtel 828 (unipor-MM 828)
0,80	0,12	8	0,9
0,85	0,13	10	1,1
0,90	0,14	12	1,2

Antragsteller:	Zulassungsgegenstand:
Ziegelwerk Ott Deisendorf GmbH & Co. Besitz KG Ziegeleistraße 20 88662 Überlingen-Deisendorf **quick-mix Gruppe GmbH & Co. KG** Mühleneschweg 6 49090 Osnabrück	**Mauerwerk im Mittelbettverfahren aus OTT-klimatherm-Ziegeln und Mittelbettmörtel Medium (bezeichnet als "OTT klimatherm MB")**
Zulassungsnummer: **Z-17.1-782**	Bescheid vom 11.08.2004 Geltungsdauer bis 22.04.2007

Rohdichte-klasse	Bemessungswerte der Wärme-leitfähigkeit λ in W/(m·K) Mittelbettmörtel medium	Festigkeits-klasse	Grundwerte σ_0 der zulässigen Druckspannungen MN/m² Mittelbettmörtel medium
0,55	0,090	4	0,5
0,60	0,10	6	0,6
0,65	0,11	8	0,8

Antragsteller:	Zulassungsgegenstand:
Ziegelwerk Ott Deisendorf GmbH & Co. Besitz KG Ziegeleistraße 20 88662 Überlingen-Deisendorf	**Mauerwerk im Mittelbettverfahren aus OTT-Gitterziegeln und Mittelbettmörtel Medium**
Zulassungsnummer: **Z-17.1-801**	Bescheid vom 07.05.2004 Geltungsdauer bis 06.05.2009

Rohdichte-klasse	Bemessungswerte der Wärme-leitfähigkeit λ in W/(m·K) Mittelbettmörtel medium	Festigkeits-klasse	Grundwerte σ_0 der zulässigen Druckspannungen MN/m² Mittelbettmörtel medium
0,60	0,13	6	0,7
0,65	0,13	8	0,8
0,70	0,14	10	0,9

Zulassungen

Antragsteller: **Ziegelwerk Ott** **Deisendorf GmbH & Co. Besitz KG** Ziegeleistraße 20 88662 Überlingen-Deisendorf **Tubag Trass-, Zement- und** **Steinwerke GmbH** An der Bundesstraße 256 56642 Kruft	Zulassungsgegenstand: **Mauerwerk im Mittelbettverfahren** **aus klimatherm Ziegeln MB mit HV-Lochung** **und Mittelbettmörtel Medium**
Zulassungsnummer: **Z-17.1-783**	Bescheid vom 22.08.2002 geändert und ergänzt am 28.07.2004 Geltungsdauer bis 21.08.2007

Rohdichte- klasse	Bemessungswerte der Wärme- leitfähigkeit λ in W/(m·K) Mittelbettmörtel medium	Festigkeits- klasse	Grundwerte σ_0 der zulässigen Druckspannungen MN/m² Mittelbettmörtel medium
0,70 0,75 0,80	0,12 0,13 0,13	4 6 8 10	0,5 0,6 0,8 0,9

2.4 Großformatige Elemente
für Mauerwerk mit Normalmörtel und Leichtmörtel
2.4.1 Ziegel-Elemente

Antragsteller: **unipor-Ziegel Marketing GmbH** Aidenbachstraße 234 81479 München	Zulassungsgegenstand: **Mauerwerk aus unipor-Blockelementen** **"unipor BE"**
Zulassungsnummer: **Z-17.1-680**	Bescheid vom 24.03.2003 Geltungsdauer bis 23.03.2008

	Maße		Festigkeits- klasse	Grundwerte σ_0 der zulässigen Druckspannungen MN/m²				
Länge	Breite	Höhe		Normalmörtel			Leichtmörtel	
mm	mm	mm		II	IIa	III	LM 21	LM 36
497	115 150 175 200 240 300	488	8 12	- -	1,2 1,6	1,4 1,8	- -	- -
			Rohdichte- klasse	Bemessungswerte der Wärmeleitfähigkeit λ W/(m·K)				
				Normalmörtel			Leichtmörtel	
							LM 21	LM 36
			0,9 1,0 1,2	0,42 0,45 0,50			- - -	- - -

2.4.2 Beton-Elemente

Antragsteller:	Zulassungsgegenstand:
Aktiengesellschaft für Steinindustrie Sohler Weg 34 56564 Neuwied	**Großformatige thermolith-Vollblocksteine aus Leichtbeton**
Zulassungsnummer: **Z-17.1-187**	Bescheid vom 21.10.2002 Geltungsdauer bis 25.11.2007

Maße			Festigkeits-klasse	Grundwerte σ_0 der zulässigen Druckspannungen MN/m^2				
Länge	Breite	Höhe		Normalmörtel			Leichtmörtel	
mm	mm	mm		II	IIa	III	LM 21	LM 36
995	240 300 365	490 615	2 4 6	- - -	0,5 0,8 1,0	0,5 0,9 1,2	0,5 0,7 0,7	0,5 0,8 0,9

Rohdichte-klasse	Bemessungswerte der Wärmeleitfähigkeit λ $W/(m \cdot K)$			
	Normalmörtel		Leichtmörtel	
			LM 21	LM 36
0,5 0,6 0,7 0,8	0,16 0,18 0,21 0,24		0,14 0,16 0,18 0,21	0,14 0,18 0,21 0,24

Antragsteller:	Zulassungsgegenstand:
Aktiengesellschaft für Steinindustrie Sohler Weg 34 56564 Neuwied	**Großformatige phonolith-Vollblocksteine aus Leichtbeton**
Zulassungsnummer: **Z-17.1-421**	Bescheid vom 26.11.1997 geändert und Geltungsdauer verlängert am 15.10.2002 Geltungsdauer bis 25.11.2007

Maße			Festigkeits-klasse	Grundwerte σ_0 der zulässigen Druckspannungen MN/m^2				
Länge	Breite	Höhe		Normalmörtel			Leichtmörtel	
mm	mm	mm		II	IIa	III	LM 21	LM 36
995	115 150 200 240 300 365	490 615	2 4 6 8 12	- - - - -	0,5 0,8 1,0 1,2 1,6	0,5 0,9 1,2 1,4 1,8	- - - - -	- - - - -

Rohdichte-klasse	Bemessungswerte der Wärmeleitfähigkeit λ $W/(m \cdot K)$			
	Normalmörtel		Leichtmörtel	
			LM 21	LM 36
0,8 0,9 1,0 1,2 1,4 1,6 1,8 2,0	0,39 0,43 0,46 0,54 0,63 0,74 0,87 0,99		- - - - - - - -	- - - - - - - -

Zulassungen

Antragsteller: **Bisotherm GmbH** Eisenbahnstraße 12, 56218 Mülheim-Kärlich	Zulassungsgegenstand: **BISOTHERM-Großblöcke „BISO-Megablock"**
Zulassungsnummer: **Z-17.1-571**	Bescheid vom 25.06.2002 Geltungsdauer bis 24.06.2007

Maße			Festigkeits-klasse	Grundwerte σ_0 der zulässigen Druckspannungen MN/m²				
Länge mm	Breite mm	Höhe mm		Normalmörtel			Leichtmörtel	
				II	IIa	III	LM 21	LM 36
997	240 300 365	490 615	2 4 6	- - -	0,5 0,8 1,0	0,5 0,9 1,2	0,5 0,7 0,7	0,5 0,8 0,9

Rohdichte-klasse	Bemessungswerte der Wärmeleitfähigkeit λ W/(m·K)			
	Normalmörtel		Leichtmörtel	
			LM 21	LM 36
0,50	0,14		0,13	0,14[1]
0,55	0,16		0,14	0,14
0,60	0,16		0,16	0,16
0,65	0,18		0,16	0,16
0,70	0,18		0,18	0,18
0,80	0,21		0,21	0,21

[1] Für die Wanddicke 240 mm („BISO-Megablock 24") ist $\lambda = 0,13$ W/(m·K)

Antragsteller: **Traßwerke Meurin** Kölner Straße 17, 56626 Andernach	Zulassungsgegenstand: **Meurin-Großblöcke „Pumix-Megaphon"**
Zulassungsnummer: **Z-17.1-574**	Bescheid vom 13.02.2002 Geltungsdauer bis 17.03.2007

Maße			Festigkeits-klasse	Grundwerte σ_0 der zulässigen Druckspannungen MN/m²				
Länge mm	Breite mm	Höhe mm		Normalmörtel			Leichtmörtel	
				II	IIa	III	LM 21	LM 36
997	115 150 175 200 240 300 365	490 615	4 6 8 12	- - - -	0,8 1,0 1,2 1,6	0,9 1,2 1,4 1,8	- - - -	- - - -

Rohdichte-klasse	Bemessungswerte der Wärmeleitfähigkeit λ W/(m·K)			
	Normalmörtel		Leichtmörtel	
			LM 21	LM 36
0,8	0,40		-	-
0,9	0,43		-	-
1,0	0,46		-	-
1,2	0,54		-	-
1,4	0,63		-	-
1,6	0,81 / 0,75[1]		-	-
1,8	1,1 / 0,92[1]		-	-
2,0	1,4 / 1,2[1]		-	-

[1] mit porigen Zuschlägen nach DIN 4226-2, ohne Quarzsandzusatz

Zulassungen

Antragsteller:	Zulassungsgegenstand:
KLB Beteiligungs GmbH Lohmannstraße 31 56626 Andernach	**Mauerwerk aus KLB-Großblock-Elementen aus Leichtbeton im Dickbettverfahren (bezeichnet als KLB-Magnorith Vbl-E)**
Zulassungsnummer: **Z-17.1-467**	Bescheid vom 23.07.2004 Geltungsdauer bis 22.07.2009

Maße			Festigkeits-klasse	Grundwerte σ_0 der zulässigen Druckspannungen MN/m²				
Länge	Breite	Höhe		Normalmörtel			Leichtmörtel	
mm	mm	mm		II	IIa	III	LM 21	LM 36
997	115	488	2	0,5	0,5	0,5	0,5	-
	175		4	0,7	0,8	0,9	0,7	-
	200		6	0,9	1,0	1,2	0,7	-
	240		12	1,2	1,6	1,8	0,9	-
	300		20	1,6	1,9	2,4	0,9	-
	365		Rohdichte-klasse	Bemessungswerte der Wärmeleitfähigkeit λ W/(m·K)				
	365			Normalmörtel			Leichtmörtel	
							LM 21	LM 36
			0,45	0,12			0,10	-
			0,50	0,14[1]			0,12	-
			0,55	0,15			0,13	-
			0,60	0,16			0,15	-
			0,65	0,18			0,16	-
			0,70	0,21			0,18	-
			0,8	0,24			0,21	-
			1,0	0,30			0,27	-
			1,2	0,50			-	-
			1,4	0,65			-	-
			1,6	0,80			-	-
			1,8	1,00			-	-
			2,0	1,20			-	-

[1] Für die Wanddicke 115 mm ist λ = 0,13 W/(m·K).

2.5 Großformatige Elemente für Mauerwerk im Dünnbettverfahren

2.5.1 Ziegel-Planelemente

Antragsteller: UNIPOR Ziegel Marketing GmbH, Landsberger Straße 392, 81241 München	Zulassungsgegenstand: Mauerwerk aus UNIPOR-Planelementen - bezeichnet als „UNIPOR-PE" - im Dünnbettverfahren
Zulassungsnummer: Z-17.1-600	Bescheid vom 31.03.2006 Geltungsdauer bis 30.03.2011

Maße			Druckfestigkeitsklasse der Planelemente	Grundwerte σ_0 der zulässigen Druckspannungen MN/m²
Länge mm	Breite mm	Höhe mm		
			unipor-Dünnbettmörtel ZP 99, Dünnbettmörtel HP 580, Dünnbettmörtel maxit mur 900, Dünnbettmörtel 900 D oder Dünnbettmörtel Vario	
497 (Regelelement)	115 150 175	499	12	1,8
≥ 247 < 497 (Paßelemente)	200 240 300		Rohdichteklasse	Bemessungswerte der Wärmeleitfähigkeit λ W/(m·K)
			0,9 1,0 1,2	0,42 0,45 0,50

Antragsteller: WIENERBERGER Ziegelindustrie GmbH, Oldenburger Allee 26, 30659 Hannover	Zulassungsgegenstand: Mauerwerk aus WIENERBERGER-Planelementen T 500
Zulassungsnummer: Z-17.1-706	Bescheid vom 16.08.2004 Geltungsdauer bis 14.08.2009

Maße			Druckfestigkeitsklasse der Planelemente	Grundwerte σ_0 der zulässigen Druckspannungen MN/m²
Länge mm	Breite mm	Höhe mm		
			Poroton-T-Dünnbettmörtel Typ I oder Poroton-T-Dünnbettmörtel Typ III (Typ III auch mit Glasfaservlies V.Plus SH 25/1 oder Glasfilamentgewebe BASIS SK)	
498 (Regelelement)	115 150 175 200	499	6 8 10 12	1,2 1,4 1,6 1,8
≥ 248 ≤ 498 (Paßelemente)	240 250 300		Rohdichteklasse	Bemessungswerte der Wärmeleitfähigkeit λ W/(m·K)
			0,8 0,9 1,0 1,2 1,4	0,39 0,42 0,45 0,50 0,58

2.5.2 Beton-Planelemente

Antragsteller: **Bisotherm GmbH** Eisenbahnstraße 12 56218 Mülheim-Kärlich			Zulassungsgegenstand: **Mauerwerk aus BISOTHERM-Planelementen im Dünnbettverfahren**	
Zulassungsnummer: **Z-17.1-699**			Bescheid vom 31.03.2006 Geltungsdauer bis 30.03.2011	
	Maße		Druckfestigkeitsklasse der Planelemente	Grundwerte σ_0 der zulässigen Druckspannungen MN/m² Bisoplan-Dünnbettmörtel T
Länge mm	Breite mm	Höhe mm		
998	115 175 240 300 365	498 623	2 4 6	0,6 1,0 1,4
			Rohdichteklasse	Bemessungswerte der Wärmeleitfähigkeit λ W/(m·K)
			0,50 0,55 0,60 0,65 0,70 0,80	0,12 0,13 0,14 0,15 0,16 0,18

Antragsteller: **Bisotherm GmbH** Eisenbahnstraße 12 56218 Mülheim-Kärlich			Zulassungsgegenstand: **Mauerwerk aus BISOPHON-Planelementen im Dünnbettverfahren**	
Zulassungsnummer: **Z-17.1-702**			Bescheid vom 31.03.2006 Geltungsdauer bis 30.03.2011	
	Maße		Druckfestigkeitsklasse der Planelemente	Grundwerte σ_0 der zulässigen Druckspannungen MN/m² Bisoplan-Dünnbettmörtel T
Länge mm	Breite mm	Höhe mm		
998	115 150 175 200 240 300 365	498 623	2 4 6 8 12 20	0,6 1,0 1,4 1,6 2,2 3,2
			Rohdichteklasse	Bemessungswerte der Wärmeleitfähigkeit λ W/(m·K)
			0,8 0,9 1,0 1,2 1,4 1,6 1,8 2,0 2,2	0,18 0,21 0,27 0,36 0,45 0,55 0,65 0,80 1,65

Zulassungen

Antragsteller:	Zulassungsgegenstand:
KLB Beteiligungs GmbH Lohmannstraße 31 56626 Andernach	**Mauerwerk aus KLB-Großblock-Elementen aus Leichtbeton im Dünnbettverfahren (bezeichnet als KLB-Magnorith Vbl-PE)**
Zulassungsnummer: **Z-17.1-770**	Bescheid vom 18.04.2005 Geltungsdauer bis 18.08.2009

Maße			Druckfestigkeitsklasse der Planelemente	Grundwerte σ_0 der zulässigen Druckspannungen MN/m² KLB-P-Dünnbettmörtel, leicht KLB-P-Dünnbettmörtel, normal Dünnbettmörtel Vario
Länge mm	Breite mm	Höhe mm		
997	115 175 240 300 365	498	2 4 6 12 20	0,6 1,0 1,4 2,2 3,2
			Rohdichteklasse	Bemessungswerte der Wärmeleitfähigkeit λ W/(m·K)
			0,45 0,50 0,55 0,60 0,65 0,70 0,8 1,0 1,2 1,4 1,6 1,8 2,0	0,11 0,12 0,14 0,15 0,16 0,18 0,21 0,27 0,45 0,60 0,80 1,00 1,20

Antragsteller:	Zulassungsgegenstand:
KLB Beteiligungs GmbH Lohmannstraße 31 56626 Andernach	**Mauerwerk aus KLB-Quadro-Planelementen aus Leichtbeton im Dünnbettverfahren (bezeichnet als "KLB-Quadro Vbl-PE")**
Zulassungsnummer: **Z-17.1-852**	Bescheid vom 22.02.2005 Geltungsdauer bis 27.07.2009

Maße			Druckfestigkeitsklasse der Planelemente	Grundwerte σ_0 der zulässigen Druckspannungen MN/m² KLB-P-Dünnbettmörtel, leicht KLB-P-Dünnbettmörtel, normal Dünnbettmörtel Vario
Länge mm	Breite mm	Höhe mm		
497	115 150 175 200 214 240 265 300 365	498	2 4 6 12 20	0,6 1,0 1,4 2,2 3,2

(Fortsetzung Z-17.1-852)

Zulassungen

Antragsteller:	Zulassungsgegenstand:
KLB Beteiligungs GmbH Lohmannstraße 31 56626 Andernach	**Mauerwerk aus KLB-Quadro-Planelementen aus Leichtbeton im Dünnbettverfahren (bezeichnet als "KLB-Quadro Vbl-PE")**
Zulassungsnummer: **Z-17.1-852**	Bescheid vom 22.02.2005 Geltungsdauer bis 27.07.2009

Maße			Rohdichteklasse	Bemessungswerte der Wärmeleitfähigkeit λ W/(m·K)
Länge mm	Breite mm	Höhe mm		
497	115 150 175 200 214 240 265 300 365	498	0,45 0,50 0,55 0,60 0,65 0,70 0,8 1,0 1,2 1,4 1,6 1,8 2,0	0,11 0,12 0,14 0,15 0,16 0,18 0,21 0,27 0,45 0,60 0,80 1,00 1,20

2.5.3 Kalksand-Planelemente

Antragsteller:	Zulassungsgegenstand:
Bundesverband Kalksandsteinindustrie e.V. Entenfangweg 15 30419 Hannover	**Mauerwerk aus Kalksand-Planelementen**
Zulassungsnummer: **Z-17.1-332**	Bescheid vom 09.09.2004 Geltungsdauer verlängert am 31.03.2006 Geltungsdauer bis 30.03.2011

Maße			Druckfestigkeitsklasse der Planelemente	Grundwerte σ_0 der zulässigen Druckspannungen MN/m²
Länge mm	Breite mm	Höhe mm		
998 898	115 120 150 175	498 598 623	12 16 20 28	3,0 3,5 4,0 4,0
498	200 214 240 265 300 365	498	Rohdichteklasse 1,8 2,0 2,2	Bemessungswerte der Wärmeleitfähigkeit λ W/(m·K) 0,99 1,1 1,3

J.95

Zulassungen

Antragsteller: **Bundesverband Kalksandsteinindustrie e.V.** Entenfangweg 15, 30419 Hannover	Zulassungsgegenstand: **Mauerwerk aus Kalksand-Planelementen mit Zentrierhilfe**
Zulassungsnummer: **Z-17.1-575**	Bescheid vom 29.01.2001 Geltungsdauer verlängert am 08.01.2002 Geltungsdauer bis 28.01.2007

Länge mm	Maße Breite mm	Höhe mm	Druckfestigkeitsklasse der Planelemente	Grundwerte σ_0 der zulässigen Druckspannungen MN/m²
998 898	115 120 150 175 200	498 598 623	12 20 28	2,2 3,4 3,7
498	214 230 240	498	Rohdichteklasse	Bemessungswerte der Wärmeleitfähigkeit λ W/(m·K)
	265 300 365		1,8 2,0 2,2	0,99 1,1 1,3

Antragsteller: **Bundesverband Kalksandsteinindustrie e.V.** Entenfangweg 15, 30419 Hannover	Zulassungsgegenstand: **Mauerwerk aus Kalksand-Planelementen (bezeichnet als KS-XL-Rasterelemente)**
Zulassungsnummer: **Z-17.1-650**	Bescheid vom 15.12.2003 Geltungsdauer bis 14.12.2008

Länge mm	Maße Breite mm	Höhe mm	Druckfestigkeitsklasse der Planelemente	Grundwerte σ_0 der zulässigen Druckspannungen MN/m²
498 (Regelelement)	115 120 150 175	498 623	12 16 20 28	3,0 305 4,0 4,0
≥ 248 ≤ 498 (Paßelemente)	200 214 240 265 300 365		Rohdichteklasse 1,8 2,0 2,2	Bemessungswerte der Wärmeleitfähigkeit λ W/(m·K) 0,99 1,1 1,3

Zulassungen

Antragsteller:	Zulassungsgegenstand:
Calduran Kalkzandsteen B.V. Einsteinstraat 5 3846 BH Harderwijk NIEDERLANDE	**Mauerwerk aus Kalksand-Planelementen**
Zulassungsnummer: **Z-17.1-409**	Bescheid vom 07.01.2004 geändert und ergänzt am 23.03.2005 Geltungsdauer bis 06.07.2008

Maße			Druckfestigkeitsklasse der Planelemente	Grundwerte σ_0 der zulässigen Druckspannungen MN/m²
Länge mm	Breite mm	Höhe mm		
997 897 (Regelelemente)	115 120 150 175 200	598 623	12 20 28	2,2 3,4 3,7
≥ 247 ≤ 997 (Paßelemente)	214 240 265 300 365		Rohdichteklasse	Bemessungswerte der Wärmeleitfähigkeit λ W/(m·K)
			1,8 2,0 2,2 2,4	0,99 1,1 1,3 1,6

Antragsteller:	Zulassungsgegenstand:
Forschungsvereinigung „Kalk-Sand" e.V. Entenfangweg 15 30419 Hannover	**Mauerwerk aus Kalksand-Planelementen mit Zentrierhilfe**
Zulassungsnummer: **Z-17.1-587**	Bescheid vom 29.01.2001 Geltungsdauer verlängert am 08.01.2002 Geltungsdauer bis 28.02.2007

Maße			Druckfestigkeitsklasse der Planelemente	Grundwerte σ_0 der zulässigen Druckspannungen MN/m²
Länge mm	Breite mm	Höhe mm		
998 898	115 120 150 175 200	498 598 623	12 20 28	2,2 3,4 3,4
498	214 230 240 265 300 365	498	Rohdichteklasse	Bemessungswerte der Wärmeleitfähigkeit λ W/(m·K)
			1,8 2,0 2,2	0,99 1,1 1,3

J

Zulassungen

Antragsteller:	Zulassungsgegenstand:
Kalksandsteinwerk Holdorf **Theodor Schnepper GmbH & Co. KG** Weißer Stein 12 49451 Holdorf	**KS-Komplett-Planelemente**

Zulassungsnummer: **Z-17.1-563** Bescheid vom 24.07.2001
Geltungsdauer bis 23.07.2006

Länge mm	Maße Breite mm	Höhe mm	Druckfestigkeitsklasse der Planelemente	Grundwerte σ_0 der zulässigen Druckspannungen MN/m²
998	115	498	12	2,2
898	120	598	20	3,4
	150	623	28	3,7
	175			
	200			
	214		Rohdichteklasse	Bemessungswerte der Wärmeleitfähigkeit λ W/(m·K)
	230			
	240			
	265		1,8	0,99
	300		2,0	1,1
	365		2,2	1,3

Antragsteller:	Zulassungsgegenstand:
Kalksandsteinwerk **Krefeld-Rheinhafen GmbH & Co. KG** Bataverstraße 35 47809 Krefeld	**„KS 4 x 4 / 4 x 5, white star / KS-PlanQuader"** **Planelemente im Dünnbettverfahren**

Zulassungsnummer: **Z-17.1-640** Bescheid vom 19.05.2003
Geltungsdauer bis 14.06.2008

Länge mm	Maße Breite mm	Höhe mm	Druckfestigkeitsklasse der Planelemente	Grundwerte σ_0 der zulässigen Druckspannungen MN/m²
498 (Regelelement)	115	498	12	3,0
	150	623	20	4,0
	175		28	4,0
	200			
≥ 248 ≤ 498 (Paßelemente)	214		Rohdichteklasse	Bemessungswerte der Wärmeleitfähigkeit λ W/(m·K)
	240			
	265			
	300		1,8	0,99
	365		2,0	1,1
			2,2	1,3

Antragsteller: Kalksandsteinwerk Krefeld-Rheinhafen GmbH & Co. KG Bataverstraße 35 47809 Krefeld			Zulassungsgegenstand: „KS 4 x 4 / 4 x 5, white star / KS-PlanQuader" Planelemente mit Zentrierhilfe für Mauerwerk im Dünnbettverfahren		
Zulassungsnummer: **Z-17.1-758**			Bescheid vom 25.06.2003 Geltungsdauer bis 12.08.2006		
	Maße		Druckfestigkeitsklasse der Planelemente		Grundwerte σ_0 der zulässigen Druckspannungen MN/m²
Länge mm	Breite mm	Höhe mm			
498 (Regelelement)	115 150 175 200	498 623	12 20 28		2,2 3,4 3,7
≥ 248 ≤ 498 (Paßelemente)	214 240 265 300 365		Rohdichteklasse		Bemessungswerte der Wärmeleitfähigkeit λ W/(m·K)
			1,8 2,0 2,2		0,99 1,1 1,3

Antragsteller: Kalksandsteinwerk Seelenfeld Stadtheider Straße 16 32609 Bielefeld			Zulassungsgegenstand: Kalksand-Planelemente „KS-Quadrat"		
Zulassungsnummer: **Z-17.1-552**			Bescheid vom 30.07.2001 Geltungsdauer bis 29.07.2006		
	Maße		Druckfestigkeitsklasse der Planelemente		Grundwerte σ_0 der zulässigen Druckspannungen MN/m²
Länge mm	Breite mm	Höhe mm			
498 (Regelelement)	115 150 175 200	498	12 20 28		3,0 4,0 4,0
≥ 248 ≤ 498 (Paßelemente)	214 240 265 300 365		Rohdichteklasse		Bemessungswerte der Wärmeleitfähigkeit λ W/(m·K)
			1,8 2,0		0,99 1,1

Zulassungen

Antragsteller: KIMM Kalksandsteinwerk KG Riedfeld 6 99189 Elxleben			Zulassungsgegenstand: Mauerwerk aus Kalksand-Planelementen mit Zentrierhilfe
Zulassungsnummer: **Z-17.1-805**			Bescheid vom 15.11.2002 Geltungsdauer bis 14.11.2007

Länge mm	Maße Breite mm	Höhe mm	Druckfestigkeitsklasse der Planelemente	Grundwerte σ_0 der zulässigen Druckspannungen MN/m²
998 898	115 120 150 175 200	498 598 623	12 20 28	2,2 3,4 3,7
498	214 230 240	498	Rohdichteklasse	Bemessungswerte der Wärmeleitfähigkeit λ W/(m·K)
	265 300 365		1,8 2,0 2,2	0,99 1,1 1,3

Antragsteller: KS Plus Wandsystem GmbH Averdiekstraße 9 49078 Osnabrück			Zulassungsgegenstand: Mauerwerk aus Kalksand-Planelementen (bezeichnet als "KS-Plus Planelemente")
Zulassungsnummer: **Z-17.1-847**			Bescheid vom 25.03.2004 Geltungsdauer bis 24.03.2009

Länge mm	Maße Breite mm	Höhe mm	Druckfestigkeitsklasse der Planelemente	Grundwerte σ_0 der zulässigen Druckspannungen MN/m²
998 898 498	115 120 150 175 200	498 598 623	Planelemente "XL" ohne Zentriernut	
			12 16 20 28	3,0 3,5 4,0 4,0
	214		Planelemente "XL-N" mit Zentriernut	
	240 265 300 365		12 16 20 28	2,2 2,7 3,4 3,7
			Rohdichteklasse	Bemessungswerte der Wärmeleitfähigkeit λ W/(m·K)
			1,8 2,0 2,2	0,99 1,1 1,3

Zulassungen

Antragsteller:	Zulassungsgegenstand:
KS Quadro Verwaltungsgesellschaft mbH Malscher Straße 17 76448 Durmersheim	Mauerwerk aus Kalksand-Planelementen „KS-Quadro" und „KS-Quadro E"
Zulassungsnummer: **Z-17.1-508**	Bescheid vom 23.02.2004 geändert und Geltungsdauer verlängert am 19.09.2005 Geltungsdauer bis 17.10.2010

Maße			Druckfestigkeitsklasse der Planelemente	Grundwert σ_0 der zulässigen Druckspannungen MN/m^2
Länge mm	Breite mm	Höhe mm		
498	115 120 150 175	498	12 16 20 28	2,2 2,7 3,2 3,7
≥ 248 ≤ 498 (Paßelemente)	200 214 240 265 300 365		Rohdichteklasse 1,6 1,8 2,0 2,2	Bemessungswerte der Wärmeleitfähigkeit λ $W/(m \cdot K)$ 0,79 0,99 1,1 1,3

Antragsteller:	Zulassungsgegenstand:
KS Quadro Verwaltungsgesellschaft mbH Malscher Straße 17 76448 Durmersheim	„KS-Quadro E" Planelemente für Mauerwerk im Dünnbettverfahren
Zulassungsnummer: **Z-17.1-551**	Bescheid vom 23.02.2004 geändert und Geltungsdauer verlängert am 19.09.2005 Geltungsdauer bis 17.10.2010

Maße			Druckfestigkeitsklasse der Planelemente	Grundwerte σ_0 der zulässigen Druckspannungen MN/m^2
Länge mm	Breite mm	Höhe mm		
498	115 120 150 175	498	12 16 20 28	2,2 2,7 3,2 3,7
≥ 248 ≤ 498 (Paßelemente)	200 214 240 265 300 365		Rohdichteklasse 1,6 1,8 2,0 2,2	Bemessungswerte der Wärmeleitfähigkeit λ $W/(m \cdot K)$ 0,79 0,99 1,1 1,3

Zulassungen

Antragsteller: KS Quadro Verwaltungsgesellschaft mbH, Malscher Straße 17, 76448 Durmersheim	Zulassungsgegenstand: „KS-Quadro" Planelemente für Mauerwerk im Dünnbettverfahren
Zulassungsnummer: **Z-17.1-584**	Bescheid vom 23.02.2004 geändert und Geltungsdauer verlängert am 19.09.2005 Geltungsdauer bis 17.10.2010

Länge mm	Maße Breite mm	Höhe mm	Druckfestigkeitsklasse der Planelemente	Grundwerte σ_0 der zulässigen Druckspannungen MN/m²
498	115	498	12	3,0
	120		16	3,5
	150		20	4,0
	175		28	4,0
≥ 248 ≤ 498 (Paßelemente)	200 214 240		Rohdichteklasse	Bemessungswerte der Wärmeleitfähigkeit λ W/(m·K)
	265		1,6	0,79
	300		1,8	0,99
	365		2,0	1,1
			2,2	1,3

Antragsteller: Ostfriesisches Baustoffwerk GmbH & Co. KG, Dornumer Straße 92-94, 26607 Aurich	Zulassungsgegenstand: „Mauerwerk aus Kalksand-Planelementen (bezeichnet als "KS-Design-Elemente")
Zulassungsnummer: **Z-17.1-810**	Bescheid vom 25.03.2003 geändert und ergänzt am 04.03.2004 Geltungsdauer bis 24.03.2008

Länge mm	Maße Breite mm	Höhe mm	Druckfestigkeitsklasse der Planelemente	Grundwerte σ_0 der zulässigen Druckspannungen MN/m²
498	150	498	12	2,2
	175	373	20	3,2
	200		28	3,7
	214			
248 373 (Paßelemente)	240 265 300 365		Rohdichteklasse	Bemessungswerte der Wärmeleitfähigkeit λ W/(m·K)
			1,4	0,70
			1,6	0,79
			1,8	0,99
			2,0	1,1

Zulassungen

Antragsteller:	Zulassungsgegenstand:
Xella Kalkzandsteen B.V. Waaldijk 97 4214 LV Vuren NIEDERLANDE	**Mauerwerk aus Kalksand-Planelementen**
Zulassungsnummer: **Z-17.1-841**	Bescheid vom 07.01.2004 geändert und ergänzt am 28.07.2004 Geltungsdauer bis 06.07.2008

Länge mm	Maße Breite mm	Höhe mm	Druckfestigkeitsklasse der Planelemente	Grundwerte σ_0 der zulässigen Druckspannungen MN/m²
997 897 (Regelelement)	115 120 150 175	598 623 643	12 20 28	2,2 3,4 3,7
≥ 247 ≤ 997 (Paßelemente)	200 214 240 265 300 365		Rohdichteklasse 1,8 2,0 2,2	Bemessungswerte der Wärmeleitfähigkeit λ W/(m·K) 0,99 1,1 1,3

2.5.4 Porenbeton-Planelemente

Antragsteller:	Zulassungsgegenstand:
Bundesverband Kalksandsteinindustrie e.V. Entenfangweg 15 30419 Hannover	**Mauerwerk aus Porenbeton-Planelementen**
Zulassungsnummer: **Z-17.1-465**	Bescheid vom 07.12.2001 Geltungsdauer bis 06.12.2006

Länge mm	Maße Breite mm	Höhe mm	Druckfestigkeitsklasse der Planelemente	Grundwerte σ_0 der zulässigen Druckspannungen MN/m²
499 623 749 998	115 125 175 200 240 250 300 365 375	498 623	2 4 6 Rohdichteklasse 0,40 0,45 0,50 0,55 0,60 0,65 0,70 0,80	0,6 1,0 1,4 Bemessungswerte der Wärmeleitfähigkeit λ W/(m·K) 0,11 0,13 0,14 0,16 0,16 0,21 0,23 0,27

Zulassungen

Antragsteller: **Bundesverband Porenbetonindustrie e.V.** Dostojewskistraße 10 65187 Wiesbaden	Zulassungsgegenstand: **Mauerwerk aus Porenbeton-Planelementen W mit einem Überbindemaß von mindestens 0,4h**
Zulassungsnummer: **Z-17.1-484**	Bescheid vom 20.05.2003 Geltungsdauer bis 19.05.2008

Länge mm	Maße Breite mm	Höhe mm	Druckfestigkeitsklasse der Planelemente	Grundwerte σ_0 der zulässigen Druckspannungen MN/m²
499 (501) 599 (601) 624 (626) 749 (751) 999 (1001)	115 125 150 175 200 240 250 300 365 375 400	374 (373) 499 (498) 599 (598) 624 (623)	2 4 6	0,6 1,0 1,4
			Rohdichteklasse	Bemessungswerte der Wärmeleitfähigkeit λ W/(m·K)
			0,35 0,40 0,45 0,50 0,55 0,60 0,65 0,70 0,80	0,090 0,10 0,12 0,13 0,14 0,16 0,18 0,21 0,21

Antragsteller: **BUNDESVERBAND PORENBETON** Entenfangweg 15 30419 Hannover	Zulassungsgegenstand: **Mauerwerk aus Porenbeton-Planelementen (bezeichnet als HK-Elemente)**
Zulassungsnummer: **Z-17.1-547**	Bescheid vom 31.03.2006 Geltungsdauer bis 30.03.2011

Länge mm	Maße Breite mm	Höhe mm	Druckfestigkeitsklasse der Planelemente	Grundwerte σ_0 der zulässigen Druckspannungen MN/m²
499 599 624 749 (Regelelemente)	115 175 200 240 250 300	749,0 874,0 999,0 1124,0 1249,0 1374,0	2 4 6	0,6 1,0 1,4
≥ 249 < 749 (Paßelemente)	365 425 480 490 499	1499,0[1]	Rohdichteklasse	Bemessungswerte der Wärmeleitfähigkeit λ W/(m·K)
			0,35 0,40 0,45 0,50 0,55 0,60 0,65 0,70 0,80	0,090 0,10 0,12 0,13 0,14 0,16 0,18 0,21 0,21

[1] Regelelemente mit einer Höhe von 1499 mm müssen mindestens 599 mm lang sein.
Paßelemente mit einer Höhe von 1499 mm müssen mindestens 299 mm lang sein.

Zulassungen

Antragsteller:	Zulassungsgegenstand:
F.X. Greisel GmbH Deichmannstraße 2 91555 Feuchtwangen-Dorfgütingen	**Mauerwerk aus Porenbeton-Planelementen** **(bezeichnet als Greisel-Planelemente)**
Zulassungsnummer: **Z-17.1-460**	Bescheid vom 19.12.2001 Geltungsdauer bis 18.12.2006

Maße			Druckfestigkeitsklasse der Planelemente	Grundwerte σ_0 der zulässigen Druckspannungen MN/m²
Länge mm	Breite mm	Höhe mm		
624	115	499	2	0,6
749	125	599	4	1,0
999	150	624	6	1,4
	175		Rohdichteklasse	Bemessungswerte der Wärmeleitfähigkeit λ W/(m·K)
	200			
	240			
	250		0,40	0,11
	300		0,45	0,14
	365		0,50	0,14
	400		0,55	0,16
			0,60	0,16
			0,65	0,21
			0,70	0,23

Antragsteller:	Zulassungsgegenstand:
Xella Porenbeton GmbH Hornstraße 3 80797 München	**Mauerwerk aus Porenbeton-Planelementen** **(bezeichnet als Porenbeton-Planelemente W** **und Porenbeton-Planelemente W, lang)**
Zulassungsnummer: **Z-17.1-692**	Bescheid vom 17.12.2004 Geltungsdauer bis 16.12.2009

Maße			Druckfestigkeitsklasse der Planelemente	Grundwerte σ_0 der zulässigen Druckspannungen MN/m²
Länge mm	Breite mm	Höhe mm		
499	115	373 (374)	2	0,6
599	125	498 (499)	4	1,0
624	150	598 (599)	6	1,4
749	175	623 (624)	Rohdichteklasse	Bemessungswerte der Wärmeleitfähigkeit λ W/(m·K)
999	200	748 (749)		
1499	240			
1998	250		0,35	0,090
2498	300		0,40	0,10
2998	365		0,45	0,12
	375		0,50	0,12
	400		0,55	0,14
			0,60	0,16
			0,65	0,18
			0,70	0,21
			0,80	0,21

Steck / Nebgen

Holzbau kompakt
Nach DIN 1052 neu

BBB (Bauwerk-Basis-Bibliothek)
2006. 260 Seiten.
17 x 24 cm. Kartoniert.
ISBN 3-89932-050-6
EUR 29,–

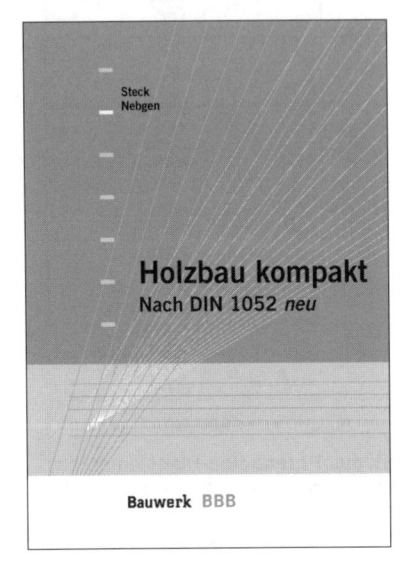

Autoren:
Prof. Dr.-Ing. Günter Steck lehrt Holzbau an der Fachhochschule München.
Prof. Dipl.-Ing. Nikolaus Nebgen lehrt Holzbau an der Fachhochschule Hildesheim.

Dieses Buch wendet sich sowohl an Praktiker als auch an Studierende. Der Inhalt beschränkt sich nicht auf reine Holzbauaufgaben, sondern setzt sich, wenn für den Zusammenhang wichtig, auch mit der Tragwerkslehre auseinander. Mit der **neuen Norm DIN 1052 (Ausgabe 2004)** ist das bisherige Bemessungsverfahren mit zulässigen Spannungen der Bauteile und zulässigen Belastungen der Verbindungen durch die Bemessung nach Grenzzuständen der Tragfähigkeit und der Gebrauchstauglichkeit ersetzt worden. Außerdem wurden zahlreiche neue Erkenntnisse aus Forschung und praxisnaher Entwicklung eingebracht. Nach einer knappen Darstellung der Grundlagen der Bemessung, der Baustoffe, der Dauerhaftigkeit und des Brandschutzes wird das Konstruieren mit Holz und Holzwerkstoffen zusammen mit den **sehr ausführlichen Beispielen Wohnhaus und Hallentragwerk** erstmals in einem Holzbaufachbuch ausführlich behandelt.

Aus dem Inhalt:
- **Grundlagen der Bemessung**
- **Baustoffe**
- **Dauerhaftigkeit**
- **Brandschutz**
- **Konstruieren mit Holz und Holzwerkstoffen**
- **Schnittgrößen**
- **Zugstäbe**
- **Druckstäbe**
- **Biegeträger**
- **Scheiben aus Tafeln**
- **Verbindungen**
- **Gebrauchstauglichkeit**
- **Beispiel Wohnhaus**
- **Beispiel Hallentragwerk**

Bauwerk www.bauwerk-verlag.de

K ANHANG

1 Aktuelle Beiträge aus der Mauerwerksindustrie K.3

Mauerwerk aus Kalksandstein energieeffizient, robust, nachhaltig K.3

Aktuelle Entwicklungen aus dem Stahlmarkt K.11

Höchster Wohnkomfort für Energiesparer K.12

Neuer Ziegel für den Objektbau K.14

Verbesserung der Schalldämmung K.17

2 Wichtige Adressen für den Mauerwerksbau K.21

3 Berechnungs- und Planungsnormen für den Mauerwerksbau K.22

4 Autorenverzeichnis K.23

5 Literaturhinweise K.24

6 Stichwortverzeichnis K.28

Schoch

Neuer Wärmebrückenkatalog
Beispiele und Erläuterungen nach neuer DIN 4108 Beiblatt 2

2005. 220 Seiten.
17 x 24 cm. Kartoniert.
mit z.T. farbigen Diagrammen.

EUR 39,–
ISBN 3-89932-058-1

Autor:
Dipl.-Ing. Torsten Schoch ist Bauingenieur und seit mehreren Jahren in führenden Positionen der Mauerwerksindustrie sowie als Tragwerksplaner tätig. Er ist Mitglied in zahlreichen europäischen und nationalen Normausschüssen.

Seit der Inkraftsetzung der EnEV im Jahre 2002 sind Wärmebrücken im öffentlich-rechtlichen Nachweis generell zu berücksichtigen. Ihr Einfluss auf den Primärenergiebedarf des Gebäudes wird maßgeblich von der Detailausbildung bestimmt, scheinbar kleine Unterschiede entscheiden sowohl über die Wirtschaftlichkeit der Ausführung als auch über Haftungsfragen des Planers.

Eine von den Planern gern verwendete Unterlage für die Einbeziehung zusätzlicher Wärmeverluste über Wärmebrücken ist das Beiblatt 2 zu DIN 4108. Werden Details auf der Grundlage dieses Beiblatts geplant und ausgeführt, so darf ein pauschaler Zuschlagwert Berücksichtigung finden; aufwendige Berechnungen nach den europäischen Normen entfallen.

Probleme treten jedoch vor allem dann zutage, wenn die eigenen Detailplanungen sich nicht mit dem Beiblatt in Übereinstimmung befinden.

Dieses Buch stellt die Grundlagen eines Gleichwertigkeitsnachweises anhand der neuesten Ausgabe von DIN 4108, Beiblatt 2 dar.

Alle dazu notwendigen Rechenalgorithmen und Grundsätze für die Konstruktion von Details werden erläutert.

Etwa 70 Gleichwertigkeitsnachweise geben den theoretischen Erläuterungen einen praktischen Bezug und ermöglichen auch dem bislang Ungeübten, mit geringem Aufwand eigene Konstruktionen auf Übereinstimmung mit Beiblatt 2 zu bewerten.

Bauwerk www.bauwerk-verlag.de

Mauerwerk aus Kalksandstein
energieeffizient, robust, nachhaltig

Kalksandstein war von Anfang an dabei, als 1991 das erste deutsche Passivhaus in Darmstadt-Kranichstein gebaut wurde. Der Bau von Passivhäusern mit Kalksandstein ist nicht nur gebaute Realität, sondern steht auch für hohe Wirtschaftlichkeit und Komfort. Dies belegt eine Vielzahl an Kalksandstein-Objekten aus dem Wohn- und Nichtwohnbau, die in den vergangenen 15 Jahren erstellt wurden.

Experten und Branchenkenner schätzen, dass im Jahr 2010 etwa jedes fünfte Haus in Passivhausbauweise entstehen wird – einer der wenigen Märkte mit Zukunftschancen.

1. Passivhäuser sind wirtschaftlich

Für die Wirtschaftlichkeit spielen zwei Faktoren eine wichtige Rolle. Zum einen wird der Bau Energie sparender Gebäude gefördert, zum anderen steigen die Heizkosten und somit die Unterhaltskosten von Jahr zu Jahr weiter an. Dabei ist davon auszugehen, dass die Energiekostensteigerung in zum Teil schmerzhaften Sprüngen stattfinden wird.

Die beste Versicherung dagegen ist frühzeitiges Investieren in Energieeffizienz und regenerative Energieversorgung – zum Beispiel durch den Bau eines massiven Passivhauses aus Kalksandstein. [1].

2. Kalksandstein-Funktionswände für jedes Niveau

Mit dem Prinzip der KS-Funktionswand (tragendes Kalksandstein-Mauerwerk hoher Rohdichte kombiniert mit außen liegender Wärmedämmung) sind vielfältige Gestaltungsmöglichkeiten gegeben, Abb. 1. Neben der häufig anzutreffenden Variante KS-Thermohaut (KS+WDVS) sind auch die Außenwandkonstruktionen zweischaliges Mauerwerk und Vorhangfassade (KS+VHF) möglich. Durch den flexibel einstellbaren winterlichen Wärmeschutz lassen sich U-Werte von ca. 0,20 W/mK bei 15 cm Wärmedämmung erzielen, Tafel 1. Aufgrund seiner hohen Rohdichte sorgt der Kalksandstein als natürlicher Wärmespeicher auch während sommerlicher Hitzeperioden für angenehm niedrige Raumtemperaturen und damit hohe Behaglichkeit.

3. Nichtwohnbau

Im Bereich des Nichtwohnbaus werden vielfältige Anforderungen gestellt, die je nach Objekttyp von unterschiedlicher Bedeutung sind. Gebäude mit wohnähnlicher Nutzung, wie z.B. Wohnheime, sind dem Wohnungsbau sehr ähnlich. Bei anderen Nutzungen rücken dagegen spezielle Aspekte in den Vordergrund, wie z.B. Energieeffizienz, Betriebskosten, Einbruchhemmung, Schutz vor Vandalismus, Beschuss-Sicherheit, Befestigungsaufwand für Einbauten und Installationen.

| zweischalig mit Kerndämmung | einschalig mit Thermohaut | einschalig mit Vorhangfassade |

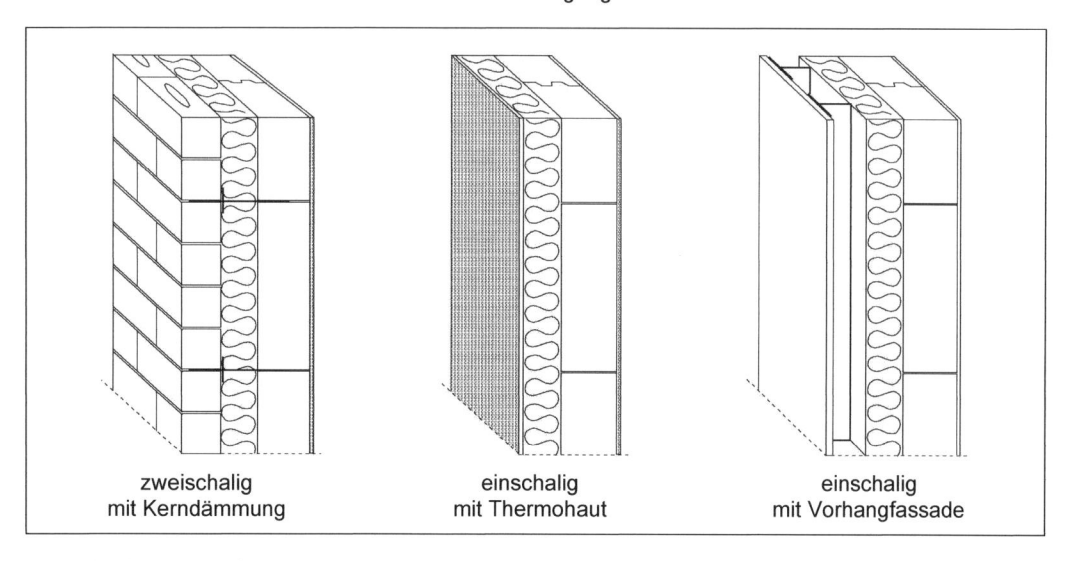

Abb. 1: Varianten der KS-Funktionswand [2].

Tafel 1: U-Werte[1] von Kalksandstein-Außenwänden

System	Dicke des Systems [cm]	Dicke der Dämmschicht [cm]	U [W/(m²K)] λ [W/(mK)] 0,025	0,035	0,040	Beschreibung (Aufbau)
	29,5	10	–	0,31	0,35	**einschalige KS-Außenwand mit Thermohaut (Wärmedämm-Verbundsystem nach allgemeiner bauaufsichtlicher Zulassung)**
	31,5	12	–	0,26	0,30	
	35,5	16	–	0,20	0,23	
	39,5	20	–	0,16	0,19	Aufbau:
	44,5	25	–	0,13	0,15	- Innenputz 1 cm (λ = 0,70)
	49,5	30	–	0,11	0,13	- KS-Außenwand 17,5 cm, RDK 1,8 [7] - Wärmedämmstoff - Außenputz ≤ 1 cm (λ = 0,70)
	41	10	0,22	0,29	0,32	**zweischalige KS-Außenwand mit Kerndämmung**
	43	12	0,18	0,25	0,28	
	45	14	0,16	0,22	0,24	Aufbau:
	47	16 [3]	0,14	0,19	0,22	- Innenputz 1 cm (λ = 0,70)
	49	18 [3]	0,13	0,17	0,20	- KS-Tragschale 17,5 cm, RDK 1,8 [7]
	51	20 [3]	0,12	0,16	0,18	- Kerndämmplatten[4] - Fingerspalt 1 cm, R = 0,15 - KS-Verblendschale 11,5 cm, RDK 2,0 [5][7]
	44	10	0,22	0,30	0,34	**zweischalige KS-Außenwand mit Wärmedämmung und Luftschicht**
	46	12 [3]	0,19	0,26	0,29	Aufbau: - Innenputz 1 cm (λ = 0,70) - KS-Innenschale (tragende Wand), RDK 1,8 [7] - Dämmplatten - Luftschicht ≥ 4 cm nach DIN 1053-1 - KS-Verblendschale 11,5 cm, RDK 2,0 [5][7]
	33,5	10	0,22	0,30	0,34	**einschalige KS-Außenwand mit Vorhangfassade**
	35,5	12	0,19	0,26	0,29	
	39,5	16	0,15	0,20	0,22	Aufbau:
	43,5	20	0,12	0,16	0,18	- Innenputz 1 cm (λ = 0,70)
	48,5	25	0,10	0,13	0,15	- KS-Außenwand 17,5 cm, RDK 1,8 [7]
	53,5	30	0,08	0,11	0,13	- Wärmedämmstoff - Hinterlüftung 2 cm - Fassadenbekleidung 3 cm
	35	5	–	0,53	0,59	**einschaliges KS-Kellermauerwerk mit außen liegender Wärmedämmung (Perimeterdämmung)**
	38	8	–	–	0,41	
	42	12	–	–	0,29	Aufbau: - KS-Kellerwand 30 cm, RDK 1,8 [7] - Perimeterdämmplatten[4]

Als Dämmung können unter Berücksichtigung der stofflichen Eigenschaften und in Abhängigkeit von der Konstruktion alle genormten oder bauaufsichtlich zugelassenen Dämmstoffe verwendet werden, z.B. Hartschaumplatten, Mineralwolleplatten.

[1] bisher k-Wert
[2] Phenolharz-Hartschaum, Zulassungsnummer Z-23.12-1389
[3] bei Verwendung von bauaufsichtlich zugelassenen Ankern mit Schalenabstand ≤ 20 cm
[4] durch Zulassungen geregelt
[5] 9 cm möglich, nach DIN 1053-1
[6] Die aufgeführten U-Werte erdberührter Bauteile gelten nur in Verbindung mit den Reduktionsfaktoren nach Tabelle 3 aus DIN V 4108-6: 2003-06. U-Werte erdberührter Bauteile sind sonst nach DIN EN ISO 13370: 1998-12 zu ermitteln.
[7] Bei anderen Dicken oder Rohdichteklassen ergeben sich nur geringfügige Änderungen.

4. Büro- und Verwaltungsgebäude

Neben der Repräsentation sind Büro- und Verwaltungsgebäude in erster Linie Zweckbauten. Sie sind quasi ein Arbeitsmittel, welches auch Auswirkungen auf die Qualität der dort Arbeitenden hat.

„Ein Gebäude funktioniert dann gut, wenn man nicht viel davon bemerkt", so könnte man es formulieren. Das thermische Innenklima ist angenehm, die Räume sind hell vom Tageslicht beleuchtet. Auch, wenn ein kleines, aber wichtiges Teil der Gebäudetechnik versagt, bleibt das Gebäude benutzbar, bis der Wartungsdienst kommt und die Fehler behebt. [3]

Wenn z.B. an einem kalten Wintertag morgens ein Temperatursensor ausfällt und die Heizanlage herunter regelt oder an einem Hochsommertag die Lüftungssteuerung streikt und es keine im Erdwärmetauscher vorgekühlte Zuluft gibt, verändert sich die Innentemperatur dank der thermischen Trägheit des Gebäudes nur langsam, so dass der optimale Bereich auch nach einigen Stunden nur knapp verlassen ist.

All das ist kein Zufall, sondern Ergebnis einer gelungenen Gebäudeplanung.

5. Beispiel: Fenster

Mit der Anordnung der Fenster und der Arbeitsplätze sowie der Raumaufteilung wird über die Tageslichtversorgung im Inneren entschieden. Es gilt von Beginn des Entwurfs an, diesen planerischen Einfluss aktiv zu nutzen.

Neben der äußeren Geometrie des Baukörpers samt Umgebung spielen für die Tageslichtversorgung im Inneren vor allem die Größe und Positionierung der Fenster sowie in Büros die Anordnung der Arbeitsplätze eine wichtige Rolle.

Abb. 2: Kalksandstein-Sichtmauerwerk ist repräsentativ.

Tafel 2: Optimale Tageslicht-Nutzung [3]

1. Geometrie des Baukörpers so gestalten, dass viel Tageslicht die Fensterfassaden erreichen kann.

2. Größe und Anordnung der Fenster primär nach den Kriterien „Tageslicht" und „Ausblick nach außen" bemessen.

3. Fenster möglichst sturzfrei bis unter die Raumdecke reichen lassen.

4. Fensterflächen unterhalb der Schreibtischebene vermeiden.

5. Sonnen- und Blendschutz an den Fenstern anbringen, die zeitweise direktes Sonnenlicht erhalten (Ost, Süd, West). Er sollte an trüben Tagen entfernt werden können, so dass die Lichteinstrahlung dann nicht behindert wird.

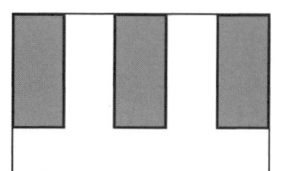

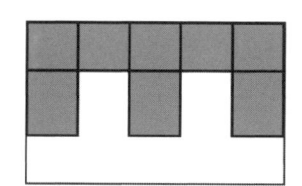

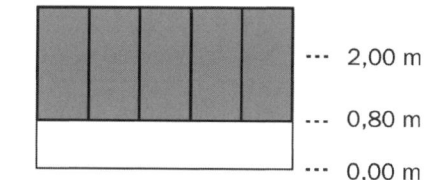

··· 2,00 m
··· 0,80 m
··· 0,00 m

Abb. 3: Varianten der Fensteranordnung für Büroräume [3]

Um die Fenster für Büros und ähnliche Raumnutzungsarten richtig zu bemessen, kann man die Außenwand eines Raums gedanklich in drei Bereiche unterteilen:

1. Der Oberlichtbereich, etwa oberhalb 2 m Höhe bis zur Decke, ist für die Tageslichtversorgung besonders wichtig. Je höher die Fenster reichen, umso tiefer im Raum ist das Tageslicht nutzbar.

2. Der mittlere Bereich, vom Schreibtischniveau (0,8 m bis etwa 2 m Höhe), dient ebenfalls der Tageslichtversorgung. Er ist aber auch für die Sichtbeziehung nach außen besonders wichtig.

3. Der Brüstungsbereich unterhalb des Schreibtischniveaus (bis 0,8 m Höhe) ist für das Tageslicht im Raum ohne nennenswerten Nutzen.

Ausgehend von dieser Überlegung ergibt sich, dass Fenster in Büros von etwas oberhalb der Schreibtischoberkante, ca. 80 cm Höhe, am besten sturzfrei bis zur Decke reichen sollen. Des Weiteren muss beachtet werden, dass bei besonnten Fenstern der solare Wärmeeintrag problematisch werden kann. Fensteranteile, die weder für das Tageslicht noch für Sichtbeziehungen wichtig sind, wirken sich deshalb nachteilig aus, da sie lediglich zusätzliche Wärme eintragen.

Je nach Tageslichtbedarf können ein durchgehendes Fensterband oder einzelne Fenster die geeignete Lösung sein, Abb. 3.

In Fällen, in denen auf die Beleuchtung in die Raumtiefe besonderer Wert gelegt wird, der solare Wärmeeintrag aber begrenzt werden soll, kann auch eine Kombination aus durchgehendem Oberlicht und unterbrochenen Fenstern im mittleren Bereich sinnvoll sein.

6. Gebäude-Kompaktheit

Gute Tageslichtnutzung setzt voraus, dass die Arbeitsplätze fensternah angeordnet sind. Dies erfordert eine relativ geringe Raumtiefe, Abb. 4. Dem widerspricht die traditionelle Methode mit kompakter Bauweise, die winterlichen Wärmeverluste zu verringern.

Der Weg, bei minimierter Oberfläche das größtmögliche Volumen unterzubringen, führt jedoch bei größeren Gebäuden auch zu großen Raumtiefen. Damit wird ein Teil der Nutzflächen, also der Arbeitsplätze, zu weit von den Fenstern entfernt, um das Tageslicht noch nutzen zu können, Abb. 5.

7. Sommerlicher Wärmeschutz

Das sommerliche Verhalten eines Gebäudes wird in der Planung weitgehend vorherbestimmt. Ziel einer Optimierung ist es, soweit wie möglich ohne das Zutun technischer Anlagen ein „gutmütiges" thermisches Verhalten zu bewirken und sommerliche Überhitzung bereits konstruktiv weitgehend zu verhindern.

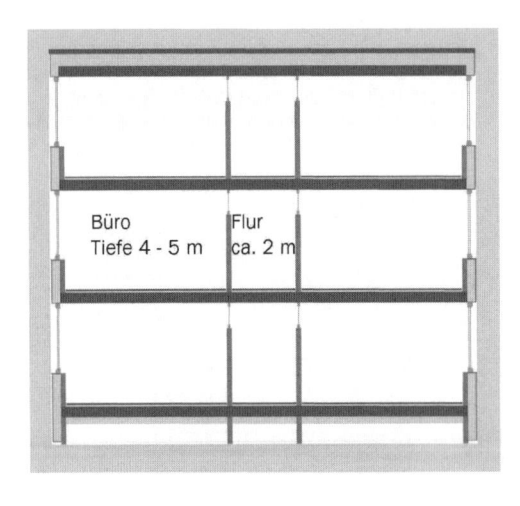

Abb. 4: Zusammenhang zwischen Tageslichtversorgung und Kompaktheit des Gebäudes [3]

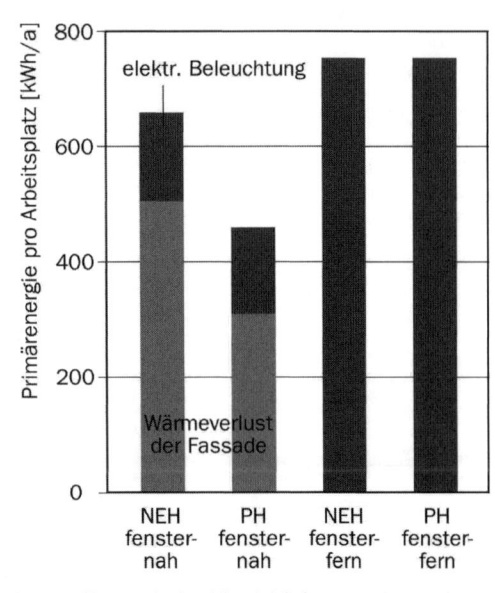

Abb. 5: Energetischer Vergleich fensternaher und fensterferner Arbeitsplätze [3]

Dies geschieht in drei Schritten:

1. Begrenzung der Wärmegewinne des Gebäudes (solare Einstrahlung und innere Wärmequellen)
2. Zeitliche Verteilung der Wärmegewinne mittels Wärmespeicherung
3. Abführen der überschüssigen Wärme und Entladung der Wärmespeicher (Nachtlüftung)

Im Zusammenhang mit der Tageslicht-Planung ist zu beachten, dass die solare Einstrahlung durch die Fenster eine erhebliche Heizleistung in ein Gebäude einbringen kann. Bei niedriger Außentemperatur im Winter kann das erwünscht sein. Aber spätestens in der warmen Jahreszeit wird eine Überwärmung die Folge sein.

Es entsteht ein Zielkonflikt, da die solare Strahlung zwar als Tageslicht benötigt wird, als Wärmeeintrag aber zumindest zeitweise unerwünscht ist.

8. Innere Wärmequellen: Menschen, elektrische Geräte, Beleuchtung

Neben der solaren Einstrahlung spielen auch Wärmequellen im Inneren des Gebäudes eine wichtige Rolle, in Bürogebäuden sind das die Menschen im Raum und elektrisch betriebene Bürogeräte – in erster Linie die Arbeitsplatz-Computer. Die pro Tag abgegebene Wärmemenge wird bei allen Wärmequellen von zwei Faktoren bestimmt: der abgegebenen Wärmeleistung und der Zeit ihrer Wirksamkeit, also der Anwesenheitszeit von Personen und der Betriebszeit von Geräten, Abb. 6.

Die Wärmeabgabe der Menschen im Raum kann man mit rund 100 W pro Person abschätzen. Die Anwesenheit entspricht bei überwiegend am Schreibtisch Arbeitenden etwa der täglichen Arbeitszeit, beispielsweise acht Stunden. Bei vielen Personen im Raum spielt die Gleichzeitigkeit eine Rolle, da nicht alle Personen ständig anwesend sind.

Zum Beispiel beträgt die Betriebszeit eines Großraumbüros 11 Stunden an 250 Betriebstagen im Jahr, also 2750 h/a. Die Arbeitskräfte sind jedoch im Mittel für 8 h an etwa 210 Tagen anwesend, also 1680 h/a. Das bedeutet, dass im Mittel der Bürobetriebszeit nur rund 60 % der Mitarbeiter anwesend sind und als Wärmequelle wirken.

Bei den meisten elektrischen Geräten wird der verbrauchte Strom zu nahezu 100 % in Form von Wärme an den Raum abgegeben. Deshalb kann man als gute Näherung die Wärmeabgabe mit der Stromaufnahme gleichsetzen. In Büroräumen spielen besonders die Arbeitsplatz-Computer eine wichtige Rolle als Wärmequelle. Die Stromaufnahme und damit Wärmeabgabe kann, abhängig vom Typ, sehr unterschiedlich sein. Ein einfacher, Strom sparender Bürorechner mit TFT-Flachbildschirm benötigt etwa 100 W. Moderne PC-Drucker fallen als Wärmequelle nur ins Gewicht, solange sie drucken. Da heutzutage Büroarbeit weitgehend am Computer erfolgt, entspricht die Betriebszeit der Computer etwa der Anwesenheitszeit der Arbeitskräfte.

Auch die elektrische Beleuchtung wirkt als Wärmequelle. Die abgegebene Wärme ist auch hier fast identisch mit dem Stromverbrauch. Ein Teil wird direkt in Wärme umgesetzt, aber auch das Licht wird größtenteils im Raum absorbiert und dabei zu Wärme. Die Leistungsaufnahme reicht von 10 W/m² für eine effiziente Beleuchtung bis über 100 W/m² bei sehr ineffizienter Beleuchtung, etwa bei indirektem Halogenlicht. Die Bedeutung der elektrischen Beleuchtung als Wärmequelle hängt wesentlich von deren Betriebszeit ab. Für fensternahe Arbeitsplätze kann diese im Sommer sehr gering sein, in Großraumbüros entspricht sie der Betriebszeit des Büros.

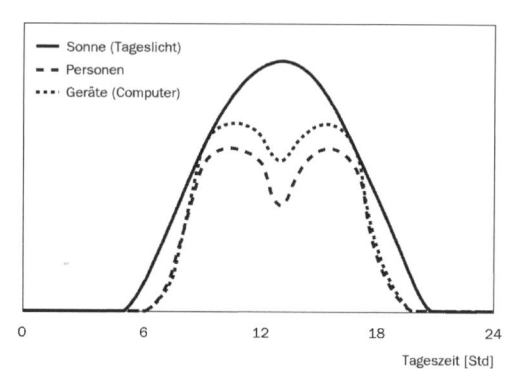

Abb. 6: Verlauf der Wärmeeinträge in einem Gruppenbüro an einem Sommertag [3]

9. Wärmelasten verteilen

Schaut man sich bei einem Büroraum die zeitliche Verteilung der Wärmeeinträge im Tagesverlauf an, so erkennt man, dass diese alle zugleich tagsüber auftreten und alle nachts entfallen.

Um die Erwärmung des Raums tagsüber zu vermindern, wäre es hilfreich, die Wärmeeinträge zum Teil in die Nacht zu verlagern, also über 24 Stunden verteilen zu können. Da aber die Wärmequellen mit dem Betrieb des Büros verknüpft und daher tagsüber nicht „abstellbar" sind, muss hier ein anderer Weg gewählt werden.

Dieser besteht darin, die im Raum wirksame Wärmespeicherkapazität zu vergrößern. Man macht sich dabei den Zusammenhang zwischen Temperatur, Wärmemenge und Wärmespeicherkapazität zunutze.

Wird in einem Raum tagsüber eine Wärmemenge Q eingebracht, dann erhöht sich die Temperatur im Raum um $\Delta T = Q / C$, wobei C die im Raum wirksame Wärmespeicherkapazität ist. Bei gegebener Wärmemenge fällt also die Temperaturerhöhung umso niedriger aus, je größer die wirksame Wärmespeicherkapazität ist. Auch wenn diese Formel den Zusammenhang im Prinzip richtig wiedergibt, eignet sie sich nicht zur Berechnung der tatsächlichen Temperaturerhöhung, denn dafür müssen auch die dynamischen Ein- und Ausspeicher-Vorgänge berücksichtigt werden. Das bleibt komplizierterer Mathematik oder einer thermischen Simulation vorbehalten.

10. Speicherfähige Bauteile

Um wirksam zu sein, müssen die speichernden Bauteile einige Bedingungen erfüllen. Zunächst müssen die Bauteile eine hohe auf das Volumen bezogene Wärmespeicherkapazität aufweisen, die sich als Produkt der Masse bezogenen „spezifischen Wärmespeicherfähigkeit" c der verwendeten Baustoffe mit der jeweiligen Dichte ρ ergibt.

Zudem ist auch eine hohe Wärmeleitfähigkeit λ nötig, damit die Be- und Entladung mit Wärme in genügend kurzer Zeit möglich ist. Aus dem gleichen Grund sollen die thermischen Speicher mit möglichst großer Fläche A in thermischem Kontakt zum Rauminneren stehen. Sowohl die konvektive Übertragung an die Raumluft als auch der Wärmestrahlungsaustausch mit anderen Oberflächen sollen großflächig ungehindert möglich sein.

Die Materialdicke d, die überwunden werden muss, soll dagegen eher gering sein. Da andererseits die Materialdicke zusammen mit der Oberfläche das Volumen und damit auch die Masse und Wärmespeicherkapazität des Bauteils bestimmt, gibt es einen optimalen Bereich der Bauteildicke. Dieser optimale Bereich lässt sich mit einer Methode von Balcomb bestimmen. DIN V 4108-6 berücksichtigt dies, indem raumseitig maximal 10 cm angerechnet werden dürfen. Schichtdicken über diesem optimalen Wert sind dagegen für den Tag-Nacht-Ausgleich ohne Nutzen. Für den Ausgleich über mehrere Tage sind dickere Schichten dagegen durchaus wirksam, wie es an Altbauten mit sehr dicken Wänden (50 cm oder mehr) zu beobachten ist.

Um diese Zusammenhänge zu nutzen, gilt es folgendes zu beachten:

1. Innenräume müssen von wirksamen thermisch speicherfähigen Bauteilen umgeben werden.

2. Speicherfähige Bauteile müssen aus Material mit hoher Volumen-bezogener Wärmespeicherkapazität und mit hoher Wärmeleitfähigkeit bestehen.

3. Die Wirksamkeit steigt mit der von Raum offen zugänglichen Oberfläche der speicherfähigen Bauteile.

4. Für den Tag-Nacht-Ausgleich wirken die Bauteile bis zu einer Tiefe von etwa 10 cm ab Innen-Oberfläche.

Tafel 1: Bemessungswerte von Kalksandstein-Mauerwerk[1] für Wärme- und Hitzeschutz

Stoff	Rohdichte-klasse [1] (RDK)	Rohdichte ρ [kg/m³]	Bemessungswert der Wärmeleitfähigkeit [3] λ [W/(mK)]	Wärmespeicherfähigkeit [4] C_{wirk} [Wh/(m²K)]
Mauerwerk aus Kalksandstein	1,2 [2]	1,01 bis 1,20	0,56	31
	1,4	1,21 bis 1,40	0,70	36
	1,6 [2]	1,41 bis 1,60	0,79	42
	1,8	1,61 bis 1,80	0,99	47
	2,0	1,81 bis 2,00	1,1	53
	2,2 [2]	2,01 bis 2,20	1,3	58

[1] Die regionalen Lieferprogramme sind zu beachten.
[2] Die Steinrohdichteklassen werden nach DIN V 106 jeweils ohne Bezeichnung (Einheit) angegeben.
[3] Nur auf Anfrage regional lieferbar.
[4] Nach DIN V 4108-4.
[5] Wirksame Wärmespeicherfähigkeit C_{wirk} nach DIN V 4108-6 für Mauerwerk ohne Putz, ermittelt mit der mittleren Rohdichte der RDK. Bei Mauerwerk mit Putz ergeben sich geringfügige Abweichungen.

Die wirksame Wärmespeicherfähigkeit eines Bauteils ergibt sich aus den Eigenschaften Wärmekapazität (c_i), Dichte (λ_i), Dicke (d_i) und Fläche (A_i) der raumseitig nicht durch eine Wärmedämmschicht abgetrennten Schichten (i):

$$C_{wirk} = \Sigma(c_i \cdot \lambda_i \cdot d_i \cdot A_i)$$

Dabei dürfen nur Schichten mit $\lambda \geq 0{,}10$ W/(mK) bis zu einer Gesamtdicke von 10 cm ab raumseitiger Oberfläche angerechnet werden, aber maximal bis zu einer Wärmedämmschicht (falls vorhanden). Bei Bauteilen, die beidseitig an Raumluft grenzen, darf maximal die Hälfte der gesamten Bauteil-Dicke angerechnet werden. Als Dämmschicht gilt eine Schicht mit $\lambda_i < 0{,}10$ W/(mK) und $R_i \geq 0{,}25$ (m²K)/W. Bei Außenbauteilen wird die Bruttofläche (Außenmaße) berücksichtigt, bei Innenbauteilen die Nettofläche (Innenmaße).

Als (massebezogene) spezifische Wärmekapazität c kann für alle mineralischen Baustoffe der Rechenwert 1,0 kJ/kg K angesetzt werden. Die volumenbezogene Wärmespeicherfähigkeit ergibt sich dann durch Multiplikation mit der Dichte ρ.

11. Winterlicher Wärmeschutz

Das Konzept des „thermisch stabilen" Gebäudes schließt auch einen sehr guten winterlichen Wärmeschutz ein. Werden die Wärmeverluste bei tiefer Außentemperatur gering gehalten, so bewirkt das nicht nur einen minimalen Heizenergiebedarf, es gewährleistet zugleich einen hohen thermischen Komfort. Um dies zu erreichen, können mehrere Mittel eingesetzt werden: Eine sehr gute Wärmedämmung, eine kompakte Bauweise und die Minimierung der Wärmebrücken.

Eine gute Wärmedämmung der thermischen Gebäudehülle senkt selbstverständlich die winterlichen Wärmeverluste und damit den Heizenergiebedarf. Die Wärmeverluste einer Außenwand sind abhängig von der Dicke und der Wärmeleitfähigkeit des Dämmstoffs.

Je besser ein Außenbauteil wärmegedämmt ist, umso geringer wird die Differenz der inneren Oberflächentemperatur zur Lufttemperatur. Bei hohem Dämmstandard ist die Differenz zwischen Luft- und Oberflächentemperatur kleiner als 1 K. Das bedeutet, auch in unmittelbarer Nähe zu dem Außenbauteil ist der thermische Komfort nicht durch niedrigere Strahlungstemperatur beeinträchtigt. Wenn Luft- und Strahlungstemperatur nahezu gleich sind, kann auch insgesamt die Lufttemperatur ohne Komforteinbuße etwas niedriger gewählt werden.

Tafel 2: Hinweise zur Wärmespeicherfähigkeit [3]

1. „Massiv" bauen bedeutet für Wände und Decken Materialien mit hoher volumenbezogener Wärmespeicherfähigkeit und mit hoher Wärmeleitfähigkeit zu verwenden.

2. Speicherfähige Bauteile sollten raumseitig möglichst große Oberflächen aufweisen.

3. Speicherfähige Bauteile müssen in direktem thermischen Kontakt mit dem Rauminneren stehen, also offen zugängliche Oberflächen haben.

4. Nur die raumseitig obersten 10 cm der speicherfähigen Bauteile sind für den Tag-Nacht-Ausgleich wirksam.

Ökonomisch gesehen ist die Wärmedämmung eine Vorsorge gegen hohe energiebedingte Betriebskosten. In einer Gesamtkostenrechnung können die Kosten für Investitionen und Betrieb verglichen und gemeinsam bewertet werden. Durch besonders gute Dämmung des Gebäudes kann eine Vereinfachung bei der Heizanlage (Kesseltyp, Verteilsystem) möglich werden, was zu einer Kostenreduzierung führen kann. Ein einfaches Beispiel hierfür ist die doppelte Nutzung des Lüftungssystems in Passivhäusern – zur Lüftung und zur Heizverteilung –, die bei der geringen Heizleistung ohne erhöhten Luftstrom möglich ist.

Abb. 7: Passivhaus in Herzogenaurach.

12. Priorität „passiver" Lösungen

Konventionelle Bauten werden häufig zunächst ohne jede Rücksicht auf die thermischen Eigenschaften des Gebäudes geplant, beispielsweise mit zu großer Verglasungsflächen und mit geringer wirksamer Speichermasse. Diese „Fehlkonstruktion" muss dann mit umfangreicher Technik und unter hohem Energieeinsatz aufwendig und teuer korrigiert werden.

Werden dagegen die thermischen Eigenschaften des Baukörpers von Beginn der Planung an optimiert, so zahlt sich das in mehrfacher Weise aus. Es werden kleinere technische Anlagen benötigt, Teile können ganz wegfallen, damit werden Investitionskosten eingespart. Zusätzlich sinken der Energiebedarf für die Klimatisierung des Gebäudes und damit die Betriebskosten. Letztendlich wird das Gebäude im Betrieb weniger abhängig von der korrekten Funktion der Anlagen, so dass Störungen in der Gebäudetechnik weniger Auswirkungen auf das Innenklima haben.

Auch bei Priorität der „passiven" Lösungen ist es sinnvoll, die technischen Anlagen schon frühzeitig einzuplanen. So müssen beispielsweise Kanäle für Lüftungsanlagen vorgesehen werden, wobei sich geringe Querschnitte und eine Vielzahl von Krümmungen ungünstig auf den Lüftungsenergieverbrauch auswirken. Es muss genügend Raum für Technikzentralen vorgesehen werde. Bei Bauteiltemperierung müssen die Rohrleitungen bereits dimensioniert sein.

Abb. 9: Bürogebäude in Ellwangen.

Merke:
Thermisch optimierte Baukörper (passive Lösung) mit hoher wirksamer Speichermasse lassen das Gebäude „gutmütig" reagieren. Es ist weniger störanfällig und verursacht weniger Investitions-, Betriebs- und Energiekosten.

Literatur:

[1] Schulze Darup, B.: Das Passivhaus. Hrsg: Bundesverband Kalksandsteinindustrie eV, 2006
[2] Planung, Konstruktion, Ausführung. Hrsg.: Bundesverband Kalksandsteinindustrie eV, 4. überarb. Auflage, 2005
[3] Hennings, D.: Thermisch optimierte Büro- Und Verwaltungsgebäude, in: Büro- und Verwaltungsgebäude, Hrsg.: Bundesverband Kalksandsteinindustrie eV, 2006

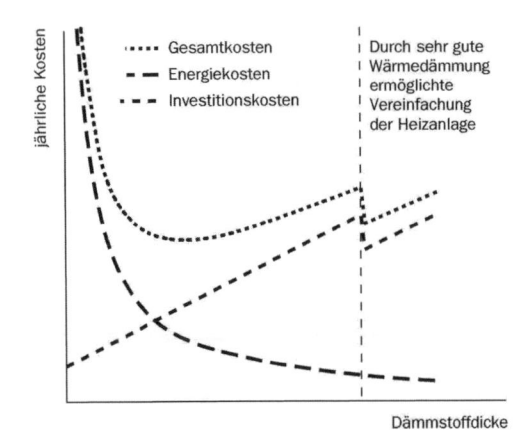

Abb. 8: Jährliche Gesamtkosten für die winterliche Beheizung [3]

Abb. 10: Innenwände aus Kalksandstein bieten wirksame thermische Speichermasse.

Aktuelle Entwicklungen aus dem Stahlmarkt

Lean Duplex – neuer Edelstahl mit höherer Festigkeit

Die Entwicklung für Lean Duplex-Edelstahl fristete jahrelang im Entwicklungsarchiv eines schwedischen Stahlherstellers ein Schattendasein, da seinerzeit die Herstellung zu umständlich und damit auch zu teuer war.

Neue Produktionsverfahren ermöglichen nun eine optimierte Herstellung und bahnen Lean Duplex den Weg in die Industriefertigungen. Der Stahlverarbeiter Modersohn, Spenge, hat in enger Abstimmung mit der ISER (Informationsstelle Edelstahl Rostfrei, Düsseldorf) seit Anfang 2003 die Einführung des Lean Duplex stark vorangetrieben.

Bauaufsichtliche Zulassung erteilt! Z-30.3-19

Seit 2003 wurden eine Reihe von Tests und Prüfungen der Befestigungsprodukte an der Universität Karlsruhe unter der Leitung von Prof. Dr. Ing. Saal durchgeführt. Ab 2004 ist die Zulassung am Institut für Bautechnik in Berlin für die Produkte zur Fassadenbefestigung vorangetrieben worden. Parallel wurden beim Bundesamt für Materialforschung (BAM) unter der Leitung von Prof. Dr. Ing. Iseke und Dr. Burkert umfangreiche Prüfungen durchgeführt, die im März 2006 abgeschlossen wurden und Grundlage für die Zulassung waren. Danach wurde Modersohn vom Deutschen Institut für Bautechnik (DIBT) die allgemeine bauaufsichtliche Zulassung unter der Nummer Z-30.3-19 erteilt.

Weiterhin wurden auch die eingesetzten Schweißverfahren unter der Leitung von Prof. Dr. Ing. Wolf-Berend Busch - in seiner Eigenschaft als Schweißfachingenieur bei der Fa. Modersohn - umfangreichen Prüfungen unterzogen und durch die SLV-Duisburg abgenommen.

Die wesentlichen Vorteile des neuen Lean Duplex Stahls 1.4362 gegenüber den austenitischen Stählen 1.4404 (A4) und 14571 (A5):

- im Bereich der Spannungsriss- bzw. Lochfraßkorrosion bessere Korrosionsbeständigkeit, ansonsten gleichwertig

- doppelt so hohe Festigkeit auch beim Verschweißen, da bereits im geglühten Zustand die Dehngrenze (Rp) 0,2 deutlich über 400 N/mm² liegt

- bei gleicher Belastbarkeit sind schlankere Bauweisen und filigranere Konstruktionen möglich

- kleinere und weniger Wärmebrücken beim Fassadenbau, geringere Wärmeausdehnung als bei vorwiegend austenitischen Stählen

- eine Hilfe aus der Rohstoff-Kostenkrise – Angebotsstabilität durch relative Preissicherheit (geringere Börsenabhängigkeit durch erheblich niedrigeren Legierungszuschlag)

Bild 1: Beispiel Moso-Mauerwerksanker aus zugelassenem Lean Duplex Stahl 1.4362

Höchster Wohnkomfort für Energiesparer: Der neue Poroton-T 8 von Wienerberger

Neuer Wärmedämm-Planziegel für das Passivhaus in einschaliger Massivbauweise

Energiesparendes Bauen ist heute aktueller als je zuvor. Als höchster Qualitätsstandard gilt derzeit das Pas-sivhaus. Es bietet erhöhten Wohnkomfort bei gleichzeitig niedrigstem Heizwärmebedarf von 15 kWh/(m²a) – umgerechnet in Heizöl sind das im Jahr weniger als 1,5 Liter pro Quadratmeter. Entscheidend dafür ist neben modernster Lüftungstechnik ein Baustoff, mit dem eine höchst wärmedämmende Gebäudehülle errichtet werden kann.

Ein massiver, natürlicher Baustoff, der beste Wärmedämmung und zugleich ein gesundes Raumklima bietet, ist der neue Poroton-T 8 von Wienerberger. Sein Wärmedämmwert von $\lambda = 0{,}08$ W/(mK) wird von keinem anderen massiven Wandbaustoff übertroffen. Der Neuling aus der Produktfamilie der Poroton-Ziegel mit Perlitfüllung ist als High-End-Ziegel prädestiniert für den Bau von Passivhäusern. Mit einem massiven Wandmaß von 42,5 cm sowie einer optimierten Kammerausbildung und

-anordnung im Innern erreicht man mit dem Poroton-T 8 hoch wärmedämmende, einschalige massive Außenwände mit dem beachtlichen U-Wert von 0,18 W/(m²K).

Durch die spezielle Kombination des natürlichen Baustoffs Ziegel mit Perlit (mineralisches Granulatgestein) erfüllt der neue Poroton-T 8 höchste Ansprüche bei Wärme-, Brand- und Schallschutz sowie Statik. Die Innovation steckt im neuen Lochbild: Dicke Stege sorgen für optimale Statik im tragenden, 17,5 cm breiten Teil auf der Innenseite. Drei größere Kammern auf der 25 cm breiten Außenseite gewährleisten die hervorragende Wärmedämmung. Damit können einschalige Energiesparhäuser im Passivhausstandard gebaut und alle Vorteile der KfW-Förderung genutzt werden.

Weitere Informationen sowie eine neue Broschüre „Poroton-T 8 /-T 9: Die Füllung macht den Unterschied" sind kostenlos erhältlich bei der Wienerberger Ziegelindustrie GmbH, Oldenburger Allee 26, 30659 Hannover, Service-Tel. 01805-06 05 17, Fax 01805-06 05 18 oder E-Mail: info@wzi.de bzw. Internet www.wienerberger.de.

Der neue Poroton-T 8

Bild 1/2/3: Die Innovation steckt im neuen Lochbild: Mit einer optimierten Kammerausbildung und -anordnung im Innern erreicht man mit dem Poroton-T 8 von Wienerberger hoch wärmedämmende, einschalige massive Außenwände mit dem beachtlichen U-Wert von 0,18 W/(m²K).

(Fotos: Wienerberger Ziegelindustrie GmbH)

Bild 4/5: Der neue Poroton-T 8 von Wienerberger mit dem besten Dämmwert für Massivbaustoffe von $\lambda = 0{,}08$ W/mK ist als High-End-Ziegel bestens geeignet für Passivhäuser in einschaliger Massivbauweise.

(Fotos: Wienerberger Ziegelindustrie GmbH)

Neuer Ziegel für den Objektbau: Poroton-S 11 von Wienerberger

Der neue Poroton-S 11 für den mehrgeschossigen Wohnungsbau bietet bisher unerreichte Werte bei Statik, Schall- und Wärmeschutz

Schall- und Wärmeschutz in Gebäuden ist für unsere Gesundheit und unser Wohlbefinden von großer Bedeutung. Dies gilt besonders für die Wohnqualität in Mehrfamilienhäusern. Neue Maßstäbe setzt der Poroton-S 11 mit einem bewerteten Schalldämmmaß von R'_w = 51 dB und einer Wärmeleitfähigkeit von 0,11 W/(mK) bei nur 36,5 cm Wanddicke. Die hervorragenden schalltechnischen Werte wurden sowohl horizontal als auch vertikal durch Baustellenmessungen nachgewiesen. Der neue S 11 ist eine Weiterentwicklung aus der Produktfamilie der Poroton-Ziegel mit Perlitfüllung.

Der hoch wärme- und schalldämmende Planziegel Poroton-S 11 wird ab Mai 2006 flächendeckend lieferbar sein. Die Wärmeleitfähigkeit von 0,11 W/(mK) bedeutet im Vergleich zum aktuellen Modell Poroton-S 12 eine nochmalige Verbesserung. Diese Kombination aus hervorragender Wärme- und Schalldämmung wurde bisher von keinem anderen massiven Wandbaustoff im Bereich des mehrgeschossigen Wohnungsbaus erreicht.

Durch die besonders massiven Ziegelstege und eine hohe Ziegelrohdichte sind sowohl der S 11 wie der S 12 höchsten statischen Anforderungen gewachsen. Durch die geringe Wandstärke von 30,0 bzw. 36,5 cm und den Wegfall der Außendämmung lässt sich zudem ein deutlicher Wohnflächengewinn von mehr als 1 m^2 je Wohneinheit erzielen.

Die Verarbeitung des Ziegels mit dem VD-System von Wienerberger gewährleistet eine schnelle und sichere Bauausführung. Dabei entsteht eine monolithische, hoch wärmedämmende, sehr einfache und langlebige Wandkonstruktion, die allen am Bau Beteiligten ein erhöhtes Maß an Sicherheit und Wirtschaftlichkeit bietet.

Die innovative Kombination des natürlichen Baustoffs Ziegel und Perlit (mineralisches Granulatgestein) ist Garant für höchste Ansprüche bei Statik, Wärme-, Schall- und Feuchteschutz und verleiht der neuen Poroton-S-Reihe Eigenschaften, die sie zum idealen Wandbaustoff für Objektbauten wie Wohnanlagen, Pflegeheime, Seniorenwohnstätten, Schulen, Kitas u.Ä. machen.

Weitere Informationen sowie die neue Broschüre zum Poroton-S 11 sind kostenlos erhältlich bei der Wienerberger Ziegelindustrie GmbH, Oldenburger Allee 20, 30659 Hannover, Service-Tel. 01805-06 05 17,

Fax 01805-06 05 18 oder E-Mail: info@wzi.de bzw. Internet www.wienerberger.de.

Der neue Poroton-S 11

Bild 1 + 2: Die neue Poroton-S-Reihe von Wienerberger für massive Außenwände im mehrgeschossigen Wohnanlagen- und Objektbau: Der S 11 setzt in monolithischer Bauweise neue Maßstäbe bei Statik, Schall- und Wärmeschutz.

(Fotos: Wienerberger Ziegelindustrie GmbH)

(Foto: Wienerberger Ziegelindustrie GmbH/ Dipl.-Ing. R. Schlamberger)

Bild 3: Durch die integrierte natürliche Perlit-Dämmung erreicht der Poroton-S 11 von Wienerberger eine geringe Wärmeleitfähigkeit bei zugleich höchster Schalldämmung ($\lambda = 0{,}11$ W/(mK); $R'_w = 51$ dB bei Wandstärke 36,5 cm).

(Foto: Wienerberger Ziegelindustrie GmbH)

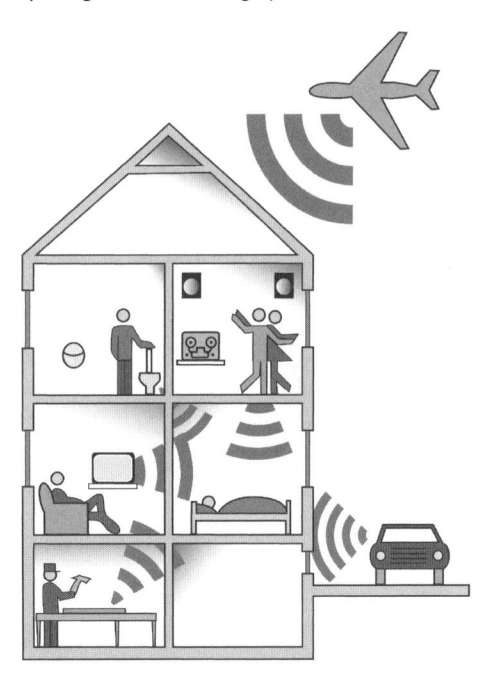

(Grafik: Wienerberger Ziegelindustrie GmbH)

Bild 4 + 5: Für Gesundheit und Wohlbefinden ist der Schallschutz in Gebäuden von großer Bedeutung. Die strengen Anforderungen an den Schallschutz im Geschosswohnungsbau können mit dem Poroton-S 11 wirtschaftlich und sicher erfüllt werden.

Schoch

EnEV – Novelle 2004
Altbauten
Mit komplett durchgerechneten Praxisbeispielen

Mit CD-ROM
(Berechnungsprogramm – Demo-Version)

2004. Etwa 212 Seiten.
17 x 24 cm. Kartoniert.
Mit Abbildungen.

EUR 39,–
ISBN 3-89932-026-3

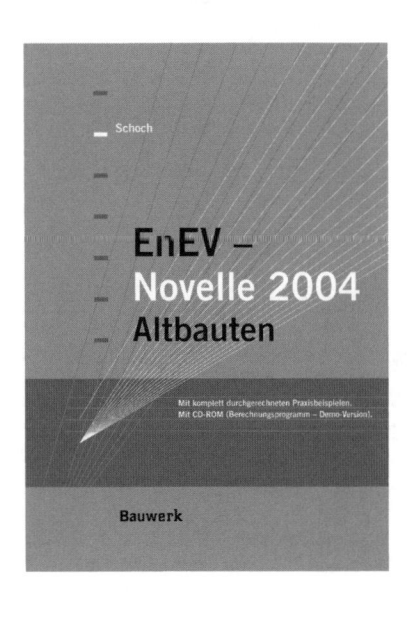

Dieses Buch stellt in übersichtlicher und verständlicher Form die Grundlagen der neuen Energieeinsparverordnung sowie der daraus entstehenden Anforderungen für bestehende Gebäude dar.
Die komplett durchgerechneten Beispiele erlauben es, die Nachweise bei Maßnahmen im Bestand (Anbau, Erweiterung, Aufstockung etc.) Schritt für Schritt nachzuvollziehen.

Aus dem Inhalt:
- Einführung in die EnEV
- Die Anforderungen der EnEV an den Gebäudebestand: Übersicht und Erläuterungen
- Komplett durchgerechnete Praxisbeispiele zu: Bauteilanforderungen bei Maßnahmen im Bestand, Nachweise bei Anbauten/ Aufstockungen, Nachweise bei wesentlichen Erweiterungen bestehender Gebäude, Anlagenbewertung im Bestand, Energiebedarfsausweise für Bestandsbauten, Nachweis sommerlicher Wärmeschutz in Bestandsbauten

Autor:
Dipl.-Ing. Torsten Schoch ist Bauingenieur und seit mehreren Jahren in führenden Positionen der Mauerwerks-industrie sowie als Tragwerksplaner tätig. Er ist Mitglied in zahlreichen europäischen und nationalen Normenausschüssen im Bereich „Bauphysik".

Interessenten:
Architektur- und Bauingenieurbüros, Baubehörden, Baufirmen, Studierende der Architektur und des Bauingenieurwesens, Technikerschulen Bau

Bauwerk www.bauwerk-verlag.de

Verbesserung der Schalldämmung durch Xella-Entkopplungsprofil

Lärm ist gesundheitsschädlich. Eine gute Schalldämmung der eigenen vier Wände ist deswegen für viele Bauherren eine wichtige Voraussetzung für das Wohlbefinden. Von entscheidender Bedeutung für eine ruhige Umgebung ist der Baustoff, aus dem die Wände sind.

Immer wieder bewährt haben sich Konstruktionen mit Ytong Porenbeton. Da Ytong ein massiver Vollstein ist, der über eine geschlossene Porenbetonstruktur verfügt, bietet er i. d. R. einen ausreichenden Schutz vor Außenlärm und gewährleistet so ruhiges und erholsames Wohnen. Millionen gleichmäßig verteilter Poren sorgen dafür, dass der Schall stärker gedämmt wird, als vom Gewicht her zu erwarten ist.

An der Schallübertragung zwischen fremden Mietbereichen innerhalb eines Gebäudes sind nicht nur die direkt trennenden Bauteile – z. B. Wohnungstrennwand oder Decken beteiligt. Ein großer Anteil der Schallenergie wird über die sogenannten flankierenden Bauteile, also jene Raumbegrenzungen (Wände und Decken) eines Gebäudes, welche entlang zweier benachbarter Räume vorhanden sind, übertragen.

Im Rahmen der Erarbeitung neuer europäischer Normen - in deren rechnerischen Nachweisen des Schallschutzes diese flankierende Schallübertragung stärker berücksichtigt wird - wurde durch die Xella Technologie- und Forschungsgesellschaft mbH ein Entkopplungsprofil für nichttragende Innenwände entwickelt.

Wie der Name bereits andeutet, werden die bislang fest verbundenen massiven flankierenden Bauteile akustisch entkoppelt. Durch die Treppenstruktur des Entkopplungsprofils kann eine elastische Trennung des Wandputzes gewährleistet werden.

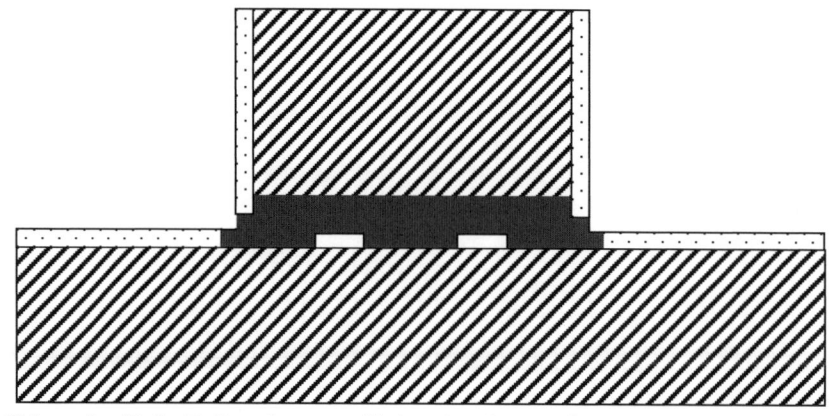

Skizze des Xella-Entkopplungsprofils im eingebauten Zustand.

Schalldämmung durch Xella-Entkopplungsprofil

Wird das Profil unter Wänden eingebaut, damit die Schallübertragung in vertikaler Richtung verringert wird, so „verschwindet" das Entkopplungsprofil im schwimmenden Estrich.

Durch die Fachhochschule Stuttgart – Hochschule für Technik und durch zahlreiche eigene Messungen wurde für einen Kreuzstoß das Stoßstellendämm-Maß der Wert $K_{ij} \geq 30$ dB ermittelt. Beispielsweise lässt sich durch den Einbau eines solchen Entkopplungsprofils unter nichttragenden Innenwänden aus Porenbeton die vertikale Schalldämmung einer Decke um 2 dB verbessern. Zum Vergleich: Der Rechenwert nach EN 12354-1 für eine derartige Entkopplungsschicht beträgt nur $K_{ij,R} = 22{,}5$ dB. Durch Messungen an einem vergleichbaren Kreuzstoß ohne Entkopplungsprofil wurde ein Stoßstellendämm-Maß von $K_{ij,ohne} = 14$ dB ermittelt.

Wiemuth (Hrsg.)

HOAI Texte – Tafeln – Fakten
Mit CD-ROM.

Dezember 2005. 292 Seiten.
17 x 24 cm. Kartoniert.

EUR 35,–
ISBN 3-89932-092-1

Herausgeber:
RA Stefan Wiemuth, Neuwied.

Mit diesem Buch erhält der Leser wesentliche Informationen zur HOAI, übersichtlich zusammengefasst und synoptisch dargestellt.

Aus dem Inhalt:
- **Texte:** HOAI 2002, DIN 276 (1981), DIN 276 (1993)
- **Tafeln:** Honorartafeln auf einen Blick, Anrechenbare Kosten auf einen Blick, DIN 276 (1981/1993) auf einen Blick (synoptische Übersicht)
- **Fakten:** Aus der Rechtsprechung zur Prüffähigkeit der Schlussrechnung.

Inhalt der CD-ROM:
- Excel-Berechnungsblätter für die Honorarermittlung
- Arbeitsblätter zu DIN 276/81 und /93
- HOAI-Text mit Stichwortsuche
- Honorartabellen HOAI 2002 und 1996
- Demoversionen folgender Software-Programme:
  - HOAI-EURO-digital
  - Persönliche Wissensdatenbank
  - Baufachwissendatenbank

Bauwerk www.bauwerk-verlag.de

2 Wichtige Adressen für den Mauerwerksbau

Bundesarchitektenkammer,
Askanischer Platz 4, 10963 Berlin;
Tel.: 030/2639440, Fax: 030/26394490,
E-Mail: info@bak.de

Bundesingenieurkammer,
Kochstr. 22, 10969 Berlin;
Tel.: 030/25342900, Fax: 030/25342903,
E-Mail: info@bingk.de

Bundesverband Deutsche Beton- und Fertigteilindustrie e.V.,
Schlossallee 10, 53179 Bonn;
Tel.: 0228/954560, Fax: 0228/9545690,
E-Mail: gf@betoninfo.de

Bundesverband der Deutschen Kalkindustrie e.V.,
einschl. Hauptgemeinschaft der Deutschen Werkmörtelindustrie,
Annastr. 67 – 71, 50968 Köln;
Tel.: 0221/9346740, Fax: 0221/9346741,
E-Mail: info@kalk.de

Bundesverband der Deutschen Ziegelindustrie e.V.,
Schaumburg-Lippe-Str. 4, 53113 Bonn;
Tel.: 0228/914930, Fax: 0228/9149328,
E-Mail: info@ziegel.de

Bundesverband Kalksandsteinindustrie e.V.,
Entenfangweg 15, 30419 Hannover;
Tel.: 0511/279540, Fax: 0511/2795454,
E-Mail: info@kalksandstein.de

Bundesverband der Prüfingenieure,
Ferdinandstr. 47, 20095 Hamburg;
Tel.: 040/30379500, Fax: 040/353565,
E-Mail: info@bvpi.de

Bundesminister für Verkehr, Bau- und Wohnungswesen,
Invalidenstr. 44, 10115 Berlin;
Tel.: 030/20080, Fax: 030/20081920,
E-Mail: buergerinfo@BMVBS.bund.de

Bundesverband Porenbetonindustrie e.V.,
Entenfangweg 15, 30419 Hannover;
Tel.: 0511/3908977, Fax: 0511/39089790,
E-Mail: info@bv-porenbeton.de

Deutsche Gesellschaft für Mauerwerksbau e.V.,
Kochstr. 6 – 7, 10969 Berlin;
Tel.: 030/25359640, Fax: 030/25359645,
E-Mail: mail@dgfm.de

DiBt Deutsches Institut für Bautechnik,
Kolonnenstr. 30, 10829 Berlin;
Tel.: 030/787300, Fax: 030/78730320,
E-Mail: info@dibt.de

DIN Deutsches Institut für Normung e.V.,
Burggrafenstr. 6, 10787 Berlin;
Tel.: 030/26010, Fax: 030/26011231,
E-Mail: postmaster@din.de

Hauptverband der Deutschen Bauindustrie e.V.,
Kurfürstenstr. 129, 10785 Berlin;
Tel.: 030/212860, Fax: 030/21286240,
E-Mail: bauind@bauindustrie.de

Normenausschuss Bauwesen im DIN (NABau),
Burggrafenstr. 6, 10787 Berlin;
Tel.: 030/26012503, Fax: 030/26011180,

Zentralverband Deutsches Baugewerbe,
Kronenstr. 55 – 58, 10117 Berlin;
Tel.: 030/203140, Fax: 030/20314420,
E-Mail: Bau@zdb.de

Fachvereinigung Leichtbeton e.V.,
Sandkauler Weg 1, 56564 Neuwied;
Tel.: 02631/355550, Fax: 02631/31336,
E-Mail: info@leichtbeton.de

Industrieverband Werkmörtel e.V.,
Düsseldorfer Str. 40, 47051 Duisburg;
Tel.: 0203/99239, Fax: 0203/9923990,
E-Mail: info@iwm-ev.de

Normen

3 Berechnungs- und Planungsnormen für den Mauerwerksbau

DIN	Ausgabe	Titel
1053-1	11.1996	Mauerwerk; Berechnung und Ausführung
1053-2	11.1996	Mauerwerksfestigkeitsklassen aufgrund von Eignungsprüfungen
1053-3	02.1990	Mauerwerk; Bewehrtes Mauerwerk; Berechnung und Ausführung
1053-4	02.2004	Mauerwerk; Fertigbauteile
1053-100	08.2006	Mauerwerk; Berechnung auf der Grundlage des semiprobabilistischen Sicherheitskonzepts
V 105-100	10.2005	Mauerziegel mit besonderen Eigenschaften
V 106	10.2005	Kalksandsteine mit besonderen Eigenschaften
V 4165-100	10.2005	Porenbetonsteine; Plansteine und Planelemente mit besonderen Eigenschaften
V 18151-100	10.2005	Hohlblöcke aus Leichtbeton mit besonderen Eigenschaften
V 18152-100	10.2005	Vollsteine und Vollblöcke aus Leichtbeton mit besonderen Eigenschaften
V 18153-100	10.2005	Mauersteine aus Beton (Normalbeton) mit besonderen Eigenschaften
V 20000-401	06.2005	Anwendung von Bauprodukten in Bauwerken; Regeln für die Verwendung von Mauerziegeln nach DIN EN 771-1
V 20000-402	06.2005	Anwendung von Bauprodukten in Bauwerken; Regeln für die Verwendung von Kalksandsteinen nach IN EN 771-2
V 20000-403	06.2005	Anwendung von Bauprodukten in Bauwerken; Regeln für die Verwendung von Mauersteinen aus Beton nach DIN EN 771-3
V 20000-404	06.2005	Anwendung von Bauprodukten in Bauwerken; Regeln für die Verwendung von Porenbetonsteinen nach DIN EN 771-4

DIN EN	Ausgabe	Titel
771-1	05.2005	Festlegungen für Mauersteine; Mauerziegel
771-2	05.2005	Festlegungen für Mauersteine; Kalksandsteine
771-3	05.2005	Festlegungen für Mauersteine; Mauersteine aus Beton
771-4	05.2005	Festlegungen für Mauersteine; Porenbetonsteine

4 Autorenverzeichnis

Dipl.-Ing. Detlef Böttcher ist öffentlich bestellter und vereidigter Sachverständiger für Konstruktive Denkmalpflege sowie für Tragwerke im Holzbau, Mauerwerksbau und Stahlbetonbau (Statik und Konstruktion).

Prof. Dr.-Ing. Nabil A. Fouad lehrt Bauphysik, Bauplanung und Bauwerkserhaltung an der Universität Hannover. Er ist öffentlich bestellter und vereidigter Sachverständiger für Bauphysik und vorbeugenden Brandschutz.

Dr.-Ing. Roland Hirsch ist Technischer Referent im Deutschen Institut für Bautechnik, Berlin.

Prof. Dr.-Ing. Klaus Holschemacher lehrt Stahlbetonbau an der HTWK, Leipzig. Herausgeber u.a. der „Entwurfs- und Berechnungstafeln für Bauingenieure" und der „Entwurfs- und Konstruktionstafeln für Architekten".

Dr.-Ing. Ulrich Huster ist wissenschaftlicher Mitarbeiter im Institut für Konstruktiven Ingenieur-Bau an der Universität Kassel.

Prof. Dipl.-Ing. Helmut Oscar Meyer-Abich lehrt Baubetrieb an der FH Gießen und ist öffentlich bestellter und vereidigter Sachverständiger für Baubetrieb.

Prof. Dipl.-Ing. Rainer Pohlenz ist öffentlich bestellter und vereidigter Sachverständiger für Schallschutz im Hochbau. Professor für Bauphysik und Baukonstruktion an der Fachhochschule Bochum.

Dr. Roland Rast ist Geschäftsführer der Deutschen Gesellschaft für Mauerwerksbau (DGfM) e.V.

Prof. Dipl.-Ing. Klaus-Jürgen Schneider lehrte Baustatik und Mauerwerksbau an der FH Bielefeld/Minden.

Dipl.-Ing. Torsten Schoch ist Geschäftsführer der Xella Technologie- und Forschungs GmbH. Mitglied in verschiedenen Normenausschüssen des Bereichs Bauphysik.

Dr.-Ing. Peter Schubert ist Autor zahlreicher Fachveröffentlichungen im Bereich Mauerwerksbau. Chefredakteur der Zeitschrift „Mauerwerk".

Dipl.-Ing. Astrid Schwedler ist wissenschaftliche Mitarbeiterin am Institut für Bautechnik und Holzbau der Universität Hannover.

Prof. Dr.-Ing. Werner Seim lehrt Bauwerkserhaltung und Holzbau an der Universität Kassel, Institut für Konstruktiven Ingenieurbau.

Dipl.-Ing. Waltraud Vogler, Architektin, ist Geschäftsführerin des Ziegelzentrums Süd e.V., München.

Dr.-Ing. Norbert Weickenmeier, Partnerschaft in Weickenmeier Kunz + Partner, München. Arbeitsschwerpunkt: Architekturtheorie und Baukonstruktion.

Dipl.-Ing. Anne-Nassrin Zarbafi, Architektin, MBA, Ziegelzentrum Süd e.V., München.

5 Literaturhinweise

Literatur zu Kapitel A

[Brameshuber/Schubert-06]: Brameshuber, W.; Schubert, P.; Schmidt, U.; Hannawald, J.: Rissfreie Wandlänge von Portenbeton-Mauerwerk. Mauerwerk 10. Jahrgang 2006, Nr. 4, S. 132 – 139.

[Cziesielski]: Cziesielski, E.: Gebäudedehnfugen. In: Aachener Bausachverständigentage 1991, S. 35 – 45. Wiesbaden 1991.

[DIN 1053-1]: DIN 1053-1: (11.96). Mauerwerk; Teil 1: Berechnung und Ausführung.

[DIN 4103-1-84]: DIN 4103-1: (07.84). Nichttragende innere Trennwände. Teil 1: Anforderungen, Nachweise.

[DIN 18 540-95]: DIN 18 540: (02.95). Abdichten von Außenwandfugen im Hochbau mit Fugendichtstoffen.

[Merkblatt „Nichttragende innere Trennwände"-01]: Mauerwerksbau aktuell – Nichttragende innere Trennwände. Merkblatt 07.2001. Deutsche Gesellschaft für Mauerwerksbau, Bonn.

[Schneider/Schubert-99]: Schneider, K.-J.; Schubert, P.; Wormuth, R.: Mauerwerksbau, Gestaltung, Baustoffe, Konstruktion, Berechnung, Ausführung. 6. neubearb. u. erw. Aufl. 1999.

[Schubert-06]: Schubert, P.: Außenputz auf Leichtmauerwerk – vermeiden schädlicher Risse. In: Mauerwerk 10. Jahrgang 2006, Nr. 3, S. 87 – 101.

[Schubert-96]: Schubert, P.: Vermeiden von schädlichen Rissen in Mauerwerkbauteilen, in: Mauerwerk-Kalender 21 (1996), S. 621 – 651.

[Simons-88]: Simons, H.-J.: Dehnfugenabstände bei Mauerwerksbauten mit Stahlbetondecken. In: Bautechnik 65 (1988), Nr. 1, S. 9 – 15.

Literatur zu Kapitel B

[Merkblatt „Putz"-02]: Außenputz für Ziegelmauerwerk – einfach, sicher, wirtschaftlich. Merkblatt für die fachgerechte Planung und Ausführung, 05.2002. Hrsg.: u.a. Arbeitsgemeinschaft Mauerziegel im BV der Deutschen Ziegelindustrie e.V., Bonn.

[Meyer-96]: Meyer, U.: Zur Rissbreitenbeschränkung durch Lagerfugenbewehrung in Mauerwerkbauteilen. Aachen 1996 (Aachener Beiträge zur Bauforschung). Hrsg.: Institut für Bauforschung der RWTH Aachen, Verlag Augustinus Buchhandlung, Bd. 6, 1996.

[Meyer/Schubert-99]: Meyer, U.; Schubert, P.: Konstruktive Rissesicherung durch Lagerfugenbewehrung. In: s.u..

[Meyer/Schießl-97]: Meyer, U.; Schießl, P.; Konstruktive Mauerwerksbewehrung. In: Das Mauerwerk 1 (1997), H.2, S. 72 – 77.

[Meyer/Schießl-94]: Meyer, U.; Schießl, P.; Schubert, P.: Bewehrtes Mauerwerk – Verbund zwischen Bewehrung und Mörtel, zulässige Grundwerte τ_0 der Verbundspannung, Beschränkung der Rissbreiten. Berlin: Ernst & Sohn. In: Mauerwerk-Kalender 19 (1994), S. 685 – 714.

[Schneider/Schubert-99]: Schneider, K.-J.; Schubert, P.; Wormuth, R.: Mauerwerksbau, Gestaltung, Baustoffe, Konstruktion, Berechnung, Ausführung. 6. neubearb. u. erw. Aufl. 1999.

[Schubert-06]: Schubert, P.: Außenputz auf Leichtmauerwerk – vermeiden schädlicher Risse. In: Mauerwerk 10. Jahrgang 2006, Nr. 3, S. 87 – 101.

[Schubert-05]: Schubert, P.: Eigenschaftswerte von Mauerwerk, Mauersteinen und Mauermörtel. Berlin: Ernst & Sohn. In: Mauerwerk-Kalender 30 (2005), S. 127 – 148.

[Schubert-93]: Schubert, P.: Putz aus Leichtmauerwerk, Eigenschaften von Putzmörteln. Berlin: Ernst & Sohn. In: Mauerwerk-Kalender 18 (1993), S. 657 – 666.

Literatur zu Kapitel C

[Ahnert/Krause-00]: Ahnert, R.; Krause K. H.: Typische Baukonstruktionen von 1860 bis 1960, Band I, II, II. Verlag Bauwesen, Berlin, 6. Aufl., 2000.

[Bargmann-93]: Bargmann, H.: Historische Bautabellen, Normen und Konstruktionshinweise. Werner Verlag, Düsseldorf, 1993.

[Böttcher-00]: Böttcher, D.: Erhaltung und Umbau historischer Tragwerke, Holz- und Steinkonstruktionen. Ernst & Sohn, Verlag für Architektur und technische Wissenschaften, Berlin, 2000.

[DIN 1053-1-96]: DIN 1053-1. Mauerwerk, Berechnung und Ausführung, 1996.

[Eckert-00]: Eckert, H.: Injizieren, Vernadeln und Vorspannen von altem Mauerwerk aus denkmalpflegerischer Sicht, in: Wenzel, F.; Kleinmanns, J.: Historisches Mauerwerk; Untersuchen, Bewerten, Instandsetzen. Ernst & Sohn, Verlag für Architektur und technische Wissenschaften, Berlin, 2000.

[Franke-94]: Franke, L.: Zustandsbeurteilung und Instandsetzung von Sichtmauerwerksbauten, in: Mauerwerk-Kalender 1995. Ernst & Sohn, Verlag für Architektur und technische Wissenschaften, Berlin, 1994.

[Pieper-83]: Pieper, K.: Sicherung historischer Bauten. Ernst & Sohn, Berlin, München, 1983.

[Wenzel-88]: Wenzel, F.: Verpressen, Vernadeln und Vorspannen von Mauerwerk historischer Bauten, Stand der Forschung, Regeln für die Praxis, in: Erhalten historisch bedeutsamer Bauwerke, Jahrbuch 1987. Ernst & Sohn, Verlag für Architektur und technische Wissenschaften, Berlin, 1988.

[Wenzel/Kleinmanns-00]: Wenzel, F.; Kleinmanns, J.: Historisches Mauerwerk; Untersuchen, Bewerten, Instandsetzen. Ernst & Sohn, Verlag für Architektur und technische Wissenschaften, Berlin, 2000.

Weitere Literaturhinweise siehe Seite C.48

Literatur zu Kapitel D

Siehe Seiten D.24 und D.44

Literatur zu Kapitel E

[Milbrandt]: Milbrandt, E.: Aussteifende Holzbalkendecken im Mauerwerksbau, „Informationsdienst Holz", Holzabsatzfond, Bonn, Tel. 01802/465900, www.infoholz.de.

Literatur zu Kapitel G

[DIN V 105-100]:	DIN V 105-100 (10.2005), Mauerziegel mit besonderen Eigenschaften.
[DIN V 106]:	DIN V 105-100 (10.2005), Kalksandsteine mit besonderen Eigenschaften.
[DIN 1053-1]:	DIN 1053-1 (11.1996), Mauerwerk; Berechnung und Ausführung.
[DIN V 18 153-100]:	DIN V 18 153-100 (10.2005), Mauersteine aus Beton (Normalbeton) mit besonderen Eigenschaften.
[Glitza-84]:	Glitza, H.: Brüstungsmauerwerk ohne Risse. In: beton 34 (1984), Nr. 11, S. 459 – 460.
[Kilian/Kirtschig-97]:	Kilian, A.; Kirtschig, K.: Ausblühungen bei Ziegelsicht- und Verblendmauerwerk, in: Das Mauerwerk 1 (1997), Nr. 3, S. 174 – 180.
[Klaas-84]:	Klaas: Überdeckung von Öffnungen in zweischaligem Verblendmauerwerk. Ziegelindustrie, 1984, H. 11, S. 564 – 569; Deutsches Architektenblatt, Jg. 1985, H. 2, S. 183 – 189.
[König/Fischer-91]:	König, G.; Fischer, A.: Vermeiden von Schäden im Mauerwerk- und Stahlbetonbau, Darmstadt 1991.
[Künzel-94]:	Künzel: Schäden an Fassadenputzen. Schadenfreies Bauen, Bd. 9, Hrsg. G. Zimmermann, Stuttgart: IRB Verlag, 2000.
[Mann/Zahn-90]:	Mann, W.; Zahn, J.; Look van de G. (Hrsg.): Murfor: Bewehrtes Mauerwerk zur Lastabtragung und zur konstruktiven Rissesicherung: ein Leitfaden für die Praxis. Zwevegem (Belgien) 1990.
[Merkblatt „Außenputz auf Ziegelmauerwerk"-02]:	Außenputz auf Ziegelmauerwerk – einfach, sicher, wirtschaftlich. Merkblatt für die fachgerechte Planung und Ausführung, 05.2002. Hrsg.: Arbeitsgemeinschaft Mauerziegel im Bundesverband der Deutschen Ziegelindustrie e.V., Bonn; Bundesverband der Deutschen Mörtelindustrie e.V., Duisburg, u.a.
[Merkblatt „Nichttragende innere Trennwände"-01]:	Mauerwerksbau aktuell – Nichttragende innere Trennwände. Merkblatt 07.2001. Deutsche Gesellschaft für Mauerwerksbau, Bonn.
[Merkblatt „Verblend-mauerwerk"-94]:	Verblendmauerwerk mit Werkmörtel. Bundesverband der Deutschen Mörtelindustrie e.V., Duisburg, 1994.
[Pfefferkorn-80]:	Pfefferkorn, W.: Dachdecken und Mauerwerk: Entwurf, Bemessen und Beurteilung von Tragkonstruktionen aus Dachdecken und Mauerwerk. Köln-Braunsfeld: Verlagsgesellschaft Rudolf Müller (1980).
[Pfefferkorn-94]:	Pfefferkorn, W.: Rissschäden an Mauerwerk: Ursachen erkennen, Rissschäden vermeiden. IRB Verlag, Stuttgart. In: Schadenfreies Bauen Nr. 7, 1994.
[PKA-KS-94]:	Kalksandstein: Planung, Konstruktion, Ausführung. Hrsg. Kalksandstein-Information GmbH & Co. KG, 4. überarb. Aufl., Bau & Technik, Düsseldorf, 2003.
[Schneider/Schubert-99]:	Schneider, K.-J.; Schubert, P.; Wormuth, R.: Mauerwerksbau, Gestaltung, Baustoffe, Konstruktion, Berechnung, Ausführung. 6. neubearb. u. erw. Aufl. 1999.
[Schubert-06]:	Schubert, P.: Außenputz auf Leichtmauerwerk – vermeiden schädlicher Risse. In: Mauerwerk 10. Jahrgang 2006, Nr. 3, S. 87 – 101.
[Schubert-96]:	Schubert, P.: Vermeiden von schädlichen Rissen in Mauerwerkbauteilen, Ernst & Sohn, Berlin in: Mauerwerk-Kalender 21 (1996), S. 621 – 651.

[Schubert-94]:	Schubert, P.: Verformung und Risssicherheit, in: Kalksandstein: Planung, Konstruktion, Ausführung. 3. Aufl., Werner Verlag, Düsseldorf 1994, S. 126 – 136.
[Schubert-93]:	Schubert, P.: Putz auf Leichtmauerwerk, Eigenschaften von Putzmörteln, Ernst & Sohn, Berlin in: Mauwerk-Kalender 18 (1993), S. 657 – 666.
[Schubert-92]:	Schubert, P.: Formänderungen von Mauersteinen, Mauermörtel und Mauerwerk, Ernst & Sohn, Berlin, in: Mauerwerk-Kalender 17 (1992), S. 623 – 637.
[Schubert-88]:	Schubert, P.: Zur rissfreien Wandlänge von nichttragenden Mauerwerkswänden, Ernst & Sohn, Berlin, in: Mauerwerk-Kalender 13 (1988), S. 473 – 488.
[Simons-88]:	Simons, H.-J.: Dehnfugenabstände bei Mauerwerksbauten mit Stahlbetondecken. In: Bautechnik 65 (1988), Nr. 1, S. 9 – 15.
[Wesche/Schubert-76]:	Wesche, K.; Schubert, P.: Verformung und Risssicherheit von Mauerwerk, Ernst & Sohn, Berlin, in: Mauerwerk-Kalender 2 (1976), S. 223 – 272.
[WTA-Merkblatt]:	Wissenschaftlich-Technische Arbeitsgemeinschaft für Bauwerkserhaltung und Denkmalpflege e.V. (WTA): Merkblatt Beurteilung und Instandsetzung gerissener Putze an Fassaden. 1996.
[Ziegel-Bauberatung]:	Planung und Ausführung von Ziegelsicht- und Verblendmauerwerk, in: Ziegel-Bauberatung; Bundesverband der Deutschen Ziegelindustrie, Bonn.
[Zilch-06]:	Zilch, K.; Grabowski, St.; Schermer, D.; Scheufler, W.: Aktuelle Forschungsergebnisse zur Vermeidung von Rissschäden im Bereich des Wand-Deck-Knotens, Mauerwerk 10. Jahrgang 2006, Nr. 6.

Stichwortverzeichnis

Ablauforganisation F.25
Abminderungsfaktoren E.4, E.19
Allerheiligen-Hofkirche
- Geschichte C.3
- Wiederaufbau C.6
- Zerstörung C.4
Anforderungen, Brandverhalten D.3
Arbeitsplatzgestaltung F.25
Ausführung von Mauerwerk F.11, F.15
Ausführungsbedingte Mängel,
  Schäden G.28
Außenhaut A.30

Basiskosten F.3
Bauschädenvermeidung G.3
Baustellenmörtel B.14
Baustoffe B.3
Bauteilanschlüsse D.47
Bauteilbereiche A.38
Bewährte Putzsysteme B.19
Bewehrtes Mauerwerk B.30, E.49
Biegezugspannungen E.29
Binderverband A.58
Blockverband A.59
Brandschutz D.3
Brandschutztechnische Bemessung D.8, D.24
Brandverhalten D.3
Brandwände D.21

CE-Kennzeichnung H.3

Dach A.48
Decken
- Anschluss an Wände E.14
Decken ohne Scheibenwirkung E.10
Dehnungsfugen A.63
- Abdichtung A.63
- Anordnung A.64
- Abstände A.71
DIN 1053-1 I.3
Divisionskalkulation F.7
Durchdringungen A.41

Eignungsprüfungen F.23
Einzelkosten F.3
Eislasten E.68
EnEV 2007 D.68
Entwerfen und Konstruieren A.20
Erdbebengebiete
- Bauen in E.72
Erhöhter Schallschutz D.29

Festigkeitsklassen B.9
Fest-Putzmörtel B.18
Feuerwiderstandsklassen D.7
Frei stehende Mauern E.23

Gemeinkosten F.3
Genaueres Berechnungsverfahren E.41
Geometrische Grundlagen A.52
Gesamtkosten F.4
Geschuldeter Schallschutz D.32
Gestaltung A.17
Gleichwertigkeitsnachweis D.51
Grundrissstrukturen A.35
Güteprüfungen F.23

Instandsetzen C.27

Kalksandstein, Geschichte und
  Entwicklung B.37
Kalkulation F.3
Kalkulation mit vorberechneten
  Zuschlägen F.8
Kalkulation über Endsumme F.8
Kalkulationsgliederung F.8
Kalkulationsverfahren F.4
Kellerwände E.35
Klaffende Fuge E.21
Knicklängen E.5
Knicksicherheitsnachweis, größere
  Exzentrizitäten E.5
k_n-Tafel E.49
Konstruktive Bewehrung B.35
Korrosionsschutz B.32
Kosten
- zeitabhängige F.7
- zeitunabhängige F.7
Kreuzverband A.59

Lagerfugen, Ausführung F.13
Lastverteilung E.25
Läuferverband A.58
Leistungsansätze F.4
Lotabweichung E.10
Luftschallschutz D.39

Maßordnung A.54
Mauermörtel B.13
- Herstellung F.11
- Verarbeitung F.12
Mauermörtel B.13
Mauern bei Frost F.22
Mauersteine B.3
Mauerwerk B.22
- Druckfestigkeit B.22
- Zugfestigkeit B.28
- Biegefestigkeit B.28

- Schubfestigkeit B.29
Mauerwerksbemessung E.3, E.9
Mauerwerkskonstruktionen
- Bewerten C.27
- Instandsetzen C.27
- Verstärken C.27
Messmethoden G.32
Modernes Bauen A.1

Nichttragende Wände E.15

Öffnung, Wand A.44

Putz B.17
Putzarten B.18
Putzmörtel B.21
Putzmörtelgruppen B.18
Putzrisse G.20

Rahmenformeln E.42
Raumstrukturen A.35
Restaurierung C.3, C.11, C.27
Rezeptmörtel B.14
Ringanker E.12
Ringbalken E.11
Rissarten G.5
Rissbreitenbeschränkung B.35
Risse, Beurteilung G.26
Rohdichteklassen B.8, B.11

Schallschutz, Geschosswohnungsbau D.27
- Erhöhter Schallschutz D.29
- Geschuldeter Schallschutz D.32
- Regelmäßig erreichter Schallschutz D.29
Schallschutzlösungen D.39
Schallschutznachweis D.34, D.37
Schallschutznormung D.27
Schlitze F.21
Schlüsselkosten F.3
Schneelasten E.64
Schubnachweis E.30
Setzdehnmesser .32
Sicherheitskonzeption B.29
Sichtmauerwerk F.22
Sichtmauerwerk, Mängel,
  Schäden G.32
Sockel A.38
Spannungsnachweis E.19
Standsicherheit E.9
Steinarten B.8
Steinformate A.52
Steinsorten B.8
Stoßfugen, Ausführung F.13
Sturzbelastung E.32

Technische Baubestimmungen,

- Muster-Liste H.9
Teilflächenpressung E.6
Tragende Wände E.15
Tragfähigkeitstafeln für Wände E.52
Tragsysteme A.30
Trennwände E.15
Trittschallschutz D.43

Überbindemaß A.58
Überbindemaße F.17
Umbau C.11, C.21

Verbände A.57
Verbände, Ausführung F.16
Vereinfachtes Verfahren E.3, E.9, E.18
Verformungskennwerte G.4
Verstärken von Mauerwerk C.27

Wand A.48
Wände
- Anschluss an Decken E.14
- nichttragende E.15
- tragende E.15
Wandöffnung A.44
Wärmebrücken D.46
Windlasten E.55
Windnachweis E.10

Zeitabhängige Kosten F.7
Zeitunabhängige Kosten F.7
Zug- und Biegezug E.6
Zugspannungen E.29
Zulässige Druckspannungen E.19
Zulassungen J.3
Zuschlagkalkulation F.7
Zweischaliges Mauerwerk,
  Schäden G.29
Zwischendecken A.41
5 % Regel E.41

THERMOPOR® Wärmeleitfähigkeit · U-Werte

Monolithisches Mauerwerk

Wärmeleit-fähigkeit Ziegel λ [W/mK]	U-Wert [W/m² K] / Wärmedurchlasswiderstand R 1/Λ [m²·K/W] a: Leichtputz (0,25) 20 mm i: Gipsputz o. Z. (0,51) 15 mm Wanddicke mm						ZIEGEL-Art	Kurz-zeichen	Zulassung	Druck-festig-keits-klasse	Roh-dichte-klasse	Mörtel-art	Ziegel-höhe mm
	240	300	365	400	425	490							
0,09	0,34 2,78	0,28 3,44	0,23 4,16	0,21 4,55	0,20 4,83	0,17 5,55	THERMOPOR THERMOPOR	SL Plan SL Block	Z-17.1-920 Z-17.1-919	6 – 12 6, 8, 10	0,60 / 0,65 0,60 / 0,65	DM LM 21	249 238
0,10	0,37 2,51	0,30 3,11	0,25 3,76	0,23 4,11	0,22 4,36	0,19 5,01	THERMOPOR THERMOPOR	ISO-B+	Z-17.1-808	4, 6, 8	0,55	LM 21	238
0,11	0,41 2,29	0,33 2,84	0,28 3,43	0,26 3,75	0,24 3,97	0,21 4,56	THERMOPOR THERMOPOR THERMOPOR THERMOPOR THERMOPOR THERMOPOR	ISO-PD+ ISO-B ISO-B+ SL Bock ISO-MB+ Gz	Z-17.1-840 Z-17.1-697 Z-17.1-808 Z-17.1-919 Z-17.1-809 Z-17.1-700	4, 6, 8 4, 6, 8 4, 6, 8 6, 8, 10 4, 6, 8 4, 6, 8	0,60 / 0,65 0,60 0,60 / 0,65 0,60 / 0,65 0,60 / 0,65 0,60	DM LM 21 LM 21 LM 36 MM LM 21	249 238 238 238 238 238
0,12	0,44 2,11	0,36 2,61	0,30 3,15	0,28 3,44	0,26 3,65	0,23 4,19	THERMOPOR THERMOPOR THERMOPOR THERMOPOR THERMOPOR THERMOPOR THERMOPOR THERMOPOR THERMOPOR	ISO-P PGz Gz ISO-B Gz ISO-PD+ ISO-B+ ISO-MB+ ISO-B+	Z-17.1-698 Z-17.1-701 Z-17.1-700 Z-17.1-697 Z-17.1-700 Z-17.1-840 Z-17.1-808 Z-17.1-809 Z-17.1-864	4, 6, 8 4 – 12 4, 6, 8 4, 6, 8 4, 6, 8 4, 6, 8 4, 6, 8 4, 6, 8 6, 8	0,60 / 0,65 0,60 / 0,65 0,60 0,65 0,65 0,70 0,70 0,70 0,75 / 0,80	DM DM LM 36 LM 21 LM 21 DM LM21 MM LM 21	249 249 238 238 238 249 238 238 238
0,13	0,47 1,96	0,39 2,42	0,32 2,92	0,30 3,19	0,28 3,38	0,25 3,88	THERMOPOR THERMOPOR THERMOPOR THERMOPOR THERMOPOR THERMOPOR THERMOPOR THERMOPOR THERMOPOR	ISO-PD Gz ISO-P PGz ISO-B Gz ISO-PD+ ISO-B+ ISO MB	Z-17.1-752 Z-17.1-700 Z-17.1-698 Z-17.1-701 Z-17.1-697 Z-17.1-700 Z-17.1-840 Z-17.1-808 Z-17.1 009	4, 6, 8 4, 6, 8 4, 6, 8 4 – 12 4, 6, 8 4, 6, 8 4, 6, 8 4, 6, 8 4, 6, 8	0,60 / 0,65 0,65 0,70 0,70 0,70 0,70 0,75 0,75 0,75	DM LM 36 DM DM LM 21 LM 21 DM LM 21 MM	249 238 249 249 238 238 249 238 238
0,14	0,50 1,82	0,41 2,25	0,35 2,72	0,32 2,97	0,30 3,15	0,26 3,61	THERMOPOR THERMOPOR THERMOPOR THERMOPOR THERMOPOR THERMOPOR THERMOPOR	ISO-PD T 014 Gz MT 014 PGz ISO-B Gz	Z-17.1-752 Z-17.1-580 Z-17.1-700 Z-17.1-780 Z-17.1-701 Z-17.1-697 Z-17.1-700	4, 6, 8 6, 8 4, 6, 8 6, 8 4 – 12 4, 6, 8 4, 6, 8	0,70 0,70 0,70 0,70 0,75 0,75 0,75	DM LM 21 LM 36 MM DM LM 21 LM 21	249 238 238 238 249 238 238
0,15	0,53 1,71	0,44 2,11	0,37 2,54	0,34 2,78	0,32 2,94	0,28 3,38	THERMOPOR	Gz	Z-17.1-700	4, 6, 8	0,75	LM 36	238
0,16	0,56 1,61	0,46 1,98	0,39 2,39	0,36 2,61	0,34 2,77	0,30 3,17	THERMOPOR THERMOPOR	R N+F P 016	Z-17.1-420 Z-17.1-601	6, 8, 12 6, 8, 12	0,8 0,8	LM 21 DM	238 249

Wärmeleitfähigkeit λ [W/mK]		U-Wert (W/m² K)						Ziegel DIN 105 Rohdichte-klasse	Mörtel-Art	
		Mauerwerksdicke 175 mm			240 mm der Ziegel-Innenschale					
Ziegel innen	Dämm-stoff [2]	Dämmstoffdicke in cm								
		6	10	14	6	10	14			
0,36	0,035	0,39	0,27	0,21	0,36	0,26	0,20	0,7	NM	Zweischaliges Mauerwerk mit Kerndäm-mung[1] ohne Luftschicht
0,39	0,035	0,39	0,27	0,21	0,37	0,26	0,20	0,8	NM	
0,42	0,035	0,40	0,27	0,21	0,38	0,26	0,20	0,9	NM	
0,45	0,035	0,40	0,28	0,21	0,38	0,27	0,20	1,0	NM	
0,50	0,035	0,41	0,28	0,21	0,39	0,27	0,21	1,2	NM	
0,58	0,035	0,42	0,28	0,21	0,40	0,27	0,21	1,4	NM	
		8	12	20	8	12	20			
0,36	0,035	0,34	0,24	0,16	0,32	0,23	0,15	0,7	NM	Ziegelmauer-werk mit WDVS-Außen-dämmung
0,39	0,035	0,34	0,24	0,16	0,32	0,23	0,15	0,8	NM	
0,42	0,035	0,34	0,25	0,16	0,33	0,24	0,15	0,9	NM	
0,45	0,035	0,35	0,25	0,16	0,33	0,24	0,15	1,0	NM	
0,50	0,035	0,35	0,25	0,16	0,34	0,24	0,16	1,2	NM	
0,58	0,035	0,36	0,25	0,16	0,35	0,25	0,16	1,4	NM	

Wärmeleitfähigkeit λ [W/mK]		U-Wert (W/m² K)						Ziegel nach Zulassung Rohdichte-klasse	Mörtel-Art	
		Mauerwerksdicke 300 mm			365 mm					
Ziegel	Dämm-putz	Dämmputzdicke in cm								
		2	4	6	2	4	6			
0,11	0,07	0,31	0,29	0,26	0,26	0,24	0,23	0,60 bis 0,80	LM 21	Ziegel mit Wärme-dämmputz
0,12	0,07	0,33	0,31	0,28	0,28	0,26	0,24		LM 21	
0,13	0,07	0,36	0,32	0,30	0,30	0,26	0,26		LM 21	
0,14	0,07	0,38	0,34	0,31	0,32	0,29	0,27		LM 21	
0,16	0,07	0,42	0,38	0,34	0,36	0,33	0,30		LM 21	
0,18	0,07	0,46	0,41	0,37	0,40	0,36	0,32		LM 21	

[1] Ziegel-Verblendschale Rd. 1,6/11,5 cm/λ 0,68 W/mK, Innengipsputz 1,5 cm/λ 0,51 W/mK
[2] Mit 0,040 erhöhen sich die U-Werte um 0,04 - 0,01 W/m² K

LM = Leichtmörtel, MM = Mittelbettmörtel, DM = Dünnbettmörtel, NM = Normalmörtel